石油精製・石油化学のプロセスと触媒

ART（Advanced Refining Technologies LLC）
■OCR/UFR 残油水素化脱メタル触媒
■固定床残油水素化脱メタル並びに脱硫触媒
■沸騰床式残油水素化分解(H-Oil、LC-FINING)触媒
■灯軽油超深度水素化脱硫触媒
■FCC 前処理、留出油（ナフサ、灯軽油、減圧軽油）水素化脱硫触媒
■重質油水素化分解触媒
■潤滑油水素化脱ろう触媒
■潤滑油水素化仕上げ触媒

W. R. GRACE
■ＶＧＯおよび残油ＦＣＣ用触媒
■各種ＦＣＣ添加剤
■モレキュラーシーブ

Johnson Matthey Catalysts
■石油化学、油脂化学、食用油、ファインケミカル分野の水素化、アミノ化、精製等の各種触媒

Daily Thermetrics
■CATTRACKER®（リアクター多点温度計）
■TUBESKIN（加熱炉管表面温度計）
■DHTW™（Helix 配管用温度計保護管）
■VSS™（強磁性接触式リアクター外表面温度計）

HilTap Fittings Ltd.（OPW）
■ダイナミック・クイック・カップリング
■潤滑油移送ピグシステム

BLASCH
■加熱炉用精密耐火セラミック製品

Petroval, S. A.
■熱交換器用汚れ防止器具（Turbotal/Spirelf/Fixotal）

Chevron Lummus Global LLC
■RDS/VRDS 固定床式残油水素化脱硫プロセス
■OCR 移動床式残油水素化脱メタルプロセス
■UFR アップフロー残油水素化脱メタルプロセス
■ISOCRACKING®　重質油水素化分解プロセス
■ISODEWAXING®　潤滑油水素化脱ろうプロセス
■ISOFINISHING®　潤滑油水素化仕上げプロセス
■ISOTREATING®　留出油水素化精製プロセス
■LC-FINING®、LC-MAX®
沸騰床式残油水素化分解プロセス
■ISOMIX-e®　高性能リアクターインターナル
■LC-SLURRY™
スラリー床残油水素化分解プロセス
■Biofuels ISOCONVERSION®
再生可能燃料製造プロセス

DuPont Clean Technologies
■STRATCO®　アルキレーションプロセス
■MECS®　硫酸製造プロセス・触媒

見方をかえると、
未来が見えてくる。
世の中を驚かせたり、
快適にしたりするアイデアは、
きっと思いきった発想の転換から
生まれてくるのだと思います。
新たな視点にたって創造することで
0から1を生みだす化学の力。
私たち三井化学は、その確かな力で
モビリティ、ヘルスケア、
フード＆パッケージングの未来に
ソリューションを提供していきます。
0→1
MAKE IT HAPPEN
三井化学
group.mitsuichemicals.com

ピアットフィーダ

（バルクライナー受入用低床型フィーダ）

特 長

- ローター回転軸を垂直方向とした事で従来より大幅な低面間を実現
- ハンドリフト付の為、不要時には移動させる事が可能
- ペレットで20t/hrの排出能力（嵩比重:0.55の場合）

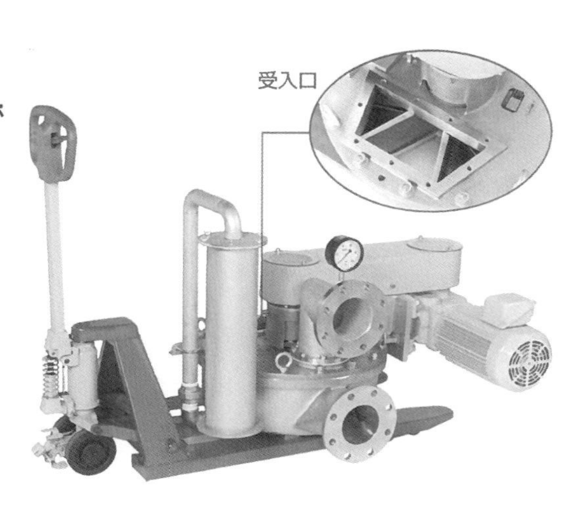

受入設備
Unloading System

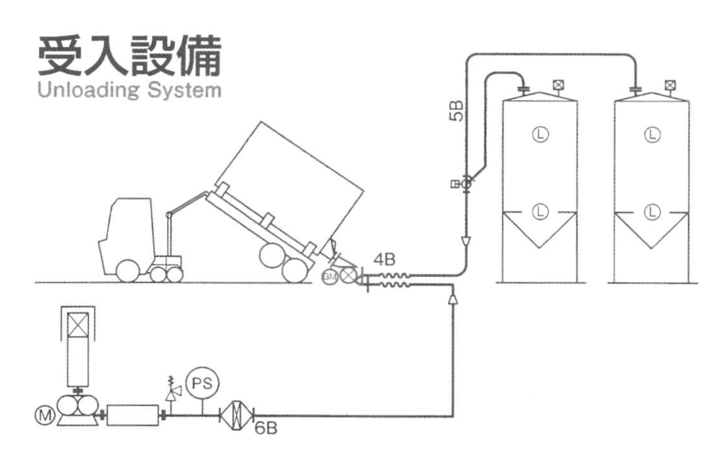

標準仕様

輸送能力	20t/h（PPペレット=BW0.55の場合）
輸送距離	水平10m　垂直12m
ブロワ仕様	22Nm³/min　35kPa　30kW

従来の方法
Conventional Unloading System

従来は受けホッパー、ロータリーフィーダ及び加速室を受入ピットに入れる必要がありました。

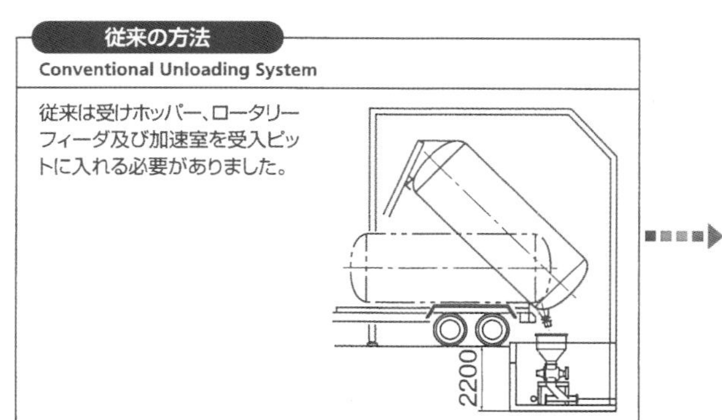

SANKO新受入設備
SANKO Advanced Unloading System

受入設備専用の新型ピアットフィーダを使用すれば受入ピットが不要となります。

代理店 三興商事株式会社
設計・製作 施工管理 三興空気装置株式会社

本　社・大阪営業本部 〒541-0042 大阪市中央区今橋4-1-1 淀屋橋三井ビルディング3階
TEL06-6203-2831 FAX06-6227-1105
東京支店・東京営業本部 〒103-0027 東京都中央区日本橋2-2-6（日本橋通り2丁目ビル）
TEL03-3281-0836 FAX03-3275-0792
名古屋 営業所 〒460-0002 名古屋市中区丸の内3-6-4（リバーパーク丸の内）
TEL052-962-4535 FAX052-962-4536

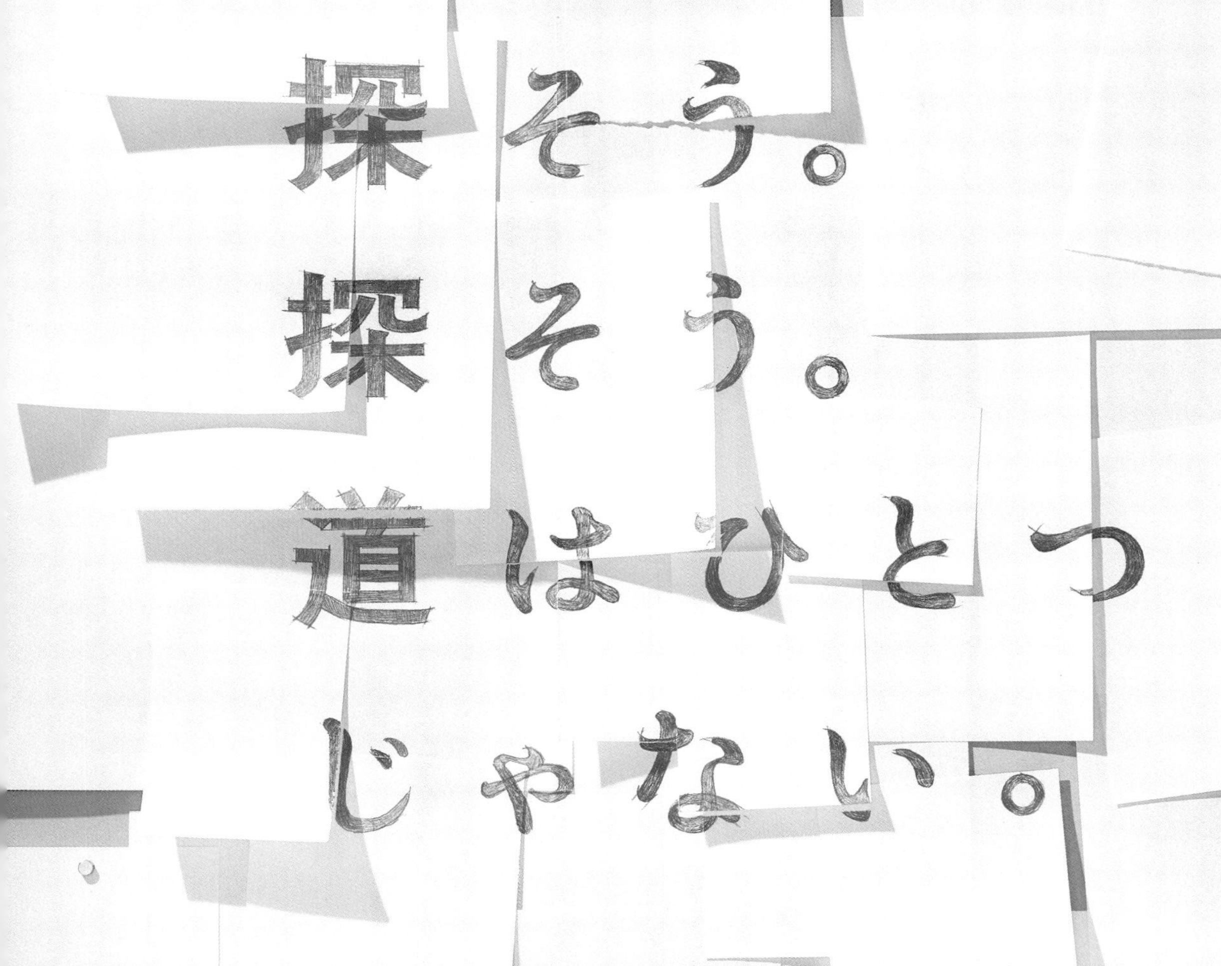

まっすぐなだけが、道ではない。

可能性という名の道をいくつもたどり、すべてを試した者だけが本当の道にたどり着く。

まじめに前へ進むだけでは足りない。

新たな発想を生み出すためには、もっと自由で変化し続ける自分に変わらなければならない。

自分を変えられる人こそが、会社を変え、社会をも変えるのだから。そのために私たち昭和電工は、変化を恐れず行動し、

未来への選択肢をより多く生み出すことで、さらなる個性派企業へと生まれ変わります。

化学という舞台で、世の中へもっともっと新しい道を、ひとつでも多く具体化していくために。

探求の先にある
かつてない
世界へ。
SUMITOMO CHEMICAL
住友化学

2019年版

アジアの石油化学工業

PETROCHEMICAL
INDUSTRIES IN ASIA

重化学工業通信社

はしがき

小社は1952年の設立以来、一貫して産業情報の提供に力を入れてまいりました。創刊後半世紀を超える歴史を築いた年鑑「日本の石油化学工業」では、精確で詳しい定点観測データに基づく産業情報に対して、業界の皆様から高いご評価を頂戴しております。近年、急速な経済発展を続け、世界経済の中で大きな位置を占めるに至ったアジア経済に早くから着目しました小社は、産業情報の収集エリアを日本からアジア地域に広げたビジネス情報誌「アジア・マーケットレヴュー」を1989年に創刊、続きましてアジアの石油化学工業をターゲットとする本書を1991年に創刊して以来、27年が経過するに至りました。

アジアの石油化学工業は世界経済激動のなかにおいても、力強く成長して参りました。2008年秋のリーマン・ショック以降、大幅な需要減退で大きな影響を受けましたが、ポテンシャルの高いアジア市場は世界に先駆けて回復の道を歩み出し、中国を筆頭に勢いを盛り返しました。2010年には、早くも元の需給バランスまで回復した製品が見られ、底力を示しました。世界的な需要の好不調にもかかわらず、生産記録を更新し続けている製品や国々も数多く、高い成長力を示したアジア市場から今後も目が離せません。

これまでにも、その時々の経済環境の変化により、一時的に需給タイトとなったり供給過剰状態に陥るケース等も出現、需給調整を迫られたりプロジェクトの繰り延べや中止などもありました。それでも同エリアの石化製品消化能力は旺盛であり、潜在需要の大きさでは他のエリアを圧倒しています。かつて対米輸出に大きく依存していたアジア各国は、国内市場の成長に伴って石化工業の育成～発展～高度化に一層傾注しているのが現状です。

本書ではアジア地域の概念を出来るだけ広くとり、東は韓国から西は中東のサウジアラビア～トルコまで、北は中国から南は豪州～ニュージーランドまでの21カ国を対象に、それぞれの主要経済指標や石化工業の現況と将来計画、需給動向や原料事情等について、出来るだけ詳しく取りまとめました。とりわけ各国・地域の石化製品生産能力と今後の新増設プロジェクトについては、プラント情報で60年余りの蓄積を活かした小社特有の一覧表作りを心がけました。

本書を毎年更新されるアジア石化のデータベース書としてご活用いただくことにより、アジア諸国・地域の石化工業を国別、製品別、企業別に詳しく捉えることが出来るだけでなく、石化原料事情や石化製品の需給動向、並びに日本の石化業界の進むべき方向性を多角的に捉え直すことも出来ると確信しております。

2018年12月

㈱重化学工業通信社

目　　次

《第１章》アジア石油化学工業の現況と将来

《第２章》アジア各国・地域の石油化学工業

《第３章》日本とアジア諸国との石油化学製品輸出入関係

（補足）韓国・台湾企業80社の五十音順索引

第1章

アジア石油化学工業の現況と将来

本章の構成

アジアの主要経済指標一覧
アジアの石化製品需給動向
アジアの地域別・国別石化製品生産能力と新増設計画一覧
アジアの石化製品企業別新増設計画一覧
アジアのリファイナリー一覧

アジア諸国の経済成長

本書で扱うアジア22カ国・地域のうち、インドシナ半島以東のアジア諸国と日本を加えた11カ国・地域の主要経済指標を一覧表に取りまとめた。この表の一人当たりのＧＤＰ(国内総生産)額を見ることで石油化学製品の需要規模を想定することができ、経済成長率の推移を見ることで石化製品需要を予測する材料にもできる。その際注意すべきことは、人口の大きい国は相対的に金額が小さくなってしまうものの、都市部には相当数の中間所得層が集中しているため、国全体としては平均数千ドルでも都市部の人口に限れば１万ドル以上の収入がある場合もある。このため、人口2,000万人を超える北京や上海、1,000万人を超えるジャカルタ、今後1,000万人規模に近付いていくであろうバンコクなども１万ドル以上の収入があると見なければならず、これら都市部を対象とする市場調査では、国全体の需要規模とは別枠で考えねばならない。また、中国の沿岸部都市などは見た目以上の高い所得層の人口を持つエリアとしてカウントする必要がある。

一方、自国の内需以上の生産能力を抱えている国は、輸出を前提とした需要規模になるため、十分注意して見ていく必要がある。例えば台湾では、2017年における主要合成樹脂(ポリエチレン、ＰＰ、ＰＶＣ、ＰＳ、ＡＢＳ樹脂)の内需量は合計208万トンになり、これを2,357万人の人口で単純に割ると一人当たり88kgとなる。またエチレン系の誘導品内需量をエチレン換算した必要エチレン量は303万トンに達し、同様に算出すると一人当たり128kgにもなる。これに対して、島内での一人当たりの石化製品年間消費量はエチレン換算で50数kgという調査データがあり、先の需要量の半分以下。従って、台湾の内需量には最終製品になってから輸出される分が相当量含まれていると見なければならない。そうすると、それらを除外した台湾の一人当たり年間プラスチック消費量もその半分以下になるとみられる。同様に計算すると、韓国の2017年合成樹脂内需量は638万トンで、一人当たりのプラスチック消費量は124kg、これから最終製品の輸出分を除外すると、やはり半分以下に減ってしまうとみられる。

なお、日本プラスチック工業連盟と韓国プラスチック工業協同組合連合会、並びに台湾プラスチック工業製品協会が情報交換し合った2015年のデータによると、一人当たりのプラスチック使用量(韓国と台湾はエンプラを除く)は、日本の75kg(前年は76kg)に対して韓国は143kg(同139kg)、台湾は108kg(109kg)とかなり高い。輸出比率も韓国は55%(56%)、台湾は65%(同前)と６割前後を占めるのに対して、日本は36%(33%)に留まっている。両国の高い輸出依存度が見て取れる。

各国のプラスチック消費量の差は、一人当たりのＧＤＰ額にほぼ相関しており、各国の石化品購買力の差として現れることになる。そうすると、消費量が低い国々には、それだけ成長のポテンシャルがあることを示しており、今後の経済成長に従ってＧＤＰ成長率以上の割合で石化製品需要が伸びていくと期待できよう。中でも人口の大きい中国やインド、インドネシアなどは今後も経済と人口が漸増していく見通しにあるため、相当巨大な市場になるはずである。

一人当たりのＧＤＰ額と産業構造との相間関係をみていくと、一般的に1,000ドルを超えれば繊維産業が急速に立ち上がり、2,000ドルで家電製品、3,000ドルを超えれば自動車にも手が届くといわれる。2014年でベトナムが一人当たり2,000ドル台に乗ったことにより、中国からベトナムまでの10カ国全てが第２ハードルを突破した。つまり家電製品はもちろんのこと、自動車の購入層が一段と増えたことになるわけで、中間層や高所得層、都市部住民など市場のターゲットとして設定できる購買層は、一層高い所得になったと判断できる。アジアは世界一の市場といえる。

下表はアジア11カ国・地域の経済指標を並べてみたもので、一人当たりのＧＤＰ額ではシンガポールと香港が94年に２万ドルを突破し、１万ドル突破は台湾が92年、韓国が95年だったが、韓国はアジア通貨危機を経た97年以降１万ドルを割り込み、再び１万ドル台に復帰するのに2003年までかかった。これらシンガポール、香港、台湾、韓国というかつてのアジアのフォー・ドラゴンは全て１万ドルクラブを通過してＮＩＥｓを卒業し、今や５万ドルをも乗り越えたシンガポールや４万ドル台の香港のように日本との差を広げる国も出現、韓国は３万ドル目前、台湾も2011年から２万ドル台に乗った。マレーシアは2012年から３年間だけだが１万ドル台に乗り、再び１万ドルが目前となった。巨大な人口を抱える中国は年々存在感を増している。

ＡＳＥＡＮ10カ国(タイ、マレーシア、シンガポール、フィリピン、インドネシア、ブルネイ、ベトナム、ラオス、ミャンマー、カンボジア)を合わせた経済規模は、2016年統計で人口が6.4億人、ＧＤＰが2.5兆ドルに達している。これに東アジア諸国を加えると、20兆ドルを超える超巨大なマーケットが存在する。世界最大市場のアジアが世界経済を牽引し続ける理由がここにある。

アジア諸国の主要経済指標比較

国　名	人　口	人口増加率	ＧＤＰ		一人当たりＧＤＰ	
	(2017年)	(2017年)	(2017年)	(2016年)	(2017年)	(2016年)
日　本	12,675万人	▲0.17%	48,721億＄	49,493億＄	38,440＄	38,983＄
韓　国	5,145万人	0.4%	15,313億＄	14,153億＄	29,744＄	27,607＄
台　湾	2,357万人	0.1%	5,793億＄	5,306億＄	24,577＄	22,541＄
中　国	139,008万人	0.5%	122,378億＄	112,180億＄	8,481＄	8,113＄
香　港	741万人	0.5%	3,417億＄	3,209億＄	46,109＄	43,497＄
シンガポール	567万人	1.1%	3,239億＄	3,098億＄	57,713＄	55,241＄
タ　イ	6,910万人	0.2%	4,552億＄	4,118億＄	6,591＄	5,970＄
マレーシア	3,205万人	1.2%	3,150億＄	2,971億＄	9,818＄	9,390＄
インドネシア	26,189万人	1.2%	10,150億＄	9,320億＄	3,876＄	3,604＄
フィリピン	10,530万人	2.0%	3,130億＄	3,050億＄	2,976＄	2,924＄
ベトナム	9,368万人	1.1%	2,239億＄	2,053億＄	2,389＄	2,215＄

(出所)各種統計資料

アジア諸国の経済成長率(ＧＤＰ)推移

国　名	2012年	2013年	2014年	2015年	2016年	2017年	2018年	2019年
日　本	1.50%	2.00%	0.34%	1.35%	0.94%	1.71%	1.1%	0.9%
韓　国	2.3%	2.9%	3.3%	2.8%	2.9%	3.1%	2.8%	2.6%
台　湾	2.1%	2.2%	4.0%	0.8%	1.4%	2.9%	2.7%	2.4%
中　国	7.7%	7.7%	7.3%	6.9%	6.7%	6.9%	6.6%	6.2%
香　港	1.7%	3.1%	2.8%	2.4%	2.2%	3.8%	3.8%	2.9%
シンガポール	3.7%	4.7%	3.3%	2.2%	2.4%	3.6%	2.9%	2.5%
タ　イ	6.4%	2.9%	0.9%	3.0%	3.3%	3.9%	4.6%	3.9%
マレーシア	5.5%	4.7%	6.0%	5.0%	4.2%	5.9%	4.7%	4.6%
インドネシア	6.2%	5.6%	5.0%	4.9%	5.0%	5.1%	5.1%	5.1%
フィリピン	6.8%	7.1%	6.1%	6.1%	6.9%	6.7%	6.5%	6.6%
ベトナム	5.3%	5.4%	6.0%	6.7%	6.2%	6.8%	6.6%	6.5%

(出所)ＡＤＢ(アジア開発銀行)やＩＭＦ、世界銀行および各国統計。2018～2019年見通しはＩＭＦ

アジアの石化製品需給動向

アジア各国の石化製品需給

第39回アジア石油化学工業会議の2017年統計によると、中国を除くアジアで最も多くエチレンを生産しているのは引き続き韓国で、２番手の日本以下も含め、順位は変わらないものの、前年に５位から３位へと急浮上したインドは、2017年に生産量が日本に急接近した。2018年には日本を追い抜くだろう。アジアで減産となったのは台湾だけで、エチレン設備全５基のうち３基のクラッカーで定修が実施されたため、2017年は４％の減産となった。その一方でエチレン内需は各国とも増加しており、需要は旺盛だった。ただ、2018年はインドを除いて内需減が予想されており、韓国、台湾、インドを除いて減産となる。プロピレン生産はエチレン生産に連動するはずだが、インドだけは減産となった。内需もインドを除いて増加した。2018年のプロピレン需要もエチレンの場合とは逆に、各国で需要増となる見通し。ポリオレフィンもほぼ全ての国で需要増となったが、ＨＤＰＥについては減産や需要減となった国も散見され、斑模様となった。2018年も一部の国を除いて好調を持続する見通し。ポリエチレン需要は一般に経済成長率とリンクしているため、各国とも堅調だった。

アジア各国の主要石油化学製品2016～2017年需給実績と2018年見通し

単位：1,000t

国名	生産			輸出			輸入			内需（生産＋輸入－輸出）		
	2016年	2017年	2018年	2016年	2017年	2018年	2016年	2017年	2018年	2016年	2017年	2018年
エチレン												
日本	6,279	6,530	—	702	701	—	141	132	—	5,717	5,961	—
韓国	8,524	8,793	8,859	753	816	960	147	109	120	7,918	8,086	8,019
台湾	4,187	4,013	4,050	242	196	200	302	456	320	4,247	4,273	4,170
タイ	4,277	4,575	4,471	22	129	—	93	28	—	4,348	4,369	*4,257
インド	5,892	6,510	6,696	0	0	0	65	25	25	5,769	6,560	6,746
プロピレン												
日本	5,223	5,459	—	940	883	—	111	154	—	4,394	4,729	—
韓国	7,808	8,322	8,340	1,690	1,715	1,586	265	198	250	6,383	6,805	7,004
台湾	3,415	3,305	3,562	738	616	707	182	286	130	2,859	2,975	2,985
タイ	2,468	2,600	2,641	212	234	—	3	14	—	2,482	2,665	*2,726
インド	4,701	4,669	5,187	0	0	0	0	0	0	4,701	4,669	5,187
ＬＤＰＥ（低密度ポリエチレン）／ＬＬＤＰＥ（直鎖状ＬＤＰＥ）												
日本	1,744	1,770	—	277	240	—	294	315	—	1,761	1,845	—
韓国	2,769	2,953	2,950	1,535	1,729	1,653	121	197	180	1,355	1,420	1,477
台湾	673	687	690	491	530	545	277	333	365	459	490	510
タイ	1,900	2,026	1,870	1,269	1,392	—	314	317	—	945	950	*991
インド	1,350	1,972	2,987	48	393	682	1,109	1,018	691	2,353	2,573	2,996
ＨＤＰＥ（高密度ポリエチレン）												
日本	825	885	—	129	137	—	148	197	—	843	945	—
韓国	2,129	2,082	2,130	1,112	1,127	1,217	55	74	95	1,072	1,029	1,008
台湾	596	582	580	331	345	340	66	78	80	331	315	320
タイ	1,808	1,817	1,767	1,125	1,167	—	145	155	—	828	805	*841
インド	1,725	2,128	2,556	128	325	376	634	466	465	2,239	2,338	2,645
ＰＰ（ポリプロピレン）												
日本	2,466	2,506	—	276	287	—	221	274	—	2,412	2,492	—
韓国	4,088	4,303	4,466	2,548	2,786	2,904	29	37	30	1,569	1,554	1,592
台湾	1,217	1,339	1,370	793	925	930	198	165	175	622	579	615
タイ	1,931	2,042	2,075	839	887	—	249	276	—	1,344	1,430	*1,497
インド	4,944	5,323	5,933	559	522	678	612	685	578	4,339	4,821	5,255

（注）韓国の生産は出荷量相当。インドは年度集計のため、実績値は2016年度のみで、2017年の欄には2017年４月～2018年３月までの推定値を記載。タイの2018年内需予想(*)は、オレフィンの誘導品稼働率90％による消費量が前提（ＥＧのみ97％）で、ポリオレフィンも稼働率90％が前提。各国の2018年数値は全て予想

アジアと世界の石化基礎製品需給予測

経済産業省製造産業局素材産業課と「世界の石油化学製品の今後の需給動向に関する研究会」がまとめたエチレン系・プロピレン系製品およびＰＸ(パラキシレン)やＰＴＡ(高純度テレフタル酸)を含む芳香族系製品の2022年までの需給見通しによると、アジア域(インド・パキスタン以東の日本を含むアジアで、中東は含まない)ではエチレン系誘導品の需要増加率で5.1%の成長が見込まれる。同様に生産能力の増加率は3.5%しかない見通しのため、エチレン系誘導品の需給ギャップは拡大していく。2016年の供給不足量はエチレン換算で1,060万トンだったとみており、これが2022年には1,650万トンへと増え、不足量が590万トンも増加する見込み(グラフ①参照)。その推移を見ると、グラフでも分かるように2017年で1,170万トン、2018年で1,230万トン、2019年で1,390万トン、2020年で1,480万トン、2021年は1,580万トンと、不足量が毎年平均100万トンずつ増えていく見通し。

一方、プロピレン系誘導品の需要増加率は4.2%の成長を持続するとみているが、生産能力の増加率は4.5%とこれを上回るため、余剰量は拡大していく。アジアではすでに2015年から過剰に転じており、その量が2016年に70万トン、2017年は一気に380万トン、2018年は420万トンと大きくなった後、2019年は370万トン、2020年は280万トンへと一旦縮小に転じるものの、2021年には450万トンと最大の過剰幅に到達、2022年は390万トンとなる見通し(グラフ②参照)。

①エチレン系誘導品需給バランス(アジア)

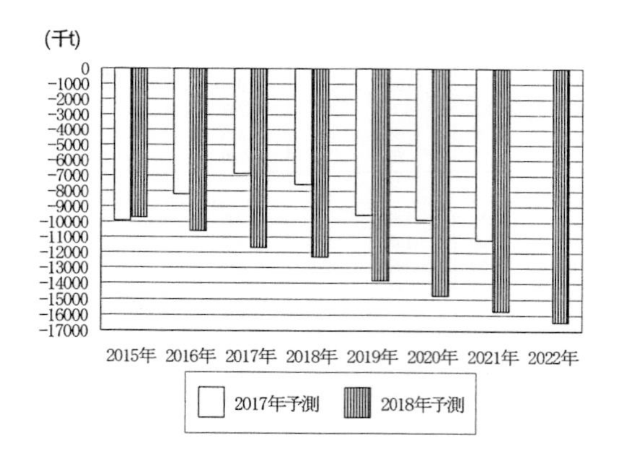

②プロピレン系誘導品需給バランス(アジア)

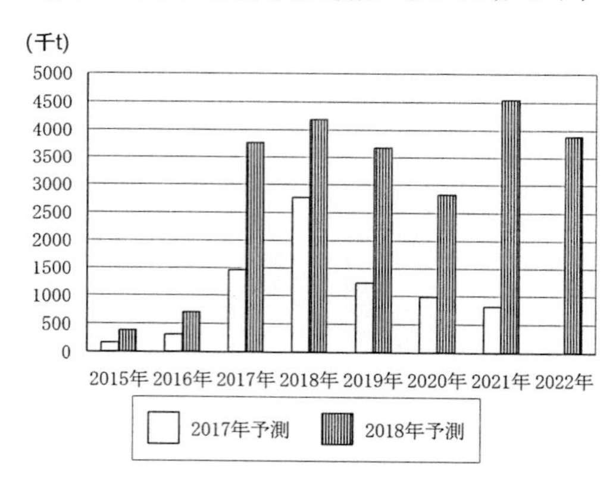

エチレン誘導品とエチレンの需給見通し

エチレン系誘導品の世界需要は、エチレン換算で2016年実績の１億4,230万トン(3.7%増)から2022年には１億7,730万トンへと年平均3.7%の成長が続く見通し。地域別では中国(6.1%増)とインド(5.8%増)の成長が大きいアジア地域で5.1%の成長が見込まれるほか、中東(4.3%増)、アフリカ(6.4%増)、ＣＩＳ(2.3%増)を含む全ての地域で増加が見込まれる。中国とインドの成長率は、ともに前年の見込み値(各5.2%、4.5%)から上方修正され、アジア全体の成長率も前年の4.1%から１ポイント増へ上方修正されている。経済成長に伴う需要拡大が加速すると見込まれる。日本の成長率は前年の0.4%増から0.5%増へと若干のプラス成長に修正された。

エチレン系誘導品の需要(エチレン換算)

(単位：百万トン、以下全ての表とも)

	世界計	アジア計	韓国	台湾	中国	ASEAN	インド	日本	欧州	北中南米	中東	CIS	アフリカ
2016年	142.3	67.1	4.8	2.5	40.0	8.0	7.1	4.7	22.0	34.6	9.4	4.2	4.3
2022年	177.3	90.3	5.6	2.6	57.1	10.2	9.9	4.8	23.1	40.0	12.1	4.8	6.2
増加幅	35.0	23.2	0.7	0.1	17.1	2.3	2.8	0.1	1.1	5.5	2.7	0.6	1.9
伸び率	3.7%	5.1%	2.4%	0.5%	6.1%	4.2%	5.8%	0.5%	0.8%	2.5%	4.3%	2.3%	6.4%

(注)エチレン系誘導品とはＬＤＰＥ、ＨＤＰＥ、ＳＭ、ＰＶＣ、ＥＧ、その他誘導品国内需要のエチレン換算合計値

(出所)経済産業省素材産業課の世界石油化学製品需給動向研究会～以下同じ

エチレン系誘導品の需要推移(エチレン換算)

	2015年	2016年	2017年	2018年	2019年	2020年	2021年	2022年
需要量	137.1	142.3	148.1	153.7	159.4	165.3	171.0	177.3
対前年増加率	3.6%	3.8%	4.1%	3.8%	3.7%	3.7%	3.5%	3.7%

エチレン系誘導品の生産能力(エチレン換算)

		世界計	アジア計	韓国	台湾	中国	ASEAN	インド	日本	欧州	北中南米	中東
	2016年	174.6	69.6	8.6	4.9	28.8	13.2	7.3	6.9	24.6	42.2	30.8
	2022年	212.9	85.4	10.2	5.0	37.3	17.3	8.8	6.9	25.0	53.4	36.9
増加幅		38.3	15.8	1.6	0.1	8.5	4.0	1.5	0.0	0.4	11.2	6.1
伸び率		3.4%	3.5%	2.9%	0.3%	4.4%	4.5%	3.3%	0.0%	0.3%	4.0%	3.1%
能力シェア	2016年		40%	5%	3%	16%	8%	4%	4%	14%	24%	18%
能力シェア	2022年		40%	5%	2%	18%	8%	4%	3%	12%	25%	17%

エチレンの生産能力

		世界計	アジア計	韓国	台湾	中国	ASEAN	インド	日本	欧州	北中南米	中東
	2016年	165.2	57.4	8.5	4.0	22.7	11.5	4.2	6.5	24.5	42.0	34.3
	2022年	206.8	76.2	10.5	4.0	31.9	15.8	7.5	6.5	24.5	55.3	40.0
増加幅		41.6	18.8	2.0	0.0	9.2	4.3	3.3	0.0	0.0	13.3	5.7
伸び率		3.8%	4.8%	3.5%	0.0%	5.8%	5.5%	10.0%	0.0%	0.0%	4.7%	2.6%
能力シェア	2016年		35%	5%	2%	14%	7%	3%	4%	15%	25%	21%
能力シェア	2022年		37%	5%	2%	15%	8%	4%	3%	12%	27%	19%

エチレン系誘導品の需給バランス(エチレン換算)

		世界計	アジア計	韓国	台湾	中国	ASEAN	インド	日本	欧州	北中南米	中東
2016	生産	149.9	56.5	7.9	4.5	23.6	10.5	4.4	5.7	20.9	40.1	27.2
2016	需要	142.3	67.1	4.8	2.5	40.0	8.0	7.1	4.7	22.0	34.6	9.4
2016	バランス	7.6	−10.6	3.0	1.9	−16.4	2.5	−2.7	1.1	−1.2	5.5	17.8
2022	生産	186.3	73.8	9.1	4.4	32.5	14.6	7.4	5.7	20.6	49.8	32.8
2022	需要	177.3	90.3	5.6	2.6	57.1	10.2	9.9	4.8	23.1	40.0	12.1
2022	バランス	9.0	−16.5	3.5	1.8	−24.6	4.3	−2.5	1.0	−2.5	9.7	20.7

(注)生産については2022年末までに実現する可能性の高い新増設計画をもとに各国毎に見通しを立てている。一方これとは別に需要については、2016年以降、世界全体で一定の経済成長が達成されることを前提に、各国の経済情勢や産業構造を踏まえ、2022年までの見通しを算定している。このため、世界計での生産量と需要量は一致しない

(注)バランスの＋は供給超過、－は需要超過。以下同じ

エチレン系誘導品の製品別需給バランス（エチレン換算）

■アジア

		計	ＬＤＰＥ	ＨＤＰＥ	ＳＭ	ＰＶＣ	ＥＧ	その他
2016年	能　力	69.6	23.6	17.6	5.1	7.5	11.3	4.6
	生　産	56.5	19.9	14.8	4.4	5.8	8.4	3.3
	需　要	67.1	21.6	18.9	5.1	5.3	13.1	3.2
	バランス	-10.6	-1.7	-4.1	-0.6	0.5	-4.7	0.1
2022年	能　力	85.4	29.5	22.2	6.6	7.9	13.8	5.5
	生　産	73.8	26.7	19.9	5.3	6.7	11.5	3.7
	需　要	90.3	29.4	25.6	6.7	6.8	18.0	3.8
	バランス	-16.5	-2.7	-5.6	-1.4	-0.1	-6.5	-0.1

世界のエチレン系誘導品の生産能力は、2016年末時点のエチレン換算能力１億7,460万トンから2022年末に２億1,290万トンへ拡大する見通し。年率3.4%増、累計3,830万トンの増加となる。地域毎の平均伸び率はアジアが3.5%（うち中国4.4%増、ＡＳＥＡＮ4.5%増、インド3.3%増）、中東が3.1%増、北中南米が4.0%増、欧州が0.3%増。エチレン生産能力は2016年末の１億6,520万トンから2022年末には２億680万トンへと25.2%増（年率3.8%増）、累計4,160万トンの増加が見込まれる。アジアで中国（920万トン増）を中心に1,880万トンの増加が見込まれる。

エチレン系誘導品の需給バランスは、2016年時点では世界で760万トンの供給超過だったのが、2022年には900万トンの供給超過へと膨らむ見通し。北中南米と中東では供給超過幅が拡大すると見込まれる一方、アジアは同様に1,060万トンから1,650万トンの需要超過へと不足量が590万トン拡大する見通し。製品別に見ると、ＰＥは需要超過幅が5,800万トンから8,300万トンに拡大。ＥＧも4,700万トンから6,500万トンへ拡大する。また中国では、石炭化学による生産の増加が見込まれていたが、需要増加も引き続き拡大するため、需要超過も拡大すると予想される。

プロピレン誘導品とプロピレンの需給見通し

プロピレン系誘導品の世界需要は、プロピレン換算で2016年実績の9,410万トンから2022年には１億1,420万トンへと年率平均3.3%増で増加する見通し。地域別伸び率は、アジアが4.2%増、中東が4.7%増、アフリカが6.0%増、北中南米が1.8%増、欧州が1.1%増、ＣＩＳが2.0%増と続く。アジアでは特に中国（年率5.2%増）とアセアン（3.9%増）の成長率が高く、中国は前年の見込み値（5.4%増）から0.2ポイント下方修正されたが、アセアンは前年（3.4%増）から0.5ポイント上方修正された。日本の成長率は前年の0.2%減から1.5%増へとプラス成長に修正された。

プロピレン系誘導品需要（プロピレン換算）

（単位：百万トン、以下同じ）

	世界計	アジア計						欧　州	北中南米	中　東	ＣＩＳ	アフリカ
			韓　国	台　湾	中　国	ASEAN	インド	日　本					
2016年	94.1	52.5	3.6	2.2	32.2	5.5	4.6	4.4	15.5	18.4	3.5	2.1	2.0
2022年	114.2	67.2	4.0	2.2	43.7	6.9	5.6	4.8	16.5	20.5	4.6	2.4	2.9
増加幅	20.1	14.8	0.4	0.0	11.5	1.4	1.0	0.4	1.0	2.1	1.1	0.3	0.8
伸び率	3.3%	4.2%	1.6%	0.1%	5.2%	3.4%	3.4%	1.5%	1.1%	1.8%	4.7%	2.0%	6.0%

（注）プロピレン系誘導品需要とはＰＰ、ＡＮ、その他誘導品国内需要をプロピレン換算した合計値

プロピレン系誘導品の需要推移（プロピレン換算）

	2015年	2016年	2017年	2018年	2019年	2020年	2021年	2022年
需　要　量	89.8	94.1	97.8	100.9	104.8	108.1	110.8	114.2
対前年増加率	4.6%	4.8%	3.9%	3.2%	3.8%	3.2%	2.5%	3.1%

プロピレン系誘導品の生産能力（プロピレン換算）

	世界計	アジア計	韓　国	台　湾	中　国	ASEAN	インド	日　本	欧　州	北中南米	中　東
2016年	111.9	58.7	6.7	3.2	30.1	8.2	5.3	5.2	17.5	22.0	10.1
2022年	137.0	76.5	7.5	3.2	42.8	11.1	6.6	5.2	17.6	24.2	12.6
増　加　幅	25.1	17.7	0.8	0.0	12.7	2.9	1.3	0.0	0.1	2.2	2.5
伸　び　率	3.4%	4.5%	1.8%	0.0%	6.0%	5.2%	3.8%	0.1%	0.1%	1.6%	3.7%

能力シェア		アジア計	韓　国	台　湾	中　国	ASEAN	インド	日　本	欧　州	北中南米	中　東
能　力	2016年	53%	6%	3%	27%	7%	5%	5%	16%	20%	9%
シェア	2022年	56%	5%	2%	31%	8%	5%	4%	13%	18%	9%

プロピレンの生産能力

	世界計	アジア計	韓　国	台　湾	中　国	ASEAN	インド	日　本	欧　州	北中南米	中　東
2016年	119.9	59.3	8.3	3.6	28.7	8.1	4.7	6.0	17.7	25.5	12.7
2022年	147.5	79.9	9.6	3.6	44.5	10.4	6.1	5.8	17.8	28.0	15.5
増　加　幅	27.6	20.6	1.3	0.0	15.7	2.3	1.4	-0.2	0.1	2.5	2.7
伸　び　率	3.5%	5.1%	2.5%	0.0%	7.6%	4.2%	4.2%	-0.5%	0.1%	1.5%	3.3%

能力シェア		アジア計	韓　国	台　湾	中　国	ASEAN	インド	日　本	欧　州	北中南米	中　東
能　力	2016年	49%	7%	3%	24%	7%	4%	5%	15%	21%	11%
シェア	2022年	54%	7%	2%	30%	7%	4%	4%	12%	19%	10%

プロピレン系誘導品の需給バランス（プロピレン換算）

		世界計	アジア計	韓　国	台　湾	中　国	ASEAN	インド	日　本	欧　州	北中南米	中　東
2016	生　産	100.8	53.1	6.4	2.9	28.5	6.6	4.4	4.4	15.9	19.2	9.4
	需　要	94.1	52.5	3.6	2.2	32.2	5.5	4.6	4.4	15.5	18.4	3.5
	バランス	6.6	0.7	2.7	0.7	-3.7	1.1	-0.1	0.0	0.4	0.8	6.0
2022	生　産	122.9	71.1	6.9	2.9	40.6	9.7	6.3	4.8	15.7	20.1	11.0
	需　要	114.2	67.2	4.0	2.2	43.7	6.9	5.6	4.8	16.5	20.5	4.6
	バランス	8.7	3.9	2.8	0.7	-3.1	2.7	0.8	-0.1	-0.8	-0.4	6.4

（注）生産については2022年末までに実現する可能性の高い新増設計画をもとに各国毎に見通しを立てている。一方これとは別に需要については、2016年以降、世界全体で一定の経済成長が達成されることを前提に、各国の経済情勢や産業構造を踏まえ、2022年までの見通しを算定している。このため、世界計での生産量と需要量は一致しない

世界のプロピレン系誘導品の生産能力は、2016年末時点のプロピレン換算能力１億1,190万トンから2022年末には１億3,700万トンへ拡大する見通し。年率3.4％増、2,510万トンの増加となる。地域毎の平均伸び率はアジアが4.5％増（うち中国6.0％増、ＡＳＥＡＮ5.2％増、インド3.8％増）、中東が3.7％増、北中南米が1.6％増、欧州が横ばい。一方、原料プロピレンの生産能力は、2016年末の１億1,990万トンから2022年末には１億4,750万トンへ2,760万トン増加するとみられており、2016年時点でトップの中国は2022年に30％へと６ポイント増加、北中南米は19％へと２ポイントの低下が予想される。

プロピレン系誘導品の需給バランスは2016年時点で660万トンの供給超過だったが、2022年には870万トンの供給超過へと32％弱増加する見通し。アジアと中東で供給超過幅が増加する。欧州と北中南米は2016年時点の40万トン、80万トンという供給超過から、2022年には80万トン、40万トンの需要超過に転じると予想される。アジアでは中国が370万トンの需要超過から310万トンの需要超過へと縮小、インドは需給がバランスした状態から、80万トンの供給超過になる。

プロピレン系誘導品の製品別需給バランス（プロピレン換算）

■アジア

		計	ＰＰ	ＡＮ	その他
2016年	能　　力	58.7	41.6	4.4	12.8
	生　　産	53.1	38.7	3.9	10.6
	需　　要	52.5	38.1	4.2	10.1
	バランス	0.7	0.6	-0.4	0.5
2022年	能　　力	76.5	57.1	5.0	14.3
	生　　産	71.1	54.3	4.7	12.2
	需　　要	67.2	50.7	5.1	11.4
	バランス	3.9	3.6	-0.4	0.7

芳香族製品の需給見通し

芳香族製品の世界需給は、2022年にかけてベンゼンとトルエンの需要超過が拡大する一方、キシレン・ＰＸ（パラキシレン）～ＰＴＡ（高純度テレフタル酸）は供給超過が拡大する見通し。ただ、何れも極端な余剰あるいは不足バランスにはならず、概ねウェルバランスと言える範囲に収まりそう。総じて需要は中国や北中南米を中心に増加が見込まれる半面、シェールガスを始め石化原料の軽質化が進むと想定され、特に北米で需要超過が強まっていくと予想される。

世界の芳香族製品需要は、2016年実績でＢＴＸそれぞれ前年比6.9％増の4,630万トン、７％増の2,150万トン、12.5％増の3,950万トンだった。今後、2022年までベンゼン需要は年率3.4％（累計1,040万トン）、トルエンは2.5％（340万トン）、キシレンは3.7％（960万トン）増加する見込み。

2016年におけるＢＴＸの需給バランスは、世界全体でベンゼンが70万トンの不足、トルエンが20万トンの不足、キシレンが120万トンの余剰だった。2022年にはベンゼンとトルエンの不足がそれぞれ80万トン、100万トンに拡大する一方、キシレンの余剰が170万トン
に拡大すると見込まれる。

ベンゼンは、誘導品プラントの新増設等で中国の需要が大きく増加するほか、日本や米州でも需要の増加が見込まれる。一方、生産は中国やＡＳＥＡＮ、中東などで増加する見通しだが、米州の生産量は2016年以降ほぼゼロ成長となり、トータルでは不足量が若干増加する見通し。トルエンも同様に中国や米州で需要が大きく増加するが、ベンゼンと比べてＡＳＥＡＮや中東などの生産量増加が鈍く、世界全体では需要超過が拡大する。キシレンは中国、中東、米州などで需要増加が見込まれる一方、生産は中国や中東に加え、韓国や米州でも増加する見通し。米州と中東は需要増と生産増がほぼ相殺する形になるが、アジア地域は供給超過が拡大すると見込まれる。

ＰＴＡの世界需給は、生産量・需要とも中国が過半を占める構造となっており、この割合は年

々拡大しているが、原料ＰＸに関しては大幅な輸入超過が続いている。2016年実績では、世界のＰＴＡ生産量5,620万トンのうち、中国は3,240万トンと58%を占めたが、ＰＸは4,020万トンのうち970万トンと24%にとどまった。今後は中国におけるＰＸ新増設が進むと予想されるものの、実際の生産量は需要の増加を下回る見込み。2022年においては、世界のＰＴＡ生産量7,260万トンのうち中国が4,220万トン、ＰＸは5,130万トンのうち1,280万トンとなる見込みで、中国のシェアは2016年と同等と予想される。

ＰＸの世界需要は、2021年までに年率4.2%（累計1,080万トン）の増加が見込まれる。中国の需要は年率4.5%（660万トン）の成長が見込まれ、世界全体の６割弱を占める構図が継続する見込み。一方で同国の生産量は累計310万トンの増加にとどまり、不足量が2016年の1,200万トンから2022年には1,550万トンに拡大する。世界全体の需給バランスをみると、中東やＡＳＥＡＮなどでの増産により、供給超過が2016年時点の130万トンから2022年には170万トンへ拡大する見通しだが、最大の需要地である中国の不足量が一層拡大するため、実際のマーケットではタイト感が継続するものとみられる。

ＰＴＡの世界需要は、2022年までに年率４%（累計1,490万トン）の増加が見込まれる。このうち、中国需要は2016年の3,220万トンから2022年には4,220万トンと累計980万トン（年率4.4%）増加する半面、生産量は累計980万トン（同4.5%）増加し、供給超過が若干拡大する見込み。中国の需給バランスは2015年時点で若干の不足だったが、2021年には160万トンの余剰に転じる。一方、世界全体の需給バランスは2016年時点で90万トンの不足だったが、今後はインドや中東に加え、欧米でも生産量の拡大が見込まれ、2022年には世界全体で60万トンの余剰に転じる見通し。

■ベンゼン需要　（単位：百万トン、以下同じ）

	世界計	アジア計							欧　州	北　中 南　米	中　東
			韓　国	台　湾	中　国	ASEAN	インド	日　本			
2016年	46.3	24.9	4.1	2.5	12.3	2.4	0.4	3.2	7.9	9.0	2.9
2022年	56.6	33.1	4.0	2.5	18.4	2.8	1.6	3.8	8.0	10.2	3.6
増加幅	10.4	8.1	-0.1	0.0	6.1	0.4	1.2	0.5	0.1	1.2	0.8
伸び率	3.4%	4.8%	-0.3%	-0.2%	7.0%	2.7%	25.1%	2.4%	0.1%	2.1%	4.1%

■ベンゼン需給バランス

	世界計	アジア計							欧　州	北　中 南　米	中　東
			韓　国	台　湾	中　国	ASEAN	インド	日　本			
2016年	-0.7	2.1	2.0	-0.8	-1.5	0.7	0.9	0.8	-0.8	-2.0	0.0
2022年	-0.8	2.1	2.2	-0.7	-2.7	1.5	1.2	0.7	-0.8	-3.1	0.7

■トルエン需要

	世界計	アジア計							欧　州	北　中 南　米	中　東
			韓　国	台　湾	中　国	ASEAN	インド	日　本			
2016年	21.5	12.2	1.8	0.2	7.1	1.3	0.5	1.4	1.9	4.8	2.3
2022年	24.9	14.6	1.8	0.2	9.0	1.7	0.6	1.5	2.2	5.4	2.4
増加幅	3.4	2.5	0.1	0.0	1.9	0.4	0.1	0.1	0.2	0.6	0.1
伸び率	2.5%	3.1%	0.5%	0.0%	3.9%	4.6%	3.2%	0.7%	1.7%	1.9%	1.0%

■トルエン需給バランス

	世界計	アジア計							欧州	北中南米	中東
			韓国	台湾	中国	ASEAN	インド	日本			
2016年	-0.2	-0.2	0.0	0.1	-0.8	0.2	-0.3	0.6	0.2	-0.1	-0.1
2022年	-1.0	-0.5	0.0	0.1	-0.8	0.0	-0.4	0.6	0.2	-0.6	-0.1

■キシレン需要

	世界計	アジア計							欧州	北中南米	中東
			韓国	台湾	中国	ASEAN	インド	日本			
2016年	39.5	25.4	3.9	1.7	11.7	2.9	0.5	4.7	2.7	6.4	4.2
2022年	49.1	29.3	4.0	1.7	15.0	3.2	0.5	4.9	2.8	7.3	8.8
増加幅	9.6	4.0	0.1	0.0	3.3	0.3	0.1	0.2	0.1	0.9	4.6
伸び率	3.7%	2.4%	0.5%	-0.1%	4.3%	1.4%	2.0%	0.7%	0.5%	2.1%	13.2%

■キシレン需給バランス

	世界計	アジア計							欧州	北中南米	中東
			韓国	台湾	中国	ASEAN	インド	日本			
2016年	1.2	1.1	-0.8	0.2	-0.4	-0.2	0.3	2.0	0.1	0.0	0.0
2022年	1.7	1.7	0.5	0.3	-0.8	-0.2	0.0	1.9	0.1	-0.1	0.0

■パラキシレン需要

	世界計	アジア計							欧州	北中南米	中東
			韓国	台湾	中国	ASEAN	インド	日本			
2016年	38.8	32.7	3.1	1.5	21.7	2.9	3.2	0.3	1.3	4.3	0.4
2022年	49.6	42.0	2.9	2.0	28.3	3.3	5.2	0.3	1.4	4.9	1.2
増加幅	10.8	9.3	-0.2	0.5	6.6	0.4	2.0	0.0	0.1	0.6	0.8
伸び率	4.2%	4.2%	-1.1%	5.1%	4.5%	2.1%	8.3%	-1.0%	1.2%	2.2%	22.0%

■パラキシレン需給バランス

	世界計	アジア計							欧州	北中南米	中東
			韓国	台湾	中国	ASEAN	インド	日本			
2016年	1.3	-1.6	6.4	0.2	-12.0	0.8	0.1	3.0	0.3	-0.8	3.0
2022年	1.7	-3.7	6.8	-0.3	-15.5	1.9	0.3	3.1	0.1	-1.3	5.9

■ＰＴＡ需要

	世界計	アジア計							欧州	北中南米	中東
			韓国	台湾	中国	ASEAN	インド	日本			
2016年	57.1	45.6	2.7	2.5	32.2	3.7	4.0	0.6	3.1	5.9	1.9
2022年	72.0	57.4	2.6	2.4	41.7	4.7	5.5	0.5	3.4	6.7	3.1
増加幅	14.9	11.8	-0.1	0.0	9.4	1.0	1.5	0.0	0.2	0.8	1.2
伸び率	4.0%	3.9%	-0.8%	0.2%	4.4%	4.0%	5.6%	-0.9%	1.3%	2.1%	8.5%

■ＰＴＡ需給バランス

	世界計	アジア計							欧州	北中南米	中東
			韓国	台湾	中国	ASEAN	インド	日本			
2016年	-0.9	2.0	1.8	0.2	0.1	0.5	-0.5	-0.1	-0.7	-0.5	-1.4
2022年	0.6	3.0	1.0	0.6	0.5	-0.3	1.3	-0.1	0.0	-0.1	-1.3

(注)生産については2022年末までに稼働する可能性の高い新増設計画をもとに各国・地域の見通しを立てた。需要は2016年以降、世界全体で一定の経済成長が達成されることを前提に各国の経済情勢や産業構造を踏まえ、2022年までの見通しを算定している。このため、世界計での生産量と需要量は一致しない

アジアの地域別・国別石化製品生産能力と新増設計画

（注：現有能力とは2018/秋時点の保有能力を指す）

東南アジアの主要石油化学製品国別生産体制

（単位：t/y）

製品	国名	工場数	現有能力	新増設計画	完成	備考
エチレン	韓国	9工場	9,245,000	3,045,000	2018年～	ロッテ、LG、ハンファ、YNCC
		2計画		1,450,000	2022年	現代ケミカル、GSカルテックス
	台湾	2工場	4,005,000			高雄のNo.5（50万t）が2014/7停止
	中国（ナフサ系）	24工場	20,080,000	23,130,000	2019年～	22工場の新増設計画
	〃（CTO/MTO）	28工場	10,062,000	5,290,000	2018年～	13工場の新増設計画
	シンガポール	3工場	3,960,000			2015/1にシェルが16万t増強
	タイ	7工場	4,609,000	710,000	2020年～	PTTGCとMOCが増設
	マレーシア	3工場	1,853,000			
	〃	1計画		1,290,000	2019／2Q	RAPID計画
	インドネシア	1工場	860,000	1,140,000	2020年～	CAPの110万t増設計画
	〃	2計画		2,000,000	2023年～	ロッテ・タイタン、アラムコ合弁
	フィリピン	1工場	320,000	160,000	2020／央	JGサミットが増強を計画
	ベトナム	1計画		1,200,000	2023／上	ロンソン・ペトロケミカル計画
		計	54,994,000	39,415,000		
LDPE（EVAを含む）	韓国	6工場	1,562,000			EVA53万tを含む
	台湾	3工場	555,000			
	中国	23工場	5,358,000			
	〃	3計画		600,000	2019年～	うちLDPE50万t/EVA10万t
	シンガポール	1工場	260,000	150,000	未定	TPCがEVAを増設
	タイ	4工場	708,000			
	インドネシア	1計画		300,000	2024年	CAPの新設計画
	マレーシア	2工場	485,000			
		計	8,928,000	1,050,000		
LLDPE	韓国	6工場	1,426,000	200,000	2018／4Q	LG化学が増設
	台湾	2工場	324,000			
	中国	19工場	4,620,000	260,000	未定	青海での増設計画
	〃	3計画		900,000	2019年～	安徽省、青海、貴州省で各30万t
	シンガポール	1計画	300,000		2015／夏	HAO-LLDPE、「プライムE」
	タイ	2工場	1,570,000			
	マレーシア	3工場	600,000			ブレル・インダストリーズが50万t
	〃	1計画		350,000	2019／央	RAPID計画
	フィリピン	1計画	110,000		2014／初	JGサミットの計画
	ベトナム	1計画		500,000	2023年	ロンソン・ペトロケミカル計画
		計	8,950,000	2,210,000		
LL／HDPE	韓国	3計画		2,050,000	2022年	LG化学、現代ケミカル、GS
	中国	14工場	4,190,000	300,000	未定	包頭神華石炭化学の増設計画
	〃	2計画		700,000	2018年～	寧夏煤化集団・銀川と包頭で計画
	シンガポール	1工場	1,780,000			エクソンモービルが130万t増設済
	タイ	1工場	180,000			TPEがLL/MDPE5割増強
	マレーシア	2工場	(538,000)			内訳LL10万t＋HDPE43.8万t
	〃	1計画		350,000	2019／央	RAPID計画
	インドネシア	2工場	650,000	400,000	2020／1Q	チャンドラアスリ・ペトロケミカル
	フィリピン	2工場	485,000			
		計	7,285,000	3,800,000		

HDPE	韓　国	7工場	2, 385, 000	400, 000	2019／央	ハンファ・トタルPCが増設
	台　湾	3工場	666, 000			FPCが2010/央3.6万t増強
	中　国	16工場	4, 264, 000	300, 000	2020年	武漢石化/SK合弁の倍増設計画
	〃	3計画		1, 050, 000	2018年～	大連、恵州、舟山で計画
	シンガポール	1工場	390, 000			
	タ　イ	4工場	1, 872, 000			
	マレーシア	2工場	553, 000			
	〃	1計画		350, 000	2019／央	RAPID計画
	インドネシア	1工場	136, 000	450, 000	2024年	チャンドラアスリ・ペトロケミカル
	フィリピン	1計画		250, 000	2020／央	JGサミットが新設
	ベトナム	1計画		450, 000	2023年	ロンソン・ペトロケミカル計画
		計	10, 266, 000	3, 250, 000		
PP	韓　国	10工場	4, 892, 000	400, 000	2020／末	ハンファ・トタルPCが増設
	〃	2計画		800, 000	2018／上	SK/ポリミレイ、現代ケミカル
	台　湾	3工場	1, 360, 000			
	中　国	60工場	19, 418, 000	1, 370, 000	2020年～	泉州、青海、武漢、包頭の増設計画
	〃	13計画		5, 580, 000	2018年～	晋城や大連等での新設計画
	シンガポール	2工場	1, 600, 000			
	タ　イ	3工場	2, 305, 000	250, 000	2021年	HMCポリマーズが25万t増設
	マレーシア	3工場	640, 000			ブレル・インダストリーズが25万t
	〃	1計画		900, 000	2019／央	RAPID計画
	インドネシア	3工場	905, 000	720, 000	2019年～	CAPとプルタミナの計画
	フィリピン	2工場	350, 000	110, 000	2020／央	JGサミットが増設
	ベトナム	2工場	520, 000			ズンクアット製油所+ニソン37万t
	〃	4計画		1, 050, 000	2019年～	ロンソン45万t+暁星60万t
		計	31, 990, 000	11, 180, 000		
EDC	韓　国	3工場	1, 291, 000			
	台　湾	2工場	1, 300, 000			
	中　国	6工場	2, 260, 000			
	タ　イ	2工場	398, 000			
	インドネシア	3工場	1, 070, 000			2016/2アサヒマスが36万t増設
	ベトナム	1計画		330, 000	2022年	ロンソン・ペトロケミカル計画
		計	6, 319, 000	330, 000		
VCM	韓　国	4工場	1, 630, 000			
	台　湾	4工場	2, 094, 000			台プラと台湾VCMが増強
	中　国	10以上	4, 598, 000			
	〃	2計画		600, 000	2018年～	新疆ウイグル、嘉興で各30万t計画
	タ　イ	2工場	990, 000	430, 000	未　定	ビニタイが増設を検討
	インドネシア	2工場	1, 010, 000			2018/1アサヒマスが10万t増強
	フィリピン	1工場	7, 000			アセチレン法設備
	ベトナム	1計画		400, 000	2022年	ロンソン・ペトロケミカル計画
		計	10, 329, 000	1, 430, 000		
PVC	韓　国	4工場	1, 620, 000			
	台　湾	6工場	1, 815, 000			華夏プラスチックが17万t増設
	中　国	60以上	23, 267, 000	1, 460, 000	2018年～	
	タ　イ	3工場	850, 000	560, 000	未　定	ビニタイの次期計画
	マレーシア	2工場	100, 000			ビニル・クロライドMが15万t閉鎖
	インドネシア	5工場	923, 000	450, 000	2021年～	STP／TPC
	フィリピン	2工場	105, 000	110, 000	2018／12	PRIIの2号機計画
	ベトナム	2工場	350, 000	70, 000	未　定	AGCC(元フーミー)が5万t増
		計	29, 030, 000	2, 650, 000		塩ビペーストを含む

ＰＳ（ＥＰＳを含む）	韓　国	７工場	1,221,000			うちＥＰＳは52.5万t
	台　湾	10以上	1,296,000			ＥＰＳ含む
	中　国	54以上	7,891,300	680,000	未　定	
	香　港	２工場	380,000			スタイロン（香港）と香港ペトケム
	シンガポール	３工場	450,000			うちＥＰＳは４万t
	タ　イ	４工場	375,000			
	マレーシア	１工場	110,000			ＢＡＳＦがＥＰＳ８万tを閉鎖
	インドネシア	５工場	101,000	13,000	未　定	ＥＰＳ1.5万t含む
	フィリピン	３工場	58,000			
	ベトナム	１工場	90,000			2012/2に５万t増設
		計	11,972,300	693,000		ＥＰＳを含む
ＡＢＳ樹脂	韓　国	４工場	2,096,000			
	台　湾	９工場	2,042,700			奇美が25万増、含ＭＢＳ1.97万t
	中　国	18工場	4,549,500	150,000	2018／末	中海油楽金化工の倍増設計画
	シンガポール	２工場	30,600			ただしＭＢＳ樹脂
	タ　イ	４工場	292,000			
	マレーシア	１工場	350,000			トーレ・プラスチックスが２万t増
	インドネシア	１工場	35,000	10,000	未　定	ＳＡＮとＡＢＳ樹脂を併産
		計	9,395,800	160,000		ＡＳ樹脂とＭＢＳ樹脂を含む
ＳＭ	韓　国	７工場	3,263,000	60,000	未　定	ＬＧ化学が計画
	台　湾	３工場	2,030,000			2011/夏國喬石油化学が４万t増強
	中　国	33工場	8,605,000	1,210,000	2020年～	恵州や江蘇省泰興での増設計画
	〃	７計画		5,020,000	2018年～	大連、煙台、舟山、漳州、嘉興で計画
	シンガポール	２工場	920,000			
	タ　イ	２工場	600,000			
	マレーシア	１工場	240,000			
	インドネシア	１工場	340,000			
		計	15,998,000	6,290,000		
ＥＧ	韓　国	５工場	1,665,000			大韓油化が2014/6に20万t新設
	台　湾	５工場	2,600,000			台湾緑醇のバイオ法20万t含む
	中　国	47工場	11,824,000	880,000	2018年～	上海・金山、山東で増設
	〃	13計画		9,750,000	2018年～	大連、嘉興、舟山などでの新設計画
	シンガポール	２工場	1,122,000			2015年シェルが22万t増強
	タイ	１工場	513,000			
	マレーシア	１工場	385,000		2001／4Q	オプティマル・グリコールズ
	〃	１計画		740,000	2019／央	ＲＡＰＩＤ計画
	インドネシア	１工場	216,000	284,000	未　定	ポリケムが97/9に倍増設
		計	18,325,000	11,654,000		
パラキシレン	韓　国	８工場	10,510,000			
	台　湾	２工場	1,970,000			台湾中油が66万tを停止
	中　国	18工場	14,551,000	1,000,000	2019年～	海南島での増設計画
	〃	４計画		15,600,000	2019年～	舟山、大連、泉州、連雲港で計画
	シンガポール	２工場	1,800,000			80万t再開のＪＡＣをEMが買収
	タ　イ	４工場	2,357,000	1,200,000	2022年	ＩＲＰＣの新規参入計画
	マレーシア	１工場	520,000			ＰＣアロマティックス
	インドネシア	２工場	920,000	765,000	2022年～	プルタミナとＴＰＰＩの計画
	ベトナム	１工場	700,000		2018／４	NSRPに出光/三井化/KPI/PVN出資
	ブルネイ（参考）	１計画		1,500,000	2019／初	中国の恒逸石化が精製・石化計画
		計	33,328,000	20,065,000		

DMT	韓　国	１工場	140,000			2016/6にＳＫ石化が６万t復活
	中　国	３工場	(305,400)			2012年で全面停止
		計	140,000			
ＰＴＡ	韓　国	６工場	6,040,000			ＳＫ石化が52万tを再開
	台　湾	４工場	4,400,000			2017/11に亜東石化が150万t増設
	中　国	24工場	50,846,000	15,050,000	2017年～	大連/ウルムチ/寧波/嘉興/福建省
	〃	４計画		7,600,000	未　定	四川省で計画
	タ　イ	３工場	2,181,000			ＳＭＰＣが１号機45万tを閉鎖
	マレーシア	１工場	610,000			ＢＰ→印リライアンスへ売却
	インドネシア	３工場	1,660,000	1,600,000	18/3MOU	Energi Mega PTA、35万t停止中
		計	65,737,000	24,250,000		
ＡＮ	韓　国	２工場	780,000	50,000	～2020年	東西石化が19年と20年に１割増強
	台　湾	２工場	510,000			2012年中国石油化学が４万t増強
	中　国	15工場	2,378,000	310,000	2019年～	連雲港と茂名での倍増設計画
	〃	３計画		780,000	2020年～	舟山、金能科技、中石化の新設計画
	タ　イ	１工場	200,000		2012／10	ＰＴＴアサヒケミカルが企業化
		計	3,868,000	1,140,000		
カプロラクタム	韓　国	１工場	270,000			カプロが12万t系列を2016/5再開
	台　湾	２工場	400,000			
	中　国	17工場	3,740,000	2,100,000	2018年～	浙江省/江蘇省/山東/福建省
	タ　イ	１工場	130,000			
		計	4,540,000	2,100,000		
ベンゼン	韓　国	15工場	7,111,000	40,000	2018／末	ロッテケミカルが麗水で増強
	台　湾	２工場	1,588,000			台湾中油の高雄が2014/7で停止
	中　国	28以上	3,331,000			この他ＢＴＸとして1,169万t以上
	シンガポール	６工場	1,359,000			2016/8にＪＡＣが45万tを再開
	タ　イ	６工場	1,554,000	381,000	2022年	ＩＲＰＣの増設計画
	マレーシア	２工場	298,000			
	インドネシア	２工場	370,000			2015/10に４万t増強
	〃	１計画		363,000	2024年	チャンドラアスリ・ペトロケム
	フィリピン	１工場	22,800	12,600	2020／上	ペトロン(ＰＮＯＣ)が設置
	ベトナム	１計画	240,000		2018／４	ＰＸ70万tと併産、出光/三井化等
	ブルネイ(参考)	１計画		500,000	2019／初	中国の恒逸石化が精製・石化計画
		計	15,873,800	1,296,600		
メタノール	中　国	43以上	41,905,000	5,300,000	未　定	山西省/内蒙古/安徽等で増設計画
	〃	９計画		12,900,000	2018年～	山西/陝西/河南・河北省等で計画
	マレーシア	２工場	2,426,000			ラブアンで2009/春に170万t増設
	インドネシア	２工場	990,000	1,000,000	2020年	ＫＭＩがＦＳ中
	ブルネイ(参考)	１計画	850,000		2010／2Q	三菱ガス化G/伊藤忠、３億ドル強
	ベトナム	１計画		1,600,000	未　定	メタネックスがバリア・ブンタウで
		計	46,171,000	20,800,000		(合計に休止設備含まず)
ＭＴＢＥ	韓　国	６工場	873,000			
	台　湾	３工場	724,000			
	〃	１計画		(144,000)	(白紙化)	ＫＨネオケム/ＣＰＣ等が大林で
	中　国	14工場	2,095,000	40,000	2020年	武漢で増設後12万t
	〃	３計画		240,000	2020年～	福建省、青海、河南省での計画
	シンガポール	１工場	100,000			
	タ　イ	１工場	52,000		95年	第２石化ＣＰＸ内
	マレーシア	１工場	330,000			2009／上に３万t増強
		計	4,174,000	280,000		

ポリエステル繊維	韓　国	11工場	1,549,000			
	台　湾	13工場	1,816,400			
	中　国	99以上	40,714,400			
	タ　イ	12工場	998,900			
	マレーシア	2工場	436,000			
	インドネシア	18工場	1,710,800			
	ベトナム	4工場	556,300			
		計	47,781,800			長短繊維の合計(休止設備含まず)
ナイロン繊維	韓　国	7工場	212,700			
	台　湾	9工場	332,600			
	中　国	50以上	2,304,800			
	タ　イ	7工場	101,300			
	マレーシア	1工場	36,000			
	インドネシア	8工場	120,000			
	ベトナム	2工場	100,000			
		計	3,207,400			長短繊維の合計
アクリル繊維	韓　国	1工場	64,800			
	台　湾	1工場	54,800			台プラが2016/11閉鎖
	中　国	18工場	1,029,200			
	タ　イ	1工場	120,000			2011年に1万t増強、印Birlaグループ
		計	1,268,800			長短繊維の合計(休止設備含まず)

(注)ポリエチレンではＬＤＰＥ／ＬＬＤＰＥ／ＨＤＰＥ及びＬＬ／ＨＤ併産設備能力に重複のないよう表記した

オセアニア・南西アジアの主要石油化学製品国別生産体制

(単位：t/y)

製　品	国　名	工場数	現有能力	新増設計画	完　成	備　考
エチレン	オーストラリア	2工場	490,000			
	インド	17工場	7,313,000	200,000	未　定	旧ＭＧＣＣの増設計画
	〃	2計画		2,800,000	2021年～	ＩＯＣＬ等の計画
		計	7,803,000	3,000,000		
ＬＤＰＥ	オーストラリア	1工場	100,000			
	インド	5工場	605,000	140,000	未　定	
		計	705,000	140,000		
ＬＬＤＰＥ	オーストラリア	2工場	55,000			ＬＤＰＥとの併産プラント
	インド	2工場	610,000			ＲＩＬの35万tが2017/7完成
		計	665,000			
ＬＬ／ＨＤＰＥ	オーストラリア	1工場	90,000			
	インド	7工場	3,116,000			
	パキスタン	1計画		350,000	不　明	トランス・ポリマーズが新設
		計	3,206,000	350,000		
ＨＤＰＥ	オーストラリア	1工場	145,000			
	インド	8工場	1,965,000	100,000	未　定	
		計	2,110,000	100,000		

ＰＰ	オーストラリア	１工場	130, 000			２工場が閉鎖
	インド	11工場	5, 740, 000			
	〃	１計画		420, 000	2012年	ＩＯＣが Koyali で新設
		計	5, 870, 000	420, 000		
ＥＤＣ	インド	７工場	725, 000			
	パキスタン	１工場	127, 000		2010／10	
		計	852, 000			
ＶＣＭ	インド	９工場	875, 000			
	〃	１計画		(300, 000)	未　定	韓国ＬＧ化学が塩ビ一貫工場計画
	パキスタン	２工場	226, 000			2010/10に16万t新設
		計	1, 101, 000	(300, 000)		
ＰＶＣ	オーストラリア	１工場	(140, 000)			2016/2停止
	インド	11工場	1, 863, 000			
	パキスタン	３工場	192, 000			
		計	2, 055, 000			
ＰＳ	インド	６工場	592, 000	176, 000	未　定	
	〃	２計画		115, 000	未　定	
		計	592, 000	291, 000		
ＡＢＳ樹脂	インド	６工場	320, 000	97, 000	2019年～	
	〃	２計画		300, 000	未　定	ＬＧポリマー・インディア他計画
		計	320, 000	397, 000		
ＳＭ	インド	５工場	628, 000			
	〃	１計画		600, 000	2021年	ＩＯＣの新設計画
		計	628, 000	600, 000		
ＥＧ	オーストラリア	１工場	10, 000			ＥＯは3. 5万t
	インド	６工場	1, 847, 000	375, 000	2021年	ＩＯＣＬの計画
		計	1, 857, 000	375, 000		
パラキシレン	インド	８工場	5, 865, 000	72, 000	未　定	
	〃	５計画		2, 900, 000	2017年～	
		計	5, 865, 000	2, 972, 000		
ＰＴＡ	インド	８工場	6, 802, 000	147, 000	2020年～	
	〃	２計画		2, 450, 000	2017年～	ＪＢＦとＩＯＣＬの計画
	パキスタン	１工場	500, 000	1, 000, 000	未　定	ロッテ・パキスタンＰＴＡ
		計	7, 302, 000	3, 597, 000		
ＤＭＴ	インド	６工場	570, 000			
ＡＮ	インド	１工場	40, 000			
	〃	２計画		170, 000	未　定	ＩＰＣＬとＲＩＬの新工場計画
		計	40, 000	170, 000		
カプロラクタム	インド	３工場	125, 000			
ベンゼン	インド	11工場	2, 289, 000			
	〃	１計画		100, 000	未　定	
		計	2, 289, 000	100, 000		
メタノール	オーストラリア	１工場	100, 000			
		２計画		3, 000, 000	未　定	ＧＴＬリソーシズの計画など
	ニュージーランド	１工場	2, 200, 000			
		計	2, 300, 000	3, 000, 000		

中東の主要石油化学製品国別生産体制

(単位：t/y)

製　　品	国　　名	工場数	現有能力	新増設計画	完　成	備　　　考
エチレン	サウジアラビア	14工場	18,631,000	640,000	2018／4Q	PETROKEMYAが１号機８割増
		１計画		1,500,000	2024年	アラムコ/トタルの合弁計画
	カタール	３工場	2,762,000			2010/1Qにラスラファン130万t完成
	〃	１計画		1,600,000	2025年	ＱＰ計画、シェル/エクソンは断念
	クウェート	２工場	1,650,000			ダウ／ＰＩＣの合弁「EQUATE」
	イラン	11工場	7,303,400			第11オレフィン100万tの倍増完了
	〃	２計画		2,458,000	2021年～	第８、12、13オレフィン計画
	トルコ	１工場	587,600			2014/秋6.76万t増強
	イスラエル	１工場	200,000	100,000	未　定	98年の増設予定を延期
	ＵＡＥ	１工場	3,550,000	1,800,000	2023年	ボルージュⅣ計画
(参考)	オマーン	１計画		880,000	2020年	ＯＲＰＩＣの石化ＣＰＸ計画
		計	34,684,000	8,978,000		
ＬＤＰＥ	サウジアラビア	５工場	1,720,000			
	カタール	１工場	750,000			
	イラン	６工場	1,900,000			
	トルコ	２工場	310,000			
	イスラエル	１工場	170,000			93年に8.2万t増設
	ＵＡＥ	２工場	430,000		2014／央	ボルージュⅢ+ＸＬＰＥ８万t
(参考)	オマーン	１計画		300,000	2020年	ＯＲＰＩＣの石化ＣＰＸ計画
		計	5,280,000	300,000		
ＬＬＤＰＥ	サウジアラビア	５工場	2,400,000	300,000	2018／4Q	NexyleneがメタロセンＬ Ｌ新設
	イラン	２工場	375,000			
	〃	１計画		350,000	2021年	第12オレフィンの川下計画
	カタール	２工場	550,000			QAPCOの30万t工場が2012/5完成
	〃	１計画		430,000	2025年	
(参考)	オマーン	１計画		300,000	2020年	ＯＲＰＩＣの石化ＣＰＸ計画
		計	3,325,000	1,380,000		
ＬＬ／ＨＤＰＥ	サウジアラビア	４工場	3,550,000			ＳＰＣの55万t２系列2012/10完成
	カタール	１工場	460,000			Q-Chem
	クウェート	２工場	750,000			ＰＩＣ／ダウの合弁「EQUATE」
	イラン	５工場	1,360,000			2017/3に33万t×２基稼働
	ＵＡＥ	１工場	2,550,000			2014/央ボルージュ第３期完成
		計	8,670,000			
ＨＤＰＥ	サウジアラビア	７工場	3,800,000	400,000	検討中	ＫＡＹＡＮ
	カタール	１工場	350,000		2010／1Q	Q-Chem Ⅱ
	〃	１計画		850,000	2025年	ＱＰ／ＱＡＰＣＯの新工場計画
	クウェート	１工場	75,000		2009／６	ＬＬ併産能力の外数
	イラン	７工場	1,575,000			
	〃	２計画		650,000	2021年	第11、12オレフィンの川下計画
	トルコ	１工場	96,000			
(参考)	オマーン	１計画		300,000	2020年	ＯＲＰＩＣの石化ＣＰＸ計画
		計	5,896,000	2,200,000		
ＰＰ	サウジアラビア	10工場	5,530,000			
	カタール	１計画		760,000	2025年	ＱＰ／ＱＡＰＣＯの新工場計画
	クウェート	１工場	140,000			ＦＣＣプロピレンからの一貫生産
	イラン	４工場	725,000			
	〃	１計画		450,000	2021年	パース・No.12コンプレックス計画
	トルコ	２工場	144,000			
	〃	１計画		500,000	2020年	Bayegan GroupがPDHで自給
	イスラエル	１工場	455,000			2007／７に25万t増設
	ＵＡＥ	１工場	1,760,000	480,000	2023年	ボルージュⅣ計画
(参考)	オマーン	１計画		215,000	2020年	ＯＲＰＩＣの石化ＣＰＸ計画
(参考)	アルジェリア	１計画		550,000	2021年	トタル/ソナトラック、ＰＤＨ自給
		計	8,754,000	2,955,000		

EDC	サウジアラビア	2工場	1, 140, 000			ACVCが2012／12に30万t新設
	カタール	1工場	388, 000	425, 000	2018年	QVCの電解～VCM
	イラン	2工場	1, 190, 000			
	イスラエル	1工場	167, 000			
(参考)	オマーン(Salalah)	1計画		410, 000	未　定	NPC/LGI/OOC「Liwa PC」
		計	2, 885, 000	835, 000		
VCM	サウジアラビア	1工場	450, 000	500, 000	不　明	
	カタール	1工場	355, 000	320, 000	2018年	QVCの電解～VCM
	イラン	2工場	523, 000			
	トルコ	1工場	142, 000			
	イスラエル	1工場	120, 000			
(参考)	オマーン(Salalah)	1計画		400, 000	未　定	NPC/LGI/OOCの「Oswal」
		計	1, 590, 000	1, 220, 000		
PVC	サウジアラビア	1工場	420, 000			うち2.4万tは塩ビペースト
	〃	1計画		125, 000	不　明	Sipchem/Hanwhaが新設
	カタール	1計画		100, 000	2018年	QAPCO
	イラン	4工場	775, 000			
	トルコ	1工場	150, 000			
	イスラエル	1工場	110, 000			
(参考)	オマーン(Salalah)	1計画		400, 000	未　定	NPC/LGI/OOCの「Oswal」
(参考)	エジプト	1工場	200, 000	200, 000	2018／4	TCIサンマールの倍増設計画
		計	1, 655, 000	825, 000		
PS	サウジアラビア	2工場	380, 000			SPCが20万tを2012/10に新設
	イラン	3工場	410, 000			2017/央アッサルエで25万t完成
	トルコ	2工場	100, 000			
	イスラエル	1工場	20, 000	40, 000	不　明	うち2, 000tは発泡ポリスチレン
		計	910, 000	40, 000		
SM	サウジアラビア	2工場	2, 407, 000			
	クウェート	1工場	450, 000		2009／8	PIC/ダウの合弁事業
	イラン	2工場	695, 000	200, 000	不　明	Tabriz Petrochemicalの増設計画
	〃	1計画		325, 000	2021年	第12オレフィンの川下計画
	トルコ	1工場	60, 000			
	イスラエル	1計画		60, 000	不　明	
		計	3, 612, 000	585, 000		
EG	サウジアラビア	6工場	6, 086, 000	780, 000	2019年～	JUPCの3号機増設+YANSAB
	カタール	2計画		(2, 200, 000)	白紙化	QP/エクソンM/シェルの計画
	クウェート	2工場	1, 150, 000			PIC／ダウの合弁「EQUATE」
	イラン	3工場	1, 062, 000			
	〃	2計画		1, 060, 000	2021年～	50万t/56万t計画
	トルコ	1工場	100, 000			
		計	8, 398, 000	1, 840, 000		
パラキシレン	サウジアラビア	3工場	1, 525, 000	700, 000	未　定	IBN RUSHDの増設計画
	〃	3計画		3, 200, 000	2019年～	ペトロラービグ等の新設計画
	クウェート	1工場	829, 000		2009／10	PIC80%出資のTKAC
	イラン	4工場	1, 397, 000			
	トルコ	1工場	136, 000	40, 000	不　明	ベンゼン12.3万t/OX4万t併産
	UAE	1計画		800, 000	不　明	ADNOC／外資の合弁計画
(参考)	オマーン	1工場	700, 000		2009／7	*ORPIC/ベンゼン17.5万t併産
		計	4, 587, 000	4, 740, 000		*ORPICにOOCは25%出資

DMT	トルコ	1工場	280,000			98/8に倍増設完了
	イラン	1工場	60,000			ＦＩＰＣＯ
		計	340,000			
ＰＴＡ	サウジアラビア	1工場	380,000	370,000	不　明	ＡＩＦＣの増設計画
	イラン	2工場	700,000			芳香族第3、第4プラント
	トルコ	1工場	140,000			2014/秋倍増設(別に65万t計画も)
	〃	1計画		900,000	2023年	SOCAR Turkey Enerji が新設
	イスラエル	1計画		60,000	不　明	
(参考)	オマーン	1計画		1,100,000	2021年	ＰＥＴ50万tは断念、*ＬＧＩ30%
		計	1,220,000	2,430,000		*ＯＯＣが70%出資
ＡＮ	トルコ	1工場	90,000			93年に1.5万t増強
	サウジアラビア	1計画		(200,000)	白紙化	旭化成/ＳＡＢＩＣ
		計	90,000			
ベンゼン	サウジアラビア	7工場	2,280,000	140,000	未　定	IBN RUSHD の増設計画
	〃	1計画		1,205,000	2019年～	アラムコの新設計画他
	カタール	1工場	36,000		2007／2	ＳＥＥＦ
	クウェート	1工場	393,000		2009／10	ＰＩＣ/外資の合弁プロジェクト
	イラン	6工場	1,041,000			第4芳香族設備が2007/8完成
	トルコ	1工場	123,000			ＰＸ13.6万t/ＯＸ4万t併産
	イスラエル	1工場	98,000			
	ＵＡＥ	1計画		100,000	不　明	ＡＤＮＯＣ/外資の合弁計画
(参考)	オマーン	1工場	175,000		2009／7	ORPIC(OOC25%)～ＰＸ70万t併産
		計	4,146,000	1,445,000		
メタノール	サウジアラビア	4工場	7,302,000			AR-RAZI の5号機2008／央完成
	バーレーン	1工場	438,000			
	カタール	1工場	982,350		99／8	ＭＴＢＥ61万t向けが中心
	〃	1計画		3,000,000	不　明	ＱＰとカナダ企業との計画
	イラン	8工場	10,460,000			№1～5の5工場＋ＮＰＣ3他
	イスラエル	1工場	60,000			
(参考)	オマーン	1工場	1,000,000		2007／9	オマーン・メタノール/ＴＥＣ技術
〃	〃	1工場	1,000,000		2010／初	サラ・メタノール～9.1億$
〃	エジプト	1工場	1,260,000		2011／4	メタネックス60%、DME20万tも
		計	22,502,350	3,000,000		
ＭＴＢＥ	サウジアラビア	3工場	2,750,000			ＥＴＢＥ併産70万tを含む
	カタール	1工場	610,000		99／8	メタノール83.25万tとセット
	イラン	1工場	500,000		2000／6	バンダル・イマム
	イスラエル	1工場	20,000		92／央	リファイナリーに併設
		計	3,880,000			

アジアの石化製品企業別新増設計画

エチレンの新増設プロジェクト

(単位：t/y)

国　名	会　社　名	サ　イ　ト	生産能力	完　成	備　考
中　国	江蘇斯爾邦石化	江蘇省連雲港	417,000	2017／2	ＭＴＯ、盛虹石化の傘下企業
中　国	吉林康乃	吉林省	150,000	2017／8	新設、ＭＴＯ、ＵＯＰ技術、EO、PO～PPGも
中　国	中原石油化工連合	河南省中原	360,000	2017／10	ＳＭＴＯ法で増設後56万t、シノペック系
中　国	聊城煤武新材料科技	山東省聊城	300,000	2017／末	新設、ＭＴＯ、ＵＯＰ技術
中　国	飛虹化工	山西省洪洞	300,000	2017年	新設、ＭＴＯ、山西焦煤集団グループ
韓　国	大韓油化工業	温山	330,000	2017／6	増設後80万t
イラン	Kavian Petrochemical	アッサルエ	1,000,000	2017／央	オレフィンNo.11倍増設、ＮＰＣ18％出資
	2017年合計		2,857,000		
中　国	中海シェル石油化工	広東省恵州	1,200,000	2018／5	第２期増強、ＣＮＯＯＣ50%/シェル50%
中　国	久泰能源	内蒙古ｵﾙﾄﾞｽ	300,000	2018／6	ＭＴＯ、ＵＯＰ技術、C_3=30万t
中　国	陝西延長石油	陝西省延安	610,000	2018／8	ＤＭＴＯ、「延安能化」
中　国	南京誠志永清能源	江蘇省南京	240,000	2019／2	ＭＴＯ、ＵＯＰ技術、恵生工程がＥＰＣ
中　国	新浦オレフィン(泰興)	江蘇省泰興	780,000	2019／4	テクニップのエタン炉、ＳＰケミカルズ
中　国	中安連合煤化	安徽省淮南	300,000	2019／6	新設、ＳＭＴＯ、シノペックとの合弁
中　国	青海大美煤業	青海省西寧	900,000	2019／上	ＤＭＴＯ、オレフィン180万t/y
中　国	恒力石化(大連)煉化	大連・長興島	1,500,000	2019／4Q	新設、精製40万b/d併設、ナフサ系
中　国	浙江石油化工	浙江省舟山	1,400,000	2019／末	新設第１期、精製40万b/d併設、ナフサ系
中　国	南京誠志永清能源	遼寧省大連	300,000	2019年	ＭＴＯ
中　国	中国石油	雲南省昆明	1,000,000	2019年	新設、ナフサ系
中　国	蘭州石化	甘粛省蘭州	600,000	2019年	No.4増設後130万t/y、ナフサクラッカー
中　国	海南煉油化工	海南省洋浦	1,000,000	2019年	新設、シノペック系
中　国	福建古雷石化	福建省漳州	1,100,000	2020／6	台湾のLCY/USI/和桐等６社、ナフサ80万t
中　国	中化泉州石化	福建省泉州	1,000,000	2020／12	同時に精製24万b/dを30万b/dに増強
中　国	中国中煤能源集団	陝西省楡林	700,000	2020年	新設、MTO、「陝西延長中煤楡林能源化工」
中　国	盛虹集団	江蘇省連雲港	1,100,000	2020年	新設、精製32万b/dより一貫計画、ナフサ
中　国	中韓(武漢)石化	湖北省武漢	300,000	2020年	増設後110万t、ナフサ、ＳＫ35％出資
中　国	遼寧盤錦華錦化工	遼寧省撫順	1,500,000	2020年	増設後202万t
中　国	シノペック	貴州省畢節	900,000	2020年頃	ＳＭＴＯ、「長城能源化工(貴州)」
中　国	浙江石油化工	浙江省舟山	1,400,000	2021／1Q	新設、第２期倍増設計画、ナフサ系
中　国	大連実徳/ＳＡＢＩＣ	遼寧省大連	1,300,000	2021年	新設、両社折半出資、ナフサ
中　国	広西投資	広西省ﾁﾜﾝ	1,000,000	2021年	新設を計画、エタンクラッカー
中　国	万華化学	山東省煙台	500,000	2021年頃	新設、オレフィン100万t、2018/9承認
中　国	シノペック/ＫＰＣ	広東省湛江	1,000,000	2023年	新設、中国石化50%/ＫＰＣ50%
中　国	エクソン/恵州市政府	広東省恵州	1,000,000	2023年頃	2017/11MOU、20万b/d製油所併設、ナフサ
中　国	ＢＡＳＦ	広東省湛江	1,000,000	2026／末	新設、ＢＡＳＦ100%出資で100億$投資
中　国	神華集団/ダウ	陝西省楡林	610,000	未　定	ＤＭＴＯ、倍増設後122万t
中　国	青海省鉱業集団	青海省ｺﾞﾙﾑﾄﾞ	270,000	未　定	ＣＴＯ、$C_3$41.54万t、2017/7承認
中　国	ＣＮＰＣ/ＱＰＩ/ｼｪﾙ	浙江省台州	1,200,000	未　定	新設、精製40万b/d併設
中　国	蘭花煤化工	山西省晋城	300,000	未　定	ＣＴＯ
中　国	山西焦煤集団	山西省洪洞	300,000	未　定	第２期増設、ＭＴＯ
中　国	中国石油/陝西省政府	陝西省延安	1,000,000	未　定	中国石油と陝西省政府で26億$、ナフサ
中　国	神華煤制油化工	新疆ウイグル	680,000	未　定	ＭＴＯ、「新疆煤化工」
中　国	神華寧夏煤業集団	寧夏・銀川	350,000	未　定	ＣＴＯ、2020頃までにＦＩＤ、ＳＡＢＩＣ
中　国	神華包頭石炭化学	内蒙古包頭	300,000	未　定	ＤＭＴＯ、No.２設備、オレフィン60万t
中　国	ＢＡＳＦ/シノペック	江蘇省南京	1,000,000	未　定	No.２設備、BASF-YPC/揚子石化各50%出資
韓　国	エスオイル	温山	200,000	2018／央	新設
韓　国	エスオイル	温山	1,000,000	2023年	次期エチレンプラント増設後120万t
韓　国	ロッテケミカル	麗水	200,000	2018／末	増設後123万t
韓　国	ハンファ・トタル	大山	310,000	2019／央	増設後140.5万t
韓　国	ＬＧ化学	大山	230,000	2019／秋	増設後127万t
韓　国	ＬＧ化学	麗水	840,000	2021／下	増設後200万t

韓　国	麗川ＮＣＣ	麗水	335,000	2020／秋	増設後228.5万t
韓　国	現代ケミカル	大山	750,000	2021／末	新設
韓　国	ＧＳカルテックス	麗水	700,000	2022年	新設，ＧＳエナジー/シェブロン折半出資
タ　イ	ＰＴＴグローバルＣ	マプタプット	500,000	2020／1Q	№３、マプタプット・レトロフィット計画
タ　イ	ＭＯＣ	バンチャン	210,000	2021／1Q	増強後111万t
マレーシア	ロッテケミカル・タイタン	パシールグダン	93,000	2018／上	増強後２系列で計81万t/y
マレーシア	ペンゲランＲＣ	ジョホール州	1,290,000	2019／2Q	ＲＡＰＩＤ計画、全体完成は2019/4Q
インドネシア	チャンドラアスリ	アニール	40,000	2020／初	増強後90万t
〃	〃	チレゴン	1,100,000	2024／初	増設後200万t、ルーマス技術
インドネシア	ロッテ・タイタン	チレゴン	1,000,000	2023年	新設、2017/央製鉄所隣地取得、$C_3$60万t
インドネシア	アラムコ/プルタミナ	バロンガン	1,000,000	検討中	新設、合弁相手をPTTGC→アラムコへ
インドネシア	プルタミナ/台湾中油	未定	未　定	検討中	新設、各社45%出資、2019/央ＦＩＤ
フィリピン	ＪＧサミット・オレフィンズ	バタンガス	160,000	2020／央	増設後48万t
フィリピン	ＢＮＣプロジェクト	バタンガス	(600,000)	未　定	３プロジェクトを統合
ベトナム	ロンソン・ペトロケミカル	バリアブンタウロンソン島	1,200,000	2023／上	新設、プロピレンは45万t、参画を検討していたＱＰＩとビナケムは撤退
インド	リライアンス	ジャムナガール	1,500,000	2018／１	新設、テクニップ技術、オフガスクラッカー
インド	インド国営石油	パラディープ	1,500,000	2021年	新設を検討
インド	Essar Gujarat Petrochemical	グジャラート	1,300,000	未　定	製油所拡張計画に連動、川下でＳＭ、ＭＴＢＥ、フェノールなど
サウジアラビア	サウジカヤン	アルジュベール	93,000	2018／1Q	増強後157.1万t、SABIC/アル・カヤン等
サウジアラビア	ペトロケムヤ	アルジュベール	640,000	2018／4Q	増強後304万t、１号機の８割増設計画
サウジアラビア	ＳＡＴＯＲＰ	アルジュベール	1,500,000	2024年	新設、アラムコ/トタルが50億$投資
カタール	ＱＰ	ラスラファン	1,600,000	2025年	新設、当初の140万tから拡大再計画
カタール	ラスラファン・オレフィンズ	ラスラファン	300,000	未　定	増強後170万t
クウェート	ＫＮＰＣ	アル・ズール	1,400,000	2020年	新設、エタン&ナフサクラッカー
イラン	Ilam Petrochemical	バンダル・イーラム	458,000	2018年	オレフィン№13新設、ＮＰＣ49%出資
イラン	Kian Olefin	パース	1,000,000	2021年	オレフィン№12新設
イラン	Gachsaran Olefin	ガッサラン	1,000,000	2021年	オレフィン№８新設、Dena PC100%出資
ＵＡＥ	ボルージュ	ルワイス	1,800,000	2023年	ボルージュⅣプロジェクト
オマーン	ＯＲＰＩＣ	ソハール	880,000	2020年	新設、ダウ50%/オマーンオイル・政府各25%
オマーン	ＯＯＣ/ＫＰＣ	ドゥクム	1,600,000	2022年～	23万b/dの川下、ブタジエン18万tも併産
エジプト	カーボンＨＤ	アインスクナ	1,400,000	2019年	Ain Sokhna工業団地に新設
トルクメニスタン	トルクメンガス	バルカン州	400,000	2018／10	新設、ＴＯＹＯがトルクメンバシで施工
アゼルバイジャン	ＳＯＣＡＲ	Garadagh	600,000	未　定	$C_3$12万t、ガスクラッカー、(EPC)テクニップ
	2018年以降合計		60,069,000		

ポリエチレンの新増設プロジェクト

(単位：t/y)

国　　名	会　社　名	サ イ ト	生産能力	完　成	備　　考
【ＬＤＰＥ】					
中　国	SABIC/寧夏煤業集団	寧夏・銀川	200,000	2018／下	新設、ＥＶＡ10万t/UHMW-PE５万t併設
中　国	中国中煤能源集団	陝西省楡林	350,000	2020／８	新設、「陝西延長中煤楡林能源化工」
中　国	中国中煤能源集団	陝西省楡林	300,000	2020年	MTO川下、「陝西延長中煤楡林能源化工」
中　国	浙江石油化工	浙江省舟山	700,000	2021／1Q	新設、30万t×１基/40万t×１基
中　国	山東京博石油化工	山東省淄博	650,000	未　定	新設
中　国	神華寧夏煤業集団	寧夏	200,000	未　定	新設、ＣＴＯ70万t、2020年頃FID/SABICも
中　国	山西焦煤集団	山西省洪洞	300,000	未　定	増設、「飛虹化工」
インド	リライアンス	ジャムナガル	400,000	2018／１	新設
インドネシア	チャンドラアスリ	チレゴン	300,000	2024年	新設、110万tエチレン川下
サウジアラビア	サダラ・ケミカル	アルジュベール	350,000	2017／５	新設
サウジアラビア	ペトロ・ラービグ	ラービグ	150,000	2017／９	増設後40万t～うちＥＶＡ７万t
イラン	コルデスタン石油化学	サナンダジ	300,000	2017／３	新設、、オレフィン№11の川下計画
オマーン	ＯＲＰＩＣ	ソハール	300,000	2020年	新設、エチレン88万tの川下
	2017年以降合計		4,500,000		

【ＬＬＤＰＥ】					
中　国	盛虹石化	江蘇省連雲港	300,000	2017／２	新設、ＥＶＡ併産、「江蘇斯爾邦石化」
中　国	山西焦煤集団	山西省洪洞	300,000	2017年	新設、ＭＴＯ川下
中　国	中安連合煤化	安徽省淮南	350,000	2018／末	新設、ＳＭＴＯ川下、シノペックと合弁
中　国	青海大美煤業	青海省西寧	300,000	2019／上	新設、ＤＭＴＯ川下
中　国	中韓(武漢)石化	湖北省武漢	300,000	2020年	武漢石化／ＳＫ35％出資、ナフサ川下
中　国	長城能源化工(貴州)	貴州省畢節	300,000	2020年	新設、ＳＭＴＯ川下、シノペック傘下
中　国	万華化学	山東省煙台	450,000	2021年頃	新設、オレフィン100万t川下
中　国	青海省鉱業集団	青海省ｺﾞﾙﾑﾄﾞ	260,000	未　定	増設、ＣＴＯ川下、2017/7承認
韓　国	ＬＧ化学	麗水	200,000	2018／4Q	増設後28.6万t/y
タ　イ	ＰＴＴＧＣ	マプタプット	400,000	2017／７	3.4万tのヘキセン－１併産
マレーシア	ペトロナス	ペンゲラン	350,000	2019／央	ＲＡＰＩＤ、イノビーンＧプロセス
ベトナム	ロンソン・ペトロケミカル	バリアブンタウロンソン島	500,000	2023／上	新設～石化の川下計画、タイＳＣＧグループの進出計画
インド	リライアンス	ジャムナガル	350,000	2018／１	新設、バセル「Lupotech T」技術
サウジアラビア	Nexylene	ジュベール	300,000	2018／4Q	SABIC/SKグローバル合弁、メタロセン系
カタール	ＱＰ	ラスラファン	430,000	2025年	新設、エチレン160万tの川下計画
イラン	Kian Olefin	タンバック	350,000	未　定	新設、オレフィンNo.12・２期、NPC傘下
オマーン	ＯＲＰＩＣ	ソハール	300,000	2020年	新設、88万t/yエチレンの川下
	2017年以降合計		5,740,000		
【ＬＬＤＰＥ／ＨＤＰＥ】					
中　国	SABIC/寧夏煤業集団	寧夏・銀川	300,000	2018／下	「寧夏寶豐能源集団」ＭＴＯ60万t川下
中　国	包頭博発稀有新能源	内蒙古・包頭	400,000	2018年頃	２期倍増計画、2017/4着工
中　国	神華包頭石炭化学	内蒙古・包頭	300,000	未　定	ＤＭＴＯ川下
タ　イ	タイ・ポリエチレン	マプタプット	60,000	2017／初	増強後18万t、エクソン技術
インドネシア	チャンドラアスリ	アニール	400,000	2020／1Q	増設後60万t、ユニベーション法
インド	ＯＰａＬ(ＯＮＧＣ)	ダヘジ	720,000	2017／２	２基新設、「イノビーンＧ」技術
インド	リライアンス	ジャムナガル	550,000	2018／１	新設
イラン	ロレスタン石油化学	ホラマバード	330,000	2017／３	新設、オレフィンNo.11の川下
イラン	マハバード石油化学	マハバード	330,000	2017／３	新設、オレフィンNo.11の川下
	2017年以降合計		3,390,000		
【ＨＤＰＥ】					
中　国	恒力集団	遼寧省大連	400,000	2019／4Q	増設後60万t、バセル「Hostalen ACP」
中　国	中韓(武漢)石化	湖北省武漢	300,000	2020年	新設、140万tエチレン川下
中　国	浙江石油化工	浙江省舟山	350,000	2021／1Q	新設、バセル技術
中　国	山東寿光魯清石化	山東省寿光	350,000	不　明	新設、バセル「Hostalen ACP」技術
中　国	山東省京博石油化工	山東省淄博	300,000	不　明	新設、バセル「Hostalen ACP」技術
中　国	万華化学集団	山東省煙台	300,000	不　明	新設、バセル技術
マレーシア	ペトロナス	ペンゲラン	400,000	2019／3Q	新設、タイ企業との合弁プロジェクト
ベトナム	ロンソン・ペトロケミカル	バリアブンタウロンソン島	450,000	2023／上	新設～石化の川下計画、タイＳＣＧグループの進出計画
インドネシア	チャンドラアスリ	チレゴン	450,000	2024年	新設、110万tエチレン川下
フィリピン	ＪＧサミットＰＣ	バタンガス	250,000	2020／央	新設、シェブロンフィリップス技術
インド	ＯＰａＬ(ＯＮＧＣ)	ダヘジ	340,000	2017／２	新設
インド	リライアンス	ジャムナガル	350,000	2018／１	新設、オレフィンセンターの川下
カタール	ＱＰ	ラスラファン	850,000	2025年	新設、エチレン160万tの川下計画
イラン	Kian Olefin	パース	350,000	2021年	新設、オレフィンNo.11の川下
イラン	ケルマンシャＰＣ	ケルマンシャ	300,000	未　定	新設、オレフィンセンターの川下
オマーン	ＯＰＩＣ	ソハール	300,000	2019年	ロッテ/韓国ガス公社/STXエナジー/ウズ
アゼルバイジャン	ＳＯＣＡＲ	スムガイト	120,000	2018／７	新設、イネオス「イノビーンＳ」技術
トルクメニスタン	トルクメンガス	バルカン州	386,000	2018年	新設、88万t/yエチレンの川下
オマーン	ＯＲＰＩＣ	ソハール	300,000	2020年	
	2017年以降合計		6,846,000		
	ポリエチレン合計		20,476,000		

ポリプロピレンの新増設プロジェクト

(単位：t/y)

国　　名	会　社　名	サ　イ　ト	生産能力	完　成	備　　考
中　国	中国軟包材集団	福建省福州	350,000	2017／3	新設、「中景石化」、福建美徳のPDH川下
中　国	シノペック	河南省中原	100,000	2017／10	新設、ＭＴＯ30万t川下、「中原石化」
中　国	中国軟包材集団	福建省福州	700,000	2017年	2基新設、「中景石化」、福建美徳のPDH川下
中　国	山西焦煤集団	山西省洪洞	400,000	2017年	ユニポール法
タ　イ	ＩＲＰＣ	ラヨン	300,000	2017／10	増設後63.5万t、ＪＰＰのホライゾン法
	2017年合計		1,850,000		
日　本	日本ポリプロ	千葉県市原市	150,000	2019／10	Ｂ＆Ｓ、ホライゾン技術、2018/1着工
日　本	プライムポリマー	千葉県市原市	200,000	2022年頃	Ｂ＆Ｓを検討
中　国	久泰能源	陝西省延安	250,000	2018／6	新設、ＭＴＯ30万t川下
中　国	青海大美煤業集団	陝西省延安	250,000	2018／8	新設、「延安能化」、ユニポール技術
中　国	平湖石化	浙江省平湖	300,000	2018／秋	新設、原料は浙江衛生能源のＰＤＨより
中　国	中海シェル化工	広東省恵州	400,000	2018／4Q	バセル技術、増設後66万t
中　国	SABIC/寧波煤業集団	寧夏・銀川	300,000	2018／下	イノビーンＰＰ法、最終目標180万t
中　国	中安連合煤化	安徽省海南	350,000	2018／末	新設、オレフィン170万tＭＴＯ川下
中　国	中安連合煤化	安徽省淮南	350,000	2019／6	新設、ＳＭＴＯ川下、シノペック傘下
中　国	青海大美煤業	青海省西寧	400,000	2019／上	ＭＴＯ180万t川下、ユニポール法
中　国	恒力集団	大連長興島	450,000	2019／4Q	「恒力石化(大連)煉化」
中　国	中国中煤能源集団	陝西省楡林	300,000	2019／末	新設、「陝西延長中煤楡林能源化工」
中　国	古雷石油化学	福建省漳州	300,000	2020／6	福建錬油化工50%／旭騰投資50%出資
中　国	中化泉州石化	福建省	350,000	2020／12	新設、ユニポール技術
中　国	中韓(武漢)石化	湖北省武漢	300,000	2020年	増設、武漢石化/ＳＫ35%、ナフサ川下
中　国	シノペック	貴州省畢節	300,000	2020年	「長城能源化工(貴州)」ＳＭＴＯ川下
中　国	青海省鉱業集団	青海・ｺﾞﾙﾑﾄﾞ	420,000	未　定	新設、ＣＴＯ川下、2017/7承認
中　国	SABIC/神華寧夏煤業	寧夏・銀川	380,000	未　定	新設、寧夏煤業集団のＣＴＯ川下計画
中　国	神華包頭石炭化学	内蒙古・包頭	300,000	未　定	新設、№2ＭＴＯ60万tの川下
中　国	蘭花煤化工	山西省晋城	600,000	未　定	新設、ＣＴＯ川下
中　国	山西焦煤集団	山西省洪洞	400,000	未　定	増設、ＭＴＯ川下、「飛虹化工」
中　国	東華能源	浙江省寧波	400,000	未　定	新設、イネオス技術
中　国	揚子江石油化工	江蘇省南京	50,000	未　定	増強後25万t
中　国	上海石化	上海・金山	300,000	未　定	増設後64万t、2008/7承認
中　国	延安石油化工	陝西省延安	300,000	未　定	イノビーンＰＰ法、延安能源化工傘下
台　湾	台湾化学繊維	麦寮	300,000	未　定	増設後81万t
韓　国	Ｓ－ＯＩＬ	温山	405,000	2018／上	温山製油所ＦＣＣの川下計画
韓　国	SKｱﾄﾞﾊﾞﾝｽﾄ/ﾎﾟﾘﾐﾚｲ	蔚山	400,000	2021年	新設、「ＳＫアドバンストカンパニー」
タ　イ	ＨＭＣポリマーズ	マプタプット	250,000	2021年	増設後106万t
マレーシア	ロッテ・ケミカル	ﾊﾟｼｰﾙｸﾞﾀﾞﾝ	200,000	2018／9	増設後59万t
マレーシア	ペトロナス	ペンゲラン	900,000	2019／2Q	ＲＡＰＩＤ、ライオンデルバセル技術
インドネシア	チャンドラアスリ	メラク	110,000	2019／3Q	増強後59万t、ユニポールPP技術
インドネシア	チャンドラアスリ	メラク	450,000	2024年	新設、110万tC_2、60万tC_3の川下
インドネシア	プルタミナ/アラムコ	チラチャップ	160,000	2022年	新設～ＲＦＣＣ回収プロピレンを利用
インドネシア	チャンドラ/Bukit Asam/Pupuk/ﾌﾟﾙﾀﾐﾅ	タンジュンエニム	450,000	2022/11	新設、石炭toケミカルプロジェクトの一環
ベトナム	ＫＰＩ/出光/三井他	ニソン	370,000	2018／4	20万b製油所のＲＦＣＣプロピレン受給
ベトナム	ベトナム国営石油	ズンクワット	18,000	2021／初	増強後16.8万t/y、2017/下着工
ベトナム	ロンソン・ペトロＣ	ロンソン島	450,000	2023／上	新設、タイＳＣＧグループの進出計画
ベトナム	暁星グループ	バリアブンタウ	300,000	2019／末	第1期でＬＰＧタンクとＰＰ
	〃	〃	300,000	未　定	第2期でＰＤＨとＰＰ
ベトナム	ブンロー・ペトロ	ドンホア	900,000	計画中断	新設、イネオスInnovenePP、英露合弁計画
インド	インド国営石油	パラディープ	680,000	2018／9	新設、オレフィンセンター川下
	〃	Koyali	420,000	2022年	製油所拡張・ＦＣＣ新設計画に連動
インドネシア	チャンドラアスリ	チレゴン	100,000	2020年	増強後56万t
インドネシア	〃	メラク	100,000	2020年	増強後34万t
インドネシア	アラムコ/プルタミナ	チラチャップ	160,000	2022年	ＲＦＣＣ回収プロピレンを利用
インドネシア	ﾁｬﾝﾄﾞﾗ/ﾌﾟﾙﾀﾐﾅ他	ﾀﾝｼﾞｭﾝ・ｴﾆﾑ	450,000	2022／11	新設、石炭toケミカルプロジェクト
フィリピン	ＪＧサミットＰＣ	バタンガス	110,000	2020／央	増強後30万t、ユニポール技術

イラン	Jam Petrochemical	アッサルエ	300,000	2021年	倍増設後60万t、オレフィンNo.10の川下
イラン	Kian Olefin	パース	450,000	2021年	新設、オレフィンNo.12の川下
UAE	ボルージュ	ルワイス	500,000	2023年	ボルスター技術で５基目を増設
カタール	QP	ラスラファン	760,000	2025年	新設、ユニポールプロセス
トルクメニスタン	トルクメンガス	バルカン州	80,000	2018年	新設、オレフィンセンターの川下
トルコ	Sonatrach/Bayegan	Ceyan	500,000	未　定	PDH75万t/y川下、2017/8MoU締結
トルコ	MetCap Energy/Fusion Dynamics	エネズ	590,000	2023年迄	新設、両社折半出資
オマーン	ORPIC	ソハール	300,000	2019年	新設、バセルSpheripol法、エチレン川下
アルジェリア	トタル/ソナトラック	アルツェ	550,000	2021年頃	PDHで自給、14億$、2018/11FEED開始
アゼルバイジャン	SOCAR	スムガイト	180,000	2018／7	新設、ライオンデルバセル技術
	2017年以降合計		20,293,000		

ＶＣＭの新増設プロジェクト（中国のカーバイド法設備除く）

（単位：t/y）

国　　名	会　社　名	サイト	生産能力	完　成	備　　　考
タイ	ビ　ニ　タ　イ	マプタプット	430,000	未　定	増設後83万t
インドネシア	アサヒマス・ケミカル	アニール	400,000	2016／2	80万tに倍増設、電解～ＰＶＣ増設
インドネシア	アサヒマス・ケミカル	アニール	100,000	2018／初	既存設備の改造･更新で10万t増の90万tに
ベトナム	ビナＳＣＧケミカル/ＴＰＣ合弁	バリアブンタウロンソン島	400,000	2023／上	電解28万t/ＥＤＣ33万tからＶＣＭ製造～タイのＴＰＣが原料遡及させる計画
カタール	ＱＶＣ	メサイード	320,000	2018年	増設後55万t
オマーン	ＰＤＭＩ		250,000	19年発注	加ＳＮＣラバリンへ発注、ソーダ14万t一貫
	2016年以降合計		1,900,000		

ＰＶＣの新増設プロジェクト（中国のカーバイド法設備除く）

（単位：t/y）

国　　名	会　社　名	サイト	生産能力	完　成	備　　　考
ベトナム	＊フーミー・プラスチック＆ケミカルズ	バリアブンタウ	50,000	2016／初	増強後15万t，＊現ＡＧＣケミカルズ・ベトナム
インドネシア	アサヒマス・ケミカル	アニール	250,000	2016／2	増設後55万t、電解～ＶＣＭ増設
	2016年合計		300,000		
韓　国	ＬＧ化学	大山／麗水	70,000	未　定	大山３万t/麗水４万t増強後93万t
中　国	万華化学	山東省	400,000	2021年頃	新設
中　国	東曹（広州）化工	広東省広州	390,000	未　定	増設後63万t
タ　イ	ビニタイ	マプタプット	560,000	未　定	増設後86万t
インドネシア	アサヒマス・ケミカル	アニール	200,000	2021/2Q	増設後75万t
インドネシア	スタットマー	メラク	130,000	未　定	増設後22.3万t
フィリピン	フィリピンレジンズ	リマイ	110,000	2018／12	増設後21万t
ベトナム	ＴＰＣビナ	ドンナイ	70,000	未　定	2009年タイから８万t移設、増設後27万t
カタール	ＱＶＣ	メサイード	100,000	2018年	新設
エジプト	ＴＣＩサンマール	ポートサイド	200,000	2018／4	倍増設後40万t～ジェイコブズENGに発注
オマーン	ＰＤＭＩ		250,000	19年発注	加ＳＮＣラバリンへ発注、総工費15億$
	2018年以降合計		2,480,000		

ＳＭの新増設プロジェクト

（単位：t/y）

国　　名	会　社　名	サイト	新増設計画	完　成	備　　　考
中　国	中国石化九江分公司	江西省九江	80,000	2017／4	新設、ＥＢから一貫生産
中　国	寧波科源石化	浙江省寧波	170,000	2017／6	新設
	2017年合計		250,000		
中　国	青島碱業	江蘇省泰興	500,000	2018／1Q	新設、ＭＴＯベース
中　国	安徽昊源化工	安徽省阜陽	260,000	2018／下	新設
	2018年合計		760,000		

韓　国	麗川ＮＣＣ	麗川	80,000	2019年央	増強後37万t
エジプト	カーボンHD	アインスクナ	400,000	2019年	Ain Sokhna工業団地に新設、FEED/ＣＢ＆Ｉ
中　国	浙江石油化工	舟山	1,200,000	2019／末	新設、ＥＢ一貫、バジャー技術、2期60万tも計画
中　国	恒力石化(大連)	長興島経済区	720,000	2019以降	新設、ＥＢ一貫、バジャー技術
中　国	シェル／ＣＮＯＯＣ	恵州	630,000	2020／秋	南海コンプレックス２期計画、ＰＯ併産
インド	ＩＯＣ	パラディープ	600,000	2021年	新設、オレフィンセンターの川下計画
イラン	Kian Olefin	パース	325,000	2021年	新設、オレフィンNo.12の川下計画
イラン	タブリーズ石化	タブリーズ	200,000	未　定	増設後29.5万t
	2019年以降合計		4,155,000		

ＰＳの新増設プロジェクト（ＥＰＳ除く）

（単位：t/y）

国　　名	会　社　名	サ　イ　ト	新増設計画	完　成	備　　考
イラン	ＮＰＣ	バンダル・マズハー	80,000	2017／3	新設、Takht-e Jamshid石油化学
韓　国	ＬＧ化学	麗水	▲50,000	2017／上	２系列中１系列をＡＢＳに転換～能力半減
	2017年以降合計		30,000		

ＡＢＳ樹脂の新増設プロジェクト

（単位：t/y）

国　　名	会　社　名	サ　イ　ト	新増設計画	完　成	備　　考
韓　国	ロッテアドバンスト	麗水	110,000	2017／8	増設後67万t
韓　国	ＬＧ化学	麗水	50,000	2017年	増強後90万t、ＰＳの１系列をＡＢＳに転換
中　国	中海油樂金化工	広東省恵州	150,000	2018／末	ＬＧ化学/ＣＮＯＯＣ折半、倍増設後30万t
イラン	ＮＰＣ	アッサルエ	200,000	2019年	新設、Jam Petrochemical
	2017年以降合計		510,000		

ポリアセタールの新増設プロジェクト

（単位：t/y）

国　　名	会　社　名	サ　イ　ト	新増設計画	完　成	備　　考
韓　国	Kolon BASF innoPOM	金泉	70,000	2018／10	コーロン/ＢＡＳＦ折半出資
中　国	中国藍星集団	上海・星火	60,000	未　定	自社技術、第２期増設後10万t
サウジアラビア	IBN SINA	ジュベール	50,000	2017／6	新設、ティコナ技術、2017/末本格稼働
カタール	タスニー／ＬＧ化学	メサイード	30,000	不　明	当初の新設予定は2009/4Q
	2017年以降合計		210,000		

ポリカーボネートの新増設プロジェクト

（単位：t/y）

国　　名	会　社　名	サ　イ　ト	新増設計画	完　成	備　　考
中　国	コベストロ	上海・漕渓	200,000	2017／1	倍増設後40万t
中　国	万華化学	山東省煙台	100,000	2018／1	新設
中　国	万華化学	山東省煙台	100,000	2019／下	倍増設後20万t
タ　イ	ＰＴＴＧＣ	マプタプット	140,000	2019／4	新設、フェノール～ＢＰＡの川下
韓　国	ロッテケミカル	麗水	110,000	2019／下	倍増設後22万t
韓　国	ＬＧ化学	麗水	130,000	2019年	増設後30万t
中　国	江山化工	浙江省寧波	100,000	2019年	倍増設後20万t
中　国	コベストロ	上海・漕渓	200,000	2020／4	デボトル増強後60万t
中　国	浙江石油化工	浙江省舟山	260,000	2020／4	新設
中　国	シノペック／SABIC	天津	260,000	2020／12	フェノールの川下計画、2018/3着工
中　国	平煤神馬集団	河南省平頂山	100,000	2020年	ホスゲン界面法ＫＢＲ技術を2018/6導入
中　国	平煤神馬集団	河南省開封	100,000	2020年	ホスゲン界面法ＫＢＲ技術を2018/6導入
中　国	平煤神馬集団	河南省開封	300,000	未　定	増設後40万t
中　国	平煤神馬集団	河南省平頂山	100,000	2020年	新設、将来40万tまで増設
	2017年以降合計		2,200,000		

ビスフェノールＡの新増設プロジェクト

（単位：t/y）

国　　名	会　社　名	サイト	新増設計画	完　成	備　　考
台　湾	信昌化工	林園	▲100,000	2016／1	停止
中　国	コベストロ	上海・漕渓	220,000	2016／7	増設、自社ＰＣ向け
中　国	コベストロ	上海・漕渓	220,000	2019／2	増設、自社ＰＣ向け
中　国	浙江石油化工	浙江省舟山	300,000	2019以降	新設、バジャー技術
	2016年以降合計		640,000		

フェノールの新増設プロジェクト

（単位：t/y）

国　　名	会　社　名	サイト	新増設計画	完　成	備　　考
タ　イ	ＰＴＴＧＣ	マプタプット	250,000	2016／2Q	増設後48万t
韓　国	錦湖Ｐ＆Ｂ化学	麗水	300,000	2016／2Q	増設後68万t
サウジアラビア	ペトロラービグ	ラービグ	250,000	2017／7	第２期計画、キュメン40万t併設
インド	ディーパック	ダヘジ	200,000	2018／8	新設
中　国	浙江石油化工	浙江省舟山	400,000	2019以降	新設、ＢＰＡ～ＰＣまで一貫
中　国	イネオス／シノペック	南京	400,000	未　定	折半出資、キュメン55万t併設
	2016年以降合計		1,800,000		

ベンゼンの新増設プロジェクト

（単位：t/y）

国　　名	会　社　名	サイト	新増設計画	完　成	備　　考
インド	リライアンス	ジャムナガル	500,000	2017／初	ＰＸ200万tと併産
ベトナム	ＮＳＲＰ	ニソン	240,000	2018／1Q	ＰＸ70万tと併産、出光/三井化学出資他
サウジアラビア	ペトロラービグ	ラービグ	400,000	2018／上	第２期拡張計画
ブルネイ	恒逸石化	ベサール島	500,000	2019／初	中国･恒逸石化が精製･石化計画（ＰＸ併産）
中　国	浙江石油化工	浙江省舟山	1,000,000	2019以降	新設、２期設備も計画
中　国	恒力石化（大連）	長興島経済区	500,000	2019以降	新設
	2017年以降合計		3,140,000		

パラキシレンの新増設プロジェクト

（単位：t/y）

国　　名	会　社　名	サイト	新増設計画	完　成	備　　考
インド	リライアンス	ジャムナガル	2,200,000	2017／5	増設後420万t、自社ＰＴＡ一貫
韓　国	ハンファ・トタル	大山	200,000	2017／7	第２系列を120万tへ増強、計190万tに
ベトナム	ＮＳＲＰ	ニソン	700,000	2018／5	出光興産35.1%／三井化学4.7%出資他
サウジアラビア	ペトロラービグ	ラービグ	1,300,000	2018／末	第２期拡張計画
中　国	福建福海創石油化工	古雷港経済区	1,600,000	2018年	休止設備を再稼働、旧ドラゴンアロマ
ブルネイ	恒逸石化	ベサール島	1,500,000	2019／初	中国の恒逸石化が精製･石化計画（Ｂz併産）
中　国	恒力石化（大連）	長興島経済区	4,000,000	2019以降	新設、ポリエステルメーカーの川上展開
中　国	浙江石油化工	浙江省舟山	4,000,000	2019以降	新設、２期設備（400万t）も計画
中　国	中国石化	海南島	1,000,000	2019以降	増設後160万t、2017年８月着工
インド	ＩＯＣ	パラディーブ	1,200,000	2020年	新設、ＰＴＡ100万tとセット
	2017年以降合計		17,700,000		再稼働分含む

ＰＴＡの新増設プロジェクト

（単位：t/y）

国　　名	会　社　名	サイト	新増設計画	完　成	備　　考
台　湾	亜東石化	桃園	1,500,000	2017／2Q	増設後250万t
	2017年合計		1,500,000		

中　国	嘉興石化	浙江省嘉興	2,200,000	2018／1	増設後370万t、インビスタ技術
中　国	新疆中泰	ウイグル	1,200,000	2018／3Q	新設、新疆ウイグル自治区政府100%出資
中　国	新疆藍山屯河化工	ウイグル	1,200,000	2018／3Q	新設、2016/7着工
	2018年合計		4,600,000		
インド	ＪＢＦ	マンガロール	1,250,000	2019年	新設、ＢＰ技術、米KKRが買収
中　国	中金石化	浙江省寧波	3,000,000	2019／末	新設、ＰＸメーカーの川下展開
中　国	独山能源	浙江省平湖	2,200,000	2019／末	新設、新鳳鳴集団100%出資
中　国	恒力石化(大連)	長興島経済区	2,500,000	2019／末	第4系列、増設後910万t、インビスタ「P8」技術
中　国	恒力石化(大連)	長興島経済区	2,500,000	2020／下	第5系列、増設後1,160万t、インビスタ「P8」技術
中　国	江蘇虹港石化	江蘇省連雲港	2,400,000	2020／4Q	増設後450万t、インビスタ「P8」技術
オマーン	ＯＭＰＥＴ	ソハール	1,100,000	2021年	新設、ＢＰ技術
インド	ＩＯＣ	パラディープ	1,000,000	2020年	新設、ＰＸから一貫生産
トルコ	ＳＯＣＡＲ	アリア	900,000	2023年	新設、製油所隣接でＰＸから一貫生産
	2019年以降合計		16,850,000		

ＥＧの新増設プロジェクト

（単位：t/y）

国　名	会　社　名	サ　イ　ト	新増設計画	完　成	備　考
インド	リライアンス	ジャムナガル	750,000	2017／9	新設
中　国	洛陽永金	河南省洛陽	200,000	2017年	新設、石炭ベース
中　国	陽煤平定	山西省平定	200,000	2017年	新設、石炭ベース
中　国	シェル/ＣＮＯＯＣ	恵州	480,000	2018／2Q	増設後83万t、ＥＯ15万t
中　国	利華益	山東省東営	150,000	2018／1	新設、余剰ガスから合成
中　国	中塩紅四方	安徽省合肥	300,000	2018／5	新設、石炭ベース
中　国	黔希煤化工	貴州省	300,000	2018／4Q	新設、石炭ベース
中　国	通遼金煤	内モンゴル	100,000	2018年	増設後22万t、石炭ベース
中　国	伊琳化工	内モンゴル	200,000	2018年	新設、余剰ガスから合成
中　国	新卿永金	河南省新卿	200,000	2018年	新設、石炭ベース
中　国	康奈尔	内モンゴル	300,000	2018年	新設、石炭ベース
中　国	新疆天盈	ウイグル	150,000	2018年	新設、天然ガスから合成
中　国	延長石油	陝西省延安	100,000	2018年	新設、オフガスから合成
中　国	建元煤化	内モンゴル	240,000	2018年	新設、オフガスから合成
中　国	易高煤化	内モンゴル	240,000	2018年	新設、メタノールから合成
中　国	華魯恒昇	山東省徳州	500,000	2018年	新設、石炭ベース
マレーシア	ペトロナス	ペンゲラン	740,000	2019／2Q	ＲＡＰＩＤ計画、シェル技術
中　国	龍宇化工	河南省永城	200,000	2019年	新設、余剰ガスから合成
中　国	新疆天業	ウイグル	600,000	2019年	増設後85万t、石炭ベース
中　国	湖北三寧	湖北省枝江	600,000	2019年	新設、石炭ベース
中　国	山西沃能	山西省曲沃	300,000	2019年	新設、オフガスから合成
中　国	山西松藍	山西省朔州	300,000	2019年	新設、石炭ベース
中　国	陝煤渭化	陝西省彬州	300,000	2019年	新設、石炭ベース
中　国	新航能源	内モンゴル	400,000	2019年	増設後40万t、石炭ベース
中　国	明拓	内モンゴル	150,000	2019年	新設、オフガスから合成
中　国	勝沃能源	ウイグル	400,000	2019年	新設、石炭ベース
中　国	烏海洪遠新能源	ウイグル	300,000	2019年	新設、オフガスから合成
中　国	栄信化工	内モンゴル	400,000	2019年	新設、石炭ベース
中　国	広西華誼	広西	200,000	2019年	新設、石炭ベース
中　国	久泰能源	内モンゴル	500,000	2019年	新設、石炭ベース
中　国	恒力石化(大連)	長興島経済区	1,800,000	2019以降	新設、90万t×２基
中　国	浙江石油化工	浙江省舟山	750,000	2019以降	新設
サウジ	ＹＡＮＳＡＢ	ヤンブー	80,000	2018／末	増強後85万t
サウジ	ＪＵＰＣ	ジュベイル	700,000	2020／4Q	第３系列、増設後190万t

中　国	神華楡林	陝西省楡林	400,000	2020年	新設、余剰ガスから合成
中　国	神華包頭	内モンゴル	600,000	2020年	新設、余剰ガスベース
中　国	華彬正開	陝西省咸陽	300,000	2020年	新設、メタノールから合成
中　国	金岩工業	山西省孝義	1,000,000	2020年	新設、オフガスベース
中　国	金誠泰	内モンゴル	300,000	2020年	新設、石炭ベース、2018/5着工
中　国	神霧赤峰	内モンゴル	700,000	2020年	新設、石炭ベース
中　国	桐昆／上海宝山	安徽省合肥	600,000	2020／末	新設、石炭ベース、２期で倍増計画
中　国	久泰新材料	内モンゴル	1,000,000	2021／4Q	新設、石炭ベース
中　国	陝煤楡林化学	陝西省楡林	1,800,000	2021年	新設、石炭ベース
イラン	Olefin & EG of GD	Genaveh	500,000	2021年	Olefin & EG of Genaveh Dashtestan
イラン	Gashsaran Petchem	ガッサラン	560,000	未　定	イラン第11オレフィンの川下計画
	2017年以降合計		20,890,000		うちＣＯ法1,453万トン

ＡＮの新増設プロジェクト

(単位：t/y)

国　　名	会　社　名	サ イ ト	新増設計画	完　成	備　　考
中　国	江蘇斯爾邦石化	江蘇省連雲港	260,000	2016／12	新設～盛虹控股集団傘下企業
中　国	〃	〃	260,000	2019／末	倍増設後52万t
中　国	山東海力化工	山東省	130,000	2018／上	新設
韓　国	東西石油化学	蔚山	50,000	2020年	増強後54万t、19～20年に段階的に実施
中　国	イネオス/天津渤海化工	天津	(260,000)	(棚上げ)	新設、両社折半出資
中　国	茂名石油化工	広東省	50,000	不　明	旭化成／ＢＰ技術、茂名エチレンＣＰＸ内
インド	ＩＰＣＬ	ダヘジ	100,000	不　明	ＢＰ技術、中断していた計画を復活へ
サウジアラビア	サウジ・ジャパニーズ・アクリロニトリル	ジュベール	(200,000)	(棚上げ)	新設、ＳＡＢＩＣ50%/旭化成30%/三菱商事20%出資
サウジアラビア	ＩＮＥＯＳ	ジュベール	(200,000)	不　明	新設計画
	2017年以降合計		850,000		

カプロラクタムの新増設プロジェクト

(単位：t/y)

国　　名	会　社　名	サ イ ト	新増設計画	完　成	備　　考
中　国	陽煤集団	山西省	200,000	2017／初	新設、10万t×２系列、重合10万t併設
〃	潞宝興海新材料	山西省	100,000	2017／央	新設
〃	福建申遠新材料	福建省福州	200,000	2017／上	新設、フィブラント技術、２期設備(20万t)も
〃	同上(力恒グループ)	〃	200,000	2017／下	倍増設後40万t、更に2019年までに＋60万t
〃	魯西化工	山東省聊城	200,000	2017／12	増設後30万t
〃	天辰耀隆新材料	福建省	70,000	2018／央	デボトル増強後35万t
〃	恒逸巴陵石化	浙江省杭州	100,000	2019年	増設後30万t
〃	中国平煤神馬集団	河南平頂山	200,000	2019年	増設後30万t
〃	錦江科技	福建省	200,000	2019年	新設～ナイロンメーカーの川上遡及計画
〃	塩城海力化工	江蘇省塩城	300,000	2019年	増設後50万t
	2017年以降合計		1,770,000		

ＴＤＩの新増設プロジェクト

(単位：t/y)

国　　名	会　社　名	サ イ ト	新増設計画	完　成	備　　考
サウジ	サダラ・ケミカル	ジュベール	200,000	2017／７	新設、20～25万t
中　国	河北滄州大化	滄州	30,000	未　定	18万tへ
サウジ	ＳＡＢＩＣ	未定	未　定	未　定	三井化学技術
	2017年以降合計		230,000		

ＭＤＩの新増設プロジェクト

（単位：t/y）

国　名	会　社　名	サイト	新増設計画	完　成	備　考
イラン	Karoon Petrochemical	イマム	40,000	2017／3	ケマチュール技術
サウジ	サダラ・ケミカル	ジュベール	400,000	2017／7	新設、稼働は17年末、粗ＭＤＩ
韓　国	錦湖三井化学	麗水	100,000	2017／末	増設後25万ｔ
	2017年合計		540,000		
中　国	ＳＬＩＣ	上海・漕渓	240,000	2018／1Q	48万ｔに倍増（ハンツマン他）
中　国	コベストロ	上海・漕渓	500,000	2018年	倍増設後100万ｔ
	2018年以降合計		740,000		

ＭＭＡの新増設プロジェクト

（単位：t/y）

国　名	会　社　名	サイト	新増設計画	完　成	備　考
サウジ	ペトロ・ラービグ	ラービグ	90,000	2017／央	新設、直酸法、2017/12本格稼働
サウジ	三菱ケミカル／ＳＡＢＩＣ	アルジュベール	250,000	2017／4	新設、アルファ法、2017/11本格稼働
	2017年合計		340,000		

合成ゴムの新増設プロジェクト

（単位：t/y）

国　名	会　社　名	サイト	新増設計画	完　成	備　考
中国	陝西延長石油	陝西省延安	100,000	2018／8	新設、ＥＰＤＭ、「延安能化」
中国	珠海宝塔海港石化	広東省珠海	30,000	2020年	新設、ＩＲ
シンガポール	日本ゼオン	ジュロン島バンヤン	35,000	2016／1	倍増設後７万t、Ｓ-ＳＢＲ（実力４万t）、ＢＲ併産
シンガポール	旭化成	ジュロン島	30,000	2019／1	手直し増強後13万t～Ｓ－ＳＢＲ
	〃	テンブス	100,000	未　定	次期増設を検討中
〃	エクソンモービル･ケミカル	ジュロン島	140,000	2018／央	新設、ＩＩＲ（ハロブチルゴム）
タイ	ＪＳＲ	マプタプット	50,000	2016／8	増設後10万t～Ｓ－ＳＢＲ
タイ	日本ゼオン	マプタプット	5,000	2020／春	新設、ＡＣＭ
マレーシア	宇部興産	ジョホール	22,000	2017年	増設、ＢＲ
インドネシア	ミシュラン／チャンドラ・アスリ	アニール	120,000	2018／8	新設、Ｓ-ＳＢＲ/Ｎｄ-ＰＢＲ併産 ミシュラン55%出資、工費4.35億$
インド	Indian Synthetic Rubber	Panipat	60,000	2018年	増設後18万ｔ
インド	リライアンス/シブール	Jamnagar	60,000	2018／末	ブチルゴム、ＲＩＬ75%/露社25%
〃	〃	〃	60,000	2019年	ハロブチルゴム（ブロモゴム併産）
サウジ	ペトロ・ラービグ	ラービグ	70,000	2018／3	新設、ＥＰＤＭ、住友化学技術
イラン	Tahkt Jamshid石油化学	マシャール	45,000	2017／2	ＳＢＲ／ＰＢＲ併産
	2016年以降合計		927,000		

アジアの地域別・国別製油所能力と新増設計画

東南アジアの石油精製能力と新増設計画

（単位：バレル／日）

国名・会社・製油所名	会社・工場数	現有処理能力	新増設計画	完成	備考
ＳＫエナジー	蔚山	840,000			96/6に20万b増設
〃	仁川	275,000			96/央に５万b増設、ＳＫの傘下入
ＳＫ仁川石油化学	仁川	100,000		2014／7	
ＧＳカルテックス	麗水	790,000			96/9に22万b増設+３万b+14万b増
エスオイル	温山	669,000			2011/4に8.9万b増強
現代オイルバンク	大山	500,000			2016/11にＮＧＬ分留11万bを増設
ハンファ・トタル	大山	180,000		2014／7	2017/7に３万b増強
韓国計	６社・７工場	3,354,000			
台湾中油	大林	450,000			93年10万b+2015年15万b増設
	桃園	200,000			93年に７万b増設、直脱３万bも
台塑石化	麦寮	540,000			2006/1Qに９万b増強
台湾計	２社・３工場	1,190,000			
大慶石油化工	黒龍江省大慶	200,000			2012年に８万b増設
ハルビン煉油廠	黒龍江省	60,000	40,000	未定	
吉林化学工業	吉林省・吉林	200,000			2010/10に６万b増設～露原油
錦州石油化工	遼寧省・錦州	110,000	10,000	未定	
遼陽石油化繊	遼寧省・遼陽	200,000			2010/末12万b増設～ロシア原油
錦西煉油化工総廠	遼寧省・錦西	60,000	60,000	未定	
撫順石油化工	遼寧省・撫順	230,000			2009/10に16万b増設
北方華錦化工集団	遼寧省・盤錦	200,000			2009/10に倍増設、盤錦エチレンへ
中国兵器工業/Aramco	遼寧省・盤錦		300,000	2021年	アラムコ/盤錦鑫誠実業等3社合弁
遼河石油化工	遼寧省・盤錦	180,000			2012年に５万b増設
大連石油化工	大連	410,000	200,000	未定	2008/8に倍増設
中国石油	大連・長興島		260,000	不明	2012/4着工～10年以内に140万bへ
恒力石化(大連)煉化	大連・長興島		400,000	2018／末	2015/12に起工式開催
天津石油化工	天津	250,000			2009/9に15万b増設
ロスネフチ/中国石油	天津	260,000		2012／秋	ロシアが原油の７割を供給、$50億
華北石化	河北省・滄州	200,000		2018／5	2018/10稼働、2019/3商業生産開始
河北中捷石油化工	河北省	200,000			2007/10ＣＮＯＯＣ買収、10年倍増
北京燕山石油化工	北京・燕山	280,000			
旭陽集団	河北省曹妃甸		300,000	2024年	第１期計画～2021年以降完成
斉魯石油化工	山東省・斉魯	200,000			98/11に４万b増設完了
済南煉油廠	山東省・済南	160,000	80,000	未定	
青島石油化工総廠	山東省・青島	250,000			2008/5に20万b増設～$12億
中国海洋石油	山東省・東営		200,000	未定	エチレン100万t併設、トタル参画
金陵石油化工	江蘇省・金陵	250,000			2012年に10万b増設
揚子石油化工	江蘇省・揚子	230,000			2014/4Qに9万b+2015/3Qに3万b増
盛虹集団	江蘇省連雲港		320,000	2020年	川下でエチレン110万t等
上海石油化工	上海・漕渓	330,000	300,000	未定	2012年に５万b増設
高橋石油化工	上海・浦東	150,000			
鎮海煉油化工	浙江省・寧波	460,000			2006/央に14万b増設
寧波大榭石化	浙江省・寧波	160,000			中海石油/利万集団
浙江石油化工	浙江省・舟山		400,000	2018／12	２期計画で倍増、エチレン140万t
中国石油/QPI/シェル	浙江省・台州		400,000	未定	カタール石油等、エチレン120万t
荊門石油化工総廠	湖北省・荊門	100,000	60,000	未定	
武漢石油化工	湖北省・武漢	170,000	30,000	未定	2013年倍増設～エチレン80万t
福建煉油化工	福建省・泉州	80,000			98年に３万b/d増設
〃	〃	200,000		2009／5	エクソンモービル/アラムコ合弁
中化泉州煉油化工	福建省・泉州	240,000	60,000	2020／12	2014/7完成、中化集団初の製油所
古雷聯合石油化工	福建省・漳州		320,000	未定	台湾７社/中国石化合弁～石化も
広州石油化工総廠	広東省・広州	314,000			98年5.6万b＋2006年８万b増設
中国石化／ＫＰＣ	広東省・湛江		200,000	2023年	クウェート石油と東海島で$60億
茂名石油化工	広東省・茂名	600,000			2006年12万b増設+2012/秋20万b増
恵州煉油化工	広東省・恵州	440,000		2008／11	2017/10に+20万b、エチレン120万t
珠海宝塔海港石化	広東省・珠海	50,000	100,000	2020年	イソプレン15万t/IR３万t/DCPD等
中国石油/PdVSA合弁	広東省・掲陽		400,000	2021／10	ベネズエラと惠来で2018/央再開

海南煉油化工	海南島	160,000	100,000	未　定	2006/7完成～Sinopecが承認取得
中国石油広西石化	広西・欽州	200,000		2010／9	153億元、川下でPP/BTXなど
中国石化	広西・北海	160,000		2012年	Sinopecの単独出資プロジェクト
中国石油雲南石化	雲南省・安寧		260,000	不　明	2020年には倍増しエチレン100万t
安慶石油化工	安徽省・安慶	160,000			2012年6万b増設
独山子煉油廠	新疆ウイグル	200,000			2009/9に8万b増設
ウルムチ石化総廠	新疆ウイグル	100,000	100,000	未　定	
蘭州煉油化工総廠	甘粛省・蘭州	100,000	100,000	不　明	
寧夏リファイナリー	寧夏・銀川	100,000		2011／9	川下にPP10万t
四川彭州煉油廠	四川省・成都	200,000		2014／3	川下でエチレン80万t併設
呼和浩特石油化工	内蒙古自治区	130,000			2012年に10万b増設
その他の煉油廠	全国190工場	2,000,000			
中国計	240社・22計画	10,934,000	5,000,000		
モンゴル計	1社・1計画	ダルハン計画	44,000	未　定	モンゴル石油/丸紅/TEC、$6億
エクソンモービル・	ジュロン地区	309,000			94/2Qに1.7万b/d増設
シンガポール		(FCC 79,000)		(94／4)	増設リフォーマーユニット
エッソ・シンガポール	チャワン地区	296,000			70年に8万b/d増設
JAC(EMC傘下)	ジュロン島	80,000		2014／夏	コンデンセート・スプリッター再開
シェル・イースタン	ブコム島	530,000			94/1Qに4万b/d増設
・ペトロリアム	ウラル島	(RFCC33,000)		(90／4)	工費$2.4億～$C_3$を5.5万t/y併産
SRC	メルリマウ	295,000			95/末に6万b/d増強
シンガポール計	4社・4工場	1,510,000			
バンチャック・ペト	バンコク北方	140,000			93/3に2万b+2016年2万b増強
ロリアム(PTT)	バンコク以外		150,000	2020年	第2製油所をバンコク以外に新設
タイ・オイル	シラチャ	275,000	135,000	2022年	2007/央に5.5万b増強
エッソ・タイランド	シラチャ	177,000			95/11にFW施工で7万b増設
PTTGC	マプタプット	280,000			96/1完成～バジャー/フルアー
スター・ペトロ(SPRC)	マプタプット	165,000		96／4	カルテックス/PTT/オマーン
IRPC	ラヨン	280,000			NGL分留、2016/3に6.5万b増強
RPC	マプタプット	17,000			ラヨン・ピュリファイヤー
タイ計	7社・7工場	1,334,000	285,000		
エッソ→サンミゲル	Port Dickson	88,000			95/4現トッパーへ建替、日揮施工
シェル・リファイニング	Port Dickson	156,000			92/6にアップグレーディング
サラワク・シェル	Luton	45,000			サラワク州
シェルMDS	ビンツル	16,000		92／末	天然ガス系合成ガソリン50万t外
PETRONAS・ケルテ	トレンガヌ	85,000			近代化・増設中(操業開始は83年)
同マラッカ製油所	タンガバツー	100,000		94／7	日揮/伊藤忠が施工、工費$7億
同マレーシア・リフ	マラッカ	100,000		98／3	ペトロナス・ペナピサン(メラカ)
ァイニング(輸出用)					/コノコ外の合弁で次期増設検討
ガルフ・ペトロリアム	マンジュン		150,000	未　定	2008/2カタールと合意、RM158億
ペトロナスほか合弁	ジョホール州		300,000	2019／央	エチレン設備含むRAPID計画
マレーシア計	7所・2計画	590,000	450,000		
デュマイ製油所	中部スマトラ	140,000	160,000	2019年	96/末製油所改修に伴い2万b増強
Sungai Pakning	中部スマトラ	50,000			Dumaiと合わせて17万b能力
プラジュ製油所	南部スマトラ	118,000	検討中		1960年稼動開始
チラチャップ製油所	中部ジャワ	348,000	100,000	2022年	近代化・拡張計画をフルアー施工
バリクパパン製油所	カリマンタン	220,000	140,000	2019／9	JXエネルギーが拡張計画に参画
バロンガン製油所	西部ジャワ	125,000	180,000	2023年	アラムコが参画を検討
カシム製油所	西部パプア	10,000			
TPPI	ツバン	100,000		2006／7	コンデンセート分留塔
CAP／BP製油所	アニール		100,000	2019年	コンデンセートスプリッター計画
ツバン製油所構想	ツバン		300,000	2022年	ロスネフチ出資の石化一貫計画
イランかオマーン協力	ボンタン		300,000	2023年	東カリマンタン州の石化一貫計画
インドネシア計	8所・2計画	1,111,000	1,280,000		
ペトロン(PNOC)	Bataan/Limay	360,000	250,000	未　定	2014/末に倍増設
ピリピナス・シェル	Tabangao	155,000			95年にフルーアが8万b/d増強
カルテックス(フィ	Batangas/	70,000			14億ペソで中間留分を能力アップ
リピンズ)	San Pascual				4MWの自家発電設備も2基導入
フィリピン計	3社・3工場	585,000	250,000		

ブルネイ計	1社・1工場 Muara Besar	10,000	 160,000 280,000	 2019／初 18/10調印	ブルネイ・シェル・ペトロリアム 中国恒逸集団がPX150万t/Bz50万t 第2期、エチレン150万t/PX200万t
ペトロベトナム	1社・2工場	7,000			テクニップ/日揮/テクニカス/TOYO
	(ズンクアット	148,000		2009／2	が$25億で施工～完成は2008/末
	製油所)		(52,000)	延　期	20万bへの増強計画は中断
ニソンリファイナリ	ニソン製油所	200,000		2017／4	クウェート石油/出光各35.1%/三
ー・ペトロケミカル	(Nghi Son)	タインホア省	商業運転開始	2018／4	井化4.7%/ペトロベトナム、$90億
ブンロー・ペトロ	Dong Hoa	フーイエン省	160,000	(2018年)	Technostar/Techoil合弁、$40億
ビクトリー製油所	クイニョン市	ビンディン省	(400,000)	(2021年)	PTT/アラムコ、$220億、石化含む
ペトロリメックス他	バンフォン	カインホア省	(200,000)	(2025年)	JXTGエネルギーに中止要請
ベトナム計	1社・3計画	355,000	160,000		
カンボジア計	1計画(シアヌークビル)		100,000	2019／央	カンボジア石油化学(CPC)と中国機械等の合弁計画、6.2億$
東南アジア	合　計	20,973,000	7,719,000		

オセアニア・南西アジアの石油精製能力と新増設計画

(単位：バレル／日)

国名･会社･製油所名	会社・工場数	現有処理能力	新増設計画	完　成	備　考
Shell Australia	Geelong	110,000			RCCを93/初に設置
〃	Clyde	(75,000)			2013/末閉鎖
Mobil Refinig Australia	Altona	108,000			90年にモービルが買収
〃	Adelaide	65,500			
BP Australia	Kwinana	118,000			
〃	Brisbane	(95,000)			
Caltex Refining	Kurnell	(125,000)			アンポルとの合弁で合意
Ampol Refineries	Lytton	88,000			カルテックスとの合弁で合意
オーストラリア計	5社・8工場	489,500			
ニュージーランド計	1社・1工場	103,100			ニュージーランド･リファイニング
インディアン・オイル(IOC)	Baroda	274,000	86,000	2022年	グジャラート州
	Mathura	160,000			ウッタル・プラデシュ州
	Barauni	120,000		未　定	プロセス改善による能力増強
	Guwahati	20,000			アッサム州
	Digboi	13,000			アッサム・オイル
	Panipat	120,000			99/初に完成
	〃	120,000	180,000	検討中	2006／6倍増設後24万b/d
	Paradeep	300,000		2015／11	2004/初オリッサ州と覚書調印
	Haldia	150,000	100,000	未　定	西ベンガル州、クウェート社出資
IOCL/HPCL/BPCL	Maharashtra		800,000	2022年	2017/6合弁、2期で120万bへ拡張
ヒンダスタン・ペトロリアム	Mahul	150,000			ムンバイ近郊
	Visakapatnam	166,000	▲46,000	2016/1に	アンドラ・プラデシュ州
	Bathinda		180,000	承認	
HMEL(HPCLMittal)	Punjab	180,000		2012／末	ヒンダスタンとミタルの合弁計画
Bharat Petroleum	Mahul	296,600			シェルと共同投資、2000年14万b増
Kochi Refineries	Ambalamugal	190,000	120,000	2017年	LG化学不参加も単独実施
Bharat Oman 製油所	Bina		120,000	未　定	バハラットとオマーン石油の合弁
Madras Refineries	Chennai	120,000	60,000	未　定	
Bongaigaon Refinery & Petrochemicals	Bongaigaon	27,610	140,000	未　定	アッサム州
Mangalor Refineries & Petrochemicals	Mangalor	300,000			99年12万b/d+2014年12万b/d増設/TEC、ONGCの傘下入り
Reliance Industries	Jamnagar	670,000		99／央	
		700,000		2008／末	60億$で倍増設、2012年12万b増設
エッサール・オイル	グジャラート	400,000		2008／5	総工費535億ルピーで2007/1稼働
インド計	8社・16工場	4,477,210	1,740,000		

Pakistan Refinery	カラチ	50,000			
National Refinery	〃	65,000			
Attock Refinery	ラワルピンジ	45,500			2015/2Qに10,500b/d増強
PAK-ARAB Refinery (PARCO)	マムードコット(Multan)	100,000		2000／11	PARCO・PAK政府60%/アブダビ40%出資合弁、UOP/日揮/丸紅施工
Poskoal	バロチスタン	28,000		2004／7	
Grace Refinery	パンジャブ		220,000	2021年	50億$で2019～2021年までに新設
パキスタン計	5社・5工場	288,500	220,000		
ミャンマー計	1社・2工場	32,000			
バングラディシュ計	1社・1工場	31,200	160,000	未　定	2011/11、アラムコ検討開始、25億$
スリランカ計	1社・1工場	50,000			
オセアニア・南西アジア合計		5,471,510	2,120,000		

中東の石油精製能力と新増設計画

（単位：バレル／日）

国名・会社・製油所名	会社・工場数	現有処理能力	新増設計画	完　成	備　　考
Saudi Arabian Oil	Ras Tanura	325,000	525,000	不　明	10億$の近代化対策/日揮等
〃	〃	225,000			コンデンセート分留塔
Petromin Shell	Al-Jubail	305,000		85年	千代田が建設(27.2万b/dで操開)
SATORP	Al-Jubail	440,000		2014／初	ARAMCO/TOTALIの合弁計画
Riyadh Oil Refinery	Riyadh	134,000			81年に千代田が10万b/d増設
Arabian Oil	Khafji	30,000			66年に日揮が建設
Rabigh Refining and Petrochemical	Rabigh	400,000		80年	90/2に16万b/d増設
		72,000			コンデンセート分留塔
PetrominExxonMobil	Yanbu	400,000		84年	千代田が建設(26万bでスタート)
Saudi ARAMCO Yanbu Refinery	Yanbu	335,000		2010年	82年千代田が建設、近代化計画の一環として96/初に7万b/d増設
YASREF	Yanbu	400,000		2014／9	アラムコ62.5%/中国石化37.5%
ARAMCO/SABIC	Yanbu		400,000	2025年	川下で900万tの石化合弁も計画
Jeddah Oil Refinery	Jeddah	(100,000)		(2016年)	74年千代田が4万b/d増設、停止中
Jazan Oil Refinery	Jazan（紅海）		400,000	2019年	2009/2Q事業者決定、25万b以上
サウジアラビア計	10社・10工場	3,066,000	1,325,000		
バーレーン計	1社・1工場	267,000	100,000	2020年	2007年6万bの水素化分解装置導入
カタール計	2社・2工場	429,000			2016/末に14.6万b/d増設
クウェート・ナショナル・ペトロリアム(KNPC)	Mina Al-Ahmadi	415,000			98/1に4万b/d増設、FCCやアルキレーション、MTBE1,300b/d設置
	Mina Abdulla	270,000			
	Shuaiba	200,000			Al-Zour製油所完成・稼働後廃棄へ
	Mina Al-Zour		615,000	2019／2Q	KD40億($145億)
ゲッティ・オイル	Mina Al-Zour	100,000			
クウェート計	2社・4工場	985,000	615,000		
オイル・リファイナリーズ	Haifa	180,000			アレキサンドリアにエジプトとの合弁13万b/d製油所を保有
	Ashdod	88,000			
イスラエル計	1社・2工場	268,000			

ナショナル・イラニアン・オイル(NIOC)	Tehran	250,000			CCR2.1万b/dの設置を検討中
	Isfahan	314,000			
	Abadan	400,000	50,000	未　定	FS中、工費$1.6億、修復も必要
			320,000	〃	
	Tabriz	115,000	13,500	不　明	Euro V Gasoil
	Shiraz	58,000			
	Shiraz(Pars)		120,000	2020年	コンデンセート・リファイナリー
	Kermanshah	30,000	5,000	不　明	
	Lavan	30,000			
#7	Arak	255,000	150,000	未　定	日揮/TPL/ベレリ施工、2期FS中
#8	Bandar Abbas	252,000	70,000	〃	千代田／スナムが$12.5億で受注
#9	Bandar Asaluyeh		n. a.	〃	No.9製油所計画～ITB待ち 工費$6～7億
バンダル・イマム・ペトロケミカル	Bandar Imam	950,000t/y	(LPG)	91／3	石油随伴ガスの有効利用策として
		450,000t/y	(ナフサ)	〃	LPGとナフサを生産
イラン計	10工場･6計画	1,704,000	728,500		
Turkish Petroleum Refineries(TUPRAS)	Izmit	220,000	2次設備増強		伊スナムが90年の Aliaga に引続き Izmit にも2.3万b/dのハイドロクラッカーを96年央建設。セントラル・アナトリアン製油所で日揮が89年にハイドロクラッカーを建設
	Aliaga, Izmir	220,000			
	Kirikkale	110,000			
	Batman, Siirt	22,000			
Anadolu Tasfiyehanesi	Mersin	90,000			
STAR Rafineri	Aliaga	200,000		2018／10	SOCAR/伊藤忠/TR/サイペム/GS施工
トルコ計	2社・5工場	852,000			
UAE(アブダビ)計	4社・5工場	881,300	904,000	2019年～	2017/初41.7万b新設も火災事故
Oil Refineries Administration	Beiji	250,000		83年	2013/4加熱炉3基を千代田が納入
	Daura	120,000			設計能力18.5万b、Beij は31万b
	Basrah	130,000			10万t/yのコーキング装置計画有
	Al Siynia	20,000			設計能力3万b、Basrah は14万b
	Haditha	10,000			設計能力1.6万b
	Qaiyarah	28,000			設計能力3.4万b
	Kisik	16,000			設計能力2万b
	Najaf	27,000			設計能力3万b
	Samawah	27,000			設計能力3万b
	Diwaniya	18,000			設計能力2万b
	Nassiriya	24,000			設計能力3万b
	Missan	20,000			設計能力3万b
「セントラル製油所」	Baghdad		140,000	未　定	千代田が$10億で89/12受注～中断
Iraqi Company for Oil Operations	Kirkuk	25,000			設計能力3万b
	Al Jazeera	(20,000)			設計能力、停止中
イラク計	2社・13工場	715,000	140,000		
シリア計	2社・2工場	237,400			
イエメン計	2社・2工場	188,000	80,000	未　定	アデン製油所を20万b/dへ増設
ヨルダン計	1社・1工場	100,000			
オマーン計	1社・2工場	106,000		2018年	MAF、2007/4に2.5万b増強
	ソハール製油	197,000		2006／4Q	UOP技術、2018/初に8.1万b増設
	Duqm＊1計画		230,000	2022年	OOC/KPC合弁、大宇/西TR
レバノン計	2社・2工場	37,500			
中東	合　計	10,033,200	4,149,000		＊中国の寧夏中阿万方が石化検討

第2章 アジア各国・地域の石油化学工業

本章の構成

韓　国
台　湾
中　国
シンガポール
タ　イ
マレーシア
インドネシア
フィリピン
ベトナム
オーストラリア
ニュージーランド
インド
パキスタン
サウジアラビア
バーレーン
カタール
クウェート
イラン
トルコ
イスラエル
アラブ首長国連邦

韓　国

概要

経済指標	統計値	備考
面　積	10万364k㎡	日本の約４分の１、または台湾の３倍弱
人　口	5,145万人	2017年時点での推計
人口増加率	0.4％	2017年／2016年比較
ＧＤＰ	15,313億ドル	2017年（2016年実績は14,153億ドル）
１人当りＧＤＰ	29,744ドル	2017年（2016年実績は27,607ドル）
外貨準備高	3,893億ドル	2017年末（2016年末実績は3,711億ドル）

実質経済成長率（ＧＤＰ）	2012年	2013年	2014年	2015年	2016年	2017年
	2.3％	2.9％	3.3％	2.8％	2.9％	3.1％

<table>
<tr><td></td><td>〈2016年〉</td><td>〈2017年〉</td><td rowspan="3">通　貨</td><td rowspan="4">ウォン（W）
1ウォン＝0.108円（2017年末）
1ドル＝1,053.6W（2017年末）
（2016年平均は1,160.4W）
（2017年平均は1,130.4W）</td></tr>
<tr><td>輸出（通関ベース）</td><td>$495,426m</td><td>$573,694m</td></tr>
<tr><td>輸入（通関ベース）</td><td>$406,193m</td><td>$478,478m</td></tr>
<tr><td>化学工業対内投資</td><td colspan="3">〈2016年〉$1,450m 〈2017年〉$2,924m</td></tr>
</table>

2017年のＧＤＰ成長率は3.1％と前年比0.2ポイント向上し、３年ぶりに３％台へ乗せた。中国経済の減速や原油価格の下落を背景に輸出は低調だったものの、建設業界の好調により内需が改善し、経済成長を牽引した。2018年は雇用の改善や工業生産の増加などによって緩やかな景気回復が続き、国内の設備投資や株式市場は回復が見込まれる半面、海外では保護貿易主義の高まりや中国経済の減速懸念といった不確実性が残る。韓国政府と中央銀行（韓国銀行）はいずれも3.0％と２年連続で３％台の成長の予測しているが、民間機関では半導体輸出や設備投資、建設投資の鈍化を勘案し、３％台の成長実現は困難との見方も広がっている。

2017年の貿易は、輸出が15.8％増、輸入が17.8％増と輸出入ともに３年ぶりに増加した。輸出を大きく牽引したのは電子部品で、金額ベースで40.4％増加。このうち、半導体は57.4％増と著しく増加した。また、石油製品と化学工業製品も好調に推移。原油価格の上昇に伴う製品価格の上昇に加え、韓国国内での生産拡大も寄与した形で、石油製品は32.4％増、化学工業製品は19.3％増（うち石油化学製品23.6％増、精密化学製品16.5％増）だった。国・地域別で見ると、最大の仕向地である中国向け14.2％増と４年ぶりに増加したが、輸出全体に占める割合は24.7％と前年より0.4ポイント低下。全体では輸出の増加以上に輸入が増加したが、貿易黒字は続いている。対日貿易は、輸出が10.1％増と６年ぶりに増加したが、輸入も16.1％増加しており、対日貿易赤字は２年連続で増加した。

化学工業分野への対内直接投資は29億ドルと前年比倍増し、2014年以来３年ぶりに増加。エチレンを始めとする石化基礎原料の増産投資が相次いだことなどが背景とみられる。

韓国の石油化学工業発展史

1966／11	韓国初のＰＶＣ工場(韓洋化学→ハンファ綜合化学→現ハンファ石油化学)が芙江に完成
70／５	大韓石油(その後油公→ＳＫ→現ＳＫグローバルケミカル)の蔚山ＢＴＸ工場が稼動
72／12	蔚山油化団地が竣工～大韓石油のエチレン工場、韓洋化学のＶＣＭ／ＬＤＰＥ、大韓油化のＰＰ等が稼動
73／６	韓国合成ゴム工業(現錦湖石油化学)の蔚山ＳＢＲ工場が稼動
74／６	韓国カプロラクタム(現カプロ)の蔚山工場が稼動
78／６	ラッキー(現ＬＧ化学)のＡＢＳ樹脂工場が稼動
79／12	麗川油化団地が竣工～湖南エチレン(現麗川ＮＣＣ)と湖南石油化学のＨＤＰＥ／ＰＰ／ＥＧ工場が稼動
80／１	韓洋化学・麗水のＥＤＣ／ＶＣＭ／ＬＤＰＥ工場が稼動
３	韓国合成ゴム工業の麗水ＢＲ工場が稼動
４	三星石油化学・蔚山のＰＴＡ工場が稼動
７	錦湖化学(現錦湖石油化学)のフェノール／アセトン工場(その後錦湖シェル化学に移管)が麗水に完成
12	鮮京グループが大韓石油を買収し、82／７油公(97／10よりＳＫコーポレーション)に社名変更
85／６	韓国合成ゴムと錦湖化学が合併し錦湖石油化学が誕生
87／11	湖南エチレンを大林産業が買収
88／１	三南石油化学(三養社／湖南精油／旧三菱化成の合弁)が発足
89／３	三養化成(三養社／旧三菱化成の合弁)、錦湖三井東圧(錦湖石油化学／旧三井東圧化学の合弁)が発足
９	大林産業の第２ナフサクラッカーが稼動
10	第一毛織(現ロッテ・アドバンスト・マテリアル)の麗水ＰＳ／ＡＢＳ樹脂工場が稼動
12	油公(その後ＳＫ→ＳＫエナジー→現ＳＫグローバルケミカル)の第２ナフサクラッカーが稼動
90／１	石化事業への投資が自由化
３	東部石油化学と嶺南化学が合併し東部化学(その後東部韓農化学→現東部ハイテク)が発足
５	油公のＰＸ／ＯＸ新工場が稼動、同８月ＬＬＤＰＥ／ＨＤＰＥ／ＰＰ新工場が稼動
12	油公アーコ化学(ＳＫオキシケミカル→現ＳＫＣ)のＰＯ／ＳＭ併産プラントが稼動
91／２	ラッキーMMA(現ＬＧ MMA＝ラッキー／住友化学／日本触媒の合弁)が発足
６	三星綜合化学の大山エチレンセンターが稼動(５月にＳＭ／ＥＯＧ設備が先行して試運転開始)
７	ラッキー石油化学(その後ＬＧ石油化学→現ＬＧ化学)の麗水エチレンセンターが稼動
10	現代石油化学(現ハンファ・トタル・ペトロケミカルズ)の大山エチレンセンターが稼動
11	大韓油化の温山エチレンセンターが稼動
92／４	湖南石油化学(現ロッテケミカル)の麗水エチレンセンターが稼動
８	中国と国交樹立
12	韓洋化学の麗水エチレンセンター(現麗川ＮＣＣ)が稼動
93／８	大韓油化が会社更生法の適用を申請(７月に親株主の丸紅が資本撤収)
97／12	現代石油化学(その後ロッテ大山石油化学→現ロッテケミカル)の大山エチレン２号機が稼動
99／12	大林産業とハンファ石油化学がＮＣＣ部門統合(麗川ＮＣＣ)とポリオレフィンの相互事業交換で最終合意
2000／２	サムスン綜合化学／現代石油化学のビッグディール(大規模事業交換)構想が破談。双方単独再建へ
2003／３	東西石油化学のＡＮ20万t系列が完成
６	ＬＧ化学と湖南石油化学による現代石油化学の買収が完了(湖南石化は2005／１にＫＰケミカルも買収)
８	サムスン綜合化学に仏アトフィナが50%出資しサムスン・アトフィナが発足→2004/10サムスン・トタル・ペトロケミカルズに社名変更
2005／９	ＳＫが仁川精油買収で債権団と合意→2006/1ＳＫ仁川精油に社名変更
2006／３	ＫＯＶＥＣ(韓国塩ビ工業・環境協会)が発足
８	大山MMA(旧湖南石油化学／三菱レイヨンの折半出資合弁)を設立
2007／５	東部韓農化学と東部エレクトロニクスが合併し東部ハイテクが発足
６	コーロンがコーロン油化を吸収合併～2008／６樹脂部門とＫＴＰを統合しコーロン・プラスチックを設立
７	ＳＫコーポレーションがＳＫホールディングスとＳＫエナジー(2008／２ＳＫ仁川精油を吸収合併)に分割
11	ＬＧ化学がＬＧ石油化学を吸収合併→2009／４ＬＧ化学がＬＧ化学とＬＧハウシスに分離
2008／５	ロッテ大山石化(2009／１に湖南石化が吸収合併)のエチレン35万トン増設と一連の誘導品拡張計画が完工
９	コーロンが高吸水性樹脂事業をＬＧ化学に売却
2009／６	ＯＣＩ(元東洋化学工業)が蔚山工場の無水フタル酸／ＤＯＰ事業をハンファ石油化学に売却
８	ＢＡＳＦが蔚山のSM工場をＳＫエナジー(現ＳＫグローバルケミカル)に売却
2010／10	ＬＧ化学がダウとのＰＣ合弁株式を買収→2011／４にＬＧ化学がＬＧポリカーボネートを吸収合併
11	湖南石化がマレーシアのタイタン・ケミカルズを買収
2012／12	湖南石化がＫＰケミカルを吸収合併し、ロッテケミカルとして新発足
2014／７	サムスンＳＤＩが第一毛織を吸収合併。ハンファがＫＰＸファインケミカル株式の過半数を取得して改称
11	ハンファグループがサムスン総合化学等を買収しサムスン・トタル・ペトロケミカルズの共同経営権も確保
2015／４	月末付で上記２社はハンファ総合化学とハンファ・トタル・ペトロケミカルに社名変更
７	三井化学とＳＫＣのウレタン事業を分離・統合し三井ケミカルズ＆ＳＫＣポリウレタンズが発足
10	ロッテケミカルがサムスンＳＤＩの石化事業買収、サムスン精密化学の株式31%、ＢＰ化学の49%買収で合意
2016／３	それぞれロッテ・アドバンスト・マテリアル、ロッテ精密化学、ロッテＢＰ化学に社名変更
2017／５	ＯＣＩがマレーシアで多結晶シリコンメーカーのトクヤママレーシア買収を完了

■韓国石油化学企業の買収・合併例

韓国の化学系企業は1997年の経済危機以後、収益改善と競争力強化、提携や撤退、既存事業の売却などを通じた合理化を実施し、大規模な再編を進めてきた。下表に98年以降の主な事業買収や企業買収、事業統合や事業交換、吸収合併、企業分割などの主要例をまとめた。

年／月	形　態	内　　　容	主要製品	備　　考
1998／3	株式取得	独ＢＡＳＦが暁星ＢＡＳＦを買収	スチレン系樹脂	
5	株式取得	日本の旭化成が東西石油化学を完全子会社化	ＡＮ	
5	事業買収	英ＩＣＩが東成化学のウレタン事業を買収	ポリウレタン	
7	事業買収	ケミラがハンファ綜合化学の過酸化水素事業買収	過酸化水素	→2006年デグサ買収
10	事業買収	アトケムがハンファ綜合化学のＰＭＭＡ事業買収	メタクリル樹脂	
11	事業買収	独デグサがＬＧ化学のカーボンブラック事業買収	カーボンブラック	→コリア・カーボンブラック
12	事業買収	独ＢＡＳＦが東成化学のポリオール事業を買収	ポリオール	
1999／1	事業買収	仏ローディアが暁星のポリアセタール事業を買収	ポリアセタール	
2	事業買収	米コロンビアが錦湖化学のカーボンブラック買収	カーボンブラック	Columbian Chemicals
4	企業買収	現代精油がハンファエナジーを買収	石油精製、ＢＴＸ	→仁川精油
12	統合・交換	大林産業とハンファ石油化学がクラッカー部門の統合で合意し、ポリオレフィン部門を交換	エチレン ポリオレフィン	→麗川ＮＣＣ
2000／2	分離・合弁	大林産業がＫレジン事業で米フィリップスと合弁	Ｋレジン	Kレジン・コポリマー
9	分離・合弁	大林産業のＰＰ事業を分離しモンテルと合弁化	ＰＰ	→ポリミレイ
9	合弁事業化	錦湖開発と日本の新日鐵化学が合弁事業化	ビスフェノールＡ	→錦湖Ｐ＆Ｂ化学
11	事業買収	ＬＧ化学が現代石油化学の塩ビ事業を買収	ＰＶＣ、ＶＣＭ	
12	事業買収	三星石油化学が三星綜合化学のＰＴＡ事業を買収	ＰＴＡ	→サムスン石油化学
2001／1	吸収合併	錦湖石油化学が錦湖ケミカルを吸収合併	ＰＳ、ＡＢＳ樹脂	
4	企業分割	ＬＧ化学が３つの事業会社に分割	ＬＧ化学、ＬＧＣＩ、ＬＧハウスホールド	
4	事業買収	仏ロケットがＬＧ化学のソルビトール事業を買収	ソルビトール	
4	企業買収	英レキットが東洋化学の子会社・ＯＸＹを買収	トイレタリー製品	
5	吸収合併	東洋化学と製鉄化学が合併、製鉄油化も傘下入り	カー黒、フタル酸	→東洋製鉄化学
7	事業買収	独ＢＡＳＦがＳＫエバーテックのＳＭ事業を買収	スチレンモノマー	ＢＡＳＦカンパニー
11	吸収合併	ＳＫＣがＳＫエバーテックを吸収合併	ＰＯ／ＳＭ、ＰＧ	ＳＫＣ化学事業部
12	企業分割	高合を繊維と合繊原料事業に分割し繊維から撤収	ＰＴＡ、ＰＥＴ等	→ＫＰケミカル
2002／12	事業買収	龍山化学がコリアＰＴＧのＰＴＭＥＧ事業を買収	ＰＴＭＥＧ	
2003／2	事業買収	ＤＣケミカルがＫＰケミカルの可塑剤事業等買収	フタル酸、ＤＯＰ	
6	企業買収	ＬＧ化学と湖南石油化学が現代石油化学を買収	エチレンセンター	
8	株式取得	仏アトフィナがサムスン綜合化学に資本参加	エチレンセンター	サムスントタルＰＣ
2005／1	企業買収	湖南石油化学がＫＰケミカルを買収	Ｂ、ＰＸ、ＰＴＡ	
12	企業分割	ＳＫケミカルからＳＫ石油化学を分離	ＰＴＡ、ＤＭＴ	
2006／1	吸収合併	ＬＧ化学がＬＧ大山石油化学を吸収合併	エチレン	
3	資本撤収	コーロン油化から新日本石油化学が資本撤収	石油樹脂、ＳＡＰ	
7	資本撤収	サムスン石油化学からの資本撤収をＢＰが表明	ＰＴＡ	
2007／5	企業合併	東部韓農化学と東部エレクトロニクスが合併	ＳＭ、ＰＳ、農薬	→東部ハイテク
6	吸収合併	コーロンがコーロン油化を吸収合併	合繊、特殊樹脂	→コーロンに一本化
7	企業分割	ＳＫがＳＫホールディングスとＳＫエナジーに分離	石油精製・石化	
11	吸収合併	ＬＧ化学がＬＧ石油化学を吸収合併	エチレンセンター	
2009／4	企業分割	ＬＧ化学がLG ChemとLG Hausysに分割	化学、工業材料	工業材料事業を分離
11	分離・合弁	現代オイルがコスモ石油とＨＣペトロケムを設立	ＢＴＸ、ＰＸ	芳香族事業を分離
2010／4	事業買収	現代エンプラが東部ハイテクのＰＳ系事業を買収	ＰＳ、ＥＰＳ	
2011／1	企業分割	ＳＫエナジーがケミカルとリファイニングを分離	石化・石油精製	石化と精製を分離
7	事業買収	RhoneグループがエボニックからＣＢ事業を買収	カーボンブラック	→オリオン・エンジニアド・カーボンズ
8	事業買収	錦湖石油化学がSEMESからNANO CARBON事業を買収	CARBON NANOBUTE	
2012／1	吸収合併	サムスン・トタルがSeohae Powerと同Waterを吸収	電力、工業用水	
3	吸収合併	ＫＳＩがコーロン・プラスチックを吸収合併	エンプラ・樹脂加工	コンパウンド社が吸収
12	吸収合併	湖南石油化学がＫＰケミカルを吸収合併	Ｂz、ＰＸ、ＰＴＡ	ロッテケミカル発足
2014／1	合弁設立	現代オイルとロッテケミカルが芳香族事業で合弁	ＭＸ、ベンゼン等	現代ケミカルを設立
2014／7	吸収合併	サムスンＳＤＩが第一毛織を吸収合併	ＡＢＳ、ＰＳ、ＰＣ	サムスンＳＤＩ存続
8	企業買収	ハンファがＫＰＸファインケミカルを買収・改称	ＴＤＩ、塩酸	ハンファ・ファインＣ
2015／4	企業買収	ハンファ総合化学とハンファ・トタルＰＣに改称	ＰＴＡ、エチレン	株式買収は2014/11
7	分割・統合	三井ケミカルズ＆ＳＫＣポリウレタンズが発足	各種ウレタン原料	ウレタン事業を統合
10	事業買収	ロッテがサムスングループの石化事業買収で合意	ＡＢＳ、ＰＳ、ＰＣ	ＳＤＩの化学部門や
2016／3	社名変更	ロッテ・アドバンスト・マテリアル、ロッテＢＰ化学	酢酸、酢酸ビニル	ＢＰ合弁社等を改称

韓国の主要石油化学系企業一覧

英　語　読　み	日本語読み	主要事業
Aekyung Petrochemical Co., Ltd.	愛敬油化	無水フタル酸、無水マレイン酸他
BASF Company Ltd.	ＢＡＳＦカンパニー	ＥＰＳ、ＰＴＨＦ、ＭＤＩ、ＴＤＩ他
Capro Corporation	カプロ	カプロラクタム
Daelim Industrial Co.,Ltd.(Petrochemical Div.)	大林産業(石化事業部)	エチレン、ＢＴＸ、ＳＭ、ＨＤＰＥ他
GS Caltex Corporation	ＧＳカルテックス	石油精製、ＢＴＸ、ＰＸ、ＰＰ他
Hanju Corporation	韓洲コーポレーション	蒸気(900t/h)・電力(830MW)、塩(20万t)
Hanwha Chemical Corporation	ハンファ石油化学	塩ビ～ＥＤＣ、ＬＤＰＥ、ＬＬＤＰＥ他
Hanwha Total Petrochemical Co., Ltd.	ハンファ・トタル・ペトロケミカル	エチレン、ＬＤ、ＨＤ、ＰＰ、ＳＭ、ＥＯＧ、ＰＸ、ＥＶＡ他
Hyosung Corporation	暁星	プロピレン、ＰＰ、ＰＴＡ、合成繊維他
INEOS Styrolution Korea Ltd.	イネオス・スタイロルーション	ＰＳ、ＡＢＳ樹脂
Isu Chemical Co., Ltd.	梨樹化学	アルキルベンゼン、N-パラフィン他
Kolon Industries Inc.	コーロン	合繊、フィルム、石油樹脂、クマロン樹脂
Korea Alcohol Industrial Co., Ltd.	韓国アルコール産業	エタノール、アルデヒド、酢酸エチル他
Korea Petrochemical Ind. Co., Ltd.	大韓油化工業	ＨＤＰＥ、ＰＰ、エチレン、プロピレン他
KPX Chemical Co., Ltd.	ＫＰＸケミカル	ＰＰＧ、ＰＥＧ、ＥＯＡ、ウレタン樹脂他
Kumho Petrochemical Co., Ltd.	錦湖石油化学	ブタジエン、合成ゴム、スチレン系樹脂他
Kumho P&B Chemicals, Inc.	錦湖Ｐ＆Ｂ化学	フェノール、アセトン、ビスA他
LG Chem Ltd.	ＬＧ化学	エチレン、塩ビ、ポリオレフィン、ＰＳ他
LG MMA Corporation	ＬＧ ＭＭＡ	ＭＭＡ、ＰＭＭＡ、ＭＴＢＥ、ＭＡＡ
LOTTE Advanced Materials Co., Ltd.	ロッテ先端材料	ＰＳ、ＥＰＳ、ＡＢＳ樹脂、ＡＳ樹脂他
LOTTE BP Chemical Co., Ltd.	ロッテＢＰ化学	酢酸、酢酸ビニル←ロッテが49%出資
LOTTE Chemical Corporation	ロッテケミカル	エチレン、ポリオレフィン、ＥＯＧ、芳香族
LOTTE MCC Corporation	ロッテＭＣＣ	ＭＭＡ、ＰＭＭＡ、２ＨＥＭＡ、ＭＡＡ
OCI Company Ltd.	ＯＣＩカンパニー	ポリシリコン、カー黒、ＴＤＩ、フタル酸他
Polymirae Company Ltd.	ポリミレイ	ＰＰ
Samnam Petrochemical Co., Ltd.	三南石油化学	ＰＴＡ
SH Energy & Chemical Co., Ltd.	ＳＨケミカル	ＥＰＳ
SKC Co., Ltd.	ＳＫＣ(化学グループ)	ＳＭ、ＰＯ、ＰＧ
SK Global Chemical Co., Ltd.	ＳＫグローバルケミカル	エチレン、ＬＬ、ＨＤ、ＰＰ、ＯＸ、ＰＸ他
Taekwang Industrial Co., Ltd.	泰光産業	ＡＮ、ＰＴＡ、アクリル・ナイロン繊維
Tong Suh Petrochemical Corp., Ltd.	東西石油化学	アクリロニトリル、アクリルアミド他
Yeochun NCC, Co., Ltd.	麗川ＮＣＣ	オレフィン、ＢＴＸ、ＳＭ他
Yongsan Chemicals Inc.	龍山化学	無水マレイン酸、フマル酸、ＴＨＰＡ他

(以上韓国石油化学工業協会加盟33社)

非加盟のその他石油化学系企業一覧

英　語　読　み	日本語読み	主要事業
Arkema Korea Co., Ltd.	アルケマ・コリア	ＰＭＭＡ
Bluecube Chemical Co., Ltd.	ブルーキューブケミカル	特殊エポキシ樹脂
Dow Chemical Korea Co., Ltd.	ダウ・ケミカル・コリア	ＭＤＩ（星和石油化学から買収）
Hanwha Fine Chemical Co., Ltd.	ハンファファインケミカル	ＴＤＩ、塩酸
Hanwha General Chemicals Co., Ltd.	ハンファ総合化学	ＰＴＡ
HU-CHEMS Co., Ltd.	ヒューケムズ	ＤＮＴ、ＭＮＴ、硝酸
Hyundai Chemical Co., Ltd.	現代ケミカル	ベンゼン、混合キシレン、ナフサ、灯軽油
Hyundai Cosmo Petrochemical Co., Ltd.	現代コスモ・ペトロケム	ＰＸ、ベンゼン
Hyundai Engineering Plastics Co., Ltd.	現代エンプラ	ＰＰ複合樹脂、ＰＳ、ＥＰＳ
Korea Engineering Plastics Co., Ltd.	韓国エンプラ	ポリアセタール樹脂
Korea PTG Co., Ltd.	コリアＰＴＧ	無水マレイン酸、1,4-ＢＤ、ＴＨＦ
Korea Trinseo Corp.	韓国トリンセオ	ＳＢラテックス
KSI Co., Ltd.(旧 Kolon Plastics, Inc.)	ＫＳＩ	ポリアセタール、ナイロン66樹脂
Kumho Mitsui Chemicals, Inc.	錦湖三井化学	ＭＤＩ、アニリン
Kumho Polychem Co., Ltd.	錦湖ポリケム	ＥＰゴム、ＴＰＶ
Kuk Do Chemical Co., Ltd.	国都化学	エポキシ樹脂、ＤＡＰ樹脂他
Mitsui Chemicals & SKC Polyurethanes Inc.	三井化学SKCポリウレタン	ＰＰＧ、ＴＤＩ、ＭＤＩなどウレタン材料
Nam Hae Chemical Corpration	南海化学	アンモニア、メラミン、肥料他
OCI-SNF Co., Ltd.	ＯＣＩ・ＳＮＦ	高分子凝集剤
SK Chemicals Co., Ltd.	ＳＫケミカル	ＰＥＴＧ樹脂、ＴＰＵ、アセテート他
SKC Kolon PI Inc.	ＳＫＣコーロン	ポリイミドフィルム
SK Petrochemical Co., Ltd.	ＳＫ石油化学	ＤＭＴ
S-Oil Corporation	エスオイル	石油精製、ＢＴＸ
Solvay Korea Co., Ltd.	ソルベイ・コリア	アジピン酸、Ｎ66樹脂、ケイ酸ソーダ他
Woongjin Chemical Co., Ltd.	ウンジン・ケミカル	ポリエステル長短繊維・チップ、エンプラ

韓国の財閥グループ別化学系企業リスト

主要財閥グループ	傘下のグループ企業	合弁相手企業	事　業　内　容
ＳＫグループ→2011/1よりＳＫイノベーションが持株会社となり、傘下にＳＫグローバルケミカルとＳＫエナジー、ＳＫルブリカンツの３社を配置	ＳＫエナジー→2011/1よりＳＫエナジー（石油精製・販売）とＳＫグローバルケミカルに分割		エチレン～ＢＴＸ、ＰＸ、シクロヘキサン、ＬＬＤＰＥ、ＨＤＰＥ、ＰＰ、ブテン１、ＭＴＢＥ、ＳＭ、ＥＰＤＭ他
	ＳＡＢＩＣ　ＳＫ　ネクスレン	ＳＡＢＩＣ	ｍ（メタロセン）ＬＬＤＰＥ
	ウルサン・アロマティックス	ＪＸＴＧエネルギー	ＰＸ
	ＳＫエナジー←旧ＳＫ仁川精油	2006/1買収→2008/2吸収	石油精製
	ＳＫ仁川石油化学	旧ＳＫエナジー・仁川	ＢＴＸ、ＰＸ
	ＳＫルブリカンツ	2009/10設立	潤滑油（Lubricants）
	ＳＫＣ		ポリエステルフィルム、磁気テープ
	ＳＫＣ化学事業部		ＰＯ／ＳＭ、ＰＧ
	ＳＫＣコーロンＰＩ	コーロン折半2008/6設立	ポリイミドフィルム
	三井化学ＳＫＣポリウレタン	三井化学50％出資	各種ポリオール、ＴＤＩ、ＭＤＩ他
	エボニック・デグサ・パーオキサイド・コリア	ＳＫＣ45％出資	過酸化水素（ＰＯ原料としてＳＫＣに供給）
	ＳＫケミカル		ＰＥＴＧ、ＴＰＵ、ＰＰＳ、アセテート
	ＳＫ石油化学	ＳＫケミカル	ＤＭＴ、（ＰＴＡは操業停止）
	ヒュービス	ＳＫケミカル／三養社	ポリエステル繊維
	ＳＫ　ＵＣＢ（ベルギー合弁）	ＳＫケミカル／ＵＣＢ	ポリエステル系粉体塗料、ＵＶ樹脂
	ＳＫユーロケミカルズ	ＳＫケミカル／ＬＧほか	ＰＥＴチップ（2005/春12万t完成）
ＬＧグループ	ＬＧ化学		エチレン、ＰＥ、塩ビ、ＳＭ、スチレン系樹脂、エポキシ樹脂、アクリレート、２ＥＨ、ＤＯＰ、ＥＧ、ＰＰ、ＰＣ他 高吸水性樹脂（2008/9コーロンより）
	ＬＧ　Hausys	2009/4に事業分離	工業材料
	ＬＧ　ＭＭＡ	住友化学／日本触媒	イソブチレン～ＭＭＡ、ＰＭＭＡ
	ＬＧシルトロン	米ダウ	シリコンウエハー
	PT Halim Samudra Interutama	インドネシア現地資本	ＡＢＳ樹脂コンパウンド
	PT Sinar LG Plastics Industry	同シナールマスグループ	塩ビパイプ及び成形加工品
	ＬＧ－ＶＩＮＡケミカル	ベトナム現地法人２社	ＤＯＰ（1996/末に３万t工場設置）
	天津ＬＧ大沽化工有限公司	天津渤海化工集団	ＰＶＣ
	天津ＬＧ渤海化学有限公司	天津渤海化工／大沽化工	電解、ＥＤＣ、ＶＣＭ
	天津ＬＧスペシャルティ化学		分散染料
	寧波ＬＧ甬興化工有限公司	甬興化学工廠（寧波）	ＡＢＳ樹脂
	天津ＬＧ新建材有限公司		塩ビタイル
	LG Polymers India PVT Ltd.		ＰＳ、ＥＰＳ
	LGハウスホールド＆ヘルスケア	ＬＧ化学から分離	ライフサイエンス、家庭品、化粧品他
ロッテグループ	ロッテケミカル（2012/12に元の湖南石油化学から改称）	日系資本の第一化学工業は2002/10に資本撤退	ＨＤＰＥ、ＰＰ、ＥＯ、ＥＧ、エチレン、プロピレン、ＢＴＸ、ＰＥＴ
	ロッテ・ベルサリス・エラストマーズ	ロッテケミカル50％/伊ベルサリス50％	Ｓ－ＳＢＲ/ＢＲ、ＥＰＤＭなど各種エラストマー
	旧ロッテ大山石化→ロッテケミカル	2009/１に吸収合併	旧現代石化のエチレン２号機系列
	旧ＫＰケミカル→ロッテケミカル	2012/12に吸収合併	ＰＸ、ＯＸ、ベンゼン、ＰＴＡ他
	ロッテＭＣＣ	三菱ケミカルとの折半	ＭＭＡ、ＰＭＭＡ、ＭＡＡ、2ＨＥＭＡ
	ロッテ・アドバンスト・マテリアル	サムスンＳＤＩの化学等	ＡＢＳ、ＰＣ等
	ロッテＢＰ化学	韓国ＢＰ51％出資合弁	酢酸、酢酸ビニル
	ロッテ精密化学	サムスンから買収	化学肥料、電解、ファインケミカル
	韓徳化学	トクヤマ/ロッテ精密化学	半導体用現像液
	ロッテケミカル・タイタン	マレーシア社2010/7買収	エチレン、ポリエチレン、ＰＰ他
	ロッテケミカル・パキスタン	ロッテ75%/Ibrahim25%	ＰＴＡ
	中国の三江湖石化工	ロッテケミカル50%	ＥＯＧ
	ロッテケミカルＵＫ（ＬＣＵＫ）		ＰＥＴ樹脂（35万t工場）

大林グループ	大林産業(石油化学事業部)		ＨＤＰＥ、ブテン１、ポリブテン他
	ポリミレイ	サンアロマー／ライオンデルバセル	ＰＰ
	麗川ＮＣＣ	ハンファ石油化学と折半	エチレン～ＢＴＸ、ＳＭ
錦湖アシアナグループ	錦湖石油化学	ＪＳＲ	ブタジエン、ＳＢＲ、ラテックス、ＢＲ、ＮＢＲ、ＨＳＲ、ＰＳ、ＥＰＳ、ＡＢＳ樹脂、ＰＰＧ他
	錦湖ポリケム	ＪＳＲ/エクソンモービル	ＥＰゴム
	錦湖Ｐ＆Ｂ化学	日鉄ケミカル&マテリアル	フェノール、アセトン、ＭＩＢＫ、ビスフェノールＡ、エポキシ樹脂
	錦湖三井化学	三井化学SKCポリウレタン	精製ＭＤＩ、粗ＭＤＩ、カセイソーダ
	錦湖モンサント	米モンサント	有機ゴム薬品
	錦湖タイヤ		自動車用タイヤ他
ハンファグループ	ハンファ石油化学		カセイソーダ/塩素、ＥＤＣ～ＶＣＭ～ＰＶＣ、ＬＤＰＥ、ＬＬＤＰＥ他
	ハンファ総合化学	サムスンから57.6%取得	ＰＴＡ
	ハンファ・トタル・ペトロケミカル(両社とも2014/11取得)	仏トタル・ペトロケミカルズ	エチレン～ベンゼン、ＬＤＰＥ、ＨＤＰＥ、ＥＯＧ、ＳＭ、ＰＰ他
	ハンファ・ファインケミカル	ＫＰＸホールディングス	ＴＤＩ、塩酸
	麗水コジェネレーションプラント	2007/12に分離・独立	電力、蒸気
	麗川ＮＣＣ	大林産業との折半	エチレン～ＢＴＸ、ＳＭ
	ハンファＬ＆Ｃ	(旧ハンファ綜合化学)	プラスチック加工、建材、シート他
	石家荘第二医薬工廠　〈中国〉	(96年に株式60%を取得)	医薬品、ペニシリン
サムスン(三星)グループ	サムスンＳＤＩ→一部ロッテへ	石化事業をロッテが買収	ＬｉＢ他
	サムスンＳＧＬカーボン複合材料	サムスン／独ＳＧＬ折半	炭素繊維複合材料
現代グループ	現代オイルバンク(旧現代精油)	ＵＡＥ国際石油投資公社	石油精製、プロピレン
	現代コスモ・ペトロケミカル	コスモ石油	ＰＸ、ベンゼン
	現代ケミカル	ロッテケミカル	ベンゼン、キシレン、ナフサ、灯軽油
	現代エンプラ		ＰＰ複合樹脂、ＰＳ、ＥＰＳほか
ＧＳグループ	ＧＳカルテックス	米シェブロン	石油精製、ＢＴＸ、ＰＸ、ＰＰ
	青島麗東化学工業	オマーンオイル/SINOPEC	ＰＸ、ベンゼン、トルエン
ＯＣＩグループ	ＯＣＩカンパニー（旧ＤＣケミカル)		ＴＤＩ、酢酸、ソーダ灰、農薬他、カーボンブラック、無水フタル酸、ＤＩＮＰ、ナフタレン、炭素繊維他
	ＯＣＩ-ＳＮＦ	仏ＳＮＦ	高分子凝集剤、各種廃水処理剤
	ＯＣＩマテリアルズ		ＮＦ3、ＷＦ6、ＳｉＨ4(シランガス)
	ＯＣＩケミカル	在米子会社	ソーダ灰、過炭酸ナトリウム他
三養社グループ	三南石油化学	三菱ケミ/GSカルテックス	ＰＴＡ
	三養化成	三菱ケミ/三菱エンプラ	ポリカーボネート
	三養ファインテクノロジー	三菱ケミカルとの折半	イオン交換樹脂
	三養イノケム	三菱商事20%出資	ビスフェノールＡ
	ヒュービス	三養社/ＳＫケミカル	ポリエステル繊維
	三養社		食品、ファインケミカル、医薬品他
コーロングループ	コーロン・ファッション	東レ／三井物産	ナイロン繊維、ポリエステル長繊維
	コーロン(コーロン油化を2007/6に吸収合併)		ＰＥＴフィルム、石油樹脂、クマロン樹脂ほか
	ＳＫＣコーロンＰＩ	ＳＫＣ折半で2008/6設立	ポリイミドフィルム
	ＫＳＩ	(旧コーロン・プラ吸収)	ナイロン66樹脂、ポリアセタール他
	Kolon BASF innoPOM	ＢＡＳＦ折半2016/3設立	ポリアセタール

韓　国

暁星グループ	暁星 韓国タイヤ		ナイロン繊維、ポリエステル繊維、プロピレン、ＰＰ、ＰＴＡ他 自動車用タイヤ
龍山グループ	龍山化学 龍山三井化学	三井化学／豊田通商 三井化学	無水マレイン酸、フマル酸、ＴＨＰＡ アクリルアマイド
新湖製紙グループ	ＳＨエナジー＆ケミカル		発泡ＰＳビーズ
泰光グループ	泰光産業 大韓化繊		ナイロン繊維、アクリル繊維、ＡＮ、ＰＴＡ ポリエステル繊維
非財閥系各社	大韓油化工業 梨樹化学工業 カプロ 南海化学 ヒューケムズ	 暁星／コーロン／他 農業協同組合中央会 農業協同組合中央会	ＨＤＰＥ、ＰＰ、エチレン他 アルキルベンゼン、Ｎパラフィン他 カプロラクタム、硫安 肥料、メラミン、硫酸、アンモニア ＤＮＴ、ＭＮＴ、硝酸、硝安、尿素
外資系各社	湖成石油化学 コリア・パーケム	エクソンモービル 湖成石油化学／エクソン	ヘキサン、ヘプタン 低芳香族炭化水素系溶剤
	ＢＡＳＦカンパニー イネオス・スタイロルーション・コリア Kolon BASF innoPOM	独ＢＡＳＦ 独ＢＡＳＦ／イネオス コーロン折半2016/3設立	ＭＤＩ、ポリウレタン、ＰＴＨＦ他 ＰＳ、ＡＢＳ樹脂 ポリアセタール
	ダウ・ケミカル・コリア 韓国トリンセオ ブルーキューブ・ケミカル	米ダウ ダウから買収 ダウから買収	ＭＤＩ ＳＢラテックス 特殊エポキシ樹脂
	エスオイル パーストープ・ケミカルズ・コリア スケネクタディ・コリア 韓国エンジニアリングプラスチックス(ＫＥＰ) 愛敬油化 コリアＰＴＧ 國都化學 ＫＰＸケミカル ＫＰＸグリーンケミカル 韓国信越シリコーン 東友ファインケム 東西石油化学 アデカ・ファインケミカル ＴＡＫ＝東レ尖端素材(2010/５に旧東レセハンを改称) ソルベイ・コリア（旧ローディア・ポリアミド) オリオン・エンジニアド・カーボンズ エボニック・デグサ・パーオキサイド・コリア	サウジ・アラムコ パーストープ（フィンランド）の全額出資 三菱ケミカル50%出資 三菱ガス化学／セラニーズ・ホールディング ＤＩＣ／三菱ガス化学／伊藤忠商事 愛敬油化 日鉄ケミカル&マテリアル 豊田通商 ＫＰＸケミカル 信越化学の全額出資 住友化学／伊藤忠商事 旭化成の全額出資 ＡＤＥＫＡ 東レ100%出資 仏ローディア→ソルベイ エボニック→ソルベイへ エボニック／ＳＫＣ45%	石油精製、ＢＴＸ トリメチロールプロパン(ＴＭＰ)～ハンソルケミカルから買収 アルキルフェノール ポリアセタール 無水フタル酸、無水マレイン酸、ＤＯＰ、ＰＴＭＥＧ 無水マレイン酸、1,4-ＢＤ、ＴＨＦ エポキシ樹脂、ＤＡＰ樹脂他 ＰＰＧ、ＰＥＧ ＥＯＡ、エタノールアミン、ＤＭＣ他 シリコーン樹脂・ゴム 半導体用高純度薬品、紙加工樹脂他 ＡＮ、青化ソーダ、アクリルアミド 塩ビ樹脂用フェノール系添加剤 ポリエステルフィルム、ポリエステル長繊維・不織布、炭素繊維 アジピン酸、ナイロン66樹脂、ケイ酸ソーダ、シリカ他 カーボンブラック 過酸化水素

韓国の主要石油化学系企業

ＳＫグループ

ＳＫグローバルケミカルの石油化学製品生産体制　(単位：t/y)

製　品	工　場	現有能力	新増設能力	完　成	備　考
エチレン	蔚　山	690,000			ケロッグ法、２号機を2008年10万t増、１号機17万t
〃	〃	170,000			は2008年のリーマンショック後一時休止→再開
プロピレン	〃	500,000			ＩＦＰ(現アクセンス)技術、96/11に17.3万t増設
〃	〃	620,000		2008／末	ＳＫエナジーが倍増設ＲＦＣＣ６万Ｂより回収
〃	〃	600,000		2016／５	「ＳＫアドバンスト」のＰＤＨ、ＳＫガス/APC/PIC
Ｂ－Ｂ留分	〃	213,000			ＩＦＰ(現アクセンス)技術
ブタジエン	〃	130,000			日本ゼオン技術、2号機7.3万t89/12完成→10万t増
ブテン１	〃	44,000			日本ゼオン技術、89/11完成、2008年に1.4万t増強
ＭＴＢＥ	〃	178,000			89/11完成、初期能力は8.4万t、96/末に６万t増設
1,4－ＢＤＯ	〃	40,000		2008／初	インビスタ技術/ＦＷ～原料はアセチレン
ベンゼン	〃	323,000			シェル法、90/5に7.2万t＋92/5に5.7万t増設
〃	〃	280,000		2006／７	第３芳香族設備～2008年に13万t増設
〃	〃	600,000		2014／６	「蔚山アロマティックス」～ＪＸＴＧエネと折半
トルエン	〃	329,000			92/５に6.9万t増設(タトレー法Ｂ5万t/Ｘ6.8万t)
〃	〃	565,000		2006／７	第３芳香族設備～2008年に50.2万t増設
キシレン	〃	429,000			90/5に7.5万t＋92/5に5.7万t増設
〃	〃	1,077,000		2006／７	第３芳香族設備～2008年に60万t増設
オルソキシレン	〃	200,000			エンゲルハルト/ＵＯＰ法、98/7に倍増設
パラキシレン	〃	350,000			エンゲルハルト/ＵＯＰ法、95/4に５万t増強
〃	〃	480,000			レイセオン技術、97/央完成～初期能力は30万t
〃	〃	1,000,000		2014／６	「蔚山アロマティックス」～ＪＸＴＧエネと折半
シクロヘキサン	〃	160,000			ＵＯＰ技術、93年２万t+2008年２万t増強
ノルマルヘプタン	〃	18,000			精製系原料
ＳＭ	〃	260,000			レイセオン技術、2009/8ＢＡＳＦより買収
ｍＬＬＤＰＥ	〃	230,000		2014／央	「ＫＮＣ」、ＳＫ技術Nexlene法メタロセンＬＬ
ＬＬＤＰＥ／	〃	180,000		90／８	デュポン・カナダ法(ＬＬ/ＨＤの併産設備で計25
ＨＤＰＥ	〃	70,000			万t～初期能力21.5万t)
ＨＤＰＥ	〃	140,000			三井化学法、96/末完成、ＨＤＰＥ計21万t能力
ＰＰ	〃	390,000		90／８	モンテル技術、96/末34万tへ倍増+3.5万t+1.5万t
ＰＰ	〃		400,000	2021／上	Spheripol法、ＳＫアドバンスト/ポリミレイ合弁
ＥＰＤＭ	〃	35,000			住化技術、2006/5再開2万t+1万t+2010年2,000t増
[仁川製油所]					「ＳＫエナジー＆ＳＫ仁川石油化学」担当
ベンゼン	仁　川	600,000			ＩＦＰ技術、92/3完成、2010年に６万t増強
キシレン	〃	600,000*			同上、2010年4.5万t増強、全量ＰＸ用に自消
パラキシレン	〃	1,500,000		2014／７	ＳＫ仁川石油化学の単独投資、初期能力130万t

97年10月、鮮京グループがＳＫグループに改称し、中核企業の油公もＳＫコーポレーションに社名変更、その後2007年７月のグループ再編に伴い、同社は持ち株会社であるＳＫホールディングスと事業会社であるＳＫエナジーに分割された。ＳＫエナジーは2011年１月に再々編され、事業継続会社であるＳＫイノベーション(ＳＫホールディングス33.4%出資で石油開発、電池材料の生産、研究開発)の傘下にＳＫグローバルケミカル(資本金1,300億Ｗで2011年１月設立)、ＳＫエナジー(石油精製・販売、技術開発)、ＳＫルブリカンツ(ベースオイル、潤滑油、グリース等)の全額出資３社を配置する体制に変更した。創業会社の設立は1962年10月で、韓国開発銀行(公営)と米ガルフ・オイルとの合弁会社・大韓石油公社として64年４月から石油精製事業を開始、

68年末に潤滑油事業、70年５月に芳香族事業へ進出、年央にはガルフ・オイルが株式50％を保有するに至ったが、同社の全株式を鮮京が80年末に譲り受けて経営権を取得した。2003年12月に伊藤忠商事が0.49％、太陽石油が0.25％資本参加、その後の逐次増資で資本金は6,534億5,000万Ｗまで増えたが、2007年末には4,630億Ｗへ減資、2008年央に4,686億Ｗとした経緯がある。

子会社では、ＥＰゴム専業の合弁会社・油公エラストマーを事業不振のため97年に解散したが、合弁相手だった住友化学の求めに応じて2006年５月から９年ぶりに運転を再開、ほぼ半分を日本へ輸出しており、2007年には増強した。ＳＭ／ＰＯ関連製品のＳＫエバーテック（旧ＳＫオキシケミカル）は2001年11月ＳＫＣに売却した。その後同社からＢＡＳＦに売却されたＳＭ単産法プラントを2009年８月には自社に移管した。一方、ＰＳメーカーの香港ペトロケミカルに96％出資していたが、2002年末には中国の物流企業であるＢＡＬトランスホールディングスに売却した。2006年３月には旧仁川精油を買収してＳＫ仁川精油に改称、2008年２月には吸収合併して一体化し、製油所を近代化・拡張、2013年には芳香族部門をＳＫ仁川石油化学に分離した。

石化事業には73年３月に進出、韓国初のエチレンセンターを蔚山に開設し、最初は年産10万トンでスタートしたが、その後の増強で17万トン能力となった１号機は、2008年以来断続運転中。85年12月には40万トンの新しい芳香族コンプレックスを完成させ、91年６月に建設した処理能力３万バレル／日のＣＣＲ（連続触媒再生式リフォーマー）完成をもって垂直統合化計画が完了した。ポリエステル事業を例にとると、ＳＫグループとしては石油精製～リフォーメート～パラキシレンからＰＴＡ・ＤＭＴ～繊維（フィルム、ＰＥＴボトルを含む）に至る垂直系列化を実現済み。

89年末、第２エチレン設備を完成させた後、90年５月にＰＸ／オルソキシレンの芳香族設備、同８月にＬＬＤＰＥ／ＨＤＰＥのスイングプラントとＰＰがセットになったポリオレフィン工場、同12月にはＳＫＣ化学事業部のＰＯ／ＳＭ大型併産設備も完成させた。91年５月には老朽化した第１トッパーを24万b/dの第４トッパーにリプレースし、92年５月にはリフォーメートを原料とする芳香族設備も完成させた。引き続いて、ヘビー・オイル・アップグレーディング計画の一環として３万b/dの重質油水素化分解装置と重油脱硫装置、№３ソルベント装置、エクソンモービルとの合弁による潤滑油用ベースオイル装置などを92年に建設した。

95年夏、総額3,800億Ｗをかけた石油／石化部門の大型拡張工事に着手した。リファイナリーは20万b/dの№５常圧蒸留装置と５万b/dのＲＦＣＣ装置を96年６月に完成、９月から稼働開始させた。増産されるリフォメートを原料に用いるＰＸ年産30万トン設備（現在48万トン能力）と26万トンのＳＭ設備（2001年７月ＢＡＳＦに売却し、2009年８月には買い戻した）を96年末に新設した。石化では№２ナフサクラッカーに分解炉２基を96年11月に追加、３割増強し、川下ではＨＤＰＥとＰＰ設備を96年末に導入した。このうちＨＤＰＥにはフィルム用に適した三井化学技術を、ＰＰには既存設備と同じモンテル（現バセル）技術を導入した。この結果、増強後の生産能力はエチレンが62万トンから69万トンへ、プロピレンが31.2万トンから50万トンへ、ポリエチレンは６割増の35万トン（現39万トン）へ、ＰＰは34万トン（39万トン）に倍増、ＰＸも65万トン（83万トン）へとほぼ倍増した。次期拡張計画として、老朽化したエチレン１号機を50万トン規模の３号機にリプレースすることを検討したこともあったが、棚上げされた。これに代わり、需要増が期待できるプロピレンを確保するため、2008年に倍増設した６万b/dのＲＦＣＣから43万トン（55万トン）のプロピレンを回収、2008年末には精製プラントを新設して合計93万トン（105万トン）へと、エチレンを上回る生産能力に拡大した。2016年５月にはＳＫガス45%／サウジのＡＰＣ(アドバンスト・ペトロケミカル)30%／ＰＩＣ(クウェート石油化学工業)25%出資合弁会社・ＳＫアドバンストが60万トンのＰＤＨ(プロパン脱水素)法プロピレン設備を稼働させた。その川下展開として、ポリミレイとの折半出資合弁で40万トンのＰＰプラントを2021年前半までに新設する。製法にはライオンデルバセルのSpheripol法を採用、投資額は4.2億ドルを見込む。

独自技術によるNexlene法ＬＬＤＰＥ23万トン設備を蔚山で2014年央から稼働開始、ＳＡＢＩＣとの折半販社「ＳＡＢＩＣ　ＳＫネクスレン」を2015年７月シンガポールに設立し、全額出資子会社の「韓国ネクスレン」（ＫＮＣ）が運営。次期計画ではサウジにも同規模工場を新設する。

2012年６月には旧ＪＸエネルギーとの折半出資(ＳＫＧＣが50%プラス１株)で合弁会社「ウルサン・アロマティックス」を設立、100万トンのＰＸを１兆Ｗで2014年６月に完工させた。原料の混合キシレンなどは日本からも受給している。両社は2007年１月に広範囲な事業分野で業務提携、発行済み株式総数の１%を相互購入してきた経緯もある。翌７月にはＳＫ仁川石油化学(芳香族部門を別会社化)も150万トンのＰＸ工場を完工させた。

95年10月、炭化水素系溶剤「Ｕクリーン」の3.5万トン設備を建設し、アロマレス溶剤として事業化、各種溶剤の現有能力は12.5万トンとなった。また新規事業として、アセチレンを原料とする1,4-ブタンジオール４万トン設備を建設し、2008年初めから生産を始めた。

リチウムイオン電池用セパレーター事業は2005年11月に第１系列を始動、その後2007年に第２系列、2009年８月に第３系列を追加し、2010年に第４、５系列を完成・稼働させた。

2006年７月に３万b/dのリフォーマーを3,000億Ｗで建設、増産されるリフォーメートから計66万トンの芳香族を回収し、ＢＴＸに分離する第３芳香族設備を完成させた。2008年に蔚山で３万b/dのＲＦＣＣ装置を倍増設し、第３芳香族設備を大幅に拡張している。仁川でも同年中にＢＴＸ能力を増強、2014年７月にはＰＸ150万トン設備をＳＫ仁川石油化学の単独投資で新設した。

吸収合併した旧ＳＫ仁川精油の創立は、旧韓国火薬とユニオンオイルとの合弁により京仁エナジーとして設立された1969年11月に遡る。71年５月より石油精製事業をスタートさせ、72年２月に火力発電所を建設して韓国電力への売電を開始、94年央ハンファ・エナジーに社名変更、99年８月末にはハンファ石油化学の持株が現代精油へ売却され、社名も仁川精油に改称された。2001年９月には経営破綻して債権団の管理下に入り、中国化工進出口総公司が買収する寸前にＳＫが買収した。仁川では92年３月にベンゼン／キシレン設備を完成させ、96年央には総額3,000億Ｗを投入してトッパーを５万b/d増設し計27.5万b/d能力としたほか、8.5万b/dの重質油分解装置や脱硫装置の導入、キシレンの増強など製油所の高度化を図った。続いて97年秋の製油所高度化計画によりベンゼンなども増強、2008年と2010年にも芳香族製品を増強した。

ＳＫＣ化学事業部の石油化学製品生産体制　(単位：t/y)

製　品	工　場	現有能力	新増設能力	完　成	備　考
S　M	蔚　山	400,000			アーコ技術ＰＯ併産法、初期能力22.5万t→35万t
P　O	〃	180,000			アーコ技術ＳＭ併産法、初期能力10万t→15万t→
P　O	〃	130,000		2008／7	ＨＰＰＯ法、2012/秋３万t増強
P　O	〃		200,000	2019年	ＢＡＳＦとの合弁計画(ＨＰＰＯ法系列)
P　G	〃	150,000	100,000	〃	2010年1.5万t+2012年２万t+2017年４万t増強

1987年９月、米アーコ・ケミカルとの折半出資により油公アーコ化学として設立されたが、その後アーコ側の資本撤収に伴いＳＫの全額出資子会社となり、92年10月に油公オキシケミカルへ改称、さらに97年10月にはＳＫオキシケミカル、2000年末にはＳＫエバーテックに改称された。2001年11月には、ＳＫが44.2％出資するＳＫＣが吸収合併し、化学事業部に組み入れた。総工費3,000億Ｗで建設した初期能力ＰＯ10万トン／ＳＭ22.5万トン(エチルベンゼン27万トン)の併産設備は90年９月に完成、同年末までにＰＧ～ＰＰＧなど一連の関連製品も揃って操業開始した。このうちＰＰＧ部門は、三井化学との合弁会社へ2015年７月に移管した。その後、数次の手直し増強を経て表記能力とし、併産法による第２期拡張も計画していたが、結局単産法ＳＭ26万トン計画に変更、97年４月に完成・稼働させ、2001年秋にＢＡＳＦへ売却、その後2009年８月には現ＳＫグローバルケムが買い戻している。2005年２月に中国化工集団とポリウレタン事業で提携。

ＰＯ増産のため10万トンの単産法プラントを1,860億Ｗかけて建設、2008年７月から稼働させた。エボニック・インダストリーズとウーデが共同開発したＨＰＰＯ法を導入し、副原料として７万トン強の過酸化水素を要するため、エボニックがフィンランドのケミラグループから蔚山の3.4万トン工場を買収、2008年１月に７万トン強へ倍増設してＳＫＣに供給している。買収工場は「エボニック・デグサ・パーオキサイド・コリア」となり、2010年11月にはＳＫＣが株式の45％を取得した。その後のＰＯ事業拡張についてはＢＡＳＦとの合弁で推進する考えで、2019年には20万トンのＰＯ設備建設と必要な過酸化水素(ソルベイ技術)の自給化を目指す。

ＳＫＣのポリエステルフィルムは水原の12万トン、米ジョージア州の6.5万トン、2012年秋に設置した鎮川の４万トン(20万トンのＰＥＴチップ工場併設)、2013年に稼働した東洋紡との合弁会社で中国・南通の３万トンがあり、2015年には計30万トンへ拡大。水原のＰＥＮ(ポリエチレンナフタレート)フィルム「Skynex」は、トヨタの３代目プリウスに2009年春から採用された。太陽電池向けのＥＶＡ製封止材も2009年２月から水原で生産開始、2014年までに全４系列とした。ポリフッ化ビニリデンフィルム製のバックシートでは日本の恵和と提携し、2010年春から1,000万㎡能力で生産を開始、2015年にはこれを4,000万㎡まで拡大。ポリイミドフィルムは2008年６月設立の合弁会社「ＳＫＣコーロンＰＩ」の亀尾と鎮川工場で事業化したが、カネカから特許侵害で訴えられ、米国では敗訴した。2019年10月には、これの高透明タイプ専用設備を稼働させる。

三井ケミカルズ＆ＳＫＣポリウレタンズの石油化学製品生産体制　(単位：t/y)

製　品	工　場	現有能力	新増設能力	完　成	備　考
ＰＰＧ	蔚　山	200,000	200,000	未　定	2010年３万t+2011年1.5万t+2012年6.5万t増強
ＭＤＩ	麗　水	350,000			「錦湖三井化学」が運営、2018/3に10万t増設
ＰＰＧ	名古屋	50,000			以下のプラントは日本の「三井化学ＳＫＣポリウレタン」が運営
〃	徳　山	40,000			
ＴＤＩ	大牟田	120,000			
〃	鹿　島	(117,000)			2016/5で停止
ＭＤＩ	大牟田	(60,000)			〃
バイオポリオール	インド	8,000		2015／1	40％出資の「バイタルキャスターポリオール」運営

2015年７月、三井化学との折半出資合弁会社として設立。韓国法人(Mitsui Chemicals & SKC Polyurethanes：略称ＭＣＮＳ)の資本金は700億Ｗで、同法人が100％出資する日本法人の「三井

化学ＳＫＣポリウレタン(同ＭＣＮＳ－Ｊ)」は180億円。ＳＫＣの原料ＰＯからの一貫競争力、韓国系自動車・家電メーカーとの強固な顧客基盤、欧米中の世界３極で展開するシステムハウスと三井化学のアジアでの充実したシステムハウスネットワーク、日系自動車・家電メーカーとの強固な顧客基盤、競争力あるプラント、卓越した技術開発力を結集し、ＴＤＩ、ＭＤＩ、ポリオール、システム製品全てを保有するアジア最大の総合ポリウレタン材料メーカーとして創設された。三井化学のポリウレタン材料事業を会社分割により承継したＭＣＮＳ－Ｊは、国内工場と韓国合弁社(錦湖三井化学のＭＤＩ)、インド合弁社(バイタルキャスターポリオールのバイオポリオール)、天津・蘇州、仏山、タイ、マレーシア、インドネシアのシステムハウス合弁会社を管轄、ＭＣＮＳは蔚山のポリオール工場と北京、ポーランド、米国のシステムハウスを傘下に置く。新会社発足１年後の2016年５月には鹿島のＴＤＩと大牟田のＭＤＩ工場を閉鎖、ポリオール27万トン、バイオポリオール8,000トン、ＴＤＩ12万トン、ＭＤＩ25万トンのウレタン原料生産体制と中国・ＡＳＥＡＮ６拠点のシステムハウスで世界３極をカバーしている。ＳＫＣがＰＯの増設計画を進めているのに合わせ、ＭＣＮＳもポリオールの倍増設を検討しており、ＭＤＩは2018年３月に10万トン増設した。2015年度当時の連結売上高は15億ドル(約1,800億円)で、2020年近傍には20億ドル(約2,400億円)、営業利益１億5,000万ドル(約180億円)を目指している。

ＳＫケミカルの石化関連製品生産体制　(単位：t/y)

製　　品	工　場	現有能力	新増設能力	完　成	備　　考
ＣＨＤＭ	蔚　山	15,000		2000／10	新日本理化技術、2012/2に5,000t増強
ＰＥＴＧ樹脂	〃	50,000		2001／1	自社技術(グリコール変性ＰＥＴ)、09/9に１万t増
ポリウレタン繊維	〃	2,000			90/4に新設
ＴＰＵ	〃	12,000			2003/1に100億Ｗで倍増設
バイオディーゼル	〃	120,000		2008／12	ＤＭＴ設備を転用し300億Ｗで開設
ＰＰＳ	〃	30		〃	塩素非含有自社開発プロセスのパイロット設備
〃	〃	12,000	8,000	未　定	2015/初完成～帝人34%/ＳＫケミカル66%出資
アセテート・トウ	〃	27,000		2010／3	「イーストマン・ファイバーズ・コリア」、SK20%出資
ＤＭＴ	〃	140,000			「ＳＫ石油化学」イーストマン法、2016/央6万t増強
ＰＴＡ	蔚　山	520,000			イーストマン法、2014年全面停止もスタンバイ中

1966年６月鮮京化繊として創立され、69年７月にポリエステル繊維およびアセテート繊維メーカーの鮮京合繊に改組して設立、88年５月鮮京インダストリーに改称、さらに旧鮮京グループのＳＫグループへの名称変更に伴い同社も97年12月にＳＫケミカルへと社名変更された。資本金は1,022億1,000万Ｗ。繊維部門として蔚山にポリエステル短繊維とポリウレタン弾性繊維、水原にポリエステル長繊維とアセテート・トウ、アセテート・フィラメントを保有していたが、このうちポリエステル長・短繊維部門については2000年11月、三養社との折半出資合弁会社・ヒュービスに移管した。ほかに中空糸限外濾過膜も手掛けており、インドネシアにはポリエステル長繊維の合弁会社・ＳＫカリス(75%出資)を有していたが、2011年春にはインドラマへ売却した。アセテート繊維部門は、イーストマン・ケミカル80%出資合弁会社「イーストマン・ファイバーズ・コリア」がアセテート・トウの2.7万トン工場を蔚山に完成させ、2010年３月から稼働開始して同事業を継承、同年後半までには水原工場を閉鎖してＳＫケミカルとしては事業撤退した。主原料の酢酸セルロースフレークは、イーストマンの米テネシー工場から受給している。

ＣＨＤＭ(シクロヘキサンジメタノール)を2000年秋から合弁事業として企業化したが、2010年10月には新日本理化技術の移転完了に伴い合弁を解消した。これはＤＭＴを水素化還元したもので、ＰＥＴの成形性や透明性を高める副原料として１万トン設備を2000年半ばに新設し、その後５割増強した。これを用いたグリコール変性ＰＥＴ「スカイグリーン」も2001年初めから3.5万トン能力で生産開始、2009年９月には１万トン増強し、2012年にも増強している。2005年４月にはポーランドに12万トンのＰＥＴチップ工場を新設した。ＬＧインターナショナル等との合弁会社・ＳＫユーロケミカルズが運営しており、2007年には40万トンまで拡大している。

スペシャルティケミカルとライフサイエンスをコア事業とする経営戦略に伴い、ポリエステル原料のＰＴＡとＤＭＴ部門を分社化、2005年12月に「ＳＫ石油化学」を資本金200億Ｗで設立した。米イーストマン技術によるＰＴＡ16万トン／ＤＭＴ10万トン工場を89年10月蔚山に建設してポリエステル主原料を自給化、その後数度の増強を経て98年に各42万トン／16万トンまで拡大した。2005年の定修時にＤＭＴ設備の一部をＰＴＡに転用し、各々52万トン／８万トン能力へと増減させたが、市況悪化したＰＴＡは2014年に停止させたことがある。ＤＭＴは2016年６月に６万トン増やし、14万トン能力へと復活させた。バイオディーゼルを韓国で初めて事業化している。

スーパーエンプラのＰＰＳ事業に参入するため、2013年９月にＳＫケミカル66%／帝人34%出資合弁会社「INITZ」(イニッツ)を設立、蔚山で1.2万トン設備を2015年秋から営業運転させた。2018年頃にはこれを２万トンまで増強する計画もあった。

ＬＧグループ

2001年４月よりＬＧグループはＬＧ化学、ＬＧハウスホールド&ヘルスケア、ＬＧケム・インベストメント(ＬＧＣＩ)の３社に分割。1947年１月に設立されたＬＧ化学はＬＧグループの創業親会社で、新生ＬＧ化学は資本金3,654億3,000万Ｗ。グループは①化学セクター②ハウスホールド&ヘルスケアセクター③存続事業会社の３つに分割され、2001年４月までにコア事業へ特化した体制に再編した。①は石油化学、情報・電子材料、工業材料事業に集中したＬＧ化学、②は家庭用品や化粧品事業に集中したＬＧハウスホールド&ヘルスケア、③は投資戦略や事業戦略機能、並びに医薬品などライフサイエンス事業に集中したＬＧＣＩがそれぞれ担当している。2009年４月には工業材料事業をＬＧ化学から分離、ＬＧハウシスとして独立させた。2017年１月にはＬＧ生命科学をＬＧ化学が吸収合併した。

同社は事業ポートフォリオを高付加価値製品へシフトしており、メタロセン系ポリオレフィン、ＡＢＳ樹脂、エンプラ、Ｓ－ＳＢＲなどの売上高３兆Ｗを2020年までに７兆Ｗへ拡大する方針。

化学関連事業進出の経緯を辿ると、1974年に蔚山工場を開設、77年に麗水工場も建設して石化事業に進出した。78年３月ＬＧ石油化学(旧ラッキー石油化学)を設立しナフサクラッカー事業に進出、79年に高分子化学やスペシャルティ・ケミカルズ並びに遺伝子工学を研究する中央研究所を大田の大徳研究団地内に開設、その後84年には遺伝子研究施設を擁するＬＧバイオテックを米国に設立した。91年８月に財閥専門化政策に対応する形で子会社のラッキー油化(ＳＭ)を吸収、ラッキー素材(ＶＣＭ、無水フタル酸、カーボンブラック)とラッキー製薬(抗ガン剤、抗生物質など)も11月初めに吸収合併した。86年には、当時世界最大規模だったＶＣＭ／ＰＶＣプラント

LG化学の石油化学製品生産体制　(単位：t/y)

製　品	工　場	現有能力	新増設能力	完　成	備　考
☆麗水エチレンセンター(吸収した旧LG石油化学)と大山エチレンセンター(買収した旧現代石油化学1号機)は別掲					
LDPE	麗　水	180,000		90／2	LDPE/LLDPE/VLDPEの生産可能
PVC	〃	730,000			自社技術、ストレート塩ビ、2017年4万t増強
PVCペースト	〃	100,000*			日本ゼオン・アトケム技術、*PVC能力の内数
VCM	〃	750,000			BFグッドリッチ技術、2013年に7万t増設
EDC	〃	640,000			97/4企業化、2013年に倍増設、2017年に6万t増強
カセイソーダ	〃	225,000			併産塩素18万t、98年に電解4割増、2005年2万t増
SM	〃	505,000			モンサント/ルーマス法、2003/11に13.5万t増設
PS	〃	50,000			三井化学技術、2017年に5万t転用、全量HIPS
発泡PSビーズ	〃	100,000			アトフィナ技術、2017年に1万t増、PSの外数
ABS樹脂	〃	900,000			JSR法、2017年にPS設備転用で5万t増強
AS樹脂	〃	*120,000			*SANはABS樹脂能力の内数
MBS樹脂	〃	50,000			2011年に1万t増強
SBS	〃	90,000		98／6	FINA技術、2010/6に6万t増設
NBラテックス	〃	100,000			日本ゼオン技術、95/初参入
ポリアセタール	〃	20,000			宇部興産の気相法、90/秋完成～91/4営業生産
PBT	〃	8,000			PBTコンパウンド能力は2万t保有
エンプラコンパウ	〃	200,000			中国他にも各2万t工場を保有、2005年4万t増設
ンド	〃				2011年4万t増、同時に中国・その他を各10万tに
ポリカーボネート	〃	170,000	130,000	2019年	2007/央倍増設後4万t増、ダウは2010/10資本撤退
無水フタル酸	〃	50,000			日本触媒/アトフィナ技術、92/11操業開始
IPA	〃	145,000		93／7	ヒュルス技術、2013/4大山にも5万t設置
NPG	〃	100,000			ネオペンチルグリコール、2011/下に3.5万t増強
DME	〃	3,300			ジメチルエーテル
DEE	〃	1,000			ジエチルエーテル
アクリル酸	麗　水	445,000	180,000	2019／上	日本触媒技術、2012/央と2015/夏に各16万t増設
〃	羅　州	65,000			麗水+羅州でアクリル酸能力計51万t
精製アクリル酸*	麗　水	320,000			日本触媒技術、*アクリル酸能力の内数
アクリレートMA	〃	40,000			日触技術、(97/初麗水にAE計18.5万tを新設)
EA	〃	40,000			〃
BA	〃	80,000			〃
HA	〃	50,000			〃　、AE能力は計21万t～うち羅州は2.5万t
2エチルヘキサノ	麗　水	144,000			UCC技術(プロピル・ヘプタノールを併産)
ール	羅　州	100,000			ノルマルブタノール5.5万tとの併産設備
ブタノール	〃	55,000			89/末に1.4万t増設
イソブタノール	〃	30,000			イソブタノールはブタノール能力の内数
DOP	〃	160,000			汎用可塑剤中心、DOPは羅州と蔚山で計24万t
〃	蔚　山	80,000			92/央2万t増設
特殊可塑剤	〃	50,000			DINP、DIDP、TOTM、DOA、DBP
SMC	〃	15,500			DIC技術、90/末に1,500t増設
BMC	〃	3,000			DIC技術、90/末に倍増設完了
EMC	益　山	3,000			新日化技術、半導体用エポキシコンパウンド
高吸水性樹脂	金　泉	72,000			コーロンより2008/6買収、98/末と2002/春に倍増、
〃	麗　水	328,000	100,000	2019／上	2007/6開設、2014/春と2015/夏に各8万t増設
粉体塗料	温　山	5,000			FERRO技術
界面活性剤	〃	40,000			
分散染料	〃	7,000			

をサウジアラビアに建設したが、事業再構築計画の一環として98年に売却した。同様にカーボンブラック事業についても同11月に旧デグサ(現エボニック)へ売却した。2001年春には国内と中国のソルビトール事業を仏ロケットに売却し、2002年４月にはエポキシ樹脂事業を独ベークライトに売却、反対に2008年６月にはコーロンから高吸水性樹脂事業を買収、麗水にも製造拠点を設置し、２拠点体制とした。2016年４月には東部ファーム韓農を買収している。

新触媒や新製法の開発、高機能フィルムの開発を進め、将来コア事業となる情報電子材料分野では太陽電池、中大型蓄電池、燃料電池などクリーンエネルギー関連新製品や有機ＥＬディスプレーなど表示材料を開発。分離した工業材料事業では電子、エネルギー、環境の「３Ｅ」材料を開発し、窓枠やドア、化粧材などで海外事業を展開する。二次電池、偏光板、ＰＶＣ、ＡＢＳ樹脂、アクリレートの５製品で世界市場の先頭に立つのが目標。さらに高機能偏光板、中大型蓄電池、ドライ・フロアリングシステムで市場を独占していく方針。

国内外の石油化学基地で大幅な設備拡張計画を推進してきた。塩ビ関連事業では2005年５月に着工した中国・天津の原料工場設備能力を上方修正し、インドでも30万トン規模の拠点新設を計画、さらに国内の２工場も増強した。これに続くコア事業として、ＡＢＳ樹脂の国内外工場増設やインドでの新拠点設置、アクリル酸の増設と海外拠点の新設などを計画、国内では大山工場の増強を進め、基礎原料を確保した。

コア製品であるＰＶＣ、ＡＢＳ樹脂、アクリレートの３大石化製品が含まれるケミカルズ&ポリマーズ事業では、2007年９月に中国の天津臨港工業区で電解～ＥＤＣ～ＶＣＭ工場を完成させ、ＶＣＭを供給する天津ＬＧ大沽化工のＰＶＣも2008年に６万トン増強、さらに2010年までに19万トンアップの60万トンまで拡張した。当初計画に比べＥＤＣで３万トン、ＶＣＭでは５万トンの上方修正を図った。2007年４月には大山工場のエチレン設備を28万トン増強したが、これはＥＤＣ～ＶＣＭ向けの基礎原料不足を補うためでもあり、大山ではＰＰなどを2011年半ばまでに増強、引き続きＶＣＭ～ＰＶＣの増強を2012年にかけて実施した。

ＡＢＳ樹脂は2006年９月に中国・浙江省の寧波工場を17万トン(当初予定では15万トン)増の50万トンに増設、麗水でも増強を図り、インドにも10万トンの新拠点を将来確保する。さらに2009年７月には中国海洋石油(ＣＮＯＯＣ)との折半出資合弁会社「中海油樂金化工」を設立、2014年半ばに恵州で15万トン工場を新設した。2018年末にはこれを30万トンへ倍増する計画。国内では、麗水のＰＳ10万トンのうち５万トン系列を2017年にＡＢＳ樹脂５万トン設備へ改造した。

アクリル酸は羅州に加え、2010年に麗水でも４万トン増強し誘導品事業を強化、2012年央には16万トン系列を増設し、計35.3万トンとした。2015年夏にも16万トン増設し、計51万トンとした後、2019年前半までに18万トン増設する。誘導品の高吸水性樹脂は2008年６月にコーロンから事業買収し、金泉工場に7.2万トン能力を保有。これは96年春に１万トン設備として設置され、98年末に２万トンへ倍増、その後2002年春までに倍の４万トンまで拡大され、2007年６月に３万トン増設を果たしたもので、国内シェアは６割。その後麗水にも製造拠点を設置し、2012年央の３倍増設で12.8万トンへ拡大、合計20万トン能力とした。その後2014年春と2015年夏に８万トンずつ増設した後、2019年前半までに10万トン増設して計50万トン能力へ拡張する計画。

エンプラは2002年に5,000トン増の２万トン能力としたポリアセタールやＰＢＴ樹脂なども手掛け、同コンパウンド能力は16万トンから2011年にかけ国内外で40万トンまで拡大、このうち半分を韓国、10万トンを中国、残り10万トンを両国以外での立地とした。さらにポリマーナノコンポジットや長繊維強化、ポリマーアロイ技術などを駆使したポリアミド樹脂事業へも参入する。ＳＢＳは2010年半ばまでに３倍増設した。ポリカーボネートはダウ(2010年10月資本撤収)との合弁で参入し、2007年半ばに13万トンへ倍増設、その後４万トン増強し、2019年にも13万トン増設して30万トンとする。麗水ではカーボンナノチューブ年400トン設備を2017年に稼働させている。

2000年春から薄膜トランジスタ型液晶ディスプレー用偏光板事業にも参入、清州と蔚山、中国・南京に生産拠点がある。2012年からは液晶用ガラス基板事業にも進出、坡州市に３系列で年産1,700万㎡以上の生産拠点を構築。リチウムイオン二次電池(ＬｉＢ)は梧倉と米ミシガン州に生産拠点があり、2015年末には南京に電気自動車10万台分を超える規模のＬｉＢ工場を新設した。

ＬＧ化学・麗水エチレンセンターの石油化学製品生産体制　(単位：t/y)

製　　品	工　場	現有能力	新増設能力	完　成	備　　　考
エ チ レ ン	麗　水	1,160,000	840,000	2021／下	ルーマス法、2010/4に10万t＋2014/11に16万t増強
プ ロ ピ レ ン	〃	640,000			〃　、2010/4に５万t＋2014/11に８万t増強
〃	〃	130,000		2006／11	ルーマス法ＯＣＵ(メタセシス技術)
ブ タ ジ エ ン	〃	155,000		91／８	日本ゼオン技術、2003/5に1.8万t+2012/末１万t増
ベ ン ゼ ン	〃	225,000			米ハイドロカーボンリサーチ技術、92/8完成
ト ル エ ン	〃	100,000			〃　、(キシレンは脱アルキルされベンゼンに)
キ シ レ ン	〃	50,000			〃　、99/5に設置
Ｈ Ｄ Ｐ Ｅ	〃	380,000			ヘキスト技術、92/8完成～2010/7に４万t増強
キ ュ メ ン	〃	805,000		2005／５	ＫＢＲ技術～工費2,000億Ｗ、2017年に47万t増設
フ ェ ノ ー ル	〃	300,000		〃	同上、2008年9.5万t増強
ア セ ト ン	〃	170,000		〃	2008年６万t増強
Ｂ Ｐ Ａ	〃	300,000		〃	ＲＰＰ→バジャー技術、2008年18万t増

1978年３月、エチレンセンターの運営会社として旧ラッキーの全額出資により設立、95年３月に旧ラッキー石油化学からＬＧ石油化学へ改称、2001年７月に上場した。資本金は2,260億Ｗで、ＬＧ化学の出資比率は40％だったが、シナジー効果を追求するため2007年11月に吸収合併された。

麗水のナフサクラッカーは総額4,500億Ｗで建設し、91年９月から商業運転に入った。原料ナフサはＧＳカルテックスからの受給と輸入で半々。芳香族設備は工費300億Ｗをかけて92年８月に完成させた。92年８月に完成した12万トンのＨＤＰＥ設備は旧ラッキーヘキストから移管したもの。エチレンの初期能力は40万トンで、96年６月には分解炉を追加して63万トンまで拡大、これと並行して工費700億ＷでＨＤＰＥを８万トン増設し、20万トンに拡大した。さらに分解炉の追加や逐次手直し増強によりエチレンを90万トン、ＨＤＰＥを31万トンまで拡張、2006年末にはオレフィン・コンバージョン・ユニットを導入し、プロピレン増産を図った。2010年春の定修時にエチレンを10万トン増強し、100万トン体制とした後、2014年11月にも16万トン増設した。

ベンゼンは従来、ＧＳカルテックスから受給するベンゼンと共にＬＧ化学のＳＭ原料向けに供給してきたが、2005年半ばからは自社のキュメン用自消が始まった。ポリカーボネートの原料となるフェノール～ビスフェノールＡ設備を総工費2,000億Ｗで新設し、2005年５月から企業化した。キュメンとフェノール／アセトンは米ＫＢＲ技術による25万トン／18万トン／11万トン能力、ＢＰＡは米ＲＰＰ技術による12万トン能力で操業開始、その後2008年中には一貫系列を５割ほど増設し、ＢＰＡは2.5倍に拡大、さらにＢＰＡは2017年春にバジャーの最新技術へ切り換えた。

同時にキュメンも47万トン増設した。2021年後半にはエチレンで84万トン設備を増設する計画。

ＬＧ化学・大山工場の石油化学製品生産体制

(単位：t/y)

製　品	工　場	現有能力	新増設能力	完　成	備　考
エチレン	大山	1,040,000	260,000	2019年	ケロッグ91/10完成→ＫＢＲ技術「SCORE SC-1」法
プロピレン	〃	520,000	130,000	〃	〃　、2011/5に８万t+2012/8に４万t増
〃	〃	70,000		2014／末	ＯＣＵ(メタセシス技術)を導入
Ｂ－Ｂ留分	〃	200,000			ケロッグ技術、2007/4に７万t増設
ブタジエン	〃	140,000			日本ゼオン技術、2007/4に５万t+2012/8に２万t増
ＭＴＢＥ	〃	170,000			
ベンゼン	〃	260,000		91／10	ＩＦＰ(現アクセンス)/ＨＲＩ法、07/4に７万t増
ＬＤＰＥ	〃	120,000		〃	ＢＡＳＦ技術、初期能力は10万t
ＥＶＡ	〃	140,000		〃	同上(ＬＤＰＥ能力の外数、2013/秋11万t増設)
ＬＬＤＰＥ	〃	86,000	200,000	2018／4Q	スタミカーボン技術、92／２完成～初期能力６万t
ＨＤＰＥ	〃	170,000		91／９	フィリップス技術、初期能力10万t
ＰＰ	〃	380,000		91／８	モンテル技術、初期能力17万t、2011/5に４万t増設
ＶＣＭ	〃	230,000		98／３	原料ＥＤＣは輸入
ＰＶＣ	〃	240,000		〃	ＶＣＭ～ＰＶＣ一貫、2011年と2015年に２万t増強
ＥＯ	〃	160,000		91／10	ＳＤ技術、初期能力は８万t、うち外販能力は３万t
ＥＧ	〃	180,000		〃	〃　、初期能力は10万t
ＳＭ	〃	180,000			91/11完成、バジャー技術、初期能力10万t
フェノール	〃	300,000		2013／２	ＫＢＲ技術、キュメンは麗水より受給
アセトン	〃	185,000		〃	〃
ＢＰＡ	〃	150,000		〃	バジャー技術～麗水の設備と合わせ45万t
ＩＰＡ	〃	50,000		2013／春	副生アセトンを原料に製造
ＳＢＲ	大山	160,000		96／７	グッドイヤー技術、初期能力６万t
Ｓ－ＳＢＲ	〃	60,000		2012／11	溶液重合法プラント
ＢＲ	〃	210,000		96／７	ＧＹ技術、2007年２万t+2011/5に８万t増強
ＮＢＲ	〃	60,000		〃	〃　、(パウダー型ＮＢＲ)、10年2万t増
ＶＰラテックス	〃	4,000		〃	〃　、(ＶＰ＝ビニールピリジン)
エラストマー	〃	90,000	200,000	2019年	自社メタロセン技術、4,000億Ｗで増設後29万t

旧現代石油化学を2003年６月にＬＧ化学と旧湖南石油化学のコンソーシアム(50：50)が買収、ＬＧ化学は大山工場の№.１ナフサクラッカーとその川下設備群、並びに合成ゴム事業を引き受け2005年１月からＬＧ大山石油化学として運営、１年後には同社を吸収合併し、2006年１月からＬＧ化学直轄の大山エチレンセンターとして運営している。

最初のエチレンセンターは総工費１兆2,000億Ｗで91年10月に竣工した。製品の６割を輸出し、ポリマーでは７割を中国やインドなどアジア向けに輸出、ブタジエンの輸出比率も高い。随所に近代化システムを導入し、貯蔵能力４万トンの全自動ポリマー出荷倉庫など最新鋭の省人化施設で合理化を徹底、ナフサクラッカーの運転ソフトを92年下半期からケロッグ開発の先進制御システムに切り替えた。工場内にはＲ＆Ｄセンターもあり、ポリマー加工技術のソフトを顧客に提供、ポリマーの性能アップや品種拡充にも力を入れ、ポリオレフィンでは100グレード以上を保有。

旧現代石化時代に負債の軽減策を実施、99年５月にＥＯＧ用空気分離装置をＢＯＣガス・コリアに売却、同９月には自家発電設備を米サイスのアジア法人に、廃水処理設備と焼却炉を仏ビバンディに売却、98年春に参入した塩ビ部門は2000年11月にＬＧ化学へ先行して売却した。第１、第２センターのユーティリティーと運輸関連事業はＬＧ化学／旧湖南石化折半出資のシーテック

(Seetec)に売却した。合成ゴム部門は96年半ばまでにＳＢＲやＢＲ、ＮＢＲ、ＶＰ-ラテックス設備などが完成、ＬＧ化学による買収後ＳＢＲは４万トン、ＢＲは1.5万トン増強され、2007年には各々2.5万トン、２万トン増強、ＮＢＲは倍増設した。2012年11月には溶液重合法Ｓ－ＳＢＲ６万トン設備を整備。各種エラストマーも手掛けており、2019年には自社メタロセン技術により20万トンの大幅増設を図る計画。

2007年４月にはエチレンを28万トン増設、連産品としてプロピレン14万トン、ブタジエン５万トン、ベンゼン７万トンなどを増設した。2011年５月の定修時にも分解炉を増設し、エチレン15万トン、プロピレン８万トンを増強、同時にＰＰを４万トン増の38万トン、ＢＲも８万トン増の18万トンに拡張した。また2012年８月にもエチレン７万トン、プロピレン４万トンの増強を図り、大山もエチレン100万トン体制を確立した。その後エチレンを４万トン増強し、さらに2019年までに2,870億Ｗを投じて26万トン増設、ＬＬＤＰＥも20万トン増設する。

2013年春には米ＫＢＲ技術によるフェノール30万トン～ビスフェノールＡ15万トンに至る一貫生産プラントを新設、併産されるアセトン18.5万トンのうち、５万トンを原料とするＩＰＡ５万トン設備も併設し、麗水の既存設備と合わせて19.5万トンへ拡張した。

ＬＧ ＭＭＡの石油化学製品生産体制　(単位：t/y)

製　　品	工　場	現有能力	新増設能力	完　成	備　　考
ＭＭＡ	麗　水	180,000	80,000	2019／央	日本触媒・住化技術直酸法、2008/4に7.6万t増設
ＭＡＡ	〃	10,800			メタアクリル酸、2010年･2011年に1,600tずつ増強
ＰＭＭＡ	〃	45,000			レザルト技術、87年操開～2002/末２万t増設
〃	〃	75,000		2005／７	住化技術連続バルク重合法、2011年３万t増設
イソブチレン	〃	125,000			住友化学技術、2008/4に5.5万t増設
ＭＴＢＥ	〃	175,000			最大20万tの回収可能

1991年２月、ＬＧ化学(旧ラッキー)50％／住友化学25％／日本触媒25％出資により資本金240億Ｗで設立、95年３月に旧ラッキーＭＭＡから現社名に改称した。原料のイソブチレンを自給できる韓国初のＭＭＡモノマーメーカーで、99年からはポリマーまで一貫生産している。ＭＭＡの製造技術は日本国外に初めて技術移転されたイソブチレン直接酸化法で、日本触媒と住化の直酸法を組み合わせたもの。またイソブチレンの抽出法は住化技術であり、ＬＧ化学のナフサ分解炉から得られるブタジエン抽出後のスペントC_4留分から回収、過剰分はＭＴＢＥの形に変え外販可能。総額150億円で93年５月に４万トンのＭＭＡ設備を建設、同７月から本格操業を始めたが、秋以降フル生産状態となり、96年春には１万トン増の５万トンとした。その後、99年初めにＬＧ化学がコア事業に集中する事業再構築計画の一環としてＰＭＭＡ事業をＬＧ ＭＭＡに売却したため、ポリマーまでの一貫体制を確立した。総工費1,000億Ｗをかけ、2003年５月にモノマーの倍増設を果たして10万トンとした。これに先駆けポリマーも2002年末までに２万トン増設(懸濁重合法)しており、2005年７月には4.5万トンの２号機(住化の連続バルク重合法)を導入して計９万トンに拡大した。2008年４月にＭＭＡ３号機を導入し、計17.6万トンに拡大(その後18万トンへ増強)すると同時に、原料のイソブチレン抽出能力も拡張した。2011年にポリマーを３万トン増設し、合計12万トンへ拡大。2019年半ばには８万トンのモノマー４号機を導入し、ＭＭＡ能力を計26万トンへ拡大する。

ロッテグループ

ロッテケミカルの石油化学製品生産体制　　(単位：t/y)

製　　品	工　場	現有能力	新増設能力	完　成	備　　　　考
エ　チ　レ　ン	麗　水	1,030,000	200,000	2018／末	ルーマス法、初期能力35万t、2012/4に25万t増強
プ　ロ　ピ　レ　ン	〃	520,000	100,000	〃	〃　　、同21.5万t、2012/4に14万t増強
B　ー　B　留　分	〃	260,000			〃
ブ　タ　ジ　エ　ン	〃	140,000	20,000	2018／末	2012/4に２万t増強、大山と合わせ30万t
ブ　テ　ン　1	〃	24,000			ブタジエン設備と同時に新設
M　T　B　E	〃	20,000			
イ　ソ　プ　レ　ン	〃	28,000		2016／下	総工費1,400億WでC_5ケミカルプラントを新設
D　C　P　D	〃	25,000		〃	ジシクロペンタジエン
ピ　ペ　リ　レ　ン	〃	42,000		〃	1,3-ペンタジエン
ベ　ン　ゼ　ン	〃	216,000	40,000	2018／末	92/5稼働、脱アル能力含む、2012/4に3.5万t増強
ト　ル　エ　ン	〃	90,000		92／5	2012/4に2.4万t増強
キ　シ　レ　ン	〃	69,000		〃	2012/4に1.5万t増強
H　D　P　E	〃	230,000			三井化学法、98年に２万t増強
〃	〃	400,000		99／5	〃　　、2012/4に25万t増設
P　　　P	〃	600,000		〃	三井化学法、2012/4に20万t増設
E　　　O	〃	320,000			シェル法、97/7に10万t増設＋2002/初４万t増強
E　　　G	〃	400,000			〃　、91/6と97/7に12万tずつ増設
E　O　A	〃	130,000			ＥＯアダクト(誘導体)～2010/末３号機５万t増設
P　E　T　樹　脂	〃	70,000			99/春企業化～ボトル用レジン
M　M　A	〃	50,000		2001／6	三井化学・クラレ技術イソブチレン直酸法
ポリカーボネート	〃	110,000	110,000	2019／下	2008/10稼働、旭化成のメルト法～初期能力6.5万t
S-SBR/BR	〃	100,000		2017／11	折半出資会社「ロッテ・ベルサリス・エラストマー」
E　P　D　M	〃	96,000		〃	～現代エンジが施工、Ｓ－ＳＢＲはＢＲも併産
S I S／S B S	〃	50,000		2018／央	スチレン系熱可塑性エラストマーの併産プラント
M　M　A	麗　水	105,000		2013／2	「ロッテＭＣＣ」第２工場、旧三菱レイヨン直酸法
メタクリル酸	〃		8,000	2019／秋	３号機新設で大山と合わせ５割増の2.4万tに拡大
P　M　M　A	〃	50,000		2008／9	2011/夏に１万t増強
P　M　M　A	〃	60,000		2012／11	旧三菱レイヨン技術で光学用途、総工費200億円
エ　チ　レ　ン	ウズベ	400,000		2016／1	「Uz-Kor Gas Petrochemical」～ロッテ/韓国ガス
H　D　P　E	キスタ	390,000		〃	公社/ＳＴＸエナジー/ウズベクネフテガス合弁41
P　　　P	ン	80,000		〃	億$プロジェクト～ＥＰＣはＫＢＲ

1976年３月、第一化学工業(三井グループが出資)と麗水石油化学との日韓折半出資により前身の湖南石油化学を設立、79年８月からＰＰとＨＤＰＥやＥＯＧの生産を開始した。その後韓国側では麗水石化をロッテグループが買収し、同社はロッテ物産と第一化学との折半出資会社に改組、91年５月には上場して一般株主32.72％(その後42.8％)、残りをロッテ物産と第一化学が折半する資本構成になったが、第一化学は2002年10月で資本撤退し、翌年６月末で解散した。2004年８月にＫＰケミカルを買収(52％出資)、2010年11月にはマレーシアのタイタン・ケミカルズ株式のうち72.6％を取得し、その後100％とした。2012年12月27日付けでＫＰケミカルを吸収合併し、同時にロッテケミカルとして新発足、マレーシア子会社をロッテケミカル・タイタンホールディング(通称ＬＣタイタン)に改組した。2018年10月、持株会社ロッテが23.24％の筆頭株主になった。2014年１月には現代オイルバンクとの40％出資合弁会社・現代ケミカルを設立、2016年12月から軽質ナフサ100万トンを大山製油所から受給している。同社でエチレン75万トン設備を2021年末に新設する計画。また米国で合弁により、シェール由来のエチレン100万トン／ＥＧ70万ト

ン工場を2020年までに新設するプロジェクトも進めている。

2016年３月までにサムスンＳＤＩの合成樹脂事業を２兆5,900億Ｗ、同社が保有するサムスン精密化学の株式14.65％を2,190億Ｗで買収し、ロッテ精密化学へ改称した。サムスンＳＤＩが分社化した化学事業会社（ＳＤＩケミカル）の90％を取得して「ロッテ・アドバンスト・マテリアル」に改組、残り10％も３年以内に譲受する。またロッテ精密化学の持株比率を31.23％（4,650億Ｗ）まで拡大し、同社が保有するサムスンＢＰ化学の持株49％も取得して「ロッテＢＰ化学」とした。この結果、ロッテケミカルにはＡＢＳ樹脂や各種エンプラ、ＥＰＳ、酢酸、酢酸ビニルなどの事業が新たに加わり、ＰＣなどは能力が3.5倍も拡大した。

2010年９月には炭素繊維複合材専業のＤＡＣＣエアロスペースへの資本参加を決め、同10月には三井化学との折半出資で湖南三井化学（2013年３月ロッテ三井化学に改称）の設立に合意、2012年11月に麗水・第３工場でＰＰ触媒設備を完工し、2013年４月から営業運転を開始した。製品は両親会社が半分ずつ引き取っている。

2003年６月、旧現代石油化学をＬＧ化学と共同で買収し、大山の第２ナフサクラッカーとその川下誘導品部門を譲受、2005年１月からロッテ大山石油化学として運営してきたが、2009年１月には吸収合併した。またＫＰケミカルの買収でＰＸ～ＰＴＡの芳香族系製品が加わり、グループとしては２工場にまたがるもののポリエステルチェーンが自己完結できた。1999年春にはボトル用ＰＥＴ樹脂を先に企業化し、2012年に産業用ＰＥＴフィルム２万トン設備を蔚山に設置した。

オレフィンの必要量を全量自給するため、工費3,500億Ｗを投入し自前のナフサクラッカーを麗水工場に完成（92年４月）させた。C_4留分は隣接する錦湖石油化学のブタジエン向けに供給し、戻ってきたスペントC_4留分中のイソブチレンを有効利用してＭＭＡも事業化している。製法には三井化学とクラレのイソブチレン直酸法を導入し、工費750億Ｗで2001年６月に４万トン設備が完成、その後2006年までに１万トン増強した。両社には年間7,500トンずつＭＭＡを輸出中。一方、旧三菱レイヨンとの折半合弁会社ロッテＭＣＣの第２工場として、麗水にもＭＭＡ～ＰＭＭＡの表記設備を建設した。総工費200億円を投入し、9.8万トンのＭＭＡを2013年２月に立ち上げ、その後増強したが、それに先駆け2012年11月には６万トンのメタクリル樹脂も完成させた。2019年秋にメタクリル酸8,000トン設備を導入し、大山と合わせて２万4,000トンへ５割拡大する。

エンプラ事業では、旭化成のメルト法ポリカーボネート製造技術を導入し、2008年初夏にプラントを新設した。2019年後半には11万トン設備の倍増設を図り、ＰＣを22万トン能力に拡大する。界面活性剤原料のＥＯＡでは３号機５万トンを2010年末に増設した。

主力誘導品のＨＤＰＥは、99年５月の定修時に10.5万トンの新系列を増設、2003年までにこの新系列を手直し増強して14万トンとし、2008年の１万トン増強で15万トンとした後、2012年４月には25万トン系列を増設、合計68万トンまで拡張した。同時にＰＰも４号機20万トンを増設し、2001年11月に導入した３号機20万トンと既存系列を合わせ60万トン体制へ拡張した。ＥＯＧは91年６月に２号機、97年７月にも同規模の３号機（ＥＯ10万トン／ＥＧ12万トン）を700億Ｗで導入し、その後４万トンずつ増強して40万トン能力（ＥＧで８万トン＋16万トン×２系列）とした。

2010年末にブタジエンを抽出する13万トン設備を建設し、2012年春の増強で14万トン能力とした。これに伴い原料オレフィンの供給能力を増やすため、2012年４月にエチレン25万トン／プロピレン12.5万トンの増設を図ってエチレン100万トン体制を構築、同時にＢＴＸ部門も増強した。

さらに2018年末にはエチレン20万トン／プロピレン10万トン／ブタジエン２万トンの増設を図る。

表記以外にフィラー強化ＰＰ（商標 POPELEN）など各種のコンパウンド製品を展開、87年４月に旧三井石化から技術導入したオレフィン系熱可塑性エラストマー（商標ハイストマー）も手掛けている。また91年６月には、大田市郊外の大徳サイエンスタウン内に大徳研究所を開設、研究開発体制の充実を図った。各種ポリマーアロイや電磁波シールド材料、接着性ポリオレフィンなどハイ・パフォーマンス・プラスチックの開発に加え、化粧品や中間剤、食品添加剤などファインケミカル分野も研究対象。2008年夏には中国山東省の25％出資合弁会社・亜星ロッテで塩素化ポリエチレンを６万トン増設し、10万トンとした。

伊ＥＮＩ傘下ベルサリスとの折半出資合弁により「ロッテ・ベルサリス・エラストマーズ」を設立、2017年11月にＳ－ＳＢＲ／ＢＲの併産10万トンとＥＰＤM10万トンを完成させた。加えてスチレン系熱可塑性エラストマーであるＳＩＳ（スチレン・イソプレン・スチレン）とＳＢＳ（スチレン・ブタジエン・スチレン）の併産５万トン設備を建設し、2018年下期から稼働。これに先駆け2016年後半には、イソプレン３万トン／ＤＣＰＤ2.5万トン／1,3-ペンタジエン（ピペリレン）4.5万トンなどのC_5系ケミカルを事業化した。

ロッテケミカル、韓国ガス公社、ＳＴＸエナジーの韓国連合とウズベキスタン国営のウズベクネフテガス（Uzbekneftegaz）は、折半出資により合弁会社「Ｕｚ－Ｋｏｒガス・ペトロケミカル」（Uz-Kor Gas Petrochemical）を設立し、ウスチュール（Ustyurt）地区で2015年秋までに天然ガス処理プラントとエチレン40万トンやポリオレフィンを含むガス化学コンプレックス「Ustyur ＧＣＣ」を41億ドルで建設した。エタン分解炉にはＫＢＲのＳＣＯＲＥ技術を採用し、川下にＨＤＰＥ39万トンやＰＰ８万トン設備も設置、2016年１月から稼働開始した。

ロッテケミカル・蔚山工場の石油化学製品生産体制　（単位：t/y）

製　　品	工　場	現有能力	新増設能力	完　成	備　　考
ベ　ン　ゼ　ン	蔚　山	110,000			ＵＯＰ技術、95/11に７万t増設
オルソキシレン	〃	210,000			〃　、95/11に10万t＋2010年4.5万t増設
メタキシレン	〃	160,000	200,000	2019／下	〃　、ＰＩＡ用に自消、2010年４万t増設
パラキシレン	〃	750,000			〃　、95/11と97年に各20万t増設
Ｐ　Ｔ　Ａ	〃	600,000			96/末完成、テクニモント技術、その後20万t増強
高純度イソフタル酸	〃	260,000			99/2完成、原料メタキシレン自給、2013年６万t増
〃	〃	200,000	380,000	2019／下	ＰＴＡ設備の転用で2016年に20万t増設
包材用ＰＥＴ樹脂	〃	450,000			ＰＰＲ（パッケージ用ＰＥＴ樹脂）、2008年５万t増

前身は高合の子会社として1982年９月に分離された旧高麗綜合化学で、2001年12月設立。2002年にはＰＴＡ関連の化学事業をＫＰケミカルに分社、2004年８月には旧湖南石油化学が52％出資で買収し、同社の傘下に入った。当時の資本金は4,858億5,000万W。その後2012年12月には湖南石化がＫＰケミカルを吸収合併し、2013年からロッテケミカルとなった。ＫＰケミカル時代には2009年末にパキスタンのＰＴＡ50万トン工場を買収し「ロッテ・パキスタンＰＴＡ」に改組した。英国のＬＣＵＫにもＰＴＡ50万トンとＰＥＴ35万トン（20万トン増設済）工場を保有している。

芳香族系製品の事業経緯をみると、オルソキシレンとパラキシレンは80年７月から生産開始し、ベンゼンは86年から生産開始。その後88年12月にＯＸを倍増、ＰＸも４万トン増の16万トンとし、93年３月にも２万トン増強した。さらに95年11月に20万トンの２号機を導入して計40万トンに拡大、同時にベンゼンとOXもそれぞれ7万トン、10万トンずつ増設した。このうちOXは96年11月に4万トン増強し、2001年までに評価能力を5万トン引き上げた。続いて97年中に20万トンのPX3号機を増設、さらに10万トン、5万トンの手直しを経て75万トンまで拡大した。メタキシレンの誘導品である高純度イソフタル酸(PIA)は99年から7万トンで企業化した。ポリエステル原料のPTAは15万トン工場を90年6月に操業開始させ、その後91年9月と93年3月の手直し増強により各々5万トンずつ引き上げて25万トンに拡張し、さらに95年4月には工費1,800億Wをかけて15万トンの2号機を増設、直ちにこれを20万トンに増強して計45万トンとした後、96年末までにベース能力一杯の58万トンまで拡充した。また3号機は当時の親会社・高合が建設し、96年末に40万トン系列を導入してポリエステル原料自給体制を確立、その後10万トンずつ増強してPTAは計60万トン能力とし、この3号機以外はPIA用に転用した。PIAは2008年に20万トンへ拡大、2013年に26万トンまで増強し、2016年には20万トン増設して計46万トンとした。さらにPTA3号機でPIAも38万トン併産できるよう改造するため、2019年下期中には原料メタキシレンを20万トン増設する。

ロッテケミカル・大山工場の石油化学製品生産体制　(単位：t/y)

製　　品	工　場	現有能力	新増設能力	完　成	備　　考
エチレン	大　山	1,110,000			ケロッグ技術、97/12操業、2012/4に11万t増設
プロピレン	〃	550,000			〃　、2012/4に6万t増設
B－B留分	〃	120,000			〃
ブタジエン	〃	190,000			日本ゼオン技術、2008/5に5万t増設
ベンゼン	〃	240,000			アクセンス(IFP)/HRI技術、2008/春12万t増設
トルエン	〃	120,000			BTX計42万t
キシレン	〃	60,000			
LDPE	〃	130,000			BASF技術
LL/EVA	〃	110,000		98/7	エクソンモービル法～併産設備、2012年2.5万t増
LLDPE	〃	290,000			UCC技術ユニポール法、2008/春13万t増設
PP	〃	250,000			旧モンテル技術
〃	〃	250,000		2008/6	ライオンデルバセル技術Spherizone法、実力30万t
EG	〃	250,000			SD技術、EO26万tのうち6万tの外販可能
〃	〃	480,000		2008/3	シェル/三菱化学技術オメガ法～2008/6稼働
高純度EO	〃	100,000		2012/4	HPEO～EOの高純度精製装置
グリコールエーテル	〃	50,000		〃	EO誘導品、両プラント合わせて540億W投資
EOA	〃	50,000		〃	EO誘導品
SM	〃	577,000			バジャー技術、初期能力25万t、2008/春17万t増設
MMA	大　山	90,000		2009/5	「ロッテMCC」～旧三菱レイヨン直酸法
メタクリル酸	〃	16,000		〃	MAAはMMAの内数、2011/夏に倍増
2HEMA	〃	11,000		2013/4	メタクリル酸2ヒドロキシエチル設備を新設

創立は1988年9月、現代グループ初の石油化学事業担当会社・現代石油化学として設立されたが、業績悪化に伴い2003年6月26日付けで旧湖南石油化学とLG化学のコンソーシアム(50：50)により買収された。湖南石化は№2ナフサクラッカーとその川下設備群を引き受けることになり、2005年1月から№2系列を「ロッテ大山石油化学」として運営、2009年1月に吸収合併した後、2013年1月からロッテケミカルとなった。

№2エチレン設備は97年12月に完成、初期能力45万トンから65万トンまで増強され、2008年春には35万トン増の100万トン体制まで拡張された。2012年４月の11万トン増設で計111万トン能力となっている。川下にはＵＣＣのユニポール法によるＬＬＤＰＥ／ＨＤＰＥ併産設備(現状はＬＬＤＰＥのみ生産)、ＬＤＰＥ、ＰＰ、ＥＧ、ＳＭ(ナフサ分解炉より１年先行して96年末に完成)があり、98年７月にはＬＬＤＰＥとＥＶＡの併産設備も追加した。これはエクソンモービル技術による8.5万トンのオートクレーブ法エチレン酢ビコポリマー併産設備で、酢ビ含有量が20％以上の特殊グレードも製造できる。2012年春のエチレン増強時に11万トン能力まで増強した。

2008年春にはシェル／三菱化学技術オメガ法によるＥＧ40万トン系列を新設し、ブタジエンやベンゼン、ＳＭ、ＬＬＤＰＥなども５割前後増設、ＰＰ２号機にはバセルのSpherizone技術を導入した。2012年春にはグリコールエーテル５万トン、高純度ＥＯ10万トン設備も新設した。

C_4留分中のイソブチレンを回収してＭＭＡ～メタクリル樹脂を事業化するため、旧三菱レイヨンとの折半出資合弁会社・大山ＭＭＡ(現ロッテＭＲＣ)を2006年８月に設立、2008年９月にＰＭＭＡ成形材料４万トン設備を麗水に新設し、2009年５月には直酸法ＭＭＡ９万トン設備を大山に新設した。この能力に含まれるメタクリル酸は、2011年８月に1.6万トンへ倍増、麗水のＰＭＭＡも同時に１万トン増強した。2013年春にはメタクリル酸２ヒドロキシエチルも企業化済み。またロッテＭＣＣの第２工場として、2013年初めには麗水にもＭＭＡ／ＰＭＭＡの一大拠点を設置した。なお、旧サムスン精密化学の買収に伴い、改称されたロッテＳＭが川下に移管された。

ロッテ・アドバンスト・マテリアルの生産体制　(単位：t/y)

製　　品	工　場	現有能力	新増設能力	完　成	備　　考
発泡ＰＳビーズ	麗　水	80,000			90年後半事業化、ＥＰＳ能力はＰＳ能力の外数
ＡＢＳ樹脂	〃	670,000			旧三菱レ技術、2012年12万t+2017/8に11万t増設
ＡＳ樹脂	〃	＊30,000			＊ＡＢＳ樹脂能力の内数
各種エンプラ	安　養	108,000			ＰＣ/ＰＢＴ/変性ＰＰＥなどStarenシリーズ
ポリカーボネート	〃	240,000		2008／6	旭化成技術メルト法、2012/7に増設

1954年９月に毛織物などのテキスタイルメーカー、第一毛織として設立され、90年から麗水でプラスチック事業にも進出、2014年７月にはサムスングループの大手電機メーカーであるサムスンＳＤＩと合併して同社の化学事業部門となったが、2016年２月にはＳＤＩケミカルに分社化、同社株式の90％をロッテケミカルが２兆3,000億Ｗで買収した結果、３月より現社に改組され発足。３年後には残り10％も買収(総額２兆5,900億Ｗへ)することで2015年10月に合意している。

麗水工場の初期能力はＰＳ９万トン／ＡＢＳ樹脂３万トンで、89年11月から本格稼動した。全工程の自動制御システムと自動倉庫などから成る韓国初の統合管理システムを導入した近代化工場で、品質の均一化と高級化を果たしている。90年後半には早くもＡＢＳ樹脂を６万トンに倍増設、同時にＡＳ樹脂も外販開始し、ＰＳ部門では３万トンの発泡ポリスチレンビーズ設備も設置して業容を拡大した。このＥＰＳは建築用断熱材向けのほか、サムスン電子やサムスン半導体に家電・電子製品用包装資材として供給。94年10月には半導体用包装材を手掛けるＥＭＣ工場を安養に新設した。このほかアクリル系人工大理石(年産1,200トン)や各種エンプラなども手掛けている。エンプラはポリカーボネートやＰＢＴ樹脂、変性ＰＰＥ(ポリフェニレンエーテル)などのベースレジンを手当てし(ＰＣは2008年後半から自給)、コンパウンド化したものを「Staren」シリーズとして販売、ＰＰＳやＳＰＳの「Stasen」シリーズも手掛けている。

樹脂部門では92年３月にＰＳを４万トン増設し、97年までにＥＰＳを１万トン増強、2001年にも各々１万トンずつ増強した後、2003年にＰＳを３万トン、2007年にＥＰＳを2.5万トン増強してＰＳ14万トン、ＥＰＳ８万トンとしたが、2012年にはＰＳのうち12万トンをＡＢＳ樹脂用に転用し、その後撤退した。ＡＢＳ樹脂は95年１月に12万トンへ倍増し、97年までに５万トン、2001年に２万トン増強、2002年春に11万トン増設し、2003年５月に７万トン、2007年にも５万トン増設して42万トンとし、2012年にはＰＳプラントの転用で12万トン増設した。さらに2017年８月にはＡＢＳ樹脂を11万トン増強し、合計67万トン能力に拡張した。一方、旭化成からメルト法技術を導入し、2008年６月までに８万トンのＰＣ樹脂プラント(工費1,450億Ｗ)を建設してコンパウンド原料を自給化した。2012年７月には10万トンの２号機(同1,600億Ｗ)を導入すると同時に、１号機も10万トンに増強し、計20万トン能力とした後、さらに24万トンまで増強した。

ロッテＢＰ化学(2016/3社名変更)の石油化学製品生産体制　(単位：t/y)

製　品	工　場	現有能力	新増設能力	完　成	備　考
酢　酸	蔚　山	285,000			ＢＰ技術メタノール法､2011年に２系列計８万t増
〃	〃	285,000			２号機～97/6完成、現有能力は計57万t
酢酸ビニル	〃	200,000			ＢＰ技術、97年企業化、2010年に５万t増強

1989年７月、韓国ＢＰケミカルズ51％／旧三星綜合化学49％出資により資本金400億Ｗで設立された韓国初のメタノール法酢酸メーカー。その後、サムスン側の49％出資分が三星精密化学に置き換わったが、2015年10月にロッテケミカルがその49％を保有することで合意、2016年３月現社名に改称した。91年11月に工場を完成させ12月から操業開始、輸入メタノールを原料に製品の半分以上を輸出。93年末に2.5万トンの手直し増強を行い、94年末にも2.5万トン増強して20万トン能力とした後、97年６月には２号機15万トンを導入、その後も手直し増強を進め、2010年に３万トン、2011年には各々４万トンずつ増強した結果、合計能力は表記の57万トンとなっている。97年には工費700億Ｗをかけて15万トンの酢酸ビニルプラントも新設した。この酢ビ事業は当初、サムスン精密化学／ＢＰ／ＵＣＣの３者均等出資による合弁会社「エイシアン・アセチルズ」(亜細亜アセチルズ)が運営。2010年中に５万トン増強して酢ビ能力を20万トンへ引き上げている。

大林グループ

大林産業・石油化学事業部の石油化学製品生産体制　(単位：t/y)

製　品	工　場	現有能力	新増設能力	完　成	備　考
ポリブテン	麗　水	185,000			2010年7.5万t+2016年3.5万t増､高活性ＰＢ10万t
ＨＤＰＥ	〃	290,000			フィリップス法、89/11完成、2010年８万t増設
ＬＬＤＰＥ	〃	160,000			モンテル技術SPHERILENE法(併産設備の転用)
ＳＢコポリマー	麗　水	45,000			フィリップス法｢K-レジン･コポリマー｣→INEOSへ

1939年10月に設立された大林産業は総合建設企業としてスタート、75年４月に石油化学事業部を設置し、79年１月には麗水のエチレンセンター会社として設立された旧湖南エチレン(韓国政府の全額出資で75年４月設立)に資本参加、石化事業に進出した。湖南エチレンは79年12月からナフサクラッカーの本格操業を開始、８年後の87年11月に大林産業が吸収合併している。その後1999年４月には、麗水コンプレックス内で隣接するハンファ石油化学との間でナフサクラッカー部門を事業統合することで合意、折半出資合弁会社「麗川ＮＣＣ」を2000年１月に設立して分離

し、同時にポリオレフィン事業も相互交換した。それまで６割を占めていた大林産業の石化部門はＰＰとＨＤＰＥ事業に強く、ハンファ石化はＬＤＰＥとＬＬＤＰＥ事業に強かったため、99年10月にハンファのＰＰ設備を大林に移管、大林のＬＤＰＥ設備とＬＬＤＰＥ設備の半分をハンファに移管した。大林に残った半分のＬＬＤＰＥ設備はスイングプラントなので、事業交換後にはＨＤＰＥの生産専用に転用、ＨＤＰＥの生産能力は一旦38万トンとなった。ＰＰは2000年10月に設立したバセルグループとの合弁会社・ポリミレイに移管、この結果、大林にはＨＤＰＥとポリブテン事業が残った。このうちＨＤＰＥは2010年に８万トン増設して計45万トンとした後、現状では内16万トンをＬＬＤＰＥ生産に充てている。潤滑油添加剤や燃料清浄剤向けのポリブテンは、同時期に7.5万トン増設して14万トンへ拡大した。その後15万トンへ増強し、一般用ＰＢ8.5万トン／高活性ＰＢ6.5万トン能力としたが、このうち高活性ＰＢを740億Ｗかけて2016年11月に10万トンへ増強した。

ブタジエン・スチレン共重合樹脂「Ｋ-レジン」は工費600億Ｗで97年末に４万トン設備を設置、2000年２月には技術導入先である米フィリップスとの合弁会社「Ｋ-レジン・コポリマー」に分離したが、2016年10月末にはイネオス・スタイロルーションへ売却することで合意した。なお、川下加工事業であるＢＯＰＰ(二軸延伸ポリプロピレン)フィルムは、2013年に1.5万トン増設し、現有能力は韓国最大の４万トンとなっている。

ポリミレイの石油化学製品生産体制　(単位：t/y)

製　　品	工　場	現有能力	新増設能力	完　成	備　　考
Ｐ　　Ｐ	麗　水	170,000			モンテル技術SPHERIPOL法(大林より移管)
〃	〃	170,000			同上技術による２号機、93/8完成(同上)
〃	〃	170,000			同上技術による３号機、96/6完成(同上)
〃	〃	190,000			97/6完成～2004年４万t増強(ハンファより移管)
〃	〃	4,000			97/7設置、メタロセンＰ研究用(大林より移管)

2000年10月、大林産業50％／日本のサンアロマー30％／バセル・インターナショナル・ホールディング10％／旧台湾ポリプロピレン10％出資で設立、大林産業のＰＰ事業部門を引き継いだ。ただし2006年８月には台湾の李長栄化学が台湾ＰＰを買収したため、同社の持ち株10％をバセルＩＨＤが譲受、現在ではライオンデルバセルグループとの合弁企業として運営されている。

ポリミレイ(ミレイはハングルで未来の意)は大林産業とハンファ石油化学とのポリオレフィン事業交換(有償売買)により誕生したＰＰ専業メーカーで、旧モンテルのスフェリポール技術によるＰＰ４系列とパイロットプラント２基を有する。大林から移管した３系列の初期能力は１基当たり11万トン、ハンファから移管した系列の初期能力は12万トンだった。2008年９月にはこのうち１系列にMetocene　ＰＰ技術を導入した。パイロットプラントは毎時200kgと310kgのスフェリポールおよびスフェリゾーン技術気相法メタロセンポリマー研究用。これら研究開発用設備を除き、2004年に実施した手直し増強後のＰＰ総生産能力は61.5万トンで、2009年春に70万トンとなって以来異動はない。ただし、ＳＫアドバンストとの共同投資により、2021年に40万トンのスフェリポール法ＰＰ設備を蔚山に新設する。バセルグループの一員として製品ポートフォリオ効率化の実現、製造設備やプロセスの有機的連携と物流コストの最適化、研究開発プログラムと研究資源の最適化などを図り、コスト競争力に優れた安定的な製品供給体制の構築を目指す。

麗川ＮＣＣの石油化学製品生産体制　(単位：t/y)

製　品	工　場	現有能力	新増設能力	完　成	備　考
エチレン(大)	麗　水	1,350,000			ルーマス法､2006/末35万t+2010/央６万t増強
〃　(ハ)	〃	600,000	335,000	2020／秋	Ｓ&Ｗ－ＡＲＳ法､92／12完成､2008年3.5万t増強
プロピレン(大)	〃	690,000			ルーマス法､89/9に21.3万t+2006/末18万t増
〃　(ハ)	〃	280,000	173,000	2020／秋	Ｓ&Ｗ－ＡＲＳ法､2008年に1.7万t増強
〃	〃	141,000		2015／６	ルーマス技術ＯＣＵ法､工費700億Ｗ､稼働は10月
ブタジエン(大)	〃	240,000		92／10	日本ゼオン技術､2006/末５万t+2010/央２万t増
イソブテン	〃	60,000			スナムプロゲッティ技術､91/3完成
ブテン１	〃	65,000			スナムプロゲッティ技術､91/3完成､12年2.5万t増
イソブタン	〃	10,000			スナムプロゲッティ技術､91/3完成
ＭＴＢＥ(大)	〃	170,000			スナムプロゲッティ技術､91/3(初期能力9.2万t)
ベンゼン(大)	〃	270,000			シェル法､2002/10に8.8万t+2006/末に3.7万t増強
〃　(ハ)	〃	120,000			92／12完成
トルエン(大)	〃	160,000			2002／10に２万t増強(タトレー法でＢ･Ｘに転換)
〃　(ハ)	〃	70,000			92／12完成
キシレン(大)	〃	110,000			89／９に３万t増強、2002／10に8,000t増強
〃　(ハ)	〃	50,000			92／12完成
Ｓ　Ｍ(大)	〃	290,000			バジャー技術、86／７完成、2005／末15万t増設

(注)(大)は大林産業より、(ハ)はハンファ石油化学より移管したプラント。

2000年１月、大林産業とハンファ石油化学の折半出資合弁会社として設立され、両社のＮＣＣ(ナフサ・クラッキング・センター)部門を統合、大林からはＭＴＢＥとＳＭ設備も移管された。移管前の両社の生産能力は、エチレンは大林が73万トン／ハンファが48万トン、プロピレンは同様に42万トン／24万トン、ブタジエンは10万トン、ＭＴＢＥは13万トンだったが、統合後、2006年12月のエチレン35万トン、プロピレン18万トン、ブタジエン５万トン増設を終え、エチレンは181.2万トン(85.7万トン＋40万トン＋55.5万トン)／プロピレンは91.1万トン(43.6万トン＋20.5万トン＋27万トン)、ブタジエンは22万トン能力となり、その後の手直しで表記能力となった。ＳＭは2005年末の15万トン増設で29万トンに倍増済み。2015年秋にはＯＣＵ技術による14.1万トンのプロピレン設備を追加、プロピレン能力を111万トンに拡大した。

統合前の両親会社時代の設備推移をみていくと、大林は89年９月に第２工場を開設、25万トンのエチレン２号機をスタートさせ、その後の能力見直しで92年当時30万トン、１号機も５万トン増の40万トンと上方修正し、エチレンは計70万トン(その後2010年央までに86万トンへ増強)とした。また91年３月にＭＴＢＥ9.2万トン／イソブテン5.6万トンのスウィングプラントと２万トンのブテン１で構成されたＣ$_4$コンプレックスが完成し、92年10月には8.6万トンのブタジエン回収設備も新設してＣ$_4$留分の有効利用計画が完了。大林はイソブテンを有効利用し98年秋からポリブテンを企業化しており、ブテン１は４万トンに倍増、その後6.5万トンまで増強した。

一方のハンファは、韓国で最後発のエチレンセンター会社として92年12月に参入した。ナフサクラッカー建設には工費4,300億Ｗを投入、製造技術にはエチレンが効率よく低コストで得られる米Ｓ&Ｗ技術のアドバンスト・リカバリー・システムをアジアで初めて採用している。原料にはナフサだけでなく、ガスオイルやＬＰＧなどの非ナフサ原料も30%まで使用可能。エチレンの生産能力は初期の35万トンから42万トン、50万トン、55.5万トンを経て現在の60万トンとなった。2020年秋には33.5万トンの増設を果たす。

ハンファグループ

ハンファ石油化学の石油化学製品生産体制　(単位：t/y)

製　品	工　場	現有能力	新増設能力	完　成	備　考
ＰＶＣ	蔚　山	200,000			ストレート塩ビ、信越化学技術、2001年５万t増強
ＰＶＣペースト	〃	110,000			2001年1.5万t増強＋2005年2.1万t増強
塩素化塩ビ	〃	30,000			2016年に新設
ＶＣＭ	〃	247,000			91／７に15万t増設、2008年に3.1万t増強
ＥＤＣ	〃	215,000			91／７完成、2008年6.5万t増強
塩　素	〃	173,000			2016/5に電解部門をＵＮＩＤへ842億Ｗで売却～
カセイソーダ	〃	193,000			塩素はハンファ石化が受給。塩酸２万tを併産
LDPE/EVA	〃	120,000			ダウ技術、2012/央４万t増設、ＥＶＡは6.3万t
ＥＰＥ	〃	1,500			カネカのエペラン技術、95／８操開
無水フタル酸	〃	71,000			ＯＣＩから2009／６買収、98／初完成
ＤＯＰ	〃	70,000			無水フタル酸と同時にＯＣＩから買収
LDPE/EVA	麗　水	165,000			ダウ技術チューブラー法、うちＥＶＡは10万t規模
ＬＤＰＥ	〃	162,000			ＩＣＩ技術、93／２稼働～2008／央4.2万t増設
ＬＬＤＰＥ	〃	225,000			ＵＣＣ技術、86／３稼働～89／11に11.3万t増設
〃	〃	130,000			モンテル技術SPHERILENE法（大林より移管）
ＰＶＣ	〃	292,000			カネカ技術、96/初12.5万t増設+2012/9に4.2万t増
ＶＣＭ	〃	350,000			ダウ技術、2000／春倍増設、2005／末５万t増設
ＥＤＣ	〃	436,000			ダウ技術、2000／春15万t増設完了
塩　素	〃	648,000			ダウ技術、2003/5に13.5万t増+2010/3に12万t増設
カセイソーダ	〃	711,000			ダウ技術、2003/5に15万t増+2010/3に13.2万t増設
塩　酸	〃	14,000			
ＥＣＨ	〃	25,000			伊コンゾ技術エピクロルヒドリン、91／10完成
ポリアセタール	〃	10,000			ポーランド技術、94／初完成、工費450億Ｗ
オクタノール	〃	123,000			２－エチルヘキサノール（２ＥＨ）事業売却を検討
ＤＯＰ／ＤＯＡ	鎮　海	90,000			90／６に４万t増設＋91／５にも２万t増設

74年４月、政府の重化学工業施策に則って韓国総合化学の政府保有株式を継承した持株会社が設立され、80年１月麗水に電解工場～ＥＤＣ～ＶＣＭ工場とＬＤＰＥ工場が完成、82年12月には韓国から事業撤退した米ダウ子会社を含めた３社を韓国火薬グループが傘下に納め、84年１月にこれら３社を合併して韓洋化学が発足、88年５月には韓国プラスチック工業（72年12月設立）も吸収合併した。前身は韓国政府とダウ・ケミカルとの折半会社・韓国パシフィック化学（69年８月設立）で、創業は66年11月芙江に竣工した韓国初のＰＶＣ工場に遡る。94年後半には韓火グループがハンファグループに名称変更したため、同社も韓洋化学からハンファ綜合化学に改称、他の子会社もそれぞれ韓洋からハンファに置き換えた。97年のアジア金融危機を契機とする経営悪化に伴いウレタン部門を97年末ＢＡＳＦに売却、98年８月には過酸化水素事業を、同年末にはＰＭＭＡ部門も譲渡した。さらに99年半ばにはプラスチック加工部門を切り離してハンファ綜合化学の社名を引き継がせ（その後ハンファ・リビング＆クリエイティブに改称し、2007年11月にはＡＺＤＥＬを買収）、本体を現社名のハンファ石油化学に改称、99年秋には大林産業とポリオレフィン事業の交換に踏み切り、99年末にはＮＣＣ部門を分離した。2007年12月電力・蒸気供給事業を分離して麗水コジェネレーション・プラントを設立。2008年７月からは太陽電池事業にも進出し、破産法申請していた独Ｑセルズの買収を2012年秋に完了した。2014年夏、ＴＤＩメーカーのＫＰＸファインケミカルを買収し、サウジに合弁のＥＶＡ／ＬＬＤＰＥ併産20万トン工場を新設

した。同11月、サムスン総合化学を買収したことでサムスン・トタルの共同経営権も確保した。
99年中に実施した事業再編の結果、ハンファ石化はクロルアルカリ～塩ビ関連事業とＬＤＰＥ／ＬＬＤＰＥの低密度ポリエチレン事業に特化したが、この２大石化事業に加えて遺伝子操作など生命工学、新素材やエレクトロニクス材料事業の育成にも傾注している。2000年末には韓国ＢＡＳＦがハンファ石化の株式のうち14.2％を買収、反対にハンファ石化は韓国ＢＡＳＦに14.4％出資した。資本金は2003年５月に5,119億4,000万Ｗから5,050億3,000万Ｗへ減資。2016年５月には蔚山の電解部門をＵＮＩＤへ842億Ｗで売却した。塩ビ原料の塩素は同社から受給している。
大林産業とのポリオレフィン事業交換では、12万トンのＰＰプラントを大林に譲渡し、同社から12万トンのＬＤＰＥと13万トンのＬＬＤＰＥプラントを買収した。この結果、ハンファ石化・麗水のＬＤＰＥ生産能力は28.5万トン／ＬＬＤＰＥは35.5万トンとなり、ＬＤＰＥは2008年６月に4.2万トン増強したため32.7万トンとなった。蔚山では2012年６月に４万トンのＥＶＡ系列を導入した結果、蔚山のＥＶＡ生産能力は6.3万トンに増大した。
これまでの事業推移をみると、麗水には86年３月にＬＬＤＰＥ、89年11月にＬＬＤＰＥ／ＨＤＰＥ併産プラント、90年９月にＰＶＣ、91年10月には塩素が有効利用できるエピクロルヒドリン（ＥＣＨ）設備を400億Ｗで新設。2012年９月にはＰＶＣを4.2万トン増強した。蔚山では電解～ＥＤＣ部門の新設とＶＣＭの増設を91年７月に完了、塩ビペーストは92年３月に１万トン、96年初めに２万トン、2001年に1.5万トン、2005年に2.1万トンと逐次増強した。2016年には３万トンの塩素化塩ビ設備を導入。塩ビ用可塑剤ＤＯＰやＤＯＡを手掛けている鎮海では、90年央に実施した４万トン増設に引き続き、91年５月にも２万トン増設した。これの原料となる２－エチルヘキサノールは98年春に10万トン設備を麗水に新設した。一方の原料・無水フタル酸は、蔚山のＤＯＰ設備とともに2009年６月に当時のＯＣＩカンパニーから買収した。麗水ではＥＤＣ15万トン増設とＶＣＭ30万トンへの倍増設を2000年春までに実施。この増設ラインに必要な原料塩素の自給能力を拡大するため2001年春までに電解部門を拡張、カセイソーダで15万トン増設した。さらにＢＡＳＦがイソシアネートを大規模増設するのに対応し、必要な塩素を供給するため電解設備を2003年５月に倍増設した。2010年３月に麗水の電解設備をさらに13.2万トン増設したが、ＥＤＣの15万トン増設計画は見送った。

ハンファ・ファインケミカルの石油化学製品生産体制　（単位：t/y）

製　　品	工　場	現有能力	新増設能力	完　成	備　　考
Ｔ　Ｄ　Ｉ	麗　水	150,000	検討中		ローディア技術、2011/４に５万t増設
塩　　酸	〃	82,000			（濃度35％換算重量）、98年に3.2万t増設

1978年６月、韓国の進洋化成38.2％／豊田通商（当時はトーメン）34.44％／ＫＰＸケミカル（当時は韓国ポリオール）27.36％出資合弁会社・韓国ファインケミカルとして設立されたが、その後95年11月に上場、2008年９月にＫＰＸファインケミカルへ改称した後、持株会社のＫＰＸホールディングスが50.7％の株式を420億Ｗでハンファ石油化学へ2014年８月に売却、現社名となった。軟質ウレタンフォームの副原料であるＰＰＧを関連企業のＫＰＸケミカルが手掛けており、主原料のＴＤＩを82年から韓国で初めて企業化した。81年３月に１万トン工場を完成させ、88年に２万トンまで増強、90年と94年の各5,000トン増強で３万トンとし、97年に3.3万トンへ引き上げた

後、2000年初めに倍増設した。2003年には2.7万トン増設し、2009年に7,000トン増強して10万トン能力とし、2011年春には５万トン増設して全３系列計15万トンへ５割拡張した。

ハンファ・トタル・ペトロケミカルの石油化学製品生産体制 (単位：t/y)

製　品	工　場	現有能力	新増設能力	完　成	備　考
エチレン	大　山	1,095,000	310,000	2019／央	ルーマス法、初期能力35万t、2011/秋15万t増設
〃	〃		100,000	2020／末	第２期増強後150.5万t
プロピレン	〃	732,000	200,000	2019／央	ＩＦＰ技術、初期能力17.5万t、2011/秋10万t増設
〃	〃	200,000		2011／３	ルーマス法ＯＣＵ設備、10万tはロッテケミカルへ
Ｂ－Ｂ留分	〃	350,000			ＩＦＰ(現アクセンス)技術、2011/秋10万t増設
ブタジエン	〃	125,000			日本ゼオン技術、初期能力5.3万t、2011/秋+1.5万t
ベンゼン	〃	280,000			ＩＦＰ/クルップ･コッパース技術、初期能力14万t
〃	〃	510,000			ＵＯＰ－ＴＤＰ法、初期能力20万t、2012/秋12万t増
〃	〃	477,000		2014／７	ＵＯＰ技術でＰＸ併産、原料はコンデンセート
パラキシレン	〃	770,000			同上、97/央完成、初期能力40万t、2012/秋15万t増
〃	〃	1,230,000		2014／７	ＵＯＰ技術、2017/7に23万t増強～合計能力200万t
ＬＤＰＥ	〃	155,000		91／７	三菱化学技術、初期能力9.2万t、2012年４万t増強
ＥＶＡ	〃	80,000*			同上(*ＥＶＡはＬＤＰＥの内数で2012年に倍増)
〃	〃	280,000		2014／1Q	バセルの「Lupotech T」ＥＶＡ専用、2016/下4万t増
ＬＬＤＰＥ	〃	125,000		94／７	ＢＰケミカルズ技術、１万t上方修正
ＨＤＰＥ	〃	175,000	400,000	2019／央	ＡＤＬ法、91/6完成の三井化学法は初期能力12万t
ＰＰ	〃	270,000		91／６	三井化学法、初期能力17.5万t、コンパウンド12万t
〃	〃	447,000		2007／10	バセルのSpherizone法/テクニモント、初期30万t
〃	〃		400,000	2020／末	増設後６割増の111.7万tに
ＳＭ	〃	400,000		91／５	バジャー技術１号機～初期能力18万t
〃	〃	651,000		2007／10	バジャー技術２号･３号機～初期能力30万t+20万t
ＥＯ	〃	120,000			ＳＤ技術、91／６完成
ＥＧ	〃	155,000			〃

1988年５月、サムスン(三星)グループの石油化学事業を担う総合石化企業として資本金2,600億Ｗで設立、その後4,600億Ｗまで増資された。2003年８月１日より仏の旧アトフィナとの折半出資合弁会社となり、社名もサムスン綜合化学からサムスン・アトフィナに改称されたが、仏社がトタル・ペトロケミカルズとなったため、2004年10月からサムスン・トタル・ペトロケミカルとなった。当時の資本金は７億7,500万ドル。2013年当時の売上高は７兆8,691億W。2014年11月にハンファグループがサムスン総合化学を買収したため、同社はハンファとトタルの共同経営会社となり、2015年４月30日付で現社名となった。

ナフサクラッカーは91年７月から商業運転を開始、ダウンストリームを合わせた総工費は1.4兆W弱。ポリオレフィンのうちＰＰとＨＤＰＥの製造技術は旧三井石化、ＬＤＰＥ／ＥＶＡの製造技術は旧三菱油化から導入したため、両社と同一のグレードが製造でき、日本市場への輸出がスムーズに進んだ。制御室には原料の投入から生産～出荷に至る全工程が自動的に行われるＣＩＥシステムを導入、販売・管理など経営情報システムとも有機的に結合しており、大山工場内には技術研究所も併設している。２期計画として96年春に30万トンのＳＭ２号機を台湾・奇美実業の20％出資により導入。奇美は出資見合いでＳＭを引き取ってきたが、80％出資のサムスン精密化学がロッテに買収され、合弁会社は一旦ロッテＳＭと改称されたものの、ハンファグループの買収に伴いハンファ・トタルへ移管された。97年半ばにはＰＸ～ＰＴＡ事業にも進出しており、

2000年末には兄弟会社の旧サムスン石油化学にＰＴＡ設備を売却して同事業を一本化した。

総額5,500億Ｗ（６億ドル）を投じ、増設したエチレン20万トンやＳＭ３号機、バセルの新製法ＰＰ２号機などを2007年10月から立ち上げた。2008年末に610億ＷでＯＣＵ（オレフィンコンバージョンユニット）を設置、プロピレンで20万トンの増産を図った。ＰＰは12万トンのコンパウンド能力を保有。同計画には隣の旧湖南石化（現ロッテケミカル）も相乗りし、両社で10万トンずつ分配、ロッテケミカルはブテンの抽出残渣からイソブチレンを回収してＭＭＡ原料に利用している。2010年にＬＤＰＥで４万トン、ＰＰで10万トン増強した。2011年11月にエチレンで15万トン増強し、100万トン（その後109万トン）へ拡充、2014年第１四半期にはＥＶＡ20万トン（その後24万トンへ増強し、2016年下期に28万トンへ増強）の専用設備を建設した。2019年半ばにはエチレンを30％増の140万トンへ増強、プロパン分解も可能な炉を導入する。これと並行してＨＤＰＥもシェブロンと共同開発したMarTECH ADL（アドバンスト・ダブル・ループ）法により５割増設する計画で、2019年半ばまでに合計73.5万トンから110万トン能力へ引き上げる。さらに2020年末にもエチレンを150万トンまで増強、ＰＰも40万トンの増設を図り、競争力強化に努める計画。

ＰＴＡ原料のＰＸは、97年半ばにＵＯＰ技術ＴＤＰ法による40万トンと20万トンのベンゼン併産設備を設置した。2005年半ばにＰＸを10万トン増強、2007年秋にベンゼンを８万トン増強した後、2012年秋にベンゼン12万トン／ＰＸ15万トンの増強を実施。2014年７月には総額18億ドルを投入し、ベンゼン42万トン／ＰＸ100万トンの併産設備を建設した。2017年７月のデボトル増強により、ＰＸを23万トン増の123万トン能力へ拡大している。

ハンファ総合化学の石油化学製品生産体制　　（単位：t/y）

製　　品	工　場	現有能力	新増設能力	完　成	備　　考
Ｐ　Ｔ　Ａ	蔚　山	1,300,000			アモコ法、2005／末４万t＋2011／９に20万t増設
〃	大　山	700,000			テクニモント法、2005／末に10万t増強

1974年７月、旧第一毛織50％／ＢＰ（当時アモコ・ケミカルズ）35％／現三井化学15％出資で設立。2003年３月末で三井化学は資本撤退し、同５月よりＢＰ／サムスングループ各47.41％出資（うち旧第一毛織21.4％、新世界5.18％ほか）となったが、2006年７月にはＢＰも資本撤収を決め、2007年10月に33.18％を4,900万ドルで三星グループ会長一族に、14.23％を2,100万ドルで三星物産に売却した。2013年当時の売上高は２兆3,642億Ｗ。2014年６月、持株会社だったサムスン総合化学と合併し同社名に変更、サムスン・トタルの株式50％を保有するに至った。同11月、ハンファグループがサムスン総合化学の株式57.6％を１兆600億Ｗで買収し、同グループ傘下に移った後、翌2015年４月30日付で現社名となった。

韓国初のポリエステル原料ＰＴＡ専業メーカーで、80年４月から蔚山工場で操業を開始、95年４月に25万トンの３号機を導入して85万トン能力まで引き上げた後、2000年末100万トン、2004年末106万トン、2005年末110万トン、2011年９月には130万トン能力まで拡大した。現有３系列の内訳は、１号機が40万トン能力で、２号機と３号機が各々45万トンずつとなっている。

一方の大山工場は2000年末に旧サムスン綜合化学から買収したもので、伊テクニモント技術による40万トン設備は97年半ばから操業開始、その後2004年末に20万トン増設し、１年後さらに10万トン増強して表記70万トンまで拡大した。合計200万トン能力は韓国最大規模。

韓　　国

錦湖アシアナグループ

錦湖石油化学の石油化学製品生産体制　（単位：t/y）

製品	工場	現有能力	新増設能力	完成	備考
ブタジエン	麗水	147,000	検討中		ＢＡＳＦ技術、2002年１万t＋2005年1.7万t増強
〃	蔚山	90,000			ＪＳＲ技術、92/6完成～2005年に1.5万t増強
ＳＢＲ	〃	384,000			ＪＳＲ技術、2009/4と2012/9に各11万t増設
ＳＢラテックス	〃	83,000			ＪＳＲ技術
ＮＢＲラテックス	〃	400,000			2014年2.8万t+2015/末3.2万t増強+2017年倍増設
Ｓ－ＳＢＲ	麗水	63,000		2012／11	ＪＳＲ法溶液重合法
ＨＢＲ	〃	314,000			2011/2に増設12万t系列が竣工
ＮｄＢＲ	〃	36,000			ネオジウム触媒系ＢＲ　}ＢＲ計39.5万t
ＬＢＲ	〃	45,000			液状タイプのＢＲ
ＮＢＲ	蔚山	87,000			90/央に5,000t増設、96年に倍増設
ＨＳＲ	〃	10,000			ハイスチレンタイプのＳＢＲ、96年に倍増設
ＳＢＳ	〃	70,000			スチレン・ブタジエン・ブロックコポリマー
ＰＰＧ	〃	141,000			ダウ技術、89/4操業開始、2012年2.8万t増強
ＰＳ	〃	230,000			自社/コスデン技術、2005年に5.2万t増強
ＥＰＳ	〃	80,000			発泡ポリスチレン能力はＰＳ能力の外数
ＡＢＳ樹脂	〃	250,000			日本Ａ＆Ｌ技術、2001年５万t+2008/3に３万t増強
ＰＢＴ／ＣＴＥなど各種エンプラ	温山	7,500			旧ＧＥ技術（ＣＴＥ＝コポリマー・サーモプラスチック・エラストマーの略で商標はＬＯＭＯＤ）

1970年12月、三井物産と三陽タイヤの日韓折半出資により前身の韓国合成ゴム工業が設立された。73年６月、蔚山に現ＪＳＲ技術を導入したＳＢＲ工場が完成、76年12月錦湖化学を設立、77年３月ＪＳＲが資本参加し、79年10月麗水にブタジエン工場が完成した。その後80年７月麗水に錦湖化学のフェノール／アセトン工場が完成し、85年６月韓国合成ゴムと錦湖化学が合併して錦湖石油化学が誕生した。外資との合弁会社として、85年６月設立の錦湖ポリケム（旧錦湖ＥＰゴム）、87年11月設立の錦湖Ｐ＆Ｂ化学（旧錦湖シェル化学）、89年３月設立の錦湖三井化学（旧錦湖三井東圧）がある。また97年４月には旧味元油化の株式のうち25％を買収、社名を錦湖ケミカルに変更して傘下に収め、2001年１月に吸収合併した。資本金は1,422億4,000万Ｗ。2001年12月にアルキルフェノール事業をスケネクタディ・コリアに売却、長瀬産業とフッ化アルゴンを光源に活用する半導体製造用フォトレジストを共同開発し、2002年から牙山工場で生産している。

合成ゴム原料のブタジエンは、92年６月蔚山に５万トン工場を新設、温山の大韓油化から原料のC_4留分を受給し、2003年に7.5万トン、2005年には９万トンまで増強した。麗水でも2005年に1.7万トン増強し、計23.7万トンに拡大した。2008年後半からはマレーシアの現ロッテケミカル・タイタンよりブタジエンを輸入している。2011年１月に完了した拡張計画には2,853億Ｗを投入、ＳＢＲを23万トン（970億Ｗ投入）、ＢＲを14万トン（1,640億Ｗで原料のブタジエンも増強）増設した。そのうち第１期分はＳＢＲ11.8万トン増設とＢＲ1.6万トン増強で2007年中に実施した。ＳＢＲは2009年４月に11万トンの増設を終え、ＨＢＲは2010年末までに12万トン増設した。ＳＢラテックスは2001年に1.5万トン増強し、2002年に３万トン増設、ＮＢＲは2007年中に２万トン増強した。2012年９月には工費1,215億Ｗをかけ ＳＢＲを11万トン増設、ＮＢＲラテックスも５万トン増設して14万トンへ拡張、その後ＮＢＬは16.8万トンまで増強し、2015年末までに20万トン体制へ増強、2017年にはさらにこれを40万トンへ倍増した。また2012年11月には溶液重合法によるＳ－ＳＢＲ（溶液重合法ＳＢＲ）６万トン設備を設置している。

吸収合併した旧錦湖ケミカルのスチレン系樹脂事業は、味元グループが73年12月からスタートさせたもので、このうちＡＢＳ樹脂は2001年中に20万トン、2003年には22万トン、2008年３月には25万トンまで拡張した。ＨＩＰＳは米コスデン・テクノロジー(78年８月)、ＡＢＳ樹脂は旧住友ノーガタック(現日本Ａ＆Ｌ)から79年１月に技術導入、88年10月にダウからＰＰＧ技術を導入し、89年春以来企業化している。2009年秋には中国広東省・佛山に広東錦湖日麗高分子材料を設立、2010年後半から１万トンのＡＢＳ樹脂コンパウンド工場を稼働させた。

93年11月に積水化成品工業からポリエチレンとポリスチレンの共重合樹脂発泡体製造技術を導入し、年産600トン設備を設置して重量梱包用途へ販売、さらに95年５月に同社からＴＳサンド(ＥＰＳ細粒を主成分にしたモルタル下塗り用の混和材)の製造技術も導入したことがある。牙山工場では多層ＣＮＴ(カーボンナノチューブ)同50トン設備を2013年12月に設置した。

エンプラ事業では、錦湖石油化学と旧ＧＥプラスチックス・パシフィックとの合弁事業として、ＧＥ技術のポリエステル系エラストマーであるＣＴＥ(コポリマー・サーモプラスチック・エラストマー＝商標ＬＯＭＯＤ)やＰＢＴ樹脂(同バロックス)など、各種エンジニアリング・プラスチックの製造販売を94年以来手掛けている。

錦湖Ｐ＆Ｂ化学の石油化学製品生産体制　(単位：t/y)

製　　品	工　場	現有能力	新増設能力	完　成	備　　考
キ　ュ　メ　ン	麗　水	900,000			ＵＯＰ、2005/3に31万t＋2016/央に46万t増設
フ　ェ　ノ　ー　ル	〃	680,000			ＵＯＰ/アライド・シグナル技術、2016/央30万t増
ア　セ　ト　ン	〃	420,000			〃　、2016/央18万t増
Ｍ　Ｉ　Ｂ　Ｋ	〃	55,000		91／５	シェル技術、2008年１万t＋2012/末2.5万t増設
ビスフェノールＡ	〃	300,000		2002／末	出光技術、大林/月島が2008/末15万t増設+2011/央
〃	〃	150,000		2013／央	３万t増強、出光技術/月島で15万t増設後45万t
エ ポ キ シ 樹 脂	〃	152,000		91／12	シェル技術、2008年倍増設、2013/8に７万t増設

1987年11月、錦湖石油化学とシェル・オーバーシーズ・インベストメントとの折半出資により錦湖シェル化学として設立され、98年に入ってシェルの保有株式を錦湖石油化学が買収、現社名に変更された。その後2000年７月に旧新日鐵化学が資本参加し、2005年から日本へのフェノールの引き取りを開始した。現在の資本金は1,437億1,200万Ｗで、出資比率は錦湖石油化学78.2%、日鉄ケミカル＆マテリアル21.8%。2009年当時の売上高は7,844億Ｗ、純利益は135億Ｗだった。

錦湖石化からキュメン4.5万トン／フェノール３万トン／アセトン1.8万トン工場を継承し、90年11月に第２フェノール７万トン／アセトン4.2万トン工場を完成させた。91年５月から年末にかけてＭＩＢＫ、ビスフェノールＡ、エポキシ樹脂設備を次々に完成させ、その後フェノールは計15万トンまで増強、第２系列のキュメン設備は当初の７万トンから98年に９万トンへ増強した。2002年末には旧出光石油化学技術を導入したビスＡ10万トンを先行して完成させ、キュメン／フェノール／アセトンの第３系列を各々31万トン／16万トン／9.6万トンと当初構想より５割拡大して2005年３月までに完成・操業開始させた。ビスＡの２号機はその後13万トンまで能力アップ、2008年末には14.5万トンの３号機を導入し、同時に10万トン規模のフェノール／アセトン系列を増設、３万トンの老朽系列を廃棄することにより、差し引き7.5万トン／4.5万トンの能力拡大を図った。2010年にはフェノール～ビスＡに至る第１系列を閉鎖し、能力を一旦縮小したが、2011年半ばに３号機の増強により元の能力へ戻している。ビスＡは当初、2012年末までに出光興産技術による月島機械製の４号機13万トンを導入する計画だったが、15万トンとし2013年央に完成させた。その後、2016年半ばにキュメン46万トン／フェノール30万トン／アセトン18万トンの増設を図り、表記能力へ拡大した。ＭＩＢＫは2008年中に１万トン増強し、2012年末に2.5万トン増設して表記能力とした。エポキシ樹脂は2008年に３万トン設備を倍増し、2010年と2012年の増強で９万トンとした後、2013年夏に７万トン増設したが、現状では表記能力としている。

錦湖ポリケムの石油化学製品生産体制

(単位：t/y)

製　　品	工　場	現有能力	新増設能力	完　成	備　　考
ＥＰゴム	麗　水	30,000		87／10	ＪＳＲ技術、89/6に２万tへ倍増設
ＥＰＤＭ	〃	70,000		97／６	エクソンモービル技術、2007/7に３号2.7万t増設
〃	〃	60,000		2013／６	９月の稼働後ＥＰゴム総能力は16万t
〃	〃	60,000		2015／６	７月の稼働後総能力は22万t
ＴＰＶ	〃	7,000		2008年	動的架橋熱可塑性ゴム(自動車用)

1985年６月、錦湖石油化学とＪＳＲ(当時日本合成ゴム)の折半出資により錦湖ＥＰゴムとして設立され、88年４月には旧エクソン・ケミカル・イースタンも資本参加、97年５月現社名に変更した。資本金は当時150億Ｗで、３社の出資比率は錦湖石化50％／ＪＳＲ35％／エクソンモービル・ケミカル15％だったが、2005年12月にエクソンモービルが資本撤収し、ＪＳＲの出資比率が50％になった。現在の資本金は215億Ｗ。87年10月からＪＳＲ技術による１号機１万トン設備が操業開始、韓国初のＥＰゴムメーカーとなり、89年央には２万トンへ倍増設、その後も逐次増強を重ね表記能力とした。エクソンモービル技術による２号機は97年半ばに完成、３号機2.7万トン系列は工費400億Ｗで2007年８月に立ち上がり、その後手直しで5,000トン増強済み。2008年には自動車用の動的架橋熱可塑性ゴム・ＴＰＶを当初5,000トン規模で事業化した。2012年７月から第２工場の建設に着工し、2013年６月末に６万トン設備が完成、同９月から増産開始した。さらに同規模のラインを2014年７月着工～2015年６月末の工期で導入し、同７月から稼働させた。第１、第２工場の合計能力は22万トンに上る。

錦湖三井化学の石油化学製品生産体制

(単位：t/y)

製　　品	工　場	現有能力	新増設能力	完　成	備　　考
精製ＭＤＩ	麗　水	350,000			三井化学技術、2012/7に4.5万t増強、2018/春10万t増設
粗ＭＤＩ	〃	160,000		95／10	ＮＢ～粗ＭＤＩ～精製ＭＤＩまで一貫生産化
アニリン	〃	192,000			2009/4に倍増設、その後6.6万t増強
ニトロベンゼン	〃	157,500			2009/4に倍増設

1989年３月、錦湖石油化学と旧三井東圧化学との折半出資により錦湖三井東圧として設立されたが、97年10月に三井東圧と三井石化が合併して三井化学となったため、同社も現社名に変更された。日本側では2001年４月の三井武田ケミカル発足、2006年４月の三井化学ポリウレタン発足と2009年４月の三井化学への吸収合併、2015年７月のウレタン材料事業分離に伴う三井化学ＳＫＣポリウレタン(ＭＣＮＳ－Ｊ)設立に伴い、株主名がＭＣＮＳ－Ｊに変更された。資本金は350億Ｗ。92年７月から２万トンのＭＤＩ精製設備を先行して操業開始させ、95年10月には３万トンの粗ＭＤＩ工場が麗水に完成、同時にＭＤＩの精製能力も１万トン増の３万トンとし、その後も2000年11月に５万トンまで拡大した。さらに手直しと2005年10月の１万トン増強で6.5万トンと

し、2009年５月に13万トンへ倍増設、引き続き手直し増強と2012年７月の4.5万トン増設で20万トンとした後、2016年までに25万トンへ増強、さらに2018年３月に10万トン増設した。

現代グループ

現代コスモ・ペトロケミカル（ＨＣＰ）／現代ケミカルの石油化学製品生産体制 (単位：t/y)

製　　品	工　場	現有能力	新増設能力	完　成	備　　考
プロピレン	大　山	360,000		2011／5	ＨＤＯがＦＣＣ回収プロピレン装置を設置
カーボンブラック	〃	160,000		2017年	ＯＣＩとの合弁会社「現代ＯＣＩ」が新設
[現代コスモＰ]					
パラキシレン	大　山	380,000			ＨＤＯが98/1に設置
〃	〃	800,000		2012／12	ＵＯＰ技術、折半投資のコスモ石油も原料供給
ベンゼン	〃	240,000		〃	〃　、ＰＸとの併産、2012/12に12万t増設
[現代ケミカル]					
ベンゼン	大　山	430,000		2016／11	ＵＯＰ技術、ＰＸ原料等合弁計画「現代ケミカル」
混合キシレン	〃	1,000,000		〃	～ロッテ40%出資で100万tの軽質ナフサを受給
エチレン	〃		750,000	2021／末	脱硫重油分解(ミックスド･フィード･クラッカー)
プロピレン	〃		400,000	〃	全量ＰＰ向けに自消
ポリエチレン	〃		750,000	〃	原料のエチレンは自給
ＰＰ	〃		400,000	〃	原料のプロピレンは自給

大山の製油所は1964年に極東精油として設立され、93年６月に現代グループが買収、現代精油に改称した後、2003年から現代オイルバンク（ＨＤＯ）となった。2009年11月にはコスモ石油との折半出資会社「現代コスモ・ペトロケミカル（ＨＣＰ）」を設立し、石化部門を分離・独立させた。2014年１月にＨＤＯ60%／ロッテケミカル40%出資で現代ケミカルを設立し、芳香族事業を拡張した。同社は2022年からオレフィン～ポリオレフィン事業にも進出する計画。

ＨＤＯには2000年にアラブ首長国連邦の国際石油投資公社・ＩＰＩＣ(International Petroleum Investment Co.)が50%で資本参加し、その後70%まで拡大、現代グループの出資比率は現代重工業19.87%、現代自動車4.35%、現代製鉄2.21%、現代産業開発1.35%ほかとなった。資本金は１兆2,250億Ｗ。売上高は95年当時の１兆Ｗ強から96年には2.5兆Ｗ、2006年には9.17兆Ｗと精製能力の拡張に伴い急拡大してきた。2011年５月にＦＣＣ回収プロピレン装置を設置し、年間最大36万トンのプロピレンを回収している。

ＨＤＯは98年１月にＰＸ30万トン／ベンゼン10万トンの併産設備を新設して芳香族事業に進出。その後設立したＨＣＰに移管し、2012年11月に完成させたＰＸ80万トン／ベンゼン12万トンの併産設備を翌12月から稼働させた。原料の混合キシレン（ＭＸ）はコスモ石油からも受給している。

現代ケミカルは2016年11月にコンデンセート分留装置とハネウェルＵＯＰ技術ＭＸ100万トン／ベンゼン43万トン設備を完成させた。分留される日量６万バレルの灯軽油はＨＤＯが輸出し、年100万トンの軽質ナフサはロッテに供給している。2018年５月、脱硫重油を原料とする大型の石化コンビナート（ＨＰＣ：Heavy Feed Petrochemical Complex）を建設することで両親会社が合意、総額2.7兆Ｗ(2,700億円)を投じて表記オレフィン～ポリオレフィン工場を2022年までに建設することにした。建設予定地はＨＤＯ・大山製油所の隣接地で、現代ケミカルが運営する。多様な原料を分解できるミックス・フィード・クラッカーを導入することで競争力を発揮させる狙い。

現代エンジニアリングプラスチックの石油化学製品生産体制

(単位：t/y)

製　品	工　場	現有能力	新増設能力	完　成	備　考
ＰＰ複合樹脂	唐　津	20,000			米ＤＮＳインターナショナル技術、92/末完成
Ｐ　Ｓ	蔚　山	150,000			東部ハイテクから2010/4買収、2003年2.5万t、2004
Ｅ　Ｐ　Ｓ	〃	60,000		92／1	/12ＨＩＰＳ1.5万t増強、2015年ＥＰＳ5,000t増強

韓国最大の住宅建設企業である現代産業開発の全額出資子会社で、2000年１月に分離・独立した。前身は1990年に新設された石油化学事業部。91年４月にソルベイとデクスターとの合弁会社である米ＤＮＳインターナショナルから自動車バンパーや自動車内装材用のＰＰ複合樹脂製造技術を導入し、92年末に表記設備を工費190億Ｗで忠清南道唐津に建設、現代自動車のバンパー向けに供給する事業からスタートし、その後エンプラコンパウンドやＰＳなど業容を拡大してきた。

2010年４月に東部ハイテクから蔚山工場のＰＳとＥＰＳ事業を買収し、すでに手掛けていたナイロン樹脂やＰＢＴ樹脂コンパウンド、ポリブテンパイプに加え、商品構成を拡充させた。

なお、東部ハイテクのスチレン系製品事業は、1973年６月に設立された蔚山石油化学工業に端を発する。78年４月からモンサント技術ＳＭ８万トン工場が操業開始し、90年初めに10万トン、2006年３月に７万トン増設して計27万トン能力としたが、2008年には閉鎖した。ポリマー事業は89年春からＰＳに進出、2003年に2.5万トン増設して９万トンとした後、さらに表記能力へ増強、92年１月には発泡ポリスチレン事業にも進出した。この間、86年９月に東部グループが同社を買収して東部石油化学に社名変更、90年５月には子会社の嶺南化学を吸収合併して東部化学となり、97年３月には東部韓農化学(53年４月設立)が吸収合併、2007年５月には東部エレクトロニクスと合併して東部ハイテクとなった。当時、スチレン系製品のほか複合肥料や農薬、半導体事業があり、2008年２月には合金鉄(フェロアロイ)事業を東部メタルへ分離・移管、その後シリコンウエハー事業が主力となってきたため、スチレン系製品事業を現代エンプラへ売却した経緯がある。

三養社グループ

三南石油化学の石油化学製品生産体制

(単位：t/y)

製　品	工　場	現有能力	新増設能力	完　成	備　考
Ｐ　Ｔ　Ａ	麗　水	800,000			三菱化学技術/大林施工、30万t系列を停止中
Ｑ　Ｔ　Ａ	〃	700,000		2003／３	４番目の系列～2006/3と2011/7に各10万t増強

1988年１月、三養社40％／三菱化成(現三菱ケミカル)40％／旧ＬＧカルテックス精油20％出資で設立されたＰＴＡ専業メーカーで、資本金は288億Ｗ。韓国最大のポリエステル繊維メーカーだった三養社(同部門は2000年11月からヒュービスに移管)が原料遡及するためＰＴＡ専業の合弁子会社を設立した。出発原料のＰＸは株主のＧＳカルテックスから受給、旧三菱化学のＱＴＡ法を導入し、大林エンジニアリングの施工で90年４月から20万トン工場を稼働させた。その後95年８月に25万トンの２号機(ＰＴＡ)を増設、手直し増強を含め合計56万トンまで拡充した。さらに97年10月に３号機(ＱＴＡ)35万トンを導入し、その後の生産性向上により合計100万トン体制を確立した。その時の内訳は１号機と２号機が各30万トン、３号機が40万トンで、2001年３月の定修時に３号機のデボトルネッキングを進め10万トン増の50万トンとした。続いて同じ40万トンの４号機(ＱＴＡ)を2003年３月に工費2,000億Ｗで導入し、2003年春から計150万トン能力で増産開始した。ヒュービスが中国・四川省にポリエステル繊維工場を進出させたため、原料供給を担う

三南石化としても一層の増産を図る必要があり、この４号機も2004年５月と2006年春、2011年７月の定修中に各10万トンずつ増強して70万トンへ拡充、合計180万トンとした。しかし、中国で大増設が相次いだため中国向け輸出を縮小、2014年夏に35万トン系列を停止し、さらに45万トン系列を停止してＰＴＡ30万トン／ＱＴＡ70万トンの計100万トン体制に縮小した。その後、休止系列を再開し、30万トン系列を休止してＰＴＡ80万トン／ＱＴＡ70万トンの計150万トンとした。

三養化成の石油化学製品生産体制　（単位：t/y）

製　　　品	工　場	現有能力	新増設能力	完　成	備　　　考
ポリカーボネート	全　州	60,000			三菱化学技術、97/春２万t＋2000/秋8,000t増強
〃	〃	60,000		2002／４	3.5万tの３号機、2005年1.5万t+2007/末１万t増強

1989年３月、当初は三養社と旧三菱化学（当時三菱化成）との折半出資で設立され、2001年４月には三菱化学持ち株の半分を取得する形で三菱グループのエンプラ販売会社である三菱エンジニアリングプラスチックス（ＭＥＰ）が資本参加（25%）した。ＭＥＰは、ＰＣ（ポリカーボネート）の半分を引き取っている。三養社の全州工場内に初期能力1.6万トンのＰＣ設備を91年初めに建設（工費430億Ｗ）、４月から本格操業を始め、その後1.8万トンまで増強した。２号機２万トンは97年春に完成、その後2000年秋には3.2万トンまで増強して計５万トンへ拡大、2002年春には３号機3.5万トンを導入し、2005年春にはこれを５万トンまで拡充した。2007年末には３号機を１万トン増の６万トンとし、３系列合計で11万トン能力とした後、2010年までに12万トンへ増強した。原料のビスフェノールＡは、三養社80%／三菱商事20%出資合弁会社「三養イノケム」を設立し、2012年春には三菱化学技術による15万トン工場が群山に完成、同工場から受給している。

龍山グループ

龍山化学の石油化学製品生産体制　（単位：t/y）

製　　　品	工　場	現有能力	新増設能力	完　成	備　　　考
無水マレイン酸	蔚　山	18,000			三井化学技術、89/夏5,000t＋93年に1,000t増強
〃	〃	20,000			米ハンツマン技術固定床ブタン法、98/3Q完成
フ　マ　ル　酸	〃	6,000			90年に1,000t増強し93年に倍増設
Ｔ　Ｈ　Ｐ　Ａ	蔚　山	6,000			（テトラヒドロフタル酸）93年倍増、2009年+2,000t
マ　リ　ッ　ク　酸	〃	3,800			94年企業化
Ｐ　Ｔ　Ｍ　Ｅ　Ｇ	〃	30,000			愛敬油化から2005年に買収、99年より稼働
アクリルアマイド	〃	10,000		2002／初	三井化学技術バイオ法「龍山三井化学」が5,000tで
〃	〃	20,000		2007年	同10月操開（100%換算能力）～2003年倍増設ほか

1973年５月、大農グループと三井化学（当時三井東圧化学）および富士化成との合弁会社・大農油化として設立されたが、76年１月旧トーメンが富士化成の出資分を肩代りし、さらに97年には大農グループの持株を龍山グループが買収して現社名に変更、資本金60億Ｗで各社の出資比率が龍山50%／三井化学37%／豊田通商13%となった後、三井化学は2000年８月設立のアクリルアマイド事業合弁会社「龍山三井化学」への50%出資に資本移転した。設立時資本金は10億Ｗで、販売のみの営業を開始、その後資本金を30億Ｗまで増資している。

無水マレイン酸事業は76年末に設置したベンゼン法１万トン設備でスタート、需要増大に伴い93年までに表記1.8万トンへ増強した。同時に93年にはフマル酸とＴＨＰＡを倍増設し、94年からはマリック酸も手掛けるようになった。98年第３四半期には米ハンツマン技術による２万トンの固定床ブタン法無水マレイン酸設備を設置。2005年に愛敬油化から買収したＰＴＭＥＧ(ポリテトラメチレンエーテルグリコール)プラントは、その後３倍の３万トン能力まで拡張している。91年央に進出したアクリルアマイド事業では当初銅触媒法で生産、7,000トン能力(ただし100%換算能力)に達していたが、その後競争力の面からバイオ法設備に代替した。三井化学が開発したバイオ法による5,000トン設備は龍山三井化学が2002年初頭に建設、試運転を経た後、同10月から営業運転を開始し、2003年には１万トンへ倍増設、さらに2007年に増設した後も矢継ぎ早に増強し、現有能力は３万トンに達している。

ＧＳグループ

ＧＳカルテックスの石油化学製品生産体制　(単位：t/y)

製　品	工　場	現有能力	新増設能力	完　成	備　考
ベンゼン	麗　水	150,000			ＵＯＰ技術、90/5完成、95年に５万t増強
〃	〃	150,000			2000/6に新リフォーマーが完成
〃	〃	630,000		2003／４	ＰＸとの併産設備、不均化も併設、2008年13万t増
トルエン	〃	170,000			同90/5完成、トルエンとしての外販能力が17万t
〃	〃	700,000*			新リフォーマーが2000/6完成～*不均化装置向け
キシレン	〃	350,000			ＵＯＰ技術、90/5完成
パラキシレン	〃	450,000			〃　、90/5完成
〃	〃	450,000			〃　、95/7完成
〃	〃	450,000		2003／４	ＭＴＰＸ技術トルエン不均化法、ＰＸ計135万t
ＰＰ	〃	180,000			ユニポール法(88/4より12万t能力でスタート)
プロピレン	〃	476,000		96／春	ＲＦＣＣから回収、2013/初25万t増設
ＭＴＢＥ	〃	100,000			ＲＦＣＣ導入に伴うイソブチレンの有効利用事業
エチレン	〃		700,000	2022年	２兆ＷでMixed Feed Crackerの新設を計画
ポリエチレン	〃		500,000	〃	エチレンの川下計画

1967年６月、当初ＬＧ化学(旧ラッキー)と米カルテックス石油(現シェブロン・フィリップス)との折半出資合弁会社として設立された日量79万バレルの原油処理能力を有する韓国第２位の石油精製企業。資本金は2,095億Ｗ。96年５月には旧湖南精油からＬＧカルテックス精油に社名変更し、2005年１月より現社名に改称された。2004年７月にＬＧグループから許東秀会長が持株を分割し、ＧＳホールディングスを設立してスピンアウト、ＧＳカルテックスに50%出資する形となった。両者は元ラッキー金星(ゴールドスター)グループとして長らく共同事業を展開してきた。

ＧＳホールディングスは中国・青島に設立した麗東化学工業にＧＳアロマティックスを通じて60%出資(他はオマーンオイル30%、青島紅星化工集団10%)、2006年夏にパラキシレン(ＰＸ)70万トン／ベンゼン24万トン／トルエン16万トンの芳香族工場を5.4億ドルで新設し、年末から本格稼働。ＰＰは88年４月から12万トンで企業化、その後2001年までに18万トンまで増強した。

90年５月にはＢＴＸとＰＸから成る一連の芳香族コンプレックスを完成させた。ベンゼンはＬＧ化学のＳＭに、ＰＸは隣接する三南石油化学のＰＴＡ向けに供給しており、三南石化の設備拡張に併せて94年秋にＰＸを７万トン増の30万トンへ拡充、さらに95年７月には35万トンのＰＸ２号機を導入した。96年秋のＲＦＣＣ(残油流動接触分解)装置導入に先行してプロピレン回収設備とＭＴＢＥ設備を同年春までに設置、ＰＰ原料を自給化し、C_4留分中のイソブチレンはＭＴＢＥの形で回収してガソリン添加剤向けなどに外販している。2000年６月には新リフォーマーを完成させ、トルエン45万トン／ベンゼン15万トンの併産体制を整えた。２年後には不均化装置を導入し、キシレンの増産体制を先行して整備した。2003年４月に完成した35万トンのＰＸ３号機とベンゼン設備の建設費は1,600億Ｗで、三南石化のＰＴＡ増設に歩調を合わせた。2005年中にベンゼンを38万トンから47万トンへ増強し、ＰＸも各系列を40万トンへ増強、その後2012年までに各45万トンの計135万トンまで増強済み。

2007年10月に第２重質油分解脱硫装置（ＨＯＵ）を９万バレルから14.5万バレルへ拡大、合わせて芳香族回収能力も2008年中に増強した。さらに2010年12月までに11.3万バレルの第３ＨＯＵ、第３重質油分解装置（ＨＣＲ）６万バレルやＲＦＣＣなどを2.94兆Ｗで建設した。2011年７月には第４ＨＣＲ5.3万バレルの建設に着工、2013年初めの完成でＨＣＲの総処理能力は26.8万バレル、プロピレン回収能力は25万トン増となり、製油所の高度化率が35.5％と韓国最高水準を達成した。

2012年４月に太陽石油および昭和シェル石油と共同でＰＸ100万トン設備を2014年末に新設することで合意したが、その後白紙化された。2022年には２兆Ｗ超を投じ、70万トンのエチレンと50万トンのポリエチレン設備を新設する計画。ナフサだけでなく、石油精製工程で生じるＬＰＧや副生油など多様な留分を原料として投入できるミックスド・フィード・クラッカーを導入する。

ＯＣＩグループ

ＯＣＩカンパニーの石油化学製品生産体制　（単位：t/y）

製　　品	工　場	現有能力	新増設能力	完　成	備　　考
ＴＤＩ	群　山	50,000			アライド・シグナル技術、2003年5,000t増強
酢酸	〃	27,000			ポバールからの回収酢酸
ポバール	〃	27,000			91/9完成、95年倍増設
過酸化水素	〃	70,000			97/10に２万t増設
ソーダ灰	〃	400,000			
粗ベンゼン	浦　項	30,000			95年に２万t能力削減
ナフタレン	〃	32,000			濃度95％品
Ｈ酸	〃	2,000			91年後半に完成
無水フタル酸	〃	60,000			VON HEYDEN技術、90/春３万t増強
ＤＩＮＰ	〃	55,000			米エクソンモービル・ケミカル技術、92/4Q完成
ＤＩＤＰ	〃				
炭素繊維	浦　項	150			英ＲＫカーボン技術、商標「Kosca」
タールピッチ	〃	250,000			初期能力は45万t（25万t削減）、2010年５万t復活
カーボンブラック	〃	170,000			アッシュランド技術、2012年に４万t増強
〃	光　陽	100,000		92／10	東海カーボン技術、2010年に１万t増強
〃	大　山	160,000		2017年	合弁会社「現代ＯＣＩ」が新設
ベンゼン	光　陽	200,000			95年に企業化（元正友石炭化学）
トルエン	〃	40,000			〃　、2005年１万t増

1959年８月、東洋化学工業として設立されたが、99年に実施した構造調整で農薬部門を売却し、2000年３月には旧製鉄化学株式の９割を買収、傘下に納めた同社を2001年５月には吸収合併して東洋製鉄化学が誕生、2001年12月に50.3％出資子会社の製鉄油化も吸収合併してＤＣケミカルに改称、2009年４月にはＯＣＩカンパニーへ社名変更した。資本金は1,272億Ｗ。2003年２月には旧ＫＰケミカルから蔚山工場の無水フタル酸と可塑剤部門を買収したが、2009年６月にはハンファ石油化学へそのまま転売した。2006年３月にコロンビアン・ケミカルズ・コリアを買収し、麗

水のカーボンブラック10万トン工場を一旦は傘下に置いたが、独禁法に抵触するため手放した。その後、合弁会社「現代ＯＣＩ」を設立し、現代オイルバンク・大山に16万トン工場を2017年に新設した。太陽電池用多結晶シリコン事業には2006年６月から進出、現有能力は５万2,000トンで、同社の主力事業。2017年５月末には１万3,800トン能力のトクヤママレーシアを買収した。

旧東洋化学は大手無機化学品メーカーで、ソーダ灰、燐酸カルシウム、重曹、塩化カルシウム、過酸化水素、芒硝、試薬、りん酸、加硫促進剤、シリカゲル、その他精密化学品などを手掛けていた。このうち過酸化水素は韓国トップメーカーで、97年10月に２万トン増設した。また96年10月には超微粉末シリカ(年産5,000トン)事業にも韓国で初めて進出している。ＴＤＩ事業へは91年５月に進出、２万トンのＴＤＩ工場を群山に建設し、94年5,000トン、95年8,000トン、2000年夏7,000トンを増強して４万トンとし、さらに表記能力まで増強した。91年９月にはポバール事業に進出、回収酢酸も外販しており、95年には倍の2.4万トンに拡大、さらに増強した。

一方の旧製鉄化学は、74年７月に大宇グループ持株を買収した浦項綜合製鉄が設立した国内唯一の石炭化学メーカーで、94年央に第一化学へ社名変更され、さらに同年中にポスコ・ケミカルへ変更、その後浦項製鉄の子会社整理に伴い居平グループが34.5%の株式を買収しポスコグループから離脱、居平製鉄化学に社名変更された。ところが98年５月には居平が不渡りを出したことに伴い同社名は製鉄化学に戻され、子会社であった居平化学(旧コーソン化学)も同７月には製鉄油化に社名変更、浦項の塩ビ用可塑剤設備、光陽のカーボンブラックと芳香族工場を引き受けた。2000年初頭には東洋化学が製鉄化学の株式のうち89.8%を買収して傘下に置くなど、目まぐるしい変遷を辿ってきた。浦項では浦項製鉄からコークスを受給し、76年５月からコールタールと芳香族製品を生産開始、77年11月には農薬工場を建設し、81年７月からカーボンブラック、83年４月から無水フタル酸を製造開始した。84年４月にはファインケミカル工場を建設するなど、クレオソート油やアントラセンを利用した精密化学品のほか、水溶性樹脂や炭素繊維なども手掛けている。新規事業として制限酵素や抗生物質、ホルモン剤など医薬原体の開発も進めており、90年春には無水フタル酸を６万トンへ倍増設、８月から増産開始した。91年後半には、ナフタリンから誘導する染料中間体Ｈ酸の年産2,000トン設備を建設、92年には塩ビ製窓枠材事業にも進出し、94年中に塩ビサッシを倍増設した。94年10月にはベトナムに農薬原体工場を進出させている。

塩ビ用可塑剤事業には91年２月に設立した旧コーソン化学が進出、ＤＩＮＰ／ＤＩＤＰ併産の２万トン工場を92年に建設し、93年から操業開始した。その後表記能力まで拡大済み。原料オキソアルコールは可塑剤の世界的なメーカーであるエクソンモービル・ケミカルから受給、可塑剤の商品名にも同社の統一商標である「ジェイフレックス」を使用。

ＯＣＩ-ＳＮＦの石油化学製品生産体制

(単位：t/y)

製　　品	工　場	現有能力	新増設能力	完　成	備　　考
高分子凝集剤	蔚　山	35,000			三洋化成技術(ＰＡM系パウダータイプ凝集剤)
〃	〃	12,000			エマルジョンタイプ凝集剤

1986年９月、旧東洋化学65%／日本の三洋化成工業35%出資により二洋化学として設立されたが、90年２月、三洋化成の資本撤収で同社は東洋化学の100%子会社となった。その後、98年６月には世界最大の高分子凝集剤メーカーである仏ＳＮＦに株式の50%を売却、同社と現ＯＣＩの

折半出資合弁会社に改組し、2011年１月現社名に改称。三洋化成技術による蔚山のポリアクリルアマイド系凝集剤(パウダータイプ)工場は88年１月から操業を始め、2006年４月には1.6万トン、2007年12月２万トン、2010年11月3.5万トンへと増強してきた。エマルジョンタイプは2007年５月に表記能力まで拡充した。このほか二酸化塩素やシリコン消泡剤、減水剤なども手掛けている。

暁星グループ

暁星の石油化学製品生産体制　　(単位：t/y)

製　　品	工　場	現有能力	新増設能力	完　成	備　　考
プロピレン	蔚　山	500,000		91／12	ＵＯＰ技術ＬＰＧ脱水素法、2015/7に30万t増設
ＰＰ	〃	120,000			三井化学技術、91/4完成、初期能力は８万t
〃	〃	430,000		96／末	ダウ技術ユニポール法、2017/1の倍増設後計55万t
ＰＴＡ	〃	420,000			三井化学技術、97/4完成～2005年に９万t増強
ポリエステル(f)	亀　尾	132,000			紡織用、2011年に2.4万t増設
ポリエステル(f)	蔚　山	94,000			全量ポリエステル・タイヤコード
ＰＥＴフィルム	〃	12,000			97年に新規参入
ナイロン(f) 〃	〃 安　養	} 91,900			うち４万tはナイロンタイヤコード　2011年に1.44万t増強
ウレタン弾性繊維	〃	31,200			92年操開、2004年8,000t＋2008年5,200t増設
ナイロン樹脂	〃	15,000			
ナイロンフィルム	大　田	40,000			レトルトパウチなど食品包装用、2002年に倍増設
ＰＡＮ系炭素繊維	全　州	2,000		2013／５	プレカーサーから一貫生産、パイロット150t保有
〃	〃		15,000	2020年	1.2兆Ｗ投入し1.7万tまで順次拡張

1966年11月に設立された東洋ナイロンが母体で、暁星グループのトップ企業として97年には暁星Ｔ＆Ｃに改称、98年９月に現社名の暁星となり、11月にはグループの主力企業だった暁星生活産業、暁星重工業、暁星物産を吸収合併、業界トップのナイロン・ポリエステル繊維、タイヤコード、プラスチックから重工業、貿易部門を抱える企業に業容を拡大した。暁星グループは事業再構築のため98年春には20社以上あった系列企業を売却し、統廃合などにより前記４社に絞り込んだ。その後同11月には暁星Ｔ＆Ｃが他の３社を吸収合併し、統合会社「暁星」(設立は57年４月に繰り上げ)がポリエステルやナイロンなどの合繊・テキスタイル事業を中核とする企業集団として再スタートを切った。資本金は1,644億3,000万Ｗ。コア事業への絞り込みをさらに進めるため、99年４月にはナイロン66コンパウンド事業を仏ローディアに、人工大理石事業を米デュポンに売却した。日韓折半出資合弁子会社だった韓国エンジニアリングプラスチックスの保有株式は2000年１月にセラニーズ・ホールディングへ売却した。

タイヤコード向けを主力とするナイロン工場を安養と蔚山に持ち、ポリエステル・タイヤコードやＰＥＴボトルも蔚山で手掛けている。亀尾には500億Ｗを投入し、2011年に機能性ポリエステル長繊維を2.4万トン増設した。92年にポリウレタン弾性繊維に参入、97年に日産20トンへの拡張を終え、2002年には年産２万トン超、2004年と2008年の増設で表記能力まで拡大した。2009年６月には年産1,000トン規模のパラ系アラミド繊維工場を建設。大田にはレトルトパウチ向けなど食品包装用ナイロンフィルム工場があり、2002年中に倍増設した。

全州機械炭素技術院と2008年から共同研究を進めてきたＰＡＮ系炭素繊維(中性能タイプ)の開発に韓国で初めて成功、2,500億Ｗを投入して全州に年産2,000トン工場を2013年５月に新設した。2020年までに1.2兆Ｗを投じ、1.7万トン能力まで拡張していく計画。

石油化学事業への進出は、ＬＰＧの脱水素法によるプロピレン～ＰＰの企業化からスタート、総工費1,300億Ｗをかけ91年４月に旧三井石化技術によるＰＰ８万トン設備を完成させ、原料のプロピレン16.5万トン設備も同年末に完成させた。ＰＰはその後12万トンまで能力アップ、96年末にはＵＣＣ技術ユニポール法による12万トンのＰＰ２号機を導入し、その後20万トンまで拡充、2017年１月には同規模の３号機を導入して計55万トンとした。これに先駆けて、2015年７月にはプロピレンを30万トン増の50万トンまで増設した。ポリエステル原料のＰＴＡは、旧暁星生活産業(東洋ポリエステルから社名変更)が三井化学技術による25万トン工場を97年４月に新設、５月から操業を始め、その後の数次にわたる手直し増強で表記42万トン能力とした。

コーロングループ

コーロンの石化関連製品生産体制　(単位：t/y)

製　品	工　場	現有能力	新増設能力	完　成	備　考
					「コーロン・ファッション・マテリアル」に分離
ポリエステル(f)	亀　尾	79,200			タイヤコード４万tを含む、2008年に6.3万t削減
ナイロン(f)	大　邱	} 48,600			ケムテックス/東レ技術
〃	亀　尾				
ナイロン66長繊維	慶　山	7,800			エアバッグ用生地設備(旧高麗ナイロン)
ポリエステルフィルム	亀　尾	60,000			ビデオ・テープ5,500万巻/年の生産能力も保有、95/末に2.4万t増設、97年に1.6万t増設
ポリイミドフィルム	〃・鎭川	n.a.			2008/6設立の「ＳＫＣコーロンＰＩ」担当
ナイロンフィルム	金　泉	5,000			興人技術、２軸延伸タイプ、94/4に2,600t増設
〃	〃	13,000			第２工場が95/末完成、97年に9,000t増設
[旧コーロン油化]					[2007/6にコーロンが吸収合併]
C_9系石油樹脂	蔚　山	29,000			旧新日本石油化学技術、95年に5,000t増強
C_5系石油樹脂	〃	50,000			三井化学技術、95年企業化～97年に4,000t増強
クマロン樹脂	〃	5,500			自社技術　☆蔚山の石油樹脂生産能力は計7.9万t
水添ＤＣＰＤ	〃	7,500		97／6	自社技術、無毒性タイプの石油樹脂
ウレタン樹脂	〃	2,000			
ＰＶＣ安定剤	〃	4,000			
石油樹脂	麗　水	20,000		2003年	2002/秋着工
〃	〃	40,000		2006／6	総工費450億Ｗで増設、2009/末と2012年に倍増設
〃	大　山	40,000			石油樹脂の合計能力は15万t
フェノール樹脂	金　泉	30,000			蔚山から移設、アルキルフェノール樹脂中心
〃	〃	50,000			フェノール樹脂の合計能力は８万t
ＤＣＰＤフェノール樹脂	〃	1,500		2000／春	旧新日本石油化学技術
エポキシ樹脂	〃	50,000			

1957年４月、前身の韓国ナイロンが設立され、69年３月に韓国ポリエステルがコーロングループと東レおよび三井物産によって設立された。両社は72年５月に業務統合し、77年３月の社名変更を経たのち、81年11月からコーロンとなった。95年に子会社の高麗ナイロン(ナイロン66長繊維担当)を吸収合併し、2007年６月にはコーロン油化も吸収合併した。旧コーロン油化は1976年２月に旧韓国ポリエステル55%／旧日本石油化学35%／アジア民間投資銀行10%出資により設立されたが、2006年３月には当時の新日本石油が資本撤収、保有していた21.6%の株式をコーロンに売却した。東レが12.8%出資していた合併前のコーロンは、2007年２月にコーロン油化への出

資比率を67.25％まで高めていた。90年半ばから企業化した高吸水性樹脂事業は、一時売上高の２割近くを占めるまでに成長したが、2008年６月にはＬＧ化学へ900億Ｗで売却した。

ポリエステル繊維とナイロン繊維を主力とする大手合繊メーカーであり、先端素材では自社開発のパラ系アラミド繊維「ヘラクロン」を2005年末から販売。ただし、2011年９月にはデュポンから訴えられた企業機密訴訟に敗訴しており、9.2億ドルの賠償金支払い命令を受けた。

2008年には繊維事業をコーロン・ファッション・マテリアルに分離した。非繊維事業ではＰＥＴボトル用レジンやポリエステル不織布、83年９月からはナイロン系やポリエステル系のエンプラ事業にも進出、90年半ばよりナイロン66樹脂も手掛けている。さらに96年５月には、東レとの合弁会社ＫＴＰを設立、98年１月から金泉工場でポリアセタール樹脂事業に進出したが、東レ側の2008年６月の資本撤収に伴い同社をコーロン・プラスチックに改組、コーロンのナイロン樹脂関連事業も移管し、2012年３月にはコンパウンドメーカーのＫＳＩが吸収合併した。一方85年４月からポリエステル(ＰＥＴ)フィルム、86年10月からはビデオテープ事業にも進出している。このうちＰＥＴフィルムは95年に2.4万トンの大型系列を導入、97年にも1.6万トン増設して表記６万トン能力とした。また慶北・金泉工場には興人技術による２軸延伸ナイロンフィルム製造ラインを91年夏に導入、94年４月には5,000トンに引き上げ、96年には第２工場を建設、さらに97年中に9,000トン増設して計1.8万トンまで倍増した。ポリイミドフィルムは2008年６月設立の折半出資会社ＳＫＣコーロンＰＩが亀尾と鎮川で手掛けている。ただ2010年７月にはカネカから特許侵害で提訴され、米国では2012年10月と2017年５月にも一部敗訴、係争はまだ続いている。

旧コーロン油化は、77年６月から新日石化学技術による石油樹脂年産5,000トン工場の操業を始め、82年11月にはクマロン樹脂も生産開始した。ＳＫと大韓油化のナフサクラッカーから得られるC_9留分を原料に用い、95年からは旧三井石化技術によるC_5系石油樹脂も１万トン規模で企業化、１年後には５割の増設を図り、97年にも4,000トン増強して２万トンとした。95年後半にはC_9系石油樹脂も5,000トン増強している。2003年には麗水地区にも石油樹脂の新拠点を設置し、2006年半ばには５割アップ、2010年にも１万トン増強した。その後、大山にも初期能力３万トン工場を新設。韓国内での石油樹脂シェアは80％。売上高のトップは５割近くを占める石油樹脂で、この他ウレタン樹脂や塩ビ安定剤、医薬品原料、染料中間体などのファインケミカル製品も手掛けている。独自技術による水添ＤＣＰＤ(ジシクロペンタジエン)事業には97年６月から進出した。2000年春には旧新日石化学技術による1,500トンのＤＣＰＤフェノール樹脂設備を金泉に設置している。国内シェア４割強を占めるフェノール樹脂は98年に蔚山から３万トン設備を金泉工場に移設、現有能力は８万トン。2005年３月には中国・蘇州にも1.8万トン工場を開設した。

ＫＳＩの石油化学製品生産体制　（単位：t/y）

製　　品	工　場	現有能力	新増設能力	完　成	備　　　考
ポリアセタール	金　泉	55,000		98／1	東レ技術、商標「アミラス」、2012/1に３万t増設
〃	〃	70,000		2018／10	「Kolon BASF innoPOM」～ＢＡＳＦと折半出資
樹脂コンパウンド	亀　尾	41,500			ナイロン系や強化ＰＥＴ、2012/央に2.5万t増設
ナイロン樹脂	〃	10,000			
ナイロン66樹脂コンパウンド	〃	2,300			ローディア技術、90/央完成

1996年５月、コーロン70%／東レ30%出資により旧社名ＫＴＰとして資本金200億Ｗで設立、その後98年６月に資本金を450億Ｗへ増資し、増資分250億Ｗの全てを東レが負担したため、両親会社の出資比率は東レ68.9%／コーロン31.1%へと逆転したが、2008年６月には東レが資本撤収、コーロンが100%子会社化すると同時にコーロン・プラスチックを設立し、コーロンのプラスチック事業とＫＴＰを統合した。2012年３月にはコンパウンドメーカーのＫＳＩが吸収合併している。金泉工場に工費100億円を投入し、東レ技術による２万トンのポリアセタール・コポリマー設備を97年11月に設置、98年１月から商業運転を開始し、99年に5,000トン増強、2012年初めに３万トン増設した。製造ラインには乾燥・洗浄工程を省略できる東レ独自開発の重合プロセスを採用、品質の安定性や溶融加工工程における熱安定性に優れるため、成形時のモールドデポジットの発生が極めて少なく、成形時の臭気も少ないのが特長。製品「アミラス」の販売先は国内外が半々で、東レは資本撤退後も日本への輸入を継続、東南アジア市場には両社で販売している。同時にコンパウンド設備も2.5万トン増設し、同年央から商業生産を始めた。コーロンから移管したプラスチック事業はナイロン系やポリエステル系のエンプラ、ナイロン66樹脂コンパウンドなどが主力。2016年３月にはＢＡＳＦとの折半出資会社「Kolon BASF innoPOM」の設立で合意、2018年10月から７万トンのポリアセタール工場を稼働開始させた。

新湖グループ

ＳＨケミカルの石油化学製品生産体制　(単位：t/y)

製　　品	工　場	現有能力	新増設能力	完　成	備　　考
発泡ＰＳビーズ	群　山	120,000			97年6,000t+98年1万t+2012年1万t+2016年2万t増

1958年５月設立、91年に社名を信亜化学工業から信亜に改称したが、95年上期には株式の10%を新湖グループに売却したため新湖製紙が経営権を取得、新湖油化と改称され、2005年からＳＨエナジー・アンド・ケミカルに改称した。現社名は2012年から使用。2000年４月からワークアウト入りして構造調整を進めた結果、１年で黒字転換を果たした。資本金は456億5,000W。

73年からＰＳ、80年から発泡ポリスチレン(ＥＰＳ)、84年からＡＢＳ樹脂の生産を開始したが、供給過剰による採算の悪化で98年半ばにはＡＢＳ樹脂事業から撤退、ＰＳ事業の全てをＥＰＳに転換した。設備能力は91年にＥＰＳを5,000トン増強した後、94年３月には全設備を安養工場から群山工場に移転、95年と97年にもＥＰＳを各6,000トンずつ増強し、98年にも１万トン増強、その後も増強を加えて表記能力とした。建築用断熱材や食品容器向けのＥＰＳを手掛けており、93年にはＥＰＳ事業で中国・山東省へ進出、蓬莱化工総廠との合弁会社・新湖中国(66.5%出資)で93年後半から9,000トン工場を稼働させている。インドへの技術供与実績もある。

その他の企業

カプロの石油化学製品生産体制　(単位：t/y)

製　　品	工　場	現有能力	新増設能力	完　成	備　　考
カプロラクタム	蔚　山	120,000			スタミカーボン法、89/4倍増設、うち６万t停止中
〃	〃	150,000		2004／６	３号機、宇部興産技術/ＴＥＣ、工費4,000億W
シクロヘキサン	〃	190,000			2000/4に手直し増強、2010年に７万t増設

1969年12月に暁星、コーロン、旧高合の共同出資で設立された韓国唯一のカプロラクタムメーカーで、74年６月から営業生産を開始、副生する硫安を利用した硫安肥料でも国内シェアトップ。

88年４月、持株会社の高麗カプロラクタムを吸収合併し、89年４月の第２工場建設で12万トンへの倍増設を完了、2001年には社名を韓国カプロラクタムからカプロに改称した。現在の大株主はユーザーでもある暁星（出資比率27.7％）やコーロン（同19.9％）ほかで占められ、2004年末にはＣＰＬ３号機の増設に合わせて資本金を83.3億Ｗから200億Ｗへ増資した。2000年４月には原料のシクロヘキサン能力をＣＰＬに見合う12万トンまで拡充した。大株主の暁星とコーロンがともにＣＰＬの自給化計画を白紙化したため、2004年６月には宇部興産技術（設計・施工は東洋エンジニアリング）による12万トンのＣＰＬ３号機を導入、2010年に15万トンへ増強した。１・２号機は市況悪化で停止したこともあるが、2016年５月に２号機を再開し、21万トン体制とした。

大韓油化工業の石油化学製品生産体制　（単位：t/y）

製品	工場	現有能力	新増設能力	完成	備考
エチレン	温山	800,000		91／9	ルーマス法、2005/11に６万t+2017/6に33万t増設
プロピレン	〃	400,000		〃	〃
〃	〃	110,000		2005／末	ルーマス技術ＯＣＴプロセス/ＴＥＣ施工
C_4留分	〃	150,000			ルーマス法、91/9完成、2001/9に1.2万t増強
分解ガソリン	〃	300,000			〃
ベンゼン	〃	180,000		2008／末	工費455億Ｗ～トーヨーエンジニアリング･コリア施工
トルエン	〃	70,000		〃	
キシレン	〃	40,000		〃	ＢＴＸ合計20万t
ＨＤＰＥ	蔚山	530,000			ＢＰケミカル/チッソ法、2008年に８万t増設
ＰＰ	〃	470,000			〃　、2008年に12万t増設
高純度ＥＯ	〃	80,000		2014／6	ＥＧ向けを除く外販能力、稼働開始は2014/4Q
ＥＧ	〃	200,000		〃	ＥＯ/ＥＧで総工費2,000億Ｗ～トーヨー･コリア

設立は1970年６月。丸紅とチッソ・エンジニアリングの資本参加を得た初の日韓合弁ポリオレフィン会社として発足したが、93年以降日本側は資本撤退している。原料遡及のため91年に新設したナフサクラッカーの償却費負担と新規参入ラッシュによるポリオレフィン市況の暴落で91年に初めて赤字転落、その後も損失が拡大したため会社更正法の適用を申請し、同社は李庭林一族から韓一銀行の管理下に移された。93年７月には41.59％出資の親会社だった丸紅から持株の無償譲渡を受けて経営再建を図ることになり、負債の一時棚上げで身軽になった。市況回復も手伝って95年には黒字転換を果たしたため、暁星グループと東部グループが同社の買収に乗り出したこともあったが、98年には法定管理から抜け出し99年８月に株式上場、資本金は410億Ｗとなり、大株主として李廷鎬氏が15.7％、旧東部韓農化学が7.1％の株式を保有していた。

蔚山では72年８月からＰＰの生産を開始、75年末にＨＤＰＥも生産し始め、その後数次の増設を経てＰＰは88年６月の７万トン増設で35万トンとなった。ＰＰのうち６系列は全てＨＤＰＥでもＰＰでも製造できる互換機。ＰＰ専用機だった１号機は2006年に５万トンの新鋭機と入れ替えた。その後、2009年までに12万トン増の47万トン能力まで拡大している。ＨＤＰＥは89年３月と2001年９月の各12万トン増設で39万トンとし、2007年に６万トン増設して45万トン能力とした後、2009年までに８万トン増の53万トン能力とした。新事業として2014年半ばにＳＤ技術による高純度ＥＯ８万トン／ＥＧ20万トンプラントを建設、第４四半期から本格参入している。

自前のエチレン工場は、蔚山に敷地の余裕がなかったため3.5km離れた温山に工費3,600億Ｗで建設、間はパイプでつながっている。初期能力25万トンのエチレン設備は91年10月から操業開始し、92年１月より30万トンに修正して蔚山のＨＤＰＥ向けエチレンをほぼ自給、95年中に４万トン増の34万トンとした。その他の留分のうち、C_4留分は錦湖石油化学・蔚山のブタジエン工場(92年４月の新設時５万トン)に供給しており、C_9留分はコーロン油化・蔚山の石油樹脂原料として販売中。C_5留分は水添してクラッカーに戻しており、分解ガソリンはC_6～C_8のハートカットをＢＴＸ原料として他の石化企業に外販していたが、2009年からは自社でＢＴＸの抽出に乗り出している。2001年９月にはナフサ分解炉を増設し、エチレンで６万トン増の計40万トンに引き上げ、さらに2005年11月の定修時にもエチレンを６万トン増の46万トンに引き上げた。同時にルーマス技術のＯＣＴ(Olefins Conversion Technology)プロセス11万トン設備を導入。2007年の定修後には、エチレン能力を47万トンへ上方修正し、その時点ではＰＰ原料も含めてポリオレフィンの完全自給化を果たした。ところが2009年までに実施したＨＤＰＥ８万トン、ＰＰ12万トン増設の結果、再びオレフィン不足のバランスに戻った。加えてＥＯＧ向けエチレンの外部調達も増えたため、2017年６月にはエチレンを33万トン増設し、計80万トンへ拡張した。

エスオイルの石油化学製品生産体制　　(単位：t/y)

製　　品	工　場	現有能力	新増設能力	完　成	備　　考
ベンゼン	温　山	300,000			トルエン不均化装置で製造、97/秋完成
〃	〃	300,000		2011／4	２号機５月稼働～サムスン・エンジ施工
トルエン	〃	350,000			エクソンのPxMax技術を2007/6に導入
キシレン	〃	450,000			トルエン不均化装置と合わせ80万tをＰＸ原料に
パラキシレン	〃	800,000			ＩＦＰ技術 Eluxyl 法、97/10完成、初期能力60万t
〃	〃	1,100,000		2011／4	サムスン施工、製油能力９万B増併せ総工費1.4兆W
ＭＴＢＥ	〃	60,000			ＲＦＣＣ装置の導入に伴い企業化、97/末完成
エチレン	〃	200,000		2018／6	ＲＨＤＳ6.3万b/ＨＳ-ＦＣＣ7.6万bの回収ガスが
〃	〃		1,000,000	2023年	原料、次期計画でエチレン100万tなどを構想
プロピレン	〃	900,000	500,000	〃	ＨＳ-ＦＣＣ導入に伴い2018/央70万tを増設
ＰＯ	〃	300,000		2018／下	住友化学技術クメン法、当初の20万t計画を拡大
ＰＰ	〃	405,000		〃	住友化学技術、30万t計画を拡大　総工費4.8兆Wへ

1976年１月設立、資本金2,915億1,000万W。国営イラン石油公社と双龍洋灰との折半出資合弁会社としてスタートしたが、80年６月にイラン側が資本撤収、社名も双龍精油となった。その後、91年８月にはサウジアラビアのアラムコが35%の資本参加を果たし、20年間の原油供給を約束した。99年９月には双龍洋灰が28.4%の株式を双龍精油に売却し、双龍グループから離れることで合意、同社はアラムコが実質的な経営権を握ることになり、現社名のエス(Ｓ)オイルに改称した。2007年春には高騰するジェット燃料の安定確保を求め韓進グループの大韓航空が資本参加、その後株主が韓進エナジーに代わり28.4%を取得したが、2015年１月にはアラムコ・オーバーシーズがこれを取得し、出資比率を63.4%へ引き上げた。潤滑油事業から参入し、リファイナリーでは94年12月の第３トッパー日量20万バレルの完成により、原油処理能力は58万バレルとなった。95年９月に８万バレルの重質油分解装置、96年７月に脱硫装置、2002年12月には5.2万バレルの高硫黄重質油脱硫分解装置も完成させるなど、製油所の高度化を図った。ＢＴＸ事業には91年２月から進出、97年秋に年産60万トンという当時世界最大規模のＰＸ設備を導入し、同時にトルエンを原料にベンゼンとキシレンを併産する不均化装置も設置した。2007年６月にはこれをキシレンリッチとなるエクソンモービル・ケミカルのＰｘＭａｘ技術に転換し、ＰＸを70万トン能力へ、

その後80万トンまで引き上げた。97年末にはＲＦＣＣガスを利用したプロピレン回収とＭＴＢＥも企業化。2011年春には第２芳香族コンプレックスを建設、ＰＸ90万トン／ベンゼン28万トンを増設し、原料ナフサ確保のため製油所能力を8.9万バレル増強して計66.9万バレルとした。総工費は1.4兆Ｗで、サムスン・エンジが施工。ＰＸはその後110万トン能力まで増強している。

重質油を原料とするＨＳ(高過酷度)－ＦＣＣ7.6万バレルを導入し、回収できるプロピレン70万トンを原料にＰＯ30万トンやＰＰ40.5万トンに誘導する事業に2018年後半から参入した。同時にエチレン20万トンも製造し、輸出している。総工費は当初の4.5兆Ｗから4.8兆Ｗへ増加した。その後、2023年の完成を目指したエチレン100万トンプラントの新設構想を打ち出している。

ＢＡＳＦカンパニーの石油化学製品生産体制　(単位：t/y)

製　品	工　場	現有能力	新増設能力	完　成	備　考
Ｐ　Ｓ	蔚　山	266,000			「STYROLUTION KOREA」に分離、ＢＡＳＦ法、2010年
ＡＢＳ樹脂	〃	276,000		90／春	1.6万t増強、ＡＢＳ98/2に16万t+2010年2.6万t増
発泡ＰＳビーズ	蔚　山	85,000	20,000	2018／4Q	ＢＡＳＦ技術、ＥＰＳ設備は95年に設置
Poly ＴＨＦ	〃	40,000		98／9	2000/5と2003/2に各１万t増強、原料は中国より
Ｐ　Ｐ　Ｇ	〃	90,000			98/末に東成化学から買収、2007年に１万t増強
アクリル懸濁液	〃	25,000			98/末に栗村化学から買収
エンプラコンパ	〃	40,000			うち変性ＰＰＥは１万t～各種コンパウンド設備
ウンド	礼　山	36,000		2015／末	ポリアミドやＰＢＴ樹脂などのコンパウンド設備
Ｐ　Ａ　Ｓ	麗　水	12,000		2014／１	ＢＡＳＦ技術、商標『Ultrason』、2018/4に倍増設
Ｍ　Ｄ　Ｉ	〃	250,000			〃　、2004年と2012年に各６万t増設
アニリン	〃	60,000			〃　、97年に２万t増設
ニトロベンゼン	〃	80,000			〃　、97年に2.6万t増設
ポリウレタン	〃	42,000			〃　、(ＰＵＲシステムＡ)2008年2.2万t増
〃	〃	32,500			〃　、(ＰＵＲシステムＢ)2010年7,500t増
Ｄ　Ｎ　Ｔ	〃	200,000			〃　、(ジニトロトルエン)
Ｔ　Ｄ　Ｉ	〃	160,000		2003／７	〃　、工費４億ユーロ

1999年１月、独ＢＡＳＦの全額出資韓国法人だったＢＡＳＦスタイレニックス・コリア、ＢＡＳＦコリア、ＢＡＳＦウレタン・コリアの３社を合併・統合し、ＢＡＳＦカンパニー・リミテッドとして再スタートを切った。総額９億ドルを投じ、合弁会社だった旧ハンファＢＡＳＦウレタンや旧暁星ＢＡＳＦを98年に100％子会社化、東成化学からはポリオール事業を、栗村化学からアクリルディスパージョン事業を、大象からはアミノ酸リジン事業を買収した。2001年秋には当時のＳＫエバーテックから30万トンのＳＭ単独設備を買収、2003年には２万トン増強してスチレン系樹脂の原料自給化を果たしたが、2009年８月にはＳＫエナジーへのＳＭプラント売却を決めた。主要３部門は以下の通り。

スチレン系樹脂事業のうちＰＳは82年から生産開始。発泡ポリスチレン(ＥＰＳ)は95年に専用の6.5万トン系列を導入し、ＰＳは2003年の２万トン増強と2008年の１万トン増で25万トンへ、ＥＰＳは2003年の１万トン増強で8.5万トンとなった。2018年中には２万トンを増強し、全量を灰色の断熱性能向上タイプに移行させる。ＡＢＳ樹脂には90年春から参入、当初2.25万トンでスタートし、その後ＡＳ樹脂も加えて４万トンまで手直し増強、さらに98年２月には１ラインで16万トンの大型系列を導入し、その後の手直し増強も加えて表記能力まで引き上げた。このうちＰＳとＡＢＳ樹脂事業については、ＢＡＳＦとイネオスとの合弁会社・スタイロルーションが2011年１月に設立されたため、イネオス・スタイロルーション・コリアに分社化した。蔚山に変性Ｐ

ＰＥ１万トンを含むエンプラ・コンパウンド４万トン設備があり、2015年末には忠清南道・礼山にもポリアミドやＰＢＴ樹脂などの3.6万トン工場を新設した。麗水では工費900億Ｗを投入し、2014年１月からＰＡＳ(ポリアリールスルホン)「ウルトラゾーン」を年産6,000トン能力で生産開始した。2018年４月には倍増設を図り、独拠点と同じ能力に拡張した。

ジオール事業はポリウレタン弾性繊維などの原料となるPoly ＴＨＦ(ポリテトラヒドロフラン)の２万トン工場を98年９月から操業開始させ、2000年５月に１万トン、2003年２月にも１万トン増強して倍の４万トンまで拡大した。原料の1,4-ブタンジオール～ＴＨＦは、旧三菱化学からブタジエン法のライセンスを受け、1.5万トンのキャパシティ・ライト込みで蔚山に1,4-ＢＤ／ＴＨＦ併産５万トン設備を99年11月に建設したが、2008年８月で停止した。Poly ＴＨＦ原料のＴＨＦは、中国・漕渓のＢＡＳＦケミカルズから受給している。

イソシアネート事業には総工費1,600億Ｗを投入し、ニトロベンゼンからアニリン～ＭＤＩに至る一貫工場を92年６月末に建設した。ハンファ石油化学の電解工場から得られる塩素と、ＢＴＸ部門から得られるベンゼンを原料に用いてＭＤＩまで一貫生産しており、硬質ポリウレタンやエラストマー向け中間原料、プレポリマーなどウレタン関連製品を手掛けている。これらに必要な原料塩素の安定的な手当て策として、ハンファ石油化学株式の14.2％を2000年末に取得した。ＭＤＩは2001年に２万トン増強して10万トンとし、2003年中に３万トン増強、2004年にも６万トン増設して19万トンに拡大。2012年には800億Ｗを投入し、さらに６万トン増設して計25万トン能力とした。一方のＴＤＩは、2003年７月に４億ユーロを投入して14万トンプラントを新設、軟質ポリウレタン原料も供給できる体制を確立した。2010年には２万トン増強している。

梨樹化学の石油化学製品生産体制

（単位：t/y）

製　　品	工　場	現有能力	新増設能力	完　成	備　　考
ソフトアルキルベンゼン	蔚　山	180,000			ＵＯＰ技術、2010年に各１万t増強し９万t２系列（ＬＡＢ）～1980/8生産開始
ハードアルキルベンゼン	〃	17,800			（ＨＡＢ）～1973/3生産開始～徐々に能力縮小
Ｉ　Ｐ　Ａ	〃	60,000			
N-パラフィン	温　山	220,000			90/5完成、2005年1.2万t＋2007年8,000t増強
特殊ソルベント	〃	46,000			ＣＦＣ代替洗浄剤、工費40億Ｗで94/下に完成
Ｔ　Ｄ　Ｍ	〃	10,000			（ターシャリー・ドデシル・メルカプタン）97/4

1969年１月設立、資本金は478億4,000万Ｗ。ケロシンを主力製品とする石油製品メーカーで、韓国唯一の合成洗剤原料メーカーでもある。ハードアルキルベンゼンは73年３月から、ソフトアルキルベンゼン(ＬＡＢ)は80年８月から蔚山で生産開始、また86年３月には仏トタルＣＦＰから高級潤滑油の製造技術を導入、合成洗剤原料の製造工程で発生する副産物の有効利用を果たした。製品は主に大宇グループが販売しており、アルキルベンゼンの大半は中国へ輸出、7.3万kℓ能力の高級潤滑油は大宇自動車に供給中。ＬＡＢは88年12月に４万トン、89年８月に２万トン増設し、2003年と2007年にも1.5万トンずつ増強、2010年にも１万トンずつ増強して９万トンの２系列体制とした。蔚山ではＩＰＡ(イソプロパノール)も手掛けている。90年５月には温山に13.2万トンのノルマルパラフィン工場を建設、８月に竣工させ、抽出残は灯油原料としてエスオイルに再販売している。その後、96年までにノルマルパラフィンを20万トン、2007年までに22万トン能力ま

で拡張。新規事業として、オゾン層を破壊するＣＦＣの代替洗浄剤「Ｄ－ＳＯＬ」を94年下半期から企業化している。また97年春に重合調整剤ＴＤＭ(ターシャリー・ドデシル・メルカプタン)6,000トン工場を温山に設置、台湾の奇美実業やタイ、インドネシア、オーストラリア、日本などへの輸出を始め、１万トンまで増強した。一方97年下半期には、同社の55％出資合弁会社によるリニアアルキルベンゼンスルホン酸2.4万トン工場をベトナムに新設、2011年には中国・蘇州に10万トンのＬＡＢ工場を9,700万ドルで新設した。

國都化學の石油化学製品生産体制

(単位：t/y)

製　　品	工　場	現有能力	新増設能力	完　成	備　　考
エポキシ樹脂	釜　山	470,000			旧東都化成技術、各種タイプ
〃	裡　里			94／4	〃　、特殊液状タイプほか
					グループ能力はグローバルで50万t超
〃	益　山			95／10	旧東都化成技術、第２工場
〃	始　華			96／春	「國都精密化學」、2001/4汎用タイプを増設
エポキシ樹脂コンパウンド	〃	15,000（初期能力）			「國都精密化學」、ソウル郊外に96/春完成 ＥＭＣ(半導体用エポキシ樹脂コンパウンド)
ＤＡＰ樹脂	九　老	n.a.			85/末企業化

1972年２月、日本の旧東都化成45.3％出資により資本金60億Ｗで設立され、その後増資して89年８月韓国二部に上場、90年11月には再増資して東都化成の出資比率を50％とし、91年５月一部に上場した。その後、資本金は290億5,000万Ｗまで増資されたが、現日鉄ケミカル＆マテリアルの出資比率は22.38％、三菱商事は６％弱まで低下している。73年３月、ソウルの九老工場でエポキシ樹脂の製造を開始、74年３月に亜塩素酸ソーダ事業にも進出したが、同時にカセイソーダ、塩素、塩酸、次亜塩素酸ソーダなどの無機化学品も企業化した。85年11月には特殊エポキシ樹脂とＤＡＰ樹脂工場も追加し、88年７月の8,000トン増設でエポキシ樹脂は２万トン、91年８月には2.5万トンとなった。ビスフェノールＡ型や高臭素化型、低臭素化型など各種エポキシ樹脂のほか、ポリウレタンやポリアミド樹脂、各種硬化剤なども手掛けている。94年４月には全羅北道の裡里に特殊液状エポキシ樹脂など1.5万トンの新工場を140億Ｗで建設した。その内訳はＩＣ封止剤や多層プリント基板用のエポキシ樹脂が6,000トン、高臭素化タイプのエンプラ用難燃エポキシ樹脂6,000トン、特殊ポリアミド3,000トンで、このうち高臭素化タイプの難燃エポキシ樹脂は韓国初の国産品。さらに95年10月には１万トンの第２工場を益山に増築、九老と合わせ計５万トン超とし、その後もエポキシ樹脂能力を逐次増強してきた。

一方、29％出資会社の正都化成は、ソウル市内でエポキシ樹脂やポリウレタンの２次加工品事業を展開しているが、敷地に余裕がないため、ソウル郊外の始華工業団地内に年産1.5万トン規模の高付加価値ＥＭＣ(半導体用エポキシ樹脂コンパウンド)や地盤強化剤などの新工場を96年春に建設した。新工場は國都化學100％出資の子会社である國都精密化學が運営している。また97年３月に高純度エポキシ樹脂工場を完成させ、同８月にはポリウレタン事業にも進出、2001年４月には２万トンの汎用エポキシ樹脂工場を完成させるなど、その後も引き続き拡張している。

韓国内のエポキシ樹脂シェアは７割前後で、その後も中国の昆山に生産拠点(5.5万トン)を置いたり、釜山にも工場を設置、グループの生産能力は2012年の３万トン増強後計43万トンに到達、現有能力は約50万トンとエポキシ樹脂で世界トップクラスのポジションをキープしている。

韓　　国

ブルーキューブ・ケミカルの石油化学製品生産体制　　(単位：t/y)

製　　品	工　場	現有能力	新増設能力	完　成	備　　考
特殊エポキシ樹脂	亀　尾	38,000			90/3操開～95/9に１万t＋2003年8,000t増設

当初はセハン(旧第一合繊)とチバ・スペシャルティ・ケミカルズ(旧スイス・チバガイギー)との折半出資会社・第一チバガイギーとして設立されたが、2000年にチバが資本撤収してセハンの100％子会社となり、2001年１月にダウ・ケミカルが80％の株式を取得してパシフィック・エポキシに改称、2005年６月には100％子会社化した。その後2017年にはダウがエポキシ事業を売却、現社名に改称された。自動車・船舶・産業機械向けの特殊塗料やプリント回路基板材料、テレビの変圧器封止材料などに利用される特殊エポキシ樹脂を90年３月から生産開始、大型タンカーや移動通信機向けなどに用いられる特殊エポキシ樹脂の需要増に対応し、95年９月には１万トン増の2.2万トンへ、2003年までに３万トン、2017年までに表記能力まで拡張している。

韓国エンジニアリングプラスチックスの石油化学製品生産体制　　(単位：t/y)

製　　品	工　場	現有能力	新増設能力	完　成	備　　考
ポリアセタール	蔚　山	110,000			三菱ガス化学技術、90/6倍増、95/秋1.5万t増、2007
	〃	35,000		2014／1Q	年の1万t増で9万t、更に増強、商標『ケピタール』

1987年３月、旧東洋ナイロンと三菱ガス化学との折半出資により設立(合弁会社略称はＫＥＰ)、資本金は110億W。2000年１月、暁星グループのリストラ計画推進に伴い、暁星のＫＥＰ持株がセラニーズ・ホールディングに売却され、同社は米ティコナグループと三菱グループ(三菱ガス化学40％／三菱商事10％出資)との折半出資合弁会社になった。88年11月、韓国初のポリアセタール１万トン工場を蔚山に完成させ、90年６月には倍増設した。ユーザーをサポートするためのテクニカルサービスセンターなども設置しており、技術サービスによる顧客の獲得と需要分野の拡大を進めている。ＫＥＰは三菱ガス化学のブランドである「ユピタール」を「ケピタール」に改称して販売しており、韓国ではトップシェアを確保。95年10月には工費40億円をかけて1.5万トン増設し、その後２万トンの増設と2000年半ばに行った5,000トンの増強など、更なる増強により2007年に９万トン、2011年に10.5万トンまで引き上げ、2014年第１四半期に3.5万トン系列を増設、現在では単一工場として世界最大の14.5万トン能力となった。親会社が手掛ける中国・南通のＰＯＭ合弁事業にも参画しており、2005年４月から６万トン工場が稼働している。

ソルベイ・コリアの石油化学製品生産体制　　(単位：t/y)

製　　品	工　場	現有能力	新増設能力	完　成	備　　考
アジピン酸	温　山	65,000			ローディア技術、91/10操開～98/春2.5万t増設
〃	〃	65,000		2003／3	旭化成との共同投資で倍増設、５万tの融通契約
ケイ酸ソーダ	〃	120,000			93年に４万t増設
〃	仁　川	100,000			ケイ酸ソーダ計22万t
ナイロン66樹脂	温　山	30,000			99/4に暁星から買収し移設、2003/春２割増強
コンパウンド					「ソルベイ・エンジニアリング・プラスチックス
ナイロン66樹脂	〃	48,000		2008／４	・コリア」～ＡＨ塩などを含む重合一貫設備

1974年４月、旧東洋化学と仏ローディア(当時ローヌ・プーラン)との折半合弁会社・韓佛化学として資本金67億5,000万Ｗで設立されたが、95年下期中に外資100％となり、2013年にはソルベ

イ・コリアとなった。仁川のケイ酸ソーダ事業からスタートし、91年５月には韓国で初めてアジピン酸事業に進出、ウレタンやナイロン66原料向けに販売開始した。92年２月に温山のケイ酸ソーダ増設工事に着手、93年中に４万トン増の12万トンとした。98年春にはアジピン酸を2.5万トン増設、計5.5万トンとし、その後6.5万トンまで増強した。2003年３月には、旭化成との共同投資によりアジピン酸を13万トンに倍増設、原料のシクロヘキサノールを旭化成が持ち込み、製品アジピン酸のうち５万トンを現地法人の旭化成アジピン酸に融通している。99年４月には暁星から安養工場のナイロン66樹脂コンパウンド事業を買収(2002年中に温山へ移設)し、ローディア(現ソルベイ)・エンジニアリング・プラスチックス・コリアに分社、同時に本体の社名をローディア・コフランからローディア・ポリアミドに改称した。2007年末までにＡＨ塩設備などを含む重合までの生産設備を導入し、2008年４月からナイロン66樹脂の自社一貫生産を開始した。2011年夏のソルベイによるローディア買収後、2013年にかけて現社名へ変更されている。

韓国アルコール産業の石油化学製品生産体制　(単位：t/y)

製　　品	工　場	現有能力	新増設能力	完　成	備　　考
アセトアルデヒド	蔚　山	30,000			アルデヒド技術、95年に6,000t増強
合成エタノール	〃	60,000			シェル技術、95年に倍増設
無水エタノール	〃	15,000			98年に設置
エチルアミン	〃	5,000			98/11完成、建設費100億W
酢酸ブチル	〃	25,000			99年に設置
酢酸エチル	〃	30,000			91年に5,000t＋2010年に4,000t増強
〃	〃	70,000		95／3	当初、韓国アルコール/ＢＰ/住商の３社合弁会社ＩＥＣで企業化しKukje Ester Corp.が継承後吸収

1984年10月設立。前身は韓信が74年12月に完成させたアセトアルデヒド2.4万トンと合成エタノール３万トン工場で、10年後に韓国アルコールが受け継ぎ、89年初めには酢酸エチル1.5万トン設備を追加した。91年には酢酸エチルを２万トンまで増強し、95年中にアセトアルデヒドを３万トンまで増強、合成エタノールを倍の６万トンに拡大した。このうち酢酸エチルの拡張に当たっては韓国アルコール、英ＢＰケミカルズ(当時)、日本のチッソ(その後96年12月に資本撤収)、住友商事の４社合弁によるＩＥＣ(International Ester Corp.)を設立し、95年３月から4.5万トンで商業運転を開始、96年に５万トンまで評価能力を引き上げた。その後、チッソの資本撤収に伴いＩＥＣ(その後Kukje Ester Corp.に社名変更)への出資比率は韓国アルコールとＢＰが各45%、住商が10%となった後、韓国アルコールが吸収合併して表記能力まで増強済み。98年に無水エタノール設備を設置し、同11月にはエチルアミン設備も設置、99年には酢酸ブチル設備を導入した。

愛敬油化の石油化学製品生産体制　(単位：t/y)

製　　品	工　場	現有能力	新増設能力	完　成	備　　考
無水フタル酸	蔚　山	180,000			VON HEYDEN技術、98年２万t増強
無水マレイン酸	〃	8,000			フタル酸のバイプロ、96/夏倍増設
フマル酸	〃	2,000			〃
Ｄ　Ｏ　Ｐ	〃	435,000			2005年５万t＋2012年６万t＋2018/央2.5万t増強

1970年10月、愛敬油脂の子会社・三敬化成として設立され、72年から無水フタル酸～可塑剤Ｄ

ＯＰの生産を始めた。その後日本側３社が76年12月に資本参加、日韓折半出資の合弁会社となり、94年秋より現社名に改称された。99年８月に資本金300億Ｗで上場、三菱ガス化学が11.9％、ＤＩＣが11.6％、伊藤忠商事が11.2％出資している。無水フタル酸は90年春の４万トン増設で11万トンとなり、96年７月の５万トン増設と98年の２万トン増強で表記能力となった。ＤＯＰは2001年までに13万トン増の30万トンとし、2005年５万トン、2012年６万トン、2018年半ばに2.5万トン増強して表記能力とした。96年夏にはフタル酸製造時の副生品である無水マレイン酸についても倍増、フマル酸も副生できる体制となった。2001年10月には中央研究所を開設、電子材料やバイオテクノロジー研究を本格化させ、2002年からはイタコン酸（ＩＴＡ500トン）とメンブレンを上市した。2002年11月にはＰＴＭＥＧ事業をコリアＰＴＧから買収したが、その後2005年には龍山化学に転売した。2003年にγ-ブチロラクトンやN-メチルピロリドンの新製法を開発するなど、マレイン酸の誘導品を拡充した。植物利用のバイオディーゼル６万トンも有している。

コリアＰＴＧの石油化学製品生産体制
（単位：t/y）

製　　品	工　場	現有能力	新増設能力	完　成	備　　考
無水マレイン酸	蔚　山	30,000			ＡＬＭＡ法、91/末完成
1,4 － Ｂ Ｄ	〃	30,000			クヴァナ法、無水マレイン酸一貫でＴＨＦ併産
Ｔ　Ｈ　Ｆ	〃	10,000			1,4-ブタンジオールと併産

1989年３月、信和建設と東成化学との合弁会社・信和油化として設立されたが、99年に売却され、現社名に改称された。2003年には愛敬油化が30％出資し、筆頭株主となっている。ＡＬＭＡ法による2.5万トンの無水マレイン酸から２万トンの1,4-ブタンジオール（ＢＤ）～5,000トンのＴＨＦ（テトラヒドロフラン）に至る一貫生産工場を91年末に建設した。その後98年半ばに1,4-ＢＤを１万トン増強し、99年にＴＨＦを１万トンへ倍増、これを１万トンのＰＴＭＥＧ（ポリテトラメチレンエーテルグリコール）に誘導していたが、2002年11月には同設備を愛敬油化に売却した。

ＫＰＸケミカルの石油化学製品生産体制
（単位：t/y）

製　　品	工　場	現有能力	新増設能力	完　成	備　　考
Ｐ　Ｐ　Ｇ	蔚　山	220,000		1975／11	三洋化成技術、2007/8に１万t+2010年４万t増強
Ｐ　Ｅ　Ｇ	〃	5,000		1977／9	（ポリエチレングリコール）、89/6に2,000t増強
ウレタン樹脂	〃	24,000			2002年企業化
エトキシレート	蔚　山	45,000		1977／9	「ＫＰＸグリーンケミカル」～2003/1「Greensoft
エタノールアミン	〃	25,000		1992／6	Chem」に分割後、改称
Ｄ　Ｍ　Ｃ	〃	100,000			ジメチルカーボネート
Ｍ　Ｅ　Ｇ	〃	65,000			ＤＭＣプロセスで副生
Ｐ　Ｃ　Ｄ	〃	3,000		2016年	ポリカーボネートジオール

1974年７月、韓国の進洋化成50％／旧トーメン45.36％／三洋化成4.64％出資という日韓折半出資合弁会社・韓国ポリオールとして設立されたが、94年12月の上場後三洋化成は資本撤退、その後2008年９月持株会社のＫＰＸホールディングス傘下となり現社名に変更した。関連会社のハンファ・ファインケミカルとは株式を持ち合う関係にあり、ＫＰＸケミカルは韓国ポリウレタン工業にも５％出資する関係にある。75年11月にＰＰＧ5,000トン工場が完成して以来逐次増強を重ね、2002年10月12万トン、2003年11月13万トン、2004年９月15万トン、同12月16万トン、2007

年８月17万トン、2010年20.5万トンとなり、2018年半ばの増強で表記能力とした。ポリオールのほか、77年９月からポリエチレングリコール（ＰＥＧ）、2002年からはウレタン樹脂も企業化している。77年９月から5,000トン工場で生産開始したエトキシレートなど各種のＥＯ誘導体も逐次増強、92年６月に1.9万トンへ拡大すると同時に原料のエタノールアミンを２万トン規模で企業化し、2003年１月にグリーンソフト・ケムへ分割したのちも増強した。現ＫＰＸグリーンケミカルではＤＭＣ10万トン／副生ＭＥＧ6.5万トンのほか、ＰＣＤ3,000トン設備を2016年に新設。今後２万トンのアクリレート設備新設なども検討している。

東西石油化学の石油化学製品生産体制　(単位：t/y)

製　品	工　場	現有能力	新増設能力	完　成	備　考
Ａ　Ｎ	蔚　山	(70,000)		(休止中)	ソハイオ技術、旭化成技術プロパン法も適用可能
〃	〃	245,000	検討中	2003／３	ソハイオ/大林、2006/末３万t＋2011/夏1.5万t増
〃	〃	245,000	〃	2013／２	旭化成技術、工費200億円、増強後54万t
青化ソーダ	〃	70,000			2003/3に1.5万t＋2013/2に３万t増設
粗アセトニトリル	〃	9,000			粗製タイプは全量川崎へ輸送
アセトニトリル	〃	11,000		2014／１	精製タイプ
アクリルアミド	〃	10,000		2000／５	ロシア技術バイオ法、初期能力は5,000t
ＥＤＴＡ	〃	3,000			エチレンジアミン四酢酸
ＡＭＳ	〃	8,000			98年に新設

1969年９月、米ガルフ・オイルの子会社スケーリー・オイルと韓一合繊との折半出資により設立されたが、74年３月に旭化成がスケーリー出資分の半分を肩代りする形で資本参加、75年12月には残る25%のスケーリー出資分を引き継いで韓一合繊と旭化成との折半出資合弁会社になり、98年４月には経営悪化した韓一合繊の保有株式全てを旭化成が買収した。資本金は97年12月末当時で156億4,000万Ｗだったが、ＡＮ増設を機に増資し2006年３月末当時で506億4,200万Ｗとなった。売上高は2005年当時で3,578億Ｗ。旭化成は、2003年春からの旧ローディア・ポリアミド製アジピン酸引き取り開始に当たって、東西石油化学のソウル本社内に全額出資の現法・旭化成アジピン酸（資本金は15億Ｗ）を2002年12月１日付で設立した。温山の現ソルベイ・コリアから年間５万トンペースでアジピン酸を引き取り、韓国内販売や日本への輸出業務なども手掛けている。

韓国唯一のＡＮメーカーとして72年から3.3万トン能力で生産開始、その後90年７月９万トン、95年10万トン、96年12万トン、98年13万トンとなったが、総工費1,300億Ｗをかけた2003年３月の大型20万トン系列導入を機に、老朽化していた６万トン系列を閉鎖した。同時に、青化ソーダも1.5万トンの増強を図り、供給能力を４万トンに拡大。旭化成・川崎の１万トン設備（2001年末新設）を合わせ、グループ合計能力は５万トンとなった。その他の誘導品として粗アセトニトリルやアクリルアミド、ＥＤＴＡ（エチレンジアミン四酢酸）、ＡＭＳなども手掛けており、2000年４月にはロシアから技術導入したバイオ法アクリルアミド5,000トン系列を設置、その後倍増設した。2014年１月には精製アセトニトリル1.1万トン設備も新設している。

ＡＮは2006年末に７万トン系列を原料コスト面で有利なプロパン法に改造、2007年前半までに実証運転を終え、タイに新設する20万トンプラントのための技術データを得た。同系列はプロパン法だと生産能力が２～３万トン低下するため、実証運転後は原料をプロピレンに戻した。増設20万トン系列は運転効率向上により３万トン増の23万トン能力とし、2011年５月には24.5万トンの新系列増設に着工、青化ソーダも2013年２月に３万トン増設し、計７万トンとした。その間の供給能力不足を補うため、既存のＡＮ系列を2011年夏に1.5万トン増強し、増設したＡＮ新系列と同規模に引き上げた。2019年と2020年の定修時に各々１割増強を図り、計５万トン引き上げる。

韓国の石油化学製品需給状況

主要製品の需給状況と予測

2017年の三大石化製品生産実績（合成樹脂・合繊原料・合成ゴムの販売ベース合計）は、前年比5.0％増の2,198万トンと２年ぶりに増加した。需要も内需が5.0％増の1,163万トンと２年連続で増加、輸出は5.7％増の1,139万トン、輸入は13.8％増の105万トンと共に２年ぶりに増加した。近年は世界的な供給過剰を背景に輸出の低迷が続いていたが、2017年は中国向けを中心に回復へ向かい、石化産業全体の改善に寄与した。2018年予測は３分野合計で生産が3.0％増の2,263万トン、内需が2.6％増の1,194万トン、輸出が3.3％増の1,176万トンと増勢が続く見込み。生産増は一部メーカーの能力増強も寄与する。需要面では、建設分野を中心に内需が引き続き堅調に推移する中、輸出も中国経済の下げ止まりや米国経済の好調さを背景に拡大が続くとみており、石化メーカーにとっては良好な事業環境が続く見通し。

☆以下データ類の出所は韓国石油化学工業協会

韓国の主要石化製品分野別需給実績と予測　（単位：1,000t、％）

		2014年	2015年	2016年	2017年	2018年（予測）	対前年増減		
							'16／'15	'17／'16	'18／'17
合成樹脂	生産	12,543	13,090	13,394	13,886	14,366	102.3	103.7	103.5
	輸入	354	371	390	526	544	105.1	134.9	103.4
	輸出	7,578	7,643	7,612	8,037	8,352	99.6	105.6	103.9
	内需	5,320	5,817	6,172	6,375	6,563	106.1	103.3	102.9
合繊原料	生産	7,437	6,928	6,645	7,232	7,317	95.9	108.8	101.2
	輸入	588	512	448	431	431	87.5	96.1	100.1
	輸出	3,510	3,166	2,573	2,766	2,745	81.3	107.5	99.2
	内需	4,515	4,271	4,520	4,897	5,004	105.8	108.3	102.2
合成ゴム	生産	1,009	978	893	858	944	91.3	96.1	110.0
	輸入	83	90	80	88	93	88.9	110.4	105.6
	輸出	657	630	588	587	665	93.3	99.8	113.3
	内需	435	439	385	359	372	87.7	93.4	103.6
合計	生産	20,990	20,996	20,931	21,976	22,627	99.7	105.0	103.0
	輸入	1,025	973	918	1,045	1,069	94.3	113.8	102.3
	輸出	11,745	11,439	10,773	11,390	11,762	94.2	105.7	103.3
	内需	10,270	10,529	11,077	11,631	11,939	105.2	105.0	102.6

（注）上記表の生産は販売（出荷）に基づく数値。合成樹脂はＬＤＰＥ、ＨＤＰＥ、ＰＰ、ＰＳ／ＡＢＳ、ＰＶＣの合計。合繊原料はカプロラクタム、ＡＮ、ＰＴＡ／ＤＭＴ、ＥＧの合計。合成ゴムはＳＢＲとＢＲの合計

■主要石化製品の需給状況

―エチレン需給はタイト継続～新増設計画ラッシュ

2017年のエチレン生産は879万トンと3.2％増加した。2017年は大韓油化工業の能力増強があったが、ＳＭやＭＥＧなどの力強い需要に吸収され、需給はタイトバランスが継続。また2017年は、

エチレンの対ナフサスプレッドが690ドル台の歴史的な高水準となり、エチレン～ＰＥ(ポリエチレン)の一貫生産メーカーで重合設備の稼働を落とし、生エチレンを輸出する動きもみられた。

2018年のエチレン生産は0.8%増の886万トンと微増を予想。年央にエスオイルのＨＳ－ＦＣＣが稼働するも定修要因で相殺される。また、引き続き生エチレンの輸出増加とＰＥの稼働低下が見込まれ、エチレン内需が0.8%減の802万トンとわずかに減少する一方、輸出は17.6%増の96万トンと大幅な増加を予想している。他方、北米におけるシェールベースの石化計画については、エタンクラッカーの立ち上げが遅れていることから、2018年は限定的な影響にとどまる見込み。

ただ、2019年以降は既存エチレンメーカーの拡張計画に加え、エスオイルを筆頭とするリファイナリー業界からの新規参入が相次ぐ。表記の通り、既存メーカー４社が５件で計204.5万トンの増設計画を進めており、2018年半ばに新規参入したエスオイルを始めとする石油精製３社が計245万トンの新増設計画を打ち出した。このうち現代ケミカルは現代オイルバンクとロッテケミカルの折半出資合弁会社で、製品の半分ずつを引き取ることになる。これら合計450万トンのうち、2022年以降に立ち上がる計329万トン分が需給緩和要因となることは避けられない。

■韓国のエチレンメーカーと新増設・新規参入計画

(単位：t/y)

会　社　名	工場	現有能力	新増設計画	完　成	備　考
ロッテケミカル	麗水	1,030,000	200,000	2018／末	ルーマス法、2012/4に25万t増設
ロッテケミカル	大山	1,110,000			ケロッグ法、2012/4に11万t増強
現代ケミカル(現代/ロッテ合弁)	大山		750,000	2021／末	混合原料分解炉、ＰＥ75万t/ＰＰ40万t
ＬＧ化学	大山	1,040,000	260,000	2019／秋	ケロッグ法、川下でＬＬ20万t増設
ＬＧ化学	麗水	1,160,000	840,000	2021／下	ルーマス法、川下でＰＥ80万t増設計画
麗川ＮＣＣ	麗水	1,950,000	335,000	2020／秋	ルーマス法/Ｓ&W-ＡＲＳ法系列
ハンファ・トタルＰＣ	大山	1,095,000	310,000	2019／央	ルーマス法、2011/11に15万t増強
〃	〃		100,000	2020／末	第２期増強後150.5万t
ＳＫグローバルケミカル	蔚山	860,000			ケロッグ法、１号機17万tも稼働中
大韓油化工業	温山	800,000			ルーマス法、2017/央に33万t増設
エスオイル	温山	200,000		2018／央	ＨＳ-ＦＣＣ回収ガスが原料
	〃		1,000,000	2023年	次期エチレンプラント計画
ＧＳカルテックス	麗水		700,000	2022年	混合原料分解炉、川下でＰＥ50万t計画
	計	9,245,000	4,495,000		新増設後計1,144万t

―プロピレン需給も堅調～タイト続く

プロピレンの2017年生産は6.6%増の832万トンと前年に続いて増加。ただ、中国のＭＴＯ(メタノールtoオレフィン)やＰＤＨ(プロパン脱水素)、ＯＣＵ(オレフィンコンバージョンユニット)は採算の悪化から限定的な稼働にとどまったほか、ＡＮやＰＯなど誘導品の高市況に支えられ、プロピレンは需給バランス・市況とも良好な状況が続いた。

2018年も誘導品の力強い需要を背景に需給はタイト基調が続く見込み。供給面ではエスオイルの60万トンが新たに追加されるものの、併せて新設するＰＰとＰＯ向けに自消する。また、定修による損失に加え、エチレン市況の高止まりによってＯＣＵの稼働低下が予想されるため、プロピレンの生産量は前年並みにとどまる見通し。

―合成樹脂も堅調～2018年も好調

合成樹脂(ＰＥ、ＰＰ、ＰＶＣ、ＰＳ、ＡＢＳ樹脂)の2017年生産は3.7%増の1,389万トン、輸出は5.6%増の804万トン、内需は3.3%増の638万トンといずれも増加した。内需は主に建設資材向けの需要増加が牽引。輸出は金額ベースで33.9%を占める中国向けが0.3%減と低調だったが、トルコ向けが14.2%増、ベトナム向けが9.7%増、米国向けが8.5%増と好調だった。2018年も好調が続く見通しで、生産は3.5%増の1,437万トン、輸出は3.9%増の835万トン、内需は2.9%増の656万トンを予想。先進国の経済成長に加え、中国における廃プラ輸入禁止の影響でバージン品の需要が増加するとみており、輸出は特にＨＤＰＥ、ＰＰ、ＰＳが増加すると見込んでいる。

―合成繊維原料需給は増加に転じるも供給余力に限度

合繊原料（ＰＴＡ、ＤＭＴ、ＥＧ、ＡＮ、ＣＰＬ）の2017年生産は6.5%増の723万トンと増加に転じた。内需が4.9%増の490万トンと引き続き堅調に推移する中、低迷が続いていた輸出が7.5%増の277万トンと盛り返し、増産に寄与した形。輸出は中国、トルコ、インド向けの増加が大きく、製品別ではＰＴＡが9.2%増の194万トン（前年は23.2%減の178万トン）と回復が鮮明だった。2018年の生産は1.2%増の732万トン、内需は2.2%増の500万トン、輸出は0.8%減の275万トンを予想。輸出はＰＴＡが引き続き増加するものの、ＡＮは国内のＡＢＳ樹脂向けが増加し、ＣＰＬも内需が拡大する見通し。ＡＮとＣＰＬは新規の能力増強がなく、供給余力が限られるため、内需が好調に推移する中で輸出に振り向ける玉は減少すると予想している。

―合成ゴムは低調～2018年は回復へ

合成ゴム（ＳＢＲ、ＢＲ）の2017年生産は3.9%減の86万トン、内需は6.6減の36万トン、輸出は0.2%減の59万トンとなり、前年に続いていずれも減少。国内では引き続きタイヤ生産が低調で、輸出市場は供給過多で飽和状態が続いた。ただ、2018年は市場環境の好転により急速に改善する。生産は10%増の94万トン、内需は3.6%増の37万トン、輸出は13.3%増の67万トンと予想する。

韓国の主要石化製品需給

	生産（出荷）			輸入			輸出			内需		
年	2016	2017	2018	2016	2017	2018	2016	2017	2018	2016	2017	2018
エチレン	8,524	8,793	8,859	147	109	120	753	816	960	7,918	8,086	8,019
プロピレン	7,808	8,322	8,340	265	198	250	1,690	1,715	1,586	6,383	6,805	7,004
ブタジエン	1,235	1,280	1,279	410	424	437	155	157	160	1,490	1,547	1,556
ＬＤＰＥ	2,769	2,953	2,950	121	197	180	1,535	1,729	1,653	1,355	1,420	1,477
ＨＤＰＥ	2,129	2,082	2,130	55	74	95	1,112	1,127	1,217	1,072	1,029	1,008
ＰＰ	4,088	4,303	4,466	29	37	30	2,548	2,786	2,904	1,569	1,554	1,592
ＰＶＣ	1,549	1,601	1,560	136	137	140	565	545	520	1,120	1,193	1,180
ＰＳ	1,084	1,034	1,075	39	70	70	501	460	488	623	645	653
ＡＢＳ樹脂	1,841	1,912	1,920	10	12	12	1,352	1,390	1,390	499	534	426
ＰＸ	9,457	10,571	9,764	44	25	－	6,435	7,315	6,900	3,065	3,280	2,864
ＰＴＡ	4,611	4,870	4,876	1	－	－	1,776	1,940	1,951	2,836	2,931	2,925
ＥＧ	1,222	1,244	1,262	276	253	300	481	455	450	1,017	1,042	1,118
ＡＮ	715	776	760	135	151	150	241	271	250	608	656	660
ＣＰＬ	176	211	212	36	26	19	37	52	37	175	186	194
ＳＢＲ/ＢＲ	893	858	919	80	88	94	588	587	637	385	359	401

単位：1,000t　(2018年は予想)　　出所：韓国石油化学工業協会
(注）ＬＤＰＥにＬＬＤＰＥとＥＶＡを含み、ＰＳにＥＰＳを含まない

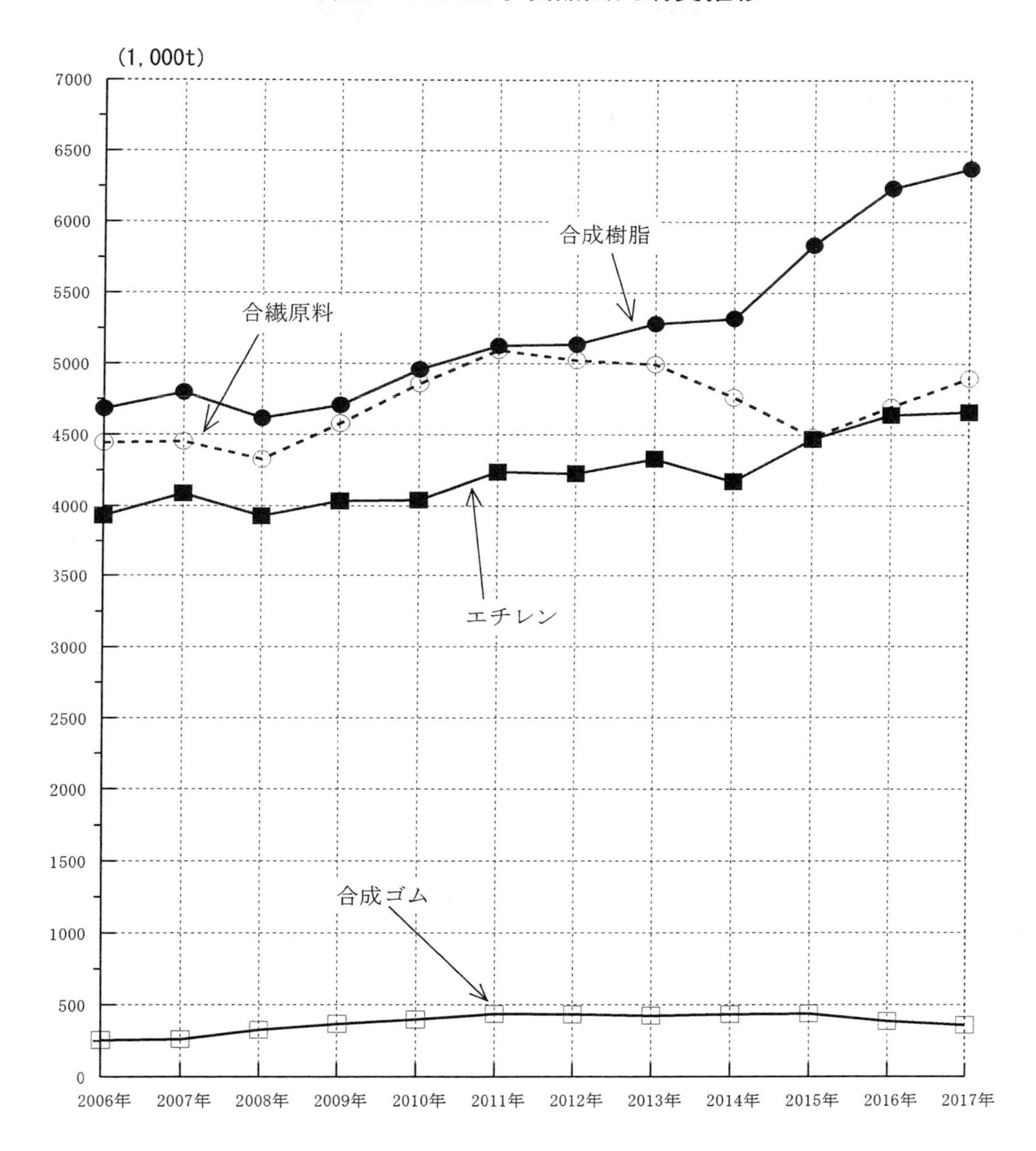

製品分類	2007年	2008年	2009年	2010年	2011年	2012年	2013年	2014年	2015年	2016年	2017年	成長率 12-17
エチレン	4,088	3,929	4,035	4,042	4,239	4,228	4,331	4,173	4,471	4,640	4,661	2.0%
合成樹脂	4,799	4,616	4,709	4,960	5,127	5,137	5,283	5,320	5,837	6,237	6,375	4.4%
合纖原料	4,454	4,328	4,580	4,860	5,097	5,024	4,997	4,764	4,484	4,697	4,897	-0.5%
合成ゴム	262	327	368	398	437	434	425	435	439	385	359	-3.7%

(単位：1,000t)　　出所：2018 Petrochemical Industry In Korea

韓　　国

韓国の基礎石化製品需給推移

（単位：1,000t、%）

製	品	2013年	2014年	2015年	2016年	2017年	前年比	2018年予想	前年比
エチレン	生　産	8,327	8,248	8,275	8,524	8,793	103.2	8,859	100.8
	輸　入	145	232	201	147	109	74.1	120	110.1
	輸　出	1,120	757	634	753	816	108.4	960	117.6
	需　要	7,351	7,723	7,842	7,918	8,086	102.1	8,019	99.2
プロピレン	生　産	6,909	7,147	6,987	7,808	8,322	106.6	8,340	100.2
	輸　入	434	435	449	265	198	74.7	250	126.3
	輸　出	1,208	1,296	1,258	1,690	1,715	101.5	1,586	92.5
	需　要	6,134	6,287	6,227	6,383	6,805	106.6	7,004	102.9
ブタジエン	生　産	1,318	1,231	1,188	1,235	1,280	103.6	1,279	99.9
	輸　入	382	449	426	410	424	103.4	437	103.1
	輸　出	223	204	155	156	158	101.3	160	101.3
	需　要	1,477	1,476	1,458	1,490	1,547	103.8	1,556	100.6
ベンゼン	生　産	5,014	5,504	6,058	6,091	6,493	106.6	6,374	98.2
	輸　入	90	67	47	93	36	38.7	30	83.3
	輸　出	1,399	1,899	2,582	2,103	2,632	125.2	2,428	92.2
	需　要	3,704	3,672	3,523	4,081	3,897	95.5	3,976	102.0
トルエン	生　産	2,658	2,232	1,694	1,839	1,594	86.6		
	輸　入	186	588	760	561	775	138.1	n. a.	n. a.
	輸　出	1,071	769	422	533	361	67.7		
	需　要	1,773	2,051	2,032	1,867	2,008	107.6		
キシレン	生　産	3,187	3,146	2,748	3,153	3,948	125.2		
	輸　入	1,656	1,552	1,830	1,838	1,786	97.2	n. a.	n. a.
	輸　出	1,055	1,349	1,224	1,024	1,298	126.8		
	需　要	3,788	3,349	3,354	3,967	4,436	111.8		

韓国の合成樹脂需給推移

（単位：1,000t、%）

製	品	2013年	2014年	2015年	2016年	2017年	前年比	2018年予想	前年比
ＬＤＰＥ	生産能力	2,368	2,608	2,700	2,878	2,878	100.0	3,078	106.9
(L-LとE	生産量	2,291	2,469	2,712	2,703	2,953	109.2	2,950	99.9
VA含む)	稼動率	96.7	94.7	100.4	93.9	102.6	109.3	95.8	93.4
	輸　入	110	114	117	121	197	162.8	180	91.4
	供　給	2,401	2,583	2,829	2,824	3,150	111.5	3,130	99.4
	輸　出	1,177	1,503	1,561	1,535	1,729	112.6	1,653	95.6
	需　要	1,254	1,080	1,223	1,289	1,420	110.2	1,477	104.0
ＨＤＰＥ	生産能力	2,575	2,385	2,385	2,385	2,385	100.0	2,435	102.1
	生産量	2,236	2,094	2,184	2,129	2,083	97.8	2,130	102.3
	稼動率	86.8	87.8	91.6	89.3	87.3	97.8	87.5	100.2
	輸　入	38	46	49	55	74	134.5	95	128.4
	供　給	2,274	2,140	2,233	2,183	2,157	98.8	2,225	103.2
	輸　出	1,391	1,197	1,205	1,112	1,127	101.3	1,217	108.0
	需　要	883	942	1,028	1,071	1,030	96.2	1,008	97.9
Ｐ　　Ｐ	生産能力	4,270	4,240	4,257	4,287	4,487	104.7	4,693	104.6
	生産量	3,960	3,990	4,026	4,088	4,303	105.3	4,466	103.8
	稼動率	92.7	94.1	94.6	95.4	95.9	100.5	95.2	99.3
	輸　入	36	31	31	29	37	127.6	30	81.1
	供　給	4,071	4,021	4,082	4,116	4,340	105.4	4,496	103.6
	輸　出	2,540	2,553	2,512	2,548	2,786	109.3	2,904	104.2
	需　要	1,455	1,468	1,545	1,569	1,554	99.0	1,592	102.4
（ＶＣＭ）	生産能力	1,673	1,577	1,630	1,630	1,630	100.0	1,630	100.0
	生産量	1,552	1,551	1,615	1,656	1,640	99.0	1,648	100.5
	稼動率	92.8	98.4	99.1	101.6	100.6	99.0	101.1	100.5
	輸　入	14	15	6	17	41	241.2	30	73.2
	供　給	1,566	1,566	1,621	1,673	1,681	100.5	1,678	99.8
	輸　出	95	116	109	113	57	50.4	48	84.2
	需　要	1,471	1,450	1,511	1,560	1,624	104.1	1,630	100.4

（単位：1,000t、%）

製品		2013年	2014年	2015年	2016年	2017年	前年比	2018年予想	前年比
P V C	生産能力	1,468	1,532	1,540	1,532	1,580	103.1	1,620	102.5
	生産量	1,410	1,369	1,472	1,549	1,601	103.4	1,560	97.4
	稼動率	104.1	111.9	104.6	98.9	101.3	102.4	96.3	95.1
	輸入	93	125	128	136	137	100.7	140	102.2
	供給	1,503	1,494	1,600	1,685	1,738	103.1	1,700	97.8
	輸出	678	601	618	565	545	96.5	520	95.4
	需要	825	893	982	1,120	1,193	106.5	1,180	98.9
（S M）	生産能力	2,870	3,145	3,263	3,263	3,263	100.0	3,263	100.0
	生産量	2,724	2,996	2,903	3,040	3,008	98.9	3,003	99.8
	稼動率	94.9	95.3	89.0	93.2	92.2	98.9	92.0	99.8
	輸入	947	846	779	806	794	98.5	660	83.1
	供給	3,673	3,842	3,682	3,844	3,802	98.9	3,663	96.3
	輸出	1,266	1,474	1,247	1,292	1,262	97.6	1,046	82.9
	需要	2,407	2,368	2,435	2,552	2,540	99.5	2,617	103.0
P S（E P Sを含む）	生産能力	1,307	1,206	1,241	1,251	1,221	97.6	1,201	98.4
	生産量	1,042	1,001	1,030	1,084	1,035	95.5	1,075	103.9
	稼動率	79.7	83.0	83.0	86.7	84.7	97.7	89.5	105.7
	輸入	22	31	40	40	70	175.0	67	95.7
	供給	1,064	1,032	1,070	1,124	1,105	98.3	1,142	103.3
	輸出	581	529	503	501	460	91.8	488	106.1
	需要	483	503	567	623	646	103.7	653	101.1
A B S樹脂	生産能力	1,696	1,786	1,786	1,936	2,096	100.0	2,096	108.3
	生産量	1,630	1,621	1,685	1,841	1,912	103.9	1,920	100.4
	稼動率	96.1	90.8	94.3	95.1	91.2	95.9	91.6	95.5
	輸入	5	7	6	10	12	120.0	12	100.0
	供給	1,635	1,628	1,691	1,851	1,924	103.9	1,932	100.4
	輸出	1,221	1,195	1,246	1,352	1,390	102.8	1,390	100.0
	需要	413	433	446	499	534	107.0	426	79.8

韓国の合成ゴム需給推移

（単位：1,000t、%）

製品			2013年	2014年	2015年	2016年	2017年	前年比	2018年予想	前年比
S B R（固形）	生産		591	561	497	455	427	93.8	n. a.	n. a.
	出荷	国内	274	278	271	235	207	88.1	n. a.	n. a.
		輸出	384	346	293	277	277	100.0		
		計	658	624	564	512	484	94.5		
	輸入		67	63	67	57	57	100.0	n. a.	n. a.
	年末の生産能力		746	746	626	520	n. a.	n. a.	n. a.	n. a.
B R（固形）	生産		446	448	482	438	431	98.4	n. a.	n. a.
	出荷	国内	150	157	167	150	145	96.7	n. a.	n. a.
		輸出	312	311	337	311	313	100.6		
		計	462	468	504	461	458	99.3		
	輸入		17	20	23	23	27	117.4	n. a.	n. a.
	年末の生産能力		516	516	591	591	n. a.	n. a.	n. a.	n. a.
合計	生産		1,037	1,009	979	893	858	96.1	919	107.1
	出荷	国内	424	435	438	385	359	93.2	401	111.7
		輸出	696	657	630	588	587	99.8	637	108.5
		計	1,120	1,092	1,068	973	946	97.2	1,013	107.1
	輸入		84	83	90	80	88	110.0	94	106.8
	年末の生産能力		1,783	1,755	1,605	1,111	1,149	103.4	1,149	100.0

(注) ラテックスは含まない

韓国の合繊原料需給推移

（単位：1, 000t、%）

製		品	2013年	2014年	2015年	2016年	2017年	前年比	2018年予想	前年比
P　T　A	供給	生　産	5, 907	5, 551	4, 987	4, 611	4, 870	105. 6	4, 876	100. 1
		輸　入	−	−	−	1	−	−	−	−
		計	5, 907	5, 551	4, 987	4, 612	4, 870	105. 6	4, 876	100. 1
	需要	国　内	2, 947	2, 879	2, 673	2, 836	2, 931	103. 3	4, 876	166. 4
		輸　出	2, 960	2, 672	2, 314	1, 776	1, 940	109. 2	1, 951	100. 6
		計	5, 907	5, 551	4, 987	4, 612	4, 870	105. 6	4, 876	100. 1
	年末の生産能力		6, 840	6, 340	6, 340	5, 820	5, 520	94. 8	5, 520	100. 0
D　M　T	供給	生　産	77	80	81	98	131	133. 7		
		輸　入	2	1	0	0	0	−	n. a.	n. a.
		計	79	81	81	98	131	133. 7		
	需要	国　内	66	64	63	61	82	134. 4		
		輸　出	13	16	18	37	49	132. 4	n. a.	n. a.
		計	79	80	81	98	131	133. 7		
	年末の生産能力		80	80	80	n. a.	n. a.	?	n. a.	n. a.
E　　G	供給	生　産	1, 168	1, 184	1, 279	1, 222	1, 244	101. 8	1, 262	101. 4
		輸　入	466	423	323	276	253	91. 7	300	118. 6
		計	1, 634	1, 607	1, 602	1, 498	1, 497	99. 9	1, 562	104. 3
	需要	国　内	1, 166	1, 062	1, 015	1, 017	1, 042	102. 5	1, 118	107. 3
		輸　出	468	545	587	481	455	94. 6	450	98. 9
		計	1, 634	1, 607	1, 602	1, 498	1, 497	99. 9	1, 568	104. 7
	年末の生産能力		1, 364	1, 590	1, 665	1, 665	1, 665	100. 0	1, 665	100. 0
A　　N	供給	生　産	741	731	700	715	776	113. 6	760	97. 9
		輸　入	100	90	105	135	151	111. 9	150	99. 3
		計	803	790	805	850	927	113. 3	910	98. 2
	需要	国　内	497	514	562	609	656	113. 9	660	100. 6
		輸　出	306	276	243	241	271	112. 4	250	92. 3
		計	803	790	805	850	927	113. 5	910	98. 2
	年末の生産能力		850	850	850	850	850	100. 0	850	100. 0
C　P　L	供給	生　産	248	141	92	176	212	120. 5	212	100. 0
		輸　入	33	74	84	36	26	72. 2	19	73. 1
		計	281	215	176	212	237	111. 8	230	97. 0
	需要	国　内	281	215	171	175	185	105. 7	194	104. 9
		輸　出	−	−	4	37	52	140. 5	37	71. 2
		計	281	215	175	212	237	111. 8	230	97. 0
	年末の生産能力		270	270	270	270	270	100. 0	270	100. 0
P　　X	供給	生　産	6, 403	7, 374	8, 915	9, 457	10, 571	111. 8	9, 764	92. 4
		輸　入	611	126	84	44	25	56. 8	0	0. 0
		計	7, 014	7, 500	8, 999	9, 501	10, 596	111. 5	9, 764	92. 1
	需要	国　内	3, 969	3, 528	3, 136	3, 065	3, 280	107. 0	2, 864	87. 3
		輸　出	3, 045	3, 972	5, 862	6, 435	7, 315	113. 7	6, 900	94. 3
		計	7, 014	7, 500	8, 998	9, 500	10, 596	111. 5	9, 764	92. 1
	年末の生産能力		5, 598	9, 970	10, 080	10, 336	10, 510	101. 7	10, 510	100. 0

韓国のその他主要石化製品需給推移（1）

（単位：1, 000t、%）

製		品	2013年	2014年	2015年	2016年	2017年	前年比	2017年予想	前年比
2−エチルヘキサノール	供給	生　産	368	373	399	362	345	95. 3	420	121. 7
		輸　入	64	111	113	156	127	81. 4	110	86. 6
		計	432	484	512	518	472	91. 1	530	112. 3
	需要	国　内	387	403	402	460	423	92. 0	490	115. 8
		輸　出	67	86	92	104	49	47. 1	30	61. 2
		計	454	489	494	564	472	83. 7	520	110. 2
	年末の生産能力		400	367	410	410	420	102. 4	420	100. 0

（単位：1,000t、%）

製品			2013年	2014年	2015年	2016年	2017年	前年比	2018年予想	前年比
フェノール	供給	生産	944	1,022	1,051	1,136	1,314	115.7	1,310	99.7
		輸入	72	45	32	29	26	89.7	30	115.4
		計	1,016	1,067	1,083	1,165	1,340	115.0	1,340	100.0
	需要	国内	850	837	901	906	994	109.7	996	100.2
		輸出	166	229	179	259	346	133.6	344	99.4
		計	1,016	1,066	1,083	1,165	1,340	115.0	1,340	100.0
	年末の生産能力		980	985	980	1,180	1,280	108.5	1,280	100.0
無水フタル酸	供給	生産	370	360	354	377	368	99.7	378	102.7
		輸入	−	−	1	86	110	127.9	100	90.9
		計	370	360	355	463	478	129.2	478	100.0
	需要	国内	195	187	178	280	299	159.9	297	99.3
		輸出	175	174	176	183	179	97.8	185	103.4
		計	370	361	354	463	478	129.2	478	100.0
	年末の生産能力		405	405	405	405	405	100.0	405	100.0
酢酸	供給	生産	497	544	541	553	542	98.0	567	104.6
		輸入	63	46	50	59	64	108.5	−	0.0
		計	560	590	591	612	606	99.0	567	93.6
	需要	国内	435	434	418	433	443	102.3	414	93.5
		輸出	125	155	174	179	163	91.1	146	89.6
		計	560	589	592	612	606	99.0	560	92.4
	年末の生産能力		570	570	570	570	570	100.0	570	100.0

韓国のその他主要石油化学製品需給推移（2）

（単位：1,000t）

製品		2011年	2012年	2013年	2014年	2015年	2016年	2017年
オルソキシレン	生産	411	400	360	368	259	255	316
	輸入	27	4	18	3	19	53	28
	輸出	115	95	65	69	0	7	48
	消費	323	309	313	302	278	301	296
エタノール	生産	6	5	6	4	6	5	
ブタノール	生産	61	64	66	65	75	64	74
	輸入	28	70	100	121	136	167	129
	輸出	43	50	13	5	1	3	3
	消費	46	84	153	181	210	228	200
アセトン	生産	434	439	581	648	646	718	805
	輸入	6	14	20	11	18	9	16
	輸出	101	82	161	227	195	236	287
	消費	339	371	440	432	469	491	534
ＥＤＣ	生産	800	802	1,043	1,114	1,047	996	911
	輸入	437	432	228	232	205	200	228
	輸出	227	210	256	287	208	199	184
	消費	1,010	1,024	1,015	1,059	1,044	997	955
カーボンブラック	生産	540	563	539	551	554	575	581
	輸入	43	52	63	73	68	53	39
	輸出	119	131	151	170	183	189	197
	消費	464	484	451	454	439	439	423
発泡スチレンビーズ（ＥＰＳ）	生産	378	406	439	423	437	462	455
	輸入	3	2	1	5	9	13	43
	輸出	139	147	161	116	97	79	81
	消費	242	261	279	312	349	396	417
ＰＳ（ＧＰ・ＨＩ）	生産	669	644	603	578	593	622	580
	輸入	17	19	21	26	31	27	27
	輸出	490	461	420	418	406	421	378
	消費	204	210	199	199	218	228	229

（出所）主要石化（１）までと（２）のＥＰＳ並びにＰＳは分科会データ。それ以外は韓国石油化学工業協会

韓国の合成繊維工業

韓国の合成繊維生産能力

(単位：t/y)

製品名	会社名	工場	現有能力	新増設計画	完成	備考
ポリエステル(f)	暁星	亀尾	132,000			2011年2.4万t増設
	〃	蔚山	94,000			タイヤコード用、2008年2.7万t増設
	TKケミカル	亀尾	115,300			ケムテックス技術、2015年-34,500t
	TCK	亀尾	56,000			13年TAKがWoongjin Chemical買収
	東レ尖端素材(TAK)	亀尾	55,000			99/10設立、別にSB8,000t保有
	ヒュービス(Huvis)	全州・水原	101,800			三養社/SKケミカル、2016年+3.7万t
	星安合繊		80,000			98/6参入、2016年に4,200t増強
	コーロン・ファッション	亀尾	79,200			タイヤコード4万t含む、SB2,400t有
	大韓化繊	蔚山	64,800			東洋紡技術、12年1.26万t、16年-3.6万t
	KPケムテック	蔚山	32,900			銀行管理下で売却先を選定中(旧高合)
	(PF－SYSCO)	亀尾	(55,000)			2000/12に破産した大河合繊から買収
		計	811,000			
ポリエステル(s)	ヒュービス(Huvis)	全州・蔚山	396,000			ユニチカ・帝人技術、三養/SK合弁
	TCK	亀尾	342,000			2013年TAKが買収、2016/7に7万t増
	(大韓化繊)	蔚山	(91,600)			2004年で事業撤退、東洋紡技術
	(KPケムテック)	蔚山	(138,600)			2002年操業停止→銀行管理下で売却へ
		計	738,000			
ナイロン(f)	暁星	安養・蔚山	91,900			タイヤコード用4万t、2015年-14,200t
	コーロン・ファッション	大邱・亀尾	48,600			Chemtex/東レ技術
	・マテリアル	慶山	7,800			ナイロン66繊維
	泰光産業	蔚山	45,400			2011年3,600t+2012年5,800t増強
	KPケムテック	始興	19,000			チンマー技術(2002年まで旧高合)
		計	212,700			
アクリル(s)	泰光産業	蔚山	64,800			日本エクスラン技術、2012年7,200t増
	(韓一合繊)	馬山	(72,000)			2005年で閉鎖、旭化成/スニア技術
		計	64,800			
アセテート・トウ	イーストマン・ファイバーズ・コリア	蔚山	27,000		2010／3	80%出資のイーストマン技術で拡大移転、米国産アセテートフレークを受給
	(SKケミカル)	水原	(12,000)			帝人技術、イーストマンとの合弁工場
アセテート(f)	〃	〃	(9,000)			2010/春の蔚山新工場完成後閉鎖
		計	27,000			
ポリウレタン(f)	暁星	安養	31,200			2002／初より中国の3,600t工場が操開
	TKケミカル	亀尾	22,800			91年参入、旧東国貿易
	(泰光産業)	蔚山	(24,600)			東洋紡技術、2006/9で生産停止
		計	54,000			

(注)(f)はフィラメント(長繊維)、(s)はステープル(短繊維)の略

韓国の合成繊維生産推移

(単位：トン、%)

品種	2012年	2013年	2014年	2015年	2016年	2017年	前年比
ポリエステル(f)	762,916	742,012	659,020	622,270	625,397	604,346	96.6
ポリエステル(s)	530,116	532,531	542,830	567,189	589,073	621,150	105.4
ナイロン(f)	131,888	128,349	114,917	106,764	101,097	95,006	94.0
アクリル(s)	46,587	55,105	50,393	43,706	52,911	56,007	105.9

韓国の石化原料事情

韓国ではナフサクラッカーのほとんどがＬＰＧやガスオイル、重質ＮＧＬなどナフサ代替品を30～40％まで処理できる仕様となっているものの、ナフサへの依存度は日本同様に高い。ＬＰＧはプロパン脱水素プロピレン製造用や1,4-ブタンジオールの原料としても利用されており、2005年以降は非ナフサ原料の使用量が増えている。改質装置向けはＰＸやベンゼンなど芳香族製品製造用で、その他需要とはカプロラクタム原料のシクロヘキサン向け水素製造装置用等。ナフサの需給実績は2014年までしか開示されていないが、需要量を分母とした場合、自給比率は2010年から過半数を超え、国産量は2011年から輸入量を上回った。ただし、2014年は半々だった。

現代オイルは2009年11月に芳香族など石化部門を分離、コスモ石油と折半出資で現代コスモ・ペトロケミカルを設立し、石化部門を独立させて年産80万トンのＰＸを予定より10カ月繰り上げ2012年12月に稼働開始させた。ＳＫグループは蔚山で旧ＪＸグループとＰＸを合弁事業化したのと同時に、仁川でもＰＸ事業化に備え10万バレルのコンデンセートスプリッターを2014年半ばに新設。同様に現ハンファ・トタルペトロケミカルも大山に15万バレルの分留装置を同時期に新設した。同装置は2017年７月に２割増の18万バレルに増強された。現代オイルはロッテケミカルと合弁で11万バレルのコンデンセートスプリッターを2016年末までに建設し、ライトナフサとＰＸ原料の混合キシレンを100万トンずつ生産している。

韓国の石化用ナフサ需給推移（2014年実績までの参考値）　（単位：1,000t、％）

		2011年	2012年	2013年	2014年	成長率	2015年推定	成長率
供給	国　産	21,678	23,222	23,431	23,933	102.1	25,321	105.8
	輸　入	20,945	20,195	23,210	23,935	103.1	24,174	101.0
	合　計	42,623	43,417	46,641	47,868	102.6	49,495	103.4
需要	ＮＣＣ	21,284	24,315	25,320	25,193	99.5	25,319	100.5
	改質装置	17,194	15,674	17,071	19,632	115.0	21,398	109.0
	その他	213	3,428	4,250	3,043	71.6	2,777	91.3
	合　計	38,691	43,417	46,641	47,868	102.6	49,494	103.4
自給比率		56.0	53.5	50.2	50.0	—	51.2	—

（注）輸入ナフサにコンデンセート含む。ＮＣＣはナフサクラッカー。自給比率：国産量÷需要計（輸出含まず）

韓国の石油精製能力　（単位：バレル／日）

会社名	工場	現有能力	新増設計画	完成	備考
ＳＫエナジー	蔚山	340,000			改質装置３万bを2006/7設置、RFCC計12.7万b
〃	〃	500,000			96/6第５系列現26万bとＲＦＣＣ現７万b設置
〃	仁川	75,000			8.5万bの重質油分解装置等２次設備を併設
〃	〃	200,000			96/央５万b増強、ＦＣＣを検討、計111.5万b
ＳＫ仁川石油化学	仁川	100,000		2014／７	ＰＸ135万t等用コンデンセートスプリッター
ＧＳカルテックス	麗水	400,000			2007/10に重質油分解装置９万b→14.5万bへ
〃	〃	390,000			96/9に初期能力22万bとＲＦＣＣ７万bが完成
エスオイル	温山	75,000			ＲＦＣＣ3万b併設、同2号7.6万bを2018/上増設
〃	〃	594,000			94/末倍増、2011/4に8.9万b増、近代化検討中
現代オイルバンク	大山	220,000			ロッテと合弁でＮＧＬ分留、2016/11に倍増設
〃	〃	280,000			96/6より計31万bで操業開始、その後８万b増
ハンファ・トタル	大山	180,000		2014／７	ＰＸ120万t等用ＮＧＬ分留塔、2017/7に2割増
	合計	3,354,000			

韓国の石化関連主要都市と石油化学基地

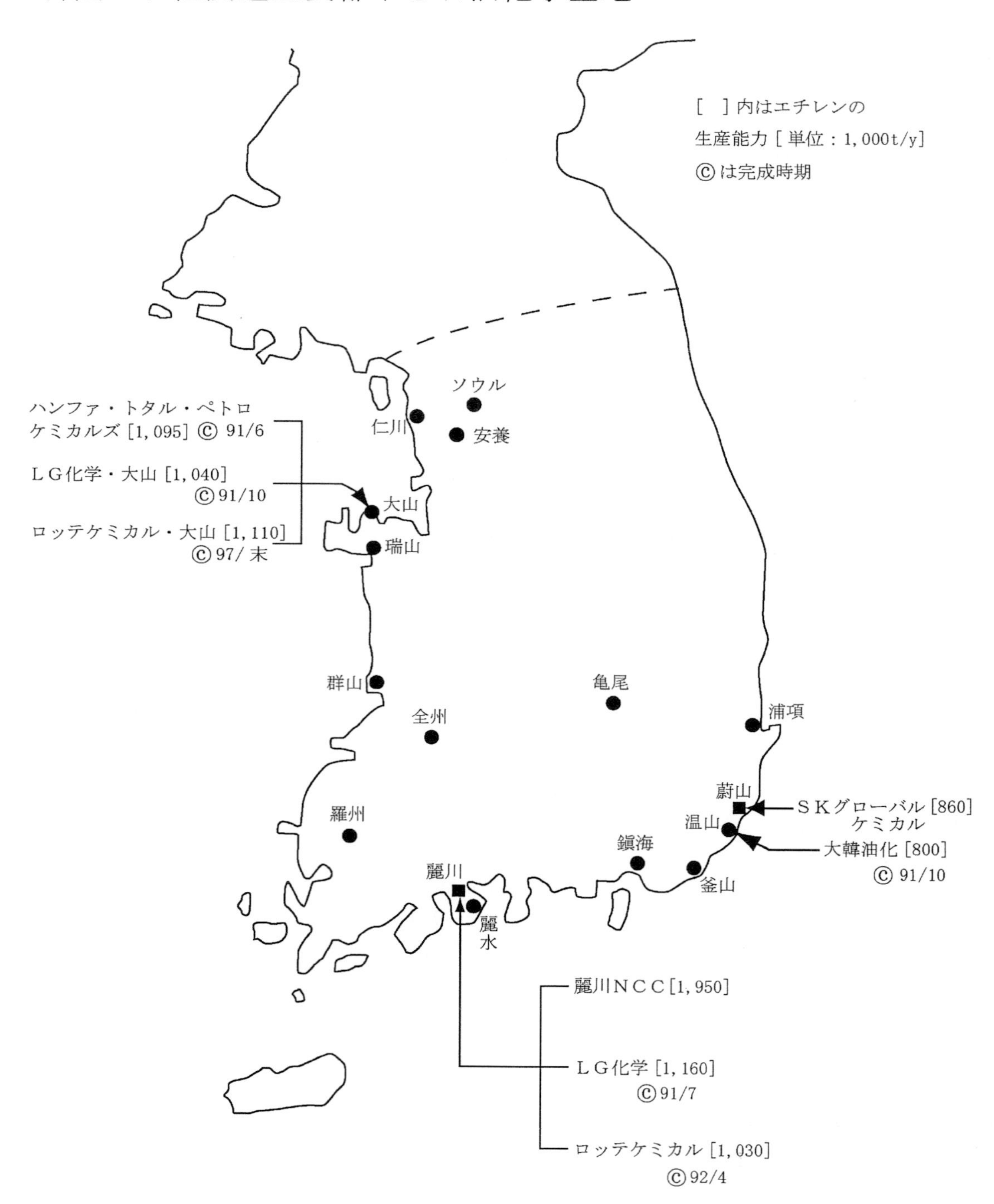

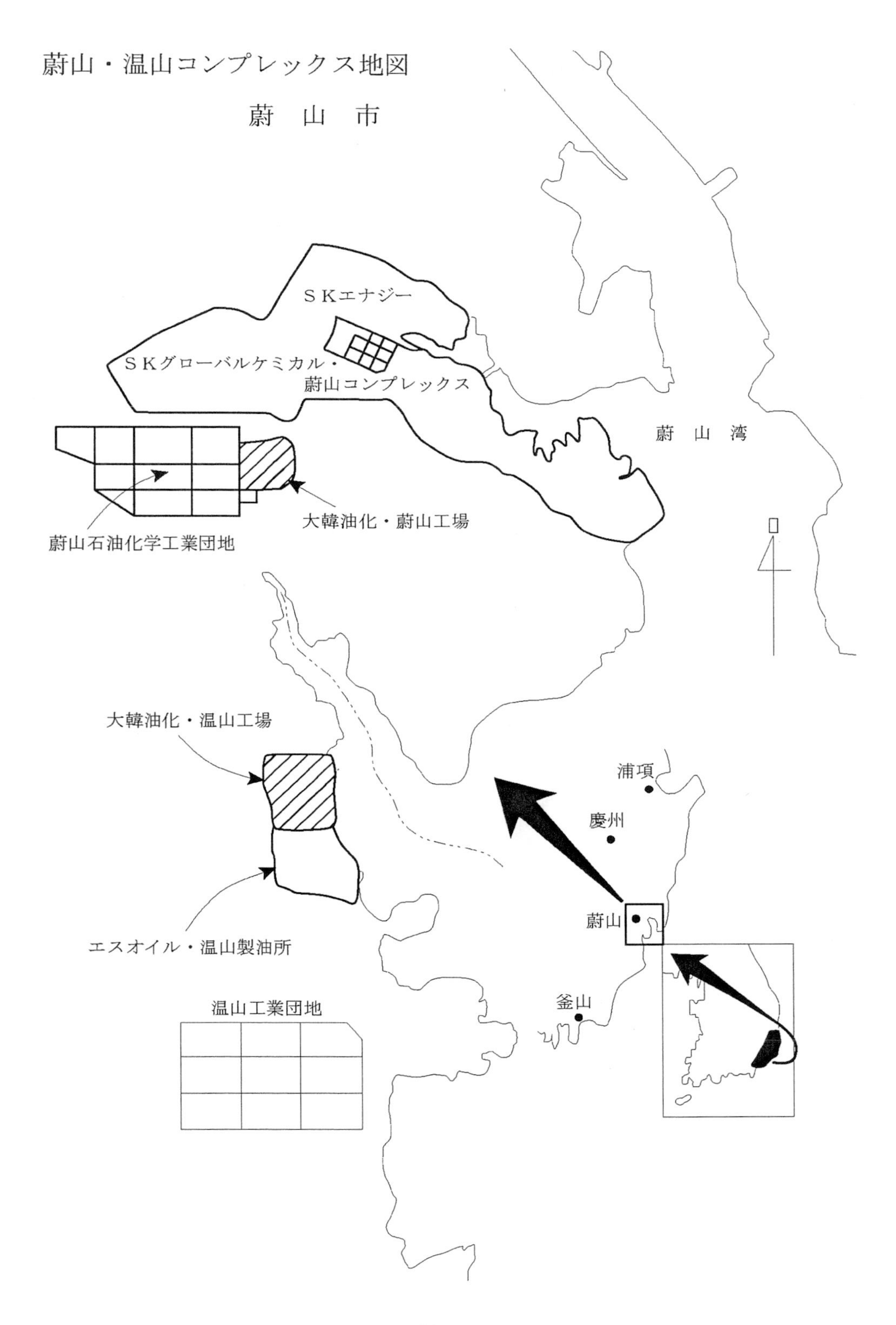
蔚山・温山コンプレックス地図
蔚　山　市
ＳＫエナジー
ＳＫグローバルケミカル・
蔚山コンプレックス
蔚　山　湾
大韓油化・蔚山工場
蔚山石油化学工業団地
大韓油化・温山工場
エスオイル・温山製油所
温山工業団地
浦項
慶州
蔚山
釜山

蔚山石油化学工業団地内企業配置図

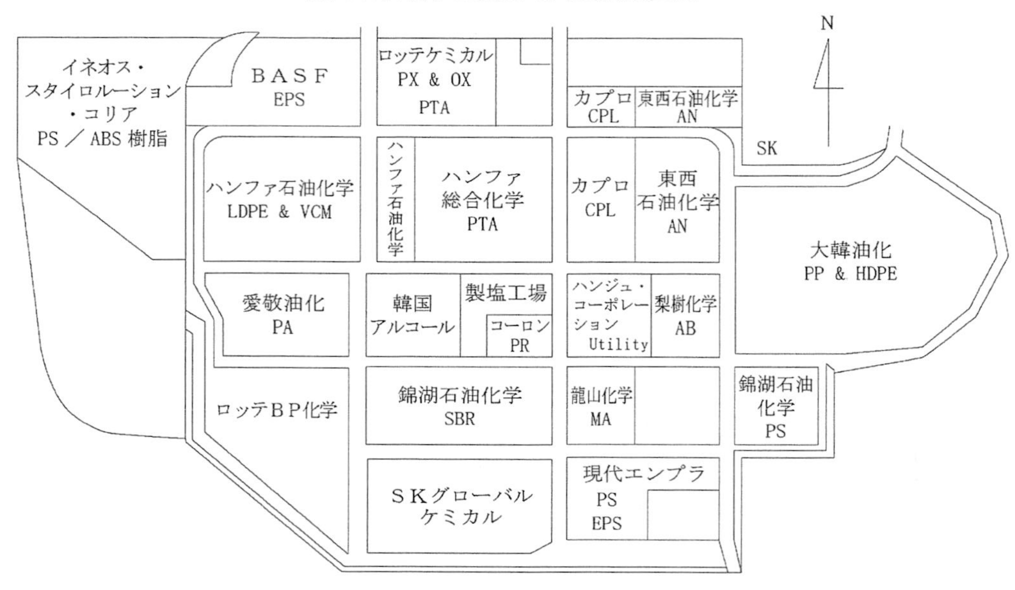

麗水コンプレックス地図

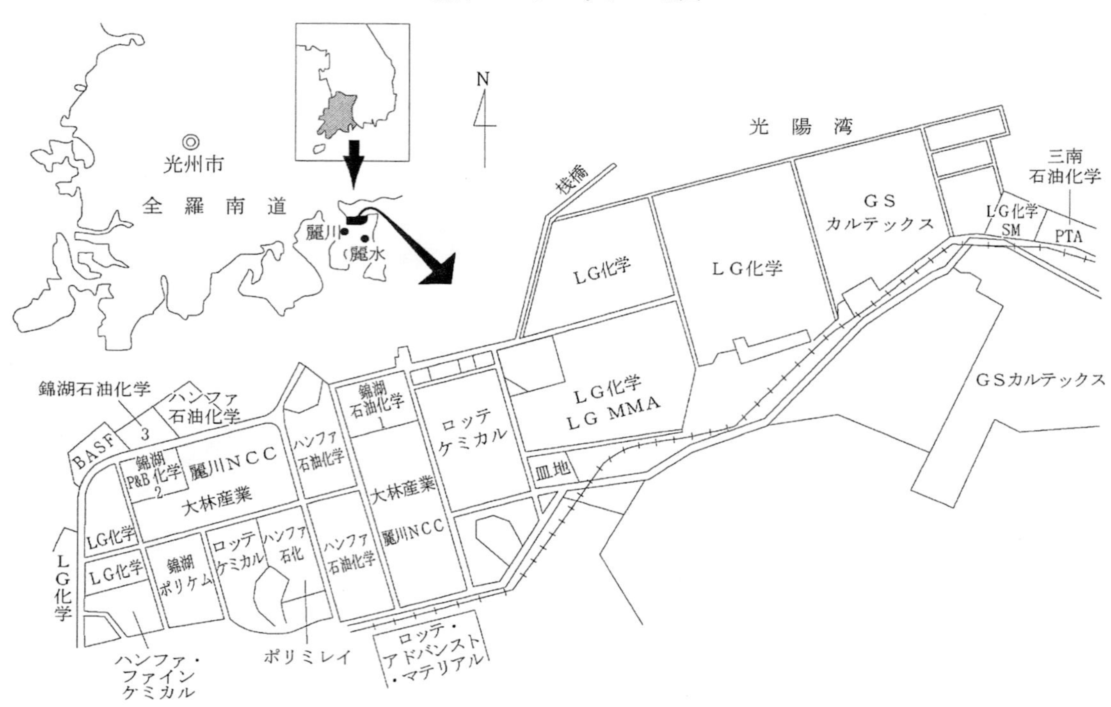

大山コンプレックス地図

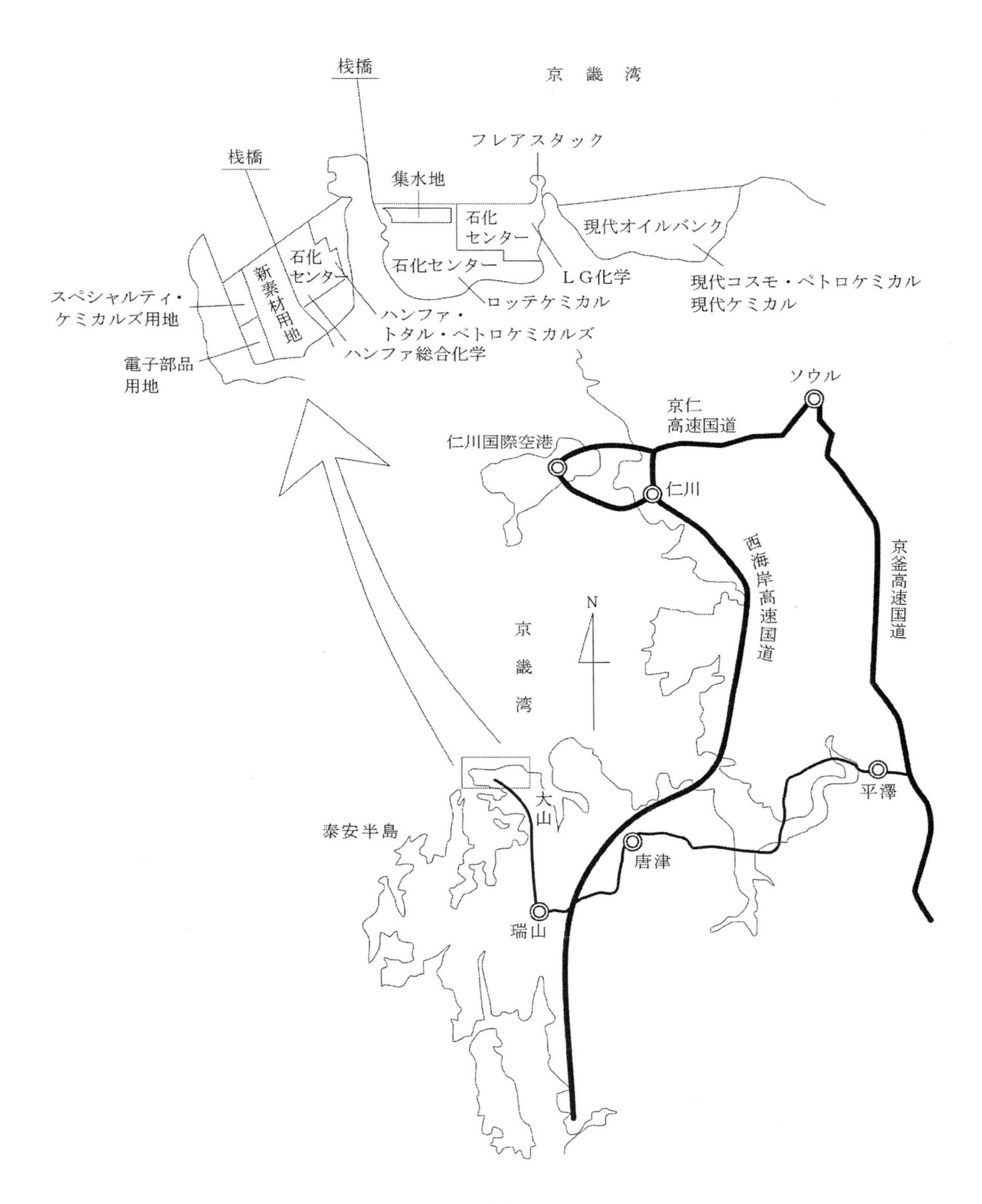

韓国の石油化学コンプレックス

ＳＫグローバルケミカルの蔚山コンプレックス

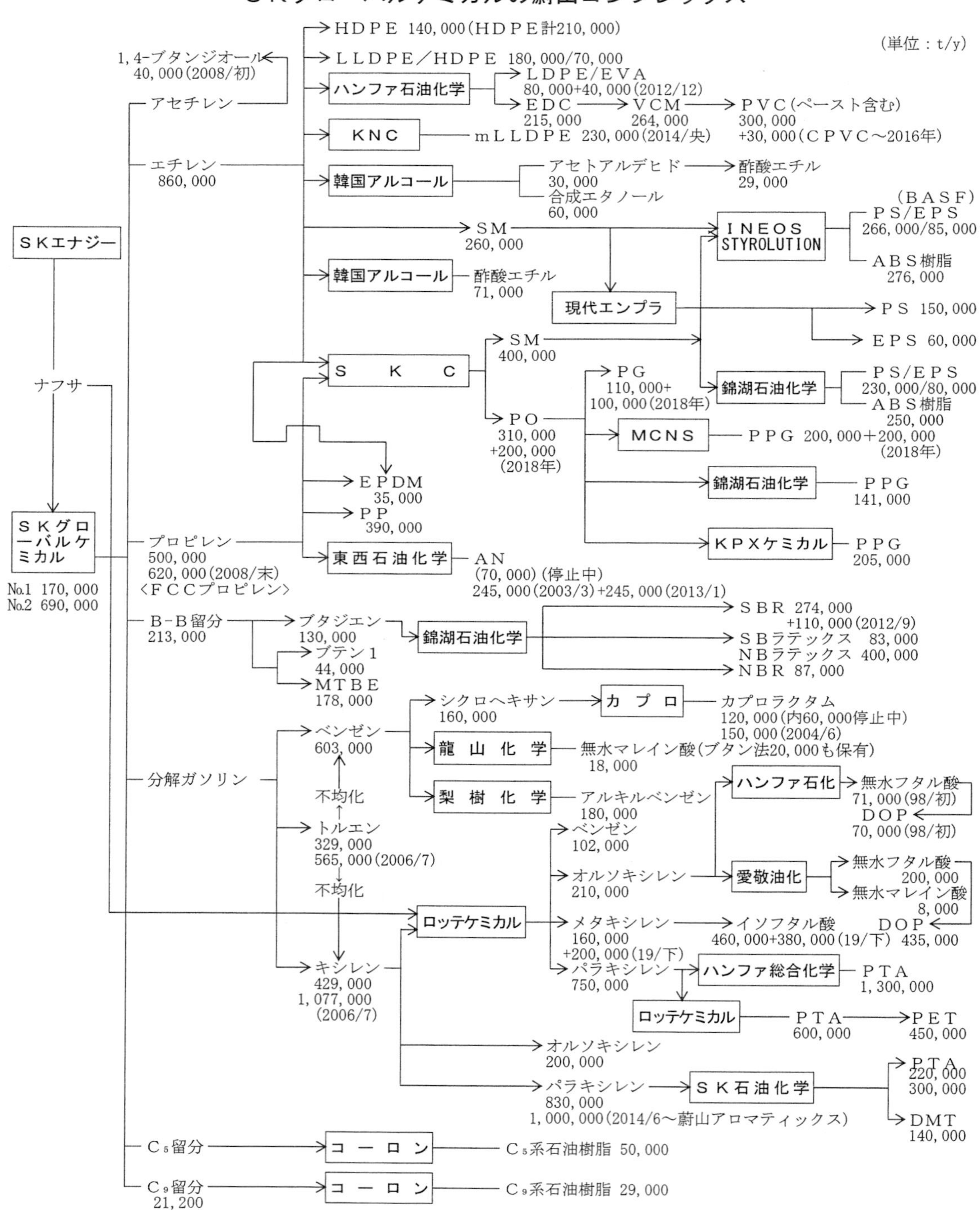

大韓油化の温山コンプレックス

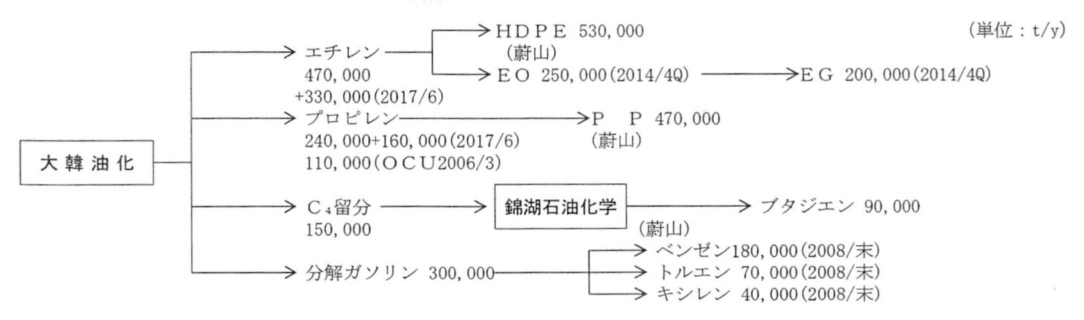

ＬＧグループの麗水コンプレックス

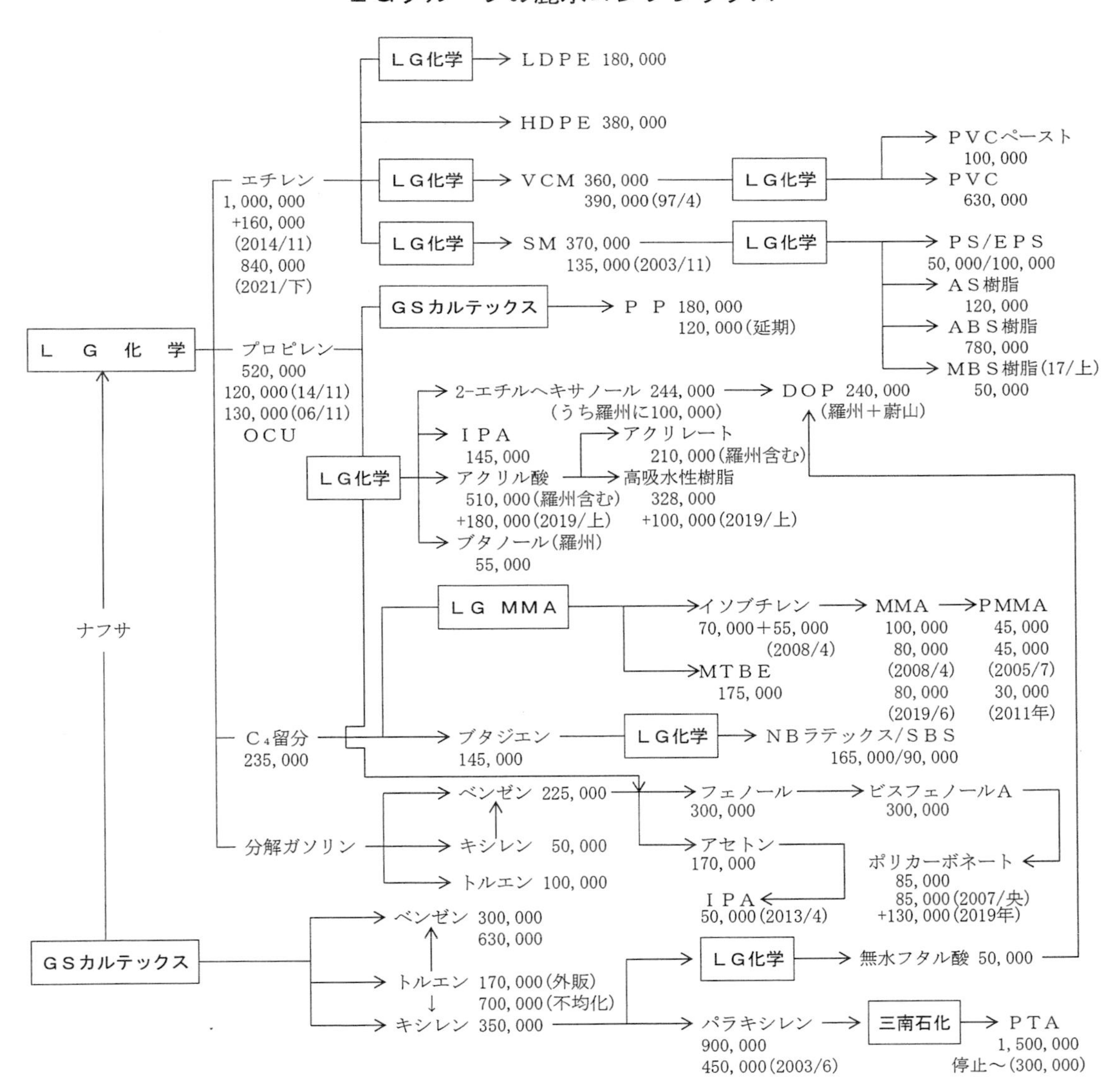

麗川ＮＣＣ(元大林産業)の麗水コンプレックス

(単位：t/y)

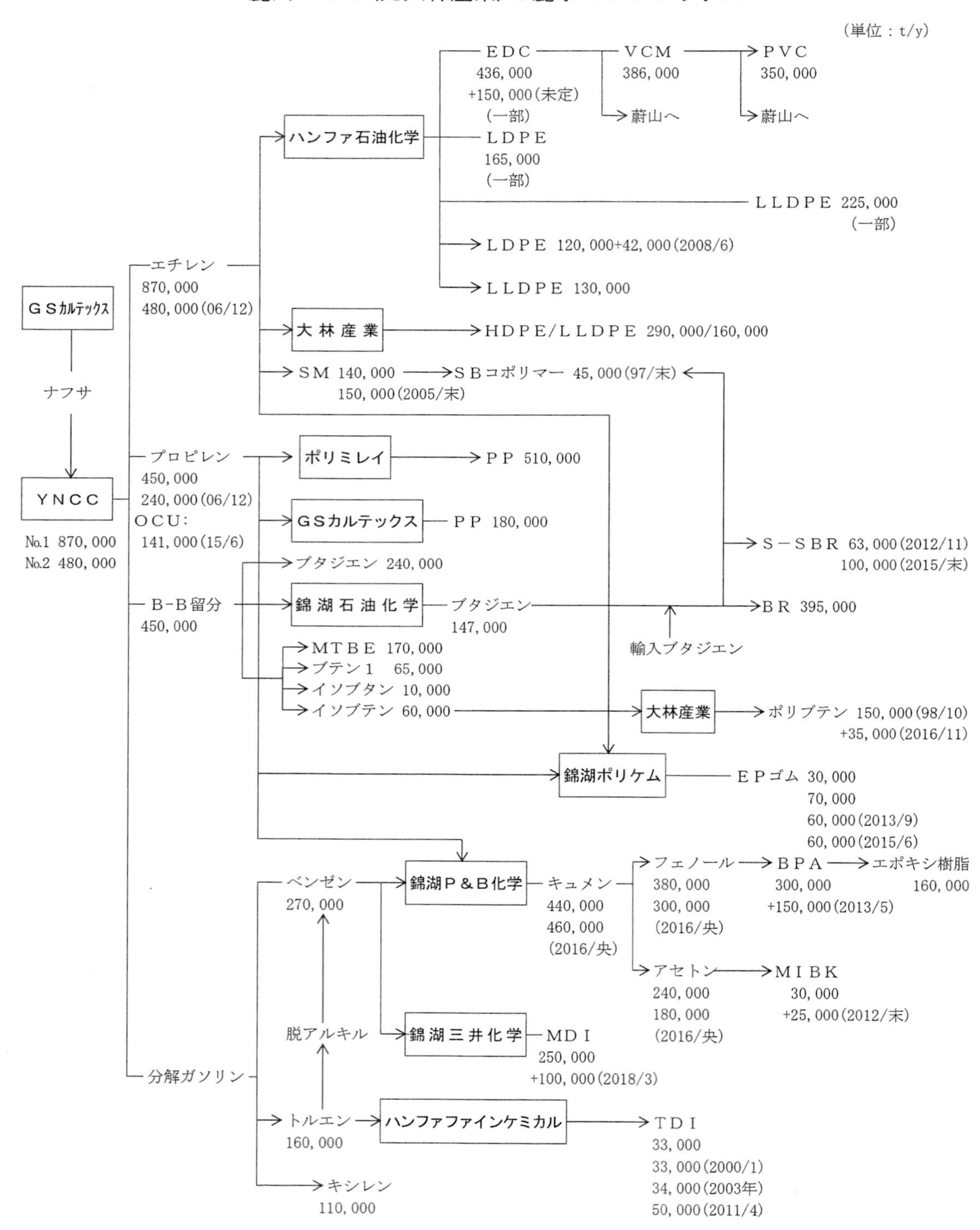

麗川ＮＣＣ（元ハンファ石油化学）の麗水コンプレックス

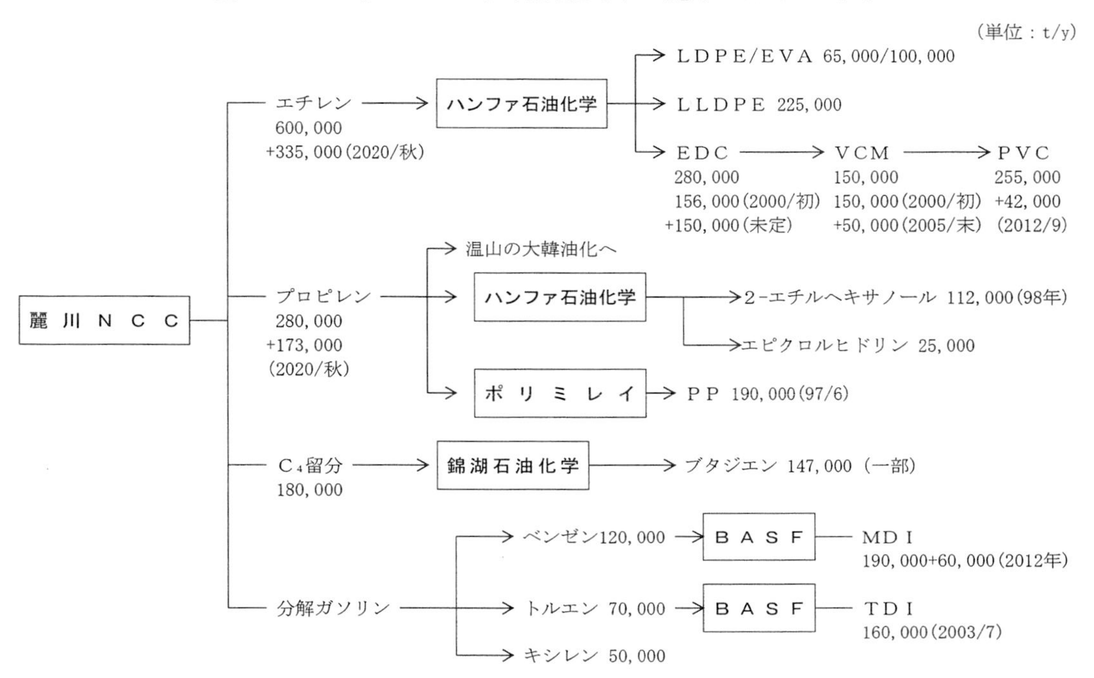

ロッテケミカルの麗水コンプレックス

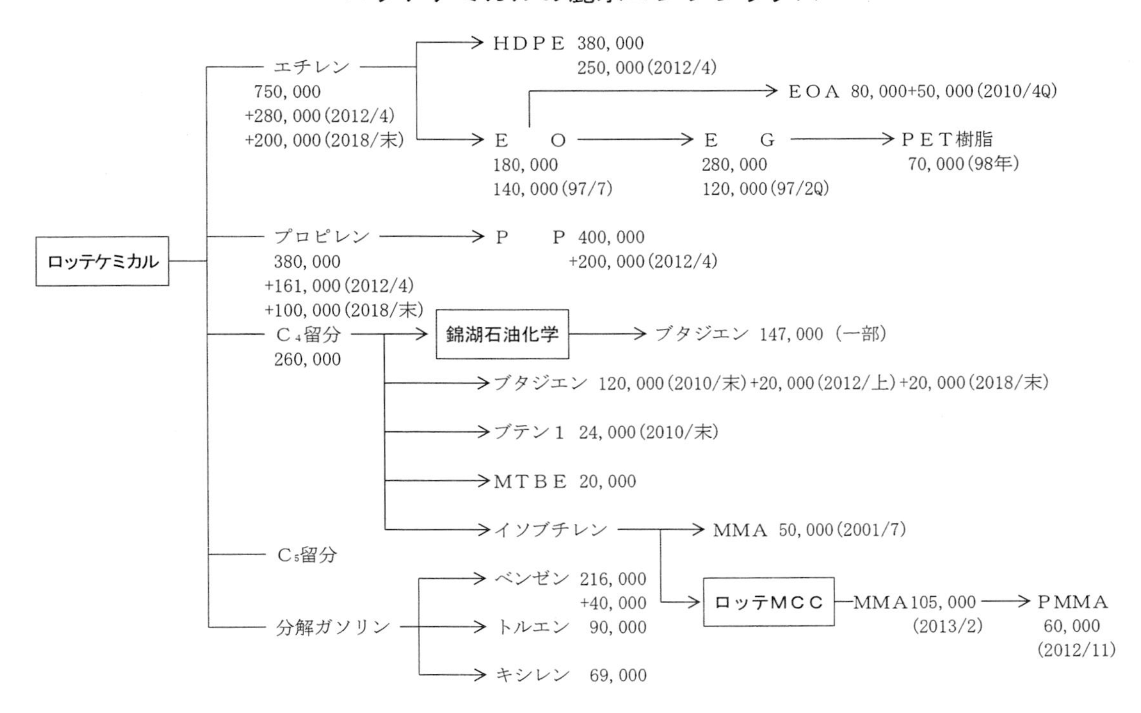

ロッテケミカルの大山コンプレックス

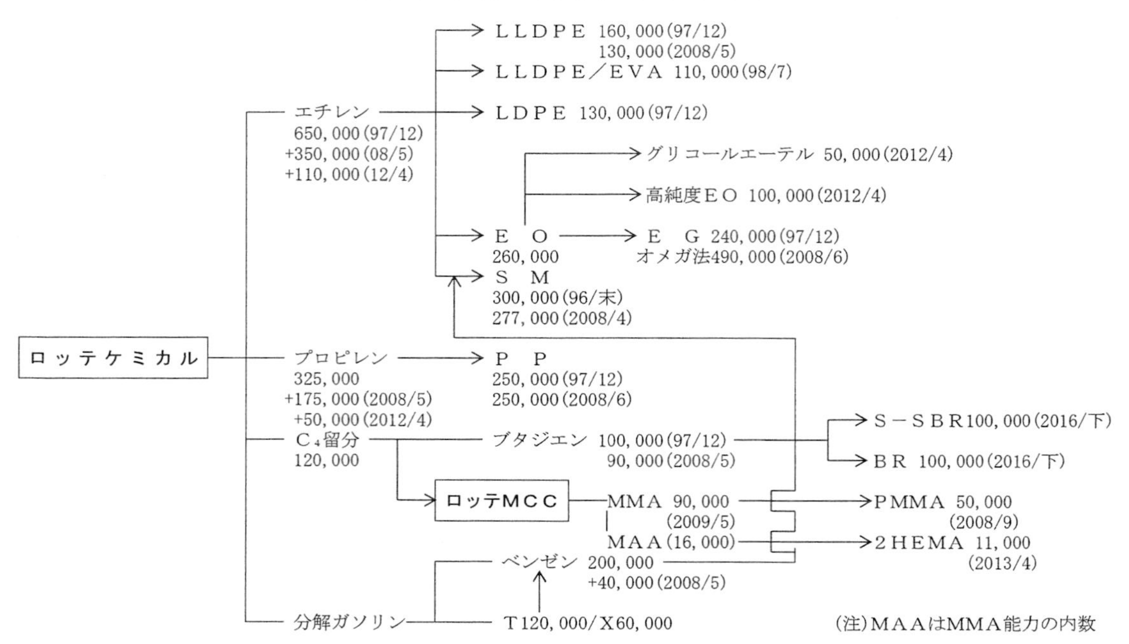

ＬＧ化学の大山コンプレックス

（単位：t/y）

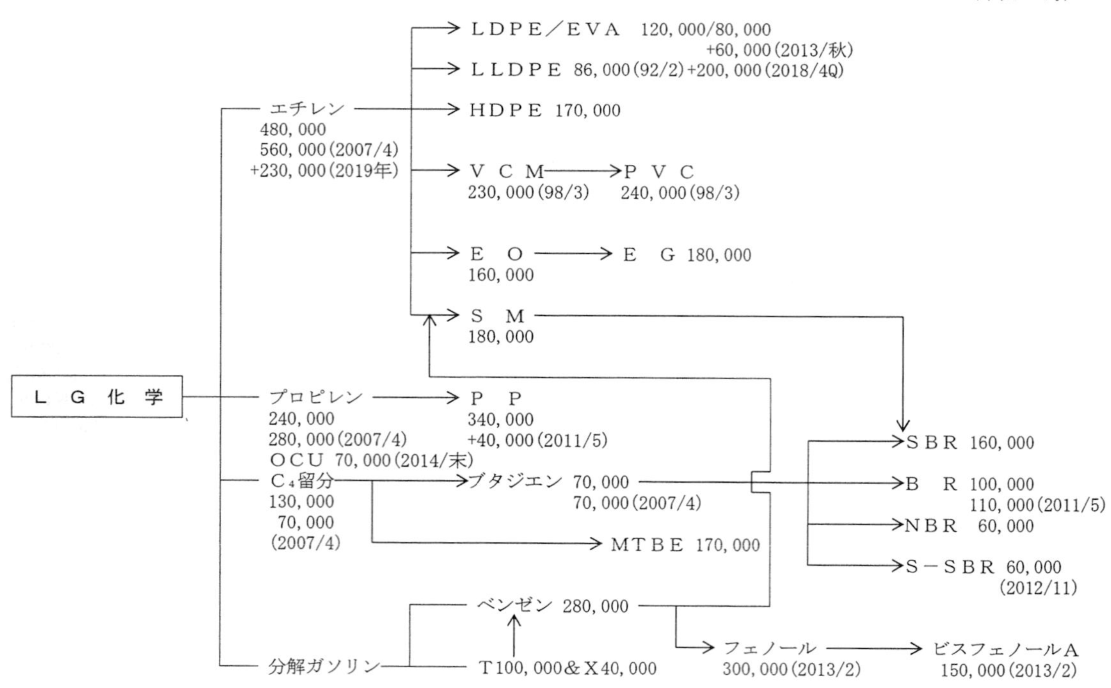

ハンファ・トタル・ペトロケミカルの大山コンプレックス

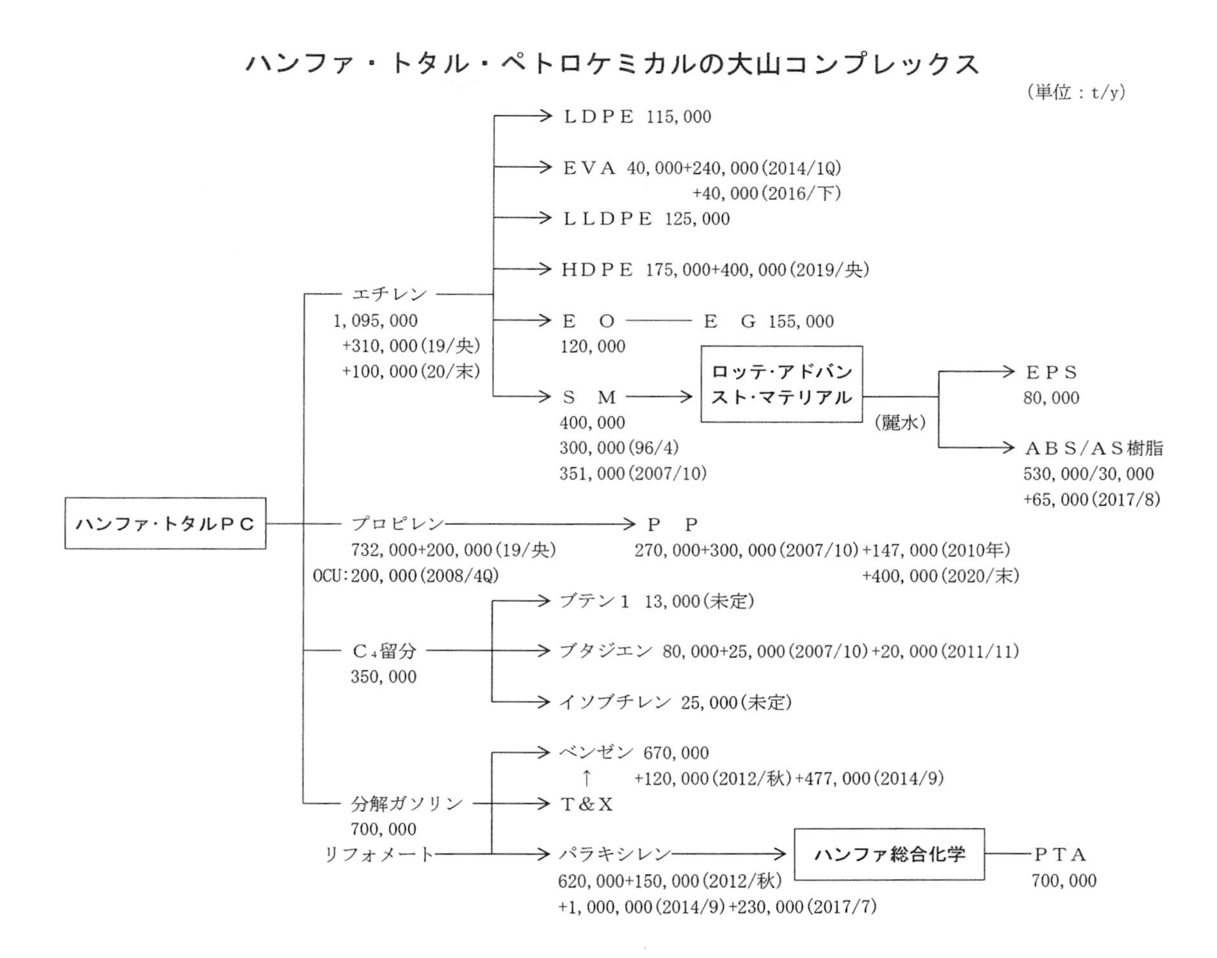

韓国の主要石油化学製品生産能力一覧

（単位：t/y）

製　　品	会　社　名	工　場	現有能力	新増設計画	完　成	備　　考
エ　チ　レ　ン	ＬＧ化学	麗　水	1,160,000	840,000	2021／下	ルーマス法、2014/11に15万t増強
	〃	大　山	1,040,000	260,000	2019／秋	ケロッグ法、2012/8に12万t増強
	ロッテケミカル	麗　水	1,030,000	200,000	2018／末	ルーマス法、2012/4に25万t増設
	〃	大　山	1,110,000			ケロッグ法、2012/4に11万t増強
	麗川ＮＣＣ	麗　水	1,350,000			ルーマス法、2010/6に６万t増強
	〃	〃	600,000	335,000	2020／秋	Ｓ＆Ｗ-ＡＲＳ法､2003/4に5万t増
	ハンファ・トタル	大　山	1,095,000	310,000	2019／央	ルーマス法、2011/11に15万t増強
	〃	〃		100,000	2020／末	第２期増強後150.5万t
	ＳＫグローバルケム	蔚　山	860,000			ケロッグ法、１号機17万tも稼働中
	大韓油化工業	温　山	800,000		91／10	ルーマス法、2017/央に33万t増設
	エスオイル	温　山	200,000		2018／６	ＨＳ-ＦＣＣ回収ガスが原料
	〃	〃		1,000,000	2023年	次期エチレンプラント計画
	現代ケミカル	大　山		750,000	2021／末	重質油や副生油が原料のＭＦＣ
	ＧＳカルテックス	麗　水		700,000	2022年	混合原料分解炉～2019年内に着工
		計	9,245,000	4,495,000		新増設後計1,143万t

韓　国

プロピレン	ＳＫグローバルケム	蔚　山	500,000			ＩＦＰ技術、2008年6.5万t増強
	ＳＫエナジー	〃	620,000		2008／末	ＲＦＣＣ回収プロピレンを精製
	ＳＫアドバンスト	〃	600,000		2016／５	PDH法、ＳＫガス/サウジAPC/PIC
	ＬＧ化学	麗　水	640,000	463,000	2021／下	91/7完成、2014/11に８万t増強
	〃	〃	130,000		2006／11	ルーマス技術ＯＣＵ
	〃	大　山	520,000	115,000	2019／秋	91/10完成、2012/8に６万t増強
	〃	〃	70,000		2014／末	ルーマス技術ＯＣＵ
	麗川ＮＣＣ	麗　水	690,000			2006/末20万t＋2010/6に2.5万t増
	〃	〃	280,000	173,000	2020／秋	96/央2.6万t＋2003/4に2.5万t増
	〃	〃	141,000		2015／６	ルーマス技術ＯＣＵ、稼働は10月
	ロッテケミカル	麗　水	520,000	100,000	2018／末	92/4完成、2012/4に12.5万t増
	〃	大　山	550,000			97/12完成、2012/4に６万t増強
	ハンファ・トタル	大　山	732,000	200,000	2019／央	ＩＦＰ技術、2011/11に10万t増
	〃	〃	200,000		2008／4Q	ルーマス技術ＯＣＵ
	エスオイル	温　山	200,000		97／末	ＲＦＣＣ回収プロピレン
	〃	〃	700,000		2018／６	ＨＳ-ＦＣＣ回収プロピレン
	〃	〃		500,000	2023年	次期エチレン計画で併産予定
	大韓油化工業	温　山	400,000		91／10	初期能力14.8万t、17/央17万t増設
	〃	〃	110,000		2005／末	ルーマス技術ＯＣＵ/ＴＥＣ
	暁星	蔚　山	500,000			ＵＯＰ・ＰＤＨ法、2015/夏30万t増
	ＧＳカルテックス	麗　水	476,000	350,000	2022年	ＲＦＣＣ回収、2013/初25万t増設
	現代オイルバンク	大　山	420,000		2011／５	ＦＣＣ回収、最大30万tまで可能
	現代ケミカル	大　山		390,000	2021／末	重質油や副生油が原料のＭＦＣ
	泰光産業	蔚　山	300,000			ＬＰＧの脱水素法、97/末完成
		計	9,299,000	2,291,000		
ブタジエン	ロッテケミカル	大　山	190,000			日本ゼオン、2008/5に５万t増
	〃	麗　水	140,000	20,000	2018／末	2012/春２万t増強～自社で抽出
	ＬＧ化学	麗　水	155,000			日本ゼオン技術、2012/末１万t増
	〃	大　山	140,000			日本ゼオン技術、2012/8に２万t増
	麗川ＮＣＣ	麗　水	240,000	130,000	2020／秋	日本ゼオン、2006/末に５万t増
	錦湖石油化学	麗　水	147,000			ＢＡＳＦ技術、2005年1.7万t増
	〃	蔚　山	90,000			ＪＳＲ技術、2005年に1.5万t増
	ＳＫグローバルケム	蔚　山	130,000			日本ゼオン技術、2007年３万t増
	ハンファ・トタル	大　山	125,000			日本ゼオン技術、2011/秋1.5万t増
	現代ケミカル	大　山		120,000	2021／末	重質油や副生油が原料のＭＦＣ
		計	1,357,000	270,000		
ブテン１	麗川ＮＣＣ	麗　水	65,000			スナムプロゲッティ技術～91/3
	ＳＫグローバルケム	蔚　山	44,000			日本ゼオン技術、2008年1.4万t増
	ロッテケミカル	麗　水	24,000		2010／末	ブタジエン設備と共に新設
		計	133,000			
イソブチレン	ＬＧ MMA	麗　水	70,000			住化技術、2003/5に倍増設
	麗川ＮＣＣ	麗　水	60,000			スナム・プロ技術
	松原産業（蔚山近郊）	梅　岩	40,000		2009／５	2010/5に１万t増強、酸化防止剤用
		計	170,000			
ＭＴＢＥ	ＬＧ　MMA	麗　水	175,000			最大20万tの回収可能
	ＬＧ化学	大　山	170,000			99／５旧現代石油化学から買収
	ＳＫグローバルケム	蔚　山	178,000			89/11完成、96/末に６万t増設
	麗川ＮＣＣ	麗　水	170,000			スナム・プロ技術、初期能力9.2万t
	ＧＳカルテックス	麗　水	100,000			ＲＦＣＣ導入に連動
	エスオイル	温　山	60,000			ＲＦＣＣ導入に連動、97/末完成
	ロッテケミカル	麗　水	20,000			
		計	873,000			

ベ　ン　ゼ　ン	ＳＫグローバルケム	蔚　山	603,000			シェル法、2006/7に３号機
	ＳＫ仁川石油化学	仁　川	600,000			ＩＦＰ技術、2010年に６万t増強
	蔚山アロマティックス	蔚　山	600,000		2014／６	ＰＸ併産(ＳＫ/ＪＸＴＧ合弁)
	ハンファ・トタル	大　山	280,000			ＩＦＰ/クルップ･コッパース技術
	〃	〃	510,000			ＵＯＰ/ＴＤＰ法､2012/秋12万t増
	〃	〃	477,000		2014／７	ＵＯＰ技術、ＰＸ100万tを併産
	ＧＳカルテックス	麗　水	300,000			ＵＯＰ技術、2000/6に倍増設
	〃	〃	630,000		2003／４	トルエン不均化法､2008年13万t増
	現代コスモペトケム	大　山	240,000		98／１	ＰＸ併産､2012/12に12万t増設
	現代ケミカル	〃	430,000		2016／11	ＵＯＰ技術､ＨＤＯ60%/ロッテ40%
	エスオイル	温　山	300,000			トルエン不均化より、97/秋完成
	〃	〃	300,000		2011／４	倍増設後60万t
	ロッテケミカル	麗　水	216,000	40,000	2018／末	Ｔ＆Ｘの脱アルで12万t可能
	〃	大　山	240,000			97／12完成、2008/5に４万t増強
	〃	蔚　山	110,000			ＵＯＰ技術、95/11に７万t増設
	ＬＧ化学	麗　水	225,000			ハイドロカーボンリサーチ技術
	〃	大　山	280,000		91／10	ＩＦＰ/ＨＲＩ法､2007/春７万t増
	麗川ＮＣＣ	麗　水	390,000			シェル法、内12万tは元ハンファ
	ＯＣＩカンパニー	光　陽	200,000			95年完成
	大韓油化工業	温　山	180,000		2009年	自社抽出を開始
		計	7,111,000	40,000		(粗ベンゼン除く)
ト　ル　エ　ン	ＳＫグローバルケム	蔚　山	894,000			シェル法、2006/7に３号機
	エスオイル	温　山	350,000			トルエン不均化装置へ
	麗川ＮＣＣ	麗　水	160,000			タトレー法へ､89/9に6.6万t増設
	〃	〃	70,000			92/12完成
	ロッテケミカル	麗　水	90,000			脱アルキル向け含む、92/5完成
	〃	大　山	120,000			アクセンス(ＩＦＰ)/ＨＲＩ技術
	ＬＧ化学	麗　水	100,000			ＨＣＲ技術、99/5に３万t増強
	〃	大　山	100,000			
	ＧＳカルテックス	麗　水	170,000			ＵＯＰ技術、98/1に９万t増強
	大韓油化工業	温　山	70,000		2009年	自社抽出を開始
	ＯＣＩカンパニー	光　陽	40,000			95年完成
		計	2,164,000			*トルエン不均化用は計に含まず
キ　シ　レ　ン	ＳＫグローバルケム	蔚　山	1,506,000			シェル法、2006/7に３号機
	ＳＫ仁川石油化学	仁　川	*600,000			ＩＦＰ技術､*全量ＰＸ用に自消
	ＧＳカルテックス	麗　水	350,000			ＵＯＰ技術
	エスオイル	温　山	450,000			トルエン不均化装置より35万t
	麗川ＮＣＣ	麗　水	160,000			うち５万tは元ハンファ石化分
	ＬＧ化学	麗　水	50,000			ＨＣＲ技術、99/5に設置
	〃	大　山	40,000			
	ロッテケミカル	麗　水	69,000			脱アルキル向け含む、92/5完成
	〃	大　山	60,000			アクセンス(ＩＦＰ)/ＨＲＩ技術
	大韓油化工業	温　山	40,000		2009年	自社抽出を開始
	現代ケミカル	大　山	1,000,000		2016／11	ＵＯＰ技術､ＨＤＯ60%/ロッテ40%
		計	3,725,000			
オルソキシレン	ロッテケミカル	蔚　山	210,000			ＵＯＰ技術、2010年4.5万t増設
	ＳＫグローバルケム	蔚　山	200,000			エンゲルＵＯＰ法、98/7に倍増設
メタキシレン	ロッテケミカル	蔚　山	160,000	200,000	2019／下	増設後36万t、ＰＩＡ用に自消
パラキシレン	ＳＫグローバルケム	蔚　山	350,000			エンゲル･ＵＯＰ法､95/春５万t増
	〃	〃	480,000			レイセオン技術、97/央完成
	蔚山アロマティックス	〃	1,000,000		2014／６	ＪＸ50%出資(ＳＫ１株だけ多い)
	ＳＫ仁川石油化学	仁　川	1,500,000		2014／７	
	ハンファ・トタル	大　山	770,000			ＵＯＰ/ＴＤＰ法､2012/秋15万t増
	〃	〃	1,230,000		2014／７	ＵＯＰ技術､ベンゼン42万tを併産
	エスオイル	温　山	1,900,000			ＩＦＰ技術、2011/春90万t増設
	ＧＳカルテックス	麗　水	1,350,000			ＵＯＰ技術、2003/4に45万t増設
	現代コスモペトケム	大　山	380,000		98／１	ベンゼン併産、2005/央６万t増強
	〃	〃	800,000		2012／12	コスモ石油と折半､当初2013/9完成
	ロッテケミカル	蔚　山	750,000			ＵＯＰ技術、2000年に10万t増
		計	10,510,000			

韓　国

Ｌ　Ｄ　Ｐ　Ｅ	ハンファ石油化学	蔚　山	120,000			ダウ技術オートクレーブ法
	〃	麗　水	165,000			ダウ技術チューブラー法
	〃	〃	162,000			ＩＣＩ技術、2008/6に4.2万t増強
	ＬＧ化学	麗　水	180,000			ＬＤ/ＬＬ/ＶＬの生産可能
	〃	大　山	120,000			ＢＡＳＦ技術、初期能力10万t
	ロッテケミカル	大　山	130,000			ＢＡＳＦ技術
	ハンファ・トタル	大　山	155,000			三菱化学技術、91/7、ＥＶＡを併産
		計	1,032,000			
Ｅ　Ｖ　Ａ	ロッテケミカル	大　山	110,000		98／7	エクソン技術、ＬＬ併産能力含む
	ハンファ・トタル	大　山	*80,000		91／7	三菱化学技術、*ＬＤ能力の内数
	〃	〃	280,000		2014／1Q	ＥＶＡ専用バセルLupotech T技術
	ＬＧ化学	大　山	140,000		91／10	ＢＡＳＦ技術、2013/秋６万t増設
	ハンファ石油化学	蔚　山	*63,000			ダウ技術、2012/秋４万t増設
	〃	麗　水	*100,000			ダウ技術、16.5万t能力の内数
		計	530,000			ＥＶＡの内*印はＬＤ能力の内数
Ｌ Ｌ Ｄ Ｐ Ｅ	ハンファ石油化学	麗　水	225,000			ＵＣＣ法、96年1.8万t増強
	〃	〃	130,000			ハイモント技術SPHERILENE法
	ロッテケミカル	大　山	290,000			ユニポール法、2008/5に13万t増設
	ＳＫグローバルケム	蔚　山	180,000			デュポン・カナダ法
	韓国ネクスレン	〃	230,000		2014／2Q	ＳＫ技術Nexlene法メタロセンL-L
	大林産業	麗　水	160,000			フィリップス法、2010年８万t増設
	ハンファ・トタル	大　山	125,000			ＢＰケミカルズ法、94/7完成
	ＬＧ化学	大　山	86,000	200,000	2018／4Q	スタミカーボン法、92/2完成
		計	1,426,000	200,000		ＬＬ/ＨＤより24.5万tの加算可能
ポリエチレン	ＬＧ化学	麗　水		800,000	2021／下	エチレン84万tの川下計画
	現代ケミカル	大　山		750,000	2021／末	エチレン75万tの川下計画
	ＧＳカルテックス	麗　水		500,000	2022年	エチレン70万tの川下計画
Ｈ　Ｄ　Ｐ　Ｅ	ＬＧ化学	麗　水	380,000			ヘキスト技術、2010/7に４万t増
	〃	大　山	170,000			フィリップス技術、91/9完成
	大韓油化工業	蔚　山	530,000			チッソ法、2008年に８万t増設
	大林産業	麗　水	290,000			フィリップス法、ＬＬ16万tを併産
	ロッテケミカル	麗　水	630,000			三井化学技術、2012/4に25万t増設
	ＳＫグローバルケム	蔚　山	140,000			三井化学技術、増設後ＨＤで21万t
	〃	〃	70,000			デュポン・カナダ法、ＬＬ併産設備
	ハンファ・トタル	大　山	175,000	400,000	2019／央	ＡＤＬ法、91/6完成=三井化学技術
		計	2,385,000	400,000		ＬＬ/ＨＤより35.8万tの加算可能
Ｐ　　Ｐ	ロッテケミカル	麗　水	600,000			三井化学技術、2012/央20万t増設
	ロッテケミカル	大　山	250,000			モンテル技術
	〃	〃	250,000		2008／6	バセル技術Spherizone法
	ハンファ・トタル	大　山	270,000	400,000	2020／末	91/6完成の27万tは三井化学技術
	〃	〃	447,000		2007／10	バセル法/テクニモント、初期30万t
	ポリミレイ	麗　水	510,000			モンテル技術スフェリポール法
	〃	〃	190,000		97／6	ＵＣＣ技術ユニポール法
	ＳＫアド/ポリミレイ	蔚　山		400,000	2021／上	バセル技術Spheripol法、合弁事業
	ＳＫグローバルケム	蔚　山	390,000			モンテル技術、96/末に倍増設
	大韓油化工業	蔚　山	470,000			チッソ法、2008年に12万t増設
	ＬＧ化学	大　山	380,000			モンテル技術、2011/5に４万t増設
	暁星	蔚　山	120,000		91／7	三井化学技術
	〃	〃	430,000			ユニポール法、2017/1に20万t増設
	ＧＳカルテックス	麗　水	180,000			ＵＣＣ技術ユニポール法
	エスオイル	温　山	405,000		2018／下	住化技術、ＲＦＣＣ回収原料使用
	現代ケミカル	大　山		400,000	2021／末	プロピレン40万tの川下計画
		計	4,892,000	1,200,000		
Ｅ　Ｄ　Ｃ	ハンファ石油化学	麗　水	436,000			ダウ技術、2000/春15万t増設
	〃	蔚　山	215,000			91/7完成、2008年6.5万t増強
	ＬＧ化学	麗　水	640,000			97/4完成、2013年倍増設
		計	1,291,000			

V　C　M	ＬＧ化学	麗　水	360,000			ＢＦグッドリッチ技術
	〃	〃	390,000			97/4倍増設、2013年７万t増強
	〃	大　山	230,000			98/3完成、原料ＥＤＣは輸入
	ハンファ石油化学	蔚　山	264,000			91/7に15万t増設
	〃	麗　水	386,000			ダウ技術、2005/末５万t増強
		計	1,630,000			
P　V　C	ＬＧ化学	麗　水	730,000			うちペースト10万t、2015年5万t増
	〃	大　山	240,000			98/3完成、2015年２万t増強
	ハンファ石油化学	蔚　山	300,000			信越化学技術、うちペースト10万t
	〃	麗　水	350,000			カネカ技術、2012年4.2万t増設
		計	1,620,000			
S　M	ハンファ・トタル	大　山	400,000			バジャー技術１号機
	〃	〃	651,000			バジャー技術２号・３号機
	ＬＧ化学	麗　水	370,000			モンサント技術、93/6に３万t増強
	〃	〃	135,000		2003／11	ルーマス技術
	〃	大　山	180,000	60,000	未　定	バジャー技術、2011年６万t増強
	ロッテケミカル	大　山	577,000			バジャー技術、2008/4に17万t増設
	ＳＫＣ	蔚　山	400,000			アーコ法：ＰＯ併産、95/秋５万t増
	ＳＫグローバルケム	蔚　山	260,000			2009/8にＢＡＳＦから買収
	麗川ＮＣＣ	麗　水	290,000			バジャー技術、2005/11に15万t増
		計	3,263,000	60,000		
P　S	スタイロルーション	蔚　山	266,000			ＢＡＳＦ技術、2010年1.6万t増強
	ＬＧ化学	麗　水	50,000			三井化学技術、ＥＰＳ込み14万t
	錦湖石油化学	蔚　山	230,000			自社/コスデン技術、ＥＰＳ８万t
	現代エンプラ	蔚　山	150,000		89／春	東部ハイテクから2010/4買収
		計	696,000			ＥＰＳと合わせ計120.1万t
発泡ポリスチレン（ＥＰＳ）	ＳＨケミカル	群　山	120,000			全量ＥＰＳ、旧新湖油化
	ＬＧ化学	麗　水	100,000			三井化学技術、別にＰＳ５万t
	ＢＡＳＦ	蔚　山	85,000	20,000	2018／4Q	ＢＡＳＦ技術
	ロッテアドバンスト	麗　水	80,000			三菱モンサント法
	錦湖石油化学	蔚　山	80,000			自社/コスデン技術、ＰＳ23万t
	現代エンプラ	蔚　山	60,000		92／１	東部ハイテクから2010/4買収
		計	525,000	20,000		ＰＳと合わせ計120.1万t
ＡＢＳ樹脂（ＡＳ樹脂含む）	ＬＧ化学	麗　水	900,000			ＪＳＲ技術、ＳＡＮ12万t含む
	ロッテアドバンスト	麗　水	670,000			三菱レイヨン技術、ＡＳ３万t含む
	スタイロルーション	蔚　山	276,000			ＢＡＳＦ技術、2010年2.6万t増
	錦湖石油化学	蔚　山	250,000			日本Ａ＆Ｌ技術、95年に７万t増設
		計	2,096,000			ＬＧはＭＢＳ樹脂５万tも保有
E　O	ロッテケミカル	麗　水	320,000			シェル法、97/7に10万t増設
	〃	大　山	260,000			ＳＤ法、97/12完成、外販能力６万t
	ＬＧ化学	大　山	160,000			ＳＤ法、91/10完成、外販能力４万t
	ハンファ・トタル	大　山	120,000			ＳＤ技術
	大韓油化工業	蔚　山	80,000		2014／６	ＥＧと合わせ総工費2,000億W
		計	940,000			
E　G	ロッテケミカル	麗　水	400,000			シェル法、97/7に12万t増設
	〃	大　山	250,000		97／12	ＳＤ技術
	〃	〃	480,000		2008／６	シェル/三菱化学技術オメガ法
	ＬＧ化学	大　山	180,000			ＳＤ技術、初期能力10万t
	ハンファ・トタル	大　山	155,000			ＳＤ技術、91/6完成
	大韓油化工業	蔚　山	200,000		2014／６	高純度ＥＯと合わせ工費2,000億W
		計	1,665,000			

韓　　国

P　T　A	ハンファ総合化学	蔚　山	1,300,000			アモコ法、2011/末20万t増設
	〃	大　山	700,000			テクニモント法､2005/末10万t増
	三南石油化学	麗　水	800,000			三菱化学技術、30万t系列停止中
	〃	〃	700,000		2003／3	ＱＴＡ､2006/3と11/7に各10万t増
	ロッテケミカル	蔚　山	600,000			テクニモント法、PIAに70万t転用
	泰光産業	〃	1,000,000			テクニモント法、2008/春58万t増
	ＳＫ石油化学	〃	520,000			イーストマン法、2014/7停止も再開
	暁星	〃	420,000			三井化学技術、97/4完成
		計	6,040,000			
D　M　T	ＳＫ石油化学	蔚　山	140,000			イーストマン法､2016/6に６万t増
P　I　A	ロッテケミカル	蔚　山	460,000	380,000	2019／下	高純度タイプ､2016年に20万t増設
A　N	東西石油化学	蔚　山	(70,000)			ソハイオ/旭化成プロパン法兼用
	〃	〃	245,000	2020年まで	2003／3	大林エンジ、2006/末３万t増
	〃	〃	245,000	に１割増強	2013／2	旭化成法､増設後54.5万t､200億円
	泰光産業	〃	290,000			モンサント/スナム、97/2Q完成
		計	780,000	50,000		
カプロラクタム	カプロ	蔚　山	120,000			スタミカーボン法､内６万t停止中
	〃	〃	150,000		2004／6	３号機、宇部興産技術/ＴＥＣ
		計	270,000			
シクロヘキサン	カプロ	蔚　山	190,000			２系列、2010年に７万t増設
	ＳＫグローバルケム	〃	160,000			ＵＯＰ法、2008年に２万t増強
		計	350,000			
D　N　T	ＢＡＳＦ	麗　水	200,000			自社技術
〃	HU-CHEMS	麗　水	143,000			旧南海化学、2000/5に4.7万t増
		計	343,000			
アジピン酸	ローディアポリアミド	温　山	130,000			ローディア技術、2003/春倍増設
酢　酸	ロッテＢＰ化学	蔚　山	570,000			ＢＰ技術メタ法、2011年８万t増
	ＯＣＩカンパニー	群　山	27,000			ポバール回収酢酸
酢酸ビニル	ロッテＢＰ化学	蔚　山	200,000			ＢＰ技術、2010年５万t増強
ポバール	ＯＣＩカンパニー	群　山	27,000			91/9完成、95年倍増設
アセトＡＬＤ	韓国アルコール産業	蔚　山	30,000			アルデヒド技術、95年6,000t増強
合成エタノール	〃	〃	60,000			シェル技術、95年に倍増設
無水エタノール	〃	〃	15,000			98年に設置
エチルアミン	〃	〃	5,000			98/11完成、建設費100億W
酢酸エチル	〃	〃	100,000			95/2に５万t増設～後に2.1万t増
酢酸ブチル	〃	〃	25,000			99年事業化
ペンタエリスリトール	裕進化学	不　明	4,000			
	三洋化学	不　明	3,000			
NPG	ＬＧ化学	麗　水	100,000			2011/下に3.5万t増強
エタノールアミン	ＫＰＸグリーンケム	蔚　山	25,000			2003/1にＫＰＸケミカルから分離
I　P　A	ＬＧ化学	麗　水	145,000			ヒュルス技術、93/7操開
	〃	大　山	50,000		2013／春	アセトン法で新設
	梨樹化学	蔚　山	60,000			
		計	255,000			
エピクロルヒドリン	ロッテ精密化学	蔚　山	120,000			99/9操業開始～2013年倍増設
	ハンファ石油化学	麗　水	25,000			伊コンゾ技術、91/10完成
		計	145,000			
アクリル酸	ＬＧ化学	麗　水	445,000	180,000	2019／上	日触技術､2015/夏16万t増設
〃	〃	羅　州	65,000			アクリル酸の合計能力51万t
アクリレート	〃	〃	25,000			アクリレートの合計能力21万t
〃	〃	麗　水	185,000			〃　､97/初完成
精製アクリル酸	〃	〃	320,000			〃　(アクリル酸の内数)

高吸水性樹脂	ＬＧ化学	金　泉	72,000		96／春	コーロンより買収、98/末倍増
	〃	麗　水	328,000	100,000	2019／上	2014/春と2015/夏に各８万t増設
	松原産業	梅　岩	5,000			梅岩は蔚山近郊
	スミトモセイカＰＫ	麗　水	59,000	59,000	2018／末	2016/9稼働、住精ポリマーズ コリア
		計	464,000	159,000		
２エチルヘキサノール	ＬＧ化学	麗　水	144,000			ＵＣＣ技術、96/9羅州から移設
	〃	羅　州	100,000			
	ハンファ石油化学	麗　水	112,000			２ＥＨの事業売却を検討中
		計	356,000			
ブタノール	ＬＧ化学	羅　州	55,000			イソブタノールを３万t併産可能
	ハンファ石油化学	麗　水	11,000			
		計	66,000			
1,4-ブタンジオール(1,4-ＢＤ)	Korea ＰＴＧ	蔚　山	30,000			ＡＬＭＡ法～ＭＡから一貫生産
	ＳＫグローバルケム	〃	40,000		2008／初	インビスタ法/ＦＷ、アセチレン系
		計	70,000			
無水マレイン酸	Korea ＰＴＧ	蔚　山	30,000			ＡＬＭＡ法、1,4-ＢＤ原料に自消
	龍山化学	蔚　山	18,000			三井化学技術、93年1,000t増強
	〃	〃	20,000		98／3Q	米ハンツマン固定床ブタン法
	愛敬油化	蔚　山	8,000			フタル酸の副産品、96/夏倍増設
	ハンファ石油化学	蔚　山	4,000			フタル酸のバイプロ
		計	80,000			
ＴＨＦ	Korea ＰＴＧ	蔚　山	10,000			1,4-ブタンジオールと併産
ＰＴＨＦ	ＢＡＳＦ	蔚　山	40,000		98／９	自社法「PolyTHF」2000/春5割増
ＰＴＭＥＧ	龍山化学	蔚　山	30,000			愛敬油化から2005年買収し３倍増
アクリル分散剤	〃	〃	25,000			98/末に栗村化学から買収
ＶＡＥ分散剤	ワッカー・ケミー	蔚　山	90,000			2013/1に４万t増設
炭化水素系溶剤	コリア・パーケム	麗　水	25,000			エクソン/湖成石油化学の合弁
ＴＨＰＡ	龍山化学	蔚　山	6,000			93年に倍増設
マリック酸	〃	〃	3,800			94年企業化
フマル酸	龍山化学	蔚　山	6,000			三井化学技術、98年1,000t増強
	愛敬油化	蔚　山	2,000			
		計	8,000			
アクリルアミド	龍山三井化学	蔚　山	10,000		2002／春	三井化学技術バイオ法
	〃	〃	20,000			同上
	東西石油化学	蔚　山	10,000			バイオ法、2000/4に5,000t増
		計	40,000			
ＭＭＡ	ＬＧ MMA	麗　水	180,000	80,000	2019／央	直酸法、2008/4に7.6万t増設
	ロッテケミカル	〃	50,000		2001／７	三井化学技術イソブチレン直酸法
	ロッテＭＣＣ	大　山	90,000		2009／５	三菱ケミ/ロッテ、２万tはＭＡＡ
	〃	麗　水	105,000		2013／２	第２工場、総工費190億円前後
		計	425,000	80,000		
ＰＭＭＡ	ＬＧ MMA	麗　水	45,000			ＬＧ化学から99/初買収
	〃	〃	75,000		2005／７	住化技術２号機、2011年３万t増設
	ロッテＭＣＣ	麗　水	50,000		2008／９	三菱ケミ/ロッテ、2011/初１万t増
	〃	〃	60,000		2012／11	第２工場、三菱レ技術光学用
	アルケマ・コリア	鎭　海	(15,000)			米ＰＴＩ法、98/末ハンファより
		計	230,000			
アクリル系人工大理石	ハンファ・リビング	芙　江	5,000			「ハネックス」、98/10に3,000t増
	ＬＧ化学	清　川	4,000			日本触媒にＯＥＭ供給中
	デュポン・コリア	蔚　山	3,000			「ストネックス」暁星から買収
	ロッテアドバンスト	安　養	1,200			サムスンＳＤＩから2016/3買収
		計	13,200			

韓　　国

特殊可塑剤（DINP／DIDPなど）	ＬＧ化学	蔚　山	50,000			他にＴＯＴＭ、ＤＯＡ、ＤＢＰ等
	ＯＣＩカンパニー	浦　項	55,000			92/3Q完成、2010年5,000t増 (DINP/DIDP併産プラント)
Ｄ　Ｏ　Ｐ	愛敬油化	蔚　山	435,000			2012年６万t+2018/央2.5万t増強
	ＬＧ化学	羅　州	160,000			95年に8.5万t増設、蔚山と計23万t
	〃	蔚　山	80,000			92/央２万t増設、特殊可塑剤併産
	ハンファ石油化学	蔚　山	70,000			ＯＣＩから2009/6買収
	〃	鎮　海	90,000			91/5に２万t増設、ＤＯＡ併産
		計	835,000			
無水フタル酸	愛敬油化	蔚　山	200,000			VON HEYDEN 技術、10年２万t増
	ＯＣＩカンパニー	浦　項	60,000			VON HEYDEN 技術、97年２万t増
	ハンファ石油化学	蔚　山	71,000			ＯＣＩから2009/6買収
	ＬＧ化学	麗　水	50,000			日本触媒/アトケム技術、1.4万t増
		計	381,000			
Ｐ　Ｏ	ＳＫＣ	蔚　山	180,000			アーコ技術ＳＭ併産法
	〃	〃	130,000		2008／7	デグサ技術ＨＰＰＯ法
	〃	〃		200,000	2019年	ＨＰＰＯ法～ＢＡＳＦと合弁計画
	エスオイル	温　山	300,000		2018／下	住化技術、ＲＦＣＣ回収原料使用
		計	610,000	200,000		
Ｐ　Ｇ	ＳＫＣ	〃	150,000	100,000	2019年	90/末操開、2012年に２万t増強
Ｐ　Ｐ　Ｇ	ＫＰＸケミカル	蔚　山	220,000			三洋化成技術、2010年に４万t増
	ＢＡＳＦ	〃	90,000			2003年2.5万t＋2007年１万t増強
	三井ケミカルズＳＫＣポリウレタン	〃	200,000	200,000	未　定	ＳＫＣ/三井化学合弁のＭＣＮＳが2015/7発足、2012年6.5万t増設
	錦湖石油化学	〃	141,000		89／4	ダウ技術、2012年2.8万t増強
		計	651,000	200,000		
Ｔ　Ｄ　Ｉ	ＢＡＳＦ	麗　水	160,000		2003／7	ＢＡＳＦ技術
	ハンファ・ファイン	麗　水	150,000			ローディア技術、2011/4に５万t増
	ＯＣＩカンパニー	群　山	50,000			アライド・シグナル技術
		計	360,000			
Ｍ　Ｄ　Ｉ	錦湖三井化学	麗　水	350,000			三井化学技術、2018/3に10万t増設
	ＢＡＳＦ	〃	250,000			ＢＡＳＦ技術、2012年６万t増
	ダウケミカルコリア	〃	19,000			星和石油化学からダウが93/1買収
		計	619,000			
キュメン	錦湖Ｐ＆Ｂ化学	麗　水	900,000			UOP/アライド法、2016/央46万t増設
	ＬＧ化学	麗　水	805,000		2005／5	米ＫＢＲ技術、2017年47万t増設
	現代コスモペトケム	大　山		300,000	未　定	ベンゼンの誘導品計画
		計	1,705,000	300,000		
フェノール	錦湖Ｐ＆Ｂ化学	麗　水	680,000		2016年	UOP/アライド法、2016/央30万t増
	ＬＧ化学	麗　水	300,000		2005／5	米ＫＢＲ技術、2017年2.5万t増強
	〃	大　山	300,000		2013／2	キュメンからの一貫生産
		計	1,280,000			
アセトン	錦湖Ｐ＆Ｂ化学	麗　水	420,000		2016年	UOP/アライド法、2016/央18万t増
	ＬＧ化学	麗　水	170,000		2005／5	米ＫＢＲ技術、2014年１万t増強
	〃	大　山	185,000		2013／2	キュメンからの一貫生産
		計	775,000			
Ｂ　Ｐ　Ａ	錦湖Ｐ＆Ｂ化学	麗　水	300,000			出光/大林/月島、2013/央２万t増
	〃	〃	150,000		2013／5	出光興産技術/月島機械が5月納入
	ＬＧ化学	麗　水	300,000		2005／5	米ＲＰＰ技術、2008年18万t増設
	〃	大　山	150,000		2013／2	バジャー技術～キュメンから一貫
	三養イノケム	群　山	150,000		2012／3	三養社/三菱商事合弁、工費1.8億$
		計	1,050,000			

アルキルフェノール	松原産業	蔚　山	30,000			98年操業、アルキレーション５万t
	スケネクタディコリア	麗　水	30,000			錦湖石化から2001/12買収
		計	60,000			
Ｐ　Ｔ　Ｂ　Ｐ	松原産業	蔚　山	20,000		2003／６	98年操業、アルキレーション５万t
	スケネクタディ	麗　水	4,000		2003／央	スケネクタディ・コリアが新設
		計	24,000			
ビフェノール	松原産業	蔚　山	3,000		2001／７	ＬＣＰの原料、2006/末600t増強
Ｌ　Ａ　Ｂ	梨樹化学	蔚　山	180,000			ＵＯＰ技術、2010年に２万t増強
Ｈ　Ａ　Ｂ	〃	〃	17,800			ＵＯＰ技術
N-パラフィン	〃	温　山	220,000			90/5完成、2005年に２万t増強
Ｍ　Ｉ　Ｂ　Ｋ	錦湖Ｐ＆Ｂ化学	麗　水	55,000		91／５	シェル技術、2012/末2.5万t増設
Ｓ　Ｂ　Ｒ	錦湖石油化学	蔚　山	384,000			ＪＳＲ技術、2012/9に11万t増設
	ＬＧ化学	大　山	160,000			グッドイヤー技術、96/7完成
		計	544,000			
Ｓ－Ｓ　Ｂ　Ｒ	錦湖石油化学	麗　水	63,000		2012／11	ＪＳＲ技術溶液重合法
	ＬＧ化学	大　山	60,000			溶液重合法
	ロッテ・ベルサリス	麗　水	100,000*		2017／11	溶液重合法～*ＢＲとの併産設備
		計	223,000			
ＳＢ／ＮＢラテックス	錦湖石油化学	蔚　山	483,000			ＪＳＲ技術、ＳＢ８万t/ＮＢ40万t
	ＬＧ化学	麗　水	165,000			95/初完成、ＮＢＬ2005年２万t増
	韓国トリンセオ	蔚　山	43,000			ダウから買収
	ハンソルケミカル	全　州	80,000			96年完成、ハンソル製紙系列
		計	771,000			内訳：ＳＢＬ203千t/ＮＢＬ565千t
Ｂ　　Ｒ	錦湖石油化学	麗　水	350,000			Ｈ＆NdＢＲ、2011/2に12万t増設
	〃	〃	45,000			液状ＢＲ　　　ＢＲ計39.5万t
	ＬＧ化学	大　山	210,000		96／７	グッドイヤー技術、2011/5に+8万t
		計	605,000			
Ｎ　Ｂ　Ｒ	錦湖石油化学	蔚　山	87,000			2003年１万t＋2007年２万t増設
	ＬＧ化学	大　山	60,000			グッドイヤー技術、96/7完成
		計	147,000			
Ｈ　Ｓ　Ｒ	錦湖石油化学	蔚　山	10,000			96年に倍増設
ＶＰラテックス	ＬＧ化学	大　山	4,000			グッドイヤー技術、96/7完成
Ｅ　Ｐ　ゴ　ム	錦湖ポリケム	麗　水	30,000			ＪＳＲ技術、89/6に倍増設
	〃	〃	190,000			エクソン技術、2015/6に６万t増設
	ＳＫグローバルケム	蔚　山	35,000			2006/5から２万t能力で再開
	ロッテ・ベルサリス	麗　水	96,000		2017／11	伊ベルサリスとロッテの合弁事業
		計	351,000			
ポリブテン	大林産業	麗　水	185,000			2016/11の3.5万t増で高活性PB10万t
C_9系石油樹脂	コーロン	蔚　山	29,000			旧新日本石油技術、95年5,000t増
C_5系石油樹脂	〃	〃	50,000			三井化学技術、96年5,000t増強
クマロン樹脂	〃	〃	5,500			
石　油　樹　脂	〃	麗　水	60,000			2003年新設～2012年に５割増設
〃	〃	大　山	40,000			コーロンの石油樹脂計９万t
高分子凝集剤	二洋化学	蔚　山	5,000			三洋化成技術（ＰＡＭ系凝集剤）
フェノール樹脂	コーロン	金　泉	80,000			アルキルフェノール樹脂中心
〃	江南化成	蔚　山	32,000			90/3に３割増設、ＤＩＣ子会社
ポリウレタン	ＢＡＳＦ	麗　水	74,500			自社技術PUR-Ａ4.2万t/Ｂ3.25万t
Ｔ　Ｐ　Ｕ	松原産業	水　原	12,000			熱可塑性ウレタン、17/末5,000t増
イオン交換樹脂	三養ファインテクノ	群　山	２万㎥		2015／12	三菱化学法、三養社/三菱ケミ折半

韓　国

カーボンブラック	ＯＣＩカンパニー	浦　項	170,000			アッシュランド技術、12年３万t増
	〃	東光陽	100,000			東海カーボン技術、92/10完成
	現代ＯＣＩ	大　山	160,000		2017年	新設
	コロンビアン・ケミカルズ・コリア	麗　水	136,000			コロンビアン化学技術、96/6完成 2006/3にＯＣＩが買収
	オリオン・エンジニアドカーボンズ	麗　水	193,000			コンチネンタル、2013年3.6万t増、
		富　平	(55,000)		(2018年)	11/7エボニックCBコリアから買収
		計	759,000			
エポキシ樹脂	國都化學	釜　山	470,000			旧東都技術
	〃	裡　里			94／4	〃　、特殊液型
	〃	益　山			95／10	第２工場
	國都精密化學	始　華			96／春	
	錦湖Ｐ＆Ｂ化学	麗　水	152,000			シェル技術、2013/8に７万t増設
	ブルーキューブ	亀　尾	38,000			ダウ子会社、2003年に8,000t増強
	ベークライト	温　山	20,000			ＤＩＣ技術、ＬＧ化学から買収
	〃	〃	7,000			ダウ技術、92/央完成
	コーロン	金　泉	50,000			
		計	737,000			
ナイロン66樹脂コンパウンド	ローディア・ポリアミド	温　山	30,000			99/4暁星から買収～2003/春2割増
		〃	48,000		2008／４	重合設備を設置してレジン自給化
	デュポン	蔚　山	25,000			2007/夏に２万t増設
	ＫＳＩ	亀　尾	12,300			ローヌ・プーラン技術、90/央完成
		計	115,300			
ＳＢＳ樹脂	錦湖石油化学	蔚　山	70,000			スチレン・ブタジエン共重合樹脂
〃	ＬＧ化学	麗　水	90,000		98／６	ＦＩＮＡ技術、2010/央６万t増設
ＳＢＳ／ＳＩＳ	ロッテ・ベルサリス	麗　水	50,000		2018／央	併産プラントを2018/下から稼働
ＰＰＳ	ＩＮＩＴＺ	蔚　山	12,000		2015／秋	ＳＫケミカル/帝人34%出資合弁
〃	東レ尖端素材	群　山	8,600	検討中	未　定	東レ技術、2016/7竣工、ＣＰ3,300t
ＰＡＳ	ＢＡＳＦ	麗　水	12,000		2014／１	ポリアリルスルホン、2018/4倍増
エンプラ・コンパウンド	ＬＧ化学	麗　水	200,000			2011年４万t増強
	ロッテアドバンスト	麗　水	108,000			ＰＣ/ＰＢＴ/変性ＰＰＥなど
	アライド・シグナル	麗　水	40,000			ポリアミド樹脂や強化ＰＥＴなど
	ＫＳＩ	亀　尾	41,500			2012/央2.5万t増設
	ＢＡＳＦ	蔚　山	40,000			変性ＰＰＥ１万t含む
	〃	礼　山	36,000		2015／末	ポリアミド樹脂/ＰＢＴ
	ハネウェル	半　月	15,000		90／７	ＡＫＺＯ法、高合から2000年買収
		計	480,500			
ＰＰ複合樹脂	現代エンプラ	唐　津	20,000			米ＤＮＳインターナショナル技術
	バセル・コリア	蔚　山	10,000			モンテル技術、94/末完成
		計	30,000			
ＰＢＴ	ＬＧ化学	麗　水	8,000			米アライド技術
	錦湖石油化学	温　山	7,500			旧ＧＥ技術、ＣＴＥも併産
		計	15,500			
ポリアセタール	韓国エンプラ	蔚　山	145,000			三菱ガス化法、2014/1Qに3.5万t増
	ＬＧ化学	麗　水	20,000			宇部興産の気相法
	ハンファ石油化学	麗　水	10,000			ポーランドのポリメックス技術
	ＫＳＩ	金　泉	55,000		98／１	東レ技術、2012/1に３万t増設
	Kolon BASF innoPOM	〃	70,000		2018／10	コーロン/ＢＡＳＦの折半出資
		計	300,000			
ポリカーボネート	三養化成	全　州	120,000			三菱化学技術、2010年１万t増強
	ＬＧ化学	麗　水	170,000	130,000	2019年	2001/6稼働、2007/央倍増設
	ロッテアドバンスト	麗　水	240,000		2008／６	旭化成のメルト法、2012/7に増設
	ロッテケミカル	麗　水	110,000	110,000	2019／下	2008/夏稼働、旭化成技術メルト法
		計	640,000	240,000		

台　湾

概要

経済指標	統計値	備考
面　積	３万6,197km²	九州並みの大きさ、または韓国の３分の１強
人　口	2,357万人	2017年の推計
人口増加率	0.1%	2017年／2016年比較
ＧＤＰ	5,793億ドル	2017年（2016年実績は5,306億ドル）
１人当りＧＤＰ	24,577ドル	2017年（2016年実績は22,541ドル）
外貨準備高	4,515億ドル	2017年末実績（2016年末実績は4,342億ドル）

実質経済成長率（ＧＤＰ）	2012年	2013年	2014年	2015年	2016年	2017年
	2.1%	2.2%	4.0%	0.8%	1.4%	2.9%

	<2016年>	<2017年>	通　貨	ニュー台湾ドル（台湾元）
輸出（通関ベース）	$280,321m	$317,249m		１ＮＴ＄＝3.80円（2017年末）
輸入（通関ベース）	$230,568m	$259,266m		１ドル＝30.00NT$（2017年末）
全製造業の成長率	<2016年>3.06%　<2017年>4.35%			（2016年平均は32.3NT$）（2017年平均は30.4NT$）

台湾の2017年ＧＤＰ成長率は2.9%と、前年の1.4%から1.5ポイントも上昇した。貿易は輸出堅調が続き、2017年12月まで15カ月連続でプラス。好調な輸出に牽引されて輸入の伸び率も増加した。輸出依存度が高い台湾は、世界景気の低迷や資源安の影響を受けやすいが、2018年もＡＩ、ＩｏＴ、車載電子、電信５Ｇ向けの需要に牽引されて堅調さを維持できる見込み。ただし、米中の貿易摩擦による影響は注視する必要がある。

蔡英文政権は単一市場への過度な依存からの脱却を目指す「新南向政策」を推進しており、中国以外の国々との関係強化にも注力している。すでに対外直接投資全体に占める中国の割合は５割を切っており、引き続き低下傾向にある。ただし台湾経済部・統計処の統計によると、中国大陸向けの貿易総額は2017年に1,988億2,000万ドルとなり、前年との比較で10.1%増加。そのうち輸出額は436億1,000万ドル、輸入額は1,552億1,000万ドルだった。

台湾の石化業界は内需を中心に安定的に推移している。2017年の石化産業の６基礎原料と24中間体の2017年生産量は、定修の影響もあって2,966万トンと0.3%の微減。輸入は9.5%増、内需は前年並みだった。2017年はＦＰＣＣや、ＣＰＣの№３、№４クラッカーで定修があったことが生産減少に影響し、不足分は輸入により賄った。エチレンの生産量はこの数年420万トン前後を維持していたが、2017年は401万トン、プロピレンは５年連続で300万トン超えの331万トン、ブタジエンも５年連続で55万トン超えの56万トンだった。その半面厳しい環境規制に対応できず、2015年12月をもって高雄製油所が閉鎖されるなど、エネルギー・化学業界にとって台湾での生産活動や新増設計画は非常に困難な情勢に追い込まれているという側面もある。

台湾の石油化学工業発展史

1968／5	中国石油（ＣＰＣ）の第１ナフサクラッカーが操業開始→90/９で操業停止
73／7	中国石油化学のエタンクラッカーが操業開始→天然ガス不足のため90/９で操業停止
75／9	ＣＰＣの第２ナフサクラッカーが操業開始→94/４で操業停止
78／3	ＣＰＣの第３ナフサクラッカーが操業開始→2012/６で廃棄
84／4	ＣＰＣの第４ナフサクラッカーが操業開始
9	台湾プラスチック（ＦＰＣ）が初の民営ナフサクラッカー（第６クラッカー）計画を発表→86/７当局が許諾
86／2	国営企業委員会（ＭＯＥＡ）がＣＰＣの第５クラッカー計画に対して実行許可
87／7	政府が戒厳令を解除～その後環境保護運動が台頭し高雄の住民が第５クラッカー計画に反対
88／6	台湾エンジニアリングプラスチックス（長春石化／ポリプラスチックス／ヘキストグループ合弁）が発足
11	経済部が第６クラッカー計画を正式に承認（前月には林園の石化プラントが住民の抗議行動で操業停止）
89／3	旧ＩＣＩのＰＴＡ35万t計画を経済部が認可～92/６完工
7	高雄モノマーのＭＭＡプラントが廃酸の海洋投棄問題で操業停止→再開は廃棄物処理設備完成後の90/12
10	華夏グループの輸入エチレン貯蔵タンク（５月完成）に6,500t初入荷
11	聯成石油化学が群隆現代企業の可塑剤プラントを買収
11	信昌化工のフェノール／アセトン計画が承認さる（91/12ケロッグから技術導入）
12	ＵＳＩファーイーストのＬＬＤＰＥ／ＨＤＰＥ併産12万t工場が完成
90／1	奇美のＡＢＳ樹脂15万t新系列が完成～計50万tで世界一に拡大→95/末の20万t増設で100万tに
9	ＣＰＣの第５ナフサクラッカー建設工事着工～同時に№１分解炉が操停
11	ＵＣＣ／遠東紡織／三井物産合弁による加アルバータ＆オリエント・グリコール設立で合意
91／1	國喬石油化学と聯成石油化学の合弁会社・成國化学による台湾初のブタン法無水マレイン酸工場が完成
8	ＦＰＣグループ（台プラグループ）が第６ナフサクラッカーの建設地を雲林県麦寮に決定
9	台湾石化合成のブタン法無水マレイン酸工場が操業開始
92／2	台湾エンプラ（現ポリプラスチックス台湾）が建設した台湾初のポリアセタール工場が完成
5	台プラグループが台塑石化公司を設立
11	華夏プラスチックのＶＣＭ24万t工場が完成～12月同工場を台湾ＶＣＭに売却
93／7	台プラグループが雲林県麦寮地区の埋立造成工事に着工
94／2	ＣＰＣの第５ナフサクラッカーが完成（プラント建設は93/10に完了）～エチレンがオン・スペック
3	ＣＰＣが石化18社と第８ナフサクラッカーへの共同投資に調印～同７月第７と第８計画の集約案提案さる
8	拡大№６用地の海豊地区でも浚渫・埋立工事がスタート→98/５造成完了
95／4	國喬石油化学が合弁会社・成國化学を聯成石油化学（現・聯成化学科技）に移管
96／3	台湾化学繊維がＡＢＳ樹脂工場を操業開始して新規参入
9	ＵＳＩファーイーストと聯成石油化学が華夏グループの買収で合意→97/１に公正取引委員会などが承認
98／6	雲林の№６エチレンセンターがメカ・コン～98年一杯テスト運転→98/12にエチレンがオン・スペック
99／2	台塑石化のオレフィン／芳香族コンプレックス（№６）が麦寮で正式に量産開始
9	21日、台湾中部で大地震発生～石化プラントの損傷は軽微
2000／10	台塑石化のエチレン２号機（拡大№６）とそのダウンストリームが操業開始
2001／4	中美和石油化学が台中の港湾工業区で第６ＰＴＡ工場の建設に着工→2002/12完成→2003/４操業開始
10	台プラグループの麦寮石化第３期計画が環境評価を通過。台湾政府が石化川上事業の大陸投資許諾を検討
2002／1	台湾初のポリカーボネート工場（旭美化成）が完成→６月操業開始
7	台プラグループが麦寮石化コンプレックスの第４期拡張計画を表明。第３期拡張は2002/11完工
2003／秋	台プラグループの第４期計画環境評価通過し着工。ＣＰＣが雲林（№８）計画策定。
2004／2	ＣＰＣのエチレン輸入タンクが完成し操業開始。13万tのノルマルパラフィンは３月操業開始
6	ＣＰＣが№３の100万tへの設備更新計画発表→2005/７火災事故で停止→同11月林園の住民が拡張に反対
8	台湾石化合成がＰＴＡメーカーの東展興業買収で合意→2005/２東展興業の買収が完了
12	ＣＰＣほか８社が台西でのエチレンセンター合弁会社「Kuo Kuang Petrochemical & Technology」を設立
2005／2	ＣＰＣほか８社が国光石化科技の石化共同投資プロジェクト計画に調印
2006／8	李長栄化学が台湾ポリプロピレンを買収～バセル・ポリオレフィンズから株式36％取得→2007/８吸収合併
2007／2	公営企業の台湾化政策に伴い、中国石油を「台湾中油」（ＣＰＣ台湾）に改称
5	台プラグループの麦寮石化基地第４期エチレン120万t系列が完成
2008／6	国光石化科技の計画立地場所を雲林県台西から彰化県大城に変更→2009/６環境影響評価が第２段階へ
2009／8	ＣＰＣの№３エチレン更新プロジェクト着工→新№３エチレン設備が2013/８完成・稼働開始
2011／4	国光石化科技の石油・石化プロジェクト（2010/12に投資規模縮小）に対し政府が中止通達
6	中国・福建省で石化プロジェクトを推進する台湾石化企業４社が「古雷石油化学（漳州）」を設立
2012／6	ＣＰＣの№３エチレン設備が更新プラントの完成・稼働を待たずに操業停止
2014／1	台湾政府がエチレンなど川上製品の中国投資を解禁～第１号の古雷石化エチレン120万tセンター計画始動
7	ＣＰＣの№５エチレン設備（高雄）が定修入りを機に恒久停止
2015／12	ＣＰＣの高雄製油所が閉鎖
2016／11	台湾プラスチックが仁武のアクリル繊維工場を閉鎖
2017／11	亜東石化のＰＴＡ150万tが完成・試運転に成功

台湾の主要石油化学系企業一覧

略　称	英　語　読　み	漢　字　読　み	日　本　語　読　み
AirProducts	Air Products San Fu Co., Ltd.	三福氣體	三福気体
APC	Asia Polymer Corporation	亞洲聚合	アジアポリマー
CCP	Chang-Chun Petrochemical Co., Ltd.	長春石油化学	長春石油化学
CCPLA	Chang-Chun Plastics Co., Ltd.	長春人造樹脂廠	長春人造樹脂
Chemtura	Chemtura Taiwan Ltd.	科聚亞化学	ケムチュラ台湾
Chi Mei	Chi Mei Corporation	奇美實業	奇美実業
CAPCO	China American Petrochemical Co., Ltd.	中美和石油化学	カプコ（ＣＡＰＣＯ）
CMFC	China Man-Made Fiber Corporation	中国人造繊維	中国人造繊維
CPDC	China Petrochemical Development Corp.	中国石油化学工業開発	中国石油化学
CSRC	China Synthetic Rubber Corporation	中国合成橡膠	中国合成ゴム
CPC	CPC Corporation, Taiwan	台湾中油	ＣＰＣ台湾
DCC	Dairen Chemical Corporation	大連化学工業	大連化学
Dow	Dow Chemical Taiwan Ltd.	台湾陶氏化学	台湾ダウ化学
En Hou	En Hou Polymer Chemical Ind. Co., Ltd.	穏好高分子化学工業	アン・ホウ・ポリマー
FCFC	Formosa Chemicals & Fibre Corporation	台湾化学繊維	エフ・シー・エフ・シー
FPCC	Formosa Petrochemical Corporation	台塑石化	台塑石化
FPC	Formosa Plastics Corporation	台湾塑膠工業	台湾プラスチック（台プラ）
FUCC	Formosan Union Chemical Corporation	和益化学工業	フォルモサ・ユニオン
GPPC	Grand Pacific Petrochemical Corporation	國喬石油化学	グランド・パシフィック
Handy	Handy Chemical Corporation	新和化学	ハンディ・ケミカル
HTCC	Ho Tung Chemical Corporation	和桐化学	和桐化学
KMC	Kaohsiung Monomer Co., Ltd.	高雄塑酯化学工業	高雄モノマー
LCY	LCY Chemical Corp.	李長栄化学工業	李長栄化学
LHIG	Lien-Hwa Industrial Gases Co., Ltd.	聯華氣體工業	聯華気体工業
Nan Chung	Nan-Chung Petrochemical Corp.	南中石化工業	南中石化
Nantex	Nantex Industry Co., Ltd.	南帝化学工業	南帝化学
Nan Ya	Nan Ya Plastics Corporation	南亞塑膠工業	南亜プラスチック（南亜）
OPTC	Oriental Petrochemical (Taiwan) Co., Ltd.	亞東石化	亜東石化
OUCC	Oriental Union Chemical Corporation	東聯化学	オリエンタル・ユニオン
PACC	Pan Asia Chemical Corporation	磐亞	磐亜
PTC	Polyplastics Taiwan Co., Ltd.	台湾寶理塑膠	ポリプラスチックス台湾
SJCC	Sino-Japan Chemical Co., Ltd.	中日合成化学	中日合成化学
Taita(TTC)	Taita Chemical Co., Ltd.	台達化学工業	台達化学
TPCC	Taiwan Prosperity Chemical Corporation	信昌化学工業	信昌化工
TSMC	Taiwan Styrene Monomer Corporation	台湾苯乙烯工業	台湾スチレンモノマー
TASCO	Tasco Chemical Corporation	台湾石化合成	タスコ
TSRC	TSRC Corporation	台橡	ＴＳＲＣ
TVCM	Taiwan VCM Corporation	台湾氯乙烯工業	台湾ＶＣＭ
Tuntex	Tuntex Petrochemicals Inc.	東展興業	トンテックス
UPC	UPC Technology Corporation	聯成化学科技	ＵＰＣテクノロジー
USIFE	USI Corporation	台湾聚合化学品	ＵＳＩ

（以上台湾区石油化学工業同業公会加盟41社）

台湾のグループ別化学系企業リスト

主要グループ	傘下のグループ企業	合弁相手企業	事　業　内　容
ＣＰＣグループ（政府系）	台湾中油（ＣＰＣ台湾）		石油精製、エチレン～ＢＴＸ、ＰＸ、オルソキシレン、ブタジエン外
	中国石油化学（ＣＰＤＣ）	→威京グループ傘下に	ＣＰＬ、ＡＮ、メタノール、酢酸外
	中美和石油化学（ＣＡＰＣＯ）	ＢＰ／台湾中油	ＰＴＡ
	台湾石化合成	中国石油化学	ＭＴＢＥ、ＭＥＫ、ブテン１、ＭＡ
	東展興業	台湾石化合成の傘下入り	ＰＴＡ（停止中）
	高雄モノマー	ルーサイト／中国石化	ＭＭＡ
	信昌化学工業	台湾水泥／中国石油化学	フェノール、ビスフェノールＡ外
	新和化学	中国石油化学	塩素化パラフィン、塩酸、漂白剤
	台湾志氯化学	米ＰＰＧ／中国石油化学	カセイソーダ、塩素
	台湾ＶＣＭ	華夏プラスチック	ＶＣＭ
	（曄揚～2018/10に解散が決定）	ＫＨネオケム／ＭＩＣＢ	（イソノニルアルコール）
台プラグループ	台湾プラスチック（ＦＰＣ）		ＶＣＭ、ＰＶＣ、ＨＤＰＥ、アクリレート、アクリル繊維、炭素繊維外
	南亜プラスチック（ＮＰＣ）		塩ビフィルム・パイプ等塩ビ系加工品各種、ＯＰＰ、ポリエステル繊維外
	台湾化学繊維（ＦＣＦＣ）		ナイロン繊維、レーヨン、ＰＴＡ外
	台塑石化（ＦＰＣＣ）	ＦＰＣ／南亜／台湾化繊	エチレンセンター
	和益化学工業		アルキルベンゼン外
	南中石化	南亜／中国人造繊維	エチレングリコール
	台化出光石油化学	出光興産／台湾化繊	ポリカーボネートの販売
	台湾出光特用化学品	出光興産／台プラ	水添石油樹脂（2019年から生産開始）
	台湾酢酸化学	ＢＰ／台湾化学繊維	酢酸
	台塑旭弾性繊維	旭化成／ＦＰＣ	ウレタン弾性繊維（スパンデックス）
	台塑大金精密化学	ダイキン工業／ＦＰＣ	無水フッ酸、フッ化アンモニウム
	台湾小松電子材料	コマツ電子金属	シリコンウエハ
（在米子会社）	Formosa Plastic USA	台湾プラスチック	エチレン、プロピレン、カセイソーダ塩素、ＥＤＣ、ＥＧ、ＨＤＰＥ、ＰＰ
	NPC America	南亜プラスチック	ポリエステル繊維
	Nan Ya Plastics, U.S.	南亜プラスチック	ＰＶＣ、ＶＣＭ、軟質塩ビテープ外
	US Formosa Chemical Filament	台湾化学繊維	レーヨン
台聚グループ	台湾聚合化学品（ＵＳＩ）		ＬＤＰＥ・ＥＶＡ、Ｌ－Ｌ、ＨＤＰＥ
聯華実業グループ	聯成化学科技		無水フタル酸、ＤＯＰ等各種可塑剤
	成國化学	聯成化学科技	無水マレイン酸
	聯華気体工業		酸素、窒素、アルゴン、二酸化炭素外
[旧華夏グループ=チャオ（趙）グループ]	華夏プラスチック（ＣＧＰＣ）	ＵＳＩ/聯成/台達/亜聚	ＰＶＣ、ＶＣＭ
	台達化学工業	ＵＳＩ/聯成化学科技	ＡＢＳ樹脂、ＰＳ外
	アジアポリマー（亜洲聚合）	ＵＳＩ/聯成化学科技	ＬＤＰＥ・ＥＶＡ
	台湾ＶＣＭ	ＣＧＰＣ/台湾政府	ＶＣＭ
	台湾スチレンモノマー	台達化学	ＳＭ
（海外関連会社）	ウエストレイク・オレフィンズ	華夏プラスチック	エチレン
	ウエストレイク・ポリマー	華夏プラスチック	ＬＤＰＥ
	ウエストレイクＶＣＭ	華夏プラスチック	ＶＣＭ
	〈以上アメリカ〉		

義新グループ	中国人造繊維 華隆 南中石化 磐亜	 中国人造繊維／南亜 日本亜細亜ＥＯＤ化学／中国人繊	ＥＯＧ、ポリエステル、レーヨン ポリエステル繊維、ナイロン繊維 エチレングリコール ノニオン系界面活性剤、ＰＥＧ
長春グループ	長春石油化学 長春人造樹脂廠 大連化学工業 ポリプラスチックス台湾 三義化学工業	 ポリプラスチックス 義芳化学	酢酸、酢酸ブチル、ポバール、銅箔 エポキシ樹脂、ＰＢＴ、フェノール～ＢＰＡ、接着剤、銅張積層板 酢ビ、酢エチ、ＥＶＡエマルジョン ポリアセタール エピクロルヒドリン
遠東グループ	東聯化学 亜東石化 遠東先進繊維 遠東新世紀(旧遠東紡織)	 遠東新世紀 遠東新世紀	ＥＯＧ、ＤＥＧ外 ＰＴＡ ナイロン66繊維 ポリエステル繊維
	東方化工　〈中　国〉 アルバータ＆オリエント・グリコール　〈カナダ〉	遠東新世紀 ＭＥグローバル／遠東新世紀	ＰＴＡ ＥＧ
和信グループ	國喬石油化学 ＢＣケミカル(必詮化学) ＧＰケミカル(國亨化学) 中国合成ゴム 信昌化学工業 台泥化学工業	 國喬石油化学 國喬石油化学 國喬石油化学 台湾水泥／中国石油化学 台湾水泥(99.7%出資)	ＳＭ、ＡＢＳ／ＡＳ樹脂 ＰＳ 発泡ポリスチレン カーボンブラック外 フェノール、ビスフェノールＡ外 1,4-ブタンジオール
李長栄グループ	李長栄化学工業 福聚太陽能	2007/8に福聚を吸収合併 2007年設立	各種工業溶剤、ユリア樹脂、ＴＰＥ ＰＰ、ＰＰ複合樹脂外 ポリシリコン(8,000t/y能力保有)
奇美グループ	奇美実業 台菱樹脂実業 奇美イノラックス ロッテＳＭ	三菱ケミカル(９％出資) 三菱商事 群創光電 ロッテ精密化学(80%)	ＡＢＳ・ＡＳ樹脂、ＰＳ、ＰＭＭＡ、ＴＰＥ、ＰＣ ＬＤＰＥ等プラスチックの成形加工 ＬＣＤ(液晶ディスプレーパネル) 韓国・大山でＳＭ製造
(海外子会社)	鎮江奇美化工		ＰＳ、ＡＢＳ樹脂
台南紡織グループ	南帝化学工業 台南紡織		ＳＢＲラテックス、ＮＢＲ、ＨＳＲ外 ポリエステル繊維
新光合織グループ	新光合成繊維		ポリエステル繊維・フィルム外
その他 外資系グループ	台橡(ＴＳＲＣ)	シェブロンフィリップス	ＳＢＲ、ＢＲ、ＴＰＥ
	台湾ダウ化学	米ダウ・ケミカル	ポリエーテル・ポリオール
	台湾コベストロ・ポリウレタン	独コベストロ	ＰＰＧ
	ケムチュラ・タイワン	ケムチュラ	抗酸化剤、抗オゾン剤
	ハンツマン・タイワン	ハンツマン	ブレンドポリオール、プレポリマー
	デュポン・タイワン デュポン・ネオテック	米デュポン 米デュポン	農業用化学品、電子材料、酸化チタン フロン代替冷媒
	太洋化成 太洋ナイロン	三菱ケミカル ＤＳＭエンプラ	イオン交換樹脂 ナイロン６樹脂

台湾の主要石油化学系企業

ＣＰＣグループ

台湾中油の石油化学製品生産体制　　　　(単位：t/y)

製　　品	工　場	現有能力	新増設能力	完　成	備　　考
アセチレン	林　園	10,000			
エチレン	林　園	(230,000)		1978年	旧No.３ナフサ分解炉～リプレースで2012/6停止
〃	林　園	720,000		2013／８	新No.３ナフサ分解炉～ＣＢ&Ｉルーマス/ＣＴＣＩ
〃	林　園	350,000			No.４分解炉、操開は1984年、実力42.5万t
〃	高　雄	(500,000)		1993／10	No.５、ケロッグ法～2014/7停止
プロピレン	林　園	(104,300)			旧No.３ユニット～リプレースで2012/6停止
〃	林　園	370,000		2013／８	新No.３ユニット～実力43万t
〃	林　園	200,000			No.４系列(ポリマーグレード)
〃	大　林	53,000			ＲＯＣプロピレンの回収能力、93年完成
〃	大　林	450,000		2012／７	ＲＦＣＣプロピレンの回収能力
〃	高　雄	(250,000)			No.５ユニット～94/２完成～2014/7末停止
〃	桃　園	100,000			ＦＣＣプロピレン回収、2002／末完成
ブタジエン	林　園	(35,000)			旧No.３ユニット～リプレースで2012/6停止
〃	林　園	100,000		2013／８	新No.３ユニット
〃	林　園	58,000			No.４ユニット
〃	高　雄	(75,000)			No.５ユニット、日本ゼオン技術、2014/7停止
イソノナノール	大　林		(180,000)	(2020年	ＫＨネオケム・ＣＰＣ各47%/ＭＩＣＢ６%出資合弁
ＭＴＢＥ	大　林		(144,000)	完成予定	「曄揚」～ＲＦＣＣのＣ4留分を利用、総工費４億$、
ブテントリマー	大　林		(21,000)	が白紙化)	FEEDは日揮実施、ブテン３量体の別名はドデセン
ベンゼン	嘉　義	1,000			精製研究所
〃	高　雄	(140,000)		93／末	No.５芳香族プラント～2015/末停止、ＵＯＰ技術
〃	林　園	25,000			No.３芳香族プラント
〃	林　園	(159,000)			No.４芳香族プラント～2012/6停止
〃	林　園	25,000			No.６芳香族プラント
〃	林　園	208,000		2013／８	No.７芳香族プラント
〃	林　園	(150,000)			トランス・アルキレーション設備能力
トルエン	嘉　義	6,000			精製研究所
〃	高　雄	(131,600)		93／末	No.５芳香族プラント～2015/末停止、ＵＯＰ技術
〃	林　園	136,000			No.３芳香族プラント
〃	林　園	(96,000)			No.４芳香族プラント～2012/6停止
〃	林　園	136,000			No.６芳香族プラント～94/初完成
〃	林　園	104,000		2013／８	No.７芳香族プラント
〃	林　園	(370,000)			トランス・脱アルキル設備向けトルエン自消能力
キシレン	嘉　義	6,000			精製研究所
〃	高　雄	(111,400)		93／末	No.５芳香族プラント～2015/末停止、ＵＯＰ技術
〃	林　園	150,000			No.３芳香族プラント
〃	林　園	(83,000)			No.４芳香族プラント～2012/6停止
〃	林　園	150,000			No.６芳香族プラント～94/初完成
〃	林　園	62,000		2013／８	No.７芳香族プラント
〃	林　園	(208,000)			トランス・アルキレーション設備能力
〃	林　園	(800,000)			異性化装置向け自消能力
パラキシレン	林　園	(660,000)		(2017/3)	ＵＯＰ技術/日揮～94/初完成、2017/3で事業撤退
オルソキシレン	林　園	(190,000)			ＵＯＰ技術/日揮～94/初完成、2017/3で停止
シクロヘキサン	高　雄	(85,000)			92年１万t＋2000年1.5万t増強、2015/末で停止
Ｎ－パラフィン	林　園	130,000		2003／12	2004/3から操業開始～中国へも輸出

1946年６月設立、資本金1,301億元。政府による公営企業の台湾化政策に伴い、2007年２月に旧中国石油を「台湾中油」へ改称した。製造業では台湾最大の公営企業で、かつて民営化への移行を模索したこともあったが、現在でも経済部が100％の株式を保有。売上高は92年に初めて100

億米ドルを突破し、2005年時点で売上高が10年前の倍になったが、トラブルの頻発で操業が安定せず、設備縮小などもあって赤字と黒字を繰り返すなど浮き沈みが激しい。海外ではカタール燃料添加剤会社に20%出資、99年９月に大型メタノール／ＭＴＢＥ併産プラントをカタールのメサイードに新設し、2006年９月にはカタールとＬＮＧの長期購入契約も交わした。台中にＬＮＧターミナルを2007年10月に完成させ、同11月には豪ウッドサイドともＬＮＧを長期購入契約。台湾ではかつて中油のみがオレフィン～ＢＴＸに至る石化基礎原料のサプライヤーだったが、川下各社の基礎原料需要に十分応えることが出来ず、99年に台塑石化の参入を招く結果となった。

2015年12月、地元住民と対立していた環境問題が根本的に解決しないため、高雄製油所は全面閉鎖された。これに先立ち、94年２月から操業を始めた第５ナフサクラッカーは、2014年７月の定修入りと同時に永久停止となった。第１ナフサ分解炉は№５の起工式(90年９月)と同時に操業停止し、91年に撤去された。第２分解炉は94年４月に停止し、2006年11月に廃棄、エチレン23万トンの第３分解炉は2012年６月に廃棄された。林園では、代わりに建設された新№３分解炉と第４分解炉の２基体制でエチレンを製造している。その林園では、第６芳香族設備と第２パラキシレン(ＰＸ)およびオルソキシレン(ＯＸ)設備を94年初めまでに建設。これに先立つ93年末には、大林製油所に第６リフォーマーを建設し、新設芳香族設備向けの原料を確保した。その後増設を重ねたが、2017年３月にはＰＸ、ＯＸともに設備を停止させ、事業撤退した。

総額470億元(1,300億円)をかけた林園での分解炉リプレース計画は、ＣＢ＆Ｉルーマス技術／ＣＴＣＩの施工により2009年８月に着工、2013年春までに完成させた。新分解炉は60万トン能力でのスタートとなったが、2014年には当初計画の72万トン能力へと評価能力を上方修正した。いずれ100万トン規模へ引き上げる計画。同時にプロピレンは34.7万トンから37万トンへ、ブタジエンは９万トンから10万トンへ上方修正した。このリプレース計画と並行して、閉鎖が決まっていた高雄製油所の代替基地となる新製油所・石化コンビナートの建設計画を模索していた。紆余曲折を経て、立地場所も幾度となく変更されたあげく、最終的に彰化・大城地区に的を定め石油精製～石化の一大合弁計画(国光石化科技プロジェクト)を進めていたが、結局白紙化された。

大林製油所では８万バレルのＲＦＣＣプロピレン回収45万トン設備を2012年半ばに建設。得られるC_5留分15万トンからイソプレンなどを回収し、スチレン・イソプレン・スチレン共重合エラストマー(ＳＩＳ)３万トンに自消、また抽出残は２万トン弱の石油樹脂原料などに利用する総額86億台湾元の投資計画が進められ、台湾中油49%／台橡(ＴＳＲＣ)48%／台北富邦銀行３%出資合弁会社「台耀石化材料科技」(ＴＡＭＣ)が設立されたが、2015年５月には計画中止となった。一方、C_4留分を活用したイソノニルアルコール(ＩＮＡ)18万トンやＭＴＢＥ、ブテントリマーをＫＨネオケムと兆豊國際商業銀行(ＭＩＣＢ)との合弁会社「曄揚」(2015年２月設立)が2020年までに事業化する計画も進めていたが、2018年10月にはこれも白紙撤回された。ＩＮＡの製造技術はＫＨネオケム、ＭＴＢＥ製造技術およびヒドロホルミル化によるＩＮＡの合成過程で必要となるオクテンを得るための「Dimersol-X」技術(ブテンからオクテンへの二量化技術)はアクセンスが提供する予定だった。このように、台湾中油の新規プロジェクトはことごとく失敗に終わり、事業撤退を余儀なくされる製品も続出した結果、現状ではリファイナリーとしての石油製品生産と、オレフィン～芳香族といった石油化学基礎原料のみを製造するメーカーとなっている。

台　湾

中国石油化学の石油化学製品生産体制　　(単位：t/y)

製　　品	工　場	現有能力	新増設能力	完　成	備　　考
シクロヘキサン	頭　份	54,000			
カプロラクタム	〃	100,000			ＤＳＭ法＋フェノールスイング法
〃	〃	100,000		2012／5	フェノール法系列～増設後頭份で計20万t
〃	小　港	200,000			スタミカーボン法+フェノールスイング法/千代田
ナイロンチップ	〃	36,000			98/10完成、カプロラクタムの川下事業
〃	頭　份	40,000			旧正大尼龍廠から設備買収、97年に2.8万t増設
Ａ　　Ｎ	大　社	230,000			ソハイオ法、2012年3.4万t＋2015年6,000t増強
酢　　酸	〃	(150,000)			2008年に２万t増強、2012/末で操業停止
燐酸カルシウム	小　港	42,500			屏南でも燐酸ジカルシウムの新工場建設を計画中
トリポリリン酸ソーダ	〃	22,000			
硫酸アンモニウム	〃	308,000		99／末	2012年13万t増設～硫安は２工場で合計52万t
〃	頭　份	212,000			97年に7.5万t増設＋2008年1.7万t増強
硫　　酸	〃	65,000			硫酸は２工場で合計17.5万t
〃	小　港	110,000			99/末完成

1969年４月設立。旧中国石油の子会社で、正式な社名は中国石油化学工業開発股份有限公司。資本金は148億2,900万元。政府が進める国営企業民営化政策の一環として、91年７月から株式を民間に放出した。当初中油の持株比率は76.35％だったが、その後14.02％まで下がった。2012年に威京グループの傘下に入る。公営の製造技術開発企業でもあったため、それまでに関係子会社へ多数事業移譲している。高雄モノマーのＭＭＡ、台湾石化合成のＭＴＢＥとＭＥＫ、新和化学(旧合迪化学)の塩素化パラフィンと塩酸、台湾志氯化学のカセイソーダと塩素事業など。それぞれへの出資比率は40％、37.88％、５％、40％だった。このほか、フェノール／アセトン／ビスフェノールＡ工場を新設した信昌化工にも40％出資している。

大社のメタノール法酢酸設備はトラブルが続発し、満足な操業状態を保てなかったこともあり、2012年末には閉鎖した。ＡＮは数次の増強を経て表記能力とした。2010年10月に中国信託銀行など９行から218億元(7.1億ドル)の融資を受け、ＣＰＬ(カプロラクタム)やＡＮの増強に充当。

小港工場(高雄市)のＣＰＬは12万トンの３号機として1999年末に100億元で導入されたもので、2000年４月から本格操業した。この結果、ＣＰＬは頭份と高雄、小港の３工場体制となったが、高雄の6.5万トンを2001年８月で閉鎖したため、2002年初めまでに３号機を４万トン手直し増強して16万トンとし、2003年には頭份も1.4万トン増強して８万トンに増強、計24万トンとした。その後2005年と2008年の手直し増強で頭份と小港を２万トンずつ増強、それぞれ10万トン、18万トンとし、2011年春に小港を２万トン増強して合計30万トンまで拡大した。当初計画では、高雄に100億元を投入して12万トン系列を導入する予定だったが、結局2012年５月に10万トンのフェノール法ＣＰＬ設備を頭份に設置した。2014年半ばには、既存30万トン設備のアノン(シクロヘキサノン)工程を全てフェノールでも原料に使用できるスイング法に改造し、計40万トン体制で増産に乗り出した。頭份ではＣＰＬの川下事業としてナイロン６チップを手掛けており、98年10月からは小港でも同事業を手掛けている。

中国に現地法人の「江蘇威名石化」を設立し、南通市の如東県に建設したフェノール法アノン15万トン工場を2018年11月から稼働開始、2019年第２四半期には同地でナイロン６樹脂10万トン工場も立ち上げる予定。必要なＣＰＬは外部にアノンを加工委託するが、余剰アノンは外販する。

中美和石油化学の石油化学製品生産体制

(単位：t/y)

製　　品	工　場	現有能力	新増設能力	完　成	備　　考
Ｐ　Ｔ　Ａ	林　園	(1,420,000)			ＢＰ技術、95/7に35万t増設(2015/初停止)
〃	台　中	700,000		2003／4	第６系列～テクニップ・イタリーが施工

1976年７月、旧アモコ(現ＢＰ)50%／旧中国石油25%／政府25%出資により設立されたＰＴＡ専業メーカーで、90年央までは台湾唯一のメーカーだった。資本金は68.5億元。2003年５月の出資変更でＢＰ59.02%(現在は61.4%)／中油25%／ＣＩＨＣ15.98%(同13.6%)となり、ＢＰが主導権を握った。後発の参入を控え89年央、90年央と２年連続で各25万トンの大幅増設を実施、計100万トンに倍増設した。さらに93年５月、107万トンへ手直し増強したことで実働100万トンの生産が可能になった。その後94年１月には、35万トンの大型第５系列を2.5億米ドルで千代田化工に発注、95年７月から増産開始した。99年以来林園の公称能力は142万トンのままだったが、中国勢による大増設の煽りを受け、2015年になって全面停止した。台中の港湾工業区に新工場を開設、2001年４月に着工し、2003年４月までに工費150億元で70万トンの６号機を新設して７月から本格稼働入りした。2013年４月に故障し長期間停止したが、現状では唯一生産を続行中。

台湾石化合成の石油化学製品生産体制

(単位：t/y)

製　　品	工　場	現有能力	新増設能力	完　成	備　　考
Ｍ　Ｔ　Ｂ　Ｅ	林　園	250,000			95年に５万t増強
Ｍ　Ｅ　Ｋ	〃	120,000			セカンダリーブタノールを併産、2002年に倍増設
無水マレイン酸	〃	45,000			ＡＬＭＡ技術ブタン法、2013年1.5万t増強
ブ　テ　ン　１	〃	40,000			90/6完成～2005年倍増設＋2007年さらに倍増設
Ｄ　Ａ　Ａ	〃	10,000			ジアセトンアルコール、2013年倍増設
Ｍ　Ｃ　Ｈ	〃	3,000			メチルシクロヘキサン
2,6-ＤＴＢＰ	〃	50,000			2,6ジターシャリーブチルフェノール、13年1万t増
2,4-ＤＴＢＰ	〃	50,000			2,4-ジターシャリーＢＰ、2013年１万t増強
Ｐ－ＴＢＰ	〃	15,000		2007年	パラターシャリーブチルフェノール～5,000t増
Ｏ－ＴＢＰ	〃	5,000		〃	オルソターシャリーブチルフェノール～1,000t増
Ｉ　Ｐ　Ａ	〃	30,000		2008年	イソプロピルアルコール、2010年１万t増強
イ　ソ　ホ　ロ　ン	〃	15,000		2016年	環状ケトン系溶剤として事業参入

1982年４月設立の中国石油化学37.88%出資子会社で、資本金は10億7,400万元。2004年７月に東展興業の株式を53%取得し、傘下に収めた。84年からＭＴＢＥを10万トンで生産開始、85年にはＭＥＫも４万トンでスタートし、88年頃までにＭＴＢＥは倍増、ＭＥＫも５割拡大し、2002年中に12万トンへ倍増設した。90年半ばにはブテン１を事業化、91年に１万トンへ拡充し、2005年には倍増した。ブタン法無水マレイン酸は90年にプラントが完成したが、操業開始は91年９月までずれ込んだ。その後2001年に台泥化工(信昌化学の項参照)の1,4-ブタンジオール向け原料として同法無水マレイン酸能力を増強した。新規事業として、2003年に2,6-ＤＴＢＰ(ジターシャリーブチルフェノール)１万トン、2,4-ＤＴＢＰ4,000トンを企業化、2004年に後者を7,000トンへ、2005年には前者を倍の２万トンへ、後者を1.2万トンへ拡充した後、2007年、2010年、2013年にも増強して表記能力とした。2007年にはＰＴＢＰ(パラ～)とＯＴＢＰ(オルソ～)も企業化、2008年からＩＰＡ事業にも参入し、2010年には５割増強した。さらに2016年には、アセトンの誘導品で環状ケトン系溶剤のイソホロンも事業化している。

東展興業の石油化学製品生産体制

(単位：t/y)

製　　品	工　場	現有能力	新増設能力	完　成	備　　考
Ｐ　Ｔ　Ａ	台　南	(500,000)			テクニモント技術、94/7に７万t増強（実力44万t）

1988年６月、旧東帝士(Tuntex)グループのＰＴＡメーカーとして設立されたが、2004年７月に台湾石化合成の呉澄清董事長が台合科技の名義で53％の株式を取得、傘下に収め中油グループに移行した。資本金は52.8億元。91年10月、東帝士グループ企業だった東雲のポリエステル繊維工場がある台南にテクニモント技術によるＰＴＡ28.5万トン工場が完成、その後92年と93年の定修時にデボトルネッキングを行い、生産能力を33万トン、35万トンと順次増強、94年７月の定修時には７万トンの増強を図り42万トンと初期能力より５割近く拡大した後、96～2000年のＰＴＡ市況悪化や旧グループの経営環境悪化に伴い売却された。その後2005年の手直し増強で表記50万トン能力まで拡充して操業を続けていたが、市況悪化のため2015年以来停止状態が続いている。

高雄モノマーの石油化学製品生産体制

(単位：t/y)

製　　品	工　場	現有能力	新増設能力	完　成	備　　考
Ｍ　Ｍ　Ａ	大　社	105,000			ＩＣＩ技術、91/3に倍増設＋98年に１万t増強

1976年６月、英ＩＣＩ(現ルーサイト・インターナショナル)60％／中国石油化学40％出資により設立されたＭＭＡの専業メーカーで、資本金６億6,660万元、売上高は33億元規模。ＡＣＨ法ＭＭＡの製造工程から排出される廃酸が海洋投棄されたことがあり、工場は89年７月から１年半操業停止されたが、廃棄物処理設備が完成した90年12月から再開した。この時並行して増設した２号機４万トンは91年３月に完成、初期能力３万トンの１号機も手直し増強し、計８万トンに拡大した。その後93年の5,000トン増強、98年初めの１万トン増強、2001年の5,000トン増強、2007年の5,000トン増強を経て表記能力とした。三菱ケミカルグループの一員として運営されている。

信昌化学工業の石油化学製品生産体制

(単位：t/y)

製　　品	工　場	現有能力	新増設能力	完　成	備　　考
キ　ュ　メ　ン	林　園	440,000		94／末	ケロッグ法、95/3操開～2007/末倍増+10年増設
フ　ェ　ノ　ー　ル	〃	340,000	(70,000)	(棚上げ)	〃　、2007/末倍増+2008/3Qに14万t増設
ア　セ　ト　ン	〃	209,000	(42,000)	〃	〃　、2007/末倍増+2008/3Qに8.6万t増設
ビスフェノールＡ	〃	(100,000)		16/1停止	千代田化工ＣＴ－ＢＩＳＡ法、2012年２万t増
シクロヘキサノン	〃	150,000		98／春	ＤＳＭ技術、99/9操業開始、2010/末６万t増設
αメチルスチレン	〃	6,000		99年	99年に設置し企業化、2007年1,000t増強
無水マレイン酸	〃	40,000		2009／９	台泥化工から拡大移設して同社へ原料供給
1,4ブタンジオール	〃	30,000		99／末	クヴァナ技術、子会社「台泥化工」担当

1991年４月、フェノール系製品の生産を目的に台湾水泥(台湾セメント)60％／中国石油化学40％出資で設立、資本金は25億元。95年春にケロッグ技術のフェノール10万トン／アセトン6.1万トン併産工場を新設、同時に千代田化工のＣＴ－ＢＩＳＡプロセス(新イオン交換法)によるビスフェノールＡ2.5万トン設備も新設した。98年春に６万トンのシクロヘキサノン設備を完成させ、翌年９月から操業開始、99年にはＰＳの耐熱性向上剤となるαメチルスチレン設備も設置した。子会社の台泥化工はクヴァナ技術を導入して３万トンの1,4-ブタンジオール設備を99年末に新設、2000年第４四半期から稼働した。その後2009年６月には台泥化工の無水マレイン酸設備を閉鎖、

同10月には信昌化工の工場へリプレースし、４万トンへ拡大した。キュメン～フェノールチェーンは2007年末に倍増設し、ビスＡは5.5万トン増の８万トンへ、2012年には10万トンへ増強し、キュメンも2010年に11万トン増設した。フェノールは2008年第３四半期に14万トン増設して表記34万トンまで拡張したが、２割増強計画は棚上げし、ビスＡは2016年１月に停止した。

台プラグループ

台湾プラスチックの石油化学製品生産体制

（単位：t/y）

製　　品	工　場	現有能力	新増設能力	完　成	備　　考
カセイソーダ	仁　武	440,000			2003/12に10万t+2005/4に旭化成法で13.3万t増設
顆粒状ソーダ	〃	100,000		2005／8	カセイソーダの顆粒化能力
液体塩素	〃	367,000			2003/12に8.9万t+2005/4に旭化成法11.8万t増設
塩　　酸	〃	200,000			2007年2万t削減、2008年1.4万t+2010年7.3万t増設
ＥＤＣ	〃	200,000			麦寮にも110万t工場
ＶＣＭ	〃	584,000			三井化学技術、2004年６万t＋2015年4.4万t増強
〃	林　園	260,000			自社技術、2015年に２万t増強
ＰＶＣ	（高雄）	(40,000)			自社技術、2014/央で操業停止、麦寮にも49.4万t
〃	仁　武	580,000			2004年に3.4万t増強
〃	林　園	187,000			2005年に4.7万t削減、2007年にも5.1万t削減
ＨＤＰＥ	〃	180,000			96/初までにデボトルネッキングで3.6万t増強
ポリプロピレン	〃	100,000			№１～三井技術、2003/8永嘉を吸収してＰＰ移管
〃	〃	300,000			ＢＡＳＦ技術、2005年2.5万t増強
アクリル酸	〃	51,000			日本触媒技術、89/9に３万t増設
アクリレート	〃	90,000			日本触媒技術、89/9に1.5万t+2009年6,000t増強
アクリル繊維	仁　武	(43,800)		16/11閉鎖	商標「Tairylon」、2013年8,200t+2014年1.1万t削減
炭素繊維	〃	450			旧 HITCO 技術、麦寮にも7,000t、商標「Tairyfil」
ＨＣＦＣ	〃	16,700			ＨＣＦＣ141b･142b、93/6操開、2003年4,900t減
無水フッ酸	〃	5,500		2001／春	エッチング剤として電子用3,700t/緩衝用1,800t
ポリアセタール	新　港	45,000		2009／6	93/初完成～94/末操業開始、2009/央２万t増設
ＭＢＳ樹脂	（嘉義）	19,700			92/初生産開始、96年3,600t＋2007年4,100t増強
高吸水性樹脂	〃	40,000		1996年	エボニック技術、2004/末6,500t+2007年１万t増設

1954年10月、王永慶会長（2008年10月死去）が設立した台プラグループの創始企業で、資本金は385億2,700万元。台湾初の塩ビ工場を高雄に建設し、57年から生産開始（2014年央に４万トン工場を閉鎖）、73年から75年にかけてカセイソーダ～ＶＣＭ～ＰＶＣの一貫工場を仁武に建設、81年ＨＤＰＥ、84年アクリル繊維（2016年11月に閉鎖）、85年には林園にもＶＣＭ工場を建設した。87年から89年にかけて仁武のＰＶＣ設備増強を進め、89年８月には林園にも14万トンのＰＶＣ工場を新設、90年９月に９万トンの２号機を増設して計23万トンとした後、93年、95年、2015年に仁武や林園の増強を図った結果、表記の塩ビ生産体制となった。一方、雲林・麦寮でエチレンセンターが99年に完成したのに伴い、川下に電解からＶＣＭ80万トン／ＰＶＣ42万トン／ペースト塩ビ7.8万トンに至る塩ビの一貫生産ラインを2005年までに整備した。2008年７月にはベトナム初の一貫製鉄所（700万トン）建設に着工し、2017年５月に火入れして操業開始した。

2003年８月には98％出資子会社だった永嘉化学工業を吸収合併し、ＰＰ事業を移管した。84年生産開始のＰＰ１号機10万トンには旧三井東圧化学技術を採用、92年５月完成の２号機には独ＢＡＳＦ技術を採用。２号機の初期能力は11万トンで、20万トンまで逐次増強した後、2003年末の５万トン増強、2004年末と2005年の各2.5万ト増強で表記能力とした。

ダイキン工業との折半出資合弁会社「台塑大金精密化学」を99年12月に設立、仁武工場内に電子用無水フッ酸3,700トン、緩衝用無水フッ酸1,800トン、フッ化アンモニウム2,200トン設備を建設し、2001年９月から操業開始した。ＭＢＳ樹脂は92年から企業化しており、96年と2007年に各３割の増強を図った。ポリアセタールは93年初めまでに２万トン工場を嘉義に建設し、95年から本格稼働。2003年中に5,000トン増強し、2009年央に２万トン増設した。高吸水性樹脂は96年から手掛け、2001年に2.4万トンへ倍増設、2004年末の増強と2007年の１万トン増強で４万トンとし、その後は麦寮で７万トン拡大した。炭素繊維は97年に500トン系列を導入し、1,000トンに倍増した後、2001年初めに麦寮で1,000トン工場を新設、高雄は450トンに縮小した。その後麦寮は2006年末2,800トン、2007年4,600トン、2008年5,700トン、2010年7,000トンとなり、2012年には8,300トンまで拡大した。また95年１月には旭化成から年産120万㎡のプリプレグ設備を買収し、高雄に移設済み。旭化成とはウレタン弾性繊維で折半出資合弁会社・台塑旭弾性繊維を98年５月に設立し、麦寮の第１期2,500トン工場を2000年第３四半期から操業開始させた。これに先行して原料のＰＴＭＥＧ5,000トン工場が年初に完成。このスパンデックスは需要増大に対応させ、第２期2,500トン工場を2002年３月に増設、ＰＴＭＥＧも2002年８月に１万トン増設した。

電子材料関連では仁武に製造拠点を設置、2003年に三フッ化窒素（NF_3）や半導体用ガスであるLiPF$_6$(200トン)、その後モノシランガスなどにも参入。2005年には１万トンのクロロホルム、1.5万トンのメチレンクロライド、2,000トンのメチルクロライド設備も設置した。ただ2004年と2005年の倍増設で400トンとなったNF_3は、850トン能力の高純度アンモニアとともに2017年２月に事業撤収した。一方、95年に設立したコマツ電子金属との合弁会社・台湾小松電子材料を2006年秋にFORMOSA SUMCO TECHNOLOGY CORPORATIONへ改組、同時に12インチ(300㎜)のシリコンウエハ月産５万枚設備を麦寮に設置し、2008年春に10万枚へ倍増設した経緯がある。

なお、雲林県麦寮離島工業区に建設した麦寮石化コンプレックスの詳細は台塑石化の項を、米国での石化事業展開状況については７の⑤海外進出動向の項を参照のこと。

南亜プラスチックの石油化学製品生産体制　（単位：t/y）

製　品	工　場	現有能力	新増設能力	完　成	備　考
ポリエステル(f)	泰　山	353,700			チンマー技術、2005年▲4.38万t、2007年▲6,900t
ポリエステル(s)	〃	136,500			チンマー技術、2005年▲7.62万t、2007年▲2.78万t
ＰＥＴフィルム	〃	34,000			89/10企業化、95/末に２系列2.4万t増設
ＰＢＴ繊維	〃	40t/d			92/4に20％増強
塩ビ用安定剤	林　園	12,000			99年▲4,400t、2003年▲400t、2004年2,400t増
塩ビチップ	仁　武	54,000			2003年2,556t増、2004年▲8,104t、2015年▲6,000t
塩ビパイプ	〃	175,000			2004年▲26,592t、2007年+3,000t、2009年+4,000t
塩ビフィルム	〃	118,800			2007年▲49,200t、2008年+26,400t、2014年+15,600t
ＯＰＰフィルム	〃	60,000			2010年▲4.5万t、2013年▲1.5万t、2015年＋2,400t
ビスフェノールＡ	樹　林	(24,000)			ポーランドのＣＩＥＣＨ技術、2003年停止
エポキシ樹脂	〃	(45,000)			東都化成技術、特殊臭素型外、2011年停止
ウレタン樹脂	〃	(18,000)			合成皮革用原料として自消、2006年停止
ＵＰ	〃	24,000			2007年１万t増、2008年6,000t増、2010年▲1.2万t
ＰＢＴ樹脂	〃	20,000			三菱化学技術、94年に倍増設
エンプラコンパウンド	〃	24,000			98年4,800t＋2000年11,200t増、2004年▲14,400t (2008年再稼働)+2007年1,200t増、2010年▲1.2万t

1958年８月に設立された台湾最大のポリエステル繊維メーカーで、資本金は523億2,400万元。

ポリエステル繊維・織物など衣料関連製品のほか、軟質塩ビ、硬質塩ビ、塩ビ製のプラスチックレザー製品、塩ビパイプ、エポキシ樹脂、不飽和ポリエステル（ＵＰ）など、プラスチック関係では塩ビの加工品やフィルムが主力。近年ではインターフェイス・カードや銅箔基板、プリント配線板など電子関連事業に傾注したが、薄利となった銅箔基板などは生産能力を大幅に縮小した。

塩ビ可塑剤のＤＯＰでは、元・台湾可塑剤の林園工場を吸収してトップメーカーとなったが、麦寮石化コンプレックスに新設した２系列計40万トンが安定的に操業開始して以降、林園の設備は休止した。塩ビフィルムや２軸延伸ＰＰフィルムもトップメーカーで、２軸延伸ＰＥＴフィルムでは新光合繊に次ぎ２番手で参入したものの、95年の３倍増設で設備能力はトップとなった。ＯＰＰは能力削減を続けていたが、2015年に2,400トン増強した。樹林のエポキシ樹脂は、麦寮に新設した系列と合わせて一旦22万トンまで拡張したが、2011年には樹林を停止、その後麦寮で22万トン体制を復活させた。エンプラではＰＢＴ樹脂を94年に２万トンへ倍増し、その他ナイロン樹脂やＰＰＳなど７種のエンプラ用コンパウンド設備は逐次増減している。

エポキシ樹脂やポリカーボネート（ＰＣ）の原料として自消しているＢＰＡは、台湾化学繊維と旧出光石油化学が共同投資により５万トンのＰＣ設備を2002年末に麦寮で新設したのに合わせ、南亜も出光のＢＰＡ製造技術を導入し、第１期計画として10万トン設備を同時期に麦寮で建設した。第２期と第３期では各11万トン設備を、第４期では10万トン設備を増設し、合計42万トン体制とした。南亜は99年７月に初期能力30万トンのＥＧ設備を麦寮に設置してポリエステル副原料を自給化、2003年９月には倍増設した。また中国人造繊維との折半出資会社「南中石化」を設立(96年５月)し、2000年７月からＥＧ36万トンを手掛けており、半分の引取権を持つ。麦寮ではさらにＥＧ３号機を2007年６月に導入した結果、ＥＧの自社設備能力は合わせて144万トンとなった。南亜は旧三菱化学技術を導入して４万トンの1,4-ブタンジオール設備を2000年５月に新設、その後３倍に増設した。現三菱ケミカルはこのうち２万トンの引取枠を有している。

なお、麦寮石化コンプレックスの詳細は台塑石化の項を参照のこと。また米国での石化および合繊事業展開状況については７の⑤海外進出動向の項を参照のこと。一方、中国には塩ビレザー事業で広州や南通、パイプでは厦門や蕪湖（安徽省）、東営（山東省）などに加工拠点がある。

台湾化学繊維の石油化学製品生産体制　（単位：t/y）

製　　品	工　場	現有能力	新増設能力	完　成	備　　　考
ナイロン繊維	彰　化	89,400			チンマー技術、2016年81,760t削減
レーヨン繊維	彰化外	78,840			宜蘭にも生産拠点を保有、2016年66,425t削減
ポリエステル(f)	彰　化	24,000			南亜からチップを受託加工する形で94/5参入
Ｐ　Ｔ　Ａ	龍　徳	600,000			ダイナミットノーベル法、2016年に10万t削減
〃	〃	(400,000)		2009／1Q	2014年に停止
Ｐ　Ｉ　Ａ	〃	200,000		2012年	高純度イソフタル酸をＰＴＡ40万t系列で併産
Ｐ　Ｓ	嘉　義	120,000			コスデン法、91/央操開～96/春に４万t増設
ＡＢＳ樹脂	〃	240,000			96/春本格参入、97/秋９万t増設
ＡＳ樹脂	〃	96,000*			*ＳＡＮはＡＢＳ樹脂能力の内数

1965年３月設立、資本金は365億1,700万元。台湾最大のレーヨン並びにナイロン繊維メーカーで、ポリエステル原料やスチレン系樹脂、芳香族製品なども手掛けている。

石化事業へはポリエステル原料のＰＴＡから89年に進出、宜蘭の龍徳工場（蘇澳）に20万トン設備を建設し、南亜プラスチックのポリエステル繊維部門に供給し始めた。ダイナミットノーベル技術による初の一段精密酸化法工業化設備で、スムーズな立ち上げに手間取り、事故や設備的なネックもあってフル生産できない状態が長く続いた。そこで雲林・麦寮に新35万トン工場を98年７月に完成させた後、同年末に龍徳を休止、麦寮では99年央に２号機35万トンを設置して倍増し、その後両系列とも2001年42万トン、2002年50万トン、2006年には両系列をともに55万トン能力まで引き上げた。一方龍徳では、2002年５月までに休止設備を30万トン能力に拡大改造し、その後2005年春までに倍増設、2006年にはさらに10万トン増強して計70万トンとしたが、2016年には60万トンに戻している。2009年第１四半期に増設した40万トン系列は、2014年に停止した。彰化では92年央に月産2,100トンの濃縮洗剤設備を新設し、洗剤事業に進出している。

91年央に６万トンのＰＳ工場を嘉義に新設して合成樹脂事業へ進出、92年10月に２万トン、96年春にも４万トン増設して初期能力の倍に拡大した。ＡＢＳ樹脂の15万トン工場は95年６月に新設したが、環境問題の解決などに手間取り、本格操業入りは96年春まで持ち越された。97年第３四半期に９万トン増設して24万トンとし、このうちＡＳ樹脂の外販能力は9.6万トンとした。麦寮では2001年半ばにＰＳ12万トン、2002年第３四半期にＡＢＳ樹脂12万トン工場を新設、その後両設備とも増設し、ＰＳは2006年中に６万トン増の20万トン、ＡＢＳ樹脂は17万トンとした。旧出光石油化学とは2002年末にポリカーボネート販売合弁会社「台化出光石油化学」を設立、麦寮に５万トン工場を新設し、翌年春には倍増設、2008年春までに全３期計画で20万トンまで拡張した。原料のＢＰＡは南亜の麦寮プラントから受給。ＢＰとは合弁会社「台湾酢酸化学」を設立し、2005年６月に30万トンの酢酸工場を建設、９月から操業開始した。台化は2011年春に10万トンのメタキシレン設備を新設、龍徳に設置した高純度イソフタル酸（ＰＩＡ）原料として自消している。2019年第４四半期には中国・浙江省寧波に20万トンのＰＩＡ工場を2.6億ドルで新設する予定。

なお、麦寮石化コンプレックスの詳細は台塑石化の項を参照のこと。

台塑石化とダウンストリーマーの石油化学製品生産体制

（単位：t/y）

製　　　品	工　場	現有能力	新増設能力	操業開始	備　　　考
（石油精製能力）	麦　寮	180,000b/d		2000／1Q	トッパー１号機、2006/1Q３万B増強/ナフサ410万t
〃	〃	180,000b/d		2000／4Q	２号機、2006/1Qに３万b増強　/ＣＯ９万t他
〃	〃	180,000b/d		2002／1Q	３号機、2006/1Qに３万b増強　}精製合計54万b/d
（ＲＦＣＣ能力）	〃	75,000b/d		2000／６	残油流動接触分解装置
〃	〃	100,000b/d		2002／1Q	同２号機、中間留分やＦＣＣガスを製造
エチレン	麦　寮	700,000		1999／２	第１期Ｓ＆Ｗ法、2002/秋25万t増設(実力90万t)
〃	〃	1,035,000		2000／10	第２期ルーマス法
〃	〃	1,200,000		2007／６	第３期ルーマス法　}エチレン合計293.5万t
プロピレン	〃	396,000		1999／２	第１期、2002/秋14.6万t増設
〃	〃	586,000		2000／10	第２期ルーマス法
〃	〃	250,000		2006／末	ルーマス法メタセシス装置
〃	〃	550,000		2007／６	第３期ルーマス法
〃	〃	286,000		2000／６	ＲＦＣＣ装置１・２号機からのＦＣＣプロピレン
〃	〃	300,000		2006／４	ＲＯＣ装置より回収　}プロピレン合計236.8万t
ブタジエン	〃	131,000		1999／２	第１期、2002/秋5.5万t増設
〃	〃	140,000		2000／4Q	第２期
〃	〃	176,000		2007／７	第３期　}ブタジエン合計44.7万t
ＭＴＢＥ	〃	300,000		2000／６	12万t増設、2011年再開→2012年停止→2013年再開
イソプレン	〃	60,800		2014年	2015年から抽出開始
水添石油樹脂	〃		25,000	2019／春	「台塑出光特用化学品」、稼働は2019/上、４万t含み
ＨＳＢＣ	〃	30,000		2017／５	クレイトンと折半出資　■以上台塑石化担当分

M T B E	麦　寮	174,000		2000／末	アーコ法/05年2.3万t増 ■以下台湾プラスチック
ブ テ ン 1	〃	32,000		2000／末	〃 /05年1.3万t増
カ セ イ ソ ー ダ	〃	440,000		99／2	第１期（22万t×２系列）
〃	〃	450,000		2000／央	第２期、2012年10万t増強｝カセイソーダ計133万t
〃	〃	443,000		2005／1	４号機、技術は全系列とも旭化成のＩＭ法
塩　素	〃	390,000		99／2	第１期（19.5万t×２系列）
〃	〃	400,000		2000／央	第２期 ｝塩素合計118万t
〃	〃	393,000		2005／1	４号機、技術は全系列とも旭化成のＩＭ法
E D C	〃	1,100,000			99/2操業開始、2005/初に40万t増設
V C M	〃	800,000			同上、自社技術（40万t×２系列）、2004/5に８万t増
P V C	〃	420,000		98／10	自社技術
塩ビペーストレジン	〃	78,000			2001/7完成、2005/1に3.8万t増設
E V A	〃	240,000			エニケム技術、2005年2.8万t増、ＬＤＰＥ併産可能
L L D P E	〃	264,000		2000／8	ＢＰケミカルズ技術、2004/末に2.4万t増強
H D P E	〃	386,000		99／2	丸善石化技術、2005年３万t+2010/央3.6万t増強
A N	〃	140,000		2000／8	ＢＰケミカルズ技術～2004/4に４万t増強
〃	〃	140,000		2001／4	同２号機、2005/6に４万t増強、ＡＣＮ5,000t保有
エピクロルヒドリン	〃	100,000		2000／12	ベルギーとチェコ企業技術～2005/3に２万t増強
メ タ ク リ ル 酸	〃	20,000		2003年	ＭＡＡ
M M A	〃	49,000		2002／1Q	ポヴァスキ・ケミーク&ストーク技術、2005/4増強
〃	〃	49,000		〃	同２号機、2005/末増強後２系列計9.8万t
ア ク リ ル 酸	〃	108,000	160,000	未　定	日本触媒技術～99/2完成、2004年に1.4万t増強
アクリル酸エステル	〃	178,000		99／2	〃 、2008年６万t増強（公称15.4万t）
高 吸 水 性 樹 脂	〃	70,000		2013／1	エボニック技術、嘉義と合わせ計11万t
炭 素 繊 維	〃	8,300		2001年	自社技術、2010年1,300t＋2012/2に1,300t増設
P T M E G	〃	21,000		2000／初	旭化成技術、「台塑旭弾性繊維」2002/8に1万t増設
ス パ ン デ ッ ク ス	〃	5,600		2000／3Q	〃 、 〃 2002/3に倍増設
ノルマルブタノール	〃	250,000		2008／4	デビー/ＵＣＣの「LP OXO SELECTOR30」技術
オクタノール(2EH)	麦　寮	200,000		99／2	デビーマッキー技術■以下南亜プラスチック担当
無 水 フ タ ル 酸	〃	114,000		〃	デビーマッキー技術 （2ＥＨは2012年5万t増強）
〃	〃	114,000		2002／6	同２号機
D O P	〃	350,000		99／2	自社技術、（実力20万tが２系列）
I N A	〃	115,000		2000／1Q	電子用薬剤
E G	〃	720,000		99／7	ＳＤ法（ＥＯは46万t）、2003/9に倍増（実力77万t）
〃	〃	720,000		2007／7	３号機（初期能力60万tで2007/6完成）
〃	〃	360,000		2000／7	ＳＤ法、中国人造纖維との合弁「南中石化」
1,4-ブタンジオール	〃	120,000		2000／11	三菱化学技術ブタジエン法、三菱化学が２万t引取
無 水 マ レ イ ン 酸	〃	60,000		2013／3	（南亜分10万t）
E S O	〃	20,000		2000／1Q	
過 酸 化 水 素	〃	20,000		2000／7	2010年1.4万t削減
（T D I）	〃	(30,000)		2001／10	ダイナミット・ノーベル技術→2011年から停止
ビスフェノールA	〃	100,000		99／2	ダウ・ケミカル技術、エポキシ樹脂用
〃	〃	110,000		2003／2Q	同２号機 ＰＣ用液状品
〃	〃	110,000		2004／7	同３号機 ２～４号機は全て出光技術
〃	〃	100,000		2007／4	同４号機 2015年3.5万t削減しＢＰＡ計42万t
エ ポ キ シ 樹 脂	〃	220,000		97／11	旧東都化成技術、2011年4.1万t減+2012年8.6万t増
ベ ン ゼ ン	麦　寮	270,000		99／2	ＵＯＰ技術 ■以下台湾化学繊維担当
〃	〃	470,000		2000／4Q	同２号機 ｝ベンゼン合計133万t
〃	〃	590,000		2007／央	同３号機（2007/2メカコン）～2017年５万t増強
ト ル エ ン	〃	(20,000)		99／2	ＵＯＰ技術（外販を取り止め）
キ シ レ ン	〃	335,000		99／2	ＵＯＰ技術
〃	〃	600,000		2000／4Q	同２号機 ｝キシレン合計255万t
〃	〃	1,615,000		2007／央	同３号機
オ ル ソ キ シ レ ン	〃	290,000		99／2	ＵＯＰ技術、2000/4Qに２号機を増設
〃	〃	190,000		2007／央	同３号機、2008年4,000t増強 ｝ＯＸ合計48万t

メタキシレン	麦寮	100,000		2011／2Q	ＵＯＰ技術、台塑のイソフタル酸原料向けに企業化
パラキシレン	〃	400,000		99／２	ＵＯＰ技術、2003年に20.1万t増設
〃	〃	450,000		2000／4Q	同２号機
〃	〃	1,120,000		2007／央	同３号機、2017年25万t増強　｝ＰＸ合計197万t
ＰＴＡ	〃	550,000		98／７	ダイナミット・ノーベル技術
〃	〃	550,000		99／央	同２号機、ＰＴＡ合計110万t～龍徳合わせ170万t
ＳＭ	〃	250,000		98／９	レイセオン技術
〃	〃	350,000		2000／３	同２号機～ＳＭ計60万t(2002/秋3.5万t増強)
〃	〃	720,000		2007／央	同３号機、2013年12万t増強～ＳＭ３基計132万t
ＰＳ	〃	220,000		2001／央	2002/秋２万t＋2006年６万t＋2017年２万t増強
ＡＢＳ樹脂	〃	170,000		2002／3Q	2003年に１万t＋2004年と2007年に各２万t増強
(ＤＭＦ)	〃	(40,000)		99／２	→2011年から停止
ポリプロピレン	〃	300,000		2000／４	チッソ技術気相法(15万t×２系列)
〃	〃	260,000		2004／９	チッソ技術気相法３号機～2016/4Qに５万t増強
〃	〃		300,000	未定	同４号機計画
フェノール	〃	220,000		2000／６	ＧＥ技術、１号機
〃	〃	220,000		2004／９	同２号機～計44万t
アセトン	〃	135,500		2000／６	フェノールのバイプロ
〃	〃	135,500		2004／９	同２号機～計27.1万t
ポリカーボネート	〃	60,000		2002／12	出光技術、販売は合弁会社「台化出光石油化学」
〃	〃	60,000		2003／春	同２号機、2005/7に１号･２号とも１万tずつ増強
〃	〃	80,000		2008／４	同３号機、ＰＣ合計20万t
酢酸	〃	300,000		2005／６	ＢＰ技術メタノール法、ＢＰ合弁「台湾酢酸化学」

1992年５月、当初台湾プラスチック40％／南亜プラスチック30％／台湾化学繊維30％出資により合弁会社「台塑石化」が設立され、資本金150億元でスタート、現在の資本金は700億元で出資比率は台プラ32.48％／南亜26.76％／台湾化繊27.98％／福懋興業4.34％／台塑重工0.09％ほか。

雲林県麦寮区の石油化学コンプレックスで、台塑石化は石油精製品と石化基礎原料、ユーティリティなどを供給、リファイナリーとナフサクラッカー、コジェネレーション、火力発電所、麦寮工業港、原油・ケミカルタンク事業などを手掛ける。原油の年間処理能力は2,700万トン(日量54万バレル)で、ナフサは400万トン、エチレンは３系列合計294万トン、コージェネは３系列で計180万kW、石炭火力は５系列計300万kW、水深24mの麦寮港では26万トン級の船舶が出入りでき、年間6,000万トンの貨物を扱える。このほかＬＰＧ73万トン、ガソリン600万トン、ディーゼル油1,000万トン、ケロシン250万トン、燃料油100万トン、ＦＣＣプロピレン59万トンなども手掛け、2010年からは潤滑油用ベースオイルも45万トンで参入、１年後に65万トンとした。この一大石化コンプレックスの建設には総額4,000億元を投入、開発面積は2,591万㎡に及んだ。

2000年10月からエチレン１号・２号機が揃った操業体制に入り、2002年秋には１号機側で25万トンの増強が完了した。続く120万トンのエチレン３号機は2007年５月下旬にオイルインした。第３期計画ではナフサ分解連産品としてプロピレン55万トンとブタジエン18万トンを回収、不足するプロピレン手当て策として、25万トンのプロピレンを製造するメタセシス装置を2006年末に導入した。ＦＣＣブテンとエチレンからＯＣＵ(Olefins Conversion Unit)でプロピレンを増産している。なお麦寮には台プラグループ以外に中国人造繊維と大連化学が参画しており、中国人繊は南亜との折半出資合弁会社「南中石化」でＥＧ36万トンを手掛け、半分の引取権を持つ。大連化学は酢酸ビニルモノマー設備を2001年春に建設し、その後30万トンへ増強、2006年春に35万トンの２号機を導入した。2011年春からは長春石油化学が原料の酢酸を現地で供給開始している。

2016年１月には出光興産と水添石油樹脂の折半出資合弁会社「台塑出光特用化学品」を設立し、2019年春までに２万5,000トン設備（当初計画では４万トン）を建設、同年上期中に商業生産を始める。クレイトン・パフォーマンスポリマーズとの折半出資により２億ドル超を投入した水添スチレン系ブロック共重合体（ＨＳＢＣエラストマー）３万トン設備は、環境問題のため2012年10月に一旦白紙撤回されたが、その後計画を復活させ、2017年５月から稼働を開始した。2017年１月には日機装とＵＶ－ＬＥＤの共同開発を進めることで合意している。

和益化学工業の石油化学製品生産体制

（単位：t/y）

製　　品	工　場	現有能力	新増設能力	完　成	備　　考
アルキルベンゼン	林　園	125,000			ＵＯＰ技術、半分超がＬＡＢ、2010年１万t増強
ノニルフェノール	〃	32,000			90年より企業化、2003年１万t+2010年5,000t増
ドデシルフェノール	〃	30,000			2015年から事業化も2016年停止→2017年再開
C_9水添石油樹脂	林　園	28,000			97/8稼働、2015年3,000t＋2017/12に4,000t増強
未水添石油樹脂	屏　南	45,000			「聯超實業」担当～2011/12に１万t増強

1973年６月設立。資本金19億200万元で台湾化学繊維が4.34％出資。アルキルベンゼンは77年から生産開始、2004年に1.5万トン、2007年と2010年に１万トンずつ増強して表記能力とした。このうち半分以上はリニアアルキルベンゼン（ＬＡＢ）で、過半数を輸出しており、そのうち８割が中国を中心とするアジア市場向け、残りは中南米市場向けなど。96年には仏 Dassault と旧トーメンとの合弁でベトナムへ洗剤原料で進出、2014年２月には豊田通商と合弁でベトナムに２万トンのアルキルベンゼンスルホン酸工場を建設することで合意した。ノニルフェノール事業へは90年に進出、91年にパラフィン脱水素設備を設置し、2001年の3,000トン増強で1.5万トンとした後、2003年に１万トン、2010年に5,000トン増強して３万トンとした後、2017年にも2,000トン増強。2015年からドデシルフェノール事業にも進出。C_9系石油樹脂には97年８月進出、2000年１月に水添装置を設置し、2011年に倍増設、2015年に3,000トン増強した。2017年12月にも4,000トン増強した。未水添のC_9系石油樹脂は子会社の聯超實業が屏南で手掛けている。

義新グループ

中国人造纖維の石油化学製品生産体制

（単位：t/y）

製　　品	工　場	現有能力	新増設能力	完　成	備　　考
Ｅ　　　Ｏ	大　社	65,000			ＳＤ法、2013年7,000t増強＋2015年5,000t増強
Ｅ　　　Ｇ	大　社	300,000			ＳＤ法、2014/1に30億元で20万t増設
バイオＭＥＧ	〃	200,000		2012／１	「台湾緑醇」～豊田通商と折半、バイオ法で事業化
Ｅ　　　Ｇ	麦　寮	360,000		2000／７	ＳＤ法、南亜プラとの合弁会社「南中石化」担当
ノニルフェノール	大　社	32,000		93／11	伊エニケムとの合弁、94/7操開、2002年7,000t増
ポリエステル(f)	頭　份	120,500		97／３	帝人技術、チップ設備も保有、2012年2.6万t復活

1954年４月設立、資本金は91億2,300万元。76年から生産開始した台湾最初のＥＯＧメーカーで、界面活性剤メーカーの磐亜に37％出資している。ノニルフェノール事業に進出したのは94年７月で、伊エニケムとの合弁事業。表記製品のほか、大社ではＤＥＧ（ジエチレングリコール）やＴＥＧ（トリエチレングリコール）、二酸化炭素、窒素ガスなどを手掛け、頭份で手掛けていたレーヨンやセロハン紙事業は2012年に撤退した。頭份では、事業撤収したレーヨン・スフの代わりにポリエステル長繊維事業に進出、帝人技術によるチップ（日産330トン）、フィラメント、ＰＯＹ（同130トン）、ＳＤＹ（110トン）などポリエステル系製品で計13万トンの生産能力を有する。

雲林では96年５月に南亜プラスチックとの折半出資合弁会社「南中石化」を設立して麦寮石化コンプレックス内に36万トンのＥＧ工場を新設、2000年７月から操業開始させた。中国人繊のＥＧ引取枠は半量。続いてシェルからＯＭＥＧＡプロセスを2003年12月に導入し、2014年１月にようやくＥＧ20万トン設備を完成させた。一方、豊田通商との折半出資合弁会社「台湾緑醇」を資本金100億円で2010年10月に設立し、バイオ法ＥＧ７万トンを2012年から事業化、原料となるサトウキビ由来のバイオエタノールをブラジルから豊通が調達し、バイオＰＥＴ換算で年間20万トンを同社が販売、ＥＧ能力も20万トンへ拡大した。

聯華実業グループ

聯成化学科技の石油化学製品生産体制　　（単位：t/y）

製　品	工　場	現有能力	新増設能力	完　成	備　考
無水フタル酸	林　園	48,500			ワッカー法、2007年に４万t削減
無水フマル酸	〃	4,500			フタル酸のバイプロ
無水マレイン酸	小　港	27,000		91／1	モンサント技術ブタン法～全額出資の「成國化学」
Ｄ　Ｏ　Ｐ	林　園	110,000			ジオクチルフタレート
Ｄ Ｉ Ｎ Ｐ	〃	10,000			ジイソノニルフタレート
Ｄ Ｉ Ｄ Ｐ	〃	3,000			ジイソデシルフタレート
Ｄ　Ｂ　Ｐ	〃	3,000			ジブチルフタレート
Ｄ　Ｏ　Ａ	〃	3,000			ジオクチルアジペート
Ｔ Ｏ Ｔ Ｍ	〃	3,000			トリオクチルトリメリテート
８ １ ０ Ｐ	〃	3,000			リニア型可塑剤
エステル可塑剤	〃	4,000			ポリエステル系可塑剤
特殊可塑剤	〃	16,000		2006年	2016年に1.3万t増設　　以上、主要可塑剤９品目
ポリオール	〃	32,000		2006年	ポリエステルポリオール～2016年に2.6万t増設
ＣＨ-1,2-ＤＣ	〃	80,000		2017年	シクロヘキサン-1,2-ジカルボキシレート事業化
Ｕ　Ｐ　Ｒ	〃	(6,000)			不飽和ポリエステル樹脂～2017年までに停止
エポキシ樹脂	〃	(7,000)		2010年	臭素化難燃性エポキシ樹脂～2017年までに停止

1976年８月設立。無水フタル酸～可塑剤などのメーカーで、資本金は68億1,400万元。2001年５月には社名を聯成石油化学から聯成化学科技に改称した。79年からフタル酸、80年からＤＯＰの生産を始めており、89年11月には旧群隆現代の可塑剤プラントを買収、91年６月に３万トンのフタル酸３号機を増設して計９万トンとし、96年に11.5万トンまで増強したが、99年に2.7万トン、2007年には４万トン削減して表記能力とした。ＤＯＰも94年に１万トン、96年に３万トン増強したが、99年には台中工場を閉鎖しており、６万トンの能力削減となった。89年１月には國喬石油化学との折半出資合弁会社だった「成國化学」を設立、91年初めより台湾初のモンサント技術ブタン法無水マレイン酸を共同で事業化し、94年に5,000トン増強した。95年４月には國喬石化の資本撤収に伴い、同社は聯成化学の100％子会社となった。インドネシアでは91年３月から塩ビ製軟質テープやゴムバンドなどの現地生産販売を始め、96年末にはＤＯＰ工場を建設した。中国では95年末に接着テープ工場を上海に開設、97年半ばにはＤＯＰ工場を開設し、2007年１月には華南にもＤＯＰ工場を設置した。台湾での塩ビ用可塑剤事業基盤を固めるため、華夏グループの筆頭株主だったＢＴＲナイレックスグループから保有株式をＵＳＩと共同で97年に買い取り、うち20％を聯成の分割所有としたため、華夏プラスチックや台湾ＶＣＭなどが傘下企業となった。2016年９月にはマレーシアのＢＡＳＦより無水フタル酸４万トン／可塑剤(ＤＯＰ／ＤＩＮＰ)の10万トンプラントを買収している。

台聚グループ

USI（台湾聚合化学品）の石油化学製品生産体制　　(単位：t/y)

製　　品	工　場	現有能力	新増設能力	完　成	備　　考
LDPE/EVA	仁　武	165,000			ＥＶＡを併産、2016/央にＥＶＡ4.5万t増設
HDPE／LL	〃	160,000			ユニポール法、ＨＤＰＥ10万t/ＬＬＤＰＥ６万t

1965年５月に設立、資本金は77億1,400万元。台湾で最初にＬＤＰＥの生産を68年から始め、ＨＤＰＥメーカーだったユナイテッド・ポリマーズを80年に吸収合併、2002年から現社名に改称（旧社名はＵＳＩファーイースト）した。96年９月に聯成石油化学（現聯成化学科技）と共同で華夏グループを買収することで合意、97年１月には政府関連当局からも認可を得た。華夏グループの筆頭株主だったＢＴＲナイレックスグループの保有株式を２億6,798万米ドルで買収、これをＵＳＩ80％／聯成20％の割合で分割所有することにより、華夏プラスチック、台達化学、アジア・ポリマーなど島内の華夏グループ企業の株式51％を握って傘下に置いた。

ＵＳＩのＬＤＰＥ能力は76年と79年の増設で14万トンになって以来異動はなかったが、2000年に当時の三菱化学・四日市工場から買収したＬＤＰＥ４万トン設備を移設、ＬＤＰＥ／ＥＶＡ併産能力としては12万トンとなり、ＨＤＰＥ／ＬＬＤＰＥ併産能力は16万トンとなった。この併産設備は89年12月に導入したもので、ＨＤＰＥ10万トン、ＬＬＤＰＥ６万トンの割合で生産。2016年半ばにはＬＤＰＥ／ＥＶＡ併産ラインでＥＶＡ４万5,000トンの増設を図った。

華夏グループ

華夏プラスチック（ＣＧＰＣ）の石油化学製品生産体制　　(単位：t/y)

製　　品	工　場	現有能力	新増設能力	完　成	備　　考
Ｐ　Ｖ　Ｃ	頭　份	200,000			チッソ技術、90/3と2016年に各２万t増強
〃	林　園	200,000		2012／1	チッソ技術を2009/8導入、2016年に３万t増強

1964年４月設立。資本金は42億4,800万元。趙氏（2008年３月死去）が率いたＣＧＰＣグループの中核企業で、塩ビとその加工品のメーカーだったが、96年９月、ＵＳＩと聯成化学（ＵＰＣ）によって買収された。同社への出資企業はＢＴＲナイレックス31％、グループ企業である台達化学とアジア・ポリマーが各々10％であり、またＢＴＲは両社の株式を51％ずつ保有していたため、ＢＴＲの持株を買収したＵＳＩとＵＰＣが華夏グループ全社の経営権を握った。さらに米国での事業もコントロール下に置いている。ＰＶＣだけでなく、ＰＶＣシート・フィルムやＰＶＣパウダー、塩ビレザー製品、ＰＶＣチップなど、塩ビとその加工品を幅広く手掛けている。ＰＶＣの生産は66年から頭份で始めており、2016年の２万トン増強など数次の拡張を経て20万トン能力となった。一方、林園にも表記ＰＶＣ製造拠点を2011年末に新設した。電解部門を有しているものの、ＶＣＭは子会社の台湾ＶＣＭに生産委託しており、92年11月に完成させた林園のＶＣＭ工場も同12月には同社に売却した。なおＣＧＰＣグループは、米国で石化コンプレックス事業を展開しているが、この内容については７の⑤海外進出動向の項を参照のこと。またＵＳＩ／ＵＰＣ連合として、中国・広東省中山に333万㎡の工場用地と5,000トン級の港湾設備を保有し、塩ビレザーや接着テープ、塩ビ管など各種の塩ビ加工事業を展開している。当地で原料遡及するため、チッソから脱モノマー技術を含む塩ビ樹脂の製造技術を導入し、当初計画では2002年春に17万トンのＰＶＣ工場を中山に建設する予定だったが、経営悪化のため白紙撤回した。その後2009年８月、

再度同技術を導入し、2012年初めに同規模のプラントを台湾・林園に建設した。2016年には３万トン増強して頭份と同じ20万トン能力に引き上げた。

台湾ＶＣＭの石油化学製品生産体制　(単位：t/y)

製　品	工　場	現有能力	新増設能力	完　成	備　考
Ｖ　Ｃ　Ｍ	林　園	450,000			2012年1.5万t+2014年２万t+2015年３万t増強

1970年１月設立。資本金は21億元でＣＧＰＣが79.7％出資、政府資本も入っているＶＣＭ専業メーカー。71年に開設した高雄工場は91年９月に閉鎖、74年に開設した頭份工場も97年９月に廃棄した経緯がある。林園工場はＣＧＰＣが建設したもので、92年12月に譲受した時の能力は24万トン。97年１月の６万トン増強で30万トンとなり、2004年４万トン、2010年２万トン、2011年春2.5万トン、2012年春1.5万トン、2014年２万トン、2015年３万トンの増強で表記能力となった。

台達化学工業の石油化学製品生産体制　(単位：t/y)

製　品	工　場	現有能力	新増設能力	完　成	備　考
ＡＢＳ樹脂	林　園	100,000			東レ技術、96年１万t＋2013/9に４万t増強
ＡＳ樹脂	〃	＊2,400			＊ＡＢＳ樹脂生産能力の内数
ポリスチレン	高　雄	197,000			2001/3に９万t増設
(内訳)ＧＰＰＳ	〃	50,000			2001/3に４万t増設
ＨＩＰＳ	〃	80,000			2001/3に５万t増強、2012年１万t増強
ＥＰＳ	〃	67,000			98年１万t増強、2012年7,000t増強
ＰＳ食品容器	頭　份	1,200			89年に350t増強
ＨＩＰＳシート	〃	650			
ＰＰシート	〃	100			
ガラス繊維	〃	10,000			2012年2,000t増強

1960年４月設立、76年11月ＢＴＲナイレックスが株式を51％取得して華夏グループの傘下に入り、96年９月以来同グループはＵＳＩと聯成化学の傘下に入っている。資本金は26億2,600万元。65年からＰＳの生産を始め、80年にはＡＢＳ樹脂事業にも進出した。91年10月にＡＢＳ樹脂能力を５万トン(ＡＳ樹脂能力を含む)へ増強し、96年には１万トン増強、2013年９月に４万トン増設した。ポリスチレンでは95年にＥＰＳを1.2万トンから2.4万トンに倍増、97年には更に倍の５万トンまで増設し、98年には１万トン増強した。ＨＩＰＳは2001年３月に５万トン増設、ＧＰＰＳも４万トン増設するなど、ＰＳ全体で計18万トン(ＧＰＰＳ５万トン／ＨＩＰＳ７万トン／ＥＰＳ６万トン)へ倍増。2012年にも計1.7万トン増強して表記能力まで拡充した。原料のＳＭは台湾スチレンモノマーから受給。頭份にＰＳ製の食品容器やシートなど各種の成形加工工場を持ち、ＰＰシートやガラス繊維、曲面印刷加工なども手掛けている。

台湾スチレンモノマーの石油化学製品生産体制　(単位：t/y)

製　品	工　場	現有能力	新増設能力	完　成	備　考
Ｓ　Ｍ	林　園	340,000			レイセオン法、99/春に８万t増設
パラＤＥＢ	〃	7,000			89/9生産開始、99/春1,500t増＋2014年3,000t増設
トルエン	〃	8,200			トルエンは副生品　(ＤＥＢ：ジエチルベンゼン)

1979年９月設立、資本金は46億1,800万元。81年からＳＭ10万トンで操業開始、その後88年までに４万トン増強し、90年２月には２号機10万トンを増設した。93年と94年中に各１万トンずつ増強し、99年春に８万トン増設して34万トン能力とした。89年９月よりパラ・ジエチルベンゼン

の生産に乗り出し、94年1,000トン、99年春1,500トン、2014年3,000トンを増強、表記能力とした。ＳＭのほかに若干量のエチルベンゼンや副生トルエン、粗製水素9,200万㎥を外販できる。

アジアポリマーの石油化学製品生産体制

(単位：t/y)

製　品	工　場	現有能力	新増設能力	完　成	備　考
ＬＤＰＥ	林　園	150,000			ＥＶＡ併産、2016/1QにＥＶＡを４万t増設

1977年１月、米国の旧ガルフ35％出資により設立されたが、86年にはＢＴＲナイレックスが51％の株式を取得、さらに96年９月にはＢＴＲから持株を買収したＵＳＩと聯成化学科技の傘下に入った。資本金は22億7,900万元。79年からＬＤＰＥ／ＥＶＡの生産を始め、85年当時は7.5万トン能力だったが、その後11万トン能力とし、2016年４月にＥＶＡを４万トン増設した。

奇美グループ

奇美実業の石油化学製品生産体制

(単位：t/y)

製　品	工　場	現有能力	新増設能力	完　成	備　考
ポリスチレン	台　南	150,000		95／２	15万t増設時に５万t廃棄、2010年までに15万t停止
ＡＢＳ樹脂	〃	1,250,000		2014年	自社技術、2014/末までに25万t増設
ＡＳ樹脂	〃	100,000			自社連続溶液重合法(外販能力)、2013年2.5万t増
メタクリル樹脂	〃	200,000			2011/７に８万t増設、旭化成から2.4万t受託
ＭＳ樹脂	〃	80,000		2013年	ＭＭＡとＳＭの透明共重合樹脂、2016年３万t削減
導光板・拡散板	〃	80,000			光学グレードの板材を台湾16万t/中国４万tへ
ＴＰＥ	〃	58,000		95／３	(靴底用)～2008年９万t削減、2011年１万t削減
ＢＲ	〃	20,000		97／８	ＨＩＰＳ用低シスタイプ
〃	〃	60,000			タイヤ用高シスタイプ、長春応用化学研究所技術
S-ＳＢＲ/ＢＲ	〃	21,000			旧ＴＰＥ設備改造で溶液重合ＳＢＲとＢＲを併産
ＳＢ樹脂	〃	30,000			『Ｑレジン』～スチレン・ブタジエン共重合樹脂
ポリカーボネー	〃	70,000		2002／６	旭化成技術メルト法
ト(ＰＣ)	〃	70,000		2006／８	２号機導入で倍増設後14万t(実力15万t)

1959年９月創立、資本金は173億元。スタートは保利化学で、87年に奇美が吸収合併、日本の三菱ケミカルも８％資本参加している。2000年４月に子会社の奇美電子を発足させ、液晶ディスプレーパネル関連事業に参入、台南工場隣接地で相次ぐ拡張計画を進め、台湾最大のメーカーとなったが、2010年３月には液晶パネル事業を鴻海精密工業傘下の群創光電(イノラックス)との合弁会社「Chimei Innolux」に吸収する形で切り離した。代わりに同２月にはＬＥＤ事業への参入計画を表明した。2007年10月には台南安平港に石化製品ターミナルを開設している。

ＰＳは68年に企業化、95年２月の15万トン増設後、老朽５万トンを廃棄し、2005年にも10万トン削減、30万トン能力を2010年までに15万トンへ半減した。ＡＢＳ・ＡＳ樹脂は95年末の20万トン増設で100万トンとした後、2012年末までに110万トンとし、2014年中に25万トン増設した。メタクリル樹脂は2006年９月に3.5万トン、2008年にも4.5万トン増強し、2011年夏に８万トン増設した。このうち導光板や拡散板を８万トン生産できる。2013年にはＭＳ樹脂も事業化した。なお旭化成から2002年春以来年間２万トン、押出板でも4,000トンの枠内で受託生産中。

中国では江蘇省鎮江に現地合弁会社「鎮江奇美化工」を設立、ＰＳは98年６月までに30万トン工場を建設し、ＡＢＳ樹脂は2000年６月に第１系列が完成、2002年７月には25万トンへ倍増(その後35万トンに増強)した。國亨(鎮江)石化の買収によりＰＳは42万トン、ＡＢＳ樹脂は25万トン増の60万トンとなった後、2011年の15万トン増設で75万トンとした。2015年秋にはＨＩＰＳを

15万トン増設。また2006年10月には鎮江に５万トンのメタクリル樹脂工場も完成させ、2011年夏には８万トン増設した。2015年末には４万トンの溶液重合ＳＢＲ設備も新設した。

靴底用ＴＰＥ(熱可塑性エラストマー)には95年３月から３万トンで参入、97年８月に９万トン、2004年には12万トンまで増強したが、2008年に３万トンへ戻し、その後２万トンへ縮小、残りの設備はＢＲや溶液重合ＳＢＲ製造用に転用した。低シスタイプのＢＲ２万トンを自社のＨＩＰＳ用衝撃吸収剤に消化し、高シスタイプの３万トンは97年10月からタイヤ用に外販、2008年に５万トンへ増強し、2011年には中国の長春応用化学研究所技術による２万トンの溶液重合ＳＢＲ設備を整備した。また３万トンのＳＢ樹脂「Ｑレジン」も手掛けている。

ＰＣの製法には旭化成の非ホスゲン・非塩化メチレン製法のメルト法を導入し、これに必要な原料のエチレンカーボネートを東聯化学に生産委託。当初は合弁会社「旭美化成」(奇美51%／旭化成49%出資)が企業化したが、2004年３月末には奇美90%／旭化成10%出資に改組し、旭化成側は同技術の販売に専念、2009年２月には合弁を解消して奇美に移管した。第１期５万トンのＰＣ設備は工費25億元で2002年初めに完成、同６月から商業運転入りし、2003年11月に1.5万トン増強、2005年前半にも１万トン増強した。さらに2006年８月には7.5万トンの２号機を増設して計15万トンへ倍増している。ただし、公称能力は各７万トンで計14万トン。

長春グループ

長春人造樹脂廠の石油化学製品生産体制

(単位：t/y)

製　品	工　場	現有能力	新増設能力	完　成	備　考
ホルマリン	新　竹	136,000			濃度37%、長春石化から移管、麦寮にも16.4万t
パラホルムアルデ	〃	78,000			2009年1.5万t+2014年3,000t+2016年３万t増
アクリルアミド	〃	10,000			2014年6,000t削減
フラン樹脂	〃	4,500			2014年1,500t増、フラン樹脂硬化剤5,000t停止
フェノール樹脂	〃	30,000			2004年に16,500t削減
エポキシ樹脂	〃	180,000			2012年２万t+2014年２万t増+2016年４万t削減
ＬＣＰ樹脂	〃	1,000		2008年	ＬＣＰ(液晶樹脂)コンパウンド能力は1,400t
エポキシ封止材料	台　北	20,000			住友ベークライト70%出資の「台湾住友培科」
ＰＢＴ樹脂	高　雄	(30,000)			98年に連続法３万t設備、コンパウンド６万t
〃	(大発)	120,000		2002／５	自社技術連続法、2004年１万t+2009年５万t増
フェノール	〃	300,000		2005／４	ＵＯＰ技術、2009/9に10万t増設
アセトン	〃	186,000		〃	〃　、2009/9に６万t増設
ビスフェノールＡ	〃	270,000		〃	レゾリューション技術、2009/9に倍増設
ホルマリン	麦　寮	164,000		2012／央	新竹と合わせ計30万t

1957年12月設立、資本金33億3,800万元。長春グループの老舗企業で合成樹脂メーカー。表記以外に各種樹脂コンパウンド類(フェノール樹脂成形材料3.5万トン、ＰＢＴ樹脂複合材料６万トン、エポキシ樹脂成形材料3,000トン)、リン酸エステル系難燃剤１万トン、繊維加工樹脂4,800トン、尿素樹脂系接着剤２万トン、メラミン樹脂接着剤5,400トン、シアノアクリレート系瞬間接着剤360トン、紙力増強剤2.4万トン、ポリエステル系可塑剤１万4,400トン、塩ビ安定剤2,500トン、高分子凝集剤5,200トン、積層板などがある。銅張積層板は紙フェノール樹脂タイプが960万㎡、ガラス・エポキシ樹脂タイプが720万㎡(2016年に120万㎡増設)生産できる。電子関連資材として絶縁紙６万トン、電子用ガラス短繊維１万3,500トン、フォトレジスト液3,000トンなどがあり、ドライフィルムフォトレジストは2016年に900万㎡増の3,400万㎡へ拡張した。2008年には

液晶ポリマー事業に進出し、2014年には熱可塑性ポリエステルエラストマー(2016年に2.2万トン増の4.2万トンへ拡大)、2,4-ＤＴＢＰ2.2万トンや2,6-ＤＴＢＰ３万トン設備も導入している。

ＰＢＴ樹脂は、98年に導入した３万トンの連続生産系列を休止させ、2002年５月に設置した大型連続法設備(初期能力６万トンが2004年の１万トン、2009年の4.6万トン増設などで倍の12万トン)に集約した。川下事業展開では、住友ベークライト70%／長春30%出資合弁会社「台湾住友培科」を設立し、99年10月に7,000トンのエポキシ樹脂半導体封止材料工場を台北に新設、2003年までに２万トンへ拡大した。2004年10月には住友化学からエポキシ樹脂6,000トン設備を新竹に移設、その後も逐次増設している。雲林の麦寮工場ではキュメン28万トン～フェノール20万トン／アセトン12.5万トン／ビスフェノールＡ13.5万トンを2004年12月に完成させ、2005年４月から操業開始した。2009年９月には8,000万ドルをかけたフェノール／アセトンの５割増設とＢＰＡの倍増設を完了、フェノール30万トン／ＢＰＡ27万トン体制に拡大した。海外展開では日本ユピカ(51%出資)と合弁会社「優必佳(常熟)」を設立、中国江蘇省・常熟に不飽和ポリエステル２万トン工場を新設し、2008年から稼働させている。2013年７月にはシンガポールにも進出し、54万トンのキュメン工場を稼働開始させた。

長春石油化学の石油化学製品生産体制　(単位：t/y)

製　　品	工　場	現有能力	新増設能力	完　成	備　　考
酢　　酸	麦　寮	700,000		2011／3Q	メタノール法(苗栗で氷酢酸7.2万tの生産可能)
ＥＶＯＨ	〃	10,000		2007／4	エチレン・ビニルアルコール共重合樹脂
酢　　酸	苗　栗	120,000			97年１万t+2000/12に２万t+2009年２万t増強
ポバール	〃	130,000			2004年4,000t+2009年２万t+2012/央１万t増強
ＰＶＢ	〃	34,000			(ポリビニルブチラール)～2014年2.4万t増設
ＰＶＢフィルム	〃	14,000		2007年	安全ガラス用中間膜、2014年倍増+2016年4,000t
ヘキサミン	〃	7,200			
ブチルアセテート	〃	35,000*			*うち１万tは電子用、2014年に7,000t削減
酢酸プロピル	〃	10,000			2009年2,000t増強
ＴＭＰ	〃	5,200		89／1	(トリメチロールプロパン)
ギ酸ソーダ	〃	3,500			2009年1,000t増、2014年500t増
アクリル乳化剤	〃	13,000			90年4,000t＋96年2,000t＋2014年3,000t増強
ポリ酢ビ乳化剤	〃	27,000			97年4,000t増-2004年▲3,000t
エポキシ化大豆油	〃	26,000			95年8,000t－2003年▲9,000t
エポキシ亜麻仁油	〃	6,000			96年より参入
酸化防止剤	〃	80,000		95／3	ＡＤＥＫＡ技術、2005年倍増設、2015年１万t増
過酸化水素	〃	63,000			92/12に1.9万t増設、2012/2Qに２万t増設
高純度過酸化水素	〃	150,000			三徳化学技術、2014年13.8万t増設
ピリジン	〃	7,000			2000年企業化、2005年1,000t増強
ニコチン酸	〃	3,300			2000年企業化
β－ピコリン	〃	4,000			2000年企業化、2005年1,000t増強
ＰＭＥ	〃	45,000			(ＰＧモノメチル・エーテル)、2015年9,000t増
ＰＭＥアセテート	〃	37,000		2001年	2004年1,000t+2014年5,000t+2015年7,000t増強
ＥＶＡコポリマー	大　発	10,000			2008年から企業化、本格プラント建設を検討
酢酸メチル	〃	36,000			2008年から企業化、2015年倍増設

1964年７月設立、資本金47億4,100万元。台湾唯一のポバール～ブチラール樹脂(ＰＶＢ)メーカーで、2007年からはＰＶＢ中間膜も企業化、ＥＶＯＨ(エチレン・ビニルアルコール共重合樹脂)も2007年春から唯一企業化した。2009年からＰＶＡフィルム(1,200トン)も生産している。過

酸化水素のほかブチルアセテートやポリ酢酸ビニルエマルジョンなど独占商品が多い。91年11月には現ＡＤＥＫＡより酸化防止剤技術を導入し、95年３月に1.2万トン設備が完成、2016年までに８万トンへ増設した。日本の三徳化学工業から過酸化水素の精製技術を導入し、16ＭＤＲＡＭ洗浄用の高純度過酸化水素製造工場を台北に建設、93年初めには長春石化／三徳化学／日本パーオキサイド／三井物産の合弁会社「吉林化工」を設立したが、2004年２月には合弁を解消した。2000年にピリジン、ニコチン酸、β－ピコリンを企業化、2008年からはＥＶＡコポリマーや酢酸メチル事業にも参入した。表記製品のほか銅箔８万トン弱、ＩＣデベロッパー25.5万トン、剥離剤1.62万トン、半導体用シンナー５万トン、ＨＤＰＥ製Ｌリングドラム(30ℓ缶で年産360万個／同50ℓ缶45万個／200ℓ缶63万個)なども手掛けている。83年から生産開始した酢酸は2000年末と2009年に各２万トン増強して12万トンに増強、ポバールは2012年に１万トン増強して13万トンまで拡大した。2000年６月には麦寮の用地30万㎡を取得、2011年第３四半期に60万トンのメタノール法酢酸工場を新設し、2016年には70万トンへ増強、苗栗と合わせて82万トン能力とした。

大連化学工業の石油化学製品生産体制　(単位：t/y)

製　品	工　場	現有能力	新増設能力	完　成	備　考
酢酸ビニル	麦　寮	350,000		2001／春	拡大№６内、2003/8に６万t、2014年５万t増強
〃	〃	350,000		2006／春	２号機、増強後計70万t
酢酸エステル	大　社	30,000			酢酸エチルほか各種エステルを生産
ＥＶＡエマルジョン	〃	150,000			2002年6,000t増強＋2008／央８万t増設
ＶＡＥパウダー	〃	32,000			2004年1,000t+2008/夏２万t+2009年2,000t増
ＭＰＤ	大　発	82,000			2メチル-1,3-プロパンジオール、13年2.92万t増
γブチロラクトン	〃	6,000		2017年	新規参入
n-プロパノール	〃	41,000		2004年	2007年1.2万t+2011年4,400t+2013年1.46万t増
イソブタノール	〃	41,000		2004年	2007年1.2万t+2011年4,400t+2013年1.46万t増
アリルアルコール	〃	100,000			1,4-ＢＤの原料として自消、2004年に３万t削減
〃	〃	300,000		2013／９	2016年1.5万t増強後大発は40万t
〃	(麦寮)	400,000*		2006／1Q	初期能力20万t、*全量1,4-ＢＤ向けに自消
1,4－ＢＤ	大　発	100,000			2002／央完成、自社技術プロピレン法
〃	〃	146,000		2013／央	増設後大発で24.6万t～麦寮を合わせて41万t
〃	麦　寮	164,000			2006/1Q完成～2007/末稼働、2011/央4.4万t増強
ＰＴＭＥＧ	大　発	70,000			保土谷化学技術連続ＰＴＧ法、2006/春6万t増設
〃	〃	60,000		2013／央	増設後大発で13万t
〃	麦　寮	60,000			2008／春に新設～2013/春増設後計19万t
ＴＨＦ	大　発	228,000		2000／７	テトラヒドロフラン、2016年9.5万t削減

1979年６月設立、資本金13億7,300万元。台湾唯一の酢ビ・ＥＶＡエマルジョンおよびアリルアルコールメーカー。表記製品のほか窒素を3.5万トン、液化炭酸を2.8万トン製造できる。83年から酢酸ビニルと酢酸エステルを生産開始、酢ビは長春石化のポバール原料として供給。台プラグループのダウンストリームに参画し、2001年春には24万トンの酢ビプラントを麦寮に新設、完成後大社の12万トン設備はアリルアルコール設備に転用し、2003年には麦寮を30万トンに増強した。35万トンの２号機は2006年春に導入。1,4-ブタンジオールは独自開発のプロピレン～アリルアルコール法を採用した３万トン工場を高雄の大発工業区に新設、98年春から企業化し、長春人造樹脂廠のＰＢＴ樹脂向けに供給している。その後99年４月には保土谷化学と提携し、1,4-ＢＤを供給することになったため、2002年半ばに10万トン工場を大発に新設、完成後旧３万トン設備

を停止し、2003年には中国へ移設した。2006年春に12万トンの２号機を麦寮に新設し、原料も４倍近く増設した。保土谷化学は大連化学にＰＴＧ（ＰＴＭＥＧ）の連続生産技術を供与、大連はＴＨＦ（テトラヒドロフラン）～ＰＴＧ１万トン設備を2000年春までに建設し、同７月から操業開始した。これに先駆け両社は2000年３月に共販会社「保土谷・大連ＰＴＧ」を保土谷化学内に設立、日本と台湾以外の地域でＰＴＧの拡販に乗り出している。ＰＴＧは2006年春に大発で６万トン増設し、2008年春には麦寮にも６万トンを新設、2013年半ばには大発で６万トン増設した。原料の1,4-ＢＤも同時に14.6万トン増設しており、大発では同秋までにアリルアルコールも28.5万トンへ増設した。2016年にはこれを40万トン能力へ拡張している。

大連化学は中国江蘇省儀征に「大連化工（江蘇）」を設立、大発の遊休1,4-ＢＤ３万トン設備を移設した後、同設備を４万トン能力に増強、さらにＰＴＭＥＧ４万トン、ＥＶＡエマルジョン３万トン工場などを建設して2004年から現地で生産を開始、その後も増強中。また2013年７月にはシンガポールにも進出し、酢ビ35万トン、アリルアルコール20万トン工場を開設した。2016年末にはＶＡＥエマルジョン９万トンと同パウダー３万トン設備も完成させている。

ポリプラスチックス台湾の石油化学製品生産体制

（単位：t/y）

製　　品	工　場	現有能力	新増設能力	完　成	備　　考
ポリアセタール	大　発	33,000		92／２	商標「ＴＥＰＣＯＮ」、2012年8,000t増強
同ホモポリマー	（高雄）	9,500			ＰＯＭコポリマーと合わせた能力は4.25万t
Ｌ　Ｃ　Ｐ	〃	12,000	検討中	2020／春	液晶ポリマー、2008/4に5,000t+2012年4,000t増強
ＰＢＴ樹脂	〃	14,000		2012／初	ＰＯＭ/ＬＣＰ/ＰＢＴ用コンパウンドは全3.5万t

1988年７月、台湾初のエンプラ専業メーカー・台湾エンジニアリングプラスチックスとして旧ヘキストグループと長春グループの合弁により設立されたが、94年末にヘキストグループがアジア・太平洋地域のエンプラ事業をポリプラスチックスに全面移管したため、ポリプラの出資比率が75％となり、2001年１月現社名に改称された。資本金は２億4,000万元。原料のホルマリンからトリオキサン～ポリアセタールに至る２万トンの一貫生産工場を工費27億元で92年２月に建設、４月から操業開始し、2001年８月に5,000トン、2012年に8,000トン増強した。同時にホモポリマー設備も設置して計4.25万トン能力に拡張している。近年では液晶ポリマー（ＬＣＰ）をポリプラから受給し、ＰＢＴなども含めコンパウンド化、2008年４月に5,000トン増設して8,000トンをＬＣＰ用とし、2012年に4,000トン増強、同年１月にはＰＢＴ用に1.4万トン増設した。2020年春にはＬＣＰ用コンパウンド１ラインを増設する。

三義化学の石油化学製品生産体制

（単位：t/y）

製　　品	工　場	現有能力	新増設能力	完　成	備　　考
エピクロルヒドリン	桃　園	12,000			昭和電工のアリルアルコール法、長春石油化学／義芳化学の合弁会社、92／末完成～95／２企業化

1991年２月、長春石油化学と義芳化学工業との合弁により設立、昭和電工からの導入技術をもとにアリルアルコール法エピクロルヒドリン設備を92年末に台湾で初めて設置した。この製法はアリルアルコールに塩素を化合させるもので、副原料の塩素を義芳化学が供給し、95年２月から長春人造樹脂廠のエポキシ樹脂向けに製品を供給、現有能力は表記以上とみられる。

遠東新世紀グループ

亜東石化の石油化学製品生産体制

(単位：t/y)

製　　品	工　場	現有能力	新増設能力	完　成	備　　考
Ｐ　Ｔ　Ａ	観　音	(400,000)		15/1停止	インビスタ技術１号機～95/末５万t増強
〃	〃	500,000			同上、2号機97/央導入、98/3操開、2017/末一時停止
〃	〃	1,500,000		2017／11	大型３号機は2017/6完成～11月末立ち上げ

1989年に英ＩＣＩの全額出資子会社・台湾卜内門化学工業として設立され、95年９月に旧遠東紡織が30％で資本参加したため社名も卜内門遠東(ＩＣＩファー・イースタン)に変更されたが、98年４月にＩＣＩ持株をデュポンが買収、杜邦遠東石化(デュポン・ファー・イースタン・ペトロケミカルズ)となり、2004年４月末にはインビスタに事業移管されたため、同社も英威達遠東石化(インビスタ・ファー・イースタン・ペトロケミカルズ)に再度改称、旧遠東紡織が創立60周年を迎え遠東新世紀に社名変更したのを契機に2009年からは亜東石化(オリエンタル・ペトロケミカル)となった。ＰＴＡ１号機は92年半ばに初期能力35万トンで完成し、同11月から操業開始。その後の手直しで40万トンとなり、遠東の参画後、97年半ばに45万トンの２号機を導入、手直し増強で計90万トンとなった。市況悪化により１号機が2015年１月に停止に追い込まれ、遅れていた150万トンの大型３号機は2017年６月に竣工した。正式立ち上げは同11月末で、その後２号機を停止したが、2018年には再開している。中国では上海に合弁会社を設立し、インビスタの製造技術で2006年央に50万トン(その後60万トンへ増強)のＰＴＡ工場を新設、2012年夏には儀征化繊との合弁会社・遠東石化が江蘇省揚州にも140万トンのＰＴＡ工場を新設した。その後中国ではグループ計320万トン能力に達したが、2015年３月に経営破綻、2018年から生産を再開した。

東聯化学の石油化学製品生産体制

(単位：t/y)

製　　品	工　場	現有能力	新増設能力	完　成	備　　考
Ｅ　　　Ｏ	林　園	360,000			ＵＣＣ法、2003年４万t増＋2014/5に12万t増設
高 純 度 Ｅ Ｏ	〃	＊150,000			＊高純度ＥＯはＥＯ能力の内数、2007年８万t増設
Ｅ　　　Ｇ	〃	300,000			ＵＣＣ法、2002年１万t+03年４万t+14年５万t増強
Ｄ　Ｅ　Ｇ	〃	24,000			〃 (ジエチレングリコール)、2014年4,000t増
Ｔ　Ｅ　Ｇ	〃	960			〃 (トリエチレングリコール)、99/春企業化
エチレンカーボネート(ＥＣ)	〃	63,000		2001／11	旭化成Ｃ技術、旧旭美化成のＰＣ原料として供給 奇美のＰＣ倍増設に連動して2006/1Qに５割増強
エタノールアミン	〃	60,000		2001／11	mＥＡ3万t･dＥＡ1.2万t･tＥＡ1.8万t、17年4万t減
非イオン界面活性剤	〃	105,000		2011年	ＥＯＤ(誘導体)として参入、2015年1.8万t増
ＥＢ/ＤＢ/ＴＢ	〃	20,000		2017年	エチレングリコールブチルエーテルを新規事業化

1975年12月設立。資本金は51億1,100万元。ＥＯＧは78年から生産開始、99年春にはＥＯ20万トン／ＥＧ18万トンまで拡大し、同時に高純度ＥＯを５万トンアップの７万トンに引き上げ、ＤＥＧも3,000トン増強、ＴＥＧ設備も新設した。2000年春にＥＧを２万トン、ＤＥＧを1,000トン増強し、2002年にはＥＯ／ＥＧを各１万トン、2003年にも各４万トンずつ増強、ＤＥＧも4,000トン増強した。2014年５月にはＥＯを12万トン増設し、ＥＧ５万トン、ＤＥＧ4,000トン、ＴＥＧ160トンをそれぞれ増強した。一方、2007年後半には高純度ＥＯを８万トン増設し、計15万トン能力とした。空気分離装置は2015年に能力を戻し、窒素36万6,300トン／酸素32万4,060トンを分離、そのうち11万7,000トンを液体窒素、３万1,200トンを液体酸素、１万1,200トンを液体アルゴンとして販売。2002年からエタノールアミン(ＥＡ)を４万トンで企業化、2007年に倍増し、2015年に２万トン増強したが、2017年には４万トン削減した。奇美実業と提携し、メルト法ポリ

カーボネート原料となるＥＣ(エチレンカーボネート)４万トン設備を2001年11月に新設、2002年６月から供給開始した。同社の倍増計画に連動する形で2006年春にＥＣも５割増強済み。ＥＯ誘導品として2011年に非イオン系界面活性剤を事業化し、2012年に5,000トン増強、2015年には１万8,000トン増強した。2017年にはエチレングリコールブチルエーテルも事業化した。

台南紡織グループ

南帝化学工業の石油化学製品生産体制

(単位：t/y)

製　　品	工　場	現有能力	新増設能力	完　成	備　　考
各種ラテックス	林　園	180,000			ＮＢＲ／ＳＢＲラテックス、2017年に２万t増強
Ｎ　Ｂ　Ｒ	〃	20,000			ＮＢＲエラストマー、2012年4,000t削減
Ｔ　Ｐ　Ｖ	〃	7,000			動的架橋熱可塑性ゴム、2005年4,000t増設
マスターバッチ	〃	2,000			ＮＢＲ／ＰＶＣ用

1979年１月設立、資本金19億400万元。英語の社名を従来のPresident Fine Chemical Industry Corp.から商品名を用いたNantex Industry Co., Ltd.へ92年に変更した。82年からＳＢＲラテックスを9,000トン、ＮＢＲラテックスを3,000トンで生産開始し、翌83年には１万トンのＮＢＲゴムと9,000トンのインナーソール「Supertex」も生産開始した。その後「Flexol」を追加し、1.4万トン能力とした後、97年には2.4万トンに拡大したが、2007年には1.6万トンへ削減した。各種ラテックスの生産能力は、88年に2.4万トンとした後、98年春に3.8万トン、2009年に6.5万トンとし、2011年までに10万トンへ拡充、2012年秋に６万トン増設し、2017年に２万トン増強した。90年に2,000トンの各種ゴム向けカーボン・マスターバッチ設備を導入。98年11月にラテックスと耐油性ゴムを能力アップ、99年にＮＢＲを2,640トン増強し、2002年に4,160トン増強したが、2012年には表記能力とした。同時に自動車用の動的架橋熱可塑性ゴム・ＴＰＶ「Dynaprene」の3,000トン設備を導入、2005年に7,000トンへ増設した。

和信グループ

國喬石油化学の石油化学製品生産体制

(単位：t/y)

製　　品	工　場	現有能力	新増設能力	完　成	備　　考
Ｓ　　　Ｍ	大　社	130,000			94／2Qに２号を３万t増→30万tへのＳ＆Ｂを検討
〃	〃	240,000			３号機を99／３に増設した後、１号機10万tを廃棄
ＡＢＳ樹脂	〃	120,000			ＪＳＲ技術、ＡＳ樹脂を併産、2012/春２万t増強
Ｐ　　　Ｓ	〃	80,000			旧ＢＣケミカル(旧必詮化学)を2012年に吸収合併
発　泡　ＰＳ	〃	60,000			「ＧＰケミカル」(國亨化学)～2012年倍増設
ナイロン66樹脂	〃	30,000		2012／７	2016/央に倍増設、2017年にも１万t増設

1973年９月設立、資本金は62億7,100万元。前身は大徳昌石油化学で、83年に現社名の國喬石油化学へ改称した。76年よりＳＭを操業開始、ＡＢＳ樹脂事業には84年から参入。91年10月には大社にＡＢＳ樹脂用のコンパウンド設備を導入している。原料のＳＭは99年３月の３号機20万トン増設後１号機10万トンを廃棄、２号13万トンの30万トンへのリプレース計画を検討したこともある。2011年夏には３号機を４万トン増強した。副産物としてトルエン7,800トン、水素1,680万㎥を外販できる。ＡＢＳ樹脂は2009年に２万トン増強し、2012年春にも２万トン増強した。

ＰＳとＡＢＳ樹脂コンパウンドを手掛けていた子会社・ＢＣケミカルを2012年に吸収し、ナイロン66樹脂１万トンを企業化した。2016年央に倍増し、2017年にも１万トン増設した。発泡ＰＳを手掛ける39％出資のＧＰケミカルやタイにも39％出資子会社がある。ＥＰＳは2012年に倍増設した。中国・江蘇省鎮江にＥＰＳ1.5万トン、ＰＳ10万トン、ＡＢＳ樹脂25万トンを有していた子会社・國亨(鎮江)石油化学は、2008年半ばに現地台湾資本の鎮江奇美化工へ売却済み。

中国合成ゴムの石油化学製品生産体制　(単位：t/y)

製　　品	工　場	現有能力	新増設能力	完　成	備　　考
カーボンブラック	林　園	120,000			米コンチネンタル技術、2004年に２万t増強
マスターバッチ	〃	120			カラータイプを2008年から企業化

1973年６月設立、資本金38億8,400万元。93年８月の増資時に國喬石油化学が3.4%出資し、その後97年までに100%子会社化した。77年から生産する台湾唯一のカーボンブラックメーカーで、蒸気78.6万トン、電力11万kWのユーティリティ設備を保有、2014年に大増設した電力やスチームは林園コンプレックス内の他メーカーにも供給中。95年７月に米コンチネンタルカーボンを買収、中国やインドの拠点も拡張した結果、現在ではグローバルで74.5万トンのカーボンブラック能力を保有、世界シェア4.77%で第５位となっている。林園の能力は90年当時の6.3万トンから逐次増強され、97年に10万トンとなり、2004年の増強で表記能力となった。

李長栄グループ

李長栄化学工業の石油化学製品生産体制　(単位：t/y)

製　　品	工　場	現有能力	新増設能力	完　成	備　　考
アセトアルデヒド	林　園	60,000			93年に5,000t増強
酢酸エチル	〃	60,000			93年１万t＋2002年１万t増強
ペンタエリスリトール	〃	32,000			97年7,000t＋98年１万t＋2016年2,000t増強
ジペンタエリスリトール	〃	1,500			2017年から稼働
イソプロパノール	〃	110,000			(ＩＰＡ)2004/4に2万t増～半導体用1.4万t含む
アセトン	〃	30,000			95年に１万t増設
ＭＩＢＫ	〃	47,000			93年5,000t＋2014年１万t＋2016年1.7万t増設
イソプロピルアセテート	〃	10,000			
ＭＥＫ	〃	30,000			95年に１万t増設
ＭＩＢＣ	〃	5,000			
塩化コリン	〃	5,000			
グリコールエーテル	高　雄	15,000			
グリコールエーテルアセテート	〃	8,000			
エチルアクリレート	〃	10,000			
ハイドロサルファイト	〃	13,000			
ギ酸	〃	6,000			97年に2,000t増強
ギ酸ソーダ	〃	19,000			97年に1.2万t増設＋2016年3,000t増強
ＳＥＢＳ	〃	40,000			スチレン･エチレン・ブチレン・スチレン系ゴム
ＳＢＣ	〃	100,000			ＳＢブロック共重合体～96年４万tで企業化
バイオポリオール	〃		5,000	2020年	ＭＩＴ等とのメチルペンタンジオール発酵技術
ホルマリン	新　竹	507,000			97年５万t＋2002年６万t＋2016年24.7万t増設
パラホルムアルデヒド	〃	85,000			2002年2.5万t＋2016年4.5万t増設
ヘキサミン	〃	(5,000)			
ＤＭＥ	〃	3,000			ジメチルエーテル
ジメチルホルムアミド	〃	10,000			
ジメチルサルフェート	〃	6,000			
ユリア樹脂	〃	60,000			
フェノール樹脂	〃	5,000			
メラミンフェノール樹脂	〃	3,000			
メチルアミン	〃	(10,000)			アルキルアミン設備は共に停止中
高級アミン	〃	(10,000)			エチル/イソプロピル/シクロヘキシルアミン外

ポリプロピレン	大　社	200,000			97／末４号機11万t完成後、１号機７万tを廃棄
〃	〃	200,000	(300,000)	棚上げ	バセルSPHERIPOL法、2003年２万t増強
ＰＰ複合樹脂	〃	12,000		90／６	2006年1,200t+2015年4,800t増強、PCMA・TPO・TPV
ポリプロピレン短繊維	〃	13,000			2015年3,000t＋2016年4,000t増強

1965年11月設立、資本金は44億9,700万元。事業多角化を推進、ＬＰＧ販売事業や各種溶剤事業のウエートも大きい。2006年８月にはバセル・ポリオレフィンズから台湾ポリプロピレンを買収し、2007年８月に同社を吸収合併した。2018年第４四半期に米投資会社のＫＫＲが15億6,000万ドルで買収するが、社名や経営陣、業容などは変わらない。

アセトアルデヒド～酢酸エチル、グリコールエーテル、イソプロピルアルコール、アセトン、ＭＥＫ、ＭＩＢＫなどを主力とする各種工業溶剤の独占的メーカーで、ユリア樹脂など各種の熱硬化性樹脂も手掛けている。84年に新竹で酢酸エチル２万トン設備を建設、同年林園工場を開設してＩＰＡ３万トン、塩化コリン5,000トンで生産開始した。ＩＰＡは93年までに６万トンとし、そのうち半導体用高純度グレードを１万トン製造できるようにした。その後も2003年に３万トン、2004年４月に２万トン増強して11万トン能力とし、2016年には半導体用能力を1.4万トンとした。事業化を断念したＥＰＤＭの代わりに96年初めにはＳＢＣ（スチレン・ブタジエンブロック共重合体）などエラストマー事業にも進出。97年１月に８万トンへ倍増設し、2014年までに14万トン能力としたが、そのうち４万トンはＳＥＢＳ（スチレン・エチレン・ブチレン・スチレン系エラストマー）。買収したＰＰは76年４月から生産を開始し、97年末には４号機11万トンを導入、これを2001年、2002年、2003年の手直し増強で20万トンとし、計40万トンまで拡充した。2014年７月末のパイプライン事故により、2015年夏まで一部停止したことがある。川下でＰＰ短繊維と高機能ＰＰ複合樹脂を手掛けており、エンプラ分野へも展開中。一方中国では、江蘇省・鎮江でホルマリンやパラホルムアルデヒド、エポキシ樹脂事業などを展開し、2008年第１四半期には直酸法ＭＭＡを５万トンで事業化、倍増設も考えている。恵州では2008年に16万トンのＳＢＳ工場を設置し、その後30万トンまで増設、2016年には水添タイプのＨＳＢＣ４万トン設備を新設した。

その他の企業

台橡（ＴＳＲＣ）の石油化学製品生産体制　（単位：t/y）

製　　品	工　場	現有能力	新増設能力	完　成	備　　考
Ｓ　Ｂ　Ｒ	大　社	100,000			ＢＦグッドリッチ技術、Ｓ－ＳＢＲ３万t超も併産
Ｂ　　Ｒ	〃	55,000			96年4,000t＋2009年2,000t＋2012年1,000t増強
Ｔ　Ｐ　Ｅ	〃	55,000			フィリップス技術、93/末2.8万t＋95年6,000t増強
複合ゴム用材料	〃	13,440		2003年	ＴＰＥコンパウンド、2017年に3,640t増強

1973年７月台湾合成ゴムとして設立、2000年には台橡（英社名はＴＳＲＣコーポレーション）へ改称した。資本金は60億9,500万元。ＴＰＥの技術提携先である現シェブロン・フィリップス・ケミカルズが16％出資。77年からＳＢＲ、82年からＢＲの生産を始め、85年頃までに各々10万トン、４万トンとして以来設備能力に異動はなかったが、ＢＲは93年に8,000トン増強して以降、表記能力まで増強した。ＳＢＲ設備で併産しているＳ－ＳＢＲ（溶液重合ＳＢＲ）の生産能力は、2011年に３万トン超へ引き上げた。またフィリップスよりＴＰＥ（熱可塑性エラストマー）２万トン設備を購入して88年からＴＰＥ事業に進出、これも93年末に2.8万トン増設して4.8万トンとし、

95年に6,000トン、2012年に1,000トン増強して表記能力とした。台湾中油等との合弁会社「台耀石化材料科技」を2014年５月に設立し、ＳＩＳ(スチレン・イソプレン・スチレン共重合エラストマー)３万トンとＤＣＰＤ(ジシクロペンタジエン)系石油樹脂1.9万トン工場を大林に新設する計画だったが、2015年５月には断念した。

海外展開では、中国江蘇省・南通で10万トンのＳＢＲ工場を98年10月から操業開始した。同社70%／南通石化総公司18%／丸紅12%出資により96年８月に設立した合弁会社・中華化学工業が運営、その後18万トンまで増設し、2013年11月にはインドにも合弁でＳＢＲ12万トン工場を建設した。ＢＲではタイで宇部興産と丸紅との合弁会社タイ・シンセティック・ラバーに13.5%出資しており、97年末から５万トン工場が操業開始、2006年初めまでに7.2万トンまで増強したが、中国・南通でも同規模のＢＲを2009年春から台橡宇部(南通)化学工業で事業化した。2010年12月には米ＤＥＸＣＯポリマーを買収、ＳＩＳやＳＢＳ、ＴＰＥ事業を米国で展開中。

台湾の石油化学製品需給状況

主要石化製品の需給動向

オレフィンや芳香族など石化基礎原料６品種と24の中間体を合計した2017年の生産量は、定修の影響もあって2,966万トンと0.3%の微減。輸入は9.5%増、内需は前年並みだった。2018年に関しては世界景気が緩やかに上昇し、台湾国内の経済成長も２%増が見込まれており、良好な事業環境が続くと予想するが、米国における金利引き上げや原油価格の高騰に伴う中国の石炭化学の発展、ＥＶ関連での各国施策の進展、地政学的な不確実性などに注視するべきだとみている。

■オレフィンの動向～市況高の恩恵受けるも2017年生産は減少

2017年のエチレン生産量は４%減の401万トン。エチレン価格が年間平均でトン当たり1,200ドル、輸入ナフサ価格が450～550ドルとスプレッドが拡大し、事業環境としては良かったものの、台塑石化(ＦＰＣＣ)の№３クラッカーとＣＰＣ(台湾中油)の№３／№４クラッカーが定修だったため、生産量は減少した。エチレンの内需は427万トンと2016年に引き続き好調を維持し、前年比で輸入を1.5倍に増やし対応した。2018年の定修はＦＰＣＣの№１クラッカーだけであるため、エチレン生産量は3.5%増の416万トンと増加する見込みだが、引き合いが強い状態は続きそう。

プロピレンは、主力のＰＰ生産が10.1%増加するなど好調で、内需は４%増の297万トンとプラスだったが、生産はエチレンと同様、クラッカーとＣＰＣ／ＦＰＣＣのＲＦＣＣ(残油流動接触分解装置)が定修だったため3.2%減少した。

■ＢＴＸ～キシレン生産がプラスに

2017年の生産実績は、ベンゼンが0.9%減、トルエンが19.5%増、キシレンが5.1%増となった。ベンゼンはＦＣＦＣ(台湾化学繊維)が定修のため芳香族№３設備を50日間休止したことが影響し微減。トルエンは内需が32.4%増と大幅に増加した。なお芳香族系のメインプレイヤーはＣＰＣとＦＣＦＣの２社だが、両社の戦略は異なっており、ＦＣＦＣはＴＤＰ(トルエン不均化)装置を使い、トルエンよりもベンゼンとキシレンを多く生産。ＣＰＣは芳香族装置を使って主に国内向けにトルエンを生産している。キシレンについては近年、台湾国内のＰＴＡ設備が低稼働だったため需要が低迷。2016年は生産量が2012年以来最低レベルまで落ち込んだが、ＰＴＡの需要が改善し、同年を底に回復基調にある。

台湾の主要石化製品需給

	生産				輸入				輸出				内需			
	2015年	2016年	2017年	前年比	2015年	2016年	2017年	前年比	2015年	2016年	2017年	前年比	2015年	2016年	2017年	前年比
エチレン	4,229	4,187	4,013	95.9%	212	302	456	151.0%	323	242	196	81.0%	4,118	4,247	4,273	100.6%
プロピレン	3,274	3,415	3,305	96.8%	159	182	286	157.0%	707	738	616	83.5%	2,726	2,859	2,975	104.0%
ブタジエン	583	562	562	100.0%	107	116	137	117.7%	101	94	101	107.5%	590	584	598	102.3%
ＬＤＰＥ	611	673	687	102.1%	292	277	333	120.2%	475	491	530	107.8%	427	459	491	106.9%
ＨＤＰＥ	586	596	582	97.6%	69	66	78	118.5%	331	331	345	104.4%	324	332	315	95.0%
ＰＰ	1,128	1,217	1,339	110.1%	207	198	165	83.3%	697	793	925	116.7%	638	622	579	93.1%
ＰＶＣ	1,608	1,642	1,683	102.5%	27	30	33	109.5%	1,115	1,154	1,242	107.6%	520	518	475	91.6%
ＰＳ	797	778	748	96.1%	4	8	5	64.3%	765	732	730	99.8%	36	55	24	43.0%
ＡＢＳ樹脂	1,226	1,299	1,344	103.5%	12	8	11	132.4%	1,061	1,118	1,163	104.0%	177	190	192	101.3%
ＰＴＡ	2,627	2,623	2,669	101.8%	8	0	66	－	154	199	238	119.6%	2,480	2,423	2,497	103.0%
ＥＧ	2,349	2,359	2,367	100.3%	168	183	128	70.1%	1,414	1,337	1,492	111.6%	1,104	1,205	1,004	83.3%
ＡＮ	470	470	482	102.7%	97	101	93	92.0%	192	172	159	92.4%	375	398	416	104.5%
ＣＰＬ	233	294	347	118.2%	405	277	192	69.2%	0	0	1	－	638	570	537	94.2%
ＳＢＲ	80	84	91	109.1%	46	38	47	125.3%	60	58	60	102.9%	66	63	78	124.4%
ＢＲ	55	103	109	106.0%	26	29	41	141.6%	73	60	56	93.1%	8	72	95	131.1%

単位:千トン　※ＬＤＰＥにＬＬＤＰＥとＥＶＡを、ＰＳにＥＰＳを、ＡＢＳ樹脂にＡＳ樹脂を含む　出所：PETROCHEMICAL INDUSTRY

■合成樹脂～生産増減の傾向分かれる

ポリオレフィンはＬＤＰＥ／ＬＬＤＰＥ／ＥＶＡの生産が2.1％増の69万トン、ＨＤＰＥが2.3％減の58万トン、ＰＰが10％増の134万トンとなった。ＬＤＰＥ／ＬＬＤＰＥ／ＥＶＡの稼働率は77.7％と前年比では1.6ポイント上昇。内需が6.8％増加し、輸出も7.9％増加するなど需要は堅調だった。しかし2017年は、後半にかけて原油価格が上昇したため、利幅は2016年よりも縮小したようだ。一方、ＨＤＰＥは内需が4.8％減少したことから、生産量も2.3％マイナスとなった。ＨＤＰＥについてもマージンが縮小し、これに伴って稼働率が92.4％と前年比で2.2ポイント低下した。ＰＰは2016年第４四半期にＦＣＦＣが５万トンの増強を行ったほか、ＦＰＣも生産量を増やし、同国内におけるＰＰ生産量は10％増加した。

ＰＶＣは2.5％増の168万トンと２年連続で増加し、稼働率も92.7％と高かった。不動産市場の低迷やＰＥ、ＰＥＴといった他樹脂からの置き換えに伴って内需は8.4％減と低下したが、輸出は前年に引き続いて中国環境規制の影響や、オーストラリア向けの輸出増、欧州、東南アジア、北米、中東での需要好調等を受けて7.6％増加した。ＰＳは中国向けと内需向けがともに落ち込んだため、生産量は3.9％低下。2018年についても同等レベルを見込んでいる。ＡＢＳ樹脂は中国向けを中心に輸出が増加し、稼働率が８割超まで上昇、生産量は１％増と小幅に増加した。

■合繊原料～ＰＴＡの生産が大幅増

ＣＰＬ(カプロラクタム)は2016年第３四半期以降、世界で複数基の能力削減と休止によりアジア市場で需給がタイト化。中国では87万トンの新設備が稼働したものの、需給環境に大きな緩みはみられなかった。しかし中国向けを中心とするＣＰＬチェーンのポリアミド６の輸出が低調だったことから、台湾におけるＣＰＬ生産は6.3%増加した一方、内需は１%低下した。

ＥＧの2017年生産量は0.1%増とほぼ横ばいだった。ポリエステル向けの需要が想定以上に高く、中国でも定修設備の増加等により供給が限られたため、市況も大きく上昇した。2018年には中国の中海シェル化工が稼働させた設備(48万トン)からの玉が市場に出回ると予想されるが、需要増加がこれを吸収すると予想している。ＡＮは稼働率が90%で、生産量は0.5%減とほぼ前年並み。ＡＢＳ樹脂向けやＮＢＲラテックス向けなどが堅調で、2018年もそれぞれ２%／８%の市場成長を見込む。ＰＴＡは2017年第４四半期に亜東石化が150万トンの新設備を稼働させ、40万トン設備を停止したことから生産能力が大きく増加し、2017年の生産量は41.2%増となった。また中国でも一部設備の再構築や自主的生産規制により市場環境が改善した。

■合成ゴム～2018年以降の需要増を予想

合成ゴム(ＳＢＲとＢＲ)は、生産量が7.4%増の20万トンと増加した一方、利益的には厳しい事業環境だったようだ。原料ブタジエン価格が低下し、期ズレにより利幅が急激に縮小したほか、競争も激化。天然ゴム市況も下落したため合成ゴムの引き合いは弱かった。一方で、台湾島内で自動車向けに使われる合成ゴムの量は1.4%伸びるなど堅調であり、今後も省燃費タイヤ向けのＳ－ＳＢＲ(溶液重合スチレンブタジエンゴム)を中心に市場拡大を見込む。またＥ－ＳＢＲ(乳化重合スチレンブタジエンゴム)も米国やインド向けに輸出が伸びると予想する。

■台湾のエチレン換算需給推移

台湾の基礎原料需給実績は下表に示す通り。エチレン系の誘導品であるポリエチレンやＶＣＭ、ＳＭ、ＥＧ、酢酸ビニルの生産実績に輸入量を加え、輸出量を差し引いた見掛けの内需量を各々エチレン換算して合算すると、2017年のエチレン内需は８万トン減の303万トンと2.5%減少した。これに対してエチレン生産は17万トン減少、輸入量は15万トン増、輸出量は５万トン減となったため、誘導品の輸出分を含む総需要を前提にした国内消費は３万トン増の427万トンとなった。エチレン生産量は401万トンだったので、エチレン貿易は２年連続で６万トンの入超となった。ただし、内需のみを前提とする台湾のエチレン自給率は、2005年以降100%を大きく上回ったままである。

台湾のエチレン需給推移

(単位:1,000t、%)

	2013年	2014年	2015年	2016年	2017年	前年比
実内需	2,973	2,877	2,949	3,104	3,025	97.5
生産量	3,925	4,182	4,229	4,187	4,013	95.8
自給率	132%	145%	143%	135%	133%	—
総需要	3,985	4,114	4,118	4,247	4,273	100.6
輸入量	254	131	212	302	456	151.0

※実内需は誘導品需要(＝生産＋輸入－輸出)をエチレン換算したもの。2004年まではエチレンが不足バランスだった
※誘導品はＬＤＰＥ、ＨＤＰＥ、ＶＣＭ、ＳＭ、ＥＧ、ＶＡＭが対象
換算係数:×1.02,　1.03,　0.52, 0.31, 0.63, 0.37

台湾のエチレン換算内需と生産推移

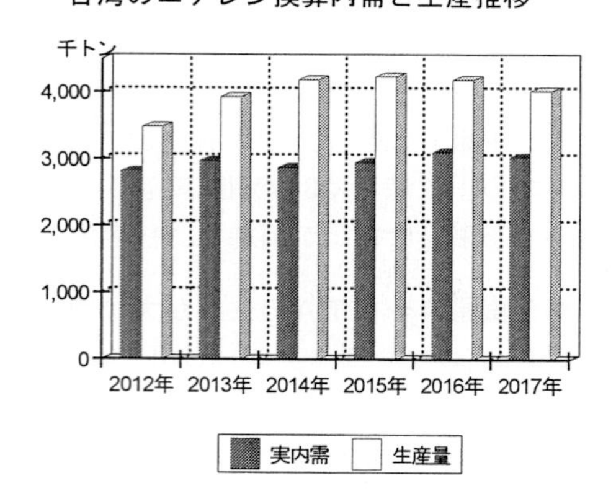

台湾の基礎石化製品需給推移

（単位：トン、％）

製品		2014年	2015年	2016年	2017年	前年比	2018年予想	前年比
エチレン	生産	4,182,340	4,228,848	4,186,853	4,013,482	95.9	4,030,000	100.4
	輸入	130,877	211,840	302,174	456,300	151.0	320,000	70.1
	輸出	199,211	322,945	242,439	196,347	81.0	200,000	101.9
	内需	4,114,006	4,117,743	4,246,588	4,273,435	100.6	4,170,000	97.6
プロピレン	生産	3,237,323	3,273,962	3,415,282	3,305,130	96.8	3,562,000	107.8
	輸入	144,305	159,152	182,167	286,076	157.0	130,000	45.4
	輸出	829,598	707,460	738,369	616,472	83.5	707,000	114.7
	内需	2,552,030	2,725,654	2,859,080	2,974,734	104.0	2,985,000	100.3
ブタジエン	生産	585,097	583,470	561,564	561,567	100.0	582,000	103.6
	輸入	127,705	107,252	116,205	136,739	117.7	115,000	84.1
	輸出	107,787	100,909	93,549	100,595	107.5	102,000	101.4
	内需	605,015	589,813	584,220	597,711	102.3	595,000	99.5
ベンゼン	生産	1,755,741	1,740,389	1,695,039	1,679,852	99.1	1,658,000	98.7
	輸入	760,183	707,293	786,219	720,698	91.7	750,000	104.1
	輸出	68,000	35,500	−	128,500	−	55,000	42.8
	内需	2,447,924	2,412,183	2,481,258	2,272,050	91.6	2,353,000	103.6
トルエン	生産	285,659	335,072	279,244	333,651	119.5	338,000	101.3
	輸入	241,307	116,478	107,855	161,874	150.1	160,000	98.8
	輸出	281,620	311,899	236,825	296,725	125.3	300,000	101.1
	内需	245,346	139,651	150,274	198,800	132.3	198,000	99.6
キシレン	生産	2,152,770	2,161,574	1,936,100	2,033,960	105.1	2,475,000	121.7
	輸入	1,127,447	1,149,759	1,220,953	1,415,903	116.0	1,000,000	70.6
	輸出	1,490,167	1,419,757	1,445,901	1,668,746	115.4	1,700,000	101.9
	内需	1,790,050	1,891,576	1,711,152	1,781,117	104.1	1,775,000	99.7

台湾の合成樹脂需給推移

（単位：トン、％）

製品		2014年	2015年	2016年	2017年	前年比	2018年予想	前年比
LDPE（L-LとEVA含む）	生産能力	794,000	794,000	884,000	884,000	100.0	884,000	100.0
	生産量	576,430	610,608	672,913	686,907	102.1	690,000	100.5
	稼動率	72.5	77.0	76.1	77.7	1.1	78.1	0.4
	輸入	290,637	291,565	277,285	333,271	120.2	365,000	109.5
	供給	867,067	902,173	950,199	1,217,271	128.1	1,055,000	86.7
	輸出	416,823	475,131	491,087	529,575	107.8	545,000	102.9
	内需	450,244	427,042	459,112	490,603	106.9	510,000	104.0
	需要	867,067	902,173	950,199	1,020,178	107.4	1,055,000	103.4
HDPE	生産能力	630,000	630,000	630,000	630,000	100.0	630,000	100.0
	生産量	524,555	585,977	596,316	582,236	97.6	580,000	99.6
	稼動率	83.3	93.0	94.6	92.4	-2.2	92.1	-0.3
	輸入	78,261	68,946	66,164	78,373	118.5	80,000	102.1
	供給	602,816	654,923	662,480	660,609	99.8	660,000	99.9
	輸出	303,446	331,083	330,721	345,273	104.4	340,000	98.5
	内需	299,370	323,840	331,759	315,336	95.3	320,000	101.5
	需要	602,816	654,923	662,480	660,609	99.8	660,000	99.9
PP	生産能力	1,310,000	1,310,000	1,310,000	1,394,000	106.4	1,474,000	105.7
	生産量	1,042,198	1,127,891	1,216,716	1,339,342	110.1	1,370,000	102.3
	稼動率	79.5	86.1	92.9	96.1	3.2	92.9	0.6
	輸入	175,081	207,035	197,809	164,736	83.3	175,000	106.2
	供給	1,217,279	1,334,926	1,414,525	1,504,078	106.3	1,545,000	102.7
	輸出	660,063	697,391	792,507	925,220	116.7	930,000	100.5
	内需	557,216	637,535	622,018	578,858	92.9	615,000	106.2
	需要	1,217,279	1,334,926	1,414,525	1,504,078	106.3	1,545,000	102.7

台　湾

製　　品		2014年	2015年	2016年	2017年	前年比	2018年予想	前年比
（ＶＣＭ）	生産能力	2, 000, 000	2, 064, 000	2, 094, 000	2, 094, 000	100. 0	予想なし	
	生 産 量	1, 822, 013	1, 948, 576	1, 931, 827	1, 946, 092	100. 7		
	稼 動 率	91. 1	94. 4	92. 3	92. 9	100. 7		
	輸　入	53, 177	50, 620	57, 104	52, 588	92. 1		
	供　給	1, 875, 190	1, 999, 196	1, 988, 931	1, 998, 680	100. 5		
	輸　出	345, 812	407, 357	334, 768	299, 343	89. 4		
輸入品含む	内　需	1, 529, 378	1, 591, 839	1, 654, 163	1, 699, 337	102. 7		
在庫含む→	需　要	1, 875, 190	1, 999, 196	1, 988, 931	1, 998, 680	100. 5		
Ｐ　Ｖ　Ｃ	生産能力	1, 801, 000	1, 765, 000	1, 815, 000	1, 815, 000	100. 0	予想なし	
	生 産 量	1, 514, 893	1, 608, 264	1, 641, 646	1, 683, 401	102. 5		
	稼 動 率	84. 1	91. 1	90. 4	92. 7	102. 5		
	輸　入	26, 643	27, 265	30, 312	33, 187	109. 5		
	供　給	1, 541, 536	1, 635, 529	1, 671, 958	1, 716, 588	102. 7		
	輸　出	975, 206	1, 115, 057	1, 153, 556	1, 241, 674	107. 6		
	内　需	566, 330	520, 472	518, 402	474, 914	91. 6		
	需　要	1, 541, 536	1, 635, 529	1, 671, 958	1, 716, 588	102. 7		
（Ｓ　Ｍ）	生産能力	2, 030, 000	2, 030, 000	2, 030, 000	2, 030, 000	100. 0	2, 030, 000	100. 0
	生 産 量	1, 974, 323	2, 020, 355	2, 117, 966	1, 823, 222	86. 1	2, 005, 544	110. 0
	稼 動 率	97. 3	99. 5	104. 4	89. 8	-14. 6	98. 8	-1. 2
	輸　入	384, 808	335, 965	285, 372	334, 511	117. 2	330, 422	98. 8
	供　給	2, 359, 131	2, 356, 320	2, 403, 338	2, 157, 733	89. 8	2, 335, 966	108. 3
	輸　出	564, 465	492, 780	517, 353	244, 740	47. 3	365, 645	149. 4
	内　需	1, 794, 666	1, 863, 540	1, 885, 985	1, 912, 993	101. 4	1, 970, 321	103. 0
	需　要	2, 359, 131	2, 356, 320	2, 403, 338	2, 157, 733	89. 8	2, 335, 966	108. 3
Ｐ　　Ｓ	生産能力	1, 276, 000	1, 276, 000	1, 276, 000	1, 276, 000	100. 0	1, 296, 000	100. 0
（ＥＰＳを	生 産 量	775, 105	797, 198	778, 462	748, 462	96. 1	740, 977	99. 0
含む）	稼 動 率	60. 7	62. 5	61. 0	58. 7	-2. 3	58. 1	-0. 6
	輸　入	7, 743	4, 084	8, 102	5, 209	64. 3	3, 600	69. 1
	供　給	782, 848	801, 282	786, 564	753, 671	95. 8	744, 577	98. 8
	輸　出	723, 916	764, 784	731, 563	730, 038	99. 8	720, 235	98. 7
	内　需	58, 932	36, 498	55, 001	23, 633	43. 0	24, 342	103. 0
	需　要	782, 848	801, 282	786, 564	753, 671	95. 8	744, 577	98. 8
ＡＢＳ樹脂	生産能力	1, 733, 000	1, 733, 000	1, 733, 000	1, 733, 000	100. 0	1, 733, 000	100. 0
（ＡＳ樹脂	生 産 量	1, 201, 685	1, 225, 677	1, 299, 304	1, 344, 286	103. 5	1, 357, 728	101. 0
を含む）	稼 動 率	69. 3	70. 7	74. 9	77. 6	2. 7	78. 3	0. 7
	輸　入	13, 167	12, 408	8, 050	10, 661	132. 4	11, 002	103. 2
	供　給	1, 214, 852	1, 238, 085	1, 307, 354	1, 354, 947	103. 6	1, 368, 730	101. 0
	輸　出	1, 046, 874	1, 060, 626	1, 117, 631	1, 162, 705	104. 0	1, 185, 959	102. 0
	内　需	167, 978	177, 459	189, 723	192, 242	101. 3	182, 771	95. 1
	需　要	1, 214, 852	1, 238, 085	1, 307, 354	1, 354, 947	103. 6	1, 368, 730	101. 0

台湾の合成ゴム需給推移

（単位：トン、％）

製　　品			2014年	2015年	2016年	2017年	前年比	2018年予想	前年比
Ｓ　Ｂ　Ｒ	生　　産		97, 945	79, 571	83, 636	91, 220	109. 1	予想なし	
	出　荷	国　内	134, 893	65, 909	63, 001	78, 381	124. 4	―	
		輸　出	64, 969	59, 751	58, 139	59, 837	102. 9		
		計	136, 322	125, 660	121, 140	138, 218	114. 1		
	輸　　入		38, 377	46, 089	37, 501	46, 998	125. 3	―	
	年末の生産能力		120, 000	120, 000	120, 000	120, 000	100. 0		
Ｂ　　Ｒ	生　　産		135, 861	109, 905	103, 002	109, 155	106. 0	予想なし	
	出　荷	国　内	74, 952	63, 349	72, 082	94, 544	131. 2	―	
		輸　出	88, 185	72, 971	60, 140	56, 013	93. 1		
		計	163, 137	136, 320	132, 222	150, 557	113. 9		
	輸　　入		27, 276	26, 415	29, 229	41, 402	141. 6	―	
	年末の生産能力		125, 000	125, 000	125, 000	125, 000	100. 0		

台湾の合繊原料需給推移

(単位：トン、%)

製品			2014年	2015年	2016年	2017年	前年比	2018年予想	前年比
P T A	供給	生産	2, 596, 260	2, 626, 500	2, 622, 737	2, 669, 483	101. 8	3, 770, 000	141. 2
		輸入	-	-	-	65, 891	-	-	-
		計	2, 596, 260	2, 626, 500	2, 622, 737	2, 735, 374	104. 3	3, 770, 000	137. 8
	需要	国内	2, 387, 536	2, 472, 002	2, 423, 301	2, 496, 926	103. 0	2, 550, 000	102. 1
		輸出	208, 724	154, 498	199, 436	238, 448	119. 6	1, 220, 000	511. 6
		計	2, 596, 260	2, 626, 500	2, 622, 737	2, 735, 374	104. 3	3, 770, 000	137. 8
	年末の生産能力		3, 900, 000	3, 250, 000	3, 250, 000	3, 250, 000	100. 0	4, 350, 000	133. 8
E G	供給	生産	2, 298, 600	2, 348, 696	2, 358, 861	2, 366, 888	100. 3	2, 370, 000	100. 1
		輸入	204, 556	168, 349	183, 037	128, 319	70. 1	130, 000	101. 3
		計	2, 503, 156	2, 365, 530	2, 541, 898	2, 495, 207	98. 2	2, 500, 000	100. 2
	需要	国内	1, 020, 362	1, 103, 536	1, 205, 291	1, 003, 570	83. 3	1, 400, 000	139. 5
		輸出	1, 482, 794	1, 413, 509	1, 336, 607	1, 491, 637	111. 6	1, 100, 000	73. 7
		計	2, 503, 156	2, 517, 045	2, 541, 898	2, 495, 207	98. 2	2, 500, 000	100. 2
	年末の生産能力		2, 380, 000	2, 580, 000	2, 630, 000	2, 630, 000	100. 0	2, 630, 000	100. 0
A N	供給	生産	464, 511	469, 764	469, 726	482, 426	102. 7	480, 000	99. 5
		輸入	110, 181	97, 440	100, 617	92, 552	92. 0	100, 000	108. 0
		計	574, 691	567, 204	570, 345	574, 978	100. 8	580, 000	100. 9
	需要	国内	389, 840	374, 927	374, 927	415, 798	110. 9	420, 000	101. 0
		輸出	184, 852	192, 307	172, 264	159, 180	92. 4	160, 000	100. 5
		計	574, 692	567, 234	547, 191	574, 978	105. 1	580, 000	100. 9
	年末の生産能力		520, 000	520, 000	520, 000	520, 000	100. 0	520, 000	100. 0
C P L	供給	生産	227, 200	233, 100	293, 700	347, 200	118. 2	369, 000	106. 3
		輸入	442, 950	404, 649	276, 625	191, 562	69. 2	195, 000	101. 8
		計	670, 150	637, 749	570, 325	538, 762	94. 5	564, 000	104. 7
	需要	国内	670, 150	637, 749	570, 325	537, 496	94. 2	554, 000	103. 1
		輸出	-	-	-	1, 266	-	10, 000	789. 9
		計	670, 150	637, 749	570, 325	538, 762	94. 5	564, 000	104. 7
	年末の生産能力		400, 000	400, 000	400, 000	400, 000	100. 0	400, 000	100. 0

台湾のその他主要石化製品需給推移（1）

(単位：トン、%)

製品			2014年	2015年	2016年	2017年	前年比	2018年予想	前年比
メタノール	供給	生産	-	-	-	-		-	-
		輸入	1, 340, 964	1, 284, 322	1, 271, 753	1, 366, 517	107. 5	1, 380, 000	101. 0
		計	1, 340, 964	1, 284, 322	1, 273, 751	1, 371, 749	107. 7	1, 380, 000	100. 6
	需要	国内	1, 340, 964	1, 282, 437	1, 271, 753	1, 370, 034	107. 7	1, 378, 200	100. 6
		輸出	2, 137	1, 885	1, 998	1, 715	85. 8	1, 800	105. 0
		計	1, 343, 101	1, 284, 322	1, 273, 751	1, 371, 749	107. 7	1, 380, 000	100. 6
	年末の生産能力		-	-	-	-	-	-	-
酢酸	供給	生産	950, 000	903, 500	894, 000	891, 600	99. 7	993, 500	111. 4
		輸入	1, 100	2, 200	1, 900	1, 139	59. 9	1, 100	96. 6
		計	951, 100	905, 700	895, 900	892, 739	99. 6	994, 600	111. 4
	需要	国内	603, 600	560, 250	643, 900	664, 208	103. 2	723, 600	108. 9
		輸出	347, 500	345, 450	252, 000	228, 531	90. 7	271, 000	118. 6
		計	951, 100	905, 700	895, 000	892, 739	99. 7	994, 600	111. 4
	年末の生産能力		1, 180, 000	1, 180, 000	1, 180, 000	1, 180, 000	100. 0	1, 180, 000	100. 0
無水マレイン酸	供給	生産	74, 220	78, 100	69, 000	98, 000	142. 0	119, 000	121. 4
		輸入	597	190	635	162	25. 5	-	-
		計	74, 817	78, 290	69, 635	98, 162	141. 0	119, 000	121. 2
	需要	国内	14, 518	15, 089	16, 425	19, 370	117. 9	20, 780	107. 3
		輸出	59, 399	60, 356	53, 210	78, 792	148. 1	98, 220	124. 7
		計	74, 817	75, 445	69, 635	98, 162	141. 0	119, 000	121. 2
	年末の生産能力		40, 000	110, 000	145, 000	145, 000	100. 0	145, 000	100. 0

製品			2014年	2015年	2016年	2017年	前年比	2018年予想	前年比
フェノール	供給	生産	1,011,019	1,019,911	988,836	1,004,993	101.6	992,500	98.8
		輸入	65,676	83,555	120,323	177,023	147.1	130,000	73.4
		計	1,076,695	1,103,466	1,109,159	1,182,016	106.6	1,122,500	95.0
	需要	国内	978,954	1,003,686	998,116	1,159,216	116.1	1,017,000	87.7
		輸出	98,101	99,780	111,043	22,800	20.5	105,500	462.7
		計	1,076,695	1,103,466	1,109,159	1,182,016	106.6	1,122,500	95.0
	年末の生産能力		1,080,000	1,080,000	1,080,000	1,080,000	100.0	1,080,000	100.0
アルキルベンゼン	供給	生産	92,169	92,911	86,010	95,384	110.9	94,000	98.5
		輸入	325	452	1,524	338	22.2	−	−
		計	92,494	93,363	87,534	95,722	109.4	94,000	98.2
	需要	国内	17,379	15,911	11,906	90,127	757.0	20,000	22.2
		輸出	75,115	77,452	75,629	85,595	113.2	74,000	86.5
		計	92,494	93,363	87,534	95,722	109.4	94,000	98.2
	年末の生産能力		125,000	125,000	125,000	125,000	100.0	125,000	100.0
無水フタル酸	供給	生産	175,105	220,047	251,484	252,829	100.5	230,000	91.0
		輸入	−	−	−	−	−	−	−
		計	175,105	220,047	251,484	252,829	100.5	230,000	91.0
	需要	国内	90,854	161,617	158,973	162,203	102.0	139,000	85.7
		輸出	84,251	58,430	92,511	90,626	98.0	91,000	100.4
		計	175,105	220,047	251,484	252,829	100.5	230,000	91.0
	年末の生産能力		285,000	285,000	285,000	285,000	100.0	285,000	100.0
ＤＯＰ（ＤＥＨＰ）	供給	生産	65,528	217,718	208,358	177,311	85.1	190,905	107.7
		輸入	−	−	486	1,520	312.8	−	−
		計	65,528	217,718	203,740	178,831	87.8	190,905	106.8
	需要	国内	25,088	27,204	19,600	13,755	70.2	12,302	89.4
		輸出	40,440	190,514	184,138	165,076	89.6	178,603	108.2
		計	65,528	217,718	203,740	178,831	87.8	190,905	106.8
	年末の生産能力		470,000	470,000	470,000	470,000	100.0	470,000	100.0

台湾のその他主要石油化学製品需給推移（2）

（単位：トン、％）

製品		2013年	2014年	2015年	2016年	2017年	前年比
酢酸ビニル	生産	544,412	599,626	535,835	535,791	568,721	106.1
	輸入	12,202	15,827	22,221	18,318	18,666	101.9
	輸出	253,948	263,108	243,895	307,784	339,919	110.4
	消費	302,666	352,345	314,161	246,325	247,468	100.5
ポバール	生産	86,274	99,514	96,175	97,322	93,901	96.5
	輸入	2,091	1,978	2,450	2,573	2,502	97.2
	輸出	66,219	78,961	75,185	75,894	70,634	93.1
	消費	22,146	22,531	23,440	24,001	25,769	107.4
ＰＰＧ	生産	56,250	56,700	58,850	57,950	59,050	101.9
	輸入	46,298	62,457	50,302	100,419	68,935	68.6
	輸出	36,375	34,613	31,192	33,092	23,467	70.9
	消費	66,173	84,544	77,960	125,277	104,518	83.4
ＭＭＡ	生産	181,937	190,204	179,455	171,263	179,586	104.9
	輸入	97,702	102,763	88,907	77,079	80,790	104.8
	輸出	65,136	84,335	79,330	69,971	66,705	95.3
	消費	214,503	208,632	189,032	178,371	193,671	108.6
メラミン	生産	−	−	−	−	−	−
	輸入	12,161	11,751	10,480	10,593	−	−
	輸出	13	16	35	69	−	−
	消費	12,148	11,767	10,445	10,524	−	−
カーボンブラック	生産	90,378	93,163	83,971	88,670	85,988	97.0
	輸入	69,851	81,544	80,033	73,005	74,282	101.7
	輸出	37,006	40,338	35,002	33,828	34,433	101.8
	消費	123,223	134,369	129,002	127,847	125,837	98.4

台湾のエチレン計画と海外進出動向

エチレン計画の状況

台湾では1999年までエチレンセンターはＣＰＣ（現台湾中油）１社だけだったが、台塑石化が雲林で６基目のエチレン設備No.６年産45万トン工場を立ち上げたことで、独占体制が崩れた。台塑石化は引き続き2000年秋に拡大No.６（２号機）103.5万トンを完成させ、生産能力の面でもＣＰＣを追い抜き、2002年秋にはNo.６（１号機）の５割増設を終えて70万トンとした。さらに2007年６月には３号機となる120万トンの第４期計画も完了、合計能力を293.5万トンとした。同規模の第５期計画も検討したが、台湾での大型エチレン計画実施は今後とも不可能となっている。

当初、長春グループによる雲林での新規立地センター計画も検討されてはいたが、ＣＰＣグループ主導のNo.８計画との合弁プロジェクトとして推進されることになり、2004年12月には合弁会社・国光石化科技（Kuo Kuang Petrochemical & Technology Co.）を設立、ＣＰＣのほか、中国人造繊維、長春石油化学、長春人造樹脂廠、大連化学、東聯化学、和桐化学など８社が参画し、翌年２月には投資計画に調印した。その後2008年６月、コンプレックスの候補地が雲林・台西地区から彰化県大城に変更され、政府の投資認可や環境アセスメントが承認されたものの、最終的に2011年４月には政府から凍結命令が出た。このため民間各社は、後述するように中国・福建省へ進出することなった。その一方で、国光石化科技を主導するＣＰＣは、マレーシアのＲＡＰＩＤ計画に隣接する形で2018年に10万バレルの製油所とエチレン90万トンの石化基地を建設する計画も立てたが、2013年７月にはマレーシアへの投資を正式に断念、その後インドネシアやインドでの石化コンプレックス計画も検討しているが、実現の可能性は不透明である。

台湾のエチレン現有能力と新増設計画

（単位：t/y）

会社名	工場	現有能力	新増設計画	操業開始	備考
台湾中油	林園	No.3　720,000	検討中	2013／8	拡大リプレースした新No.３（初期能力60万t）
（ＣＰＣ）	〃	No.4　350,000		1984年	（実力38.5～42.5万tか）
台塑石化公司	麦寮	No.6①700,000		1998／秋	Ｓ＆Ｗ法、2002/秋25万t増設
	〃	②1,035,000		2000／10	ルーマス法、54万b/dの製油所も併設
	〃	③1,200,000		2007／6	ルーマス法～ＯＣＵプロピレン25万tを含む
合計		4,005,000			

島内では、林園で既存クラッカー（No.３）の拡大リプレース計画を実施した。ＣＰＣは当初、最新プラントである高雄のNo.５を2006年中に60万トン能力へ増強する予定だったが、地元住民の反対運動に直面して断念。逆に高雄製油所の存廃問題に発展し、ついに2015年12月で閉鎖された。ＣＰＣはNo.５プラントのインドネシアへの移設を模索したこともある。林園では小規模で老朽化したNo.３をビルド＆スクラップで60万トンに拡大リプレース。ＥＰＡ（台湾環境保護庁）の認可を得、2009年８月に起工式を開催、2013年夏から操業開始した。林園の敷地30haに426億元（うち自己資金は38％の162.5億元）を投入し、エチレン60万トン／プロピレン34.7万トン／ブタジエン９万トンのクラッカーを新設、大林にはＲＦＣＣ装置を導入してプロピレンも最大50万トン回収できるようにした。稼働の１年前に旧No.３は停止しており、オレフィン類の純増能力は各々37万トン／54.3万トン／5.5万トンとなった。スクラップする能力を超過する生産量については高雄の

No.５(50万トン)閉鎖によって相殺。この結果、2013年半ば時点で中油のエチレン能力は148.5万トンに上昇し、2014年になると新No.３の能力をエチレン72万トン／プロピレン43万トン／ブタジエン13.2万トンと上方修正したため、その時点でエチレンは157万トン能力となった。ただし、同年７月半ばにはNo.５が非定例のメンテナンスに入り、そのまま停止されたため、ＣＰＣのエチレン能力は107万トンまで縮小された。その後も、新No.３設備能力増強の必要性を訴えている。

台湾の石化系企業による海外進出動向

台湾の石化川下企業は、かねてより慢性的な原料不足に悩み、独自の海外立地を指向してきた。台プラグループや旧華夏グループは消費地立地主義の考えから北米に拠点を確立しており、オレフィン系を中心とする汎用製品の大型プラントを設置している。このうちテキサス州ポイントコンフォートに一大拠点を持つ台プラグループは、台湾から米国への輸出代替を目的にエチレン換算68万トンのエタンクラッカーを中心に電解～塩ビ、ＥＧ、ポリオレフィンなどのダウンストリームを揃えた一大コンプレックスを93年末までに完成させ、さらに2002年までに拡張した。まず、エチレン１号機を手直しにより71万トン能力に引き上げ、2001年末までに82万トンのエチレン２号機を建設した結果、同グループのエチレン生産能力は300万トンを超過、2007年には450万トン能力を有する世界有数の石油化学集団となっている。さらに2019年央にはシェールガス利用のエタン分解炉(エチレンで120万トン)やプロパン脱水素法プロピレン54.5万トン設備が稼働する。

華夏プラスチックはウエストレイク・オレフィンにエタンクラッカーを持ち、グループのウエストレイク・ポリマーが保有する34万トンのＬＤＰＥ向けにエチレンを供給、残りのエチレンはＳＭ16万トン設備に供給している。97年12月には第２ナフサクラッカーも完成させた。

一方アジアでは、華夏グループとＢＴＲナイレックスが合弁でマレーシアに進出、タイタン・ケミカルズ(当時タイタン・ペトロケミカル)を93年末から操業開始させ、99年夏にはエチレン２号機を増設したが、2010年７月には韓国の現ロッテケミカルに売却した。かつて中国福建省・厦門や上海、広州などでの大規模リファイナリー／エチレンコンプレックスを計画したことがある台プラグループは、台湾政府に反対され、また中国側の進出条件とも折り合わなかったため、大陸への本格的な進出を一旦は断念したが、2001年１月には再度、中国・浙江省寧波への投資意欲を表明した。その後、2004年秋に先行して建設した塩ビ工場やＡＢＳ樹脂工場が立地する北崙特区でのクラッカー新設計画を申請(2007年２月に環境アセスメントを当局に提出)し、ＰＴＡやアクリル酸、ＰＰなど川下誘導品計画を先行して完了させた。2004年11月に完成したＰＶＣ工場へは、麦寮から余剰ＶＣＭを供給中。2005年にはベトナムでエチレンセンター建設計画を検討したこともある。立地場所はホーチミン市の南東70kmに位置するドンナイ省ブンタウ市のフーミー港に隣接した450haの工業用地で、2012年から港湾施設などを整備し、2017年５月には700万トンの一貫製鉄所を立ち上げるなど先行進出した。南亜プラスチックはすでに塩ビ管やシート工場の合弁プロジェクトを山東省、安徽省、厦門、広州など５カ所で推進、広州には塩ビコンパウンド工場もある。奇美実業は江蘇省鎮江でＰＳ30万トン計画を先行させ、第２期ではＡＢＳ樹脂を追加、2006年秋にはメタクリル樹脂も追加した。聯成化学は広東省、ＵＳＩ(台湾聚合化学品)は江蘇省にそれぞれプラスチック成形加工品工場を設置、和桐化学も金陵石油化工と組んで南京に合成洗剤原料のソフトアルキルベンゼン工場を設置し、李長栄化学は江蘇省・鎮江でホルマリンやパラホルムアルデヒド、エポキシ樹脂などの事業を展開、2008年には直酸法ＭＭＡ５万トンを事業化し、恵州ではＳＢＳを事業化するなど、台湾企業の大陸進出例は数多い。

長春グループは、シンガポール・ジュロン島のテンブス地区で酢酸ビニルモノマー35万トン、アリルアルコール15万トン、キュメン54万トンの石化中間原料工場を2013年半ばに新設した。第１期投資額は５億シンガポールドルで、2016年末にはＶＡＥエマルジョンなどを新設した。

台湾政府が規制していた川上製品(エチレンなど基礎原料)の中国投資が2014年１月に解禁され、許可第１号となった福建省・漳州での「古雷石化統合プロジェクト」が始動、2020年前半の完成を目指す。当初、2009年に和桐、大連化学、李長栄化学、長春人造樹脂、國喬石化、台橡の６社が総額60億ドル超の100万トンエチレンコンプレックス計画を泉州市で構想した。エチレンセンターなどは中国石化との合弁事業とし、川下で大連は酢酸ビニル、李長栄はＰＰ／ＭＴＢＥ／ＭＥＫ、國喬はＳＭ、台橡はＮＢＲで参画する内容だったが、同12月には立地場所が山間部に変更されるなど暗礁に乗り上げた。その後、漳州市古雷開発区に立地場所を移し、2011年６月に李長栄化学、ＵＳＩ、和桐、國喬石化、台橡、聯華気体の６社が「古雷連合石油化工(漳州)」を設立、その後同社は旭騰投資に改組され、2016年11月には同社と福建錬油化工との折半出資会社「福建古雷石化」が設立された。詳細は中国の外資合弁石化プロジェクトの項を参照。

台湾の化学系企業による海外進出状況　(単位：年産能力)

会社名	事業内容或は会社名	進出先	投資額	備考
台湾中油	石油・天然ガス開発事業	アメリカ		買収したHuffingtonによる開発事業
	〃	中国南シナ海		中国海洋石油総公司などとの協力事業
	カタール燃料添加剤会社	カタール	(20%出資)	ＱＡＦＡＣのメタノール/ＭＴＢＥ
台湾プラスチック	フォルモサ・プラスチックスＵＳＡ	米テキサス州ポイントコンフォート	US$1,700m +US$450m	1993年に第１工場、2002年に第２工場が完成、その後の増強を経てエチレン166万t、プロピレン76万t、カセイソーダ105.6万t、塩素82万t、ＥＤＣ121.8万t、ＶＣＭ142万t、ＰＶＣ149万t、ＨＤＰＥ78万t、ＬＬＤＰＥ37万t、ＰＰ87万t
		ルイジアナ州バトンルージュ		2019/2Qにシェールガス由来のエチレン120万t/ＰＤＨ法プロピレン54.5万t/ＬＤＰＥ・ＥＶＡ62.55万tを増設 ＰＶＣ47万tを2020年に60.6万tへ増強 更にエチレン120万t２基の増設を計画
	台塑工業(寧波)	浙江省寧波	US$119.5m	ＰＶＣ55万tほか～2004/11稼働
	台塑アクリル酸エステル	寧波北崙特区		日触技術、2006年ＡＡ16万t/ＡＥ23万t
	台塑ポリプロピレン寧波	〃		ＰＰ45万t工場を2007/2Qに建設
	台塑高吸水性樹脂(寧波)	〃		ＳＡＰ10.5万t
南亜プラスチック	Nan Ya Plastics, USA	米ルイジアナ州バトンルージュ	US$150m	ＶＣＭ64.1万t/ＥＤＣ24.8万t/カセイソーダ20.4万t/ＰＶＣ41.7万tを保有 ＥＧ36万t+80万t～2019/4Qに増設
	ＮＰＣアメリカ	米サウスカロライナ州レイクシティ	US$300m	チップ37.8万t/長繊維10.5万t/短繊維9.5万t等ＰＥＴ計86万t保有。95/1QＥＧ30万t、ボトル用ＰＥＴ10万t等追加
	塩ビ管・レザー事業	中国各地	US$25m	山東、南通、厦門、広州等に各1.8万t
台湾化学繊維	台化興業(寧波)	浙江省寧波市北崙特区		ＡＢＳ樹脂24万t工場～2004/秋完成
	ＰＴＡ事業			ＰＴＡ60万t工場～2006年完成
台達化学	発泡ポリスチレン事業	中国・珠海		ＥＰＳ５万tが2000/央完成→11月倍増
	ＡＢＳ樹脂事業	〃		2004年にＡＢＳ16万t工場を建設

台　湾

華夏プラスチック	ウエストレイク・オレフィンズ ウエストレイクポリマー ウエストレイクＶＣＭ ＰＶＣ加工品事業	米ルイジアナ州レイクチャールス 米ルイジアナ 中国・広東省	US$200m US$10～20m	エチレン45.5万tが91/3Q完成。第2エチレン設備が97/末完成 ＬＤＰＥ34万t～93/秋38.6万t～ ＶＣＭ45.5万t 塩ビレザー、接着テープ、塩ビ管
奇美実業	ロッテＳＭ 鎮江奇美化工～2008年國亨(鎮江)石化を吸収合併 鎮江奇美油倉公司	韓国・大山 中国・江蘇省鎮江 〃	(20%出資) (85%出資) US$5.1m	ロッテケミカルのＳM30万tに出資 98/2にＰＳ30万t工場を新設、ＡＢＳ樹脂25万tへの倍増設は2002/7完了 2006/10にＰＭＭＡ５万t工場を新設 96/8認可のタンクターミナル事業
遠東新世紀 (旧遠東紡織)	アルバータ＆オリエント・グリコール ボトル用ＰＥＴ 亜東石化／遠東石化	カナダ・アルバータ州 中国・上海 同上海／揚州	Can$120m (総額4億$)	ＵＣＣ(その後ダウ)と合弁でプレンティスにＥＧ30万t工場～94/10操開 10万tを2001/4Qに倍増 ＰＴＡ全320万t工場を2015/3一旦閉鎖
李長栄化学工業	カタール燃料添加剤会社 李長栄綜合石化公司 李長栄石化倉儲公司 ＳＢＣ事業を買収	カタール 中国・江蘇省鎮江 広東省・恵州 鎮江 米テキサス州	(15%出資) US$29m US$3.5m	ＱＡＦＡＣのメタノール/ＭＴＢＥ 99年に各82.5万t/62.5万t工場が完成 ホルマリン/パラホルムアルデヒド/エポキシ樹脂など。2008年ＭＭＡも新設 2008年ＳＢＳ16万t新設、ＳＥＢＳ計画 李長栄化学95%出資合弁タンク基地 ポリメリから５万t工場を2003/末買収
聯成化学科技	ＰＶＣフィルム・レザー ＰＶＣコンパウンド事業 接着テープ事業 上海聯成化学工業公司 テープ等ＰＶＣ加工事業 ＤＯＰ事業	中国・中山 〃 中国・上海 〃 インドネシア 〃	US$11m	 ＵＳＩと合弁で99年に６万tへ倍増 95/末生産開始 97年にＰＡ３万t/ＤＯＰ６万tが完成 91/3設立 96/末生産開始
台湾聚合化学品 (ＵＳＩ)	ＰＶＣコンパウンド事業 ポリエチレン製品	中国・中山 中国・南通		聯成化学と合弁で99年に６万tへ倍増 当局の認可を得て計画を推進
國喬石油化学	グランド・パシフィック・ケミカル(タイランド) 旧國亨(鎮江)石化→鎮江奇美化工と2008年に統合	タイ 中国・江蘇省鎮江	(39%出資) US$30m	39%出資子会社ＧＰＣＴでＡＢＳ樹脂を95/末に１万t増の２万tへ拡大 98/11ＡＢＳ・ＡＳ樹脂４万t/ＥＰＳ1.5万t新設～その後ＡＢＳは25万tに
和桐化学	金桐石化（金陵石油化工との合弁会社)	中国・南京	US$30m	95/末に合成洗剤原料のアルキルベンゼン7.2万t工場を4.2億人民元で新設
旧東帝士グループ	TUNTEX (THAILAND) →現 INDORAMA 現 TPT Petrochemicals Thailand	タイ・マプタプット 〃	 US$355m	ポリエステル長・短繊維11万tを97年初めに24.2万tへ増設→現14.5万t能力 96/1にＰＴＡ42万t竣工、2006/央10万t増強後52万t
新光合成繊維	タイ新光インダストリーズ	マプタプット	18億バーツ	96年にボトル用ＰＥＴ樹脂９万t工場
台橡(ＴＳＲＣ)	タイ・シンセティック・ラバー 中華化学工業 台橡宇部(南通)化学 Indian Synthetic Rubber	タイ・ラヨン 中国・南通 〃 インド	(13%出資) US$91.6m (70%出資) US$200m	ＢＲ５万t工場を97/末新設→現7.2万t 南通石化18%/丸紅12%出資で98/初ＳＢＲ10万t新設。ＢＲ５万tも併産 2012年にＳＢＲ12万tを合弁事業化
大連化学 長春グループ	大連化工(江蘇) 長春化工(江蘇)	中国・儀征 江蘇省揚州 江蘇省常熟		1,4ブタンジオール４万t～2003年稼働 ＰＴＭＥＧ４万t、ＥＶＡエマルジョン ＰＴＭＥＧ６万t/ＰＰＧ等計画　3万t ＰＶＡ８万t、フェノール30万t/アセトン18.4万t/ＢＰＡ13.5万tの一貫系列
長春グループ	ＣＣＤ(シンガポール)～2016/末にＶＡＥ等新設	シンガポール・テンブス	S$500m	酢酸ビニル35万t/アリルアルコール20万t/キュメン54万t工場～2013/央稼働

台湾の合成繊維工業

台湾の合成繊維生産能力

(単位：t/y)

製品名	会社名	工場	現有能力	新増設計画	完成	備考
ポリエステル(f)	南亜プラスチック	泰山	353,700			2005年4.38万t削減、2007年6,900t削減
	台湾化学繊維	彰化	24,000			94／5完成、南亜プラからの受託加工
	中国人造繊維	頭份	120,500			帝人技術、POY/SDY、2012年2.6万t復活
	華隆	頭份	109,500			頭份に重合27万t、2014年2.19万t削減
	遠東新世紀	新竹	29,200			2014年▲3.9万t、2016年▲2.56万t削減
	〃	観音	73,000			98／初完成～工業用超強力繊維ライン
	力麗企業	彰化	98,600			2010年▲3,700t、2015年4,400t増強
	宏洲化学工業	桃園	94,900			ヘキスト技術、2010年1.13万t削減
	中興紡織廠	桃園	85,800			2011年6,700t増強、2015年5,500t増強
	新光合成繊維	桃園	62,100			チンマー技術、2012年6.02万t削減
	台南紡織	台南	60,200			2007年4万t削減、2015年16,800t削減
	聚隆繊維	彰化	4,400			Acelon Chemicals & Fiber(15年再開)
	(東雲合織)	台南	(73,000)			2013年倍増設も2015年事業撤退
	(宜進実業)	台南	(51,100)			元東和紡織印染～2015年事業撤収
		計	1,115,900			
ポリエステル(s)	遠東新世紀	新竹	346,800			インベンタ技術、2012年7.3万t増強
	南亜プラスチック	泰山	136,500			チンマー技術、2007年に2.78万t削減
	台南紡織	台南	124,100			2010年10,900t削減、2015年3,700t削減
	中興紡織廠	桃園	60,200			インベンタ/Chemtex、2015年16,400t増
	新光合成繊維	桃園	32,900			チンマー技術、2015年に3,600t削減
	(宜進実業)	台南	(21,900)			2011年東和紡織より買収も2015年停止
	(東和紡織印染)	台南	(43,800)			事故後94／末再開～2011年から停止
	(東雲合織)	台南	(134,300)			ケムテックス技術、2007年から停止
		計	700,500			
ナイロン(f)	台湾化学繊維	彰化	89,400			チンマー技術、2016年に81,760t削減
	集盛実業	桃園	58,400			98年に参入、2015年に7,300t削減
	展頌	南投	54,800			2012年7,300t削減、2014年1.83万t増強
	聚隆繊維	彰化	48,200			2012年4,000t増強、2015年12,000t削減
	力鵬企業	彰化	40,200			2011年1.46万t削減、2012年3,700t復活
	羽台実業		14,600			2010年と2011年に各1,800t増強
	遠東先進繊維	桃園	12,000			ナイロン66(f)の合弁事業、96/末参入
	華泗化繊	桃園	7,700			ディディエール技術
	裕隆繊維		7,300			2010年に2,200t削減
	(華隆)	桃園・頭份	(73,000)			チンマー技術、2012年停止
	(華染)	桃園	(73,000)			華隆の子会社、97年参入～2012年停止
	(中興紡織廠)	桃園	(25,600)			ケムテックス技術～2010年から停止
		計	332,600			大明化繊と信中繊維が89年で事業撤収
アクリル(s)	東華合織	竹北	54,800			三菱レイヨン/モンサント法、▲3,600t
	台湾プラスチック	仁武	(43,800)		16/11閉鎖	2013年8,200t削減、2014年1.1万t削減
		計	54,800			
ウレタン(f)	台塑旭弾性繊維	麦寮	5,100			旭化成/ＦＰＣの合弁、2002/3に倍増設
	(遠東紡織)	新竹	(1,600)			2007年以来停止
	(東華合織)	竹北	(1,400)			2007年以来停止
		計	5,100			

(注) (f)はフィラメント(長繊維)、(s)はステープル(短繊維)の略

台湾の合成繊維生産推移

(単位：トン、%)

品種	2012年	2013年	2014年	2015年	2016年	2017年	前年比
ポリエステル(f)	921,693	923,459	919,140	924,046	860,911	790,249	91.8
ポリエステル(s)	555,121	538,256	529,469	515,107	532,407	514,839	96.7
ナイロン(f)	319,328	315,749	309,157	292,459	271,508	264,558	97.4
アクリル(s)	67,675	67,797	61,900	56,915	57,849	29,139	50.4

台湾の石化原料事情

元公営企業のＣＰＣ(2007年２月から台湾中油)が独占していた台湾の石油精製業は、2000年春に民間の台塑石化が日量15万バレルの製油所を新設、同年10月には同規模の２号機も完成させ、リファイナリー事業に新規参入したことで２社体制となった。台塑石化は2002年春に３号機を導入したことで15万バレル３系列の計45万バレル能力となり、石化原料を自給できるようになった。同社は年産120万トンのエチレン３号機増設に先行して2006年第１四半期中に各石油精製系列を３万バレルずつ増強、計９万バレル増の54万バレルまで拡張した後、2017年にも増強した模様。

台湾中油の原油処理能力は、93年末に大林と桃園製油所で行った各10万バレル、７万バレルの増設により日量77万バレルとなったが、2013年には72万バレルへ下方修正した。大林製油所では2015年中に15万バレルを増設、同年末までに閉鎖した高雄製油所の能力減をカバーした。従来より重質油分解装置など２次設備の稼働率は高く、ＦＣＣなどはフル稼動状態が続いている。また環境基準遵守のため、大規模な公害防止対策を講じているものの、大気汚染状況によっては随時操業制限を余儀なくされる場合もある。このため中間留分の生産能力は不足気味であり、ガソリン需要の４割近くを輸入に依存していたこともある。石化原料のナフサも十分とはいえない。

大林では93年の増設時に7.5万バレルのナフサ分留塔や３万バレルのＣＣＲ、2.5万バレルのリフォーマーなど２次設備を拡充し、桃園でも３万バレルの直脱、２万バレルのリフォーマーなどを増設した。一方桃園では、90億元をかけて2001年12月に５万バレルの重質油転化設備を建設し、42億元を投入して2003年６月までに8,600バレルのアルキル化設備も導入した。ただし、2018年初の火災事故を機に、桃園市の市長から製油所の移転を迫られている。

2015年末に高雄製油所を閉鎖した中油は、かつてダウンストリーム８社と合弁で国光石化科技を設立、島内での次期エチレンプロジェクトを最終的に彰化県大城地区で実施することに一旦は決まった。内容は、国光石化が必要とする石化原料自給化のため２系列計30万バレルのリファイナリーを2015年から2021年にかけて新設するもので、第１期計画として15万バレルのトッパーとエチレン120万トン、ＢＴＸ80万トンなどが2015年までに建設される予定だったが、環境規制の厳格化や調査の長期化もあって、2011年４月には計画の凍結が通達された。

中油はかねてより石油精製事業の海外進出も計画しており、97年３月にはＵＡＥ石油に出資、その一方でＵＡＥ・アブダビでの30万バレルリファイナリープロジェクトへ参画することになり、ＵＡＥ側には国光石化計画への参画を要請したが、進展しなかった。また2012年５月よりマレーシア南部への国光石化進出計画を検討したこともあったが、2013年７月には正式に断念した。

台湾の石油精製能力

(単位：バレル／日)

会社名	工場	現有処理能力	新増設計画	完成	備考
台湾中油	高雄	(220,000)		(閉鎖)	高雄製油所を2015/末で全面閉鎖
〃	大林	450,000			15年15万b増設、ＣＣＲ３万b、ＲＦＣＣ８万b併設
〃	桃園	200,000			2001/末重質油転化５万b、2003/央アルキル化装置
台塑石化	麦寮	360,000		2000／1Q	2006/1Qに６万b増強、石化用ナフサを自給
〃	〃	180,000超		2002／1Q	2006/1Qに３万b増強、全３系列計54万b超
	合計	1,190,000超			

台湾の石油化学基地と石化コンプレックス

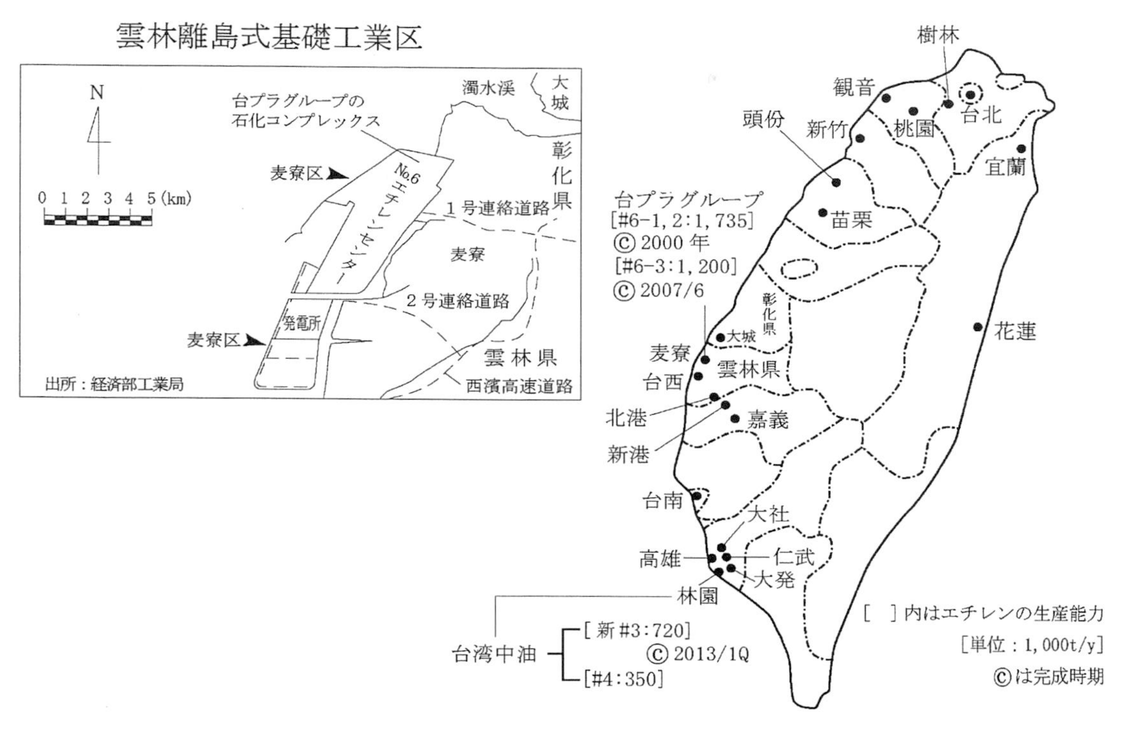

大発工業区石化工場地図

鳳林路

工業区
サービスセンター

大東樹脂
太洋化成
太洋尼龍
太洋製膜
長興化工
汎達化学
台湾ＢＡＳＦ

大連化工
(DCC)

長春人造樹脂
(CCPlastics)

長春石油化学
(CCP)

大連
長春人造樹脂

聯成化工
(UPC)

長春石油化学
(CCP)

台湾工程塑膠
Polyplastics

聯合汚水廠
Waste Water Plant

林園工業区

頭份コンプレックス

(単位：t/y)

- 台湾中油
  - アスファルト → 中国石油化学(大社) → メタノール 66,000(閉鎖) → 酢酸(大社) 150,000(2012/末停止)
  - 天然ガス
    - → 台湾肥料(苗栗) → アンモニア 300,000
      - → 尿素 286,000
      - → メラミン 20,000(2012年停止)
    - → 長春石油化学(苗栗)
      - → メタノール 66,000(閉鎖)
      - → 過酸化水素 40,000+23,000(2012/2Q)
    - → 李長栄化学(新竹) → メタノール 60,000(閉鎖)
  - エタン → 中国石油化学 — エチレン 54,000(閉鎖) → 台湾ＶＣＭ — ＶＣＭ 120,000(閉鎖)
    - → 華夏プラスチック — ＰＶＣ 200,000
    - → 大洋塑膠(桃園) — ＰＶＣ 150,000
  - → ベンゼン → 中国石油化学
    - シクロヘキサン 54,000 → カプロラクタム 100,000 → ナイロン６樹脂 40,000
    - フェノール → アノン → 100,000(2014/3Q)

頭份石油化学コンプレックス地図

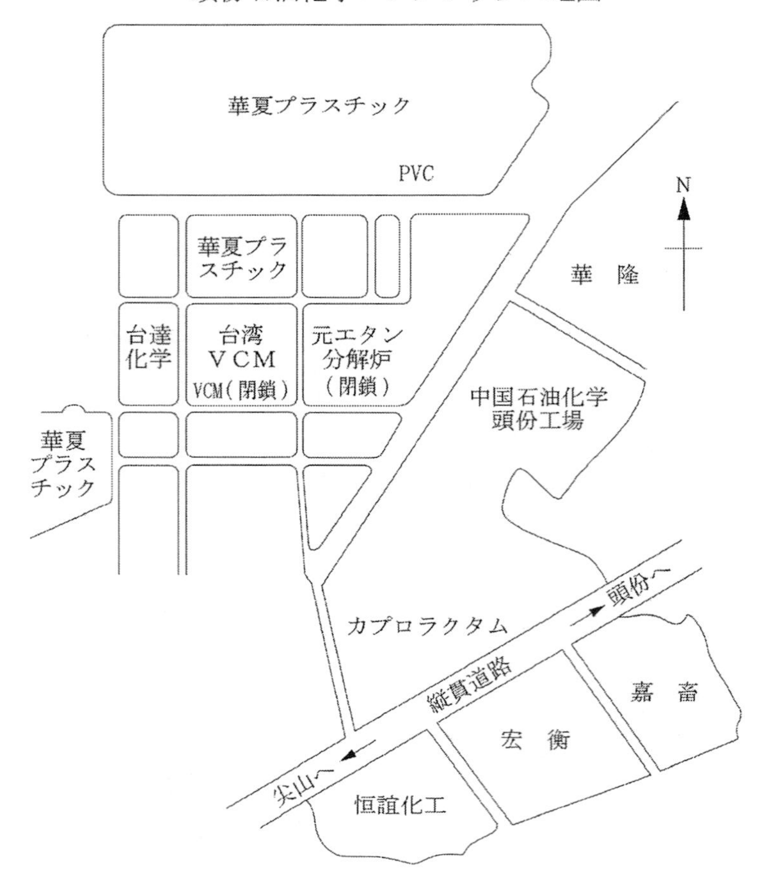

高雄・林園コンプレックス立地略図

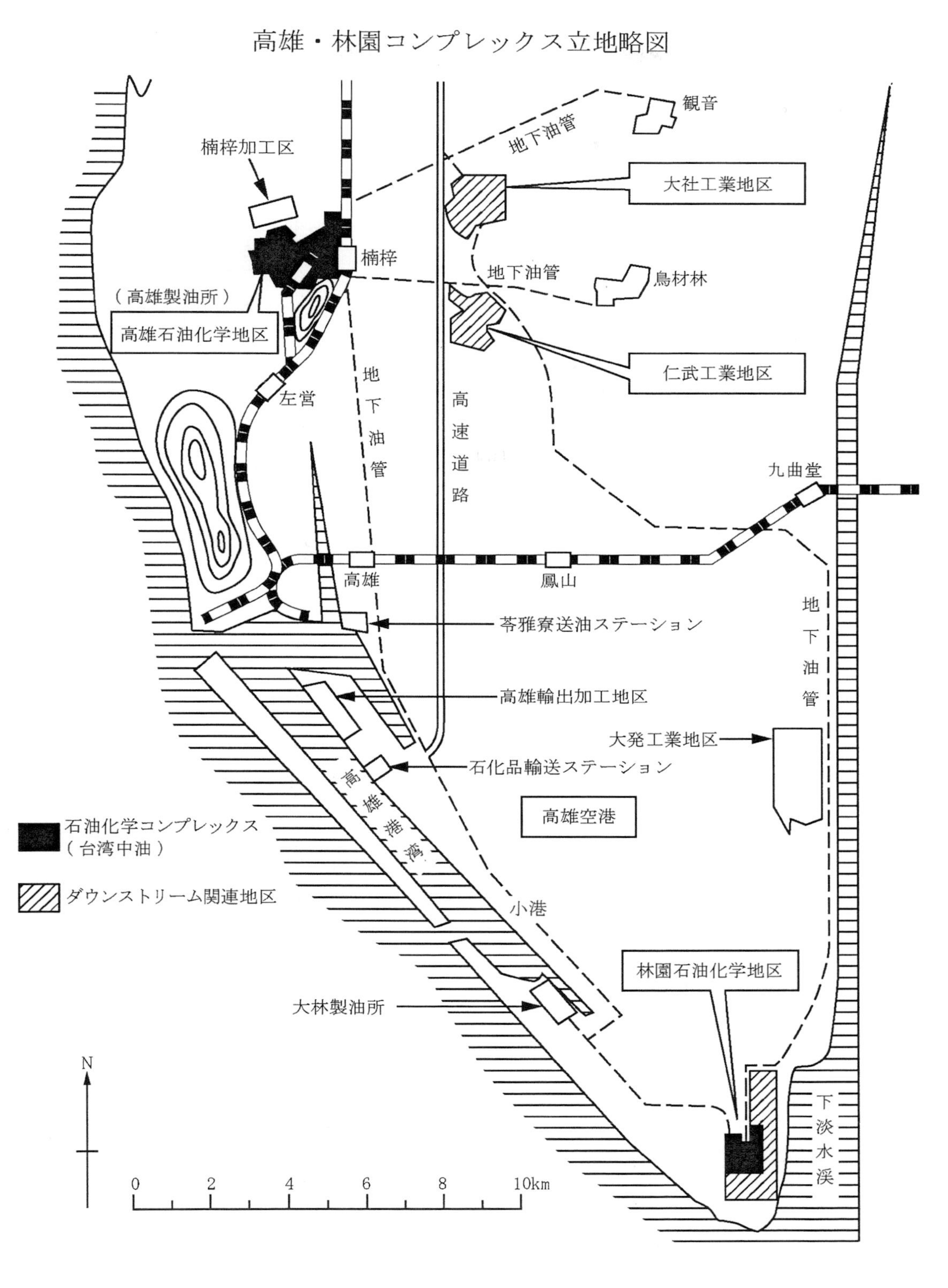

高雄コンプレックス

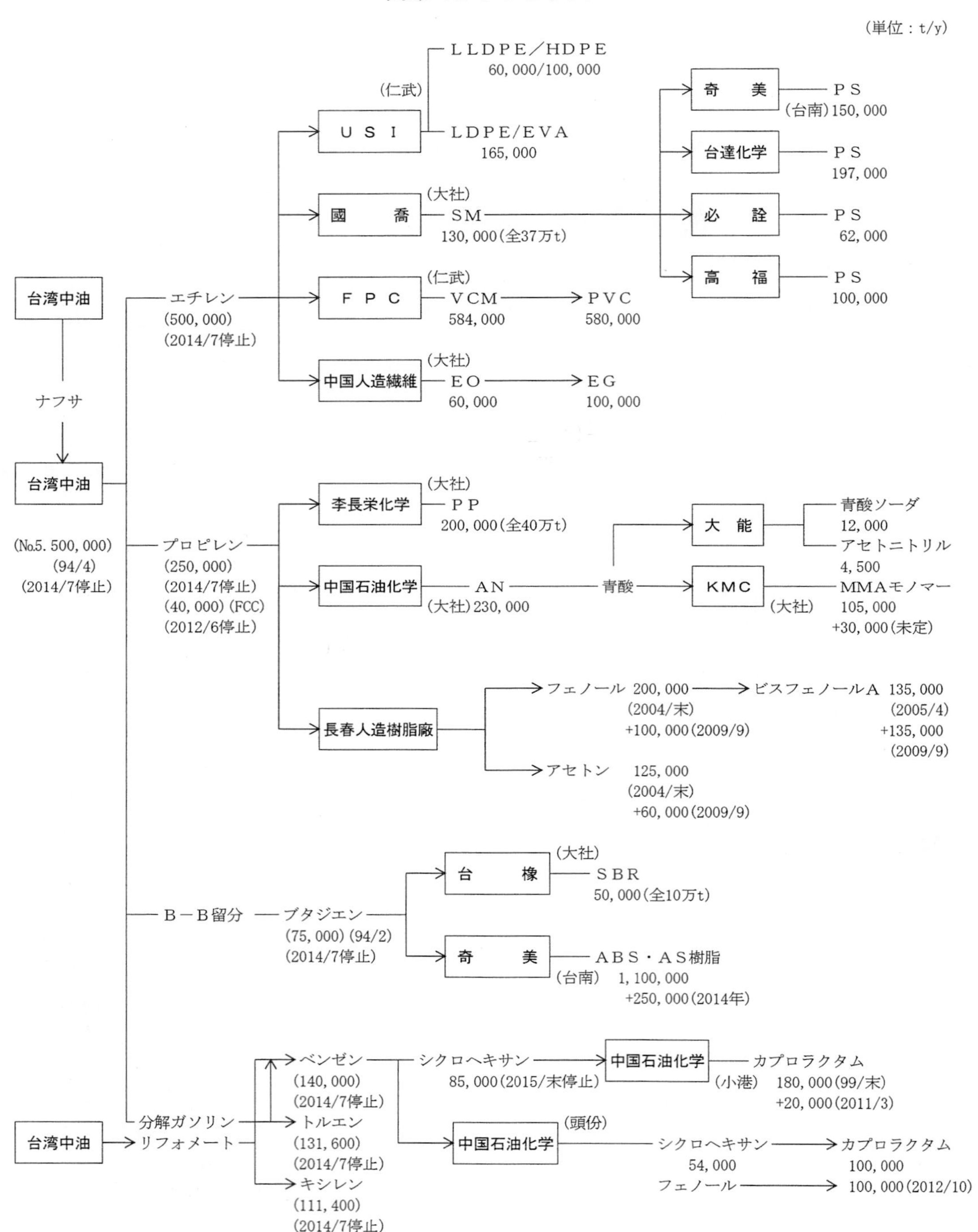

(単位：t/y)
台湾中油
ナフサ
台湾中油
(No.5. 500,000)
(94/4)
(2014/7停止)
エチレン
(500,000)
(2014/7停止)
USI
(仁武)
LLDPE／HDPE
60,000/100,000
LDPE/EVA
165,000
國喬
(大社)
SM
130,000(全37万t)
FPC
(仁武)
VCM
584,000
PVC
580,000
中国人造繊維
(大社)
EO
60,000
EG
100,000
奇美
PS
(台南)150,000
台達化学
PS
197,000
必詮
PS
62,000
高福
PS
100,000
プロピレン
(250,000)
(2014/7停止)
(40,000)(FCC)
(2012/6停止)
李長栄化学
(大社)
PP
200,000(全40万t)
中国石油化学
AN
(大社)230,000
青酸
大能
青酸ソーダ
12,000
アセトニトリル
4,500
KMC
(大社)
MMAモノマー
105,000
+30,000(未定)
長春人造樹脂廠
フェノール 200,000
(2004/末)
+100,000(2009/9)
ビスフェノールA 135,000
(2005/4)
+135,000
(2009/9)
アセトン 125,000
(2004/末)
+60,000(2009/9)
B－B留分
ブタジエン
(75,000)(94/2)
(2014/7停止)
台橡
(大社)
SBR
50,000(全10万t)
奇美
ABS・AS樹脂
(台南) 1,100,000
+250,000(2014年)
台湾中油
分解ガソリン
リフォメート
ベンゼン
(140,000)
(2014/7停止)
トルエン
(131,600)
(2014/7停止)
キシレン
(111,400)
(2014/7停止)
シクロヘキサン
85,000(2015/末停止)
中国石油化学
(小港)
カプロラクタム
180,000(99/末)
+20,000(2011/3)
中国石油化学
(頭份)
シクロヘキサン
54,000
カプロラクタム
100,000
フェノール
100,000(2012/10)

大社石油化学コンプレックス地図

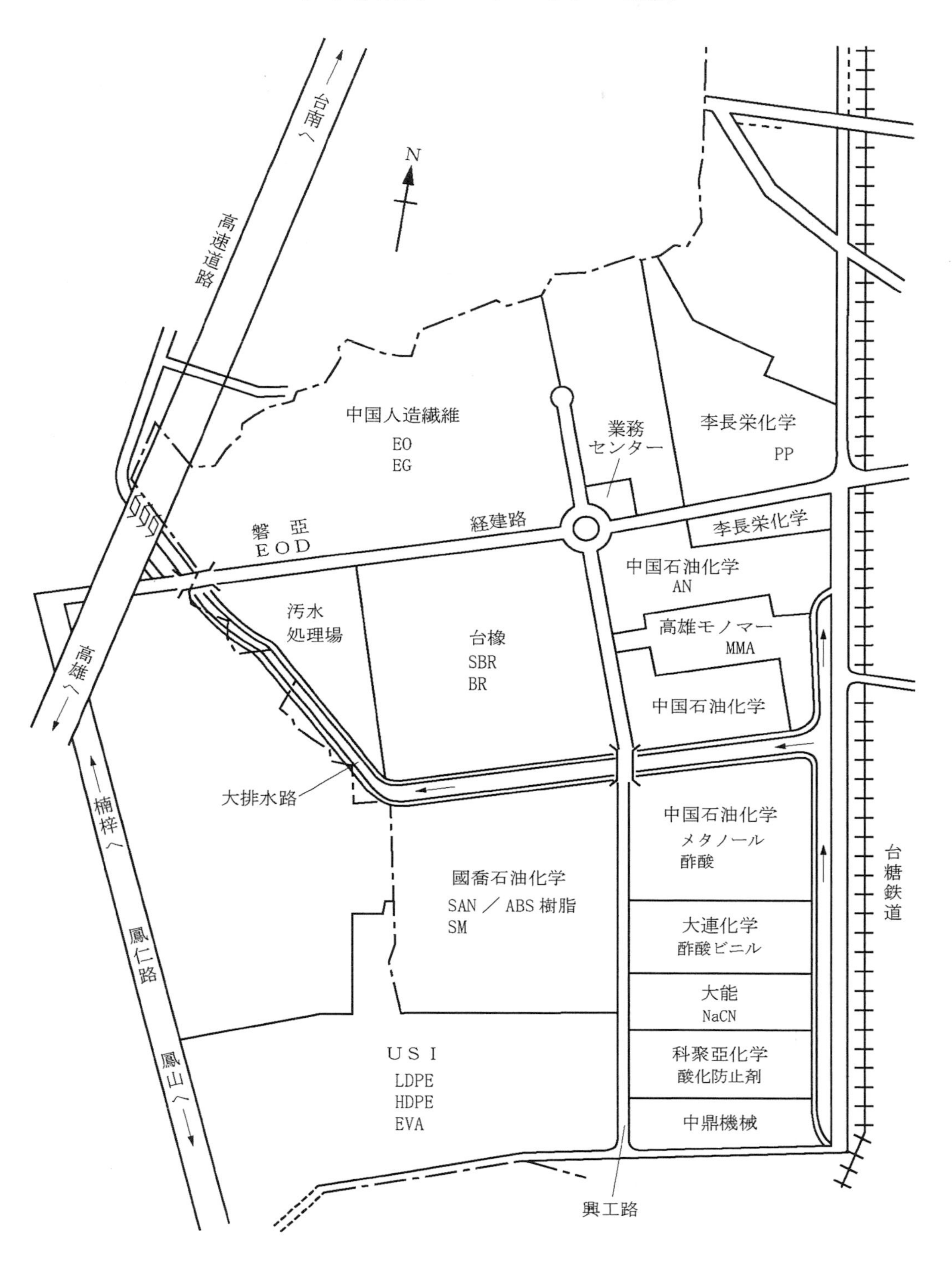

林園コンプレックス

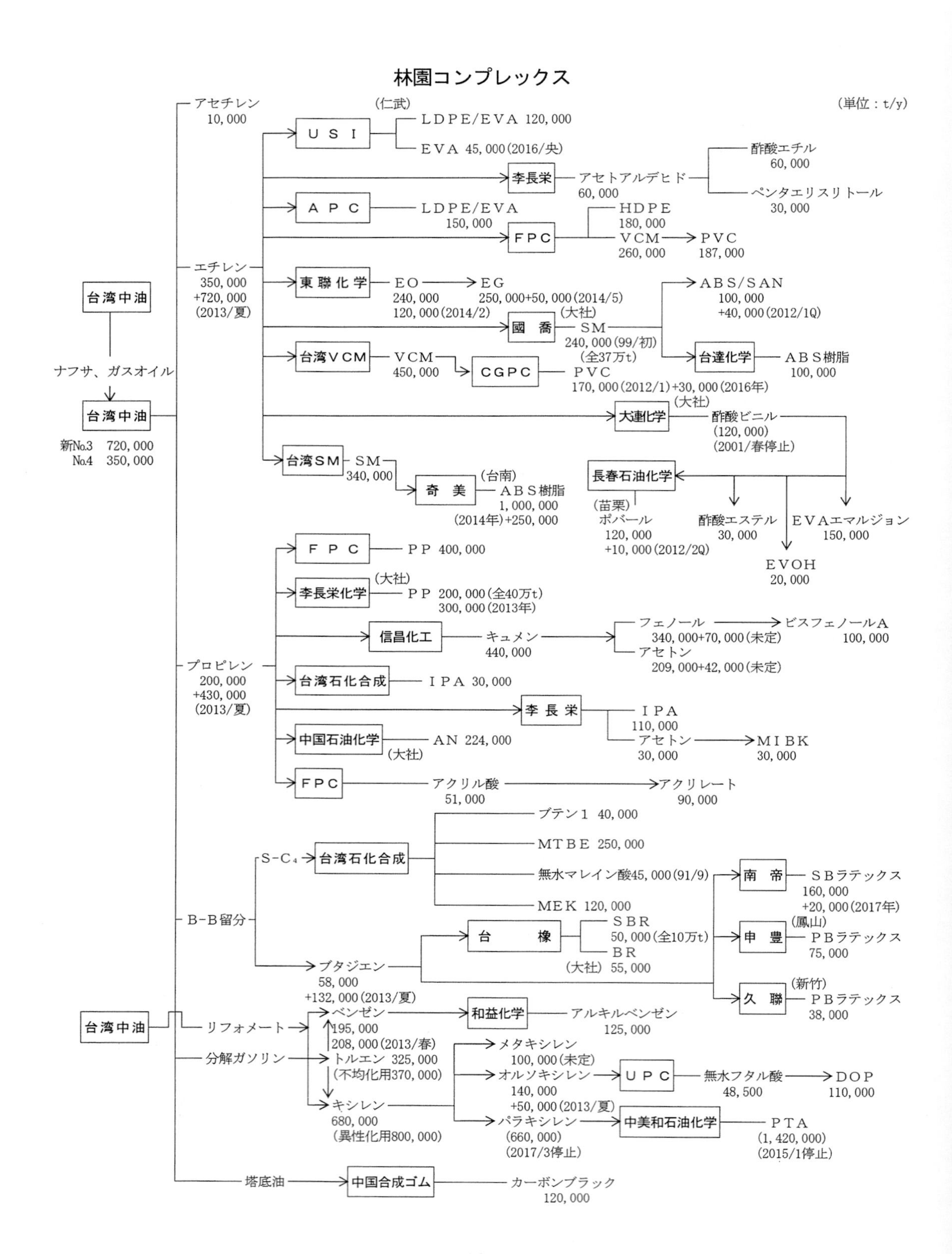

(単位：t/y)
台湾中油
ナフサ、ガスオイル
台湾中油
新No.3 720,000
No.4 350,000
アセチレン 10,000
エチレン 350,000 +720,000 (2013/夏)
(仁武)
USI
LDPE/EVA 120,000
EVA 45,000(2016/央)
李長栄
アセトアルデヒド 60,000
酢酸エチル 60,000
ペンタエリスリトール 30,000
APC
LDPE/EVA 150,000
FPC
HDPE 180,000
VCM 260,000
PVC 187,000
東聯化学
EO 240,000 120,000(2014/2)
EG 250,000+50,000(2014/5)
(大社)
國喬
SM 240,000(99/初) (全37万t)
ABS/SAN 100,000 +40,000(2012/1Q)
台達化学
ABS樹脂 100,000
台湾VCM
VCM 450,000
CGPC
PVC 170,000(2012/1)+30,000(2016年)
(大社)
大連化学
酢酸ビニル (120,000) (2001/春停止)
長春石油化学
(苗栗)
ポバール 120,000 +10,000(2012/2Q)
酢酸エステル 30,000
EVAエマルジョン 150,000
EVOH 20,000
台湾SM
SM 340,000
(台南)
奇美
ABS樹脂 1,000,000 (2014年)+250,000
プロピレン 200,000 +430,000 (2013/夏)
FPC
PP 400,000
(大社)
李長栄化学
PP 200,000(全40万t) 300,000(2013年)
信昌化工
キュメン 440,000
フェノール 340,000+70,000(未定)
ビスフェノールA 100,000
アセトン 209,000+42,000(未定)
台湾石化合成
IPA 30,000
李長栄
IPA 110,000
アセトン 30,000
MIBK 30,000
中国石油化学
(大社)
AN 224,000
FPC
アクリル酸 51,000
アクリレート 90,000
B-B留分
S-C4
台湾石化合成
ブテン1 40,000
MTBE 250,000
無水マレイン酸45,000(91/9)
MEK 120,000
ブタジエン 58,000 +132,000(2013/夏)
台橡
SBR 50,000(全10万t)
BR
(大社) 55,000
南帝
SBラテックス 160,000 +20,000(2017年)
(鳳山)
申豊
PBラテックス 75,000
(新竹)
久聯
PBラテックス 38,000
台湾中油
リフォメート
分解ガソリン
ベンゼン 195,000 208,000(2013/春)
和益化学
アルキルベンゼン 125,000
トルエン 325,000 (不均化用370,000)
キシレン 680,000 (異性化用800,000)
メタキシレン 100,000(未定)
オルソキシレン 140,000 +50,000(2013/夏)
UPC
無水フタル酸 48,500
DOP 110,000
パラキシレン (660,000) (2017/3停止)
中美和石油化学
PTA (1,420,000) (2015/1停止)
塔底油
中国合成ゴム
カーボンブラック 120,000

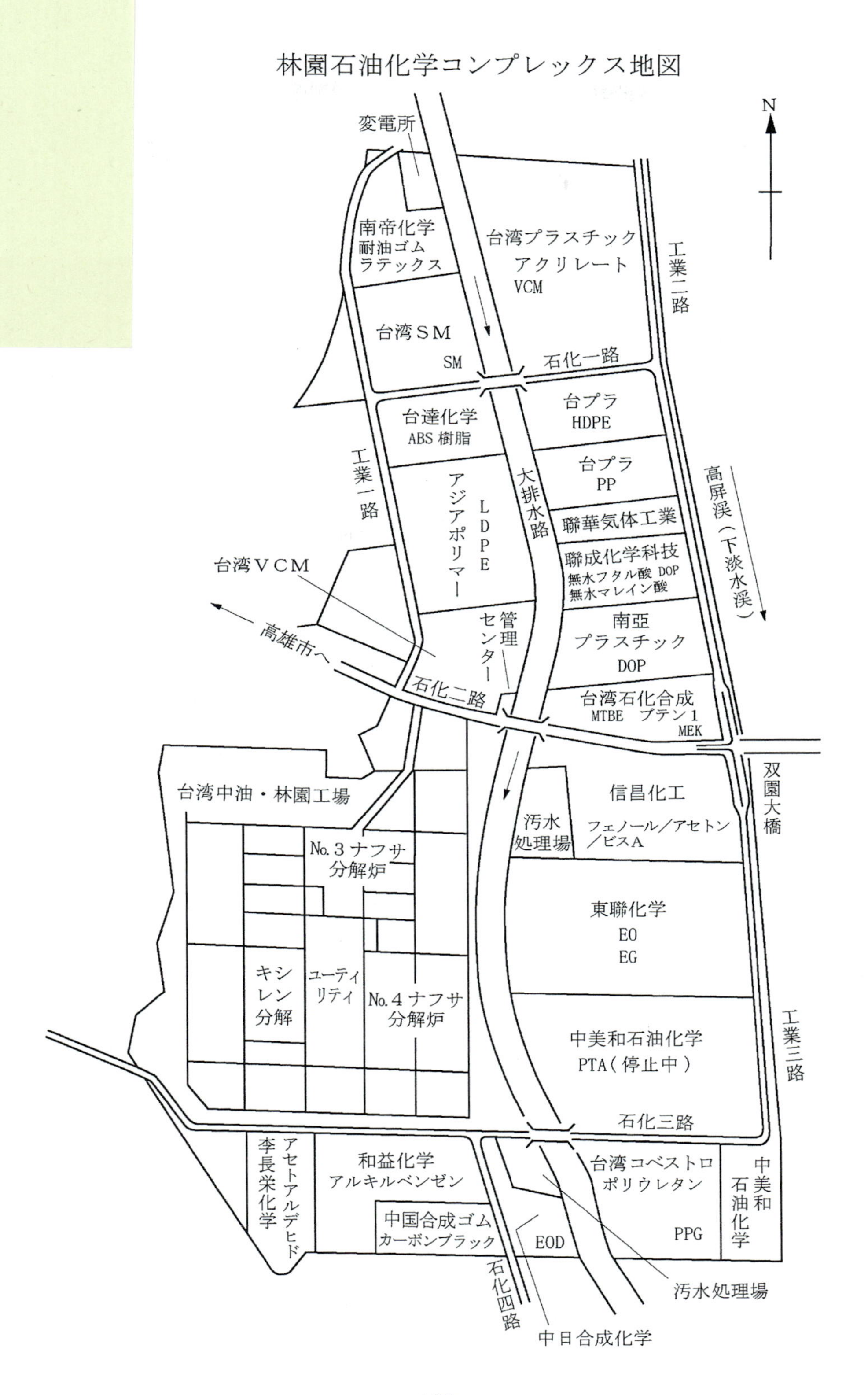
林園石油化学コンプレックス地図
N
変電所
南帝化学
耐油ゴム
ラテックス
台湾プラスチック
アクリレート
VCM
工業二路
台湾ＳＭ
SM
石化一路
台プラ
HDPE
台達化学
ABS 樹脂
台プラ
PP
工業一路
アジアポリマー
LDPE
大排水路
聯華気体工業
高屏渓（下淡水渓）
聯成化学科技
無水フタル酸 DOP
無水マレイン酸
台湾ＶＣＭ
高雄市へ
管理センター
南亜
プラスチック
DOP
石化二路
台湾石化合成
MTBE　ブテン１
MEK
双園大橋
台湾中油・林園工場
信昌化工
汚水
処理場
フェノール／アセトン
／ビスA
No.３ナフサ
分解炉
東聯化学
EO
EG
キシレン分解
ユーティリティ
No.４ナフサ
分解炉
工業三路
中美和石油化学
PTA（停止中）
石化三路
李長栄化学
アセトアルデヒド
和益化学
アルキルベンゼン
台湾コベストロ
ポリウレタン
中美和石油化学
中国合成ゴム
カーボンブラック
EOD
PPG
石化四路
汚水処理場
中日合成化学

台塑石化の雲林・麦寮石油化学コンプレックス

（第１段階＋第２段階プロジェクト：1998～2000年完成）

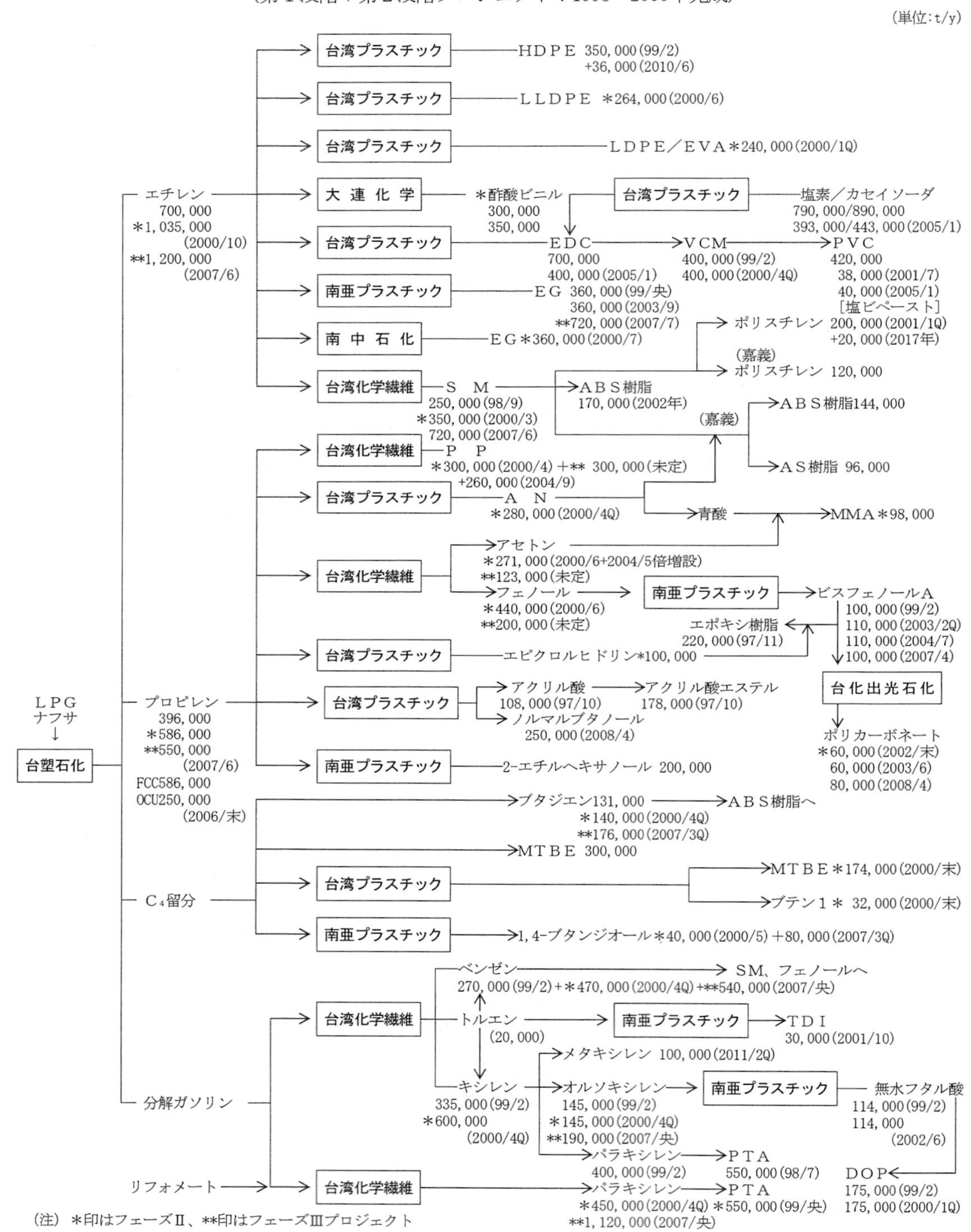

(注) *印はフェーズⅡ、**印はフェーズⅢプロジェクト

台湾の主要石油化学製品生産能力一覧

（単位：t/y）

製　品	会　社　名	工　場	現有能力	新増設計画	完　成	備　考
エチレン	台湾中油	林　園	720,000		2013／春	新No.3、S&Bで拡張（初期60万t）
	〃	〃	350,000			No.4～1984年操開、実力38.5万t
	〃	高　雄	(500,000)			No.5、ケロッグ法（2014/7で停止）
	台塑石化	麦　寮	700,000			S&W、99/2完成、2002/秋5割増
	〃	〃	1,035,000		2000／10	ルーマス法、拡大No.6系列
	〃	〃	1,200,000		2007／6	麦寮3号機
		計	4,005,000			
プロピレン	台湾中油	高　雄	(40,000)			2012/6閉鎖、旧No.3のFCC回収
	〃	林　園	370,000		2013／春	新No.3（S&B+RFCC回収50万t）
	〃	〃	200,000			No.4ユニット
	〃	大　林	53,000			ROC回収プロピレン、93年完成
	〃	〃	450,000		2012／7	RFCC回収プロピレン
	〃	高　雄	(250,000)			No.5ユニット（2014/7で停止）
	〃	桃　園	100,000			FCCプロピレン、2002/末完成
	台塑石化	麦　寮	396,000			99/2完成、2002/秋12.5万t増
	〃	〃	586,000		2000／4Q	拡大No.6系列
	〃	〃	286,000		2000／6	FCC回収2系列
	〃	〃	300,000		2006／4	ROC装置よりプロピレン回収
	〃	〃	250,000		2006／末	ルーマス法メタセシス装置
	〃	〃	550,000		2007／6	麦寮3号機
		計	3,541,000			
ブタジエン	台湾中油	林　園	100,000		2013／春	新No.3ユニット、実力13.2万t
	〃	〃	58,000			No.4ユニット
	〃	高　雄	(75,000)			No.5、日本ゼオン技術（2014/7停止）
	台塑石化	麦　寮	131,000		99／2	2002/秋5.5万t増強
	〃	〃	140,000		2000／4Q	アーコ技術、拡大No.6系列
	〃	〃	176,000		2007／7	麦寮3号機
		計	605,000			
ブテン1	台湾石化合成	林　園	40,000			90/6完成～2007年に倍増設
〃	台湾プラスチック	麦　寮	32,000		2000／末	アーコ法、2004/11に2.3万t増
		計	72,000			
MTBE	台湾石化合成	林　園	250,000			95年に5万t増強
	台湾プラスチック	麦　寮	174,000		2000／末	アーコ法、2004/11に2.3万t増
	台塑石化	麦　寮	300,000		2000／6	2012年停止も2013年再開
	曄揚	大　林		(144,000)	(白紙化)	KHネオケム/CPC等合弁計画中止
		計	724,000			
イソプレン	台塑石化	麦　寮	60,800		2014年	2015年から抽出開始
イソプレン等C_5	台耀石化材料科技	大　林		(150,000)	15/5中止	台湾中油/台橡/富邦の合弁事業
ベンゼン	台湾中油	高　雄	(140,000)		93／末	No.5、UOP技術（2014/7で停止）
	〃	林　園	50,000			No.3＋No.6芳香族プラント合計
	〃	〃	208,000		2013／春	No.7芳香族プラント
	〃	〃	[150,000]		94／初	トランス・脱アルキル装置
	台湾化学繊維	麦　寮	270,000			99/2完成、UOP技術
	〃	〃	470,000		2000／4Q	同2号機
	〃	〃	590,000		2007／央	麦寮3号機、2017年5万t増強
		計	1,588,000			[　]内はベンゼン能力に含まず
トルエン	台湾中油	高　雄	(131,600)		93／末	No.5、UOP技術（2014/7で停止）
	〃	林　園	136,000			No.3芳香族プラント
	〃	〃	136,000			No.6芳香族プラント、94／初完成
	〃	〃	104,000		2013／春	No.7芳香族プラント
	〃	〃	▲370,000			トランス・脱アルキル装置
	台湾化学繊維	麦　寮	(20,000)			99/2完成、UOP技術
		計	376,000			FCFCは外販取り止め

台　湾

キ シ レ ン	台湾中油	高　雄	(111,400)		93／末	№.5、ＵＯＰ技術(2014/7で停止)
	〃	林　園	150,000			№.3芳香族プラント
	〃	〃	150,000			№.6芳香族プラント、94/初完成
	〃	〃	62,000		2013／春	№.7芳香族プラント
	〃	〃	▲208,000			トランス・アルキル、94/初完成
	〃	〃	▲800,000			異性化装置自消量
	台湾化学繊維	麦　寮	▲335,000			99/2完成、ＵＯＰ技術
	〃	〃	▲600,000		2000／4Q	同２号機
	〃	〃	▲1,615,000		2007／央	同３号機
		計	362,000			▲は混合キシレン能力に含まず
パラキシレン	台湾中油	林　園	(330,000)		94／初	ＵＯＰ技術/日揮、公称33.3万t
	〃	〃	(330,000)			各々2007/末8万t+2013/春7万t増強
	台湾化学繊維	麦　寮	400,000			99／２完成、ＵＯＰ技術
	〃	〃	450,000		2000／4Q	同２号機
	〃	〃	1,120,000		2007／央	麦寮３号機、2017年25万t増強
		計	1,970,000			
オルソキシレン	台湾中油	林　園	(60,000)			
	〃	〃	(130,000)			ＵＯＰ技術/日揮、2013/春５万t増
	台湾化学繊維	麦　寮	145,000			99/2完成、ＵＯＰ技術
	〃	〃	145,000		2000／4Q	同２号機
	〃	〃	190,000		2007／央	麦寮３号機
		計	480,000			
メタキシレン	台湾化学繊維	麦　寮	100,000		2011／2Q	イソフタル酸向けに企業化
ＬＤＰＥ／ＥＶＡ	ＵＳＩ	仁　武	165,000			併産ＥＶＡを2016/央4.5万t増設
	アジアポリマー	林　園	150,000			2016/1Qに併産ＥＶＡを４万t増設
	台湾プラスチック	麦　寮	240,000		99／２	エニケム技術～全量ＥＶＡ、拡大 No.６の川下、2005年2.8万t増強
		計	555,000			
Ｌ Ｌ Ｄ Ｐ Ｅ	ＵＳＩ	仁　武	60,000			ユニポール法～ＨＤとの併産設備
	台湾プラスチック	麦　寮	264,000		2000／６	ＢＰ技術、2004/末に2.4万t増強
		計	324,000			(ＵＳＩはＨＤＰＥを主力に生産)
Ｈ Ｄ Ｐ Ｅ	ＵＳＩ	仁　武	100,000			ユニポール法～ＬＬとの併産設備
	台湾プラスチック	林　園	180,000			96/初に3.6万t手直し増強
	〃	麦　寮	386,000		99／２	丸善石化技術、2003年に５万t増強 +2005年３万t+2010/央3.6万t増強
		計	666,000			(一部にＬＤＰＥ能力を含む)
Ｐ　Ｐ	李長栄化学	大　社	200,000			97/末に第１系列７万tを廃棄
	〃	〃	200,000			ハイモントのSPHERIPOL法
	ＦＰＣ	林　園	100,000			三井化学技術
	〃	〃	300,000			ＢＡＳＦ技術、2004年と2005年に各2.5万t増強
	台湾化学繊維	麦　寮	300,000			2000/4完成、チッソ技術気相法
	〃	〃	260,000		2004／５	チッソ技術気相法、2016/末5万t増
	〃	〃		(300,000)	未　定	麦寮３号機の川下計画
		計	1,360,000			
Ｖ　Ｃ　Ｍ	台湾プラスチック	仁　武	584,000			三井化学技術、2015年4.4万t増強
	〃	林　園	260,000			自社技術、2015年２万t増強
	〃	麦　寮	800,000		99／２	自社技術、2004/5に８万t増強
	台湾ＶＣＭ	林　園	450,000			2014年２万t＋2015年３万t増強
		計	2,094,000			

P　V　C	台湾プラスチック	仁　武	580,000			94～95年に4.5万t増設
	〃	林　園	187,000			94～95年+5.5万t、2007年▲5.1万t
	〃	麦　寮	420,000			99/2完成
	〃	〃	78,000		2001／9	塩ビペースト、2005/1に４万t増
	華夏プラスチック	頭　份	200,000			チッソ技術、2016年に２万t増強
	〃	林　園	200,000		2012／1	チッソ技術、2016年に３万t増強
	大洋プラスチック	桃　園	150,000			カネカ技術、96/8エンプレックス
		計	1,815,000			
P　S（ＥＰＳを含む）	台湾化学繊維	嘉　義	120,000			コスデン法、96/春に４万t増設
	〃	麦　寮	220,000		2001／央	2006/末６万t＋2017年２万t増強
	台達化学	林　園	197,000			2001年に倍増設、2012年１万t増強
	奇美実業	台　南	150,000		95／2	2010年までに15万tを能力削減
	國喬石油化学	〃	80,000			旧必詮化学を2012年に吸収合併
	國亨化学	〃	60,000			ＥＰＳ「GP Chemical」、12年倍増
	高福化学	高　雄	100,000			ＥＰＳ3.3万tは2003/8閉鎖
	英全化学	台　中	60,000			「En Chuan」、ＳＢＳやＵＰ等も
	新龍光塑料	高　雄	100,000			
	見龍化学	〃	40,000			
	その他		169,000			
		計	1,296,000			（注）ＥＰＳの生産能力を含む
ＡＢＳ樹脂（ＡＳ樹脂含む）	奇美実業	台　南	1,100,000			自社技術、2012/末に10万t増強
			250,000		2014／末	（ＡＳ樹脂の外販能力は10万t）
	台湾化学繊維	嘉　義	240,000			ＪＳＲ技術、97/秋９万t増設
	〃	麦　寮	170,000		2002／3Q	2003年１万t+2007年２万t増強
	國喬石油化学	大　社	120,000			ＪＳＲ技術、2012/1Qに２万t増強
	台達化学	林　園	100,000			東レ技術、2013/9に４万t増設
	大東樹脂化学	台　中	30,000			95年企業化「Great Eastern」
	ダイセル・キスコ	桃　園	10,000			「佳龍化工」に生産委託、93/5倍増
	大洋プラスチック	〃	3,000			カネカ技術エンプレックス受託生産
ＭＢＳ樹脂	台湾プラスチック	嘉　義	19,700			92/初頃生産開始、07年4,100t増強
		計	2,042,700			（注）ＡＳ樹脂の生産能力を含む
Ｓ　Ｍ	台湾ＳＭ	林　園	340,000			バジャー法、99/春８万t増設
	國喬石油化学	大　社	130,000			２号機～Ｓ＆Ｂ計画をかつて検討
	〃	〃	240,000		99／3	３号機、2011/夏に計４万t増強
	台湾化学繊維	麦　寮	250,000			98/9完成、レイセオン技術
	〃	〃	350,000		2000／3	２号機、2002／秋3.5万t増強
	〃	〃	720,000		2007／央	同３号機～増設後計132万t
		計	2,030,000			
シクロヘキサン	台湾中油	高　雄	(85,000)			2015/末で停止
	中国石油化学	頭　份	54,000			
		計	54,000			
カプロラクタム	中国石油化学	頭　份	100,000			ＤＳＭ法、2008年に２万t増強
	〃	〃	100,000		2012／5	フェノール法をアノン法に改造
	〃	小　港	200,000			スタミカーボン法、2011/春2万t増
		計	400,000			
P　T　A	中美和石油化学	林　園	(1,420,000)			アモコ法、2015/1以来全停中
	〃	台　中	700,000		2003／4	第６系列
	東展興業	台　南	(500,000)			テクニモント技術、2015年に停止
	亜東石化	観　音	1,500,000		2017／11	17年央完成、同年末停止の2号機も
	〃	〃	500,000			再開、ICI法1号40万tは2015/1停止
	台湾化学繊維	龍　徳	600,000			ダイナミットノーベル法
	〃	麦　寮	550,000		98／7	98/10商業運転入り、06年５万t増
	〃	〃	550,000		99／央	共にダイナミット法、06年５万t増
		計	4,400,000			
P　I　A	台湾化学繊維	龍　徳	200,000		2012年	高純度イソフタル酸
	聯成化学科技	林　園		150,000	未　定	新設計画（当初予定は2014/下）

E　O	東聯化学	林　園	360,000			ＵＣＣ法、2014/5に12万t増設
	中国人造繊維	大　社	65,000			ＳＤ法、95年１万t+201増強
		計	425,000			
E　G	東聯化学	林　園	300,000			ＵＣＣ法、2014/5に５万t増強
	中国人造繊維	大　社	300,000			ＳＤ法、2014/1に20万t増設
	〃	〃	200,000		2012／1	バイオ法ＥＧ「台湾緑醇」豊通折半
	南中石化	麦　寮	360,000		2000／7	ＳＤ法、南亜／中繊の折半出資
	南亜プラスチック	麦　寮	720,000		99／7	ＳＤ法、2003／９に倍増設
	〃	〃	720,000		2007／7	ＳＤ法３号機
		計	2,600,000			
A　N	中国石油化学	大　社	230,000			ソハイオ法、2015年6,000t増強
	台湾プラスチック	麦　寮	140,000		2000／11	ＢＰ技術、2004/4に４万t増強
	〃	〃	140,000		2001／4	同２号機、2005/6に４万t増強
		計	510,000			
酢酸エチル	李長栄化学	新　竹	60,000			2002年に１万t増強
(酢酸エステル)	大連化学	大　社	30,000			酢酸エチル以外のエステルも併産
酢　酸	中国石油化学	大　社	(150,000)			2008年２万t増強、2012/末で閉鎖
	長春石油化学	苗　栗	120,000			2000/12と2009年に各２万t増強
	〃	麦　寮	700,000		2011／3Q	メタノール法、2016年10万t増強
	台湾酢酸化学	麦　寮	300,000		2005／6	ＢＰ技術メタ法、台化/ＢＰ合弁
		計	1,120,000			
酢酸ビニル	大連化学	麦　寮	350,000			拡大No.６内、2014年に５万t増強
〃	〃	〃	350,000		2006／1Q	２号機、増強後計70万t
ポバール	長春石油化学	苗　栗	130,000			2009年２万t+2012/2Qに１万t増強
ポリ酢酸ビニル	〃	〃	27,000			2004年▲3,000t
P　V　B	〃	〃	34,000			2009年4,000t+2014年2.4万t増設
酢酸メチル	〃	大　発	36,000			2008年から企業化、2015年倍増設
酢酸プロピル	〃	苗　栗	10,000			2009年2,000t増強
酢酸ブチル	〃	〃	35,000*			*うち１万tは電子用
EVAコポリマー	〃	大　発	10,000			2008年から企業化
EVAエマルジョン	大連化学	大　社	150,000			2002年6,000t＋2008/央８万t増設
E　V　O　H	長春石油化学	麦　寮	10,000		2007／4	エチレン・ビニルアルコール樹脂
D　E　G	東聯化学	林　園	24,000			ＵＣＣ法、95年に2,100t下方修正
アセトアルデヒド	李長栄化学	〃	60,000			93年に5,000t増強
パラホルムアルデヒド	〃	新　竹	40,000			2002年に2.5万t増強
	長春人造樹脂廠	〃	45,000			2004年▲8,000t+2009年1.5万t増
グリコールエーテル	李長栄化学	高　雄	15,000			同アセテート8,000tも保有
エチルエステル	〃	〃	10,000			エチルアクリレート
T　M　P	長春石油化学	苗　栗	5,200		89／1	トリメチロールプロパン
M　I　B　K	李長栄化学	林　園	30,000			93年に5,000t+2014年に１万t増強
M　I　B　C	〃	〃	5,000			
ペンタエリスリトール	〃	新　竹	30,000			98年に１万t増設
アセチレン	和桐化学	仁　武	5,000			94/11操開
	台湾中油	林　園	10,000			No.３クラッカー系列の連産品
		計	15,000			
アクリルアミド	長春人造樹脂廠	新　竹	16,000			
メタクリル樹脂	奇美実業	台　南	210,000			2008年4.5万t+2011/7に８万t増設
〃	エボニック／輔祥	台　中	85,000		2006／9	合弁事業化～2012/2Qに５万t増設
同コンパウンド	實業	〃	40,000		2007／7	ＰＭＭＡコンパウンド設備
M　M　A	高雄モノマー	大　社	105,000			ＩＣＩ技術、98年に１万t増強
	台湾プラスチック	麦　寮	98,000		2002／1Q	スロバキア技術、05/12に1.4万t増
		計	203,000			

アクリル酸	台湾プラスチック	林　園	51,000			日本触媒技術、89/9に３万t増設
	〃	麦　寮	108,000	160,000	未　定	日本触媒技術、99/2完成
		計	159,000	160,000		
高吸水性樹脂	台湾プラスチック	嘉　義	40,000			96年企業化、2007年１万t増設
		麦　寮	70,000		2013／1	エボニック技術で新設後計11万t
アクリレート	台湾プラスチック	林　園	90,000			日本触媒技術、89/9に1.5万t増強
	〃	麦　寮	178,000		97／10	日本触媒技術、2008年６万t増
アリルアルコール	大連化学	大　発	100,000		2002／6	
	〃	〃	300,000		2013／9	2016年1.5万t増強後計40万t
	〃	麦　寮	400,000*		2006／1Q	*全量1,4-ＢＤ向けに自消
		計	400,000			*合計能力に含まず
エピクロルヒドリン	三義化学工業	桃　園	12,000		95／2	昭電のアリルアルコール法
	台湾プラスチック	麦　寮	100,000		2000／12	ベルギーのストーク・コンプリモ
		計	112,000			
Ｐ　Ｐ　Ｇ	台湾コベストロPU	林　園	40,000			韓国ＳＫＣからＰＯを受給
	台湾ダウ化学	南　投	30,000			93/初操開、2005年1,500t増強
	詮達化学	彰　濱	19,200			ポリエステル系、2011年倍増設
		計	89,200			
Ｍ　Ｅ　Ｋ	台湾石化合成	林　園	120,000			セカンダリー併産、2002年倍増設
	李長栄化学	〃	30,000			95年に１万t増強
		計	150,000			
フェノール	台湾化学繊維	麦　寮	440,000			ＧＥ技術、2000/6完成、2004/5倍増
	信昌化工	林　園	340,000			ケロッグ法、2008/3Qに14万t増設
	長春人造樹脂廠	大　発	300,000		2005／4	ＵＯＰ技術、2009/9に５割増設
		計	1,080,000			
アセトン	台湾化学繊維	麦　寮	271,000			フェノール副生物、2004/5倍増
	李長栄化学	林　園	30,000			95年に１万t増設
	信昌化工	〃	209,000			台湾水泥/ＣＰＤＣの合弁会社
	長春人造樹脂廠	大　発	186,000		2005／4	ＵＯＰ技術、2009/9に５割増設
		計	696,000			
ビスフェノールＡ	南亜プラスチック	麦　寮	100,000		99／2	ダウ技術
	〃	〃	220,000		2003／2Q	出光技術、液状品、2004/7倍増
	〃	〃	100,000		2007／4	同４号機、2015年に3.5万t削減
	信昌化工	林　園	(100,000)		16/1停止	千代田化工のＣＴ－ＢＩＳＡ法
	長春人造樹脂廠	高　雄	270,000		2005／4	レゾリューション法、2009/9倍増
		計	690,000			
ノニルフェノール	和益化学工業	林　園	32,000			90年企業化、2017年2,000t増強
	中国人造繊維	大　社	32,000			93/11完成、2002年7,000t増強
		計	64,000			
ドデシルフェノール	和益化学工業	林　園	(30,000)		2015年	2017年までに停止か
エタノールアミン	東聯化学	林　園	60,000		2001／11	ＭＥＡ、ＤＥＡ、ＴＥＡを併産
Ｃ　Ｈ　Ａ	三福化工	観　音	9,000			シクロヘキシルアミン、2量体300t
Ｎ－パラフィン	和桐化学	仁　武	90,000			台中新工場計画は中止
	台湾中油	林　園	130,000		2003／12	2004/3から操業開始
		計	220,000			
アルキルベンゼン	和益化学工業	林　園	125,000			ＵＯＰ技術（うち半分がＬＡＢ）
Ｌ　Ａ　Ｂ	和桐化学	仁　武	350,000			2005年参入、2013年10万t増設
ＬＡＳ／ＡＥＳ	〃	〃	600,000			ＬＡＢスルフォン酸塩
塩素化パラフィン	新和化学	高　雄	24,000			旧合迪化学、98年に倍増設
安息香酸	三福化工	西　盛	2,000			これの塩基物1,200tも保有
Ｐ　Ｏ　Ｂ	〃	〃	5,000			これのエステル化合物300tも保有
非イオン系界面活性剤（ＥＯＤ）	磐亜	大　社	150,000			2013/春、内バイオ系ＥＯＤ５万t
	中日合成化学	林　園	90,000			その他1.1万t保有、2011年２万t増
	東聯化学	林　園	105,000		2011年	2015年1.8万t増強
	穏好高分子化学	新　竹	7,000			ＥＯ/ＰＯコポリマーほか誘導品
		計	352,000			

台　湾

E　B　A	花王(台湾)	台　北	5,000			花王の台湾子会社
	晋一化工	〃	3,000			立大貿易/第一工業製薬折半出資
		計	8,000			
(D　M　F)	台湾化学繊維	麦　寮	(40,000)		99／2	No. 6の川下設備(休止中)
(T　D　I)	南亜プラスチック	〃	(30,000)		2001／10	ダイナミット・ノーベル法(休止)
イソプロパノール(IPA)	李長栄化学	林　園	110,000			2003年3万t＋2004/4に2万t増
	台湾石化合成	〃	30,000			2008年事業化、2010年1万t増強
		計	140,000			
プロパノール	大連化学	大　発	41,000		2004年	2011年4,400t+2013年1.46万t増強
イソブタノール	〃	〃	41,000		2004年	2011年4,400t+2013年1.46万t増強
Nブタノール	台湾プラスチック	麦　寮	250,000		2008／4	デビー／UCC技術
オクタノール	南亜プラスチック	麦　寮	200,000			99/2完成、デビーマッキー技術
イソノナノール	曄揚	大　林		(180,000)	(白紙化)	KHネオケム/CPC等合弁計画中止
1,4-ブタンジオール	大連化学	大　発	100,000		2002／6	自社技術プロピレン法
	〃	〃	146,000		2013／央	増設後大発で28.2万t　合計44.万t
	〃	麦　寮	164,000			学に供給、遊休3万tは中国へ移設
	台泥化工	林　園	30,000			クヴァナ技術、99／末完成
	南亜プラスチック	麦　寮	40,000		2000／5	三菱化学技術ブタジエン法～2000
	〃	〃	80,000		2007／3Q	/11操業開始～三菱は2万t引取
		計	560,000			
P T M E G	大連化学	大　発	70,000		2000／春	保土谷化学技術
〃	〃	〃	60,000		2013／央	増設後大発で13万t
〃	〃	麦　寮	60,000			2008/春新設、増設後合計19万t
T　H　F	〃	大　発	323,000		2000／7	「保土谷・大連PTG」が販売
P T M E G	台塑旭弾性繊維	麦　寮	5,000			2000/初操業開始
〃	〃	〃	16,000		2002／8	
スパンデックス	〃	〃	5,600		2000／3	旭化成技術「ロイカ」、2002/3倍増
無水マレイン酸	聯成化学科技	林　園	3,000			フタル酸のバイプロ
	成國化学	小　港	27,000		91／1	モンサント技術ブタン法
	信昌化工	林　園	40,000		2009／9	台泥化工から移設して同社へ供給
	台湾石化合成	林　園	45,000		91／9	ALMA技術ブタン法～1.5万t増
	南亜プラスチック	麦　寮	60,000		2013／3	2009/央に新設計画を決定
		計	175,000			
無水フタル酸	南亜プラスチック	麦　寮	114,000			99/2完成、デビーマッキー技術
	〃	〃	114,000		2002／6	同2号機、2003年各1万t増強
	聯成化学科技	林　園	48,500			ワッカー法、2007年に4万t削減
		計	276,500			
D　O　P	聯成化学科技	林　園	110,000			99年に△6万t
	南亜プラスチック	麦　寮	350,000		99／2	2000/1Q倍増
		計	460,000			
S　B　R	台橡	大　社	100,000			BFグッドリッチ技術
	奇美実業	台　南	21,000			98/2よりS-SBR/BRに転用
		計	121,000			
B　R	台橡	大　社	55,000			2009年2,000t+2012年1,000t増強
	奇美実業	台　南	20,000			HIPS用低シスタイプ、97/8
	〃	〃	90,000			タイヤ用高シスタイプ、97/10完成
		計	165,000			
T　P　E	台橡	大　社	55,000			フィリップス法、2012年1,000t増
	奇美実業	台　南	20,000			95/3操開(靴底用)、2008年9万t減
	英全化学	台　中	60,000			SBS系エラストマー
	李長栄化学	高　雄	140,000		96／初	SEBS4万t/SBC系10万t
		計	275,000			

ＰＢラテックス	申豊化学工業	鳳　山	75,000			三井化学技術、2012年3.7万t増設
〃	久聯	新　竹	38,000			
ＳＢラテックス	南帝化学工業	林　園	180,000			ＮＢＲ/ＳＢＲ、2017/秋２万t増強
Ｎ　Ｂ　Ｒ	〃	〃	20,000			ＮＢＲ/ＳＢＲエラストマー
Ｔ　Ｐ　Ｒ	〃	〃	7,000			動的架橋熱可塑性ゴム・ＴＰＶ
Ｈ　Ｓ　Ｂ　Ｃ	クレイトン／台塑	麦　寮	30,000		2017／５	水添スチレン系ブロック共重合体
注型用ＴＰＵ	優品化学	大　社	12,000			
カーボンブラック	中国合成ゴム	林　園	120,000			米コンチネンタル技術
過酸化水素	長春石油化学	苗　栗	63,000			92/末1.9万t増+2012/央２万t増設
	南亜プラスチック	麦　寮	20,000		2000／７	2005年１万t増強、2010年▲1.4万t
		計	83,000			
ホルマリン	李長栄化学	新　竹	260,000			97年５万t＋2002年６万t増設
	長春人造樹脂廠	新　竹	234,000			(37%濃度能力)2004年に３万t減
	〃	麦　寮	254,000		2012／央	2016/春９万t増強、新竹計48.8万t
	台湾寶理塑膠	大　発	22,700		92／２	ポリアセタールの原料部門
		計	770,700			
アンモニア	台湾肥料	苗　栗	300,000			
尿　　素	台湾肥料	〃	286,000			
メラミン	〃	〃	(20,000)			91/6倍増設も2012年で生産中止
高純度アンモニア	台湾昭和化学品製造	台　南	3,500		2005年	昭電子会社、2015/12に1,000t増強
ポリウレタン	南亜プラスチック	樹　林	28,800			合成皮革用原料、94年7,200t増強
未水添石油樹脂	聯超實業	屏　南	45,000			2011/12に１万t増強
水添石油樹脂	和益化学工業	林　園	28,000			2015年3,000t+2017/12に4,000t増
〃	台塑出光特用化学品	麦　寮		25,000	2019／上	折半出資合弁事業、完成は2019/初
ユリア樹脂	李長栄化学	新　竹	60,000			
アルキッド樹脂	長興材料	大　発	30,000			旧長興化学工業
アミノ樹脂	〃	〃	8,000			〃
〃	長春人造樹脂廠	新　竹	15,000			塗料用
不飽和ポリエス	長興材料	大　発	70,000			旧長興化学工業
テル	立大化工	桃　園	30,000			ＤＩＣ50%間接出資会社、塗料用
	〃	〃	3,600			ＤＩＣ法、SMC/BMC用、91/3操開
	南亜プラスチック	樹　林	24,000			2008年6,000t増、2010年▲1.2万t
		計	127,600			
エポキシ樹脂	長春人造樹脂廠	新　竹	220,000			2010年２万t+2012年２万t増強
	南亜プラスチック	樹　林	(45,000)			東都化成技術、2011年停止
	〃	麦　寮	220,000		97／11	東都化成技術、2012年8.6万t増強
		計	440,000			
Ｐ　Ｂ　Ｔ	南亜プラスチック	樹　林	20,000			三菱化学技術、コンパウンド併設
	新光合成繊維	桃　園	7,200			
	長春人造樹脂廠	高　雄	150,000			自社技術連続法、2009年4.6万t増
	台湾寶理塑膠	大　発	140,000		2012／初	ポリプラ台湾のコンパウンド能力
		計	317,200			
ナイロン６樹脂	太洋ナイロン	高　雄	12,000		88／10	三菱化学→ＤＳＭエンプラが買収
ナイロンフィルム	力麟科技	彰　化	12,000		2018／央	力麗集団子会社、２期増設も計画
ナイロン66樹脂	國喬石油化学	大　社	30,000		2012／７	2016/央倍増＋2017年１万t増設
〃	ローディア	観　音	5,000			コンパウンド工場、91/央操開
ポリアセタール	ポリプラスチック	大　発	33,000		92／４	ポリプラスチックス/長春石化、
	ス台湾(台湾寶理)	(高雄)	9,500		2012年	2001/8に5,000t+2012年8,000t増
	台湾プラスチック	嘉　義	45,000		93／初	94/末操業開始、2009/央２万t増設
		計	87,500			
ポリカーボネー	台湾化学繊維	麦　寮	60,000		2002／12	出光技術、2005/7に１万t増強
ト	(販売は台化出光	〃	60,000		2003／春	同２号機、2005/7に１万t増強
	石油化学)	〃	80,000		2008／４	同３号機、増設後３系列で20万t
	奇美実業（旧旭美	台　南	70,000		2002／初	旭化成Ｃ技術、2005/上１万t増強
	化成)	〃	70,000		2006／８	２期倍増設後14万t(実力15万t)
		計	340,000			

中　　国

概要

経　済　指　標	統　計　値	備　　　考
面　積	960万km²	日本の25倍強
人　口	13億9,008万人	2017年末時点の推計
人口増加率	0.5%	2017年／2016年比較
名目ＧＤＰ	122,378億ドル	2017年（2016年実績は11兆2,180億ドル）
１人当りＧＤＰ	8,481ドル	2017年（2016年実績は8,113ドル）
外貨準備高	32,359億ドル	2017年末時点（2016年末時点では30,298億ドル）

実質経済成長率（ＧＤＰ）	2012年	2013年	2014年	2015年	2016年	2017年
	7.7%	7.7%	7.3%	6.9%	6.7%	6.9%

	〈2016年〉	〈2017年〉	通　貨	人民元
輸出（通関ベース）	$2,098.2b	$2,263.5b		1元＝17.59円（2017年末）
輸入（通関ベース）	$1,587.4b	$1,841.0b		1ドル＝6.48元（2017年末）
対内投資実行額	〈2016年〉$126.0b	〈2017年〉$131.0b		（2016年平均は6.644元） （2017年平均は6.759元）

2017年の実質ＧＤＰ成長率は6.9%と４年ぶりに上昇。しかし2015年に、1990年以来25年ぶりに割り込んだ７％台への復帰には及ばなかった。ただ、経済成長率は以前との比較では鈍化しているものの、個人消費は堅調であり、景気は底堅く安定的に回復している。

一方で大気汚染に悩む中国は、習近平政権下で環境規制を強化。これまで「法律あれど罰則なし」と言われ形骸化していた環境保護政策を大転換し、党中央委員会と国務院の主導による「中央環境査察」を強力に推進した。これにより、必要な環境対応ができている大企業や外資系以外の小～中規模企業のプラントを中心に稼働停止命令が下される事案が続出。これまで採算度外視の生産計画や新増設によって需給・市況軟化を引き起こしてきた種々の化学製品の事業環境が急速に改善した。ただ2017年後半頃からは停止していた設備が徐々に復帰し、しばらく停滞していた石化関連の投資計画の認可も回復しつつある。特に近年では、従来の石化系製品だけでなく、原料を産出する石炭系化学品の台頭が目立ってきた。中国内陸部を中心に石炭やメタノールからオレフィンを製造するプロジェクトが続出している。

生産動向を見ると、2018年上期のエチレン生産は0.5%増の899万8,000トンと増加。合成樹脂や化学繊維、合成洗剤、プラスチック製品など、川下製品の生産も堅調さを維持している。経済動向は消費や貿易動向の結果として表れるが、2018年は米国との貿易摩擦問題が過熱していることが懸念要素。中国から米国への輸出品に関税が賦課され、電気機械や自動車などの産業に少なからず影響が及んでいる。また中小企業の経営悪化も危惧されており、投資意欲の減退や、雇用悪化、個人商品の冷え込み等に繋がる恐れも孕んでいる。

■香港特別行政区の概要

香港経済は2014～2016年まで３年連続で減退していたが、2017年のＧＤＰ成長率は前年の2.2％から3.8％へと1.6ポイント増加した。雇用情勢の安定化や不動産価格の上昇が個人消費を支え、2016年の経済成長率から大きく改善し、2011年以来最大の伸びとなった。

香港は自由貿易政策を採っており、貿易障壁を設けず商品の輸出入に関税を課していない。これによってＡＳＥＡＮ地域や中国本土を中心とする金融と商業の中心として機能し、中国商品の輸出窓口として、米国などへの出荷も担っている。

香港は97年７月に英国から返還され、中国の特別行政区となって20年以上が経過した。香港の製造業は、すでに1990年代前半に工場を深圳など中国側へ移転、また中国華南地区工場への委託生産シフトも進み、域内では金融や運輸、ビジネスなどサービス部門の比重が拡大している。2014年秋には３カ月近く民主化デモが行われ、一部道路や店舗などが占拠されるなど、観光業や消費マインドには少なからず打撃となった。近年も独立推進派と中国当局との摩擦が続いており、2018年９月24日には香港政府が返還後初めて独立派の「香港民族党」に活動禁止命令を出した。

香港で石化関連事業といえるのはＰＳのみで、1976年以来操業している青衣島と92年８月に完成した元朗の２工場を合わせて38万トンの供給能力がある。前者は元ダウ・ケミカル・パシフィックが運営していたが、94年８月設立のＰＳ販社スタイロン・アジア・リミテッドと中国・江蘇省で2002年11月から操業している斯泰隆石化(張家港)などスタイロン事業を全て2010年６月に売却、現在の社名はスタイロン(香港)。元朗の香港ペトロケミカルは97年８月に伊エニケムが資本撤収し、2002年末には韓国のＳＫグループも撤退、その後中国系のＢＡＬトランスホールディングスと中国国際信託投資(4.04％出資)との民族系合弁企業となって現在に至る。

香港特別行政区の概要

<table>
<tr><th>経済指標</th><th colspan="3">統計値</th><th colspan="3">備考</th></tr>
<tr><td>面積</td><td colspan="3">1,106km²</td><td colspan="3">東京都のほぼ半分</td></tr>
<tr><td>人口</td><td colspan="3">741万人</td><td colspan="3">2017年末時点</td></tr>
<tr><td>人口増加率</td><td colspan="3">0.5％</td><td colspan="3">2017／2016年比較</td></tr>
<tr><td>ＧＤＰ</td><td colspan="3">3,417億ドル</td><td colspan="3">2017年（2016年実績は3,209億ドル）</td></tr>
<tr><td>１人当りＧＤＰ</td><td colspan="3">46,109ドル</td><td colspan="3">2017年（2016年実績は43,497ドル）</td></tr>
<tr><td>外貨準備高</td><td colspan="3">4,314億ドル</td><td colspan="3">2017年末実績（2016年末実績は3,862億ドル）</td></tr>
<tr><td>実質経済成長率（ＧＤＰ）</td><td>2012年 1.7％</td><td>2013年 3.1％</td><td>2014年 2.8％</td><td>2015年 2.4％</td><td>2016年 2.2％</td><td>2017年 3.8％</td></tr>
<tr><td>輸出(通関ベース)
輸入(通関ベース)</td><td>〈2016年〉
$462,492m
$547,326m</td><td colspan="2">〈2017年〉
$550,197m
$589,829m</td><td>通貨</td><td colspan="2" rowspan="2">香港ドル(ＨＫ＄)
１ＨＫ＄＝14.9円(2017年末)
１ドル＝7.656HK$(2017年末)
(2016年平均は7.76HK$)
(2017年平均は7.79HK$)</td></tr>
<tr><td>再輸出比率</td><td colspan="4">〈2016年〉98.8％　〈2017年〉98.9％</td></tr>
</table>

中国の石油化学工業発展史

1962年	蘭州化工のエチレン年産5,000t設備が完成
65年	ビニロン工場が北京に完成し、上海・高橋のエチレン２万t工場が完成
66年	文化大革命開始で化工部の混乱始まる
69年	蘭州化工の№１エチレン2.2万t工場が操業開始
1976年	北京石油化工総廠(その後79年に燕山石油化学総公司と改名)の30万t級エチレン工場が完成
77年	上海・金山の№１エチレン11.5万t工場が操業開始
1980年	遼陽石油化繊のエチレン7.3万tと蘭州化工の3.6万t(倍増設)、四川ビニロン工場が完成
82年	吉林化工のエチレン11.5万t工場が操業開始
86／８	大慶石油化工総廠の30万t級エチレン工場が完成
87／５	山東・斉魯石油化工の30万t級エチレン工場が完成
７	南京・揚子石油化工の30万t級エチレン工場が完成
９	蘭州化学工業の№３エチレン８万t工場が完成
89／６	天安門事件勃発
1990／４	上海・金山の№２エチレン30万t工場が操業開始
４	上海クロルアルカリ総廠にて中国最大のイオン交換膜法電解設備が操開
４	南京・揚子の芳香族コンプレックスが操業開始
91／１	第８次５カ年計画がスタート～エチレン生産能力倍増設プロジェクト始動
92／５	撫順石油化工のエチレン11.5万t工場が操業開始
８	韓国との国交樹立
93／７	ＳＩＮＯＰＥＣ(発足は1983年７月)が創立10周年。上海石化股份有限公司が上場
94／９	燕山石化のエチレン15万t増設とＨＤＰＥ14万tの新設工事などが完了
95／９	北京化学工業集団のエチレン16万t工場が操業開始(完成は94／11)
11	天津聯合化学のエチレン14万t工場が完成
96／６	茂名石油化工のエチレン30万t工場が完成～９月操業開始
97／４	北京燕化石油化工股份有限公司設立
７	香港が英国から返還され香港特別行政区が誕生
９	広州エチレンのエチレン15万t工場が操業開始
98／３	省庁再編で化学工業部、中国石化総公司、石油天然ガス総公司を国家石油・化学工業局に統合
７	中国石油天然ガス集団(ＣＮＰＣ)と中国石油化工集団(ＳＩＮＯＰＥＣ)が正式スタート
99／10	中国建国50周年
12	マカオがポルトガルから中国に返還さる
2000／２	中国石油化工股份有限公司を設立→10月香港・ニューヨーク・ロンドンの株式市場に上場
2001／９	ＢＡＳＦ-ＹＰＣが南京でエチレン60万tセンターの起工式
11	バイエルが上海・漕渓で高分子材料総合生産基地の起工式
2002／１	ＷＴＯに加盟
2005／１	ＢＡＳＦ-ＹＰＣの南京エチレン60万tセンターが完成～６月から商業運転開始
３	上海賽科石油化工のエチレン90万tセンターが完成～６月から相次ぎ商業運転開始
2006／３	広東省恵州の中海シェル石油化工(80万tが2005年12月完成)が商業運転を開始
12	三菱レイヨン子会社の恵州恵菱化成がＭＭＡ７万tを稼働開始～2007／７に９万tへ増強
2007／１	東ソー子会社・東曹(広州)化工の広州ＰＶＣ22万t工場が完成～３月から稼働開始
２	浙江省寧波・大榭島の寧波三菱化学がＰＴＡ60万t工場(2006／12完成)の商業生産を開始
12	ダイセル子会社の寧波大安化学工業が酢酸セルロース／無水酢酸各３万t設備を稼働開始
2008／７	エボニック・インダストリーズが上海・漕渓のＭＭＡ10万tプラントを完成
８	北京オリンピックを開催
10	バイエルマテリアル・サイエンスが上海・漕渓のＭＤＩ35万tプラントを稼働開始
2009／５	福建省泉州のエクソンモービル／アラムコ／福建連合石化80万tエチレンセンターが操業開始
９	天津、独山子の100万t級エチレンセンターが次々に完成
2010／４	鎮海煉油化工のエチレン100万tセンターが完成
５	上海万国博覧会を開催
2011／10	ＢＡＳＦ-ＹＰＣの南京エチレン74万tへの増強やブタジエン新設など第３期拡張計画が完了
2012／６	大慶でエチレン60万t増設が完了し120万tに倍増
10	撫順石油化工が遼寧省・撫順でエチレン80万tの増設を完了し100万t体制に拡張
2013／８	武漢石油化工がエチレン80万tセンターを立ち上げ(メカコンは2012／12)
2014／１	四川石化がエチレン80万t設備を立ち上げ
2016／11	中海シェル石化の第２期拡張計画が政府認可／台湾勢と福建煉油化工が福建古雷石化を設立
12	浙江省・大榭島の寧波三菱化学がＰＴＡ事業を利万集団(本社・香港)と寧波宏邦石化へ事業譲渡
2017／４	ＢＰが上海賽科石油化工の全持株(50％)をＳＩＮＯＰＥＣと上海石化へ年内売却することで合意
2018／５	中海シェル石化の第２期エチレン120万tが操業開始

中国の主要石油化学系企業

中国の化学企業は大きくは中国石油系と中国石化系に二分される。1998年３月に開催された第９回全国人民代表大会で大幅な機構改革が実施され、産業政策の中心となる国家経済貿易委員会の傘下に20の職能司（庁・局）と10の国家工業局が設置された。このうち化学関連ではそれまでの化学工業部、中国石油化工総公司、中国石油天然ガス総公司を新たに国家石油・化学工業局に統合（その後2001年春には中国石油・化学工業協会に改組し民営化）し、それぞれの傘下企業を地域割りに基づいて相互に入れ替えた。この結果、国務院の機構改革方案並びに国務院が許可した国家経済貿易委員会の「２つの特大型石油石化集団公司の組成」に基づき、北西部に立地する系列企業を中国石油天然ガス集団公司（ＣＮＰＣ）に、南東部に立地する系列企業を中国石油化工集団公司（ＳＩＮＯＰＥＣ）にそれぞれ所属企業を変更した。両集団公司は、第２段階の再編で吉林化学工業や北京化学工業、上海クロルアルカリなど旧化学工業部傘下の企業についても割り振り、以下のような配分とした。その後、両公司とも上場子会社を設立している。

ＣＮＰＣの傘下企業

油田関連企業	石油精製・石化系企業
大慶石油管理局 吉林石油集団公司 遼河石油勘探局 華北石油管理局 大港石油集団公司 新疆石油管理局 タリム石油勘探開発総指揮部 トルファン石油勘探総指揮部 四川石油管理局 長慶石油勘探局 青海石油管理局 玉門石油管理局 冀東石油勘探開発局 浙江石油勘探区	大慶石油化工 撫順石油化工公司 遼陽石油化学繊維公司 大連石油化工公司 錦州石油化工公司 錦西煉油化工総廠 蘭州化学工業公司 蘭州煉油化工総廠 ウルムチ石油化工総廠 寧夏化工廠 ハルビン煉油廠 林源煉油廠 前郭煉油廠 大連西太平洋石化公司
以下は旧化学工業部から移管	以上はＳＩＮＯＰＥＣから移管した企業
吉林化学工業公司 鞍山煉油廠	独山子石油化工総廠 成都石油化工

ＳＩＮＯＰＥＣの傘下企業

油田関連企業	石油精製・石油化学系企業
勝利石油管理局 中原石油勘探局 河南石油勘探局 江漢石油勘探局 江蘇石油勘探局 滇黔桂石油勘探局 管道儲運公司 以上はＣＮＰＣより移管 エチレン生産能力（2017年） ＳＩＮＯＰＥＣ：1,076万t ＣＮＰＣ　：　597万t その他（＊）　：　215万t ＊盤錦エチレン工業公司、中海売牌石油化工公司ほか 合計：1,888万t 以下は旧化学工業部とＣＮＰＣより移管された企業 儀征化繊股份公司 南京化学工業有限公司 中原石油化工有限責任公司	北京燕山分公司 斉魯分公司 上海高橋石油化工公司 金陵石油化工公司 茂名石油化工公司 天津石油化工公司 中沙（天津）石化公司 揚子石油化工有限公司 巴陵石油化工有限公司 広州石油化工総廠 安慶石油化工総廠 四川ビニロン廠 荊門石油化工総廠 洛陽石油化工総廠 九江石油化工総廠 湖北化肥廠 石家荘煉油廠 済南煉油廠 武漢石油化工廠 滄州煉油廠 長城潤滑油有限公司 上海石化股份有限公司 鎮海煉油化工股份有限公司 福建煉化分公司 ＢＡＳＦ－ＹＰＣ有限公司 上海賽科石油化工有限公司

中国２大石油・石化集団の経営状況（2017年）

	中国石油	中国石化
売上高（百万ドル）	298,381	349,193
営業利益（百万ドル）	12,281	10,574
純利益（百万ドル）	8,321	7,582
売上高純利益率	2.8%	2.2%
エチレン生産量（千トン）	5,764	11,610
ガス生産量（億立方ｆ）	34,234	9,125
原油生産量（万バレル）	88,700	29,366

（注）ｆ＝フィート

国営石油・石化２社の主要資産（日本エネルギー経済研究所まとめ）

	中国石油（ＣＮＰＣ）	中国石化（Sinopec）
陸上油田・ガス田	大慶油田（黒竜江省）	勝利油田（山東省）
主な海外資産	スーダン、カザフスタン	中東・南米
パイプライン	西気東輸ほか	南部
石油精製・石化基地	北西部	南東部
LNG受入基地	大連（遼寧省）	青島（山東省）

中　国

中国石油天然ガス集団公司（ＣＮＰＣ）傘下の大型７製造企業

名　　　称	所在地	概　　　　況	主　要　製　品
大慶石油化工公司 Daqing Petro Chemical Company	黒龍江省 大慶市	62年建設開始。主に石油精製、化学繊維、化学肥料、化学工業薬品、石油化学製品などを生産。2007／６組織変更	各種石油製品、合成繊維、尿素、エチレンなど有機化学工業原料、プラスチックなど
撫順石油化工公司 Fushun Petrochemical Company	遼寧省 撫順市	28年建設。かつては頁岩油加工基地であったが、現在は主に石油精製と触媒生産、石油化学に従事	各種石油製品、パラフィン、エチレン等有機化工原料、触媒など
遼陽石油化繊公司 Liaoyang Petrochemical Fibre Company	遼寧省 遼陽市	74年建設。中国４大化学繊維生産基地の一つでエチレンやプラスチックなど石油化学にも従事	合成繊維、合成繊維用ポリマー、合成繊維用モノマー、分解ガソリン、残渣油など
大連石油化工公司 Dalian Petrochemical Company	遼寧省 大連市	83年建設。主に石油精製に従事。自家用のオイル・バースを２つ保有	各種石油製品、ポリエチレン、ポリプロピレン、アンモニアなど
錦州石油化工公司 Jinzhou Petrochemical Company	遼寧省 錦州市	80年代に建設。燃料～潤滑油～パラフィン～化工型生産企業	各種石油製品、合成ゴム、触媒など
蘭州化学工業公司 Lanzhou Chemical Industry Company	甘粛省 蘭州市	52年建設。主に化学肥料、合成ゴム、有機助剤、石油化学製品などを生産	ポリエチレン、ポリプロピレン、合成ゴム、尿素、液体アンモニア、フェノール、アセトンなど
蘭州煉油化工総廠 Lanzhou Petroleum Processing & Chemical Complex	甘粛省 蘭州市	主に石油精製、触媒、添加剤を生産、石油精製用機械、石油精製と油田関係の計器を製造	各種石油製品、各種ブランドの添加剤、機械・計器など600種類余り

中国石油化工集団公司（ＳＩＮＯＰＥＣ）傘下の大型９製造企業

名　　　称	所在地	概　　　　況	主　要　製　品
北京燕山分公司 Beijing Yanshan Petrochemical Co.,Ltd.	北京市 房山区	67年設立。主に石油精製、化学繊維、石化製品の生産、化工機械、計器製造、科学研究、設計に従事	各種軽質石油製品、プラスチック、合成ゴム、ポリエステル・チップ／フィルム、化学繊維絨毯、有機化学原料等
天津石油化工公司 Tianjin Petrochemical Company	天津市 大港区	83年建設。主に石油精製、化学繊維生産及び化工設計などに従事。中国４大化学繊維生産基地の１つ	各種軽質石油製品、ポリエステル・チップ／フィルム、合成繊維、各種ワセリン、エチレン、プラスチックなど
斉魯分公司 Qilu Petrochemical Company	山東省 淄博市	主に石油精製、エチレン、合成ゴム、合成繊維原料を生産	各種石油製品、エチレン、合成ゴム、合成繊維、カセイソーダ、メタノール、化学肥料、石油精製用触媒など
上海高橋石油化工公司 Gaoqiao Petrochemical Company	上海市 浦東区	主に石油精製、精密化工、化学繊維の生産及び科学研究、設計などに従事	各種石油製品、プラスチック、ゴム、繊維、有機化学工業原料、精密化工など
上海石化股份有限公司 Shanghai Petrochemical Co.,Ltd.（※）	上海市 金山区	72年建設開始。第１期、第２期工事を終え、90年春には第３期工事も完了。中国４大化学繊維生産基地の１つ	各種石油製品、エチレン、合成繊維、原料チップ、フィルム、プラスチック、有機化学工業原料など
金陵石油化工公司 Jinling Petrochemical Company	江蘇省 南京市	主に石油精製、化学肥料、軽工業製品を生産	各種石油製品、化学肥料、合成繊維単体、アルキルベンゼン、洗剤、有機化学工業原料など
揚子石油化工有限公司 Yangzi Petrochemical Co.,Ltd.	江蘇省 南京市	84年建設開始。主に化学工業薬品、石油化学中間体、化学繊維原料、プラスチックなどを生産	ポリエステル、ポリオレフィン・プラスチック、合成ゴム原料、エチレン等有機化学工業原料、燃料油など
巴陵石油化工有限公司 Baling Petrochemical Co.,Ltd.	湖南省 岳陽市	中南地区における重要な石油精製、化学工業、化学肥料の生産基地	各種石油製品、カプロラクタム等合成繊維原料、化学肥料など
茂名石油化工公司 Maoming Petrochemical Company	広東省 茂名市	石油の精製、油頁岩の採掘と乾留、機械製造、建築、建材生産、科学研究、設計、石油化学などに従事	ガソリン、灯油、ディーゼル油、各種ブランドの潤滑油、パラフィンとアスファルト、セメント、エチレンなど

（注）※93年７月、旧上海石油化工総廠（Shanghai General Petrochemical Works）を株式会社に改組して上場

その他化学関連企業リスト

英語読み	日本語読み	主要事業
China National Petroleum & Natural Gas Corp. =(CNPC)	中国石油天然ガス集団公司	原油・天然ガス事業の管理統轄
PetroChina Company Limited=(PetroChina)	中国石油天然ガス股份有限公司(略称：中国石油)	ＣＮＰＣの株式上場子会社
Dushanzi Refinery	★独山子煉油廠	リファイナリー、エチレン事業
Harbin Refinery	★ハルビン煉油廠	リファイナリー事業
Jilin Chemical Industrial Co.,Ltd.	★吉林化学工業公司	石油及びエチレン等石油化学事業
Jinxi Petroleum Processing & Chemical CPX	★錦西煉油化工総廠	リファイナリー事業
Linyuan Refinery	★林源煉油廠	リファイナリー事業
Ningxia Chemical Works	★寧夏化工廠	アンモニア・尿素系化学肥料事業
Qianguo Refinery	★前郭煉油廠	リファイナリー事業
Urumqi General Petrochemical Works	★ウルムチ石油化工総廠	リファイナリー事業
Sichuan Petrochemical Company Ltd.	★四川石油化工公司	リファイナリー、エチレン事業
China Petrochemical Corporation=(SINOPEC)	中国石油化工集団公司	石油化学事業の総合的な管理統轄
China Petroleum& Chemical Corp.=(Sinopec Corp.)	中国石油化工股份有限公司(略称：中国石化)	ＳＩＮＯＰＥＣの株式上場子会社
Anqing General Petrochemical Works	☆安慶石油化工総廠	リファイナリー事業
Cangzhou Refinery	☆滄州煉油廠	リファイナリー事業
Great Wall Lube Oil Co.,Ltd.	☆長城潤滑油有限公司	高級潤滑油事業
Chongqing Yiping Super Lubes Co.	☆重慶一坪高級潤滑油公司	合成潤滑油脂及び精密化学品事業
Fujian Refinery & Chemical Co.,Ltd.	☆福建煉油化工有限公司	リファイナリー事業
Guangzhou General Petrochemical Works	☆広州石油化工総廠	リファイナリー、エチレン事業
Hubei Chemical Fertilizer Plant	☆湖北化肥廠	アンモニア・尿素系化学肥料事業
Jinan Refinery	☆済南煉油廠	リファイナリー事業
Jingmen General Petrochemical Works	☆荊門石油化工総廠	リファイナリー事業
Jiujiang General Petrochemical Works	☆九江石油化工総廠	リファイナリー事業
Luoyang General Petrochemical Works	☆洛陽石化総廠	リファイナリー事業
Nanjing Chemical Industries Co.,Ltd.	☆南京化学工業有限公司	各種化学品事業
Shijiazhuang Refinery	☆石家荘煉油廠	リファイナリー事業
Sichuan Vinylon Plant	☆四川維尼綸廠	ビニロン・ポリエステル繊維事業
Wuhan Petrochemical Works	☆武漢石油化工廠	リファイナリー事業
Yizheng Chemical Fibre Co.,Ltd.	☆儀征化繊股份有限公司	ポリエステル繊維事業
Zhenhai Refining & Chemical Co.,Ltd.	☆鎮海煉化分公司	リファイナリー事業
Zhongyuan United Petrochemical Corp.	☆中原石油化工聯合公司	エチレン等石油化学事業
Beijing Chemical Industrial Corp.	北京化学工業集団公司	エチレン等石油化学基礎原料事業
Beijing Eastern Chemical Company	北京東方化工廠	アクリレート、アンモニア事業
Beijing №.2 Chemical Plant	北京化工二廠	電解、塩ビ事業
China National Offshore Oil Corporation=(CNOOC)	中国海洋石油総公司	海底油田やガス田探査･開発･精製
China National Technical Import/Export Corp.	中国技術輸出入総公司	技術導入などの管理指導
Guangzhou Oil & Fat Chemical Industry Corp.	広州油脂化学工業公司	洗剤・シャンプー等のメーカー
Jinxi General Factory	錦西化工総廠	電解､塩ビ､ＰＯ/ＰＧ/ＰＰＧ事業
Luzhou Natural Gas Chemical Industrial Corp.	瀘州天然氣化学工業公司	尿素及び油脂化学品のメーカー
Panjin Ethylene Industry Company	盤錦エチレン工業公司	エチレンや天然ガス事業。中国北
<China North Industries Group Corp.=(CNGC)>	中国北方工業公司	方工業傘下の華錦(Huajin)化工集団
Shanghai Chlor−Alkali Chemical Co.,Ltd.	上海クロルアルカリ化工廠	電解、ＥＤＣ/ＶＣＭ/ＰＶＣ事業
Sinochem Corp.	中国中化集団公司	石油探査･生産･精製、農業化学品
(China National Chemicals Import & Export Corp.)	(旧中国化工進出口総公司)	(元は石油や化学品の輸出入業務)
Tianjin Bohai Chemical Industry(Group)Co.,Ltd.	天津渤海化工集団公司	電解、塩ビ、ソーダ灰事業
Tianjin United Chemical Corp.	天津聯合化学公司	エチレン等石油化学事業

(注)★印の企業はＣＮＰＣに、☆印の企業はＳＩＮＯＰＥＣに所属

《ＣＮＰＣ／ＳＩＮＯＰＥＣ直属の生産企業分布地図》

1．北京燕山石化	15．上海石化	29．済南煉油廠
2．天津石油化工	16．蘭州煉油化工総廠	30．中原石油化工聯合
3．撫順石油化工	17．錦西煉油化工総廠	31．武漢石油化工廠
4．錦州石油化工	18．鎮海煉化分公司	32．荊門石油化工総廠
5．大連石油化工	19．安慶石油化工総廠	33．湖北化肥廠
6．遼陽石油化繊	20．広州石油化工総廠	34．四川維尼綸廠
7．上海高橋石化	21．ウルムチ石化総廠	35．寧夏化工廠
8．金陵石油化工	22．石家荘化工化繊廠	36．独山子煉油廠
9．揚子石油化工	23．滄州煉油廠	37．四川石油化工
10．斉魯石化	24．吉林化学工業	38．洛陽石化総廠
11．巴陵石油化工	25．ハルビン煉油廠	39．大連西太平洋石油化工
12．茂名石油化工	26．林源煉油廠	40．ＢＡＳＦ－ＹＰＣ
13．蘭州化学工業	27．福建連合石油化工	41．上海賽科石油化工
14．大慶石油化工	28．九江石油化工総廠	42．中海シェル石油化工

■国営石油・石化３社の比較

中国国営石油・石化３社の活動エリアは中国の北西部、南東部、沿海部。石油メジャーへの仲間入りを志向するＣＮＰＣ(中国石油天然ガス集団公司)、石油精製や石油化学事業の比重が大きいＳＩＮＯＰＥＣ(中国石油化工集団公司)、垂直統合型独立系企業を志向するＣＮＯＯＣ(中国海洋石油総公司)の３社で、３社とも上場子会社を保有している。ＣＮＰＣの子会社であるPetro China(中国石油)に対する中国政府の持分は90%、同様にSinopec(中国石化)は77%、Cnooc(中国海油)は71%と高く、何れも国営企業なので政府が人事権などを持つ。

2017年業績は全社が増収増益～市況改善

ＩＦＲＳ(国際財務報告基準)に基づく2017年の業績と純益は全社が増収増益となり、特に売上高の増加幅は中国石化と中国海油が２割台とＶ字回復を果たした。ただ、営業利益では中国石化のみ減益となり、中国石油と中国海油は増益。純利益率も両社は大幅に向上したが、中国石化は売上高の伸長幅が大きかったため、純益率はやや縮小した。2017年は原油や天然ガスの市況が回復したほか、中国国内の安定した経済成長を背景に、需要も堅調に推移した。

中国石化の売上高は前年比22.2%増の２兆3,602億元、純利益は9.8%増の512億元だった。精製分野では、マーケットの変化に応じた生産体制の再構築に取り組んでおり、2017年はガソリンの生産比率を減らし、ナフサや航空機燃料の生産量を増やした。石化分野では、汎用製品とハイエンド製品の両輪での拡大戦略を推進。また石化原料のコスト低減や、プロダクトミックスの見直しなどによって収益向上を図った。特に繊維製品のスペシャリティ化比率は89%に達し、合成

■中国国営石油・石化上場３社の業績(国際財務報告基準)比較

		中国石油化工		中国石油		中国海洋石油	
		(Sinopec)	前年比	(PetroChina)	前年比	(CNOOC)	前年比
売上高(百万元)	2017年	2,360,193	122.2	2,016,757	107.7	550,706	125.8
	2016年	1,930,911	95.6	1,871,903	92.8	437,741	102.7
	2015年	2,020,375	71.5	2,016,757	73.9	426,079	155.1
営業利益(百万元)	2017年	71,470	92.6	83,009	151.5	48,088	887.6
	2016年	77,193	135.9	54,799	66.0	5,418	7.4
	2015年	56,822	77.4	83,009	48.6	40,877	50.5
税前利益(百万元)	2017年	86,697	108.2	82,469	162.6	48,163	457.4
	2016年	80,151	142.1	50,731	61.5	10,530	23.4
	2015年	56,411	85.7	82,469	47.6	45,073	54.6
純利益(百万元)	2017年	51,244	109.8	56,242	209.9	34,103	331.1
	2016年	46,672	143.6	26,794	47.6	10,300	25.0
	2015年	32,512	69.7	56,242	45.4	41,266	68.5
純利益率(%)	2017年	2.2%	-0.2	2.8%	1.4	6.2%	3.8
	2016年	2.4%	0.8	1.4%	-1.4	2.4%	-7.3
	2015年	1.6%	0.0	2.8%	-1.7	9.7%	-12.2
原油生産量(万バレル)	2017年	29,366	96.8	88,700	96.3	38,870	98.1
	2016年	30,351	86.8	92,070	94.7	39,640	96.6
	2015年	34,947	96.9	97,190	102.8	41,030	117.6
天然ガス生産量(億立方ﾌｨｰﾄ)	2017年	9,125.0	119.1	34,234	104.5	4,747	101.6
	2016年	7,661.2	104.3	32,745	104.6	4,671	93.9
	2015年	7,347.9	102.6	31,310	103.4	n.a	―

単位：百万元、%。純利益率増減はポイント

樹脂も新製品の上市などによって63%に及んでいる。

中国石油の売上高は7.7%増の２兆168億元、純利益は2.1倍の562億元と大幅に回復した。2017年は石油製品の生産体制を最適化するとともに品質向上を図り、石化製品についても中国石化と同様にミックスフィードを見直し、高付加価値製品の生産も増やしたことが奏功した。このほか、汎用石化製品の販売も好調だった。

中国海油の売上高は25.8%増の5,507億元、純利益は3.3倍の341億元となり、2017年はオイル&ガスの販売が25%伸長し、純利益率は6.2%と前年度より3.8ポイント向上した。前年度では、海外石油開発事業における損失で大幅な減益となったが、その低迷から大きく改善した。同社は2014年までは純利益率が二ケタ%の高収益企業だったが、原油価格の乱高下や海外での石油開発不調などに翻弄された。

■中国石化／中国石油の部門別業績

中国石化					中国石油(注)				
部門	売上高		営業利益		部門	売上高		営業利益	
	2016年	2017年	2016年	2017年		2014年	2015年	2014年	2015年
資源開発	115,939	157,505	-36,641	-45,944	資源開発	777,574	475,412	186,897	33,961
石油精製	855,786	1,011,853	56,265	65,007	精製・化学	846,082	642,428	-23,560	4,883
化学品	335,114	437,743	20,623	26,977	販売	1,938,501	1,383,426	5,421	-500
販売	1,052,857	1,224,197	32,153	31,569	ガス・配送	284,262	281,778	13,126	51,231
その他	739,947	974,850	3,212	-4,484	その他	3,027	2,507	-12,051	-10,323

単位：百万元　(注)2016年から部門別業績は非公表

■中国石化／中国石油の化学製品生産実績

	中国石化				中国石油			
生産品目	2015年	2016年	2017年	前年比	2015年	2016年	2017年	前年比
エチレン	11,118	11,059	11,610	105.0	5,032	5,589	5,764	103.1
合成樹脂	15,065	15,201	15,938	104.8	8,318	9,199	9,404	102.2
合成繊維原料※	8,994	9,275	9,439	101.8	1,348	1,410	1,390	98.6
合成繊維	1,282	1,242	1,220	98.2	65	61	58	95.1
合成ゴム	843	857	848	98.9	713	760	809	106.4
尿素	―	―	―	―	2,566	1,900	1,439	75.7

単位：千トン、%（※合繊原料はポリマーを含む）

中国の石油化学製品需給状況

主要石化製品等の生産実績

（単位：万トン、％）

製品名	2011年	2012年	2013年	2014年	2015年	2016年	2017年	前年比
エチレン	1,527.50	1,486.80	1,599.31	1,696.69	1,714.55	1,781.1	1,821.84	102.4
ベンゼン	665.80	662.64	717.91	735.57	783.05	805.2	833.47	103.7
メタノール	2,226.66	2,640.46	2,878.54	3,740.67	4,010.48	4,313.6	4,528.79	107.1
酢酸	424.89	430.28	429.88	537.11	586.97	594.7	621.34	105.3
パラキシレン	534.7	588.7	726.1	834.9	866.1	952.40	948.19	99.6
PTA	1,103.4	1,227.9	2,143.2	2,620.3	2,974.4	3,186.61	3,434.31	107.8
EG	248.4	259.8	357.7	451.2	530.4	554.28	631.29	113.9
AN	104.9	106.2	111.0	122.4	145.7	171.90	174.08	101.3
カプロラクタム	41.4	56.3	70.1	146.3	176.9	184.27	217.80	118.2
ポリエチレン	1,114.1	1,017.09	1,092.68	1,181.15	1,167.10	1,283.40	1,472.35	102.6
うちHDPE	376.10	357.39	476.76	453.56	415.71	421.10	431.41	102.0
PP	980.53	1,121.59	1,238.54	1,373.93	1,686.26	1,849.70	1,900.46	105.0
PVC	1,295.18	1,317.77	1,529.54	1,629.61	1,609.23	1,669.20	1,790.24	105.9
PS	202.96	210.14	229.09	211.40	301.10	283.50	264.69	93.4
ABS樹脂	102.59	105.70	129.66	267.45	310.39	327.10	321.42	103.7
ナイロン繊維	159.14	187.20	216.10	262.09	299.47	333.2	332.92	108.8
ポリエステル繊維	2,777.64	3,022.41	3,327.70	3,580.97	3,945.20	3,959.0	3,934.26	104.8
アクリル繊維	69.96	69.14	69.43	67.67	71.86	72.0	71.91	99.9
ビニロン繊維	5.91	6.03	7.09	11.07	10.14	8.7	8.40	96.3
PP繊維	33.28	36.86	30.23	26.76	25.91	25.9	29.41	116.2
スパンデックス	26.17	30.89	39.11	50.11	51.31	53.3	55.11	108.0

（注）前年比は公表値（合繊原料のみ計算値）　　（出所）中国国家統計局ほか

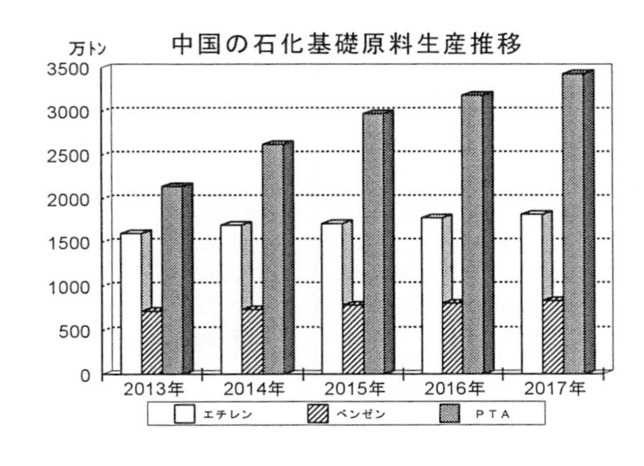

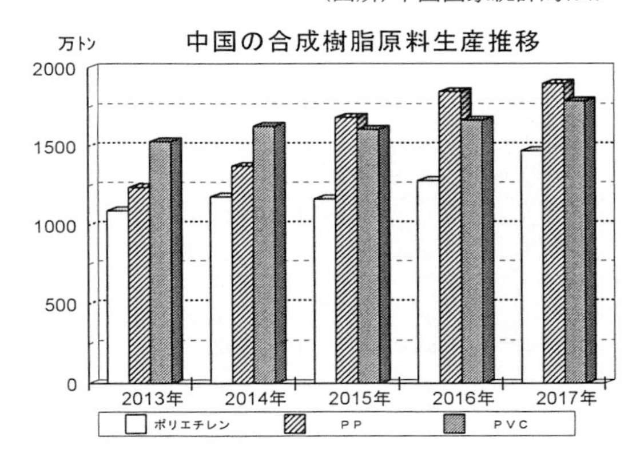

主要石油製品の生産実績

（単位：万トン、％）

製品名	2012年	2013年	2014年	2015年	2016年	2017年	前年比
ガソリン	8,975.86	9,833.3	11,029.9	12,103.6	12,932.0	13,276.2	103.0
灯油	2,131.53	2,509.6	3,001.0	3,658.6	3,983.8	4,230.9	106.2
ディーゼル油	17,063.61	17,272.8	17,635.3	18,007.9	17,917.7	18,318.0	102.4
燃料油	1,929.09	2,557.2	2,541.7	2,313.0	2,586.9	2,693.4	99.3
ナフサ	2,779.78	2,867.8	2,909.5	2,835.0	3,282.4	3,401.2	102.5
石油精製量	46,791.1	47,857.6	50,277.4	52,199.2	54,101.3	56,777.3	105.0

（注）前年比は公表値　　（出所）中国国家統計局

主要化学製品の生産実績

（単位：万トン、％）

製品名	2012年	2013年	2014年	2015年	2016年	2017年	前年比
カセイソーダ	2,698.59	2,854.12	3,180.20	3,028.09	3,283.9	3,365.2	105.4
硫酸	7,636.62	8,077.57	8,846.35	8,975.46	8,889.1	8,694.2	101.7
合成アンモニア	5,458.95	5,745.32	5,699.49	5,791.39	5,421.9	4,785.8	92.2
尿素	3,003.83	3,333.18	3,217.83	3,446.49	3,083.0	2,629.4	90.8
化学肥料	7,432.43	7,153.72	6,933.69	7,627.36	7,004.9	6,065.2	97.4
合成樹脂	5,213.27	5,837.02	6,950.66	7,691.03	8,226.7	8,377.8	104.5
合成ゴム	397.4	480.7	549.6	516.59	545.8	578.7	104.0
合成繊維	3,450.24	3,738.76	4,043.7	4,486.7	4,536.3	4,480.7	105.0
合成洗剤	933.8	1,094.3	1,209.7	1,264.6	1,299.1	1,265.1	112.4
タイヤ（万本）	89,166.62	96,503.63	111,388.71	92,515.42	94,697.7	92,617.5	105.4

（注）前年比は公表値　　（出所）中国国家統計局

主要石化製品等の輸入実績

（単位：トン、％）

製品名	2013年	2014年	2015年	2016年	2017年	前年比
エチレン	1,703,805	1,497,176	1,515,668	1,656,514	2,156,852	130.2
プロピレン	2,640,573	3,047,846	2,771,324	2,902,919	3,098,810	106.7
ブタジエン	370,526	202,705	278,289	286,121	392,759	137.3
ベンゼン	886,513	601,383	1,205,526	1,549,233	2,503,128	161.6
トルエン	811,991	943,424	750,107	767,425	509,004	66.3
オルソキシレン	555,265	482,419	349,290	290,199	355,951	122.7
メタキシレン	16,565	21,185	19,048	15,651	8,004	51.1
パラキシレン	9,052,868	9,972,695	11,648,869	12,361,422	14,438,244	116.8
メタノール	4,858,512	4,332,267	5,538,564	8,802,787	8,144,763	92.5
酢酸	18,303	18,247	54,299	88,687	17,998	20.3
二塩化エチレン	658,118	685,695	602,417	664,312	375,407	56.5
VCM	664,412	653,951	751,705	790,291	812,039	102.8
SM	3,675,040	3,730,937	3,744,363	3,498,548	3,212,205	91.8
フェノール	365,144	217,162	172,935	248,261	365,502	147.2
アセトン	488,685	476,335	436,626	475,506	494,581	104.0
アクリル酸	48,121	36,578	34,878	30,435	43,784	143.9
PTA	2,743,145	1,163,740	751,977	502,278	543,910	108.3
DMT	18,003	23,473	18,144	18,028	23,718	131.6
EG	8,246,257	8,450,314	8,771,552	7,572,764	8,750,120	115.5
AN	547,582	517,862	397,889	306,055	270,779	88.5
カプロラクタム	452,889	223,270	223,561	220,885	237,362	107.5
LDPE（L－Lを含む）	4,077,798	4,511,926	4,738,321	4,666,260	5,399,573	115.7
うちLDPE	1,725,026	2,053,873	2,178,025	2,052,286	2,373,952	115.7
うちLLDPE	2,352,772	2,458,053	2,560,296	2,613,974	3,025,621	115.7
HDPE	4,737,501	4,595,954	5,128,232	5,276,811	6,393,947	121.2
PP（コポリマーを含む）	5,013,699	5,028,280	4,883,400	4,569,990	4,744,995	103.8
うちPP	3,592,951	3,632,688	3,397,038	3,017,473	3,177,645	105.3
うちPPコポリマー	1,420,748	1,395,592	1,486,362	1,552,517	1,567,350	101.0
EPS（発泡ビーズ）	62,126	62,862	48,161	30,375	33,087	108.9
PS	884,459	785,968	729,531	653,421	710,092	108.7
SAN（AS樹脂）	179,262	200,617	194,210	219,093	267,745	122.2
ABS樹脂	1,669,725	1,668,255	1,624,835	1,685,549	1,789,013	106.1
PVC	914,641	807,870	825,333	772,246	905,583	117.3

（注）前年比は計算値　　（出所）中国海関統計

■エチレンなど石化関連製品の増産記録更新続く

中国の2017年エチレン生産実績は、前年比2.4%増の1,822万トンと最高記録を更新した。ただ、増加幅は41万トン足らずと前年の増加量の６割しかなく、2015年に次ぐ低い伸長にとどまった。これに対して、合成樹脂の生産量は8,378万トンで4.5%増、化学繊維は4,920万トンで５%増、合成洗剤は1,265万トンで12%増、合成ゴムは579万トンで４%増と、何れもエチレンより高い伸長率を示した。ただし、統計局が公表している化学繊維や合成洗剤の生産量は表記の通り2016年の数値が2017年より高いままで訂正されていない(単純に割り算すると減産となる)ため、2017年が公表値通り生産増となったのであれば、2016年の生産量を割り戻す必要がある。

中国の石油化学関連製品生産推移

	エチレン		合成樹脂		化学繊維		合成洗剤		合成ゴム	
	生産量	前年比	生産量	前年比	生産量	前年比	生産量	前年比	生産量	前年比
2013年	1,599.3	107.6	6,293.0	118.0	4,160.3	108.4	1,094.3	117.2	480.7	121.0
2014年	1,696.7	106.1	7,088.8	112.6	4,389.8	105.5	1,209.7	110.5	549.6	114.3
2015年	1,714.6	101.6	7,691.0	110.5	4,871.9	112.5	1,264.6	104.4	516.6	96.7
2016年	1,781.1	103.9	8,226.7	106.6	4,944.0	103.8	1,299.1	102.4	545.8	108.9
2017年	1,821.8	102.4	8,377.8	104.5	4,919.6	105.0	1,265.1	112.4	578.7	104.0

単位:万トン、%　(注)前年比は公表値で、計算値とは合わない　　出所：中国国家統計局

■五大汎用樹脂の2017年輸入量が二ケタ増／中東品のＰＥシェア微増で足踏み

中国が輸入した2017年の全合成樹脂輸入実績は、前年比11.6%増の2,868万トンと298万トンも増加した。このうち７割近くを占めるＰＥ(ポリエチレン)とコポリマーを含むＰＰ、ＰＳ、ＡＢＳ樹脂、ＰＶＣという五大汎用樹脂のみを合わせた輸入量も13.2%増の1,994万トンと、ともに二ケタ増となって過去最高を記録した。

中国の五大汎用樹脂輸入推移

品　種	2012年	2013年	2014年	2015年	2016年	2017年	前年比
高圧法ＰＥ	1,571,136	1,725,026	2,053,873	2,178,025	2,052,286	2,373,952	115.7%
ＬＬＤＰＥ	2,306,837	2,352,772	2,458,053	2,560,296	2,613,974	3,025,621	115.7%
ＬＤＰＥ小計	3,877,973	4,077,798	4,511,926	4,738,321	4,666,260	5,399,573	115.7%
ＨＤＰＥ	4,009,542	4,737,501	4,595,954	5,128,232	5,276,811	6,393,947	121.2%
ポリエチレン計	7,887,515	8,815,299	9,107,880	9,866,553	9,943,071	11,793,521	118.6%
ＰＰ	5,135,347	5,013,699	5,028,280	4,883,400	4,569,990	4,744,995	103.8%
ＰＳ	919,073	884,459	785,968	729,531	653,421	710,092	108.7%
ＡＢＳ樹脂	1,665,089	1,669,725	1,668,255	1,624,835	1,685,549	1,789,013	106.1%
ＰＶＣ	1,059,639	914,641	807,870	825,333	772,246	905,583	117.3%
合　計	16,666,662	17,297,823	17,398,253	17,929,652	17,624,277	19,943,204	113.2%

単位:トン　(注)ＰＰにコポリマーを含み、ＡＢＳ樹脂にＡＳ樹脂を含まない　　出所:中国海関統計

このうち７年連続で増加中のＰＥは、18.6%増の1,179万トンと、初めて1,000万トンの大台を超えた。前年より185万トンも増加しており、その割合も41.1%(前年は38.7%)と初めて４割台

に乗った。輸入ＰＥのうち、単品で最も輸入量が多いのは、レジ袋やゴミ袋などフィルム用途が多いＨＤＰＥ（高密度ＰＥ）。ＨＤＰＥは2017年に21.2％増（112万トン増）の639万トン輸入され、五大汎用樹脂（13.2％増の1,994万トン）に占めるシェアが2.2ポイント増の32.1％と３割を超えた。一方、透明ポリ袋などに使用されるＬＤＰＥ（低密度ＰＥ）は15.7％増（73万トン増）の540万トンで、シェアは0.7ポイント増の27.1％だった。このＬＤＰＥの内訳は、ＬＬＤＰＥ（直鎖状ＬＤＰＥ）が0.4ポイント増の15.2％（41万トン増の303万トン）、高圧法ＬＤＰＥが0.3ポイント増の11.9％（32万トン増の237万トン）となる。ＬＬＤＰＥは５年連続で増加しており、高圧法ＬＤＰＥは前年の一時的な減少から再び増加へと転じた。

中国のＰＥ平均輸入価格は2015年でトン当たり300ドル前後、2016年でも100ドル前後値下がってきたが、2017年はやや反騰した。ただ、高圧法ＬＤＰＥは平均47ドル、ＨＤＰＥも44ドル上昇したのに対し、ＬＬＤＰＥの上昇額は１ドルとほぼ横ばいだった。原料のエチレン価格よりＰＥの方が割安だった月も多く、中国の樹脂輸入意欲は旺盛だった。一般に、樹脂輸入は国産能力の不足分を補うために行われるが、近年では樹脂の価格動向を睨んで輸入量の増減を決めるケースが増えてきた。例えば、クラッカーなどのトラブルが相次いだ結果、需給逼迫に伴いアジアのエチレン価格が高騰、高価になったエチレンを付加価値の低いＰＥ向けに自消するよりも他の用途に振り向け、安価なＰＥ輸入玉で内需を賄うようなケースが散見される。またＰＶＣ輸入の増減は、中国のカーバイド法ＰＶＣ工場がエチレン法ＶＣＭ～ＰＶＣ工場との価格競争力を睨んで操業度を上下させることが背景にある。

中東品のシェア微増の56％強／各国シェアが変動

中国のＰＥ輸入元国別ランキングをまとめてみると、2017年は中東５カ国からの輸入量が増えたにもかかわらず、それ以外の国々からの輸入も増加したため、中東５カ国のトータルシェアはわずか0.1ポイントしか増えなかった。2013年に初めて50％を超えて以来、３年で56.4％まで着実にシェアを拡大してきたが、４年目は56.5％と足踏みした。それでも2017年のＰＥ輸入増加量である185万トンのうち、中東勢は57％の106万トン近くも占めた。

またトップスリーの中東３カ国で順位の入れ替わりがあったことも大きな動き。2015年、2016年と、サウジアラビアを抑えてトップに立っていたイランをサウジが大きく突き放してトップに返り咲いた。新しい石化コンプレックスが立ち上がったためで、2017年にサウジは輸出量を一気に63万トンも増やしてシェアを20％に拡大した。実に37％増だった。

これに対してイランは、輸出量を９万トン増やしたのにシェアを2.2ポイントも落とした。３位のＵＡＥ（アラブ首長国連邦）は30万トン増でシェアを0.6ポイント増としたが、下位のカタール（3.5万トン増）とクウェート（1,500トン減）は、ともに0.5ポイントずつ下げている。

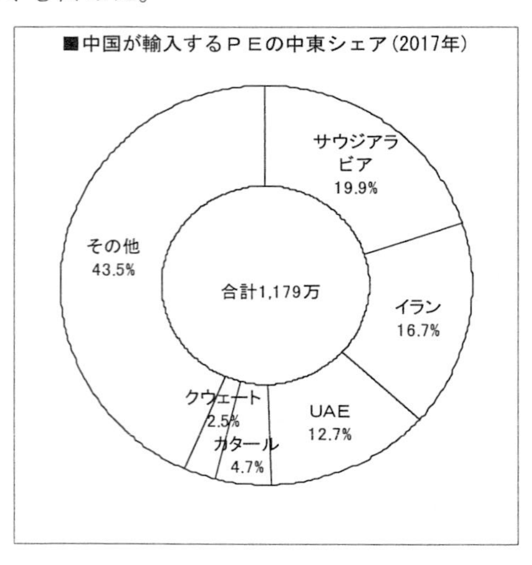

その一方で中東勢以外では、日本やマレーシアを除いて輸出量が増加、中でも米国やインド、ロシアは輸出量を大きく拡大させた。米国は47％増、インドは4.4倍増、ロシアは倍増となってシェアを大きく伸ばしており、韓国やタイ、シンガポール、台湾などは輸出量が増加したのにシェアを落とす結果となった。

各ＰＥ別に輸入状況をみていくと、高圧法ＬＤＰＥではイランが圧倒的なシェアを誇っており、2017年も12万トン増加させてシェアを２ポイント増の25.5％へと高めた。中東勢ではカタールが微減となっただけで、サウジは21％増（４万トン増）、ＵＡＥは27％増（５万トン増）とシェアを高めた。サウジではサダラ・ケミカルの新プラントが立ち上がり、ＵＡＥではボルージュⅢの稼動率が向上したためと見受けられる。また米国（４万トン増）とロシア（３万トン増）もシェアを大きく伸ばしており、米国は１ポイント増、ロシアは1.1ポイント増と前年より順位を上げた。

ＬＬＤＰＥではサウジが輸出量を23万トンも増加させ、シンガポールを追い抜いて首位に浮上した。シェアは実に4.8ポイントも上昇している。追い抜かれたシンガポールは、輸出量を６万トン増やしたのにシェアは1.3ポイント低下した。３位不動のタイは、５万トン増ながらシェアは0.1ポイント低下した。特筆すべきはインドで、６万トンながら前年比42倍と10位に新登場、いきなり2.0％のシェアを取った。大型のエチレンプラントを立ち上げたリライアンス（ＲＩＬ）が新ＰＥプラントで輸出攻勢に乗り出したためと見られる。

ＨＤＰＥでもサウジが36万トンも輸出量を増加させ、イランを追い抜いて首位に立った。シェアは2.3ポイント上昇し、26万トン増とした３位のＵＡＥも1.5ポイントシェアを向上させている。理由は高圧法ＬＤＰＥの場合と同様で、サダラやボルージュⅢによる供給量のアップ。米国やインドも同様で、それぞれ12万トン、９万トン増加させ、シェアも各々1.4ポイント、1.3ポイント上昇した。中国でのＰＥ輸入増加量（185万トン）のうち、６割（112万トン）を占めるほど輸入量を拡大したＨＤＰＥ市場において、2017年にその量を減らしたのがイランとクウェートだけだったことも興味深い。中東勢は北米からシェール由来のＰＥが本格的に入り込んでくる前に中国市場でのシェア拡大を優先、圧倒的な競争力を武器に安値攻勢も辞さなかったが、中国の旺盛な購買意欲を前に2017年はむしろ値上げに走り、輸出量の拡大にも成功した。

■中国のポリエチレン国別輸入順位と中東シェア　単位：1,000t

順位	ポリエチレン計	2016年	シェア	2017年	前年比	シェア
1	サウジアラビア	1,719	17.3%	2,347	136.5%	19.9%
2	イラン	1,876	18.9%	1,967	104.9%	16.7%
3	ＵＡＥ	1,199	12.1%	1,502	125.2%	12.7%
4	韓国	914	9.2%	966	105.6%	8.2%
5	タイ	688	6.9%	782	113.6%	6.6%
6	シンガポール	710	7.1%	767	108.1%	6.5%
7	米国	395	4.0%	580	146.9%	4.9%
8	カタール	515	5.2%	550	106.8%	4.7%
9	台湾	288	2.9%	335	116.3%	2.8%
10	クウェート	299	3.0%	297	99.5%	2.5%
11	インド	46	0.5%	200	438.6%	1.7%
12	日本	182	1.8%	162	88.9%	1.4%
13	マレーシア	184	1.9%	156	84.8%	1.3%
14	ロシア	64	0.6%	134	208.7%	1.1%
15	ブラジル	125	1.3%	129	102.7%	1.1%
	合計（※）	9,943	56.4%	11,794	118.6%	56.5%

（※）上記以外の輸入含む　（注）網掛け部分は中東５カ国のシェア

■中国の化合繊と合繊原料の需給動向

化学繊維の2017年生産実績は、前年比5.0%増の4,920万トンだった。三大合繊の生産量はアクリルを除いて増加し、ポリエステルは4.8%増の3,934万トン、ナイロンは8.8%増の333万トン、アクリルは0.1%減の72万トンと前年並み。ポリウレタンは8.0%増の55万トン、ポリプロピレンは16.2%増の29万トンと増加したが、ビニロンは3.7%減の８万トンだった。このうちポリエステルとナイロンは、前年比が計算値と合わないため、過去の統計データに水増しがあったことになる。セルロースも同様で、4.1%増が正しいのであれば、2016年の数値が多過ぎたことになる。

中国の化合繊生産実績推移

	2017年		2016年		2015年		2014年		2013年	
		前年比		前年比		前年比		前年比		前年比
ポリエステル	3,934.26	104.8%	3,959.00	99.9%	3,961.80	113.8%	3,580.97	106.9%	3,340.64	106.6%
ナイロン	332.92	108.8%	333.16	111.1%	299.88	117.6%	237.00	111.8%	211.28	112.4%
アクリル	71.91	99.9%	71.99	98.7%	72.96	107.1%	67.67	97.5%	69.43	100.4%
ポリプロピレン	29.41	116.2%	25.31	99.6%	26.01	99.0%	26.76	99.4%	26.43	97.0%
ビニロン	8.40	96.3%	8.72	114.0%	7.63	94.3%	11.07	109.8%	10.09	115.8%
ポリウレタン	55.10	108.0%	51.03	104.0%	51.26	106.0%	50.10	128.6%	38.97	127.3%
合成繊維小計	4,480.75	105.1%	4,536.30	103.5%	4,484.32	110.9%	4,043.86	108.2%	3,738.76	108.6%
セルロース	389.04	104.1%	407.26	117.6%	346.25	104.5%	341.86	102.2%	314.47	118.0%
化学繊維合計	4,919.60	105.0%	4,943.70	103.8%	4,872.00	112.5%	4,432.70	107.8%	4,133.80	108.1%

単位:万トン　(注)2016年の品目別以外の前年比は公表値。小計と合計にその他繊維を含む　(出所)中国国家統計局他

一方、三大合繊素材の輸入は、国産能力の拡大に反比例して近年は減ってきたが、2017年はポリエステルＦ(長繊維)が9.4%増の14万トン、ポリエステルＳ(短繊維)が29.0%増の16万トン、ナイロンＦが1.8%増の13万トン、アクリルＳが9.0%増の15万トンといずれも増加。合繊原料のＥＧは15.5%増の875万トンと二ケタ増、ＰＴＡは8.3%増の54万トン、ＣＰＬ(カプロラクタム)は7.5%増の24万トンと増加したが、ＡＮは11.5%減の27万トンと、３年連続で二ケタの減少傾向が続いた。今後も三大合繊素材の輸入量は、一定量は残っていく見通し。

中国の三大合繊素材と原料の輸入推移

	エステル(f)	エステル(s)	ナイロン(f)	アクリル(s)	ＰＴＡ	ＥＧ	ＣＰＬ	ＡＮ
2017年	135,983	159,544	125,777	147,405	543,910	8,750,120	237,362	270,779
前年比	109.4%	129.0%	101.8%	109.0%	108.3%	115.5%	107.5%	88.5%
2016年	124,355	123,677	123,553	135,235	502,278	7,572,764	220,885	306,055
前年比	112.3%	97.6%	96.1%	85.3%	66.8%	86.3%	98.8%	76.9%
2015年	110,748	126,719	128,512	158,463	751,977	8,771,552	223,561	397,889
前年比	98.8%	95.6%	84.3%	99.9%	64.6%	103.8%	100.1%	76.8%
2014年	112,047	132,504	152,531	158,610	1,163,740	8,450,314	223,270	517,862
前年比	96.1%	103.1%	88.6%	74.8%	42.4%	102.5%	49.3%	94.6%
2013年	116,550	128,460	172,189	212,094	2,743,145	8,246,257	452,889	547,582
前年比	92.5%	114.3%	99.1%	113.7%	51.1%	103.5%	64.1%	98.6%

単位：トン　前年比は計算値　(出所)中国海関統計

中国のエチレン設備動向と外資プロジェクト

近年のエチレン新増設状況

第10次五カ年計画(2001～2005年)当時、年産60万トン以上の大型プラント計画は、資金難のため原則外資導入(合弁)プロジェクトとして推進された。南京、上海・漕渓、恵州での三大外資合弁計画が2005年に相次ぎ完成している。例外は大慶石油化工での60万トン増設計画で、2012年７月に完了(本格稼働は同10月)、エチレン能力を倍の120万トンに拡大した。この生産能力は、既存の22万トン工場に１基100万トン級のナフサ分解炉を導入した天津や独山子に並ぶもの。今後は100万トン級のエチレン計画だけでなく、石炭やメタノールを原料とする計画が続出する。

南京・揚子での２期計画は、ＢＡＳＦとＳＩＮＯＰＥＣとの折半出資合弁事業として推進され、2000年12月に合弁会社・ＢＡＳＦ－ＹＰＣを設立、2005年半ばから商業生産を開始した。総投資額は30億ユーロ(29億ドル)で、60万トンのエチレンを中心とする９つのダウンストリーム工場により170万トンの化学製品が生産されている。その後2011年10月には、14万トンのエチレン増強とブタジエン設備新設のほか、各種川下製品の新増設が実施され、それぞれ年内に立ち上がった。2014年春にはアクリル酸を32万トンへ倍増設し、６万トンの高吸水性樹脂設備を追加している。

中国の主な外資合弁石油化学プロジェクトの概要　(単位：t/y)

プロジェクト名	サイト	製品	生産能力	完成･稼働	備考
「ＢＡＳＦ－ＹＰＣ」	江蘇省南京	エチレン	740,000	2004／末	フルアー／Ｓ＆Ｗ、2005/6商業生産
2000/12設立	(Jiangsu	ＬＤＰＥ	140,000		2011/9に14万t増強＋ＥＯ等も増強
	Nanjing	ＬＬ／ＨＤＰＥ	260,000		エチレンは第２期100万tを検討開始
	Yangzi)	ＥＯ	330,000		2011/末８万t増設、精製能力15万t
		ＥＧ	300,000		ＢＡＳＦ技術
		非イオン活性剤	60,000	2011／10	ＥＯ誘導品の非イオン性界面活性剤
		芳香族	375,000		2011/末25%増強
		アクリル酸	320,000		2014/4に16万tの倍増設を実施
		高吸水性樹脂	60,000	2014／４	ＢＡＳＦ技術～工費１億$
		アクリレート	215,000		
		オキソアルコール	305,000		2011/末5.5万t増強
		プロピオン酸	42,000		2011/末3,000t増強
		ブタジエン	130,000	2011／10	
		イソブテン	60,000	2011／末	
		ポリイソブテン	50,000	2011／末	ポリイソブテンアミン３万tを併産
		アミン類	130,000	2011／末	ＥＡ、ジメチルＥＡ、エチレンアミン
		ギ酸	50,000		事業主体：ＢＡＳＦ50%／ＳＩ
総工費29億$		メチルアミン／	36,000		ＮＯＰＥＣ30%／揚子石化10%
第２期拡張費14億$		ＤＭＦ	40,000		(ジメチルホルムアミド)
ＢＡＳＦケミカルズ	上海・漕渓	ＢＤＯ→ＴＨＦ	85,000	2005／３	ＢＡＳＦブタン法→ＢＤＯ法に転換
(ＢＡＣＨ)	(Shanghai	PolyＴＨＦ	60,000	2005／６	
	Caojing)	ポリイソシアネート	8,000	2006／末	工費3,000万$
		ポリアミド樹脂	100,000	2015年	ナイロン６樹脂用重合プラント新設
上海ＢＡＳＦポリウレ		ＴＤＩ	160,000	2006／８	フルアー/大林/ＣＴＣＩがＥＰＣ
タン		〃	60,000	2016年	硝酸39→41.6万t/ＤＮＴ19→26万t
ＳＬＩＣ (Shanghai		ＭＤＩ	240,000	2006／８	第１期ＴＤＩ/ＭＤＩ合計で10億$
Lianheng Isocyanate)		〃	240,000	2018／2Q	工期３年、ピュアＭＤＩ併せ５億$
		ピュアＭＤＩ	160,000	2006／８	うち８万tは上海ハンツマン・ポリウ
		〃	240,000	2017年	レタンで残り８万tはＢＡＳＦ担当
上海ハンツマンＰＵ		ＴＰＵ	21,000	2007／初	2017/秋に５割増設
ＢＡＳＦ	重慶(Chong	ＭＤＩ	400,000	2015／８	ＮＢ40万t(2015/4完成)～アニリン
	qing)	MDI Prepolymer	20,000	〃	30万t～ＭＤＩ40万tの一貫プラント

コベストロ	上海・漕渓	脂肪族ポリイソ	11,500	2003／4	無黄変性塗料原料、工費1.1億＄
	(Shanghai	シアネート(PI)	+8,500	未　定	増強後２万t「デスモジュールN」
	Caojing)	芳香族ＰＩ	20,500	2004／末	（ポリイソシアネート）2007年倍増
		ＨＤＩ	30,000	2006／9	2007年から稼動開始、２期で５万t増
		〃	50,000	2016／6	２号機､2015年にイソホロンＤＩも
		ディスパージョン	20,000	2008年	ポリウレタン塗料原料用
		ＢＰＡ	200,000	2006／9	2008/10に倍増設（10万t×２系列）
		〃	220,000	2016／5	2017/1に倍増設（11万t×２系列）
		ポリカーボネート	200,000	2006／9	2008/末に倍増設（10万t×２系列）
		〃	200,000	2016／5	2017/1に倍増設（10万t×２系列）
		〃	200,000	2020／4	各系列デボトルで５割増強後60万t
		ＰＣコンパウンド	140,000	2005年	2016/10に10万t系列を導入
		ＭＭＤＩ	40,000	2006年	モノメリックＭＤＩ
		ＰＭＤＩ	40,000	2006年	ポリメリックＭＤＩ～合計８万t
		ＭＤＩ	500,000	2008／10	ＭＤＩ拡張→2014/末15万t増強
		ＴＤＩ	250,000*	2011／7	総工費11億＄、*ベース能力30万t
		ポリエーテル	280,000	〃	ＭＤＩを2018年に倍の100万tへ
「上海賽科石油化工」	上海・漕渓	エチレン	1,190,000	2005／3	ルーマス／シノペックエンジニアリ
（ＳＥＣＣＯ）	(Shanghai	プロピレン	590,000	（商業生	ング（ＳＥＩ）～2009/7に29万t増強
(Shanghai Secco	Caojing)	〃	120,000	産開始は	№１メタセシス装置　C3合計87万t
Petrochemical)		〃	160,000	2005/6）	№２メタセシス装置～2009/7完成
～2001/12設立		ブタジエン	180,000	2005／9	ルーマス/ＳＥＩ～2014年倍増設
※設立当初の合弁相手		ベンゼン	180,000		
だったＢＰは2017年に		芳香族	600,000		ＳＥＩ施工、2009/7に10万t増強
資本撤収		ＡＮ	260,000		副生青酸～メチオニン併設
		〃	260,000	2015／4	倍増設後52万t
		ＬＬＤＰＥ	300,000		イノビーン技術15万t×２系列
		ＨＤＰＥ	300,000		仏テクニップ
		ＰＰ	250,000		イノビーン技術気相法
		ＳＭ	700,000		ルーマス法、2009/7に15万t増強
		ＰＳ	300,000		事業主体：高橋石化50%←ＢＰ譲渡
		エタノール	200,000		ＳＩＮＯＰＥＣ30%
総工費34億＄*		エチルエステル	150,000	2004／9	上海石化20%
以下川下メーカー		硫黄回収	350,000		*ルーマス関連の受注額は27億＄
ルーサイト	上海・漕渓	ＭＭＡ	93,000	2005／2	ルーサイトがＡＣＨ法で６月稼働
	(Shanghai	〃	82,000	2015／1Q	ＡＣＨ法、増設後17.5万t
エボニック	Caojing)	イソブチレン	105,000	2008／7	総工費2.5億ユーロで４設備を新設
		ＭＭＡ	100,000	〃	エボニックが直酸法プラント設置
		ＭＡＡ	15,000	〃	メタクリル酸
		ＢＭＡ	20,000	〃	ブチルメタクリレート
上海高橋分公司		フェノール	125,000	2005／4	上海高橋分公司担当、2008年18万tへ
		アセトン	75,000	〃	〃　、2008年11万tへ
「上海中石化三井化工」		ＢＰＡ	120,000	2008／7	～12月から営業運転、三井化学技術
		フェノール	250,000	2014／11	ＢＰＡ原料を川上遡及、400億円
「上海中石化三井弾性体」		ＥＰＴ	75,000	2014／11	エラストマーを事業化～270億円
「中海シェル石油化工」	大亜湾市	エチレン	950,000	2005／12	S&W/日揮、ベクテル/ＦＷ/SINOPEC
（ＣＳＰＣ）	澳頭港	〃	1,200,000	2018／5	2006/3商業生産、2010/4に15万t増強
(CNOOC Shell	（広東省	プロピレン	600,000	2006／3	コンデンセートはナイジェリアより
Petrochemicals)	惠州）	〃	640,000	2018／5	
～2000/10設立	(Huizhou)	ブタジエン	165,000	2006／3	
		ＬＤＰＥ	250,000	２期増設	ポリオレフィンは伊テクニモントが
		ＬＬ／ＨＤＰＥ	260,000	を計画	施工、２期増設規模は60万t程度
		ＰＰ	260,000	〃	２期増設規模は16万t程度
		ＥＯ	340,000		ＥＯＧは西テクニカス･ルニダス/台
		〃	150,000*	2018／5	湾ＣＴＣＩ施工、2010/4に８万t増強
		ＥＧ	350,000		*外販能力
		〃	480,000	2018／5	ＯＭＥＧＡ技術を採用
		ＳＭ	640,000		テクニップ/千代田化工/三菱商事
		〃	630,000	2020／秋	2010/4にＳＭ20万t/ＰＯ９万t増強
		ＰＯ	290,000		ルーマス技術ＥＢ64万tも同時増強
		〃	300,000	2020／秋	

		ＰＧ	60,000		テクニップ/千代田化工
		ポリエーテル	170,000		
		〃	600,000	2020／秋	高機能ポリエーテルポリオール
		ベンゼン	255,000		
		フェノール	220,000	2020／秋	第２期計画で新設
		アセトン	135,000	〃	〃
		オキソアルコール	200,000	2020／秋	オクタノール/ブタノールを併産
		アクリル酸	160,000	2012／８	
総工費43億＄		ＴＸ混合液	450,000		事業主体：シェル南海有限公司50%、
以下川下プロジェクト		高級アルコール	185,000		中国海洋石油総公司50%
「恵州恵菱化成」	広東省恵州	ＭＭＡ	90,000	2006／12	三菱レイヨン技術、2007/春2万t増強
「普利司通(恵州)合ゴム」	(Huizhou)	ＳＢＲ	50,000	2008／11	ＢＳ子会社、全量タイヤ向けに自消
中国海油の「恵州煉化」		ＰＸ	840,000	2009／６	ＣＮＯＯＣが24万Ｂの川下で事業化
台湾の和桐化学		エトキシレート	80,000	2010／春	ＥＯと高アルから界面活性剤原料に
「中海油樂金化工」		ＡＢＳ樹脂	150,000	2014／1Q	ＬＧ化学との折半出資合弁事業
〃		〃	150,000	2018／末	倍増時にＬＧ化学は70%出資へ増資
「福建連合石油化工」	福建省泉州	エチレン	800,000	2009／４	ルーマス技術～次期で100万ｔへ増強
(ＦＰＣＬ)	・湄州湾	プロピレン	420,000	５月から	事業主体：エクソン/アラムコ各25%
	(Fujian	ブタジエン	120,000	操業開始	+福建石化(ＳＩＮＯＰＥＣと福建省
	Quanzhow	ＬＬＤＰＥ	400,000		政府の折半出資)50%出資合弁
	Meizhou)	ＨＤＰＥ	400,000		(トッパー16万Ｂ増設計画を含む～
		ＰＰ	400,000		将来24万Ｂの倍増設計画も構想)
総工費35億＄		ＰＸ	700,000*	2009／８	*芳香族全体では計100万t能力
「中沙(天津)石化」	天津	エチレン	1,000,000	2009／９	ＳＩＮＯＰＥＣ／ＳＡＢＩＣの折半
(SINOPEC SABIC TIANJIN	(Tianjin)	ブタジエン	200,000		出資合弁事業化(2009/7)～トッパー
PETROCHEMICAL)		ブテン１	50,000		の15万b/d増設を含む
		ＭＴＢＥ	120,000		
		ＬＬＤＰＥ	300,000	2009／11	イノビーンＳ技術２系列の内の１基
		ＭＤＰＥ	300,000		同上
		ＥＧ	420,000		ＵＣＣＰＴＣのMETEOR・LEC法
		ＳＭ	500,000		ショー技術
		ＡＢＳ樹脂	400,000		〃
		ＰＰ	450,000		ライオンデルバセルのSpherizone法
		フェノール	220,000	2010／４	アセトン13万tを併産
		ＰＣ	130,000	2019／１	ＢＰＡ12万tから一貫、１年後倍増設
総工費31億＄		ＡＮ	260,000	2016／末	イネオス/天津渤海化工が計画
台湾プラスチックグループのプロジェクト	浙江省寧波	プロピレン	600,000	2021年	エチレン120万tとは別にＰＤＨ法で
	(北崙特区)	ＰＶＣ	400,000	2004／11	台塑工業(寧波)運営、初期能力30万t
	(Ningbo)	ＡＢＳ樹脂	250,000	2004／秋	台化ＡＢＳ(寧波)が運営
		アクリル酸	160,000	2006／春	日本触媒技術～台塑工業(寧波)運営
		アクリレート	230,000	2005／12	台塑アクリル酸エステル(寧波)運営
		高吸水性樹脂	45,000	2008／３	台塑高吸水性樹脂(寧波)が運営
		ＰＰ(08/4操開)	450,000	2007／６	台塑ポリプロピレン(寧波)が運営
総工費1,500億NT$		ＰＴＡ	600,000	2008／５	台化興業(寧波)が運営
台プラグループの寧波		ＰＴＡ	600,000	2013／３	台化興業(寧波)、増設後能力120万t
		ＰＩＡ	200,000	2019／4Q	〃　　、2.6億＄で新設
第２期新増設計画		ＡＢＳ樹脂	200,000	2012年	台化ＡＢＳ(寧波)が増設
		ＰＳ	200,000	〃	台化ＰＳ(寧波)が新設
		ＰＶＣ	150,000	2014／２	台塑工業(寧波)～増設後55万t
		ＰＶＣ分散剤	70,000	2014年	台塑工業(寧波)が新設
		ＶＣＭ	600,000	未　定	台塑工業(寧波)が台湾からＥＤＣを
		ＥＶＡ	200,000	2014年	台塑工業(寧波)が２系列新設
		アクリル酸	160,000	2015／６	台塑工業(寧波)～倍増設後32万t
		高吸水性樹脂	60,000	〃	台塑工業(寧波)～増設後10万t
		ブチルゴム	50,000	2015／４	台塑合成橡膠(ＦＰＳＲ)が新設
		ＬｉＢ用電解液	5,000	2016／７	台塑三井精密化学、2017/11に3500t
		フェノール	300,000	2015／５	台化興業(寧波)が新設
		アセトン	185,000	〃	〃
		ＢＰＡ	150,000	〃	南亜プラスチック(寧波)が新設
		ＤＯＰ	200,000	未　定	〃
総工費22億＄		ＰＴＡ	1,500,000	〃	台化興業(寧波)が２系列増設

「福建古雷石化」～台湾の旭騰投資(和桐化学、李長栄ＵＳＩ、聯華気体、亜洲聚合、盛台石油、中華全球石油出資)/福建煉油化工の折半出資合弁 総工費279億元	福建省漳州市古雷港	エチレン プロピレン ブタジエン ＭＴＢＥ 芳香族 ＥＶＡ ＳＢＳ ＰＰ ＥＯ ＥＧ ＳＭ ＰＯ アクリル酸 アクリレート ＬＡＢ 過酸化水素	1,100,000 770,000 90,000 160,000 250,000 300,000 100,000 350,000 270,000 500,000 600,000 300,000 160,000 145,000 130,000 200,000	2018／1着工～2020／6稼働予定	うちナフサ分解80万t/ＭＴＯ30万t うちナフサ分解47万t/ＭＴＯ30万t ＭＴＯはメタノール180万tを分解 分解ガソリン30万tからＢＴＸ抽出 以上の基礎石化品は福建古雷石化 誘導品はＵＳＩ：台湾聚合化学品、亜洲聚合:アジアポリマー(ＡＰＣ)、李長栄化学、和桐化学などが手掛け、聯華気体はＥＯ用の空気分離事業を担当
「浙江石油化工」(Zhejiang Petroleum & Chemical)～2015/6設立	浙江省舟山島・緑色石化基地	エチレン PDHプロピレン ＬＤＰＥ ＬＤＰＥ ＨＤＰＥ ＥＯＧ ＳＭ ＰＰ ＡＮ ＭＭＡ フェノール ＢＰＡ ＰＣ ＰＸ	1,400,000 600,000 300,000 400,000 350,000 750,000 1,200,000 900,000 260,000 90,000 400,000 240,000 260,000 4,000,000	2019／末 2018／末	栄盛集団/桐昆集団/巨化集団/舟山海洋総合開発投資合弁事業にサウジ・アラムコが2018年内に９％出資～トッパー40万b/dを併設 第２期計画でトッパー&エチレン共に同規模能力で倍増設 製油所の完成と同時期に稼働予定

ＢＰは中国側(ＳＩＮＯＰＥＣ30%、上海石化20%出資)との折半出資合弁会社・上海賽科石油化工を2001年12月に設立したが、2017年中に保有株式を16.8億ドルで中国側へ売却した。当時、中国最大のエチレン90万トン能力で2005年６月から操業を開始、2009年７月には29万トン増強して119万トンとした。プロピレン系誘導品も豊富なため、メタセシス装置を２基導入済み。

現コベストロ(元バイエル)は2006年夏、ビスフェノールＡ～ポリカーボネート～コンパウンドの一貫生産工場を上海・漕渓に完成させた。続いてＭＤＩ35万トンを完成させ、2008年10月から稼動開始。同時にポリカーボネートの２号機も完成させた。25万トンのＴＤＩプラント建設には同年８月に着工、2011年７月に完成させた。2016年６月にはＨＤＩを５万トン増設し、同10月にはＢＰＡ22万トン～ＰＣ20万トン、ＰＣコンパウンド10万トンのラインを完成・稼働させた。

同地ではＢＡＳＦもＴＤＩ／ＭＤＩやＴＨＦ工場を2005～2006年にかけて建設。ＴＤＩとＭＤＩが各々16万トン／24万トンという大規模なイソシアネート工場を2006年春に完成させ、夏から秋にかけて営業運転を開始した。このうちＭＤＩの40万トン増設計画は、実施場所を重慶に変更し、2015年夏に完成させた。この事業は①Shanghai Lianheng Isocyanate(ＢＡＳＦ／ハンツマン／上海クロルアルカリ／上海華誼集団／上海高橋石化が出資)の原料アニリン16万トンとニトロベンゼン24万トンの設備を含む24万トンの粗ＭＤＩプラント②Shanghai BASF Polyurethane(ＢＡＳＦ／上海華誼／上海高橋石化が出資)の原料硝酸24.5万トンとジニトロトルエン15万トンを含む16万トンのＴＤＩプラント③Huntsman Polyurethanes Shanghai(ハンツマン／上海クロルアルカリが出資)のＭＤＩ精製８万トンプラントの３つの合弁事業により構成されている。

シェルは2000年10月に中国海洋石油（ＣＮＯＯＣ）と広東投資開発公社との折半出資合弁会社・中海シェル石油化工を設立した。広東省恵州大亜湾経済技術開発区に総額43億ドルを投入、2006年１月からエチレン80万トンを核とするコンプレックスが稼働開始、３月末から本格営業生産を始めた。2004年７月に24万バレルの製油所建設許可がＣＮＯＯＣに対して与えられ、2008年11月に完成、2009年３月から操業開始した。その川下ではＰＸ84万トンを2009年半ばに事業化している。2010年４月には中海シェル石化が15万トンのエチレン増強を終え、合計95万トン能力に拡充。さらに120万トンの２号機を建設し、一連の川下設備と共に2018年５月から稼働開始した。

一方福建省では、ＳＩＮＯＰＥＣ50％、エクソンモービルとサウジアラムコ各25％出資による合弁会社・福建連合石油化工を設立、エチレン80万トンの新設、既存リファイナリー（福建煉油化工）の日量16万バレル増設計画に総額35億ドル以上を投じて2005年７月に着工、2009年５月から稼動開始した。拡張した精製設備には、アラムコが供給するサウジ産の重質原油に対応できるプロセスが組み込まれた。ＳＳ計画では福建省内に600店以上の店舗網を整えている。

浙江省寧波では台湾プラスチックグループが当初は梅山島でエチレン100万トン計画を検討していたが、2004年10月になって陸地の北崙経済技術特区に立地場所を移し、規模も120万トンに拡大して当局に申請したものの、現在に至るまで進展はない。これに先行して川下では台湾化学繊維子会社の台化興業（寧波）がＡＢＳ樹脂工場を2005年秋に完成させ、台プラ子会社の台塑工業（寧波）がＰＶＣ工場を11月に完成、台塑アクリル酸エステル（寧波）もアクリル酸エステル工場を年末に、アクリル酸工場を2006年春に完成させた。続いて台塑ポリプロピレン（寧波）のＰＰ工場が2007年６月に完成し、８月から稼動した。台湾化繊のＰＴＡ工場は2008年４月末に操業開始した。原料手当のため、ＰＤＨ法プロピレン60万トンプラントを2021年に新設することにした。

2009年９月に完成した天津の100万トン工場には、直前の同７月になってサウジのＳＡＢＩＣによる50％出資が認められ、ＳＩＮＯＰＥＣとの折半出資合弁会社「中沙（天津）石化」（SINOPEC SABIC 天津連合石化）が誕生、稼働開始に間に合わせた。また武漢では、エチレン80万トン工場が2012年12月に完成した後、韓国のＳＫグループが35％出資して社名が「中韓（武漢）石化」となった。この川下ではポリエチレンやＰＰ、ＭＥＧなども2013年半ばには立ち上がった。

2009年には台湾の石化ダウンストリーマー６社が福建省泉州市泉港区でのエチレン100万トン計画を打ち出したが実現しなかった。その後立地場所を同省漳州・古雷へ変更した別の７社は、2011年６月に「古雷連合石油化工（漳州）」を設立、エチレン120万トン計画に衣替えし、ＳＩＮＯＰＥＣと福建省政府が合わせて50％出資する形で当初は2019年の完成を目指していた。その後も計画内容が練り直され、2016年11月には「福建古雷石化」を設立、台湾企業勢で構成される旭騰投資と福建錬油化工が折半出資する形で2018年１月に先行して着工、2020年６月の稼働開始を目指すことになった。エチレン80万トンのナフサクラッカーと180万トンのＭＴＯ（メタノールtoオレフィン）設備がセンター部分を占める表記コンプレックス構成となる見通し。

中国の栄盛集団、桐昆集団、巨化集団という民間の合繊・石化メーカー３社と国有の舟山海洋総合開発投資が出資する合弁会社「浙江石油化工」は2015年６月設立された。浙江省舟山島の緑色石化基地で大規模な石油精製・石化コンプレックスの建設を進めており、ここにサウジアラムコが2018年内に９％出資で資本参加することになった。同９月には栄盛集団と原油の長期供給契約も締結している。製油所は2018年末、エチレンなど石化部門は１年後の完成を目指している。

中国の合成繊維工業

中国の合成繊維生産能力

(単位：t/y)

製品名	会社名	工場	現有能力	新増設計画	完成	備考
ポリエステル(f)	黒龍江滌綸廠	黒竜江省阿城	13,000		80年	
	吉林化繊	吉林省・吉林	10,000			
	遼陽石油化繊	遼寧省・遼陽	56,000			ローヌ・プーラン技術
	丹東化繊集団	遼寧省・丹東	9,000			チンマー技術
	北京化学纖維廠	北京・大興県	17,000		83年	チンマー技術
	保定化学纖維連合廠	河北省・保定	4,000			
	石家荘化工化繊廠	河北省石家荘	13,000			
	中国石化洛陽分公司	河南省洛陽	100,000		2000年	東レENG/ケムテックス、チップ20万t
	平頂山化繊廠	河南省平頂山	8,000			
	淮陽滌綸長絲廠	河南省・淮陽	13,000			
	巴陵石油化工	湖南省・岳陽	18,600			うちタイヤコードが2,600t
	湘潭化繊廠	湖南省・湘潭	34,000			
	銅陵化繊廠	安徽省・銅陵	9,000			
	安徽維尼綸廠	安徽省・巣湖	5,000			
	江西滌綸廠	江西省	12,000			
	凱興紡織	貴州省	2,000		92／9	台湾・中興紡織／貴州省凱里合資企業
	貴州凱里滌綸紡織集団	貴州省	10,000			香港・台湾資本と凱興紡織との合弁
	山西滌綸廠	山西省	13,000			
	四川維尼綸廠第２工場	重慶	23,000			チンマー技術
	四川広華化繊	四川省	10,000			
	寧夏化工廠	寧夏自治区	2,000			タイヤコード・産資用
	蘭州維尼綸廠	蘭州	2,000			
	ウルムチ石油化工総廠	新疆ウルムチ	25,000		95年	鐘紡技術
	済南化纖総公司	山東省・済南	32,000			鐘紡技術、91年操開～95／央１万t増設
	山東福泰化繊紡織工業	山東省	7,000			93/８成立、山東省高密化繊総廠が中核
	青島化学纖維廠	山東省・青島	40,000			
	淄博万杰集団	山東省・淄博	100,000			2003年に２万t増設
	塩城化繊廠	江蘇省・塩城	12,000			
	儀征化繊	江蘇省・儀征	200,000			2005/3Qにチップ16万t増設→撤退へ
	蘇州インビスタPolyes	江蘇省・蘇州	250,000		98／７	遠東紡/インビスタ/蘇州化繊、PET10万t
	蘇州化学纖維廠	江蘇省・蘇州	10,000			自国技術
	蘇州華泰滌綸	江蘇省・蘇州	10,000			
	蘇州振亜集団	江蘇省・蘇州	18,000			
	亜東工業(蘇州)	江蘇省・蘇州	60,000			台湾の遠東紡子会社
	連雲港滌綸廠	江蘇省連雲港	16,000		85年	ＰＯＹ
	南通合成纖維廠	江蘇省・南通	8,000		84年	チンマー技術ＰＯＹ
	東麗合成纖維(南通)	江蘇省・南通	51,600		98／9	東レ～チップ4.5万t、ナイロンf5,000t
	張家港市滌綸長絲廠	江蘇省張家港	18,000			
	張家港欣欣高繊	江蘇省張家港	350,000		2009年	2012年７万t増設
	無錫大通化繊	江蘇省・無錫	15,000			中外合資企業
	無錫市太級実業	江蘇省・無錫	10,000		95／末	タイヤコード用、工費７億元、２期も
	淮陰滌綸長絲廠	江蘇省・淮陰	10,000			
	韓国コーロン資本	江蘇省・南京	12,000			タイヤコード、2006年7,000t増設
	江蘇恒力化繊	江蘇省	1,400,000		2004年	2011年20万t+2012年40万t増設
	江蘇申久化繊	江蘇省	460,000			
	江蘇盛虹化繊	江蘇省	1,600,000			2012年10万t+14年90万t増(Shenghong)
	江蘇華亜化繊	江蘇省	500,000			2010年に30万t増設(Huaya Fiber)
	江蘇鷹翔化繊	江蘇省	400,000			2012年に２万t増強(Yingxiang Fiber)
	上海石油化工	上海・金山	25,000			帝人＋自国技術
	遠東化聚工業(上海)	上海	40,000		2002年	チップ25万t(11万tはボトル用)を併設
	浙江遠東化纖集団	浙江省・紹興	520,000		2003年	台湾の遠東紡織資本、2003年32万t増設
	浙江化纖連合集団	浙江省・紹興	75,000			鐘紡が技術指導、95／末に６万t増設
	紹興海富化繊	浙江省・紹興	65,000			産業用糸
	紹興億豊化繊	浙江省・紹興	800,000			2012年38万t増設
	杭州市化纖工業	浙江省・杭州	5,500			うち1,500tはタイヤコード

ポリエステル (f)	杭州天元滌綸	浙江省・杭州	400,000			2012年４万t増設
	暁星化繊(嘉興)	浙江省・嘉興	65,000			韓国の暁星子会社、産業用糸
	浙江滌綸廠	浙　江　省	66,000			96年に4.8万t増設
	浙江恒逸集団	浙　江　省	1,250,000			2012年50万t増設
	浙江桐昆集団	浙江省・桐郷	2,400,000			2009年69万t+11年30万t増+16年40万t
	浙江賜冨化繊集団	浙　江　省	400,000			2004年18万t増設、うち直紡30万t
	浙江栄盛化繊	浙　江　省	1,000,000		2003年	2004年35万t＋2014年35万t増設
	浙江縦横紡織集団	浙　江　省	560,000			
	浙江南方控股集団	浙　江　省	300,000			
	浙江新鳳鳴集団	浙　江　省	800,000			2012年20万t増設
	浙江金鑫化繊	浙　江　省	180,000			
	浙江華鑫化繊	浙　江　省	280,000			2012年８万t増設
	浙江康鑫化繊	浙　江　省	250,000			
	浙江古織道新材料	浙　江　省	600,000			リサイクル糸専業、2013年20万t増設
	浙江海利得新材料	浙　江　省	150,000			2009/7に2.5万t増設～全量産資用
	浙江翔盛集団	浙　江　省	400,000			2012年10万t増設
	浙江龍夫高新繊維	浙　江　省	210,000			2012年14万t増設
	百宏(中国)集団化繊	浙　江　省	785,000			2013年7.5万t＋2014年23.5万t増設
	厦門化学繊維廠	福建省・厦門	20,000		87年	
	厦門華綸化繊	福建省・厦門	12,000			
	福建化繊化工廠	福建省・永安	10,000			
	Yuan Feng 化学繊維	福建省・清源	12,300		94年	インベンタ技術
	福建金綸石化繊維実業	福　建　省	700,000			2011年22万t＋2012年30万t増設
	新会滌綸廠集団	広東省新会県	15,500		84年	うち1,500tはタイヤコード
	深圳 Fubao 化学繊維	広東省・深圳	8,000		94年	インベンタ技術
	広州合成繊維廠	広東省・広州	15,500			従化県の広州第２合成繊維廠に5,500t
	Yang Chen Enterprise	広東省・広州	2,500		94年	マカオ企業の子会社、独ＪＢ技術
	仏山化繊連合総公司	広東省・仏山	15,000			インベンタ技術(95年中に儀征が買収)
	南海市滌綸	広東省・南海	18,000			
	広東開平滌綸企業集団	広東省・開平	190,000			2003年２万t+2004年3.5万t増設
	Performance Fibers	広東省・開平	63,000		2018／初	インドラマ子会社、2018/初６万t増設
	広東中山滌綸廠	広東省中山	20,000			華隆／シルク輸出入公司などの合弁
	香港／マカオ資本	海口地域	200,000			２期計画に1.8億＄、98年に14万t増設
	海南化繊廠	海南省・海口	15,000		87／8	東レ技術
	興業ポリエステル	海　南　省	20,000		95／初	海南省紡織工業や海南国際投資等合資
	海南海徳紡織実業	海　南　省	10,000			
	梧州市合繊廠	広西区・梧州	2,400		87年	
	ポリエステル長繊維	計	27,973,900			その他推定能力900万t含む
ポリエステル (s)	黒龍江滌綸廠	黒竜江省阿城	78,000			チンマー、チップ８万t、97年3.3万t増
	丹東化繊集団	遼寧省・丹東	24,000			チンマー技術
	遼陽石油化繊	遼寧省・遼陽	140,000			自国＋チンマー技術、チップ20万t併設
	天津石油化工	天津市大港区	150,000			東洋紡技術、 2000／11に２万t増設
	北京滌綸廠	北京市・通県	15,500		81年	チンマー技術
	北京化学繊維廠	北京・大興県	12,000		83年	チンマー技術
	石家荘化工化繊廠	河北省石家荘	12,000			
	中国石化洛陽分公司	河南省・洛陽	100,000		2000年	デュポン技術/ケムテックス、(f)併産
	洛陽石化宏達／金達等	河南省・洛陽	150,000		2005／7	チップ18万t併産、投資額4.4億元
	平頂山化繊廠	河南省平頂山	17,000			
	太原滌綸廠	山西省・太原	3,000			
	銅陵化繊廠	安徽省・銅陵	16,000			
	巴陵石油化工	湖南省・岳陽	12,000			自国技術
	湘潭化繊廠	湖南省・湘潭	15,000			
	四川滙維仕化繊	四川省・自貢	170,000		2004／10	韓国ヒュービスの子会社、総工費１億$
	四川聚脂廠	四　川　省	20,000			ポリエステルチップ6.6万t設備を保有
	四川維尼綸廠第２工場	重　　慶	8,000			
	ウルムチ石油化工総廠	新疆ウルムチ	15,000		95年	鐘紡技術
	済南化繊総公司	山東省・済南	59,000			(f)保有、95/央1.5万t増、チップ6.6万t
	淄博万杰集団	山東省・淄博	150,000		2004年	ステープルにも参入
	青島化学繊維廠	山東省・青島	25,000			
	江蘇三房巷集団	江蘇省・江陰	800,000			子会社に江陰市合繊廠、同化繊廠など

ポリエステル(s)	南亜プラスチック	江蘇省・昆山	50,000			チップ10万tを併設
	江蘇徳賽化繊	江蘇省・東台	200,000		2008／3	２期で(f)20万t、３期でボトル用20万t
	相城区江南化繊集団	江蘇省・蘇州	370,000			リサイクル品を含む
	蘇州化学繊維廠	江蘇省・蘇州	10,000			自国技術
	江陰市華宏化繊	江蘇省・江陰	600,000			2011年に20万t増設
	鎮江合成繊維廠	江蘇省・鎮江	7,500		81年	自国技術
	儀征化繊	江蘇省・儀征	700,000			重合能力100万t/繊維計90万t→撤退へ
	江蘇新蘇化繊	江　蘇　省	400,000			2012年10万t増設
	江蘇華西村特殊化繊廠	江　蘇　省	300,000		2007年	チンマー技術、2012年10万t増設
	上海石油化工	上海・金山	30,000			帝人＋自国技術、2012年３万t削減
	上海化学繊維	上海・天山	25,500			第５・第７・第10・第13化繊廠
	上海第五化繊廠	上　　海	5,000		94／3	ユニチカ技術
	遠東化聚工業(上海)	上　　海	100,000			2003年４万t増設、繊維用チップ14万t
	浙江遠東化繊集団	浙江省・紹興	300,000		2002年	台湾の遠東紡織資本、2004年20万t増設
	浙江化繊連合集団	浙江省・紹興	66,000			
	杭州市化繊工業	浙江省・杭州	5,500			
	浙江南方控股集団	浙　江　省	300,000			
	浙江賜富化繊集団	浙　江　省	50,000			
	浙江康鑫化繊	浙　江　省	150,000			
	浙江振邦化繊	浙江省・寧波	400,000			
	寧波大発化繊	浙江省・寧波	180,000			2011年と2012年に各２万tずつ増設
	浙江翔盛集団	浙　江　省	400,000			
	浙江恒逸集団	浙　江　省	150,000			
	翔鷺紡織(厦門)	福建省・厦門	180,000		95／4	東雲技術、サリムG子会社、チップ35万t
	厦門化学繊維廠	福建省・厦門	10,000		87年	インベンタ技術
	福建化繊化工廠	福建省・永安	10,000			
	福建金綸石化繊維実業	福　建　省	600,000			2012年40万t増設
	新会滌綸廠集団	広東省新会県	12,500		84年	
	広州第２合成繊維廠	広東省従化県	2,500			
	仏山化繊連合総公司	広東省・仏山	22,500		88／6	インベンタ技術(95年中に儀征が買収)
	広東開平滌綸企業集団	広　東　省	50,000			
	香港／マカオ資本	海口地域	60,000		98年	２期計画(ｆを含む)の投資額1.8億$
	梧州市合繊廠	広西区・梧州	2,000			ユニチカ技術
	ポリエステル短繊維	計	12,740,500			その他推定能力500万t含む
ナイロン(f)	遼陽石油化繊	遼寧省・遼陽	12,000		81年	ローヌ・プーラン技術
	天津合成繊維廠	天津市北郊区	2,700		65年	
	北京合成繊維実験廠	北京市朝陽区	7,000		88年	ディディエール技術
	山西錦綸廠	山西省・楡次	4,500			うちタイヤコード2,300t
	清江合成繊維廠	河南省・淮陽	2,000			
	神馬/福建恒申等３社	河南省平頂山	40,000			北京三聯虹普との３社合弁、全10万tへ
	陝西第九綿紡織廠	陝西省蔡家坡	12,000			全量タイヤコード、93年に4,000t増設
	巴陵石油化工・綿綸廠	湖南省・岳陽	27,000			自国、96年1.5万t増、Ｎ(s)9,000t保有
	長沙綿綸廠	湖南省・長沙	2,000			
	湖南常徳綿綸廠	湖南省・常徳	2,000		92／3	チップは6,000t保有
	南充錦綸廠	四　川　省	2,000		93／3	インベンタ技術、チップ4,000t/y併設
	済南八方綿綸集団	山東省・済南	24,600			済南化繊がＮ(s)1.2万t保有
	アセロン	山東省・済南	24,000		96年倍増	済南化繊/台湾企業合弁、Ｎ(s)8,000t有
	煙台華潤綿綸	山東省・煙台	4,000		92/3Q	華潤合弁、重合5,000t／加工糸3,000t
	青島二綿廠	山東省・青島	4,000		93年	チンマー技術
	泰州簾子布廠	江蘇省・泰州	2,000			全量タイヤコード
	徐州簾子布廠	江蘇省・徐州	11,000			全量タイヤコード
	南京化学工業	江蘇省・南京	21,500		96年	韓国・高合との合弁事業
	東麗合成繊維(南通)	江蘇省・南通	4,900			東レ技術、Ｐエステル(f)も６万t保有
	駿馬化繊	江蘇省張家港	122,000		2006年	タイヤコード用、2012年1.2万t増設
	上海化学繊維	上海・天山	13,100			第８・第９・第11化繊廠、Ｎ(s)1,000t有
	ＢＡＳＦ華源ナイロン	上海・青浦	7,000		99／夏	ＢＣＦナイロン、ＢＡＳＦ90%出資
	平湖化繊廠	浙江省・平湖	3,600			スニア技術、93年に2,000t増設
	杭州市化繊工業	浙江省・杭州	4,000			スニア技術、93年に倍増設
	康山化繊総廠	浙江省安吉県	2,500		87年	スニア技術、うちタイヤコード2,000t
	中国金綸集団	浙江省・寧波	56,000		98年	タイヤコード(旧浙江慈渓錦綸総公司)
	寧波錦綸	浙江省・寧波	65,000			産業用

ナイロン(f)	義烏華鼎綿綸	浙江省・義烏	132,000			2014年５万t増(Yiwu Huading Nylon)
	浙江美絲邦化繊	浙　江　省	60,000			ＦＤＹ３万t+2012年1.5万t増設
	福建錦江科技	福建省・長楽	185,000			2009年長楽から買収、2010年６万t増設
	長楽力恒科技	〃(Changle)	155,000		2010／4	2011/末チップ10万t+2012年５万t増設
	福建閩華化繊製品	福建省・蓮宣	3,000		88年	スニア技術
	広東開平滌綸企業集団	広　東　省	10,000			
	順徳綿綸廠	広東省・順徳	6,000		91／10	全量ＦＤＹ、外資合弁、重合7,200t
	広東新会美達錦綸	広東省新会県	66,600			Ｅｍｓ-インベンタ、2001／初チップも
	新会錦綸廠	広東省新会県	4,000			
	仏山化繊連合総公司	広東省・仏山	6,000		93年	インベンタ技術、儀征化繊が95年買収
	Xinhui Guanhua Nylon	広東省・新県	6,300		95年	インベンタ技術、重合1.35万t併設
	深圳 China Nuclear	広東省・深圳	6,000		95年	チンマー技術、カーペットヤーン
	海南ナイロン工場	海　　　龍	4,500			
ナイロン66(f)	中国平煤神馬集団	河南省平頂山	140,000			旭化成法、タイヤコード、2013年2万t増
	営口営龍化繊	遼寧省・営口	14,000		98／末	Nylstar60%／営口化繊40%出資
	菅口化繊廠	遼寧省・菅口	9,000		83年	
	煙台華潤綿綸	山東省・煙台	4,000		2008／3	華潤合弁、６月からN66も生産開始
	上海石油化工	上海・青浦	11,000		2008／央	インビスタ技術、エアバッグ用繊維
	ナイロン長繊維	計	2,304,800			うちN66=17.8万t他推定100万t等含む
アクリル(s)	上海石油化工	上海・金山	130,000			自国技術(青綸廠)、2001／8に倍増設
	上海金陽青綸廠	上　　　海	28,000			96年に上海石化が買収
	吉林化繊	吉林省・吉林	136,000		97／9	ＥＮＩ技術、2004年６万t増設
	吉林吉盟青綸	吉林省・吉林	100,000			吉林奇峰／伊モンテファイバーの合弁
	大慶石油化工	大慶・青綸廠	65,000		88／8	ケムテックス技術／川重／ニチメン
	蘭州化学工業	蘭州・化繊廠	15,000		65年	コートールズ技術
	大連化学繊維廠	大　　　連	9,000			自国技術
	撫順石油化工	遼寧省・撫順	55,000		91年	デュポン技術(青綸化工廠)
	河北秦皇島青綸廠	河北省秦皇島	60,000		92／2Q	操業開始は92／11
	安慶石油化工総廠	安徽省・安慶	70,000		95／8	95／8完成～11月操開、ＡＮ８万t併設
	山東淄博化学繊維総廠	山東省・淄博	45,000			デュポン技術→斉魯石油化工が買収
	茂名青綸化学工業	広東省・茂名	50,000			93／末稼動開始、98年に２万t増設
	金陵石化青綸廠	南京市・金陵	50,000			
	浙江金甬青綸廠	浙　江　省	65,000			上海石化21%出資、2005年２万t増設
	鎮海石油化工総廠	浙江省・寧波	30,000		93／4Q	94／初稼動開始
	南通中新毛紡印染	浙江省・寧波	50,000		2005／12	三菱レイヨンの旧寧波麗陽化繊を買収
	浙江杭州湾青綸	浙江省・杭州	60,000			
		計	1,021,200			その他能力3,200t等含む
アクリル(f)	山東合成繊維	山　東　省	8,000			95／初操業開始
ビニロン(s)	四川維尼綸廠	重　　　慶	23,000		79年	クラレ技術
	上海石油化工	金山・維綸廠	18,300		78年	クラレ技術
	北京維尼綸廠	北京・順義県	13,600		65年	クラレ技術(第１・第２廠)
	安徽維尼綸廠	安徽省・巣湖	19,200		83年	
	福建化繊化工廠	福建省・永安	10,000		76年	
	吉林化学工業	吉　　　林	7,300			
	山西維尼綸廠	山西省洪洞県	7,300			
	雲南維尼綸廠	雲　南　省	7,300			
	蘭州維尼綸廠	蘭　　　州	7,200		79年	
	内蒙古双欣環保材料	内蒙古・Ordos	6,000			内蒙古双欣能源化工集団の傘下企業
	湖南維尼綸廠	湖南省・溆浦	7,200		79年	
	河北維尼綸廠	河北省・保定	3,600			
	広西維尼綸廠	広西自治区	10,000			
		計	140,000			
アセテート・トウ	南通酢酸繊維	江蘇省・南通	25,000		09/12合意	セラニーズ、91年倍増、フレーク同量有
	昆明酢酸繊維	雲南省・昆明	12,500		96／初	セラニーズ合弁、96／下操開
	珠海酢酸繊維	広東省・珠海	12,500		96／下	同上、南通からフレークを受給
	西安恵大化学工業	陝西省・西安	24,000		95／10	恵安化工廠/ダイセル/三井物産等合弁
	西安大安化学工業	〃	20,000*		2015／6	西安恵大化学は2006/9に1.6万t増設
		計	94,000			*小社推定値

(注)(f)はフィラメント、(s)はステープルの略で、滌綸はポリエステル、錦綸はナイロン、青綸はアクリル、維尼綸はビニロンの意

中国の合成繊維生産推移

品　　種	2012年	2013年	2014年	2015年	2016年	2017年	前年比
ポリエステル	30,570,300	33,406,400	35,809,700	39,618,000	39,590,000	39,342,600	99.4
ナイロン	1,814,600	2,112,800	2,370,000	2,998,800	3,331,600	3,329,200	99.9
アクリル	693,500	694,300	676,700	729,600	719,900	719,100	99.9
ビニロン	87,100	100,900	110,700	76,300	87,000	84,000	96.6

単位：トン、％　(注)前年比は計算値　(出所)中国化学繊維工業協会ほか

中国の石化原料事情

中国は産油国だが、すでに96年から原油の純輸入国に転じており、石油製品も含めると93年以来入超状態が続いている。2009年には原油の輸入量が国産量をついに上回り、輸入比率が50%を初めて突破した。その後も上昇しており、2015年には60%台に突入、2016年は66%、2017年には69%へと70%目前まで拡大した。ただ、精製能力の拡大に伴い、2015年からは石油製品の輸出量が輸入量を上回る出超に転じている。

中国は米国に次ぐ世界2位の石油精製能力を持ち、全200カ所以上の製油所が稼働、原油の処理実績は2017年で5.7億トン(日量1,140万バレル)規模に達した。そのうち7割が精製能力500万トン以下の製油所で、その中でも効率の悪い200万トン以下の小規模製油所は順次淘汰される。今後、新設する場合は最低でも800万トン(同16万バレル)以上と規定、大型製油所に集約する。

2,000万トン(40万バレル)の大型製油所は浙江省の浙江石化や台州(中国石油／カタール石油／シェル合弁)、大連・長興島(恒力石化)などで計画されており、大連では2018年末に試運転を開始、浙江石化は2019年から立ち上げる予定。また1,000万トン以上の製油所新設計画も多数ある。また2008年秋に倍増設を完了した大連石油化工の精製能力は2,050万トンとなったが、当時第1位は鎮海(2,300万トン)。3位は上海の1,650万トンで、4位は広州の1,570万トン、茂名は1,550万トンで5位だったが、2013年までに1,000万トン、2014年に450万トン増設して3,000万トンとなり、首位を奪取した。以下、燕山の1,400万トンが大きく、青島や天津、金陵にも1,250万トン(25万バレル)級の製油所がある。

中国の原油需給と輸入比率／石油製品の輸出入推移

年	原油生産	原油輸入	原油輸出	原油内需	輸入比率	原油出超	石油輸入	石油輸出	石油出超
2008年	19,044	17,889	373	36,560	48.9%	-17,516	3,887	1,703	-2,184
2009年	18,949	20,379	518	38,809	52.5%	-19,860	3,696	2,505	-1,192
2010年	20,301	23,931	304	43,928	54.5%	-23,627	3,690	2,690	-1,000
2011年	20,288	25,255	252	45,290	55.8%	-25,003	4,060	2,579	-1,481
2012年	20,748	27,109	243	47,613	56.9%	-26,866	3,983	2,430	-1,553
2013年	20,992	28,214	162	49,044	57.5%	-28,052	3,959	2,851	-1,107
2014年	21,143	30,836	60	51,919	59.4%	-30,776	2,998	2,928	-70
2015年	21,456	33,549	287	54,718	61.3%	-33,263	2,994	3,616	622
2016年	19,969	38,104	294	57,778	65.9%	-37,810	2,787	4,832	2,045
2017年	19,151	41,997	486	60,661	69.2%	-41,510	2,964	5,234	2,270
前年比	95.9%	110.2%	165.4%	105.0%	-	109.8%	106.4%	108.3%	111.0%

単位：万トン　(注)石油製品とはガソリンや灯軽油、燃料油など石油精製品　(出所)中国国家統計局、海関統計ほか

■中国石油企業の動向

ペトロチャイナ（中国石油）：大慶など主力油田の安定化と増産、成長する華南沿海部石油市場への進出が課題
・イラクのAl-Ahdab油田開発への参画やスーダン、デボンなど海外取得原油の強化 ・ロシアから北京あるいは大慶への原油パイプラインプロジェクトと東シベリアでの共同探査 ・「西気東輸」計画の推進や東シベリアからのパイプラインガス輸入計画など天然ガス事業への取組み強化 ・2005年のガソリンスタンド２万950店に。メジャー等との戦略提携・合弁事業を通しての小売部門競争力強化 ・大連石油化工の1,050万t製油所を2,050万tに倍増～2008/8完成・稼働。ＳＡＢＩＣが石化計画に52億$投入予定 ・大連・長興島で1,300万t製油所2012/4着工～10年以内に7,000万t超へ拡大。川下でエチレン400万t等計画 ・独山子の600万t（12万b/d）を1,000万t（20万b/d）へ2009/9に拡大＋エチレン100万tと合わせ$32.3億（262億元） ・撫順石油化工の製油所350万tに800万t増設し2009/央に1,150万tへ。四川省成都に1,000万t製油所を2014年新設 ・盤錦で中国兵器工業集団等とアラムコの1,500万t製油所計画＆エチレン100万tの石精・石化一体化計画が浮上 ・広西壮族自治区欽州市で1,000万t製油所建設。2007/末起工～2010/9完成。工費153億元。川下でＰＰ等 ・寧夏・銀川で500万t（10万b/d）製油所を2011/9新設～寧夏リファイナリー&ケミカル計画（70.3億元）～ＰＰ10万t ・広東省掲陽市惠来で2,000万t（40万b/d）製油所を2012/4着工も中断～2018/央再開。$87億（586億元）で2021/10稼働予定。中国石油51％超出資、原油は合弁相手ベネズエラのPdVSAが供給。将来100万b＋エチレン120万tへ拡張 ・吉林製油所を2010/10までに1,000万t（20万b/d）へ300万t（６万b/d）増強、原油は大慶経由でロシアから輸入 ・遼陽製油所を2010/末までに1,000万t（20万b/d）へ拡大、原油はロシアから輸入 ・四川省成都で1,000万t（20万b/d）級の製油所を新設→川下のエチレン80万tと合わせ2014/1完成 ・浙江省台州でカタール石油（ＱＰＩ）とシェルとの合弁により製油所2,000万t（40万b/d）/エチレン120万t新設を計画。３社は2008年覚書に調印、川下で最新鋭の大型OMEGA法ＥＯＧやＰＯ～ＤＰＣ設備等を新設 ・雲南省安寧で中石油雲南石化が1,300万tの製油所を新設→2020年に倍増し川下でエチレン100万tを併設 ・天津・南港でＣＮＰＣ51％/露ロスネフチ49％出資のＪＶ「Vostok Petrochemicals」が1,300～1,600万t（26～32万b/d）の製油所とエチレン120万t新設を計画。2016/3ＦＩＤ～2019/末完成で2014/11合意。ロシア原油を７割受給。2022年までに製油所を4,000万t（80万b/d）/エチレンを300万tまで拡張する構想も
シノペック（中国石化）：西部と南部沿海部・海上での増産を中心とする国内原油生産体制の強化が課題
・イランのKashan油田開発等への進出など海外取得原油の強化 ・中東原油処理拡大のための精製設備増強・改造とロジスティックス整備 ・ガソリンスタンド目標３万店（現有2.5万店）、メジャー等との戦略提携・合弁事業を通じ小売部門の競争力強化 ・浙江省寧波の鎮海製油所増設計画：1,600万t→2,300万t（46万b/d）へ2006/央完成＋1,500万t増設計画は棚上げ ・海南島で800万t（16万b/d）製油所新設～工費$12億、2006/7完成・９月稼動、2019年にエチレン100万tを新設 ・青島で1,000万t（20万b/d）製油所新設～工費$12億（100億元）、ＲＣＣ200万t・ＣＣＲ120万t含み2008/5稼動 ・広州の770万t製油所を1,570万t（31.4万b/d）に増設～2006年完成 ・天津の500万t製油所を1,250万t（25万b/d）に増設+エチレン100万t、$26.8億～2009/9完成、ＳＡＢＩＣと合弁 ・上海・漕渓で1,000万t（20万b/d）製油所新設とエチレン100万t計画～$40億に印ＯＮＧＣが26％出資も進展せず ・広西壮族自治区北海市で800万t（16万b/d）製油所建設、2012年完成 ・クウェート石油（ＫＰＣ）50％出資で広東省湛江・東海島に1,000万t（20万b/d）の合弁製油所～2011/11正式始動～仏トタルは不参加、380億元で2023年完成か。川下でエチレン100万t/ＰＥ46万t/ＥＶＡ20万t/ＰＰ75万t/ＥＯ3.8万t/ＥＧ40万t/ブタジエン15万t/ＢＴＸ71万tなどを計画していたが、ＢＡＳＦが石化事業を担う意思を表明 ・茂名で製油所1,000万t増設（2012/10）と450万tの増強（2014年）およびエチレン200万tへの倍増設も構想 ・湖北省武漢の400万tを800万tに2008/1Q倍増し、ナフサを武漢石化のエチレン80万tへ供給 ・福建省漳州の古雷半島で製油所1,600万t（32万b/d）とエチレン110万t計画～台湾７社との合弁で古雷石油化工 ・河北省唐山曹妃甸の製油所計画（芳香族100万t/ＭＴＢＥ10万t含む）～アラムコとＳＡＢＩＣ参画で1,500万tへ
ＣＮＯＯＣ（中国海洋石油総公司）：国内原油生産拡大とインドネシア等への進出など海外取得原油の強化が課題
・2005年海上ガス田生産200億㎥、広東省ＬＮＧプロジェクトを始めとする天然ガス事業への取組み強化 ・恵州に1,200万t（24万b/d）製油所新設～工費$19.3億（160億元）で2008/11完成～2009/3稼働、更に倍増設工事中→1,000万t（20万b/d）の製油所2016/末増設と120万tのエチレン2017/4Q増設を2013/6政府承認～2015/12意思確認 ・山東省東営で1,000万t（20万b/d）の製油所と100万tのエチレン2017/央新設を計画～（トタル参画も検討）
シノケム（中化集団）：中国最大の化学品商社で前身は中国化工進出口総公司～初の石油精製基地が2014/夏稼働
・福建省泉州に製油所1,200万t（24万b/d）やＰＰ20万t等19設備、2020年までに６万b増強とエチレン100万t等計画

中国の石油化学コンプレックス

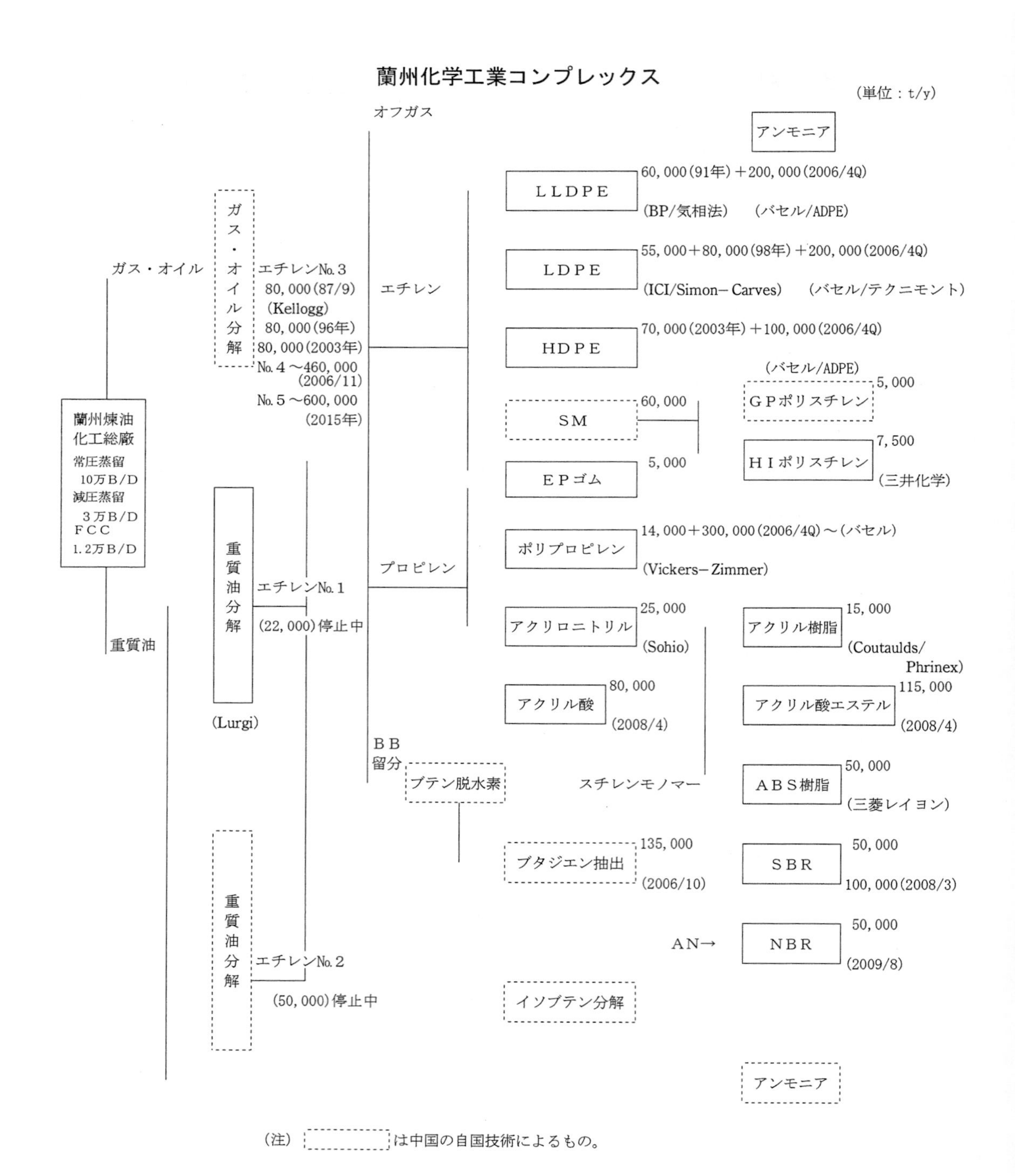

上海高橋石油化工(上海・浦東)コンプレックス

(単位：t/y)

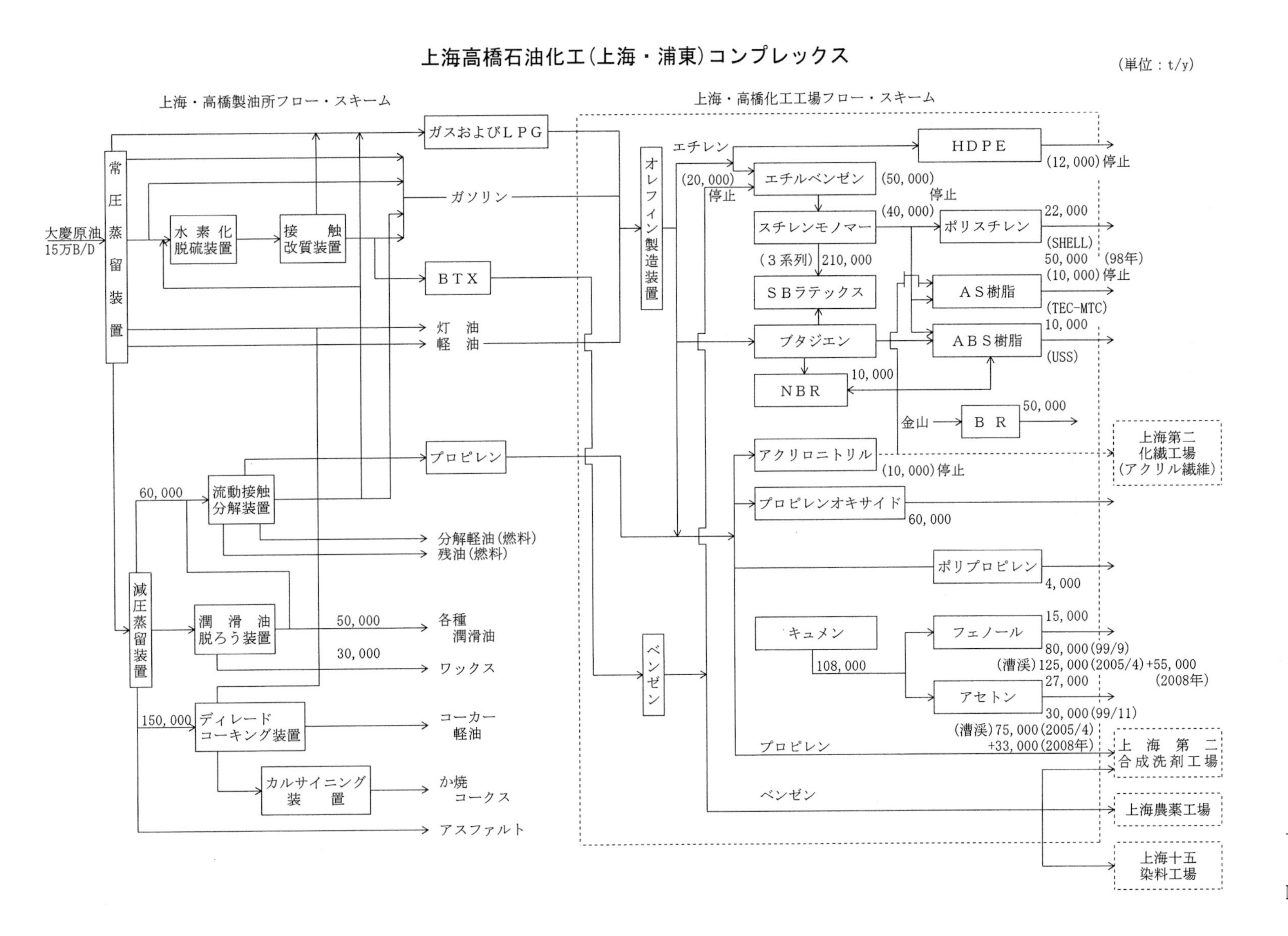

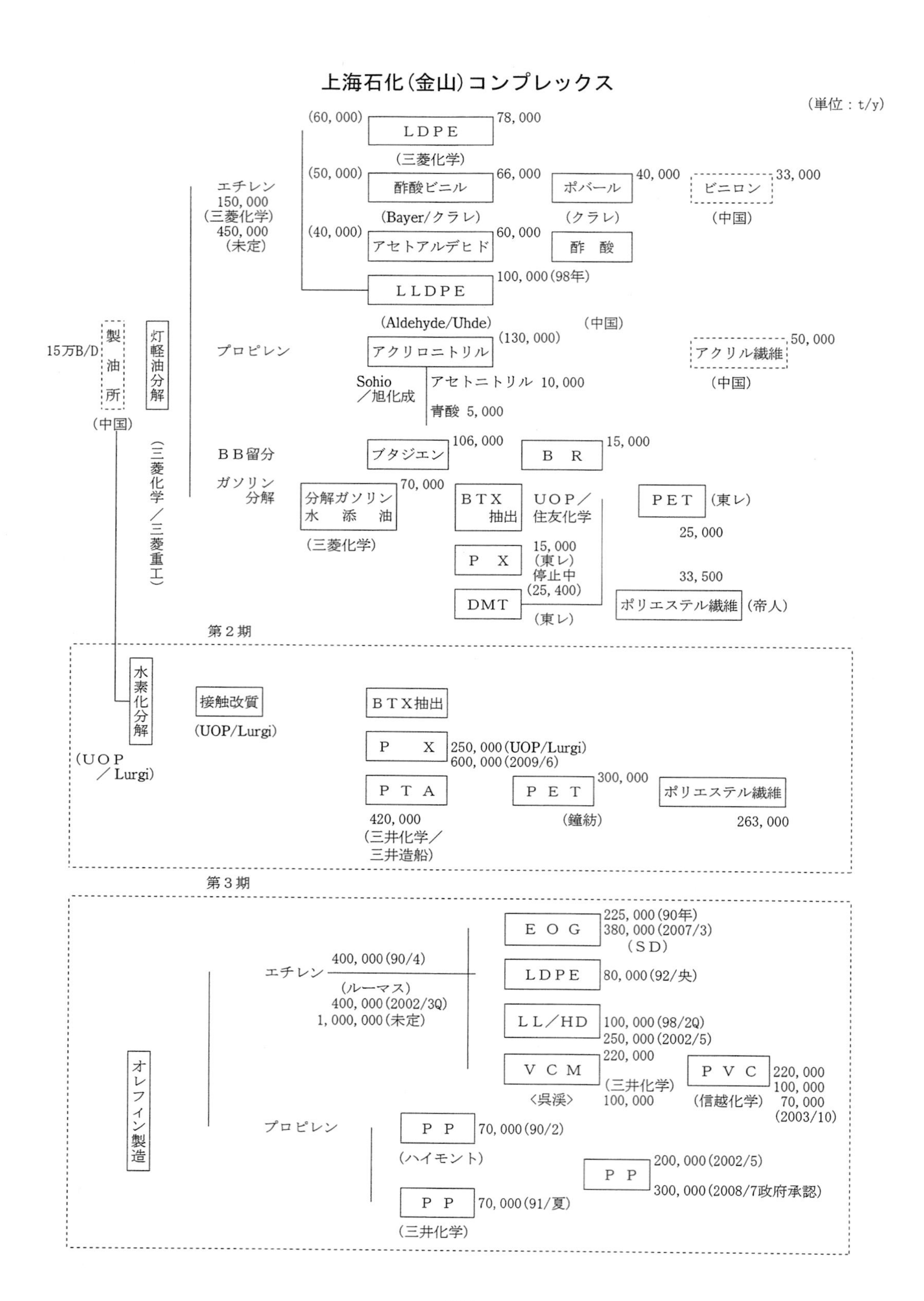
上海石化(金山)コンプレックス
(単位：t/y)
(60,000)
LDPE
78,000
(三菱化学)
(50,000)
酢酸ビニル
66,000
ポバール
40,000
ビニロン
33,000
(Bayer/クラレ)
(クラレ)
(中国)
エチレン
150,000
(三菱化学)
450,000
(未定)
(40,000)
アセトアルデヒド
60,000
酢　酸
LLDPE
100,000(98年)
(Aldehyde/Uhde)
(中国)
15万B/D
製油所
(中国)
灯軽油分解
(三菱化学／三菱重工)
プロピレン
アクリロニトリル
(130,000)
アクリル繊維
50,000
(中国)
Sohio
／旭化成
アセトニトリル 10,000
青酸 5,000
BB留分
ブタジエン
106,000
B　R
15,000
ガソリン
分解
分解ガソリン
水　添　油
70,000
(三菱化学)
BTX
抽出
UOP／
住友化学
PET
(東レ)
25,000
P　X
15,000
(東レ)
停止中
(25,400)
DMT
(東レ)
33,500
ポリエステル繊維
(帝人)
第2期
水素化分解
(UOP
／Lurgi)
接触改質
(UOP/Lurgi)
BTX抽出
P　X
250,000(UOP/Lurgi)
600,000(2009/6)
P　T　A
420,000
(三井化学／
三井造船)
P　E　T
300,000
(鐘紡)
ポリエステル繊維
263,000
第3期
オレフィン製造
エチレン
400,000(90/4)
(ルーマス)
400,000(2002/3Q)
1,000,000(未定)
E　O　G
225,000(90年)
380,000(2007/3)
(SD)
LDPE
80,000(92/央)
LL／HD
100,000(98/2Q)
250,000(2002/5)
V　C　M
220,000
(三井化学)
100,000
〈呉涇〉
P　V　C
220,000
100,000
70,000
(2003/10)
(信越化学)
プロピレン
P　P
70,000(90/2)
(ハイモント)
P　P
200,000(2002/5)
300,000(2008/7政府承認)
P　P
70,000(91/夏)
(三井化学)

北京燕山石化コンプレックス

（単位：t/y）

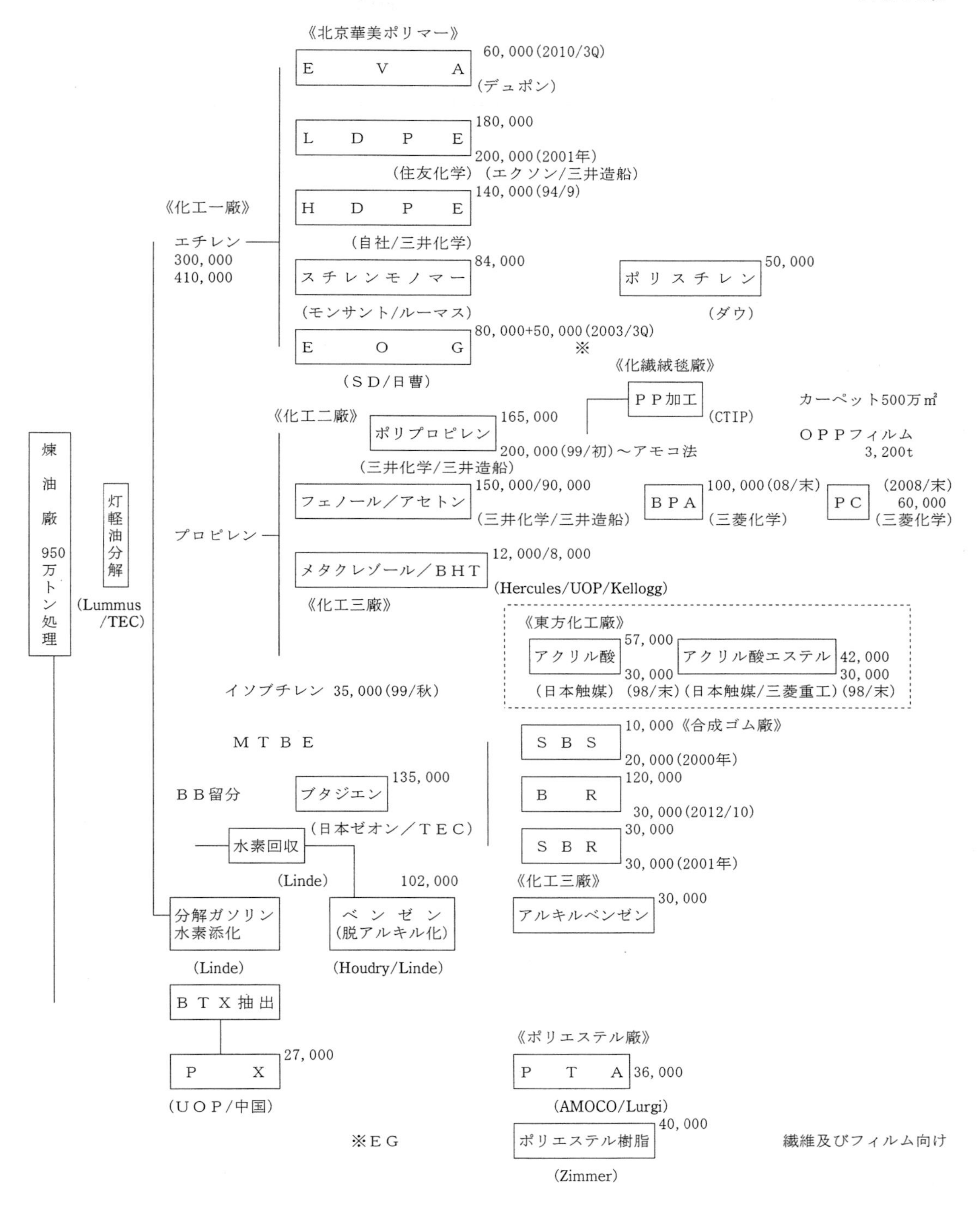

遼陽石油化繊コンプレックス

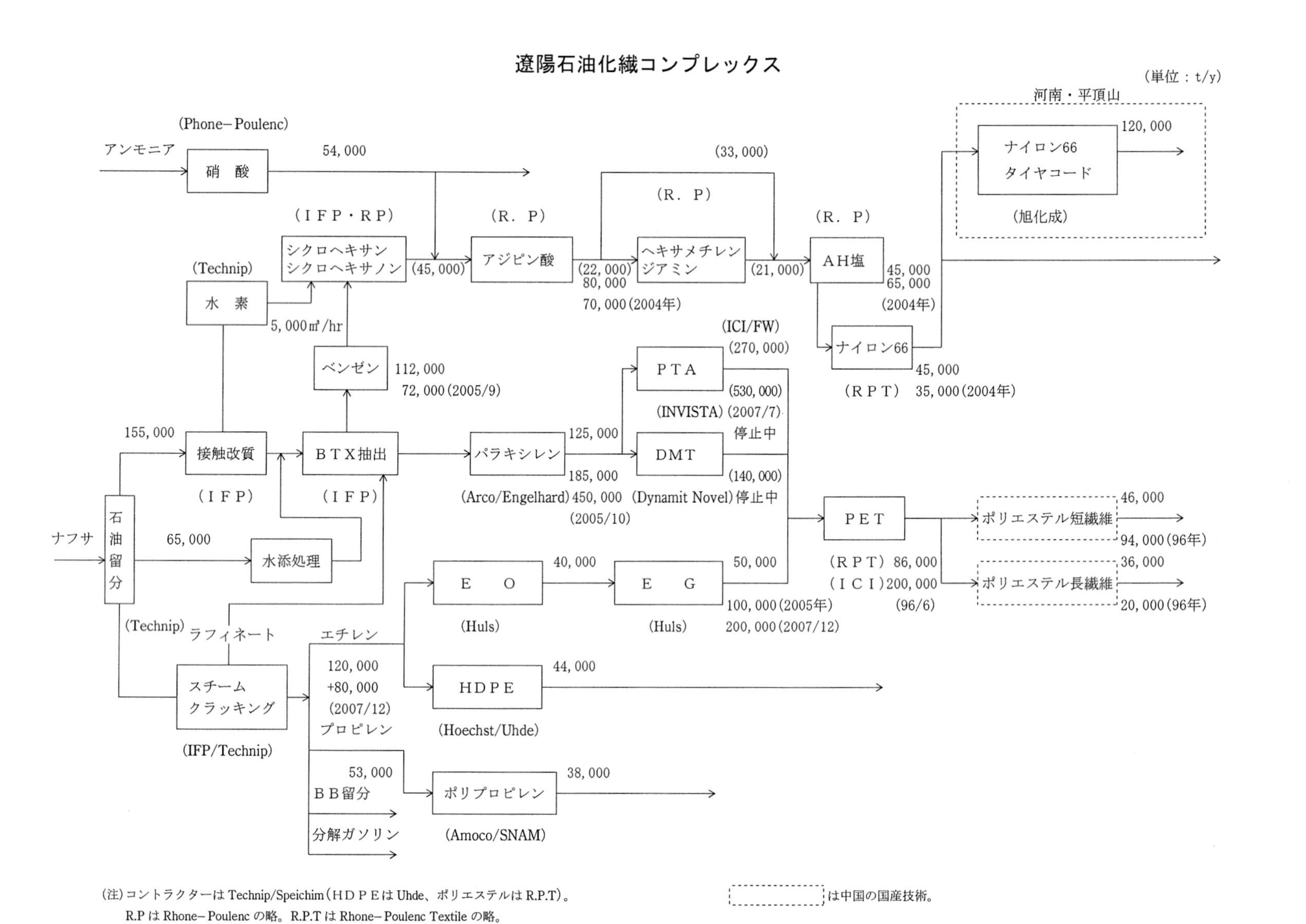

(注)コントラクターは Technip/Speichim(HDPEは Uhde、ポリエステルは R.P.T)。
R.P は Rhone−Poulenc の略。R.P.T は Rhone−Poulenc Textile の略。

吉林化学工業の有機合成化学工場コンプレックス

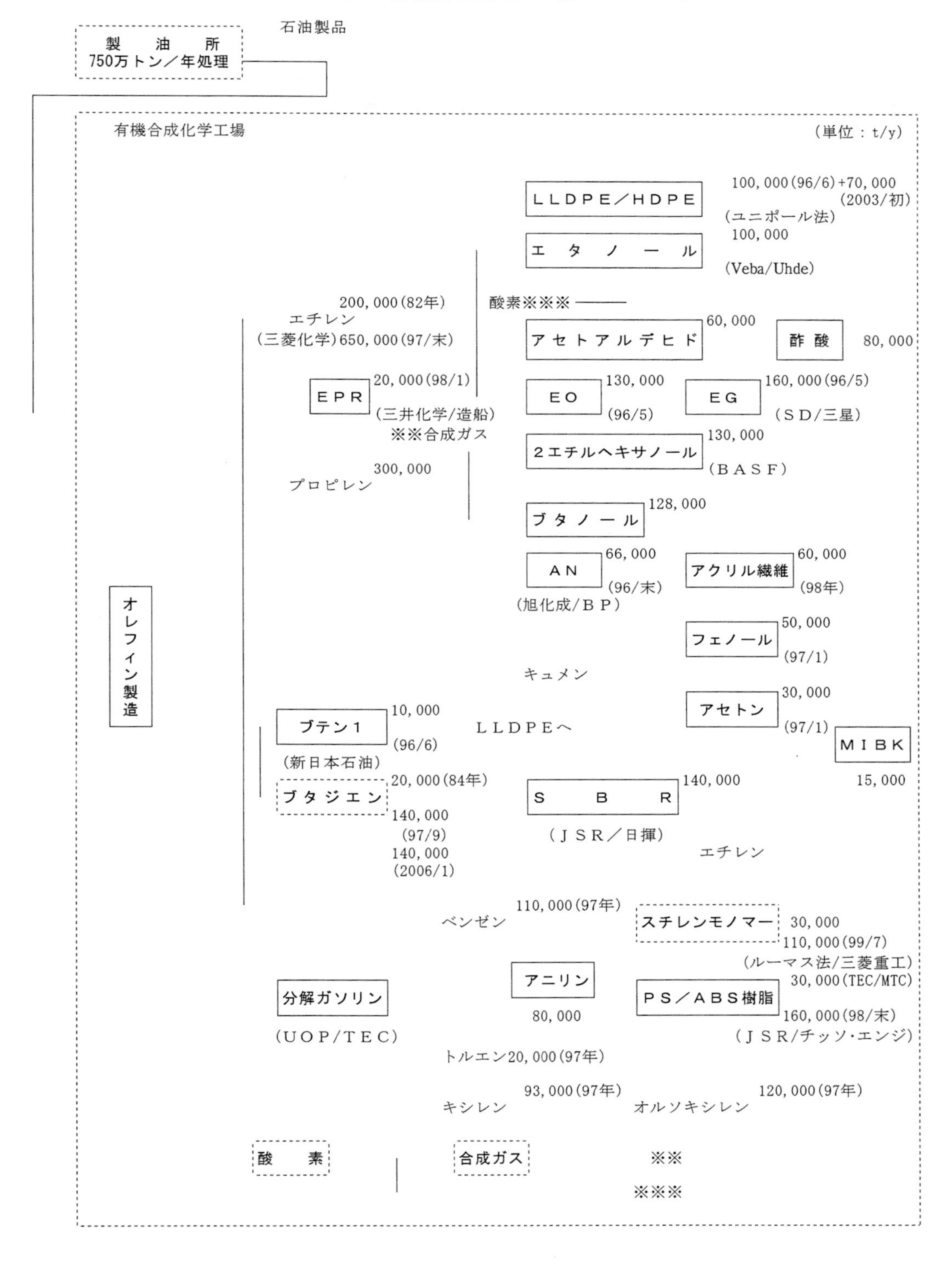

大慶石化コンプレックス

（単位：t/y）

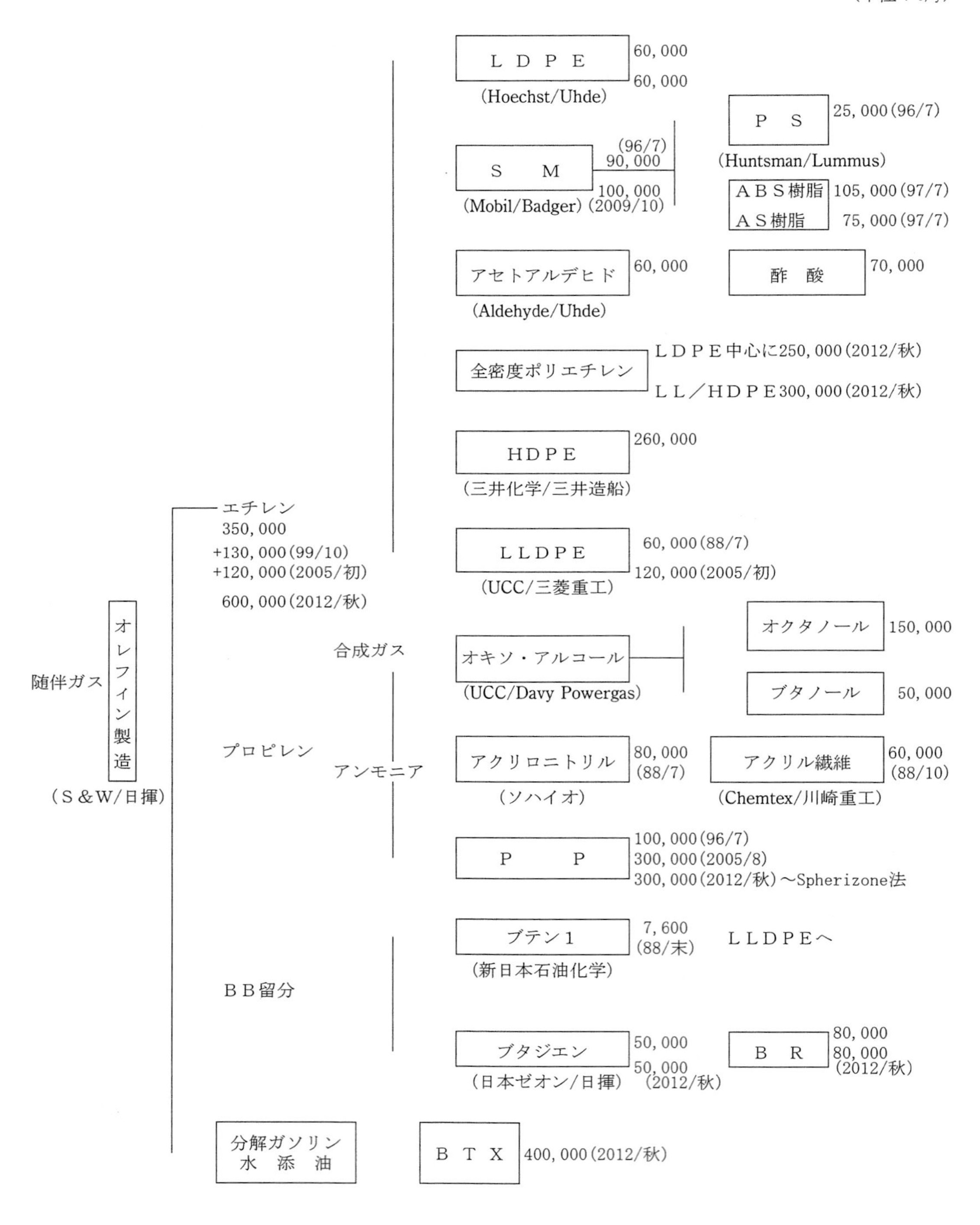

斉魯石化(山東)コンプレックス

(単位：t/y)

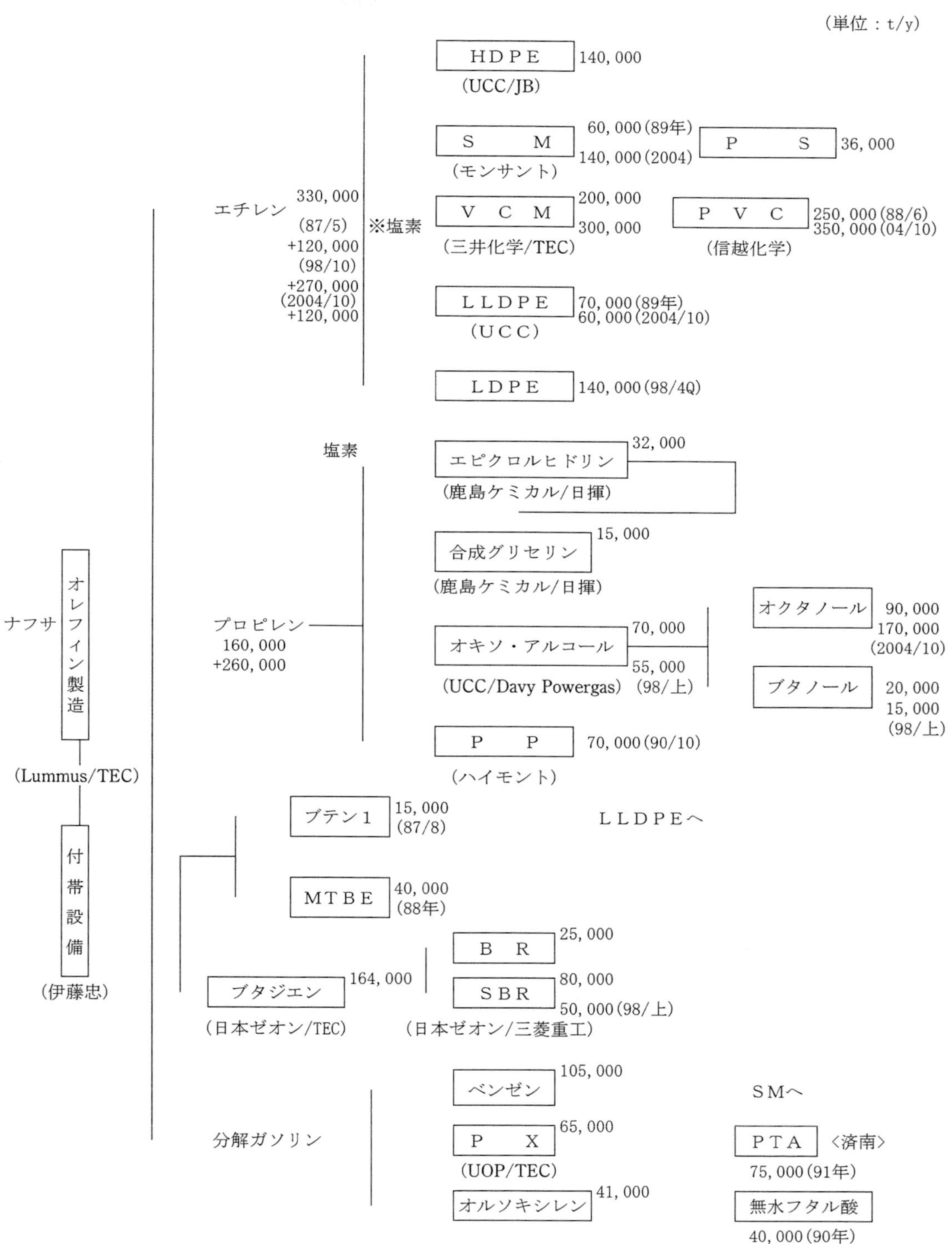

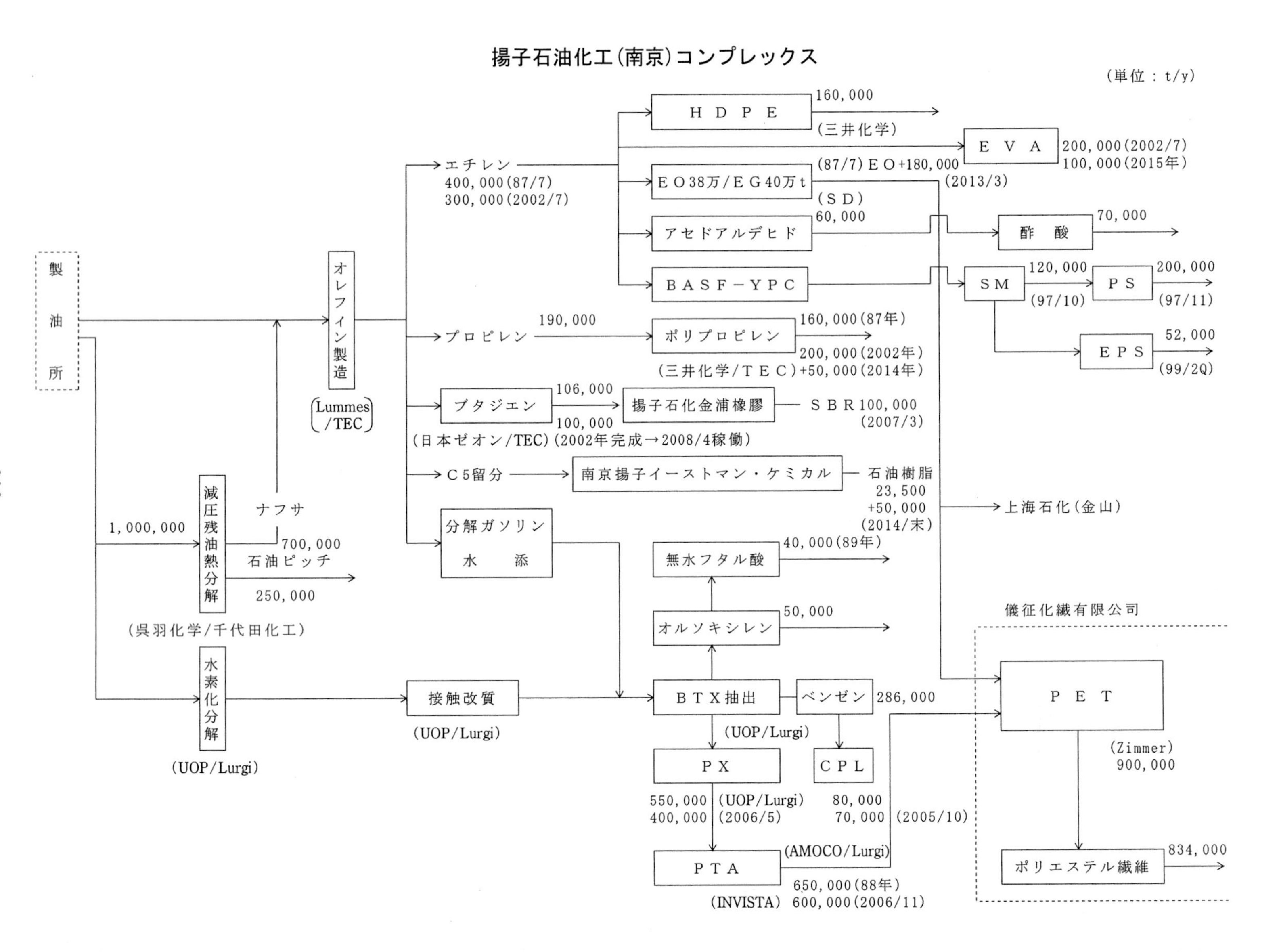
揚子石油化工(南京)コンプレックス
(単位：t/y)
製油所
1,000,000
減圧残油熱分解
(呉羽化学/千代田化工)
ナフサ
700,000
石油ピッチ
250,000
水素化分解
(UOP/Lurgi)
オレフィン製造
(Lummes/TEC)
エチレン
400,000(87/7)
300,000(2002/7)
HDPE
160,000
(三井化学)
EVA
200,000(2002/7)
100,000(2015年)
EO38万/EG40万t
(87/7)EO+180,000
(2013/3)
(SD)
アセドアルデヒド
60,000
酢酸
70,000
BASF−YPC
SM
120,000
(97/10)
PS
200,000
(97/11)
EPS
52,000
(99/2Q)
プロピレン
190,000
ポリプロピレン
160,000(87年)
200,000(2002年)
(三井化学/TEC)+50,000(2014年)
ブタジエン
106,000
100,000
(日本ゼオン/TEC)(2002年完成→2008/4稼働)
揚子石化金浦橡膠
SBR100,000
(2007/3)
C5留分
南京揚子イーストマン・ケミカル
石油樹脂
23,500
+50,000
(2014/末)
上海石化(金山)
分解ガソリン水添
接触改質
(UOP/Lurgi)
BTX抽出
(UOP/Lurgi)
無水フタル酸
40,000(89年)
オルソキシレン
50,000
ベンゼン
286,000
CPL
80,000
70,000
(2005/10)
PX
550,000
400,000
(UOP/Lurgi)
(2006/5)
PTA
(AMOCO/Lurgi)
650,000(88年)
(INVISTA)
600,000(2006/11)
儀征化繊有限公司
PET
(Zimmer)
900,000
ポリエステル繊維
834,000

撫順石化コンプレックス

（単位：t/y）

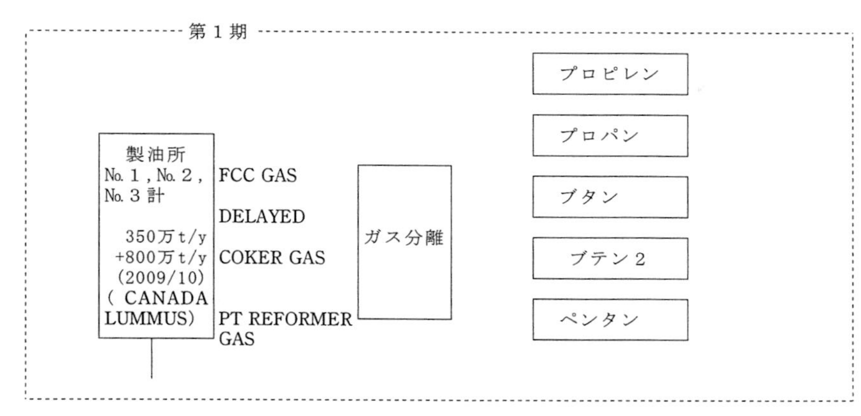

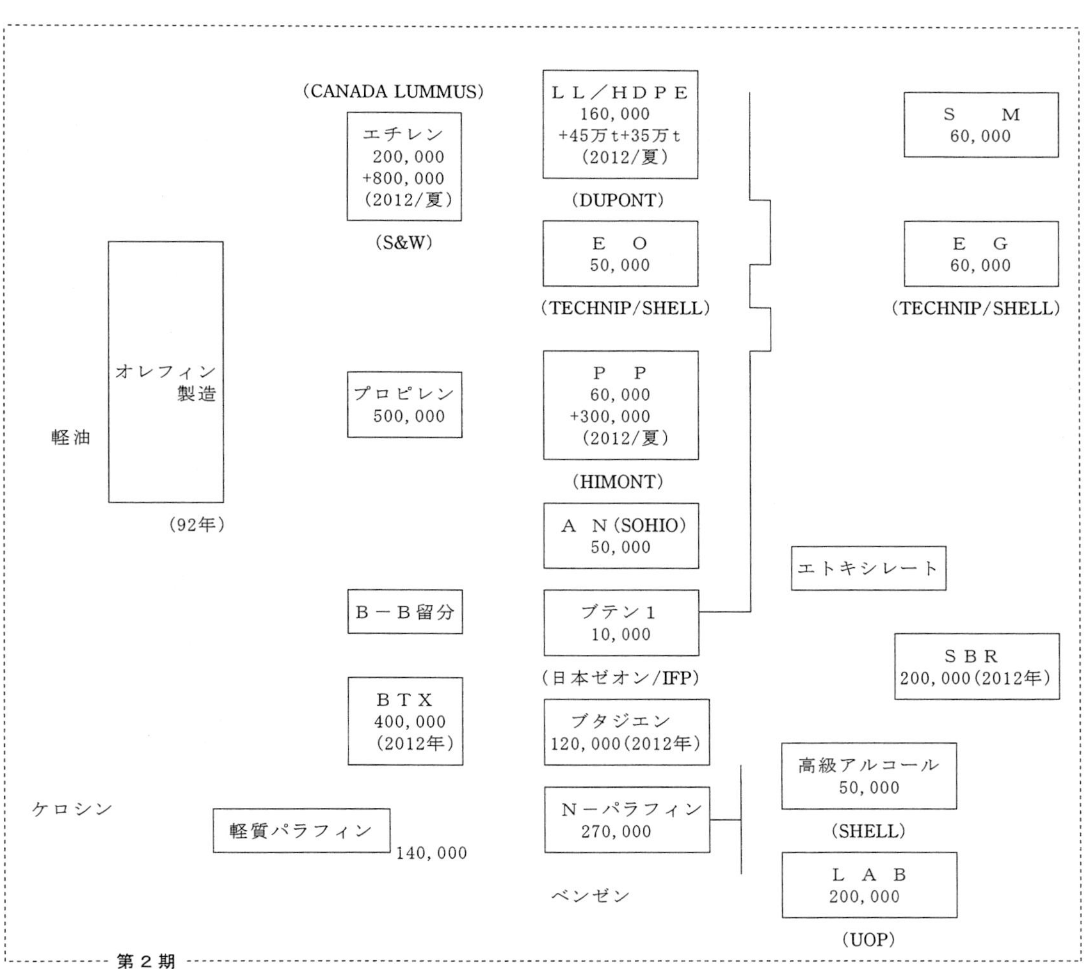

盤錦エチレンコンプレックス

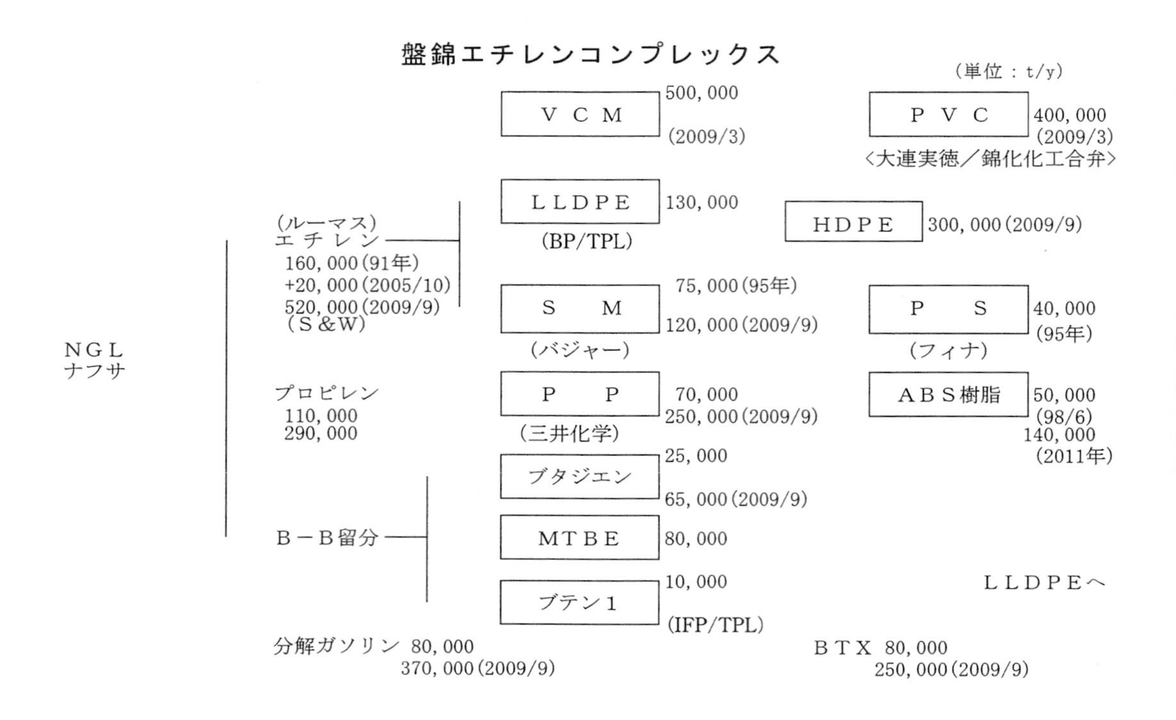

燕山石化・東方化工廠コンプレックス

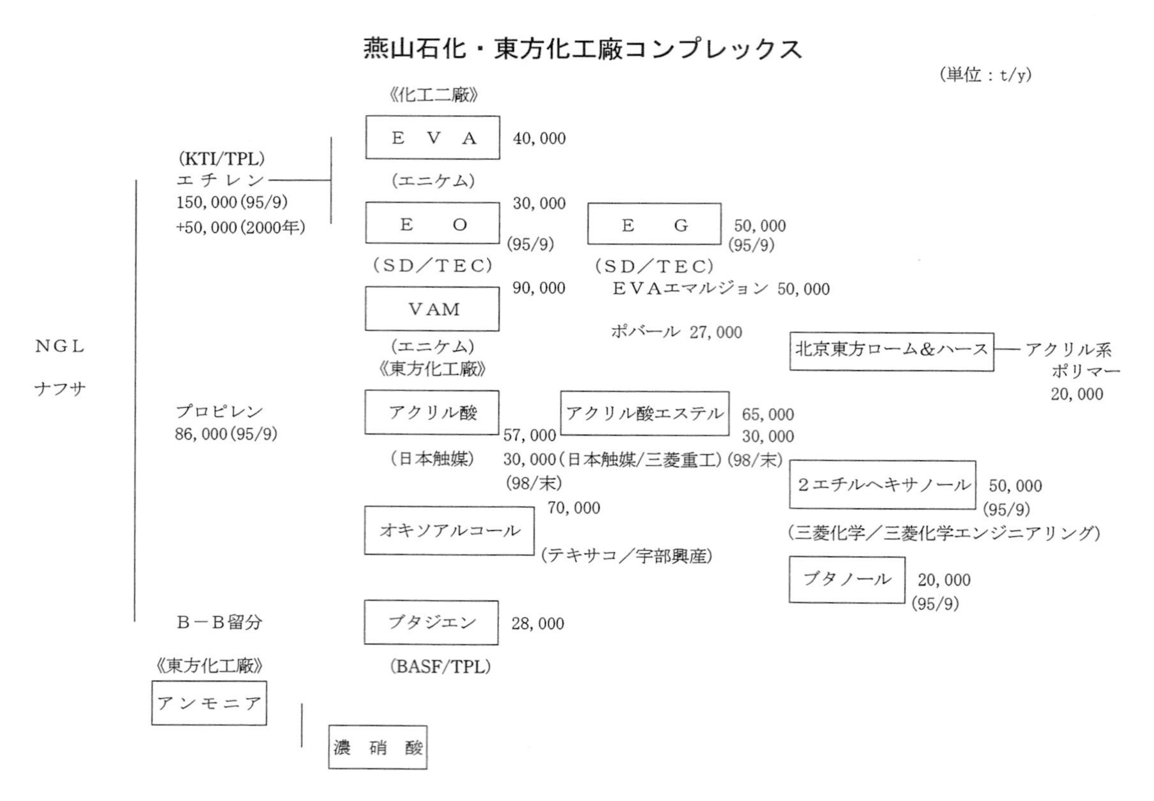

ＳＩＮＯＰＥＣ ＳＡＢＩＣ天津石化コンプレックス
[天津石油化工と中沙(天津)石化]

(単位:t/y)

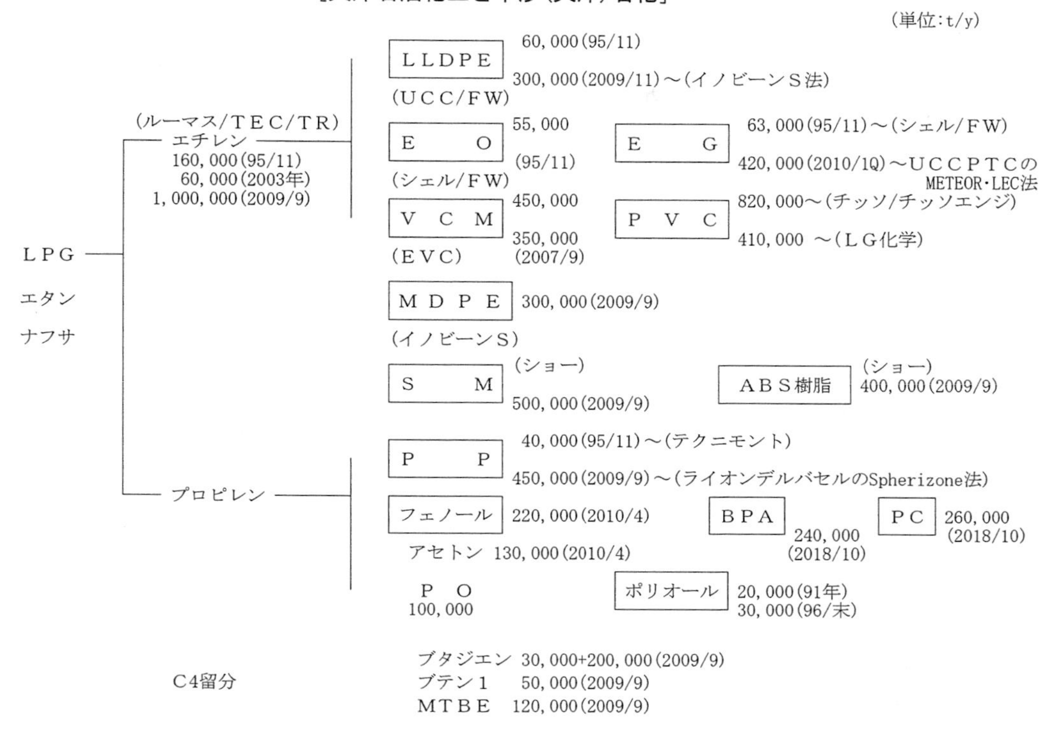

広州エチレンコンプレックス

(単位:t/y)

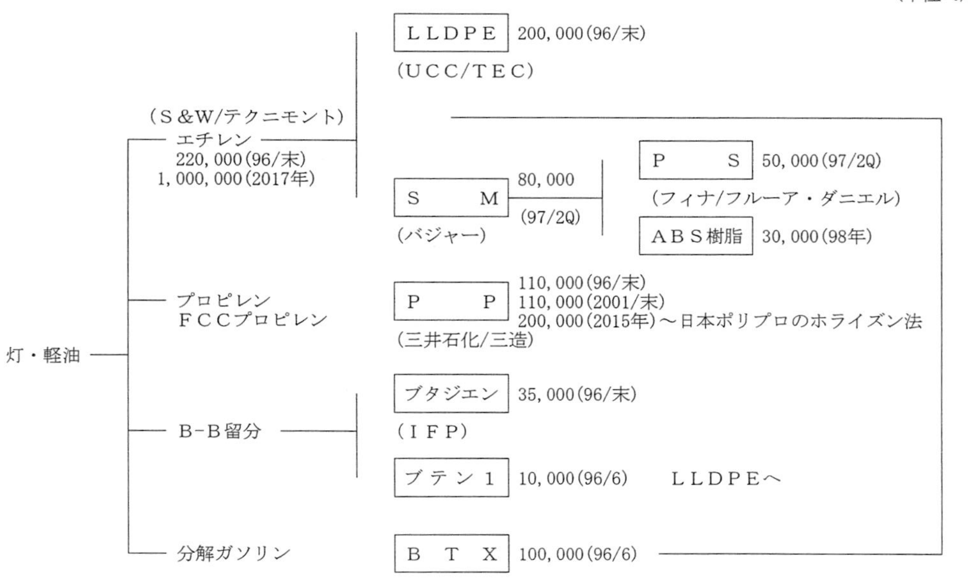

独山子エチレン(新疆)コンプレックス

(単位:t/y)

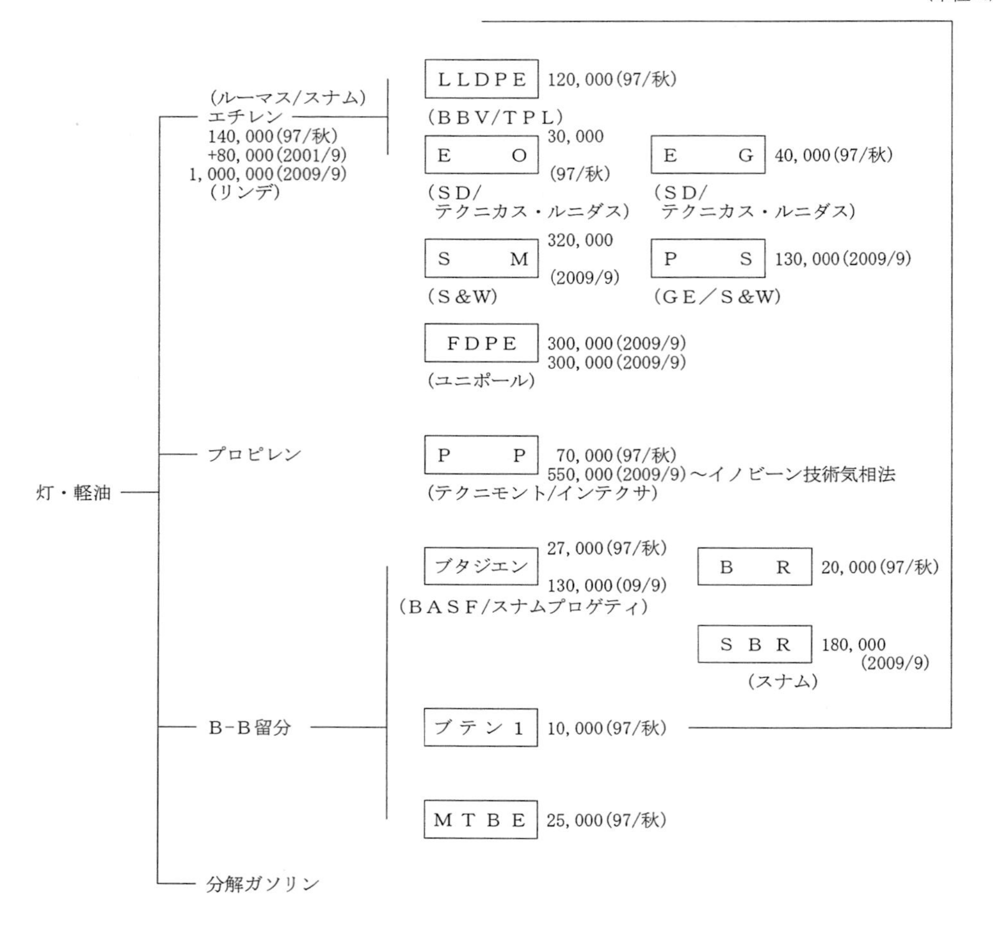

中原石油化工聯合(河南省)コンプレックス

(単位:t/y)

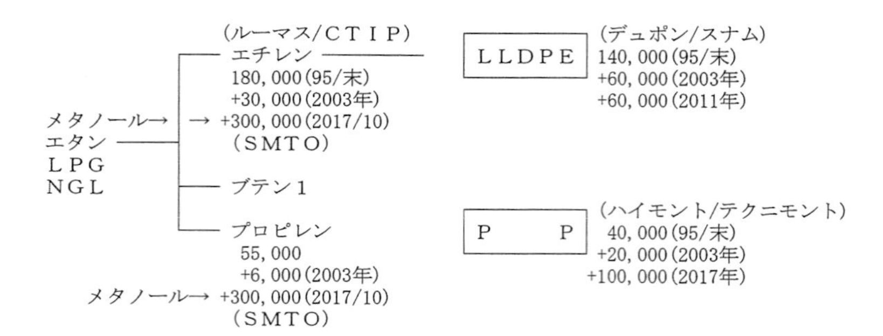

茂名エチレン(広東省)コンプレックス

(単位:t/y)

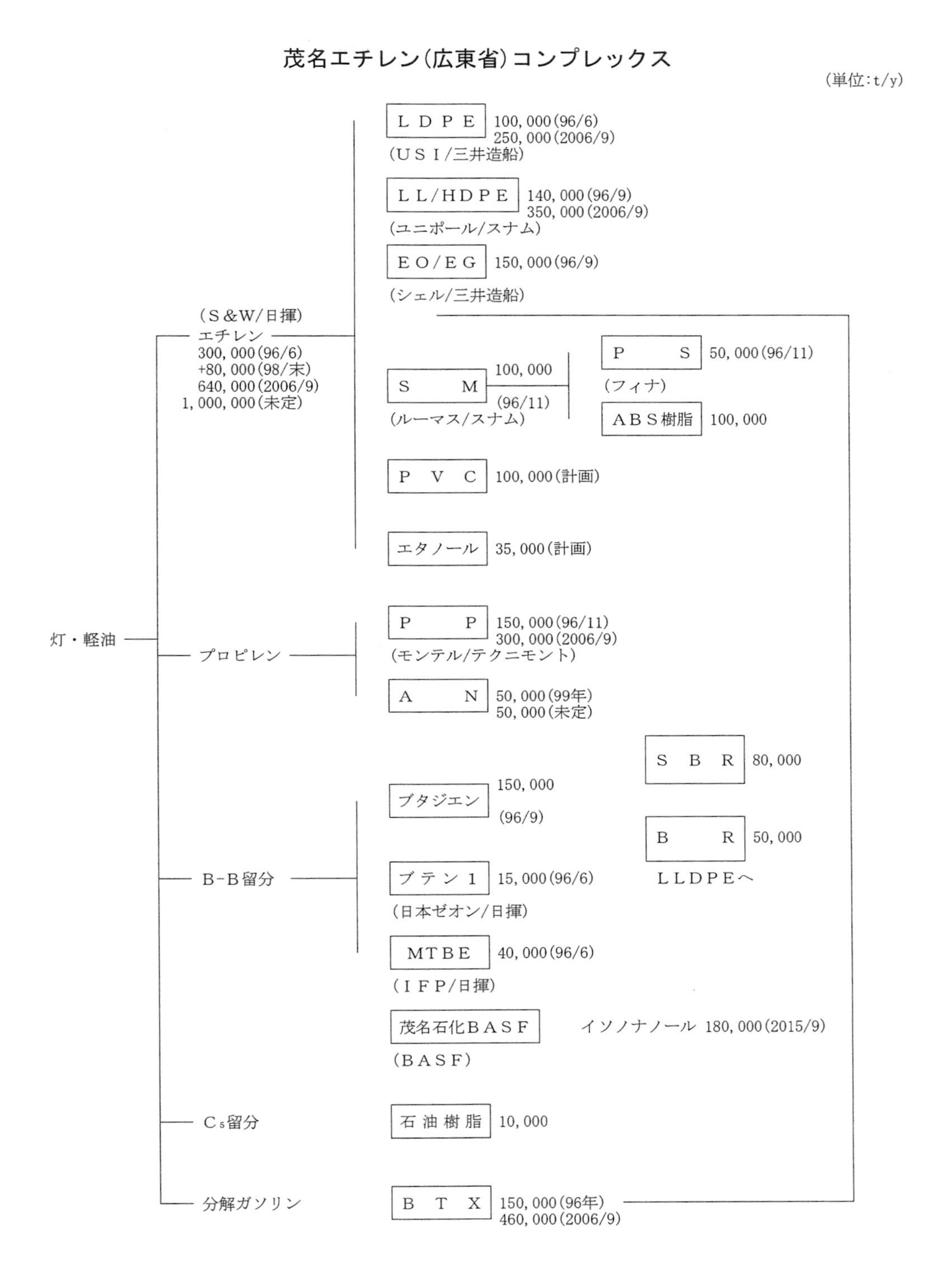

ＢＡＳＦ－ＹＰＣ（南京）コンプレックス
（2005/6操業開始）

（単位：t/y）

- ナフサ
  - （Ｓ＆Ｗ／フルーア）エチレン 600,000（2004/末） +150,000（2011/９）
    - ポリエチレン 400,000
      - ＬＤＰＥ 140,000
      - ＬＬ／ＨＤＰＥ 260,000
    - ＥＯ 250,000** +80,000（11年）
      - ＥＧ 396,000
      - エタノールアミン 75,000*
      - ジメチルエタノールアミン 20,000*
      - ターシャリーブチルアミン 10,000（2013/6） +6,000（2015/9）
      - 非イオン性界面活性剤 60,000（2011/10）
      - エチレンアミン 35,000*
      - ＤＭＡ３Ｑ（ジメチルアミノエチルアクリレート） 40,000*
      - ４級化カチオン性ポリマー 40,000*
      - カチオン性ポリアクリルアミド 20,000*
      - ブチルグリコールエーテル 80,000*
  - プロピレン
    - オキソアルコール 250,000＋ブタノール 55,000（2011/末）
      - 2-プロピルヘプタノール 80,000*
    - アクリル酸 160,000 +160,000※（2014/4）
      - アクリレート 215,000
      - 高吸水性樹脂 60,000※（2014/4）
    - プロピオン酸 39,000+3,000（2011/末） +30,000※（2019年）
    - 1,2-ＰＤＡ等 21,000※（2019年）～n-ＯＡやＰＥＡ等を含む
  - Ｂ－Ｂ留分
    - ブタジエン 130,000（2011/10）
    - イソブテン 60,000*
    - ポリイソブテン 50,000*
    - ポリイソブテンアミン 30,000*
  - ＢＴＸ 300,000

（注）□は既存の誘導品設備。＋印は増設。*印は2011/末に新設したプラント
**のうち15万tは精製可能　　※印は第３期プロジェクト

上海賽科石油化工コンプレックス
(2005/6操業開始)

(単位:t/y)

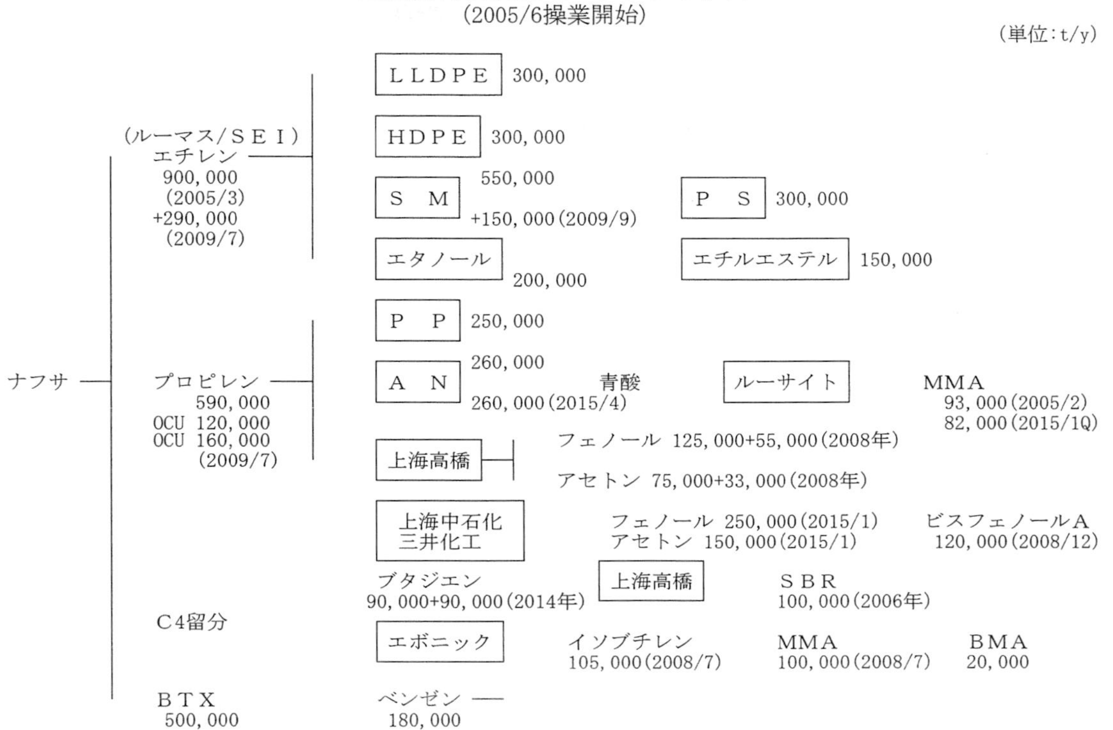

中海シェル石油化工(恵州)コンプレックス
(2005/11完成)

(単位:t/y)

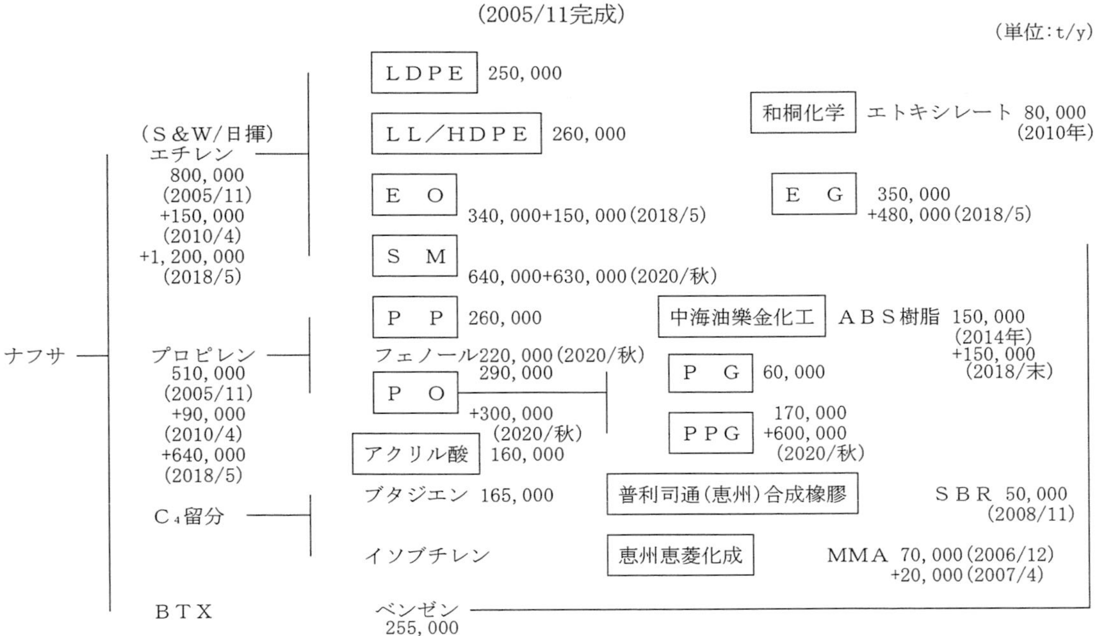

中　　国

福建連合石油化工コンプレックス
(2009/5操業開始)

(単位：t/y)

LLDPE 400,000

(ルーマス)
エチレン
800,000
(2009/4)
+160,000
(2011年)

HDPE 400,000

EG 400,000

ナフサ

プロピレン
420,000

PP 400,000

C4留分 ブタジエン 120,000

BTX
1,000,000
パラキシレン 700,000(2009/8)

鎮海石油化工コンプレックス
(2009/末完成〜2010/4操業開始)

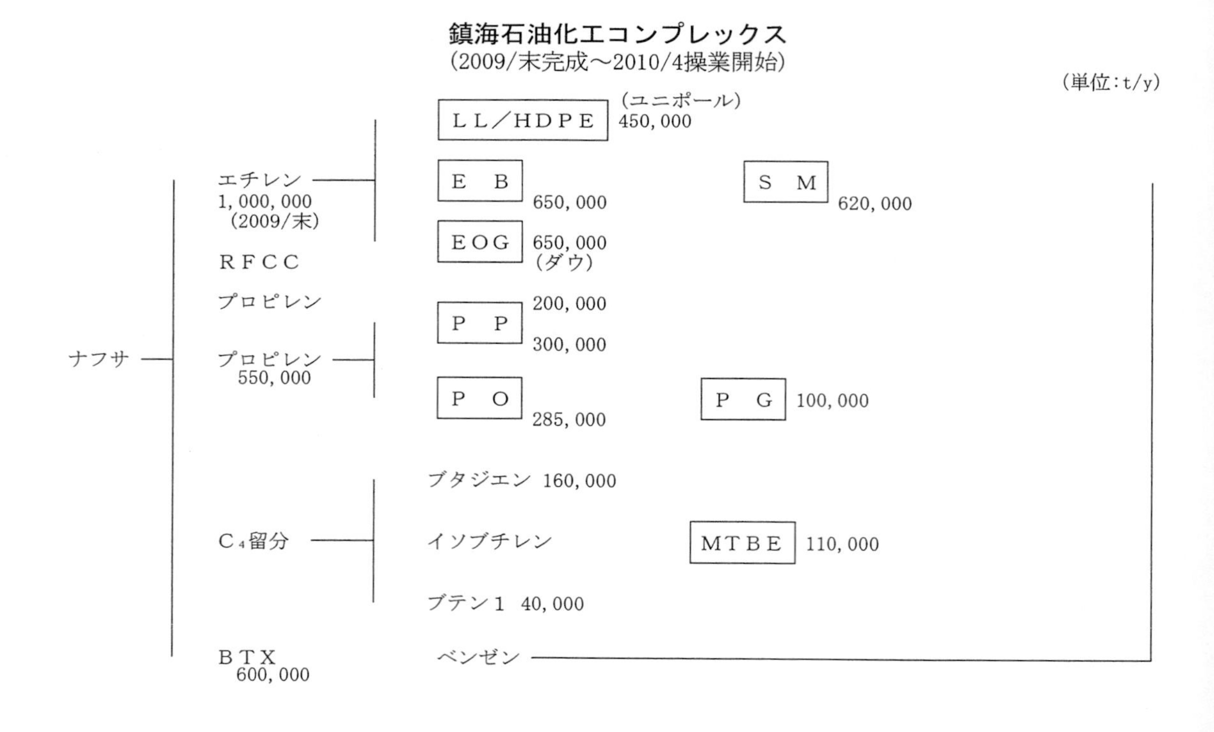

中韓(武漢)石化コンプレックス

(2013/8操業開始)

(単位:t/y)

ナフサ
- エチレン 800,000(2013/8) +300,000(2020年)
  - LLDPE 300,000
  - HDPE 300,000+300,000(2020年)
  - E G 380,000
- プロピレン 420,000 +160,000(2020年)
  - P P 400,000+300,000(2020年)
- C4留分
  - ブテン1 30,000+15,000(2020年)
  - ブタジエン 120,000+60,000(2020年)
  - MTBE 80,000+40,000(2020年)
- BTX 350,000+50,000(2020年)

中国石油・四川石油化工コンプレックス

(2014/1操業開始)

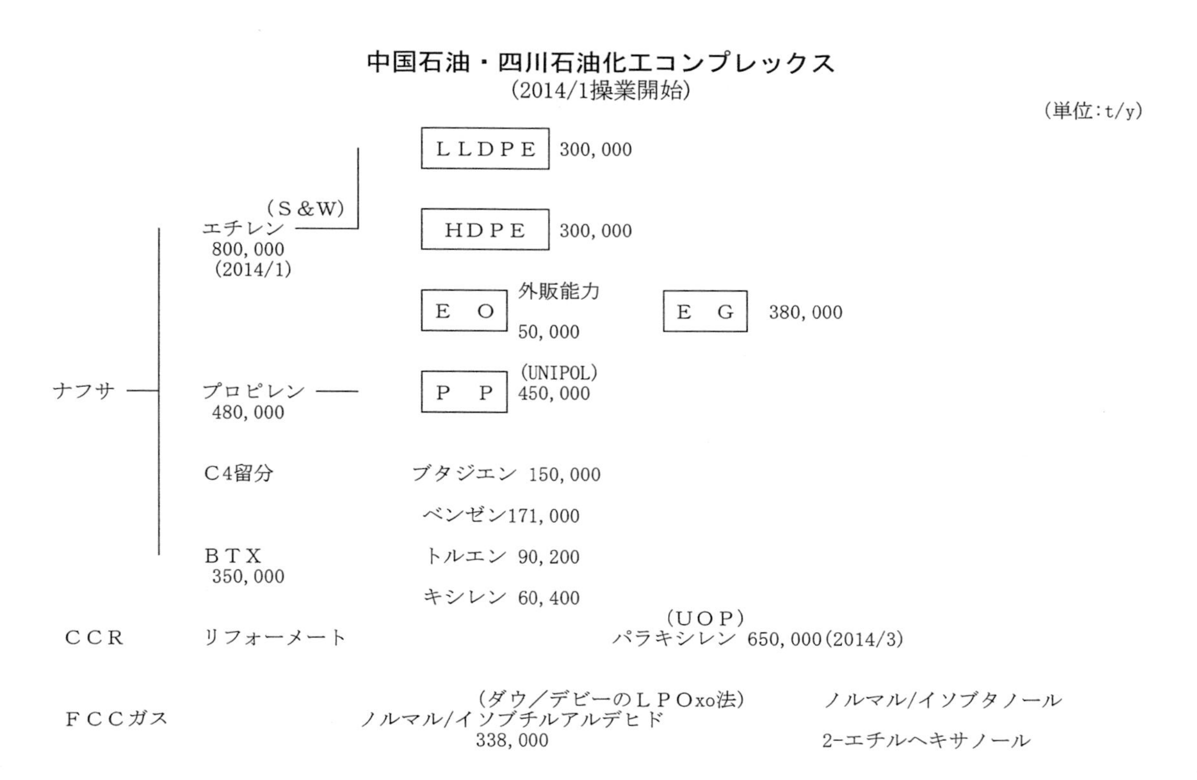

中国の主要石油化学製品生産能力一覧

（単位：t/y）

製　品	立地場所	現有能力	新増設計画	完　成	備　考
エチレン（ナフサ分解炉）	蘭州・№3	240,000		87／9	ケロッグ法（1・2号機休止中）96年倍増+2003年8万t
	〃№4	460,000	600,000	2019年	ＫＢＲ法～2006／11完成、増設後130万t
	新疆独山子	220,000			ルーマス/英スナム、97/10操開、2001/9に８万t増
	〃	1,000,000	150,000	2020年	リンデ法～2009/9完成「独山子石化」増強後115万t
	大慶	600,000		86／秋	Ｓ＆Ｗ法/日揮、2005/初に12万t増設
	〃	600,000		2012／7	倍増設後120万t～2012/10から稼働開始
	吉林・№1	200,000			三菱化学法、82年操開
	〃№2	650,000		97年	リンデ法/三星G/伊藤忠、2005/11に22万t増
	遼陽	200,000			ＩＦＰ/テクニップ、05/7に12万t+07/11に8万t増
	遼寧省撫順	200,000		92／5	ルーマス、99/末４万t増
	〃	800,000		2012／10	Ｓ＆Ｗ法で増設後計100万t
	遼寧省瀋陽	500,000		2009／7	「瀋陽化工」、ＲＦＣＣ50万tの川下、2011年18万t増
	遼寧省盤錦	180,000			ルーマス～91年完成、2005/10に２万t増
	〃	520,000	1,500,000	2020年	Ｓ＆Ｗ法、2009/9完成「遼寧盤錦華錦化工」計70万t
	大連長興島		1,500,000	2019／末	「恒力石化(大連)煉化」～精製40万b/dと併設
	遼寧省大連		1,300,000	2021年	大連実徳石油化学/ＳＡＢＩＣの折半出資計画
	遼寧省錦州		2,000,000	2020年	聚能重工集団/米アメリカン・エタンのエタン炉
	北京・燕山	300,000			ルーマス法、合計71万t保有「北京燕山分公司」
	〃№2	410,000		94／9	ルーマス/ＴＥＣ、2001/10に21万t、その後５万t増
	北京・通県	200,000		94／11	蘭ＫＴＩ/伊ＴＰＬ、95/9操開、2002年燕山に編入
	天津	220,000		95／11	ルーマス法/ＴＥＣ、2003年6万t増にＬＧ石化協力
	天津	1,000,000		2009／9	「SINOPEC SABIC天津石化」～PE60万t/EG42万tも
	天津・南港		1,200,000	未　定	ＣＮＰＣ/露ロスネフチ合弁、精製26万b/d併設
	河南省中原	210,000			95／末完成、ルーマス法/ＣＴＩＰ、2003年３万t増
	山東省斉魯	840,000			ルーマス/ＴＥＣ、2004/10に27万t＋近年８万t増
	山東省煙台		1,000,000	2020年	「万華化学」が環境影響評価書を2017/秋提出
	上海・金山	150,000			三菱化学法、76年操開、87/9に３万t増強
	〃№2	400,000			ルーマス法、90/4操開、97/末10万t増設
	〃№3	400,000		2002／3Q	Ｓ＆Ｗ/エクソンモービルＡＲＳ法、近年10万t増
	上海・漕溪	1,190,000		2005／3	ルーマス「上海賽科石油化工」、2009/7に29万t増強
	南京・揚子	400,000			ルーマス法、87/7完成、95/11ＴＥＣが10万t増設、
	〃	300,000		2002／7	初期能力25万tの№２もＴＥＣ施工～99/11着工
	南京・揚子	740,000		2004／末	Ｓ＆Ｗ/日揮「ＢＡＳＦ-ＹＰＣ」、2011/9に14万t増
	〃		1,000,000	未　定	「ＢＡＳＦ-ＹＰＣ」の２号機計画
	江蘇省泰興		780,000	2019／4	テクニップのエタン炉～「新浦オレフィン(泰興)」
	江蘇連雲港		1,100,000	2020年	「盛虹集団」～精製32万b/dとの一貫計画
	湖北省武漢	800,000	300,000	2020年	「中韓(武漢)石化」～ＳＫ35%出資、2013/8完成
	四川省成都	800,000		2014／1	ＣＮＰＣ51%/成都石化49%、212億元でＳ＆Ｗ建設
	浙江省鎮海	1,000,000		2010／4	鎮海煉油化工09/末完工～120万t増設計画棚上げ
	浙江省舟山		1,400,000	2019年	「浙江石油化工」、精製40万b/d併設～２期で倍増
	浙江省台州		1,200,000	未　定	ＣＮＰＣ/ＱＰＩ/シェル合弁、精製40万b/d併設
	福建省泉州	960,000			ルーマス～2009/5操開、ＥＭ/アラムコ/福建石化
	福建省泉州		1,000,000	2020／12	「中化泉州石化」～同時に精製24万bを30万bに増強
	福建省漳州		1,100,000	2020／6	「福建古雷石化」～台湾のLCY/USI/和桐/聯華等7社
	広東省広州	220,000		97／9	Ｓ＆Ｗ/テクニモント、2001/末に６万t増強
	広東省茂名	380,000			Ｓ＆Ｗ法/日揮、96/9完成、98/末６万t増設
	〃	640,000		2006／7	ルーマス法～2006/9稼働開始、増設後計102万t
	広東省恵州	950,000		2005／末	Ｓ＆Ｗ法/日揮「中海シェル石化」2010/4に15万t増
	〃	1,200,000		2018／5	「中海シェル」２期～増設20万b製油所の川下石化
	〃		1,000,000	2023年	エクソンモービル/恵州市政府が20万b製油所併設
	広東省湛江		1,000,000	2023年	シノペック50%/クウェート石油（ＫＰＣ）50%
	広東省湛江		1,000,000	2026／末	ＢＡＳＦ100%出資で100億$投資
	海南島洋浦		1,000,000	2019年	「海南煉油化工」、ＳＩＮＯＰＥＣが承認取得
	雲南省昆明		1,000,000	2019年	「中国石油」
	陝西省延安		1,000,000	未　定	中国石油と陝西省政府で26億$、PE75万t/PP35万t
	計	20,080,000	23,130,000		

エチレン（CTO/MTO）	内蒙古包頭	350,000	300,000	未　定	2010/秋「神華包頭石炭化学」、ＤＭＴＯ、倍増設検討
	内蒙古Ordos	520,000			「大唐国際発電」～ＭＴＯ法、プロピレン46万t併産
	内蒙古Ordos	300,000		2016／4	「中煤蒙大新能源化工」、ＤＭＴＯ法
	内蒙古Ordos	900,000		2016／6	「中天合創」、ＳＭＴＯ法、SINOPEC/中煤能源等
	内蒙古Ordos	300,000		2018／6	「久泰能源」、ＵＯＰ技術ＭＴＯ法、C_3も30万t
	内蒙古Ordos		450,000	2018年	「兗州煤業」～ＣＴＯ法
	陝西省楡林	610,000	610,000	未　定	倍増設、神華集団/ダウ
	陝西省楡林	340,000		2017年	「神華楡林石炭化学」、ＣＴＯ法
	陝西省楡林	300,000		2014／2Q	「中煤陝西楡林能源化工」、Methanol-to-Olefin法
	陝西省楡林	300,000	300,000	2019／下	「陝西延長中煤楡林能源化工」2014/央完成、ＭＴＯ
	陝西省延安	160,000		2014／8	「陝西延長石油」、ＭＴＯ法　↑川下にPE/PP30万t
	陝西省蒲城	300,000		2014／11	「蒲城清潔能源化工」～ＭＴＯ法、全70万t
	新疆・ｳﾙﾑﾁ	320,000		2016／5	「神華新疆能源」、ＣＴＯ法
	ウイグル		680,000	未　定	「新疆煤化工」、ＭＴＯ法
	寧夏・銀川	500,000	350,000	2018／下	「神華寧夏煤業集団」、ＭＴＯ法、2014/8完成
	寧夏・銀川	300,000		2014／11	「寧夏宝豊能源」、ＭＴＯ法
	青海ｺﾞﾙﾑﾄﾞ	160,000		2016／11	「青海塩湖工業」、ＤＭＴＯ法、C_3は17万t併産
	青海ｺﾞﾙﾑﾄﾞ	270,000	260,000	未　定	「青海省鉱業集団」、ＣＴＯ、C_3は41万t、17/央完成
	青海省西寧		900,000	2019年	「青海大美煤業」、ＤＭＴＯ技術/洛陽石油化工工程
	吉林省	150,000		2017／8	「吉林康乃爾化工」、ＭＴＯ、36億元でEO、PO～PPG等
	山東省臨沂	200,000		2014／12	「山東恒通化工」、ＭＴＯ法
	山東省臨沂	300,000		2016／6	「山東陽煤恒通化工」、ＵＯＰ技術ＭＴＯ法
	山東省滕州	500,000		2014／4Q	「山東神達化工」～ＭＴＯ法
	山東省聊城	300,000		2017／末	「聊城煤武新材料科技」、ＵＯＰ技術ＭＴＯ法
	河南省中原	300,000		2017／10	「中原石油化工」、ＳＭＴＯ法、C_3も30万t
	江蘇省常州	165,000		2016／12	「富徳（常州）新材料」～ＤＭＴＯ法、全33万t
	江蘇連雲港	417,000		2017／2	「江蘇斯爾邦石化」～盛虹石化の傘下、ＭＴＯ法
	南京		240,000	2019／2	「南京誠志永清能源」～ＭＴＯ法/ＵＯＰ
	大連		300,000	2019年	「南京誠志永清能源」～ＭＴＯ法
	浙江省寧波	900,000		2010年	「富徳能源（寧波）」～ＤＭＴＯ法
	浙江省寧波	300,000		2014／4Q	「寧波福基石化」、ＭＴＯ法
	浙江省喜興	300,000		2015／4	「浙江興興新能源科技」、ＤＭＴＯ法、C_3は30万t
	安徽省淮南		300,000	2018／末	「中安連合煤業化工」、ＳＭＴＯ法
	山西省洪洞	300,000		2017年	「山西焦煤」、ＭＴＯ法
	山西省晋城		300,000	未　定	「蘭花煤化工」、ＣＴＯ法
	貴州省畢節		300,000	2020年	「長城能源化工（貴州）」、ＳＭＴＯ法
	計	10,062,000	5,290,000		その他多数の計画有り
プロピレン（ＰＤＨ法）	天津	600,000		2014／3	ＣＢ＆Ｉルーマス法CATOFIN技術「天津渤海化工」
	山東省煙台	750,000		2014／末	ＵＯＰ技術「万華化学」イソブタン56.5万t
	山東省東営		450,000	2019／末	「山東天弘化学」～万達集団、工費15億元強
	山東省徳州		750,000	2020年	「金能科技」、200億元でＰＰ40万t/ＡＮ26万t等も
	山東省淄博		250,000	2020年	「山東匯豊石化」、ハネウェルＵＯＰ-C_3 Oleflex 法
	江蘇省南通	650,000		2014年	「長江天然ガス化工」～ＰＰ向け
	江蘇省大豊	510,000		2014年	ＵＯＰ技術「江蘇海力化工」～フェノール向け
	江蘇張家港	660,000		2015／9	ＵＯＰ技術「張家港揚子江石化」～飛翔化工（張家
	〃		600,000	2017年	港）40%/華昌化工30%/東華能源30%合弁、全２期
	浙江省平湖	450,000		2014／夏	ＵＯＰ技術、旧浙江聚龍石油化工を浙江衛星石化
	〃		450,000	2018／末	が買収し「浙江衛星能源」で倍増、第１期16.3億元
	浙江省嘉興		450,000	2020年	「浙江華泓新材料」浙江鴻基石化/上海華誼新材料
	浙江省紹興	900,000		2006年	ＵＯＰ技術「浙江紹興三圓石化」、2011/9に倍増設、
	〃	450,000		2015／1	増設後135万t、ＵＯＰ-C_3 Oleflex 法、～富陵集団
	浙江省寧波	600,000		2014／8	ＣＢ＆Ｉ/CATOFIN 技術「寧波海越新材料」
	浙江省寧波	660,000		2016／下	ＵＯＰ-Oleflex 法「寧波福基石化」～東華能源傘下
	〃		660,000	未　定	自社のＰＰに原料供給、第２期倍増設後132万t
	浙江省寧波		600,000	2021年	「台塑工業（寧波）」、7.5億$で$C_3$系誘導品原料自給
	浙江省舟山		600,000	2019年	「浙江石油化工」～川下でＰＰ/ＡＮ/ＰＨを計画
	福建省福州	500,000		2015／10	ＵＯＰ-Oleflex 法「福建美得石化」の１号機
	〃	660,000		2016／10	同２号機2016/12稼働後116万t、川下でＰＰ105万t
	広東省湛江	450,000		2017年	ＵＯＰ-Oleflex 法「広東鵬尊能源開発」
	広東省東莞		600,000	2019年	CB&I/CATOFIN技術「Dongguan Grand Resources」

	河北省景県	500,000		2016／上	ＣＢ＆Ｉルーマス法CATOFIN技術「河北海偉集団」
	〃	500,000		2017年	２号機倍増設後100万t
プロピレン（ＭＴＰ法他）	寧夏・銀川	1,040,000	←半分MTO		「神華寧夏煤化集団」～ＭＴＰ法、2014/8に倍増設
	〃		196,000	2018／下	「神華寧夏煤化集団」～ＣＢ＆Ｉ/CDHydro技術
	計	9,880,000	5,606,000		
ＬＤＰＥ	蘭州	135,000		99年	ＩＣＩ法、99年に８万t増設
	〃	200,000		2006／4Q	バセル法/テクニモント、No.4エチレンに連動
	大慶	120,000		86／７	イムハウゼン(ヘキスト)/ウーデ法、ＥＶＡ併産
	〃	250,000		2012／秋	全密度ＰＥ(All-Density Polyethylene)
	河北石家荘	120,000		99年	
	燕山・前進	180,000			住友化学法(６万t×３系列)、76/6操開
	〃	200,000		2001／央	エクソン技術チューブラー法、三井造船/伊藤忠
	山東省斉魯	140,000		98／4Q	エチレンの12万t増設と連動、ＤＳＭ/ＴＰＬ施工
	上海・金山	158,000		76年	三菱化学法～ＥＶＡ5,000t併産、92/央８万t増設
	江蘇省南通	120,000		99年	台湾/丸紅/軽工業総会/南通市の共同投資
	江蘇省蘇州	60,000		99／末	ノルスクヒドロ/ウエストレイク/蘇州南西化学
	江蘇省南京	140,000		2005／６	バセル技術「ＢＡＳＦ－ＹＰＣ」
	浙江省舟山		300,000	2019年	「浙江石油化工」～エチレン140万tの川下計画
	〃		400,000	2020年	「浙江石油化工」～同２号機計画
	広東省恵州	250,000		2005／末	テクニモント施工「中海シェル石油化工」
	広東省茂名	200,000		2006／９	バセル法Lupotech Ｔ技術/ウーデ、全密度ＰＥ
	新疆独山子	600,000		2009／９	ユニポール技術ＦＤＰＥ法/ＡＫ、30万t×２系列
	ウイグル	270,000		2015年	バセル技術Lupotech T法～「神華煤制油化工」
	新疆・ｳﾙﾑﾁ	320,000		2016／５	「神華新疆能源」～ＣＴＯの川下
	寧夏・銀川		200,000	2018／下	「神華寧夏煤業集団/ＳＡＢＩＣ」～ＣＴＯの川下
	陝西省蒲城	300,000		2015／１	新設、ユニポールＰＥ法、「蒲城ｸﾘｰﾝｴﾅｼﾞｰ化工」
	陝西省楡林	300,000		2015年	バセル/Lupotech T～「神華煤制油化工」ＥＶＡ併産
	陝西省楡林		300,000	2019／下	バセル/Lupotech T～「陝西延長中煤楡林能源化工」
	内蒙古Ordos	120,000		2016／７	「中天合創」～ＣＴＯの川下でオートクレーブ法
	〃	250,000		〃	同チューブラー法
	計	4,433,000	1,200,000		
ＥＶＡ	上海・金山	5,000		76年	三菱化学法、ＬＤＰＥとの併産設備
	北京・東方	40,000		95／９	エニケム技術
	北京・燕山	60,000		2008／末	2010/8稼働～デュポン45%の「北京華美ポリマー」
	南京・揚子	200,000		2002／７	三井化学技術
	〃	100,000		2015年	工費17億7,893万元(うち環境投資2,890万元)
	江蘇省儀征	40,000		2004／４	台湾の「大連化工(江蘇)」
	江蘇省揚州	80,000			〃
	浙江省寧波	200,000		2014／末	「台塑工業(寧波)」～酢ビ高配合タイプのＥＶＡ
	福建省漳州		300,000	2020／６	「福建古雷石化」～台湾のLCY/USI/和桐/聯華等7社
	広東省深圳	200,000		13年着工	「深圳富徳」
	寧夏・銀川		100,000	2018／下	「神華寧夏煤業集団/ＳＡＢＩＣ」～ＣＴＯの川下
	計	925,000	400,000		
ＬＬＤＰＥ	大慶	180,000		2005／初	ＵＣＣ気相法、うち６万tは1988/7完成の系列
	蘭州	60,000		91年	ＢＰ気相法
	遼寧省盤錦	130,000		91年	ＢＰ気相法
	新疆独山子	120,000		96年	ＢＰ気相法、西ＢＢＶ/伊ＴＰＬ
	天津	60,000		95／11	ＵＣＣ法/西ＦＷ
	天津	300,000		2009／11	イノビーンＳ法ＭＤＰＥ2系列の１基～SABIC-JV
	山東省斉魯	130,000		90／10	ＵＣＣ気相法、2004/10に６万t増設
	山東省東営	120,000		99年	
	上海・漕渓	300,000		2005／６	イノビーン技術「上海賽科石油化工」、15万t２系列
	江蘇連雲港	300,000		2017／２	バセルLupotech T&A～「盛虹集団」ＥＶＡ併産
	福建省泉州	400,000		2009／2Q	エクソンモービル/アラムコ/福建石化の合弁事業
	広東省広州	200,000			ＵＣＣ法／ＴＥＣ、96／末生産開始
	陝西省延安	300,000			「延安石油化工」～ＣＴＯの川下
	河南省中原	260,000		95／末	デュポン法/伊スナム、2003年と2011年に各6万t増
	湖北省武漢	300,000		2013／６	イノビーンＳ法、武漢石化/ＳＫ35%
	四川省成都	300,000		2014／１	ＣＮＰＣ／四川省企業合弁センターの川下計画

ＬＬＤＰＥ	安徽省淮南		300,000	2018／末	「中安連合煤業化工」～ＳＭＴＯの川下
	内蒙古Ordos	300,000		2016／4	「中煤蒙大新能源化工」～ＤＭＴＯの川下
	内蒙古Ordos	300,000		2016／央	「中天合創」～ＳＭＴＯの川下で気相法
	山西省洪洞	300,000		2017年	「山西焦煤集団」～ＣＴＯの川下
	青海ｺﾞﾙﾑﾄﾞ	260,000	260,000	未　定	「青海省鉱業集団」～ＣＴＯの川下、2017/央完成
	青海省西寧		300,000	2019年	「青海大美煤業」～ＤＭＴＯの川下
	貴州省畢節		300,000	2020年	「長城能源化工(貴州)」～ＳＭＴＯの川下
	計	4,620,000	1,160,000		
ＬＬ／ＨＤＰＥ	大慶	300,000		2012／秋	
	吉林	170,000			ユニポール法/三菱重工、96/6操開、2003/初7万t増
	遼寧省撫順	160,000			デュポン・カナダ法、99年倍増～うちＨＤ５万t
	遼寧省撫順	450,000		2012／夏	全密度ＰＥ(All-Density Polyethylene)
	天津	300,000		2009／9	イノビーンＳ法ＭＤＰＥ2系列の１基～SABIC-JV
	上海・金山	100,000		98／2Q	フィリップス40%出資合弁(ＨＤＰＥ生産が主力)
	〃	250,000		2002／5	ボレアリスのBarster技術／伊テクニモント
	江蘇省南京	260,000		2005／6	バセル技術「ＢＡＳＦ－ＹＰＣ」
	浙江省鎮海	450,000		2010／4	鎮海煉油化工・エチレン100万tの川下
	広東省恵州	200,000		2005／末	テクニモント施工「中海シェル石油化工」
	広東省茂名	350,000		2006／9	エチレン増設に連動
	蘭州	300,000		2006／4Q	バセル技術All-density PE～エチレン増設に連動
	内蒙古包頭	300,000	300,000	未　定	2010/央、ユニポールＰＥ/ＡＫ、包頭神華石炭化学
	内蒙古包頭		400,000	17/4着工	「包頭博発稀有新エネルギー科技」～２期倍増計画
	新疆・広匯	300,000		2011／4	
	陝西省浦城	300,000		2015／1	ユニポールＰＥ法、「浦城クリーン・エナジー化工」
	寧夏・銀川		300,000	2018／下	「寧夏煤化集団」～ＭＴＯ60万tより、最終50万tへ
	計	4,190,000	1,000,000		
ＨＤＰＥ	大慶	260,000			三井化学法、99年10万t増設
	吉林	300,000		2005／11	バセル技術/ウーデ
	遼陽	44,000		80年	ヘキスト法、3.5万t能力でスタート
	遼寧省盤錦	300,000		2009／9	イネオス・イノビーンＳ技術／テクニップ
	遼寧省撫順	700,000		2012／夏	バセル技術、2015/2に倍増設
	大連長興島		400,000	2018／10	バセル技術ＡＣＰプロセス「恒力石化」
	北京・燕山	140,000		94／9	自国＋三井化学法、増設エチレン15万tの川下設備
	山東省斉魯	140,000		87年	ＵＣＣ気相法（ユニポール法)
	上海・漕渓	300,000		2005／6	テクニップ技術「上海賽科石油化工」
	南京・揚子	160,000			三井化学技術
	浙江省舟山		350,000	2019年	「浙江石油化工」～エチレン140万tの川下計画
	福建省泉州	400,000		2009／2Q	エクソンモービル/アラムコ/福建石化の合弁事業
	広東省茂名	250,000		96／9	ユニポール法/伊スナム
	広東省恵州		300,000	未　定	「中海シェル石油化工」Innovene Sで中～高密度PE
	新疆独山子	300,000		2009／9	イノビーンＳ技術～独山子石化
	蘭州	70,000		2003年	
	陝西省楡林	300,000		2014年	イノビーンＳ技術、延昌石油傘下「楡林能源化工」
	湖北省武漢	300,000	300,000	2020年	2013/6完成、イノビーンＳ法、武漢石化/ＳＫ35%
	四川省成都	300,000		2014／3	バセル技術Hostalen法、ＣＮＰＣ/地元企業の合弁
	計	4,264,000	1,350,000		大連にも小規模プラント(700t/y)有り
Ｐ　　Ｐ	蘭州	300,000		2006／4Q	バセル技術、エチレン増設に連動
	遼陽	38,000		78年	ＢＰアモコ技術により84年に改造
	遼寧省盤錦	70,000		91年	三井化学法
	〃	250,000		2010／初	バセル技術Spheripol法「遼寧華錦化工」
	遼寧省撫順	60,000		92年	ハイモント法
	〃	300,000		2012／夏	第２期拡張設備～ダウのユニポール技術/ＡＫで
	遼寧省錦西	150,000		2011／6	「錦西石化」～気相法/ＡＢＢ
	大連	120,000		89年	三井化学法、「大連石油化工」
	〃	200,000		2006／6	バセル技術、工費8,610万＄
	大連	60,000		95／春	ハイモント法、「西太平洋石油化工公司」
	大慶	100,000		96／7	「大慶石油化工」三井化学法／三井造船
	大慶	300,000		2005／8	「大慶煉油化工」第１期
	〃	300,000		2012／秋	第２期13.7億元～LyondellBasellのSpherizone法

	立地				
ＰＰ	大連長興島		450,000	2018／10	「恒力石化」
	北京・燕山	165,000			三井化学法、77年完成～94/9に５万t増設
	〃	200,000		99／初	ＢＰアモコ技術気相法
	天津	40,000		95／11	テクニモント
	天津	450,000		2010／初	ライオンデルバセル技術Spherizone法～SABIC-JV
	山東省斉魯	70,000		90／10	ハイモント法
	山東省済南	70,000		98／秋	
	山東省青島	200,000		2008／６	QRCC(Qingdao Refining & Chemical)、SINOPEC85%
	山東省徳州		400,000	2020年	「金能科技」、ＰＤＨ法プロピレン75万tの川下計画
	上海・金山	70,000		90／２	ハイモント法、№１プラント
	〃	70,000		91／夏	三井化学法、№２プラント
	〃	200,000		2002／５	〃　、№３プラント
	〃	300,000			2008/7承認のプロジェクト
	上海・漕渓	250,000		2005／６	イノビーン技術気相法「上海賽科石油化工」
	南京・揚子	160,000			三井化学法(７万t×２系列)、87年操業開始
	〃	250,000		2002／７	ＢＰアモコ技術気相法、工費7億元、2014年５万t増
	江蘇省常州	300,000		2016／12	「富徳(常州)能源化工発展」、InnovenePP、原料自給
	江蘇張家港	400,000		2015／６	「張家港揚子江石化」、ＰＤＨの川下
	浙江省鎮海	200,000		2000年	「鎮海煉油化工」2003年倍増設、ＲＦＣＣ回収原料
	浙江省鎮海	300,000		2010／２	鎮海煉油化工・エチレン100万tの川下プラント
	浙江省紹興	600,000		2006年	「浙江紹興三圓石化」、2008年に倍増設
	浙江省寧波	450,000		2007／2Q	「台塑ポリプロピレン(寧波)」～稼動は2008/4
	浙江省寧波	400,000		2012／６	「富徳能源(寧波)」、原料自給、元浙江天聖集団設備
	浙江省寧波	400,000		2016年	イノビーンPP、「寧波福基石化」～原料は自給
	浙江省嘉興	240,000		2011／８	ＺＨＧ法「浙江鴻基石化」～ＰＤＨ45万tを計画
	浙江省平湖	300,000		2016／10	「平湖石化」～原料は浙江衛星能源のＰＤＨより
	浙江省舟山		900,000	2019年	「浙江石油化工」～エチレン140万t/PDH60万tより
	福建省福州	70,000		98／秋	「福州煉油化工」～ＲＦＣＣ回収プロピレン使用
	福建省福州	350,000		2016／３	「中景石化」～中国軟包装材集団、福建美得石化の
	〃	700,000		2017年	ＰＤＨ利用、２号機・３号機各35万t増設後105万t
	福建省泉州	450,000		2009／2Q	エクソンモービル/アラムコ/福建石化の合弁事業
	福建省泉州	200,000	350,000	2020／12	ユニポールＰＰ法、「中化泉州石化」、2014/7完成
	福建省漳州		350,000	2020／６	「福建古雷石化」～台湾のLCY/USI/和桐/聯華等7社
	広東省茂名	170,000		96／９	ハイモント法/伊テクニモント(Spheripol 法)
	〃	300,000		2006／９	エチレン増設に連動
	広東省広州	110,000		96／末	三井化学法/三井造船
	〃	310,000			日本ポリプロ技術ホライズン法、2016年20万t増設
	広東省恵州	260,000		2005／末	「中海シェル石油化工」
	〃	400,000		2018／央	同上第２期計画、バセルのSpherizone法を導入
	広東省東莞		600,000	2019年	UNIPOL PP技術～「Dongguan Grand Resources」
	安徽省淮南		300,000	2018／末	「中安連合煤業化工」～ＳＭＴＯの川下
	河南省洛陽	60,000		93／央	ハイモント法、「洛陽石化総廠」
	河南省中原	60,000		95／末	ハイモント法/伊テクニモント、2003年２万t増
	〃	100,000		2011年	ＳＭＴＯ法でオレフィン増産時に新系列を導入
	河南省永城		300,000	未　定	中原大化集団、全３期でプロピレン50万tの川下
	陝西省洛川	100,000		2005／６	ハイモント技術、陝西延長石油工業グループ
	陝西省楡林	300,000		2013年	イノビーンＰＰ法～延昌石油傘下「楡林能源化工」
	〃	300,000		2014／末	イノビーンＰＰ法「楡林石炭化学」、原料はＭＴＯ
	陝西省楡林		300,000	2019／下	バセルSpherizone法を導入～「中煤陝西楡林能源」
	陝西省延安	300,000			「延安石油化工」イノビーンPP法、2011/7に20万t増
	新疆独山子	70,000		96年	テクニモント/西インテクサ
	〃	550,000		2009／９	イノビーンＰＰ技術気相法
	新疆・広匯	300,000		2011／４	2008/4着工
	ウイグル	450,000		2015年	イノビーンＰＰ法「神華新疆石炭化学」～ＭＴＯ
	新疆・ｳﾙﾑﾁ	360,000		2016／５	「神華新疆能源」、ＣＴＯの川下
	湖南省巴陵	70,000		98／秋	
	湖北省武漢	70,000		98／秋	「武漢石化」
	〃	400,000	300,000	2020年	2013/6完成、うち20万tは日本ＰＰ技術、武漢/ＳＫ
	四川省南充	75,000		2007／２	ＭＴＢＥ1.5万t併設、2009年4.5万t増設
	四川省成都	450,000		2014／３	ダウのユニポール法／ＡＫ「四川石化」
	江西省九江	70,000		98／秋	

P　　P	広西・欽州	200,000		2010／末	ダウのユニポール法/ＡＫ、「中国石油広西石化」
	内蒙古包頭	300,000	300,000	未　定	2010年、ユニポールＰＰ/ＡＫ、「包頭神華石炭化学」
	内モンゴル	500,000		2010年	「多倫」～大唐集団の石炭化学プロジェクト
	内蒙古Ordos	350,000		2015／末	「中天合創」～ＣＴＯの川下でループリアクター法
	〃	350,000		2016／央	同気相法
	内蒙古Ordos	300,000		2016／４	「中煤蒙大新能源化工」、ＤＭＴＯの川下
	甘粛省	100,000		2010年	「慶陽石化」
	寧夏・銀川	500,000		2011／７	「寧夏煤化集団」～ＭＴＰ法プロピレン52万t使用
	〃		300,000	未　定	イノビーンPP、「寧夏寶豊能源集団」、最終180万tへ
	寧夏・銀川	100,000		2011／９	寧夏ペトロケミカル、10万b/dの川下、2009/12着工
	寧夏・銀川		380,000	2018／下	「神華寧夏煤業集団/ＳＡＢＩＣ」～ＣＴＯの川下
	青海ｺﾞﾙﾑﾄﾞ	160,000		2016／11	ユニポール法「青海塩湖工業」～ＭＴＯベース
	青海ｺﾞﾙﾑﾄﾞ	420,000	420,000	未　定	「青海省鉱業集団」、ＣＴＯ、2017/央完成
	青海省西寧		400,000	2019年	ユニポール法「青海大美煤業」～ＭＴＯベース
	山西省洪洞	400,000		2017年	ダウのユニポール法「山西焦煤集団」
	山西省晋城		600,000	未　定	ＣＴＬ300万tの川下でLanhua Group等合弁計画
	貴州省畢節		300,000	2020年	「長城能源化工(貴州)」～ＳＭＴＯの川下
	計	19,418,000	6,950,000		蘭州、上海・高橋や石家荘などにも小規模プラント
Ｅ　Ｄ　Ｃ	北京・第２	200,000		58年	「北京第二化工廠」、ＶＣＭ～ＰＶＣまで一貫
	山東省斉魯	330,000		88／６	「斉魯石油化工公司」、ＶＣＭ～ＰＶＣまで一貫
	上海・呉淞	330,000		90／初	「上海クロルアルカリ」
	〃	100,000		97／3Q	ヘキスト／ウーデ
	〃	360,000		2006／６	
	天津・大沽	110,000		97／６	ＥＶＣ技術/チッソエンジニアリング／ニチメン
	〃	330,000		2007／９	「天津ＬＧ渤海化学」～ソーダ24万t/塩素21.6万t
	寧波大榭島	500,000		2010／12	「ハンファ石油化学」、塩ビ30万tまで計26.6億元
	計	2,260,000			
Ｖ　Ｃ　Ｍ	錦西	54,000		58年	88年に４万t増設
	〃	80,000		2000／５	「錦化化工集団」、試運転に成功
	遼寧省盤錦	500,000		2009／３	大連実徳／錦化化工合弁事業、ＰＶＣも40万t建設
	天津・大沽	34,000		59年	88年に１万t増設「天津大沽化工廠」
	〃	150,000		97／６	ＥＶＣ技術／チッソエンジニアリング／ニチメン
	〃	100,000		2001／央	増設後25万t
	〃	200,000		2005／４	増設後45万t
	〃	400,000		2007／９	「天津ＬＧ渤海化学」、2010年５万t増強、ＬＧ75％
	山東省斉魯	200,000		88／６	三井化学技術
	〃	300,000		2004／10	三井化学技術、増設後50万t～電解も増設
	山東省青島	400,000		2013年	「青島海晶化工」、イネオス技術
	河北省滄州	60,000			「河北滄化実業集団公司」(カセイソーダ5万t保有)
	〃	240,000		99／４	ＥＤＣ法、「華井化工」に物産25％出資、三井化学法
	〃	400,000		2005／８	チッソ技術／チッソエンジ「滄井化工」に物産25％
	上海・呉淞	220,000		90／初	「上海クロルアルカリ」、三井化学技術
	〃	100,000		98／初	三井化学技術
	江蘇省泰興	500,000		2008／1Q	ＳＰケミカルズ、ソーダ75万t／塩素66万t併設
	浙江省嘉興		300,000	2021年	「嘉化能源」～三江化工グループ企業、工費10億元
	寧波大榭島	360,000		2010／12	「ハンファ石化」、ＥＤＣ50万t/ＰＶＣ計26.6億元
	福建省福州	300,000		2007年	「福州化工二廠」～ＬＧが参画検討
	新疆・ｳｲｸﾞﾙ		300,000	2018／10	「中泰トクスン能化」～川下でペースト塩ビ/CPVC
	計	4,598,000	600,000		合計にカーバイド法能力を含む
Ｐ　Ｖ　Ｃ	遼寧省錦西	80,000		58年	グッドリッチ法、88/10に４万t＋2003年４万t増設
	遼寧省瀋陽	10,000		87年	ＰＶＣペースト、カネカ技術「瀋陽化工集団」
	〃	120,000			同上、2005/7に２万t＋2007年に３万t増設
	遼寧省錦州	150,000		99／６	錦化化工公司、10万tのカーバイド法設備保有
	遼寧省盤錦	400,000		2009／３	盤錦エチレンで電解～ＶＣＭ新設、大連実徳/錦化
	吉林	280,000			「四平昊華」(Siping Haohua)、2008年20万t増設
	天津・大沽	220,000			59年創業、「天津大沽化工廠」、2002/4Qに2万t増
	〃	200,000		2005／４	チッソ技術/旧チッソエンジ/旧ニチメン
	〃	200,000		2006／６	増設後48万t(別にカーバイド法設備６万t保有)
	〃	300,000			2010年に10万t増設後計92万t

中　国

ＰＶＣ	天津漢沽区	260,000		89／1	ペースト、三菱化学法「天津渤天化工」08/3に6万t
	天津	410,000			ＬＧ化学/天津渤海化工合弁「天津ＬＧ大沽化学」、
	〃		190,000	未　定	2001/10と2003/7に各10万t増設、2008年６万t増
	河北省滄州	630,000			「金牛化工集団」、エチレン法で2011年に40万t増設
	〃	230,000		99／4	チッソ技術カーバイド法ＶＣＭ12万tの川下
	〃	400,000		2005／8	チッソ技術/チッソエンジ「滄井化工」に物産25%
	河北張家口	200,000			「河北盛華化工」
	〃	200,000		2011年	チッソ技術、カーバイド20万t/ソーダ40万t併産
	河北省唐山	300,000		2007／8	ＥＤＣ法10万t/カーバイド法20万t「唐山三友」
	福建省福州	450,000		2007年	「福州化工二廠」ＬＧが参画検討、ＶＣＭも新設
	福建省福州	80,000		88／10	グッドリッチ法「福州化工廠」、2001/末２万t増強
	〃	100,000			福州二化/福建煉油化工と提携し99年に５万t増設
	山東省斉魯	250,000		88／6	信越化学技術、2000/3Qに５万t増強
	〃	350,000		2004／10	増設後60万t
	山東省濰坊	110,000		89年	ヘキスト技術塩素化ポリエチレン「濰坊亞星化学」
	〃	60,000		2008／8	塩素化ポリエチレン～ロッテが2008/4買収
	山東省青島	380,000			「青島海晶化工」、イネオス技術で2013年30万t増設
	山東省徳州	300,000		2011年	「徳州実華化工」、チッソ技術
	上海天山路	60,000		89／1	ペースト、三菱化学法「天原化工」2007年4万t増
	上海・呉渓	200,000		90／初	「上海クロルアルカリ化工」、信越化学技術
	〃	30,000		90／末	同上、ＰＶＣペースト～オキシデンタル技術
	〃	170,000			信越化学技術＋チッソ技術～2003/10に７万t増設
	安徽省合肥	12,000		90年	アトケム技術「合肥化学工場」
	安徽省魯橋	1,000,000		2011年～	アルケマ技術/ＡＫ、全２期計画～淮北鉱業集団
	黒龍江牡丹	40,000		87年	うちペースト２万t、日本ゼオン法「東北高新」
	湖南省株洲	90,000		89／3	特殊ＰＶＣ 、日本ゼオン法「旧株洲化学工場」
	湖南省株洲	200,000		2006／末	「中塩株洲化工集団」うちペースト2.5万t
	〃	100,000		2009／3	2005/3から倍増設工事に着手
	四川省宜賓	700,000		97年	「宜賓天原化工」、2011年に20万t増設
	四川省徳陽	340,000			「四川金路集団」
	四川省禹城	200,000		2010年	2008/7着工、Sichuan Hesen Electric Power
	浙江省寧波	120,000		99年	タイのＣＰグループ(正大集団)が建設
	浙江省寧波	550,000		2004／11	「台塑工業(寧波)」、2009年６万t+2014/2に15万t増
	寧波大榭島	360,000		2010／12	「ハンファ石化」チッソ技術、ＥＤＣ50万t計$3.8億
	浙江省杭州	60,000	200,000	検討中	2002／2Qに倍増設「杭州電化」
	浙江省衢州	200,000			「巨化(Juhua)集団」
	江蘇省蘇州	140,000		99／9	ウエストレイク95%出資「蘇州華蘇塑料」、ﾌｨﾙﾑ6万t
	〃	170,000		2006年	太倉開発区に「蘇州華塑」　2001/3Q３万t増強
	江蘇省常州	240,000			常州化工～2003/末10万t増設
	〃	100,000		2004／初	漢和樹脂(新東化工70.2%/東ソー・丸紅各14.9%)
	〃	190,000			新東化工、2006/1に10万t増、カーバイド法５万t別
	江蘇省徐州	100,000		2003／4Q	「金浦北方氯碱集団」～20万t増設は2009年完成
	〃	200,000	200,000	未　定	２期倍増設計画～１期20万t２億$(15億元)
	江蘇省泰州	300,000		2011年	「泰州連成塑胶」、チッソ技術
	江蘇省無錫	200,000		2000年	「格林艾普」～旧無錫化工集団、2011年４万t増強
	広東省	80,000		99年	広東化工廠／広東石化が提携
	広東省広州	240,000		2007／4	東ソー67%/三菱商事18%/丸紅・三井物産各7.5%
	〃		390,000	未　定	増設後63万t、工費100億円「東曹(広州)化工」
	河南平頂山	100,000		2006年	「河南平頂山匯源化学」が10万tの電解を併設
	〃	450,000			「平煤神馬」2009年20万t増設、電解設備等併設
	河南省焦作	500,000			チッソ技術、「昊華宇航化工」、2011年に20万t増設
	江西省九江	150,000			「九江恒宇」
	陝西省楡林	100,000			１号機
	〃	500,000		2011／7	２号機もチッソ技術カーバイド法、ソーダ80万t
	〃	500,000		2010／11	陝西石炭化学/北元化学合弁の「陝西北元化工」
	陝西省楡林	100,000	(150,000)	(凍結)	「陝西金泰氯鹼化工」～カーバイド法
	新疆石河子	320,000			Carbide法「新疆天業(Xinjiang Tianye)集団」
	〃	400,000		2007／3	2007/10稼働～2008/7倍増設後40万t
	〃	400,000		2010年	ＬＧ化学が参画～増設後計112万t
	〃	280,000			増強後合計140万t、カセイソーダ100万t保有
	新疆・阜康	380,000			「新疆中泰化工」(Xinjiang Zhongtai Chemical)
	〃	120,000		2006／3	ソーダ10万tを併設～ソーダ計63.9万tへ

P　V　C	〃	360,000		2010／7	ソーダ30万t併設、完成後ＰＶＣ86万t、稼働は年末
	〃	400,000		2011／4Q	ソーダ30万tを併設、全４期でＰＶＣ160万t増設
	新疆・ﾄﾙﾌｧﾝ	500,000	50,000	2018／10	ペースト塩ビ設備を新設～「中泰トクスン能化」
	〃		30,000	2020年	塩素化塩ビ設備を新設～2018/10にＶＣＭ30万t
	内蒙古烏海	100,000		2000年	うち８万tは懸濁法/２万tは乳液法
	内蒙古海吉	280,000		2004／9	Haiji氯碱→湖北宜化へ、2010年20万t増設
	内蒙古・阿	200,000		2007／9	「中塩吉蘭泰塩化(Jilantai Salt Chemical)集団」
	拉善	200,000		2010年	倍増設後40万t～カーバイド60万tを併設
	内蒙古Ordos	400,000		2011／末	「Ordos電力冶金」に三井物産出資、ソーダ30万t併設
	〃	600,000		10/7着工	ソーダ60万t等併設～Zhonggu Mining Industry
	〃		100,000	2018年	「内蒙古君正天原化工」(君正能源60%/上海クロア
	〃		100,000	２期計画	リ40%)のペースト塩ビ計画、電解他併設
	内蒙古億利	400,000		2008年	2007/10完成、Erdosの「Elion Energy Chemical」
	寧夏自治区	200,000			「寧夏金昊元」
	〃	145,000		2005／6	「寧夏西部クロル」～上海クロアリ30%出資
	寧夏石嘴山	200,000		2007／10	「寧夏英力特化工」、2010年に倍増設
	貴州省遵義	300,000		2010年	ソーダ30万t/カーバイド48万tを併設
	青海省海西	400,000		10/8着工	CNSG Qinghai Chlor-alkali Chemical、NaOH36万t
	青海ｺﾞﾙﾑﾄﾞ	300,000		2016／11	「青海塩湖工業」～ＭＴＯベース
	山西省	400,000			「Yushe Chemical Engineering」、ソーダも40万t
	〃	120,000		2010／6	イオン交換膜法ソーダ10万tを併設
	山西省	200,000		2011年	「山西潞安樹脂」、チッソ技術
	山西省運城	200,000		09/2着工	「China Salt」～電解ソーダ17万tなど併設
	〃		200,000	未　定	２期倍増設計画全40億元～うち１期計画18億元
	計	23,267,000	1,460,000		合計にカーバイド法能力等を含む
S　M	蘭州	60,000		68年	自国技術
	新疆独山子	320,000		2009／9	Ｓ＆Ｗ技術、エチルベンゼンからの一貫生産
	大慶	90,000		96／7	バジャー/モービル法(エチルベンゼン含む)
	〃	100,000		2009／10	大慶石油化工の２号機(エチルベンゼンから一貫)
	大慶	80,000		2008／11	藍星集団、ＤＣＣ50万tからエチレン手当て
	吉林	30,000		85年	自国技術、89年に１万t弱増強
	吉林・龍潭	110,000		99／11	ルーマス法/三菱重工～三菱商事が施工
	〃	320,000		2011年	ＣＢ＆Ｉルーマス/ＵＯＰ技術、増設後46万t
	遼寧省撫順	60,000		89年	自国技術「撫順石油化工」(ＥＢ３万t保有)
	遼寧省盤錦	75,000		96／2	バジャー/モービル法(エチルベンゼン含む)
	〃	120,000		2009／9	増設後19.5万t
	遼寧省錦州	160,000		2006／11	「錦州石化」、工費４億元弱
	遼寧省錦西	60,000			「Huajin Chemical」
	大連	100,000		2000／初	「大連石化公司」(ＥＢから一貫生産)
	大連		400,000	不　明	「Shihua Sunchem」
	大連長興島		720,000	2018／10	「恒力石化」
	北京・燕山	84,000		88／11	モンサント/ルーマス法
	天津・大沽	500,000		2010／1Q	2007/8米ショーがFEED受注、川下のＡＢＳ40万tへ
	河北省	80,000			「Renqin Styrene」
	安徽省安慶	100,000		2009／9	「安慶石油化工」～工費5.94億元、C2はＦＣＣより
	湖南省岳陽	125,000			「巴陵石油化工」～５億元で2011/7に12万t増設
	山東省斉魯	200,000		89年	モンサント/ルーマス法、2004/10に14万t増設
	山東省	200,000		2009／10	「山東玉皇化工」原料エチレンはエタノール由来
	山東省青島	500,000		2017／7	「青島鹹業」～ＭＴＯベース
	山東省煙台		650,000	2019年	「万華化学」の自社技術ＳＭ/ＰＯ併産法
	上海・漕渓	700,000		2005／6	ルーマス法「上海賽科石化」～2009/７に15万t増強
	南京・揚子	120,000	検討中	97／10	「ＢＡＳＦ－ＹＰＣ」(ＥＢ13万t)
	南京・金陵	55,000		2000年	自国技術「金陵石油化工」～ＥＰＳの増設に対応
	江蘇省常州	516,000		2005／12	「常州東昊(Dohow)化工」、2016/5に30万t増設
	江蘇省常州	850,000			「常州新陽」～2016/6に30万t増設
	江蘇省江陰	400,000		2006／5	「江蘇利士徳(Lishide)化工」(双良集団)、08年倍増
	江蘇省泰興	300,000	300,000	未　定	「Abel Chemical」～2016/2Q完成も稼働は2016/11
	江蘇省泰興	320,000	280,000	未　定	「SP Chemicals」～当初計画は2016/央に25万t増設
	浙江省鎮海	620,000		2010／4	ライオンデル/JACOBSのＰＯ併産法、鎮海煉化折半
	浙江省寧波	280,000		2016／9	「寧波大樹石化」

S　M	浙江省舟山		1,200,000	19年以降	「浙江石化」、エチレン140万t/芳香族400万tの川下
	〃		800,000	未　定	第２期増設計画後200万t
	浙江省嘉興		650,000	2021年	「美福石化」～三江化工グループ企業、工費10億元
	福建省漳州		600,000	2020／６	「福建古雷石化」～台湾のLCY/USI/和桐/聯華等7社
	広東省茂名	120,000		96／11	モンサント/ルーマス法、スナムが施工
	広東省広州	80,000		97／2Q	バジャー/丸紅
	広東省	50,000			「Zhongshan Nanrong Chemical」
	広東省恵州	640,000	630,000	2020／秋	「中海シェル石化」、シェル技術で2006/1Q操業開始
	海南島	80,000		2006／９	「海南Shihua Garson Chemical」～2006/11操開
	計	8,605,000	6,230,000		
P　S	蘭州	15,000			三井化学法、68年操開、91/9に1,500t増強
	新疆独山子	130,000		2009／９	ＧＥ技術/Ｓ&Ｗ、ＥＢ～ＳＭ～ＰＳの一貫生産
	大慶	25,000		96／７	ハンツマン/ルーマス法、大林エンジが施工
	吉林	30,000		86年	ＴＥＣ/ＭＴＣ法、89/10に9,500t増設、ＳＡＮ併産
	遼寧省撫順	60,000		89／５	フィナ法～全量ＨＩＰＳタイプ、2006年２万t増強
	遼寧省盤錦	60,000		96／1Q	フィナ技術/ＳＮＣ、2006年２万t増強
	北京・燕山	50,000		89／９	ダウ法～うち60%がＨＩＰＳ「北京燕化」
	山東省斉魯	36,000		94／末	ＴＥＣ/ＭＴＣ法(ＨＩＰＳ)「斉魯分公司」
	上海・漕渓	300,000		2005／央	「上海賽科石化」
	上海・高橋	72,000			（うち１万tはシェル法ＥＰＳ）、98年５万t増設
	南京・揚子	200,000			ＢＡＳＦ-ＹＰＣ(旧揚子BASFスタイレニックス)
	江蘇省鎮江	350,000		98／２	台湾・奇美実業85%出資「鎮江奇美化工」、99年倍増
	〃	70,000		2006年	國喬石化出資の旧國亨(鎮江)石化を2008/央統合
	〃	150,000		2015／3Q	ＨＩＰＳ増設後57万t
	江蘇張家港	120,000		2000／７	2013/10､シェブロンがグランド・アスターに売却
	江蘇張家港	120,000		2002／９	「斯泰隆石化(張家港)」、倍増を検討
	江蘇省無錫	165,000			慰達(Weida)、2005年に14万t増設
	江蘇省宜興	200,000		2006／3Q	「興達(Wuxi Xingda)」
	江蘇省宜興	200,000		2006年	「江蘇莱頓(Laidun)宝富塑化」～2008年に倍増設
	江蘇省	5,000		93年	シテープタイ資本
	浙江省寧波	200,000		2014年	トタル・ペトロケミカルズがイネオスに売却へ
	浙江省寧波	200,000		2012年	「台化興業(寧波)」
	福建省泉州	250,000		2001／2Q	「汕頭海洋福建」、2002/8に10万t増設
	広東省	20,000		91年	「広東高聚化学工業」
	広東省汕頭	270,000		91／初	フィナ法「汕頭海洋第一PSレジン」2006/6ＳＫ買収
	広東省湛江	100,000		92年	フィナ、95年倍増「湛江新中美化工」→SINOPEC買収
	広東省茂名	50,000		96／末	フィナ技術「茂名石油化工」
	広東省広州	50,000		96／末	フィナ技術/フルーア・ダニエル「広州分公司」
	広東省仏山	200,000		2003／４	2010/末倍増設、トタルＰＣがイネオスに売却へ
	広東省恵州	200,000		2014年	「恵州仁信ＰＳ」
	香港青衣島	240,000			「スタイロン(香港)」
	香港・元朗	140,000			「香港ペトロケミカル」～BALTH/CITIC合弁
	計	4,278,000			
Ｅ　Ｐ　Ｓ (発泡スチレンビーズ)	浙江省寧波	180,000		2000／12	「寧波和橋化工」(トーホー工業/三菱商事外合弁)
	江蘇省江陰	400,000		97／4Q	「江陰新和橋化工」(三菱商事外)
	天津	320,000		2005／８	和橋グループ第４工場
	広東省東莞	440,000		2003／６	和橋グループ「東莞新長橋塑料」2004/4Q+４万t
	江蘇省錫山	350,000			2002/3Qに６万t増設、「興達泡塑材料廠」
	江蘇省常州	280,000		99／央	「興達」、2003/12に倍増設
	江蘇省江陰	355,000			「江陰潤華」、2004/末12万t+2005/3Qに７万t増設
	広東省中山	100,000		98／10	明諦系の「中山市南榮化工」、2000/2に倍増
	江蘇省常州	120,000		2004／８	「明諦」の第２工場～2005年倍増設
	江蘇省江陰	120,000		2003／夏	「江蘇嘉盛」2003/9稼働～2004/2に倍増設
	広東省中山	150,000			台湾・台達化学、2000/11倍増+2004/4Q５万t増設
	天津	100,000		2005／2Q	台達化学の第２工場
	南京・揚子	52,000		99／2Q	ＢＡＳＦ技術、「ＢＡＳＦ－ＹＰＣ」
	広東省汕頭	60,000			ＳＫとの合弁「汕頭海洋集団」
	江蘇省鎮江	15,000		98／11	「鎮江奇美化工」～旧國亨(鎮江)石化を2008年合併
	湖南省岳陽	1,500			自国技術「巴陵石油化工」
	南京・金陵	28,000		91年	シェル技術「金陵シェル石油化学」2000年1.8万t設

Ｅ　Ｐ　Ｓ（発泡スチレンビーズ）	江蘇省無錫	10,000			自国技術「無錫新安泡沫塑料廠」
	江蘇省蘇州	10,000			自国技術「蘇州呉県振新塑料廠」
	山東省蓬莱	9,000		93年	信亜技術、韓国・信亜/蓬莱化工総廠の合弁
	江蘇省	300,000		2006／末	ChemChinaグループ
	広東省珠海		600,000	数年後	台湾・見龍集団が高欄港で６番目の拠点用地取得
	遼寧省瀋陽	12,800		2010／５	「錦湖石化瀋陽」、建材用押出ＰＳフォーム
	新疆独山子	120,000		2010／３	ＧＥ技術/Ｓ＆Ｗ「藍山屯河化学」～４億元
	カラマイ	80,000		2011／４	「新疆龍橋エンプラ」、台湾・見龍化学工業グループ
	〃		80,000	未　定	第２期計画で16万ｔへ倍増設
	計	3,613,300	680,000		
ＡＢＳ樹脂	蘭州	50,000		84年	１万tは三菱レイヨン技術、ＡＳ樹脂1,500tを併産
	大慶	105,000		97／末	味元油化技術、韓国・大林エンジ施工、ＳＡＮ併産
	吉林	30,000		86年	ＴＥＣ/ＭＴＣ法、89/10に9,500t増設、ＰＳを併産
	〃	160,000		98／６	ＪＳＲ/チッソ・エンジ/ニチメンが施工、2005/4Q
	〃	400,000		2011／10	に５万t増強、20万t×２系列増設は第一毛織技術
	遼寧省盤錦	50,000		98／６	華錦化工集団(Huajin Group)/ＳＫ商事25%出資
	〃	140,000		2011年	ダウのmassＡＢＳ技術
	天津・大沽	200,000		2010／10	米ショーがFEED受注、20万t×2系列、ＳＭは自給
	〃	200,000		2011／下	２号機は１年遅れ
	上海・高橋	10,000		87年	米ＵＳＳケミカル技術
	上海・漕渓	200,000		2006／９	ダウ技術、高橋石化、操業開始は2007/1
	〃	200,000		09/末着工	コンパウンド3.8万t先行「上海華誼ポリマー」5億元
	江蘇省鎮江	175,000		2000／６	台湾・奇美実業85%出資の「鎮江奇美化工」
	〃	175,000		2002／７	１号機、２号機とも2006／末に５万tずつ増強
	〃	100,000		2009／２	2008/央に鎮江奇美が國亨鎮江(計25万t)を統合
	〃	150,000		99／３	2002/8倍増設、台湾資本の旧國亨(鎮江)石化
	〃	150,000		2011／4Q	ＳＡＮを中心に生産～全５系列計75万t能力
	江蘇省常州	70,000		2002／８	～10月稼働、「新湖(常州)石化」、2005年に倍増設
	浙江省寧波	180,000			「寧波ＬＧ甬興化工」(ＬＧ75%/甬興化学工廠25%)
	〃	180,000			2002/10と2003/6に各7.5万t増＋2004年３万t増
	〃	220,000		2006／９	３号機12万tの10万t増強後計58万t
	〃	160,000		2013／初	４号機増設後計74万t
	浙江省寧波	450,000		2004／秋	「台化ＡＢＳ(寧波)」～2012年に20万t増設
	広東省珠海	160,000		2004年	台達化学
	広東省恵州	150,000		2014／1Q	「中海油樂金化工」、ＬＧ化学/中国海油の折半出資
	〃		150,000	2018／末	２期倍増設計画～同時にＬＧ化学は70%へ増資
	広西防城港	400,000		2014／4Q	「寧波科元塑膠」～2012/2着工
	計	4,465,000	150,000		
Ａ　Ｓ　樹　脂	吉林	9,500		89／10	ＴＥＣ/ＭＴＣ法
	大慶	75,000		97／７	旧味元油化技術、韓国・大林エンジが施工
	計	84,500			(蘭州の1,500t含む。能力はＡＢＳ樹脂の外数)
ＭＢＳ樹脂	山東省東引	50,000			Shandong Wanda Chemical、2008/7に３万t増設
ブタジエン	北京・燕山	135,000		76年	日本ゼオン技術
	北京	28,000		95／９	ＢＡＳＦ法/ＴＰＬ
	吉林	20,000		84年	
	〃	280,000		97／末	2006/1に倍増設
	大慶	50,000		86年	日本ゼオン技術
	〃	90,000		2012／９	増設後14万t
	遼寧省盤錦	25,000		92年	
	遼寧省盤錦	80,000		2010／初	遼寧盤錦化工
	遼寧省撫順	120,000		2012／夏	「撫順石油化工」
	大連長興島		140,000	2018／10	「恒力石化(大連)精化」～エチレン150万tと連産
	天津	30,000		2006年	ＢＡＳＦ/ルーマスに2004/6発注、藍星集団総公司
	天津	150,000		2009／９	「SINOPEC SABIC天津石化」～稼働開始は2010/初
	山東省斉魯	164,000		87年	日本ゼオン技術
	山東省	120,000		2012／央	ブタン・ブテン脱水素技術、「山東斉翔滕達化工」
	山東省	50,000		2014年	ブタン・ブテン脱水素技術、「傳化凱岳化工」
	山東省煙台		50,000	2020年	「万華化学」が環境影響評価書を2017/秋提出

ブタジエン	上海・金山	106,000		89年	日本ゼオン技術
	上海・漕渓	180,000		2005／9	ルーマス法、「上海賽科石化」、2014年倍増設
	南京・揚子	106,000			日本ゼオン技術、87年操業開始
	〃	100,000		2002年	〃　　、操業開始は2008/4
	揚子・No.2	130,000		2011／10	「ＢＡＳＦ－ＹＰＣ」～イソブテン８万tも併産
	浙江省鎮海	160,000		2010／5	鎮海煉油化工・エチレン100万tの連産設備
	福建省泉州	150,000		2009／5	「福建連合石油化工」、2014年３万t増強
	福建省漳州		90,000	2020／6	「福建古雷石化」～台湾のLCY/USI/和桐/聯華等7社
	広東省茂名	150,000		96／9	
	広東省広州	35,000		96／末	ＩＦＰ法(ナフサ水素化設備含む)
	広東省恵州	165,000		2005／末	「中海シェル石油化工」
	広東省珠海	70,000		2014年	ブタン・ブテン脱水素技術、「珠海中冠石油化工」
	河南省濮陽	50,000	50,000	未　定	2016/8稼働、中国藍星集団が13.5億元で全10万tへ
	湖北省武漢	120,000	60,000	2020年	2013/央完成、「中韓(武漢)石化」～ＳＫ35%出資
	湖南省岳陽	100,000		2014年	ブタン・ブテン脱水素技術、「巴陵石油化工」
	新疆独山子	27,000		96年	ＢＡＳＦ法/スナムプロゲッティ/ルーマス
	新疆独山子	130,000		2009／9	
	蘭州	135,000		2006／10	エチレン45万t増設時に併設
	四川省成都	150,000		2014／1	ＣＮＰＣ/四川省企業合弁エチレンセンター計画
	計	3,406,000	390,000		蘭州、高橋、錦州、巴陵にも小規模プラント有り
ブテン１	山東省淄博	15,000		87／8	日本ゼオン法
	大慶	7,600		88／末	日本石油化学法
	遼寧省撫順	10,000		91年	日本ゼオン/ＩＦＰ法
	遼寧省撫順	30,000		2012／夏	「撫順石油化工」～ＭＴＢＥを併産
	遼寧省盤錦	10,000		92年	テクニペトロール/ＩＦＰ法
	新疆独山子	10,000		96年	スナムプロゲッティ
	広東省茂名	15,000		96／春	日本ゼオン法、日揮/丸紅が受注
	吉林	10,000		96／6	日本石油化学法
	南京	20,000		2009年	「YPC Refining & Chemical」～2007/11着工
	天津	50,000		2009／9	「SINOPEC SABIC天津石化」
	浙江省鎮海	40,000		2010／5	鎮海煉油化工・エチレン100万tの連産設備
	湖北省武漢	30,000	15,000	2020年	2013/央完成、「中韓(武漢)石化」～ＳＫ35%出資
	内蒙古Ordos	30,000		2015／末	「中天合創」～ＭＴＯの川下でＭＴＢＥ１万t併産
	寧夏・銀川		20,000	14/9発注	「神華寧夏煤化集団」、ＣＢ＆Ｉ/CDIsis技術ＣＰＴ
	計	277,600	35,000		
ＭＴＢＥ	山東省淄博	40,000		87／8	仏ＩＦＰ/米ＣＲ＆Ｌ法
	天津	120,000		2009／9	「SINOPEC SABIC天津石化」
	大連	40,000		95／春	「西太平洋石油化工公司」
	遼寧省盤錦	80,000		2009／9	ブテン１との併産能力
	遼寧省盤錦	500,000			「遠孚化工」～盤錦和運実業集団グループ
	新疆独山子	25,000		96年	
	広東省茂名	40,000		96／春	仏ＩＦＰ法/日揮/丸紅連合が施工
	南京	58,000		2009年	「YPC Refining & Chemical」２万tのブテン１併設
	南京・金陵	742,000		2017／7	「南京金陵ハンツマン新素材」～ＰＯ/ＭＴＢＥ法
	江蘇省揚州	50,000			
	浙江省鎮海	110,000		2010／5	鎮海煉油化工・エチレン100万tの連産設備
	湖北省武漢	80,000	40,000	2020年	2013/央完成、「中韓(武漢)石化」～ＳＫ35%出資
	内蒙古Ordos	10,000		2016／央	「中天合創」～ＭＴＯの川下で１ブテン３万t併産
	山西省洪洞	200,000		2017年	「山西焦煤集団」～ＣＴＯの川下
	福建省漳州		160,000	2020／6	「福建古雷石化」～台湾のLCY/USI/和桐/聯華等7社
	青海ｺﾞﾙﾑﾄﾞ		20,000	未　定	「青海省鉱業集団」
	河南省濮陽		60,000	未　定	2016/8にブタジエン設備が稼働～中国藍星集団
	計	2,095,000	280,000		
アセトアルデヒド	上海・金山	60,000		77年	アルデヒド／ウーデ法
	南京・揚子	60,000		89／5	アルデヒド／ウーデ法
	吉林	60,000		83年	アルデヒド／ウーデ法
	大慶	60,000		87／6	アルデヒド／ウーデ法
	計	240,000			

酢酸	吉林	200,000		83年	自国技術アセトアルデヒド法
	大慶	200,000		2005／10	メタノール法「Daqing Oilfield Methanol」
	大連長興島		350,000	2018／10	「恒力石化(大連)」
	山東省	200,000	600,000	不明	発酵法「Shandong Hualu Hengsheng Chemical」
	山東省滕州	600,000		2005／11	Yankuang Cathay Coal Chemical(YCCC)、20万tで
	〃	400,000		2012年	操業後10万t増強～2008/10倍増設、09/4第3期着工
	上海・金山	60,000		87年	アセトアルデヒド法
	上海・呉涇	550,000		96／8	ＢＰのメタノール法「Shanghai Wujing」(SWCC)
	〃	450,000			2010年に25万t増設後100万t
	南京・揚子	70,000		89／5	三菱重工技術アセトアルデヒド法
	南京	600,000		2007／9	セラニーズ100%、無水酢酸10万t含む。惠生(南京)
	〃	600,000		2009／末	化学がＣＯ32万t/メタノール28万t供給。30万t増可能
	南京	500,000		2010／8	ＢＰ技術Cativa法、BP YPC Acetyls Co. (Nanjing) ＹＰＣがＣＯ25万t供給～10億元で2010/７完成
	江蘇省鎮江	600,000		2004／9	江蘇索普集団(ＳＯＰＯ)、2008年までに45万t増設
	〃	600,000		2011／初	2009/上メタノール50万tとＣＯ自給～11/初倍増
	重慶	200,000		98／10	ＢＰ技術メタ法/ＪＢ、ＢＰ51%/ＳＶＷ/重慶市合
	〃	350,000		2005／末	弁「揚子江アセチル化工(YARACO)」(初期能力15万t
	〃	650,000		2011／7	～99/秋+５万t他)、酢酸エチル４万tも同時に併設
	〃	600,000		2015／末	ＢＰ技術Cativa法、「揚子江アセチル」の３号機
	山西省呂梁	300,000		2010年	King Board、石炭ベースのメタノール20万tを自給
	安徽省無為	500,000		2011年	上海華誼集団、石炭ガス化メタノール60万tを自給
	寧夏・寧東	300,000		2015年	「国電中国石化寧夏能源化工」、酢ビ向けに自消
	広西・欽州		700,000	未定	「広西華誼能源化工」～メタノール100万tも併設
	計	8,530,000	1,650,000		
無水酢酸	山東省滕州	100,000		2010／8	Lunan Chemical Fertilizer Factory、工費11億$
〃	安徽省無為	100,000		2013年	上海華誼集団の２期計画、酢酸50万tを自給
〃	浙江省寧波	30,000		2007／11	「寧波大安化学」～ダイセル化学のアセテート・
酢酸セルロース	〃	30,000		〃	トウ原料工場、西安恵大化学へ供給
ソルビン酸	江蘇省南通	30,000			「南通酢酸化工」、2011/末に５割増設
ジケテン	〃	50,000			〃　、2011/末に２万t増設
アセトニトリル	〃	10,000			〃　、2012/央に倍増設
酢酸エステル	〃	20,000			〃　、2010/末に倍増設
酢酸エステル	江蘇省泰興	400,000			香港「葉氏化工集団」、2015年倍増設後全90万t強
ＥＶＡエマルジョン	北京・燕山	100,000		2010年	東方化工廠から燕山へ倍増リプレース
	北京・通県	(50,000)		87／7	中央理化技術
〃	江蘇省儀征	150,000		2004／4	「大連化工(江蘇)」、2009年７万t増設
〃	〃	120,000		2013／央	増設後計27万t
ＶＡＥパウダー	江蘇省揚州	20,000		2007／7	〃　～2008/3Qに倍増設
〃	南京	60,000			ワッカー・ケミー、2010/7設置、2014年倍増設
ポリ酢酸ビニル	〃	20,000		2013／下	〃
VAEエマルジョン	〃	120,000	30,000	2018／下	〃　、2010/7完成、2013/4倍増
〃	南京	120,000		2007／10	セラニーズ、2011/上に倍増設
酢酸ブチル	江蘇省鎮江	150,000		2010／上	江蘇索普集団(ＳＯＰＯ)
酢酸メチル	内蒙古Ordos	50,000			「内蒙古双欣環保材料」～双欣能源化工集団の傘下
酢酸エチル	重慶	40,000		98／10	「揚子江アセチル化工」その他エステル計８万t
	吉林	50,000		2007／10	エタノール脱水法「Jilin Fuel Alcohol」
	山東省滕州	100,000		2008／10	Yankuang Cathay Coal Chemical(YCCC)、酢酸併産
	江蘇省鎮江	450,000			江蘇索普集団(ＳＯＰＯ)、2010/初20万t増設
	安徽省無為	300,000		2011／初	上海華誼集団、酢酸50万tを自給
	計	940,000			
酢酸ビニル	北京・燕山	180,000		2010年	東方化工廠から燕山へ倍増リプレース
	上海・金山	120,000		78年	バイエル/クラレ技術エチレン法、95/末1.5万t増
	重慶	200,000			クラレ技術(天然ガス～アセチレン法)で80年操開
	〃	300,000		2011／7	アセチレン６万t＋酢ビ30万t増設時に10万t増設
	天津	30,000		81年	
	安徽省巣湖	600,000			「安徽皖維高新材料」がビニロン繊維まで一貫生産
	福建省永安	100,000			

酢酸ビニル	湖南省溆浦	100,000			
	江西	95,000			
	雲南省	85,000			
	山西省	70,000			
	蘭州	65,000			
	広西自治区	60,000			
	貴州省	45,000			
	石家荘	40,000			
	内蒙古Ordos	300,000			「内蒙古双欣環保材料」～双欣能源化工集団の傘下
	寧夏・寧東	450,000		2014／9	「国電中国石化寧夏能源化工」、酢酸から一貫生産
	牡丹江	30,000			
	南京	300,000		2008／1Q	セラニーズ100％出資事業～酢酸60万tの川下
	江蘇省揚州	350,000		2013／6	「大連化工（江蘇）」
	江蘇省鎮江	330,000		2013年	デュポン技術、江蘇索普集団（ＳＯＰＯ）
	計	3,850,000			
ポバール	北京・通県	27,000		65年	クラレ技術、ビニロンまで一貫生産
	北京・燕山	40,000		2010年	東方化工廠から燕山へ拡大リプレース
	上海・金山	40,000		78年	クラレ技術
	重慶	160,000			クラレ技術で80年操業開始、2011/7に10万t増設
	内蒙古Ordos	140,000			「内蒙古双欣環保材料」～双欣能源化工集団の傘下
	安徽省巣湖	300,000			「安徽皖維高新材料」、2016年に10万t増設
	江蘇省常熟	120,000			「長春化工（江蘇）」、2012/8に４万t増設
	寧夏・寧東	200,000		2014／9	「中国石化長城能源化工」、酢酸～酢ビから一貫
	寧夏・寧東	130,000			「寧夏大地化工」、2016年に８万t増設
	計	1,157,000			
ＰＶＢフィルム	江蘇省蘇州	1,000万m²			ソルーシアの「Saflex」
Ｅ　Ｏ	山東省	60,000		2011年	リアクタはＩＨＩ、「滕州中盛化工廠」が事業化
	南京・揚子	200,000			「ＹＰＣ」～ＥＧ向けを除く能力、2010年秋倍増設
	〃	180,000		2013／3	2010/6着工～増設後38万t
	揚子・No.2	330,000			「ＢＡＳＦ－ＹＰＣ」、2011/末に８万t増強
	江蘇省揚州	200,000		2014／12	「遼寧奥克化学」～川下に30万tの誘導品設備保有
	江蘇省揚州	400,000		2015／5	台湾遠東集団
	江蘇連雲港	180,000		2017／2	盛虹控股集団傘下の「江蘇斯爾邦石化」が新設
	浙江省海煙	330,000			「三江湖石化工」～ロッテケミカル50％出資、2012/
	〃	350,000		2014／末	秋5万t+年末10万t増設済み～第５期増設は13億元
	福建省漳州		270,000	2020／6	「福建古雷石化」～台湾のLCY/USI/和桐/聯華等7社
	広東省恵州	340,000		2005／末	「中海シェル石油化工」～ＥＧは35万t
	〃	150,000		2018／5	２期増設分の外販能力
	計	2,720,000	270,000		
Ｅ　Ｇ	北京・燕山	130,000		1977年	ＳＤ/日曹法、ＥＯは６万t、2003/3Qに５万t増設
	北京	50,000		95／9	ＳＤ法/ＴＥＣ、ＥＯは３万t
	天津	63,000		95年中	シェル法/西ＦＷ、ＥＯは5.5万t
	天津	420,000		2010／1Q	ＵＣＣＰＴＣのMETEOR・LEC法、精製ＥＯ4万t含む
	遼寧省撫順	60,000		92／5	シェル法、ＥＯは５万t
	遼寧省遼陽	50,000		81年	ヒュルス法、ＥＯは４万t
	〃	100,000		2005年	
	〃	200,000		2007／12	
	遼寧省華錦	200,000		2010／2Q	「遼寧華錦化工」
	遼寧省鉄嶺	100,000			中国石化国際事業公司傘下
	大連長興島		1,800,000	2020年	「恒力石化（大連）」～90万t×２基
	吉林	160,000			ＳＤ法/三星エンジ、ＥＯ８万t、2002/3Qに６万t増
	黒竜江省	200,000		2010年	2008/8着工
	河南省商丘	200,000		2012年	「Longyu Coal Chemical」～石炭ガス化法ＭＥＧ
	河南省洛陽	200,000		2012年	河南煤業化工/GEM Chemical～coal-to-MEG法
	河南省安陽	200,000		2011／末	「安陽化学」石炭ガス化-coal-to-MEG法、$269m
	湖北省枝江	200,000		2013／9	「湖北化学肥料」のsyngas-to-MEG法デモプラント
	湖北省武漢	380,000		2013／8	武漢石化/ＳＫ35％出資で計27億$、LL・HD各30万t他
	貴州省	300,000		2012／末	「黔希煤化工」～宇部・ハイケムのＤＭＯ（72万t）法
	貴州省華節	300,000		2018／6	「黔西煤化」～宇部・ハイケムのＣＯ法

E　　G	山東省臨沂	50,000	500,000	2018／4Q	「山東華魯恒昇化工」～自社合成ガス法
	上海・金山	225,000	380,000	未　定	ＳＤ法、90/４操開、2002/3Q８万t増、2008/7承認
	〃	380,000		2007／３	増設後計60.5万t
	南京・揚子	400,000			ＳＤ法、ＥＯは20万t＋18万t(2013/3増強)
	揚子・No.２	396,000		2005／央	ＢＡＳＦ技術「ＢＡＳＦ－ＹＰＣ」
	江蘇省蘇州	100,000		2015／５	「Wanbei石炭電力集団」～石炭ガス化法
	江蘇省揚州	500,000		2015／７	「亞東石化(揚州)」～東聯化学/遠東グループ折半
	浙江省鎮海	650,000		2010／春	ＵＣＣＰＴＣのMETEOR･LEC法、精製ＥＯ10万t含む
	浙江省寧波	500,000		2013／1Q	「富徳能源(寧波)」、メタノール to ＭＥＧ
	浙江省海煙	270,000		2015／７	「三江湖石化工」～ロッテ50%、ＭＴＯ～ＥＯ35万t
	浙江省嘉興		1,000,000	2021年	「三江化工」～工費75億元、ＥＯＡ40万t等保有
	浙江省嘉興		600,000	2020年	浙江桐昆集団/上海宝鋼気体、石炭ガス化法
	〃		600,000	2023年	２期倍増設後120万t～総工費110億元
	浙江省舟山		750,000	2019年	「浙江石油化工」中国化学工程第四建設2017/7受注
	福建省泉州	420,000		2015／３	「福建聯合石化」
	福建省漳州		500,000	2020／６	「福建古雷石化」～台湾のLCY/USI/和桐/聯華等7社
	広東省茂名	150,000		96／９	シェル法/三井造船
	広東省恵州	350,000		2005／末	「中海シェル石化」のシェル法１号機
	〃	480,000		2018／５	ＯＭＥＧＡ法技術の２号機、増設後83万t
	四川省成都	380,000		2014／１	シェル法ＣＲＩ、ＤＥＧ３万t･ＥＯ５万tを含む
	内蒙古通遼	220,000		2009／12	石炭ベースＣＡＳ法「通遼金煤化工」～丹化集団
	〃	100,000		2018年	増設後32万t
	内モンゴル	300,000		2015／５	伊利集団～中国技術石炭ガス化法
	内蒙古Ordos		200,000	2019／３	「伊霖化工」石炭ガス化/中国化工第三建設、16億元
	内モンゴル	50,000		2013年	「錫林郭勒蘇尼特」～宇部興産･ハイケムのＣＯ法
	内モンゴル	100,000		2014年	「開灤化工」～宇部興産･ハイケムのＣＯ法
	内モンゴル	300,000		2017／５	「康乃爾化工」～宇部興産･ハイケムのＣＯ法
	内蒙古赤峰	700,000		2017／６	「内蒙古安捷新能源科技」～神霧科技の石炭分解法
	内蒙古ﾌﾌﾎﾄ		1,000,000	2021／4Q	「久泰新材料」、DAVY、エアプロの合成ガス50万㎥/h
	新疆独山子	40,000		96年	ＳＤ法／西テクニカス・ルニダス、ＥＯは３万t
	新疆ウイグ	50,000		2012／12	「新疆天業集団」
	ル・石河子	200,000		2015／１	〃　　、宇部興産ＣＯ法
	〃		600,000	2019年	ＥＰＣ･東華工程科技、更にＣＯ法で100万tへ拡大
	ウイグル	400,000		2015年	栄盛集団がアクスでガス化学設備、２期倍増設も
	ウィグル		300,000	16/9着工	「新疆天盈石化」～宇部興産･ハイケムのＣＯ法
	山西省孟県	200,000		2015／12	「陽煤集団寿陽化工」～武漢五環技術石炭ガス化法
	〃	200,000		2016／７	「陽煤集団寿陽化工」～宇部･ハイケムのＣＯ法
	〃	200,000		2016／10	「陽煤集団寿陽化工」～上海浦景技術石炭ガス化法
	安徽省合肥		300,000	2018／4Q	「中塩安徽紅四方」～宇部興産･ハイケムのＣＯ法
	陝西省		300,000	2018／4Q	「渭河彬州化工」～宇部興産･ハイケムのＣＯ法
	陝西省楡林		1,800,000	2020年	「神華楡林能源化工」、東華工程科技、工費5.7億元
	計	11,824,000	10,630,000		
パラキシレン	上海・金山	15,000		78年	東レ法
	〃　No.２	250,000		84年	ＵＯＰ/ルルギ法
	〃　No.３	600,000		2009／６	ＵＯＰ法～ベンゼン28万t併産、2009/9末操業開始
	北京・燕山	27,000		81年	ＵＯＰ法
	ウルムチ	70,000		96年	ＵＯＰ法、烏魯木斉石油化工
	〃	930,000		2010／７	ＵＯＰ/パレックス法、Ｂz32万t併産～工費38億元
	遼陽	125,000		81年	ＡＲＣＯ法
	〃	185,000		96／６	ＵＯＰ法、Ｂzを７万t併産
	〃	520,000		2005／12	ＵＯＰ法、2017/8に７万t増強、Ｂzを7.2万t併産
	大連	700,000		2009／７	「大連福佳大化化工」、ＯＸ/Ｂzも併産、2011/8騒動
	〃	700,000		2012／11	台風の高波危機に伴う長興島への移転計画は無し
	大連長興島		4,000,000	19年以降	「恒力石化(大連)」の川上遡及計画
	河南省洛陽	484,000		2000／3Q	ＵＯＰ法/ＡＭＥＣ施工、2006年に30万t増設
	天津・大港	80,000		82年	ＵＯＰ法、天津石化単独で増設
	〃	310,000		2000／５	〃　、2003/末12万t増設
	山東省斉魯	65,000		87／末	ＵＯＰ法
	山東省青島	700,000		2006／12	韓国・ＧＳグループ「麗東化工」～Ｂ・Ｔ併産
	南京・揚子	550,000		90／４	ＵＯＰ法、ＢＴＸ計45万t能力保有
	〃	400,000		2006／11	増設後95万t

パラキシレン	南京・金陵	600,000		2008／12	金陵石化、無水フタル酸用ＯＸ20万tを併産
	江蘇連雲港		2,800,000	2020年	「盛虹集団」〜精製32万b/dの川下計画
	浙江省寧波	650,000		2003／4Q	ＩＦＰ/Eluxyl法「鎮海煉化」、初期能力45万t
	寧波大榭島	1,600,000		2015／８	「寧波中金石化」
	浙江省舟山		4,000,000	19年以降	「浙江石化」、エチレン140万t/芳香族400万tの川下
	〃		4,000,000	未　定	第２期倍増設計画後800万t
	福建省漳州	800,000		2013／８	2015/4爆発後「福建福海創石油化工」が騰龍アロマ
	市の古雷港	800,000		2014／５	を買収し18年内再開〜ＯＸ16万t/Ｂz22.8万t併産
	福建省泉州	700,000		2009／８	「福建リファイニング・ペトロケミカル」
	福建省泉州		800,000	2020年	「中化泉州石化」〜同時に精製24万bを30万bに増強
	広東省茂名	600,000		2007／初	「茂名石化」
	広東省恵州	840,000		2009／６	ＣＮＯＯＣ(中国海洋石油)傘下の「恵州煉化」
	海南島	600,000		2014／１	Sinopec Hainan Refining Chemical(HRCC)が２号
	〃		1,000,000	19年以降	機100万t建設に2017/8着工
	四川省成都	650,000		2014／３	ＵＯＰ／パレックス法、Ｂzを35万t併産
	寧夏・銀川		(800,000)	(棚上げ)	「寧夏宝塔化繊」〜資金不足で計画を棚上げ
	計	14,551,000	16,600,000		
Ｄ　Ｍ　Ｔ	上海・金山	(25,400)		76年	東レ法〜停止中
	遼陽	(140,000)		80年	ダイナミット・ノーベル法、96/７ＧＴＣで４万t増
	天津	(140,000)		81年	Ｄノーベル法、87年1.8万t増、ＧＴＣで倍増は白紙
	計	(305,400)			2012年までに中国のＤＭＴ工場は全面停止
Ｐ　Ｔ　Ａ	北京・燕山	36,000		82年	アモコ技術
	天津・大港	370,000		2000／５	三井化学/三造、チップ20万t、2004年７万t増強
	遼陽	(270,000)			ＩＣＩ技術/ＦＷ(ＰＥＴチップ20万tが96/6完成)
	〃	(530,000)		2007／3Q	インビスタ技術、増設後計80万t〜休止中
	大連長興島	1,500,000		2009／央	「逸盛大化石化」逸盛化工80%/大化20%、ＱＴＡ系列
	〃	3,000,000		2012／12	150万t×２系列、１号機は2011/3Qに50万t増強
	〃	1,450,000		2014／７	その後倍増設、総能力595万t
	大連	2,200,000		2012／９	全てインビスタ技術「恒力石化(大連)」
	〃	2,200,000		2012／10	第２期倍増設後440万t
	〃	2,200,000		2015／３	第３期増設後660万t
	〃		2,500,000	2019／末	第４期増設後910万t、工費29億元、インビスタ「P8」
	〃		2,500,000	2020／下	第５期増設後1,160万t、インビスタの「Ｐ８」技術
	ウルムチ	90,000		96年	ＩＣＩ技術／ＦＷ
	〃		1,200,000	2019／６	「新疆藍山屯河化工」、ボトル用40万t/共重合12万t
	ウイグル		1,200,000	2018／4Q	「新疆中泰」〜新疆ウイグル自治区政府100%出資
	河南省洛陽	350,000		2000／７	アモコ法/千代田、チップ20万t、2003/9に10万t増、
	〃		550,000	未　定	増設後90万t「洛陽石化総廠」
	山東省済南	100,000			三井化学技術(ＰＥＴチップ6.6万t設備併設)
	〃	600,000		2011年	「済南正昊新材料」〜工費2.7億＄(20億元)
	山東省淄博	530,000		2005／4Q	「万杰集団」Shandong Zibo Wanjie Industrial G.
	上海・金山	420,000		84／５	三井化学技術/三井造船、ＰＥＴ20万t併設、2004/4
	〃	780,000			Qと2005/2Qに各７万t増強、78万t増設後計120万t
	上海・浦東	700,000		2006／４	インビスタ技術、遠東紡系「亜東石化」、2016年再開
	南京・揚子	650,000		88年	アモコ法、第２期90／４完成、97/1Qに15万t増強
	〃	700,000		2006／11	インビスタ技術、「揚子石化」〜2006/７完成
	南京・儀征	450,000			アモコ法/ＴＰＬ、2002／末に12.5万t増強
	〃	530,000		2004／１	インビスタ技術/クヴァナ〜2004/末８万t増強
	江蘇省揚州	1,400,000		2012／８	「遠東石化」、遠東新世紀60%/儀征化繊40%(再開)
	江蘇省	600,000		2005／4Q	「盛虹化繊」
	江蘇連雲港	1,500,000	2,400,000	2020／4Q	2014/5完成、「江蘇虹港石化」、増設分はＰ８技術
	江蘇省江陰	(900,000)		2005／4Q	「騰龍石化」〜停止中
	江蘇省江陰	1,200,000		2011／4Q	「海倫石化」江蘇三房巷集団合弁、28.4億元、第２期
	〃	1,200,000		2014／10	倍増設後240万t
	江蘇省江陰	600,000		2011／1Q	インビスタ、江陰澄星実業+香港「漢邦(江陰)石化」
	〃	2,200,000		2016／３	同2期、「漢邦(江陰)石油化工」〜江陰澄星実業集団
	浙江省紹興	(600,000)		2005／1Q	イーストマン/ルルギ「旧浙江華聯三鑫石化」展望G
	〃	600,000		2006／９	インビスタ/ＡＫ、「紹興華彬石化」〜2017/10再開
	〃	600,000		2007／１	インビスタ/ＡＫ、同上〜2017/10再開
	浙江省紹興	(530,000)		2005年	インビスタ技術「星河縦横集団」

P　T　A	浙江省寧波	950,000		2005年	インビスタ技術「浙江逸盛石化」～栄盛と恒逸合弁
	〃	1,300,000		2006／12	２号機増設後113万t→現有130万t
	〃	2,000,000		2011／6	３号機増設後330万t
	〃	1,500,000		2014／5	４号機増設後480万t、総能力575万t
	〃		3,300,000	不　明	５号機増設後905万t
	浙江省平湖		2,200,000	2019／末	「浙江独山能源」、工費40億元～新鳳鳴集団が自消
	浙江省寧波	1,200,000	1,500,000	未　定	2008/4、台湾化繊、DN技術、2013/3に40万t増設
	寧波大榭島	700,000		2007／2	旧寧波三菱化学を「寧波宏邦石化」が2016/12買収
	寧波大榭島		3,000,000	2019／末	「寧波中金石化」～PXメーカーの川下展開
	浙江省嘉興	1,500,000		2012／9	桐昆の「嘉興石化」～当初120万t、インビスタ技術
	〃	2,200,000		2018／1	増設後370万t、インビスタの「P８テクノロジー」
	福建省厦門	(1,650,000)		2002／11	「厦門翔鷺石化」、6.5億$、2006/5に30万t増～停止
	福建省漳州	4,500,000		2014／4	テクニモント技術、220万t×２系列～2017/11再開
	福建省石獅	640,000	1,100,000	未　定	インビスタ技術、「中国佳龍石化」～2010/末操開
	広東省珠海	(600,000)		2003／3	「BP珠海化工」BP85%/珠海ポート15%、3億$、テクニ
	〃	1,250,000		2007／11	ペトロール、工費3.77億$、2012/1Qに30万t増強
	〃	1,250,000		2015／4	３号機増設後310万t（珠海ポートは富華集団）
	海南島	2,200,000		2012／11	恒逸集団/栄盛集団/海南島政府の「海南恒逸石化」
	重慶・江北	900,000		2009／11	「重慶蓬威石化」～東方希望集団、2017/2操業再開
	四川省南充		1,200,000	未　定	「四川晟達」～インビスタ技術で新設
	計	50,846,000	22,650,000		（　）内の休止設備能力は合計から除外
A　N	蘭州	25,000		89年	ソハイオ法
	大慶	7,000			自国技術
	〃	160,000		88／7	ソハイオ法、初期能力は５万t
	吉林	220,000		97／10	旭化成/BP技術～工費1.2億$、2006年2.8万t増
	〃	220,000		2010／2Q	7.6億元で2008/下に10.8万t増設
	遼寧省撫順	92,000		92／2Q	ソハイオ法、試運転開始は90/11
	天津		(260,000)	棚上げ	イネオス/天津渤海化工集団の折半出資合弁計画
	山東省斉魯	4,000			自国技術
	山東省淄博	(30,000)		93／2Q	（停止中）
	山東省淄博	80,000		2004年	山東淄博合繊廠に供給
	山東省東営	260,000		2014／末	「山東科魯爾化学」万達集団/SINOPEC合弁
	山東省	130,000		2018／1	「山東海力化工」の新設計画
	山東省徳州		260,000	2020年	「金能科技」、PDH法プロピレン75万tの川下計画
	安徽省安慶	90,000		95／6	アクリル繊維９万t設備を併設、95/8操業開始
	〃	130,000		2013／2	増設後22万t「安慶石油化工」
	湖北省荊門	50,000		99年	旭化成/BP技術、SINOPEC傘下
	上海・金山	(130,000)		15年停止	ソハイオ法/旭化成施工、2003/5に倍増設
	上海・漕渓	520,000		2005／央	BP技術「上海賽科石油化工」、2015/4に26万t増設
	南京・金陵	50,000		99年	
	江蘇連雲港	260,000		2017／2	盛虹控股集団傘下の「江蘇斯爾邦石化」が新設
	〃		260,000	2019／末	倍増設後52万t
	江蘇省南通		260,000	未　定	「江蘇威名石化」～台湾中石化の現法
	浙江省寧波	30,000		99年	
	浙江省舟山		260,000	2020年	「浙江石油化工」～副生青酸利用でMMA９万tも
	広東省茂名	50,000	50,000	未　定	99年完成、旭化成/BP技術、欧州投資企業が融資
	計	2,378,000	1,090,000		
カプロラクタム	湖南省岳陽	100,000			「巴陵石油化工」(Baling Petrochemical)
	〃	100,000		2006／5	スタミカーボン法、巴陵の「鷹山石油化工廠」
	〃	100,000		2012／11	硫安フリー型３号機増設後計30万t
	〃		100,000	2018年	第４期増設後計40万t
	浙江省杭州	300,000		2012／8	浙江恒逸集団/中国石化の合弁「恒逸巴陵石化」
	〃		100,000	2018／末	2017/12に10万t増強～さらに増設後計40万t
	浙江省衢州	150,000		2012／8	「巨化集団」2012/6倍増設、2014/4Qに10万t増設
	湖北省宜昌	140,000	100,000	2018年	2013/7完成、「湖北三寧化工」、2015/5に４万t増強
	南京	(70,000)		92／4Q	スタミカーボン法「南京東方化工集団」～停止中
	〃	200,000		2005／10	HPO+法/AKクバナがPMC、フィブラントは2018/11に１号機＋２号機計40万tを恒申集団へ売却
	〃	200,000		2014／2	「旧フィブラント南京化工」HPO+法
	河北石家荘	100,000		98年	スニアのトルエン法/TPL、1.6億$、2015/7+4万t
	〃	100,000		2009／9	旭化成技術シクロヘキサノール併設

カプロラクタム	河北省	100,000		2015／12	「旭陽焦化集団」
	河南平頂山	100,000	200,000	2019年	2016/初完成「中国平煤神馬集団」3月より川上遡及
	山西省	200,000		2017／初	「陽煤集団」～半分は自消、稼働は2017/1Q
	山西省長治	100,000		2017／央	「潞宝興海新材料」～アノンを外販、稼働は2017/2Q
	山西省	100,000		2016／11	「蘭花科技創業」
	内モンゴル		200,000	不　明	「内蒙古慶華集団」
	山東省聊城	100,000		2013／央	「魯西化工集団」、肥料原料用、100%子会社で３倍増
	〃	200,000		2017／12	「聊城煤泗新材料科技」の２号10万tは2018/2稼働
	山東省東明	200,000		2012／８	「山東方明化工」、2015/10に倍増設
	山東省淄博	200,000		2012／６	「山東海力化工」～ライセンス問題で係争
	江蘇省塩城	200,000		2013／1Q	「塩城海力化工」～海力グループ、10万t×２系列
	〃		300,000	2019年	〃　～グループで全６系列60万tへ
	江蘇省		100,000	不　明	「華鼎」～ナイロンメーカーの川上遡及
	福建省	350,000		2014／８	「福建天辰耀隆新材料」2016/夏3万t増+18/夏7万t増
	福建省福州	200,000		2017／７	フィブラント技術フェノール法「福建申遠新材料」
	〃	200,000		2017／12	～長楽力恒(ナイロンメーカー)が川上遡及
	〃		600,000	2019年	総工費400億元でＣＰＬ計100万tまで拡張(恒申G)
	福建省		400,000	2019年	「錦江科技」～ナイロンメーカーの川上遡及計画
	計	3,740,000	2,100,000		
シクロヘキサノール	河北石家荘	100,000		2009／９	旭化成技術シクロヘキセン法、石家庄焦化集団、川下で10万tのカプロラクタムまで一貫生産
シクロヘキサン	遼陽	45,000			ＩＦＰ／ローヌ・プーラン法
〃	河南平頂山		200,000	未　定	神馬/福建恒申/北京三聯虹普合弁10万tN6計画
シクロヘキサノン	江蘇省南通		150,000	2019年	「江蘇威名石化」、台湾中石化の現法、2018/11完成
〃	陝西省韓城		160,000	2019年	「河北石焦化工」、工費15億元
ＨＭＤＡ	江蘇省鎮江	60,000		2009年	ローディア、アジポニトリルから一貫生産
〃	上海・漕渓	215,000		2016年	インビスタがアジポニトリル30万tを2023年自給化
アジピン酸	遼陽	150,000			ローディア技術、2004年に７万t増設
	新疆独山子	75,000		2009／８	Xinjiang Dushanzi Tianli High & New-Tech
	山西省太原	50,000		2009／央	「太原化工」
	重慶	540,000			「重慶華峰化工」～2017/末に第３期18万t増設
	〃		100,000	未　定	増強後64万t
	計	815,000	100,000		
ＡＨ塩	遼陽	110,000			同上「Sanlong Nylon」、2004年に6.5万t増設
	河南省平頂	70,000		99／３	旭化成技術/ＴＥＣ/伊藤忠「神馬集団」2014/1改造
	山	200,000		2010／4Q	自社技術「中国平煤神馬能源化工」～中平能化集団
	浙江省温州	250,000		09/9調印	華峰集団/青山控股集団/温州市の合弁～40億元
	計	630,000			
1,4-ブタンジオール	新疆庫爾勒	160,000		2008／10	アセチレン法でＴＨＦ1.5万t併産、美克集団/四川ビニロンの折半出資「Weimei(維美)Chemical」
	新疆クルレ	100,000		2016／１	ＢＡＳＦ/新疆美克化工の合弁でPolyTHF5万t併産
	新疆・昌吉	100,000	100,000	2019／６	「新疆藍山屯河化工」～倍増設後20万t
	大慶		50,000	未　定	ハンツマン/デビー技術「大慶藍星石化」
	新疆石河子	200,000			「新疆天業(Xinjiang Tianye)集団」
	遼寧省盤錦	150,000		2013／秋	大連化工の第３工場～ＰＴＭＧまで一貫生産
	天津	55,000			「藍星天津化学素材」
	山西省	150,000			「山西三維(Shanxi Sanwei)」～2009/末に倍増設
	江蘇省儀征	40,000		2004／４	「大連化工(江蘇)」2013/7に3.4万t増強
	江蘇省揚州	60,000		2013／７	「大連化工(江蘇)」の第２工場完成後計10万t
	江蘇省南京	55,000		2009／央	デビー技術マレイン酸法「藍星南京新化学素材」
	江蘇省儀征	100,000		2013／春	儀征化繊、５万tをＴＨＦ3.58万t/ＧＢＬ4,900tに
	上海・漕渓	85,000		2005／３	ＢＡＳＦケミカルズがPolyTHFまで一貫生産
	浙江省杭州		200,000	未　定	「浙江三恒」～江山化工と杭州青雲集団の折半出資
	陝西省	30,000		2009／央	レッペ技術アセチレン法「陝西ＢＤＯ化学」
	河南省義馬	50,000		2009年	07/9着工、Henan Kaixiang Electric Power Ind.
	四川省瀘州	60,000		2012年	インビスタ技術、重慶建峰工業集団～20億元
	重慶	200,000		2015／末	韓国ＳＫ/四川ビニロン～酢酸計画と並行実施
	寧夏・寧東	100,000		2015年	「国電中国石化寧夏能源化工」、ＰＴＭＧまで一貫
	計	1,695,000	350,000		

Ｔ　Ｈ　Ｆ	新疆庫爾勒	15,000		2008／10	Weimei(維美)Chemical～美克集団/四川ビニロン
	浙江省杭州		100,000	未　定	「浙江三恒」～江山化工と杭州青雲集団の折半出資
	江蘇省南京	44,000		2009着工	「藍星南京新化学素材」～1,4ＢＤに次ぐ２期計画
ＰｏｌｙＴＨＦ	上海・漕渓	60,000		2005／6	ＢＡＳＦ技術「ＢＡＳＦケミカルズ」
	新疆クルレ	50,000		2016／1	ＢＡＳＦ／新疆美克化工の合弁でＢＤＯ併産
ＰＴＭＥＧ	新疆・昌吉	46,000	46,000	2019／6	「新疆藍山屯河化工」～倍増設後9.2万t
	江蘇省儀征	50,000		2004／4	「大連化工(江蘇)」2013/7に１万t増、1,4-ＢＤ一貫
	江蘇省揚州	60,000		2007年	1.1億$で大連化工の第２工場～ＰＰＧも併設
	遼寧省盤錦	60,000		2013／秋	大連化工の第３工場計画～1,4-ＢＤより一貫生産
	江蘇省嘉興	30,000		2010／1	暁星グループ(Hyosung Jiaxing)
	江蘇省南京	30,000		2009着工	「藍星南京新化学素材」
	天津	30,000			「藍星天津化学素材」
	山西省	15,000			「山西三維(Shanxi Sanwei)」
	吉林省前郭	20,000		2007年	2005／８着工(Sinochem Taicang)
	浙江省杭州	20,000			Hangzhou Qingyun
	寧波大榭島	25,000		2009／10	「ＭＣＣ高新聚合産品寧波」、三菱化学100%子会社
	四川省濾州	46,000		2012年	インビスタ技術、重慶建峰工業集団～20億元
	寧夏・寧東	100,000		2015年	「国電中国石化寧夏能源化工」、1,4-ＢＤから一貫
	浙江省杭州		60,000	未　定	「浙江三恒」～江山化工と杭州青雲集団の折半出資
	計	642,000	106,000		
塩化コリン	済南	8,000		96／夏	済南華菱薬業55%／三菱ガス化学45%出資合弁
〃	江蘇省宜興		20,000	未　定	アクゾノーベル65%／宜興塩化コリン廠35%出資
塩化シアヌル	重慶	30,000		2008／末	エボニック「デグサ三征(宮口)ファインケミカル」
イソホロン	上海・漕渓	50,000		2014／春	同ジアミン併産、エボニック技術／ＷＰ施工
無水フッ酸	江西省九江	25,000		2010／2	「江西大唐化学」～ダイキン55%／中蛍集団45%
〃	浙江省金華	50,000		2003年	「浙江森美化工」～三美化工／森田化学の合弁
〃	福建省	50,000			「福建三美化工」
〃	江西省	50,000			「江西三美化工」
〃	江蘇省南通	50,000		2012／上	「浙江三美化工」、新設後グループ能力20万tに
クロロメタン	浙江省衢州	30,000		92／9	トクヤマ技術、「衢州化学工業」
塩化ビニリデン	江蘇省南通	10,000		2005／10	「南通匯羽豊新材料」(クレハ42%出資)
〃	浙江省		100,000	不　明	「浙江巨化」が2.2億元投入し2014年中完成の計画
ＰＶＤＦ	江蘇省常熟	5,000	5,000	検討中	2014/7完成、「呉羽(常熟)氟材料」(クレハ100%)
有機シリコーン	浙江省衢州	60,000		2008／5	中天集団／浙江巨化集団の合弁事業
〃	江蘇省南通	20,000		2009年	Momentive Performance Materials (Nantong)
〃	四川省濾州	100,000		2009／2	濾州北方化学、2010/央７万t増設
〃	湖北省宜昌	180,000		2011年	工費６億元、「Hubei Xingfa Chemicals」Group
メチルクロロシ	江西省南昌	400,000			「藍星新化学素材」～2010年倍増設、誘導品12万t
ラン(シロキサン)	江西省九江	100,000		2010／末	仏ローディア技術、同社のシリコーン事業を藍星
＝シリコーン・	九江・星火	200,000		2014／末	が買収しBluestar Silicones Internationalに
モノマー	江蘇省南通	100,000		2009年	Momentive Performance Materials (Nantong)
〃	江蘇・張家港	210,000		2008／秋	ワッカー/ダウコーニング合弁、乾式シリカ等含む
四塩化炭素	上海・呉渓	15,000		90年	モンテジソン法
プロピレングリコールエーテル	江蘇省揚州	30,000		2007年	シンガポールのFORTREC/江蘇華倫化工の合弁事業 プロピレングリコールエーテルアセテートも併産
ＰＯ系グリコールエーテル	江蘇省張家港	120,000		2009／6	ダウ・ケミカルがＰＯ系製品を事業化
ＥＧ系モノブチ	江蘇省南京	60,000		2009／7	Dynamic (Nanjing) Chemical Industryが事業化
ルエーテル	〃	40,000		〃	モノブチルエーテルアセテートも４万t併産
アクリルアミド	大慶	50,000		95／9	三菱化学技術、「中国大慶石油管理局」に技術供与
〃	江蘇省泰興		80,000	2018／夏	仏ＳＮＦ傘下の「愛森(中国)聚凝剤」が原料自給へ
ポリアクリルア	大慶	100,000		95／9	現在は「大慶煉油化工」が担当
ミド	江蘇省南通	25,000		2005／末	「南通荒川化学」、1.8万tで稼働、2009年5,000t増強
〃	江蘇省泰興	200,000			「愛森(中国)聚凝剤」、原料遡及と第２工場を計画
〃	江蘇省南通	30,000	30,000	2018／7	2018/1稼働、仏ＳＮＦ傘下の「愛森(如東)化工」
〃	〃		60,000	2020年	第３期・第４期各３万t系列増設後計12万tへ
アリルアルコール	天津	18,000		99／夏	昭電技術、ＥＣＨ用自給原料「天津渤海化工集団」
〃	江蘇省儀征	70,000		2004／4	「大連化工(江蘇)」2013/7に２万t増強
〃	江蘇省揚州	50,000		2011年	「大連化工(江蘇)」の第２工場、2011年２万t増強
〃	遼寧省盤錦	200,000		2016年	大連化工の次期計画～1,4-ＢＤＯやＥＣＨに自消

合成エタノール	吉林	100,000			フェーバ／ウーデ法
〃	上海・漕渓	200,000		2005／央	「上海賽科石油化工」
〃	南京	275,000		2013／央	石炭法ＴＣＸ技術セラニーズ→「誠志」が19年再開
〃	珠海高欄港	400,000		2014／央	「セラニーズ」～ＴＣＸ技術(石炭系)
〃	広東省東莞	200,000		2015年	「東莞順達化工」～酢酸法
〃	江蘇張家港	100,000		2015年	「飛翔化工(張家港)」
エタノールアミン	江蘇省南京	75,000		2011／末	「ＢＡＳＦ－ＹＰＣ」
〃	浙江省寧波	96,700		2011／下	アクゾノーベル
〃	江蘇省揚州	40,000			
〃	吉林		3,500	未　定	吉林化工が技術パートナーを募集中(殺虫剤用)
メチルアミン	江蘇省南京	36,000		2005／6	「ＢＡＳＦ－ＹＰＣ」～ＤＭＦ４万tを併産
エチレンアミン	〃	35,000		2011／末	〃　　～ＥＯ法
〃	浙江省寧波	35,000		2010年	アクゾノーベル、ＥＯ7.3万t消費/ＥＧ5,200t副生
Ｄ　Ｃ　Ｐ	〃	19,000	19,000	2018／3Q	〃　、架橋剤用ジクミルパーオキサイド倍増
Ｄ　Ｃ　Ｐ　Ｄ	江蘇省南京	25,000			
Ｄ　Ｍ　Ｆ	江蘇省南京	40,000		2005／6	「ＢＡＳＦ－ＹＰＣ」
〃	江蘇省南京	40,000		2007／11	「菱天(南京)精細化工」～三菱ガス化85.1%/伊藤忠
〃	山東省	40,000			「華魯恒昇化工」
Ｄ　Ｍ　Ａ　Ｃ	〃	10,000		〃	ＴＥＣ施工、原料ジメチルアミン3.3万tを自給
Ｍ　Ｘ　Ｄ　Ａ	江蘇省南通	9,000			「泰禾集団」～2015/末に倍増設
ＬｉＢ用電解液	江蘇省常熟	100,000		2012／5	「常熟菱锂電池材料」→2017/4宇部と折半合弁化
〃	江蘇張家港	5,000		2013／3	宇部興産100%「ＡＥＴ(張家港)」→三菱化学と合弁
〃	浙江省寧波	1,500		2014／5	「台塑三井精密化学」～2013/8設立、操開は2016/7
〃	浙江省衢州	9,000		2016／4	「浙江中硝康鵬化学」～セントラル硝子60%出資
〃	浙江省衢州	9,000	20,000	2018年	「浙江巨化凱藍新材料」に寧波杉杉が出資→筆頭へ
グ　リ　シ　ン	重慶	50,000		2008／4	天然ガスベース
メ　チ　オ　ニ　ン	大連	(20,000)		2011／末	「大連住化金港化工」～ＴＥＣ施工、操業停止
〃	南京	70,000		2014／初	仏アディセオ技術、藍星傘下の「Adisseo」
〃	〃		180,000	2021／央	同上、4.9億＄で液体メチオニンの第２工場を増設
Ｉ　Ｐ　Ａ	遼寧省錦州	100,000	70,000	未　定	「錦州石化公司」～増設後17万t
〃	遼寧省盤錦	80,000		2013／6	大連化工が秋稼働～アセトンは常熟の長春化工
〃	山東省徳州	30,000		2006年	徳田化工
〃	山東省	100,000		2013／夏	ＨＥＩＫＥスーパーケミカル
〃	江蘇省塩城	50,000	▲50,000	2017年	「塩城市蘇普爾化学科技」が2017年中にタイへ移設
高純度ＩＰＡ	江蘇省鎮江	5,000		2018／6	台湾の李長栄化学が新設、２～３倍の拡張も可能
Ｎ　Ｐ　Ｇ	吉林	15,000		98／5	ＢＡＳＦ60%/吉林化学40%出資(BASF・JCIC-NPG)
〃	山東省淄博	40,000		2013／9	パーストープ70%出資合弁
〃	江蘇省南京	40,000	40,000	2020年	2015/末完成、「ＢＡＳＦ－ＹＰＣ」
〃	江蘇張家港		30,000	2017／末	「張家港市華呂新材料科技」～江蘇華昌化工子会社
Ｍ　Ｅ　Ｋ	河北省滄州	30,000		2005／5	「河北中捷石化集団公司」、工費2.8億元
	山東省青島	80,000		2008／9	Zibo Qixiang Petrochemical～溶剤15万t併産
Ｍ　Ｉ　Ｂ　Ｋ	南京・金陵	1,000		95／1	「金陵石化公司」化肥廠に完成・操開
	吉林	15,000			吉林化学工業
	江蘇省鎮江	24,000			「鎮江ＬＣＹ」
	上海・漕渓		50,000	未　定	「上海中石化三井化工」のアセトン有効利用計画
	計	40,000	50,000		
メ　タ　ノ　ー　ル	重慶	140,000			ＩＣＩ技術、98／７の４万t増設系列はＴＥＣ施工
	〃	1,120,000			「四川ビニロン廠」～2011/7に77万t増設
	〃	450,000		2007／8	Kingboard～12月から操業開始
	〃	850,000		2011年	ＭＧＣ/ＭＨＩ技術、重慶化医集団～ガス化は撤退
	四川省万県	105,000		96／秋	ＩＣＩ技術／ＴＥＣ「川東化学工業公司」
	四川省瀘州	450,000		2005／春	「瀘天化集団」ＴＥＣ施工～1,4-ＢＤ2.5万t併設
	山東省斉魯	100,000		87年	シェル技術
	山東省済寧	200,000		2006／初	「山東エン礦国際焦化」、リオドセ25%/伊藤忠５%
	山東省聊城	500,000			Yankuang Guohong Coal Chemical～石炭ベース
	上海・武進	800,000		95／末	「上海焦化総廠」2008/1Qに45万t増設～石炭ガス化
	南京	300,000			「惠生(南京)化学」～石炭ガス化、2010年10万t増設
	江蘇省鎮江	500,000		2010／初	江蘇索普集団(ＳＯＰＯ)、ＣＯも自給、酢酸原料に
	大連	600,000			「金州天然ガス化学」2004年に倍増設完了

メタノール	大連長興島		500,000	2018／10	「恒力石化(大連)」
	吉林	300,000			「康乃爾化学工業」～石炭ベース
	蘭州	60,000			
	河南省永城	1,100,000			中原大化集団、シェル技術、全３期でプロピレン
	〃	500,000		2008／5	50万t/ＰＰ30万t/アンモニア30万t/尿素52万t/メ
					ラミン３万t/過酸化水素３万t/ブタノール/EOG他
	河南省尉氏	180,000			Weishi Chemical、石炭ベース
	河南省濮陽	120,000			Puyang Methanol、石炭ベース(既存の9万tはガス)
	〃	200,000		2008年	増設後32万t
	河南省鶴壁		1,800,000	2010/MOU	ＳＭＴＯ法でオレフィン60万tに転換する計画
	河北省内丘	200,000			Kingboard～石炭ベース、2008／初に倍増設
	河北省邢台		1,800,000	未　定	Kingboard60%/Jinniu Energy Resources40%合弁
	海南島	600,000		2006／9	ルルギ技術、CNOOC Kingboard Chemical、14.7億元
	海南島東方	800,000		2010／11	英デビー技術/CHENGDA、「中海石油化学」～ガス系
	ウイグル	240,000			2006/11に16万t増設、CNPC Tuha Oilfield、Turpan
	カラマイ	200,000		2006／10	ＣＮＰＣ傘下のXinjiang Petroleumが11月試運転
	新疆石河子	300,000		2011年	深圳立業集団/天富合弁の「Xinjiang Liye Tianfu
	〃	2,100,000		2014年	Energy」、全240万t/120億元～第１期分14億元
	寧夏・銀川	250,000		2007／末	「神華寧夏煤化集団」
	〃	850,000		2011年	ＭＴＰ52万t併設
	〃	820,000		2014／8	2014/8ＭＴＯ52万t併設
	寧夏・寧東	1,200,000		2013／末	「国電中国石化寧夏能源化工」アセチレン23万t併設
	寧夏・臨河	1,800,000		2014年	「寧夏宝豊能源集団」～ＭＴＯ60万t併設
	青海省	600,000		2010／7	「Qinghai Zhonghao Natural Gas Chemical」
	青海ｺﾞﾙﾑﾄﾞ		1,800,000	未　定	「青海省鉱業集団」、ＤＭＴＯ用
	内蒙古	200,000		2007／9	阿拉善に完成、内蒙古Qinghua集団
	内蒙古Ordos	1,000,000		2007／9	「博源聯合化工」(40万t+60万t)～天然ガス系
	〃	600,000		2007／末	「新奥集団」～ＤＭＥ40万tを併設
	〃	1,800,000		2010年	増設後240万t
	〃	600,000		2013／2	「金誠泰化工」、ＥＰＣは恵生工程、最終180万tへ
	〃	1,200,000		2013／末	Donghua Energyが95億元投資～酢酸40万t等併設
	内蒙古Ordos	3,600,000		2015／末	「中天合創」～ＣＴＭ法
	内蒙古赤峰	1,000,000		2009年	澤楷(Zekai)集団、第１期４億＄、「Chifeng Zekai
	〃		800,000	未　定	Energy Chemical」～石炭ガス化法で増設後180万t
	内蒙古	1,500,000		2010年	「久泰能源(内蒙古)」久泰化工/ロックフェラー31%
	内蒙古包頭	1,800,000		2010／央	「包頭神華石炭化学」神華76%/華誼24%、MTO60万tへ
	〃		1,800,000	未　定	〃　、ＤＭＴＯ向けに倍増設を計画
	内蒙古Duolun	1,670,000		2010／下	「大唐国際発電」
	内蒙古バヤ	600,000		2009／春	石炭系メタノール、四川化工が第１期分30億元投
	ナオル・ﾘﾝﾍ			着工	資、川下のＤＭＥ20万tは2007/秋に先行完成
	山西省晋城	200,000		2007／末	ＤＭＥ10万tを併産
	山西省晋城		1,500,000	未　定	ＣＴＬ300万tの川下でＤＭＥ100万t/ＰＰ60万t/
					ＰＯＭ10万t等、Lanhua Group/台湾の鴻海/インド
					ネシアのシナルマス/香港の華明集団合弁計画
	山西省大同	600,000		2008／末	大同煤鉱集団、2007/6着工、全２期で120万tへ倍増
	山西省黄陵		1,500,000	未　定	Hongkong & China Gasと延安政府の合弁事業計画
	山西Fenyang	400,000		2011年	Hongkong & China Gasと天成大洋の合弁事業
	山西省介休	300,000		2009／7	Shanxi Coke集団、第1期5.7億元で08/8着工～石炭
	山西省古交	300,000		2010年	第１期９億元で2008/５着工～石炭ガス化
	〃		900,000	未　定	全120万tへの拡張計画
	山西省洪洞	1,800,000		2017年	「山西焦煤集団」～ＣＴＯの川下
	陝西省楡林		1,200,000	不　明	石炭系メタノール～「陝西華電楡横煤化工」
	安徽省淮南	3,000,000		08/7着工	Anhui Coal Chemical(Huainan)、アンモニア80万t
					プロピレン104万t、合成油300万t、DME100万t
	安徽省無為	600,000		2011／初	上海華誼集団、石炭ガス化メタノール第１期
	〃		1,800,000	未　定	全３期計画で計240万tまで拡張～オキソ15万t他
	貴州省	600,000		2010年	Jingde Energy Chemical Co., Ltd.～石炭ベース
	貴州省畢節		1,800,000	2020年	「長城能源化工(貴州)」～ＭＴＯ用
	広西・欽州		1,000,000	未　定	「広西華誼能源化工」～併設する酢酸70万t用原料
	計	41,905,000	18,200,000		

ジメチルエーテル(DME)	広東省中山	2,500		95／1	南西化学研究院技術「中山精密化学工業」
	四川省瀘州	120,000		2005／1Q	2003/8実証設備1万t完成、「瀘天化集団」～TEC
	大連	15,000		2004／10	「金州天然ガス化学」
	江蘇張家港	500,000			「新能(張家港)能源」～2007/11に30万t増設
	〃	700,000		2008／初	合計能力120万t、さらに100万tの増設計画有り
	内蒙古Ordos	400,000		2007／末	「新奥集団」～メタノール60万tの川下事業
	内蒙古	1,000,000		2010年	シェブロン・テキサコ技術「久泰能源(内蒙古)」
	内蒙古Bayannaoer	200,000		2007／10	石炭系メタノール60万tの川下プラント、四川化工子会社の「Tianhe Chemical」が運営
	寧夏・銀川	210,000		2007／末	「寧夏煤化集団」、TEC技術/施工、MeOH25万t一貫
	湖北省荊門	400,000		2009／10	湖北Biocause医薬品(10万t保有)～天茂實業集団
	山西省晋城	100,000		2007／末	メタノール20万tの川下事業
	山西省晋城		1,000,000	未　定	メタノール150万tの川下事業、Lanhua Group/台湾の鴻海/シナルマス/香港の華明集団による合弁
	山西省介休	200,000		2009／7	Shanxi Coke集団～メタノール30万tの川下
	山西Fenyang	200,000		2011年	Hongkong & China Gasと天成大洋の合弁事業
	安徽省淮南	1,000,000		08/7着工	Anhui Coal Chemical(Huainan)～メタノール自給
	計	5,047,500	1,000,000		
アンモニア	海南島東方	1,500t/d		2004／初	KBR技術
尿素	〃	2,700t/d		〃	スタミカーボン技術
〃	ウイグル	800,000		2009年	スナム／TEC「タリム石油化学」、ガス5億㎥
〃	浙江省鎮海	600,000			
化成肥料	山東省青島	200,000		2004年	「住商肥料(青島)」～住友商事/青島ソーダの合弁
〃	広東省佛山	300,000		2012年	「佛山住商肥料」～現地ソーダ灰企業と折半出資
メラミン	海南島東方	120,000		2008年	DSMメラミン70%／CNOOC30%出資、1億$
〃	河南省	30,000		2006／3	Henan Junhua Chemical Group～将来15万tへ拡張
〃	ウイグル	60,000		2016／9	「新疆心連心エネルギー化工」～5億元で新設
アンモニア	河北省滄州	300,000			「河北滄州大化」のTDI関連設備群
尿素	〃	580,000			
濃硝酸	〃	30,000			
硝酸アンモニウム	〃	50,000			
メラミン	〃	6,000			
オキソアルコール	大慶	200,000		86年	UCC技術
	山東省斉魯	125,000			UCC技術、87年完成、98／末5.5万t増設
	北京・通県	70,000		95／9	テキサコ技術／宇部興産
	江蘇省南京	250,000		2005／6	「BASF－YPC」
	四川省成都	338,000		2014／1	ダウ／デビー技術LPOxo法、CNPCの計画
	広東省恵州		200,000	2020／秋	「中海シェル石油化工」～2期計画
	計	983,000	200,000		
特殊エステル	南京	20,000		2013／末	「Oxea(Nanjing) A.D.」、Oxo誘導品をToyo-Cが施工
イソノナノール	広東省茂名	180,000		2015／9	「茂名石化BASF」(BASF MPCC)、中国石化と折半
2-エチルヘキサノール	大慶	150,000		86年	UCC技術
	山東省斉魯	90,000		87年	UCC技術、斉魯石化、98／末4万t増設
	〃	170,000		2004／10	2号機、イーストマンとテキサノール/TXIBも
	吉林	130,000			BASF技術、2000年6万t増設
	北京・通県	50,000		95／9	三菱化学技術／三菱化学エンジニアリング
	江蘇省南京	100,000		2005／6	「BASF－YPC」
	南京	125,000		2013／9	「惠生(南京)化学」～惠生集団
	山東省聊城	150,000		2014／央	「魯西化工」～2013/央完成1年後から商業運転
	山東省徳州	80,000		2013／央	「山東華魯恒升化工」
	天津	140,000		2013／9	「天津渤海化工集団」
	広東省掲陽	85,000		2014／末	ダウ/JMデイビーの「LP Oxo」技術を導入
	安徽省安慶	100,000		2015年	ダウ/DPTの「LP Oxo SELECTOR 10」技術を導入
	計	1,370,000			

ブタノール	大慶	50,000		86年	ＵＣＣ技術
	山東省斉魯	35,000			ＵＣＣ技術、87年完成、98／末1.5万t増設
	吉林	128,000		2004／８	ダウ/デビーのＬＰオキソ・プロセス技術
	北京・通県	20,000		95／９	三菱化学技術／三菱化学エンジニアリング
	江蘇省南京	205,000		2005／６	「ＢＡＳＦ－ＹＰＣ」～2008／4Qに5.5万t増強
	江蘇省海門	200,000		2008／10	「江蘇朕海生物科技」～2010/末15万t増設
	浙江省寧波	250,000		2007／末	「台塑工業(寧波)」
	山東省聊城	85,000		2014／央	「魯西化工」～2013/央完成１年後から商業運転
	山東省徳州	100,000		2013／央	「山東華魯恒升化工」
	広東省掲陽	235,000		2014／末	ダウ/ＪＭデイビー、イソブチルアルデヒド3.3万t
	安徽省安慶	115,000		2015年	ダウ/ＤＰＴ技術、イソブタノール2.3万tを併産
ブタノール	計	1,423,000			
エピクロルヒドリン	湖南省巴陵	4,000		72年	自国技術
	山東省斉魯	32,000		88年	鹿島ケミカル/日揮、うち1.5万tはグリセリン用
	山東省	150,000			「山東海力化工」
	天津	24,000		99／夏	昭電技術アリルアルコール法「天津渤海化工集団」
	江蘇省泰興	25,000		2007／1Q	「江蘇三蝶化工有限公司」(三木集団75%/蝶理25%)
	江蘇省泰興		100,000	一時凍結	ソルベイのグリセリン法「Epicerol」、2014/下完成
	江蘇省揚州	120,000			「江蘇揚農化工集団」～ピレスロイド系農薬企業
	福建省龍岩	5,000	20,000	未　定	「福建Haobang化学」～バイオ法で2011/1稼働開始
	遼寧省盤錦	(96,000)		2013／夏	大連化工～原料はアリルアルコール、2017/2停止
	計	360,000	120,000		
ＰＯ	上海・高橋	60,000			自国技術、99年に１万t増強
	南京・金陵	10,000		88／３	昭和電工技術、「鐘山化工廠」
	〃	240,000		2017／７	「南京金陵ハンツマン新素材」～ＰＯ／ＭＴＢＥ法
	南京	80,000		2008／６	錦湖石化／江蘇金浦集団～ソーダ10万t、ＰＰＧも
	江蘇省泰興		150,000	2018年	2016/10着工～「江蘇怡達化学」～過水11万t併産
	〃		200,000	未　定	第２期で過水14万t/ポリエーテル10万t併設
	吉林	300,000		2014／７	HPPO法「吉神化工」吉林神華/吉化北方＋過水23万t
	錦州・錦西	20,000		89／末	旭硝子技術、「錦西化工総廠」
	〃	130,000		2002／２	〃　「錦化集団公司」+カセイソーダ12万t
	遼寧省瀋陽	80,000		2004／８	旭硝子技術／伊藤忠商事、「瀋陽化工集団」
	天津・大沽	100,000		91年	三井化学技術、「天津大沽化工」2009年８万t増設
	〃	10,000		2010／末	中国初ＨＰＰＯ法、1,500tパイロット2010/6稼働
	山東省淄博	10,000		90年	三井化学技術、「張店化工廠」
	山東省	20,000		2000／５	「山東濱化集団」
	山東省煙台		300,000	2019年	「万華化学」の自社技術ＰＯ／ＳＭ併産法
	江西省九江	20,000		93／３	旭硝子技術、「九江化工廠」
	浙江省寧波	20,000		94／６	ダウ技術、「浙江太平洋化学」はダウ100%子会社に
	浙江省寧波	285,000		2010／３	ライオンデル/JACOBSのＳＭ併産法、鎮海化工合弁
	福建眉州湾	20,000		2002／２	旭硝子技術、「眉州湾クロルアルカリ」
	福建省漳州		300,000	2020／６	「福建古雷石化」～台湾のLCY/USI/和桐/聯華等7社
	広東省恵州	290,000	300,000	2020／秋	2005/末完成「中海シェル石油化工」
	計	1,695,000	1,250,000		天津、大連、撫順に小規模プラント有り
ＰＧ	錦州・錦西	5,000		89／末	旭硝子技術、「錦西化工総廠」
	遼寧省瀋陽	5,000		2004／８	旭硝子技術／伊藤忠商事、「瀋陽化工集団」
	江西省九江	5,000		93／３	旭硝子技術、「九江化工廠」～95／初フル稼働入
	浙江省寧波	5,000		94／６	ダウ技術、「浙江太平洋化学」担当～94／末操開
	浙江省寧波	100,000		2010／３	ライオンデル/JACOBSのＰＯ誘導品、鎮海化工合弁
	広東省恵州	60,000		2005／末	「中海シェル石油化工」
	計	180,000			
ＰＰＧ	山東省烟台	3,200		82年	ＤＩＣ技術、「烟台合成皮革工場」
	山東省淄博	10,000		90年	三井化学技術、「張店化工廠」
	遼寧省瀋陽	2,000		88年	独プレセング技術
	遼寧省瀋陽	140,000		2004／８	旭硝子技術／伊藤忠商事、「瀋陽化工集団」
	吉林	400,000		2017／10	西レプソル技術「吉林神華集団聚源化工」

P　　P　　G	錦州・錦西	18,000		89／末	旭硝子技術、「錦西化工総廠」
	〃	80,000		2000年	〃　　「錦化集団公司」～POからの一貫
	天津	20,000		91年	三井化学技術
	天津	30,000		96／末	SK／SINOPECの合弁事業、工費$50m
	上海・高橋	20,000		92／末	三井化学技術
	上海・漕渓	280,000		2011／7	コベストロ
	南京	30,000		2006／12	「KPC(南京)」～韓国KPXケミカルの子会社
	南京	50,000		2008／6	錦湖石化/江蘇金浦集団、06/11着工、PO含み1億$
	江西省九江	20,000		93／3	旭硝子技術、「九江化工廠」
	浙江省寧波	20,000		94／6	ダウ技術、「浙江太平洋化学」はダウ100%子会社に
	浙江省紹興	100,000			「紹興横峰ポリウレタン」～2010/1に4万t増設
	広東省恵州	170,000	600,000	2020／秋	2005/末完成「中海シェル石油化工」、2期拡張計画
	広州・南沙	70,000		2010／5	「広州宇田PU」～青島新宇田化工80.5%/豊田通商
	河北省嚢州	100,000		2009／末	Zhengzhou Guangyang Ind./Hebei Yadong Chem.
	計	1,563,200	600,000		
無水マレイン酸	天津	10,000		88／12	SD法
	遼陽	10,000		91年	仏テクニップ技術
	山東省勝利	15,000		95／1	ALMA法／TEC、「勝化精油化工公司」
	大慶	30,000		96年	BP法
	江蘇省蘇州	10,000	10,000	不　明	蘇州合成化工廠、フマル酸8,000t保有
	計	75,000	10,000		その他小規模12工場で計1.6万t能力有り
アクリル酸(AA)	北京・通県	57,000			日本触媒法「北京東方化工廠」、92/4に1万t増設
	〃	30,000		99年	増設系列3万tのうち1.2万tは精製アクリル酸
	吉林	35,000		92／3Q	三菱化学技術、アクリル酸エステル3万t併設
	山東省淄博	110,000			「山東開泰」～2015年に8万t増設
	山東省	40,000			Zhenghe Chemical、アクリル酸エステル6万t併設
	山東省煙台	100,000		2015／末	「万華化学」～PDH法プロピレンを自給
	上海・高橋	30,000		94／央	三菱化学技術、アクリル酸エステル3万t併設
	上海・漕渓	210,000			Shanghai Huayi Acrylic Acid(上海華誼)～AEも
	江蘇省南京	320,000		2005／6	「BASF－YPC」～2014/4倍増設
	江蘇省塩城	205,000		2014年	「江蘇裕廊」Jiangsu Jurong Chemical(Sun Vic)
	江蘇省泰興	320,000		2012／春	「Sunke」裕廊石化がFCCプロピレンを供給
	〃	160,000		2014／4Q	増設後48万t、アルケマの過半数出資合弁会社運営
	江蘇省無錫	80,000		2012／春	江蘇三木集団
	江蘇省南通	80,000		2014年	台湾・炎州集団「萬州石化」、BAまで一貫生産
	遼寧省瀋陽	80,000		2006／10	三菱化学技術「瀋陽パラフィン」AE13万t併設
	蘭州	80,000		2007／10	～操業開始は2008／4、AE11.5万t併設
	浙江省	40,000		2005／1Q	銀燕化工
	浙江省寧波	320,000		2006／春	日本触媒技術「台塑工業(寧波)」～2015/央倍増設
	浙江省寧波		160,000	未　定	韓国のLG化学が自社技術で新設
	浙江省嘉興	160,000		2014／春	「浙江衛星石化」
	浙江省平湖	320,000	360,000	19年以降	2013年稼働「平湖石化」～浙江衛星石化の子会社
	福建省	60,000		2013／央	「福建濱海化工」
	福建省漳州		160,000	2020／6	「福建古雷石化」～台湾のLCY/USI/和桐/聯華等7社
	広東省恵州	160,000		2012／8	ルルギ/日本化薬技術、CNOOCエナジー発注～エステルも
	四川省成都		190,000	未　定	CNPC／四川省企業合弁センターの川下計画
	計	2,997,000	870,000		
高吸水性樹脂(SAP)	江蘇省南通	30,000		2005／4	「三大雅精細化学品(南通)」～2万tで稼働、2006/夏
	〃	40,000		2007／秋	5,000t増強後2号機建設。SDPグローバル系
	〃	80,000		2011／7	倍増設後15万t(稼働開始は2011/秋)
	〃	80,000		2015／夏	4号機増設後23万t
	江蘇張家港	30,000		2005／2	「日触化工(張家港)」～倍増設計画は白紙化
	江蘇省宜興	40,000		2010／秋	「宜興丹森」
	〃	220,000			2011/末12万tに倍増→2014/末10万t増設後26万t
	〃		160,000	未　定	次期増設後42万t
	江蘇省南京	60,000		2014／4	「BASF－YPC」
	浙江省寧波	105,000		2008／3	「台塑工業(寧波)」～2015/央に6万t増設
	浙江省嘉興	90,000			2014年稼働「浙江衛星石化」
	浙江省平湖	60,000		2017／末	「平湖石化」～浙江衛星石化の子会社
	福建省泉州	50,000			「泉州邦麗達科技実業」

高吸水性樹脂	山東省	50,000			「山東諾尓生物科技」
（ＳＡＰ）	山東省煙台	30,000		2015／末	「万華化学」～ＡＡから一貫生産、４倍増設も検討
	計	965,000	160,000		
アクリル酸エス	北京・通県	65,000			日本触媒法「北京東方化工廠」、92／４に1.5万t増設
テル	〃	30,000		99年	３万tの増設系列は全量ブチルアクリレート
	吉林	30,000		92／3Q	三菱化学技術、うちＢＡが1.5万t
	山東省	60,000			Zhenghe Chemical、アクリル酸４万tから一貫生産
	上海・高橋	30,000		94／央	三菱化学技術、94／秋操業開始
	上海・漕渓	150,000			Shanghai Huayi Acrylic Acid(上海華誼)～AAも
	江蘇張家港	18,000		2005／５	「張家港華瑞化工」～新世界国際貿易75%/蝶理14%
	江蘇省南京	230,000		2005／６	「ＢＡＳＦ－ＹＰＣ」
	江蘇省塩城	250,000			Jiangsu Jurong Chemical(Sun Vic)～ＡＡ自給
	浙江省寧波	230,000		2005／12	日本触媒技術「台塑アクリル酸エステル(寧波)」
	浙江省嘉興	150,000		2014／春	「浙江衛星石化」
	浙江省平湖	300,000	360,000	19年以降	2013年稼働「平湖石化」～浙江衛星石化の子会社
	遼寧省瀋陽	130,000		2006／10	三菱化学技術「瀋陽パラフィン」ＡＡ８万t併設
	蘭州	115,000		2007／10	～操業開始は2008／４、ＡＡ８万tから一貫生産
	広東省江門	80,000		2013／４	香港「葉氏化工」～全量アクリル酸ブチル、３億元
	江蘇省南通	80,000		2013／央	台湾系「炎州集団」、ＡＡ８万tからブチルまで生産
	福建省	60,000		2013／央	「福建濱海化工」
	福建省漳州		145,000	2020／６	「福建古雷石化」～台湾のLCY/USI/和桐/聯華等7社
	四川省成都		220,000	未　定	ＣＮＰＣ／四川省企業合弁センターの川下計画
	計	2,008,000	725,000		
Ｍ　Ｍ　Ａ	中国各地	67,000			Longxin2.5万tほかの合計能力
	吉林	100,000		2004／４	ＡＣＨ法、吉林化学工業～2009年から５万t休止
	〃	100,000		2008／4Q	ＡＣＨ法３号機
	広東省恵州	90,000		2006／12	三菱レイヨンの直酸法「恵州恵菱化成」～１億＄
	上海・漕渓	93,000		2005／２	ルーサイトがＡＣＨ法で６月稼働、工費１億＄
		82,000		2015／1Q	ＡＣＨ法/京鼎工程建設に発注、増設後17.5万t
	上海・漕渓	100,000		2008／７	直酸法でエボニックが新設、別にＭＡＡ1.5万t、ＢＭＡ２万t、イソブチレン10.5万t含み2.5億ユーロ
	江蘇省鎮江	50,000		2008／1Q	直酸法で李長栄化学が事業化、後に倍増設を計画
	江蘇連雲港	90,000		2017／２	盛虹控股集団傘下の「江蘇斯爾邦石化」が新設
	江蘇省南通		90,000	未　定	「江蘇威名石化」～台湾中石化の現法
	山東省菏澤	50,000		2017／末	イソブチレン気相酸化法「東明華誼玉皇」18/5稼働
	山東省菏澤	60,000		2017／末	イソブチレン法、「山東易達利化工」～2018/5稼働
	山東省煙台		50,000	2018年	直酸法で「万華化学」が事業化～将来15万tへ拡大
	浙江省舟山		90,000	2020年	「浙江石油化工」～ＡＮ26万tの副生青酸を利用
	山東省徳州		100,000	2020年	「金能科技」、ＡＮ26万tの川下ＡＣＨ法計画
	計	882,000	330,000		その他に6.7万t有り
ブチルメタクリレート	江蘇省蘇州	5,000		98／４	三菱レイヨン50%／吉化集団蘇州安利化工25%／住商25%出資合弁の「蘇州三友利化工」
〃	上海・漕渓	20,000		2008／4Q	エボニックが新設、ＭＭＡ10万tの外数
アクリル系ポリ	北京・通県	20,000			「北京東方ローム＆ハース」
マー	上海	40,000		2001／１	「ＢＡＳＦカラランツ＆ケミカルズ」分散剤1.4万t
アクリルＥＭＡ	四川省眉山		60,000	2018年	ダウが7,500万$で塗料用エマルジョン工場を新設
Ｐ　Ｍ　Ｍ　Ａ	江蘇省南通	40,000		2003／12	三菱レイヨン技術「南通麗陽化学」～日造施工
（アクリル樹脂	江蘇省鎮江	50,000		2006／10	「鎮江奇美化工」～台湾・奇美実業85%出資
成形材料）	〃	80,000		2011／８	２号機増設後13万t能力
	上海・漕渓	40,000		2008／4Q	エボニック・インダストリーズが新設
	江蘇省蘇州	3,000	20,000	不　明	「吉化集団蘇州安利化工公司」
	山東省煙台		80,000	2018年	「万華化学」～ＭＭＡから一貫生産
	計	213,000	100,000		
ＰＭＭＡ板	江蘇省南通	20,000		2005／７	三菱レイヨン技術「三菱麗陽高分子材料(南通)」
アクリル樹脂	〃	3,500		2005／６	同上～塗料用ポリマー
ＰＭＭＡ板	江蘇張家港	3,000		2007年	クラレ技術注型板「可楽麗亜克力(張家港)」倍増も
Ｍ　Ｂ　Ｓ	江蘇省蘇州	5,000	5,000	不　明	「吉化集団蘇州安利化工公司」、（ＰＶＣ添加剤）

無水フタル酸	湖南省巴陵	3,000		80年	自国技術
	ハルビン	20,000		88年	デビー・マッキー技術、「哈爾浜化工五廠」
	吉林	40,000		97年	
	大連	15,000		88年	「大連染料工場」
	遼寧省盤錦	140,000		2014／下	「盤錦聯成化学工業」7万t×2系列を2013/春着工
	天津	10,000		92年	仏スペイシム技術
	山東省斉魯	40,000		90年	ＢＡＳＦ技術、「斉魯石油化工」
	山東省	10,000		97／9	「山東新泰化学」、第六設計院が設計
	山東省濰坊	40,000		2014／6	「山東傑富意振興化工」～ＪＦＥケミカル60%出資
	山東省棗庄	40,000		2015／12	「棗庄傑富意振興化工」～ＪＦＥケミカル83.2%
	南京・金陵	40,000		89年	ＢＡＳＦ技術、「金陵石油化工」
	〃	60,000		99／7	ルルギ技術
	上海	10,000		91年	バジャー技術、「上海染料工場」
	浙江省鎮海	60,000		2006／5	Zhenhai Taida Chemical、東来化工と華泰化工へ
	福建省厦門	20,000		92年	日本触媒／アトケム技術、「厦揚化工」
	計	548,000			
Ｄ　Ｏ　Ｐ	広東省東莞	30,000		96／6	「ドーブケムーＳＣカンパニー」住商30%出資合弁
	上海	35,000		97年	台湾の聯成化学科技、2007/1華南にもＤＯＰ工場
	遼寧省盤錦	500,000		2014／下	「盤錦聯成化学工業」が計4系列を2013/春着工
	浙江省寧波	200,000		未　定	「南亜プラスチック(寧波)」
	計	765,000			
キュメン	山東省東営	300,000		2013年	「利華益維遠化工」～バジャーが技術供与
	江蘇省揚州	300,000		2011／央	海成化工(建滔集団/珠海実友化工)原料はDCCより
	江蘇省大豊	473,000		2014年	ＵＯＰ技術「江蘇海力化工」～フェノールは37万t
	上海・漕渓	360,000		2015／4	スノコ/ＵＯＰ技術、ＣＥＰＳＡ/住友商事25%出資
	南京		550,000	延　期	イネオス／揚子石油化工が折半合弁で新設
	計	1,433,000	550,000		
フェノール	ハルビン	75,000		97年	スノコ/ＵＯＰ、2005/12に3万t増「ハルビン石化」
	吉林	94,000			チッソ・エンジ、2003／8に倍増設
	北京・燕山	190,000			三井化学／ＢＰ法、2003年に4万t増強
	天津	220,000		2010／4	「SINOPEC SABIC Tianjin Petrochemical」
	山東省東営	220,000		2012／10	「利華益(Lihuayi)維運化工」、ＢＰＡ～ＰＣも検討
	上海・高橋	(15,000)		71年	自国技術(アセトンを2.7万t併産)～停止中
	〃	(80,000)		99／9	ＫＢＲ技術、キュメン10.8万t(2系列)併設、停止
	上海・漕渓	125,000		2005／4	上海高橋石化がＳＥＣＣＯ内に併設
	〃	250,000		2015／1	「上海中石化三井化工」の川上遡及計画～400億円
	上海・漕渓	250,000		2015／4	スノコ/ＵＯＰ技術、ＣＥＰＳＡ/住友商事25%出資
	南京		400,000	延　期	折半の「イネオスＹＰＣフェノール(南京)」が新設
	江蘇省揚州	188,000		2012／5	香港コンコードスター(Kingboard)の第2工場
	江蘇省常熟	350,000		2013／8	「長春化工(江蘇)」～ＢＰＡまでの一貫系列
	江蘇省大豊		370,000	不　明	ＵＯＰ技術「江蘇海力化工」～キュメンは47.3万t
	浙江省寧波	300,000		2015／2Q	「台化興業(寧波)」
	浙江省舟山		400,000	2020／4	「浙江石油化工」～川下でＢＰＡ24万tも計画
	広東省恵州	200,000		2008／1	香港コンコードスター(Kingboard)
	広東省恵州		220,000	2020／秋	「中海シェル石油化工」の第2期計画分
	遼寧省盤錦		500,000	2019／初	「China North Industries Corp.」
	四川省成都		180,000	未　定	ＣＮＰＣ／四川省企業合弁センターの川下計画
	計	2,462,000	2,070,000		この他蘭州に500t設備＋硫酸法設備が3.5万t
アセトン	ハルビン	45,000		97年	スノコ/ＵＯＰ、2005/12に1.8万t増、ハルビン石化
	吉林	36,000		97／1	チッソ・エンジニアリング
	北京・燕山	114,000		88年	三井化学／ＢＰ法、2003年に2.3万t増強
	天津	130,000		2010／4	「SINOPEC SABIC Tianjin Petrochemical」
	山東省東営	130,000		2012／10	「利華益(Lihuayi)維運化工」
	上海・高橋	(27,000)		71年	自国技術～停止中
	〃	(30,000)		99／11	ケロッグ・ブラウン&ルート技術～停止中
	上海・漕渓	75,000		2005／4	上海高橋石化がＳＥＣＣＯ内に新設、08年+3.3万t

アセトン	〃	150,000		2015／1	「上海中石化三井化工」の川上遡及計画～400億円
	上海・漕渓	150,000		2015／4	スノコ/ＵＯＰ技術、ＣＥＰＳＡ/住友商事25%出資
	南京		250,000	延　期	折半の「イネオスＹＰＣフェノール(南京)」が新設
	江蘇省揚州	113,000		2012／5	香港コンコードスター(Kingboard)の第２工場
	江蘇省常熟	215,000		2013／8	「長春化工(江蘇)」～フェノール30万tと併産
	浙江省寧波	185,000		2015／2Q	「台化興業(寧波)」
	浙江省舟山		240,000	2020／4	「浙江石油化工」～川下でＢＰＡ24万tも計画
	広東省恵州	120,000		2008／1	香港コンコードスター(Kingboard)が企業化
	広東省恵州		135,000	2020／秋	「中海シェル石油化工」の第２期計画分
	遼寧省盤錦		300,000	2019／初	「China North Industries Corp.」
	四川省成都		110,000	未　定	ＣＮＰＣ／四川省企業合弁センターの川下計画
	計	1,463,000	1,035,000		
ビスフェノールA	北京・燕山	180,000		2011／12	三菱化学技術、ＭＥＰ/SINOPEC折半、2015/11+3万t
	天津		120,000	2019／1	「SINOPEC SABIC Tianjin Petrochemical」
	〃		120,000	2020／1	倍増設後24万t～ＰＣ26万t計画に対応
	山東省東営	120,000		2015／10	「利華益(Lihuayi)維運化工」、ＰＣ６万tも検討
	上海・漕渓	200,000		2006／9	「コベストロ」～2008/10に倍増設後20万t～ＰＣ用
	〃	220,000		2016／5	2017/1に倍増設(11万t×２系列)ＰＣ40万tに対応
	上海・漕渓	120,000		2008／7	「上海中石化三井化工」～操業開始は2008/12
	江蘇省無錫	35,000		2003／10	うち2.5万tは千代化技術ＣＴ-ＢＩＳＡ法/三菱商
	〃	180,000		2010／9	事「中国藍星化学清洗総公司」、2015/5に９万t増設
	江蘇省常熟	135,000		2013／8	「長春化工(江蘇)」～１号機稼働は2014/初
	〃	135,000		2015／5	２号機倍増設後27万t
	浙江省寧波	150,000		2015／2Q	「南亜プラスチック(寧波)」
	浙江省舟山		240,000	2020／4	「浙江石油化工」、ＰＣ26万tまでの一貫生産計画
	広東省恵州	30,000		2008／1	香港コンコードスター(Kingboard)が企業化
	四川省成都		130,000	未　定	ＣＮＰＣ／四川省企業合弁センターの川下計画
	計	1,505,000	610,000		
アニリン	吉林	60,000			(2005/11に２号機10万tが爆発)
	吉林	180,000		2009／4	Jilin Cornel Chemical Industry(康乃爾化工)、
	〃	180,000		2011年	KBR/デュポン法、倍増後36万t、NB48万t/硝酸37万t
	内蒙古	360,000		2013年	同上第２拠点、硝酸27万t/アンモニア８万tの一貫
	山東省東営	240,000		2011年	山東金羚集団、2009/10着工、ＩＭ法電解60万t併産
	山東省煙台	360,000		2011年	「万華化学」、ＮＢ48万t/アンモニア18万t併設
	山西省路城	150,000		2006年	ＫＢＲ/デュポン、天脊煤化工集団(Tianji Group)
	〃	150,000		2012年	同上(日量450t)、倍増設後30万t
	江蘇省江陰	50,000		2007年	江蘇双良集団
	江蘇省泰興	135,000		2008／1Q	シンガポールのＳＰケミカルズが事業化
	重慶	300,000		2015／8	ＢＡＳＦ/重慶化醫集団、ＮＢz40万tから一貫生産
	計	2,165,000			
ＭＤＩ	山東省煙台	800,000		2014／夏	万華化学が移設、Bz/塩素/ホルマリン24万t併設
	寧波大榭島	300,000		2005／12	「万華化学(寧波)」、2007/秋５割増、2008年６万t増
	〃	300,000		2010／8	25億元で60万tへ倍増設
	〃	600,000		2013／春	2012年30万t増設後90万t～１年後合計能力120万t
	重慶	400,000		2015／8	ＢＡＳＦ/重慶化醫、2017/末停止～1年後再開へ
	上海・漕渓	240,000		2006／8	ハンツマン・ポリウレタン/上海天原クロルアルカ
	〃	240,000		2018／2Q	リ/SINOPEC/ＢＡＳＦ/高橋石油化工/上海華誼
	上海・漕渓	500,000	500,000	2018年	2008/10完成、コベストロ、2014/末15万t増強
	福建省福州		400,000	2020年	「福建康乃爾ポリウレタン」吉林康乃爾化工55%、第２期で倍増設+アニリン36万t/NB48万t/硝酸27万t
	河北省唐山		200,000	未　定	曹妃甸工業区への誘致計画
	計	3,380,000	1,100,000		
精製ＭＤＩ	浙江省温州	70,000		2007／10	「日本ポリウレタン(瑞安)」～2012/夏２万t増強
ＨＤＩ	上海・漕渓	80,000		2006／9	「コベストロ」～2016/6に５万t増設
〃	寧波大榭島	50,000		2012／3	「万華化学(寧波)」～2017/央3.5万t増設
ＨＤＩ系ポリイソシアネート	上海・漕渓	11,500		2003／4	「コベストロ」(元バイエルＭＳ)
	江蘇省南通	10,000		2007／7	「旭化成精細化工(南通)」～南陽化成からＨＤＩ
〃	〃	10,000		2015／1	を受給して加工、倍増設後２万t

Ｐ　Ｃ　Ｄ	江蘇省南通	3,000		2014／11	「旭化成精細化工(南通)」ポリカーボネートジオール
変性ＭＤＩ	広東省珠海	50,000		2015／６	「広東万華化学科技」～万華化学の全額出資子会社
水性塗料用樹脂	高欄港	100,000		〃	2019年に両製品とも倍増設を予定
フェノール樹脂	江蘇省南通	15,000		2008／末	「南通住友電木」
Ｔ　Ｄ　Ｉ	甘粛省白銀	100,000		90年	ＢＡＳＦ技術、「甘粛銀光化工」、2010年倍増設
	山東省耒陽	15,000			
	山東省煙台	300,000		2016年	万華化学、トルエン/塩素/ソーダ30万t/硫酸54万t
	遼寧省瀋陽	30,000			藍星集団
	遼寧･葫蘆島	50,000		2009年	新設
	山西省太原	30,000		92年	Chematur 技術、「太原化工廠」
	浙江省寧波	50,000		2008年	錦化化工集団が新規参入
	河北省滄州	30,000			「河北滄州大化」、99/春2万tで操開、05/11に1万t増
	〃	50,000		2009／２	「滄州大化ＴＤＩ」、倍増時ソーダ16万t、硝酸10万t
	〃	70,000		2012／５	ＤＮＴ６万tなど併設、５万t→８万tへの増強検討
	河北省唐山		200,000	未　定	曹妃甸工業区への誘致計画
	上海・漕渓	160,000		2006／８	「上海ＢＡＳＦポリウレタン」高橋石化／華誼ほか
	上海・漕渓	250,000		2011／７	コベストロ(元バイエルＭＳ)の気相法
	計	1,135,000	200,000		
エポキシ樹脂	湖南省岳陽	4,000		88／３	東都化成技術「巴陵石油化工公司」
	〃	2,000			自国技術、　　　〃
	江蘇省蘇州	1,500			「蘇州特殊化学品有限公司」
	江蘇省無錫	5,000			「無錫市石油化工総廠」　　将来２万tまで拡大
	〃	10,000			「無錫ＤＩＣエポキシ」（ＤＩＣ50%／住商10%）
	〃	2,500		2003／９	「長瀬精細化工(無錫)有限公司」
	江蘇省昆山	155,000		2003／秋	東都化成技術、韓国･国都化学の中国拠点
	江蘇張家港	41,000		2003／５	ダウ・エポキシ、汎用＋特殊タイプ(ＣＥＲ)
	〃	34,000		2008年	〃　　、硬化剤3,000tを2011/2生産開始
	上海・漕渓	100,000		2010年	〃　　、液状(ＬＥＲ)汎用タイプ
	江蘇省常熟	100,000			「長春化工(江蘇)」～液状タイプ
	江蘇省揚州	120,000			〃
	遼寧省盤錦	100,000		2013／夏	「長春化工(盤錦)」
	大連	20,000			東都化成技術「斉化化工」
	広東省番偶	30,000		98／1Q	「広東チバポリマーズ」石楼市経済開発／チバ合弁
	計	725,000			
不飽和ポリエステル	大連	7,000		87年	ディディエール技術
	広東省広州	7,000		88年	〃
	上海・金山	6,600		90年	フッシャー技術
	〃	10,000		2001年	ＤＣＰＤ系不飽和ポリエステル
	山東省煙台	75,000			ＤＩＣ50%出資「煙台華大化学工業」95年5万t増設
	江蘇省常州	16,000			「常州華日新材公司」～ＤＩＣ40%出資、95/８倍増
	天津		50,000	未　定	ライヒホールドが2008/７にＬ/Ｉ～工費4,000万$
［ＳＭＣ］	〃	［4,000］		95／11	同上、シート加工設備を併設
	江蘇省常熟	20,000		2007／12	「優必佳(常熟)」、日本ユピカ51%/長春人造樹脂49%
	〃	8,000		2016／夏	４割増強後2.８万t
［ＢＭＣ］	上海	［5,000］		2001／３	「上海昭和高分子」(昭和高分子80%／ＤＩＣ20%)
［Ｖ　Ｅ］	〃	［3,600］		2002／４	〃
	その他	20,000			
	計	169,600	50,000		合計に［　］の成形材料を含まず
オルソキシレン	南京・揚子	50,000		90／４	ＵＯＰ法
	南京・金陵	200,000		2008／12	金陵石化、ＰＸ60万tを併産
	吉林	120,000		97年	ＵＯＰ法／ＴＥＣ
	大連	100,000		2009／７	ＰＸ70万t/Ｂ35万t併産、大化・大連福佳企業集団
	計	470,000			
高級アルコール	遼寧省撫順	50,000		92／５	シェル法
	吉林	150,000		97年	（α－オレフィン）
	広東省恵州	185,000		2005／末	中海シェル石化～和桐化学がエトキシ8万tに誘導
	南京・金陵	100,000		2013／4Q	和桐化学がエトキシレート12万tまで一貫生産

	計	485,000			
Nーパラフィン	南京・金陵	17,600	200,000	未　定	ＵＯＰ法（重質タイプ）
	〃	100,000			和桐化学/金陵石化合弁「金桐石化」が2001/12新設
	遼寧省撫順	270,000			2001／10に12万t増設
	福建省厦門	72,000			
	計	459,600	200,000		
Ｌ　Ａ　Ｂ	北京・燕山	10,000		70年代	ＵＯＰ法
	遼寧省撫順	200,000		92／5	ＵＯＰ法「撫順石油化工」
	南京・金陵	300,000		81年	ＵＯＰ法、「金陵石油化工」～2008/末３倍増設
	〃	100,000		2003／9	「金桐石油化工」、2004年2.8万t増強
	蘇州市太倉	100,000		2011年	梨樹化学／サリムＧの合弁事業～9,700万$
	福建省漳州		130,000	2020／6	「福建古雷石化」～台湾のLCY/USI/和桐/聯華等7社
	その他	138,000			
	計	848,000	130,000		
ベ　ン　ゼ　ン	北京・燕山	102,000			
	天津	70,000		95／末	
	山東省斉魯	135,000			ＯＸ4.1万tとの併産プラント、2004年３万t増強
	山東省青島	260,000		2006／11	韓国･ＧＳグループ「青島麗東化工」～Ｔ14万t併産
	上海・宝山	114,000			旭化成技術、2002年に５万t増設
	上海・漕渓	180,000		2005／央	ＢＰ合弁の「上海賽科石油化工」
	上海・金山	280,000		2009／9	ＵＯＰ法～ＰＸ60万t併産
	南京・揚子	286,000		90／4	ＵＯＰ法、ＯＸ５万t併産、2002年４万t増強
	大慶	24,000		2005年	
	大連	350,000		2009／7	ＰＸ70万/ＯＸ10万t併産、大化･大連福佳企業集団
	遼陽	112,000			ＵＯＰ法、ＰＸ18.5万tと併産、96年に７万t増設
	〃	72,000		2005／9	ＵＯＰ法、ＰＸ45万tとの併産設備
	浙江省鎮海	260,000		2003／7	鎮海煉油化工～2005年に15万t増設
	広東省広州	20,000		2005年	
	広東省恵州	255,000		2005／末	「中海シェル石油化工」
	広東省湛江	150,000		2007／1Q	SINOPECが2002年にDongxing Refineryを買収整備
	広東省茂名	60,000		2006年	
	ウルムチ	10,000		96年	ＵＯＰ法
	〃	320,000		2010／7	ＵＯＰ/パレックス、ＰＸ93万t併産、総工費38億元
	広西・欽州	100,000		2010／末	Ｔ10万t/Ｘ50万t併産「中国石油広西石化」
	四川省成都	171,000		2014／1	ＵＯＰ/パレックス法、ＰＸ60万t併産
	計	3,331,000			合計能力は一部
Ｂ　Ｔ　Ｘ	広東省茂名	150,000		96年	
	〃	460,000		2006／9	Ｂ17.9万t/Ｔ9.22万t/Ｘ8.4万t
	吉林	400,000		97年	ＵＯＰ法／ＴＥＣ
	〃	300,000		2006／初	増設後70万t
	大慶	400,000		2012／秋	
	遼寧省盤錦	330,000		91年	2009／9に25万t増設
	遼寧省撫順	400,000		2012／夏	
	大連	1,200,000		2009／7	Ｂ35万/Ｔ40万/Ｘ45万t、大化･大連福佳企業集団
	山東省斉魯	100,000		98／末	増設後ＢＴＸで25万t
	山東省煙台	800,000		2011年	万華化学集団～ソーダ30万t/塩酸48万t併設
	南京・揚子	850,000		87／7	ＵＯＰ法／ルルギ、揚子石油化工
	〃	550,000		2006／5	増設後140万t
	南京	300,000		2005／央	「ＢＡＳＦ－ＹＰＣ」
	上海・漕渓	600,000		2005／央	「上海賽科石油化工」～2009/7に10万t増強
	浙江省舟山	250,000		2008／4	ＵＯＰ法、Ｂ５万/Ｔ８万/Ｘ12万t、浙江和邦化学
	浙江省鎮海	1,000,000		2003／7	うちベンゼンは26万t
	〃	600,000		2010／4	鎮海煉油化工～エチレン100万t設備に連動
	福建省泉州	1,000,000		2009／1Q	エクソンモービル/アラムコ/福建石化の合弁事業
	福建省漳州		250,000	2020／6	「福建古雷石化」～台湾のLCY/USI/和桐/聯華等7社
	新疆独山子	600,000		2009／9	エチレン100万t設備に連動
	広西・欽州	700,000		2010／末	Ｂ10万t/Ｔ10万t/Ｘ50万併産

B　T　X	湖北省武漢	350,000	50,000	2020年	2013/8完成、「中韓(武漢)石化」～ＳＫ35%出資合弁
	四川省成都	350,000		2014／1	Ｂ17.1万t/Ｔ9.02万t/Ｘ6.04万t
	陝西省楡林		600,000	不　明	Ｆ(流動床)ＭＴＡ技術～「陝西華電楡横煤化工」
	計	11,690,000	900,000		合計能力は一部
Ｓ　Ｂ　Ｒ	蘭州	50,000		60年	
	〃	100,000		2008／3	
	吉林	150,000		84年	ＪＳＲ技術
	遼寧省撫順	200,000		2010年	「撫順石油化工」 Ｓ-ＳＢＲの事業化を計画
	遼寧省盤錦	50,000	50,000	未　定	Ｓ-ＳＢＲ2014年稼働「遼寧北方戴納索(ﾀﾞｲﾅｿﾙ)」
	北京・燕山	60,000			うち溶液重合タイプ３万tを2001年から生産開始
	湖南省岳陽	10,000		90年	「巴陵石油化工」
	天津	150,000		2011／4	「天津陸港石油橡膠」～2012/末に５割増設
	山東省斉魯	80,000		87年	日本ゼオン技術
	〃	70,000		98／8	日本ゼオン技術溶液重合法～その後２万t増強
	斉魯・濰坊	100,000		2009／4	工費６億元で2008／３着工～増設後計25万t
	山東省	100,000		2014年内	「諸城市国信橡膠」～Ｓ-ＳＢＲ
	上海・漕渓	100,000		2006／7	旭化成技術溶液重合法、高橋石油化工(ＢＲ併産)
	南京・揚子	100,000		2007／3	「揚子石化金浦橡膠」(YPC-GPRO rubber)、倍増予定
	江蘇省南通	180,000		98／初	台橡70%／丸紅12%出資の「中華化学工業」10月操開
	〃	60,000		2016年	ＴＳＲＣがＳ-ＳＢＲを事業化
	江蘇省鎮江	40,000		2015／4Q	「鎮江奇美化工」、Ｓ-ＳＢＲ新工場～２期倍増設も
	江蘇省儀征		100,000	未　定	「大連化工(江蘇)」が新設計画
	浙江省寧波	150,000		2015／末	「寧波科元石化」が新設
	広東省茂名	80,000			ＦＩＮＡ技術／米リトウィン(ＢＲを併産)
	広東省恵州	50,000		2008／11	「普利司通(恵州)合成橡膠」、ＢＳ子会社、タイヤ用
	新疆独山子	100,000		2009／9	スナム技術、溶液重合ＳＢＲ/ＳＢＳ/ＢＲを併産
	計	1,980,000	150,000		
ＳＢラテックス	蘭州	7,000		80年	
	北京・燕山	5,000		87年	ＸＳＢＲラテックス
	山東省斉魯	5,000		88年	ＸＳＢＲラテックス
	山東省日照	150,000		2009／6	韓・錦湖との合弁「Rizhao Kumho Jinma Chemical」
	上海・高橋	70,000		92／末	「上海高橋ＢＡＳＦディスパージョンズ」
	〃	60,000		2000／末	同上、１号機を98／末１万t増強
	〃	80,000		2005／6	増設後21万t
	江蘇張家港	22,000		2002／7	「ダウＳ／Ｂラテックス」担当、全２期でドライ換
	〃	23,000		2005年	算4.5万t(溶液換算10万t)へ倍増設
	浙江省寧波	70,000		2006／9	「寧波ＬＧ甬興化工」
	広東省恵州	100,000		2012／1Q	ＢＡＳＦが事業化～ＸＳＢディスパージョン
	海南島		30,000	不　明	海南シノケムータイ・ラバー・ラテックス08/10設立
	計	592,000	30,000		
Ｎ　Ｂ　Ｒ	蘭州	20,000			日本ゼオン技術／三井造船、96／末に1.5万t増設
	〃	50,000		2009／8	工費8.58億元で2008／５着工、蘭州石化
	吉林	10,000		93／9	
	上海・高橋	10,000			
	上海		50,000	2018年	露シブール25%/中国石化75%合弁～2014/5決定
	江蘇省南通	30,000		2012／5	「アランセオ-ＴＳＲＣ(南通)化学工業」、倍増設も
	南京	30,000		2014／初	墨ＫＵＯ/江蘇金浦(GPRO)、6,000万$、全６万t計画
	浙江省寧波	50,000		2010／央	Ningbou Shunze Rubber、工費5.7億元
	河南省濮陽		50,000	不　明	2016/8にブタジエン設備が稼働～中国藍星集団
	計	200,000	100,000		
Ｂ　　Ｒ	北京・燕山	120,000		71年	自国技術
	〃	30,000		2012／10	ネオジウム触媒法ＢＲ
	大慶	160,000		86年	自国技術、2012／秋に倍増設
	遼寧省錦州	15,000		74年	自国技術
	遼寧省盤錦	50,000		2014年内	「遼寧勝友橡膠科技」(遼寧勝友集団)
	天津	60,000		2011／4	「天津陸港石油橡膠」(Tianjin Lugang)、ＳＢＲも
	山東省斉魯	25,000		78年	自国技術、89年に１万t増強

ＢＲ	山東省	100,000		2014年内	「山東華懋新材料」
	上海・金山	15,000		76年	自国技術
	上海・高橋	50,000		92年	金山第３期に連動
	上海・漕溪	100,000		2006／７	旭化成技術溶液重合法、高橋石化（ＳＢＲを併産）
	江蘇省南通	72,000		2009／春	「台橡宇部（南通）化学工業」～ＴＳＲＣ55%／宇部興産25%／丸紅20%で06/9設立、2013/初2.2万t増
	浙江省寧波	50,000		2014年内	「豪富新材料科技」が計画
	広東省茂名	50,000		96年	ＦＩＮＡ技術／米リトウィン（ＳＢＲを併産）
	湖南省岳陽	15,000		79年	自国技術
	新疆独山子	20,000		96年	2009/秋、Ｓ-ＳＢＲ／ＳＢＳとの併産でＢＲを増設
	四川省成都		150,000	未　定	ＣＮＰＣ／四川省企業合弁センターの川下計画
	計	932,000	150,000		
ＳＢＳ	湖南省岳陽	50,000			「巴陵石化」、96年２万t＋98／末２万t増設
	〃	20,000		2017／９	〃　、ＳＩＳ水添タイプのＳＥＢＳ
	北京・燕山	30,000			「燕山石化」、自社技術、2000年２万t増設
	吉林	20,000		97年	燕山石化技術
	新疆独山子	80,000		2009／９	スナム技術、溶液重合ＳＢＲ10万tと併産
	広東省恵州	240,000		2008／春	台湾の李長栄化学～2008年秋倍増+2013年８万t増
	〃	60,000		2013年	ＬＣＹのＳＥＢＳ、クレイトンとの事業統合中止
	〃	40,000	30,000	2021年	2017年稼働開始～ＬＣＹの水添タイプＨＳＢＣ
	福建省漳州		100,000	2020／６	「福建古雷石化」～台湾のLCY/USI/和桐/聯華等7社
	浙江省寧波	70,000		2011／12	「寧波科元石化」(Keyuan Petrochemicals)
	江蘇省南通	25,000		2013年	台湾資本・ＴＳＲＣ（台橡）のＳＩＳ
	〃	20,000	20,000	2019／3Q	〃　ＳＥＢＳ倍増設計画
	天津		60,000	未　定	ＬＧ化学と渤天化工の5,000万$合弁事業化計画
	計	655,000	210,000		この他に３万t能力有り
ＥＰゴム	蘭州	5,000			自国技術
	吉林	20,000		98／１	三井化学技術～三井造船／丸紅が60億円で施工
	遼寧省盤錦		50,000	未　定	「遼寧勝友集団」が第３期計画として技術導入予定
	上海・漕溪	75,000		2014／12	「上海中石化三井弾性体」が20億元投入
	江蘇省常州	160,000		2015／３	アランセオが2.35億ユーロ投入、原料はＭＴＯ
	計	260,000	50,000		
ＴＰＥ	山東省済南	10,000		2007／３	「台湾合成ゴム（済南）」
〃	上海・金山	11,000		2014／10	「三井化学巧能複合塑料（上海）」～アドマー含む
〃	江蘇省江陰	8,000		2014年	「江陰和創弾性体科技」～ポリエステル系エラスト
〃	江蘇省南通		8,000	2019／末	マー、第２拠点新設で能力倍増へ
ＴＰＵ	上海・漕溪	21,000		2007／初	2017/秋50%増、「上海ハンツマン・ポリウレタン」
〃	浙江省瑞安	150,000	150,000	2019／３	「浙江華峰熱可塑性ポリウレタン」～倍増設計画
〃	〃		150,000	未　定	次期増設後45万t
ＣＲ	山西省陽高	30,000		2010／５	「山西Nairit合成ゴム」～米Nairit CJSC40%出資
ＩＲ	天津	50,000		2011／４	「天津陸港石油橡膠」(Tianjin Lugang)、他ゴムも
〃	山東省東栄	30,000		2012／９	長春応用化学研究所技術を採用「山東神馳石化」
〃	北京・燕山	30,000		2013／１	自社技術レアアース触媒を採用「北京燕山石化」
〃	遼寧省盤錦	60,000		2015年	「盤錦和運新材料」が2013/2Q着工
〃	広東省珠海		30,000	2020年	「珠海宝塔海港石化」～原料から一貫生産
ブチルゴム	遼寧省盤錦	60,000		2012／11	「盤錦和運新材料」がハロゲン化ブチルも併設
ハロゲン化ブチル	〃	30,000		2013／３	「盤錦和運新材料」がＩＩＲ（ブチルゴム）と併設
ブチルゴム	浙江省嘉興	100,000		2011／８	「浙江信匯合成新材料」～2012/末倍増設
〃	浙江省寧波	50,000		2015／４	台湾の南亜プラスチックが新設
〃	蘭州	60,000		2015年	蘭州石化/江蘇金浦集団の合弁事業化
ポリウレタン	浙江省瑞安	500,000			「浙江華峰」集団
	遼寧省瀋陽	10,000			藍星集団
	天津		70,000	2019／末	「天津ハンツマン・ポリウレタン」～工費1.3億元
	山東省煙台	30,000			ＤＩＣ折半出資「煙台華大化学工業」、95年２万t増
	張家港	18,000		2005／７	張家港迪愛生化工有限公司

中　国

カーボンブラック	景徳鎮他	1,150,000			「江西黒猫黒炭」～江西省や陝西省韓城他にも工場
	河北省他	410,000			「河北龍星化工」～邢台他工場を含む合計能力
	遼寧省鞍山	195,000			「台湾中橡」(ＣＳＲＣ)～馬鞍山他にも工場有り
	遼寧大石橋	50,000			「遼寧ビルラ・カーボン」～グループで12万t保有
	山東省濰坊	70,000			「コロンビアン」～ビルラグループ
	山東省済寧		120,000	2018年	「コロンビアン」が新設
	山東省招遠	300,000			「山東華東橡膠」～他工場を含む合計能力
	山東省青島	70,000		93／初	「青島エボニック・ケミカル」～2004/末２万t増強
	山東省棗荘	80,000		2016年	韓国のＯＣＩが新設
	江蘇省蘇州	225,000			「蘇州宝化黒炭」～他工場の能力も含む
	江蘇省徐州	50,000		2014／秋	「尼鉄隆(江蘇)炭黒」～日鉄カーボンが新設
	天津	70,000		2006／央	「東海炭素(天津)」、東海カーボン2013/秋２万t増
	天津	110,000		2006／２	「キャボットケミカル(天津)」～上海焦化30%出資
	〃	160,000		2009／10	増設後27万t～全５系列
	上海	130,000			「上海キャボット・ケミカル」～2004年５万t増設
	河北省邢台	150,000		2013年	キャボットグループが新設
特殊カーボン	天津	20,000		2006／８	「キャボット・パフォーマンス・プロダクツ(天津)」
	計	3,240,000	120,000		この他に403万t有り
ナイロンフィルム	上海	6,000		2005／９	東洋紡技術「上海紫東化工材料」
	江蘇省無錫	(5,000)		(閉鎖)	ユニチカ技術「エンブレム・チャイナ」2015/12解散
ＰＩフィルム	山東省東栄		400	2020年	「山東冠科光学科技」万達集団/武漢依麦徳新材料
ポリアミド樹脂	河南平頂山	26,000			神馬ナイロン・エンジニアリング・プラスチックス
	〃	20,000		2005／末	増設後4.6万t～全量N66
	上海・漕渓	100,000		2015年	ＢＡＳＦの『Ultramid』
	上海・漕渓	150,000		2016年	インビスタがＡＤＮ～ＨＭＤ～N66を一貫生産
	江蘇省南通		100,000	2019／2Q	「江蘇威名石化」～台湾中石化の現法～Ｎ６樹脂
	重慶	80,000			「重慶華峰化工」～アジピン酸54万t保有
	計	376,000	100,000		
ポリエステルフィルム	広東省仏山	44,000			「DuPont Hongji Films Foshan」2004/末1.7万t増
	浙江省寧波	13,000			工費7,000万$、１万tは寧波五州より買収
	〃	12,000		97／６	「寧波市アジアフィルム有限公司」、工費2,990万$
	江蘇省儀征	21,000			「儀化東レポリエステルフィルム」2004年1.5万t増
	計	90,000			
ＰＢＴ樹脂	江蘇省儀征	20,000			チンマー技術、儀征化繊(Sinopec Yizheng)
	〃	60,000		2010／2Q	日立プラントテクノロジー技術
	江蘇省江陰	10,000			Jiangsu Sanfangxiang
	江蘇省常州	66,000			
	江蘇省常熟	180,000			長春化工が2013/末３倍増～原料の1,4-ＢＤ自給
	江蘇省南通	80,000			チンマー技術、「藍星化工新材料」2007/4Qに６万t
	新疆・昌吉	60,000	60,000	2019／６	「Xijiang Tunhe (藍山屯河) Polyester」～４億元
	計	476,000	60,000		
エンプラコンパウンド	広東省広州	40,000		96年	「ＳＡＢＩＣイノベーティブ・プラスチックス・チャイナ」～2004／11に８系列増設(工費6,000万$)
	河北省	45,000		2000／末	
	江蘇省蘇州	22,000			「旭化成(蘇州)複合塑料」
	江蘇省常熟		28,000	2020／初	「旭化成塑料(常熟)」～投資額30億円超
	江蘇省常熟	20,000			長春化工が2013/末倍増～原料のＰＢＴ樹脂自給
	江蘇省無錫	60,000			ランクセス、2007/9に倍増設、その後２万t増設
	江蘇省常州		25,000	2019／2Q	ランクセスの第２工場～ポリアミド・ＰＢＴ用
	江蘇省江陰	45,000			「ＤＳＭエンプラ」～2006/4倍増+2008/末1.5万t増
	浙江省上虞	5,000		2015年	「ＤＳＭ新和成工程塑料」～ＰＰＳコンパウンド
	上海	102,000		2003／８	「帝人化成複合塑料(上海)」～2009/8に3.9万t増設
	上海	45,000		2007／春	ＢＡＳＦ
	上海・漕渓	140,000		2005年	コベストロ、2016/10にＰＣ用10万t増設
	南京	15,000		2009／1Q	ティコナ
	広東省佛山	17,000		2008／春	三菱エンプラ「ＭＥＰＣＯＭ佛山」15/夏3,500t増
	広東省深圳	40,000		2009／2Q	デュポン・エンジニアリング・ポリマーズ～N66系
	〃	10,000		2011／１	コンパウンド能力の１万t増設が完了
	計	606,000	53,000		

超高分子量ＰＥ	南京	20,000	15,000	2019年	2008/下よりティコナが事業化
〃	寧夏・銀川		50,000	未　定	「神華寧夏煤業集団/ＳＡＢＩＣ」～ＣＴＯの川下
ＰＰＳ	重慶	10,000		2017／夏	「重慶聚獅新材料科技」、繊維用グレード、16/7着工
〃	〃		20,000	未　定	第２期計画～最終３万tプロジェクト
ＰＢＳ	新疆・昌吉	10,000	30,000	2018／９	「新疆藍山屯河化工」の生分解性プラスチック工場
〃	〃		30,000	2019／６	倍増設後７万t～最終的に40万tまで拡張する計画
ＰＳU/ＰＰＳU	山東省威海	1,200	2,000	2018／末	「山東浩然特塑」～将来１万t能力へ拡張
ＰＰＥパウダー	未定		30,000	未　定	「藍星旭化成(南通)工程塑料制造」～2017/8設立
変性ＰＰＥ樹脂	〃		20,000	〃	旭化成技術～2018/3ＦＩＤ予定、原料は藍星技術
ポリアセタール	吉林	10,000			吉林化学石井溝聯化学工場
	天津	40,000		2010年	「渤海化工集団」～全６万t計画
	上海・浦東	40,000		2008／３	「上海藍星化工新材料」ホルマリン12万t併設
	同星火地区		60,000	未　定	第２期2007/5申請、第３期10万tで計20万tへ
	江蘇張家港	20,000		2004／春	「旭化成ポリアセタール(張家港)」、クヴァナ施工、
	〃		40,000	未　定	2013/8折半出資のデュポン撤収で旭化成100%に
	江蘇省南通	60,000		2004／12 操業開始 2005／４	ポリプラ70%/三菱ガス化学23%/ティコナ/ＫＥＰ 合弁「宝泰菱工程塑料(南通)」、1.4億$～川重/カネ カエンジニアリング施工～商業生産は2005/10
	寧波大榭島	30,000		2009年	藍星集団が建設
	雲南省昭通	32,000			「雲南雲天化」２系列体制、2006年に２万t増設
	重慶	20,000		2008／10	「雲天化集団」
	〃	40,000		2010／５	うち２万t系列は2009/11完成、グループ計9.2万t
	ウイグル	40,000		2008／10	「新疆庫尓勒香梨」～原料メタノールから一貫生産
	ウイグル	40,000		2010年	「新疆聯合化工」～原料メタノールから一貫生産
	河南省開封	40,000		2010年	永煤Ｇが2008／５着工～30億元強で全10万t計画
	内蒙古ﾌﾌﾎﾄ	20,000		2010／11	ＣＮＯＯＣ傘下の中海石油化学が2018/秋再開へ
	寧夏・銀川	60,000		2011／秋	「神華寧夏煤化集団」が事業化
	山西省晋城		100,000	未　定	メタノール150万tの川下でLanhua Group等合弁
	計	492,000	200,000		
ポリカーボネート	上海	1,200			エステル交換法、「上海中聯化学廠」
	上海・漕渓	200,000			「コベストロ」、2006/９完成～2008/10倍増設、コン
	〃	200,000		2016／５	パウンド14万t併設、2017/1に倍増設(10万t２基)
	〃		200,000	2020／４	既存の10万t４基を各々５割増強して計60万tへ
	上海・漕渓	80,000		2012／３	「三菱瓦斯化学工程塑料(上海)」ガス化80%/MEP20%
	〃		20,000	再検討	～コンパウンド３万t保有、数年後10万tへ増強
	江蘇省鎮江		150,000	未　定	「鎮江奇美化工」が新設を検討
	浙江省嘉興	75,000		2005／４	「帝人聚碳酸酯」、日揮施工、工費140億円、初期能力
	〃	75,000		2006／12	５万t、2008/末計13万t→2011/夏15万tへ増強
	浙江省寧波	100,000		2015／夏	ノンホスゲン法、寧波浙鉄大風化工→江山化工に
	〃		100,000	2019年	「江山化工」が浙鉄大風を買収へ
	〃		100,000	未　定	第３期増設後30万t
	浙江省舟山		260,000	2020／４	「浙江石油化工」、ＢＰＡ24万tからの一貫生産計画
	北京・燕山	80,000		2012／２	三菱化学技術、PCRIJ/SINOPEC折半、2015/11＋2万t
	河北省滄州		100,000	2019年	「滄州大化」～滄州市政府との合弁計画
	河南平頂山		100,000	2020年	「河南平煤神馬聚碳材料」、ＫＢＲで40万tまで拡大
	河南省開封		100,000	2020年	「開封華瑞」、ＫＢＲで40万tまで拡大～平煤神馬Ｇ
	大連	100,000		2013年	「大連斉化化工」が新設
	天津		130,000	2019／１	「SINOPEC SABIC Tianjin Petrochemical」
	〃		130,000	2020／１	倍増設後26万t～ＢＰＡ24万t併設で原料自給計画
	山東省聊城	65,000		2016／４	「魯西化工集団」～倍増設を検討
	山東省東営		60,000	未　定	旭化成技術、「利華益(Lihuayi)維運化工」
	山東省煙台	100,000		2018／１	「万華化学」～実働能力８万t/総工費14.6億元
	〃		100,000	2019／下	２期倍増設で全20万t計画
	四川省濾州	100,000		2018／５	「四川濾天化中藍新材料」～濾州市工業投資集団や
	〃		500,000	2023年	中藍晨光化工等５社合弁、10万tずつ60万tへ拡大
	計	1,176,200	2,050,000		

シンガポール

概 要

経済指標	統計値	備考
面積	719k㎡	淡路島をやや上回る大きさ
人口	567万人	2017年央時点の推計（うち74%が中華系）
人口増加率	1.1%	2017年／2016年比較
ＧＤＰ	3,239億ドル	2017年（2016年実績は3,098億ドル）
１人当りＧＤＰ	57,713ドル	2017年（2016年実績は55,241ドル）
外貨準備高	2,799億ドル	2017年末（2016年末実績は2,466億ドル）

実質経済成長率（ＧＤＰ）	2012年	2013年	2014年	2015年	2016年	2017年
	3.7%	4.7%	3.3%	2.2%	2.4%	3.6%

	<2016年>	<2017年>	通貨	シンガポールドル
輸出(通関ベース)	$330,698m	$366,066m		１Ｓ＄＝85.32円(2017年末)
輸入(通関ベース)	$282,023m	$324,024m		１ドル＝1.34Ｓ＄(2017年末)
化学工業の成長率	<2016年>▲14.1%	<2017年>18.8%		(2016年平均は1.3815Ｓ＄) (2017年平均は1.3807Ｓ＄)

シンガポールの2017年ＧＤＰ成長率は3.6%と、前年を1.2ポイント上回った。輸出は３年ぶり、輸入は４年ぶりに増加へと転じ、ともに二ケタ増となった。ＧＤＰ総額は4,227億S$となり、前年より3.6%増加。これに対して、製造業の総生産高は17.4%増の3,211億S$と３年ぶりに3,000億S$台へ復帰するなど、大きく回復した。製造業のほぼ４分の１を占める化学産業は、石油、石油化学、特殊化学品を合わせた2017年の評価額が827億S$となり、2016年の696億S$に比べて18.8%も増加した。その内訳は、石油が油価上昇のおかげで255億S$から356億S$へと急回復、石油化学も267億S$から334億S$へと３年ぶりに増加へ転じたが、特殊化学品は95億S$から92億S$へと減少した。石油が石化を上回ったのも３年ぶりのこと。

2017年の投資状況を見ていくと、２月にデンカは海外初のライフサイエンス関連研究開発センターを開設、ワクチンや診断薬、抗ガン剤など次世代製品の開発に力を入れる。４月にプライムエボリューシンガポールは年産30万トンのＬＬＤＰＥプラントをジュロン島で正式に開設した。これもプライムポリマーにとって初の海外工場で、高機能封止フィルムなどに用いられる「エボリュー」を2020年にはフル稼働させる。同月、ケッペル・インフラストラクチャーはジュロン島にガス化設備を新設することでＥＤＢと合意した。水素、一酸化炭素から成る合成ガスや工業ガスを石炭や石油精製副産物から製造するもので、これらのガスは石油化学プラントや製油所向け原料として供給される。６月にエクソンモービルは合成潤滑油とグリースの新工場を操業開始させた。アジア太平洋で最大かつ唯一の合成エンジンオイル「モービル１」の製造工場で、同時に84MWのコジェネレーション施設も正式に立ち上げた。

シンガポール石油化学コンプレックスの沿革

1971／12	シンガポール政府より住友化学へ石油化学コンビナート建設の協力要請
74／4	住友化学とシンガポール政府が本プロジェクトに関するＦＳ契約を締結
75／5	リー・クワン・ユー首相が三木首相に対し協力を要請
76／6	ジュロン地区開発公社がメルバウ島の造成工事に着手
77／5	ナショナル・プロジェクトとして日本政府が認定
7	投資会社「日本シンガポール石油化学㈱」設立
8	ＰＣＳ(ペトロケミカル・コーポレーション・オブ・シンガポール)設立
12	メルバウ島の造成工事完了
80／7	ＰＣＳが第１期建設工事に着工
84／2	ＰＣＳ、ＴＰＣ(ザ・ポリオレフィン・カンパニー)、ＣＰＳＣ(シェブロン・フィリップス・シンガポール・ケミカルズ)、ＤＳＰＬ(デンカ・シンガポール)が操業開始
85／2	ＥＧＳ(エチレン・グライコールズ・シンガポール)が操業開始
87／7	ＴＣＳ(テトラ・ケミカルズ・シンガポール)が操業開始
12	エトキシレーテス・マニファクチャリングが操業開始
89／3	ＰＣＳがナフサクラッカーを１基増設
9	ＴＰＣの気相法ＰＰ４万tプラントが完成
10	シンガポール政府所有ＰＣＳ株式の一部(30%)をシェルグループに譲渡
11	ＰＣＳが初配当を実施
91／5	ＫＣＳ(クレハ・ケミカルズ・シンガポール)が操業開始
6	日本シンガポール石油化学㈱ＪＳＰＣが初配当を実施
92／12	シンガポール政府所有ＰＣＳ株式の残り(20%)をシェルグループに譲渡
93／12	97年第２四半期の完工を目標とする第２期拡張計画の実施を決定
94／12	ＰＣＳが第２期拡張工事に着工
10	ＤＳＰＬがアセチレン・ブラックの２期倍増を完了
11	旭化成・テナック・シンガポール設立
97／3	旧エクソン・ケミカルが石化計画の推進を正式決定
4	ＰＣＳが№２ナフサクラッカーを、ＴＰＣがＬＤＰＥ、ＬＬＤＰＥ、ＰＰの２期分を操業開始
6	ＳＣＳＬ(セラヤ・ケミカル)がＳＭ／ＰＯ併産プラントを、ＤＳＰＬがＰＳを操業開始
7	セラニーズ・シンガポールが酢ビモノマーを操業開始
9	ＰＰＳＬがＨＤＰＥ(ＬＰＥ)の２期分を操業開始
98／9	旧モービルがＥＤＢと合弁のエチレン80万t計画を発表
12	メルバウ、セラヤ、サクラ、チャワンなど７島をつなぐ埋め立てが完了(ジュロン島完成)
99／4	本島とジュロン島の間にジュロン・ロードリンク(現ジュロン・アイランド・ハイウエー)が開通
4	シンガポール・アクリリック、シンガポール・アクリリック・エステル、スミカ・グレイシアル・アクリリック、シンガポール・MMA・モノマー、シンガポール・MMA・ポリマー、スミトモ・セイカ・シンガポール、ポバール・エイシア(現クラレ アジア パシフィック)が操業開始
9	ミツイ・ビスフェノール・シンガポール、テイジン・ポリカーボネート・シンガポールが稼動
2001／2	ＭＥＬＳ(ミツイ・エラストマーズ・シンガポール)設立
5	エクソンモービル・ケミカルの石化コンプレックスが操業開始
8	ＭＰＨＳ(ミツイ・フェノール・シンガポール)が操業開始
2002／7	エルバ・イースタンがＳＭ／ＰＯ併産設備の操業開始→2014/末シェルが100%子会社化
2003／4	ＭＥＬＳ(ミツイ・エラストマーズ・シンガポール)が操業開始
2004／6	アクリル酸事業会社で株主構成が異動～ＳＧＡは日本触媒、ＳＡＥは東亜合成の単独子会社に
2005／6	英ルーサイトインターナショナルが三菱レイヨンと提携してエチレン法MMA企業化を発表
11	シェルがブコム島での大型エチレンプラント基本設計業務をＴＥＣ/ＡＢＢルーマスに発注
12	エクソンモービルが第２エチレンセンターの基本設計を発注～誘導品は2006年半ばにかけ発注
2006／10	シェル・イースタン・ペトロケミカルズがブコム島で80万tのエチレンプラント建設に着工
2007／11	エクソンモービル・ケミカルがエチレン100万tの２号機建設に着工
2008／11	ルーサイトのエチレン法MMA12万tプラントが稼動開始
2009／12	シェル・イースタン・ペトロリアム51%/カタール石油49%出資合弁会社・ＱＳＰＳを設立
2010／3	シェル・イースタン・ペトロケミカルズの80万tエチレンプラントが完成しオンスペック
2011／6	旭化成がＳ－ＳＢＲ５万t工場建設に向け起工式を開催するなど同計画ラッシュ
2013／春	エクソンモービル・ケミカルのエチレン100万tや旭化成のＳ－ＳＢＲ工場が本格稼働
2015／4	シェルがブコム島でナフサクラッカーのデボトルにより、エチレン能力を16万t増強
8	ランクセスがＮd-ＰＢＲ(ネオジウム触媒型ブタジエンゴム)14万t設備を稼働
2016／8	プライムエボリューシンガポールのＨＡＯ-ＬＬＤＰＥ30万t設備が商業運転(完成は2015年夏)
2018／6	エクソンモービル・ケミカルのハロブチルゴム14万tと水添系石油樹脂９万t設備が操業開始

シンガポール石油化学コンプレックスの主要参画企業一覧

会　社　名	設　立	資本金	出　資　会　社　名	出資比率
ＰＣＳ：Petrochemical Corporation of Singapore (Private) Ltd.	1977年 8月	3億4,335万 3,500S$	日本シンガポール石油化学（住友化学79.67％出資/その他民間26社21.4％出資） 2009/12からQPI & Shell Petrochemicals(Singapore)：ＱＳＰＳ～シェル51％/ＱＰ(カタール石油)49％出資	50％ 50％
ＴＰＣ：The Polyolefin Company (Singapore) Pte. Ltd.	1980年 5月	1億918万S$	日本シンガポールポリオレフィン（住化95.71％出資） 2009/12からQPI & Shell Petrochemicals(Singapore)：ＱＳＰＳ～シェル51％/ＱＰ(カタール石油)49％出資	70％ 30％
ＣＰＳＣ：Chevron Phillips Singapore Chemicals (Pte.) Ltd.	1980年 4月	2億8,627万 S$	シェブロン・フィリップス・ケミカル EDB Investment Private Ltd. 住友化学	50％ 30％ 20％
ＤＳＰＬ：Denka Singapore Private Ltd.	1980年 9月	3,740万S$	デンカ	100％
ＳＥＰ：Shell Eastern Petroleum (Private) Ltd.	1982年 4月	←旧ＥＧＳの設立年月 (6,064万S$)	シェル・イースタン・ペトローリアムがＥＧＳを買収（30％出資していた日本シンガポールエチレングリコールは2010/11解散）	100％
ＥＭＰＬ：Ethoxylates Manufacturing Private Ltd.	1985年 9月	1,400万S$	Ecogreen Oleochemicals(s) Pte. Ltd.	100％
ＴＣＳ：Tetra Chemicals (Singapore) Private Ltd.	1986年 5月	450万S$	ＰＣＳ 伊藤忠商事	60％ 40％
ＲＨＳ：Rohm And Haas Chemicals Singapore Private Ltd.	1989年 2月	1,500万S$	ローム＆ハース・デンマーク・ファイナンス 米ローム＆ハース・エクイティ ＜90/央に25％出資で資本参加した後、2003/1には日本側の持株75％も日本シンガポールモディファイヤー（クレハ90％/住友化学10％出資）から取得した＞	75％ 25％
ＳＣＳＬ：Shell Chemicals Seraya Private Ltd.	1994年 2月	11億9,400 万S$	シェル・イースタン・ペトローリアム（ＳＥＰ）	100％
ＣＳＰＬ：Celanese Singapore Private Ltd.	1995年 7月	1億2,500万 S$	Celanese Ltd, USA Celanese AG, Germany	75％ 25％
ＳＡＡ：Singapore Acrylic Private Ltd.	1996年 7月	4,049万S$	Nippon Shokubai Co. Ltd. Toagosei Asia Private Ltd. Sumitomo Chemical Singapore Private Ltd.	51％ 40％ 9％
ＴＧＳ：Toagosei Singapore Private Ltd.	1996年 7月	8,000万S$	東亞合成	100％
ＮＳＡ：Nippon Shokubai (Asia) Private Ltd.	1996年 7月	500万S$	日本触媒 （2013/1 Singapore Glacial Acrylic Private Ltd.を吸収）	100％
ＳＭＭ：Singapore MMA Private Ltd.	1996年 7月	1億1,099万 S$	Sumitomo Chemical Singapore Private Ltd. （2002/10 Sumika MMA Polymer Private Ltd.と合併）	100％
ＳＳＳ：Sumitomo Seika Singapore Private Ltd.	1997年 2月	7,700万S$	住友精化 Sumitomo Chemical Singapore Private Ltd.	80％ 20％
ＭＥＬＳ：Mitsui Elastomers Singapore Pte. Ltd.	2001年 2月	9,630万US$	三井化学	100％
ＭＰＳ：Mitsui Phenols Singapore Pte. Ltd.	2006年 1月	1億2,000万 S$	三井化学 三井物産	95％ 5％
ＫＡＰ：Kuraray Asia Pacific Pte. Ltd.	2008年 7月	2,778万US$	クラレ	100％
(Teijin Polycarbonate Singapore Pte. Ltd.)～2015/12で全面停止	1997年 5月	6,000万S$	帝人 ＥＤＢインベストメント	90％ 10％

シンガポール石油化学の経緯と現況

第１期石化コンプレックス

シンガポール第１期石化コンプレックスは、エチレンセンター会社であるＰＣＳとダウンストリーマー４社（ＴＰＣ、ＣＰＳＣ、ＥＧＳ、ＤＳＰＬ）によるコンビナートとして1980年７月に着工、３年半の工期を経て建設され、84年２月から操業開始した。初年度はＥＯＧ工場がまだ未完成だったため、ＰＣＳのナフサクラッカーは７割稼働でスタートしたが、次年度にはダウンストリーム設備が全て出揃ってフル稼働状態に移行、早くも当時の公称能力（エチレンで年産30万トン）を上回る操業体制に入った。収益面でも、初年度こそ世界的な石化製品市況の低迷で苦しんだが、その後回復した各製品の価格上昇と域内需要の拡大を背景に極めて好調に推移した。このため期間収益の黒字化および初期投資の回収完了を予定を上回るペースで実現、当初の予想を覆し、ナショナル・プロジェクトとしては「大成功」と評価される石化コンプレックスとなった。

その後ＰＣＳは、操業初年度の定修時以来、数次にわたるデボトルネッキングを繰り返して生産能力を漸増、ダウンストリーム各社からの増大するオレフィン需要を賄うため、定修サイクルを延長して増産を図った。ダウンストリーム部門でも同様の措置が取られ、全ての設備が初期能力に比べて大幅に能力アップしている。89年３月の定修時にはナフサ分解炉を１基増設、エチレン能力は従来の年産40万トン（非定修年で日産1,100トン）から実働44万トン（同1,200トン）に増強され、その後３年間の稼働実績をもとに定修年で42.2万トン、非定修年では46.4万トン、平均では45万トンを公称能力とした。同年９月には需要好調なＰＰ部門（ＴＰＣ）に住化技術による気相法４万トン設備を増設、90年第２四半期からブロックコポリマーの本格生産も開始した。その後92年10月、99年７月の定修でエチレンを増強し、表記能力まで引き上げている。

シンガポール石化（第１期）のコンプレックス構成　（単位：トン／年）

製品	技術	当初設計能力	現有能力	生産会社	備考
エチレン	S&W	300,000	465,000	ＰＣＳ	84/2操業開始、初期能力は30万t
プロピレン	〃	150,000	270,000	〃	89/3に分解炉を１基追加し、非定修年で
ブタジエン	日本ゼオン	45,000	60,000	〃	エチレン45万tという公称能力（定修年は
分解ガソリン		126,500	192,000	〃	エチレン42.2万t）となった後、92/10の第
ベンゼン	日揮ユニバー	59,000	105,000	〃	２次デボトル増強で46.5万tまで拡充
トルエン	サル／ＵＯＰ	38,500	55,000	〃	その後、99/7の定修時以降は２号機側で
キシレン	〃	29,000	26,000	〃	デボトル増強を実施
アセチレン	リンデＡＧ	5,600	6,000	〃	
ＬＤＰＥ	住友化学	120,000	155,000	ＴＰＣ	商標「コスモセン」～（定修年14.5万t）
ＰＰ	〃	100,000	230,000	〃	同「コスモプレン」、2008/9に３万t増強
ＨＤＰＥ（ＬＰＥ）	フィリップス	80,000	190,000	ＣＰＳＣ	84/2操業開始（ＰＰは定修年18万t）
ＥＯ	シェル	10,000	45,000	ＳＥＰ	85/2操業開始、4.5万tは外販能力
ＥＧ	〃	87,500	122,000	〃	高純度ＥＯ14万tをシェルが2015/2増設
エトキシレート		30,000	30,000	〃	92/末完成～93/3操業開始
アセチレンブラック	電気化学	5,200	5,500	ＤＳＰＬ	84/2操業開始～2019年に２割増強を予定
ＭＴＢＥ	住友化学	50,000	－	ＴＣＳ	87/7操業開始→２期14万t設備に統合
エトキシレート		18,000	18,000	ＥＭＰＬ	87/12操業開始
ＭＢＳ樹脂	クレハ	16,000	17,600	ＲＨＳ	90/11完成～91/5本格操業開始
酸素	テイサン	9,000㎥/H	9,000Ｎ㎥/H	ＳＥＰ	ＥＯ副原料として使用
窒素	〃	5,500Ｎ㎥/H	9,000Ｎ㎥/H	〃	84/2操業開始

（注）ＰＰのうち増設４万トンは気相法系列

コンプレックス構成は、初期のダウンストリーム４社に加えて、87年７月にＭＴＢＥ(メチル・ターシャリー・ブチル・エーテル)を手掛けるテトラ・ケミカルズ、同12月にはエトキシレートを手掛けるＥＭＰＬ(2010年ＥＧＳが子会社化)が参画した。さらに90年末には、ＭＢＳ樹脂を手掛ける旧クレハ・ケミカルズ(2003年１月ローム＆ハース・シンガポールに改組)が加わった。また92年末には旧ＥＧＳが2.5万トンのＥＯ精製装置と３万トンのエトキシレーション装置を建設、ＥＯの誘導品分野を拡充した。同社を2010年12月に買収したＳＥＰは、各々4.5万トン／４万トン能力とした。芳香族製品のうち、ベンゼンを除くトルエンとキシレンは外販専用。

ＰＣＳは92年12月、シンガポール政府が推し進める民営化政策に則り、テマセック・ホールディングスが保有していたＰＣＳ株式20％の全てをシェル・オーバーシーズ・インベストメントに譲渡した結果、シェル側の持株比率がそれまでの30％から50％になって日本シンガポール石油化学(ＪＳＰＣ)とシェルとの折半出資合弁会社に衣替えされた。日本側の合弁会社であるＪＳＰＣの中で、住友化学の出資比率は78.6％と最大の株主で、メルバウ地区を中心とする石化コンプレックス構成会社の大半に間接または直接出資しているため、日本側の実質的な主導企業となっている。2009年12月にはシェルがカタール石油にＰＣＳとＴＰＣ持株のうち49％を譲渡することになり、持株会社ＱＳＰＳ[QPI & Shell Petrochemicals (Singapore)]を設立した。

第２期石化コンプレックス

シンガポール石化コンプレックスの第２期拡張計画は93年12月に関係各社が最終合意し、詳細設計を経て翌94年12月に起工式を行った。第２期計画では新たな川下事業に加え、ＰＣＳからエチレンを受給するセラニーズの酢ビモノマー〜ポバールも追加された。このほか、ＳＯＸＡＬ(Singapore Oxygen Air Liquide)とシェル・ケミカルズの合弁会社Jurong Island Industrial Gasが空気分離工場(酸素で日量1,600トン、2009年上期に1,200トン増設)を建設し、Oiltanking によるストレージタンクの20.25万㎥増設と桟橋など入出荷設備の追加工事も実施された。№２ナフサクラッカーは97年４月に操業開始、同９月までにはＬＤＰＥ、ＬＬＤＰＥ、ＨＤＰＥ、酢酸ビニル、ＳＭ／ＰＯ、ＰＳといった２期倍増計画の主力誘導品が続々と操業を開始した。残る誘導品もアクリル酸、同エステル、高吸水性樹脂といったアクリル製品シリーズとMMAモノマー、同ポリマー設備が98年秋に順次メカコンとなり、99年初頭から商業運転を開始した。

ＰＣＳは№１クラッカーのエチレン生産能力を99年７月の定修時にデボトルネッキングで2.5万トン増強したのに続き、№２についても2001年７月の定修時にガスオイル対応の分解炉増設で８万トン増強した結果、№１が46.5万トン、№２が63.5万トンの合計110万トンとなった。また、2000年６月にはシェル・イースタン・ペトロリアムとの合弁でブコム島に建設した日産７万バレルのコンデンセートスプリッターが操業を開始し、海底パイプラインによりコンデンセートナフサを受給する体制が整った。それまでＰＣＳはエチレン原料を100％ナフサに依存していたが、ガスオイル対応の分解炉増設とコンデンセートナフサの受給開始に伴い、ナフサ50％、コンデンセートナフサ40％、ガスオイル10％という構成が可能。その後、エクソンやシェルがエチレンの自社生産に乗り出したため、2017年末には３万㎥のナフサタンク８基と大型船が着岸できる専用のバースを新設して輸入原料の貯蔵能力を向上、原料多様化と合わせ競争力を一段と強化した。ＰＣＳは2003年夏までの４年定修サイクルを５年サイクルに切り替えており、№１クラッカーは2018年夏(次は2023年夏)に、№２は2016年夏(同2021年夏)に定修を実施した。

ジュロン島メルバウ地区とセラヤ地区のプラント立地図

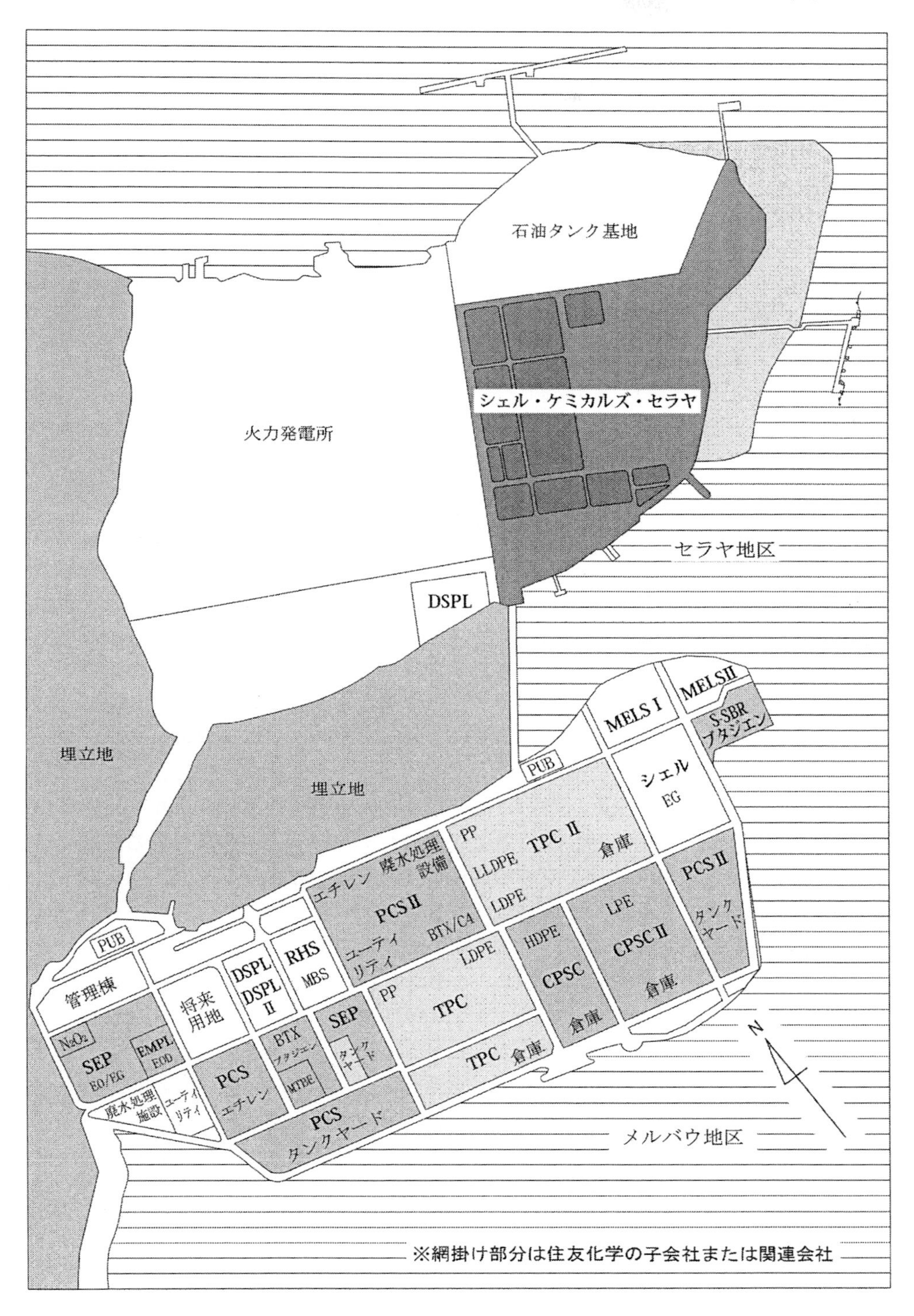

ＴＰＣは2006年９月に15万トンのＬＬＤＰＥを20万トンのＰＰブロックコポリマー設備に拡大改造(その後2011年夏の定修時にデボトルで６万トン増強)、同時にＥＶＡも増強して最大７万トン製造できる。ただ、太陽電池封止材用のＥＶＡ増設計画は断念した。ＰＰ全５系列のうち、４系列を高付加価値品製造用に充当。2016年夏にランダムコポリマーやターポリマーも増産できるよう改造しており、高付加価値率80％を目指す。ＰＣＳコンプレックス内はエチレンがやや過剰、プロピレンがやや不足というオレフィンバランスにあったため、2006年半ばにメタセシス装置を導入してプロピレンの増産を図った。未利用C_4留分14万トンと７万トン弱のエチレンを原料に、20万トンのプロピレンが製造できる。2013年末には省エネタイヤ向けバッチ式溶液重合法Ｓ－ＳＢＲ４万トンを新設、これに原料供給するため、2014年半ばまでに10万トンの第２ブタジエン回収装置を導入した。Ｓ－ＳＢＲは日本ゼオンとの合弁会社に2017年４月から販売委託している。

ＣＰＳＣはＨＤＰＥをＬＰＥ(リニア・ポリエチレン)と称しており、ブロー成形用や押出用グレードを中心に手掛けている。旧ＫＣＳはＭＢＳ樹脂２号機と加工助剤設備を追加し、2012年に倍増設した。ＰＣＳはＬＬＤＰＥ用副原料のブテン１抽出事業を追加、同時にＭＴＢＥも回収し、ＭＭＡ原料のイソブチレン源として供給している。住友化学はサクラ地区に10万㎡の用地を確保、98年７月に日本触媒と共同で(同社とは2002年３月末に合弁解消)５万トンのＭＭＡモノマーを、単独で2.5万トンのメタクリル樹脂を新設した。2004年８月にポリマーを増強し、2005年８月にはモノマーも増設した。さらに2007年末にはポリマーを倍増設し、2008年３月には９万トンのモノマー３号機を増設した。2012年夏にはポリマー３号機５万トンも増設した。東亞合成と組んで６万トンのアクリル酸や同エステル工場も新設したが、2004年６月末には合弁事業を改組、粗アクリル酸は３社合弁、精アクリル酸は日本触媒単独、エステルは東亞合成単独事業とした。グループ企業の住友精化とは高吸水性樹脂事業も手掛けている。酢ビモノマーはセラニーズ・シンガポールがサクラ地区で17万トン設備を97年７月に稼働させ、副原料のエチレンをＰＣＳから受給。その川下のポバール４万トン設備は99年４月に完成し、当初クラレと日本合成化学の合弁会社ポバール・アジアが運営したが、2008年１月にはクラレが100％子会社化し、同７月には他２社と合わせクラレアジアパシフィック(ＫＡＰ)に統合した。セラニーズは2000年３月に酢酸エチル／同ブチル併産設備10万トンを稼働させ、同７月にアセチルチェーンの核となる酢酸50万トン設備を完成させたが、競争力を喪失したため2013年１月に酢酸のみ停止させた。

ＳＣＳＬはシェル技術を導入したＳＭ31.5万トン(現有能力は36万トン)／ＰＯ14万トンの併産設備を96年６月から稼働開始したが、当時出資していた三菱化学が99年末にＳＣＳＬの保有株式をシェルに売却して合弁を解消した。シェルとＢＡＳＦの折半出資でスタートしたエルバ・イースタン(2014年末シェルが100％子会社化)のＳＭ55万トン／ＰＯ25万トン併産設備は2002年７月に操業開始した。現デンカはセラヤ地区に６万トンの超高分子・高強度な透明ＧＰＰＳ「MW」専用工場を97年６月に新設、７月より本格稼働させ、その後の手直し増強で9.7万トン、フル稼働が続いたため2006年初めまでに15万トンへとさらに増設、現有能力は20万トンとなっている。原料ＳＭはシェルから受給。これと並行して、薄型ＴＶ用ディスプレー向け光学透明樹脂「ＭＳ樹脂」専用の６万トンと、ＰＥＴボトルのラベル用シュリンクフィルム向けに需要が国内外で伸びている高機能透明コポリマー「クリアレン」専用の４万トン系列を2006年半ばまでに新設した。2012年春には2.5万トンのマレイミド系樹脂プラントを新設、2019年には１万トン増設する。

シンガポール石化（第２期）のコンプレックス構成

（単位：t/y）

製品	会社名	サイト	生産能力	完成	備考
エチレン	ＰＣＳ	メルバウ	635,000	97／2Q	Ｓ＆Ｗ－ＡＲＳ法/日揮施工、初期能力42.8万t
プロピレン		〃	375,000	97／2Q	オフサイト/ユーティリティ：千代田化工が施工
〃		〃	200,000	2006／2Q	ルーマスのＯＣＵ技術/三井造船、実力17.3万t
ブタジエン		〃	100,000	2014／5	ＢＰ技術/三井造船、Ｓ－ＳＢＲやＢＲ向け
アセチレン		〃	8,000	97／2Q	１期/２期合計で1.3万t能力
ブテン１		〃	63,000	〃	住友化学技術/三井造船が施工、2006年１万t増強
ＭＴＢＥ		〃	140,000	〃	住化技術/三造、2006年1号を統合、実力10.3万t
分解ガソリン		〃	318,000	〃	ＩＦＰ＆ＵＯＰ技術/三井造船/蘭ＫＴＩが施工
ベンゼン		〃	165,000	〃	１期/２期合計でベンゼン27万t能力
トルエン		〃	90,000	〃	同トルエン14.5万t能力
キシレン		〃	59,000	〃	同キシレン8.5万t能力
ＬＤＰＥ	ＴＰＣ	メルバウ	100,000	97／2Q	住化/日立→ＥＶＡ等共重合用へ転用、次期増設も
ＰＰ		〃	250,000	97／2Q	住化技術/住友ケミカルエンジニアリングが施工
〃		〃	+190,000	2006／9	15万tのＬＬＤＰＥ設備をＰＰ19万tに拡大改造
ＰＰコンパウンド		〃	30,000	2011／9	ＰＰは44万tと№１の23万tで合計67万t
ＬＰＥ(ＨＤＰＥ)*	ＣＰＳＣ	メルバウ	200,000	97／2Q	シェブロンフィリップス技術/大林エンジが施工
アセチレンブラック	ＤＳＰＬ	メルバウ	6,500	97／1	デンカ技術/住友ケミカルエンジ、2019年２割増強
ＰＳ（ＭＷタイプ）		セラヤ	100,000	97／6	デンカ技術（超高分子・高強度の透明ＧＰＰＳ『ＭＷ』グレード専用系列）～増設後20万t
〃		〃	+100,000	2006／初	
ＰＳ（ＭＳタイプ）		〃	70,000	2006／央	光学用透明樹脂「ＭＳ樹脂」専用
ＰＳ(ＳＢＣタイプ)		〃	40,000	2006／央	シュリンクフィルム用透明樹脂『クリアレン』
マレイミド系樹脂		〃	25,000	2012／4	『デンカＩＰ』～SM-Nフェニルマレイミド樹脂
			+10,000	2019年	2018/初着工～2019年の増強後3.5万t
エチルベンゼン	ＳＣＳＬ	セラヤ	400,000	97／6	ルーマス技術/千代田化工が施工
ＳＭ		〃	370,000	〃	シェル技術/千代田化工施工、初期能力は31.5万t
ＰＯ		〃	160,000	〃	ＰＯ/ＳＭの併産プラント
ポリオール	ＳＥＰ	セラヤ	78,000	97／4	「シェル・イースタン・ペトロリアム」
ＰＧ（ＭＰＧ）		〃	40,000	97／4	（モノプロピレングリコール）
αオレフィンコポリマー	ＭＥＬＳ	メルバウ	200,000	2002／11	『タフマー』2020/8に2.5万t増強し22.5万tへ
		〃	8,000	2014／2	特殊グレード専用系列を25億円で設置
ＭＢＳ樹脂	ＲＨＳ	メルバウ	26,000	97／7	耐候性強化剤と加工助剤、2012年２号機を倍増設
粗アクリル酸	ＳＡＡ	サクラ	73,000	98／7	住化法、日触/東亜合成/SCS合弁、05/7に1.3万t増
精アクリル酸	ＮＳＡ	〃	25,000		2004/7より日本触媒の単独子会社ＳＧＡに改組
〃		〃	+20,000	2005／8	増強後4.5万t、2013/初ＳＧＡをＮＳＡが吸収合併
アクリル酸エステル	ＴＧＳ	〃	82,000		東亜合成技術/ＴＥＣ施工、2003/央2.2万t増強
高吸水性樹脂	ＳＳＳ	サクラ	35,000	98／7	住友精化技術、住友精化80%/ＳＣＳ20%出資合弁、
〃		〃	+35,000	2006／1	2000/12と2002/8に各3,000t増強、工費¥20億/日立
ＭＭＡモノマー	ＳＭＭ	サクラ	63,000	98／7	住化/日本触媒技術～三造
〃		〃	+70,000	2005／7	同上～三菱重工業施工、一時休止も2019/秋再開
〃		〃	+90,000	2008／3	同上～三井造船（反応器ＩＨＩ）、増設後22.3万t
ＭＭＡポリマー	ＳＭＭ	〃	50,000	98／7	住化技術、2000/10に１万t+2004/8に1.5万t増強
〃		〃	+50,000	2007／末	2002/10旧ＳＭＭと旧ＳＭＰ統合
〃		〃	+50,000	2012／7	３号機（工費60億円強）増設後15万t
Ｓ－ＳＢＲ	ＳＣＡ	メルバウ	40,000	2013／末	省燃費タイヤ用溶液重合法ＳＢＲ、工費100億円

（注*）ＬＰＥとはリニアポリエチレンの略

シンガポール石化コンプレックスⅠ期構成図
（メルバウ地区）

【第１期】

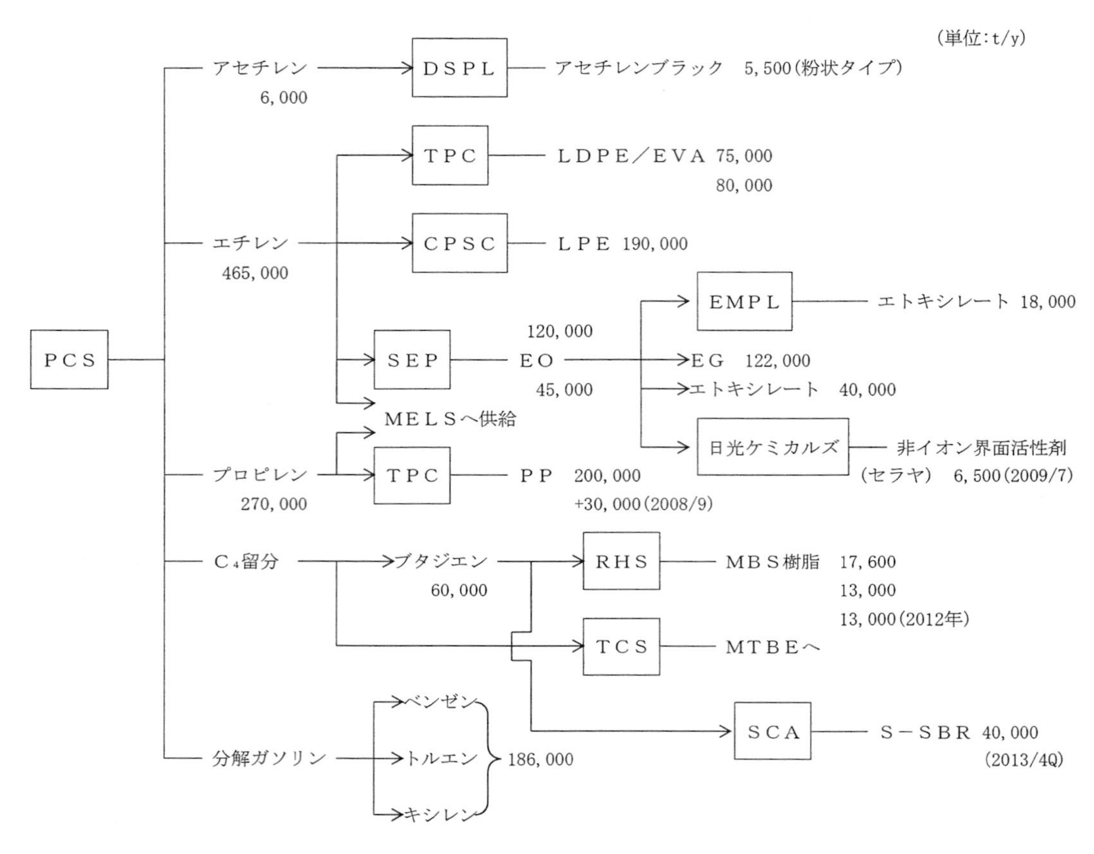

会社名略称の一覧	
	P C S：Petrochemical Corporation of Singapore Pte. Ltd. T P C：The Polyolefin Company (Singapore) Pte. Ltd. CPSC：Chevron Phillips Singapore Chemicals Pte. Ltd. S E P：Shell Eastern Petroleum (Private) Ltd.（第１期のみ） EMPL：Ethoxylates Manufacturing Private Ltd.（第１期のみ） T C S：Tetra Chemicals (Singapore) Private Ltd.（第１期のみ） DSPL：Denka Singapore Private Ltd. R H S：Rohm & Haas Chemicals Singapore Private Ltd.（第１期のみ） SCSL：Shell Chemicals Seraya Private Ltd.（第２期のみ） S C S：Sumitomo Chemical Singapore Pte. Ltd. S A A：Singapore Acrylic Pte. Ltd.（第２期のみ） T G S：Toagosei Singapore Pte. Ltd.（第２期のみ） N S A：Nippon Shokubai (Asia) Pte. Ltd.（第２期のみ） S S S：Sumitomo Seika Singapore Pte. Ltd.（第２期のみ） S C A：Sumitomo Chemical Asia Pte. Ltd. K A P：Kuraray Asia Pacific Pte. Ltd.（第２期のみ） MELS：Mitsui Elastomers Singapore Pte. Ltd.

シンガポール石化コンプレックスⅡ期構成図
（メルバウ地区）

【第２期】

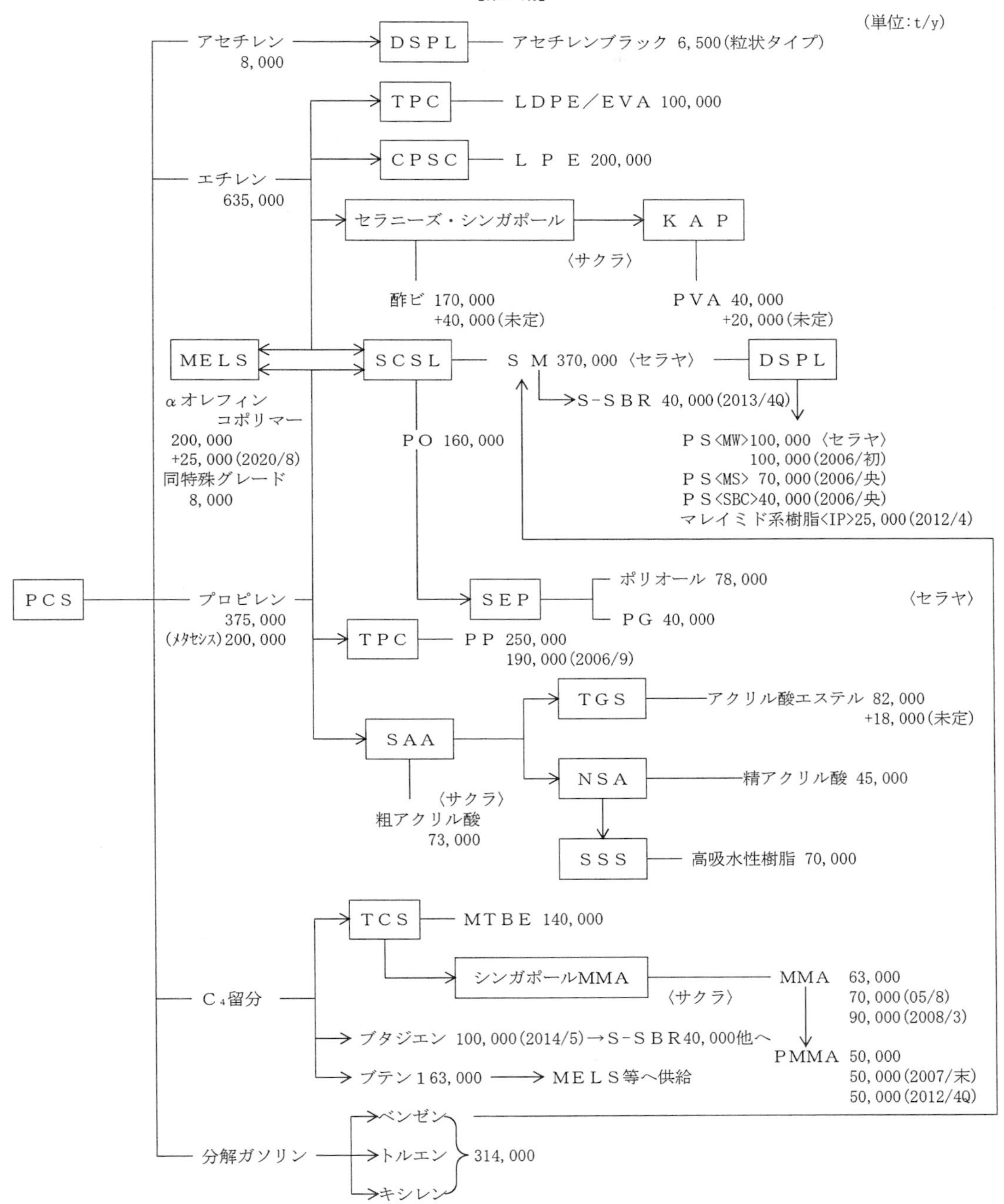

シンガポールの石油化学関連拠点

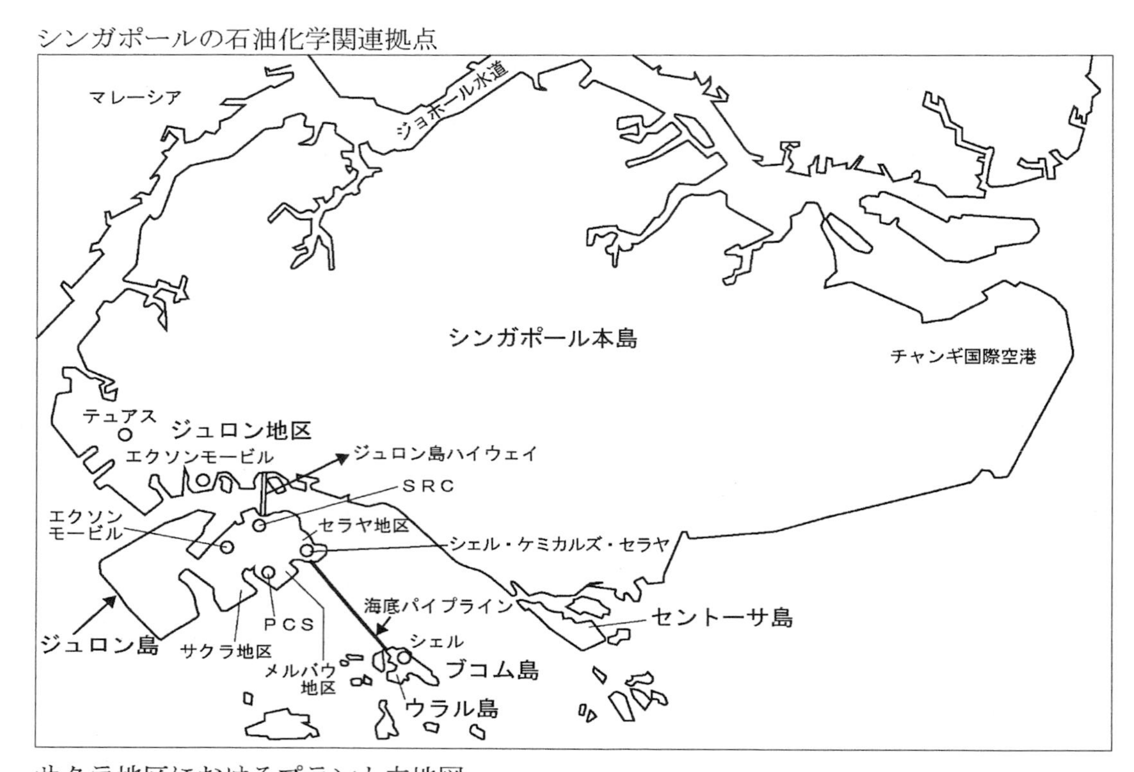

サクラ地区におけるプラント立地図

エクソンモービル・ケミカル
（エチレン）
JURONG 45.4M ISLAND HIGHWAY
AC
RAMP
JETTY
イーストマン・ケミカル
（元帝人ポリカーボネート・シンガポール）
ITRO
Perstorp
33.6M
BPA
31.8M
フェノール／アセトン
三井フェノールズ・シンガポール
BPA
旭化成プラスチックス・シンガポール
ポリキシレノール・シンガポール
SAKURA ROAD
シンガポールMMA ほか SCA、SAA、TGS、NSA、SSS など
クラレ アジア パシフィック
SAKURA 26.2M AVENUE
Unimatec
デュポン・シンガポール
Lucite
セラニーズ・シンガポール
VOTT
Vopak
26.2M
シェブロン・フィリップス
Serb
DIC
SCU

第３期石化コンプレックス

シンガポールで３番目のエチレンセンターとなったエクソンモービル・ケミカルは、97年３月に石化コンプレックス計画の推進母体としてＳＣＣ(シンガポール・ケミカル・コンプレックス)を設立、エクソンモービル・シンガポールのリファイナリーとアロマ工場のあるチャワン地区に総額20億米ドルを投じ、エチレン80万トン(初期能力)を頂点とするコンプレックスを建設した。プラントは2000年秋までに完成したが、ボイラー事故のため、操業開始は2001年５月までずれ込んだ。ただし、ポリエチレンとＰＰについてはオレフィンを外部調達し、２月下旬から先行して５割稼働で立ち上げた。コンプレックスは自社のＬＬＤＰＥ／ＨＤＰＥ48万トン、ＰＰ31.5万トン、イソノニルアルコール(ＩＮＡ)15万トン、三井化学のフェノール25万トン、旧エルバ・イースタンのＳＭ55万トン／ＰＯ25万トンなどで構成され、2003年からは三井化学のα-オレフィン共重合体「タフマー」10万トン向けにもオレフィン留分を供給している。このうちＬＬ／ＨＤには、エクソンモービルと米ダウ・ケミカルの合弁会社であるユニベーション・テクノロジーズを通じ、エクソンモービルのメタロセン触媒技術「エクスポール」と、ダウのユニポール気相法技術およびスーパー・コンデンスモード技術を導入している。ＩＮＡは三菱ケミカルが改良技術を供与する代わりに製品の一部(５万トン)を引き取っており、2006年秋には４万トン増強した。

エクソンモービル・ケミカルのエチレンセンターと誘導品設備 (単位：t/y)

製　品	事業主体	サイト	生産能力	完　成	備　考
エチレン	エクソンモービル	チャワン	900,000	2001／5	ケロッグ/千代田化工
〃	〃	〃	1,000,000	2013／春	三井造船/Ｓ＆Ｗ(ショー)/Ｌ＆Ｔ
プロピレン	〃	〃	470,000	2001／5	１号機は2007/3に7.5万t増の90万tへ
〃	〃	〃	500,000	2013／春	２号機　最終100万tへ拡張する計画
ブテン留分	〃	〃	270,000	2001／5	ブタジエンは24万t抽出可能
ＢＴＸ	〃	〃	240,000	〃	2007/3に2.5万t増強
〃	〃	〃	340,000	2013／春	２号機、ＰＸは８万t増の53万tに拡張
ＬＬ／ＨＤＰＥ	エクソンモービル	チャワン	600,000	2001／5	エクソンモービルのメタロセン触媒技
ＬＬ／ＨＤＰＥ	〃	〃	650,000	2012／春	術「エクスポール」とダウのユニポール
「イクシード」	〃	〃	650,000	2013／春	法/スーパーコンデンスモードを導入
ＰＰ	〃	〃	430,000	2001／5	三井化学技術/三井造船が施工。製品は
〃	〃	〃	500,000	2013／春	マイテックス・ポリマーズが一部引取
特殊エラストマー	〃	〃	300,000	2013／春	「ビスタマックス」C3含量80%超のCopoly
ハロブチルゴム	〃	〃	140,000	2017／下	三井造船がＥＰＣ～2014/下着工
水添系石油樹脂	〃	〃	90.000	〃	〃
ＩＮＡ	〃	〃	220,000	2001／5	三菱化学技術～三菱ケミが５万t引取。
〃	〃	〃	125,000	2013／春	2004/6に3万t+2006/3Qに4万t増強
フェノール	ＭＰＳ	サクラ	310,000	2001／3	三井造船施工、営業運転開始は同８月、
					2002/10と2007/8にフェノール５万t/
アセトン	〃	〃	186,000	2001／3	アセトン３万t増強、2011/秋１万t増強
ＢＰＡ	〃	〃	(70,000)	(2014年)	99/10営業運転開始～2014/3に停止
〃	〃	〃	80,000	2001／11	２号機　３系列とも全てＴＥＣ施工
〃	〃	〃	80,000	2002／9	３号機　２系列計16万t体制へ縮小
α-オレフィン	ＭＥＬＳ	メルバウ	200,000	2002／11	『タフマー』2010/3倍増、2020/8増強
共重合体		〃	8,000	2014／2	特殊グレード専用系列　22.5万tへ
ＳＭ	シェル・ケミカル	セラヤ	550,000	2002／7	日揮/ルーマス施工、シェルとＢＡＳＦ
ＰＯ	ズ・セラヤ	〃	250,000	〃	の折半出資から2014/末シェル100%に
ＰＰＧ	シェル・イースタ	〃	220,000	〃	１号機15万tを増強
	ン・ペトロリアム	〃	+140,000	2015年	ＰＯ/ＥＯ共重合タイプ増設後計36万t

エチレンは操業開始当初で約30万トン、ＳＭ向けの供給開始後でも約20万トンが余剰というバランスで、相当量を輸出してきたが、その後の需要増に対応し、2007年春までに分解炉の増設でエチレンを90万トンまで増強、第２エチレンセンター建設までのつなぎとした。

エクソンモービルの隣接地(サクラ地区)では三井化学が99年４月に三井物産と合弁で旧ミツイ・フェノール・シンガポールを設立、1.7億米ドルでフェノール20万トン／アセトン12万トンの併産設備を2001年３月に建設し、同８月から営業運転を開始した。その後、2002年10月と2007年８月にそれぞれ５万トン／３万トンずつ増強し、2011年秋の定修時に各々１万トン／6,000トン増強して表記能力とした。誘導品のビスフェノールＡ(ＢＰＡ)は三井化学100％出資による旧ミツイ・ビスフェノール・シンガポールが99年９月から７万トンで操業開始、さらに2001年11月と2002年９月に同規模設備を増設して合計能力を21万トンに拡大した後、2004年10月には計23万トンまで増強。2006年１月に両社を統合し「ミツイ・フェノールズ・シンガポール」(ＭＰＳ)に改称した。将来はテンブス地区に同規模の新工場を増設する計画だったが、中国での供給過剰問題から棚上げした。2014年３月には需要不振のためＢＰＡ１系列を停止している。

川下のポリカーボネート(ＰＣ)事業は、帝人とＥＤＢインベストメントの合弁による帝人ポリカーボネート・シンガポール(ＴＰＳ)が99年10月に２系列を新設、2001年７月に３号機５万トン、2002年末に４号機５万トンを増設し、合計23万トンまで拡張したが、2015年末で事業撤退した。

エクソンモービル・ケミカルの石油化学コンプレックス
(チャワン地区)

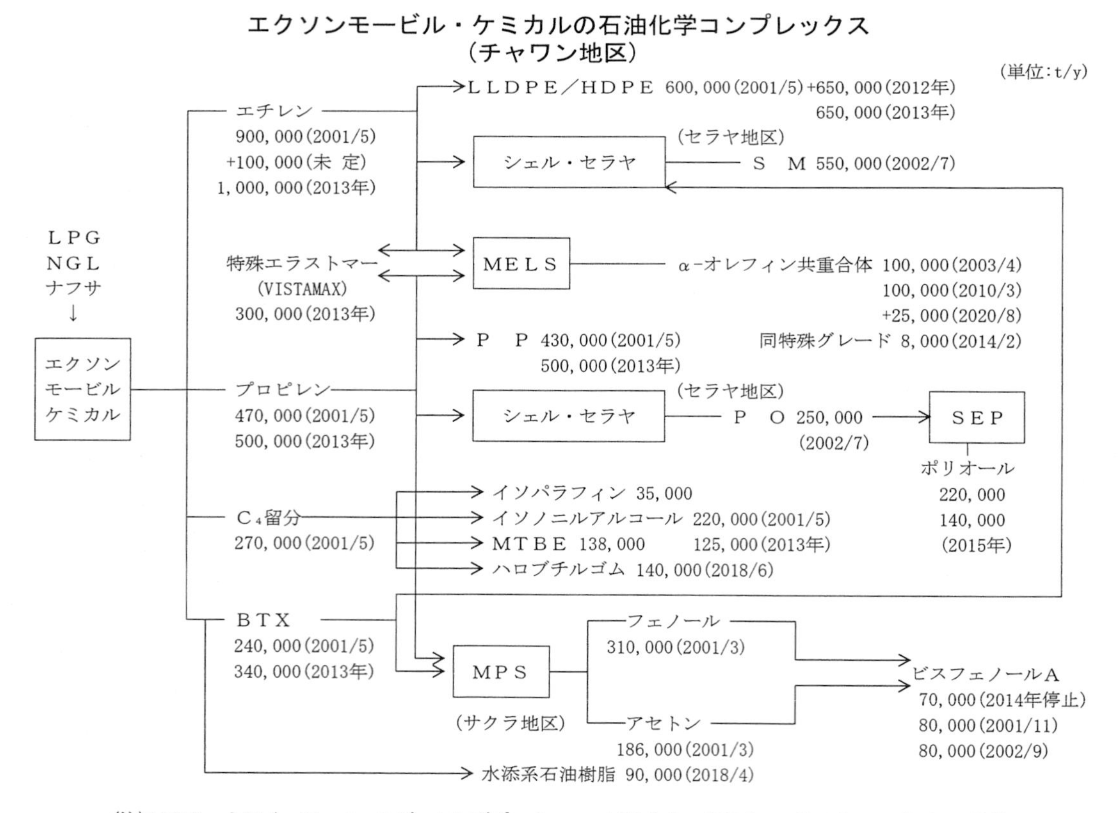

(注)ＭＰＳ：ミツイ・フェノールズ・シンガポール　　ＭＥＬＳ：ミツイ・エラストマーズ・シンガポール

アジア域ではＰＣが供給過剰能力となったため、2013年10月に４号機6.5万トンを、2014年５月に１号機5.5万トンを停止、2015年末までに残りの系列も停止した。三井化学は2001年２月に100％出資でミツイ・エラストマーズ・シンガポール（ＭＥＬＳ）を設立、高機能エラストマーであるα-オレフィン共重合体「タフマー」の10万トン工場をメルバウ地区に建設し、2003年４月から営業運転を開始した。同社はさらにタフマーを2009年末に倍増設、2010年３月から増産開始している。用途先のうち、エンプラの改質材として使用される特殊グレードが伸びているため、25億円を投入して8,000トンの専用系列設置と製品倉庫や出荷設備の増強を行い、2013年10月に完工、2014年２月から営業運転入りさせた。2020年８月にはタフマーを2.5万トン増強する。

旧三菱レイヨン（現三菱ケミカル）に買収された英ルーサイトは、初のエチレン法MMA設備となる12万トンプラントを2008年11月から稼働開始した。この技術（アルファ法）はエチレン、メタノール、一酸化炭素各４万トンずつを原料に２段階でMMAを12万トン合成するもので、ＦＷに発注した世界初の工業化プラント。デュポン・シンガポールは2008年にナイロン66樹脂「ザイテル」を増設し、ポリイミド樹脂「ベスペル」設備も新設、エンプラ事業を強化・拡充した。2013年には海外初となる２万トンのザイテルＨＴＮ重合プラントも新設した。

シェルやエクソンモービル他の石化事業動向

ロイヤル・ダッチ・シェルグループはＳＥＰＣ（シェル・イースタン・ペトロケミカルズ・コンプレックス）のエチレン設備建設に2006年10月着工した。一方のエクソンモービル・ケミカル（ＥＭＣ）も第２エチレンセンター建設に１年後の2007年11月着工した。ＳＥＰＣは2010年３月に完成・稼働し、ＥＭＣは2012年末に完成。ＥＭＣは次期増設の検討も始めた。

ＳＥＰＣは80万トンのエチレン設備を製油所のあるブコム島に、初期能力75万トンのＭＥＧはＰＣＳのコンプレックスが立地するジュロン島のメルバウ地区内に新設した。ブコム島では埋立地に建設、メルバウ地区ではＰＣＳから遊休地が貸与された。両島間には原料供給用海底パイプラインが敷設済み。エチレン製造設備のライセンサーはルーマスで、プラントを東洋エンジニアリングとの共同事業体に発注、分解炉につながるC_4水添工程などには仏アクセンス、ベンゼンには独ウーデの技術を採用した。ＥＧの製造技術にはシェルと三菱化学が共同開発した「オメガ法」を採用、基本設計は三菱化学エンジニアリングとフォスターウィーラー（ＦＷ）で、ＦＷが建設した。次期計画としてエチレン100万トン体制への増強、フェノール33万トンの事業化なども検討していたが、2014年秋の定修時に分解炉を増やし、2015年１月にエチレンやプロピレン、ブタジエン、ベンゼンなどを20％ほど増強、ダウンストリーマーへの原料供給能力を拡大した。

シェルの最大の目標は原油の日量処理能力が53万バレルというグループ最大の精製能力を誇るブコム島の石油精製基地を一段と競争力のあるリファイナリーにグレードアップすること。このためＳＥＰＣプロジェクトではリファイナリー施設を改造し、徹底的にブラッシュアップした。副生するガスオイルやハイドロワックスなどの重質留分を石化原料に利用し、付加価値を向上させるのはもちろんのこと、プロパンやブタンなどのＦＣＣ（流動接触分解）ガスも石化原料に使用。オレフィン製造用のスチームクラッカー（ナフサ分解炉）はそのために設置された。同製油所では

７万バレルのスプリッターが稼働中で、不足原料はコンデンセート（重質ＮＧＬ＝天然ガソリン）で補填する。逆に、オレフィンが得られるスチームクラッカーからは、主目的生産物ではない水素やエチレンボトム（分解重油）、高オクタン価ガソリン基材（芳香族留分）などをリファイナリーに提供する。結果、石油精製と石油化学が垂直統合された無駄のないコンプレックスとなった。

ＳＥＰＣの目的生産物はエチレン（96万トン）やプロピレン（54万トン）など、そのままでも外販できる付加価値の高いオレフィン類であり、エチレンの半分をＥＧ向けに消費するものの、燃料評価しかできない重質留分を加工して石化製品とし、付加価値を付ける狙いがあった。

シンガポールのシェル石化１期／エクソンモービル２期概要　（単位：t/y）

製　　品	会社名	サイト	新増設計画	完　成	備　　考
エ　チ　レ　ン	シェル・イ	ブコム島	800,000	2010／２	ルーマス/ＴＥＣが施工～2006/10着工、20億＄
〃	ースタン・	〃	+160,000	2015／４	当初予定では2014/10の定修時に100万tへ増強
プ　ロ　ピ　レ　ン	ペトロケミ	〃	540,000	2010／２	2015/1に+11万tで56万tへ
ブ　タ　ジ　エ　ン	カルズ	〃	155,000	〃	Ｃ4水添にアクセンス、ベンゼンにウーデを採用
ベ　ン　ゼ　ン		〃	230,000	2009／11	2015/1に＋５～６万t
エチレングリコール		ジュロン	1,000,000	2010／２	オメガ法～ＦＷ/三菱化学エンジ、2015年22万t増
高　純　度　Ｅ　Ｏ		島	140,000	2015／２	メルバウ地区のＰＣＳ借用地で2015/9から稼働
エ　チ　レ　ン	エクソンモ	ジュロン	1,000,000	2012／12	Heurtey Petrochem/三井造船/Ｓ＆Ｗ/Ｌ＆Ｔ施工
プ　ロ　ピ　レ　ン	ービル・ケ	島チャワ	500,000	より試運	連産品として芳香族抽出含みＡＫに設計を発注
ポ　リ　エ　チ　レ　ン	ミカル・シ	ン地区	1,300,000	転開始～	ユニポールＰＥ技術/ＦＥＥＤはＡＫ/三菱重工
ポリプロピレン	ンガポール		500,000	2013／春	エクソンモービル技術/三井造船
特殊エラストマー			300,000	から本格	エクソンモービル技術「ビスタマックス」
オキソアルコール			125,000	運転開始	ＦＥＥＤはＦＷ/ウォーリーパーソンズ
Ｂ　Ｔ　Ｘ			340,000		〃
ハロブチルゴム			140,000	2017／末	エクソンモービル技術/三井造船、2018/6操業開始
水添系石油樹脂			90,000	〃	〃　、2018/4操業開始

ジュロン島チャワン地区に90万トンのエチレン１号機を持つＥＭＣは「第２エチレンセンター」（Second world-scale steam-cracking complex）の建設投資に向け誘導品を中心とする各種プラントをアーカークヴァナ（ＡＫ）や三井造船、ＦＷなどに発注。対象となる設備は65万トンのポリエチレンが２基（設計はＡＫ／製造技術は米ユニベーション／施工は三菱重工業）、50万トンのＰＰ（三井造船／エクソンモービル法）、30万トンの特殊エラストマー（同前）、34万トンのＢＴＸを生産する芳香族抽出装置（ＦＷ／ウォーリー・パーソンズ）、オキソアルコール12.5万トン（同前）の各プラントと計装制御機器（ムスタングエンジニアリング）など。エチレンの生産能力は100万トンで、原油の直接分解炉は三井造船～仏ウルティ（Heurtey Petrochem）、精製装置はＣＢ＆Ｉ（当時は米ショー傘下のストーン＆ウェブスター）～印Ｌ＆Ｔ（ラーセン＆ターブロ）に発注した。ユーティリティーとして220MWのコジェネレーション（熱電併給）設備も建設、全体のプロジェクト・コーディネーション＆サービス・コントラクターはＦＷとウォーリー・パーソンズが請け負った。ハロブチルゴム14万トンと水添系石油樹脂９万トンはＥＰＣを三井造船に発注し、2018年までに完成させた。ポリエチレンは「イクシード」を中心に生産し、芳香族部門では既存のＰＸも同時に８万トン（その後も５万トン）ほど増強した。第２センターの総投資額は40億ドル規模。

ジュロン島の埋め立て状況

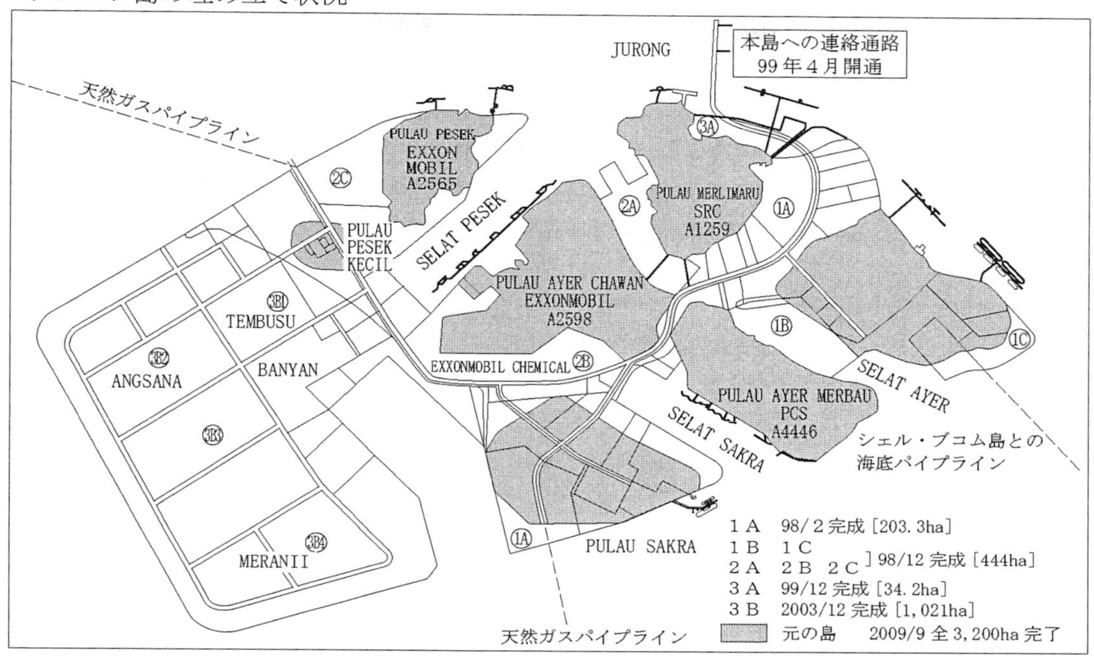

シンガポールのその他石化製品新増設状況

（単位：t/y）

製品	会社名	サイト	新増設計画	完成	備考
S－SBR	SCA	メルバウ	40,000	2013／秋	バッチ式溶液重合法/日立施工～2013/12稼働
ブタジエン	PCS	〃	100,000	2014／2Q	BP技術/三井造船～130億円で受注、年央稼働
S－SBR	旭化成	テンブス	50,000	2013／4	自社技術連続式溶液重合法/日立施工
〃	〃	〃	50,000	2015／1	2期倍増設後10万tで4月稼働、総工費200億円強
〃	〃	〃	30,000	2019／1	2系列合わせて13万tへ増強～JFEエンジ施工
S-SBR/BR併産	日本ゼオン	バンヤン	35,000	2013／9	自社技術バッチ式溶液重合法/三井造船施工
〃	〃	〃	35,000	2016／4	2期倍増設後7万t、シェルからブタジエン受給
αオレフィン共重合体	MELS	メルバウ	25,000	2020／8	『タフマー』の増強後22.5万t
HAO－LLDPE	プライムE	テンブス	300,000	2015／夏	「プライムエボリューシンガポール」、物産20%出資
ブチルゴム(IIR)	アランセオ	テンブス	100,000	2013／央	FW/4億ユーロ、原料はシェルより、総能力40万tへ
Nd－PBR	〃	〃	140,000	2015／央	ネオジウム触媒型BP、ブタジエンはPCS、2億€
ハロブチルゴム	エクソンモ	チャワン	140,000	2018／央	EPC/三井造船、ノーパンクタイヤ用に2014/下
水添系石油樹脂	ービルケミ	〃	90,000	2018／春	着工へ、紙おむつ用等ホットメルト接着剤向けも
酢酸ビニル	大連化学	テンブス	350,000	2013／5	長春石化との折半「長連シンガポール」が運営、
アリルアルコール	〃	〃	200,000	2013／6	原料はシェルから受給、総工費5億S$
VAEエマルジョン	〃	〃	90,000	2016／末	酢ビの川下展開計画～2015/3着工
VAEパウダー	〃	〃	30,000	〃	同上、VAM3.5万tを消化
キュメン	長春人造樹脂	〃	540,000	2013／4	キュメンは「長春シンガポール」が運営
パラキシレン	ジュロン・	ジュロン	800,000	2014/8→	UOP/SK、JACは8万b/dのコンデンセート・
オルソキシレン	アロマはE	〃	200,000	年末停止	スプリッターで軽質ナフサと重質ナフサに分離、
ベンゼン	MC傘下に	〃	438,000	16/8再開	低硫黄燃料250万tなども併産。総工費は24億$
DL－メチオニン	エボニック	ジュロン	150,000	2014／11	投資額は5億€
〃	〃	〃	150,000	2019年内	倍増設計画、2016/5AMEC-FWにEPCM発注

数々の石化産業が集積するジュロン島では、種々のプロジェクトが進められた。シェルがエチレン生産能力を20％増強したのに合わせ、三井化学と出光興産の合弁会社・プライムポリマーは、メタロセン触媒による気相２段重合法ＨＡＯ（ハイヤーαオレフィン）－ＬＬＤＰＥ30万トンプラントを2015年夏までに新設したが、シェルのトラブルで稼働は2016年夏まで遅れた。2012年10月に設立されたプライムポリマー80％／三井物産20％出資の現地事業会社「プライムエボリューシンガポール」（資本金１億1,500万ドル）が担当。エボリューは高機能シーラント用材料として三井化学東セロがタイに建設した高機能包装フィルム「Ｔ．Ｕ．Ｘ」向けにも供給している。

ランクセス（2016年４月よりアランセオ）はシェルからラフィネート１を受給し、イソブテンを抽出してブチルゴム原料に使用。2010年５月に着工し、10万トン工場を2013年第１四半期に完成させた。抽出残のラフィネート２はＰＣＳに供給、ＰＣＳはこれに含まれるブテン留分を抽出してメタセシス原料に利用、プロピレンの増産に充てている。同社は2015年２月にポリブタジエンゴム14万トン工場を新設、原料のブタジエンはＰＣＳから受給中。これに先駆けＰＣＳは10万トンのブタジエン２号機を2014年第２四半期に導入し、自社のＳ－ＳＢＲ用にも自消している。

旭化成は２期計画でＳ-ＳＢＲをテンブス地区で事業化、2013年と2015年に各５万トンずつ設置し、計10万トンとした。2019年には13万トンへ手直し増強する。さらにシンガポールを最有力候補地としてアジア地区で10万トン以上の増設も検討中。日本ゼオンもＳ-ＳＢＲとNd-ＰＢＲの併産４万トンプラント（Ｓ－ＳＢＲの公称能力は3.5万トン）を2013年に新設、2016年４月に第２系列を稼働開始させた。住友化学も2013年央にＳ-ＳＢＲ４万トンを事業化したが、両社はＳ－ＳＢＲの販売業務などを合弁会社「ＺＳＥ」に集約した。

ＰＳを３倍に増設したデンカ・シンガポールは、原料ＳＭの購入量がフル稼働ベースで30万トン規模と、単一工場ではアセアン最大のＳＭユーザーとなった。ＳＭは全量シェルが供給中。

台湾の長春グループはテンブス地区に進出し、酢酸ビニル35万トンやアリルアルコール15万トン（担当は大連化学）、キュメン54万トン（同長春人造樹脂廠）の大型工場を2013年第１四半期に新設した。総工費は５億Ｓ＄で、同７月から操業を開始、原料はシェルから受給中。酢ビの川下事業展開として、2016年末にＶＡＥエマルジョンや同パウダーを事業化した。

大型の芳香族コンプレックスであるジュロン・アロマティクス（ＪＡＣ）は2011年８月に着工、2014年８月に完工した。株主構成はＳＫグループの30％を筆頭に、25％出資の中国 Sanfangxiang（ＳＦＸ：江蘇三房巷集団）など８社・団体でスタートしたが、操業開始直後の2014年末に市況悪化で停止、2015年９月には経営破綻した。その後株主間で負債を分担処理したところで市況が好転したため、2016年８月から運転を再開、その後2017年８月には、エクソンモービル・ケミカル（ＥＭＣ）がＪＡＣを買収した。これでＥＭＣは自社のＰＸ100万トンを合わせ、シンガポールに計180万トンのＰＸ生産拠点を構築したことになる。ＪＡＣの設備概要は、フィードのコンデンセートを日量処理能力８万バレルでライトナフサとヘビーナフサに分離、後者を原料にＰＸ80万トン、ＯＸ20万トン、ベンゼン45万トンを製造、石油製品としてはジェット燃料78万トン、超低硫黄ディーゼル油68万トン、混合ナフサ65万トン、液化石油ガス（ＬＰＧ）28万トンなどが生産できる。製造プロセスにはＵＯＰのＣＣＲプラットフォーミング、パレックス、アイソマー（異性化）、タトレー（不均化）、サルフォラン（抽出分離）技術を採用、脱硫プロセスにはメロックス、蒸留ユニオンファイニング技術を採用している。

シンガポールの主要石化製品輸出入推移

(単位：トン、%)

		2014年	2015年	2016年	前年比	2017年	前年比
エチレン	輸入	46,478	44,026	186,567	423.8	58	0.0
	輸出	274,769	274,354	210,034	76.6	423,108	201.4
プロピレン	輸入	90,245	77,341	234,276	302.9	84,340	36.0
	輸出	61,220	43,561	5,357	12.3	36,485	681.1
ベンゼン	輸入	484,689	555,988	292,065	52.5	199,803	68.4
	輸出	334,349	759,883	138,060	18.2	225,792	163.5
トルエン	輸入	8,765	40,665	41,145	101.2	11,208	27.2
	輸出	408,392	390,627	434,597	111.3	467,098	107.5
キシレン	輸入	3,967	10,283	4	0.0	3	75.0
	輸出	942,730	813,753	1,253	0.2	1,857	148.2
アセチレン	輸入	11	23	31	134.8	57	183.9
	輸出	271	523	430	82.2	652	151.6
EG	輸入	277,259	133,813	15,376	11.5	14,968	97.3
	輸出	1,226,120	1,147,023	556,966	48.6	876,848	157.4
フェノール	輸入	4,777	4,027	7,088	176.0	59,956	845.9
	輸出	120,186	104,079	152,066	146.1	127,894	84.1
アセトン	輸入	6,476	7,361	8,388	114.0	7,285	86.9
	輸出	161,735	158,689	155,761	98.2	166,431	106.9
BPA	輸入	1,565	2,090	1,106	52.9	2,101	190.0
	輸出	57,044	60,536	87,028	143.8	152,247	174.9
スチレン	輸入	317	866	193	22.3	568	294.3
	輸出	548,140	764,962	595,150	77.8	677,078	113.8
ポリスチレン	輸入	4,844	4,525	4,417	97.6	3,141	71.1
	輸出	224,514	224,799	229,791	102.2	226,461	98.6
LDPE	輸入	675,513	514,507	652,685	126.9	827,324	126.8
	輸出	889,397	851,465	980,349	115.1	1,182,967	120.7
HDPE	輸入	490,313	428,360	513,368	119.8	655,095	127.6
	輸出	811,105	889,028	1,002,901	112.8	1,123,331	112.0
ポリエチレン計	輸入	1,165,826	942,867	1,166,053	123.7	1,482,419	127.1
	輸出	1,700,502	1,740,493	1,983,250	113.9	2,306,298	116.3
PP	輸入	342,803	360,265	401,385	111.4	426,365	106.2
	輸出	910,871	952,499	960,611	100.9	1,047,685	109.1

(出所)輸出入実績値はSingapore Chemical Industry Council他

シンガポールのその他石化関連製品と新増設状況

(単位:t/y)

製品	会社名	サイト	生産能力	完成	備考
ベンゼン	エクソンモービル・ケミ	ジュロン	325,000	94／3	ベンゼン～シクロヘキサンの一貫プラント
トルエン	カル(シンガポール)	〃	50,000	〃	ベンゼンは2004年に15万t増設
シクロヘキサン	〃	〃	227,000	〃	ＩＦＰ技術
オルソキシレン	〃	〃	90,000	〃	バジャー施工、総工費６億$
パラキシレン	〃	〃	420,000	〃	以上の芳香族コンプレックスは94/4操開
パラキシレン	シンガポール・アロマテ	チャワン	450,000	97／1	ＰＸの合計能力は100万t＋ＪＡＣで180万t
〃	ィックス・リカバリー	〃	+130,000	2013／春	ＥM100%出資、ベンゼン等を除き工費3.5億$/
ベンゼン	(EMCの傘下企業)	〃	96,000	97／1	英ＦＷ施工(2000/1～2003/10の間は休止)

シンガポール

プロピレン	シェル・イースタン・ケ	ウラル島	55,000	89／末	ＲＦＣＣ3.3万b/d装置に併設
イソプロパノール	ミカル	〃	75,000	90／4	ＦＣＣプロピレンからの一貫生産
酢酸	セラニーズ・シンガポー	サクラ	(500,000)	2000／7	メタノール法設備/ＦＷ施工～2013/1停止
酢酸ビニルモノマー	ル	〃	210,000	97／7	総工費1.5億$、ＰＣＳからエチレンを受給
ＶＡＥエマルジョン	〃	〃	50,000	2016／9	ＶＡＭの誘導品事業展開策/ジェイコブズ施工
酢酸エステル	〃	〃	100,000	99／末	ブチル/エチルを併産～2000/3本格稼働
ポバール	クラレ アジア パシフィ	〃	40,000	99／4	クラレ100％出資事業に改組、5割増設を検討
ＰＶＢ樹脂・フィルム	ック	〃	10,000	未　定	ＰＶＡはクラレ・エンジ/三井造船が施工
2エチルヘキサノール	イーストマン・ケミカル	サクラ	100,000	99／1Q	オキソアルコールコンプレックス～日揮が施工
Nブタノール	〃	〃	50,000	〃	原料はＳＲＣからＦＣＣプロピレンを受給、本
ネオペンチルグリコール	〃	〃	27,000	〃	格稼働は2000年から
エステル・アルコール	〃	〃	12,500	〃	可塑剤ＴＸＩＢなども別系列で生産
メタキシレン	パーストープ	〃	(50,000)	99／5	ＵＯＰ技術/ＴＥＣ、80%出資のロンザが2007/11
高純度イソフタル酸	〃	〃	(70,000)	(停止中)	ロンザ技術/ＴＥＣ　　パーストープに売却
ＨＤＩ誘導品	〃	〃	12,000	2012年	新設
2-ＥＨＡ	〃	〃	40,000	2013年	新設
無水フタル酸	ドブケム	ジュロン	33,000	96／10	工費1億500万S$、倍増設も計画
ＤＬ－メチオニン	エボニック	〃	150,000	2014年	飼料添加剤、工費5億ユーロ、総能力58万tへ
〃	〃	〃	+150,000	2019年内	倍増設、投資額5億ユーロ、(EPCM)ジェイコブズ
ポリアミド12	〃	〃	20,000	延　期	原料のＣＤＴ～ラウロラクタムは輸入
ノルマルパラフィン	ＴＰＬ／ＤＨＬ他	〃	100,000	2009年	印/クウェート/ＥＤＢ合弁、工費1.7億$
パラターシャリーブチル	ＤＩＣアルキルフェノー	サクラ	16,000	2003／央	ＤＩＣ100％出資～投資額20数億円
フェノール(ＰＴＢＰ)	ル・シンガポール				社名の略称はＤＡＳ～2003/10試運転開始
ポリエーテルアミン	ハンツマン	ジュロン	25,000	2007／3Q	2010/3Qに7,000t増強、倍増設計画に伴い原料の
〃	〃	〃	25,000	2017／央	ポリエーテル設備も併設
MMAモノマー	ルーサイト	〃	130,000	2008／11	エチレン消費量4万t強のアルファ法/ＦＷＥ
ポリカーボネート	(テイジン・ポリカーボ	サクラ	(55,000)	99／10	帝人/ＥＤＢ合弁、1～4期とも千代田化工施工
	ネート・シンガポール)	〃	(55,000)	2000／12	1号機は2003/末、2号機は2004/末に各々1万t
	〃	〃	(55,000)	2001／6	増強、4号機は2013/10、1号機は2014/5停止、2
	〃	〃	(65,000)	2002／末	号機と光グレード用3号機も2015/末で停止
高純度アジピン酸	インビスタ・シンガポール	サクラ	110,000	94／7	2012/秋政府に事業撤退を表明、初期投資2.5億$
硝酸	〃	〃	100,000	2009／央	工費1億$でアジピン酸副原料を自給
ポリウレタン弾性繊維	インビスタ・シンガポー	〃	3,600	92／12	スパンデックス「ＬＹＣＲＡ」～工費1億$
	ル・ファイバーズ	〃	7,200	99／10	ＬＹＣＲＡ2号機も3,600t、3号機2001年完成
ナイロン66樹脂(ＨＴＮ)	デュポン・シンガポール	〃	20,000	2013年	95/10「ザイテル」拠点設置、ＨＴＮ重合は海外初
ポリイミド樹脂加工品	〃	〃	n. a.	2008／7	「ベスペルパーツ＆シェイプス」5品種
ＰＯＭコンパウンド	〃	トゥアス	18,000	90／11	「デルリン」コンパウンド設備～工費5,000万S$
変性ＰＰＥ樹脂	旭化成プラスチックス・	サクラ	48,000	2002／10	原料からの一貫生産。ＰＰＥパウダーを含む総
	シンガポール		+14,000	2006／7	投資額120億円、2006年3割増強
2,6-キシレノール	〃	〃	40,000	2002／10	全量ＰＰＥパウダー向け
オルソクレゾール	〃	〃	12,000	2011／7	原料持ち込みで新日鉄住金化学が全量引取
ＰＰＥ樹脂パウダー	ポリキシレノール・シン	〃	30,000	2002／10	旭化成グループ70％/三菱ガス化学30％出資、
〃	ガポール	〃	+9,000	2006／7	増強後3.9万t、出資比率見合いで製品引取
ＰＰＳ樹脂	クレハ	ジュロン	3,500	検討中	原料から一貫生産、将来1万tまで拡張
ＰＶＣコンパウンド	シンガポールポリマー	〃	28,000		2000年にコンパウンド工場へ転換
ＥＰＳ（発泡ポリスチレ	セキスイ・プラスチック	〃	28,000		82年Dyno Industriesが操業開始→96/10積水化
ンビーズ)	スＳＥＡ	〃	12,000	未　定	成品81％/住友商事19％出資で買収し社名変更

発泡ＰＰ／ＬＬビーズ	JSPフォーム・プロダクツ	ジュロン	2,500	96／7	ＰＰ/ＬＬＤＰＥ発泡ビーズ「ピーブロック」
ポリスチレン	ホー・リー・グループ	トゥアス	100,000		2014/10ホーリーグループがトタルＰＣから買収、初期能力５万tで1993/4スタート
ＰＳ用コンパウンド	〃	〃	12,000	93／4	97/9に３倍増設
ＡＢＳ樹脂／ＰＣコンパウンド	ＳＡＢＩＣパフォーマンス・プラスチックス・Ｐ	ジュロン	20,000	94／央	アロイ設備やアプリケーション開発センターも併設、第２期拡張も計画中
樹脂着色コンパウンド	サンヨウーＩＫ	Mainland	19,200		稲畑産業/山陽化工の合弁会社、96年2,400t増
フィルム用樹脂着色コンパウンド	ＮＳカラー＆コンパウンド	〃	800	96／4	住化カラーの合弁子会社（ＯＰＰパールフィルム用着色コンパウンド）
ＰＶＢ中間膜	ソルーシアシンガポール		不　明	97／3Q	原料持ち込みにより98/3操業開始
合成樹脂用酸化防止剤	エニケム・シンガポール	ジュロン	3,800	94年	フェノール系およびリン系酸化防止剤各種
〃	チバ・スペシャルティズ	〃	30,000	2008／初	工費１億$、増強も視野
ホルマリン	Singapore Adhesives &	Mainland	40,000		三井化学アジア/三井物産の出資会社
合板用接着剤	Chemicals	〃	50,000		
塗料用原料樹脂・接着剤	MTK Chemicals	ジュロン	5,000		〃
ナイロン硬化剤	Witco Specialties	〃	5,000	96／3Q	96/2にAllied Resins & Adhesiveを買収
各種合成樹脂塗料	ニッペ・シンガポール	〃	20,000		エポキシ重防食塗料600tを95年より日本に輸出
〃	関ペ・シンガポール※	〃	18,000		※略称ＫＰＳ、91/3に倍増設
アクリル系コーティング剤	ゼネカ・レジンズ・（Ｓ）	〃	10,000	94／9	技術センターを併設
ポリエステルポリオール	ＣＯＩＭ(イタリア企業)	セラヤ	50,000	2002／10	靴用、2004年に接着剤など第２期設備を予定
ＨＰＧ	カネカ・シンガポール	Mainland	2,000		90/10に２割増強
プリント配線板	ＣＭＫシンガポール	〃	40万m²／月		住友ベークライト/日本ＣＭＫの折半出資合弁
エポキシ樹脂系封止材	スミトモベークライト・	ウッドランド	1,600t／月		半導体封止材料、2000/央に150t/月増強
フェノール樹脂成形材料	シンガポール		12,000		
特殊フェノール樹脂成形材料	スミデュレズ・シンガポール	〃	5,500	97／6	住友ベークライト/米オキシデンタル・ケミカルの折半出資事業
エポキシ樹脂系封止材	東芝ケミカル・シンガポール	ジュロン	3,600	97／4	
絶縁ワニス		〃	1,000	96／10	
注型レジン	〃	〃	4,500	〃	
溶融シリカ(破砕タイプ)	デンカ・アドバンテック	トゥアス	4,800	91／4	ＩＣ封止材用充填材の一貫生産
〃　(球状タイプ)	〃	〃	8,000	97／6	97年に２号機、2000年に３号機を導入
〃	〃	〃	5,000	2006／9	球状タイプは増設後計1.3万t、2007年にも増設
塩ビ繊維	〃	〃	10,000	2013／初	ウィッグ用原糸『トヨカロン』
酸化チタン	（ＩＳＫシンガポール～石原産業の子会社）	Mainland	(54,000)（工場閉鎖）	89／4 (2013/8)	塩素法、91/11に9,000t+2005/1に3,500t+2006/8に5,500t増設後5.4万t→2015/9に用地売却済み
重炭酸ナトリウム(重曹)	ノバベイ	テンブス	70,000	2017／央	ソーダ灰から一貫生産、仏ノバキャップ子会社
超高純度過酸化水素	ＭＧＣピュア・ケミカルズ・シンガポール	西トゥアス	10,000	99／1Q	三菱ガス化学90%/三菱ガス化学シンガポール10%出資、アンモニア水は2015年に倍増設
超高純度アンモニア水			10,000		
〃	サントクメルク		10,000	98／末	三徳化学/メルク/三井物産の合弁事業
電子工業薬液	ナガセ ファインケム シンガポール	トゥアス	8,000	2002／7	現像液・剥離液・リンス・エッチング液などうち6,000tはリサイクル設備、総工費20億円
半導体用電子工業薬品	関東化学シンガポール	ジュロン	6,000	2008／8	研究センターを併設
高純度フッ酸	ステラケミファ・シンガポール	セラヤ	10,000	2002／9	両製品とも倍増設を計画
バッファードフッ酸		〃	10,000	2003／春	完成は2002/9、本格生産開始は2003/春
非イオン界面活性剤	日光ケミカルズ・シンガポール	セラヤ	5,000	2009／7	ＥＯ付加型非イオン界面活性剤
ＰＯ付加型界面活性剤		〃	1,500	2014／5	ＥＯ・ＰＯ付加型非イオン界面活性剤
アルコキシレート	ソルベイ	ジュロン	50,000	2015／7	界面活性剤『ノブケア』工場、工費5,000万S$

シンガポールの石化原料事情

シンガポールは原油の日量処理能力60.5万バレルを誇るエクソンモービル（ＥＭ）や53万バレルのシェルなど３社のリファイナリーが集中する石油精製拠点で、東南アジア最大の石油製品供給基地として機能してきた。ナフサは年間500万㎘以上の供給能力を持ち、かつてはそのうち300万㎘前後を日本へ輸出していたが、97年第２四半期にＰＣＳのエチレン２号機、2001年第２四半期にはＥＭＣ（エクソンモービル・ケミカル）のナフサクラッカーが稼働開始したことに伴い、石化原料としての自国内消費量が大幅に増加した。このため、日本への輸出量は2000年の140万㎘から2001年には半減し、翌年にはピーク時の４分の１以下に落ち込んだ。その後、４年連続で増加したが、2009年は45万㎘と６割も減少、2011年は27万㎘とさらに４割減少し、2012年は8.7万㎘、2013年3,239㎘、2014年4.1万㎘、2015年ゼロ、2016年12.5万㎘、2017年は3.5万㎘と、島内のクラッカー稼働状況を反映した輸出量の推移となっている。

近年ではシェルが石化原料の増産に向けコンデンセート・スプリッターを2000年半ばに設置、ブコム島に７万バレル設備を建設し、海底配管でジュロン島にナフサを供給している。芳香族関係では旧モービルが94年３月にパラキシレン（ＰＸ）35万トン、ベンゼン17.5万トン、シクロヘキサン（ＣＨＸ）18万トン、オルソキシレン（ＯＸ）５万トンから成るアロマコンプレックスを立ち上げたのに続き、97年１月にはシンガポール・アロマティックス（ＳＡＣ）がＰＸ35万トン、ベンゼン9.6万トン設備を完成させた。このうちＳＡＣは、99年１月のアモコとＢＰの合併、同年11月のエクソンとモービルの合併という石油メジャーの大型再編に伴ってＢＰアモコが合弁を離脱し、2000年からＥＭの100％出資となってシンガポール・アロマティックス・リカバリー（ＳＡＲ）となった。このうち両ＰＸプラントは、ともに40万トン以上の能力へ手直し増強され、合計100万トン規模となった。

2014年夏に24億ドルで完成したジュロン・アロマティクス（ＪＡＣ）の芳香族コンプレックスは、８万バレルのコンデンセート・スプリッター、ＰＸ80万トン、ＯＸ20万トン、ベンゼン45万トンのほか、低硫黄燃料油も250万トン生産する。市況悪化で2014年末に停止、2015年９月には経営破綻したものの負債処理などを進め、市況好転に伴い2016年８月には再開した。その後、2017年８月にはＥＭＣが同コンプレックスを買収、同社のＰＸ総能力が180万トンに拡大した。

シンガポールの石油精製能力と増設計画　（単位：バレル／日）

製油所名	立地場所	現有処理能力	新増設計画	完成	備考
エクソンモービル・シンガポール	ジュロン地区	309,000 (FCC79,000)	拡張を検討中	18/秋発注	94/2Qに1.7万b/d増設、ＨＤＳ併設検討 94/2Q完成、CCR3.8万b/d増設
〃	チャワン地区	296,000			70年8万b増設、内11.5万bが07/5に火災
ＪＡＣ（ＥＭＣ傘下）	ジュロン島	80,000		2014／夏	コンデンセート分留塔、2016/8再開
シェル・イースタン・ペトロリアム	ブコム島	458,000			94/1Qに４万b/d増設、ＨＤＳ併設検討
		72,000		2000／６	コンデンセート・スプリッター
	ウラル島	(RFCC33,000)			90/４完成、プロピレン5.5万t/y併産
ＳＲＣ(Singapore Refining Co.)	メルリマウ地区 （実力32万B）	295,000 (RFCC30,000)			95/末６万b増強、ＳＲＣはＳＰＣ（中国石油が2009年買収）/シェブロンの折半
ネステ・オイ	ジュロン島	NExBTL：100万t	<100万t>	2022年	2010/11完成、バイオディーゼル、12億S$
	計	1,510,000	<100万t>		<ディーゼル油>は合計能力に含まず

タ　イ

概要

経済指標	統計値	備考
面　積	51.3万km²	日本の1.4倍弱
人　口	6,910万人	2017年の推計
人口増加率	0.2%	2017年／2016年比較
ＧＤＰ(名目)	4,552億ドル	2017年（2016年実績は4,118億ドル）
１人当りＧＤＰ	6,591ドル	2017年（2016年実績は5,970ドル）
外貨準備高	1,961億ドル	2017年（2016年は1,662億ドル）

実質経済成長率（ＧＤＰ）	2012年	2013年	2014年	2015年	2016年	2017年
	6.4%	2.9%	0.9%	3.0%	3.3%	3.9%

	<2016年>	<2017年>
輸出(通関ベース)	$214,251m	$235,267m
輸入(通関ベース)	$177,711m	$201,107m
対内投資認可額	<2016年>101億$	<2017年>67億$

通　貨	
	バーツ １バーツ＝3.53円(2017／末) １ドル＝32.29Ｂ(2017／末) (2016年平均は35.30バーツ) (2017年平均は33.94バーツ)

タイの2017年ＧＤＰ成長率は前年を0.6ポイント上回る3.9%となり、過去５年間で最も高い成長率となった。堅調な世界経済を背景とする力強い外需に牽引された形で、物品輸出が前年比9.9%増加したほか、外国人観光客の増加によってサービス輸出も好調。国内では積極的な低所得者対策が奏功し、個人消費が3.2%増と改善したほか、輸出の増加に伴って自動車関連や電子部品などの設備投資も堅調だった。

2018年も好調が続く見込みで、ＧＤＰ成長率は4.2～4.7%と予測。要因としては、世界的に経済成長の加速と資源価格の上昇により、財貨・サービスの輸出拡大が期待されるほか、2017年は停滞気味だった政府支出が2018年は速いペースで執行されると見込まれる。また、製造業の設備稼働率は2016年に65.3%、2017年に67.1%と上昇しており、2018年もこの傾向が続く見通しで、企業の設備投資が拡大する見込み。さらに公共投資の増加も見込まれ、これがさらなる民間投資の拡大につながる好循環が予想される。加えて、主要農産物の生産拡大などによって家計の所得環境も改善する見通し。

タイの石化産業は、自動車や包装、不動産分野を牽引役として拡大を続けており、2017年の国内需要は引き続き堅調に推移。一方で輸出に関しては競争激化の影響で2016年に合成樹脂などの鈍化が鮮明だったが、2017年は中国を中心とする旺盛な需要を背景に盛り返した。2018年も石化産業は好況を継ぐ見通し。2018年のエチレン生産量は、各誘導品設備の稼働率が前年より若干低下するとみて2.3%減の447万トンと予想しているが、クラッカーの稼働率は97%と高水準が続く見込み。

タイの石油化学工業発展史

1973年	米ユノカルがシャム湾で天然ガス田を発見
76年	タイ・プラスチック＆ケミカル（ＴＰＣ）がＰＶＣを製造開始
78年	ダウ・ケミカル(現パシフィック・プラスチックス)がＰＳを製造開始
〃	タイ・ペトロケミカル・インダストリー（ＴＰＩ）設立、ＢＯＩより石化事業の投資認可取得
81年	天然ガスを生産開始
82年	ＴＰＩが6.5万tのＬＤＰＥを製造開始
84／２	ＮＰＣ(ナショナル・ペトロケミカル)設立
86年	ＴＰＩがＨＤＰＥ（ＬＬＤＰＥを併産）を製造開始
89／８	第２石化ＣＰＸのタイ・オレフィンズ（ＴＯＣ）、アロマティックス・タイランド（ＡＴＣ）設立
10	第１期石化コンプレックスのエチレン設備（ＮＰＣ１）が操業開始(86／11着工)
91／２	軍事クーデターが発生しチャチャイ政権崩壊
4	ＴＰＩが10万tのＰＰ生産開始
92／５	民主化運動にともなう流血事件でスチンダ軍人政権崩壊
9	民主党のチュアン政権発足
93／１	ビニタイのＰＶＣプラントが本格稼動開始(完成は92／６)
94／６	タイ政府が石化産業の規制緩和策発表、民間企業が上流クラッカー参入可能に
7	バンコクポリエチレンのＨＤＰＥプラントが完成～９月竣工式
95／６	ＴＯＣが商業生産開始
96／初	ＲＯＣ（ラヨン・オレフィンズ）が60万tのエチレンプラント着工→98／11完成
末	ＴＰＩのコンデンセートスプリッター増設完了～6.5万b/dに
97／春	ＮＰＣ２のアロマ会社ＡＴＣが操業開始
〃	ＴＰＩの35万tエチレンプラントが完成
97／７	バーツが変動相場制に移行し、大幅な切り下げ、アジアの通貨危機のきっかけとなる
98／11	サイアムセメントの60万tエチレンセンターであるＲＯＣが完成
2001／２	タクシン政権発足
8	ＲＯＣが20万tのエチレン増設を完了
秋	タイパラキシレンのＰＸ設備が完成～年末に商業生産を開始
10	ＰＴＴが民営化
2002／７	サイアム三井ＰＴＡの２号ＰＴＡ40万tプラントが完成
2003／11	ＴＯＣが同国初のＥＧ事業化に向けて「ＴＯＣグリコール」を設立(27日)
2004／４	ＮＰＣがＨＤＰＥ設備(25万t)を操業開始
11	ＰＴＴとＮＰＣが折半出資会社「ＰＴＴポリエチレン」を設立(18日)
2005／初	ＰＴＴが第５ガス分離装置(エタン能力50万t)を操業開始
1	ＴＯＣがエチレン第２系列(30万t、エタンクラッカー)を操業開始
4	ＰＴＴがＴＰＩの増資引き受けを機関決定(28日)～年内に31.5%出資へ
6	サイアムセメントとＮＰＣがイランでのＨＤＰＥ計画(30万t、2008年操業開始)を発表
11	サイアムミツイＰＴＡのＰＴＡ第３系列(50万t)が操業開始～140万t体制に
12	ＮＰＣとＴＯＣが合併～ＰＴＴケミカルが発足(７日)
2006／２	ＡＴＣが芳香族拡張投資計画の枠組み変更～リフォーメート製造をラヨンリファイナリー担当
2Q	インドラマの合弁子会社がマプタプットでＰＴＡの新設プラント(60.4万t)を操業開始
〃	ＴＯＣグリコール（ＰＴＴケミカル子会社）がＥＧ設備(30万t)を操業開始
6	ＡＴＣがシクロヘキサン設備(15万t)を操業開始
8	ＰＴＴがHMCポリマーズ株の41.4%を取得(３日)～HMCはＰＰ増産投資(2009/2Q)へ
4Q	タイ・エトキシレーツが脂肪族アルコールエトキシレート新設備(５万t)を操業開始
11	2000年に経営破綻したタイ・ペトロケミカル・インダストリー（ＴＰＩ）の更正が完了、社名をＩＲＰＣパブリックカンパニーに変更(筆頭株主はＰＴＴ)

2007／12	ＡＴＣとラヨン・リファイナリーが合併し「ＰＴＴアロマティックス＆リファイニング」発足
2008／1Q	バンチャック・ペトローリアムが白油化装置(分解装置)を増設／軽油を増産
3	タイ・パラキシレンがベンゼンとＰＸ能力を増強。増強幅はベンゼン16万t／ＰＸ11.3万t
8	ビニタイがＰＶＣ設備を７万t増設(増設後28万t)
9	ＰＴＴＡＲが第２芳香族設備(ＰＸ65.5万t、ベンゼン35.5万t)を操業開始(完成は６月)
10	日本ポリケム(三菱化学100%出資)がＰＰコンパウンド(１万t)生産開始。
11	ＴＯＣグリコール(ＰＴＴケミカルの100%子会社)がＥＧ設備を手直し増強～能力を12.3万t増の42.3万tに(30万t増の倍増設案を断念し、手直し増強に変更)
12	ＰＴＴケミカルが旧ＴＯＣオレフィンのエタン分解炉を増強しエチレン能力を10万t増の40万tへ、プロピレン能力を５万t増の6.5万tへ拡大(稼働は2009年初頭)
〃	インドラマがトンテックス・タイランドを買収。トンテックスは社名をＩＰＩに変更
2009／初	タイＡＢＳ(ＩＲＰＣ子会社)がＡＢＳ樹脂プラントを増設。生産能力は２万t増の14万tに
1Q	ＰＴＴが第２～３ガス分離装置のエタン能力を63万t増強
3	ＰＴＴフェノール(ＰＴＴ40%／ＰＴＴケミカル30%／ＰＴＴＡＲ30%出資)がフェノール(20万t)／アセトン(12.4万t)併産設備を操業開始
5	タイ・エタノールアミン(ＰＴＴケミカル子会社)がエタノールアミン(５万t)新設備稼働
央	住友化学／東洋インキ製造がＰＰコンパウンド設備を操業開始。生産能力は1.1万t
9	中央行政裁判所がマプタプット工業団地の76事業の認可差し止め
11	ＰＴＴポリエチレン(ＰＴＴケミカル100%出資)のエタン分解炉(エチレン100万t)とＬＬＤＰＥ設備(40万t)が完成
〃	HMCポリマーズのＰＰ30万t増設が完了、総能力は75.5万tに。原料プロピレン用のプロパン脱水素装置(プロピレン能力31万t)も同時期に完成
〃	バンコク・ポリエチレン(ＰＴＴケミカル100%出資)がＨＤＰＥ設備を50万tに倍増設
〃	ＰＴＴケミカル、ＥＶＡ／ＬＤＰＥ新設備(10万t)が完成
〃	グランド・サイアム・コンポジッツがＰＰコンパウンドを増強。2.7万t増の11.3万tに
12	ＰＴＴケミカルがHＤＰＥ設備を増強。生産能力は５万t増の30万tに
2010／２	タイ・カプロラクタムとウベ・ナイロン(タイランド)合併で新社ウベ・ケミカルズ(アジア)発足
央	サイアム・ポリエチレン(サイアムとダウの折半出資会社)がＨＡＯ−ＬＬＤＰＥ35万tを増設
〃	マプタプット・オレフィンズ(ＳＣＧケミカル67%／米ダウ・ケミカル33%出資)がエチレン90万t／プロピレン80万tを完成。同時期に川下でサイアム100%のタイ・ポリエチレンがHＤＰＥ40万t、同じくタイ・ポリプロピレンがＰＰ40万t設備もそれぞれ完成
9	中央行政裁判所がマプタプット76事業のうち74事業の認可差し止めを解除
10	ＰＴＴポリエチレンがＬＤＰＥ設備(30万t)を新設
11	ＰＴＴが第６ガス分離装置(エタン能力100～120万t)の操業を開始
4Q	ＰＴＴフェノールのビスフェノールＡ(15万t)設備が完成
年末	タイMMA(三菱レイヨンとサイアム傘下ＳＣＧケミカルの合弁会社)がMMA設備の倍増完了
2011／初	サイアム／ダウが特殊エラストマープラントを新設。生産能力は22万t
春	宇部興産が1,6−ヘキサンジオールを新設。生産能力は1,5−ペンタンジオール含め6,000t
8	サイアム／ダウが過酸化水素法プロピレンオキサイドの39万t生産設備を新設
10	ＰＴＴＡＲとＰＴＴケミカルが統合しＰＴＴグローバルケミカル(ＰＴＴＧＣ)が発足
12	ＰＴＴアサヒケミカル(旭化成48.5%/ＰＴＴ48.5%/丸紅３%出資)のＡＮ20万tとMMA７万t(ＡＣＨ法)設備が完成～操業開始は2012／10
2012／1Q	ビニタイがエピクロルヒドリンを事業化(グリセリン法、10万t)
8	ＩＲＰＣがメタセシス装置を導入し、プロピレン能力を10万t増の41万tに拡大
11	ＳＣＧ／ダウのＰＧ15万tが完成～年内に操業開始
2013／６	ＪＳＲ　ＢＳＴエラストマーのＳ−ＳＢＲ５万t工場が完成～商業生産開始は2014／３
2015／６	Ｓ＆ＬスペシャルティポリマーズのＣＰＶＣ３万tと積水化学のコンパウンド工場が操業開始
2016／３	ＩＲＰＣのＤＣＣプロピレン32万t回収設備が稼働開始
2017／２	旭硝子(現ＡＧＣ)がソルベイからビニタイを買収→2018/9電解～ＰＶＣまでの増設計画を公表

タイ石油化学工業の歩み

〈1980年代〉 自国産エタンを活用した事業化を指向

タイ国政府は1980年、当時急速に拡大しつつあった石油化学産業の基盤整備を行うため、シャム湾で産出するエタンガスを活用して同国初の石油化学コンプレックスを東部マプタプット（ラヨン県）に建設する第１期石化計画（ＮＰＣ－１）構想を打ち出した。ＰＴＴ（Petroleum Authority of Thailand：タイ石油公社）やサイアムセメント、地場銀行、三井グループ、旧ハイモントなど官民外資で推進された第１期石化計画は、タイ経済の急速な発展に支えられ予想以上の成功を収めた。89年10月には１期計画のエチレン設備が操業を開始。これに先立ち、87年には輸入ナフサを原料とする第２石化計画（ＮＰＣ－２）も発表した。

〈1990年代〉 民間企業への開放と通貨危機

95年に石化２期計画のセンター会社タイ・オレフィンズ（ＴＯＣ）がエチレンプラントを完成させ、97年にはアロマティックス・タイランド（ＡＴＣ）の芳香族プラントが操業開始に漕ぎつけた。これらに先駆けて政府は94年６月、民間企業にも上流エチレンやアロマ事業への進出を認める規制緩和を実施。以降、旧タイ・ペトロケミカル・インダストリー（ＴＰＩ）、サイアムセメントという民間の２大石化メーカーが新増設競争を繰り広げていくことになる。同年10月、ＴＰＩは年産36万トンのエチレンプラント建設に着手。原料ナフサを生産するコンデンセート・スプリッターやＢＴＸプラント、ＳＭプラントなども相次いで着工した。

ＴＰＩに後れること１年、サイアムセメントもラヨン・オレフィンズ（ＲＯＣ）を設立し、96年初めに年産60万トンという当時世界最大規模のエチレン設備建設に着手した。その後も両社はＰＥやＰＰなど、川下の誘導品計画を次々と打ち出していった。

しかし97年４月、ＰＴＴが計画していた次期石化計画（ＮＰＣ－３計画）を含む複数のプロジェクトが事業環境の悪化などを理由に先送りとなった。大型投資が相次いだＴＰＩも、財務悪化から６月にエチレン70万トン計画など５大プロジェクトを凍結することになった。

同年７月、ヘッジファンドによるタイ・バーツ空売りを買い支えられなくなったタイ政府は米ドルに連動していたバーツを切り下げ、周辺諸国も巻き込んだアジア通貨危機が勃発。外資が流出し始めた。８月には世銀・ＩＭＦグループや日本から総額170億ドルの金融支援を受けたが、公共料金の値上げや付加価値税の引き上げ、輸入資材の高騰などによりインフレ圧力が強まり、内需は低迷。また、国内大手企業の多くは外貨建ての債務に依存していたため、自国通貨の切り下げによって膨らんだ借り入れが経営を圧迫、銀行の不良債権も増大した。この間、石化業界ではＴＰＩの経営が事実上破綻（法的整理の正式な確定は2000年）。政府系石油精製会社のタイオイルも経営不安に陥り、日系資本との間で進めていた芳香族合弁計画が暗礁に乗り上げた。

〈2000年代〉 復興から拡張へ

2000年３月にはＴＰＩの更生手続きが開始され、ＴＯＣも財務リストラ計画をまとめた。回復を実感できる潮目が業界に訪れたのは2002～2003年ごろ。イラク戦争に伴う原油高で石化製品の市場は売り手優位となり、中国市場の拡大や内需の回復などがこれを支えた。市況の大幅な改善を受けて芳香族メーカーの期間損益は2003年に黒字化。オレフィンメーカーのＴＯＣも収益力を大幅に回復させた。2003年以降、通貨危機後に溜まった累積損失を減資によって一掃ないしは大幅圧縮し、フレッシュスタートを切るケースが複数見られた。ＴＯＣはそうした会社の一つで、同社は2003年11月にタイ証券取引所へ上場、同国初のＥＧ事業化に向けた資金を確保した。

これに先立つ2001年にはＰＴＴも上場を果たした。当時タイ最大規模のエクイティファイナンスとなったが、2010年９月現在も財務省が同社株式の過半数(51.36％)を所有している。同じく政府系でＰＴＴが５割出資するタイオイルも、2004年10月に史上最高値の売り出し価格で上場。同社はＰＸの合弁会社株を日系企業やＰＴＴからすべて買収し、設備増強に乗り出した。

ＰＴＴは系列メーカーと共同で、同国初となるフェノールを事業化した(2009年春稼働)。同グループにはこうした石化投資案件が2004年までにいくつか積み上がっていたが、2005年には新増設計画の規模をさらに上積みし、旺盛な投資意欲をアピールした。

2005年はタイの石化業界にとって「再編元年」でもあった。ＮＰＣとＴＯＣは同年７月に新設合併方式による経営統合を発表、12月７日に合併新会社ＰＴＴケミカル(ＰＴＴＣＨ)が発足した。ＰＴＴとＰＴＴＣＨは、2004年にエチレンとＬＤＰＥの合弁投資計画を発表、操業開始は2010年末で、エチレン能力を当初の2.5倍の100万トンへ引き上げ、ＬＬＤＰＥも誘導品に盛り込んだ。この投資計画はＰＴＴが基礎原料のエタンガスを増産する第６ガス分離装置(2010年11月稼働予定)計画と連動している。またＰＴＴは2011年央から旭化成などと合弁でＡＮの生産に乗り出す。2006年第２四半期に年30万トンのＥＧ設備を立ち上げたＴＯＣグリコール(ＰＴＴケミカル全額出資子会社)は、2008年に30万トンの倍増設を実施する予定だったが、計画を12.3万トンのデボトルに変更、同11月に生産能力を42.3万トンとした。

ＡＴＣはリフォーメートと芳香族の大型拡張投資計画を決めたが、当初は自社生産する予定だった原料リフォーメートはラヨンリファイナリーが生産することになり、2006年２月に両社が共同投資への移行に合意。その後筆頭株主のＰＴＴ主導により、両社は2007年12月に経営統合した。

ＰＴＴグループ以外では、サイアムセメント(現ＳＣＧ)がダウ・ケミカルとナフサ分解炉への合弁投資を行うことで2005年10月に合意。合弁会社マプタプット・オレフィンズ(サイアム67％／ダウ33％出資)を設立し、サイアムグループとして２号機となるオレフィン設備を2011年に稼働入りさせた。プロピレン増産装置を併設し、エチレン90万トンに対してプロピレンを80万トン生産。サイアムは単独でＨＤＰＥとＰＰのプラント建設にも取り組んだ。

一方、タイ史上最大の倒産劇となったＴＰＩの再建には紆余曲折があったが、政府・財務省が管財人を送り込み、メーンスポンサーとなったＰＴＴは2006年までに31.5％の株式を取得。同年11月、ＴＰＩは社名を「ＩＲＰＣ パブリックカンパニー」に変更し、再スタートを切った。

台湾・東帝士グループ系でＰＥＴ繊維・樹脂事業を手掛けていたトンテックス・タイランドも2004年に経営が破綻、インド資本のインドラマ・ベンチャーズがトンテックスの株式97％を2008年12月に取得、社名をインドラマ・ポリエステル・インダストリーズ(ＩＰＩ)に変更した。ＰＴＡ製造子会社のＴＰＴペトロケミカルズ(旧トンテックス・ペトロケミカル・タイランド)も傘下に置いた。これによりインドラマグループはタイ最大のポリエステル繊維メーカーとなった。

川下の強化を目指すＰＴＴは、2004年10月にバンコク・ポリエチレンを旧ＴＯＣと共同で買収(その後ＰＴＴＣＨの完全子会社に)したほか、2005年にはそのＴＯＣが地元塩ビチェーンのビニタイに資本参加。ビニタイは2006年末に電解、ＥＤＣ、ＶＣＭの倍増設を完了した。さらにＰＴ

ＴＨは2006年８月にＨＭＣポリマーズの株式41.4％を取得し、ＰＰ事業にも参入。ＨＭＣは2009年11月にＰＰプラントを増設した。その後ビニタイは2017年２月、旭硝子(現ＡＧＣ)に買収された。

2008年秋からの世界同時不況で、自動車をはじめとするタイの主要産業も大きな打撃を受けた。石化産業にとっても、競争力強化に向けた事業構造の抜本変革が急務となった。

ＰＴＴは2009年央、グループの石油精製～石油化学事業を一体運営し国際競争力を高めるため、精製、石化事業を手掛ける４つのグループ会社を統合する方針を打ち出した。精製事業のタイオイル(ＴＯＰ、ＰＴＴ49.1％出資)、精製・芳香族事業のＰＴＴアロマティクス＆リファイニング(ＰＴＴＡＲ、同48.65％)、石化事業のＰＴＴＣＨ(49.16％)とＩＲＰＣ(36.68％)の４社で、このうちＰＴＴＣＨとＰＴＴＡＲの２社を合併して2011年10月にＰＴＴグローバルケミカル(ＰＴＴＧＣ)を発足させた。

第１期石油化学プロジェクト

旧ＮＰＣ(ナショナル・ペトロケミカル、現ＰＴＴケミカル)が事業主体となったタイ初の石化コンプレックスは、東部臨海地帯のラヨン県マプタプットで89年10月下旬に試運転を開始、90年第２四半期に本格操業を始めた。天然ガスから回収したエタンとプロパンを分解してエチレンとプロピレンを生産、ダウンストリーム各社へのオレフィン供給拠点としての陣容を整えた。95年にはプラントのボトルネック解消による２～３割の能力増強を実施、2005年５月にもエチレン能力を2.4万トン増強した。

第１石化コンプレックスは、フロー図にも示すようにＮＰＣがエチレンとプロピレンを生産、ダウンストリームには既存ポリエチレンメーカーであるＴＰＩ(現ＩＲＰＣ)、新規参入のＴＰＥ、バンコクにＰＶＣ工場を有しているＴＰＣ(タイ・プラスチック＆ケミカル)、タイ初のポリプロピレンメーカーとなったＨＭＣポリマーズの４社が参画した。シャム湾で産出する天然ガスをＰＴＴ(タイ石油公社)がガス分離精製装置でエタンとプロパンに分溜、このエタンをＮＰＣがエタン分解炉に原料として投入しエチレンを得る。プロパンは、当時世界初の実用化プラントとしてＵＯＰが建設したプロパン脱水素法設備(オレフレックス技術)でプロピレンに転換している。

センター会社のＮＰＣは84年２月に発足。ＰＴＴをはじめとする政府系企業や、王室財産管理庁(ＣＰＢ：Bureau of the Crown Property)などが過半数を出資する政府主導のオレフィンメーカーとしてスタートした。その後上場し、旧ＴＯＣと合併直前の2005年時点では筆頭株主のＰＴＴが37.99％、次いでサイアムセメントが33.19％を出資していた。

ＰＶＣメーカーのＴＰＣはＣＥグループ、THASCO　Chemical(ＡＧＣの100％子会社で現社名はＡＧＣケミカルズ・タイランド)、三井物産／旧三井東圧化学グループの３者均等出資によって66年12月に設立されたが、上場・増資後はその株主構成が大きく変わった。2004年までに26％の筆頭株主となっていたサイアムセメントは、同年ＣＰＢエクイティとともに THASCO が保有していた25％のＴＰＣ株を取得。その後の買い増しもあり、2010年２月時点の所有比率はサイアムセメントが45.64％、サイアムの筆頭株主(2009年末時点で30％出資)であるＣＰＢの子会社ＣＰＢエクイティが22.6％となっている。

ＴＰＣはバンコク近郊のサンプラカーン地区に塩ビと電解工場を構え、76年に年産5.5万トンのＰＶＣ１号機、86年に4.5万トンの２号機をスタートさせた。その後89年10月のマプタプット工場完成に伴って、カセイソーダ2.7万トン／塩素2.4万トン／ＥＤＣ3.3万トンの電解部門とＶＣＭ14万トン、ＰＶＣ６万トンが加わり、ＰＶＣは合計16万トンとなった。ＰＶＣの能力はその後も95年までに24万トン、96年に32万トンとなった。他方、ラヨン・オレフィンズ（ＲＯＣ）の川下では98年春に30万トンのＶＣＭ２号機増設を実施。同社のＶＣＭ能力は44万トンとなった。これと歩調を合わせ、ＰＶＣも98年半ばに12万トン増設し合計能力を44万トンへ、その後52万トンまで拡大した。さらに97年には合弁会社サイアム・オキシデンタルを通じ塩ビペーストを事業化。ＴＰＣは2001年６月に同社を100％子会社化し、社名を「ＴＰＣペーストレジン」に変更した。

タイの第１石油化学コンプレックス／ＰＴＴケミカル（旧ＮＰＣ）（マプタプット地区）

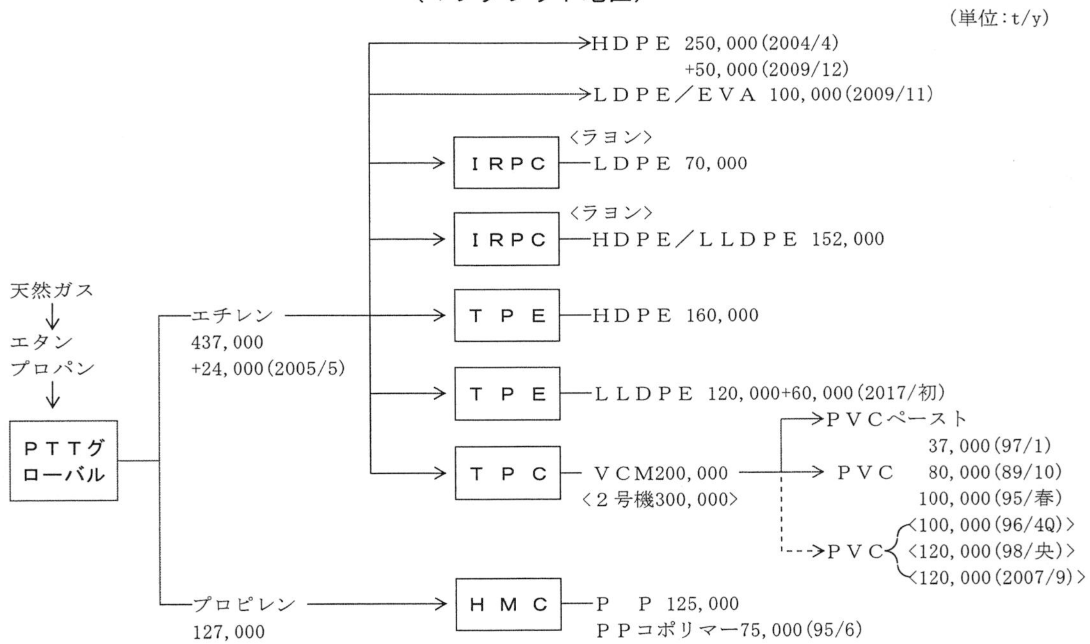

第１石化コンプレックス内／ＰＴＴケミカル（旧ＰＴＴポリエチレン）

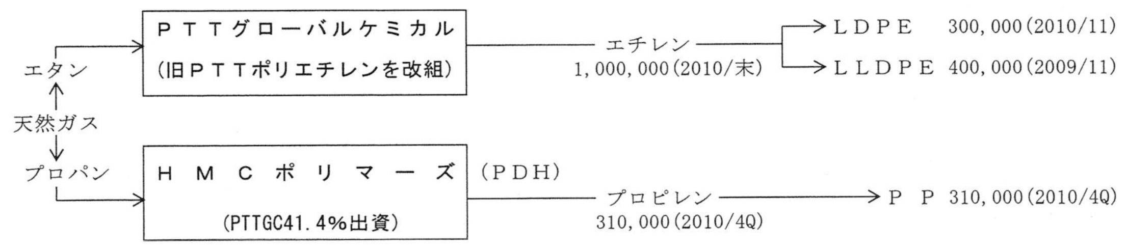

第２期石油化学プロジェクト

第１石化コンプレックスの稼働に先立つ1987年、旧ＴＯＣ(タイオレフィンカンパニー→ＰＴＴケミカル→ＰＴＴグローバルケミカル)を事業主体とする第２石化計画が打ち出され、同じマプタプットに立地する第２石化コンプレックスが95年から本格操業を開始。上流部門は第１コンプレックスと同様、半官半民の事業会社が担当。ナフサ分解炉をＴＯＣが、芳香族プラントをジ・アロマティックス・タイランド(ＡＴＣ→ＰＴＴアロマティックス→ＰＴＴＧＣ)がそれぞれ保有し運営した。ＴＯＣ発足当時の出資構成はＰＴＴ40％、ＮＰＣ11％、川下企業６社で計49％。ＡＴＣはＰＴＴグループの単独出資で発足。その後上場しサイアム・セメントも資本参加した。

■ダウンストリーム各社の状況

第２石化計画では、川下部門がナフサクラッカーに先行して操業を開始した。旧ＴＰＩのＰＰや発泡ポリスチレン(ＥＰＳ)、HMTポリスタイレンのＥＰＳとＰＳ、ベルギーのソルベイ・グループとチャロン・ポカパングループが推進するビニタイのＰＶＣ(電解工場は95年完成)などは92年に完成。93年９月にはタイ・ポリプロピレンのＰＰ設備が、94年７月にはバンコク・ポリエチレン(ＢＰＥ、バンコク銀行などを含む現地資本65％／三井物産35％出資で発足、現在はＰＴＴＧＣの100％子会社)のＰＥ設備が、また95年夏には旧トンテックス・ペトロケミカル・タイランドのＰＴＡ設備がそれぞれ稼働した。

スチレン系事業では、独バイエルが旧モンサント・プレミア・カセイ(ＭＰＫ)を買収し、バイエル50.5％／プレミア49.5％出資のバイエル・プレミアを設立。同社は96年央にＡＳ／ＡＢＳ樹脂工場を稼働させた(その後ランクセスに事業を譲渡)。一方、ＭＰＫから資本撤退した旧三菱化学は、HMTポリスタイレン(三菱化学67％／タイのＴＯＡグループ33％出資で発足、99年７月に三菱化学が100％子会社化、2008年末にＰＴＴが買収し社名をタイ・スタイレニクスに改称)のＰＳ事業に専念。93年２月にＨＩ／ＧＰＰＳスイング設備(年産2.5万トン、うち1.5万トンはＥＰＳ生産可能)の操業を開始、97年には同設備を３万トン能力に増強した。98年第２四半期には６万トンのＧＰＰＳ専用設備を完成、既存のスイング設備はＨＩＰＳ専用プラントに切り替えた。また米ダウとサイアムグループ合弁の「サイアム・スチレンモノマー」は、97年４月にＳＭ20万トン設備の商業運転を開始。同じくダウ／サイアム合弁でタイＰＳ最大手のサイアム・ポリスチレン(旧パシフィック・プラスチックス)に原料供給するほか、ＡＳＥＡＮ地域にも輸出する。

カプロラクタムは宇部興産／東洋エンジニアリング／日立造船グループによって事業化され、96年末に７万トン設備と副生硫安28万トン設備が完成した。同事業を運営する「タイ・カプロラクタム」(ＴＣＬ)にはライセンサーの宇部興産が93年８月に丸紅と共に資本参加。旧ＴＰＩ57.5％／宇部興産25％／丸紅10％／現地資本7.5％出資で発足したが、その後親会社であるＴＰＩが経営危機に陥ったため98年に増資を２度実施、この時点で出資比率は宇部興産が53.63％、ＴＰＩが27.54％となったが、宇部興産は2004年にＴＣＬへの出資比率を90％超まで高めた。一方、川下でナイロン事業を手掛ける「ウベ・ナイロン・タイランド」(ＵＮＴ、99年９月にＴＰＩが、2004年４月に旧日商岩井がそれぞれ資本撤退し宇部興産が100％子会社化)は、96年末にナイロン６樹脂プラントを完成させた。宇部興産は2010年２月、ＴＣＬとＵＮＴを合併し新会社「ウベ・

ケミカルズ(アジア)」(現在の宇部興産出資比率は73.77%)を設立した。
　C_4系製品事業では、バンコク銀行主導で発足した「バンコク・シンセティックス」(ＢＳＴ)がブテン１／ＭＴＢＥ／ＬＰＧプラントを新設。同社は98年秋にブタジエン設備も新設、ＪＳＲや日本ゼオンなどとの合弁会社として発足したＢＳＴエラストマーズ(現在はＢＳＴの子会社)に合成ゴム原料として供給している。
　ウレタン原料では、ダウ／サイアムが92年に年産2.5万トンのポリウレタン半硬質フォームと同硬質フォーム並びにウレタンエラストマー工場を建設。その後２万トンのＳＢラテックス工場と2.5万トンのポリオール設備も建設した。
　このほか、ＴＰＥが95年１月にＬＤＰＥ事業に参入、５万トン能力で操業を開始した(現有10万トン)。ＴＰＩ(現ＩＲＰＣ)も95年末までにＬＤＰＥ能力を15.8万トンまで拡大。HMCポリマーズは95年央にＰＰコポリマー４万トンを増設し、97年にはＰＰ第２系列を稼働させた。タイ・ポリプロピレンも96年末にＰＰを26万トンに倍増設、その後６万トン増設して32万トンとなった。塩ビ関連では、ＴＰＣが98年にＶＣM44万トン／ＰＶＣ44万トン体制を確立。伊藤忠商事が20%出資したエイペックス・ペトロケミカルは、97年春にＰＶＣ10万トンを完成させ、その後12万トンに増強したが、2011年には閉鎖した。ビニタイは2001年初頭にＰＶＣを16万トンから18.5万トンに増強、さらに2002年に21万トン、2008年には28万トンまで拡大している。

第３期石油化学プロジェクト

　政府が打ち出した第３期石油化学事業開発計画に沿って、タイの石化メーカーは2004年以降、積極的な投資計画を打ち出した。2009～11年頃にかけ、マプタプット工業団地で年産100万トン規模の大型エチレンや誘導品設備が完成・稼働した。旧ＰＴＴケミカルは旧ＴＯＣからオレフィン増強とＥＧ事業化を、旧ＮＰＣから100万トンのエチレンとポリエチレン計画をそれぞれ継承。同じＰＴＴ系のＰＴＴアロマティックス&リファイニング(ＰＴＴＡＲ：アロマティックス・タイランドとラヨン・リファイナリーが2007年12月に経営統合して発足)は芳香族の大型拡張計画を完了させた。またＰＴＴ、ＰＴＴケミカル、ＰＴＴＡＲのグループ３社は、同国初となるフェノールの事業化を共同で実施。一方、サイアムセメントもダウ・ケミカルとの共同投資でオレフィン設備を新設、ポリオレフィンやエラストマーなどの誘導品も事業化した。

■オレフィン／ポリオレフィン投資①～ＰＴＴグループ

　旧ＴＯＣは、オレフィン第１系列(ナフサ分解炉)で2007年５月に手直し増強を実施、エチレンの年産能力を13万トン増の51.5万トンに、プロピレンを６万トン増の31万トンにそれぞれ引き上げた。第１系列では増産に必要となる原料をナフサからＬＰＧや天然ガソリン(ＮＧＬ)に置き換える原料多様化投資も併せて実施した。2005年１月に稼働した第２系列(エタン分解炉、エチレン30万トン／プロピレン1.5万トン)も、2008年第４四半期にエチレンを10万トン、プロピレンを５万トン増強。旧ＴＯＣ２系列のオレフィン能力はエチレンが91.5万トン、プロピレンが37.5万トンとなった。
　ＰＴＴとＰＴＴケミカルは折半出資会社ＰＴＴポリエチレン(ＰＴＴＰＥ)を通じ、マプタプットでエチレン投資に取り組んだ。ＰＴＴＰＥは2004年10月にＰＴＴと旧ＮＰＣの合弁で発足、後にＰＴＴケミカルが旧ＮＰＣの出資分を引き継いだ。100万トンのエチレン設備（エタン分解炉）を建設したほか、グループ初となるＬＤＰＥ（30万トン）とＬＬＤＰＥ（40万トン）を事業化。またＰＴＴケミカル単独でＨＤＰＥ（25万トン）の生産にも乗り出した。エチレンとＨＤＰＥおよびＬＬＤＰＥは2009年11月に完成、ＬＤＰＥは2010年10月に完成した。この結果、2010年末にはグループのポリオレフィン生産能力は312.8万トンに高まった。エチレン原料のエタンは親会社ＰＴＴから調達。2009年に増強した同社の第２・第３ガス分離装置や、2010年春に完成した第６ガス分離装置から受給している。ただし第６ガス分離装置は、マプタプットの環境問題で稼働開始が2010年11月にずれ込んだ。ＰＴＴＰＥのエチレン設備も１年遅れで同年末から本格稼働した。

■オレフィン／ポリオレフィン投資②～サイアムセメントグループ

サイアムセメントは2010年央、ダウ・ケミカルとの合弁でマプタプットに90万トンのエチレン２号機（ナフサ分解炉）を新設した。メタセシス装置も併設し80万トンのプロピレンを生産する。総投資額は11億ドル（440億バーツ）。合弁会社マプタプット・オレフィンズ（サイアム67％／ダウ33％出資）は2007年に着工したが、マプタプット環境問題の影響で、本格稼働は2011年にずれ込んだ。サイアムは1998年末、同じくマプタプットで子会社のラヨン・オレフィンズを通じ、エチレン１号機（ナフサ分解炉、エチレン80万トン／プロピレン40万トン）を稼働させた。

エチレン２号機の完成と同時期にサイアムの100％子会社がＨＤＰＥ40万トン、ＰＰ40万トンを完成させた。ＰＰは自動車産業向けの供給を強化、国内の既存販路を活用しながら収益性の高い非汎用品の拡販を狙う。またサイアムとダウの折半出資会社サイアム・ポリエチレンは、ハイヤーαオレフィン－ＬＬＤＰＥを増設した。ポリオレフィン以外では、サイアム・シンセティックス・ラテックスが特殊エラストマーを2011年４月に立ち上げた。C_4系を原料にＭＭＡを共同生産する三菱レイヨン（現三菱ケミカル）は、ＭＭＡを2011年に倍増設し、現地生産能力を18万トンに引き上げた。2014年２月には8,000トン能力のＭＡＡ（メタクリル酸）設備も導入した。

■ＰＴＴアロマティックス＆リファイニング発足

ＰＴＴは2007年７月、グループ会社である石油精製会社ラヨン・リファイナリー（ＲＲＣ）と芳香族会社アロマティックス・タイランド（ＡＴＣ）の経営統合を発表。両社は同年12月末に経営統合し、新会社ＰＴＴアロマティックス＆リファイニング（ＰＴＴＡＲ）が発足、翌2008年１月にはタイ証券取引所に上場した。旧ＲＲＣは旧ＡＴＣに対し芳香族の原料となるナフサなどを供給してきた経緯があり、川上と川下の垂直統合でコスト競争力の強化を図る。なおＰＴＴはＲＲＣとＡＴＣ両社にそれぞれ５割弱を出資する筆頭株主だったが、上場したＰＴＴＡＲに対しても48.7％を出資（2010年10月現在）、2011年10月にはＰＴＴケミカルと統合してＰＴＴＧＣとした。

■芳香族の増産投資①～ＰＴＴＡＲ

ＰＴＴＡＲは2008年６月、マプタプットで第２芳香族コンプレックス（「アロマティックスⅡ」）を完成させた。初期能力はパラキシレン（ＰＸ）65.5万トン、ベンゼン35.5万トン、トルエン６万トンで、同年９月に稼働を開始した。旧ＡＴＣは2006年６月、旧ＲＲＣと合弁でアロマティックスⅡの建設に着手。両社の経営統合によるＰＴＴＡＲ発足を経て完成に至った。このプロジェクトは芳香族製品を原料リフォーメート（改質生成油）から一貫生産するもので、当初はＡＴＣの単独計画だったが、2006年２月にＲＲＣが参画、同社が原料生産を担うことになっていた。

なお第１芳香族コンプレックス（「アロマティックスⅠ」）の現有能力は、初期系列とその増産設備（トルエン不均化装置）を合わせてＰＸが54万トン、ベンゼンが31万トンなど。アロマティクスⅡの完成により、ＰＴＴＡＲの芳香族現有能力はＰＸが131万トン、ベンゼンが70万トンとそれぞれ２倍以上に高まり、東南アジアの芳香族最大手となった。

また同社は原料多様化に向けコンデンセート・スプリッター２号機（処理能力：6.5万バレル）を建設。親会社ＰＴＴから調達するコンデンセート（天然ガソリン）を投入し、芳香族原料リフォーメート（改質ナフサ）を得る。近接する自社製油所には別途「アップグレーディング・コンプレックス」を建設。これらはコンデンセート・スプリッターのリフォーメート生産時に副生する軽質ナフサなどを原料に、ベンゼンやディーゼルおよび航空機燃料などを製造するプラント群で構成され、タイで2010年から使用が義務づけられる高品質燃料を生産できるようになった。

なお旧ＡＴＣは、シクロヘキサン（ベンゼン誘導品）の生産を2006年第１四半期に開始。プラントの初期能力は15万トンで、その後の増強を経て現有能力は20万トン。宇部興産の現地法人ウベ・ケミカルズ（旧タイ・カプロラクタム）と長期契約を結び、製品を供給している。

■芳香族の増産投資②～タイパラキシレン

タイパラキシレンは2005年初頭、親会社タイオイルの芳香族プラントを譲受したことで、シラチャにてMXからＰＸまでを一貫生産する体制が整った。初期能力はベンゼンが16万トン、トルエンが13.6万トン、MXが45万トン。一方、ＰＸ増産に向けて2005年秋に原料工程の増強工事に着手。トルエン（C_7）を含んだC_9系未使用留分からMXなどを回収する不均化装置を新たに導入した。このプロセスに東レとＵＯＰが共同開発したＴＡＴＯＲＡＹ（トランスアルキレーション・オブ・アルキルアロマティックス・バイ・トーレ）法を採用。2007年半ばに操業開始した。

ＰＸの増産計画は２段階方式で実施。まず2005年２月に5.9万トンを増強し、総能力を34.8万トンへ引き上げた。異性化装置（複数種のキシレンが混ざったMXからＰＸなどを選択抽出する装置）に投入する触媒をＵＯＰからアクセンスに切り替え、ＰＸ収率を７ポイント増の89％へ高めた。残りの増強を2007年半ばに済ませ、年産能力を48.9万トンとした後、2012年９月には3.8万トン増強して現有52.7万トン能力とした。

■フェノール投資～ＰＴＴグループ３社合弁で事業化

タイ初のフェノール投資はＰＴＴが40％、ＰＴＴケミカル／ＰＴＴＡＲ各30％出資の合弁会社ＰＴＴフェノールが事業主体となった。２億8,340万ドルを投じて建設したフェノール20万トン／アセトン12.4万トンの併産プラントが2009年３月に稼働。中間原料のキュメンを自製するため、ＰＴＴケミカルが原料のプロピレンを、ＰＴＴＡＲがベンゼンを供給するスキーム。その後、旧三菱化学から製造技術ライセンスを受け、2010年末には15万トンのＢＰＡプラントを新設した。ＰＴＴは2019年春に14万トンのＰＣも事業化し、フェノール～ＢＰＡ～ＰＣの一貫生産体制を構築したい考え。ＰＴＴフェノールはその後フェノール／アセトンを各々25万トン／15.5万トンまで手直し増強し、2016年５月には第２期倍増設を果たした。

■合繊原料の動向

ＰＴＡメーカーはＴＰＴペトロケミカルズ、サイアム・ミツイＰＴＡ（三井化学子会社）、インドラマペトロケムの３社。国内合計能力は約220万トンで、輸出比率は４割超と大きい。最後発のインドラマペトロケムはインド資本の合繊会社インドラマの子会社で、2006年春頃に公称能力60.4万トンのプラント（インビスタ法）を立ち上げた。アジアにあるグループのポリエステル拠点に原料供給する。現地最大手のサイアム・ミツイは2005年11月に50万トンの第３系列を稼働入りさせ、総能力を144万トンに高めたが、中国向け輸出削減のため2014年に１号機45万トンを停止した。インドラマグループは2008年末にトンテックス・タイランドを買収し、タイ最大のポリエステル繊維メーカーとなった。インドラマ傘下のＴＰＴペトロケミカルズ（旧トンテックス・ペトロケミカルズ・タイランド）は、2006年半ばの10万トン増強で52万トン能力となっている。

ＥＧはＰＴＴケミカル子会社のＴＯＣグリコールが2006年第２四半期から初の国産品として生産開始した。国内向けの出荷が主で、数度にわたる増強により現有能力は51.3万トン。

カプロラクタムメーカーは、宇部興産子会社のウベ・ケミカルズ（旧タイ・カプロラクタム）のみ。現有能力は13万トンで、2011年末に２万トン増強した。同社は96年末に７万トン能力で操業を開始。その後、2001年春に１万トン、2003年春に２万トン、2005年春に１万トンの増強を経ている。検討していた2016年の15万トン増設計画は断念した。

ＡＮは2011年秋、旧旭化成ケミカルズとＰＴＴの合弁会社が20万トンのプラントを完成させた。両社は2008年３月、合弁会社「ＰＴＴアサヒケミカル」（当初の出資比率は旭化成ケミカルズ48.5％／ＰＴＴ48.5％／丸紅３％）を通じたＡＮ事業化を最終決定。プロパン（ＰＴＴが2011年11月に立ち上げる第６ガス分離装置から受給）を主原料とする旭化成ケミカルズの新技術を採用した。また同社はＡＮ副生品の青酸とＰＴＴフェノールから調達するアセトンを使ってＡＣＨを生産、これを原料にＭＭＡ（2012年央稼働、年産７万トン）も事業化した。なお、ＭＭＡの川下で計画していたメタクリル樹脂の事業化は、合弁会社（旭化成側）としては見送り、ＰＴＴ側が単独で事業化することにした。ＭＭＡ新プラントのコスト競争力が高いためモノマーで全量を販売できる見通しが立ったことや、合弁事業としての設備投資額抑制がその理由。

なおＰＴＴグループはカプロラクタムやＡＮ向けの需要増を見据え、国内初となるアンモニアの事業化も検討している。

■ＥＯＧ投資

ＰＴＴケミカルはＥＧの中間原料であるエチレンオキサイド（ＥＯ）の各種誘導品として、シャンプーや液状石けん原料の脂肪族アルコールエトシキレート、ヘアーコンディショナーや柔軟剤原料のエタノールアミン、養鶏・養豚用飼料原料となる塩化コリンなどを初めて国産化。脂肪族アルコールエトキシレートの事業会社「タイ・エトキシレーツ」はＰＴＴケミカルと独コグニスとの折半出資会社。2,000万ドルを投じて５万トンのプラントを建設し、2006年末に稼働入りした。製造技術はコグニスが供与し、ＥＯの相手方となる原料の脂肪アルコールも同社が供給する。一方、残り２製品の計画ではＰＴＴケミカルがそれぞれ全額出資する事業会社「タイ・エタノールアミン」が５万トンのエタノールアミン設備を、また「タイ・クロラインクロライド」が２万トンの塩化コリン設備をそれぞれ2009年に完成させた。

■ＰＴＴの事業拡大①～ＰＥ／ＰＰメーカーの買収

2004年末、ＰＴＴと旧ＴＯＣ(現ＰＴＴグローバルケミカル)は、ＬＤＰＥメーカーのバンコク・ポリエチレン(ＢＰＥ)を総額34億バーツで共同買収。バンコク銀行とそのオーナーのソーポンパニット家(40%強)、三井物産グループ(35%)をはじめとする既存の全19株主からすべての株式を買い取った。当初ＰＴＴと旧ＴＯＣは17億バーツを負担し50%ずつを保有、その後旧ＴＯＣと旧ＮＰＣの統合で発足したＰＴＴケミカルの100%子会社となった。旧ＴＯＣにとってＢＰＥは最大のエチレン供給先で、互いにマプタプットでプラントを操業する間柄。ＰＴＴは有力なエチレン供給先を傘下に収め、オレフィン収益基盤を強化した。ＢＰＥは2005年第１四半期に20万トンのＬＤＰＥ設備を５万トン増強。2009年11月に倍増設を実施し、年産能力を50万トンに高めた。

またＰＴＴは2006年８月、現地ＰＰ大手ＨＭＣポリマーズの株式41.4%を取得。自動車部品向けで需要拡大が著しいＰＰ事業に参入した。ＨＭＣが実施した第三者割当増資を全額引き受けたほか、既存株主の持ち株も購入した。増資前の筆頭株主だった蘭バセル・ポリオレフィンズ(現ライオンデル・バセル)の持ち株比率はこの時点で28.6%に下がり、残りをバンコク銀行などが保有することになった。ＰＴＴの資本参加を得たＨＭＣは、ＰＰの増産投資計画を決定。2009年11月にマプタプットで30万トンプラントを完成させ、ＰＰ総生産能力を66%増の75.5万トンに高めた。原料プロピレンの一部は、ＰＴＴから調達するプロパンガス(年間38.8万トン)を原料に自社生産中。このための脱水素プラント(プロピレン能力31万トン)を2010年末に併設した。

従来ＨＭＣは、現地素材大手サイアムセメント系のラヨン・オレフィンズからプロピレンを調達しＰＰを生産してきた。新たなプラントでは自動車向けなど特殊グレードの生産に力を入れており、この製造技術をバセルが供与した。

■ＰＴＴの事業拡大②～精製企業株の買収

ＰＴＴは2005年、現地石油精製会社バンチャック・ペトロリアム(ＢＣＰ)への出資比率を7.88%から27%強へ高めた(その後資本撤収)。ＢＣＰはバンコクのバンチャック製油所で軽油やガソリンの増産を図る白油化投資を推進。分解装置を増設して軽油を増産する一方、付加価値の低い燃料油の生産比率を従来の３割から１割以下に減らした。その後、15万バレル規模の第２製油所建設をバンコク以外の立地で検討していたが、当初目標の2020年完成は困難となっている。

2006年６月、ＰＴＴは100%近い株式を保有していたラヨン・リファイナリー(ＲＲＣ→ＰＴＴアロマティックス&リファイニング)をタイ証券取引所に上場させた。公募では５億2,000万株を新たに発行し、93億6,000万バーツ(約２億4,400万ドル＝270億円)を調達。これは同年２月に発表した芳香族原料やガソリンなどの増産投資計画に充当した。ＰＴＴは持ち株の４割弱を放出し、所有比率を49%(公募増資後ベース)に引き下げた。タイの精製会社(全７社)で上場を果たしたのは、2004年10月の国内最大手タイオイルに続きＲＲＣが５社目。

ＲＲＣは1992年11月に英蘭ロイヤルダッチシェルが64%、地元石油ガス大手のＰＴＴが36%出資し発足したが、その後の財務悪化に伴う経営不振で2004年11月にＰＴＴがシェルの全持ち株を引き継ぎ、負債も肩代わりした。その後ＲＲＣは、2007年12月にＡＴＣと経営統合し、ＰＴＴＡＲが発足、さらに2011年10月にはＰＴＴケミカルと合併してＰＴＴグローバルケミカルとなった。

ＰＴＴはタイ国内の精製会社７社中５社の株式を保有していたが、2015年４月末にＢＣＰの保有株式(27.22%)を手放した。2015年11月にはスターペトロリアム･リファイニングの持株(36%)もシェブロン・フィリップスへ売却した。この結果、保有株式はタイ・オイルの49.1%、ＰＴＴＧＣの48.66%、ＩＲＰＣ(旧ＴＰＩ)の36.77%となり、精製能力シェアは従来の８割強から６割強へ低下している。

■ＰＴＴの事業拡大③～ＩＲＰＣ(旧ＴＰＩ)の再建

当時タイ最大の倒産事例として衆目を集めた精製・石化メーカーＴＰＩ(タイ・ペトロケミカル・インダストリー)の再建問題は、2006年までにＰＴＴがメーンスポンサーとして経営に参画し決着した。再建計画の策定作業は政府・財務省主導で進行。ＰＴＴが31.5%、政府年金基金、政府貯蓄銀行、バユパック投資信託１(政府系)がそれぞれ10%ずつ増資を引き受けた。

成長戦略に舵を切ったＩＲＰＣは2009年初頭、ラヨン県の工場におけるプロピレンやＡＢＳ樹脂の増産投資計画を打ち出した。総投資額は約４億ドル。プロピレンは2012年９月、メタセシス装置を導入して総生産能力を10万トン増の41万トンに引き上げた。ＡＢＳ樹脂も６万トンの第６系列を2013年４月に建設、20万トン体制とした。さらに2016年３月には精製能力を28万バレルへ増強し、ＰＰ向けにＤＣＣプロピレン32万トン設備を導入した。

■日系企業の動き

東南アジアにおける自動車産業の一大集積地となったタイで、日系化学メーカーはバンパーなど自動車部品向けＰＰコンパウンド拠点の新増設を相次いで進めてきた。いち早くタイで事業化した三井化学は、子会社のグランド・サイアム・コンポジッツを2009年末までに2.7万トン増強し11.7万トンとした。2013年現在の能力は15.5万トン。また旧三菱化学は100%子会社日本ポリケムを通じ、チョンブリ県アマタナコン工業団地にコンパウンド工場を新設、2009年１月から１万トン能力で生産を開始した。住友化学は2009年央、東洋インキとの合弁会社(住化55%出資)を通じ、バンコク近郊のウェルグロウ工業団地に1.1万トンの新工場を建設した。

三菱ケミカルはＰＴＴグループと組み、生分解性樹脂「ＢＩＯＰＢＳ」を事業化した。植物由来の原料コハク酸をＰＴＴが供給する契約で2009年９月に基本合意、合弁会社ＰＴＴ ＭＣＣバイオケムを設立し、2015年秋には２万トン設備をマプタプットに新設、市場開拓を進めている。

ＰＴＴＧＣの「ＭＡＸプロジェクト」

タイ最大の化学事業グループであるＰＴＴグローバルケミカル(ＰＴＴＧＣ)が収益向上作戦「ＭＡＸプロジェクト」を展開している。同社はＰＴＴが保有するダウンストリーム合弁会社の持株を買収し、シナジーを高めて資産活用を図るほか、マプタプット地区石油化学コンビナートでは次期オレフィン増設計画を進めたり、海外でも積極的なエチレンプロジェクトを推進する。加えて、川下で価値創造事業も展開しようとしており、プレゼンスを大きく高めようとしている。

これは2016年からスタートさせた生産性改善計画(Project MAX)や事業重複の解消と垂直統合の最大化を図る資産活用プロジェクト(Project Asset Injection)のことで、大幅な利益改善を見込む。その中には、ＰＴＴが出資している合弁６会社の株式を譲受し、ＰＴＴＧＣ側に集約する計画も含まれる。プロピレン系製品チェーンやバイオケミカルラインを傘下に置くことで、既存化学事業とのシナジー効果やサプライチェーンの統合効果が期待できる。ＰＴＴが41％強出資しているＰＰメーカーのHMTポリマーズは、ＰＴＴＧＣがＰＴＴに取って代わることで筆頭株主となり、日本企業との合弁２社はそれぞれＰＴＴＧＣとの折半出資合弁会社に改組される。また合成樹脂の販売会社と物流業務会社並びにプラントのメンテナンス会社は100％子会社化する。

一方、第３期ナフサクラッカー新設計画(Project MTP Retrofit)は、コンプレックス内の余剰ナフサを有効活用することを主眼としたもので、年産能力はエチレン50万トン、プロピレン26万1,000トン、稼働開始は2020年第１四半期の予定。また、クラレと住友商事との３社合弁により、ブタジエン誘導品を事業化することでも合意。１万3,000トンのＰＡ９Ｔ(高耐熱性ポリアミド樹脂、製品名「ジェネスタ」)設備、１万6,000トンのＨＳＢＣ(水素添加スチレン系熱可塑性エラストマー、製品名「セプトン」)設備を新設し、2018年６月設立の合弁会社「クラレＧＣアドバンスト・マテリアルズ」が製造販売事業に乗り出す。今後、共同でＦＥＥＤ(基礎設計)業務を進め、着工は2019年、商業運転開始は2022年を見込んでいる。

■川下プロジェクトも進展

エチレンの高付加価値化を目的として進めるｍ(メタロセン系)ＬＬＤＰＥ40万トン設備の建設は、ＴＴＣＬと東洋エンジニアリングのコンソーシアムがＥＰＣ(設計・調達・建設)を担当し、2017年７月に完成した。同時にｍＬＬＤＰＥの副原料となるヘキセン－１についても３万4,000トン設備を建設、三菱化学から技術ライセンスを受けた。2018年から商業運転を開始しており、既存のＬＬＤＰＥと合わせて総能力は80万トンに倍増した。また、ＰＯ20万トンとＰＰＧ(ポリオール)13万トンの新設計画については、2017年８月に単独出資でＰＯ事業会社「ＧＣオキシラン」を設立、ＰＰＧについては合弁会社「ＧＣポリオールズ」（ＰＴＴＧＣ82.1％／三洋化成14.9％／豊田通商３％出資)を設立した。２万トンのＰＰＧプレミックス設備も併設する計画で、同９月に着工しており、2020年半ばから商業運転を開始する。

■成果と当面の計画

ＰＴＴＧＣは2015年第１四半期にオレフィン部門でオフガスのアップグレーディングプロジェクトを終え、同年末から2016年にかけて数々の拡張計画を完了させた。2016年第３四半期早々にはフェノールの第２期25万トン系列が稼働開始したが、これに先駆けて５月には各種芳香族の増強を終え、９月には合弁子会社・ベンコレックスのＨＤＩ(ヘキサメチレンジイソシアネート)系ポリイソシアネートも操業開始した。

この間、インドネシアのバロンガンで検討していたエチレン100万トンのナフサクラッカー計画は断念し、海外では米国でシェール利用のエタンクラッカー計画を推進することにした。

今回のシナジー最大化計画でHMCポリマーズのプロパン脱水素プロピレン～ＰＰ、ＰＴＴアサヒケミカルのＡＮ・硫安／MMA、ＰＴＴ MCCバイオケムのＰＢＳ(ポリブチレンサクシネート)事業が資産化できるが、今後の価値創造事業として、これら製品のダウンストリームも事業化していくのが当面のターゲット。つまり、HMCポリマーズではＰＰコンパウンド、ＰＴＴアサヒケミカル傘下ではＡＮ副生品としてのアセトニトリルやＡＮを原料に用いるＡＢＳ樹脂、MMAを重合させるメタクリル樹脂、バイオケミカルではＰＬＡ(ポリ乳酸)やＰＢＳのコンパウンド化も検討しており、当面の多様な機能性化学品候補として事業化を狙っていく。

タイの第２石油化学コンプレックス／ＰＴＴケミカル旧ＴＯＣ（マプタプット地区）

（単位：t/y）

LPG / NGL / ナフサ → ＰＴＴグローバルケミ (94/4Q)

- エチレン
  No.1：385,000 (94/4Q) +130,000 (2007/5)
  No.2：300,000 (2005/1) +100,000 (2008/4Q)
  No.3：500,000 (2020/1Q)
  - → ＰＴＴグローバルケミカル
    - → ＬＬＤＰＥ 400,000(2017/7)
    - → ＨＤＰＥ 200,000(94/7) +50,000(2005/1Q) 250,000(2009/11)
  - → ビニタイ — ＥＤＣ 160,000 (95/末) 160,000 (2007/9) → ＶＣＭ 200,000 (95/末) 200,000 (2007/9) → ＰＶＣ 185,000(92/6) +25,000(2002年) +70,000(2008/7)
  - → ＴＰＥ — ＬＤＰＥ 100,000 (95/1)
  - → サイアム・スチレンモノマー — ＳＭ 340,000
    - → サイアム・ポリスチレン → ＰＳ 70,000(95/12) +80,000(2001年)
    - → タイＡＢＳ → ＡＳ／ＡＢＳ 20,000、ＡＢＳ樹脂 120,000(96年)、ＡＢＳ樹脂 +61,000(2013)
    - → タイ・スタイレニクス → ＰＳ 30,000(92/8) +60,000(98/6)
    - → ランクセス → ＡＢＳ樹脂 46,000(96/６)；→ ＡＳ樹脂 25,000(96/４)
  - → ＴＯＣグリコールズ — Ｅ　Ｇ 300,000 (2006/2Q) +123,000 (2008/11) +90,000(2015/3Q)
- プロピレン
  No.1：190,000 (94/4Q) +60,000 (2005/央) +60,000 (2007/5)
  No.2：50,000 (2008/4Q)
  No.3：260,000 (2020/1Q)
  - → ＩＲＰＣ — Ｐ　Ｐ 250,000 （ラヨン）
  - → タイ・ポリプロピレン — Ｐ　Ｐ 160,000(93/9)
  - → ＰＴＴフェノール
    - フェノール 250,000(2010/3) 250,000(2016/央) → ビスフェノールＡ 150,000(2011/4)
    - アセトン 155,000(2010/3) 155,000(2016/央)
- Ｃ₄留分 175,000
  - → ブタジエン 75,000(2014/3)
  - → ブテン１ 25,000(2014/3)
- 分解ガソリン 200,000 → ＰＴＴグローバルケミカル (97/1)

コンデンセート → ＰＴＴグローバルケミカル (97/1)

- ベンゼン307,000 (2008/6)355,000
  - → フェノール／ＳＭへ
  - → ウベ・ケミカルズ(アジア) — ＣＰＬ 110,000 +20,000(2011/11)
  - → シクロヘキサン200,000(2006/初)
- トルエン140,000 60,000(2008/6)
- キシレン
  - → パラキシレン 540,000(97/1) 655,000(2008/6) → ＴＰＴペトロケミカルズ （インドラマ系） — ＰＴＡ 420,000(95/10) 100,000(2006/央)
  - → ＭＸ76,000
  - → オルソキシレン 66,000 → エターナル・ペトロケミカル → 無水フタル酸 50,000(97年)

ＩＲＰＣコンプレックスのフロー図（立地場所：ラヨン）

（単位：t/y）

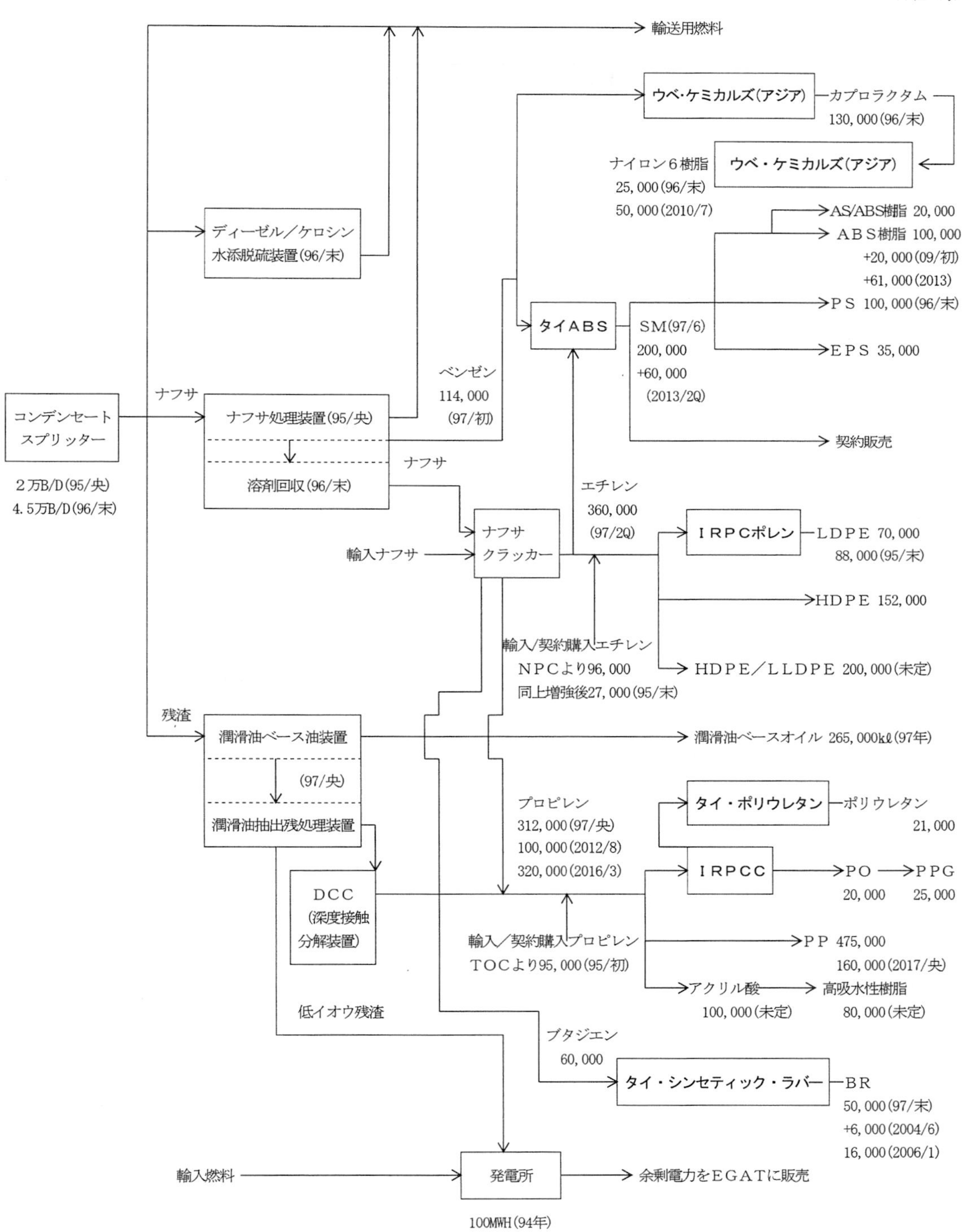

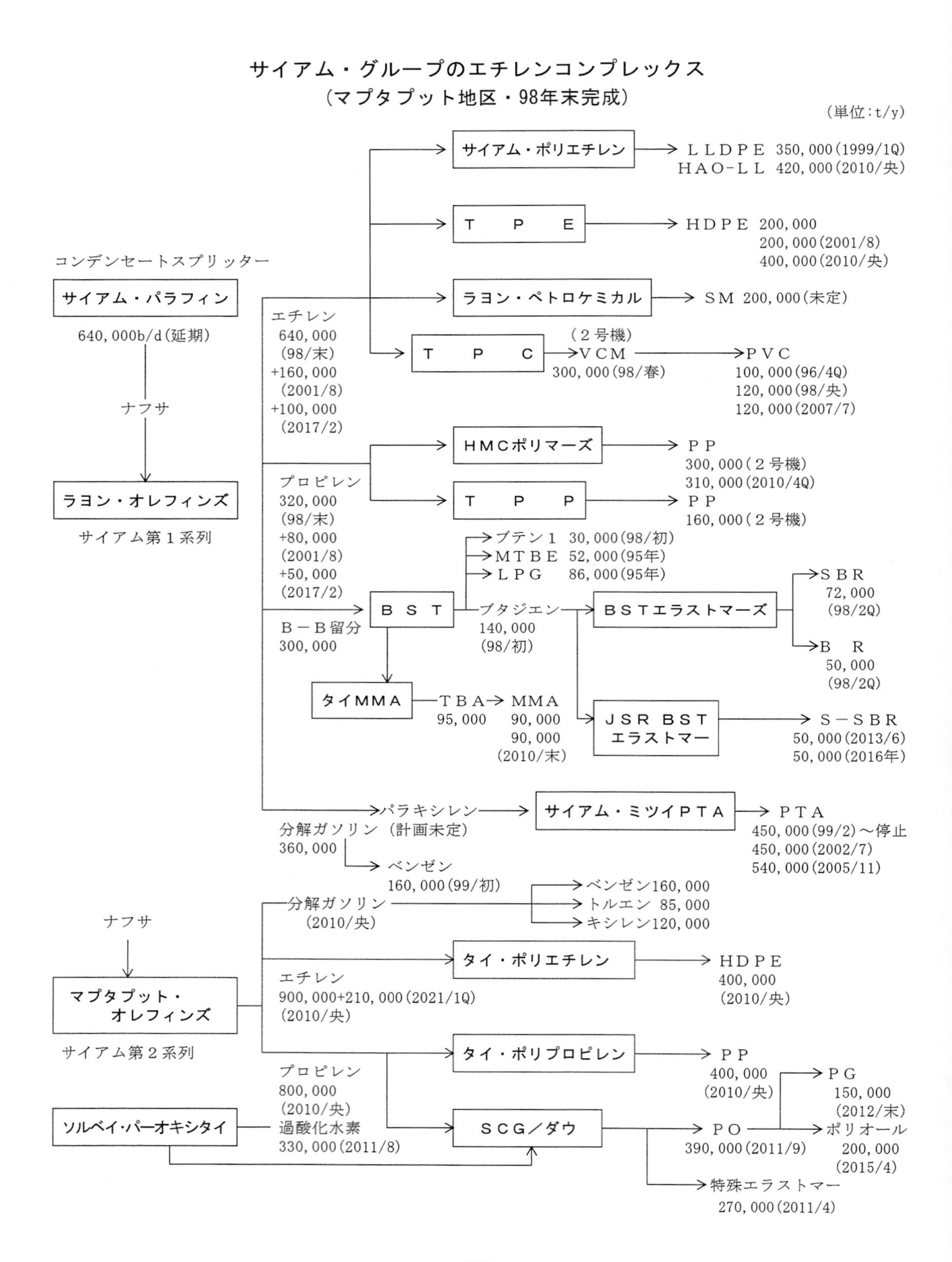

サイアム・グループのエチレンコンプレックス
（マプタプット地区・98年末完成）
（単位：t/y）
コンデンセートスプリッター
サイアム・パラフィン
640,000b/d（延期）
ナフサ
ラヨン・オレフィンズ
サイアム第1系列
エチレン
640,000
（98/末）
+160,000
（2001/8）
+100,000
（2017/2）
サイアム・ポリエチレン
LLDPE 350,000（1999/1Q）
HAO-LL 420,000（2010/央）
T P E
HDPE 200,000
200,000（2001/8）
400,000（2010/央）
ラヨン・ペトロケミカル
SM 200,000（未定）
T P C
（2号機）
VCM
300,000（98/春）
PVC
100,000（96/4Q）
120,000（98/央）
120,000（2007/7）
プロピレン
320,000
（98/末）
+80,000
（2001/8）
+50,000
（2017/2）
HMCポリマーズ
PP
300,000（2号機）
310,000（2010/4Q）
T P P
PP
160,000（2号機）
B－B留分
300,000
B S T
ブテン1 30,000（98/初）
MTBE 52,000（95年）
LPG 86,000（95年）
ブタジエン
140,000
（98/初）
BSTエラストマーズ
SBR
72,000
（98/2Q）
B R
50,000
（98/2Q）
タイMMA
TBA
95,000
MMA
90,000
90,000
（2010/末）
JSR BST
エラストマー
S－SBR
50,000（2013/6）
50,000（2016年）
パラキシレン
サイアム・ミツイPTA
PTA
450,000（99/2）～停止
450,000（2002/7）
540,000（2005/11）
分解ガソリン（計画未定）
360,000
ベンゼン
160,000（99/初）
ナフサ
マプタプット・
オレフィンズ
サイアム第2系列
分解ガソリン
（2010/央）
ベンゼン160,000
トルエン 85,000
キシレン120,000
エチレン
900,000+210,000（2021/1Q）
（2010/央）
タイ・ポリエチレン
HDPE
400,000
（2010/央）
プロピレン
800,000
（2010/央）
タイ・ポリプロピレン
PP
400,000
（2010/央）
ソルベイ・パーオキシタイ
過酸化水素
330,000（2011/8）
SCG／ダウ
PO
390,000（2011/9）
PG
150,000
（2012/末）
ポリオール
200,000
（2015/4）
特殊エラストマー
270,000（2011/4）

タイのオレフィン生産能力と新増設計画

(単位：t/y)

会社名(サイト)	製品名	現有能力	新増設計画	完　成	備　考
旧ナショナルペトロケミカル(NPC)(マプタプット)	エチレン プロピレン	461,000 127,000		88／4Q	ルーマス/UOP法、95/末8.6万t増強、2005/5に2.4万t増強　(エタン炉) プロパン脱水素(UOP「OLEFLEX技術」)95/末2.2万t増強
旧タイオレフィンズ(TOC)第1系列	エチレン 〃 プロピレン	515,000 310,000	 500,000 261,000	94／4Q 2020／1Q 〃	No.1、2007/5に13万t増(S&Wナフサ炉) No.3、マプタプット・レトロフィット計画 No.1、2005/央6万t＋2007/5に6万t増強
旧TOC第2系列(マプタプット)	エチレン プロピレン	400,000 50,000		2005／1 2008／4Q	No.2、KBR/千代化　(エタン炉) 2008/4Qに10万t増強(EG増産用) 2008/4Qに5万t増設後、1.5万tを休止
旧PTTPE(マプタプット)	エチレン プロピレン	1,000,000 25,000	本格稼働→	2009／11 2010／末	ルーマス/TEC、工費$13億　(エタン炉) 2013/7に旧PTTポリエチレンを吸収
PTTグローバルケミカル計	エチレン プロピレン	2,376,000 512,000			2005/12にNPCとTOCが合併し発足 (2012年に60万tのナフサ炉増設も検討)
IRPC (ラヨン)	エチレン プロピレン 〃 〃	433,000 312,000* 100,000 320,000	→54万t能力への増強を検討中	97／央 〃 2012／8 2016／3	ナフサ炉リンデ、三星エンジ施工3.5億$ 2018/下7.3万t増、*うち12万tはDCC OCT(メタセシス)装置でC3を増産 DCCプロピレンで増設、2012/初着工
ROC (マプタプット)	エチレン プロピレン	900,000 450,000	検討中	1998／末 2021年	SCGグループ第1系列、バンコク銀・HMC・TPCと合弁、ルーマス/TEC、2001/8に25%増強、TTCL/TEC施工、2,200万$で2017/初10万t増強(ナフサ炉)
マプタプット・オレフィンズ　(MOC)(バンチャン)	エチレン プロピレン	900,000 800,000	210,000 140,000	2021／1Q 〃	テクニップGK6技術、2010/央完成 OCT装置併設、2期増強TTCL施工 第1期計画の投資額$12億　(ナフサ炉)
スターペトローリアム・リファイニング	プロピレン	130,000			FCCプロピレン
HMCポリマーズ	プロピレン	310,000		2010／4Q	S&W/CTCI、プロパン脱水素法
合　計	エチレン プロピレン	4,609,000 2,934,000	710,000 401,000		増強後531.9万t 増設後333.5万t

タイのポリエチレン生産能力と新増設計画

(単位：t/y)

会社名(サイト)	製品名	現有能力	新増設計画	完　成	備　考
IRPC	LDPE/EVA (IRPCポレン)	70,000 86,000		稼働中 95／末	ヘキスト技術(NPC1系列下) 倍増設後さらに手直し増強
(ラヨン)	HDPE	152,000	改造中	2015年	ヘキスト技術、超高分子量やWAX併産型へ
TPE	LDPE/EVA	152,000		95／1	ICI技術、初期能力5万t(TOC系列)
(SCGケミカルズ100%出資)	LLDPE/MDPE	120,000 +60,000	内訳：LL152/MD28	稼働中 2017／初	BPケミカルズ技術(NPC1系列下)、宇部興産～住商が2002年に2万t増強
(マプタプット)	HDPE 〃 〃 〃	120,000 200,000 200,000 400,000		稼働中 97／5 2001／8 2010／央	三井化学技術(NPC1系列下) 三井造船が施工(以下、ROC系列下) 三井化学技術/三井造船、2002年2万t増 三井化学技術/三井造船、SCG100%出資、マプタプット・オレフィンズの川下
サイアム・ポリエチレン(マプタプット)	LLDPE 〃	350,000 420,000		99／1Q 2010／10	ダウ/SCGケミカルズの折半出資 メタロセン触媒によるHAO(ハイヤー・αオレフィン)-LLDPEを増設
PTTGC(旧BPEを2013/7に改組)	HDPE 〃 (マプタプット)	250,000 250,000	 本格稼働→	94／7 2009／11 2010／1Q	2013/7PTTGCがBPEを吸収合併、三井化学技術/大宇ENG～94/7操開、2005/1Qに5万t増強、現在12.5万t×2系列
PTTGC (マプタプット)	HDPE 〃 LDPE/EVA	250,000 +50,000 100,000		2004／4 2009／11 2009／11	三井化学CXプロセス 増強後30万t エクソンモービル技術、工費$1.18億
PTTGC(旧PTTPE)(マプタプット)	LDPE/EVA LLDPE 〃	300,000 400,000 400,000		2011／1Q 2009／11 2017／7	バセル「Lupotech T」、TTCL/サイモンユニポール/TEC～本格稼働は2010/1 3.4万tのヘキセン1を併産、工費$2.882億
合　計	LDPE HDPE	2,458,000 1,872,000			LLDPEとLL/HDPEを含む

タ　イ

タイのＰＰ生産能力と新増設計画

（単位：t/y）

会社名(サイト)	製品名	現有能力	新増設計画	完成	備考
ＩＲＰＣ	ＰＰ	250,000		92／7	ＢＡＳＦ技術、96/上に３万t増強
	〃	225,000		97年	自社センターのダウンストリーム
	〃	300,000		2017／10	ＪＰＰのホライゾン法、SINOPEC ENG施工
(ラヨン)	ＰＰコンパウンド	140,000		〃	当初計画のＰＰ10万tを追加・拡大
HMCポリマーズ	ＰＰ	125,000		稼働中	ハイモント技術(ＮＰＣ１系列下)
	ＰＰコポリマー	75,000		95／6	コポリマータイプ、2016年に3.5万t増強
	ＰＰ	300,000		97年	テクニモント技術～台湾ＣＴＣＩが施工
	〃	310,000		2010／4Q	ＧＳ建設が設計･施工、バセル/タイ資本
(マプタプット)	〃		250,000	2021年	基本設計中～増設後106万t
タイ･ポリプロピレン	ＰＰ	160,000		93／9	ＳＣＧケミカルズ100％出資
	〃	160,000		96／4Q	三井化学/ハイモント法(ＮＰＣ２系列) 大林産業施工、2001/8に３万tずつ増強
	〃	400,000		2010／央	サイアム/ダウ、三井化学のハイポール
(マプタプット)					Ⅱ法/ＳＫ建設、工費１億800万ドル
合　計		2,305,000	250,000		合計にＰＰコンパウンド能力を含まず

タイの芳香族生産能力と新増設計画

（単位：t/y）

会社名(サイト)	製品名	現有能力	新増設計画	完成	備考
ＰＴＴグローバル・ケミカル(旧ＰＴＴＡＲ=ＰＴＴアロマティクス&リファイニング)	【第１工場】				
	ベンゼン	310,000			レイセオン技術、ＳＫ建設/旧日商岩井
	トルエン	140,000			グループが施工、工費$4.7億、97/1完成
	オルソキシレン	66,000			2004/2に不均化装置導入で増強済み
	混合キシレン	76,000			トルエンはベンゼン／キシレン用に全量
	ＰＸ	540,000			自消
	【第２工場】			2008／6	芳香族第２コンプレックス～2009/2操開
	ベンゼン	390,000			ＵＯＰ/ＳＫ建設/ＧＳ建設、2016/5に+35
	トルエン	60,000			コンデンセート分離+リフォーマー+Ｂz
	オルソキシレン	20,000		2016／5	新たに分離開始
(マプタプット)	ＰＸ	770,000			工費$6.5億、2016/5に11.5万t増強
ＩＲＰＣ	ベンゼン	114,000	381,000	2022年	97/初完成、ＴＥＣ施工/工費4,000万$、
	トルエン	132,000			米ハイドロカーボン・リサーチ技術
	混合キシレン	121,000			
(ラヨン)	ＰＸ		1,200,000	2022年	ＵＯＰ技術で新設(ベンゼンを併産)
ＲＯＣ	ベンゼン	160,000		99／初	ルーマス/ＴＥＣ(原料はナフサ)
ＭＯＣ	ベンゼン	160,000		2010／央	ＳＣＧ/ダウ合弁(原料はナフサ)
エッソ・タイランド	ＰＸ	520,000		99／2Q	エクソンモービル100％出資/シラチャ製
	ベンゼン	109,000		〃	油所内、工費530億円、99/8稼働開始
(シラチャ)	ヘビーアロマ	249,000		〃	
タイ・パラキシレン～タイオイルの子会社	ベンゼン	311,000		2001／12	ＵＯＰ法、2004/10タイオイル傘下へ
	トルエン	(144,000)			2008/3に芳香族48万t増設、2012/9に不均
	混合キシレン	52,000			化装置導入で13.4万t増強
(シラチャ)	ＰＸ	527,000		2001／12	2012/9に3.8万t増強、ＭＸは3.8万t削減
ＬＡＢＩＸ	ＬＡＢ	100,000		2016／2	タイパラキシレン75%/三井物産25%出資
合　計	ＰＸ	2,357,000	1,200,000		
	ベンゼン	1,554,000	381,000		

タイの合繊原料関連製品生産能力と新増設計画

(単位：t/y)

会社名(サイト)	製品名	現有能力	新増設計画	完成	備考
ＴＰＴペトロケミカルズ	ＰＴＡ (マプタプット)	520,000			テクニモント法、旧トンテックス・ペトロケミカルズ・タイランド、2006/央10万t増
ＳＭＰＣ(サイアム三井ＰＴＡ) (マプタプット)	ＰＴＡ	(450,000) 450,000 540,000		99／2 2002／7 2005／11	三井化/ＰＴＴＧＣ他、1号機2014年停止 2号機初期能力40万t→2004/2に５万t増 全系列とも三井造船施工
タイPETレジン	ＰＥＴ	133,000		2004／4	初期能力12万t、ＴＯＣグリコール/SMPC他
インドラマ・ペトロケム	ＰＴＡ (ラヨン)	671,000		2006／2Q	インビスタ技術、工費150億バーツで2004年着工、2012年に6.7万t増強
インド・ペット	ＰＥＴ(ロブリ)	200,000		95／末	2007/夏に11万t増設～インドラマ子会社
ＴＯＣグリコールズ	ＥＧ (マプタプット)	513,000		2006／2Q	ＳＤ技術、サムスンエンジ/ＴＴＣＬ施工 2008/11に12.3万t+2015/3Qに９万t増強
ＰＴＴアサヒケミカル	ＡＮ 硫安	200,000 160,000	 20,000	2012／10 2018年内	旭化成・プロパン法/ＣＴＣＩ 旭化成50%/ＰＴＴＧＣ50%出資
ＰＴＴＧＣ	シクロヘキサン	200,000		2006／1Q	マプタプットで2007/5に５万t増強
ウベ・ケミカルズ (ラヨン)	カプロラクタム 副生硫安	130,000 540,000			2003/春２万t+2005/3に１万t+2011/末２万t増、96/末稼働

タイのフェノールチェーン生産能力と新増設計画

(単位：t/y)

会社名(サイト)	製品名	現有能力	新増設計画	完成	備考
ＰＴＴフェノール (マプタプット)	フェノール 〃 アセトン 〃 ビスフェノールＡ ポリカーボネート	250,000 250,000 155,000 155,000 150,000 	 140,000	2010／3 2016／初 2010／3 2016／初 2011／4 2019／4	ＵＯＰ/スノコ技術、2013年3万t+2万t増 本格稼働は2016/7、工費3.48億＄、原料は100%出資のＰＴＴＧＣから受給 第２期倍増設後ＰＨ50万t/ＡＣ31万t 三菱化学(引取権付)技術/ＴＴＣＬ施工 16/秋工費５億$強で非ホスゲン法を検討
バイエルマテリアルサイエンス (マプタプット)	ビスフェノールＡ ポリカーボネート	160,000 +40,000 290,000		2002／春 2010／央 1999／11	自社ＰＣ原料用、ＴＴＣＬ施工 ＴＴＣＬが手直し増強後20万t 2010/央に2.5万t+1.5万t増強
タイ・ポリカーボネート	ポリカーボネート樹脂	170,000		1998／4	三菱エンプラ子会社、2003/8に８万t増設 2007/末２万t増＋2008/11に１万t増強

タイのＣ4系製品生産能力と新増設計画

(単位：t/y)

会社名(サイト)	製品名	現有能力	新増設計画	完成	備考
バンコク・シンセティックス (マプタプット)	ブテン１ ＭＴＢＥ ＬＰＧ ブタジエン	30,000 52,000 86,000 140,000			三星エンジが施工、98/3に２万t増設 〃 〃 日本ゼオン技術ＧＰＢ法、98/3完成
ＩＲＰＣ	ブタジエン	60,000			日本ゼオン技術ＧＰＢ法、97/央完成
ＰＴＴＧＣ (マプタプット)	ブタジエン ブテン１	75,000 25,000		2013／12	旧ＴＯＣのNo.1クラッカーに抽出設備を設置～稼働は2014/3

タイの合成ゴム新増設計画

(単位：t/y)

会社名(サイト)	製品名	現有能力	新増設計画	完成	備考
タイ・シンセティック・ラバー (ラヨン)	ＢＲ ＶＣＲ	72,000 5,000		97／10 2007／7	宇部興産技術、宇部73%/丸紅13%/台橡13%他、97/末稼働、2006/1に1.6万t増 ビニル・シス・ラバー
ＢＳＴエラストマーズ (マプタプット)	ＳＢＲ ＢＲ ＮＢラテックス	72,000 50,000 110,000		98／9 98／8 2012／4Q	ＪＳＲ技術、ＢＳＴ外68%出資合弁 日本ゼオン/ＪＳＲ技術 タイ・ウー・リー・エンジニアリング施工
ＪＳＲ ＢＳＴエラストマー	Ｓ－ＳＢＲ 〃	50,000 50,000		2013／6 2016／8	商業生産開始は2014/3、ＪＳＲ技術、第２期倍増設後10万t、ＪＳＲ51%/ＢＳＴ49%
サイアム・シンセティック・ラテックス	ＳＢラテックス ポリオレフィンプラストマー	18,300 270,000		92／3Q 2011／4	ダウとの合弁、工費７億Ｂでスタート 原料エチレンとプロピレンはＭＯＣから受給、ＬＬライクなエラストマー
	封止用フィルム	6,800		2012／末	ＰＶ用「エンライト」～原料はエンゲージ
ゼオンケミカルズ(アジア)	アクリルゴム		5,000	2020／春	日本ゼオン100%出資による新設計画 社名は仮称

タ　イ

タイの塩ビ関連製品生産能力と新増設計画

（単位：t/y）

会社名（サイト）	製品名	現有能力	新増設計画	完成	備考
ＴＰＣ	ＰＶＣ	80,000			
	〃	100,000		94／末	マプタプットにて95/春本格稼動開始
	〃	100,000		96／4Q	2003/4Qに１万t増強
	〃	120,000		98／央	ベクテル施工、増設費12億Ｂ
	〃	130,000		2007／7	チッソ技術～「ＰＶＣ９」、増設費22億Ｂ
ＴＰＣペーストレジン	同コンパウンド	80,000			93/末１万t増設＋95年1.3万t増強
	ＰＶＣペースト	40,000		97／6	工費15億Bで当初3.6万t、2015年4,000t増
ＴＰＣ	カセイソーダ	26,000			三井化学技術、89/12完成
	ＥＤＣ	78,000			三井化学技術、95年に4.5万t増設
	ＶＣＭ	290,000			2006年６万t増強＋2015年９万t増強
（マプタプット）	〃	300,000		98／春	
ビニタイ（2017/2ＡＧＣが買収）	ＰＶＣ	280,000		92／6	ソルベイ技術、2001/1に１万t増強、2002年の増強後21万t、2008/央に７万t増強
	〃		560,000	次期計画	
	ＰＶＣペースト	25,000*		2002年	*ＰＶＣ能力の内数
	カセイソーダ	266,000		95／末	Tractebel技術/TOYO THAI、2007/9倍増設、
	〃	100,000	220,000	未定	2012/1Qに10万t増設、次期増設検討開始
	塩素	240,000		95／末	Tractebel技術、2006/12に倍増設
	〃	90,000		2012／1Q	ＥＣＨ向けに増設
	ＥＤＣ	320,000		95／末	2006/12にTOYO THAI施工で倍増設
	ＶＣＭ	200,000		95／末	ソルベイ技術、2001/1に1.2万t増+2005年
	〃		430,000	未定	に1.3万t増強、次期増設計画を検討開始
（マプタプット）	〃	200,000		2006／12	TOYO THAI施工で倍増設、稼働は2007/9
エイペックス・ペトロケミカル	ＰＶＣ（マプタプット）	(120,000)	閉鎖→	97／春（2011年）	チッソ技術、エイペックス80%/伊藤忠商事20%出資（公称10万t能力）
S&Lスペシャルティポリマーズ	ＣＰＶＣ（マプタプット）	30,000 +10,000		2015／6 2016／末	塩素化塩ビ、5,000万$、将来６万tへ拡大、積水化学51%/ルーブリゾール49%出資
セキスイスペシャルティケミカルズ（タイランド）	ＣＰＶＣコンパウンド（マプタプット）	24,000		2015／6	積水化学90%/積水徳山工業10%出資合弁会社で塩素化塩ビコンパウンドを製造
合計	ＶＣＭ ＰＶＣ	990,000 850,000	430,000 560,000		（ペーストを含むがＣＰＶＣを含まず）

タイのスチレン系製品および関連品の生産能力と新増設計画

（単位：t/y）

会社名（サイト）	製品名	現有能力	新増設計画	完成	備考
タイＡＢＳ～ＩＲＰＣ子会社（ＩＲＰＣ Ａ&Ｌが樹脂販売）	ＥＰＳ	35,000		稼働中	全量発泡ポリスチレン
	ＰＳ	100,000		96／末	ＨＩ/ＧＰ各５万t能力～大林ENG施工
	ＡＳ／ＡＢＳ	20,000		稼働中	日本Ａ＆Ｌ技術
	ＡＢＳ樹脂	120,000		96／3Q	三井化学技術、2009/4に２万t増強
	〃	61,000		2013／4	２期増設後計20万t
	エチルベンゼン	286,000		97／6	ルーマス法/韓国ＬＧエンジニアリング
（ラヨン）	ＳＭ	260,000		〃	2013/9に６万t増強
サイアム・スチレンモノマー	エチルベンゼン ＳＭ	370,000 340,000		2000／4 〃	バジャー/モービル法～ＦＷ施工、97/4完成後10万t増強、2001/夏にも２万t増強
サイアム・ポリスチレン	ＰＳ （マプタプット）	70,000 80,000		95／12 2001年	旧バラブラデン工場からのリプレース 増設後15万t
タイ・スタイレニクス	ＰＳ （マプタプット）	30,000 60,000		 98／6	98/6に5,000t増強、ＧＰ/ＨＩを各1.5万t 三菱化学資本撤収、2008/末ＰＴＴへ譲渡
ＧＰＣＴ	ＡＢＳ樹脂 〃	10,000 10,000		稼働中 95／末	ＪＳＲ技術、台湾ＧＰＰＣ子会社でグランドパシフィック・ケミカル・タイランド
イネオス・スタイロルーション	ＡＢＳ樹脂 ＡＳ樹脂	46,000 25,000		96／6 96／4	97/8旧バイエルが100%子会社化→ランクセスへ→スタイロルーションへ
エターナル・プラスチックス	ＰＳ （バンコク）	(30,800) (30,000)	2011年閉鎖 〃	 97／7	ＭＴＣ法、ヘキサケミカル80%/三井化学・三井物産各10%出資、倍増設後6万t能力
エターナル・レジン（バンコク）	ＰＳ ＡＢＳ樹脂	(15,000) (10,000)	2011年閉鎖 〃		エターナルグループ企業
スリテップ・タイ・プラスケム	ＥＰＳ （バンホアスー）	(50,000)		2002年	2003年にＰＳ３万t系列を削減、2004/1以来停止中、スリテップ・タイ／住友商事
合計	ＳＭ ＰＳ ＡＢＳ系樹脂	600,000 375,000 292,000			（ＥＰＳを含む）

タイのその他石化関連製品生産能力と新増設計画

（単位：t/y）

会社名	製品	工場	生産能力	完成	備考
ウベ・ケミカルズ(アジア)(旧ウベ・ナイロン・タイランド) ウベ・ファインケミカルズ	ナイロン６樹脂 同コンパウンド 1,6−ヘキサンジオール ＰＣＤ(ポリカーボネートジオール)	ラヨン	75,000 11,000 6,600 3,000 +1,500	96／末 2002／３ 2011／春 2015／10 2019年	宇部興産技術、2010/7に５万t増設 2011/12に5,000t増 1,5−ペンタンジオールを含む 高機能ポリウレタン樹脂原料 増設後4,500t
タイ・バロダ	ナイロン６樹脂	マプタプット	9,000	94／央	印バロダ・レーヨンの子会社
ダイアポリアクリレート	メタクリル樹脂	ラヨン	12,000	95／初	三菱ケミカル82.74%出資子会社
タイ・ポリアクリリック	ＰＭＭＡシート	ラヨン	23,000		三菱ケミカル子会社
タイＭＭＡ（三菱ケミカル/ＳＣＧケミカルズ等合弁会社）	ＭＭＡモノマー メタクリル酸 ＢＭＡ ｉＢＭＡ アクリル樹脂板	マプタプット	180,000 16,000 30,000 3,000 20,000	98／末 2013／末 2005／１ 2007／末 2009／８	初期能力5.5万t、2011/1に８万t増 2018/6に8,000t系列導入で倍増設 ＢＭＡも同時に2018/央倍増設 イソブチルメタクリレート キャスト板〜11月から商業運転
ＰＴＴアサヒケミカル	ＭＭＡモノマー	マプタプット	70,000 +10,000	2012／10 2018／末	旭化成/ＰＴＴＧＣ各50%、ＭＭＡはＡＣＨ法(ＡＮ20万t保有)
ＰＴＴＰＭＭＡ	ＰＭＭＡ	〃	40,000	未　定	旭化成が技術供与/ＰＴＴＧＣ
タイ・ポリアセタール	ポリアセタール	マプタプット	60,000 40,000 検討中	97／７ 2013／８ 次期増設	三菱ガス化70%/ＴＤＩＣ30%合弁 1号２万t/2号は5,000t増で４万t 日揮施工、増設後３系列計10万t
タイ・ポリカーボネート	ポリカーボネート (合計能力17万t)	マプタプット	50,000 +10,000 110,000	98／６ 2000／春 2003／８	三菱ケミカル/三菱ガス化学/ＴＯＡ/三菱エンプラ、三菱化工機施工 $130m、界面重合法、2008/末1万t増
コベストロ	ポリカーボネート 〃 〃 ビスフェノールＡ	マプタプット	55,000 110,000 110,000 200,000	99／11 2002／４ 2004年 2002／春	１号機、2001年１万t+5,000t増強 ＢＰＡと同時建設、初期能力10万t 現有計30万t規模まで増強済み ＴＴＣＬ施工、2010/央４万t増強
エターナル・ペトロケミカル	無水フタル酸	マプタプット	50,000	97年	台湾・長興化学/三菱ガス化学/伊藤忠商事の合弁事業
アドバンスト・バイオケミカル(タイランド) ソルベイ・パーオキシタイ ＳＣＧ−ダウグループ	エピクロルヒドリン 過酸化水素 ＰＯ ＰＧ ＰＰＧ 硬質用ポリオール	バンチャン（アジア・インダストリアル工業団地）	100,000 330,000 390,000 150,000 200,000 79,000	2012／２ 2011／８ 2011／９ 2012／末 2015／３ 2018／11	原料がグリセリンのEpicerol法/ＴＴＣＬ施工、ビニタイの子会社 ＰＯ原料/ダウとソルベイの合弁 ＨＰＰＯ技術、サイアムとダウ合弁 ＦＷが施工 ポリエーテルポリオール 硬質ポリウレタン用ポリオール
ＩＲＰＣＣ（旧ＩＲＰＣポリオールを社名変更） タイ・ポリウレタン	ＰＯ ＰＰＧ ポリウレタン	ラヨン	20,000 25,000 21,000		元ＩＲＰＣポリオールが2018/4改称→ポーランドのＰＣＣロキタが株式25%を買い増し折半出資に
GC Oxirane (PTTGC100%) GC Polyols（３社合弁）	ＰＯ(住化技術) ＰＰＧ(三洋化成)	マプタプット	200,000 130,000	2020／2Q 〃	三洋化成/豊通合弁のポリオールはプレミックス２万t含む、全10億＄
VENCOREX Thailand	ＨＤＩ誘導体	ラヨン	12,000	2015／4Q 16/9操開	ＰＴＴＧＣ85%/パーストーブ15%、4,000万ユーロ投資、ＴＤＩも使用
ＪＸＴＧエネルギー/三洋化成/ＳＣＧケミカルズ	ＥＮＢ	ラヨン	20,000	検討中	ＥＰＤＭ用エチリデン・ノルボルネンを合弁生産、原料はＳＣＧＣ
ＢＡＳＦ	高吸水性樹脂	ラヨン	25,000	2001／初	精製アクリル酸はクアンタンより
ＩＲＰＣ	アクリル酸 高吸水性樹脂	ラヨン	100,000 80,000	検討中 〃	ＤＣＣプロピレンの川下製品として事業化を検討中
クラレＧＣアドバンスト・マテリアルズ クラレ・アドバンスト・Ｃ	ＨＳＢＣ ＰＡ９Ｔ ＭＰＤ	マプタプット・ヘマラ	16,000 13,000 5,000	2021／末 〃 〃	水添エラストマー　クラレ53.3% 高耐熱性ポリアミド　/住商13.3% メチルペンタンジオール　/PTTGC
イハラニッケイ化学52%/クミアイ化学48%出資合弁事業化計画	塩化イソフタル酸 塩化テレフタル酸 塩化ベンゾイル ベンジルクロリド	マプタプット	4,000 3,000 4,200 3,200	2018／６ 2021年 〃 〃	メタ系アラミド繊維原料ＩＰＣ パラ系アラミド繊維原料ＴＰＣ トルエン誘導体 農薬原料〜一連の総投資額35億円

タ　イ

タイの主要石油化学企業の出資構成

会　社　名	製　　品	サイト	出　資　比　率
ＰＴＴグローバルケミカル(旧社は2005/12発足)	オレフィン	マプタプット	ＰＴＴ49.16%/ＳＣＧケミカルズ21.79%/ＨＭＣポリマーズ2.81%/Thai NVDR Company 1.70%など
旧ナショナル・ペトロケミカル(ＮＰＣ)	オレフィン	〃	ＰＴＴ37.99%/ＳＣＧケミカルズ33.19%/ＨＭＣポリマーズ6.57%など(統合直前)
旧タイ・オレフィンズ(ＴＯＣ)	オレフィン	〃	ＰＴＴ50%/ＳＣＧケミカルズ4.33%/ＴＰＩ3.54%/オマーンオイル3.06%など(統合直前)
旧ＰＴＴＡＲ（ＲＲＣとＡＴＣが合併)	石油精製、芳香族製品	〃	ＰＴＴ48.66%/STATE STREET BANK AND TRUST COMPANY 2.25%/Thai NVDR Company 2.21%など
ＰＴＴアサヒケミカル	ＡＮ/ＭＭＡ	〃	旭化成50%/ＰＴＴＧＣ50%(３%の丸紅は撤退)
ＨＭＣポリマーズ	ＰＰ	〃	ＰＴＴＧＣ41.44%/バンコク銀行他30%/ライオンデルバセル(タイランド)ＨＤ28.56%
タイ・スタイレニクス	ＰＳ/ＥＰＳ	〃	ＰＴＴＧＣ100%(旧ＨＭＴポリスチレン)
ビニタイ	ＰＶＣ/ＶＣＭ/電解	〃	ソルベイ58.77%→ＡＧＣ/ＰＴＴＧＣ24.98%他
ＴＰＴペトロケミカルズ	ＰＴＡ	〃	インドラマグループ/中華開発工業銀行/リッチ・レーン・インターナショナルなど
タイＡＢＳ	ＡＢＳ樹脂	〃	ＩＲＰＣ99%など
ウベ・ケミカルズ(アジア)(2010／２発足)	カプロラクタム ナイロン６樹脂	ラヨン	宇部興産73.77%/ＩＲＰＣ25%(2012/7資本参加)/その他1.23%
タイ・シンセティック・ラバー	ＢＲ/ＶＣＲ	〃	宇部興産74%/丸紅13%/台橡13%
バンコク・シンセティックス(ＢＳＴ)	ブテン１/ＭＴＢＥ ＬＰＧ/ブタジエン	マプタプット	ＳＣＧケミカルズ48.84%(NSL Chemicalsを買収)/Hua Kee Group39.96%／バンコク銀行9.9%等
ＢＳＴエラストマーズ	ＳＢＲ/ＢＲ	〃	バンコク・シンセティックス99.9%
ＪSR BST エラストマー	Ｓ－ＳＢＲ	〃	ＪＳＲ51%/ＢＳＴ49%
マプタプット・オレフィンズ	オレフィン	〃	ＳＣＧケミカルズ67%/ダウ33%
サイアム・ポリエチレン	ＬＬＤＰＥ	〃	ＳＣＧケミカルズ50%/ダウ50%
サイアム・スチレンモノマー	ＥＢ/ＳＭ	〃	ダウ50%/ＳＣＧケミカルズ50%
サイアム・ポリスチレン	ＰＳ	〃	ダウ50%/ＳＣＧケミカルズ50%
タイ・ポリプロピレン	ＰＰ	〃	サイアムセメント→ＳＣＧケミカルズ100%
タイ・ポリエチレン(ＴＰＥ)	ＬＤＰＥ/ＨＤＰＥ	〃	サイアムセメント→ＳＣＧケミカルズ100%
ラヨン・オレフィンズ(ＲＯＣ)	エチレン	〃	サイアムセメントグループ67%(うちＳＣＧケミカルズ55%)／ダウ・ケミカル33%
タイ・プラスチック＆ケミカルズ(ＴＰＣ)	ＰＶＣ/ＶＣＭ	〃	ＳＣＧケミカルズ45.64%/CPB Equity22.60%など→2012/4頃ＳＣＧケミカルズ89%出資へ向上
サイアム・ミツイＰＴＡ	ＰＴＡ	〃	ＰＴＴＧＣ49%/ＴＯＣグリコール25%/三井化学26%
タイＰＥＴレジン	ボトル用ＰＥＴ	〃	ＴＯＣグリコール44.4%/ＳＭＰＣ40%/三井化学15.6%
タイＭＭＡ	ＭＭＡ	〃	三菱ケミカル50%/ＳＣＧケミカルズ46%/ＢＳＴ2.5%/三菱商事1.2%/他0.3%
ダイヤポリアクリレート	ＰＭＭＡ成形材料	〃	三菱ケミカル80%/丸紅20%
タイ・ポリアセタール	ポリアセタール	〃	三菱ガス化学70%/TOA-Dovechem Industries Co., Ltd.(ＴＤＩＣ)30%
タイ・ポリカーボネート	ポリカーボネート	〃	三菱エンジニアリングプラスチックス60%/三菱ガス化学５%/三菱ケミカル５%/ＴＤＩＣ30%
ベンコレックス	ＨＤＩ系ポリイソシアネート	〃	ＰＴＴグローバルケミカル51%/パーストープ49%出資で2012年設立→2014年85%/15%へ変更

PTTの精製・石化事業資本フロー（第３期石化プロジェクト設備投資）（単位：1,000t/y）

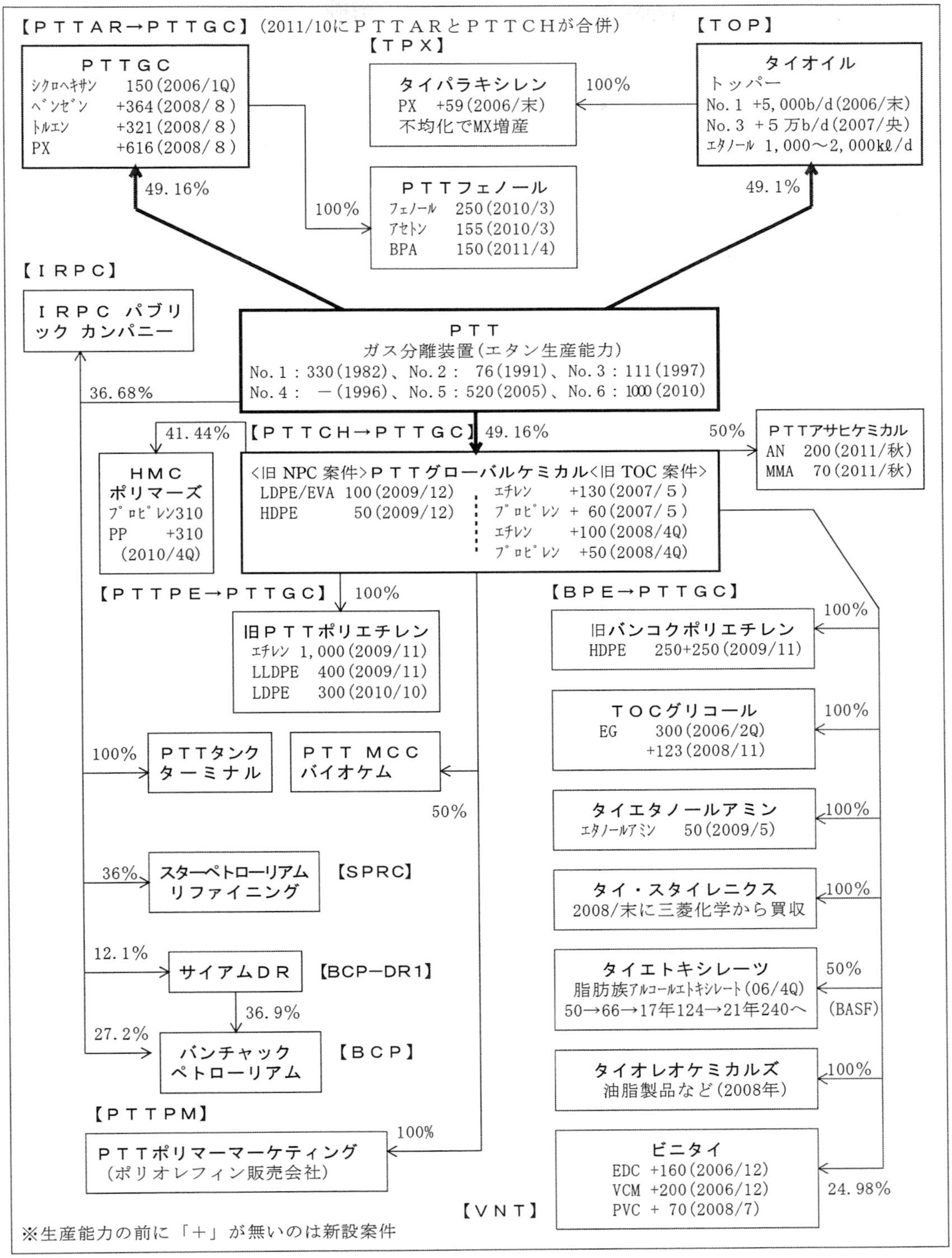

【PTTAR→PTTGC】（2011/10にPTTARとPTTCHが合併）

PTTGC
シクロヘキサン 150(2006/1Q)
ベンゼン +364(2008/8)
トルエン +321(2008/8)
PX +616(2008/8)

【TPX】
タイパラキシレン
PX +59(2006/末)
不均化でMX増産

【TOP】
タイオイル
トッパー
No.1 +5,000b/d(2006/末)
No.3 +5万b/d(2007/央)
エタノール 1,000～2,000kℓ/d

100%

PTTフェノール
フェノール 250(2010/3)
アセトン 155(2010/3)
BPA 150(2011/4)

49.16%　100%　49.1%

【IRPC】
IRPC パブリック カンパニー

36.68%

PTT
ガス分離装置（エタン生産能力）
No.1：330(1982)、No.2： 76(1991)、No.3：111(1997)
No.4： －(1996)、No.5：520(2005)、No.6：1000(2010)

41.44%　【PTTCH→PTTGC】49.16%　50%

HMC
ポリマーズ
プロピレン310
PP +310
(2010/4Q)

<旧 NPC 案件>PTTグローバルケミカル<旧 TOC 案件>
LDPE/EVA 100(2009/12)
HDPE 50(2009/12)
エチレン +130(2007/5)
プロピレン + 60(2007/5)
エチレン +100(2008/4Q)
プロピレン +50(2008/4Q)

PTTアサヒケミカル
AN 200(2011/秋)
MMA 70(2011/秋)

【PTTPE→PTTGC】100%

旧PTTポリエチレン
エチレン 1,000(2009/11)
LLDPE 400(2009/11)
LDPE 300(2010/10)

【BPE→PTTGC】

100%
旧バンコクポリエチレン
HDPE 250+250(2009/11)

100%
TOCグリコール
EG 300(2006/2Q)
+123(2008/11)

100%
PTTタンク
ターミナル

PTT MCC
バイオケム
50%

100%
タイエタノールアミン
エタノールアミン 50(2009/5)

36%
スターペトローリアム
リファイニング
【SPRC】

100%
タイ・スタイレニクス
2008/末に三菱化学から買収

12.1%
サイアムDR
【BCP−DR1】
36.9%

50%（BASF）
タイエトキシレーツ
脂肪族アルコールエトキシレート(06/4Q)
50→66→17年124→21年240へ

27.2%
バンチャック
ペトローリアム
【BCP】

100%
タイオレオケミカルズ
油脂製品など(2008年)

【PTTPM】
100%
PTTポリマーマーケティング
（ポリオレフィン販売会社）

ビニタイ
EDC +160(2006/12)
VCM +200(2006/12)
PVC + 70(2008/7)
24.98%
【VNT】

※生産能力の前に「＋」が無いのは新設案件

SCGグループ「石化」事業の資本フロー（持ち株比率は実質ベース）　(単位：1,000t/y)

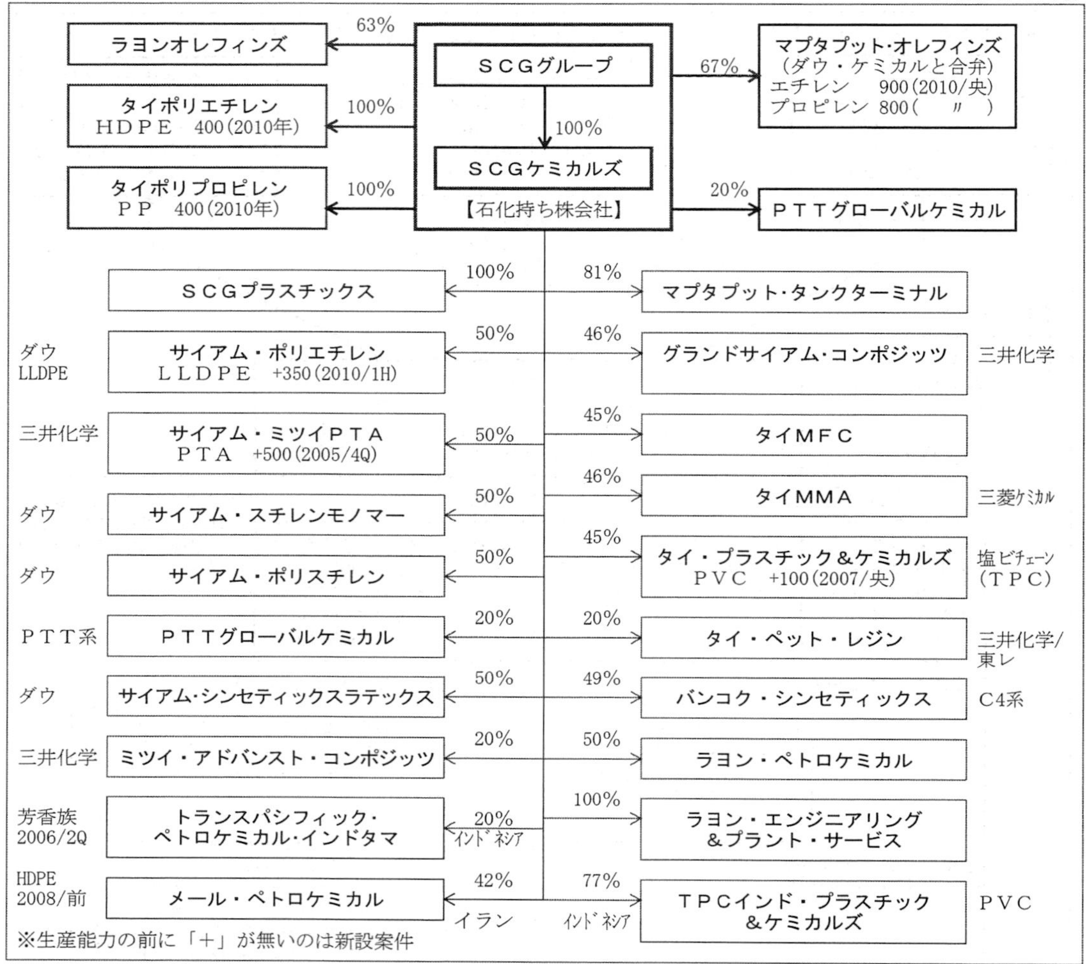

※サイアムは2005/央サイアムマスピオンポリマーズ株を現地マスピオンから30%追加取得済み(マスピオンはこのほか20%の株式もTPCに売却し資本撤収)

PTTとSCGグループの石化製品能力の変化　(単位：t/y)

PTT系			製　品	SCGグループ系		
2008年	2015年	備　考		2008	2015年	備　考
1,376,000	2,736,000	PTTGC、PTTPE	エチレン	800,000	1,700,000	ROC、サイアム/ダウ
502,000	1,364,000	PTTGCなど	プロピレン	400,000	1,200,000	ROC、サイアム/ダウ
798,000	1,910,000	PTTGC、BPEなど	PE	1,060,000	1,950,000	TPE、サイアムPE
930,000	1,250,000	HMCポリマーズなど	PP	320,000	720,000	TPP
300,000	513,000	TOCグリコール	EG	—	—	
200,000	260,000	IRPC	SM	300,000	320,000	サイアムSM
—	250,000	PTTフェノール	フェノール	—	—	
961,000	1,090,000	PTTGC、TPX、IRPC	ベンゼン	160,000	320,000	T8.5万t/X12万tも
1,684,000	1,722,000	PTTGC、TPX	PX	—	—	
—	—		PTA	1,400,000	1,440,000	サイアムミツイPTA
400,000	400,000	ビニタイ	塩ビモノマー	440,000	500,000	タイプラスチック&ケミカルズ
280,000	280,000	ビニタイ	塩ビ樹脂	520,000	570,000	タイプラスチック&ケミカルズ

SCGグループの塩ビ樹脂能力にインドネシアやベトナムの子会社分を含まず。SCGグループはインドネシアのPXメーカーに17%出資。PTTGCはIRPC(エチレン能力36万トン／プロピレン能力31.2万トン)にも31.5%出資

タイの石化製品需給動向

タイの石油化学製品需給推移

（単位：1,000t、％）

生産		2014年	2015年	2016年	2017年		2018年	
						前年比	（予想）	前年比
エチレン	生産	4,345	4,458	4,277	4,575	107.0	4,471	97.7
	輸入	46	23	93	28	30.1	−	−
	輸出	66	70	22	129	586.4	−	−
	消費	4,324	4,441	4,348	4,369	100.5	4,257	97.4
プロピレン	生産	2,411	2,361	2,468	2,600	105.3	2,641	101.6
	輸入	5	21	3	14	466.7	−	−
	輸出	225	181	212	234	110.4	−	−
	消費	2,330	2,340	2,482	2,665	107.4	2,726	102.3
ブタジエン	生産	220	240	257	262	101.9	263	100.4
	輸入	18	13	12	14	116.7	−	−
	輸出	51	80	59	65	110.2	−	−
	消費	198	222	230	240	104.3	246	102.5
ベンゼン	生産	1,425	1,348	1,467	1,552	105.8	1,473	94.9
	輸入	0	0	0	13	−	−	−
	輸出	672	592	516	487	94.4	−	−
	消費	798	815	962	1,173	121.9	1,160	98.9
トルエン	生産	991	976	1,007	1,031	102.4	997	96.7
	輸入	0	0	0	1	−	−	−
	輸出	196	237	263	284	108.0	−	−
	消費	795	739	906	921	101.7	902	97.9
パラキシレン	生産	1,769	1,680	1,883	1,858	98.7	2,072	111.5
	輸入	151	142	54	122	225.9	−	−
	輸出	549	443	505	456	90.3	−	−
	消費	1,417	1,472	1,492	1,531	102.6	1,529	99.9
ＰＴＡ	生産	2,084	2,077	2,194	2,251	102.6	2,249	99.9
	輸入	0	0	0	0	−	−	−
	輸出	892	854	940	960	102.1	−	−
	消費	1,192	1,223	1,254	1,291	103.0	1,315	101.9
ＥＧ	生産	368	380	404	400	99.0	410	102.5
	輸入	169	183	139	144	103.6	−	−
	輸出	48	65	22	32	145.5	−	−
	消費	466	478	490	505	103.1	514	101.8
カプロラクタム	生産	130	130	130	129	99.2	126	97.7
	輸入	9	7	6	10	166.7	−	−
	輸出	27	27	27	18	66.7	−	−
	消費	112	105	112	121	108.0	124	102.5
ＡＮ	生産	139	189	181	181	100.0	180	99.4
	輸入	62	34	26	26	100.0	−	−
	輸出	55	56	53	53	100.0	−	−
	消費	146	146	156	156	100.0	155	99.4
フェノール	生産	236	236	395	487	123.3	456	93.6
	輸入	166	138	88	73	83.0	−	−
	輸出	53	49	120	158	131.7	−	−
	消費	350	319	363	367	101.1	404	110.1
無水フタル酸	生産	33	35	38	39	102.6	38	97.4
	輸入	24	24	31	31	100.0	−	−
	輸出	9	19	21	24	114.3	−	−
	消費	51	50	50	53	106.0	55	103.8

タ　イ

生　　　産		2014年	2015年	2016年	2017年		2018年	
						前年比	（予想）	前年比
ＬＤＰＥ（含ＥＶＡ）	生　産	542	559	530	587	110.8	549	93.5
	輸　入	100	99	121	112	92.6	−	−
	輸　出	415	450	298	319	107.0	−	−
	消　費	228	208	353	380	107.6	391	102.9
ＬＬＤＰＥ	生　産	1,371	1,333	1,370	1,439	105.0	1,321	91.8
	輸　入	159	179	193	205	106.2	−	−
	輸　出	954	920	971	1,073	110.5	−	−
	消　費	576	592	592	570	96.3	600	105.3
ＨＤＰＥ	生　産	1,781	1,863	1,808	1,817	100.5	1,767	97.2
	輸　入	124	135	145	155	106.9	−	−
	輸　出	1,206	1,205	1,125	1,167	103.7	−	−
	消　費	699	793	828	805	97.2	841	104.5
ポリエチレン（ＰＥ）合計	生　産	3,694	3,755	3,708	3,843	103.6	3,521	91.6
	輸　入	321	414	459	472	102.8	−	−
	輸　出	2,486	2,574	2,394	2,559	106.9	−	−
	消　費	1,503	1,593	1,773	1,755	99.0	1,847	105.2
ポリプロピレン	生　産	1,843	1,856	1,931	2,042	105.7	2,075	101.6
	輸　入	212	240	249	276	110.8	−	−
	輸　出	818	856	839	887	105.7	−	−
	消　費	1,237	1,240	1,344	1,430	106.4	1,497	104.7
ＶＣＭ	生　産	840	915	914	950	103.9	891	93.8
	輸　入	1	0	0	0	−	−	−
	輸　出	72	86	96	112	116.7	−	−
	消　費	755	819	825	853	103.4	882	103.4
ＰＶＣ	生　産	748	811	817	845	103.4	873	103.3
	輸　入	101	113	164	126	76.8	−	−
	輸　出	334	313	366	524	143.2	−	−
	消　費	515	552	615	448	72.8	454	101.3
ＳＭ	生　産	469	497	481	525	109.1	486	92.6
	輸　入	47	81	90	88	97.8	−	−
	輸　出	21	53	15	4	26.7	−	−
	消　費	479	505	519	538	103.7	534	99.3
ＰＳ（ＥＰＳ含む）	生　産	354	365	371	376	101.3	372	98.9
	輸　入	41	48	88	88	100.0	−	−
	輸　出	98	162	169	195	115.4	−	−
	消　費	226	252	290	269	92.8	276	102.6
ＡＢＳ／ＳＡＮ	生　産	165	181	194	209	107.7	206	98.6
	輸　入	126	154	168	164	97.6	−	−
	輸　出	146	135	167	176	105.4	−	−
	消　費	145	200	195	197	101.0	205	104.1
ＳＢＲ	生　産	72	72	72	72	100.0	72	100.0
	輸　入	130	100	115	122	106.1	−	−
	輸　出	51	46	32	33	103.1	−	−
	消　費	151	126	155	161	103.9	165	102.5
ＢＲ	生　産	67	68	68	64	94.1	65	101.6
	輸　入	20	92	105	123	117.1	−	−
	輸　出	44	40	41	36	87.8	−	−
	消　費	74	120	132	151	114.4	158	104.6
メタノール	輸　入	2,557	664	706	746	105.7	−	−
	輸　出	0	0	0	0	−	−	−
	消　費	591	597	635	692	109.0	731	105.6

（注）″0″は500kg未満、″−″は稼働がなかったことを表す。消費は誘導品の生産に要した量

■2017年は実質フル稼働／全製品が生産増

2017年のエチレン生産量は457.5万トンと前年を30万トン近く上回った。率にして7.0%の増加だが、内需は434.8万トンから436.9万トンへと0.5%しか増加していない。これは中国やインドネシアで行われたクラッカーの定修を補う形で、タイからのエチレン輸出量が前年より10万トン以上増加し、輸入量が7万トン近く減少したことなどが大きな要因。プロピレンの生産は5.3%増の260万トン、消費は7.3%増の266万5,000トンだったが、2018年はさらにこれを上回り、生産が1.5%増の264.1万トン、消費が2.3%増の272.6万トンに増加すると予測している。

合成樹脂は全製品の生産と輸出が増加、一方で国内消費はＬＤＰＥとＰＰのみ増加し、それ以外は前年割れとなった。ＰＥトータルでは生産が3.6%増の384.3万トン、輸出が6.9%増の255.9万トン、国内消費が１%減の175.5万トンとなり、中国を中心とする外需の力強さが牽引した格好。2018年は包装分野の好調が続く見通しで、ＬＤＰＥ、ＨＤＰＥ、ＬＬＤＰＥいずれも国内消費が増加すると予測している。ＰＰはＩＲＰＣが2017年10月に生産能力を30万トン(コンパウンド14万トン含む)引き上げたこともあり、2017年の生産は204.2万トンと5.7%増加。国内消費は包装分野の需要が旺盛で、143万トンと6.4%増加した。2018年は包装分野の好調が続くほか、自動車分野の需要も好調に推移するとみており、生産は1.6%増の207.5万トン、国内消費は4.7%増の149.7万トンと予測している。

芳香族系では、ベンゼンの2017年生産量が155.2万トンと5.8%増加、国内消費が117.3万トンと21.9%増加した半面、輸出は48.7万トンと5.6%減少した。内需増はＰＴＴフェノールが2016年５月に25万トンの第２系列を稼働させており、2017年は同設備が通年でフルに寄与した。ただ、2018年は誘導品向けの需要が減少するとみており、ベンゼンの生産は５%減の147.3万トン、国内消費は1.1%減の116万トンと予測。誘導品の生産はＳＭが7.4%減の48.6万トン、フェノールが6.4%減の45.6万トン、ＣＰＬが2.3%減の12.6万トンと予測している。

トルエンの2017年生産量は103.1万トンと2.4%増加。需要面では、脱アルキル(ベンゼン生産)や不均化(キシレン生産)の増加によって国内消費が92.1万トンと1.7%増加し、輸出も中国やインド向けを中心に28.4万トンと7.9%増加した。2018年は脱アルキルや不均化などの設備稼働率90%を前提に逆算し、トルエン生産を3.3%減の99.7万トン、国内消費を2.1%減の90.2万トンと予測している。

ＰＸの2017年生産量は185.8万トンと1.3%減少したが、国内消費は153.1万トンと2.6%増加。一方で中国向けを中心とする輸出が45.6万トンと9.7%減少した。2018年は生産が207.2万トンと11.5%増加するものの、国内消費は152.9万トンとほぼ前年並みを予測しており、増産分は輸出に回るとみられる。

ＰＴＡの2017年生産量は2.6%増の225.1万トン、内需は３%増の129.1万トン、輸出は2.1%増の96万トンといずれも増加。近年、ＰＴＡの需給バランスは改善傾向にあり、ポリエステルの底堅い需要を背景に国内需要は安定的に推移し、輸出は中国や中東向けを中心に堅調だった。2018年は国内ＰＴＡ設備の稼働率80%を前提に、生産は0.1%減の224.9万トンと予測。一方で国内消費は1.9%増の131.5万トンと予測しており、計算上は輸出が３万トン弱減少することになる。

タイの石油化学関連基地

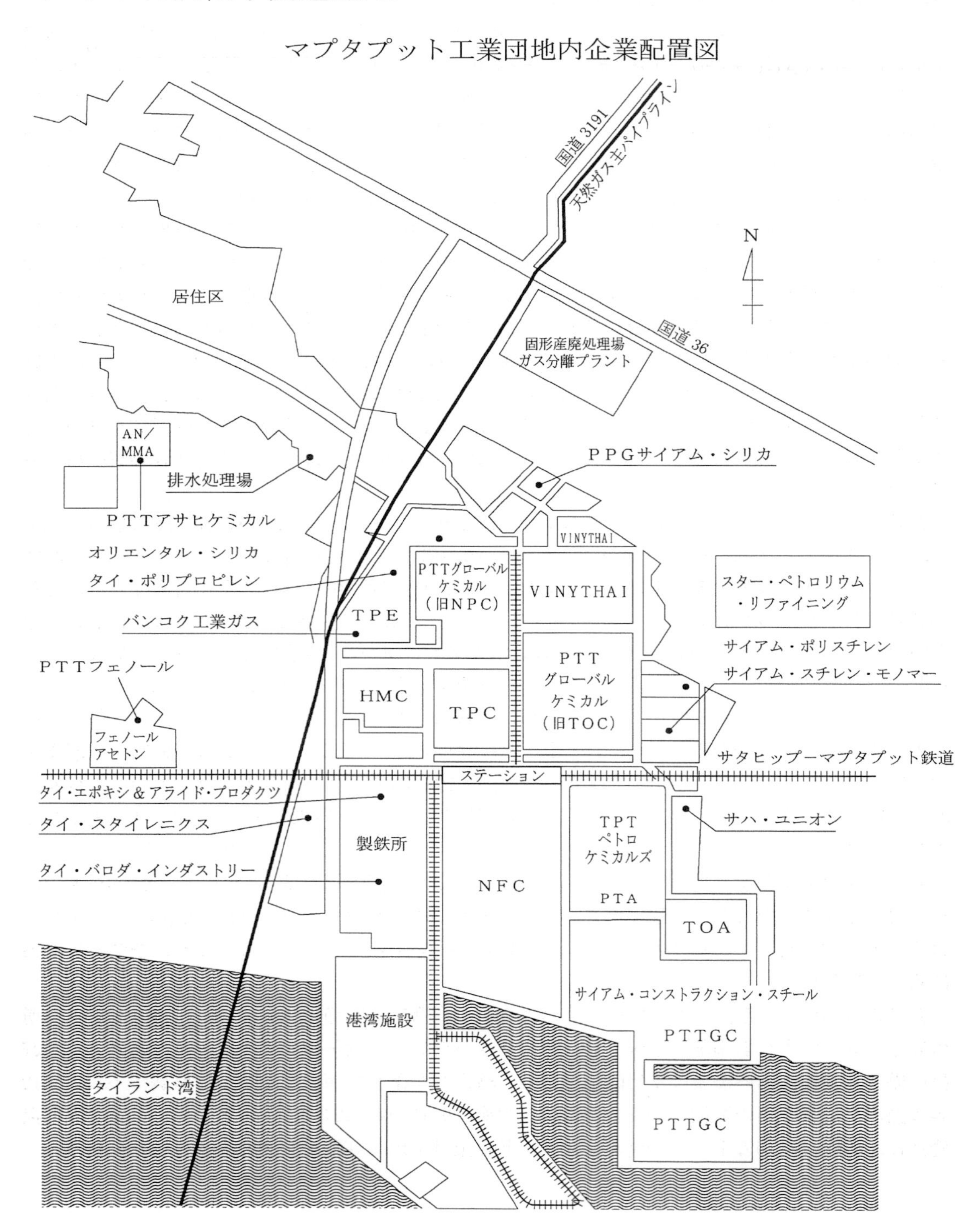

タイのその他化学関連製品生産能力

（単位：t/y）

製品	会社名	工場	現有能力	新増設計画	完成	備考
カセイソーダ	ＡＧＣケミカルズ	パパデン	87,000			ＡＧＣ100％出資、2010/３までに
塩素	・タイランド	〃	77,000			トーヨータイがＩＭ膜へ更新
カセイソーダ	〃	ラヨン	266,000		2010／３	2010年1.9万t増、2015年2.4万t増
塩素	〃	〃	257,000		〃	併産塩素はマプタプットのＴＰＣ
カセイカリ	〃	〃	36,000		97／10	に供給
炭酸カリ	〃	〃	25,000		96／４	
カセイソーダ	ビルラ・グループ	マプタプ	35,000		97年	総工費8,000万＄
ＩＰＡ	〃	ット	30,000		〃	
重炭酸ソーダ	ソルベイ	〃	100,000		2015／９	自社技術BICARプロセス
エタノール	イースタン・ケミ	マプタプ	25,000kℓ			豊田通商87％/日本合成アルコー
	カル	ット	20,000kℓ		2005／３	ル12％/現地企業１％出資合弁
塩ビ安定剤	サイアム・スタビ	バンコク	9,500		94／４	水沢化学/ＴＰＣ/三井物産グルー
	ライザーズ＆Ｃ					プの合弁事業、商標「Stablixer」
ＰＶＣコンパウ	リケン・タイラン	バンガラ	60,000			リケン・テクノス40％/ＴＰＣ35％/
ンド	ド	イ	18,000		2017／11	三井物産G25％、2017/末1.8万t増設
ＰＶＣコンパウ	三菱ケミカルパフォー	マタナコ	15,000		96／１	2009/末三菱ケミカルが子会社化、
ンド	マンスポリマーズ	ン	4,000		2012／４	2014/8サンプレーンから社名変更
ＰＶＣフィルム	タイ・ジャパン・	サムット	n.a.		96／４	ＴＰＣ60％/オカモト15％/三井物
	プラスチックス	サコン	(15億円/y)			産10％/丸紅10％外出資合弁
塩素化塩ビ樹脂	セキスイスペシャ	マプタプ	24,000		2015／６	新設した塩素化塩ビ樹脂3万t工場
コンパウンド	ルティケミカルズ	ット				の近隣に新設
ＰＰコンパウン	グランド・サイア	ラヨン	153,000		96／12	三井化学45％/SCGケミカルズ46％/プライム
ド	ム・コンポジット		15,000		2013／3Q	ポリマー・豊田通商・三井物産各３％
ＰＰコンパウン	マイテックス・ポリ	アマタナ	10,000		2008／10	日本ポリケム100％、５割増強後1.5
ド	マーズ・タイランド	コン	+5,000	検討中	2013／上	万t、2018年にも１系列追加を検討
ＰＰコンパウン	タイ・トーヨー・	ウェルグ	11,000		2008／７	うち１万tは自動車向け～ＰＰは
ド	インキ	ロー	14,000		2008／９	ＴＰＰより受給
ＰＰコンパウン	スミカ・ポリマー・	ウェルグ	22,000		2009／央	住友化学55％／東洋インキ45％の
ド	コンパウンズ・Ｔ	ロー				合弁事業～2014年に倍増設
ＰＰコンパウン	ＭＢＪアドバンス	ラヨン	10,000		98／８	日本ポリオレフィン15％、サンア
ド	ト・ポリマーズ			20,000	未定	ロマー２％、残モンテルタイ他
ポリオレフィン	サンプラック・タ	チョンブ	6,000	検討中		紙おむつ用フィルム向け
コンパウンド	イランド	リ				
エンプラコンパ	ＭＥＰヘキサ(タ	ウェルグ	50,000		94／10	ヘキサケミカル/ＭＥＰ/伊藤忠の
ウンド	イランド)	ロー	5,000		2017年	合弁に改組
エンプラコンパ	旭化成プラスチッ	アユタヤ	27,000		96／１	2011/秋の洪水後2012/央に設備更
ウンド	クス(タイランド)			26,000	未定	新して復旧、次期倍増設を検討中
樹脂コンパウン	タイ・トーレ・シ	Bangk-	15,000		98／２	東レのナイロン・ポリエステル繊
ド～同ＰＰＳ用	ンセティクス	hen	3,000		2016／10	維３子会社合併、2007年3,000t増
合成樹脂コンパ	ダイニチカラー・	バンコク	66,000			2008/初に3,000t増～ＰＰ加工等
ウンド＋着色剤	タイランド		8,400		91／８	2006年倍増、スチレン系樹脂中心
マスターバッチ	タイスターカラー	〃	2,400		95／４	ヘキサケミカル社長／現地投資家
着色ペレット	ＳＩＫタイランド	バンプー	24,000			山陽化工／稲畑産業合弁、93／10
	(バンプー)					に4,400t＋95／５に9,600t増設
オレフィン系Ｔ	三菱ケミカルパフォー	サムサッ	4,500		2015／10	ＭＣＰＰタイのオレフィン系＆ス
ＰＥ/ＴＰＳ	マンスポリマーズ	コン		3～4,000	2020年	チレン系熱可塑性エラストマー
熱可塑性エラス	リケンエラストマ	アユタヤ	6,000		2013／１	親会社はリケン・テクノス
トマー(ＴＰＥ)	ーズ・タイランド	ロジャナ	3,000		2018／４	５割増強後9,000t
ＢＭＣ	エターナル・ショ	バンコク	6,000		97／11	エターナル・レジン50％／昭和高
	ウワハイポリマー		12,000		2005／末	分子49％／ＳＢＣＳ１％出資合弁
ＥＰＳ加工	エスレン・タイ	レムチャ	1,800			タイ・フォーム60％／積水化成品
		バン	1,800		96年	20％／エスレン化工・住商各10％
発泡ＰＯビーズ	Sekisui Plastics	サラブリ	720		2013／３	積水化成品子会社『ピオセラン』
〃	(Thailand)	ヘマラート	500		2018／９	第２工場新設後能力は1.7倍に
〃	カネカ(タイランド)	ヘマラート	3,000		2018／９	『エペラン』『エペラン-ＰＰ』
架橋ポリエチレ	タイ・セキスイ・	パンパコ	700		97／５	積水化学60％／ＳＰインターナシ
ン発泡体	フォーム	ン				ョナル40％出資合弁
発泡ポリプロピ	ＪＳＰフォームプ	サムット	1,800		2016／３	ＪＳＰの100％子会社、６億円で新
レン	ロダクツ(タイ)	プラカーン				工場建設、『ピーブロック』生産

タ　イ

カーボンブラッ	タイ・カーボンブ	アントン	160,000			印ビルラ・グループ65%出資
ク	ラック		80,000		2010年	増設後30万t→１系列６万t閉鎖
〃	タイ・トーカイ・カ	シラチャ	130,000			東海カーボン78%/三菱商事12%/BS
	ーボンプロダクト		50,000		2011／末	5%、2010/央2万t増、更に5万t計画
〃	タイブリヂストン	ラヨン	58,000		2004／5	17億バーツで４万t新設
カーボンマスタ	ゼオン・アドバン	ラヨン	40,000		96／2	タロムシングループ／日本ゼオン
ーバッチ	スドポリミックス		13,000		2009年	／加商合弁、2007/10に7,000t増強
〃	ＰＩインダストリ	〃	7,000		95／4	ＪＳＲが資本参加、半分はＦＭＢ
〃	エラストミックス	〃	9,000		2000／11	ＥＭＩＸ50%／ＪＳＲ25%／白石カ
〃	(タイランド)		15,000		2003／12	ルシウム20%／東海カーボン５%
〃	〃		15,000		2013／6	増設後計3.9万t
〃	ナカシマ・ラバー	ロジャナ	800		95／3	ナカシマ49%／双日タイランド41
ゴム部品	〃	〃	500		〃	%／ゴムノイナキ10%出資
ゴム老化防止剤	ラバー・ケミカル		5,000		94年	ビルラ／大内新興化学／双日
ＰＥＴ樹脂	インド・ペット	ロブリ	200,000		95／末	インドラマ／タイ企業、2.6億Ｂ
〃	タイ・メロン		150,000		96年	ボトル用等ＰＥＴ樹脂
〃	バンコク・ポリエ	ラヨン	105,000		97年	バンコクケーブル保有95%をイン
	ステル					ドラマが2015/2Q買収、ボトル用等
〃	タイ・ペット・レジン		133,000			TOCグリコール他／三井Ｇ26%合弁
共重合ポリエス	東洋紡ケミカルズ	アマタナ	2,000		2014／1	『バイロン』、三菱商事15%出資
テル	・タイランド	コン				で2012／７設立
生分解性ＰＢＳ	ＰＴＴ ＭＣＣ バ	マプタプ	20,000		2015／秋	三菱化学技術、日立プラント/ＴＴ
	イオケム	ット				ＣＬでポリブチレンサクシネート
ポリ乳酸(PLA)	トタル・コービオン	〃	75,000		2018／4	原料のラクチド7.5万tも10万tへ
高吸水性樹脂	ＢＡＳＦ	ラヨン	25,000		2001／初	精製アクリル酸はクアンタンより
〃	ＩＲＰＣ	ラヨン		80,000	未定	アクリル酸10万tから一貫生産へ
ＰＭＭＡシート	スミペックス・タ	サムット・	14,000		2002年	住友化学51%出資、2006/央5,500t
(キャスト板)	イランド	プラカーン				増設
Ｌ－Ｌフィルム	サイアム東セロ	ラヨン	15,000		2014／1	三井化学東セロ55%/ＳＣＧ45%
ウレタンフォーム	パシフィック・プ	マプタプ	25,000		92／3Q	半硬質・硬質フォームとエラスト
／エラストマー	ラスチックス	ット				マー、ＰＰＧ等工費5.8億B、ダウ系
合成樹脂エマル	クラリアント・イ		15,000			旧ヘキストからクラリアントの子
ジョン	ンダストリーズ					会社に移管
〃	サイデン化学	ラヨン	20,000			東シーボードで2014/末に倍増設
界面活性剤	サンヨーカセイ・	ラヨン	5,200		2001／5	三洋化成82%／豊田通商15%／Ｖ
	タイランド		4,800		2005／初	ＩＶインターケム３%出資合弁
ユリア樹脂	Thai Chemical	バンコク	15,000			三菱商事グループ40%出資企業
アルキッド・メ	サイアム・ケミカル		12,000			ＤＩＣ49%出資子会社
ラミン樹脂	・インダストリー					
不飽和ポリエステル	〃		51,000			ＤＩＣ技術、91年に２万t増設
アクリル樹脂	〃		5,800			2015/8に4,000t増設
ウレタン樹脂	〃		1,000			
C_5石油樹脂	ゼオン・ケミカル	マプタプ	20,000		98／6	日本ゼオン73.9%/三井物産15%/
	ズ・タイランド	ット	20,000		2013／7	その他現地10%、倍増設後４万t
アルキッド・フ	インターナル・レ		7,200			
ェノール樹脂	ジン					
各種接着剤	サイアム・レジン	サンプラ	9,600			三井化学グループ35%／三井物産
	&ケミカル	カーン				10%出資合弁、91年に3,600t増設
合成樹脂塗料	日ペ・タイランド	バンパコ	32,000	検討中		94／７に1.2万t増設
粉体塗料	〃	ン	600		91／10	ポリエステル・エポキシ・複合系
自動車用塗料	タイDNTペイント		7,200		95年	2005／４に工費１億Ｂで倍増設
テレビ用塗料	ブイ・ブラザー		600			
機能性塗料	アクゾノーベル	チョンブリ	45,000		2016／3Q	投資額3,000万ユーロ
塗料用ワニス	カンサイレジンＴ	ラヨン	6,000		97／8	アクリル系自動車塗料用合成樹脂
不飽和ポリエス	タイ・ミツイ・ス	ウエルグ	7,500		93／1	三井化学52%出資／現地合弁事業
テル／塗料用原	ペシャリティ・ケ	ロー	8,000			塗料用原料樹脂向け
料／加工用樹脂	ミカル		23,000			繊維・紙加工用樹脂、接着剤向け
PUプレミックス			24,300		90／央	旧ＭＴＣタイランド～三井化学系
粉末樹脂	セイカ・パウダー	バンコク	(1,800)		94／9	住友精化/SCG→2013年事業撤退
シロキサン（シ	アジア・シリコー	バンチャ	70,000		2001年	信越化学が2013/5ＧＥエレクトロ
リコーン)	ンズ・モノマー	ン	35,000		2018／上	ニクスから50%取得→完全子会社

シリコーン樹脂	シンエツシリコーンズ・タイランド	バンチャン	54,000 20,000		 2018／上	信越化学全額出資、投資総額はモノマー増設を合わせて200億円
アクリル系コーティングレジン	MRTレジンズ(タイランド)	バンプリー	7,500		97／初	タイ・ウレタン・プラスチック50%／三菱ケミカル35%出資合弁
アクリル系P	トウアゴウセイ・タイランド	チョンブリ	n. a.		2018／6	化粧品用増粘剤ポリマー
エラストマーC				n. a.	2019年	2018/9着工～Eコンパウンド
液状エポキシ	タイ・エポキシ&アレイド・プロダクツ	マプタプット	19,200			東都化成技術、印ビルラグループ、92／3操開～その後合計1万tから3倍増設
固形エポキシ			5,400			
臭素型エポキシ			5,400			
エポキシ樹脂(液状タイプ)	タイ・エポキシ・レジン	〃	7,000		93／末	シテープ・タイ/シェルの合弁事業
〃	サイアムソマール	チョンブリ	1,800		2011年	ソマール孫会社、2016/2に600t増
エポキシ系封止材料	アユタヤ・パナソニック	アユタヤ	3,600 2,400		95／1 97年	94／8全額出資で設立、ユリア系メラミン系成形材料、照明器具も
フェノール樹脂	タイGCIレヂトップ	マプタプット	30,000	19年に増設	92／6	群栄化学60%／双日40%出資合弁、
液状タイプ品			4,000			2008年1.5万t＋2013/春3,000t増
スパンデックス	タイ旭化成スパンデックス	チョンブリ	3,000 6,000		2004年	『ロイカ』～2008/3に500t増強 2016/1に紙おむつ用2,000t増設
PP不織布	旭化成スパンボンド(タイ)	チョンブリ	20,000 20,000		2012／9 2015／11	『エルタス』 50億円で4万tへ倍増設

タイの合成繊維工業

タイの合成繊維生産能力

(単位：トン／年)

製品名	会社名	工場	現有能力	新増設計画	完成	備考
ポリエステル(f)	TEIJIN POLYESTER	Pathumthani	38,000			帝人81.25%出資、91/12にSDYを増設
	(THAILAND) (=TPL)	〃				97/末に産資用糸6,200tを増設
	[SB]	〃	2,400		93年	スパンボンド[SB]専用系列
	TEIJIN(THAILAND) (=TJT)	Pathumthani	26,000		93／8	帝人51%/TPL49%、直延・超高速紡糸
	THAI UNITIKA SPANBOND [SB]	Pathumthani	10,000			ユニチカ90%/帝人10%、2017/春+6,000t
	THAI TORAY SYNTHETICS	Bangkhen	8,400		98／4	東レ90%出資、産業資材用長繊維設備
	〃	Ayutthaya	12,000			91/4設立、東レ49%出資、92/11操開
	〃	〃	14,000			増設系列はエアバッグ用
	THAI POLYESTER	Pathumthani	118,800			ローディア技術、2003年に操業再開
	SUN FLAG	Ayutthaya	90,000			華商系企業、92年完成
	INDORAMA POLYESTER	Map Ta Phut	35,000			15年能力半減、旧東帝士を2008年買収
	INDO POLYESTER	Ratchaburi	30,000			同上、SIAMからインドラマ買収
	KANGWAL POLYESTER		45,000		98年	遠東新世紀とサハG合弁、チンマー法
	CHIEM PATANA SYNTHETIC	Ratchaburi	21,000			現地大手紡織資本/豊田通商の合弁
	STAR SOLEIL		15,000			虫除けネット用に自消
		計	465,600			SB(長繊維不織布)能力を含む
ポリエステル(s)	TEIJIN POLYESTER(TPL)	Pathumthani	126,000			帝人81.25%出資、2017/秋に3.6万t増設
	TEIJIN(THAILAND)	〃	79,000			帝人51%、97/末に4.75万t増設
	INDORAMA POLYESTER	Map Ta Phut	110,000			2008年東帝士買収、2015年3.5万t削減
	INDO POLYESTER	Ratchaburi	50,000			インドラマがSIAMから買収
	THAI POLYESTER	Pathumthani	86,400			ローディア技術、2003年に操業再開
	KANGWAL POLYESTER		60,000			FAR EAST/SAHA合弁、チンマー技術
	CHIEM PATANA SYNTHETIC	Ratchaburi	21,900			チンマー技術
		計	533,300			
ナイロン(f)	THAI TORAY SYNTHETICS	Bangkhen	17,800			東レ/三井物産合弁、N6タイプ
	〃	〃	25,500			エアバッグ用N66糸、2016年2,500t増
	THAILON TECHNO FIBRE	Laem Chabang	14,000		95年	台湾三洋買収、一部N66糸をPPに
	THAI TAFFETA	Bangkok	5,000		92年	うちFOYは2,000t/POYは3,000t
	〃	Rayoug	10,000		96／央	Ems Inventa技術
	ASIA FIBER	Samut Prakarn	12,000			92年2,200t+93年1,000t+99年800t増強
	THAI BARODA INDUSTRIES	Map Ta Phut	12,000		94／央	タイヤコード、印SRFが2008年買収
	THAI POLYMER TEXTILE	Bamna	5,000			ユニチカ技術、90/4Q完成、丸紅15%出資
		計	101,300			
アクリル(s)	THAI ACRYLIC FIBER	Sara Buri	120,000			2011年に1万t増強、印Birlaグループ
		計	120,000			

(注) (f)はフィラメント(長繊維)、(s)はステープル(短繊維)の略。

タイの合成繊維生産推移　(単位：トン、%)

品　　種	2011年	2012年	2013年	2014年	2015年	2016年	前年比
ポリエステル(f)	388,000	384,000	364,000	369,000	372,000	380,000	102.2
ポリエステル(s)	289,000	262,000	316,000	283,000	294,000	310,000	105.4
ナ イ ロ ン(f)	64,000	64,000	62,000	60,000	60,000	60,000	100.0
ア ク リ ル(s)	116,000	121,000	125,000	129,000	129,000	130,000	100.8

タイの石化原料事情

ナフサの需給　(単位：1,000t、%)

		2014年	2015年	2016年	2017年		2018年	
						前年比	(予想)	前年比
軽質ナフサ	生　産	3,411	3,287	3,157	3,115	98.7	3,123	100.3
	原　料	5,330	5,690	5,917	6,000	101.4	n. a.	-
	溶　剤	76	93	116	110	94.8	n. a.	-
	需　要	5,406	5,783	6,033	6,110	101.3	6,247	102.2
重質ナフサ	生　産	7,501	7,446	7,321	7,315	99.9	7,340	100.3
	原　料	6,462	6,174	6,471	6,309	97.5	n. a.	-
	需　要	6,462	6,174	6,471	6,309	97.5	6,383	101.2

タイの石油精製企業　(単位：バレル／日)

通　称	社　　名	精製能力(シェア)	立地先	ＰＴＴ持ち株比率
ＴＯＰ	タイ・オイル	275,000(22.3%) →410,000	シラチャ ～2022年めど	49.10%
ＩＲＰＣ	ＩＲＰＣ パブリック カンパニー	215,000(17.4%) →280,000	ラヨン～ 2016/3完成	36.77%
ＥＳＳＯ	エッソ・タイランド	177,000(14.3%)	シラチャ	—
ＳＰＲＣ	スターペトローリアム・リファイニング	165,000(12.2%)	マプタプット	36%→シェブロン等へ2015/11に売却
PTTGC	ＰＴＴグローバルケミカル	280,000(22.7%)	マプタプット	48.66%
ＢＣＰ	バンチャック・ペトローリアム (第２製油所構想)	120,000(9.7%) →140,000 別に15万bを検討	バンコク ～2016年完成 ～目標2020年	27.22%→2015/4に0%～政府系が買収(バンコク以外で)
ＲＰＣ	ラヨン・ピュリファイアー	17,000(1.4%)	マプタプット	—
合　　計		1,334,000(100%)	増強後2022年	→1,619,000

マレーシア

概 要

経済指標	統計値	備考
面 積	33万km²	日本の９割弱
人 口	3,205万人	2017年の推計
人口増加率	1.2%	2017年／2016年比較
ＧＤＰ(名目)	3,150億ドル	2017年(2016年実績は2,971億ドル)
１人当りＧＤＰ	9,818ドル	2017年(2016年実績は9,390ドル)
外貨準備高	1,009億ドル	2017年末実績(2016年末実績931億ドル)

実質経済成長率(ＧＤＰ)	2012年	2013年	2014年	2015年	2016年	2017年
	5.5%	4.7%	6.0%	5.0%	4.2%	5.9%

	〈2016年〉	〈2017年〉	通 貨	リンギット(マレーシアドル)
輸出(通関ベース)	$189,743m	$217,944m		１リンギ＝27.9円(2017年末)
輸入(通関ベース)	$168,684m	$195,243m		１ドル＝4.09ＲＭ(2017年末)
対内直接投資額	〈2016年〉126億$	〈2017年〉91億$		(2016年平均は4.15リンギ) (2017年平均は4.30リンギ)

マレーシアの2017年ＧＤＰ成長率は5.9%と、2016年の4.2%から1.7ポイント上昇した。世界経済の回復に伴う輸出の増加が国内需要を牽引した。半導体などの電子・電気部品のほか、石油、化学、ゴム、鉄製品についても需要が拡大。輸出向け、内需向けのいずれについても需要を見込んだ新設や更新による能力の拡張があった。賃金の上昇と雇用の伸びにより、個人消費も回復した。業種ではサービス業が6.2%(2016年は5.6%)、製造業が６%(4.4%)の伸びを見せた。2017年の貿易総額は18%増の１兆5,000億ＲＭ(リンギット)。貿易収支は972億ＲＭの黒字で、これは20年連続。輸出について、国別ではシンガポール(構成比14.5%)、中国(13.5%)、ＥＵ(10.2%)、米国(9.5%)、日本(８%)などが牽引した。

ジョホール州ペンゲランで進めている石油精製・石化設備建設プロジェクトが完了する2019年には、基礎化学品や誘導体の生産能力で大幅な拡張が実現する。石油化学に関する新たな設備投資を見越して、政府は石油化学工業に向けた第３のマスタープランを計画。同計画は、統合石油化学区画における開発にフォーカスしたもので、集約したユーティリティの提供や、効率化された倉庫、包括的な輸送ネットワークなどによって、必要な資本や運転コストの削減に寄与する。これらの区画に石油化学プラントを集積することで、川下製品を含めたバリューチェーンを構築する考えだ。2018年のＧＤＰ成長率は約５%となる見込みで、プラスチック工業においては自動車と建設関係で緩やかな需要増が期待される。輸出については、引き続きＥＵや日本市場における力強い需要により成長が続くとみられる。一方で、プラスチックに関する国内外での規制強化の動きが懸念材料として浮上している。

マレーシアの石化関連工業

マレーシアは89兆立方フィートの天然ガスと45億バレルの原油を埋蔵する産資源国で、世界３位のＬＮＧ生産国。そのエネルギー関連事業を一手に引き受けているのが国営企業のペトロナスで、マレー半島に張り巡らしたガス供給パイプラインの整備と天然ガス分離プラントの拡充に注力してきた。このガスチェーンの付加価値を高めるため、ガスから得られる炭化水素を原料とするガス化学事業に早くから進出、マレーシアは国土の割には人口が少ないため内需に依存できず、これまではＡＦＴＡ(アセアン自由貿易圏)をテコに輸出指向を強めてきた。

マレーシア初のエチレン工場が誕生したのは1993年末で、その前年にはタイタン・ポリプロピレン(現ロッテケミカル・タイタン、当時タイタン・ハイモント・ポリマーズ)のＰＰ工場が完成(操業開始は92年央)、92年４月にはトーレ・プラスチックス・マレーシア(東レ80％／ペンファイバー10％／ペンファブリック10％出資)の大型ＡＢＳ樹脂工場も操業開始した。さらに同７月にはＢＡＳＦマレーシアの発泡ポリスチレン工場が完成(2012年末閉鎖)し、第４四半期にはクアンタンのＭＴＢＥ／ＰＰ併産工場も完成した。続いて、２番目のエチレン工場は、ペトロナスが外資との合弁により95年第４四半期に完成させた。それまでは２つのポリスチレン工場と２つの塩ビ工場しかなく、合成樹脂コンパウンドや電子部品用加工製品、プラスチック成形工場などが主力だったマレーシアは、自国の資源でオレフィンからポリマーまでを生産できる石化工業国の仲間入りを果たした。合成樹脂工場のうち、最初のＰＳ工場は出光興産(当時は出光石油化学)の出資子会社であり、ＰＶＣ工場も日系資本と技術に支えられている。このうちペトロケミカルズ(マレーシア)はタンポイにあった３万トン工場を2009年３月パシール・グダンに集約した。トーレ・プラスチックスのＡＢＳ樹脂工場は、デンカなど他社からの委託生産も受ける形で販路を確保してから進出したため、最初からフル稼動状態でスタートした。操業開始２年後の94年初めには７万トンへ倍増、その後も96年７月と同年末に各４万トン、98年１月に１万トン増強するなど計17万トンへ拡大すると同時に、ポリブタジエン重合工程やＡＢＳ並びにＡＳ樹脂の高機能コンパウンド１万トン設備も併設しており、2002年７月と2003年初めにもＡＢＳ樹脂を各2.5万トンずつ増強、計22万トンまで引き上げ、アセアン最大規模となった。2008年４月には透明グレード専用系列も導入するなど５割増設し、さらに逐次増強を進めて35万トンまで拡張した。2012年にはコンパウンド能力も５割アップの3.5万トンへ拡大している。

マレーシア政府は石化工業のための「第３次工業化マスタープラン」(2006～2020年)を推進中で、サラワク州ビンツル、ケダ州グルン、ジョホール州タンジュン・ペラパス、ラブアン島を新たな石化工業地帯と位置づけている。2020年までに３つのエチレンセンターを建設し、石化製品の輸出拡大を図る方針で、製油所と石化の一体化コンプレックスをマラッカやペラ州マンジュン地区(カタールとの合弁製油所)で実現したい意向。2011年５月にはジョホール州南部で石油精製と石化基地の一大コンプレックス構想「ＲＡＰＩＤ」計画をペトロナスが打ち出した。近年では、当時のダウ・ケミカルがローム＆ハース買収資金確保のため、合弁会社オプティマルグループ３社の株式をペトロナスへ2009年９月に売却、2010年７月には韓国の現ロッテケミカルがタイタンケミカルを買収、2012年末にペトロナスが塩ビ事業から撤退するなど大きな動きがあった。

以下に、オレフィン・コンプレックス系製品以外の主要石化関連製品と能力リストを示す。

マレーシアの主要化学関連製品生産能力

(単位：t/y)

製　品	会　社　名	工　場	現有能力	新増設計画	完　成	備　考
塩化ビニル樹脂	Malayan Electro-	ペナン	50,000			日本ゼオン技術、双日/華僑資本96
(PVC)	chemical Ind.					/春5割増
	Industrial Resins	ジョホール	50,000			東ソー技術、東ソー/三井物産が99
	(Malaysia)					/9撤退、コンパウンド2万t保有
		計	100,000			
ポリエチレン	ブレル・インダス	クアンタン	500,000		2014年	ユニポールPE技術、バーレーン
PP	トリーズ		250,000		〃	ユニポールPP技術　資本
ポリスチレン	ペトロケミカルズ	パシール・	110,000		94／4	出光技術/三井造船施工、出光/住
	・マレーシア(PM)	グダン				商の合弁～HIPS
PSコンパウンド	ポリスターCOM	タンポイ	34,000			PM100%子会社、2003/央1万t増
発泡PS	BASFマレーシア	パシール・	(80,000)		92／7	2012/末閉鎖、シェルに1万t融通
コンパウンド	〃	グダン	45,000			エンプラ用、2005/央に5割増設
NS系分散剤	〃	〃	20,000		97／末	ナフタレンスルホン酸系分散剤
ABS樹脂	トーレ・プラスチ	ペナン	220,000		92／4	東レ技術連続塊状重合法、*8万t
	ックスマレーシア	〃	130,000*		2008／4	は透明タイプ、2015/7に2万t増強
同コンパウンド	〃	〃	35,400		94／初	ABS倍増時併設、12年1.26万t増
ポリエステルフ	ペンファイバー	〃	42,600		98／8	東レ技術、工業用2006/末1.5万t増
ィルム	〃	〃	4,500		2014／4	包装用蒸着フィルム系列を新設
PBT樹脂	トーレBASF・	クアンタン	60,000		2006／3	東レとBASFの折半出資合弁プ
	PBTレジン	・ゲベン				ロジェクト、総工費4,000万$
MBS樹脂	カネカマレーシア	クアンタン	30,000		1997／10	1998/1商業運転、2012/4に1万t増
		・ゲベン	20,000		2017／3	増設後5万t
変成シリコーン		〃	9,000		2017／央	『カネエースMSポリマー』設備
ポリマー						を新設し7月から営業運転開始
アクリル系繊維		〃	12,000		2016／7	『カネカロン』の重合・紡糸設備
発泡オレフィン	カネカエペラン	〃	3,600		97／9	ポリエチレンビーズとPPビーズ
ペースト塩ビ	カネカペーストポ	〃	35,000		2001／1	カネカの全額出資子会社
	リマー	〃	25,000		2012／11	増設後6万t、工費30億円
ポリイミドフィ	カネカ・アピカル	〃	600		2013／10	2012/2設立～2014/1フル稼働へ
ルム	・マレーシア		+36		2014／10	工費15.6億円で追加増強
ポリアセタール	ポリプラスチック	クアンタン	33,000		2000／3	2003/末3,000t増強
	ス・アジア・パシ	・ゲベン	90,000		2014／1	三井物産プラントS/三菱化工機
同コンパウンド	フィック	〃	24,000	POM用1系列	2020／春	2017/央9,000t増、6系列に、カネカ
PBT成形材料		〃	11,000	PPS用1系列	〃	2007/夏3系列に　・エンジ施工
高吸水性樹脂	SDPグローバル	ジョホール	80,000		2018／7	三洋化成70%/豊通30%出資のSD
	マレーシア				10月稼働	Pグローバルが新設～東レエンジ
PET樹脂	華隆マレー	Nilai	100,000		96／初	チンマー技術、ボトル用は一部
	ペンファイバー	ペナン	30,000			PETフィルム3万t工場保有
	MPIポリエステル・	シャーラム	30,000		95年	マレーシア・パシフィック・イン
	インダストリーズ		20,000		97／5	ダストリーズ社が1.2億M$を投入
	イーストマン・ケ	クアンタン	31,000		97／末	工費1億$弱
	ミカル	・ゲベン				
		計	211,000			
PTA	2012年より印リラ	クアンタン	610,000		96／7	BP技術、TPL/テクニップ施工
無水トリメリット酸	イアンス傘下に	・ゲベン	65,000		2002／末	MWケロッグ施工　工費3億$
酢酸	BPペトロナス・	ケルテ	560,000		2000／9	BP70%／ペトロナス30%出資
	アセチルズ					2003/1Qに13.6万t増強、60万t含み
無水マレイン酸	TCL Industries	Kemaman	35,000		97年	
ECH	Spolchemie (M)	ケルテ	n.a.		07年承認	グリセリン法エピクロ、1.925億RM
N－パラフィン	シェルマレーシア	ビンツル	90,000			2000／7操業再開
カセイソーダ／	インダストリアル	パシール・	45,000*		92年	*4.5万tはカセイソーダと塩素を
塩素	ケミカルズ	グダン				含む能力、工費1億M$
カセイソーダ	CCMケミカルズ	〃	23,000		96／末	旭化成のイオン交換膜法を導入、
塩素	〃	〃	20,000		〃	2000年までに倍増設

マレーシア

尿素	アセアン・ビンツ	サラワク州	750,000		1985年	ペトロナス63.5%/ププク・スリウ
アンモニア	ル・ファーティラ	ビンツル	500,000			ィジャヤ13%/タイ大蔵省13%/ナシ
〃	イザー(ＡＢＦ)	〃		600,000	2018年	ョナル・デベロップメント(フィリ
硝酸	ＡＢＦ/ヒューケ	〃		400,000	〃	ピン)9.5%/テマセックＨＤ１%
硝安	ムズファインケム	〃		200,000	〃	韓国企業との合弁事業化計画
アンモニア	ペトロナス・ファ	ケダ州グル	483,000		99/3Q	トレンガヌ州沖合の天然ガスをパ
尿素	ーティライザー・	ン	683,000		〃	イプラインで運び利用する肥料コ
メタノール	ケダ	〃	66,000		〃	ンプレックス
ホルマリン	〃	〃	5,700		〃	
アンモニア	ペトロナス・アン	ケルテ地区	450,000		2001年	ハルダー・トプソー技術
合成ガス	モニア	〃	325,000		2000年	
アンモニア	ペトロナス・ケミ	サバ州シピ	700,000		2017/央	トプソー/サイペム技術、三菱重工
	カル・ファーティ	タン地区サ	(2,100t/d)			/エイペックス・エナジー/レカヤ
尿素	ライザー・サバ=	ムル	1,200,000		2017/央	サ・インダストリー施工、15億$
	(ＳＡＭＵＲ)		(3,500t/d)			2017/上期中に商業生産開始
メタノール	ペトロナス・メタ	ラブアン島	660,000		85年	92/４ペトロナスの買収で現社名
	ノール(ラブアン)	〃	1,700,000		2008/９	に変更、大型２号機は３億$で建設
ホルマリン	Malayan Adhesives	セランゴー	16,200			三井化学32%/三井物産13%/Kuok
各種接着剤	& Chemicals	ル	30,000			Brothers 45%出資ほか合弁
ホルマリン系樹	Hexza-Neste	サラワク	50,000		92/4Q	ネステ30%出資、工費2,600万M$、
脂	Chemicals					原料ホルマリンからの一貫生産
生分解性プラ	ウィンリゴ	ジョホール	6,000		2012/秋	2,400tから拡大移転、バイオ酸化型
工業用塗料	ニッペマレーシア	シャーラム	50,000			67年設立、93/12に５倍増設
建築用塗料	〃	ジョホール	20,000			92年操業開始～日ペの第２工場
〃	ニッペ・サバ	サバ州	4,000			78年設立
工業用塗料	サイム・カンサイ	ケラン市	10,000		96/春	ＳＤホールディングス70%/関西
	・ペインツ					ペイント30%出資合弁事業
プラスチック用	ＫＰＳコーティン	パシール・	3,600		96/６	ＫＰＳ(関西ペイント子会社)全額
塗料	グス(ジョホール)	グダン				出資企業
粉体塗料	日本油脂の子会社		1,800			95/３に５割増設
アクリル・ウレ	トーヨーインク・パ	セレンバン	5,500		97/７	東洋インキのシンガポール子会社
タン系粘接着剤	ン・パシフィックＭ		6,500		2000年	が全額出資
EVAエマルジョン	大連化学の子会社	パシルグダン	140,000			2008/央８万t増設～台湾系企業
軟質ポリウレタ	ブリヂストン・ア	シャーラム	3,600			ブリヂストングループの子会社、
ンフォーム	ームストロング					90/１操開、95/４床材第２工場
ウレタン発泡前	コスモポリウレタ	クアラルン	4,000～		94/４	三井化学51%/三井物産49%出資
成形材料	ン・マレーシア	プール	5,000			ポリウレタンシステムも販売
ウレタン系樹脂	コスモサイエンテ	シャーラム	14,600		2002年	三井化学70%/SCIENTEX30%出資
ポリエステル系	ックスマレーシア		5,400			包装用プレポリマー各種の製販
ＥＶＡ系太陽電	ＭＣＴＩサイエン	ブキッ・ラ	10,000		2012/８	三井化学東セロ50%/SCIENTEX50
池封止シート	テックスソーラー	ンバイ				%出資、『ソーラーエバ』の製販
着色樹脂コンパ	日本ピグメント	ペナン	15,600			クアラルンプールで第２工場計画
ウンド	ＳＩＫカラー(Ｍ)	ジョホール	16,800		94/９	山陽化工30%/SANYO-IK30%合弁
〃	カラーコンパウン	シャーラム	19,200			2000/11に2,400t増、稲畑産業系
	ド・マレーシア					子会社、稲畑産業/松井産業合弁
スチレン系樹脂	ＮＳＣＣコンパウ	シャーラム	35,000			2006/12に新日鐵化学が三井物産
コンパウンド	ンズ・マレーシア					グループへ売却
〃	ポリスター・コン	パシール・	34,000			2003/央１万t増設、ペトロケミカ
	パウンド	グダン				ルズ・マレーシアの100%子会社
ＰＰＳコンパウ	ＤＩＣコンパウン	ペナン	4,500		92/4Q	ＤＩＣの子会社、2006/3に1,800t
ンド	ズ・マレーシア					増設+2011/7に1,500t増設
ＥＰコンパウンド	ＬＮＰ・ＥＰアジア	セレンバン	2,000		95/７	米カワサキＬＮＰの子会社
熱可塑性エラス	ＡＥＳ/ゴールド	クアラルン	5,000		93年	米アドバンスト・エラストマー・
トマー	ン・ホープ合弁	プール				システムズと現地企業の合弁事業
合成ゴムコンパ	サイコー・ラバー	セレンバン	2,500			91/初より生産開始、加藤産商/
ウンド	・マレーシア					ラハングラバーの合弁会社
カーボンマスタ	ラムセン東京材料	ネグリセン	10,000			ラム・セン60%/日本ゼオン・住商
ーバッチ	ゼオン	ビラン州				等40%出資合弁事業、94/11操開
ＮＢＲラテックス	Synthomer	パシール・	267,000		2010/１	2012年３万t+15年4.7万t+18/11に
		グダン		60,000	2020年	工費RM265m(72億円)で９万t増設
〃	Ancom Kimia	シャーラム	42,000			「Nylex」～2007年に２万t増設

合成樹脂成形品	ショープラ・マレーシア	クアラルンプール	2,400		92／9	昭和プラスチックス／出光の合弁 89／6操開～91／7倍増設
軟質塩ビシート	ＬＧプラスチック		6,000		95／7	韓国ＬＧ化学の子会社、90/1設立
塩ビチューブ	ヒシプラスチックス・アジア	パシール・グダン	10万km 10万km		2000年	三菱樹脂65%／三菱商事35%出資 コンデンサ被覆材、５年後倍増
ＳＭＣ	ブリヂストンＲＥＩコンポジット		3,000		97／4	ブリヂストン51%／ローハス・ユーコ28%／ＤＩＣ子会社21%出資
特殊エポキシ樹脂	ＤＩＣエポキシ・マレーシア	パシール・グダン	10,000		99／末	２系列体制、2000／６操業開始
エポキシ樹脂系半導体封止材	日立ケミカル・マレーシア	プライ	3,600			90/２完成、日立化成の100%子会社
〃	日東電工エレクトロニクス(M)	シャーラム	4,800			90/４完成、日東電工の100%子会社
半導体用エポキシ樹脂封止材	シンエツ・エレクトロニクス(M)	〃	3,600		96／3	工費20億円、チバガイギーが販売面で協力、信越化学の子会社
封止用フィラー	龍森・マレーシア	〃	4,800			92／３操開、ベース能力１万t保有
ハイシリカゼオライト	東ソー	トレンガヌ・ケマン	n. a.		2016／11	投資額110億円で新設
プリント配線板	日本エレクトロニクス	〃	17万m²/m		92／4	新日鐵化学のグループ企業、工費50億円
〃	ＣＭＫＳマレーシア	パシール・グダン	６万m²/m		91／3	ＣＭＫシンガポール(住友ベーク／日本ＣＭＫ合弁)の100%子会社
フェノール樹脂銅張積層板	ＳＮＣインダストリアルラミネイツ	〃	80万m²/m			住友ベークライト／日本ＣＭＫの折半、92／４操開～95／末倍増設
〃	日立ケミカル・ジョホール	ジョホール	30万m²/m		92／4Q	日立化成の100%子会社
感光性フィルム			150万m²/m		96／6	工費30億円
特殊混和剤	デンカ／ポスコ	〃	n. a.		2014／4	新設
ＯＰＰフィルム	サイエンテックス・パッケージングフィルム	インダ島ポート・クラン	60,000		2016／9	フタムラ化学5%出資で1.8万t引取
ＣＰＰフィルム			12,000		2015／4Q	工費57億円でＯＰＰ６万tへ拡大
ＰＥフィルム			48,000			2014/末倍増設、ＣＰＰ2015年新設
導電性シリコーンゴム、部品等	信越ポリマー・マレーシア	シャーラム	468万個/m 1080万個/m		95／10	ラバーコンタクト2004/6に３割増 92／央倍増設、塩ビ系製品も展開
脂肪酸	ＩＯＩ		700,000			花王などと提携
グリセリン	ファティ・ケミカル(マレーシア)	バターワース	12,300			花王/パームコ合弁、90/5操開
高級アルコール			170,000			2002/4に５万t増設～ＴＥＣ施工
ＥＢＳＡ	花王オレオ・ケミカル		15,000			花王の100%子会社、ＡＢＳ樹脂用添加剤、96/1に5,000t増設
特殊可塑剤(トリメリテート)	花王プラスティサイザーマレーシア		16,500		96／9	塩ビ向け可塑剤、エステル類
高級アルコール	エメリー・オレオケミカルズ・リカ	テラック	30,000		91／12	新日本理化25%出資の合弁事業
グリセリン		〃	5,000		〃	工費1.5億Ｍ＄で92/9操開
メチルエステル	ヘンケル・オレオケミカルズ		105,000		96／末	ヘンケル/ゴールデン・ホープ・プランテーションの折半出資合弁
脂肪アルコール			30,000			
高級アルコール	マレーシアＦＰＧ	クアンタン	60,000			Ｐ＆Ｇ/政府関連機関の折半出資
メチルエステル	〃	〃	200,000			合弁事業、92/3Q完成、工費1.9億M$
高級アルコール	アクゾノーベル・オレオケミカルズ	ジョホール	80,000		92／3Q	ＡＫＺＯ/ラム・スーン折半出資
				60,000	未　定	工費4,000万M$
脂肪酸	パームオレオ	クアラルンプール・ラワン地区	900,000			三井物産/ADEKA/ミヨシ油脂/ＫＬＫ合弁、2013年に倍増設
高級アルコール			300,000			
αスルホ脂肪酸メチルエステル	ライオン・エコケミカルズ(M)		25,000		2008／12	2009/3操開、ＭＥＳ(注3)は40億円
				75,000	将来計画	将来10万t能力まで順次拡張
メチルエステル	ＫＬＫ	クラン	35,000			2017/9に1万t増、R&Dセンター併設
ソープチップ	ＫＳＰ		80,000		97／3Q	
ＥＢＳＡ(注1)	パームアマイド		10,000		96／8	三井物産49%/クアラルンプールケポン51%出資、脂肪酸の誘導品
ＣＤＥ(注2)	〃		5,000		〃	
蒸留モノグリセライド	リケビタ・マレーシア(テブラウ)	テブラウ	10,000		93／2	理研ビタミン/三菱商事合弁事業 食用乳化剤ＤＭＧの新工場
メチオニン	ＣＪ第一製糖合弁	ケルテ	80,000		2014／末	発酵法設備～アルケマとの合弁

(注1)ＥＢＳＡ：エチレン・ビス・ステアリルアマイド＝ＡＢＳ樹脂用添加剤 (注2)ＣＤＥ：ココナッツ・ジ・エタノールアミド＝界面活性剤 (注3)ＭＥＳ：アルファスルホ脂肪酸メチルエステル塩＝パーム油を原料とした界面活性剤

マレーシアは、世界最大の油脂化学工業国。パーム油やパーム核油、ヤシ油を利用した天然系油脂化学工業が高成長を続けており、これらの単なる精製だけでなく、脂肪族高級アルコールやメチルエステル、脂肪酸などへの高度加工に力を入れており、生産能力が大幅に拡張されている。表記の通り、日系企業や欧米企業がそれぞれ数万トン規模の高級アルコールや脂肪酸工場を進出させており、この分野でも拡大基調が引き続いている。

石化コンプレックスの現状

■オレフィンコンプレックス

92年９月、マレーシア初のオレフィン工場であるプロピレン／イソブチレン工場がパハン州クアンタンに完成した。天然ガスから分離されたブタンとプロパンを原料にＵＯＰ／ＩＦＰ法を用いて脱水素化、イソブチレンとプロピレンに加工し、前者をＭＴＢＥ30万トンに、後者をＰＰ８万トンに誘導する工場で、原料を供給するガス分離プラント(ＧＳＰ－２＆３)の完成が遅れたため、本格操業入りは93年初めにずれ込んだ。当時のＭＴＢＥマレーシアはペトロナス60%／フィンランドのボレアリス(旧ネステ)30%／旧出光石化10%出資で設立された合弁会社(その後出光とボレアリスは資本撤収)で、現社名はペトロナス・ケミカルズＭＴＢＥ。ＰＰ部門は同じ３社の共同出資によるポリプロピレン・マレーシアが運営していたが、同事業は2012年末で撤退した。

マレーシア初のエチレンセンターは93年末から操業開始した。同センターは当初、台湾資本のチャオ・グループ35%／ＢＴＲナイレックス35%／ＰＮＢ(Permodalan Nasional Berhad＝マレーシア投資公社)30%出資合弁企業として89年２月に設立されたタイタン・ペトロケミカルが運営、ジョホール州パシール・グダンに立地し、ナフサクラッカーには米Ｓ＆Ｗのアドバンスド・リカバリー・システムを採用、エチレン１号機は23万トン能力でスタートした。川下にＬＬＤＰＥ／ＨＤＰＥ(ＵＣＣ法)併産設備やＰＰ設備があり、このうちＰＰは先行して91年12月に完成、92年央より操業した。2004年12月には社名をタイタン・ケミカルズ(2009年当時で売上高16億4,000万ドル)に改称、2010年７月に韓国の旧湖南石油化学が株式の72.6%を買収し、同11月全株式を総額1.5兆ウォンで取得した。2013年１月、ロッテケミカル100%出資のロッテケミカル・タイタン(Lotte Chemical Titan Holding:2012年売上高26億1,800万ドル)となった。2017年７月には上場し、クラッカー拡張用に10億ドル(目標は15億ドル)の資金を調達、出資比率は75%に低下した。

同社は99年８月にエチレン33万トン／プロピレン16.5万トンの２号機を建設した。第１期と同様プロセスはＳ＆Ｗ～建設担当は日揮という組み合わせ。エチレン系誘導品は20万トンのＬＤＰＥ(エクソン技術)と10万トンのＬＬＤＰＥ／ＨＤＰＥ併産設備(ＵＣＣ技術)を建設、このうちスイングプラントの完成は2000年11月にずれ込んだ。同時に３万トンのＥＶＡも併産できる。プロピレン系誘導品は20万トンのＰＰ(モンテルのスフェリポール法)設備を増設し計33万トンに拡大、その後２号機を４万トン増強した。2004年夏と2005年末の定修中にナフサ分解炉を手直し増強し、表記能力となっている。2006年３月にはインドネシアのＰＥＮＩを買収したため、ＬＬＤＰＥ／ＨＤＰＥ併産45万トン設備がグループ能力に加わった。

C_4留分は2004年春から三菱商事が韓国の錦湖石油化学などへ販売、その後2008年半ばからブタジエンの抽出事業を始め、同時にメタセシス装置を組み合わせることで抽出残(ラフィネート)

に含まれるブテン留分とエチレンを原料にプロピレン増産に乗り出した。ブタジエンの抽出（ＢＡＳＦ技術）能力は年間10万トン、増産できるプロピレンは11.5万トンで、必要となるエチレンも１割ほど手直し増強した。錦湖石化には抽出するブタジエンのほぼ半量を供給している。2013年３月にはロッテケミカルと宇部興産各40％、タイタンと三菱商事各10％出資により、ロッテ・ウベ・シンセティック・ラバー（LOTTE UBE Synthetic Rubber Sdn. Bhd.）を設立、2015年６月からＢＲ５万トン設備を運転開始した。投資額は100億円で、2018年に2.2万トンの増強を予定。

２番目のエチレンセンターである旧エチレンマレーシアは95年第４四半期に完成、97年第３四半期に８万トンの分解炉を増設して40万トンとし、2010年に44万トンへ増強した。トレンガヌ州ケルテ沖の天然ガスが原料。同社は当初ペトロナス60％／旧出光石化25％／ＢＰケミカルズ15％出資で設立され、その後出光保有株の半分がペトロナスへ移動、2010年９月にはＢＰが保有株をペトロナスへ売却した結果、出資比率はペトロナス87.5％／出光興産12.5％となり、社名もペトロナス・ケミカルズ・エチレンとなった。川下で旧ポリエチレンマレーシア（ＢＰケミカルズ45％／ペトロナス40％／出光15％出資で設立、その後95年10月ＢＰが出光の持株を買収したため、出資比率はＢＰ60％／ペトロナス40％となり、2010年９月にはＢＰが資本撤収）がＬＬＤＰＥとＨＤＰＥを生産、またエチルベンゼン22万トン～ＳＭ20万トンは出光70％／ペトロナス30％出資合弁会社のイデミツＳＭマレーシアが96年末に新工場を建設し、97年３月から稼働開始した。このＳＭは、出光がパシール・グダンに建設したＨＩタイプのＰＳ14万トン工場（ペトロケミカルズ・マレーシア担当）向けに供給している。

■その他の化学関連製品～新増設案件が目白押し

ペトロナスはラブアン島のメタノール基地に３億ドルを投入し、年産170万トン（5,000トン／日）の巨大メタノール設備を2008年９月に建設した。サバ州から産出する天然ガスを日量1.5億立方フィート消費する。このメガプラント２号機が2009年から立ち上がったことで、既存の１号機66万トンと合わせて236万トンの供給基地に拡大した。2016年秋にはサラワク州サマラジュでもメタノール基地の建設を検討し始めた。一方、サバ州ではマレーシア最大のアンモニア74万トン／尿素120万トンプラントを2016年秋に完成させている。

近年、石化設備の立ち上げが相次いでおり、2014年にはカネカ・アピカル・マレーシアの超耐熱性ポリイミドフィルム年産600トン設備と光学用フィルム36トン設備、ポリプラスチックス・アジア・パシフィックスのポリアセタール９万トン設備、宇部興産が出資するロッテ・ウベ・シンセテックラバーのブタジエンゴム５万トン設備、ブレル・インダストリーズのＬＬＤＰＥ50万トン設備、ＰＰ25万トン設備、2015年末にはカネカマレーシアのアクリル繊維１万2,000トン設備が完工した。また2016年11月には東ソーのハイシリカゼオライト設備、ＢＡＳＦペトロナスケミカルズの香料原料と２－エチルヘキサン酸３万トン設備などが完成した。続いて2017年には、カネカマレーシアのモディファイヤー２万トン設備と変成シリコーンポリマー9,000トン設備、ＢＡＳＦペトロナスケミカルズの高活性イソブテン５万トン設備、2018年央にはＳＤＰグローバル（マレーシア）の高吸水性樹脂８万トン設備が完成する。なお、トクヤマがサラワク州ビンツルのサマラジュ工業団地に建設した２系列計年産２万トンのポリシリコン工場は、2017年５月に韓国のＯＣＩへの売却が完了、トクヤマはマレーシアから完全に事業撤退した。

マレーシア

マレーシアの石化コンプレックス

（単位：t/y）

製　　品	会　社　名	サイト	生産能力	完　成	備　　　　考
エチレン	ロッテケミカル・タイ	パシール	280,000	93／末	S&W-ARS法/日揮、2005/末3万t増強
	タン	・グダン	440,000	99／8	２号機、2005/末3万t増強
	〃	〃	+93,000	2018／上	増強後２系列で計81万t
	ペトロナス・ケミカル	ケルテ	440,000	95／4Q	ルーマス法、TEC／三井物産施工、97/3Q
	ズ・エチレン	〃	〈110,000〉	〈未　定〉	８万t＋2010年に４万t増強
	ペトロナス・ケミカル	ケルテ	600,000	2002／初	リンデ技術、ペトロナス／サソール合弁
	ズ・オレフィンズ				
		合　計	1,760,000		
プロピレン	ロッテケミカル・タイ	パシール	195,000	93／4Q	2005/末7.5万t増強、全量PP向けに供給
	タン	・グダン	300,000	99／8	２号機、2005/末8.6万t増強
	〃	〃	+12,000	2018／上	増強後２系列で計54万t
	〃	〃	115,000	2008／2Q	ルーマス技術OCU～メタセシス装置
	〃	〃	+115,000	2018／上	メタセシス装置２号機増設計画
	ペトロナス・ケミカル	クアンタン	80,000	92／末	UOP／IFP（脱水素化）法、2.65億$
	ズMTBE	ゲベン	300,000	2001／7	UOP／S&W　　三菱重工/ニチメン
	同エチレン	ケルテ	〈48,000〉	〈未　定〉	プロパン分解、TEC／ABBルーマス
	ペトロナス・ケミカル	ケルテ	95,000	2002／初	リンデ技術、ペトロナス／サソール合弁
	ズ・オレフィンズ				
	シェル・リファイニン	ポートデ	140,000	99／2Q	RFCCプロピレン
	グ	ィクソン			
		合　計	1,050,000		
ブタジエン	ロッテケミカル・タイタン	パシール	100,000	2008／2Q	BASF/CTCI、抽出残はOCUに
ベンゼン	〃	・グダン	100,000	99／8	トルエン5.5万tを併産
B　T　X	〃	〃	+134,000	2018／上	２号分解炉増強計画に連動
B　　R	ロッテ・ウベ・シンセ	〃	50,000	2014／11	ロッテケミカルと宇部興産が各40%、ロ
	ティック・ラバー		〈22,000〉	2020／下	ッテCタイタンと三菱商事が各10%出資
T　B　A	ロッテケミカル・タイタン	〃	44,000	2018／上	NCC増強計画の一環で事業化を検討中
MTBE	PC・MTBE	〃	330,000	92／9	倍増設計画は棚上げ、2009/上３万t増強
LLDPE	ロッテケミカル・タイ	パシール	220,000	93／末	LL／HD併産UCC法、韓国・ロッテ
／HDPE	タン	・グダン			ケミカル傘下企業、三菱重工／商事施工
LDPE	〃	〃	230,000	99／8	２期エチレンの川下設備、エクソン技術
EVA	〃	〃	30,000	2000／12	〃　　　、LD能力の内数
HDPE	〃	〃	115,000	2000／11	〃　　　、三井化学技術
LLDPE	ペトロナス・ケミカル	ケルテ	250,000	95／5	BP資本撤退でペトロナス100%子会社
／HDPE	ズ・ポリエチレン		+68,000	手直増強	に改組、BP技術気相法／仏テクニップ
LDPE	同LDPE	ケルテ	255,000	2002／8	DSM技術、ペトロナス／サソールほか
LDPE			485,000		EVA３万tを含む
LLDPE		合　計	100,000		LLDPE／HDPE合計能力53.8万t
HDPE			553,000		うち11.5万tはHDPE専用系列
エチルベン	イデミツSMマレーシ	パシール	270,000	97／3	2003年に５万t増強
ゼン	ア	・グダン			出光70%／ペトロナス30%の合弁事業
S　　M	〃	〃	240,000	97／3	96/11完成～97/３稼働、2003年４万t増強
			〈200,000〉	〈未　定〉	次期倍増設計画
P　　S	ペトロケミカルズ・マ	〃	60,000	94／2	全量HIPS、４月から操業開始
	レーシア		50,000	95／11	出光技術／三井造船、合計11万t
P　　P	ロッテケミカル・タイ	パシール	440,000	91／末	SPHERIPOL法/日揮、1号13万tは92/央稼
	タン	・グダン	200,000	2018／9	働、2号26万tは99/8稼働、増設後64万t
	（ポリプロピレン・マレ	クアンタ	（80,000）	（2012/末	92／９稼働、UCC法～TEC／丸紅外
	ーシア）	ン		停止）	が施工、ペトロナス100%子会社は解散

マレーシアの石油化学関連基地

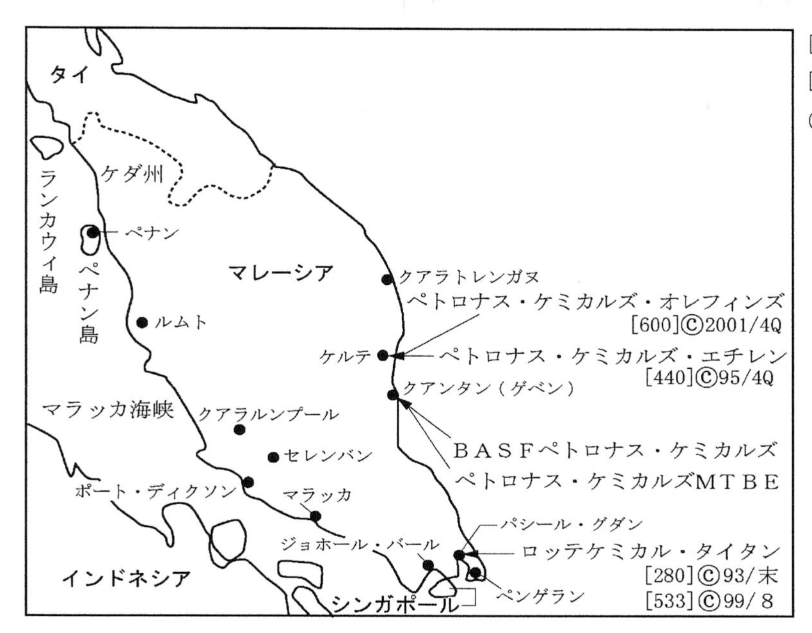

[ ]内はエチレンの生産能力
[単位：1,000t/y]
Ⓒは完成時期

ロッテケミカル・タイタンのコンプレックス

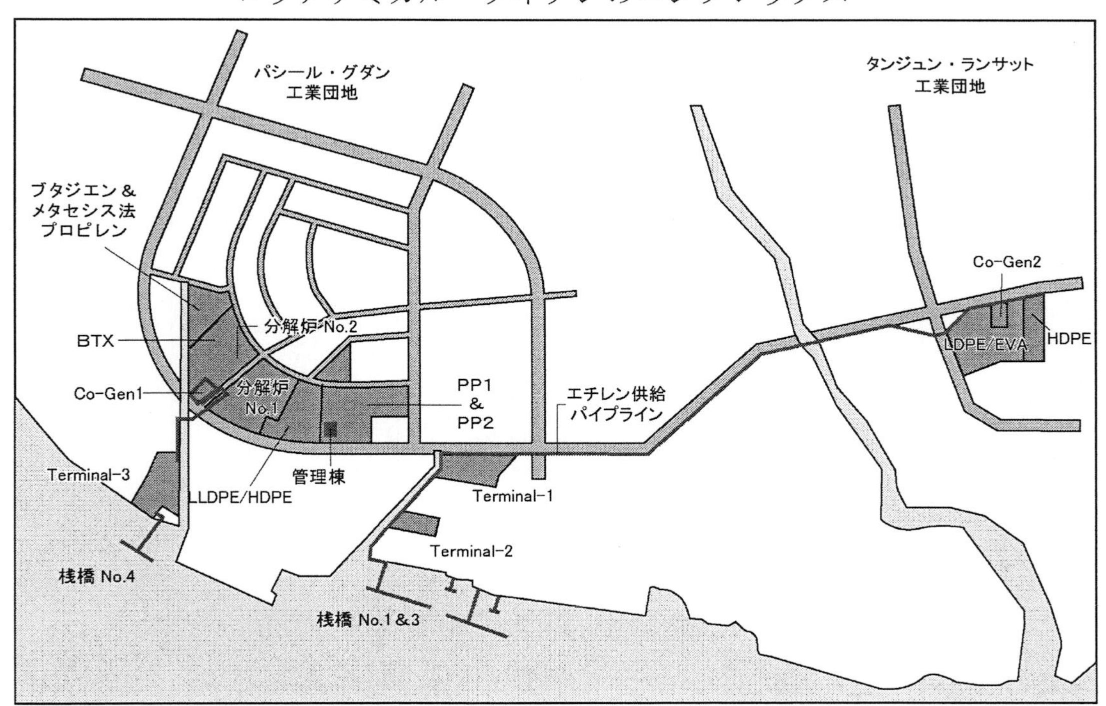

ケルテ石油化学コンプレックス

ゲベン石油化学コンプレックス

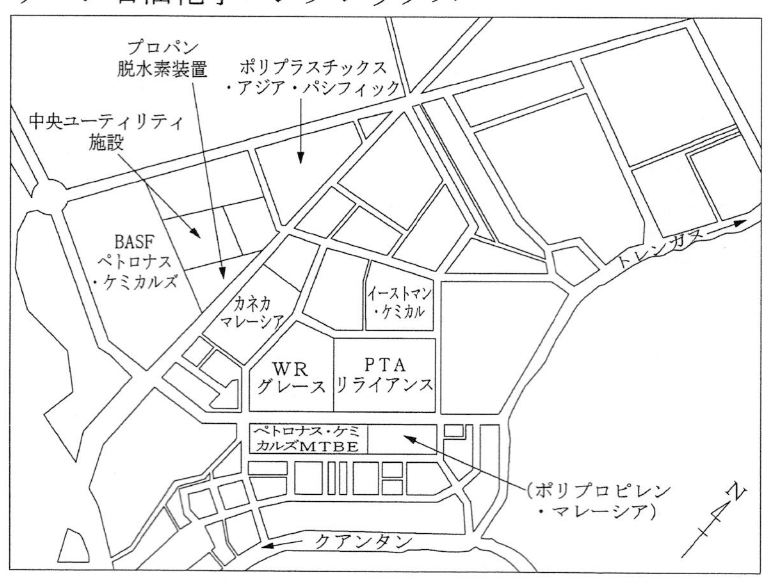

クアンタンのプロパン／ブタン系コンプレックス

＜立地場所：パハン州クアンタン＞
(1992年第３四半期完成)

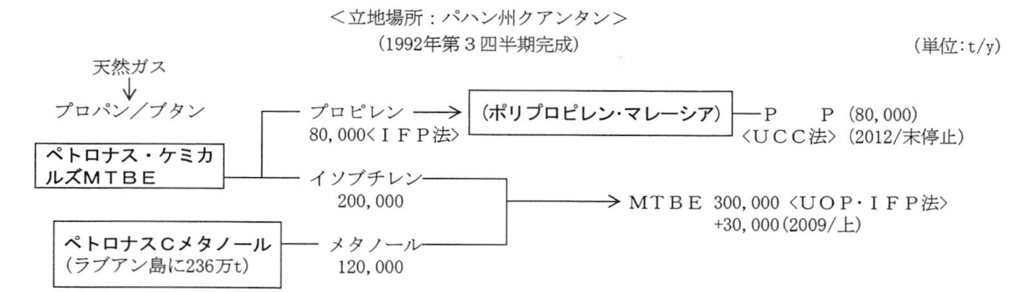

ロッテケミカル・タイタンのコンプレックス

＜立地場所：ジョホール州パシール・グダン＞
(1993年第４四半期完成)

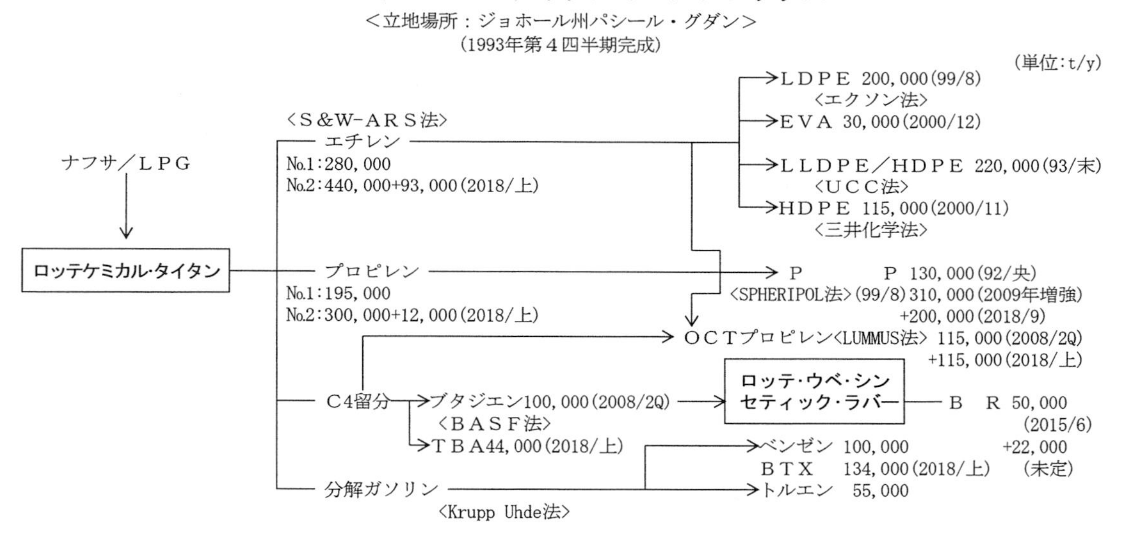

ペトロナス・ケミカルズ・エチレンのエタン系コンプレックス

＜立地場所：トレンガヌ州ケルテ＞
(1995年第４四半期完成)

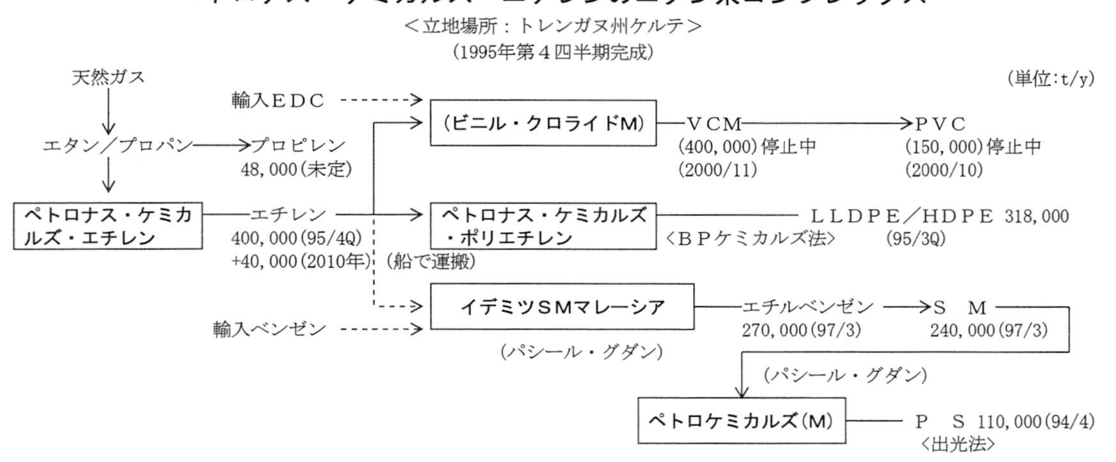

■３番目のエチレンセンター

マレーシアで３番目、ペトロナスにとっては２番目のエチレン基地が誕生したのは2002年初め。当初はＵＣＣ(当時ダウ・ケミカル傘下)との合弁によりケルテにエチレン60万トン、プロピレン8.6万トンのエタン／プロパンクラッカーと、ＥＯ～ＥＧ、ブタノールなど川下設備が2001年に建設され、2002年半ばにかけて全誘導品設備が立ち上がった。98年11月にはペトロナスとＵＣＣによる３つの合弁会社＝オプティマル・オレフィンズ(マレーシア)、オプティマル・グリコールズ(マレーシア)、オプティマル・ケミカルズ(マレーシア)が設立され、エチレン本体はペトロナスがマジョリティをとり、誘導品分野では折半出資となったものの、2009年９月にはダウが全ての持ち株をペトロナスに売却、後に社名変更した。エチレン系(ペトロナス・ケミカルズ・グリコールズ)では38.5万トンのＥＯ、36.5万トンのＥＧ、7.5万トンのエタノールアミン、8.5万トンのポリアルキレン・グリコール(エトキシレート)のほか、界面活性剤、ポリエチレングリコールなどを手掛け、プロピレン系(ペトロナス・ケミカルズ・デリバティブズ)では１万トンのガス処理用溶剤、14万トンのブタノールと５万トンのブチルセルロース(酢酸ブチル)、１万トンのブチルセルソルブといったブタノール誘導品が建設された。その後、南アフリカのサソール・ポリマーとＳＡＢＩＣヨーロッパ(旧ＤＳMポリエチレン)、ペトロナスの３社合弁会社旧ペトリン・マレーシアが工費1.7億ドルをかけ25.5万トンのＬＤＰＥプラントを導入し、エチレンはほぼ全量が消化されている。製造技術にはＤＳMの子会社であるスタミカーボンのクリーン・チューブラー法が導入された。この石化基地に原料を供給する天然ガス分離プラントのうち、ＧＰＰ５が99年半ばからフル稼働入りし、ＧＰＰ６も99年末には操業開始した。両分離プラントがフル稼働すればメタンを1,000mmscfd供給でき、世界的スケールでエタンやプロパンなども分離できる。

ペトロナス・ケミカルズ・オレフィンズのコンプレックス

＜立地場所：トレンガヌ州ケルテ＞

(2002/初完成)

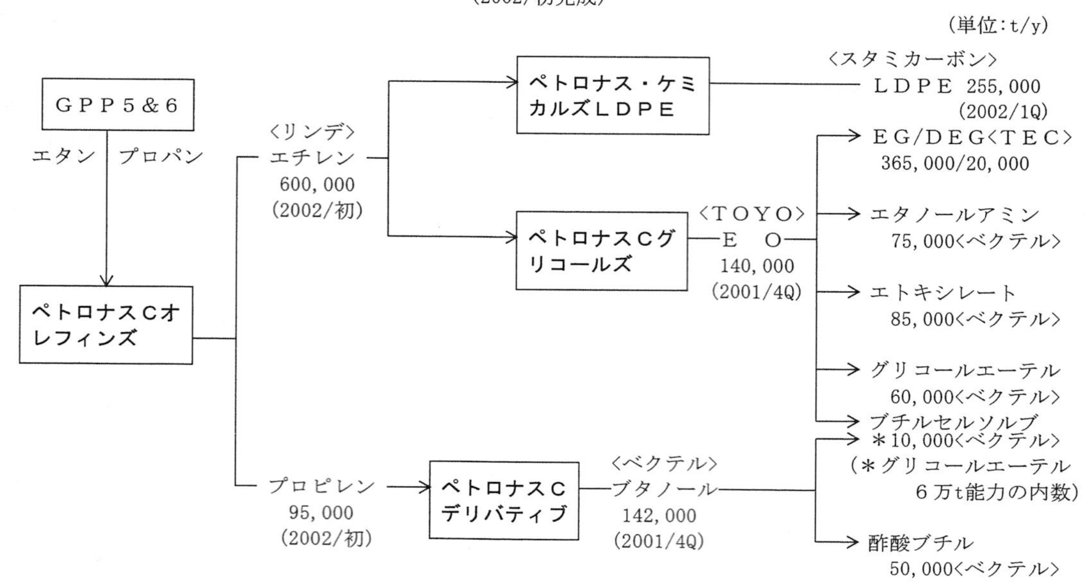

この他、96年半ば以来稼働している世界的規模のＰＴＡ工場に続いて、2000年には大型塩ビ工場と酢酸工場が完成した。当時、世界最大のＰＴＡメーカーだったＢＰがクアンタンの Gebeng 工業地区に50万トン工場(その後61万トンに増強)を新設、96年７月から稼働開始させた。その後ＢＰは、2012年に印リライアンスへＰＴＡ工場を売却した。その上流ではペトロナス、三菱商事、旧ＪＸ日鉱日石エネルギーの合弁によるＰＣアロマティックス(旧アロマティックス・マレーシア)がケルテで異性化用キシレン45万トン～ＰＸ42万トン／ベンゼン15万トン工場を建設、2000年５月から商業運転を開始した。このプロジェクトは、当初ペトロナス、三菱商事、旧三菱化学、旧エクソン・ケミカルの合弁事業としてＦＳされたが、途中でエクソンがプロジェクトから脱退、続いてＳＭを計画していた三菱化学も脱退、97年９月になって旧ジャパンエナジーの参加が決定したもの。原料はマレー半島沖で産出されるコンデンセート(ＮＧＬ)で、ペトロナスが単独で日量6.3万バレルのコンデンセート・スプリッターを建設した。同スプリッターとユーティリティ、オフサイトを含めたプロジェクトの総投資額は約５億ドルで、東洋エンジニアリングを中心とするコンソーシアムが建設した。2005年半ばには２～３割の増強を図り、表記能力となった。

2000年11月に完成した塩ビ工場は、原料のＥＤＣを全量輸入に依存する形でスタートしたため、採算的に厳しい状態が続き、工場の売却交渉を続けたが、三井物産は2004年７月に資本撤退し、ＶＣＭ40万トン／ＰＶＣ15万トン工場は2013年１月１日をもって閉鎖された。

ペトロナス関連のケルテ地区石化プロジェクト

(単位：t/y)

製品	会社名	生産能力	完成	備考
エチレン	ペトロナス・ケミカルズ・オレフィンズ	600,000	2002／初	リンデ技術、ペトロナス88%／サソール12%出資に改組された第２エチレン事業
プロピレン	〃	95,000	〃	ペトロナスの第２エチレン設備～川下でブタノールなど
ＬＤＰＥ	ペトロナス・ケミカルズＬＤＰＥ	255,000	2002／８	ペトロナス40%/Sasol Polymer40%/SABIC 20%出資、ＤＳＭのスタミカーボン法
ＥＯ	ペトロナス・ケミカルズ・グリコールズ	*140,000	2001／4Q	ペトロナス100%子会社化、*外販可能能力
ＥＧ		**385,000	〃	ＴＯＹＯ施工、**ＤＥＧ２万tを含む
エタノールアミン	〃	75,000	2001／4Q	ベクテル施工
エトキシレート	〃	85,000	〃	〃 、ポリアルキレン・グリコール
グリコールエーテル	〃	60,000	〃	〃 、2003／央から高純度品も生産
ブタノール	ペトロナス・ケミカルズ・デリバティブズ	142,000	2001／4Q	ペトロナスが100%子会社化、オレフィン誘導品事業の一環、ベクテル受注
酢酸ブチル	〃	50,000	〃	〃
ブチルセルソルブ	〃	*10,000	〃	〃 、*グリコールエーテル設備で生産
ガス処理用溶剤	〃	10,000	〃	このほかアクリル酸ブチルなど
ＰＸ	ペトロナス・ケミカルズ・アロマティックス(旧アロマティックス・マレーシア)	450,000 +70,000	2000／５ 2005／６	ペトロナス70%／ＭＪＰＸ30%出資合弁 コンデンセート・スプリッター6.3万B等含み５億$、ＵＯＰ法／ＴＯＹＯ等施工
ベンゼン		150,000 +48,000	2000／５ 2005／６	2005／央に２～３割デボトル増強
ＶＣＭ	(ビニル・クロライド・マレーシア)	(400,000) (2013/1閉鎖)	2000／11	三井化学技術／ＴＥＣ施工、ペトロナス100%(40%出資の三井物産は資本撤退)
ＰＶＣ	〃	(150,000) (2013/1閉鎖)	2000／10	ＥＶＣプロセス／ベクテル施工 ＶＣＭ～ＰＶＣは2013/1事業撤退
酢酸	ＢＰペトロナス・アセチルズ	560,000	2000／９	ＢＰ70%/ペトロナス30%、メタ法酢酸は40万tで始動、2003/1Q増強、全60万t含み

ＢＰ70%／ペトロナス30%出資のＢＰペトロナス・アセチルズは、世界的規模の酢酸プラント

を2000年９月に建設した。生産能力は当初予定の50万トンから60万トンに引き上げられたが、スタート当初は40万トン能力で操業開始、2003年第１四半期には52.5万トンの生産を可能にした。このうち12万トンを昭和電工に供給保証する20年契約を2001年７月に結んでいる。

■ガスベースのオレフィンセンター

オレフィン・オキソコンプレックスは、30万トンのプロパン脱水素プロピレンをペトロナスが単独出資で製造し、パートナーのＢＡＳＦは川下の誘導品事業のみに出資。製品群はアクリレート、ディスパージョン、オキソアルコール、無水フタル酸、可塑剤などで、それぞれ原料から製品まで一貫生産されている。一連の製品群はＢＡＳＦ60%／ペトロナス40%出資の合弁会社であるＢＡＳＦペトロナス・ケミカルズが2000年から2004年にかけて段階的に建設した。2000年に完成したのが16万トンのアクリル酸と２種類のアクリレート（アクリル酸ブチルと２エチルヘキシルエステル）および２万トンの精アクリル酸（ＧＡＡ）で、ベクテル施工により2000年３月に完成、８月から操業開始した。これらを2021年までに増強する。誘導品の高吸水性樹脂（ＳＡＰ）も事業化を予定。2001年４月には25万トンのオキソアルコールを設置し、９万トンの２エチルヘキサノールと４万トンの無水フタル酸、これらの誘導品である可塑剤10万トン設備（2016年９月に台湾の聯成化学科技がフタル酸とＤＯＰを買収）が完成した。その後2004年にかけて14万トンのノルマルブタノール、2015年にアクリルディスパージョンが完成、2020年に倍増する。またブタンの誘導品である無水マレイン酸16万トン設備を2000年７月に建設し、2004年初めにはクヴァナ法による10万トンの1,4-ブタンジオール設備を建設した。その川下製品であるＰＢＴ樹脂は、東レとの合弁会社である東レＢＡＳＦ・ＰＢＴレジンが６万トン設備を建設し、2006年３月から生産開始した。2016年秋には香料原料コンプレックスが完成し、メンソールは翌年から操業開始した。

ペトロナス関連のクアンタン・ゲベン地区石化プロジェクト

（単位：t/y）

製品	会社名	生産能力	完成	備考
プロピレン	ペトロナス・ケミカルズＭＴＢＥ	300,000	2001／7	プロパン脱水素法、ＵＯＰ／Ｓ＆Ｗ、川下でＢＡＳＦペトロナスが誘導品を展開
アクリル酸	ＢＡＳＦペトロナス・ケミカルズ	160,000	2000／7	ＢＡＳＦ60%／ペトロナス40%出資
精製アクリル酸		20,000	〃	ＢＡＳＦ法/リンデ、ＳＡＰ事業化を検討
アクリル酸ブチル	〃	100,000	〃	ＡＡとＢＡを2021年までに増強
２ＥＨアクリレート	〃	60,000	〃	
無水マレイン酸	〃	160,000	〃	ブタン法
２エチルヘキサノール	〃	90,000	2001／4	オキソアルコール～ＴＥＣ連合施工
無水フタル酸	〃	40,000	〃	ＴＥＣ施工→2016/9聯成化学科技が買収
ＤＯＰ／ＤＩＮＰ	〃	100,000	〃	同上、可塑剤～ＴＯＹＯ施工
ギ酸	〃	50,000	2002／4Q	
1,4-ブタンジオール	〃	100,000	2004／1	クヴァナ法、無水マレイン酸からの一貫
ＰＢＴ樹脂	〃	60,000	2006／3	「東レＢＡＳＦ・ＰＢＴレジン」、4,000万$
Ｎブタノール	〃	140,000	2004／1	オキソアルコール～ＴＥＣ施工
イソブタノール	〃	25,000	〃	〃
無水トリメリット酸	〃	65,000	2002／末	工費1.5億$、ＥＰＣはＭＷケロッグ
アクリルディスパージョン	〃	n.a.	2015年	2020/初に倍増設
シトラール	〃	30,000	2016／9	香料原料コンプレックス/フルアー５億$
シトロネロール等	〃	8,000	2016／11	～本格商業運転開始は2017/上
ℓ－メンソール	〃	9,000	2017年	
２－エチルヘキサン酸	〃	30,000	2016／10	2015/6着工～2017/上商業運転開始
高活性ポリイソブテン	〃	50,000	2018／1	ＨＲ－ＰＩＢ（高反応性ポリイソブテン）
高純度テレフタル酸	リライアンス	610,000	95／7	ＢＰが2012年に売却、ＴＰＬ/テクニップ

ＢＡＳＦペトロナス・ケミカルズのコンプレックス

＜立地場所：パハン州クアンタン・ゲベン地区＞
(2001／７完成)

(単位:t/y)

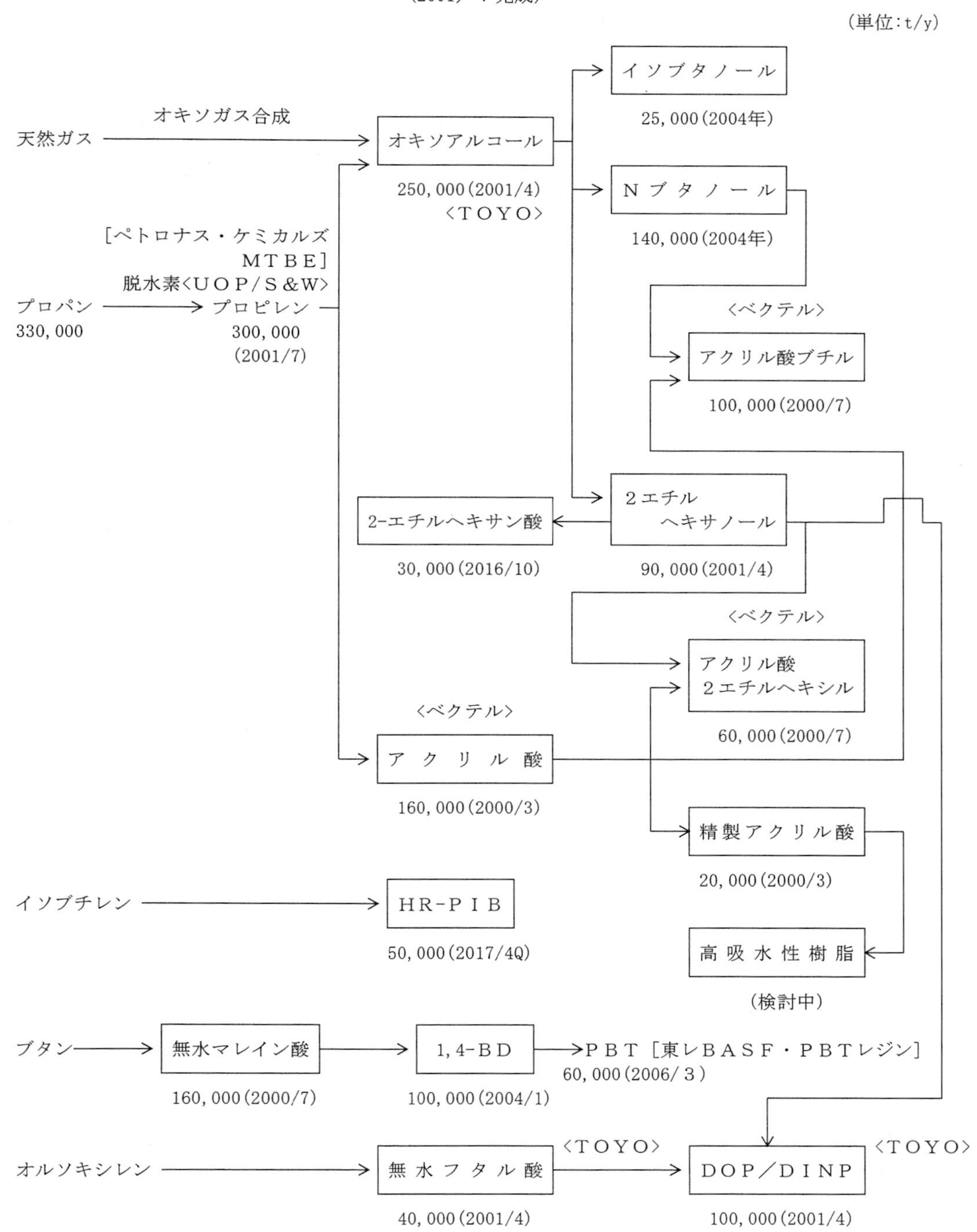

マレーシアの主な石化企業・出資構成

会　社　名	製　　品	立地場所	出　資　比　率
ペトロナス・ケミカルズＭＴＢＥ	プロピレン、イソブチレン	ゲベン	ペトロナス100％(30％出資のボレアリスは撤退)
ロッテケミカル・タイタン	エチレン、ポリエチレン、ポリプロピレン	パシール・グダン	ロッテケミカル100％(2010/11に台湾資本のチャオやＰＮＢから旧湖南石油化学が全株式を買収)
ペトロナス・ケミカルズ・エチレン	エチレン	ケルテ	ペトロナス87.5％／出光興産12.5％
ペトロナス・ケミカルズ・ポリエチレン	ＬＬＤＰＥ	ケルテ	ペトロナス100％(ＢＰは資本撤退)
ペトロナス・ケミカルズ・アロマティックス	パラキシレン	ケルテ	ペトロナス70％／マレーシア・ジャパン・パラキシレン30％(三菱商事：ＪＸＨＤ＝２：１の割合)
ＢＰペトロナス・アセチルズ	酢酸	ケルテ	ＢＰ70％／ペトロナス30％
イデミツＳＭマレーシア	エチルベンゼン、スチレンモノマー	パシール・グダン	出光興産70％／ペトロナス30％
ペトロケミカルズ(マレーシア)	ＰＳ	ジョホール・バール	出光興産97.6％／現地2.4％。ポリスターコンパウンドはペトロケミカルズ・マレーシア100％出資
トーレ・プラスチックス(M)	ＡＢＳ樹脂、コンパウンド	ペナン	東レ80%/ペンファイバー10%/ペンファブリック10%
東レＢＡＳＦ・ＰＢＴレジン	ＰＢＴ樹脂	ゲベン	東レ50％／ＢＡＳＦ50％
レクロン(マレーシア) Recron (Malaysia) Sdn Bhd	ＰＴＡ	クアンタン・ゲベン	印リライアンスが2012年にＢＰケミカルズ(マレーシア)から買収
カネカ・マレーシア	ＭＢＳ樹脂	ゲベン	カネカ100％
ポリプラスチックス・アジア・パシフィック	ポリアセタール樹脂、ＰＢＴ、エンプラコンパウンド	クアンタン・ゲベン	ポリプラスチックス100％
ＢＡＳＦペトロナス・ケミカルズ	アクリル酸、アクリレート、オキソアルコール、ＤＯＰ	クアンタン・ゲベン	ＢＡＳＦ60％／ペトロナス40％
ペトロナス・ケミカルズ・オレフィンズ	エチレン、プロピレン	ケルテ	ペトロナス88％／サソール12％(ダウは資本撤収)
ペトロナス・ケミカルズ・グリコールズ	ＥＯ、ＥＧ、エタノールアミン、エトキシレート外	ケルテ	ペトロナス100％(50％出資していたダウ・ケミカルは2009／９に全株式をペトロナスへ売却)
ペトロナス・ケミカルズ・デリバティブズ	ブタノール、ブチルアセテート外	ケルテ	ペトロナス100％(50％出資していたダウ・ケミカルは2009／９に全株式をペトロナスへ売却)
ペトロナス・ケミカルズＬＤＰＥ(旧ペトリン・マレーシア)	ＬＤＰＥ	ケルテ	ペトロナス60％／サソール・ポリマー40％ (20％出資のＳＡＢＩＣヨーロッパは資本撤退)

ペトロナスの業績概況と戦略

アジア最大の天然ガス産出国であるマレーシア。国営企業のペトロナス(PETRONAS=Petroliam Nasional Berhad)はそのガスを一手に引き受け、日本などへのＬＮＧ輸出や国内へのエネルギー供給を果たすほか、化学原料として付加価値を高めるため、石化コンプレックスに欧米のメジャー化学企業を誘致、ポリオレフィン輸出などを通じてアジア市場で目立った存在感を示している。

ペトロナスは、川上のメタノールやオレフィンなど基礎原料に近い製品のプロジェクトに対しては過半数を出資して主導権を握り、川下製品については出資比率に拘らず、出来るだけ外資を導入、主導権を確保しながら外資から技術やノウハウを獲得していくのが基本戦略。これは景気循環要素の強い川下事業が業績に与える影響を極力避けるためで、資源サプライヤーとして天然ガスチェーンの付加価値を向上させるのが狙い。ここから得られる豊富なキャッシュフローを武器に自国の産出資源を自らコントロールし、出来るだけ高い付加価値をつけて事業展開していこうというのがペトロナスの一貫した方針。塩ビ事業からの撤退(2012年末)など経営判断は速い。

石化事業を管轄する子会社ペトロナス・ケミカルズ・グループ(ＰＣＧ)は2010年11月に上場、100%子会社化した石化系企業の重複事業を統合しており、2011年までに順次上場させた。ペトロナス・ケミカルズが社名の冠に付く子会社は８社に上る。

■2017年業績は大幅な増収増益

2017年の業績は、原油価格の上昇など外部環境の好転により、２年連続の減収減益から３年ぶりに増収増益へ転じた。ＬＮＧの販売量は、前年の3,011万トンから3,072万トンへ２%しか増加しなかったが、原油価格は底値となった2016年１月のバレル30ドル前後の水準から、同年12月には50ドル台へ回復、2017年には年間を通じて50～60ドルを維持したため、売上高で15%増、営業利益面でも44%の大幅な増益となっている。

ペトロナスの連結業績

	2017年12月期			2016年12月期			2015年12月期	
	金　額	構成比	前年比	金　額	構成比	前年比	金　額	構成比
売上高	223,622	100.0	114.6	195,061	100.0	78.8	247,657	100.0
営業利益	83,428	37.3	143.9	57,964	29.7	81.7	70,977	28.7
税引前利益(経常利益)	68,241	30.5	187.8	36,339	18.6	93.2	38,972	15.7
(法人税など)	19,134	8.6	188.5	10,148	5.2	64.1	15,823	6.4
当期利益	45,518	20.4	191.6	23,762	12.2	113.9	20,860	8.4
株主利益	37,660	16.8	218.9	17,204	8.8	130.7	13,158	5.3

単位：100万ＲＭ、%　　(出所)ＰＥＴＲＯＮＡＳ

■ペトロナスのＲＡＰＩＤ計画

ペトロナスは、総投資額約270億ドルの「ペンゲラン総合コンプレックス(ＰＩＣ：Pengerang Integrated Complex)」プロジェクトの一環として、「ＲＡＰＩＤ」(Refinary and Petrochemical Integrated Development)プロジェクトを推進している。これは日量処理能力30万バレルの製油所と年産129万トンのエチレン設備を中核とする総量330万トンの石化統合コンプレックス計画で、ジョホール州南部ペンゲランの6,242エーカーに一大石油精製・石化基地を160億ドルで2019年第１四半期までに建設する。2011年５月に発表されたが、当初参画する予定だった複数のメンバーが入れ替わり、最終的にサウジアラムコとの折半出資合弁事業として推進されることになった。

経緯を見ておくと、2012年３月にＢＡＳＦ60%出資によるポリエチレンやＰＰ、合成ゴム、イソノナノール、高活性ポリイソブチレン、非イオン界面活性剤、メタンスルホン酸、プリカーサなどの合弁事業化で合意したが、2013年１月には白紙化された。これと入れ替わりに、2013年１

月にはエボニックが過酸化水素25万トンやイソノナノール22万トン、11万トンのブテン－１事業化計画を表明したものの、これも2016年10月には撤退が決まった。その一方で2012年11月には、ＬＬＤＰＥ35万トン設備にイネオスのイノビーンＧ技術を、同12月にはＰＰ90万トン設備にライオンデルバセルのスフェリポールＰＰ技術を導入することが決まった。同７月には伊ベルサリス(Versalis：Ｅｎｉの子会社で2012年４月にポリメリ・ヨーロッパから商号変更)とＳ－ＳＢＲやＥＰゴムを含むエラストマー事業を合弁で行うことも決まり、2013年11月にはペトロナス60%／ベルサリス40%出資の合弁会社設立契約を交わしたが、これも2016年４月に断念した。この結果、原料のブタジエンは全量外販されることになった。さらに伊藤忠商事とタイのＰＴＴグローバルケミカルとの合弁によるフェノール～ビスフェノールＡ～ポリカーボネートチェーンの構築も棚上げされている。その後、サウジ・アラムコがＰＲＰＣリファイナリー＆クラッカーへの参画を決定し、2017年３月に50%の株式譲受契約を締結、2018年３月に総額70億ドルを出資した。同５月には製油所とクラッカー回りの基礎原料部門を運営するペンゲラン・リファイニング・カンパニーとポリオレフィンやＭＥＧ部門を運営するペンゲラン・ペトロケミカル・カンパニーを設立。

ペトロナスは2014年４月に最終投資決定し、同７月以降、各プラントのＥＰＣＣを次々に発注し始めた。ペトロナスの特定目的子会社だったＰＲＰＣリファイナリー・アンド・クラッカーが原油蒸留装置やナフサクラッカーなど中核部門のプラントを８月までに発注、建設工事が順次始まった。ガソリンやディーゼル燃料などの石油製品は、ユーロＶ基準を想定しており、川下の石化部門には、最大消費国の中国向け輸出を当て込んだＰＲＰＣポリマーズのポリオレフィンプラント群やＰＲＰＣグリコールズの大型ＭＥＧプラントが組み込まれている。それぞれ下表の通り各エンジニアリング企業に発注されており、2016年11月には山九によるクラッカーの現地据え付け工事も始まった。2017年８月にはイソノナノール25万トンプラントも発注された。今後、2019年４月から最後にＩＮＡが稼働する９月にかけて製油所や石化設備が順次立ち上がっていく予定。

ＲＡＰＩＤプロジェクトの概要

■ペンゲラン・リファイニング・カンパニー

設備	能力	内容
石油精製(常圧蒸留装置)	30万b/d	ＦＥＥＤ+ＰＭＣ～仏テクニップ/ＥＰＣＣ～シノペックエンジニアリング 常圧残油脱硫装置、水素貯蔵・供給装置他　：受注額13.29億＄
ＲＦＣＣ装置	14万b/d 6.5万b/d	残油流動接触分解装置のＥＰＣＣ～台ＣＴＣＩ/千代田化工建設 ＬＰＧ・プロピレン処理ユニット　：受注額1,300億円
ハイドロトリーター (ハイドロリフォーマー)	34.45万 Nm³/h	ディーゼル・ハイドロ・トリーターのＥＰＣＣ～西テクニカス・レウニダス ディーゼル油水素化精製、接触改質、水素製造装置他：受注額15億＄
硫黄回収装置他	n.a.	ＦＥＥＤ～Jacobs Engineering/ＥＰＣＣ～Petrofac　：受注額５億＄
エチレン プロピレン ブタジエン	129万t/y 70万t/y 18万t/y	ＦＥＥＤ+ＥＰＣ～米ＣＢ＆Ｉルーマス/東洋エンジニアリンググループ ナフサクラッカーによるＣ3留分回収精製　：受注額2,400億円 ナフサクラッカーによるＣ4留分回収精製　(用役や付帯設備等含む)
イソノナノール	25万t/y	ＢＡＳＦ技術、ＥＰＣＭ～米フルアーが2017/8受注、ＤＩＮＰ原料
■ペンゲラン・ペトロケミカル・カンパニー		
ＬＬＤＰＥ	35万t/y	イネオスの気相流動床法「イノビーンＧ」～サムスン・エンジ：受注額3.05億＄
ＨＤＰＥ	40万t/y	ライオンデルバセル技術～伊メイレ・テクニモント/中国寰球工程：3.28億＄
ＰＰ	90万t/y	「Spheripol PP」法、ＥＰＣＣ～テクニモント/中国寰球工程：受注額4.82億＄
ＭＥＧ	74万t/y	シェル技術「ＯＭＥＧＡ」法、ＥＰＣＣ～サムスン・エンジ：受注額5.77億＄

マレーシアの石化製品需給と予測

マレーシアの主要石化製品需給推定

	生産能力			輸　入			輸　出		
	2015年	2016年	2017年	2015年	2016年	2017年	2015年	2016年	2017年
エチレン	1,723	1,723	1,723	30	20	10	120	90	110
ＬＤＰＥ	485	485	485	172	165	160	425	400	370
ＬＬＤＰＥ	60	60	60	477	468	483	－	－	－
ＨＤＰＥ	525	525	525	480	455	450	410	360	315
ＰＰ	373	373	373	567	380	380	470	350	210
ＶＣＭ	0	0	0	65	65	75	－	－	－
ＰＶＣ	110	110	110	204	205	210	27	20	25
スチレン	240	240	240	169	176	200	96	83	40
ＰＳ	110	110	110	51	51	51	69	91	84
ＥＰＳ	0	0	0	30	20	10	1	－	－
ＡＢＳ樹脂	350	350	350	43	45	45	186	195	200

単位：千トン　(注)2017年は予想　　出所：マレーシア石油化学協会

ポリオレフィンの消費推移と見通し

	2013年	2014年	2015年	2016年	2017年	2018年	2019年	2020年
ＨＤＰＥ	501	526	550	572	597	625	653	681
ＬＬＤＰＥ	376	401	411	429	448	472	494	518
ＬＤＰＥ	191	195	206	210	214	220	226	230
ＰＰ	407	429	459	478	497	521	543	566
合　計	1,475	1,551	1,626	1,689	1,756	1,838	1,916	1,995

単位：千トン　(注)2017年以降は予想　　出所：マレーシア石油化学協会

プラスチックの内販が９％増／輸出はニケタ増

プラスチック工業の2017年総売上高は、前年比9.1％増の298億ＲＭを記録。うち輸出は11.2％増の145.8億ＲＭで、その内プラ袋は7.1％増の44億ＲＭ、フィルム製品は18.5％増の53.2億ＲＭと伸長した。テレビやエアコンなどに使用される電子・電気分野のプラスチック製部品需要については、40％の大幅増だった。2018年も自動車や建設分野における緩やかな需要増が期待される。輸出については、引き続きＥＵや日本市場における力強い需要により成長が続くとみられる。なお、2017年のマレーシアにおけるゴム生産量は、前年比10.6％増の88万600トンだった。

2017年における石油化学製品の輸出額は255.7億ＲＭを達成し、2020年には110.1億ＲＭ増となる365.8億ＲＭへの成長が見込まれている。マレーシア石油化学協会は、2016年までの需給実績しか公表しておらず、2017年以降は予想値しかないため、参考値として上記表を再掲した。2016年のポリオレフィン内需は、ＧＤＰ上昇に伴って４％前後成長し、168.9万トンとなった。2017年も経済成長と同じ年率５～６％のペースでポリオレフィン内需が成長したと見られる。

マレーシアではクアンタンのＰＰ８万トンが2012年末に停止、2013年にはロッテケミカル・タイタンもＰＰ能力を48万トンから一旦39万トンへ縮小したため、ＰＰは2013年から入超状態となったが、2018年９月に同社が第３系列20万トンを増設したことでバランスは回復する見通し。

マレーシアの合成繊維工業

マレーシアの合成繊維生産能力

(単位：t/y)

製品名	会社名	工場	現有能力	新増設計画	完成	備考
ポリエステル(f)	RECRON (MALAYSIA) SDN, BHD.	メルカ	320,000		98／末	台湾・華隆→印ＲＩＬに07/末売却、全量ＰＯＹ-ＤＴＹ　(旧HUALON)
		計	320,000			
ポリエステル(s)	RECRON (MALAYSIA)	メルカ	65,000		97年	ＲＩＬ買収、ボトル用ＰＥＴ15万t有
	PENFIBRE SDN, BHD.	ペナン	51,000			東レ100％出資、2015年9,000t削減
		計	116,000			
ナイロン(f)	RECRON (MALAYSIA)	メルカ	36,000		97年	台湾・華隆→2007/末にＲＩＬ買収
		計	36,000			

(注)(f)はフィラメント(長繊維)、(s)はステープル(短繊維)の略

マレーシアの合成繊維生産推移

(単位：トン、％)

品種	2011年	2012年	2013年	2014年	2015年	2016年	前年比
ポリエステル(f)	294,000	273,000	261,000	239,000	255,000	258,000	101.2
ポリエステル(s)	99,000	101,000	111,000	107,000	104,000	114,000	109.6
ナイロン(f)	21,000	28,000	22,000	22,000	21,000	21,000	100.0

マレーシアの石化原料事情

マレーシアはアセアンではインドネシアに次ぐ産資源国であるが、産出量は原油よりも天然ガスの方が豊富。石化コンプレックスのうち、シンガポールからナフサを調達しているロッテケミカル・タイタンを除けば、クアンタンのＭＴＢＥ工場やケルテのエチレン工場とペトロナス・ケミカルズ・オレフィンズ、ゲベンのＢＡＳＦペトロナス・ケミカルズはともに天然ガスを出発原料に利用している。現在、天然ガス生産量は日産20億立方フィートに達しているが、これはエタンやプロパンなど石化原料を抽出するのに十分な量。６基のガス分離工場があるケルテにはエチレン系、クアンタン・ゲベンにはプロピレン系の石化基地を集中させており、２つの拠点はパイプラインと鉄道で結ばれているため、将来にわたって石化原料手当てに困窮する恐れはない。それでも2005年には総工費１億ドルを投入し、ガス分離プラント(ＧＰＰ－１)の近代化計画を進め、同時に年産16万トン規模のエタン製造設備も新設するなど、石化原料の確保には意欲的。

ビンツルのシェルＭＤＳ(ミドル・ディスティレート・シンセシス)が92年末に建設した日量能力1.2万バレルのＭＤＳ(中間留分合成)プラントは93年春から本格稼動を始めたが、97年に爆発事故を起こしたため日揮が修理、2000年７月から運転を再開した。このＳＭＤＳは、シェル・マレーシア60％／三菱商事20％／サラワク州政府10％／ペトロナス10％出資の合弁事業として進められたもので、天然ガス270万㎥／日を1.6万バレルの合成ガソリンなど中間留分に転換する。これは世界初の工業化プロセスで、ガソリン、灯油、ディーゼル油だけでなくパラフィン・ワックスやノルマルパラフィンなど石化原料としても利用できるため、ガソリン～ナフサ換算では年間50万トン規模の需給緩和に貢献している。なおエッソ・マレーシアは2011年８月、フィリピンの

ペトロンにポート・ディクソンの製油所とＳＳチェーンを売却することで合意。同地のシェルも2016年に中国の山東恒源石油化工へ51％の持株を売却した。

内需の規模に比べて不足している石油精製能力を高めるため、94年７月に10万バレルのマラッカ・タンガバツー製油所を建設した。これは中東原油を輸入して国内で精製する内需用のリファイナリー。一方、同じマラッカで98年３月に建設された輸出用リファイナリーにはコノコが40％出資しており、45％はペトロナスの精製子会社であるペトロナス・ペナピサン（メラカ）が出資、残り15％は中東資本となった。このマレーシア・リファイニングは95年１月に千代田化工／三井物産連合にプラントを発注、10万バレルのトッパーに加え、6.2万バレルの減圧蒸留装置、2.6万バレルのＣＣＲ、2.85万バレルの水素化分解装置、3.5万バレルのナフサ脱硫装置、2.1万バレルのコーキング装置など２次設備を備えたリファイナリーが98年３月に誕生している。

ペトロナスはジョホール州南部ペングランで30万バレルの製油所と129万トンのエチレンプラントを新設する「ＲＡＰＩＤ」計画を推進中で、2019年第１四半期の完成・稼働を予定している。隣接地では台湾の国光石化科技が10万バレルの製油所と90万トンのエチレンセンターを2018年めどに建設する検討を進めていたが、経済性の問題と反対運動もあり、2013年半ばまでに断念した。またペラ州政府はカタールの王室系企業であるガルフ・ペトロリアムとマンジュン地区に処理能力15万バレルの製油所を建設することで2008年２月に合意、投資額は158億リンギ（5,300億円）で、プロジェクトは３段階に分けて実施され、製油所、石油化学プラント、貯蔵タンクの順に３年で建設される予定だった。原油は中東諸国から輸入し、サウジアラビアやアラブ首長国連邦といった産油国からの出資も見込んでいたが、その後の進展情報はなく、白紙化されたと見られる。

マレーシアの石油精製能力と新増設計画

（単位：バレル／日）

製油所名	立地場所	現有処理能力	新増設計画	完成	備考
エッソ→比ペトロン	Port Dickson	88,000			95／４に現トッパーへ建替、日揮
シェル・リファイニング→山東恒源石化	Port Dickson	156,000			シェル75%→51%を2016年中に売却
		[41,000]	[ＲＦＣＣ]	99／春	日揮が施工、シェルのＬＲＣＣ法
サラワク・シェル	Luton	45,000			サラワク州
シェルＭＤＳ	ビンツル	16,000		92／末	天然ガス系合成ガソリン47万t外
以下PETRONAS担当					
ケルテ製油所	トレンガヌ	85,000			83年操業開始､93年頃4.5万b増設
[NGL Splitter]		[63,000]		2000／５	コンデンセート・スプリッター
マラッカ製油所（内需用）	タンガバツー（マラッカ）	100,000		94／７	日揮／伊藤忠グループが施工　工費約７億＄
マレーシア・リファイニング（輸出用）	マラッカ	100,000	検討中	98／３	ペトロナス・ペナピサン（メラカ）／コノコ外の合弁～千代田／物産
ペトロナス/アラムコ	ジョホール州		300,000	2019／1Q	エチレン設備含むＲＡＰＩＤ計画
カタールのガルフ・ペトロリアムと合弁	ペラ州マンジュン		(150,000)	未定	工費158億ＲＭ、2008/２州政府と合意。石化設備・貯蔵タンク含む
	計	590,000	300,000		合計に[　]内を含まず

インドネシア

概要

経済指標	統計値	備考
面　積	191.1万km^2	日本の５倍
人　口	2億6,189万人	2017年の推計（ジャカルタに1,017万人）
人口増加率	1.2%	2017年／2016年比較
ＧＤＰ（名目）	10,150億ドル	2017年（2016年実績は9,320億ドル）
１人当りＧＤＰ	3,876ドル	2017年（2016年実績は3,604ドル）
外貨準備高	1,302億ドル	2017年末実績（2016年末実績は1,164億ドル）

実質経済成長率（ＧＤＰ）	2012年	2013年	2014年	2015年	2016年	2017年
	6.2%	5.6%	5.0%	4.9%	5.0%	5.1%

	〈2016年〉	〈2017年〉
輸出（通関ベース）	$145,186m	$168,774m
輸入（通関ベース）	$135,653m	$156,947m
対内投資実行額	〈2016年〉290億$	〈2017年〉322億$

通　貨	インドネシアルピア
	100ルピア=0.96円（2017年末）
	1 $=11,875ルピア（2017年末）
	（2016年平均は13,436ルピア）
	（2017年平均は13,548ルピア）

インドネシアの2017年ＧＤＰ成長率は5.1%となり、0.1ポイントながら微増となった。民間消費は伸び悩んだが、投資が堅調に推移し、資源価格も上昇して輸出入が２年ぶりにプラス成長となった。このため、貿易黒字が引き続いており、その額が前年の95億ドルから118億ドルへと拡大している。

対内直接投資は322億3,980万ドルと11.3%増加したが、業種別で伸び率が大きかったのは電気・ガス・水道、運輸・通信・倉庫業などのインフラ関連を主力とする第三次産業で、同じく全体の４割を占める第二次産業の中でもウェートの大きい化学・医薬品は10.8%減の26億ドル、ゴム・プラスチックも14.1%減の６億ドルに留まった。資源価格が回復した鉱業は、前年の32%減から59.6%増の44億ドルへと急回復した。国別では、８%減ながら首位のシンガポール、7.5%減の日本に続く３位の中国は、26%増と全体の１割台を占めるに至っている。

2018年も緩やかな経済成長が続いており、政府は実質ＧＤＰ成長率を5.4%と見込む。これに対して、世界銀行は5.2%、ＩＭＦやＡＤＢ、ＯＰＥＣは5.3%を予想している。

インドネシア唯一の民間エチレンセンター会社であるチャンドラ・アスリは、年産110万トンの第２クラッカーを2024年までに増設する検討を始めた。ロッテケミカル・タイタンも100万トンのエチレンセンター建設に向けてチレゴンに用地を確保、2023年の完成を目指している。公営企業のプルタミナは、サウジアラムコと組んでやはり100万トン規模のエチレン生産に進出しようとしており、国産能力不足を解消するための石化基礎原料分野への投資計画が続出している。

インドネシアの石油化学工業

インドネシアの化学工業は、1960年代初めに国営企業主導で尿素・アンモニア工場が操業したことに始まる。石化工業としては、最初のエチレンセンターであるチャンドラ・アスリのペトロケミカル・コンプレックスが95年に完成したが、アジア通貨危機を契機とする97年末以降の深刻な経済の落ち込みとその後の政局の混乱により、これに続くセンター計画が全て頓挫してしまった。唯一、ツバンの芳香族プロジェクトだけが再開され、実現しただけである。

合成樹脂などの本格的な石化プラントは、60年代に２万トン規模のＰＰプラントがプラジュでスタートしたが、その後操業を停止しており、94年５月初めから営業運転を開始した4.5万トンのプラントに取って代わられた。原料のプロピレンは、インドネシア国営石油会社のプルタミナ(Pertamina)のＦＣＣガスから回収・分離し受給している。92年にはトリポリタのＰＰ16万トン工場が登場、95年半ばにはポリタマ・プロピンドによる12万トンのＰＰプラントがバロンガンに完成、96年初めから営業運転を開始した。原料プロピレンは、プルタミナのバロンガン製油所にある21万トン能力のＲＣＣガス・リカバリー・システムから受給している。

80年代は織物製品に対する旺盛な需要があり、その原材料のほとんどを輸入に依存していた。そこで政府は、主力のポリエステル繊維原料確保のため、南スマトラのプラジュに15万トンのＰＴＡ工場を建設、86年７月から生産開始した。生産されるＰＴＡの全ては国内のポリエステル繊維工業で消化されたが、需要の伸びに対応するため、90年には22.5万トンまで増強した。それでも国内の必要量には届かず、旧バクリー・カセイ(現三菱ケミカル・インドネシア)による25万トンの第２ＰＴＡが西ジャワ・メラクに建設された。同工場は94年半ばの本格稼働開始後、早速倍増設に踏み切り、96年７月からは２系列体制による量産に乗り出している。さらに第３ＰＴＡ工場が三井グループと旧アモコ(現ＢＰ)との合弁により建設され、35万トン設備が97年８月に稼働開始した。両社とも初期能力より拡張されているが、プルタミナは2007年以来停止中。

一方、85年には東カリマンタンのブニュ島にプルタミナのメタノール33万トン工場が建設され、86年から操業開始した。これも全量が国内の合板工業向け接着剤用樹脂となるホルムアルデヒド系樹脂の原料として消費されている。またフンプス傘下のカルティム・メタノール・インダストリーによる66万トンの第２メタノール工場が北カリマンタンのボンタンで94年に着工し、97年初めには旧日商岩井(現双日)が資本参加、98年半ばより本格操業を開始した。

芳香族系製品では87年、プルタミナが27万トンのパラキシレン(ＰＸ)と12万トンのベンゼンからなるプラント建設を決定、90年末にはジャワ島のチラチャップで操業開始した。このプロジェクトの完了により、国内のＰＴＡ工場は国産ＰＸを受給できるようになった。またベンゼンは輸出されるほか、石化原料としてＳＭ向けに利用されている。東ジャワ・ツバンの芳香族計画は７年ぶりに再開され、2006年２月に完成、４月から試運転を始め、７月から操業を続けている。

塩ビ事業ではイースタンポリマーがいち早く73年にスタートし、77年には東ソー、三井物産の出資するスタンダード・トーヨー・ポリマーが操業を開始、その後89年８月にはアサヒマス・ケミカルの電解～ＥＤＣ～ＶＣＭ～ＰＶＣという一連の塩ビ系コンプレックスが西ジャワ・アニール地区に完成した。アサヒマスはその後も積極的な増設を実施しており、97年10月には同国最大の電解～塩ビ一貫プラントが完成した。このほか住友商事、東ソーが出資していた旧サトモ・インドビル・グループのＶＣＭ／ＰＶＣ、タイのサイアムセメントなどが出資するＴＰＣインド・プラスチック＆ケミカルズ(元サイアム・マスピオン)があるが、前者から日本側は資本撤収済み。

スチレン系製品では、ダウとサリムの合弁会社パフィシック・インドマス・プラスチックス・インドネシア(現ＤＣＩ)が93年にＰＳ工場の操業を開始。原料のＳＭは、92年半ばに豊田通商(当時トーメン)、出光興産(同出光石油化学)などが出資していたスチリンド・モノ・インドネシア(ＳＭＩ)が10万トン能力で操業開始、その後99年６月に20万トン増設し、2002年８月にも手直し増強して現有34万トン能力としたが、2007年４月にはチャンドラ・アスリが買収した。

以上のように、インドネシアの石油化学工業は70年代から80年代の草創期にかけてプルタミナが川上原料やＰＴＡなどの一部誘導品で主導的な役割を果たしてきたものの、90年代に入ってからは外資を含む民間主導で様々な石化ダウンストリーム工場が建設され、エチレンセンターをはじめとする大型の石化プラントも建設された。その詳細を別表に示す。

インドネシアにおける石化製品や合成繊維企業化の経緯

(単位：t/y)

年	会社名	製品名	生産能力	備考
1973	Indonesia Toray Synthetic	ポリエステル繊維	28,000	現有能力は8.1万t
	〃	ナイロン繊維	8,000	現有能力は1.6万t
	Eastern Polymer	ＰＶＣ	40,000	現有能力は５万t
74	Pertamina Polypropylene Plant	ポリプロピレン	20,000	休止中
76	Kukuh Manunggal Fiber Industry	ポリエステル繊維	18,000	
	Teijin Indonesia Fiber Corporation	ポリエステル繊維	100,000	
77	Standard Toyo Polymer	ＰＶＣ	58,000	現有能力は9.3万t
79	Texmaco Taman Synthetic	ポリエステル繊維	12,000	
	Sulinda Synthetic Fiber Industry	ポリエステル繊維	98,000	
1980	Yashinta Poly	ポリエステル繊維	118,000	
84	Tri Rempoa Solo Synthetic	ポリエステル繊維	108,000	
	Unggul Indah Corporation	アルキルベンゼン	120,000	現有能力は18万t
85	Polychem Lindo Incorporation	ポリスチレン	28,000	
86	Pertamina PTA Plant, Plaju	ＰＴＡ	225,000	
87	Pertamina Methanol Plant, Bunyu	メタノール	330,000	
89	Asahimas Chemical	ＶＣＭ	150,000	現有能力は90万t
	〃	ＥＤＣ	60,000	現有能力は72万t
	〃	ＰＶＣ	70,000	現有能力は55万t
1990	Pertamina Paraxylene Plant,Cilacap	パラキシレン	270,000	
	〃	ベンゼン	120,000	
92	GT Petrochemical(現 Polychem)	ＥＧ	80,000	現有能力は22万t
	Tri Polyta Indonesia	ポリプロピレン	160,000	
93	Indorama Polymer	ポリエステル繊維	49,000	
	Petrokimia Nusantara Interindo	ポリエチレン	200,000	現有能力は45万t
	Styrindo Mono Indonesia	ＳＭ	100,000	現有能力は34万t
	Pacific Indomas Plastics Indonesia	ポリスチレン	30,000	現有能力は６万t
94	Mitsubishi Chemical Indonesia(当時Bakrie)	ＰＴＡ	250,000	現有能力は64万t
	Pertamina PP Plant, Plaju	ポリプロピレン	45,000	94/1Q操業開始
95	Chandra Asri Petrochemical Center	エチレン	540,000	95/5操業開始
	〃	プロピレン	240,000	〃
	〃	ＬＬ／ＨＤＰＥ	200,000	95/3操業開始
	〃	ＨＤＰＥ	100,000	95/4操業開始
	Pertamina Balongan Rifinary	プロピレン	180,000	95/初操業開始
	Rishad Brasari Industry	ＳＡＮ	50,000	ＡＢＳ樹脂併産
	Dow Porymer Indonesia	ＳＢラテックス	30,000	ダウ技術
	Indolatex	ＳＢラテックス	19,000	現有能力は５万t
	Indorama Synthetics	ＰＥＴ	50,000	ボトル用ＰＥＴ
	Mitsubishi Chemical Indonesia	ＰＥＴ	40,000	95/9操業開始

96	Polytama Propimdo	ＰＰ	120, 000	96/初操業開始
	DSM Kaltim	メラミン	50, 000	96/末完成
97	Amoco Mitsui PTA Indonesia	ＰＴＡ	350, 000	97/7操業開始
98	Nippon Shokubai Indonesia	アクリル酸	60, 000	98/11操業開始
	（当時 Nisshoku Tripolyta Acrylindo）	同エステル	100, 000	〃
	Satomo Indovil Monomer	ＶＣＭ	100, 000	98/3操業開始
	Satomo Indovil Porymer	ＰＶＣ	70, 000	98/4操業開始
	Kaltim Methanol Industry	メタノール	660, 000	98/6操業開始
	(Showa Esterindo Indonesia)～2014/12閉鎖	酢酸エチル	(50, 000)	99/9操業開始
2006	Tuban Petrochemical	パラキシレン	600, 000	2006/7操業開始

インドネシアの主要石油化学製品生産能力と新増設計画

(単位：t/y)

製　　品	会　社　名	工　　場	現有能力	新増設計画	完　成	備　　　　考
エチレン	チャンドラアスリ・	アニール	860, 000	40, 000	2020／初	95/5完成、ルーマス/ＴＥＣ、2007/末
	ペトロケミカル	〃		1, 100, 000	2024／初	KBR法で8万t増強+2015/末26万t増設
	ロッテ・タイタン	チレゴン		1, 000, 000	2023年	2017/央、国営製鉄所の隣地80ha確保
	アラムコ/プルタミナ	バロンガン		1, 000, 000	検討中	合弁相手をＰＴＴＧＣ→アラムコへ
プロピレン	プルタミナ	パレンバン	50, 000			94/1Q完成、ＦＣＣ回収
	〃	バロンガン	180, 000		95／初	ＦＣＣ回収
	〃	〃	210, 000		2010／末	ルーマスのメタセシス技術～ＴＥＣ
				本格稼働→	<2013/1>	/レカヤサ施工、原料はＲＦＣＣより
	〃	チラチャップ	180, 000		2015／10	ＲＦＣＣ回収
	チャンドラアスリ・	アニール	470, 000	20, 000	2020／初	ルーマス/TEC、2007/末KBRのSCORE法
	ペトロケミカル	〃		600, 000	2024／初	で3.6万t増強＋2015/末15万t増設
合　　計			1, 090, 000	620, 000		
ブタジエン	ペトロキミア・ブタ	アニール	137, 000		2013／4Q	工費1.5億$、BASF/LUMMUS/TOYO-KOREA
〃	ジエン・インドネシア			175, 000	2024／初	2018/7に3.7万t増強、BASF/LUMMUS法
ブテン1	チャンドラアスリ・	アニール		43, 000	2020／3Q	Ｌ-Ｌ用コモノマー/TOYO Group施工
ＭＴＢＥ	ペトロケミカル	〃		127, 000	〃	共にブタジエン抽出残から原料分離
ベンゼン	プルタミナ	チラチャッ	163, 000		90／末	2015/10に４万t増強、ＰＸ併産設備
パラキシレン	〃	プ	320, 000	165, 000	2022年	93年５万t増強、現28万b→48.5万bへ
ベンゼン	チャンドラアスリ・	アニール		363, 000	2024年	第２期センター計画の一環、ＧＴＣ
トルエン	ペトロケミカル	〃		165, 000	〃	テクノロジー
キシレン	〃	〃		120, 000	〃	
ベンゼン	トランス・パシフィ	ツバン	207, 000		2006／７	コンデンセートスプリッター10万b/d
トルエン	ック・ペトロケミカ	〃	100, 000		〃	併設、Ｓ＆Ｗ/日揮が施工、70%完成し
オルソキシレン	ル・インドタマ(TPPI)	〃	120, 000		〃	た97/末で工事中断→2004/6工事再
パラキシレン	ツバン・ペトロケミ	〃	600, 000	600, 000	未　定	開、総工費10億$、400万tのコンデン
リフォーメート	カル(Tuban Petro-	〃	335, 000		2006／７	セートを供給するビトールが製品オ
ライトナフサ	chemical)	〃	1, 065, 000		〃	フテイク権の過半を取得。2006/2メ
ケロシン	〃	〃	1, 100, 000		〃	カコン～４月試運転開始～同７月よ
ディーゼル油	〃	〃	189, 000		〃	り本格稼働、倍増設計画有
ＬＬ／ＨＤＰＥ	ロッテケミカル・タ	メラク	450, 000		92／10	ＢＰ技術Innovene、94/末５万t増強、
	イタン・ヌサンタラ					98/央20万t増設、17/末mLLDPEも生産
〃	チャンドラアスリ・	アニール	200, 000	400, 000	2020／1Q	ユニベーション法/FEED:TOYO-KOREA
ＬＤＰＥ	ペトロケミカル	〃		300, 000	2024年	ライオンデル・バセル技術
ＨＤＰＥ	チャンドラアスリ・	アニール	136, 000			昭和電工技術、2011/4に1.6万t増強
〃	ペトロケミカル	〃		450, 000	2024年	Texplore技術
合　　計			786, 000	1, 150, 000		
ポリプロピレン	プルタミナ	ムシ	45, 000			94/1Q完成、同５月稼働
	アラムコ/プルタミナ	チラチャップ		160, 000	2022年	ＲＦＣＣ回収プロピレンを利用
	チャンドラアスリ・	メラク	240, 000		92／３	ユニポール法、93年８万t増、95年2号
	ペトロケミカル	〃	240, 000	110, 000	2019／3Q	機～2011/4に12万t増設後計48万t
	〃	〃		450, 000	2024年	ユニポールＰＰ法、増設後計104万t
	ポリタマプロピンド	バロンガン	380, 000			95/5稼働～2014/春原料不足で停止
合　　計			905, 000	720, 000		

インドネシア

カセイソーダ	アサヒマス・ケミカル	アニール	500,000 +200,000	次期増設を 検討中	 2016／2	ＡＧＣ技術（ＩＭ法）、97/10に15万t+ 2002/4に8.7万t+2013/3に13万t増設
塩素	〃	〃	630,000			2016/2に18万t増設
ＥＤＣ	〃	〃	720,000			2016/2に36万t増の倍増設
ＶＣＭ	〃	〃	400,000 500,000			三井化学技術、97/10に25万t増設 2016/2に40万t、2018/初に10万t増設
ＰＶＣ	〃	〃	550,000	 200,000	 2021／2Q	ＡＧＣ技術、92/末7万t、96年10万t、 97/10に4.5万t、2016/2に25万t増設
ＰＶＣコンパウンド	リケンインドネシア	ブカシ	24,000 20,000 10,000		96／1 2013／4	2003/10倍増、リケンテクノス62%/丸紅28%/ロダマス10%、2014/11に1万t増 新工場で医療用コンパウンドも生産
ＰＶＣ	スタンダード・トーヨー・ポリマー	メラク	93,000	 130,000	 未　定	92/央2.4万t＋2013/春1.1万t増強、 次期増設後22.3万t
ＰＶＣ	イースタン・ポリマー	ジャカルタ	50,000			72/2設立、現地ワービン100%出資
塩素	サルフィンド・アディウサハ（ＳＡＵ）	ボジョネガラ	217,000			電解装置、旧サリム系、96年に住商
カセイソーダ		〃	262,000			が資本参加、98/4に10万t増設
ＥＤＣ	〃	〃	100,000		92／初	ＳＡＵは株式売却を検討中
〃	〃	〃	250,000		97／4Q	2012/3に5万t増強
ＶＣＭ	〃	〃	110,000		97／4Q	旧アトフィナ・三井化学技術
ＰＶＣ	〃	〃	90,000 +20,000		98／4 2013年	東ソー技術/日立造船施工、2002年操業停止～2004/10操業再開
ＰＶＣ	ＴＰＣインド・プラスチック＆ケミカルズ	ボジョネガラ	120,000	120,000	未　定	新第一塩ビ技術、SCEC施工、99/4操開 ＳＣＧケミカルズ60%/ＴＰＣ40%
合　計		ＥＤＣ ＶＣＭ ＰＶＣ	1,070,000 1,010,000 923,000	 450,000		
ＰＴＡ	三菱ケミ・インドネシア	メラク	640,000		93／末	96/7に2号機が稼働～日揮施工
	ＢＰペトロケミカルズ・インドネシア	〃	520,000		97／8	旧アモコ・ミツイをＢＰが2014年買収、2011/秋5万t増強～千代化施工
	Asia Pasific Fibers	カラワン	(350,000)		(2015末)	イーストマン技術、テキシマコG
	Perkasa Polyprima Karyareska	チレゴン	500,000		97／4	インビスタ、2007/秋停止、2011年インドラマ買収、2013/央3万t増後再開
	Energi Mega PTA			1,600,000	18/3MOU	EnergiMegaPersada/華彬集団、6億$
合　計			1,660,000	1,600,000		(休止能力を除く)
ＥＯ	ポリケム・インドネシア	ボジョネガラ	84,000			(精製能力)、2013/初4万t増設
ＥＧ			216,000	284,000	未　定	93年操業開始、97/9に11.6万t増設
ＤＥＧ	〃	〃	9,500			ジエチレングリコール(ＥＧ連産品)
ＴＥＧ	〃	〃	450			トリエチレングリコール(　〃　)
エトキシレート	〃	〃	30,000		99／5	ＥＯ誘導品
ＳＭ	スチリンド・モノ・インドネシア	ボジョネガラ	340,000		92／末	99/6にＳＭ20万t/ＥＢ22万t増設、 2002/8にＳＭ4万t/ＥＢ4.4万t増強
エチルベンゼン	〃	〃	374,000			→2007/4にＣＡが買収
アクリル酸	ニッポン・ショクバイ・インドネシア	アニール	60,000			総工費1.25億$、三菱重工が施工、
ブチルエステル		〃	40,000			98/9操開、2000/8に子会社化
2エチルヘキシル	〃	〃	40,000			
エチルエステル	〃	〃	20,000			
精製アクリル酸	〃	〃	80,000	100,000	2021／11	2013年のＡＡ・ＳＡＰ増設に3億$
高吸水性樹脂	〃	〃	90,000		2013／2	ＡＡとも2013/8稼働、3万t×3系列
オクタノール	ペトロ・オキソ・ヌサンタラ	グレシック	100,000			98/3完成
Nブタノール		〃	20,000			
イソブタノール	〃	〃	15,000			
無水フタル酸	Petro Widada	スラバヤ	140,000			88年操開、96/9に4万t＋98/末6万t
無水マレイン酸	〃	〃	1,900			増設、2004/1の爆発事故で6万t停止
〃	〃	〃		20,000	未　定	ブタン法設備の新設計画
〃	ジャスタス	グレシック	14,000			ベンゼン法、98/初稼働
ＤＯＰ	ペトロキミア・グレシック	メラク	34,000			99/央に三菱ガス化学等日本側出資企業が撤退→エターナルG傘下に

DOP	エターナル・ブアナ・ケミカル	タンゲラン	30,000			
〃	Eterindo Nusa Graha	グレシック	30,000			97/4完成
酢酸	Sari Warna	メラク	30,000			発酵法設備
酢酸エチル	〃	〃	7,200			
ソフトアルベン	ウンガルインダー	〃	180,000			UOP法（LAB）、2005/8に４号機
ハードアルベン			70,000			６万tを増設（BABは７万t）
アルキルベンゼンスルフォン酸	Findeco Jaya	〃	45,000			豊田通商/テイカ各15%出資、2002/央に1.5万t増強
PS	ダウ・ケミカル・インドネシア（DCI）	メラク	65,000			93/2Q完成、ダウ・ケミカル100%子会社、GP/HIPSグレード
	Arseto Internusa PS	チレゴン	12,000			94/下完成、アトフィナ法/三星ENG
	Bentara Agung	スマトラ	6,000			
	Royal Chemical	スラバヤ	3,000			マスピオン・グループ
	(Polychem Lindo)	西ジャワ	(36,000)			2006/央で操業停止
合　　計			86,000			
発泡プラスチック成形品	Sekisui Plastics Indonesia	ジャカルタ・チカラン	800		2015／5	PS・ポリオレフィン複合樹脂発泡ビーズ『ピオセラン』の成形工場
EPS	Arbe Styrindo	ボジョネガラ	15,000		94／央	2017/12にLOTTE Advanced Materialが買収、ルーマス/大林施工、工費1億$、旧Risjad Brasali Styrindo
AS樹脂	Arbe Styrindo/ABS		20,000			
ABS樹脂	Industri Indonesia	〃	43,000	30,000	2019年	
HIPS	グラハ・スワカル・ザ・プリマ	メラク		13,000	未　定	韓国LGエンジニアリングが受注も進展せず（設計業務のみTEC受注）
AS樹脂		〃		10,000	〃	
エンプラコンパウンド	インドネシア・トーレ・シンセティックス	タンゲラン	8,000		2013／9	PBT/ナイロン樹脂コンパウンドが半々の割合、5割増設後1.2万t
				4,000	2020年	
PP不織布	トーレ・ポリテックJ	〃	37,000			2016/10に1.8万t増設
軟質ポリウレタンフォーム	イノアック・ムルチ・インドネシア	タンゲラン	7,000			91/初３倍増設、イノアック/三井物産/三菱商事の合弁会社
PPG	ライオンデルバセル	アニール	40,000			アーコ技術、89/9完成
〃	アネカ・ポリオール・インドネシア	メラク	20,000			豊田通商40%/アネカ・キミ・アラヤ30%/三洋化成５%/韓国ポリオール25%
SBR	セントラペトロケム	メラク	60,000		98／3	日本ゼオン技術、ガジャ・トゥンガルグループ〜ミシュランも一部出資
	Synthetic Rubber Indonesia（SRI）	アニール	120,000*		2018／8	E（乳化重合）-SBR/TOYO、4.35億$ *うち８万tはS-SBR/Nd-PBR
	Indo First Nusantara Syn. Rubber	メラク	32,500	32,500	未　定	91年生産開始、倍増設を検討
合　　計			212,500	32,500		
SBラテックス	PIPI	メラク	12,000			Pacific Indomas Plastics、93/2Q完成
	DIC／シナールマス	ボジョネガラ	30,000			94年完成、DIC系の米ライヒホールドも参加
	ローディア・インドラテックス	ボジョネガラ	50,000			95年完成、ローディア技術
	ダウポリマー・インドネシア	ボジョネガラ	30,000			95年完成、ダウ技術、大林エンジニアリングが施工
合　　計			122,000			
ボトル用PET	三菱ケミ・インドネシア	メラク	60,000	10,000	2019／末	95/9操開、増強後７万t
	Polypet Karyapersada	チレゴン	40,000		96／末	繊維用6.5万t併設、インドラマ傘下
	インドラマ	Purwakarta	80,000			95年完成、初期能力は6.3万t
		〃	300,000		2013／下	増設後38万t
	〃（旧SK Keris）	Purwakarta	108,000		96／9	2010/末にインドラマが買収
	ペットネシアレジンド（PNR）	タンゲラン	94,000		96／1	東レ技術、97/9に２万t増設、2001/11に３万t増設、2018/央に1.4万t増強
合　　計			682,000	10,000		

インドネシア

ＰＥＴフィルム	Arga Karya Prima	ボゴール	9,000			ナパングループ
	MC　PETフィルム・インドネシア	メラク	25,000			三菱樹脂99.9％出資、99/3に２万tを新設し5,000tを休止
	Indonesia Teijin Film Solutions	西ジャワ	10,000			1997/5稼働、2017/8デュポンとの合弁を解消し帝人100％の子会社化
合　　計			44,000			
ナイロン６フィルム	エンブレム・アジア	ブカシ	9,000 7,500		97／３	ユニチカ60%/丸紅30%/現地10%出資、2004/春5,000t、2014/7に7,500t増設
ＯＰＰフィルム	ファトラポリンド		38,000			Tenter技術～2008/1Qタイタン買収
PE透湿フィルム	MC PETフィルム	メラク	2.4億㎡		2015／５	衛材用フィルム『ＫＴＦ』～15億円
ＰＶＣパイプ	プラロン	ジャカルタ	20,000		97／６	丸紅45.9％/アロン化成10％出資
〃	シナルＬＧプラスチックス	カラワン	10,000			92／央完成、韓国・LG化学/シナルマスグループの折半出資合弁
ＰＶＣシート	ＳＢＰインドネシア	西ジャワ・ブカシ	1,800			96/秋完成、住友ベークライト75％/三井物産25％出資合弁、ＰＣ樹脂製品（フィルム、シート）を2002/5に170t/m増設
ポリカーボネート樹脂製品	〃	〃	6,000			
スチレン系着色コンパウンド	ニッピサン・インドネシア	西ジャワ・ブガシ	18,000			日本ピグメント/旭化成/豊田通商/アディグナ･エカ･セントラ合弁
ＰＳコンパウンド	ヘキサインドネシア	〃	15,000		96／10	2000/３に4,000t増強、三井物産60％/出光興産20％/ヘキサＣ20％出資
ＡＢＳ樹脂コンパウンド	ハリム・サムドラ・インターウタマ		20,000			韓国・ＬＧ化学との合弁企業90/9設立
合成樹脂コンパウンド	Ｓ－ＩＫインドネシア	ブカシ	9,600			96/初完成、稲畑産業と山陽化工の折半出資合弁、96/2操業開始
合成樹脂エマルジョン	ピューロ・シンセティックス		10,000			クラリアントグループ企業～73/12設立
アルキッド樹脂	エターナル・ブアナ・ケミカル	タンゲラン	10,000			合成樹脂ディスパージョンズも4万t保有
不飽和ポリエステル樹脂	パルディック・ジャヤ・ケミカルズ	〃	55,000			ＤＩＣ70.3％出資子会社、90/9に６割増設、96年に2.8万t増設
メラミン樹脂	スリ・メラミン・レジェキ	パレンバン	20,000			93/末完成
〃	ペルストルプ／クルニアジャヤ合弁		10,000			92/11完成、スウェーデン社とクルニア・ジャヤ・ラヤの折半出資
〃	ＤＳＭカルティム	ボンタン	40,000			97/3完成
フェノール樹脂	インドフェリン・ジャヤ	プロボリンゴ	15,000			住友ベーク55％/兼松10％/現地２企業35％出資、2003年4,000t増強
エポキシ樹脂	日鉄エポキシ／ゴールデン･キイ他合弁	ジャカルタ	5,000			95年完成、ＢＰＡ型
アクリル系コーティング樹脂	ダイヤケム・レジンズ・インドネシア	タンゲラン	5,000			93/4完成、三菱ケミカル・ＴＭＣ各40％/中外貿易20％出資合弁2001/10に2,000t増強
合成樹脂塗料	コートールズ・コーティング	ジャカルタ・チカラン	500万ℓ			93/10完成､舶用・防錆・缶用並びに粉体塗料
装飾用塗料	ＩＣＩほかの合弁	ジャカルタ	2,400万ℓ		96／央	ドウィ・サトリア・ウタマと合弁
粉体塗料	ヘルベルツ・インドネシア	〃	2,050			93/1操業開始、独ヘルベルツ/プロパン･ラヤＩＣＣ、96年に750t増強
カーボンブラック	コンチネンタル・カーボン･インドネシア	ボジョネガラ	80,000			95年に倍増設
〃	キャボット・ケミカル	チレゴン メラク	160,000 (70,000)	160,000	2021／初	2013/秋７万t工場を増設～計23万t 2011/央1.5万t増強→2016年閉鎖
カーボンマスターバッチ(CMB)	エラストミックス・インドネシア	西ジャワ・カラワン	9,000		2014／４	ＪＳＲ子会社のELASTOMIX75%/Prospect Motor25%出資会社
繊維用合成糊剤	松本油脂インドネシア	ジャカルタ	20,000			松本油脂65％出資、95/4に倍増設
有機過酸化物	ＮＯＦマス・ケミカル･インダストリーズ	西ジャワ・ブカシ	4,000		97／央	日油･丸紅70%/シナルマス･ツンガル30%出資、重合開始剤、ゴム架橋剤等

アクリルアマイ	三井エテリンド・ケ	メラク	5,000			97/8完成、三井化学アジア70%/エテ
ドモノマー	ミカルズ					リンドグループ30%出資
繊維助剤	Projan	Bandung	2,000		90年	仏Protex/Diankimiaの合弁会社
繊維加工用界面	インドネシア・ニッ	ジャカルタ	6,000			97年に6,000tで操業開始
活性剤	カ・ケミカルズ	・カラワン	6,000		2002年	倍増設後1.2万t
界面活性剤	クラリアント	タンゲラン	12,000		2015年	エステル&アルキルメチル型カチオン
繊維用薬剤	ダイイチ・キミア・	西ジャワ・	10,000			96/4設立、第一工業製薬57%/豊田通
樹脂添加剤	ラヤ	カラワン	3,000			商14%/アネカ・キミア・ラヤ29%出資
スチレンアクリ	ローディア・インド	ボジョネガ	2,000			ＳＢラテックス５万tを保有
ル・ラテックス	ラテックス	ラ(メラク)				
ポリマーディス	ＢＡＳＦインドネシ	チェンカレ	50,000			アクリル系ディスパージョンとカル
パージョン	ア	ン	45,000		2004／4	ボキシル変性ＳＢラテックスを生産
メタノール	プルタミナ	ブニュ島	330,000			86年完成、ルルギ技術、稼働率５割
	カルティム・メタノ	ボンタン	660,000		98／6	ルルギ技術(2,000t/d)、ＫＭＩは600
	ール・インダストリ	場所検討中		1,000,000	2022年	億円の第2期拡張(3,000t/d)をＦＳ
合　　計			990,000	1,000,000		
ホルマリン	Binajaya Roda Karya		45,000			93年完成
〃	Mandiri Alas Tumber		48,000			93年完成
〃	Arjuna Utama Kimia	スラバヤ	30,000			三井化学グループ50%出資/三井物
各種接着剤	〃	〃	48,000			産との合弁事業
尿素	カルティム	ボンタン	1,725t/d			№1はスタミカーボン法、#2はスナム
〃	〃	〃	1,750t/d		2002／9	法/三菱重工、№3はＴＥＣ/IKPT受注
〃	〃	〃	3,300t/d		2015／3	当初の完成予定は2014年
アンモニア	〃	〃	1,000t/d		2002／末	トプソー法/三菱重工が施工
〃	〃	〃	2,700t/d		2015／3	東洋エンジ/イカペテ連合が施工
アンモニア	カルティム・パルナ	〃	1,500t/d		2001／12	パルナ・ラヤ90%/ププック・カルテ
	・インダストリ		(500,000)			ィム年金基金等10%(日本勢は撤退)
液体アンモニア	カルティム・パシフ	〃	2,000t/d		2001／12	三井物産70%/豊通30%出資も2014/3
	イック・アンモニア		(670,000)			引渡し、3億$、トプソー法/三菱重工
アンモニア	ププク・クジャン	西ジャワチ	1,000t/d		2004／央	ＢＡＳＦ技術aMEDA法ＫＢＲ/ＴＥＣ
尿素	〃	カンペック	1,725t/d		〃	ＴＥＣ/ププク・プスリ共同開発技術
アンモニア	ププク・スリウィジ	南スマトラ	2,000t/d		2016年	ユーティリティ/レカヤサ、ボイラは
尿素	ャヤ・パレンバン	パレンバン	1,725t/d			川重、東洋エンジ施工～プスリ発注
〃	〃	〃	2,750t/d		2016年	アンモニアとセットでＴＯＹＯ施工
アンモニア	Panca Amara Utama	スラウェシ	2,000t/d		2018年	ＫＢＲ/Rekayasa Industri施工、
	(スルヤの子会社)	島バンガイ	(700,000)			工費8.3億$、三菱商事/ガス化が参画
エタノール	Indo Acidatama	ソロ	42,000			
アンモニア	ペトロキミヤ・グレ	ジャカルタ		2,000t/d	2019年	Wuhuan Engineering/Adhi Karyaが
尿素	シク(ＰＫＧ)			1,725t/d	〃	施工～工期34カ月、工費6.61億$
〃	イスカンダル・ムダ	アチェ	1,725t/d			東洋エンジが施工
脂肪酸	シナール・オレオケ	北スマトラ	88,000			94/8完成、日油/資生堂/丸紅/シナー
	ミカル・Int.	・メダン				ル・マス等合弁～日立造船施工
〃	ムシマス		100,000		2003年	
〃	プルタマ・ヒジャウG	メダン	300,000		2008／末	パーム油系、5,000億ルピア(60億円)
〃	アピカル/花王合弁	デュマイ		100,000	2019／1Q	35%出資「アピカル花王ケミカルズ」
脂肪酸・グリセ	Flora Sawita		54,000		98年	
リン	Chemindo					
〃	ユニリーバ	北スマトラ	200,000		2015／11	セイマンケイ経済特区に新設、2兆IR
脂肪アルコール	Aribhawana Utama	スマトラ	30,000			旧サリム・グループ
不飽和アルコール	〃	〃	30,000			
脂肪アルコール	Batamas Megha	バタム島	60,000			
〃	Ecogreen OleoChem.	バタム島他	360,000			2014/末倍増、他はメダン、SIN系企業
トリポリリン酸	Pertocentral	グレシック	40,000			旧サリム、ＵＩＣほかの合弁
ソーダ						
過酸化水素	Peroksida Indonesia	Cikampek	12,000			三菱ガス化学45%出資
	Pratama					
ぎ酸	Sintas Kurama	Cikampek	11,000			
硝酸	Prdana	不明	45,000			
硝酸アンモニウム	Multi Nitrotama Kimia	不明	26,000			

石化コンプレックスの経緯と現状

インドネシアでは1997年以降、公式な生産データがないため需給の実態が把握できないが、大雑把にみてエチレンは130万トン程度の需要量があるのに対して自給できるエチレンは最大86万トンのため、不足する60万トン台のエチレンを輸入(輸出が10万トン台)、ポリオレフィン需要は260万トンあるのに自給能力は180万トンしかない。同様にプロピレンは100万トン程度の需要に対して国産量が90万トンのため10万トン程度を輸入、ベンゼンは50万トンの需要に対して国産量が30万トンなので20万トン輸入するなど、必要な石化基礎原料は絶対的に不足ポジションにある。このため、既存のエチレンセンターであるチャンドラアスリ・ペトロケミカル(ＣＡＰ)は、大型の２号機を2024年までに増設する計画であり、他の複数のエチレン計画も構想されている。

韓国のロッテケミカルは、チレゴンでエチレン100万トン、ポリエチレン65万トン、ＰＰ60万トン、ＭＥＧ70万トンなどの設備を50億ドルで当初2017年にも建設する計画だった。先に40万㎡の用地を確保し、クラカタウ・ポスコから60万㎡の用地も譲受しており、2023年頃の完成を目標に検討を進めている。一方、プルタミナとタイのＰＴＴグローバルケミカルもナフサクラッカー100万トン計画を構想し、先行して合弁販社インド・タイ・トレーディングを設立していたが、プルタミナがアラムコとの連携に乗り換えたため宙に浮いている。投資額は50億ドル規模で、誘導品はＨＤＰＥ30万トン、ＬＤＰＥ40万トン、ＥＯ／ＥＧ46万トン、ＰＰ54.4万トン、分解ガソリン37.3万トン、ブタジエン12.5万トン、ＭＴＢＥ11.6万トンの予定だった。建設地はバロンガン製油所近辺が有望視されている。この他、台湾中油も同様の連携で名乗りを上げている。

プルタミナ

91年９月、インドネシア政府は世銀・ＩＭＦグループからの強い勧告を請け、対外債務の借入規制を導入、総額800億ドルにのぼる政府関連事業の凍結を決定し、大型製油所や北スマトラのアルンで計画していたアロマティックス・プロジェクト、チラチャップ製油所のＲＣＣ装置など３件にのぼるプルタミナの大型計画も無期延期とした。その後政府は、５年間にわたる対外借入枠を設定、プルタミナは限定された資金の中でバリクパパン製油所の改造など、一部の中・小型案件を推進したが、これがきっかけとなって国家債務の増大につながるプルタミナの大型設備投資計画は激減、同国石化産業の中核だった国営石油会社としての権威は喪失したままである。

チャンドラアスリ・ペトロケミカルの石化コンプレックス

インドネシア初のエチレンセンター会社である旧チャンドラ・アスリ(ＣＡ～現ＣＡＰに至る経緯は後述)は、スハルト元大統領次男のバンバン・トリハトモジョ氏率いるビマンタラグループ、合板大手財閥のプラヨゴ・バンゲツ氏率いるバリトー・パシフィック・グループ、同国最大の財閥であるサリム・グループからスピン・オフしたナパン・グループが中核となり、これに日本の丸紅が協力する形でスタートした。ＣＡはバリトーグループの香港法人を経由してビマンタラ、バリトー、ナパンが75％出資、92年11月に設立された日本側投資会社である日本インドネシア石油化学投資が25％出資した資本金４億ドルの合弁会社として始動した。プラントは95年３月までに完成し、５月にオイル・イン、諸テストを進めた後、９月からクラッカー７炉体制(８万トンのナフサクラッカー６炉と４万トンのエタンクラッカー１炉)で本格操業を始めたが、インドネシア最大のポリエチレンメーカーである旧ＰＥＮＩ（2006年３月からタイタン）とエチレンの供給契約が締結できなかったことから、操開当初は７割程度の低ロードを余儀なくされ、初年度に相当額の赤字を抱え込む格好となった。また、97年10月には約６億ドルにのぼるローンのキャピタライズ化を実施し、さらにインドネシア金融再編庁（ＩＢＲＡ）が融資の担保として現地民間企業の株式を保有する形となった。

一方、97年の通貨危機によるルピアの切り下げで巨額の元利返済負担が発生し、ＣＡの経営は格段に悪化した。こうしたなか、ＩＢＲＡと丸紅は再建に向けた財務リストラに関して協議を進め、2000年６月末に基本合意したものの実行には時間がかかり、結局2001年10月末に①インドネシア側が5.2億ドルの融資のうち4.2億ドルを、日本側が7.7億ドルの融資のうち1.5億ドルをそれぞれＣＡの株式に転換し、資本金を16億2,000万ドルに増資、②残る7.2億ドルの融資金を今後15年間で返済し、③返済金利をロンドン市中銀行間金利（ＬＩＢＯＲ）プラス1.25％とする―という内容で最終的に合意、2002年８月正式に契約が発効した。これによりＣＡは年間の金利負担1.2億ドルが３分の１近くにまで軽減され、財務体質の大幅な改善が図られた。ＩＢＲＡは８億ドルにのぼるＣＡの累積損失を一掃し、保有株式75％のうち49.1％をプラエボグループに売却した。残る25.9％をタイの投資グループであるグレイザー・プットナム・インベストメント（Ｇ＆ＰＩ）へ2003年10月に売却、残り25％は日本インドネシア石油化学投資（丸紅85％、昭和電工10％、東洋エンジニアリング５％出資）が保有する形となったが、2005年４月には日本側が資本撤退した。1995年の操業開始以来、累計400億円の損失を計上してきたＣＡ石化事業から日本側が完全に撤退、丸紅は一連の取引実施を前提として2005年３月期連結決算で213億円、単独決算で208億円の税引前損失を計上した。主な譲渡資産はＣＡ株式の24.59％と同社向け融資５億8,100万ドルなど。その後、2006年３月にはシンガポールのテマセック・ホールディングスが７億ドルで株式の過半数（50.45％）を買収し、ＣＡの経営権を握った。

その後石化市況の回復に伴いＣＡの業績は好転、アニールからメラク地区へのオレフィン供給用パイプラインが2006年半ばに完工し、当初から予定していたエチレンの８万トン増設も実施された。追加したナフサ分解炉にはＫＢＲ技術を導入し、2007年末までに完成させた。増設後60万トン能力となり、2015年末には東洋エンジニアリングによるルーマス炉の増設で86万トン能力とした。さらに連産品としてブタジエン10万トンを2013年９月から事業化した。2020年までにはエチレンを90万トン能力へ増強するが、110万トンの２号機を2024年までに増設する。

2011年１月、トリポリタ・インドネシア（ＴＰＩ）とＣＡは合併し、ＴＰＩが存続会社となって、合併後に社名を現在の「チャンドラアスリ・ペトロケミカル」（ＣＡＰ）に改称した。合併により原料オレフィンから誘導品までの一貫生産体制を拡充、収益基盤を強化する狙い。合併はＴＰＩが新株を発行し、株式交換方式で実施。ＣＡ株１に対しＴＰＩ株４万2,661を割り当てた。出資構成はＴＰＩがバリトー77.93％、バンゲツ氏4.38、その他17.69％。ＣＡがバリトー62.76％、グレイザーズ＆プットナム インベストメント（ＧＰＩ、マレーシアの投資会社）30％、その他7.24％（いずれも2010年６月末当時）。統合新会社ＣＡＰの出資比率はバリトー66.36％、ＧＰＩ22.87％、その他10.77％となった。ＴＰＩの売上高は、2009年当時で４兆7,400億インドネシアルピア（430億円）、営業利益は7,830億ＩＤＲ（70億円）、ＣＡは同年売上高が11億1,900万ドル（908億円）、営業利益は8,300万ドル（67億円）規模だった。

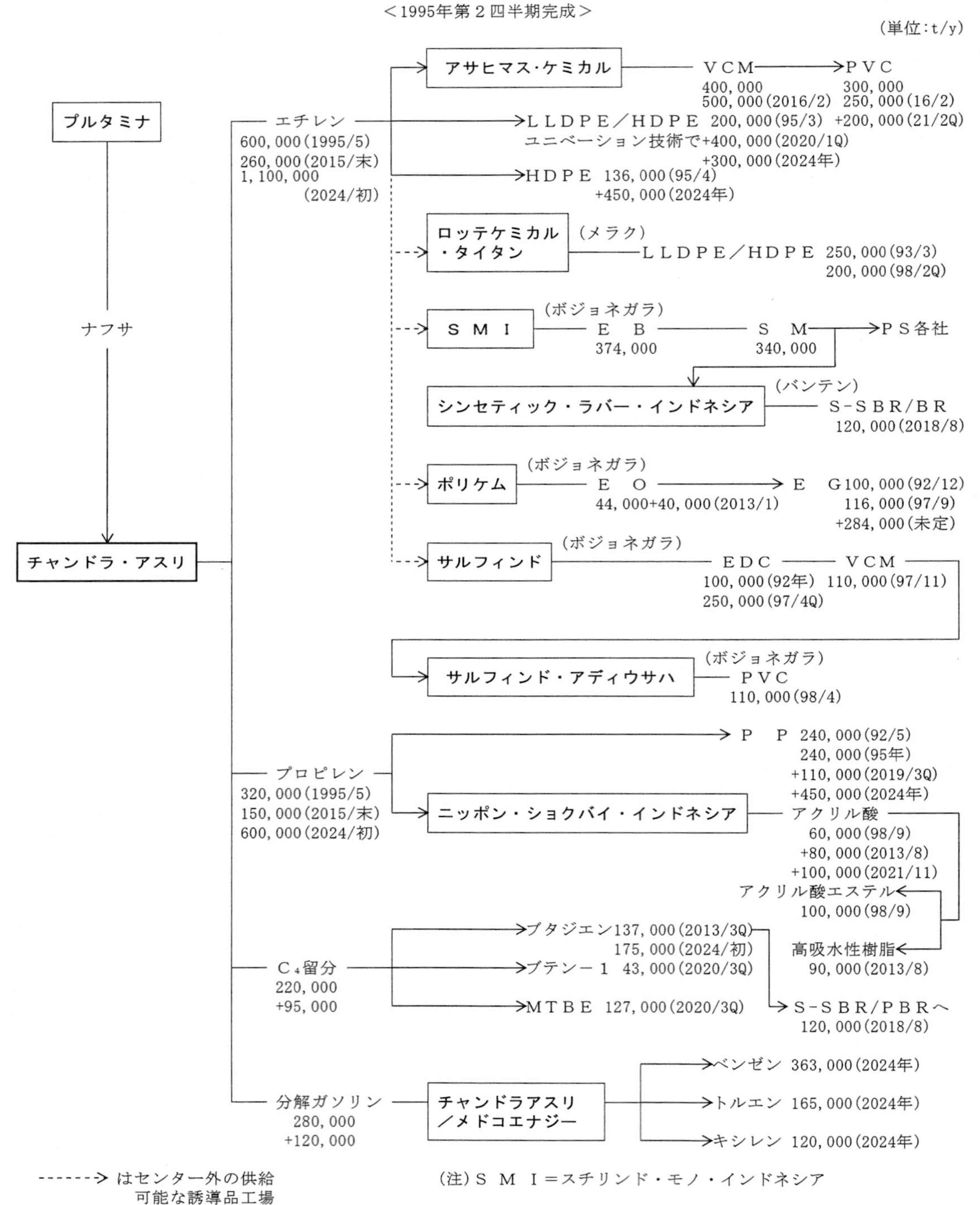

チャンドラアスリ・ペトロケミカルの石化コンプレックス
（西部ジャワ・アニール）
<1995年第2四半期完成>
（単位：t/y）
プルタミナ
ナフサ
チャンドラ・アスリ
エチレン
600,000(1995/5)
260,000(2015/末)
1,100,000
(2024/初)
アサヒマス・ケミカル
VCM
400,000
500,000(2016/2)
PVC
300,000
250,000(16/2)
LLDPE／HDPE 200,000(95/3) +200,000(21/2Q)
ユニベーション技術で+400,000(2020/1Q)
+300,000(2024年)
HDPE 136,000(95/4)
+450,000(2024年)
ロッテケミカル・タイタン
（メラク）
LLDPE／HDPE 250,000(93/3)
200,000(98/2Q)
SMI
（ボジョネガラ）
EB
374,000
SM
340,000
PS各社
シンセティック・ラバー・インドネシア
（バンテン）
S-SBR/BR
120,000(2018/8)
ポリケム
（ボジョネガラ）
EO
44,000+40,000(2013/1)
EG 100,000(92/12)
116,000(97/9)
+284,000(未定)
サルフィンド
（ボジョネガラ）
EDC
100,000(92年)
250,000(97/4Q)
VCM
110,000(97/11)
サルフィンド・アディウサハ
（ボジョネガラ）
PVC
110,000(98/4)
プロピレン
320,000(1995/5)
150,000(2015/末)
600,000(2024/初)
PP 240,000(92/5)
240,000(95年)
+110,000(2019/3Q)
+450,000(2024年)
ニッポン・ショクバイ・インドネシア
アクリル酸
60,000(98/9)
+80,000(2013/8)
+100,000(2021/11)
アクリル酸エステル
100,000(98/9)
高吸水性樹脂
90,000(2013/8)
C₄留分
220,000
+95,000
ブタジエン137,000(2013/3Q)
175,000(2024/初)
ブテン－1 43,000(2020/3Q)
MTBE 127,000(2020/3Q)
S-SBR/PBRへ
120,000(2018/8)
分解ガソリン
280,000
+120,000
チャンドラアスリ／メドコエナジー
ベンゼン 363,000(2024年)
トルエン 165,000(2024年)
キシレン 120,000(2024年)
------> はセンター外の供給可能な誘導品工場
（注）SMI＝スチリンド・モノ・インドネシア

オレフィン系誘導品の動き

ビマンタラ、ナパンによって設立されたトリポリタ・インドネシア(現ＣＡＰ)は92年５月から西ジャワ・メラクでＰＰを生産開始、その後２度の増設を果たして現有能力は48万トンに拡大し、2011年１月の合併でＣＡＰとなった。旧トーメンは旧出光石油化学、旧サリム、ビマンタラなどとスチリンド・モノ・インドネシア(ＳＭＩ)を設立し、92年末に10万トンのＳＭ工場をスタート、95年末にはＳＭ原料のエチルベンゼン11万トン設備も建設した。ＳＭＩは99年６月に３倍増設を果たし、2002年９月にもＥＢ4.4万トン／ＳＭ４万トンを増強、生産能力を計ＥＢ37.4万トン／ＳＭ34万トンに拡大した。2007年４月には旧ＣＡが買収し、一貫生産化を果たした。

ＥＧはヤシンタ・グループのヤシャ・ガネシャ・プラ(ＹＧＰ)が92年末より８万トンで操業開始した。同社はその後、現地タイヤ大手のガジャ・トゥンガル傘下の企業となり、社名もＧＴペトロケミカルズに変更、97年９月には12万トンの増設を完了させた。さらにその後、金融再編庁が70.6％の株式を保有するに至り、2003年にＧＴペトロケム・インダストリーズへ改称、2009年には現在のポリケム・インドネシアに改称された。

ＢＰ、三井物産、住友商事、アルセト・ペトロキミアの合弁で設立された旧ＰＥＮＩ(ペトロキミア・ヌサンタラ・インテリンド)は、93年２月からメラクで20万トンのＬＬ／ＨＤＰＥ併産プラントを操業開始した。94年末に５万トンの増強を実施したのに続き、98年半ばには20万トン増設して45万トンとした。その後、同社の出資比率はＢＰ75％／三井物産・住友商事各12.5％となったが、2003年４月には同国の投資会社であるインディカ・グループが全株式を5,000万ドルで買収した。さらに2006年３月にはマレーシアのタイタンケミカルに買収され、同社の親会社である韓国・ロッテケミカルの傘下に入ってロッテケミカル・タイタン・ヌサンタラとなった。メタロセン触媒を用いたｍＬＬＤＰＥも2017年第４四半期から手掛けている。なおロッテケミカルは、チレゴンに50億ドルを投入し、100万トン規模のエチレンセンターを計画している。

塩ビ関係では、トップメーカーのアサヒマス・ケミカルが97年９月までに電解15万トン(カセイソーダ換算)増設、ＶＣＭ25万トン増設、ＰＶＣ4.5万トン増強から成る第３期拡張工事を完了、引き続き2002年４月にはＡＧＣの複極式イオン交換膜法(ＩＭ法)電解槽「ＡＺＥＣ－Ｂ１」を用いた電解8.7万トン増設を実施し、合計能力を電解37万トン、ＶＣＭ40万トン、ＰＶＣ28.5万トンに引き上げた。その後、2013年３月には12万トンの電解設備を増設。さらに2015年末までに電解、ＶＣＭ、ＰＶＣ設備を増設、2016年２月から営業運転を開始した。増強規模はカセイソーダが20万トン、塩素が18万トン、ＶＣＭが40万トン、ＰＶＣが25万トン。このうちＶＣＭは2018年までにさらに10万トン増強する。タイのサイアムセメントは、スラバヤの塩ビパイプ大手・マスピオンと組んでサイアム・マスピオン・ポリマーズを設立し、98年半ばにＰＶＣ12万トンを完成させたが、2005年半ばにはマスピオンが資本撤収、資本構成はサイアム60％、系列のＴＰＣ(タイ・プラスチック＆ケミカル)40％となった。サリム・グループ、東ソー、三井物産の合弁で77年に操業を開始したスタンダード・トーヨー・ポリマー(スタトマー)は99年９月に日本側がサリム側の保有する全株式を買い取り、東ソー60％、三井物産40％出資の日系100％企業となった。現有能力は9.3万トンで、13万トン系列の増設を検討中。このほか東ソーは住友商事、サリムとともに７万トンのＰＶＣ工場を98年に新設し、サリムグループと住友商事はＶＣＭ10万トン工場を新設した。ところが、サリム・グループの化学会社でＥＤＣメーカーのサルフィンド・アディウサハ（ＳＡＵ）が香港系投資会社を経て地元のバン・インドネシア銀行に買収されたため、日本側は2004年10月までに資本撤収し、その後ＰＶＣとＶＣＭの両工場ともＳＡＵが買収した。

その他誘導品の動き

国内のポリエステル繊維産業拡張に対応し、その原料供給を担うＰＴＡ工場が97年までに相次いで稼働開始した。日系企業では、旧三菱化学とバクリー＆ブラザーズの合弁による旧バクリー・カセイ・コーポレーションが94年２月からＰＴＡ25万トンの操業を開始、96年半ばには倍増設し、その後64万トンまで拡大した。同社は並行してボトル用ＰＥＴやポリエステルフィルムも企業化、その後2000年末には三菱化学がバクリー＆ブラザーズの保有全株式を買い取り、2001年４月に社名を三菱化学インドネシア（現三菱ケミカルインドネシア）に変更した。三井グループと旧アモコ・ケミカルズ（現ＢＰ）はアモコ50％、三井化学45％、三井物産５％出資合弁会社アモコ・ミツイＰＴＡインドネシア（ＡＭＩ）を設立し、97年８月にＰＴＡ35万トン工場を完成させた。その後ＡＭＩは2000年３月までにデボトルで42万トンに引き上げ、2003年10月３万トン、2011年秋５万トンの増強で50万トン能力としたが、2014年にＢＰが買収して社名も変更した。三井化学と三井物産は、東レと現地企業との合弁でペットネシアレジンド（ＰＮＲ）を設立、96年初めに３万トンのボトル用ＰＥＴ樹脂設備を東レ子会社のＩＴＳ（インドネシア・トーレ・シンセティクス）工場内に建設した。ＰＮＲは97年９月に２万トン増設し、2001年末に３号機３万トン系列を導入、2018年半ばにも1.4万トン増強して合計9.4万トンへ拡大した。ＰＴＡ工場ではこのほか、97年４月にナパン・グループのPolyprima Karyareskaが西ジャワのチレゴンに35万トン工場を建設し、さらに現地ポリエステル繊維メーカーでテキシマコ・グループのPolysindo Eka PerkasaがＰＴＡ35万トン工場を97年半ばに建設したが、2015年末には操業停止している。

メタノールはフンプス・グループが98年６月にカリマンタン島ボンタンで66万トン工場の本格操業を開始した。事業推進会社であるカルティム・メタノール・インダストリー（ＫＭＩ）は、当初フンプス100％出資で設立されたが、97年に旧日商岩井（30％）とダイセル（５％）が資本参加し、99年からは日商岩井（現双日）85％、ダイセル５％、フンプス10％の出資比率となっている。

日本触媒50％、トリポリタ・インドネシア45％、旧トーメン５％の出資で96年８月に設立された旧ニッショク・トリポリタ・アクリリンドは、98年９月にアニールでアクリル酸６万トン、同エステル10万トンの生産を開始した。その後同社は、2000年８月にトリポリタの所有する全持ち株を日本側が買い上げ、出資比率が日本触媒93.8％、現豊田通商6.2％となり、2001年１月には社名をニッポン・ショクバイ・インドネシアに改めた。2013年２月には精製アクリル酸８万トンと９万トンの高吸水性樹脂プラントも新増設し、同年８月から商業運転を開始した。2021年11月にはアクリル酸を10万トン増設する。オキソアルコールはティルタマス・マジュタマとエテリンド・グループの折半出資によるペトロ・オキソ・ヌサンタラが98年３月に東ジャワのグレシックでオクタノール10万トン、ブタノール3.5万トンを完成させている。合成ゴム事業ではガジャ・トゥンガルの子会社がメラクにＳＢＲ６万トンを建設、98年３月より操業を開始した。仏ミシュランはＣＡＰとの合弁会社「シンセティック・ラバー・インドネシア」を55％出資で設立、2018年８月にＳ－ＳＢＲとＮｄ－ＰＢＲの併産８万トンを含む12万トンのＳＢＲ工場を新設した。ミシュラン技術を採用しており、新プラントは東洋エンジニアリングが施工した。

インドネシアの主な石化企業・出資構成

会社名（略称）	製品	サイト	出資比率
アサヒマス・ケミカル	塩ビ（電解、ＥＤＣ、ＶＣＭ、ＰＶＣ他）	西ジャワ・アニール	ＡＧＣ52.5％、ロダマス18％、エイブルマン・ファイナンス18％、三菱商事11.5％
ＢＰ・ＰＴＡインドネシア（旧ＡＭＩをＢＰが買収）	ＰＴＡ	西ジャワ・メラク	ＢＰ50％、三井化学45％、三井物産５％出資合弁だったが、2014/2にＢＰが買収し100％子会社に
カルティム・メタノール・インダストリー（ＫＭＩ）	メタノール	カリマンタン島ボンタン	双日85％、ダイセル５％、フンプス10％
ＴＰＣインド・プラスチック＆ケミカルズ	ＰＶＣ	西ジャワ・ボジョネガラ	サイアムセメント60％、タイ・プラスチック＆ケミカル（ＴＰＣ）40％で旧マスピオン・ポリマー買収
サルフィンド・アディウサハ（旧サトモ・インドビル）	ＰＶＣ	西ジャワ・ボジョネガラ	サルフィンド100％（25％ずつ出資していた東ソーと住友商事は2004/10に資本撤収）
同上（旧サトモ・インドビル・モノマーとポリマー買収）	ＶＣＭ/ＥＤＣ	同上	サルフィンド100％（25％出資していた住友商事は2004/10に資本撤収）
（ショウワ・エステリンド・インドネシア）（2014/12に操業停止）	（酢酸エチル）	メラク	昭和電工67％、豊田通商9.4％、現地ＣＶインド・ケミカル20.2％、シンガポールのチン・ロンＣＬＰ3.4％出資合弁だったが、2015/9に解散
スタンダート・トーヨー・ポリマー　（スタトマー）	ＰＶＣ	メラク	東ソー60％、三井物産40％
スチリンド・モノ・インドネシア　（ＳＭＩ）	ＥＢ/ＳＭ	西ジャワ・ボジョネガラ	豊田通商100％から2007/4よりチャンドラ・アスリ100％に
チャンドラアスリ・ペトロケミカル（ＣＡＰ）～2011/1よりチャンドラ・アスリとトリポリタ・インドネシアが合併	エチレンセンター	アニール	バリトー・パシフィック64.87％、ＳＣＧケミカルズ30％、その他5.13％。2010/央時点ではBarito Pacificが62.76％、グレイザーズ＆プットナム インベストメント（ＧＰＩ、マレーシアの投資会社）が30％、その他が7.24％を保有
トリポリタ・インドネシア→2011/1にチャンドラ・アスリと合併しＣＡＰに	ＰＰ	メラク	2008/6からPrajogo Pangestuファミリー傘下のBarito Pacificが77.93％の株主になり、パンゲツ氏4.38％、その他が17.69％を保有
トランス・パシフィック・ペトロケミカル・インドタマ　（ＴＰＰＩ）	ＢＴＸ/ＰＸ	東ジャワ・トゥバン	トゥバンペトロケム（ＩＢＲＡ・ティルタマスが主導）59.5％、サイアムセメント17％、プルタミナ15％、双日4.25％、伊藤忠商事4.25％
ニッポン・ショクバイ・インドネシア	アクリル酸/同エステルほか	西ジャワ・アニール	日本触媒93.8％、豊田通商6.2％（2001/1に社名変更）
ダウ・ケミカル・インドネシア（ＤＣＩ～元ＰＩＰＩ）	ＰＳ	メラク	米ダウ・ケミカル100％（旧社名はパシフィック・インドマス・プラスチックス・インドネシア）
ペットネシアレジンド（ＰＮＲ）	ボトル用ＰＥＴ樹脂	タンゲラン	三井化学47.07％、東レ36％、ＩＴＳ11％、ユオノパンチャトゥンガル5.9％
ペトロオキソ・ヌサンタラ	2-ＥＨ/ブタノール	東ジャワ・グレシック	ティルタマス・マジュタマ50％、エテリンド50％
ロッテケミカル・タイタン（元ＰＥＮＩ）	ＬＬ/ＨＤＰＥ ＬＤＰＥ	メラク	韓国ロッテケミカル100％（元ＢＰ75％、三井物産と住友商事各12.5％出資→2003/４資本撤収）
PT.Titan Kimia Nusantara	２軸延伸ＰＰフィルム（ＢＯＰＰ）	メラク	タイタン・インターナショナル95.31％（韓国・ロッテケミカル72.32％出資の子会社）
ポリタマ・プロピンド	ＰＰ	バロンガン	ティルタマス・マジュタマ80％、双日10％、ＢＰ10％
三菱ケミカル・インドネシア	ＰＴＡ/ボトル用ＰＥＴ樹脂	メラク	三菱ケミカル100％

昭和電工は、旧トーメンや現地企業などとの合弁でショウワ・エステリンド・インドネシア（ＳＥＩ）を設立し、99年初めに５万トンの酢酸エチル設備を完成させたが、16年後に撤退した。昭電が独自開発したエチレンの「直接付加法」を採用した第１号プラントで、99年７月からフル稼働に入ったが、安価な発酵法の登場により採算性が悪化、ＳＥＩは2014年12月で生産を終了し、設備の解体・撤去後、2015年９月に解散した。酢酸エチルでは、ＢＰがＣＡＰ系のインター・ペトリンド・インティ・シトラと合弁でシトラ・パシフィック・インターナショナル・エステルズを設立、酢酸エステル５万トン、酢酸エチル７万トン設備の建設を予定していたが、その後の進展は見られない。ウレタン原料のＰＰＧでは、旧トーメン、旧韓国ポリオールの時代に三洋化成工業と現地企業アネカ・キミ・アラヤの合弁によるアネカ・ポリオール・インドネシアの２万トン計画などが浮上していたが、無期延期に追い込まれている。また三菱ガス化学、旧三菱化学、三菱商事の３社は、現地企業ペトロキミア・グレシックとの可塑剤合弁会社であるペトロニカの保有株式を99年２月までにペトロキミアへ売却し、同合弁から撤退した。三菱商事は、100％子会社だったイースタン・ポリマーの全株式を99年１月に現地の塩ビパイプメーカーであるワービンに売却するなど、99年以降は日本企業のインドネシア合弁からの撤退が相次いだ。

ツバンの芳香族プロジェクト

インドネシアでは、ＣＡＰに続くエチレンセンターとして97年までに２つの計画が立案されたが、いずれも具体化しないまま中断している。ひとつは現地ハシムグループ傘下のティルタマス・マジュタマとタイのサイアムセメント、旧日商岩井、伊藤忠商事などの合弁によるトランス・パシフィック・ペトロケミカル・インドタマ（ＴＰＰＩ）で、東ジャワのツバンで96年末からエチレン／アロマの一大コンプレックスの建設工事に着手した。もうひとつはＢＰとサリムおよび複数の日系商社による計画で、ＢＰ子会社だった旧ＰＥＮＩを母体としてエチレン事業を推進することが内定していた。ところが、97年７月にタイで起きたバーツ下落を発端とするアジア通貨危機でルピアも大幅に下落、インドネシアは経済混乱と政治混乱に見舞われる事態となり、ＴＰＰＩは100万トンのアロマ部分が６割、エチレン部分が２割まで完成しながら97年末以降は資金手当てが出来ず、工事中断に追い込まれた。ＴＰＰＩの計画は、エチレン設備を受注した米Ｓ＆Ｗが独ＢＡＳＦの中国・南京計画にプラント全体を移設、エチレンと誘導品プロジェクトを白紙化し、アロマ部分のみを再開させた。プルタミナはパラキシレンや低硫黄重油など４億ドル相当の担保を提供する一方、プロジェクトに15％出資することを2001年10月末に表明。ＴＰＰＩはすでに３億7,500万ドルの建設資金を投じており、これにプルタミナの担保をテコにした日本側コンソーシアムが４億ドルの追加融資を決めた。その後も日本側が要求する追加債務保証に対して、インドネシア政府が難色を示すなど紆余曲折があったが、2004年５月になって邦銀などから２億ドルの融資が振り込まれ、工事が６月から再開された。実に７年ぶりの再開であり、2006年２月に完成、７月から本格操業入りした。ＰＸを運営するツバン・ペトロケミカルは倍増設計画を打ち出したが、その後の動きはない。

一方ＢＰ／サリムの計画も、経営危機に陥ったサリムがＩＢＲＡの管理下に入り、一時チャンドラへの資本参加を検討したこともあるＢＰは、結局ＰＥＮＩをマレーシアのタイタン・ケミカルズに売却し、ＰＴＡ事業を除いてインドネシアから撤収した。

インドネシアの石油化学関連基地

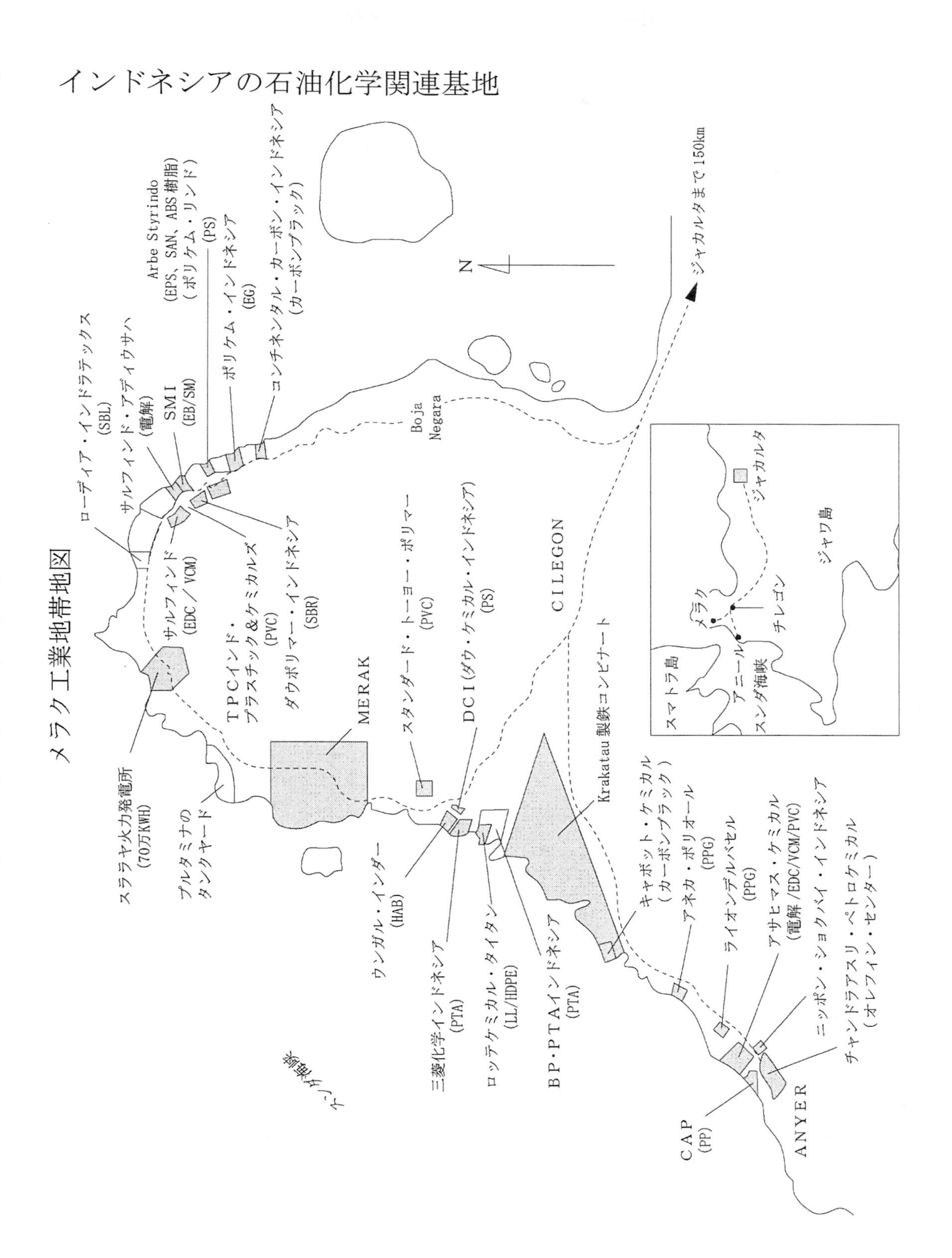

インドネシアの合成繊維工業

インドネシアの合成繊維生産能力

(単位：t/y)

製品名	会社名	工場	現有能力	新増設計画	完成	備考
ポリエステル(f)	Indorama Synthetics	Jatiluhur	190,000			デュポン技術、2014年7万t増設
	IndoramaVenturesIndonesia (2010/末 Indorama が買収)	Tangerang	73,600			全量FOY、元は韓SK Chemicals/Batik Keris合弁、95/10に3万t増設
	Indorama Polyester Ind.	Karawang	36,000			韓・高合からインドラマが2011年買収
	Asia Pasific Fibers	Karawang	160,000			旧Polysindo Eka Perkasa、Didier技術
	Polyfin Canggih	Bandung	82,100			チンマー技術、全量POY/FDY
	Tifico Fiber Indonesia (帝人が売却した旧 TIFICO)	Tangerang	57,600			95年5,840t+97/末1.2万t+98年7,500t増強、2009/12帝人は現地4社に売却
	Indo Kordsa	Bogor	40,000			Branta Mulia合弁から帝人(30%)撤退 帝人技術HMLS法、タイヤコード用
	Polychem	Tangerang	35,000			旧Yasinta Poly、2016年7,000t削減
	Kahatex	n.a.	30,000			2013年倍増設、2016年に1万t削減
	Mutu Gading	n.a.	30,000		2015年	インド系資本、代わりに9万tを停止
	Sulindafin	Tangerang	29,200			全量POY、チンマー技術、93年操開
	Panasia Indosyntec	Bandung	25,000			Hadtex グループ、インベンタ技術
	Fujitex	Bandung	14,200			カネボウ技術、華商系資本
	Indonesia Toray Synthetics	Tangerang	9,300			東レ系、2008年に6,000t削減
	Multikarsa Investama (MKI)	Semarang	(31,000)			韓国・高合物産がプラント輸出
	Vastex Prima Industries	Bandung	(14,600)			インド系資本～2012年撤退
		計	812,000			
ポリエステル(s)	Indorama Synthetics	Jatiluhur	300,000		91／央	デュポン技術、2014年10万t増設
	Tifico Fiber Indonesia (帝人が売却した旧 TIFICO)	Tangerang	150,000			97/末3.7万t増強、2015年2.4万t増設、97.9%出資の帝人は2009/12に売却
	Asia Pasific Fibers	Karawang	144,000			旧 Texmaco Taman Synthetic
	Indonesia Toray Synthetics	Tangerang	71,600			東レ50.9%出資、2008年に4,880t増
	Luminary Polysindo	Karawang	70,200			チンマー技術(Texmacoグループ)
	Polychem	Tangerang	50,000			旧Yasinta Poly、2016年5,000t増強
	Kahatex	n.a.	30,000			2001年参入、2016年に2,000t削減
	Artos-tex(Polyfin)	Bandung	30,000			チンマー技術、チップ7.65万t併設
	Sulindafin	Tangerang	27,400			Susilia Indah Synthetic Fiber Ind.
	Panasia Indosyntec	Bandung	25,600			Hadtex 系、インベンタ技術、93年操開
	Kumafiber	Tangerang	(33,600)			クラレ技術、華商系資本(生産停止)
		計	898,800			
ナイロン(f)	Indo Kordsa (N66) (旧 Branta Mulia)	Tangerang	27,000			ナパン・グループからSabanciグループに移管、他素材加えコード5万tに加工
	Polychem	Tangerang	24,000			旧 Gema Persada Polimer(華商資本)
	Filamindo Sakti (N66)	Tangerang	23,700			モンサント技術、タイヤコード用
	Indonesia Toray Synthetics	Tangerang	17,600			東レ50.9%出資、2016年に1,200t増強
	Gajah Tunggal	Tangerang	12,000			タイヤコード用
	Sandang Utama Mulya	Tangerang	8,400			正大尼龍技術、98年に台湾より移転
	Evershinetex	Tangerang	7,300			97／7完成
	Sulindafin	Cibitung	(6,600)			2000/11Shinta Nylon吸収、2014年撤退
		計	120,000			

(注)(f)はフィラメント(長繊維)、(s)はステープル(短繊維)の略

インドネシアの合成繊維生産推移

(単位：トン、%)

品種	2011年	2012年	2013年	2014年	2015年	2016年	前年比
ポリエステル(f)	655,000	666,000	730,000	806,000	836,000	700,000	83.7
ポリエステル(s)	489,000	520,000	539,000	680,000	690,000	660,000	95.7
ナイロン(f)	54,000	55,000	63,000	24,000	38,000	50,000	131.6

インドネシアの石化原料事情

アセアン最大の産油国だが、産油量の先細りと内需拡大に対応していくため、資源の有効活用と外貨獲得の拡大を図る狙いで石油代替エネルギーの開発や輸出用製油所新設による石油製品輸出に比重を移している。ただ、経済的・政治的混乱後、大半のプロジェクトは進展しなかった。近年も複数の計画が浮上しているが、外資との合弁計画はＦＳ段階で宙に浮くことが多い。

バロンガン製油所は94年４月に建設され、試運転を経て11月から操業開始した。プルタミナはバロンガンとチラチャップ製油所で無鉛ガソリンを生産するためのリフォーマーなど改質装置を新設する「ブルースカイ・プロジェクト」を推進、このうちバロンガンでは2005年中にＴＥＣ／レカヤサが完工させ、チラチャップでも2018年秋までに日揮などが改造する。プルタミナとクウェート石油公社がＦＳを進めていたバロンガンでの30万バレル製油所計画は進展せず、代わりにサウジ・アラムコが2023年を目標とする18万バレルの増設を検討し始めたが、断念した。

2006年２月、ＴＰＰＩがツバンで芳香族コンプレックスを完成させ、７月から本格稼働した際、原料の重質ＮＧＬを処理する10万バレルのコンデンセート・スプリッターも併設している。

実力22万バレルのバリクパパンでは、2020年を目標に14万バレル増設し、計36万バレルへ拡張することになり、2014年12月に旧ＪＸエネルギーと合意したが、１年後には断念した。他の４製油所も10年かけて改修・拡張する計画で、５製油所の実力を現在の82万バレルから倍増する予定。

プルタミナとサウジ・アラムコは、ツバンで当初2018年を目標とする30万バレルの製油所建設をＣＡＰ(チャンドラアスリ・ペトロケミカル)を加えた３社で検討していたが、政府が税制優遇措置を講じない方針としたことで白紙撤回となった。その後ＣＡＰは、2019年を目標とする10万バレルのコンデンセートスプリッター建設をＢＰとの合弁で進める計画に切り替えた。

このほか、川下のエチレンセンターを含む30万バレルの製油所プロジェクトが２件あり、ツバンでは2017年10月に露ロスネフチ45%／プルタミナ55%出資、ボンタンでは2018年１月にオマーン・オイル&ガスとコスモ石油が合わせて90%／プルタミナが10%出資することで合意した。

インドネシアの石油精製能力と新増設計画　(単位:バレル／日)

製油所名	立地場所	現有処理能力	新増設計画	完成	備考
デュマイ製油所 #2	中部スマトラ	140,000	160,000	未定	アラムコは参画断念、96/末2万B増
スンガイ・パクニン	中部スマトラ	50,000			Dumai & Sungai Pakning計17万b
プラジュ製油所 #3	南部スマトラ	118,000	検討中		Gerong第3製油所、1960年稼動開始
	(パレンバン)	(FCC20,500)			94/1Qに6,000b増強～日揮施工
チラチャップ製油所	中部ジャワ	118,000	100,000	2022年	アラムコが参画を検討～ＦＷ
#4		230,000	２次装置増強		ＣＣＲ改造等300億円、日揮等受注
	[ＲＦＣＣ]→	[62,000]	[19,000]	2018年	ＦＷがＰＭＣ～残油流動接触分解
	(2015/10完成)				装置15億$、プロピレン・ＬＰＧ併産
バリクパパン製油所	カリマンタン	220,000			98/初常圧6万b・減圧塔2.5万b更新
#5			140,000	未定	公称26万b→36万b、FEED/ベクテル
バロンガン製油所#6	西部ジャワ	125,000		1994／11	三井物産/日揮/ＦＷ/ＢＰが建設
			180,000	未定	アラムコが参画を断念
カシム(Kasim) #7	西部パプア	10,000			PERTAMINAにとっての第7製油所
ＴＰＰＩ	東ジャワ・ツバン	100,000		2006／7	コンデンセート・スプリッター
ＣＡＰ/ＢＰ製油所	ANYER/Banten		100,000	2019年	コンデンセート分留塔の合弁計画
ロスネフチ出資計画	東ジャワ・ツバン		300,000	2022年	2017/10ロスネフチ45%出資、石化も
オマーン/コスモ90%	ボンタン		300,000	2025年	東カリマンタン石化一貫計画$10b
	計	1,111,000	1,280,000		

フィリピン

概要

経済指標	統計値	備考
面　積	30万km^2	日本の８割弱
人　口	１億530万人	2017年の推計、日本の８割
人口増加率	2.0％	2017年／2016年比較
ＧＤＰ(名目)	3,130億ドル	2017年（2016年実績は3,050億ドル）
１人当りＧＤＰ	2,976ドル	2017年（2016年実績は2,924ドル）
外貨準備高	816億ドル	2017年末実績（2016年末実績807億ドル）

実質経済成長率（ＧＤＰ）	2012年	2013年	2014年	2015年	2016年	2017年
	6.8％	7.1％	6.1％	6.1％	6.9％	6.7％

	〈2016年〉	〈2017年〉	通　貨	ペソ
輸出(通関ベース)	$56,313m	$63,233m		１ペソ＝2.43円(2017年末)
輸入(通関ベース)	$80,834m	$92,841m		１ドル＝46.9ペソ(2017年末)
対内投資認可額	<2016年>$4,612m<2017年>$2,098m			(2016年平均は47.49ペソ) (2017年平均は50.40ペソ)

2017年の実質ＧＤＰ成長率は6.7％と、前年の6.9％から0.2ポイント低下したものの、民間消費が引き続き好調で、対内投資の激減(現地通貨で51.7％減)にもかかわらず、国内の設備投資が活発だったため、外国からの直接投資分を含めても前年比32.5％増と大きく増加した。日本からの投資も18％強増加し、自動車関連や内需型企業への投資が目立った。2016年のエルニーニョ現象で打撃を受けた農業生産も回復した。貿易は、世界需要の回復により半導体関連を始め電気・電子機器などの輸出が大きく回復し12.3％増、輸入も活発な内需により14.9％増となり、貿易赤字は前年の245億ドルから296億ドルへと拡大した。貿易収支の赤字は17年連続で過去最高。

個人消費を下支えしている海外出稼ぎ労働者からの本国送金額は、2005年で初めて100億ドルの大台に乗り、その後も毎年増加。2017年も前年の269億ドルから291億ドルへと記録を更新した。

フィリピンの石化関連工業

フィリピンの石油化学関連工業といえば、ＰＶＣやＰＳなどのプラスチック・コンパウンドを中心とする小規模なものが大半であり、ＰＶＣとＰＳの一部国産品を除くと、ほとんどの製品や原料は海外からの輸入に依存してきたが、97年を境にＰＰ、98年からはポリエチレンも国産化されるようになった。何れも現地企業や外資など民間企業が中心の川下樹脂事業であり、2013年10月になってようやく民間のＪＧサミット・ペトロケミカルが初のエチレンセンターを設置した。

ただし、稼働開始時期は2014年後半にずれ込んだ。これに対して、フィリピン国営石油会社(ＰＮＯＣ)は、1980年代から幾度となくエチレンセンター構想を目指しては挫折しており、未だに石化コンプレックス計画は定まっていない。90年代初頭にシンガポール、タイ、マレーシア、インドネシアなどのＡＳＥＡＮ諸国が本格的なオレフィン・コンプレックスをスタートさせたのに対し、フィリピンが石化産業の基盤整備で大きく遅れをとった根本的な原因は、頻発した自然災害や経済発展の立ち後れもあるが、ＰＮＯＣの体質も大きく影響した。それでも自前の石化コンプレックスを持ちたいという政府の意欲は依然根強く、複数のエチレン計画が眠っている。

フィリピン政府はＡＦＴＡ推進に積極的で、95年には樹脂の輸入関税を20%から15%に削減、2003年１月には石化製品11品目の域内特恵関税を７～10%まで引き下げ、2006年１月には５%まで引き下げた。このため後発国として新規の石化プロジェクトを立ち上げるには極めて厳しい投資環境にあった。政府が打ち出している石化産業の投資優遇策は、プラント資機材の無税輸入と６年間にわたる法人税、所得税減免のみとなっており、シンガポールやマレーシアのような輸出志向型の石化プロジェクト実現は難しく、内需対応型の基盤整備を目指す以外に道はないとみられている。ＪＧサミットが自前のエチレン工場を建設したのは樹脂原料のオレフィンを全量自給するため。輸入品との厳しい競争に直面する国内の合成樹脂メーカーや加工業界にとって、原料を国内調達できるエチレンセンターの誕生は大きな変化となった。

フィリピンの石油化学関連製品設備能力

(単位：t/y)

製品名	会社名	工場	現有能力	新増設計画	備考
ＬＬＤＰＥ／ＨＤＰＥ	JG SUMMIT PETROCHEMICAL	Batangas	320, 000		
	NPC ALLIANCE	Limay	275, 000		2000／7
		計	595, 000		
ＰＰ	PETROCHEMICAL PHILIPPINES	Limay	160, 000		97／7
	～(旧 PETRO CORP.)			65, 000	次期計画
	JG SUMMIT PETCHEM.	Batangas	190, 000		98／4
		計	350, 000	65, 000	
ＰＶＣ	PHILIPPINE RESINS INDUSTRIES (2001/2に２万t増強後、同３月には東ソー・三菱商事の折半出資合弁会社に改組→2004/3には８：２に変更)	Limay	100, 000 (2004/５に１万t増強)	110, 000	98／10 2018／末
	GENERAL CHEMICAL CO. ～(旧 PHILIPPINE VINYL CO.)	Rosario, Cavite	20, 000		76年操開
		計	120, 000	110, 000	
ポリスチレン	SMP INC.	Valenzuela, MM	12, 000		90年操開
	PHIL PETROCHEMICAL PRODUCTS INC.(PPPI)	Rosario, Cavite	(14, 000) 2002年停止		74年操開 倍増済み
	D&L INDUSTRIES INC.*(ケムレス)	Quezon City	36, 000*		85年操開
	POLYSTYRENE MFG CO.	Valenzuela, MM	10, 000		75年操開
	*2005年に6, 000t増強(D&Lの子会社)	計	58, 000		

塩ビコンパウンド・ドライ・ブレンド	PHIL ACRYLIC AND CHEMICAL CORP.	Pasig, MM	60,000		操業中
塩ビコンパウンド・ペレット	〃	〃	24,000		〃
塩ビコンパウンド・ペレット	AQUAFLEX EXTRUSION (PHILS) INC.	Quezon City	9,000		操業中
再生塩ビペレット・コンパウンド	PAN ASIAN VINYL INDUSTRIES INC.	Cainta, Rizal	4,800		操業中
塩ビコンパウンド	D&L INDUSTRIES INC.	Quezon City	1,200		操業中
塩ビ床材・シート・レザー等	ユニ・ロンシール・プラスチックス (日本側30%出資)	カランバ	42,000		95/1に2割増強
塩ビコンパウンド	トーソー・ポリビン(1999年設立) (東ソーG74.5%/三菱商事10%出資)	リマイ工業団地 (2015/7に4,000t増)	22,000 No.8 4,000		99/3 2017年
		計	167,000		
アルキッド樹脂	EASTMAN CHEMICAL INDUSTRIES INC.	Malabon, MM	9,000		操業中
アルキッド樹脂	PACIFIC PRODUCTS INC.	Cainta, Rizal	5,450		操業中
フェノール樹脂	POLYMER CHEMICALS	Taguig, MM	6,000		操業中
ボトル用PET樹脂	FILIPINAS SYNTHETIC FIBER CORP.	Laguna	2,500		操業中
プラスチック・コンパウンド	MULTIBASE COMPOUN DING CORP.	Valenzuela, MM	1,200		操業中
着色ペレット・樹脂	PHIL SANYO COLORANTS CORP.	Taguig, MM	1,200		操業中
樹脂着色加工	S-IK COLOR PHILIPPINES, INC.	Laguna	8,400		95/末増
着色剤	(稲畑産業84%出資/山陽化工合弁)		600		操業中
着色コンパウンドマスターバッチ	トーヨー・インキ・コンパウンズ	(東洋インキ85%出資合弁企業)	3,000 9,000		操業中 97/12完
アセチレンブラック	MCCI		2,000		
ポリオレフィンフィルム袋	パイン・フィルム (稲畑産業/サーモ合弁)	カビテ輸出加工区	3,000		96/4完
ポリオレフィンフィルム袋	ワダ・フィリピン (和田化学81%/豊田通商)	カビテ輸出加工区	3,600	2,400	96/1 検討中
包装用PPフィルム	ダイバーシファイド・プラスチック・フィルム・システムズ (豊田通商35%/ガルシア)	バターン輸出加工区	15,600		99/7 生産開始
合成樹脂塗料	NIPPON PAINT (PHILIPPINES) INC.		4,000		操業中
カセイソーダ	MABUHAY VINYL CORP.(東ソー) 同上(2008/央1.6万tをIM法に転換)	Iligan City	24,000		製法転換
無水フタル酸	RESINS INC.	Misamis Oriental	16,000		操業中
アルキルベンゼン	CHEMPHIL LMG INC.	Batangas	20,000		操業中
脂肪族高級アルコール	ピリピナス花王	ハサーン(ミンダナオ島)	100,000超		2013/8
3級アミン	〃		5,000		操業中
メチルエステル	プロトン・ケミカル	マニラ	6,000		操業中
グリセリン	〃	〃	700		〃
ベンゼン	ペトロン	Bataan Limay	22,800	100万t	2009年
トルエン			15,000		2021年
キシレン			220,000		以降

フィリピン石化の状況と経緯

フィリピン初の本格的な合成樹脂プラントは、97年７月に操業開始した旧ペトロコープ(現ペトロケミカル・フィリピンズ)のＰＰ工場。これはフィリピンの化学メーカーと住友商事、ＢＡＳＦなど外資との合弁により実現したプロジェクトで、操業までに次のような経緯を辿った。

設立当時のペトロコープは、同国でアルキルベンゼン事業などを展開する老舗化学会社のガルシア・グループとＰＳなどの合成樹脂事業を手掛けるレオン・グループが中心となって93年前後にスタートした初の本格的な石化合弁企業で、94年に入って住友商事が資本参加するとともに、プロセス・ライセンサーとしてＢＡＳＦ、さらにはＰＮＯＣも資本参加するはずだった。しかし、投資の決断が遅いことや用地の手当てなどＰＮＯＣ側の推進力に問題があり、実現を急いだ民間側は94年に立地場所をバターン半島のリマイから西岸のモロンへ移転することにした。95年に入り、ＰＮＯＣはリマイに自前の石化センターを建設したいという計画を諦めきれず、再度ペトロコープ側と協議、その結果ＰＮＯＣが改めて資本参加し、元通りリマイで建設されることになった。その時点でＰＮＯＣは土地供与などの現物出資で５％程度の資本参加を予定していたが、決断の遅いＰＮＯＣの参加は結局実現せず、民間主導により95年にリマイで着工した。最終的にペトロコープはガルシア、レオン両グループ(その後ペトロケミカル・アジア香港に集約)を中心とした現地企業に加え、プロセス・ライセンサーのＢＡＳＦ、タイの旧ＴＰＩ、住友商事、伊藤忠商事の出資により推進されることが決まり、97年７月に年産16万トン規模でＰＰを生産開始した。原料プロピレンは住商が半分、残り半分を伊藤忠と現地側折半で供給するが、稼働率は低い。その後2010年３月にはペトロンがペトロケミカル・アジア保有株式の40％を買収することになった。

このペトロコープに続いて実現したのがゴコンウェイ財閥と丸紅のＬＬ／ＨＤＰＥ並びにＰＰプロジェクト。ゴコンウェイと丸紅は94年２月に合弁会社「ＪＧサミット・ペトロケミカル」を設立、バタンガスに18万トンのＰＰと17.5万トンのＬＬ／ＨＤＰＥ工場を98年第１四半期に完成させた。同社も原料オレフィンを輸入に依存せざるを得ないポジションだった。2007年10月には、同社に17.7％出資していた丸紅が資本撤収し、ゴコンウェイの100％子会社となった。

民間主導の塩ビプロジェクトは、現地メーカーのマブハイ・ビニル(三菱商事が12％出資)とフィリピン諸島銀行、東ソー、三菱商事の４社がＦＳを進め、96年12月に合弁会社「フィリピン・レジンズ・インダストリーズ(ＰＲＩＩ)」が設立された。７万トンのＰＶＣ工場はリマイ地区に98年10月完成、99年１月から操業開始した。原料のＶＣＭは東ソーの南陽工場(山口県)から供給している。ＰＲＩＩは2001年３月に東ソーと三菱商事の折半出資合弁会社に改組、１号機も2001年初めに２万トン増強し、2004年５月にも１万トン増強して10万トン能力とした。その後ＰＲＩＩは2004年３月に東ソー80％／三菱商事20％出資へ変更され、東ソーの子会社となった。東ソーはさらに電解ソーダ事業会社のマブハイ・ビニルに対してＴＯＢ(株式公開買い付け)を仕掛け、2015年９月に株式を15億円で買い増し、出資比率を従来の39.92％から87.97％まで引き上げ子会社化した。ＰＶＣの２号機11万トンは2018年末までに導入する。将来は３系列まで拡大したい考えで、３系列まで増設されたところで原料ＶＣＭプラントの新設も検討する。現在、フィリピンの塩ビ需要は15万トン程度で10万トンが国産、残りは輸入しているが、３系列までの増設やＶＣＭプラントの建設スケジュールは、今後のフィリピン経済情勢と政情に大きく影響されよう。

ガルシア・グループは旧ＢＰケミカルズ、住友商事らと合弁で設立した旧バタン・ポリエチレンのＬＬ／ＨＤＰＥプロジェクトを推進、同社には97年７月にマレーシア国営石油会社(ペトロナス)が資本参加し、10月に着工した。リマイ地区に総額３億4,000万ドルを投じて25万トンのＰＥプラントを日揮が建設、通貨危機の影響で遅れ、2000年７月から稼働開始となった。これには当初、ＰＮＯＣの資本参加も予定されていたが、最終的にはこれも実現しなかった。ところが、採算性と先行きを悲観して2002年末にはＢＰとペトロナスが資本撤収を決定、2003年第１四半期中にＰＥ工場は休眠状態となった。その後、“プラスチック王”の異名を持つウイリアム・ガチャリアン氏が自社のメトロ・アライアンスを通じてバタン・ポリエチレンを買収、2004年12月にはイランのＮＰＣインターナショナルと原料エチレンの長期受給契約を締結した。さらに2005年７月にはＮＰＣが60％の株式を買収して「ＮＰＣアライアンス」と改称、同社はＮＰＣインターナショナル60％／メトロ・アライアンス40％出資合弁会社に改組された。

フィリピンのエチレン・プロジェクト

フィリピン初のエチレンプラントは、民間企業のＪＧサミット・オレフィンズが年産32万トンと小規模ながら2013年秋に建設した(稼働開始は2014年11月)。国営企業のＰＮＯＣは幾度となくエチレンプロジェクトを打ち出したが、実現しないまま民間企業の後塵を拝した。

同国初のエチレンセンター構想は古く70年代初頭から計画されてきた。しかし、途中ピナツボ火山の噴火などにより計画が頓挫。90年代に入ってからは、ポリエチレンやＰＰなど川下誘導品プラントの建設に乗り出した企業の多くが上流エチレンへの進出を狙い、日本商社など複数企業との合弁でエチレン設備の建設を計画したものの、何れも実現していない。

ＰＮＯＣとの合弁計画としては97～98年に伊藤忠商事、台湾ＣＰＣがリマイで60万トンのエチレンを計画したことがある。三菱商事と住商もほぼ同時期に現地ガルシアグループと共同で50万トン規模のエチレンをリマイで計画したことがある。このほか、ルソン島のバタンガスでＰＥ、ＰＰプラントを操業するゴコンウェイ財閥のＪＧサミット・ペトロケミカルも35万トン規模でＦＳを行った。2000年に入ると、これら３計画を統合する案が浮上し、ＰＮＯＣ主導でＦＳが行われたものの、やはり進展しなかった。

その後、ＪＧサミットはバタンガスで再度エチレン32万トンのプロジェクトを打ち出し、総工費６億3,600万ドルで韓国の大林エンジニアリングに設計・調達・施工を発注、当初2011年前半の完成を目指していたが、世界同時不況の煽りで着工は2011年３月まで延期された。フィリピンではオレフィンの誘導品としてＬＬ／ＨＤＰＥ、ＰＰ、ＰＶＣなどのプラントがすでに操業しており、60万トン規模のクラッカーを維持するのに十分な市場が形成されている。にもかかわらずＪＧサミットは、バタンガスのＬＬ／ＨＤＰＥやＰＰプラントが必要とする量だけを自給できる小規模なエチレンセンターの建設を選択した。同国初のエチレン設備は2013年10月に完成し、翌年11月に稼働開始。当初計画ではブタジエンの抽出も計画しており、韓国の錦湖石油化学と４万トン設備を2014年中に設置することで合意したこともあったが、白紙化された。今後、ポリオレフィンの需要増に対応するため、2020年前半にエチレンを16万トン増強し、48万トン能力へ拡張、川下でＨＤＰＥやＰＰの次期増強を図り、７万トンのブタジエン抽出計画も実施する。

フィリピンの石油化学プロジェクト

（単位：t/y）

製品名	会社名	サイト	生産能力	完成	備考
エチレン	ＪＧサミット・オレフィンズ	バタン	320,000	2013／10	稼働は１年後、大林エンジ施工
〃	〈JG SUMMIT OLEFINS〉	ガス	+160,000	2020／央	増強後48万ｔ　工費８億＄
プロピレン			190,000	2013／10	
〃			+51,000	2020／央	増強後21.1万ｔ
ブタジエン	（現有11万ｔのC_4留分は外販）		70,000	〃	抽出計画～ラフィネート8.9万ｔ
分解ガソリン			216,000	2013／10	次期増強後ＢＴＸを抽出、内訳：
〃			+79,000	2020／上	Ｂz12.6万ｔ/Ｔ7.6万ｔ/Ｘ4.6万ｔ
ポリプロピレン	ＪＧサミット・ペトロケミカル		190,000	98／３	ユニポール技術、三菱重工施工
〃	〈JG SUMMIT PETCHEM.〉		110,000	2020／央	ユニポールＰＰ技術で増設
ＬＬ／ＨＤＰＥ			210,000	98／３	ユニポールＰＥ技術
ＬＬＤＰＥ			110,000	2015年	ＴＴＣＬ施工、増設後32万ｔ
ＨＤＰＥ			250,000	2020／央	シェブロンＰの「MarTECH」技術
ポリプロピレン	フィリピン・ポリプロピレン（ＰＰＩ）	マリベレス	160,000	97／７	ＢＡＳＦ技術
			(65,000)	未定	デボトルネッキングで拡大余地
ＬＬ／ＨＤＰＥ	ＮＰＣアライアンス	リマイ	275,000	2000／７	ＢＰのイノビーン法／日揮施工
ＰＶＣ	フィリピン・レジンズ・インダストリーズ（ＰＲＩＩ）	リマイ	100,000	98／10	東ソーのサスペンション重合法
			110,000	2018／12	2004/5に１万ｔ増強、2号機42億円
同コンパウンド	トーソー・ポリビン		4,000	2017年	第８系列増設後混練機は2.6万ｔ
パラキシレン	ペトロン／エスオイルの合弁	リマイ	(350,000)	未定	韓国のエスオイルと97年にＦＳ

フィリピンの石油化学企業出資構成

会社名	製品	サイト	出資比率
ペトロン	石油精製	リマイ	英アッシュモアグループ90%以上
フィリピン・ポリプロピレン（ＰＰＩ）	ＰＰ	マリベレス	住商・伊藤忠各2.7%／ＢＡＳＦ・ＩＲＰＣ各８%／Petrochemical Asia (HK) Ltd.を含むペトロン78.6%
ＮＰＣアライアンス（旧バタン・ポリエチレンを2005／７に改組）	ポリエチレン（2005年より操業を再開）	リマイ	イランのＮＰＣインターナショナル60%/メトロ・アライアンス40%。2000/7からペトロナス38.6%/ＢＰ30%/住商５%/ガルシアグループ他現地資本26.4%出資で操業開始したが、ペトロナスとＢＰは2002/末に資本撤退し、これをメトロ・アライアンスが買収
フィリピン・レジンズ・インダストリーズ(PRII)	ＰＶＣ	リマイ	東ソー80%/三菱商事20%
マブハイ・ビニル・コーポレーション	カセイソーダ	イリガン	東ソー87.97%/三菱商事12.03%←2015/9のＴＯＢで子会社化
ＪＧサミット・ペトロケミカル	ＬＬ／ＨＤＰＥ ＰＰ、エチレン	バタンガス	ゴコンウェイ100%（17.7%出資の丸紅は2007/10に資本撤収）

フィリピンの石油化学関連基地

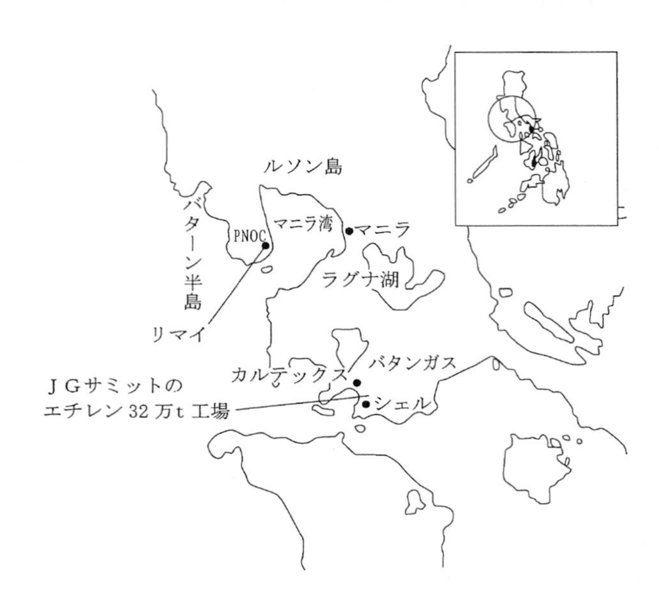

バターン半島詳細図

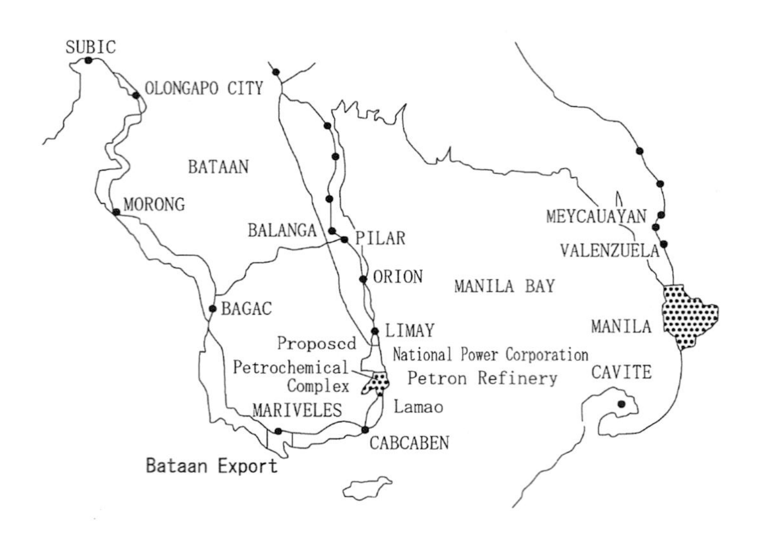

フィリピンの石油精製能力

フィリピン最大の石油精製企業は日量処理能力18万バレルを有するペトロンで、フィリピン財閥のサン・ミゲルが68.26％を出資する大株主。かつてはＰＮＯＣとサウジ・アラムコが各40％ずつ出資していた。この他、シェルとカルテックスも製油所を運営しており、このうちシェルは95年に８万バレルの増強を米フルアーに発注、15.5万バレルまで増強し、ペトロンに次ぐ規模となった。ペトロンは96年に1.5万バレルのトッパー増強や1.9万バレルの水添脱硫装置、3,000バレルのＬＰＧ回収装置など一連の増設に着手、97年１月には1.7万バレルのＣＣＲ（連続触媒再生型リフォーマー）と毎時70トンの硫黄回収装置の新設にも着手し、両設備とも韓国の大林エンジニアリングに発注、98年第４四半期にはすべての設備が完成した。2008年２月にはＴＣＣ装置を1.9万バレルのＦＣＣに改造し、年14万トンのプロピレン回収を始めた。2007年７月にはＢＴＸ装置（ベンゼン2.28万トン／トルエン1.5万トン／キシレン22万トン）の建設に着工し、2009年に完成させた。韓国のエスオイルとは97年４月にＭＯＵを締結、ＰＸ35万トンの事業化を検討したこともあった。代わりに、自社で100万トンの芳香族増設計画を打ち出している。

ペトロンは2011年８月にマレーシアのエッソ・マレーシアから8.8万バレルのポート・ディクソン製油所を買収、合計精製能力を26.8万バレルとし、両国でＳＳ事業などを展開している。同時期にフィリピンでは二次精製装置の拡張プロジェクト「ＲＭＰ－２」を推進、2014年末までに完了させて重質原油なども処理できるよう改良した。ＬＰＧやガソリン、ディーゼル油の増産だけでなく、ユーロⅥ基準に対応できるクリーン燃料も生産しており、プロピレンの回収能力を倍の27万トンに引き上げた。その後、フィリピン南部において25万バレルの製油所新設を検討したこともあったが、バターン製油所を7.5万バレル増強し、芳香族100万トンプラントを増設する計画に切り替えた。ハネウェルＵＯＰがコンデンセート分留装置、ナフサハイドロトリーター、接触改質装置、スルホラン法芳香族抽出装置、マーロックス脱硫装置などのプロセス技術を供与する。総工費は800億ペソ（1,750億円相当）で、完成は2021年以降となりそう。

ピリピナス・シェル（ＰＳＰ＝フィリピン・シェル・ペトロリアムの略称）は実働11.5万バレル体制で操業していると見られるが、稼働率は2015年時点で63％と高くはない。同社は2016年11月３日付で上場、調達した資金で2020年にかけて製油所の増強や二次設備の高度化などを図る予定。

フィリピンの石油精製能力と新増設計画

（単位：バレル／日）

製油所名	立地場所	現有処理能力	新増設計画	完成	備考
ペトロン（ＰＮＯＣ）	Bataan/Limay	180,000	75,000	2021年～	98年に1.5万b増設（大林ENG施工）
		[19,000]	[水添脱硫]	98／4Q	3,000b/dのＬＰＧ回収も併設（〃）
		[17,000]	[ＣＣＲ装置]	〃	70t/hの硫黄回収装置併設（〃）
		[19,000]	[ＦＣＣ装置]	2008／2	プロピレン回収14万t→27万tへ増
				2014／末	ベクテル/Axens/UOP/CB&I/Lummus
	南部地域		(250,000)	(棚上げ)	/FW/大林ENGが高度化工事を施工
	Port Dickson	[88,000]	[トッパー]	2011／8	マレーシアの精製拠点を買収
ピリピナス・シェル	Tabangao	155,000	高度化計画中		95年に米フルアーが８万b/d増強
カルテックス（フィリピンズ）	Batangas/San Pascual	70,000	(65,000)	(延　期)	
	計	405,000	75,000		[　]内の能力は含まず

ベトナム

概要

経　済　指　標	統　計　値	備　考
面　積	33.1万km^2	日本の約９割
人　口	9,368万人	2017年時点、日本の８割弱
人口増加率	1.1％	2017年／2016年比較
ＧＤＰ(名目)	2,239億ドル	2017年（2016年実績は2,053億ドル）
１人当りＧＤＰ	2,389ドル	2017年（2016年実績は2,215ドル）
外貨準備高	495億ドル	2017年末実績（2016年末実績369億ドル）

実質経済成長率（ＧＤＰ）	2012年	2013年	2014年	2015年	2016年	2017年
	5.3％	5.4％	6.0％	6.7％	6.2％	6.8％

	〈2016年〉	〈2017年〉
輸出(通関ベース)	$176,581m	$215,119m
輸入(通関ベース)	$174,804m	$213,007m
対内直接投資額	〈2016年〉224億$	〈2017年〉308億$

通　貨	ドン
	100ドン＝0.480円(2018年初) １ドル＝22,710ドン(2018/1) (2016年平均は21,935ドン) (2017年平均は22,370ドン)

2017年の実質経済成長率は2011年以降最高となる6.8％と前年を0.6ポイント上回り、４年連続で６％台を維持した。電子機器製品・部品、繊維製品などの輸出増加が顕著で、貿易収支も２年連続で黒字となった。認可された対内直接投資件数は4,000件に迫り、過去最高記録を更新、投資額も９年ぶりに300億ドルを上回る308億ドルとなった。韓国の電子・半導体企業による投資が４年連続で首位となっており、サムスン電子の「ギャラクシーS9」の生産も輸出を牽引している。

2018年10月、ＪＸＴＧエネルギーが参画を目指していたバンフォン製油所の新設計画は、協業相手のベトナム国営石油会社ペトロリメックスがプロジェクト中止の意向を明らかにした。

ベトナムの石化関連工業

ベトナムでは石油製品や石化製品の大半を輸入に依存しているが、その需要拡大率は年率７％を超える高伸長が続いている。原油を産出はするが、石油精製能力の絶対的な不足により、ガソリンや灯軽油、燃料油などの石油製品を年間800万トン以上輸入、石化製品も国産能力は極めて小さく、220万トンというポリオレフィン需要の大半は輸入に依存している。

ベトナムの石油精製能力は、2009年２月から稼働を始めたズンクアット製油所(クワンガイ省)の日量処理能力14.8万バレルしかなかったが、2018年４月からは20万バレルのニソンリファイナリーが商業運転を始めた。長らく石油製品の自給能力はゼロに近かったため、製油所新設計画が乱立し、中国のシノペックまでもが進出を検討したこともあったが、実行案件は当面なさそうだ。

一方、ベトナムで石化関連産業といえるものは汎用の合成樹脂事業だけであり、ＰＶＣ工場が２つとＰＳ工場並びにＰＰ工場が１つずつしかない。このうちＰＶＣ原料のＶＣＭとＰＳ原料のＳＭは全量輸入に依存しており、唯一ＰＰだけが製油所から原料のプロピレンを受給している。

２つのＰＶＣ工場とは、タイのＳＣＧケミカルズ傘下企業であるＴＰＣ(タイ・プラスチック＆ケミカルズ)が三井化学と三井物産から2000年８月に買収したＴＰＣビナ・プラスチック＆ケミカルの年産20万トン(ドンナイ省)、並びに2002年末から稼働した元フーミー・プラスチック＆ケミカルズの10万トン(バリアブンタウ省)だけである。このうち後者は現ＡＧＣがマレーシアのペトロナス・ケミカルズグループから2014年６月に買収し、2016年６月に「ＡＧＣケミカルズ・ベトナム」へ改称。買収後の出資比率はＡＧＣ78%、三菱商事15%、現地のVung Tau Shipyard ７%という割合で、2016年上期に５割増強して15万トン能力へ引き上げた。

ＰＳ工場はバリアブンタウ省でベトナム・ポリスチレンが2006年から稼働させている発泡ＰＳ４万トンと2012年２月に増設したＧＰＰＳ・ＨＩＰＳ計５万トンの合計９万トンのみ。ベトナム初で唯一のＰＳメーカーとして、生産量の60%を内販、残りを輸出している。

ＰＰ工場はズンクアット製油所内で2010年８月から稼働した15万トンのみで、同製油所のＦＣＣガスから回収したプロピレンを原料に用いている。韓国の暁星グループもＰＰで進出を計画中。

この他にも、韓国資本のＬＧビナ・ケミカルが手掛ける塩ビ用可塑剤のＤＯＰ(３万トン)や台湾化学繊維が手掛けるポリエステル製品、各社の合成繊維工場や尿素工場などがある。

ベトナムの石油化学製品生産能力 (単位：t/y)

製品名	会社名	工場	生産能力	新設計画	完成	備考
ＰＶＣ	ＴＰＣビナ・プラスチック＆ケミカル	ドンナイ省	200,000	70,000	未定	タイのＴＰＣが2000/8に三井グループから買収、2009年８万t増
	ＡＧＣケミカルズ・ベトナム(2016/6社名変更)	バリアブンタウ省	150,000		2002/末	現ＡＧＣがペトロナスグループから2014/6買収、2016/初5万t増
ＶＣＭ	ロンソン・ペトロケミカル(ＳＣＧ/ＱＰＩ/ＰＶＮ)	ロンソン島		400,000	2023/上	ＰＶＣ原料の遡及計画
ＥＤＣ				330,000	〃	電解28万tから一貫生産
ＥＰＳ	ベトナム・ポリスチレン	バリアブンタウ省	40,000			2006年から稼働開始
ＰＳ			50,000		2012/2	ＧＰＰＳとＨＩＰＳを併産
ＰＰ	PVNのDung Quat PP Plant	Dung Quat	150,000		2010/8	原料はＦＣＣ回収プロピレン
	ニソンリファイナリーＰＣ	ニソン	370,000		2018/4	三井化学/出光興産/ＫＰＩ合弁
	ブンロー・ペトロリアム	ドンホア		(900,000)	未定	イノビーンＰＰプロセスを導入
	ロンソン・ペトロケミカル	ロンソン		450,000	2023/上	2017年中に着工予定
	韓国・暁星グループ	バリアブンタウ省		300,000	2019/末	Spheripol法、ＬＰＧタンク併設
				300,000	未定	第２期でＰＤＨとＰＰ、全12億$
ＰＸ	ニソン・リファイナリー・ペトロケミカル	ニソン	700,000		2018/4	三井化学/出光興産/ＫＰＩ合弁
ベンゼン			240,000		〃	全系列のメカコンは2017/4
ＤＯＰ	LG-ＶＩＮＡケミカル		30,000		1996/末	韓国ＬＧ化学の子会社
アンモニア	Phu My Fertilizer Plant	フーミー	540,000		2004年	スナム技術、2017/4Qに9万t増～
尿素	〃	〃	800,000		〃	1,620t/dに、肥料25万t併産、Phu
尿素	Ca Mau Fertilizer Plant	Khanh An	800,000		2012年	My NPKが2.37億$(5兆ドン)で
エチレン	ロンソン・ペトロケミカル(ＳＣＧ82%/ＴＰＣ18%)	バリアブンタウ省		1,200,000	2023/上	ベトナム初のエチレンセンター計画
ＬＬＤＰＥ				500,000	〃	
ＨＤＰＥ		ロンソン		450,000	〃	

ベトナムの精製－石化プロジェクト

ベトナムで石油精製と石油化学プロジェクトがそれぞれ進展した。2013年７月に着工したニソンリファイナリー・ペトロケミカルが2017年４月末に完成、2018年４月から商業運転を開始した。その一方で、2014年９月に一旦着工したブンロー・ペトロリアム計画は、2015年に中断され、当初目標の2018年完成は無期延期された。片方の合弁相手であるロシアのテクオイルがルーブル安のため、投資コストの増加に耐えられなくなったためだ。石化プロジェクトでは、当初予定より後ろ倒しとなっているものの、ロンソン島でのエチレンセンター計画が前進した。タイのＳＣＧグループが2023年上期の稼働を目指してプロジェクトを単独で実施することになった。

■ニソン製油所・石化工場が操業

長い間の紆余曲折を経て、ようやく2013年７月に着工したのがニソン製油所・石化コンプレックス建設プロジェクト。同年１月に先行して日揮、千代田化工建設、テクニップグループ（フランス／マレーシア）、韓国のＳＫ建設とＧＳ建設のコンソーシアムがＥＰＣ（設計、調達、建設）を受注し、６月に最終投資決定（ＦＩＤ）、公的金融機関や民間銀行などとの間でプロジェクト・ファイナンス契約を締結できたため、夏場にかけて起工した。４社合弁会社のニソンリファイナリー・ペトロケミカルリミテッド（出光興産35.1％／ＫＰＩ＝クウェート国際石油35.1％／ＰＶＮ25.1％／三井化学4.7％出資）は2008年の設立なので、着工までに５年かかったことになる。

このプロジェクトは、ＫＰＩを通じてクウェートから重質原油を安定的に受給し、ベトナム国内で急増する石油製品需要に対応するとともに、今後需給逼迫が予想されるＰＸやベンゼンなどのアロマ製品およびＰＰの輸出販売を行うもので、高い収益性が期待されている。ベトナムの首都ハノイから南約200kmに位置するタインホア省ティンザ地区のニソン経済区に日量20万バレルの常圧蒸留装置、10.5万バレルの重油直接脱硫装置、８万バレルの重油流動接触分解装置（ＲＦＣＣ、プロピレン回収能力２万バレル）などからなる製油所を新設し、ＰＸ年産70万トン、ベンゼン24万トン、ＰＰ37万トンの各石化設備を併設した。

出光興産は石油精製部門の技術協力を通じてベトナムでの石油製品事業展開に注力でき、三井化学はＰＰ製造技術のライセンスを提供するほか、高純度テレフタル酸やフェノールの原料となるアロマ製品を競争力ある条件で調達するのが狙い。2017年４月末に完工しており、試運転を経た後、2018年４月から本格的な商業運転を開始した。総工費は90億ドル。

■ロンソン石化計画はＳＣＧが単独実施へ

タイのサイアムセメントグループ（ＳＣＧ）で石化持株会社のＳＣＧケミカルズは、カタールのＱＰＩ（カタール・ペトロリアム・インターナショナル）と組み、ベトナム南部バリアブンタウ省ロンソン島で一大石化コンプレックスを建設する計画を立案した。2015年第１四半期に資金調達計画が固まり、用地問題も解決のめどが立ったため、当初は2020年までに完工できる見込みだったが、2015年11月になってＱＰＩが撤退、同社の持株25％はＳＣＧケミカルズが引き受けた。ロンソン・ペトロケミカルへの出資比率はＳＣＧケミカルズ53％、傘下のＴＰＣ18％、ＰＶＮ29％出資となったが、2018年５月にはＰＶＮの株式もＳＣＧグループで引き受けることになり、現法のビナＳＣＧケミカルズ82％／ＴＰＣ18％出資に改組した。工費45億ドルで165万トンのオレフィンを始めとする表記ポリオレフィンプラント群を建設する。テクニップＳ＆Ｗプロセス・テクノロジーによるクラッカーはナフサだけでなく、エタンやプロパンもフレキシブルに利用できる。ナフサとプロパンはカタールから、エタンはＰＶＮ子会社のＰＶ　ＧＡＳから調達することで合意済み。ＬＬＤＰＥにはユニベーション、ＨＤＰＥとＰＰには三井化学が技術供与する。

■ＶＲＰ計画は取り消し

ＶＲＰ(ブンロー・ペトロリアム)計画は英国資本のテクノスター・マネジメントとロシアのテクオイルが計画した総工費32億ドルのプロジェクトで、合弁会社の設立は2004年。ベトナム南中部のフーイエン省で日量16万バレルの製油所と表記芳香族製品やＰＰなどの石化プラントを建設する内容で、石油製品や石化製品を合わせた総能力は年間800万トン(オフガスなど含む)に及ぶ。2014年９月９日に着工し、第１期分は2016年の稼働を目指していたが、中断した。基本設計業務は日揮が受注、製油所のＥＰＣはＵＯＰが担当、ルーマス・テクノロジーがエチレン回収とオレフィンコンバージョン装置(ＯＣＵ)向け技術供与並びにエンジニアリング・テクニカルサービスを、イネオス・テクノロジーズがＰＰ製造技術を供与することになっていた。

■ビクトリー製油所計画も白紙化

タイ国営石油会社(ＰＴＴ)とサウジ・アラムコはともに40％ずつ出資し、ベトナム政府(20％出資)との合弁製油所・石化コンプレックスをビンディン省ニョンホイ工業団地の用地2,000haに建設する計画だった。総投資額は220億ドルと巨大であり、2016年の着工～2021年の稼働開始を見込んでいたが、2016年になってアラムコが撤収、７月にはＰＴＴも撤退を決めた。ビクトリー製油所計画は日量40万バレルの原油を精製処理し、同26万バレルの各種石油製品と年間500万トンの芳香族やオレフィン系樹脂など各種石化製品を手掛ける予定だった。

ベトナムの石油精製・石油化学コンプレックス建設計画

事業会社	サイト(敷地面積)	主要設備	設備能力	投資額	工期	備考
ニソンリファイナリー・ペトロケミカル(出光興産35.1%/ＫＰＩ35.1%/ＰＶＮ25.1%/三井化学4.7%)	タインホア省ティンザ地区ニソン経済区	石油精製(常圧蒸留装置) ＲＨＤＳ(重油直接脱硫装置) ＲＦＣＣ装置 プロピレン回収装置 ＰＸ ベンゼン ＰＰ	20万b/d 10.5万b/d 8万b/d 2万b/d 70万t/y 24万t/y 37万t/y	90億＄	2013/7着工～2017/4完成～2018/4稼働	ＥＰＣ：日揮/千代田化工建設/仏テクニップ/韓ＳＫ建設/韓ＧＳ建設 ＰＭＣ：フォスター・ウィラー
ロンソン・ペトロケミカル(タイ・ＳＣＧ46%→71%/ＰＶＮ29%/ＱＰＩ→撤退→2018/6ビナＳＣＧケミカルズ82%/タイ・プラスチック＆ケミカルズ18%に)	バリアブンタウ省ロンソン島	エチレン プロピレン ＬＬＤＰＥ ＨＤＰＥ ＰＰ ＶＣＭ	120万t/y 45万t/y 50万t/y 45万t/y 45万t/y 40万t/y	45億＄	2015/1Qに資金調達 2017/7ＦＩＤ 2019年着工～2023/上完成	Ｓ＆Ｗ技術→TechnipFMC法/ＳＫ建設 ユニベーション技術/ＴＴＣＬ ＨＤＰＥとＰＰは三井化学技術/サムスンエンジニアリング
ブンロー・ペトロリアム(ＶＲＰ=Vung Ro Petroleum:英テクノスター・マネジメント/露テクオイル合弁)	フーイエン省ドンホア区ホア・タム産業地区(538ha)	石油精製(常圧蒸留装置) ガソリン ジェット燃料 ディーゼル燃料 硫黄 ＬＰＧ ベンゼン トルエン 混合キシレン プロピレン ＰＰ	800万t/y 216.8万t/y 66.6万t/y 263.3万t/y 8,000t/y 38.8万t/y 7.3万t/y 18.3万t/y 34.9万t/y 56.4万t/y 90万t/y	32億＄	2014/9着工～2015年中断	ＦＥＥＤ/日揮、ＥＰＣ/ＵＯＰ ＦＣＣ装置有り ジェイコブズ・ネーデルランド ＵＯＰ 〃 〃 ＯＣＵより/ＣＢ＆Ｉ傘下のルーマス イノビーンのInnovene PPプロセス
ペトロリメックス/ＪＸＴＧ	カインホア省バンフォン	石油精製(常圧蒸留装置)	20万b/d		2025年の稼働予定を中止	2016/5に当時のＪＸへ株式８％を譲渡も2018/10にペトロリメックスが中止を決定
ビクトリー製油所(ＰＴＴ40%/サウジアラムコ40%/ベトナム政府20%出資の予定がアラムコとＰＴＴの撤退で中止)	ビンディン省クイニョン市ニョンホイ工業団地(2,000ha)	石油精製(常圧蒸留装置) 石油製品 エチレン 石油化学製品	(40万b/d) (26万b/d) (140万t/y) (500万t/y)	220億＄	2021年の稼働予定も白紙化	アドバイザー:マッキンゼー/フォスター・ウィラー/ＩＨＳ 2014/9ＦＳ報告書を商工省が承認 ポリエチレン、ＰＰ、ＶＣＭなど

ベトナムの製油所・石化コンプレックス立地図

ベトナムの合成繊維工業

ベトナムの合成繊維生産能力

(単位：t/y)

製品名	会社名	工場	現有能力	新増設計画	完成	備考
ポリエステル(f)	Hyosung Vietnam		135,000			タイヤコード、韓・暁星、15年5万t増設
	Ningbo Cixi Sunway		50,000			中国・寧波市慈渓の子会社
	Formosa Industries		40,300			台湾・台プラグループ
	PV TEX		40,000			ペトロベトナム/VINATEXの合弁
		計	265,300			
ポリエステル(s)	PV TEX		135,000			ペトロベトナム/VINATEXの合弁
	Formosa Industries		108,000			台湾・台プラグループ
	Vietnam New Century		48,000			再生ポリエステル・ステープル
		計	291,000			
ナイロン6(f)	Formosa Industries		70,000			台湾系、2016年に2.5万t増設
ナイロン66	Hyosung Vietnam		30,000			産資用、韓国系、2016年に1,000t増強
		計	100,000			

(注)(f)はフィラメント(長繊維)、(s)はステープル(短繊維)の略

ベトナムの合成繊維生産推移

(単位：トン、%)

品種	2011年	2012年	2013年	2014年	2015年	2016年	前年比
ポリエステル(f)	107,000	123,000	154,000	197,000	211,000	241,000	114.2
ポリエステル(s)	125,000	141,000	151,000	151,000	154,000	171,000	111.0
ナイロン(f)	21,000	28,000	35,000	48,000	48,000	55,000	114.6

ベトナムの石化原料事情

ベトナムでは国営石油会社のペトロベトナム(PVN)が極めて小さな製油所しか保有しておらず、石油製品の自給能力はゼロに近かった。そこに2009年2月、クワンガイ省のズンクアットに日量処理能力14万8,000バレルの製油所が完成し、操業を始めた。国産の石油製品は、ほとんどが自動車用ガソリンや燃料油などに消費されており、石化原料として利用されているのはFCCプロピレンだけである。20万バレルのニソン製油所が2018年4月にようやく立ち上がり、国産能力が倍以上に拡大したが、他の大型製油所計画は何れも中断したり白紙化されている。

ベトナムの石油精製能力

(単位:バレル/日)

製油所名	立地場所	現有処理能力	新増設計画	完成	備考
ペトロベトナム		7,000			ペトロベトナム～テクニップ/日
	(ズンクアット製油所)	148,000		2009/2	揮/テクニカス/TECが$25億で
			52,000	2018年	施工～2008/末完成→20万bへ
ニソンリファイナリー・ペトロケミカル	ニソン製油所 (Nghi Son)	200,000 タインホア省	商業運転開始	[2017/4] 2018/4	クウェート石油/出光各35.1%/三井化4.7%/ペトロベトナム、$90億
ブンロー・ペトロ	Dong Hoa	フーイエン省	(160,000)	(2018年)	Technostar/Techoil合弁、$32億
ビクトリー製油所	クイニョン市	ビンディン省	(400,000)	(2021年)	アラムコ等撤退、$220億、石化含む
ペトロリメックス/他	バンフォン	カインホア省	(200,000)	(2025年)	JXTGエネルギー参画も中止へ
	計	355,000	52,000		

オーストラリア

概 要

経済指標	統計値	備考
面積	769万km²	日本の約20倍
人口	2,460万人	2017年時点の推計、日本の５分の１
人口増加率	1.6％	2017年／2016年比較
ＧＤＰ(名目)	13,795億ドル	2017年（2016年実績は12,649億ドル）
１人当りＧＤＰ	55,707ドル	2017年（2016年実績は51,873ドル）
外貨準備高	636億ドル	2017年末実績（2016年末実績509億ドル）

実質経済成長率（ＧＤＰ）	2012年	2013年	2014年	2015年	2016年	2017年
	3.7％	2.0％	2.6％	2.5％	2.6％	2.3％

	<2016年>	<2017年>
輸出(通関ベース)	$191,277m	$229,291m
輸入(通関ベース)	$201,748m	$227,518m
対内直接投資額	<2016年>476億$	<2017年>465億$

通貨	
	オーストラリアドル １豪州ドル＝90.17円(2017年末) １ドル＝1.26豪ドル(2017年末) (2016年平均は1.35豪ドル) (2017年平均は1.30豪ドル)

オーストラリアの2017年実質ＧＤＰ成長率は2.3％と26年連続のプラス成長を記録した。貿易は、輸出の63％を占める鉱物・燃料が26％も増加、2016年後半からの資源価格上昇と需要増により、天然ガスや石炭、鉄鉱石などを筆頭に全ての製品が増加した。また輸入の増加額より輸出額の方が大きかったため、貿易収支は２年ぶりに黒字へと回復した。貿易額が最も大きいのは引き続き中国で、日本は輸出で２番目。輸入額も中国が１位だが２位は米国で、日本は３位という順位は変わらない。対内直接投資額は豪ドルベースで前年より６％減少したが、香港からの投資額が最も大きく、前年より10倍超と急増している。

オーストラリアの石化関連工業

オーストラリアの石油化学コンプレックスは1960年に誕生、メルボルン近郊のアルトナ(ビクトリア州)とシドニー近郊のボタニー(ニューサウスウェールズ州)に２つのコンプレックスがある。近年は競争力の欠如から、小規模な石化誘導品設備の停止が相次ぎ、2009年はハンツマン・ケミカル・カンパニー・オーストラリア(旧 Chemplex)が川下のスチレンモノマー設備を同年末で停止、川上のエチルベンゼン用エタンクラッカーも停止した。その他のオレフィン工場としてはシェル・オーストラリアのＰＰ用プロパン脱水素プロピレン設備があったが、2013年末には閉鎖。同時に川下メーカーのＰＰ17万トン設備も閉鎖された。2016年２月にはオーストラリアン・

ビニルズのＰＶＣ14万トン工場も停止した。石化業界で検討されたことのある種々の投資計画は、豪州の石化製品需要規模が大きくないこともあって、全て白紙化されている。

オーストラリアでは97年から2000年にかけて旧ＩＣＩや旧モンテル、旧ヘキストが石油化学事業の統廃合に乗り出し、大きな構造変換が起きた。ＩＣＩは97年にＩＣＩオーストラリアの所有株式(62.4%)を売却、ＩＣＩオーストラリアは98年２月に社名を「オリカ」に変更した。汎用樹脂の事業再編ではモンテル(現ライオンデルバセル)が98年１月に旧ＩＣＩオーストラリアのＰＰ事業を買収した。一方、ヘキストはＨＤＰＥとＰＰ事業をケムコア・オーストラリアへ売却し、ケムコアとオリカは98年６月に両社の石化事業(オレフィン、ＰＥ、ＰＰ、合成ゴム、エンプラ)を統合することで合意、99年７月に合弁会社「ケムコア」を設立し、同10月には社名を「キノス(Qenos)」(エクソンモービル・ケミカル／オリカ各50%出資)へ変更した。その後2005年９月には親会社のエクソンモービルとオリカがキノスを中国化工集団(ChemChina)へ売却することで合意、2006年４月に最終契約を締結した結果、キノスは中国化工集団の傘下にある中国藍星集団(China Bluestar)の100%出資企業となった。

キノスはアルトナでクラッカー「ＳＣＡＬ１」の原料をガスオイルからエタンとＬＰＧに転換するための設備対応を2006年５月までに完了した。ＰＥの原料コスト低減が目的で、原料転換に伴いプロピレン、ＰＰ、ブタジエン、ＢＲ、カーボンブラック原料などの生産を停止した。原料のエタンとＬＰＧは、エクソンモービルと資源開発大手の豪英ＢＨＰビリトンから受給している。

オーストラリアの石油化学製品生産能力　(単位：t/y)

製品名	会社名	工場	生産能力	増設計画	完成	備考
エチレン	キノス 〃 (ハンツマン・ケミカル)	アルトナ ボタニー 西フーツクレイ	225,000 265,000 (35,000)			旧ケムコア、Ｓ&W法 旧オリカ (2009/末で停止)
プロピレン	旧シェル→ビトール(Vitol) (シェル・オーストラリア) キノス	Geelong Clyde ボタニー	125,000 (65,000) (110,000)			ＲＣＣプロピレン～2014/2買収 ＰＤＨ設備～2013/末で閉鎖 旧オリカ～96/7原料転換で停止
ブタジエン	(キノス)	ボタニー	(9,000)			旧オリカ～96/7原料転換で停止
ＬＤ／ＬＬ ＬＤＰＥ ＬＬ／ＨＤ	キノス 〃 〃	アルトナ ボタニー 〃	55,000 100,000 90,000			旧ケムコア 旧オリカ 〃　、ＵＣＣユニポール法
ＨＤＰＥ	キノス 〃	アルトナ 〃	70,000 75,000			旧ケムコア 〃
ＰＰ	ライオンデルバセル・オーストラリア キノス	Geelong Clyde ボタニー	130,000 (170,000) (110,000)			2006/８に７万t増強 2013/末閉鎖 旧オリカ
ＥＧ	キノス	ボタニー	10,000			ＥO3.5万t
カセイソーダ 塩素 カセイソーダ 塩素	オリカ 〃 〃 〃	ボタニー 〃 ラバートン	40,000 35,000 40,000 35,000			旧ＩＣＩオーストラリア
ＰＶＣ コンパウンド	オーストラリアン・ビニルズ Welvic Australia	ラバートン	(140,000) (20,000)			2016/2で閉鎖 2016/末閉鎖～Orica/Polyone
メタノール	Coogee Chemicals	ダンピア	(100,000)			2016/4停止

合成樹脂業界では、ダウ・ケミカルとハンツマン・ケミカルがＰＳ事業統合により折半出資合弁会社「ポリスチレン・オーストラリア」(97年１月営業開始)を設立したが、2007年初頭に生産を停止した。オリカと米ジオン(現ポリワン)はＰＶＣ事業統合により「オーストラリアン・ビニルズ」(97年８月営業開始、オリカ62.6%／ジオン37.4%出資)を設立、オーストラリアン・ビニルズは2002年２月に一旦投資会社の傘下に入った後、2007年９月には同国の化学・肥料会社ＣＳＢＰに買収され、2016年２月に停止。同年末にはコンパウンド工場も閉鎖された。オーストラリアの2016年における合成樹脂内需はＬＤＰＥ／ＬＬＤＰＥが25万トン、ＨＤＰＥが34万トン、ＰＰが10万トン、ＰＶＣが20万トン程度で、ＰＰ以外は輸入ポジションにある。

オーストラリアの石油化学製品の生産能力は表記の通りで、ボタニーにあるキノス(旧オリカ)のエチレン設備は当初ナフサクラッカーとして出発したものの、競争力強化の観点から96年７月に原料をナフサからエタンに転換した。これに伴い当時のＩＣＩオーストラリア(現オリカ)は、シドニー～ムーンバ間に全長1,375kmのエタン用パイプラインを敷設した(2000年７月に現地投資会社など３社のコンソーシアムに売却)。同コンプレックスでは92年７月に９万トンのユニポール法ＬＬＤＰＥ／ＨＤＰＥ併産設備を導入したほか、95年初頭には宇部興産のナイロン12コンパウンド設備を利用したエンプラ事業に進出するなど、ダウンストリーム構成を充実させた。

オーストラリアの石油化学関連基地

オーストラリアで計画されていた天然ガス利用のメタノールプロジェクトは何れも実現していない。世界最大手のメタネックスが西オーストラリア州ダンピアで検討していた200万トン(100万トン×２系列)計画、英国のエネルギー会社であるＧＴＬリソーシズが西オーストラリア州で構想していた100万トン計画など。また日本勢の三菱ガス化学、日揮、三菱重工業、伊藤忠商事がダンピアで進めていたメタノール由来のＤＭＥ(ジメチルエーテル)計画は、2001年６月に企業化事前調査(ＦＳ)会社「日本ＤＭＥ」を設立し、日産4,000〜7,000トン(年産140〜240万トン)のＤＭＥプラント建設を検討していたにもかかわらず、中止となった。さらに、韓国のＬＧ化学がクイーンズランド州グラッドストーンで計画していた電解(カセイソーダ24万トン)〜塩ビ基礎原料(ＥＤＣ30万トン)事業化計画も白紙化された。天然ガスはＬＮＧの形で輸出されている。

キノス(旧ケムコア)のコンプレックス
(立地場所：メルボルン近郊アルトナ地区)

(単位：t/y)

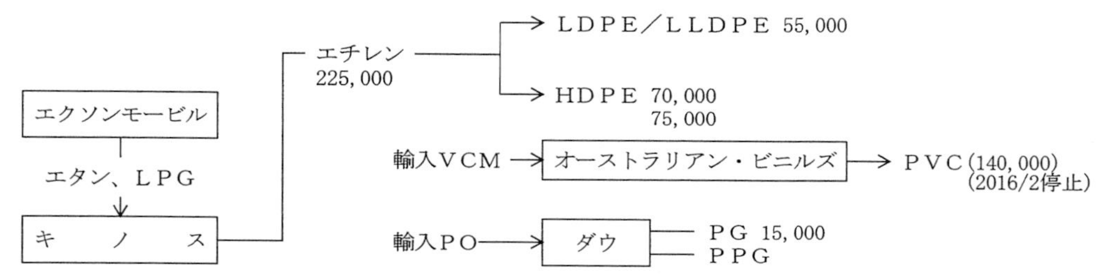

キノス(旧オリカ)のコンプレックス
(立地場所：シドニー近郊ボタニー地区)

(単位：t/y)

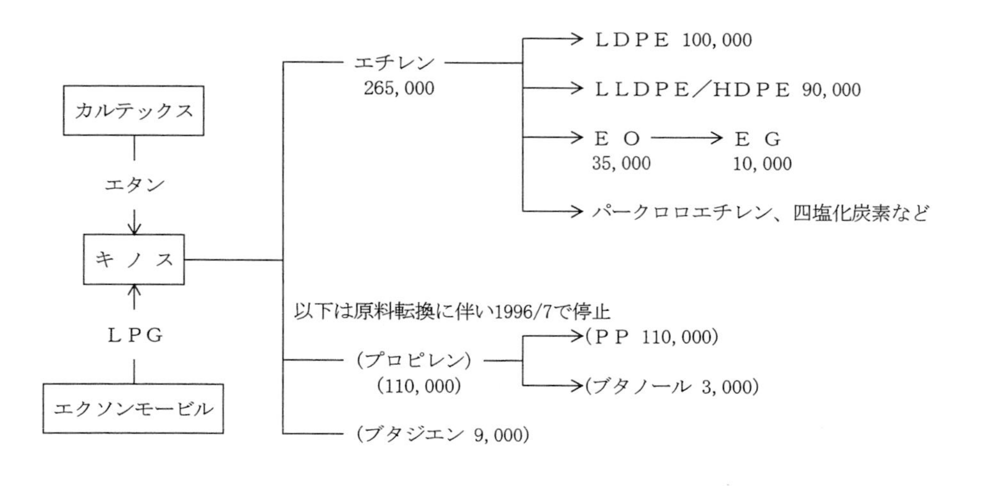

オーストラリアの石化原料事情

国産の石油製品は、ほとんどが自動車用ガソリンや燃料油などに消費されており、石化原料として利用されているのはアルトナのエクソンモービル・リファイニング・オーストラリアが製造するガスオイル(灯軽油)やビトール(旧シェル)のＲＦＣＣプロピレンのみ。

メルボルン近郊の石化コンプレックスは、エクソンモービルが天然ガスから回収したエタンとガスオイルを原料に使用している。またシドニー近郊のコンプレックスは、96年半ばまでカルテックスが輸入するナフサを原料に利用していたが、競争力を強化するため原料を天然ガス系エタンに転換した。なお、石化原料としても利用できるノースウエスト・シェルフの重質ＮＧＬは、供給能力の３倍拡張計画が検討されたこともあるが、実施されていない。

オーストラリアではアジアから安価なガソリンなど石油製品の流入量が増加し、石油精製事業の収益が悪化。98年にはシェルとモービル(現エクソンモービル)、ＢＰとカルテックスがそれぞれ合理化に向けて事業統合の動きをみせたものの、オーストラリア競争消費者委員会(ＡＣＣＣ)が態度を硬化したため、いずれの統合計画も99年３月までに白紙化された。豪州製石油製品の競争力低下という課題は、未だに克服されないまま現在に至っている。2013年末にはシェルがクライド製油所を閉鎖し、2014年２月にはジーロング製油所をビトールに売却することで合意した。売却対象は製油所や化学品装置のほかＳＳ870カ所、潤滑油事業などで、売却額は26億ドル。さらに2014年第４四半期にはカルテックスがカーネル製油所を閉鎖し、2015年半ばにはＢＰオーストラリアがブリスベーン製油所を閉鎖するなど、競争力の喪失が一気に表面化している。

オーストラリアの石油精製能力　(単位:バレル／日)

製油所名	立地場所	現有処理能力	新増設計画	完成	備考
Vitol	Geelong	110,000			Shell から2014/2買収、ＲＣＣは93/初設置、Clyde は2013/末閉鎖
(Shell Australia)	Clyde	(75,000)			
ExxonMobil Refining Australia	Altona	108,000			90年買収、ＦＣＣはモービル/ケロッグ法で96/末完成、ＴＥＣ施工
		[FCC 23,000]			
	Adelaide	65,500			
BP Australia	Kwinana	118,000			
	Brisbane	(95,000)			2015/央閉鎖
Caltex Australia	Kurnell	(125,000)			2014/4Q閉鎖
	Lytton	88,000			旧 Ampol Refineries
	計	489,500			( )内の停止能力は除外

ニュージーランド

概 要

経 済 指 標	統 計 値	備 考
面 積	27万km²	日本の７割強
人 口	480万人	2017年の推計
人口増加率	2.3%	2017年／2016年比較
ＧＤＰ	2,015億ドル	2017年（2016年実績は1,854億ドル）
１人当りＧＤＰ	41,593ドル	2017年（2016年実績は39,050ドル）
外貨準備高	207億ドル	2017年末実績（2016年末実績178億ドル）

実質経済成長率（ＧＤＰ）	2012年度	2013年度	2014年度	2015年度	2016年度	2017年度
	2.2%	2.7%	3.4%	3.6%	3.7%	2.7%

	〈2016年〉	〈2017年〉	通 貨	ニュージーランド(ＮＺ)ドル
輸出(通関ベース)	$33,682m	$38,095m		１ＮＺドル＝82.20円(2017年末)
輸入(通関ベース)	$36,263m	$39,895m		１ドル＝1.39NZ$（2017年末）
対内直接投資	〈2016年〉$270.4b〈2017年〉$274.6b			(2016年平均は1.43ＮＺドル) (2017年平均は1.41ＮＺドル)

2017年度(2017年４月～2018年３月)の実質ＧＤＰ成長率は2.7%で、前年度の3.7%より1.0ポイント下回った。輸出入ともに増加したものの、貿易収支は赤字が続いている。移民による人口増加に伴い建設需要が高まる一方で、労働力不足や建設費の高騰で建設業の成長がやや落ち込んだ。ＮＺは鉄や石炭など第一次産品の輸出に依存する経済で、天然ガスは産出するが石油などのエネルギー資源や工業製品は輸入に依存する産業構造となっている。

ニュージーランドの化学関連工業

ニュージーランドの化学工業は天然ガスを出発原料とするメタノール、アンモニア、尿素などに限られる。これら事業はかつて国営のペトロ・コープとその100%子会社だったペトラルガスの管轄下にあったが、政府は89年にＮＺ最大の民間持株企業ＦＣ(フレッチャー・チャレンジ)に全持株を売却した。その結果、メタノールの専業メーカーだったペトラルガスもＦＣの傘下に入り、合成ガソリンを製造するシンフューエルは、一旦ＦＣ75%／旧モービル25%出資合弁会社に衣替えされた。そのモービルも93年２月には持株をＦＣに売却、ＦＣは全事業を支配下に置いたが、同時にカナダのメタネックスと合併したため、ＦＣは一度は世界最大のメタノール製造・販売業者となった。ところがＦＣは94年１月に全保有株式を売却しメタノール事業から撤退、代わってカナダのノバコアが24%を取得して筆頭株主(現在はノバ・ケミカルズが37%を保有)となっている。現在の所有者はメタネックスであるが、同社を実質的にコントロールしているのは242万トンのメタノール生産能力を有するカナダのノバ・ケミカルズで、同社も2009年７月にはアブダビのＩＰＩＣ(ＵＡＥ国営の国際石油投資公社)に買収された。

化学工業の経緯を辿ると、83年4月にアンモニア／尿素の窒素肥料工場が操業開始、同10月にはメタノールも操業を始めた。その後、合成ガソリンの原料であるシンフューエルの含水メタノールを精製して輸出する戦略に転じ、90年半ばに45万トンの精製設備(現在50万トン)をワイタラに追加した。95年第1四半期には65万トンの精製2号機(同85万トン)をモトヌイに新設、両設備は需給に対応して運転休止や再開を繰り返してきた。同様に、天然ガスから得られる水素を利用した1万トンの過酸化水素工場がモリンスビルで91年に建設された。その後97年には筆頭株主だったデュポンが撤退して旧デグサに交代、デグサ54.3%／三菱ガス化学25.7%／スウェーデンのエカ・ノーベル20%出資合弁会社「デグサ(現在はエボニック)・パーオキサイド」となり、同時に8,000トンの増強を図ったが、その後三菱ガス化学は資本撤収している。

日本向けメタノール輸出は90年までは20万トン以下だったが、91年からは毎年10万トン以上のペースで増加、96年には92万トンとピークに達した。ところが97年以降は日本側の景気後退やライバル輸出国の影響を大きく受け漸減し始めた。その後、最大のマウイガス田が2009年中にも枯渇する見通しとなって2003年1月から減産を開始、2004年は50万トンしか生産しなかったうち48万トンを日本に輸出したが、2005年は24万トン弱と半減、その後も一旦は減少を続けた。

ワイタラのメタノール工場は2005年に閉鎖され、カナダの47万トン工場も一旦休止、2005年6月から操業開始したチリのプンタアレナス工場に生産シフトしたが、2011年半ばにはカナダを再開した。チリから日本が輸入するメタノールは2005年で24万トン強まで増加したが、その後2010年で5万トン弱まで減少し、2011年以降は消失した。競争力のあるシェールガスを利用するため、2014年末までにチリの100万トン設備を米ルイジアナ州ガイスマーに移設、さらに2016年初頭にも100万トン設備を移設し、残りは170万トンとなった。メタネックスは2011年初頭からエジプトの130万トン(初期能力126万トン)工場を立ち上げ、欧州やアジア市場への輸出を拡大している。その後、2013年9月にはモトヌイで20万トンの精製能力増強を終え、同10月にはワイタラでメタノール精製を再開した。このため、日本への輸出量が2012年と2013年の29万トンから2014年は36万トンへ増加したものの、2015年27万トン、2016年11万トン、2017年は3.5万トンと激減した。

ニュージーランドの化学関連製品生産能力

(単位：t/y)

製品名	会社名	工場	生産能力	増設計画	完成	備考
アンモニア	Petro Corp.	Kapuni	89,000			83/4操業開始
尿素	〃	〃	155,000			〃 、窒素肥料併産プラント
尿素	Balance	〃	250,000			=750t/d、東洋エンジ施工
精製メタノール	Methanex NewZealand	Motunui	850,000			加ＡＧＣ技術、2008年生産再開
〃	(Petralgas)	〃	850,000			95/1Q完成、2013/9に20万t増強
〃	Methanex NewZealand	Waitara	500,000			90/央設置、2013/10生産再開
含水メタノール	(Synfuel)	〃	1,650,000		86／4	(83%濃度)
合成ガソリン		〃	570,000		〃	モービル技術ＭＴＧ法
過酸化水素	Evonik Peroxide	Morrins-ville	18,000			エボニック/エカ・ノーベル合弁〜97年8,000t増

(注)Methanex(Canada)はFletcher Challengeと合併した後、筆頭株主はNova Chemicalsを経てUAEのIPICとなった

ニュージーランドの石油精製能力

(単位：バレル／日)

製油所名	立地場所	現有処理能力	新増設計画	完成	備考
New Zealand Refining	Whangarei (Marsden Point)	103,100			千代田化工が86年3.8万b増設(1号機5.6万bに改造)+2015年8,000b増

インド

概要

経済指標	統計値	備考
面　積	329万km²	日本の8.7倍、中国の３分の１強
人　口	13億1,690万人	2017年時点の推計、日本の10倍以上
人口増加率	0.6%	2017年／2016年比較
ＧＤＰ	20,187億ドル	2017年度（2016年度実績は18,169億ドル）
１人当りＧＤＰ	1,983ドル	2017年度（2016年度実績は1,749ドル）
外貨準備高	4,244億ドル	2017年度末実績（2016年度末実績は3,700億ドル）

実質経済成長率（ＧＤＰ）	2012年度	2013年度	2014年度	2015年度	2016年度	2017年度
	5.5%	6.6%	7.2%	8.0%	7.1%	6.7%

	<2016年>	<2017年>	通　貨	インドルピー
輸出（通関ベース）	$276,238m	$301,854m		１Ｉ．Ｒｐ＝1.93円（2017年末）
輸入（通関ベース）	$382,681m	$461,874m		１ドル＝59.07I.Rp（2017年末）
対内直接投資額	<2017年>436億$	<2016年>464億$		（2016年平均は67.09ルピー） （2017年平均は64.45ルピー）

インドにおける2017年度の実質ＧＤＰ成長率は、2016年末の高額紙幣廃止や2017年７月の新税ＧＳＴ（物品・サービス税）導入の影響等により、前年度を0.4ポイント下回る6.7%と減速した。特に2016年度の高成長を牽引した個人消費の落ち込みが大きかったことから、突然の高額紙幣廃止が大きなインパクトを与えたと見て取れる。こうした政策の影響による景気減速は2018年の第１四半期で底を打ち、以降は回復傾向に向かっている。石化プラントの新増設計画も着実に進展しており、中国に次ぐアジアの重要な市場として期待が高まっている。自動車などのエンドユーザー拡大を背景に、基礎化学品やポリオレフィンを始めとする石化製品の総需要や生産能力は拡大。一方で貿易赤字の拡大を背景としたルピー安が急激に進行しており、影響が懸念される。

ＩＭＦの世界経済見通しによると、インドのＧＤＰ成長率は2017年の6.7%から2018年には7.3%、2019年には7.5%と高成長を続ける見通しであり、経済減速気味の中国を追い抜き、世界でも最高水準となる。

モディ首相の就任以来、インドのインフラ整備が本格化してきた。農業人口が国民13億人の半分を占めるため、農地の灌漑や農機具の拡充・整備に予算を重点配分。そこで、灌漑用に塩ビ樹脂製のパイプ需要が急増している。その原料となるＰＶＣは、インド国内の生産だけでは到底賄えず、必要量の半分以上を輸入に依存している。その一方で、新増設が相次いだポリエチレンなどは内需だけでは消化しきれず、2017年下期からは輸出に傾斜することで稼働率を維持する状況が続く。中国やトルコ、アフリカ、東南アジア向けにＰＥを本格輸出していくことで、従来の輸入ポジションから輸出ポジションへと転じる見通しだ。

インド石油化学工業の歩み

インドでは、1966年以前は工業用アルコールやコールタール、カーバイドなどを原料に、ＰＳやＬＤＰＥ、ＰＶＣおよび幾つかの中間原料だけが小規模生産されていた。インドで石化原料にナフサが使われ始めたのは1960年代で、天然ガスの使用は90年代以降。これらプラントのうちの幾つかは、現在でもいまだに操業を続けており、国際水準にも達していない小規模なプラントがまだ数多く残っている。インドでエチレンの生産が開始されたのは1960年代で、旧ＵＣＣが年産２万トンという小規模なエチレン設備を建設、ＮＯＣＩＬ(National Organic Chemicals Industries Ltd.)も６万トンの同設備を操業させた。その後、国営企業だったＩＰＣＬ(Indian Petrochemicals Corp. Ltd.)がグジャラート州バロダに合成樹脂や合繊原料、合成ゴム、界面活性剤原料や溶剤といったダウンストリーム部門を抱えたエチレン13万トンのナフサクラッカーを建設、インドで初めて垂直統合化された石化コンプレックスが78年に登場した。さらにＩＰＣＬは、91年に国内で初めて当時世界的スケールのエチレンプラントをナゴタンに完成させ、インドの石化工業が大きく飛躍するきっかけとなった。それが天然ガスを原料とする30万トンのエチレン設備を頂点とする石化コンプレックス(ＭＧＣＣ：マハラシュトラ・ガス・クラッカー・コンプレックス)で、誘導品も充実、97年末にはエチレンを10万トン増強して合計40万トンとした。

インドにおける合成樹脂企業化の経緯

(単位：t/y)

年	会社名	工場	製品名	初期能力	技術
1957	Polychem	Bombay	ＰＳ	16,000	米ダウ・ケミカル
59	Bindal Agro	Rishra	ＬＤＰＥ	15,000	英ＩＣＩ
1961	Oswal Agro	Bombay	ＬＤＰＥ	25,000	米ＵＣＣ
62	Calico Chemicals & Plastics	Bombay	ＰＶＣ	＊ 6,000	＊閉鎖済
63	Shriram Chemical Industries	Kota	ＰＶＣ	33,000	信越化学／カネカ
67	Chemplast	Mettur	ＰＶＣ	48,000	米ＢＦグッドリッチ
68	Polyolefins Industries	Bombay	ＨＤＰＥ	50,000	独ヘキスト
	ＮＯＣＩＬ	Bombay	ＰＶＣ	25,000	英蘭シェル
69	Hindustan Polymers	Vizag	ＰＳ	20,000	英ＢＳプラスチックス
1971	ＤＣＷ	Sahupuram	ＰＶＣ	40,000	
78	ＩＰＣＬ	Baroda	ＰＰ	55,000	蘭モンテル
	ＩＰＣＬ	Baroda	ＬＤＰＥ	80,000	仏アトケム
1984	ＩＰＣＬ	Baroda	ＰＶＣ	55,000	米ストウファー／ＢＦ
1991	ＩＰＣＬ	Nagothane	ＰＰ	60,000	蘭モンテル
	ＩＰＣＬ	Nagothane	ＬＤＰＥ	80,000	仏ＣｄＦシミー
	Reliance Petrochemical	Hazira	ＰＶＣ	170,000	米ＢＦグッドリッチ
92	ＩＰＣＬ	Nagothane	ＨＤＰＥ／ＬＬＤＰＥ	135,000	英ＢＰケミカルズ
	Reliance Petrochemical	Hazira	ＨＤＰＥ／ＬＬＤＰＥ	160,000	加デュポン・カナダ
93	ＦＩＮＯＬＥＸ	Ratnagiri	ＰＶＣ	130,000	独ヘキスト
95	Supreme Petrochemical	Nagothane	ＰＳ	66,000	ハンツマン／ルーマス
	ＵＢグループ		ＰＳ	20,000	
96	Polychem	Bombay	ＰＳ	24,000	米ダウ・ケミカル技術
	Reliance Polyethylene	Hazira	ＨＤＰＥ／ＬＬＤＰＥ	200,000	加ノバコア技術
	Reliance Polypropylene	Hazira	ＰＰ	350,000	蘭モンテル
97	Reliance Petrochemical	Hazira	ＰＶＣ	120,000	米ＢＦグッドリッチ
2000	Haldia Petrochemicals	Haldia	ＬＬＤＰＥ	225,000	蘭バセル技術
	Haldia Petrochemicals	Haldia	ＨＤＰＥ	200,000	三井化学技術
	Haldia Petrochemicals	Haldia	ＰＰ	210,000	蘭バセル技術

(出所)リライアンス・インダストリーズの資料に加筆訂正

一方、民間から石化産業を大きく飛躍させたのがＲＩＬ(Reliance Industries Ltd.)。1959年に繊維製品の貿易業から出発した同社は、中東などへの輸出を足がかりに業容を拡大、80年代初頭にマハラシュトラ州パタルガンガでポリエステル繊維の生産に乗り出したのに続き、87年にはＰＸ18万トン～ＰＴＡ25万トン設備を完成させて原料遡及、ポリエステル事業の拡充を図った。さらにＲＩＬは、第２の生産拠点としてグジャラート州ハジラに第１期計画として91年にＰＶＣとＥＧ、92年にＨＤＰＥ／ＬＬＤＰＥ、96年にＰＰを相次いで生産開始、ポリエステルからオレフィン系誘導品へと事業を拡大し、インドの石化産業におけるポジションを急速に高めていった。その後97年初めにはハジラで75万トンの超大型ナフサクラッカーを完成させ、一躍インド最大の石化メーカーとなった。同社はそれまで、サウジアラビアなどから年間20～30万トンのエチレンを輸入していたが、クラッカーの完成により必要オレフィンの全量を自給できるようになったほか、ＰＶＣとＥＧの２期増設(各12万トン)およびＰＰ新設(35万トン)を実施した。このうちＥＧは、97年末に12万トンの３期増設を行って合計能力を36万トンに引き上げており、ＰＴＡもハジラで97年初めと98年初めにそれぞれ35万トンを増設、既存のパタルガンガと合わせて95万トンとし、その後の増強で計100万トン以上の生産体制に拡充した。同社は2002年夏、ＮＯＣＩＬやＩＰＣＬ、ＭＧＣＣを買収し、傘下に収めた結果、エチレン生産能力が200万トン近くに拡大した。

一方、2000年４月には西ベンガル州でハルディア石油化学が42万トンのエチレンセンターを立ち上げた。近隣では旧三菱化学が日本の化学企業として初めて本格的にインドへ進出、三菱商事や旧日商岩井(現双日)、旧トーメン(現豊田通商)、丸紅、住金物産の日系商社５社と西ベンガル州産業開発公社との合弁でMCC PTA INDIAを設立し、西ベンガル州ハルディアで2000年４月から１系列年産35万トンのＰＴＡ工場を稼働させた。2001年２月の定修時には早速40万トンに増強したあと、2002年秋に2.5万トン増強、さらに2004年初めには47万トン能力まで増強した。続いて、当初からの計画である第２期80万トンの２号機増設を86万㎡のプラントサイト内で実施。１トレインとしては世界最大規模の新系列で、2009年10月に竣工、合計127万トンとなったが、市況悪化が収まらず、同社は2016年10月末に印チャタジーグループへ譲渡された。

インドの石化製品需給動向

■エチレン生産が10%増

2017年度のエチレン生産量(見込み)は、前年度比で10%増の651万トンと増加した。同年度はインド国内の生産能力が112万トン増の738万トンに拡大したため、稼働率は88%と前年度の94%からは後退したものの、生産量は62万トン増加している。2016年度からの能力増加幅は347万トンにのぼる。2018年度は能力増強の予定はなく、生産量は19万トン増の670万トン(稼動率は91%)が見込まれている。エチレンの新増設では、ＯＰａＬ(ＯＮＧＣペトロアディション)がダヘジで年産110万トンのデュアルフィードクラッカーを新設し、2017年２月から稼働を開始した。ＲＩＬはジャムナガル製油所からのオフガスを原料とするエチレン150万トン設備を2017年秋に完成させ、2018年１月から商業生産を開始、今回の新設備を合わせて５拠点・計400万トンのエチレン生産体制となった。

プロピレンの生産能力も新増設プロジェクトに伴い2017年に517万トンへ増加したが、2018年に能力増加の予定はない。生産量は2017年度467万トン、2018年度には国内能力を超える519万トンへの増加が見込まれている。ブタジエンについては、輸出量が前年度比23%増と急増しており、2018年度も21%程度の輸出量増加が見込まれる。2017年春は、天然ゴム市況の影響を受け価格が乱高下したが、2018年度は新設プラントによる中国からの供給増があるため、安定化する見通し。

■合成樹脂は能力不足へ

ポリオレフィン（ＰＥ、ＰＰ）は2017年度で汎用樹脂の72%を占める。汎用樹脂全体の内需は、

インドの石化基礎原料需給推移

		2014年度	2015年度		2016年度		2017年度		2018年度	
		実　績	実　績	前年比	実　績	前年比	予　測	前年比	予　測	前年比
エチレン	生　産	3,450	3,870	112.2	5,892	152.2	6,510	110.5	6,696	102.9
	輸　入	60	25	41.7	65	260.0	25	38.5	25	100.0
	輸　出	0	6	−	0	−	0	−	0	−
	内　需	3,510	3,895	111.0	5,769	148.1	6,560	113.7	6,746	102.8
	年末能力	3,515	3,907	111.2	6,253	160.0	7,377	118.0	7,377	100.0
プロピレン	生　産	4,020	4,590	114.2	4,701	102.4	4,669	99.3	5,187	111.1
	輸　入	0	0	−	0	−	0	−	0	−
	輸　出	10	10	100.0	0	−	0	−	0	−
	内　需	4,020	4,590	114.2	4,701	102.4	4,669	99.3	5,187	111.1
	年末能力	4,230	4,601	108.8	5,089	110.6	5,174	101.7	5,174	100.0
ブタジエン	生　産	229	318	138.9	416	130.8	450	108.2	495	110.0
	輸　入	0	2	−	2	100.0	2	100.0	2	100.0
	輸　出	46	79	171.7	96	121.5	118	122.9	143	121.2
	内　需	172	240	139.5	302	125.8	332	109.9	352	106.0
	年末能力	435	435	100.0	550	126.4	550	100.0	550	100.0
ベンゼン	生　産	1,075	1,135	105.6	1,201	105.8	1,611	134.1	1,839	114.2
	輸　入	0	0	−	0	−	0	−	0	−
	輸　出	571	645	113.0	697	108.1	1,096	157.2	1,264	115.3
	内　需	504	490	97.2	504	102.9	515	102.2	575	111.7
	年末能力	1,315	1,560	118.6	1,710	109.6	2,375	138.9	2,375	100.0
トルエン	生　産	140	140	100.0	140	100.0	140	100.0	140	100.0
	輸　入	300	380	126.7	390	102.6	400	102.6	400	100.0
	輸　出	0	0	?	0	−	0	−	0	−
	内　需	440	520	118.2	530	101.9	540	101.9	540	100.0
	年末能力	175	175	100.0	175	100.0	175	100.0	175	100.0
キシレン	生　産	81	79	97.5	79	100.0	64	81.0	62	96.9
	輸　入	79	79	100.0	120	151.9	160	133.3	185	115.6
	輸　出	18	0	−	0	−	0	−	0	−
	内　需	140	157	112.1	187	119.1	225	120.3	248	110.2
	年末能力	90	90	100.0	90	100.0	90	100.0	90	100.0
オルソキシレン	生　産	462	500	108.2	450	90.0	436	96.9	345	79.1
	輸　入	36	30	83.3	10	33.3	22	220.0	10	45.5
	輸　出	213	227	106.6	165	72.7	191	115.8	105	55.0
	内　需	287	289	100.7	284	98.3	287	101.1	282	98.3
	年末能力	420	420	100.0	420	100.0	420	100.0	420	100.0

単位：1,000t、%

（出所）インドの化学＆石油化学生産者協会（ＣＰＭＡ）～以下同じ

2015年度に15％増という大幅な成長を見せた後、2016年度は6.8％増と堅調な成長を継続、2017年度は7.1％、2018年度は9.4％の成長が予想されるなど、数年内に需要が国内能力を上回る見込み。2018年度のＰＥ需要は15％増、ＰＰも９％増が見込まれている。各種ポリマーの増設能力も2017年から順調に稼働しており、ＯＰａＬの川下ではＨＤＰＥ／ＬＬＤＰＥとＨＤＰＥ設備（合計106万トン）やＰＰ34万トンなどの誘導品設備が操業開始したほか、ＲＩＬもＬＤＰＥ、ＬＬＤＰＥ、ＨＤＰＥ設備（同110万トン）を稼働させた。

インドの合成樹脂需給推移

		2014年度	2015年度		2016年度		2017年度		2018年度	
		実 績	実 績	前年比	実 績	前年比	予 測	前年比	予 測	前年比
ＬＤＰＥ	生 産	184	198	107.6	202	102.0	352	174.3	655	186.1
	輸 入	328	468	142.7	498	106.4	437	87.8	291	66.6
	輸 出	0	0	−	0	−	88	−	74	84.1
	内 需	515	669	129.9	698	104.3	701	100.4	872	124.4
	年末能力	205	205	100.0	205	100.0	352	171.7	655	186.1
ＥＶＡ	生 産	8	5	62.5	5	100.0	0	−	0	−
	輸 入	135	147	108.9	158	107.5	166	105.1	175	105.4
	輸 出	0	0	−	0	−	0	−	0	−
	内 需	143	152	106.3	158	103.9	166	105.1	175	105.4
	年末能力	15	15	100.0	0	−	0	−	0	−
ＬＬＤＰＥ	生 産	744	942	126.6	1,148	121.9	1,620	141.1	2,332	144.0
	輸 入	599	614	102.5	611	99.5	581	95.1	400	68.8
	輸 出	8	17	212.5	48	282.4	305	635.4	608	199.3
	内 需	1,328	1,542	116.1	1,655	107.3	1,872	113.1	2,124	113.5
	年末能力	980	980	100.0	1,640	167.3	2,190	133.5	2,190	100.0
ＨＤＰＥ	生 産	1,269	1,548	122.0	1,725	111.4	2,128	123.4	2,556	120.1
	輸 入	572	568	99.3	634	111.6	466	73.5	465	99.8
	輸 出	27	93	344.4	128	137.6	325	253.9	376	115.7
	内 需	1,828	2,029	111.0	2,239	110.3	2,338	104.4	2,338	100.0
ＬＬ／ＨＤ	年末能力	2,810	2,810	100.0	4,450	158.4	5,000	112.4	5,000	100.0
	うちＨＤ	1,830	1,830	100.0	2,810	153.6	2,810	100.0	2,810	100.0
ＰＰ	生 産	4,176	4,870	116.6	4,944	101.5	5,323	107.7	5,933	111.5
	輸 入	511	553	108.2	612	110.7	685	111.9	578	84.4
	輸 出	720	699	97.1	559	80.0	522	93.4	678	129.9
	内 需	3,509	4,186	119.3	4,339	103.7	4,821	111.1	5,255	109.0
	年末能力	4,180	4,400	105.3	5,120	116.4	5,220	102.0	6,040	115.7
ＰＶＣ	生 産	1,256	1,362	108.4	1,384	101.6	1,380	99.7	1,436	104.1
	輸 入	1,172	1,335	113.9	1,642	123.0	1,624	98.9	1,847	113.7
	輸 出	0	0	−	0	−	0	−	0	−
	内 需	2,443	2,699	110.5	2,988	110.7	3,042	101.8	3,270	107.5
	年末能力	1,390	1,470	105.8	1,470	100.0	1,492	101.5	1,549	103.8
ＰＥＴ	生 産	880	1,299	147.6	1,440	110.9	1,624	112.8	1,624	100.0
	輸 入	150	114	76.0	77	67.5	120	155.8	120	100.0
	輸 出	330	592	179.4	663	112.0	844	127.3	735	87.1
	内 需	700	809	115.6	854	105.6	900	105.4	990	110.0
	年末能力	1,140	1,894	166.1	1,810	95.6	1,910	105.5	1,910	100.0
合成樹脂計	生 産	7,907	9,323	117.9	9,808	105.2	11,206	114.3	13,552	120.9
	輸 入	3,330	3,708	111.4	4,178	112.7	3,982	95.3	3,603	90.5
	輸 出	797	883	110.8	808	91.5	1,375	170.2	1,736	126.3
	内 需	10,004	11,638	116.3	12,429	106.8	13,306	107.1	14,553	109.4
	年末能力	9,022	9,506	105.4	11,867	124.8	12,686	106.9	13,866	109.3

単位：1,000t、％。ＨＤＰＥ能力にＬＬ／ＨＤ併産能力を含む　　（出所）ＣＰＭＡ

インドのその他石化製品需給推移

		2014年度	2015年度		2016年度		2017年度		2018年度	
		実　績	実　績	前年比	実　績	前年比	予　測	前年比	予　測	前年比
E　D　C	生　産	172	191	111.0	191	100.0	187	97.9	230	123.0
	輸　入	518	595	114.9	600	100.8	610	101.7	587	96.2
	輸　出	0	0	-	0	-	0	-	0	-
	内　需	690	786	113.9	791	100.6	797	100.8	817	102.5
	年末能力	205	205	100.0	205	100.0	205	100.0	260	126.8
V　C　M	生　産	865	939	108.6	928	98.8	964	103.9	974	101.0
	輸　入	375	448	119.5	485	108.3	484	99.8	485	100.2
	輸　出	0	0	-	0	-	0	-	0	-
	内　需	1,281	1,387	108.3	1,413	101.9	1,448	102.5	1,459	100.8
	年末能力	906	996	109.9	996	100.0	996	100.0	996	100.0
L　A　B	生　産	415	377	90.8	432	114.6	452	104.6	460	101.8
	輸　入	124	189	152.4	199	105.3	209	105.0	219	104.8
	輸　出	24	6	25.0	6	100.0	6	100.0	6	100.0
	内　需	531	566	106.6	631	111.5	661	104.8	679	102.7
	年末能力	530	550	103.8	550	100.0	550	100.0	550	100.0
E　　O	生　産	188	194	103.2	201	103.6	209	104.0	219	104.8
	輸　入	0	0	-	0	-	0	-	0	-
	輸　出	0	0	-	0	-	0	-	0	-
	内　需	188	194	103.2	201	103.6	209	104.0	209	100.0
	年末能力	253	268	105.9	271	101.1	271	100.0	271	100.0

単位：1,000t、％　　　　(出所) ＣＰＭＡ

インドのスチレン系樹脂とＳＭの需給推移

		2014年度	2015年度		2016年度		2017年度		2018年度	
		実　績	実　績	前年比	実　績	前年比	予　測	前年比	予　測	前年比
P　　S	生　産	270	308	114.1	305	99.0	295	96.7	325	110.2
	輸　入	13	20	153.8	20	100.0	21	105.0	20	95.2
	輸　出	42	71	169.0	70	98.6	55	78.6	70	127.3
	内　需	238	261	109.7	252	96.6	261	103.6	275	105.4
	年末能力	472	476	100.8	490	102.9	490	100.0	490	100.0
ＡＢＳ樹脂	生　産	102	112	109.8	115	102.7	142	123.5	165	116.2
	輸　入	64	71	110.9	90	126.8	84	93.3	95	113.1
	輸　出	0	0	-	0	-	0	-	0	-
	内　需	166	183	110.2	205	112.0	226	110.2	260	115.0
	年末能力	155	190	122.6	190	100.0	190	100.0	210	110.5
ＡＳ樹脂	生　産	87	94	108.0	100	106.4	112	112.0	123	109.8
	輸　入	7	8	114.3	7	87.5	6	85.7	7	116.7
	輸　出	0	0	-	0	-	0	-	0	-
	内　需	94	102	108.5	107	104.9	118	110.3	130	110.2
	年末能力	130	150	115.4	170	113.3	170	100.0	170	100.0
スチレン	生　産	-	-	-	-	-	-	?	-	-
	輸　入	617	697	113.0	762	109.3	805	105.6	845	105.0
	輸　出	1	0	-	0	-	0	-	0	-
	内　需	617	697	113.0	762	109.3	805	105.6	845	105.0
	年末能力	-	-	-	-	-	-	-	-	-

単位:1,000t､%　　　　(出所) ＣＰＭＡ

インドの合繊原料需給推移

		2014年度	2015年度		2016年度		2017年度		2018年度	
		実　績	実　績	前年比	予　想	前年比	予　測	前年比	予　測	前年比
A　N	生　産	34	0	−	0	−	0	−	0	−
	輸　入	118	160	135.6	140	87.5	157	112.1	165	105.1
	輸　出	0	0	−	0	−	0	−	0	−
	内　需	152	160	105.3	140	87.5	157	112.1	165	105.1
	年末能力	40	0	−	0	−	0	−	0	−
C　P　L	生　産	87	86	98.9	86	100.0	85	98.8	86	101.2
	輸　入	13	45	346.2	58	128.9	60	103.4	65	108.3
	輸　出	0	0	−	1	−	0	−	0	−
	内　需	101	131	129.7	150	114.5	150	100.0	153	102.0
	年末能力	70	70	100.0	70	100.0	70	100.0	70	100.0
M　E　G	生　産	960	1,102	114.8	1,050	95.3	1,528	145.5	2,089	136.7
	輸　入	982	956	97.4	1,155	120.8	1,066	92.3	630	59.1
	輸　出	69	60	87.0	60	100.0	161	268.3	140	87.0
	内　需	1,873	1,953	104.3	2,088	106.9	2,274	108.9	2,445	107.5
	年末能力	1,200	1,200	100.0	1,215	101.3	1,715	141.2	2,215	129.2
P　T　A	生　産	3,596	4,619	128.4	5,323	115.2	5,747	108.0	6,686	116.3
	輸　入	1,045	697	66.7	412	59.1	439	106.6	188	42.8
	輸　出	0	172	?	257	149.4	236	91.8	415	175.8
	内　需	4,641	5,144	110.8	5,479	106.5	5,950	108.6	6,459	108.6
	年末能力	3,930	5,652	143.8	6,230	110.2	6,276	100.7	7,413	118.1
P　X	生　産	2,813	3,338	118.7	3,296	98.7	5,028	152.9	5,377	106.9
	輸　入	699	799	114.3	1,179	147.6	862	67.9	800	92.8
	輸　出	1,066	837	78.5	839	100.2	1,968	218.8	1,525	77.5
	内　需	2,442	3,219	131.8	3,779	119.3	3,959	100.0	4,680	118.2
	年末能力	3,009	3,392	112.7	3,662	108.0	5,643	154.1	5,786	102.5

単位：1,000t、％　　(出所) CPMA

インドの合成ゴム需給推移

		2014年度	2015年度		2016年度		2017年度		2018年度	
		実　績	実　績	前年比	実　績	前年比	予　測	前年比	予　測	前年比
P　B　R	生　産	101	112	110.9	117	104.5	113	96.6	124	109.7
	輸　入	70	62	88.6	69	111.3	76	110.1	80	105.3
	輸　出	2	6	300.0	6	100.0	7	116.7	8	114.3
	内　需	171	172	100.6	180	104.7	184	102.2	196	106.5
	年末能力	114	124	108.8	124	100.0	124	100.0	124	100.0
S　B　R	生　産	70	143	204.3	213	149.0	230	108.0	230	100.0
	輸　入	230	191	83.0	130	68.1	114	87.7	110	96.5
	輸　出	10	28	280.0	33	117.9	33	100.0	33	100.0
	内　需	290	306	105.5	310	101.3	315	101.6	325	103.2
	年末能力	140	290	207.1	290	100.0	290	100.0	290	100.0
N　B　R	生　産	20	18	90.0	18	100.0	18	100.0	18	100.0
	輸　入	27	32	118.5	32	100.0	34	106.3	37	108.8
	輸　出	0	0	−	0	−	0	−	0	−
	内　需	45	50	111.1	50	100.0	52	104.0	55	105.8
	年末能力	20	20	100.0	20	100.0	20	100.0	20	100.0
E P D M	輸　入	33	42	127.3	44	104.8	42	95.5	44	104.8
	輸　出	0	0	−	0	−	0	−	0	−
	年末能力	10	10	100.0	0	0.0	0	−	0	−

単位:1,000t､%　　(出所) CPMA

インドのカーボンブラックとメタノール需給推移

		2014年度	2015年度		2016年度		2017年度		2018年度	
		実 績	実 績	前年比	実 績	前年比	予 測	前年比	予 測	前年比
カーボンブラック原料	生 産	1,430	1,520	106.3	1,650	108.6	1,829	110.8	1,931	105.6
	輸 入	1,300	1,300	100.0	1,560	120.0	1,389	89.0	1,481	106.6
	輸 出	720	750	104.2	750	100.0	240	32.0	240	100.0
	内 需	1,430	2,070	144.8	2,460	118.8	2,978	121.1	3,172	106.5
	年末能力	1,925	1,925	100.0	1,925	100.0	1,925	100.0	1,970	102.3
カーボンブラック	生 産	780	832	106.7	884	106.3	988	111.8	1,044	105.7
	輸 入	70	100	142.9	125	125.0	150	120.0	150	100.0
	輸 出	90	200	222.2	250	125.0	300	120.0	300	100.0
	内 需	850	932	109.6	1,009	108.3	1,138	112.8	1,194	104.9
	年末能力	1,040	1,040	100.0	1,040	100.0	1,040	100.0	1,040	100.0
メタノール	生 産	n. a.	220	−	200	90.9	200	100.0	200	100.0
	輸 入	n. a.	1,653	−	1,690	102.2	1,710	101.2	1,730	101.2
	輸 出	n. a.	15	−	0	−	0	−	0	−
	内 需	n. a.	1,858	98.4	1,890	101.7	1,910	101.1	1,930	101.0
	年末能力	n. a.	631	−	631	100.0	631	100.0	631	100.0

単位:1,000t、%　　(出所)ＣＰＭＡ

ＰＶＣは景気に敏感に反応し、2017年の内需は1.8%増の304万トンと微増に留まった。2018年以降は輸入も185万トンへ増加、７%程度の堅調な成長が戻りそうだ。現在の国内総能力は149.2万トンで、ＤＣＷが塩素化塩ビで2.2万トンの増強を2017年度に行ったほか、Chemplast も同様に2.2万トンの増強を2018年度に行い、同時期にＲＩＬも75万トンから78.5万トンへ増強する。

ＰＳ需要は2016年度に3.4%減と低迷したが、2017年には3.6%増と回復、2018年も5.4%増と堅実に伸びる見通し。主要メーカーはＬＧポリマーズ・インディアと Supreme Petrochemicals、スタイロルーション・インディアの３社で、ＬＧポリマーズ・インディアが2016年度に1.4万トン増強。これにより同社のＰＳ生産能力は11.8万トンとなり、国内総能力は49万トンへ増加した。

ＡＢＳ樹脂は、イネオス・スタイロルーション・インディアと Bhansali Engineering Polymers（ＢＥＰ）がそれぞれ2015年度に２万トン、1.5万トンの増強を行い、国内総能力が19万トンに増加した。ＢＥＰは2018年12月の完成を目標に5.7万トンの増設工事を進めているが、同社はさらに20万トンの新工場計画を新規立地で検討しており、2021年度か2022年度末までに完成させる予定。スタイロルーションもＡＳ樹脂で４万トン、コンパウンドで3.4万トンの増設を図り、2019年中に各々10万トン体制へ拡充する。

ＰＥＴ樹脂はＲＩＬと Dhunseri Petrochem Limited（ＤＰＴＬ）、ＪＢＦインダストリーズの３社が主要メーカー。現在はＲＩＬが最大のプレイヤーで、2015年にはダヘジで64.8万トン設備を稼働させた。インドのＰＥＴ需要は、2017年度の90万トンから2018年度には10%増の高い成長率が見込まれているが、その後の５年間は力強い経済成長を背景に年率15%の高成長が見込まれている。特に飲料用ペットボトル向けの需要増加が牽引する見通し。

■新設相次ぐ合繊原料

2017年度の合繊原料動向は、ＰＴＡの生産量が８%増の575万トンとなり、内需も前年度の548万トンから595万トンへと増加した。ポリエステル原料ではＲＩＬがＰＸ220万トン設備を2017年

１月から段階的に稼働させたほか、ＩＯＣＬもＭＥＧプロジェクトとして、18万トンのエチレンリカバリーユニットと37.5万トンのＭＥＧユニットを建設し、2019年11月の稼働開始を予定している。同拠点ではさらに２つのプロジェクトも進められており、2021年９月にＰＴＡ120万トン設備と、石油コークスガス化による合成エタノール設備の稼働開始が見込まれている。

ＣＰＬは生産量こそ変化がないものの、需要は2015年度に30％増の13万トン、2016年度は９％増の14万トンと増加したが、2017年度は微増にとどまり、伸び率が頭打ちとなった。2018年度は４％程度の伸びとみられる。ＣＰＬの国内総能力は２社・７万トン（小誌調べでは12.5万トン）で近年は変動がなく、そのうちGujarat State Fertilizer & Chemicals（ＧＳＦＣ）が56％のシェアを保有。また７万トンのうち1.7万トンがナイロンなどの誘導品に自家消費され、残りが外販される。

■自動車市場拡大で合成ゴムも成長

インドでは、合成ゴム需要の４割をＳＢＲが占め、近年は低燃費タイヤの市場拡大を背景に内需が拡大。2015年度に5.5％増、2016～17年度は減速したものの、2018年度には3.2％の需要増加が予想されている。ＥＰＤＭ（エチレンプロピレンゴム）は前年度のマイナスから2018年度は4.5％の成長を予想。ＮＢＲ（ニトリルゴム）は2017年度に5.1％増、2018年度も4.9％増。ＢＲは2017年度に2.7％増、2018年度は6.1％の増加が予想されている。インドは2019年に世界第３位の自動車市場へと成長する見込みであり、今後も堅調な伸びが続く見通し。

インドの石油化学工業

旺盛な需要を背景に新増設計画を推進してきたインド石化工業は、2000年に各社の完成・稼働が集中した。国営ガス公社のＧＡＩＬ（Gas Authority of India Ltd.）は、インド北部に位置するウッタル・プラデシュ州オーライヤに30万トンのエチレンプラント（エタンクラッカー）、誘導品では16万トンのＨＤ／ＬＬＤＰＥ併産プラント、10万トンのＨＤＰＥプラントをそれぞれ建設した。当初完成予定の99年第１四半期からは遅れたものの、2000年中に完成・稼働開始させている。

リライアンス（ＲＩＬ）が2002年夏に買収したＩＰＣＬは、バロダ、ナゴタン（ＭＧＣＣ）に次ぐ３番目の拠点としてグジャラート州ガンダールにエチレン30万トンのエタンクラッカーと16万トンのＬＤＰＥ、８万トンのＨＤ／ＬＬＤＰＥ、16万トンのＨＤＰＥを2000年に完成させた。

西ベンガル州産業開発公社25％／米ソロス・グループ25％／現地タタ・グループ8.3％／一般公募41.7％で設立されたハルディア石油化学（Haldia Petrochemicals Ltd.）は、東部に位置する西ベンガル州ハルディアに立地、99年末にＴＥＣが建設した42万トンのエチレンプラント（ナフサクラッカー）は、2000年４月から川下設備まで揃って本格稼働した。誘導品として22.5万トンのＬＬＤＰＥ、10万トンのＨＤＰＥ２系列、21万トンのＰＰプラントなどを川下に抱えている。その後2004年までに52万トンまで増強し、さらに2010年春には67万トンへの増強を完了した。

ＲＩＬはグジャラート州ジャムナガルに石油精製と石油化学をインテグレートさせた超大型コンプレックスを建設した。原油処理能力50万バレルの大型製油所を建設し、川下ではＣＣＲから得られるリフォーメートを原料とする３系列計120万トンのＰＸプラント、ＦＣＣ回収とプロパン脱水素を原料ソースとする３系列計60万トンのＰＰプラントを建設した。製油所は99年10月から一部の稼働を始め、2000年から本格運転開始、合わせてＰＸ、ＰＰも順次稼働した。同製油所の完成により、ＲＩＬは原油採掘～石油精製～ＰＸ～ＰＴＡおよびＥＧ～ポリエステル製品までを自社で一貫して手掛ける世界でも極めて稀なメーカーとなり、ＰＸ／ＰＴＡ、ＥＧでは世界でも上位のポリエステル原料メーカーとなった。その後2008年末までに精製能力を倍増し、ＦＣＣ回収プロピレンも90万トン増設、ＰＰも90万トン増設して2009年４月から量産開始した。

■近年の動き

インドでは高い経済成長率を背景に、2008年末～2012年にかけて大規模な精製～石化統合生産拠点の新増設が進められてきた。ＩＯＣＬ、ＯＮＧＣ、ＧＡＩＬといった政府系企業に対して、インド最大の民間エネルギー・化学企業であるＲＩＬが原料からの一貫生産体制を強化。インフラ整備の遅れ、原油や資材の高騰でプロジェクト実現までには紆余曲折があったが、各社とも地方政府と協力して投資環境の整備を進め、外資との積極的な提携でノウハウの導入を図ってきた。

2009年においては、エチレン設備についてＧＡＩＬが９万トン、プロピレンについてはＲＩＬが2009年４月、製油所へのＦＣＣ（流動接触分解）装置導入により90万トンの回収能力拡大を図り、90万トンのＰＰ設備も同年第４四半期に増設し稼働させた。同秋にはＭＣＣ・ＰＴＡインディアが80万トンのＰＴＡ２号機を導入、2010年１月から立ち上げている。その後2016年10月末、同社はハルディアのチャタジーグループに買収され、社名も改称された。

2010年第１四半期にはＨＰＬ（ハルディア石油化学）がエチレンを15万トン増強し、５月にはＩＯＣＬがインド北西部のハリヤナ州パニパットで80万トンのエチレンセンターを立ち上げた。プロピレン能力は65万トン、ベンゼン15万トン、ＥＧ32.5万トン、ＬＬＤＰＥ／ＨＤＰＥ65万トン、ＰＰ60万トンで、ポリエチレンについては新設後すぐにも能力増強を検討したことがある。また誘導品関係では、ケムプラスト・サンマーがＰＶＣ能力を2010年までに22万トン増設した。

■ＩＯＣＬ

ＩＯＣＬは2006年４月、東部オリッサ州で検討してきた「パラディープ製油所」新設計画を機関決定、精製能力は日量30万バレル（1,500万トン）で、西アジア産の比較的安価な高硫黄重質原油からプロピレン、ＬＰＧ、ナフサ、ガソリン、航空燃料、ディーゼル油などを生産し、国内外に供給。石化プラントも併設し、2016年１月から操業開始した。設備建設には最大2,500億ルピー（62億ドル）を投じた。ただし、精製設備の整備を先行させ、石化は「第２段階」として取り組まれた。2009年３月にフォスターウィラーが常圧蒸留装置、リフォーマー、アルキレーション装置、ブタン異性化装置など主要プロセスユニット15基を受注したのに続き、2016年５月にはＴＯＹＯとトーヨー・インディアが417万トンの製油所向けＦＣＣと190万トンの処理能力を持つプロピレン回収装置を建設した。2018年９月にはＰＰ68万トンを新設している。パラディープ製油所は同社で８カ所目、子会社も合わせたグループ全体で11カ所目の石油精製拠点。石油製品1,050万トンを生産するほか、余剰ナフサを石化原料に充当することで全体の事業性を高める。石化設備は2021年に建設するエチレン150万トンに加え芳香族～ＳＭ60万トン、ＰＸ120万トンなど。

同社は北部ハリヤナ州パニパットにも1,100億ルピーを投入して石化コンビナートを建設した。エチレン80万トン規模のナフサ分解炉のほか表記誘導品プラント群を新設し、2010年第２四半期から稼働開始した。

インドの主な石油・石化プラント新増設計画

(単位：トン/年)

会 社 名	製 品	工 場	新増設計画	完 成	備 考
ＩＯＣＬ(インド石油公社)	製油所	パラディープ	30万B/D	2016／1	精製・石化コンビナートを新設
	プロピレン		700,000	2016／5	ＦＣＣ８万b/dから回収
	ＰＰ		680,000	2018／9	
	エチレン		1,500,000	2021年	この他アクリル酸、オキソアルコール、石油樹脂なども検討
	ＭＥＧ		375,000	〃	
	ＳＭ		600,000	〃	
	ＰＸ		1,200,000	〃	ＰＴＡなども検討
	エチレン	パニパット	800,000	2010／5	ルーマス／東洋エンジ／Ｌ＆Ｔ ↓＊テクニモント
	プロピレン		550,000	〃	
	ブタジエン		140,000	2013年	2014年に倍増設
	ＬＬＤＰＥ		350,000	2010／5	バセル技術／独ウーデ
	ＨＤＰＥ		300,000	〃	〃 ／印ＥＩＬ
	ＰＰ		600,000	〃	〃 ／＊(30万t×2系列)
	ＭＥＧ		303,000	〃	ＳＤ技術／サムスンエンジ
	ＳＢＲ		120,000	2013／11	台橡技術／トーヨーインディア
ＲＩＬ(リライアンス・インダストリーズ)	エチレン	ジャムナガル	1,500,000	2017／7	操業開始は2018/1
	プロピレン		170,000	〃	製油所にオフガス分解炉等新設
	ＰＸ*		2,200,000	2017／5	*ＰＸはＦＷが2012/11受注
	ＬＤＰＥ		400,000	2017／7	
	ＬＬＤＰＥ		350,000	〃	
	ＨＤＰＥ		350,000	〃	
	ＭＥＧ		750,000	2017／9	
	酢酸		1,000,000	2018年度	総工費30億＄～他にベンゼン等
	ＰＴＡ	ダヘジ	2,200,000	2015／9	110万t×２系列、増設後430万t
ＯＮＧＣ（インド石油天然ガス公社)傘下のＭＲＰＬ	製油所	マンガロール	12万B/D	2015年度	増強後精製能力30万B/D
	ＰＸ		920,000	〃	ベンゼン27.5万t併産
	ＰＰ		440,000	〃	ＦＣＣ回収プロピレン44万tより
子会社「ＯＰａＬ」(ONGC Petro addition Ltd.)担当	エチレン	ダヘジ	1,100,000	2016／5	リンデ/サムスンエンジが2008/12に14.3億＄で施工
	プロピレン		400,000	〃	
	ＨＤ／ＬＬ		360,000	2017／2	Innovene G技術/テクニモント
	ＨＤ／ＬＬ		360,000	〃	２系列で72万t
	ＨＤＰＥ		340,000	〃	三井化学ＣＸ法/サムスンエンジ
	ＰＰ		340,000	2016／央	Innovene PP技術/テクニモント
	ブタジエン		115,000	2017／1	ＳＢＲも計画
	ベンゼン		150,000	〃	全42億＄
Brahmaputra Craker & Polymer(ＧＡＩＬ 70%/ＯＩＬ10%/ＮＲＬ10%/Assam政府10%	エチレン	アッサム州ディブルガル・レペトカタ	220,000	2015／7	ＣＢ＆Ｉルーマス、2016/初操開
	プロピレン		60,000	〃	Dibrugarh地区Lepetkata
	ＨＤ／ＬＬ		226,000	〃	イノビーンＧ法
	ＰＰ		60,000	〃	ＣＢ＆Ｉルーマス技術
	ワックス類		50,000	〃	
ＧＡＩＬ	エチレン	ウッタルプラデシュ州パタ	450,000	2015／末	オーライヤ工場で増設後99万t
	ＬＬ／ＨＤ		400,000	2016／9	ユニポール技術、増設後85万t
エッサール・オイル	ＣＢ原料	バディナール	355,000		2012年10万t+2013年20万t増設
ＲＩＬ		ジャムナガル	1,440,000		2010年に倍増設
ハイテク・カーボン	ＣＢ（カーボンブラック)	レヌクート他	90,000	2011年	他工場に25万t保有～計34万t
フィリップス・カーボンブラック		ドルガプール コーチ、バロダ	80,000	2013年	他工場に47万t～増設後55万tへ
Himadri Chemicals & Industries		フーグリー	50,000	2013年	増設後14万t(2009年５万t+2010年４万t増設)、SNFからVapi買収
コンチネンタル・カーボン		ガチャバド	80,000	2012年	増設後14.5万t
			80,000	2013年	増設後22.5万t

■ＲＩＬ

ＲＩＬは西部グジャラート州ジャムナガルの製油所でエチレン150万トンを含む大型石化コンプレックスを2017年半ばに完成させた。投資額は30億ドル。これに先駆け、同製油所では精製能力と芳香族設備の大幅拡張に着手、2008年末に精製能力を日量58万バレル増の124万バレルに引き上げた。合わせてＦＣＣ装置を導入してプロピレンも増産、川下で90万トン（45万トン×２基）のＰＰプラントを新設した。これによりＰＰ能力は250万トンに拡大した。投資額は60億ドル。芳香族では220万トンのＰＸ設備を建設してダヘジへ輸送、川下誘導品であるＰＴＡのうち１系列110万トンは2014年10月に完成し、もう１系列110万トンは2015年９月に完成した。またジャムナガルでは、当初米ローム＆ハースと合弁でアクリル酸（20万トン）およびアクリル酸エステルの生産に乗り出す計画だったが、進行状況は不明。

■ＯＮＧＣ／ＯＰａＬ

ＯＮＧＣ（インド石油天然ガス公社）は2006年３月、総投資額800億ルピーの製油所高度化計画を決めた。2014年に南西部カルナタカ州マンガロールの精製子会社「マンガロール・リファイナリーズ＆ペトロケミカルズ」（ＭＲＰＬ）で石油精製能力を67％増の日量30万バレルへ引き上げたほか、45万トンのプロピレンを生産。マンガロールでは発電所や通信インフラ計画なども盛り込んだ「特別経済区」が設置され、官民共同出資の開発会社も発足している。これに26％出資するＯＮＧＣはＭＲＰＬとともに経済区内で3,500億ルピーを投じ、石化コンプレックスなどを建設。精製能力を従来の900万トンから大幅に引き上げ、製油所の高度化を推進するため、付加価値の低い重質残渣の発生を抑えながらガソリンや軽油などを増産する「白油化」に対応。プロピレンはＦＣＣ回収を前提としたもので、25万トンの潤滑油設備も併設した。同社はダヘジでも110万トンのエチレンプラントなどから構成される大型の石化コンプレックスを新設した。

ＯＰａＬ（ＯＮＧＣペトロアディション）はＯＮＧＣ／ＧＡＩＬ（インドガス公社）／グジャラート州政府の合弁会社で、エチレンで110万トンの複合原料分解炉をダヘジに新設し、2017年２月から稼働開始した。設備の完成は2016年５月だが、川下のポリオレフィンなど揃っての操業開始は2017年２月となった。エチレンプラントには原料にナフサと天然ガスを併用できるデュアル・フィード・クラッカーを投入、36万トンのイノビーンＧ法ポリエチレン（ＬＬＤＰＥ／ＨＤＰＥ）２系列と34万トンの三井化学ＣＸプロセスＨＤＰＥ、36万トンのプロピレン、34万トンのイノビーンＰＰ法ＰＰ、11.5万トンのブタジエン、15万トンのベンゼン、他ＳＢＲなどを併設。2008年12月、リンデ／サムスンエンジニアリング連合にこれらを発注し、ポリオレフィンはテクニモントに発注した経緯がある。

■ＧＡＩＬ

ＧＡＩＬは北東部アッサム州ディブルガルで州政府などとの合弁石化コンビナートを建設した。完工は2015年末で、天然ガスとナフサを原料にエチレン45万トン、プロピレン６万トン、ＨＤＰＥ／ＬＤＰＥ40万トン、ＰＰ６万トンを生産。投資額は546億ルピー。出資比率はＧＡＩＬ70％、州政府、オイル・インディア（ＯＩＬ）、現地石油精製会社のNumaligarh Refinery（ＮＲＬ）が各々10％。原料の天然ガスはＯＩＬが日量600万㎥、ＯＮＧＣが100万㎥（2012年３月末までは135万㎥）を供給、ナフサはＮＲＬが年間25万トンを供給する。

リライアンスのハジラ石化コンプレックス計画
(グジャラート州ハジラ)

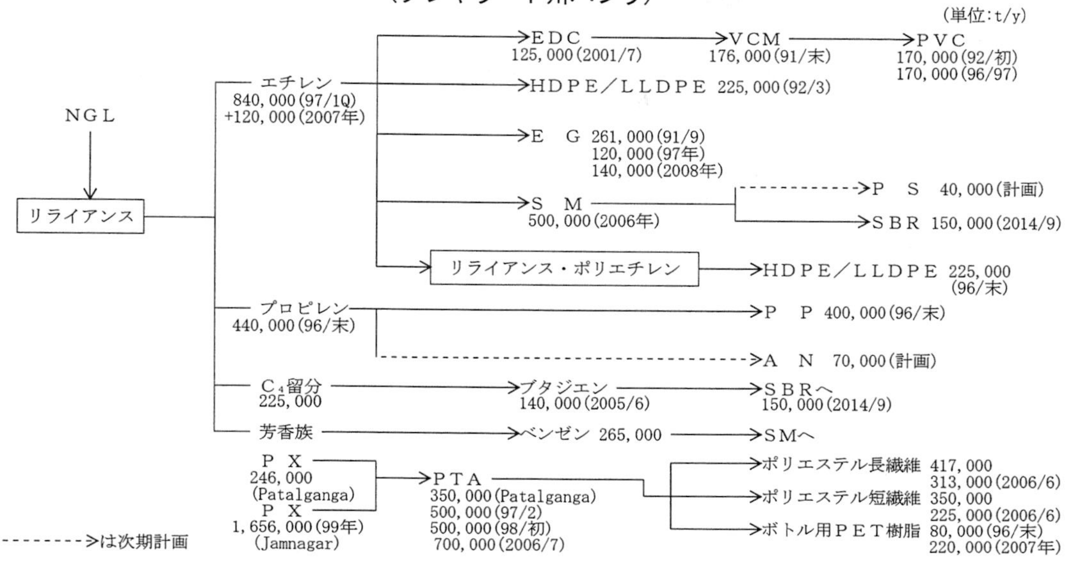

RIL(旧NOCIL)の石化コンプレックス
(マハラシュトラ州タナー)

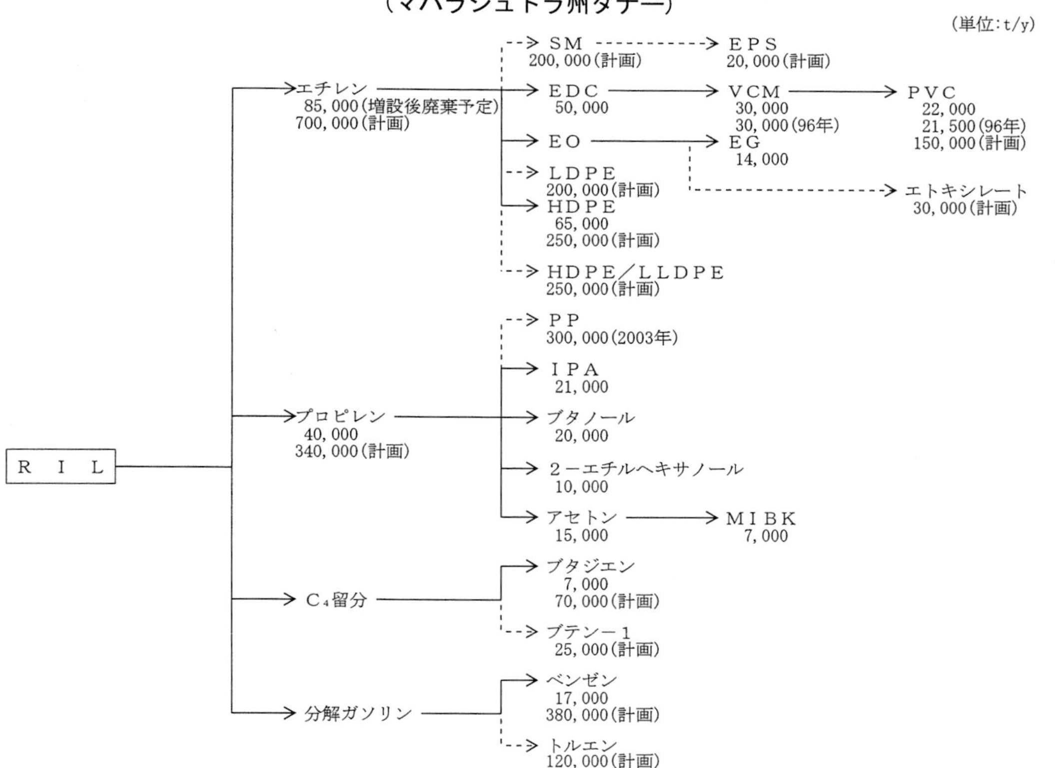

インド

ＲＩＬ（旧ＩＰＣＬ）のグジャラート石化コンプレックス
（グジャラート州バロダ＋ガンダール）

（単位：t/y）

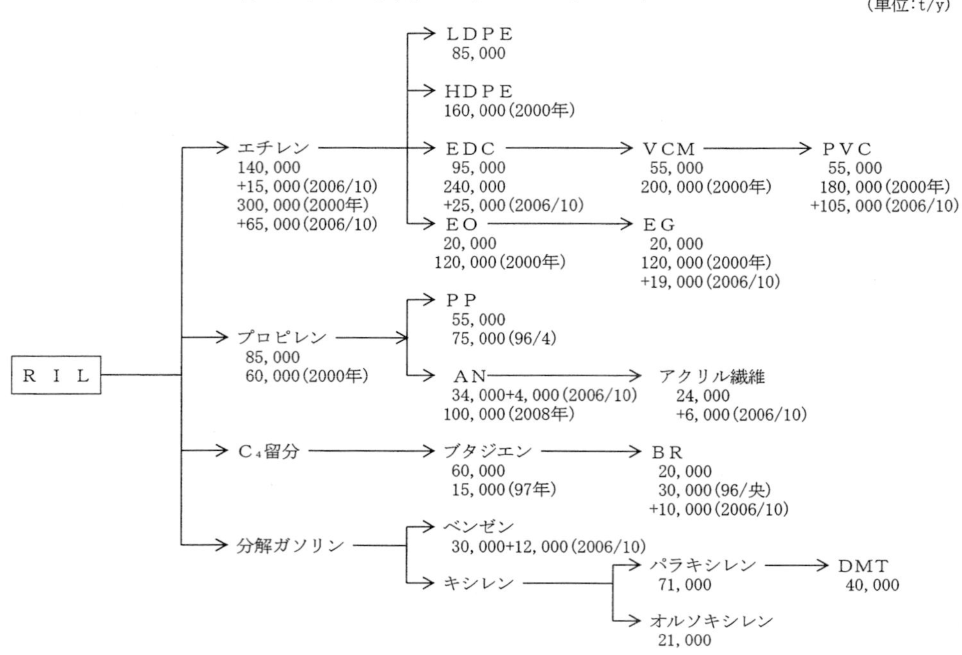

ＨＡＬＤＩＡの石化コンプレックス計画
（西ベンガル州ハルディア）

（単位：t/y）

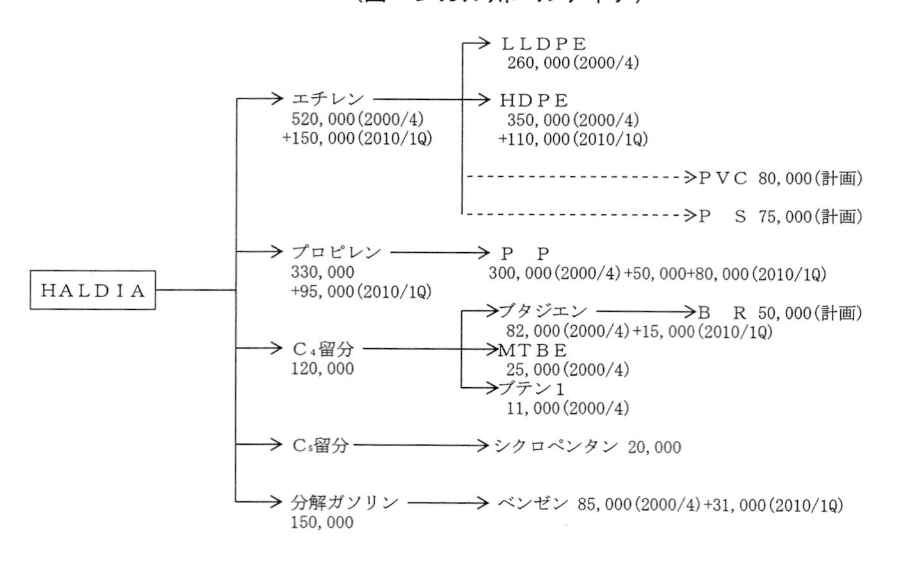

------------->は次期計画

RＩＬのマハラシュトラ・ガス・クラッカー・コンプレックス
（旧ＭＧＣＣ）
（マハラシュトラ州ナゴタン）

（単位:t/y）

ＲＩＬ
→ エチレン 300,000 +100,000(97/末) 200,000(計画)
→ ＬＤＰＥ 80,000
→ ＨＤＰＥ 100,000(96/央)
→ ＥＯ 5,000 → ＥＧ 50,000
→ ＨＤＰＥ／ＬＬＤＰＥ 220,000
→ プロピレン 60,000 +15,000(2006年) — ＰＰ 60,000
→ Ｃ₄留分 — ブテン－1 12,000

ＩＯＣＬのパニパット・コンプレックス
（ハリヤナ州パニパット）

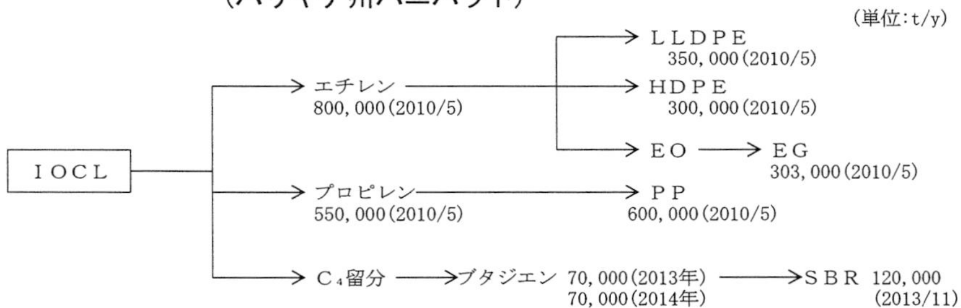

ＯＰａＬのダヘジ・コンプレックス
（ONGC Petroaddition Ltd.）
（グジャラート州ダヘジ）

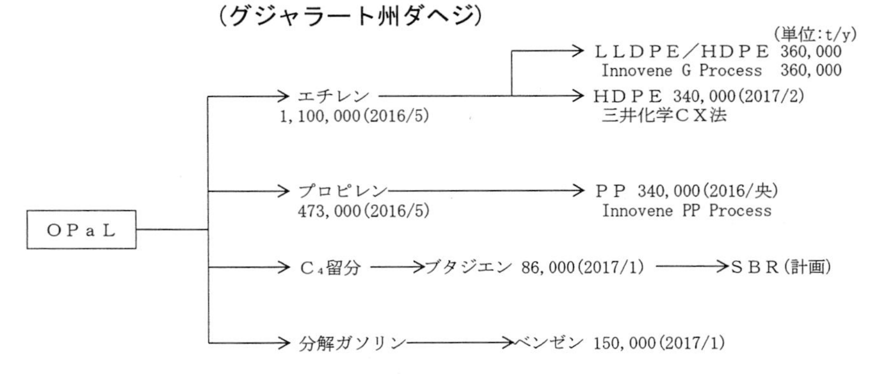

インドの主要石油化学製品新増設計画

インドの主要石油化学製品新増設計画

(単位：t/y)

製品	会社名	工場	現有能力	新増設計画	完成	備考
エチレン	RIL(旧 IPCL)	Baroda	155, 000		78年操業	ルーマス法、2006/10に1.5万t増
		〃		(300, 000)	未　定	既存設備とのＳ＆Ｂを検討中
	RIL(旧 IPCL) (Bharuch)	Gandhar	365, 000		2000年	Ｓ＆Ｗ、ガスB、2006/秋6.5万t増
	RIL(旧 MGCC～IPCL)	Nagothane	400, 000		91年	Ｓ＆Ｗ法、天然ガスベース、97/末に10万t増強
		〃		200, 000	未　定	Ｓ＆Ｗ法で増設計画、ＦＳ完了
	RIL (Mumbai)	Thane(Navi)	85, 000		68年	シェル技術
	(旧 NOCIL)	〃		(700, 000)	未　定	シェル他との合弁計画は白紙化
	Reliance Industries	Hazira	960, 000		97／4	Ｓ＆Ｗ法、2007年に12万t増強
		Jamnagar	1, 500, 000		2017／7	原料:ナフサ+石油精製オフガス 総工費30億$、商業運転は2018/1
	Haldia Petrochemicals	W. Bengal Haldia	670, 000		2000／4	ルーマス法/ＴＥＣ、2010/1Qに15万t増、西ベンガル/米ソロス
	Gas Authority of India	Auraiya Pata	540, 000		2000年	Ｓ＆Ｗ法、天然ガスベース、2005
	(GAIL)		450, 000		2015／末	/12に14万t+2009年９万t増設
	BPCL	Kerala Kochi		(1, 200, 000)	(未　定)	ナフサベース、ＬＧ不参加に
	BCPL(Brahmaputra C&P)	Assam	220, 000		2016／初	CB&I Lummus技術エタン炉
	Indian Oil(IOCL)	Panipat	800, 000		2010／5	ルーマス法～ＴＥＣ/Ｌ＆Ｔ
		Paradip		1, 500, 000	2021年	2012年以降の２期計画で実施
	OPaL(ONGC)	Dahej	1, 100, 000		2016／5	リンデ法/三星、ＬＬ、ＨＤ、ＰＰ
	Essar Gujarat Petrochemical	Gujarat Vadinar		1, 300, 000	未　定	製油所拡張計画に連動、川下でＳＭ、ＭＴＢＥ、フェノールなど
	OSWAL	Mumbai	35, 000		66年	ＵＣＣ技術
	Alkali & Chemical	Rishra	13, 000			
	CHEMPLAST	Mettur	12, 000			
	Synthetics & Chemicals	Bareilly	4, 000			
	Polychem	Mumbai	4, 000			
	(Hindustan Polymers)	Vishakhapatnam	(4, 000)			97年にＬＧ化学が買収
		計	7, 313, 000	3, 000, 000		(　)内の能力を除く
プロピレン	IPCL	Baroda	85, 000			
	IPCL (Bharuch)	Gandhar	60, 000		2000年	天然ガスベース
	MGCC(IPCL)	Nagothane	75, 000		91／下	Ｓ＆Ｗ法、2006年1.5万t増強
	NOCIL (Mumbai)	Thane	40, 000	(340, 000)	未　定	完成後、既存の４万tを廃棄
	OSWAL	Mumbai	6, 000			
	Reliance Industries	Hazira	440, 000			Ｓ＆Ｗ法、97/4に12.5万t増強
		Jamnagar	1, 000, 000			ＦＣＣ回収、2005／末30万t増設
		〃	1, 000, 000		2009／4	№２ＦＣＣ(共に20万b/d)回収
		〃	170, 000		2017／3Q	原料：ＦＣＣガス
	Haldia Petrochemicals	Haldia	425, 000		2000／4	ナフサ系、2010/1Qに9.5万t増強
	HMEL(HPCL-Mittal)	Punjab	440, 000		2012／末	ヒンダスタン/タミル～ＰＰも
	BCPL(GAIL)	Assam	60, 000		2016／初	ＣＢ＆Ｉルーマス技術
	MRPL(ONGC)	Mangalore	440, 000		2015年度	ＦＣＣ回収プロピレン
	OPaL(ONGC)	Dahej	400, 000		2016／5	エチレン110万tと連産
	BPCL	Kerala Kochi		500, 000	2018／末	ＦＣＣプロピレン計画
	IOCL	Panipat	550, 000		2010／5	エチレン80万tと連産
	IOCL	Paradip	700, 000		2016／5	ＦＣＣプロピレン
	IOCL	Dumad		121, 700	2022年	合成ガス8, 140㎥/水素4, 290㎥
	その他		100, 000			全てＦＣＣ回収プロピレン
		計	5, 991, 000	621, 700		(　)内の能力を除く

ブタジエン	IPCL	Baroda	75, 000			ＢＡＳＦ/ルーマス法
	NOCIL (Mumbai)	Thane	7, 000	(70, 000)	未　定	ブテン１も1. 5万t計画
	Synthetics & Chemicals	Bareilly	25, 000			
	Haldia Petrochemicals	Haldia	97, 000		2000／４	BASF/ルーマス2010/初1. 5万t増
	Reliance Industries	Hazira	210, 000		2005／６	JSR法、2013年BASF法で7万t増設
	IOCL	Panipat	140, 000		2013年	2014年倍増、エチレン80万t連産
	OPaL (ONGC)	Dahej	115, 000		2017／１	川下でＳＢＲの事業化も検討
		計	669, 000			(　)内の能力を除く
ブテン１	MGCC(IPCL)	Nagothane	12, 000			Ｓ&Ｗ法、91/下操開
	Haldia Petrochemicals	Haldia	11, 000		2000／４	ＭＴＢＥ2. 5万tを併産
	GAIL		10, 000	20, 000	2017年	ＬＬ用コモノマーの３倍増計画
		計	33, 000	20, 000		IOCL が Baroda でC_2二量化検討
ベンゼン	Indian Oil	Baroda	124, 000			2011年に2. 4万t増強
	IPCL	Baroda	42, 000			2006/10に1. 2万t増強
	NOCIL (Mumbai)	Thane	17, 000	(380, 000)	計　画	
	OSWAL	Mumbai	10, 000			
	Arochem	Madras	90, 000			ＰＸ14万t/ＯＸ３万tを併産
	Bombay Dyeing Mfg	Rasayani	200, 000			エクソン法の中古改質装置輸入
	Reliance Industries	Hazira	265, 000			
		Jamnagar	1, 000, 000			2005/末27万t+2017/初55万t増
	Haldia Petrochemicals	Haldia	116, 000		99／央	ルルギ技術、2010/1Qに3. 1万t増
	Chemplast Sanmar Aromatics	Pondicherry		100, 000	未　定	ＰＸ25万t/ＯＸ３万tを併産、総工費４億＄
	MRPL(ONGC)	Mangalor	275, 000		2014／７	ＰＸ92万t併産～稼働は2015年
	OPaL (ONGC)	Dahej	150, 000		2016／５	エチレン110万t計画に連動
		計	2, 289, 000	100, 000		(　)内の能力を除く
トルエン	Indian Oil	Baroda	n. a.			
	OSWAL	Mumbai	n. a.			
	Reliance Industries	Hazira	102, 000			
		計	102, 000			
パラキシレン	Reliance Industries	Patalganga	396, 000			ＵＯＰ法、2015年に15万t増設
		Jamnagar	400, 000		99／初	ＵＯＰ技術、３系列計120万t、
		〃	400, 000		〃	№１～２は99/3Qから順次稼働、
		〃	400, 000		99／央	№３は4Q稼働開始
		〃	456, 000		2005／12	№４～2011年に14. 6万t増強
		〃	2, 200, 000		2017／初	ＦＷ設計、倍増設後425万t
	IPCL	Baroda	71, 000			
	Bongaigaon Refinery	Bongaigaon	30, 000	72, 000	未　定	増設後10. 2万t
	Arochem	Madras	140, 000			ＵＯＰ法、ＯX3万t/Ｂ9万t併産
	Bombay Dyeing Mfg	Rasayani	90, 000			エクソン法の中古改質装置輸入
	Indian Oil	Panipat	362, 000	100, 000	2020年～	2006/6完成、ＵＯＰ～EIL/TEC
		Haldia		600, 000	未　定	工費200億I. Rp
		Paradip		1, 200, 000	2021年	製油所倍増でＰＸ最大150万tに
		Vadodara		400, 000	2018年度	2010/3にＦＳ終了
	Chemplast Sanmar Aromatics	Ennore		250, 000	未　定	Ｂ10万t/ＯＸ３万tを併産、総工費４億＄
	Kochi Refineries	Kerala Kochi		350, 000	未　定	Raymond/KSIDC 合弁、8. 8億＄
	MRPL(ONGC)	Mangalor	920, 000		2014／７	MRPLより重質ナフサ160万t受給
		計	5, 865, 000	2, 972, 000		
オルソキシレン	IPCL	Baroda	21, 000			
	Reliance Industries	Jamnagar	270, 000			
		〃	200, 000		2005／12	ＰＸ55万t併産一貫設備
	Bongaigaon Petrochemical	Bongaigaon	10, 500			

	Arochem	Madras	30,000			ＰＸ14万t/Ｂ９万tを併産
	Chemplast Sanmar Aromatics	Pondicherry		30,000	未　定	ＰＸ25万t/Ｂ10万tを併産、総工費４億＄
		計	531,500	30,000		（　）内の能力を除く
ＬＤＰＥ	IPCL	Baroda	85,000	140,000	未　定	トタル・ペトロケミカルズ技術
	MGCC(IPCL)	Nagothane	80,000			ＣｄＦシミー技術、91/下操開
	Indian Explosives	Rishra	15,000			ＩＣＩ技術
	OSWAL	Mumbai	25,000			
	Reliance Industries	Jamnagar	400,000		2017／7	
		計	605,000	140,000		（　）内の能力を除く
ＬＬＤＰＥ	Haldia Petrochemicals	Haldia	260,000		2000／4	バセル技術
	Reliance Industries	Jamnagar	350,000		2017／7	バセル技術「Lupotech T」
LLDPE／ＨＤＰＥ	MGCC(IPCL)	Nagothane	220,000			ＢＰ技術、97/末に６万t増強
	Reliance Industries	Hazira	225,000		92／3	加ノバ・ケミカル技術
	Reliance Polyethylene	Hazira	225,000		96／末	加ノバ技術、ＲＩＬ/伊藤忠
	Gas Authority of India	Auraiya Pata	225,000		2000年	加ノバ・ケミカル技術
	(GAIL)	〃	225,000		2011年	倍増設後42万t、2011年２万t増
		〃	400,000		2016／9	増設後90万t
	Indian Oil	Panipat	650,000		2010／1Q	バセル技術～うちＨＤ30万t
	BCPL(Brahmaputra C&P)	Assam	226,000		2016／初	イノビーンＧ技術
	OPaL(ONGC)	Dahej	360,000		2017／2	イノビーンG/テクニモント
		〃	360,000		〃	２系列計72万tを新設
		計	3,116,000			
ＨＤＰＥ	Polyolefins Industries	Thane	50,000	100,000	不　明	ヘキスト技術、増設を検討
	Haldia Petrochemicals	Haldia	350,000		2000／4	三井化学技術、2006年５万t増強
		〃	110,000		2010／1Q	三井化学技術ＣＸプロセス
	MGCC(IPCL)	Nagothane	100,000			
	IPCL (Bharuch)	Gandhar	160,000		2000年	新設クラッカーに連動
	NOCIL (Mumbai)	Thane	65,000	(250,000)	未　定	エチレン計画に連動
	OPaL(ONGC)	Dahej	340,000		2017／2	三井化学技術/サムスン・エンジ
	Gas Authority of India	Auraiya Pata	100,000			
	(GAIL)	〃	100,000		2007／9	三井化学技術ＣＸプロセス
		〃	240,000		2010年	増設後44万t
	Reliance Industries	Jamnagar	350,000		2017／7	
		計	1,965,000	100,000		（　）内の能力を除く
ＰＰ	IPCL	Baroda	55,000			モンテル技術
	IPCL (Bharuch)	Gandhar	75,000			モンテル技術 Spheripol 法
	MGCC(IPCL)	Nagothane	70,000			モンテル技術、91/下操開
	Reliance Industries	Hazira	400,000			モンテル技術
	Reliance Industries	Jamnagar	300,000		99／4	№１～３ともバセル技術、№１
		〃	300,000		〃	は99/春稼働、№２は99/末、№
		〃	300,000		99／末	３は2000/初に稼働
		〃	300,000		2006／4	№４～ユニポール技術
		〃	900,000		2009／4	ダウ技術、45万t×２系列構成
	Haldia Petrochemicals	Haldia	350,000		2000／4	バセル技術、2010/1Qに５万t増
		〃	80,000		2010／1Q	三井化学技術ＣＸプロセス
	Indian Oil	Panipat	650,000		2010／2Q	バセル技術～30万t×２系列
		Paradip	680,000		2018／9	ＦＣＣプロピレン70万tの川下
		Koyali		420,000	2022年	製油所拡張・FCC新設計画に連動
	HMEL(HPCL-Mittal)	Punjab	440,000		2012／末	ヒンダスタン/タミル～C3も
	OPaL(ONGC)	Dahej	340,000		2016／5	イノビーンＰＰ／テクニモント
	MRPL(ONGC)	Mangalore	440,000		2015年度	ＦＣＣ回収プロピレンが原料
	BCPL(GAIL)	Assam	60,000		2016／初	ＣＢ＆Ｉルーマス技術
		計	5,740,000	420,000		

E D C	IPCL	Baroda	95, 000			
	IPCL (Bharuch)	Gandhar	265, 000			2006／10に2. 5万t増強
	Chemplast Sanmar	Mettur	58, 000			
	NOCIL	Thane	50, 000			シェル技術
	Reliance Industries	Hazira	125, 000			2001／７操業開始
	FINOLEX	Ratnagiri	80, 000			
	DCW	Sahupuram	52, 000			95年に２万t増設
		計	725, 000			
V C M	Shriram Chemical Ind.	Kota	33, 000			
	IPCL	Baroda	55, 000			ストウファー技術
	IPCL (Bharuch)	Gandhar	200, 000		2000年	ＥＶＣ技術
	Chemplast Sanmar	Mettur	20, 000			
	NOCIL	Thane	60, 000			シェル技術、96年に倍増設
	Amebadad Mfg.	Mumbai	6, 000			
	Reliance Industries	Hazira	176, 000			92／６操業開始
	FINOLEX	Ratnagiri	260, 000			クヴァナ、2006／３に倍増設
	DCW	Sahupuram	65, 000			95年に2. 5万t増設
		計	875, 000			
P V C	DCM Shriram	Kota	30, 000			信越/カネカ技術、2001/末休止も
	Conslidated Ltd.(DSCL)		40, 000		2005年	チッソ技術で４万t増設
	IPCL	Baroda	55, 000			ＢＦグッドリッチ技術
	IPCL (Bharuch)	Gandhar	285, 000		2000年	ＧＲ技術、2006/10に10. 5万t増
	Reliance Industries	Hazira	170, 000		92／６	オキシビニル技術、ＲＩＬグル
		〃	170, 000			ープで計75万t保有
		Dahej	180, 000		2015年	2016年に８万t増設
	Chemplast Sanmar	Mettur	130, 000			ＢＦグッドリッチ技術
		〃	106, 000		2009／９	増設後27. 8万t
		Cuddalore	225, 000		2010年	１億$で新設～輸入ＶＣＭ使用
	Amebadad Mfg.	Mumbai	20, 000			
	Plastic Resins	Sahupuram	12, 000			
	FINOLEX	Ratnagiri	300, 000			2006/3に13万t増設
	DCW	Sahupuram	140, 000			2014年2. 8万t+15年1. 2万t増強
ＣＰＶＣcom.	Lubrizol India	Dahej	[55, 000]		2016／２	塩素化塩ビのコンパウンド工場
		計	1, 863, 000			[ ]内の能力を除く
ＰＥＴ樹脂	Reliance Industries	Dahej	648, 000		2015／４	Chemtex技術、ボトル用専用設備
		Hazira	450, 000			
	DPTL		480, 000			インドラマ傘下
	Micro PET	Panipat	216, 000			〃
		計	1, 794, 000			
P S（ＥＰＳ含む）	Polychem	Mumbai	40, 000			ダウ技術、96年に2. 4万t増設
	LG Polymers India	Vishakhapat-nam	100, 000			英ＢＳプラスチックス技術
			18, 000*			97年にＬＧが買収、2005年増強
	Ineos Styrolution India	Dahej	90, 000	60, 000	未 定	2003／秋に３万t増強
		〃	15, 000*			
		Mumbai	3, 000*			*印はＥＰＳ
	MC. DOWEL		30, 000			
	Reliance Industries	Hazira		40, 000	未 定	Hazira CPX の川下計画
	Supreme Petrochemical	Nagothane	284, 000*	116, 000	未 定	ハンツマン/ルーマス、*EPS6万t 2017/2よりSMMA4. 3万tを併産
	Haldia Petrochemicals	Haldia		75, 000	未 定	
	SPL Polymers	Chennai	12, 000*		90／末	ＳＨケミカル技術、2007/3倍増
		計	592, 000	291, 000		*ＥＰＳ能力は計10. 5万t

ＡＢＳ樹脂	Ineos Styrolution India	Baroda	120,000	40,000	2019年	ＪＳＲ技術、2008/央よりINEOS、
	(旧 LANXESS ABS)		[66,000]	[34,000]	〃	2014年４万t＋2015年２万t増設
	Bhansali Engineering	Satnoor	30,000		89／央	日本Ａ&Ｌ技術、2016年3.5万t増
	Polymer		53,000*	57,000	2018／12	*内ＳＡＮ２万t
		未定		200,000	2023年	新規立地場所で20万tの新工場
	Rajasthan Polymers & Resins	Abu Road	10,000			バンサリ傘下に
	Polychem(India)	Ranoli	5,000			バンサリ傘下に
	Gujarat Binil	Ankleshwar	2,000			
	IPCL (Bharuch)	Gandhar	100,000		2009年	
	LG Polymers India	Vishakhapatnam		100,000	未　定	新規参入計画
	SABIC IP	Baroda	[25,000]	[15,000]	未　定	IPCL/SABICイノベーティブ・プラ
	内ＳＡＮは13万t	計	320,000	397,000		[ ]内はコンパウンド能力
Ｓ　Ｍ	Polychem	Mumbai	17,000			
	LG Polymer India	Vishakhapat-nam	20,000			97年にＬＧ化学が買収
	Synthetics & Chemicals	Bareilly	11,000			
	Gas Authority of India	Auraiya	80,000		2000年	(GAIL)
	Reliance Industries	Hazira	500,000		2006年	ルーマス技術
	Indian Oil	Paradip		600,000	2021年	
	NOCIL	Thane		(200,000)	未　定	当初計画規模は５万ｔ能力
		計	628,000	600,000		( )内の能力を除く
Ｅ　Ｇ	Reliance Industries	Hazira	381,000			シェル法、97/末に12万t増設
		〃	140,000		2008年	2000/10までにＬＯＩ取得
		Jamnagar	750,000		2017／９	オフガス分解炉から原料調達
	SM Dyechem	Kurkumbh	(100,000)		(2011年)	ＳＤ法～ＲＩＬ買収後閉鎖
	NOCIL	Thane	14,000			シェル法、ＥＯ1.4万t等を保有
	MGCC(IPCL)	Nagothane	50,000			ＵＣＣ技術、外販ＥＯは5,000t
	IPCL	Baroda	20,000			ハルコン/ＳＤ法
	IPCL (Gandhar)	Dahej	139,000		2000年	2006/10に1.9万t増強
	Indian Oil	Panipat	303,000		2010／2Q	ＳＤ技術／サムスン・エンジ
		Paradip		375,000	2021年	TOYO INDIAがFEED、2020年稼働
	India Glycols		50,000			バイオ法ＭＥＧ
		計	1,847,000	375,000		( )内の能力を除く
Ｅ　Ｏ	India Glycols		20,000			三洋化成の界面活性剤技術導入
	IPCL (Gandhar)	Dahej	100,000		2000年	新設クラッカーに併設
	Reliance Industries	Jamnagar	35,000		2015年	1.9万t/1.5万t系列を新設
エトキシレート	NOCIL	Thane		30,000	未　定	ＥＯの川下計画
Ｐ　Ｔ　Ａ	Reliance Industries	Patalganga	350,000		88年	ＩＣＩ技術、DahejにPET65万t
		Hazira	1,000,000			ＩＣＩ技術、98/初に35万t増設
		〃	750,000		2007／2Q	インビスタ技術／クヴァナ
		Dahej	1,100,000		2014／10	55万tを２系列新設、2011/8に月
		〃	1,100,000		2015／９	島機械の乾燥機発注、計430万t
	Materials Chemicals &	Haldia	470,000		2000／４	2016/10より現地の Chatterjee
	Performance Intermedia-	〃	800,000		2009／10	Group91%/三菱化学9%出資に
	ries(元 MCC PTA INDIA)					改組、合計能力127万t
	SVC Superchem	Chhata	120,000			97年完成
	Indian Oil	Panipat	553,000	147,000	2020年～	2006/6完成インビスタ、L&T/EIL
		Vadodara	560,000		2013／1Q	2010/3にＦＳ終了
		Paradip		1,200,000	2021／９	
	JBF petrochemicals	Mangalor		1,250,000	2019年	KKR買収、BP技術/FEED:Technip
		計	6,803,000	2,597,000		( )内の能力を除く

D M T	Bombay Dyeing Mfg.	Rasayani	240, 000			ビッテン法／ＧＴＣ技術で増強
	Bongaigaon Refinery	Bongaigaon	55, 000			ビッテン法、85年完成
	& Petrochemicals					
	IPCL	Baroda	40, 000			ビッテン法、73年完成
		Nagothane	55, 000			
	ATV Petrochem	Mathura	90, 000			ＰＴＡ12万tを保有
	Garware Chemicals	Aurangabad	60, 000			チェコからＧＴＣ法で拡大移転
		〃	30, 000		2001年	97／６住友商事が15. 67%出資
		計	570, 000			
Nパラフィン	Reliance Industries	Patalganga	110, 000			ＵＯＰ法、Jamnagar でも検討
L A B	Reliance Industries	Patalganga	140, 000			ＵＯＰ法、98／３完成
	Nirma		60, 000			
	Indian Oil	Baroda	120, 000		2004／８	ＵＯＰ法、三星エンジ／ウーデ
		計	320, 000			
シクロペンタン	Haldia Petrochemicals	Haldia	15, 000			
シクロヘキサン	F & Chem. Travancore	Kerala Kochi	52, 000			88年完成
カプロラクタム	Gujarat State Fertilizers	Baroda	25, 000			インベンタ法、74年完成
	& Chemicals	Vadodara	50, 000			ヘミー・リンツ法、92／８完成
	Travancore	Udyogaman-dal	50, 000			88年完成
		計	125, 000			
A N	RIL(IPCL)	Baroda	(40, 000)		78年	ソハイオ法､2006/10に4, 000t増
	RIL(IPCL) (Bharuch)	Gandhar		100, 000	未 定	ＢＰ技術、2000年中にＬＯＩ
		計	(40, 000)	100, 000		
酢酸ビニル	Gujarat Monomers	Ankiesvar	10, 000			
	Vam Organic	Saharapur	5, 000			
		計	15, 000			
フェノール	Hindustan Organic	Kerala Kochi	40, 000			
	Chemicals	(旧 Cochin)		100, 000	未 定	
	SI Group	Thane	35, 000			ＢＰ／ハーキュリーズ技術
	Durgapur Chemicals	Durgapur	7, 000			
	Neyveli Lignite	Neyveli	3, 000			
	Deepak Phenolics	Dahej		200, 000	2018／末	キュメン法
	Reliance Industries	Dahej		300, 000	未 定	キュメン法
		計	85, 000	600, 000		
T D I	Gujarat Narmada Valley	Narmada	20, 000			Chematur 技術、元は Chematur
	Fertilizers & Chemicals					との合弁会社で事業化
無水フタル酸	IG Petrochemical	Taloja 他	170, 000	検討中		全３工場、前回の増設は７万t
	Herdilia Chemicals	Thane	12, 000			
	Mysore Petrochemicals	Raichur	12, 000			
	Thorumalai Chemicals	Ranipat	12, 000			
	Shiri Ambinja Petrochem	Puttancheruba	9, 000			
	Shirid Geigy	Baroda	9, 000			
	Durgapur Chemicals	Durgapur	3, 000			
		計	227, 000			
アクリル酸	IOCL	Gujarat		89, 000	2022年	三菱ケミカル技術
同ブチル		Dumad		153, 000	〃	〃
Nブタノール				92, 200	〃	ＩＯＣＬはプロピレン12万t強
イソブタノール				8, 800	〃	を合成ガスより製造し原料自給

インド

IPA	DFPCL	Mumbai	70,000		2006／8	Deepac Fertilizers & Petchem.
ブタノール	NOCIL	〃	20,000			シェル技術
2－EH		〃	10,000			〃
アセトン		〃	15,000			〃
MIBK		〃	7,000			〃
オキソアルコール	BPCL	Kerala Kochi		92,000	2018／末	アクリレート19万tの原料部門
酢酸	GNFC	Gujarat	50,000			三井造船が施工
〃	Reliance Industries	Jamnagar		1,000,000	2018年度	石油コークスガス化で原料自給
〃	IOCL/BP	Koyali		1,000,000	2018年	ＢＰと合弁～原料石油コークス
〃	IOL Chemicals &	Punjab	50,000			2006/12に２万t増強
無水酢酸	Pharmaceuticals	Barnala	12,000			2006/12に4,500t増強
酢酸エチル			33,000			2006/12に1.5万t増強
モノクロ酢酸			11,000			2008／６に5,000t増強
〃	Atour/ＡＫＺＯ	Gujarat		32,000	2019年	将来６万t能力まで増強
クロロメタン	ＧＡＣＬ	Gujarat	100,000		2016年	Gujarat Alkali Chemical 単独
アクリル酸	ＲＩＬ/Ｒ&Ｈ合弁計画	Jamnagar		200,000	未定	
〃	IOCL	Koyali		100,000	2018年	川下にアクリレート16万t併設
〃	BPCL	Kerala Kochi		47,000	2018／末	ルルギ/日本化薬技術、ＡＥ19万t
アクリルエマ	Rohm & Haas	Chennai	35,000		2007／８	Dow Chemical 傘下
ルジョン		Taloja	70,000			2008年に倍増設
アクリルアマ	Black Rose Industries	Gujarat	10,000		2013／９	
イド		Jhagadia	10,000		2016／末	倍増設後２万t
アンモニア	Gujarat State Fertilizers	Baroda	825,000			リンデ技術、95年に倍増
メラミン樹脂	& Chemicals	〃	12,000			95年に7,000t増設
MMA		〃	5,000			ＡＣＨ法
〃		Dahej		64,800	2020年～	三井化学の直酸法～2018年供与
アンモニア	Chambal Fertilizers	Kota	445,500			
〃	& Chemicals	〃	445,500			Haldor Topsoe 技術、ＴＥＣ施工
尿素		〃	742,500		99／７	
〃		〃	775,500			スナム技術、Birla グループ企業
アンモニア	Fertilizers & Chemicals Travancore	Udyogaman-dal	297,000		99／７	Haldor Topsoe 技術、工費$220m
アンモニア	RPG ENTERPRISES	Vishakhapat-	445,500			99／初に完成、トプソー技術
尿素		nam	363,000			〃 、スナム技術
尿素	NFCL(Nagarjuna F & C)	カキナダ	1,716,000			2009/央26.4万t増で5,200t/dに
アンモニア	ＨＵＲＬ(Hindustan	UttarPradesh		726,000	2020／12	ＫＢＲ技術/ＴＯＹＯ18/3受注
尿素	Urvarak & Rasayan)	Gorakhpur		1,270,000	〃	ＴＯＹＯの「ACES21」技術
アンモニア	MFCL(Matix Fertilizers	西ベンガル		726,000	未定	ＫＢＲが技術供与とプラント設
尿素	& Chemicals)			1,300,000	〃	計を2010/2受注
ＥＣＨ	Tamil Nadu Petrochem.	Chennai	10,000	10,000	不明	エポキシ原料倍増設計画
ＳＢＲ	Synthetics & Chemicals	Bareilly	40,000	60,000	不明	
	Indian Synthetic Rubber	Panipat	120,000		2013／11	台橡技術/ＴＯＹＯ(ＩＯＣＬ50
	(ＩＯＣＬ/ＴＳＲＣ/丸紅)			60,000	2018年	%/ＴＳＲＣ50%)、２億$
	Reliance Industries	Hazira	150,000		2014／９	Hazira CPX の川下設備
	Haldia Petrochemicals	Haldia		100,000	延期	
		計	310,000	220,000		
ＮＢＲ	Synthetics & Chemicals	Bareilly	2,000			
ＴＰＵ	Covestro/CHEMPLAST	Cuddalore	6,000			Covestro51%、2016年3,500t増設
ブチルゴム	Reliance Sibur Elastomers	Jamnagar		60,000*	2018／末	ＲＩＬ74.9%/露シブール25.1%
ハロブチルＲ		〃		60,000	2019年	*ブロモブチルゴムも併産
ＢＲ	IPCL	Baroda	20,000			コバルト系触媒製法
		〃	50,000	検討中	未定	ＪＳＲ法/TEC、2006/10に1万t増
	GAIL	Dahej	110,000		2017／1Q	OPaL からブタジエンを受給
	Reliance Industries	Baroda	80,000		2013年	ＪＳＲ法/Toyo-India施工
			40,000		2014／９	ＳＢＲとの併産プラント
		計	300,000			

インドの石油化学関連主要都市と石油化学基地

インドの石化原料事情

インドはナフサの輸出国であるが、需要は今後20年間年率４％程度の伸びが見込まれるため、輸出余力は徐々に減少していく見通し。石油精製能力は現状で日量450万バレル近くを保有するものの、13億超の人口が必要とする将来のエネルギー自給能力としては決定的に不足している。そこで年間3,000万トン近い原油と1,500万トン前後の石油製品を輸入しているが、自前のエネルギー確保に向け、政府はムンバイ沖石油ガス開発などのエネルギー開発と合わせ、表記のような国内石油精製能力の大幅拡張と数多い大型製油所の新設計画を検討している。

政府系のＩＯＣＬは、２次設備拡張計画としてハルディアのＦＣＣ、ハイドロクラッカー、バハラット・ペトロリアムのハイドロクラッカー、ヒンダスタン・ペトロリアムの２製油所近代化計画並びにマハラシュトラ州ラトナギリ(Ratnagiri)でのＨＰＣＬとＢＰＣＬとの合弁(アラムコとＡＤＮＯＣも参画予定)による超大型製油所新設など多数の案件を抱える。オリッサ州の新設パラディープ製油所は、能力を当初計画の18万バレルから30万バレルに上方修正して2016年初から立ち上がった。今後の案件として、マドラス製油所の５割増設計画やコーチ製油所の拡張計画、バハラット・ペトロリアムとオマーン石油によるマディヤ・プラデシュ州ビナでの12万バレル新設計画、ＩＯＣＬとアブダビ石油によるタミルナドゥ州における12万バレル新設計画などもある。

民間のＲＩＬは、グジャラート州ジャムナガルで初期能力50万バレルの大型製油所を99年10月から操業開始した。２次設備であるＣＣＲ装置(６万バレル)の川下にＰＸ年産120万トン設備、ＦＣＣ装置(20万バレル×２基)の川下にはＰＰ195万トン設備があり、その後67万バレルまで精製能力を拡張、さらに58万バレルの第２系列を2008年末までに導入済み。総投資額は60億ドルで、2009年４月から倍の124万バレルで増産開始、2012年中には２号機を70万バレルまで増強した。

インドの石油精製能力と新増設計画　(単位：バレル／日)

製油所名	立地場所	現有処理能力	新増設計画	完成	備考
インディアン・オイル	Koyali	274,000	86,000	2022年	Baroda ２次設備ＰＭＣはＴＥＣ
(ＩＯＣＬ)	Mathura	160,000			ウッタル・プラデシュ州
	Barauni	120,000			プロセス改善による能力増強
	Guwahati	20,000			アッサム州
	Digboi	13,000			アッサム・オイル
	Panipat	240,000	180,000	未定	99/初完成、2006/６に倍増設
	Paradip	300,000		2016／１	オリッサ州
	Haldia	150,000	100,000	未定	西ベンガル州、クウェート社出資
IOCL/HPCL/BPCL	Maharashtra		800,000	2022年	2017/6合弁、2期で120万bへ拡張
Hindustan Petroleum	Mahul	150,000			ムンバイ近郊、10億$で近代化計画
(ＯＮＧＣ2018/1買収)	Visakapatnam	166,000	▲46,000	2016/1に	18万b増設後、一部廃棄して30万b
			180,000	承認	に拡大､プロピレンを3.５万t回収
HMEL(HPCL-Mittal)	Punjab	180,000		2012／末	ヒンダスタンとミタルの合弁計画
Bharat Petroleum	Mahul	296,600			シェルと共同投資､2000年14万b増
Kochi Refineries	Ambalamugal	190,000	120,000	2019年	ＬＧ化学不参加も単独実施
Bharat Oman 製油所	Bina		120,000	2019年	バハラットとオマーン石油の合弁
Madras Refineries	Chennai	120,000	60,000	未定	
Bongaigaon Refinery & Petrochemicals	Bongaigaon	27,610	140,000	未定	アッサム州
Mangalor Refineries & Petrochemicals Ltd	Mangalore	300,000		96／４	ＯＮＧＣの傘下入り､99年12万b/d +2015年12万b/d増設/ＴＥＣ施工
Reliance Industries ←	Jamnagar	670,000		99／央	Reliance Petroleum をＲＩＬ吸収
旧 Reliance Petroleum		700,000		2008／末	60億$で倍増設､2012年12万b増設
Essar Oil	Vadinar	400,000		2008／５	2017/1にロスネフチ等が買収
	計	4,477,210	1,740,000		

パキスタン

概 要

経 済 指 標	統 計 値	備 考
面 積	79.6万km²	日本の2.1倍、インドの４分の１弱
人 口	２億777万人	2017年の推計、インドの７分の１弱
人口増加率	6.3％	2017年／2016年比較
ＧＤＰ	3,040億ドル	2017年（2016年実績は2,789億ドル）
１人当りＧＤＰ	1,541ドル	2017年（2016年実績は1,441ドル）
外貨準備高	160億ドル	2017年度末実績（2016年度末実績は214億ドル）

実質経済成長率（ＧＤＰ）	2012年度	2013年度	2014年度	2015年度	2016年度	2017年度
	3.7％	4.1％	4.1％	4.6％	5.4％	5.8％

	〈2016年度〉	〈2017年度〉	通 貨	パキスタンルピー
輸出（通関ベース）	$20,547m	$21,863m		１Ｐ．Ｒｐ＝1.18円（2017年末）
輸入（通関ベース）	$46,998m	$57,440m		１ドル＝96.6P.Rp（2017年末）
直接投資受入額	〈2016年度〉$2,488m	〈2017年度〉$2,815m		（2016年平均は104.80ルピー） （2017年平均は109.97ルピー）

パキスタンの石化関連工業

パキスタンには1997年央にかけて近代化が図られたパキスタン肥料公社のアンモニア／尿素工場や若干の石化系工場があり、2000年直前に新設されたＰＴＡとＰＶＣプラントが本格的規模。カーバイド～アセチレン法ＶＣＭを原料とする小規模な塩ビ工場や小規模な塩ビの加工工場が各地に点在している。このほかポリエステル繊維用のチップ重合工場やナイロン繊維用のチップ重合工場があるが、ＰＴＡ以外のＥＧやカプロラクタム、ＰＶＣを除く合成樹脂などは全量輸入している。パキスタンに石化製品を輸出しているのは地理的に近い中東産油国や欧州などが主。

パキスタンで活発に展開されているのがポリエステル繊維工業で、輸出の稼ぎ頭である綿糸や綿布の代替素材としてポリエステルで内需を賄うのが国策。三菱商事と韓国の三養社は、ポリエステル短繊維メーカーであるDewan Salman Fibersに資本参加し、92年２月に年産5.4万トン工場（三養社技術）が操業開始、95年には倍増設した。ユニチカと丸紅もポリエステル短繊維の現地合弁会社シナジー・シンセティックスに合計１割程度資本参加、技術とプラントを輸出し、97年に５万トン工場をイスラマバードに建設した。原料のＰＴＡは旧ＩＣＩがパキスタンＰＴＡとして事業分離、98年10月から40万トン工場を商業運転入りさせ、2005年には2.5万トン増強、2007年には47万トンまで拡充した。その後2004年第３四半期に株式18.9％をIbrahimへ売却、ＩＣＩは2008年初になってアクゾノーベルに買収され、パキスタンＰＴＡの株式75％は2009年第４四半期中に韓国の旧ＫＰケミカルへ売却、2013年には「ロッテケミカル・パキスタン」に改称された。ＰＴＡは2010年までに50万トンへ増強されており、次期計画として100万トンの２号機増設計画がある。総工費４～５億ドルで当初2014年末をめどに完成させる予定だったが、延期された。

パキスタンでは塩ビの加工業が比較的盛んである。同国に早くから足場を築いていた三菱商事は、95年半ばよりＰＰフィルム工場を操業開始させ、99年11月には10万トン規模の本格的な合弁塩ビ工場をポート・カシムに建設した。地元のエングロ・ケミカル・パキスタンと旧旭硝子との合弁会社エングロ・アサヒ・ポリマー＆ケミカルズ(EAPCL)を97年10月に設立したが、2006年末には旭硝子が資本撤退して表記社名に改称、2010年10月に10万トンの電解設備を設置して原料のＶＣＭを自給化した。ＰＶＣ能力は、2016年中に２割増強を図り18万トンとなった。同地では英社によるポリエチレン事業化計画があったが、状況は不明。2017年には中国の華峰集団がポリウレタン工場を開設している。

パキスタンの石化関連製品生産能力

(単位：t/y)

製品名	会社名	工場	生産能力	増設計画	完成	備考
アンモニア	パキスタン肥料公社	イスラマ	600t/d			ＴＥＣ/旧ニチメンがダウドケ
尿素	〃 (ＮＦＣ)	バード	1,050t/d			ル肥料工場を97/央近代化改造
尿素	エングロ・ケミカル	Daharki	1,755t/d			ＡＣＥＳ/ＴＥＣ、98/初288t増
カーボンブラック	ナショナル・ペトロ・カーボン	カラチ	42,000			
ＶＣＭ	パキスタンＰＶＣ	〃	6,000			カーバイド～アセチレン法
ＰＶＣ	〃	〃	6,000			イスラマバードにも加工工場
ＰＶＣ	Bengal Fibers	〃	6,000		95年	
ＤＯＰ	Qaiser Petro-chemicals	Sheikhu-pura	30,000		93年	操業開始は95/初、ＬＧ化学との折半出資合弁を解消
ＰＰフィルム	トライパック・フィルムズ	ラホール	12,600			95/6操業開始、三菱商事25％出資合弁企業、99年に倍増設
ＰＴＡ	ロッテケミカル・パキスタン	Port Qa-sim	500,000		98／4	ICI/FW、初期能力40万t～3.5億$
				＋100万t	延期	５億$で100万t拡大、2012年着工
ＰＶＣ	エングロ・ポリマー	〃	180,000			エングロ56%/三菱商事11%他、99
ＶＣＭ	&ケミカルズ	〃	220,000		2010／10	/11完成のＰＶＣ初期能力10万t
ＥＤＣ	〃	〃	127,000			ＥＤＣ16万t、電解10.6万t
ポリエチレン	トランス・ポリマーズ	〃		350,000	不明	イネオス技術、英社が15億ユーロ投資、原料エチレンは湾岸より

パキスタンの石油精製能力

(単位：バレル／日)

製油所名	立地場所	現有処理能力	新増設計画	完成	備考
Pakistan Refinery	Karachi	50,000			パキスタン･リファイナリー(PRL)
National Refinery	Karachi	65,000			ナショナル･リファイナリー(NRL)
Attock Refinery(ARL)	Rawalpindi	45,500			2015/2Qに10,500b/d増強
PAK-ARAB Refinery (PARCO)	Multan	100,000		2000／11	PARCO･PAK政府60%/アブダビ40%出資合弁、ＵＯＰ/日揮/丸紅施工
Poskoal	Balochistan	28,000		2004／7	バロチスタン州のポスコール
Grace Refinery	Punjab		220,000	2021年	50億＄で2019～2021年までに新設
AMPR	Ｋｈｙｂｅｒ Pakhtunkhwa		20,000	不明	ＵＡＥ企業の小規模製油所計画
	計	288,500	240,000		

サウジアラビア

概 要

経 済 指 標	統 計 値	備 考
面 積	215万km^2	日本の5.7倍、イランの1.3倍
人 口	3,255万人	2017年の推計
人口増加率	2.4%	2017年／2016年比較
ＧＤＰ	6,838億ドル	2017年(2016年実績は6,449億ドル)
１人当りＧＤＰ	21,120ドル	2017年(2016年実績は20,318ドル)
経済成長率(実質)	〈2017年〉▲0.7%	〈2016年〉1.7% 〈2015年〉4.1% 〈2014年〉3.7%
輸出(通関ベース)	2,204億ドル	2017年実績(うち77%が資源)〈2016年〉2,068億$
輸入(通関ベース)	1,279億ドル	2017年実績 〈2016年〉1,401億$
通 貨	3.75ＳＲ／$	固定レート(2017年末で１ＳＲ＝30.98円)

2017年のサウジアラビア経済は、下期に油価の上昇傾向がみられたが、年間平均油価(アラビアン・ライト)が１バレル当たり53ドルと低水準に留まり、石油部門の実質ＧＤＰ成長率はマイナス3.0%と2009年以来のマイナス成長になった。年間平均油価は、低迷していた2016年と比較して27.3%上昇しており、品目の中で最大のウエイトを占める鉱物資源・同製品の輸出額は25.0%増と拡大。プラスチック・ゴムや同製品は15.8%増、化学製品は6.3%増となり、輸出額全体では20.8%増となった。一方で、輸入は機械・電気製品・同部品や車両・航空機・船舶等輸送機器の分野で減少し、全体で4.0%減。貿易収支は82%ほど黒字幅が拡大した。ただし、政府予算は４年連続の赤字となり、2018年も４年連続の赤字予算編成。2017年の対内直接投資額は、大型案件の石油・石化プロジェクトへの投資が一巡したことや国内経済の鈍化に伴い大幅に減少した。

2016年４月に発表した「サウジアラビア・ビジョン2030」では石油依存からの脱却という国の方針を改めて掲げ、５月には水・電力省の解体など大規模な省庁再編や閣僚の交代、６月には「国家変革プログラム(ＮＴＰ2020)」を発表するなど、戦略的な国家改造計画を次々に打ち出した。ＳＡＢＩＣ(サウジ基礎産業公社)は、汎用石化品では国際的サプライヤーとしての地位を確立し、国内外で積極的な事業展開を推進中。サウジアラムコ(サウジアラビア国営石油)は、石油開発や原油売買、石油精製・販売事業などを手掛けていたが、近年は住友化学と合弁でラービグに大型石化基地を、ダウとも合弁でサダラ・ケミカルを設立し、アル・ジュベールに大型石化コンプレックスを完成・稼働させている。アラムコは、2018年10月に開催された投資会議「Future Investment Initiative(ＦＩＩ)」において、３大陸８カ国の15社とともに総額340億ドルに上る戦略的パートナーシップの覚書(ＭｏＵ)に署名。日本を含め韓国、中国、インド、アラブ首長国連邦、フランス、英国、米国の８カ国を代表する企業と提携するもので、住友化学との合弁会社であるペトロ・ラービグに対する将来的な追加投資も含まれている。

サウジアラビアの石油化学工業発展史

1970／7	サウジアラビア側から石油化学プロジェクトへの協力打診
73／10	第１次石油ショック～ＯＰＥＣが原油価格の４倍値上げを通告
76／9	ＳＡＢＩＣ(SAUDI BASIC INDUSTRIES CORPORATION)設立
78／12	第２次石油ショック～ＯＰＥＣによる２度目の原油大幅値上げ開始
79／1	石油化学計画の日本側調査会社としてサウディ石油化学開発㈱を設立
81／5	サウディ石化開発をサウディ石油化学㈱に改組～ナショナル・プロジェクトとして政府が認定
9	ＳＡＢＩＣとサウディ石油化学の折半出資でＳＨＡＲＱ(イースタン・ペトロケミカル)を設立
84／12	ＳＡＤＡＦ～ＫＥＭＹＡのエチレンコンプレックスが完成
85／4	ＹＡＮＰＥＴのエチレンコンプレックスが完成
7	ＰＥＴＲＯＫＥＭＹＡ～ＳＨＡＲＱのエチレンコンプレックスが完成
87／1	ＳＨＡＲＱが商業生産を開始(ＬＬＤＰＥ設備が86/7、ＥＧ設備が86/8より試運転開始)
88／3	ＳＨＡＲＱが初配当を実施
89／10	ＳＡＢＩＣが第２期石油化学プロジェクト計画を策定
90／3	サウディ石油化学㈱(ＳＰＤＣ)が累損を解消すると共に初配当を実施
8	イラクがクウェートに侵攻
91／2	湾岸戦争終結
92／6	ＳＨＡＲＱが第１回増資～93/3まで４回に分け計7.5億ＳＲを増資
6	ＳＰＤＣが第１回増資～93/6まで５回に分け計122億円を増資
93／6	サウジ・アラムコ(サウジ国営石油)がＳＡＭＡＲＥＣ(サウジ精製・販売会社)を吸収合併
12	ＰＥＴＲＯＫＥＭＹＡのエチレン２期50万t増設とＳＨＡＲＱのＥＧ増設が完了
95／1	ＳＨＡＲＱの第２期工場が営業運転を開始
9	ヤンブーのポリエステル製品プラント群が完成
96／10	ＳＡＢＩＣがエチレン550万t体制の第３期拡張計画を固める
97／1	ＳＡＤＡＦが１号機エチレンを大幅拡張
98／5	ＫＥＭＹＡがエチレン遡及計画を正式発表
2000／7	ＳＨＡＲＱの第３期工場が完成
3Q	ＹＡＮＰＥＴのエチレン２号機80万t増設が完了
11	ＫＥＭＹＡのエチレン１号機70万t新設が完了
4Q	ＰＥＴＲＯＫＥＭＹＡのエチレン３号機80万t増設が完了
2002／6	ＳＡＢＩＣが蘭ＤＳＭの石油化学事業を買収し、SABIC Euro Petrochemicals B.V.に改組
10	中国福建省での製油所拡張・石化基地新設計画にエクソンモービルと共同投資で中国側と合意
2004／5	住友化学とサウジアラムコがラービグ石化計画推進で合意～ＦＳを開始→2005/8に正式決定
6	ＳＨＡＲＱの第４期拡張計画で三菱グループと合意～ＦＳを開始→2005/7に正式決定
2004／4Q	ＪＵＰＣ(ジュベール・ユナイテッド・ペトロケミカル)のエチレンセンターが稼働開始
2005／9	住友化学とアラムコが合弁会社「ペトロ・ラービグ」を設立→2006/3融資契約調印で着工
2006／12	ＳＡＢＩＣが英ハンツマンの石油化学工場を買収し、SABIC UK Petrochemicalsに改組
2007／8	ＳＡＢＩＣがGEプラスチックスの買収を完了し、SABIC Innovative Plasticsに改組
2008／6	ＪＣＰＣ(ジュベール・シェブロン・フィリップス)のエチレン～ＳＭ一貫生産工場が完成
2009／7	ＹＡＮＳＡＢのヤンブー・エチレン工場が稼働開始
11	ペトロ・ラービグが竣工(生産開始は2009/4、既存製油所の移管は2008/10、上場は2008/1)
12	ＳＨＡＲＱがエチレン工場を完成させ、エチレン自給を開始
2010／7	サウジ・カヤン・ペトロケミカルのエチレン工場が稼働開始
2011／12	ナショナル・ペトロケミカル・カンパニー(ペトロケム)のエチレン工場が完成～稼働は2012/10
12	アラムコがダウと合弁会社「サダラ・ケミカル」を設立
2013／12	ＳＩＰＣＨＥＭのエチレン工場が稼働開始
2015／6	サダラ・ケミカルのユーティリティ・インフラ施設が完成～ポリエチレンなど年末に生産開始
2016／3	ペトロ・ラービグの第２期エタンクラッカーが完成～４月からフル稼働入り
8	サダラ・ケミカルのエチレンプラントが稼働開始～2017/夏にかけてほぼ全設備が稼働入り
10	ＫＥＭＹＡの各種合成ゴム工場が完成
2017／央	ペトロ・ラービグ２期の川下プラント群が完成～年内試運転を進め2018/春から商業運転入り
8	シェルがＳＡＤＡＦから資本撤退

ＳＡＢＩＣの石油化学系合弁企業一覧

会　　社　　名	設　立	生産品目	出　資　会　社　名	出資比率
ＳＡＦＣＯ：Saudi Arabian Fertilizer Co.	1965年	アンモニア 尿素、硫酸 メラミン	ＳＡＢＩＣ ＳＡＦＣＯ従業員持株 サウジ国民一般株主	41% 10% 49%
ＧＰＩＣ：Gulf Petrochemical Industries Co. （バーレーン）	1979年	メタノール アンモニア 尿素	ＳＡＢＩＣ クウェート石油化学工業 バーレーン政府	33.33% 33.33% 33.33%
AL-ＢＡＹＲＯＮＩ（旧ＳＡＭＡＤ）：Al-Jubail Fertilizer Co.	1979年	アンモニア 尿素 ２ＥＨ ＤＯＰ	ＳＡＢＩＣ Taiwan Fertilizer Co. （台湾肥料）	50% 50%
ＡＲ－ＲＡＺＩ：Saudi Methanol Co.	1979年	メタノール	ＳＡＢＩＣ 日本・サウジメタノール	50% 50%
ＩＢＮ　ＳＩＮＡ：National Methanol Co.	1981年	メタノール ＭＴＢＥ ポリアセタール	ＳＡＢＩＣ Celanese（米） Duke Energy（米）	50% 32.5% 17.5%
ＳＡＤＡＦ：Saudi Petrochemical Co.	1980年	エチレン エタノール ＳＭ カセイソーダ 塩素 ＥＤＣ ＭＴＢＥ／ ＥＴＢＥ	ＳＡＢＩＣ （シェルの全額出資子会社で、ＳＡＤＡＦに50%出資していたシェル・ケミカルズ・アラビアLLCは2017/8で資本撤収）	100%
ＫＥＭＹＡ：Al－Jubail Petrochemical Co. ＫＥＭＹＡ ＯＬＥＦＩＮＳ	1980年 2000年	ＬＬＤＰＥ／ ＨＤＰＥ 各種合成ゴム エチレン	ＳＡＢＩＣ ExxonMobil Chemical Arabia （2016年完成）　Inc. ＫＥＭＹＡ	50% 50% 100%
ＹＡＮＰＥＴ：Saudi Yanbu Petrochemical Co.	1980年	エチレン ＨＤＰＥ ＥＧ ＰＰ	ＳＡＢＩＣ ExxonMobil Yanbu Petrochemical Co. （100%ExxonMobil Oil Corp.）	50% 50%
ＰＥＴＲＯＫＥＭＹＡ:Arabian Petrochemical Co.	1981年	エチレン プロピレン ブタジエン ブテン１ ベンゼン ＬＬ／ＨＤ ＶＣＭ/ＰＶＣ ＰＳ／ＳＭ ＡＢＳ樹脂	ＳＡＢＩＣ	100%
ＳＨＡＲＱ：Eastern Petrochemical Co.	1981年	ＬＬＤＰＥ ＥＧ	ＳＡＢＩＣ サウディ石油化学	50% 50%
ＴＡＹＦ：Ibn Hayyan Plastics Products Co.	1983年	各種樹脂コンパウンド	ＳＡＢＩＣ TATWEER	99% １%
ＩＢＮ　ＺＡＨＲ：Saudi European Petrochemical Co.	1984年	ＭＴＢＥ ＰＰ	ＳＡＢＩＣ Neste Oy　(Finland) Ecofuel　(Italy) APICORP　（湾岸諸国）	70% 10% 10% 10%

ＩＢＮ ＲＵＳＨＤ：Arabian Industrial Fibers Co.	1993年	ポリエステル短繊維 ＰＯＹ カーペット糸 ボトル用樹脂 芳香族製品 ＰＴＡ 酢酸	ＳＡＢＩＣ サウジアラビア企業グループ (うちＮＩＣ2.08%出資) バーレーン企業	53.9% 41.1% ５%
ＩＢＮ ＡＬ-ＢＡＹＴＡＲ：National Chemical Fertilizer Co.	1985年	アンモニア 尿素 化成肥料 燐酸塩ほか	ＳＡＢＩＣ ＳＡＦＣＯ	71.5% 28.5%
ＵＮＩＴＥＤ：Jubail United Petrochemical Co.	2000年	エチレン ＨＤＰＥ ＥＧ αオレフィン	ＳＡＢＩＣ Pension Fund General Organization of Social Insurance	75% 15% 10%
ＹＡＮＳＡＢ：Yanbu National Petrochemicals Co.	2005年	エチレン プロピレン ＥＧ ＬＬＤＰＥ ＨＤＰＥ ＰＰ ブテン１・２ ＢＴＸ ＭＴＢＥ	ＳＡＢＩＣ 一般株主 他の湾岸地域企業	55% 35% 10%
ＳＡＵＤＩ ＫＡＹＡＮ:Saudi Kayan Petrochemical Co.	2005年	エチレン プロピレン ＬＤＰＥ ＨＤＰＥ ＰＰ ＥＧ アセトン ポリカーボネート エタノールアミン	ＳＡＢＩＣ Al-Kayan Petrochemical Co. Public share	35% 20% 45%
ＳＳＴＰＣ:SINOPEC SABIC Tianjin Petrochemical Co., Ltd. (中国・天津のエチレンセンター「中沙(天津)石化」)	2009年	エチレン プロピレン ブタジエン ブテン１ ＭＴＢＥ ＬＬＤＰＥ ＭＤＰＥ ＰＰ ＥＧ ＳＭ ＡＢＳ樹脂 フェノール アセトン	ＳＡＢＩＣ ＳＩＮＯＰＥＣ	50% 50%
ＳＡＭＡＣ:The Saudi Methacrylate Company	2014年	ＭＭＡ ＰＭＭＡ	ＳＡＢＩＣ 日本サウディメタクリレート	50% 50%

■ＳＡＢＩＣの近況

ＳＡＢＩＣ(サウジ基礎産業公社：Saudi Basic Industries Corp.)は石油依存型経済から脱却し、国内の工業化を推進することにより経済基盤を構築していくというサウジアラビア政府の基本方針のもと、政府70％出資で設立され、2016年９月で創立40周年を迎えた。2006年末に英国のハンツマン・ペトロケミカルを買収し、2007年８月末にはＧＥプラスチックスを買収、ＳＡＢＩＣイノベーティブ・プラスチックスを発足させるなど、業容を一層拡大している。資産は2017年末時点で3,225億ＳＲ(860億ドル)、資本金は300億ＳＲで、全世界50カ国・80カ所以上の営業拠点に従業員３万4,000人以上を擁する。2020年までに生産能力を１億3,000万トン強(2017年生産実績は7,120万トン)へ拡張し、収益強化や安定成長に注力する「ＳＡＢＩＣ2020ビジョン」を打ち出しており、2020年までに世界を代表する化学業界最良のリーダーになるのが目標。

2017年の業績は、純利益が184億3,024万ＳＲ(１ドル＝3.75サウジリアル換算で49.1億ドル)と前年の176億1,361万ＳＲより4.6％増加した。売上高も1,429億9,883万ＳＲから1,497億6,597万ＳＲ(399.4億ドル)へと4.7％増加した。原油価格や鉱物価格の回復により化学、肥料、金属部門ともに４年ぶりの増収となった。2017年のセグメント別業績(セグメント間の内部売上収益を含む)は化学事業の売上高が前年の1,606億ＳＲから1,815億ＳＲへと13％増加、純利益が226億ＳＲから257億ＳＲへと14％増加している。化学肥料は売上高が47億ＳＲから50億ＳＲへ5.4％増加、純益が11億ＳＲから12億ＳＲへと13％増加した。

ちなみに2013年当時、生産量の63％が化学品、17％が合成樹脂、肥料は９％、イノベーティブ・プラスチックスは２％、機能化学品は１％という割合(何れも重量比)だった。ＥＧの生産実績は653万トンに達し、窒素系肥料は670万トンほど生産、エンプラのＳＡＢＩＣイノベーティブ・プラスチックスは世界35カ国に9,000人の従業員を擁し、１万以上の顧客を抱えている。

ＳＡＢＩＣは2002年６月、蘭ＤＳＭの石化部門を買収してＳＡＢＩＣヨーロッパ(当初のＳＡＢＩＣユーロペトロケミカルズから改称)とし、併せてマレーシアのＬＤＰＥ事業会社ペトリン・マレーシアの20％も保有した。2003年前半にはＥＧなどの製造技術を有する米ＳＤ(サイエンティフィック・デザイン)社を買収し、次期拡張設備に技術を導入する目的で独ズードケミーと対等パートナー契約を締結した。同年には蘭ヘレーンに新たなプロピレン工場を開設している。2006年５月には蘭シッタルトに欧州新本社を開設したほか、東欧にも営業拠点を新設した。

ドイツのゲルゼンキルヒェンでは2008年中に25万トンの双峰性ＨＤＰＥ設備を建設しており、完成後既存のプラントは廃棄するなど欧州における事業基盤強化策を進めている。2006年末に７億ドルで買収した米ハンツマンの英国法人「ハンツマン・ペトロケミカルズ(ＵＫ)」(ＨＰＵＫ)は、イングランド北東部のミドルズブラとウィルトンに生産拠点があり、生産能力はエチレンで86.5万トン、プロピレン40万トン、芳香族130万トンなど。ウィルトンで建設中だった40万トンのＬＤＰＥプラントは2007年末までに完成し、稼働している。

ＳＡＢＩＣは企業規模で世界第３位の総合化学メーカー。売上高の４割をアジア市場に依存しており、そのうち半分以上が中国向け。全製品の３分の２以上を輸出し、その半分以上をアジア各国に供給している。中国、香港、台湾を中心とする極東地域の比重が大きく、肥料ではタイ市場でリーダー的地位を有している。ＥＧや粒状尿素、ＭＴＢＥ(メチルターシャリーブチルエーテル)では世界第１位、メタノールは第２位、ポリエチレンやＰＰでは第３位に位置する。

ＳＡＢＩＣ系企業の現況と次期計画

サウジアラビア初の石化コンプレックスは SADAF のサウジ石油化学で、ペルシャ湾岸のアルジュベールに立地し、84年12月に完成した。翌年４月には紅海側のヤンブーに YANPET のヤンブー石油化学が完成した。日本勢が誘導品事業で参画している PETROKEMYA ～ SHARQ のアラビアン石油化学も同６～８月にかけてアルジュベールに完成した。これら石化コンプレックスは、石油随伴ガスから回収したエタンを分解して石化基礎原料を得る。このほか３社の肥料関連合弁企業とポリエステル製品の合弁企業など多数を抱える。SABIC 自身は政府の民営化政策に沿って、政府持株比率である70%以外は自国の個人投資家や湾岸協力会議諸国に開放している。

三菱グループを中心とするサウディ石油化学と SABIC との合弁会社である SHARQ の製品のうち、ＬＬＤＰＥについて日本側が引き取れる量は40%程度。ＥＧについては PETROKEMYA と SHARQ が第３期分までは折半しており、そのうちさらに半分弱を日本側が引き取ってアジア市場と日本に半分ずつ持ち込んでいる。このＥＧの引取量には１割のＤＥＧ(ジエチレングリコール)が含まれる。各プラントは操業開始後の運転技術向上やデボトルネッキングなどにより、全ての製品が初期能力を大幅に上回る生産を続けている。

第２期拡張計画は93年10月の PETROKEMYA によるエチレン50万トン(現有80万トン、ナフサベース)増設と誘導品群の拡張で一段落したが、続いて３つのエチレンプロジェクトを中核とした第３期計画が打ち出され、いずれも2000年中に完成した。第２期拡張計画では初めてナフサクラッカー(ケロッグ技術)を導入、粗原料に石油随伴ガスだけでなく、エタンやプロパン、ブタン、天然ガソリンなどをフレキシブルに利用できるようになり、プロピレンやブタジエン、ベンゼン他までを含む総合石化コンプレックスへ拡張された。これに伴って、ダウンストリーマーである SHARQ のＥＧとＬＬＤＰＥ、酸素を供給する GAS(Saudi Industrial Gases)の設備も倍増設された。また、ＭＴＢＥ77万トンの増設とＰＰ20万トンの新設を並行して進めてきた IBN ZAHR は、PETROKEMYA からＰＰ用にプロピレンを受給している。これに続いて SADAF は、増炉によるエチレン100万トン超体制を97年初頭に完了し、PETROKEMYA も96年半ばまでに２号機の30万トン増設を完了、2000年末には３号機も増設して計240万トン能力へ拡大した。

■ＡＲ−ＲＡＺＩ(ＳＡＢＩＣ50%／日本・サウジメタノール50%出資)

サウジ・メタノール(AR−RAZI)は97年６月、メタノール３号機(85万トン)をアルジュベールに建設し、99年４月には４号機(85万トン)も同じ三菱ガス化学のスーパーコンバーター方式により完成させた。総生産能力は310万トンとなったが、実力は330万トンに達する。続いて4.5億ドルを投じて170万トンの５号機を建設し、2008年半ばから操業開始した。プラント施工は既存機と同様に三菱重工業が担当。完成後の総生産能力は500万トンとなった。

■ＰＥＴＲＯＫＥＭＹＡ(ＳＡＢＩＣ100%出資)

Ｓ＆Ｗ技術による80万トンのエチレン設備３号機を2000年末までに６億ドルで完成させた。完成後のエチレン能力は239万トンに拡大、３号機では原料としてエタン／プロパンミックスを採用するため、8.5万トンのプロピレンを併産する。近年には旧 IBN HAYYAN から塩ビ事業を移管し、ＰＳ原料のＳＭやＡＢＳ樹脂も追加するなど、樹脂事業を充実させている。

ＳＡＢＩＣの石化製品生産能力一覧

(単位：1,000t/y)

企　業　名	立 地 場 所	製　品	初期能力	新増設計画	完　成	備　考
サウジ・メタノール	アル・ジュベール	メタノール	700		83／3	現有能力はＤＢで
(AR－RAZI)		(同２号機)	700		91／10	１割増の各80万t
		(同３号機)	850		97／6	三菱ガス化技術
		(同４号機)	850		99／10	〃
		(同５号機)	1,700		2008／2	〃
アル・ジュベール肥料	アル・ジュベール	尿　素	650		83／5	
(AL-BAYRONI		アンモニア	391		〃	
(旧 SAMAD))		２ＥＨ	150		95／10	
		ＤＯＰ	50		96／9	
ナショナル・メタノール	アル・ジュベール	メタノール	950		84／5	
(IBN SINA)		ＭＴＢＥ	850		93／末	
		ポリアセタール	50		2017／9	ティコナ技術
サウジ・ペトロケミカル	アル・ジュベール	エチレン	1,100		84／12	97/1に25万t増
(SADAF)		ＳＭ	500		〃	
		〃	550		2000／7	
		〃	580		2006／2Q	増設後計163万t
		カセイソーダ	675			97/1に22万t増強
		ＥＤＣ	840			97/1に28万t増強
		エタノール	330			
		ベンゼン	350		2002年	サイクラー法
		パラキシレン	500		〃	
		Ｏ－キシレン	45		〃	
サウジ・ヤンブー・ペトロケミカル	ヤンブー	エチレン	800		85／4	エタンクラッカー
(YANPET)		(同２号機)	800		2000／3Q	エタン/ＬＰＧ
		プロピレン	265		〃	〃
		ＥＧ	350		85／4	
		(同２号機)	550		2000／3Q	2005/1Qに10万t増
		ＨＤＰＥ	600			
		〃	540		2000／3Q	
		ＰＰ	260		〃	
アル・ジュベール石油化学	アル・ジュベール	エチレン	700		2000／11	エタンクラッカー
(KEMYA)		〃	110		2006／1Q	増強後81万t
		プロピレン	200		〃	
		ＬＬ／ＨＤ	610		84／12	エクソン技術
		〃	280		2000／末	デボトル増強
		ＬＤＰＥ	218		2001／1	ＬＬのブレンド用
		エラストマー	290		2016／10	PBR、EPR/TPOは翌年
		カーボン黒	50		〃	カーボンブラック
		ブチルゴム	110		2017／央	ハロブチルゴム
		ＳＢＲ		40	2018／下	ＰＢＲと併産
アラビアン・ペトロケミカル	アル・ジュベール	エチレン	800	640	2018／4Q	85/6完成、ＬＰＧ系
(PETROKEMYA)		(同２号機)	800		93／10	ナフサベース
		(同３号機)	800		2000／末	エタン/プロパン
		ＬＬ／ＨＤＰＥ	400		2003／11	ＵＣＣ技術
		〃	400		2004／3	

アラビアン・ペトロケミカル	アル・ジュベール	プロピレン	485		93／10	2000/末8.5万t増
		ブタジエン	123	74	2018／下	93/10完成
（PETROKEMYA）		ブテン１	120		87／10	エチレン２量化法
		〃	130		2004／末	３　号　機
		ベンゼン	225		93／10	2000/末に2.5万t増
		ＰＳ	165		88／３	現有能力は18万t
		ＶＣＭ	400		86／５	96/6に９万t増強
		ＰＶＣ	300		86／５	91/末10万t増設
		塩ビペースト	24		95／７	追加事業
イースタン・ペトロケミカル　（SHARQ）	アル・ジュベール	ＥＧ	425		86／８	シェル技術
		（同２号機）	425		93／12	シェル技術
		（同３号機）	500		2000／末	シェル技術
		ＬＬＤＰＥ	375		86／７	ＵＣＣ技術
		（同２号機）	375		93／12	ＵＣＣ技術
		エチレン	1,300		2009／12	第４期工場
		ＥＧ（４号機）	700		〃	ＳＤ技術
		ＬＬＤＰＥ	400		〃	３号機
		ＨＤＰＥ	400		〃	
サウジ・ヨーロピアン石油化学　（IBN ZAHR）	アル・ジュベール	ＭＴＢＥ	1,200		88／７	93/末80万t増設
		ＰＰ	320		94／1Q	97/末12万t増設
		〃	320		2001／９	２号機
アラビアン・インダストリアル・ファイバーズ　（IBN RUSHD）	ヤンブー	ポリエステル短繊維	48		96／１	ポリエステル製品計14万t能力
		ＰＯＹ	32		〃	
		カーペット糸	20		〃	
		ボトル用樹脂	40		〃	
		ＰＴＡ	350		99／央	本格稼働は2000/3
		ベンゼン	350		〃	BP/UOP のサイクラー法
		パラキシレン	375		〃	
		Ｏーキシレン	45		〃	
		メタキシレン	35		〃	
		ＰＰ	525		2014年	LyondellBasell法
ジュベール・ユナイテッド・ペトロケミカル　（JUPC）	アル・ジュベール	エチレン	1,000		2004／下	ＳＡＢＩＣ100%
		ＥＧ	575		〃	
		〃	625		2006／６	
		〃		700	2020／4Q	３号機増設計画
		ＨＤＰＥ	400		2004／下	
		αオレフィン	100		〃	
ヤンブー・ナショナル・ペトロケミカルズ・カンパニー（YANSAB）	ヤンブー	エチレン	1,300		2009／3Q	ＳＡＢＩＣ55%
		プロピレン	400			
		ＨＤＰＥ	500			
		ＬＬＤＰＥ	400			ＳＡＢＩＣ技術
		ＰＰ	400			ダウ「UNIPOL法」
		ＥＧ	770	80	2018／末	ＳＤ技術
		ＢＴＸ	250		2009／4Q	すべてベンゼンに
		ブテン１＋２	100+35			SABIC/IFP法/S&W
サウジ･メタクリレート･カンパニー（SAMAC）	アル・ジュベール	ＭＭＡ	250	2017/9操開	2017／４	エチレン法
		ＰＭＭＡ	40		〃	三菱ケミカル技術

エチレンの主な供給先は日サ合弁会社のＳＨＡＲＱ。プロピレンはコンビナート内の誘導品メーカーであるIBN ZAHRがＰＰ用に消化している(IBN ZAHRは初期能力20万トンのＰＰを32万トンに増強し、2001年に32万トンの２号機を増設)。2003年11月にはＬＬＤＰＥ／ＨＤＰＥの１号機40万トン設備を建設して新規参入し、2004年３月に同規模の２号機も導入した。施工は東洋エンジニアリング。副原料のブテン−１も2005年第１四半期までに増設して自給体制を確立した。供給能力を増やすため、2018年中にエチレン１号機を８割、ブタジエンを６割増設する。

■ＳＨＡＲＱ(ＳＡＢＩＣ50%／サウディ石油化学50%出資)

アラビア語で東方を意味するＳＨＡＲＱ(シャルク)は日サ合弁会社として1981年９月に発足、87年１月に操業開始した。その後95年１月の第２期操業、2001年６月の第３期操業開始を経て、ＥＧ135万トン、ＬＬＤＰＥ75万トン設備を運営する年商10億ドル規模の企業に成長した。さらに2010年４月、自前のエチレン設備を含む第４期工場を商業運転開始させ、現在の姿に拡張した。

日本側の株主「サウディ石油化学」は国際協力機構が45%、三菱グループを中心とする国内民間企業(現在58社)が55%出資したナショナル・プロジェクトとして1981年５月に発足。2012年末時点の主要株主持ち株比率は国際協力機構が44.6%、三菱商事が21.1%、旧三菱化学が8.5%他。

第３期までの製造プラントは原料エチレンを受給しているペトロケミヤとの共同所有で、生産能力に対するシャルクの持ち分はＥＧで50%の67万トン。ＬＬＤＰＥは全量がシャルクの持ち分。またペトロケミヤが運営するエチレン設備(３系列239万トン)のうち40%の95万トンはシャルクの持ち分となっている。

第３期計画ではＬＬＤＰＥの30万トン増強とＥＧの３号機50万トン新設を2000年半ばまでに終え、同時期に増設されたペトロケミヤのエチレンをほぼ消化。ＬＬＤＰＥは既存２系列(22.5万トン×２、ＵＣＣ法)をそれぞれ15万トンずつ増強し、能力を計75万トン(37.5万トン×２)とした。ＥＧは既存２系列(増強前で42.5万トン×２)と同じシェル法による新設備50万トンを建設し、合計能力を135万トンに引き上げた。

第４期計画では総額36億ドルを投入して2005年８月に着工、2006年５月には国内外12行による24.3億ドル(2,700億円強)の協調融資が決まった。2009年12月に完工・試運転入りし、2010年４月から商業運転を開始。増設した石化製品はエタンを出発原料に用いるエチレン130万トン(プロピレン24万トンを副生)、ＥＧ70万トン、ポリエチレンがＬＬＤＰＥ40万トン／ＨＤＰＥ40万トンの２系列計80万トン能力で、ＥＰＣコントラクターはエチレンがＳ&W、ＬＬＤＰＥとＨＤＰＥがリンデ、ＥＧがサムスンエンジニアリング。同計画はシャルクによる単独投資であり、他社との能力共有はない。操業状況は極めて順調で、高額配当を続けている。

ＳＨＡＲＱの生産体制と引取能力

製品名	共有能力	SHARQ持分能力	第４期能力	合計能力	SHARQの持ち分
エチレン*	*2,390,000	× 40%＝950,000	1,300,000※	2,250,000	ＰＫ分を含む全エチレンの61%
ＭＥＧ※	1,350,000	× 50%＝670,000	700,000※	1,370,000	ＰＫ分を含む全ＥＧの67%
ＬＬＤＰＥ※	750,000	×100%＝750,000	400,000※	1,150,000	ポリエチレンはSHARQが100%
ＨＤＰＥ※	−	−	400,000※	400,000	

単位：トン／年。*ペトロケミヤ(ＰＫ)が運営。※ＳＨＡＲＱが運営

■ＫＥＭＹＡ（ＳＡＢＩＣ50%／エクソンモービル50%出資）

操業当初はエチレンメーカー SADAF の川下でＬＬＤＰＥ／ＨＤＰＥを生産する誘導品専業メーカーだったが、21.8万トンの高圧法ＬＤＰＥ設備を2000年末に追加することになり、原料自給を目的に自ら KEMYA OLEFINS を設立、エチレン70万トン設備を2000年11月に新設した。総工費は10億ドルで、2006年第１四半期には11万トン増強した。プロセスはＡＢＢルーマス、原料は PETROKEMYA と同じエタン／プロパンミックス。誘導品のうちサウジ初となる高圧法ＬＤＰＥ設備は、ＬＬＤＰＥのブレンド用に用いられる。一方ＬＬＤＰＥ／ＨＤＰＥ（ＵＣＣ法）の併産プラントは、既存の２系列61万トン設備（30.5万トン×２）にＵＣＣのスーパー・コンデンスモードを採用し、両系列の能力を４割増強したもので、合計能力は89万トンとなった。2016年10月にＰＢＲ、ブチルゴム、ＥＰＲ、熱可塑性エラストマー（ＴＰＯ）など各種合成ゴム40万トン工場を新設、５万トンのカーボンブラックも追加した。このうちＥＰＲ10万トンとハロブチルゴム11万トン、ＴＰＯは2017年７月から本格稼働させている。2018年にはＳＢＲ４万トンも追加する。

■ＳＡＤＡＦ（ＳＡＢＩＣ100%～50%出資のシェルは2017年８月に資本撤退）

84年に操業開始したエチレンメーカーで、97年１月にエチレン能力を25万トン増強した。供給先 KEMYA の原料遡及投資（上記参照）によりエチレン能力に余力が生じたため、2000年７月に自社誘導品のＳＭを55万トン増設、2006年第２四半期にも同規模設備を増設した。次期計画として、ＳＭ／ＰＯの併産設備とポリオール事業化を検討していたが、2014年10月には断念した。

このほか、サウジで初めて民間のガスタービン施設をシーメンスに発注したジュベール・エナジー・カンパニーは、2005年半ばから260MWの電力と500t/hの蒸気をＳＡＤＡＦへ供給している。

■ＹＡＮＰＥＴ（ＳＡＢＩＣ50%／エクソンモービル50%出資）

西海岸のヤンブーに立地。2000年第３四半期に80万トンのエチレン２号機と、誘導品でＥＧ２号機41万トン、ＬＬＤＰＥ／ＨＤＰＥ２号・３号機合計53.5万トン、ＰＰ１号機26万トンを完成させた。原料はＬＰＧおよび軽質ＮＧＬを併用し、プロピレンの精製能力は30万トン。エチレン２号機のプロセスは１号機と同じルーマス、ＬＬＤＰＥ／ＨＤＰＥとＰＰは共にＵＣＣプロセス。総投資額は10億ドル超。２期計画により、YANPET の生産能力はエチレンが160万トン、ＥＧが76万トン、ＬＬＤＰＥ／ＨＤＰＥが114万トンとなり、新たにプロピレン～ＰＰラインが導入されたことでC_3系製品も加わった。その後、これら設備は手直し増強済み。なおポリエチレン１号機では、スイングプラントながらＨＤＰＥのみの生産を行っている。2005年第１四半期にはＥＧ２号機を10万トン増の55万トンに増強し、１号機と合わせて総能力を90万トンに高めた。次期計画としてＥＰＤＭやブチルゴム、ＳＢＲ、ＰＢＲ、ＴＰＯ（オレフィン系熱可塑性エラストマー）といった合成ゴムのほか、カーボンブラック設備などを新設する事業化調査を進めている。

■ＳＡＢＩＣの芳香族事業

SABIC はヤンブーに大規模な芳香族コンプレックスを構え、ＰＸからＰＴＡ～ポリエステルに至る一連の製品事業を展開している。58.5%出資子会社である IBN RUSHD が95年第４四半期に一連のポリエステル工場を完成。これの主原料であるＰＴＡは、エニケム技術を担いだテクニモントが35万トンプラントを99年半ばに完成させたが、本格操業入りは2000年３月までずれ込んだ。同時に、その原料部門となるＰＸやベンゼン、オルソキシレン、メタキシレンを含むアロマセンターについても総額10億ドルで99年半ばまでに建設した。この芳香族の製法には、初の工業化プロセスとなるＢＰ／ＵＯＰの Cyclar 法が採用され、千代田化工／三菱商事連合が施工した。

■Jubail United Petrochemical Company（ＳＡＢＩＣ100%出資）

100万トンのエチレンセンターを2004年後半に新設し、川下には40万トンのＨＤＰＥ、57.5万トンのＥＧ、15万トンの直鎖状α-オレフィンなどを配置した。エタンクラッカーにはＫＢＲと米エクソンモービルが共同開発した新エチレンプロセス技術（SCORE）・精製分解最適回収システムを採用。川下ではＥＧ57.5万トンと外販可能なＥＯ10万トン、ＬＡＯ（リニア・アルファ・オレフィン）15万トン設備が繋がっている。2006年４月には、東洋エンジニアリングにフルターンキーで発注した62.5万トンのＥＧ２号機を追加した。2020年には70万トンの３号機を導入する。今後ＰＶＣ45万トンや電解～ＶＣＭラインも追加し、第４期拡張プロジェクトとして推進する。

■ＹＡＮＳＡＢ（ＳＡＢＩＣ55%出資）

ＳＡＢＩＣは2005年、ヤンブーで新たなエチレン拠点を建設する「ＹＡＮＳＡＢ」計画の事業会社「ヤンブー・ナショナル・ペトロケミカルズ・カンパニー」を設立した。製品ではエチレン（130万トン）、プロピレン（40万トン）、ＨＤＰＥ（50万トン）、ＬＬＤＰＥ（40万トン）、ＰＰ（40万トン）、ＥＧ（77万トン）、ブテン－１および同２（10万トン）、ＢＴＸ（25万トン）などを生産、当初の完成予定は2008年第１四半期だったが、2009年７月から操業開始した。エチレン（天然ガスベース）とプロピレンプラントは、ＥＰＣ業務を一括して仏テクニップに発注。ＥＧの製造技術はＳＤ法で、東洋エンジニアリングに発注した。ＬＬＤＰＥとＰＰはアーカークヴァナ／シノペックの共同事業体に発注し、ＬＬＤＰＥにはＳＡＢＩＣ技術、ＰＰにはダウ・ケミカルのＵＮＩＰＯＬ技術を採用。ブテン１にはＳＡＢＩＣと仏ＩＦＰ（フランス石油研究所）が共同開発した新技術を採用した。ＰＥの製法にはバイモダル技術を初採用し、ＢＴＸは脱アルキルして高純度なベンゼンに転換する技術も採り入れるなど、随所に最新鋭の技術を導入している。事業会社の払込資本56億2,500万ＳＲ（15億ドル）の55％をＳＡＢＩＣが、10％をＳＡＢＩＣの関係会社２社が保有し、２億ＳＲ（５億3,300万ドル）程度に相当する残り35％を地元証券市場で公募調達した。

■民間資本系の芳香族事業

アルジュベールでは、ナイロン原料のベンゼン～シクロヘキサン工場を SIIG（Saudi Industrial Investment Group）とシェブロン・フィリップス・ケミカルとの折半出資合弁会社「サウジ・シェブロン・フィリップス・カンパニー」（ＳＣＰＣ）が99年央に完成させた。生産能力はベンゼンが48万トン、シクロが22万トンで、千代田化工グループが建設した。2003年３月にはベンゼンを53.5万トン、シクロを28万トンまで増強している。続いてシェブロン・フィリップス・ケミカルは、ベンゼン～ＳＭの芳香族コンプレックスを10億ドルで建設し、2008年６月から稼働開始した。同じく SIIG との合弁会社「ジュベール・シェブロン・フィリップス・カンパニー（ＪＣＰＣ）」によるもので、エチレン23万トン、プロピレン14.5万トンのオレフィンプラントとＥＢ85万トン、ＳＭ77.7万トンを新設した。原料のベンゼンは40万トン増設し、既存設備（55万トン）のうちの18万トンと合わせ58万トンをＳＭ向けに自消している。

ＳＡＢＩＣ傘下企業の石化製品新増設内容　(単位：トン／年)

会　社　名	製 品 名	現有能力	新増設計画	完　成	増設後能力	備　　　考
JUPC	エチレン	1,400,000		2004／4Q	1,400,000	以下、アルジュベールでの計画
〃	ＥＧ	575,000				ＳＡＢＩＣとしての６号機
〃	〃	625,000		2006／４	1,200,000	同７号機
〃	〃		700,000	2020／4Q	1,900,000	同８号機
〃	ＥＯ	100,000			100,000	ＥＧ自消向け以外の外販能力
〃	ＬＡＯ	150,000		2006／3Q	150,000	リニア・アルファ・オレフィン
SHARQ	エチレン	1,300,000		2009／12	1,300,000	能力は会社持ち分を考慮せず
〃	ＥＧ	1,350,000				(以下同じ)
〃	〃	700,000		2009／12	2,200,000	〃
〃	ＬＬＤＰＥ	750,000			1,150,000	2009/末40万t増設　〃
〃	ＨＤＰＥ	400,000		2009／12	400,000	〃
IBN HAYYAN	ＰＶＣ	380,000			380,000	2003/4Qに８万t増設完了
PETROKEMYA	エチレン	2,400,000	640,000	2018／4Q	3,040,000	１号機を８割増設
〃	ＬＬ／ＨＤ	800,000			800,000	１号機/２号機各40万t系列
〃	ブタジエン	123,000	74,000	2018／下	197,000	
〃	ブテン-１	250,000			250,000	2005/1Qに13万t増
SAFCO	アンモニア	2,289,000	100,000	2019／2Q	2,389,000	2005/下第４期110万t増設完了
〃	尿素	2,420,000			2,420,000	〃
YANPET	エチレン	1,900,000		2000／3Q	1,900,000	以下、ヤンブー
〃	プロピレン	300,000			300,000	
〃	ＬＬ／ＨＤ	1,400,000			1,400,000	
〃	ＰＰ	260,000			260,000	
〃	ＥＧ	900,000			900,000	2005/1Qに10万t増
YANSAB	エチレン	1,300,000		2009／3Q	1,300,000	以下、ヤンブーでの第３期計画
〃	プロピレン	400,000		〃	400,000	ヤンブー２号機
〃	ＰＥ	900,000		〃	900,000	〃　３号機
〃	ＰＰ	400,000		〃	400,000	〃　２号機
〃	ＥＧ	770,000	80,000	2018／末	850,000	ＳＡＢＩＣとしての８号機
〃	ＢＴＸ	250,000		2009／4Q	250,000	
〃	ブテン１	135,000		〃	135,000	

ＳＡＢＩＣ傘下企業のＥＧ新増設内容

会社・プラント名	サ　イ　ト	能　力	新増設計画	稼　働	備　　　考
ＳＨＡＲＱ　Ⅰ	アルジュベール	425		1987／１	「イースタンペトロケミカル」～シェル技術
Ⅱ		425		1995／１	ＳＡＢＩＣ50%/サウディ石油化学50%(三菱商事、
Ⅲ		500		2001／６	三菱ケミカルなど)出資合弁
Ⅳ		700		2010／４	自前のエチレン130万tの川下設備で９号機
ＹＡＮＰＥＴ　Ⅰ	ヤンブー	350		1985／４	「サウジ・ヤンブー・ペトロケミカル」～ＳＤ技術
Ⅱ		550		2000／3Q	ＳＡＢＩＣ50%/エクソンモービル・ヤンブー・ペトロケミカル50%出資、2004/末にⅡを10万t増
ＪＵＰＣ　Ⅰ No.6	アルジュベール	575		2004／11	「ジュベール・ユナイテッド・ペトロケミカル」
Ⅱ No.7		625		2006／４	ＳＤ技術、ＳＡＢＩＣ100%、エチレン100万tの川下
Ⅲ No.8			700	2020／4Q	ＳＤ技術、韓国・サムスンエンジニアリングが受注
ＹＡＮＳＡＢ	ヤンブー	770		2009／７	「ヤンブー・ナショナル・ペトロケミカルズ」～
			80	2018／末	ＳＤ技術、ＳＡＢＩＣ55%/IBN RUSHD・TAYF10%/一般35%出資、エチレン130万tの川下設備
合　　計	(単位1,000t/y)	4,920	780		

その他企業の石化プロジェクト

■アル・ジュベール地元民間投資～アル・ザミール財閥

アル・ザミール財閥は1930年代に隣国バーレーンで創業し、現在は空調機器製造、食品加工、樹脂、鋼材、ガラス、旅行業など幅広い事業を手掛けるコングロマリット。石化への参入主体となる中間持ち株会社「サウジ・インターナショナル・ペトロケミカル」(Sipchem)を99年12月に設立し、2006年第１四半期に上場した。湾岸周辺の民間企業や金融機関も出資している。

事業化第一弾は日サ合弁の「インターナショナル・メタノール・カンパニー」(ＩＭＣ)で、日本アラビアメタノールが35%、Sipchem が65%出資、2004年12月にアルジュベールで100万トンのメタノール設備を立ち上げた。施工は千代田化工建設。日本側株主の日本アラビアメタノールには三井物産が55%、三菱商事、ダイセル、飯野海運が各15%ずつ出資している。

第二弾はＰＢＴ樹脂や可塑剤の原料となる1,4-ブタンジオール(ＢＤＯ)。2005年11月にジュベールで英デビー・プロセスによる7.5万トン設備を立ち上げた。事業会社は Sipchem が53.9%を保有する「ガルフ・アドバンスト・ケミカル・インダストリーズ・カンパニー」(ＧＡＣＩＣ)。

フェーズⅡ計画として、サウジ・エチレン&ポリエチレンは2009年第３四半期からエチレンの合弁生産に乗り出した。2004年６月上場のサハラ・ペトロケミカルとＴＡＳＮＥＥグループやバセル・ポリオレフィンズとの合弁会社で、エチレン100万トンプラントを新設。リンデとサムスンエンジニアリングが施工した。川下ではバセル技術によるＬＤＰＥとＨＤＰＥの両40万トンプラントをテクニモントが施工した。

またサハラ・ペトロケミカルはバセル・ポリオレフィンズと組み、2009年秋からＰＰの生産に乗り出した。生産能力は45万トンで、原料プロピレンはプロパン脱水素法(ＵＯＰ技術)で自給。

Sipchem はドイツの化学商社ヘルムとともに酢酸と酢酸ビニル設備を建設し、2010年半ばから生産開始。前者はインターナショナル・アセチル・カンパニー、後者はインターナショナル・ビニルアセテート・カンパニーが担当し、2009年６月にはクウェートのイカルス石油工業が各々に11%出資した。生産能力は酢酸46万トン、酢ビ33万トン。酢酸製造プロセスにはイーストマン・ケミカル技術を、酢ビプロセスにはデュポン技術を採用、プラントはフルアーに発注した。原料のメタノールはＩＭＣから受給、一酸化炭素(ＣＯ)は Sipchem と同じアル・ザミールグループの電力会社ナショナル・パワー・カンパニーとの共同出資会社ユナイテッド・インダストリアル・ガセズから受給する。34.5万トンのＣＯプラントは独ルルギと仏エア・リキードに発注した。これらの川下では、フェーズⅢ計画として酢酸エチルと酢酸ブチルの併産10万トン、ＥＶＡ(エチレン酢ビコポリマー)／ＬＬＤＰＥ併産20万トンを事業化する。酢エチの製法には仏ローディアの酢酸＋エタノール法、酢ブチは酢酸＋ブタノール法を導入、韓国のＥテック建設が2011年夏から着工し、2013年５月に完成・稼働させた。ＥＶＡ／ＬＬＤＰＥ事業には2009年７月に韓国のハンファ石油化学が25%出資し、Sipchem との合弁会社インターナショナル・ポリマーズを設立、韓国のＧＳ建設が2011年９月に着工して2014年夏に完成させた。本格営業運転は2015年第１四半期からで、同時に電線被覆コンパウンドも事業化している。

アル・ザミール財閥とハンツマンは、2010年からエチレンアミン(漂白剤や柔軟剤などに使用)の生産も手掛けている。ＥＤＣ法による2.7万トン設備の製造技術はハンツマンが供与した。

2009年５月にはＳＡＢＩＣと120億ＳＲ(32億ドル)のプロジェクト推進で合意、ＡN20万トン、副生青酸ソーダ４万トンを原料にMMA25万トン、ＰMMA３万トン、ＰＡＮ５万トン、炭素繊維3,000トンを誘導する計画だったが、参画予定の旭化成がＡＮ計画から撤収するなど棚上げ状態。ただ、ポリアセタール５万トンは2017年秋に事業化した。一方、三菱ケミカルとＳＡＢＩＣは、折半出資で「Saudi Methacrylates」を設立(2014年６月)し、エチレン法によるMMA25万トン／ＰMMA４万トン工場を台湾のＣＴＣＩが施工、2017年11月より営業運転を開始した。

アル・ザミール系の石化プロジェクト一覧

(単位：1,000t/y)

企業名	立地場所	製品	現有能力	新設計画	完成	備考
インターナショナル・メタノール・カンパニー(IMC)	アル・ジュベール	メタノール	1,000		2004／12	Sipchem65%/日本アラビアメタノール35%
ガルフ・アドバンスト・ケミカル・インダストリーズ・カンパニー(GACIC)	アル・ジュベール	1,4-ブタンジオール／ＴＨＦ	75		2005／11	Sipchem53.9% デビー技術(原料無水マレイン酸はハンツマン技術)
Sipchem	〈以上フェーズⅠ〉	ＰＢＴ樹脂	63	操業開始は2018/6	2015／４	ウーデ技術、6億SR
サウジ・エチレン&ポリエチレン(サハラ・ペトロケミカル／ライオンデルバセル／タスニー)	アル・ジュベール	エチレン プロピレン ＬＤＰＥ ＨＤＰＥ ＮＰＧ	1,000 285 400 400 n. a.		2009／3Q 〃 〃 〃 2014年	TASNEE系のNPICと合弁、リンデ技術 両ＰＥはバセル技術／テクニモント 三菱ガス化学技術
サハラ・ペトロケミカル/ライオンデルバセル	アル・ジュベール	プロピレン ＰＰ	450 450		2009／3Q	ＵＯＰ技術 バセル技術
アラビアン・クロル・ビニル・カンパニー	アル・ジュベール	カセイソーダ ＥＤＣ	250 300		2012／12 〃	ウーデ／大林施工 Sahara/Ma'aden
インターナショナル・アセチル・カンパニー 同ビニルアセテートＣ	アル・ジュベール(Sipchem が 87 % 出資)	酢酸 無水酢酸 酢酸ビニル	460 50 330		2010／６ 〃 2010／７	イーストマン技術 独ヘルム/Q8合弁 デュポン技術
Sipchem ／アルザミール系電力会社	アル・ジュベール〈以上フェーズⅡ〉	一酸化炭素	345		2010／６	酢酸に原料供給 ルルギ／エアＬ
Sipchem	アル・ジュベール〈以上フェーズⅢ〉	酢酸エチル&酢酸ブチル	100		2013／５ ９月操開	Rhodiaの酢酸・エタノール法、3.5億SR
International Polymers～Sipchem75%/Hanwha25%	アル・ジュベール	ＥＶＡ／ＬＬＤＰＥ	200		2014／８	ＥＭの高圧法、30億SR、2015/1Q操開
Arabian Amines Co. アル･ザミールグループ	アル・ジュベール	エチレンアミン	27		2010／１ 08/4着工	ハンツマンのEDC法、現代/ﾊﾝﾌｧEng
アル・ザミールグループ／ケムチュラ	アル・ジュベール	アルキルアルミ		検討中	不　明	両者は2000年から酸化防止剤を生産

■アル・ジュベール地元民間投資～ＴＡＳＮＥＥグループ

ＴＡＳＮＥＥの正式名称はナショナル・インダストリアライゼーション・カンパニー(ＮＩＣ)で、1985年に民間企業が所有し合う国内初の合弁持ち株会社として発足。主な事業は酸化チタン(70万トン)、樹脂シート(ポリカーボネート、アクリル、ＡＢＳ樹脂、ポリスチレンなど)、金属鋳造、鉛酸蓄電池、溶融精錬など。2011年当時の売上高は52.3億ドルだった。石化事業会社「ＮＰＩＣ」の「Ｐ」はペトロケミカルの略で、他は「ＮＩＣ」と同じ意。石化参入第一弾はＰＰで、

2004年春にアルジュベールで45万トンプラントを立ち上げた。原料プロピレンはプロパン脱水素(ルーマス技術)で自給。事業会社はＮＰＩＣ75％、旧バセル・ポリオレフィンズ25％出資の「サウジ・ポリオレフィン」(ＳＰＣ)で、バセルが重合技術を供与している。当初、第二弾として計画されたメタノール～酢酸～酢酸ビニルプロジェクトは断念したが、ＮＣＰ(ナショナル・シェブロンフィリップス)の川下計画として110万トンのポリエチレン事業進出と40万トンのＰＰ増設などを2012年秋までに果たした。概要は、ナショナル・ペトロケミカル・カンパニー(ペトロケム)65％／アラブ・シェブロン・フィリップス・ペトロケミカルカンパニー(ＡＣＰ)35％出資による合弁会社「サウジ・ポリマーズ・カンパニー(ＳＰＣｏ)」を通じ、エチレン(122万トン)、プロピレン(44.5万トン)、ポリエチレン(110万トン)、ＰＰ(40万トン)、ＰＳ(20万トン)、１－ヘキセン(10万トン)などを豪ウォーリー・パーソンズのＦＥＥＤ、エチレン設備のコンプレッサー３系列はイタリアのＧＥ・オイル&ガスが担当した。同プロジェクトは2008年１月に着工し、2011年12月に完成。当初は2012年第１四半期の商業生産開始を予定していたが、半年ほど遅れた。製品は同じく両社合弁によるガルフ・ポリマーズ・ディストリビューション・カンパニーがシェブロンの販売網を利用してサウジ国内外向けに販売している。

2009年４月、タスニー&サハラ・オレフィンズ(ＴＳＯＣ)65％／サハラ22％／タスニー13％出資(サハラの出資合計はＴＳＯＣ分を含め43.16％)により「サウジ・アクリリック・アシッド」(ＳＡＡＣ)を設立し、ＴＳＯＣ75％／ローム&ハース25％出資により「サウジ・アクリリック・モノマー」(ＳＡＭＣＯ)が設立された。2013年夏にアクリル酸25万トン(うち精製アクリル酸９万トン)／同ブチルエステル16万トン設備等をアルジュベールに新設、その川下では、エボニック・インダストリーがＳＡＡＣとの合弁事業として、８万トンの高吸水性樹脂設備を2013年秋に新設した。ラービグではペトロ・ラービグから原料のＰＯを受給し、12万トンのＰＰＧ設備を2013年に新設。ＳＡＡＣはアラムコとダウが合弁で設立したサダラ・ケミカル、並びにサウジカヤン・ペトロケミカルとの３社均等出資合弁企業「サウジ・ブタノール」(略称SaBuCo～サハラの出資分は14.38％)を設立し、５億1,700万ドルを投入して毎時２万8,400㎥の合成ガスおよび33万トンのノルマルブタノール、1.1万トンのイソブタノール設備を2015年６月までに建設した。大林産業が11億ＳＲで受注し、2014年１月から着工～2015年央に完成させ、同年中に本格稼働した。

ＴＡＳＮＥＥ系の石化プロジェクト一覧

(単位：1,000t/y)

企業名	立地場所	製品	現有能力	新増設計画	完成	備考
サウジ・ポリオレフィン(SPC)	アル・ジュベール (ＬＤ・ＨＤ各40万t/ＰＰ72万t説も)	プロピレン ＰＰ 〃 ポリエチレン	450 450 400 1,100		2004／春 〃 2012／10 〃	NPIC75%/バセル25%、C3はルーマス法 ＮＣＰの川下計画 55万t×２系列
サウジ・アクリリック・モノマー (SAMCO)	アル・ジュベール	精アクリル酸 ／同ブチル	90 160		2013／7	ＴＳＯＣ75％出資 R&H法/フルアー
サウジ・アクリリック・ポリマーズ (SAPCo)	アル・ジュベール	高吸水性樹脂	80		2013／10	エボニック／ＳＡＡＣの合弁
サウジ・ブタノール	アル・ジュベール	n-ブタノール	330		2015／6	5.17億$、イソブタ11
TASNEE/Saudi Advanced Industries合弁	ラービグ	ポリエーテル・ポリオール	120		2013／4Q	Petro-Rabigh から原料ＰＯを受給

■アル・ジュベールでのその他民間投資

その他民間資本系の石化プロジェクト一覧

（単位：1,000t/y）

企　業　名	立　地　場　所	製　品	現有能力	新増設計画	完　成	備　考
アドバンスト・ポリプロピレン・カンパニー（APPC）	アル・ジュベール	プロピレン	450		2008／11	ルーマス法
		ＰＰ	455		〃	ルーマス／エクイスター技術
カヤンペトロケミカル～元のプロジェクト・マネジメント・アンド・ディベロプメント・カンパニー（PMD）の計画を継承。ＳＡＢＩＣ35％出資で筆頭株主	アル・ジュベール	エチレン	1,478	+93	2018／1Q	ＫＢＲ/SCORE技術
		プロピレン	630		2010／7	基本設計／ＥＰＣ
		ベンゼン	109		2011／10	Ｍは22億＄でフルアーが担当
		ブテン１				
		ポリエチレン	970		2011／10	バセル/三星エンジ
		うちＬＤＰＥ	［270］			［　］内はポリエチレンの内数
		ＬＬＤＰＥ	［300］			
		ＨＤＰＥ	［400］	400	検討中	2011／１稼働開始
		ＵＨＭＷＰＥ		(35)	計画断念	膜用超高分子量PE
		ＰＰ	350		2010／8	バセル/サイモンカーブス
		ＥＯ／ＥＧ	530／566	ＥＯ+61	2018／1Q	ＣＴＣＩ
		ＤＥＧ	41		2010／8	
	10億$超	キュメン	290		2011／10	テクニカス/バジャー
		フェノール	245		〃	テクニカス/ＫＢＲ
		アセトン	150		〃	テクニカス/バジャー
		ＢＰＡ	135		〃	ＴＲ/バジャー/ショー
		〃	135		2012年	倍増設後27万ｔ
		ＰＣ	130		2011／10	旭化成技術／大林
		〃	130		2012年	倍増設後26万ｔ
		エタノールアミン	100		2012／5	以下ＥＯ誘導品
		ＤＭＦ	50		〃	ＤＭＦ＝ジメチルホルムアミド
		エトキシレート	40		〃	
		塩化コリン	20		〃	
総額90億$		脂肪アルコール	83		2013／末	独ルルギ技術採用
シェブロン・フィリップス・／サウジ・インダストリアル・インベストメント折半	アル・ジュベール	ベンゼン	550		99／央	サウジ・シェブロン・フィリップス（SCPC）
			400		2008／6	
		シクロヘキサン	280		99／央	
		エチレン	230		2008／6	ジュベール・シェブロン・フィリップス（JCPC）
		プロピレン	145			
		ＥＢ	850			
		ＳＭ	777			
アラビアン・インダストリアル・ディベロプメント・カンパニー（NAMA）→ NAMA ケミカルズへ社名変更	アル・ジュベール	エピクロ	150		2007／末	昭電技術、12/央12万t増設、ハッサド・ペトロケミカルズ・カンパニー2011年３万t増設
		カセイソーダ	50			
		塩素	45			
		塩酸	58			
		塩化カルシウム	75			
アラビアン・アルカリ		カセイソーダ	100		2007年	（SODA）
NAMA ケミカルズ		エポキシ樹脂	60			元 JANA(Jubail Chem. Industries)
			120		2012／2Q	
ＣＨＥＭＡＮＯＬ	アル・ジュベール	メチルアミン		50	不　明	ＤＡＶＹ／Ｌ＆Ｔ
		ＤＭＦ		60		
		メタノール		700t/d		
		一酸化炭素		100t/d		

カヤン・ペトロケミカルは筆頭株主のＳＡＢＩＣが35％、地元民間企業のカヤンが20％を出資、残りの45％相当はＢＮＰパリバ、アラブ銀行、ＳＡＭＢＡが共同主幹事として融資し2005年10月に発足した。コンプレックスのオフサイト・ユーティリティーは米フルーアに22億ドルで発注、中核となるエチレン150万トンは米ＫＢＲに発注した。分解炉には世界で４例目となるＫＢＲのＳＣＯＲＥ(Selective Cracking Optimum Recovery)技術を採用。ＥＯ／ＥＧは台湾ＣＴＣＩに発注した。ＬＤＰＥ27万トンは韓国サムスンエンジニアリング、ＰＰ35万トンは英サイモンカーブスに発注。サウジ初の国産化となったＰＣ(ポリカーボネート)26万トンは韓国・大林産業に発注、製造技術は旭化成の「メルト法」を導入した。ＰＣの原料となるキュメンからフェノール～ＢＰＡ(ビスフェノールＡ)とつながる一連の設備は、スペインのテクニカス・レウニダスに発注した。フェノールにはＫＢＲ技術、その他は米ショー・グループ傘下のバジャーが技術を供与した。発注総額は90億ドルに上り、ベンゼンやブテン１、メチルアミン、エタノールアミン、エトキシレートなども追加。2010年７月末にはオレフィン設備が試運転を開始、８月にはＥＧとＰＰが試運転を始め、年内にはＰＣを除く全プラントが出揃った。

バーレーン国籍の「ナショナル・ポリプロピレン・カンパニー」(ＮＰＰＣ)はアル・ジュベールに45万トンのＰＰプラントを建設し、2008年11月に完成させた。現地の事業化会社「アドバンスト・ポリプロピレン・カンパニー」(ＡＰＰＣ)を通じて、韓国のサムスンエンジニアリングに設計・機器調達・建設業務を発注した。ＡＰＰＣはサウジアラムコから受給するプロパンを原料にＰＰを生産する。ルーマスから製造技術の供与を受け、プロパン脱水素工程に「CATOFIN 法」、重合工程に「Novolen 法」(ルーマス／エクイスター共有技術)を採用した。

なお中東初のエポキシ樹脂メーカーであるアラビアン・インダストリアル・ディベロプメント(NAMA)は社名を「NAMA ケミカルズ」に変更し、2008年から原料のエピクロルヒドリンを事業化した。事業会社は「ハッサド・ペトロケミカルズ」。NAMA が導入していた昭和電工技術(アリルアルコール経由)を活用し３万トン設備を建設、その後倍増し、塩酸も併せて生産中。

■住友化学とアラムコの「ペトロ・ラービグ」

紅海沿岸のジェッダ(Jiddah)の北方約140㎞に位置するラービグ(Rabigh)地区25k㎡に100億ドルで世界的規模の石油精製・石油化学統合コンプレックスを建設、エチレン130万トン、プロピレン90万トンを中核とする第１期センターを2009年第１四半期中に完成させた。アラムコが供給する天然ガス(エタン)からエチレンを、ブタンガスや既存のラービグ製油所(日量処理能力40万バレル)から得られる残渣油を原料にプロピレンを製造しており、ともに競争力ある原料が強み。

住友化学はサウジアラムコとの折半出資合弁会社「ラービグ・リファイニング・アンド・ペトロケミカル・カンパニー」(略称ペトロ・ラービグ)を2005年９月に設立した。新会社は2008年１月下旬に新規株式公開(ＩＰＯ)を実施し、サウジアラビア株式市場に上場、同10月にはアラムコから製油所の所有権を譲受した。同年末現在の資本金は約2,700億円(87億6,000万ＳＲ)となり、出資比率は住友化学とアラムコが37.5％、一般投資家が25％となった。2019年春頃には増資し、ラービグⅡプロジェクトへの投資資金借入返済に充当する。従業員は約2,000人。

第１期のエチレン系誘導品として、３種類のポリエチレン(ＥＰＰＥ＝メタロセン触媒利用の気相法イージープロセシング・低密度ＰＥ／ＬＬＤＰＥ／ＨＤＰＥ)とＥＧ、プロピレン系誘導品としてＰＰ(半分はコポリマー)とキュメン法ＰＯ、ポリオレフィン用副原料のブテン１を含むα-オレフィンも事業化した。ＥＧについてはシェルのＯＭＥＧＡプロセスを採用、ＨＤＰＥの製造技術はバセルから導入した。ブテン１の製造技術は仏アクセンスを採用し、テクニモントに発注した。プロジェクト・マネジメント・サービス・コンサルタントにはＦＷを起用、中核設備であるエタンクラッカーと石化型流動接触分解装置(High Olefin FCC)の基本設計役務(FEED)をコストリインバース方式(実費償還方式)で日揮に発注、クラッカー技術にはＳ＆Ｗを採用した。

石油随伴ガスから得られる日量9,500万立方フィート(年間120万トン相当)のピュアエタンを(2017年末に値上げされたが)1.75ドル／MMBTU(600ドル／トンのナフサを使用した場合の10分の

サウジアラムコの石化プロジェクト一覧

(単位：1,000t/y)

企業名	立地場所	製品	現有能力	新設計画	完成	備考
ラービグ・リファイニ	ラービグ	エチレン	1,300		2009／4	Ｓ＆Ｗ/日揮
ング・アンド・ペトロ	(製油所40万b/d	プロピレン	900		→本格生	ＤＣＣ技術
ケミカル・カンパニー	が隣接)	ＥＰＰＥ	250		産開始は	住友化学技術
(ペトロ・ラービグ)		ＬＬＤＰＥ	350		2009／11	住友化学技術
		ＨＤＰＥ	300			バセル技術
アラムコ50%/住化50%		ＥＧ	600			シェル・オメガ法
↓2008/2上場後		αオレフィン	100			ＬＬＤＰＥ原料
アラムコ・住化各37.5%		(ブテン１)*	(50)			(*はＡＯの内数)
/一般株主25%に改組		ＰＰ	700			ＳＣＥＣ
２期完成は2017/前半		ＰＯ	200			SCEC/三井造船
ペトロ・ラービグⅡ計画	ラービグ	エチレン	300	稼働開始	2016／３	増設後160万t
(全工程の完成・試運転		プロピレン	200	2016/８	2017／末	OCUで増設後110万t
実施は2017/末で2018/		ＬＤＰＥ	80	稼働開始	2017／央	＊高圧法ＬＤＰＥ
3に全製品オンスペッ		／ＥＶＡ＊	70	2018/１	〃	の15万t併産設備
ク。ナフサリフォーマ		ＥＰＤＭ	70	稼働中	2018／３	稼働開始は2018/6
ー～芳香族プラントは		ＴＰＯ	10	〃	2017／５	熱可塑性エラスト
2019/4から商業運転開		ＭＭＡ	90	〃	2017／末	マー
始の予定)		ＰＭＭＡ	50	〃	〃	
		ＰＸ	1,300	稼働開始	2018／５	完成は2018/3
		ベンゼン	400	2019/４	〃	キュメン原料
		キュメン	400	稼働中	2017／末	バジャー技術
		フェノール	250	〃	〃	ＫＢＲ技術
		アセトン	150	〃	〃	〃
		ポリアミド６樹脂	75	〃	2017／６	ＣＰＬは住化より
サウジアラムコ／ダウ	アルジュベール	エチレン	1,500	稼働開始	2015／末	総工費200億$、EPC
・ケミカル折半出資へ	(製油所計画を	プロピレン	400	2016/８	〃	は2011/10大林受注
→「サダラ・ケミカル」	廃止しSATORPの	ＬＬ／ＨＤＰＥ＊	750		2015／末	ナフサが分解原料
～石化誘導品等26品目	川下へ)	ＬＤＰＥ	350		2017／５	＊ソリューション
計300万t以上		エラストマー	220		2016／末	ポリエチレン
		ＥＯ	350		2017／央	ＥＯ能力は推定
		グリコールエーテル	200		〃	原料ＥＯは自給
		過酸化水素	300		2017／央	ソルベイとの合弁
		ＰＯ	390		〃	
		ＰＧ	70		2017／７	
		ＰＰＧ	390		2017／央	全工程は2017/夏
		ＴＤＩ	200		2017／８	までに完成・稼働
		ＭＤＩ	400		2017／７	ＭＤＩのみ稼働開
		アミン類	210		2017／７	始は2017/末

１に相当）でアラムコから調達できるのが強みで、ブタンガスなども合わせたフィードを日量9.2万バレルのＤＣＣ技術ハイオレフィンＦＣＣ装置に投入、ガソリン６万バレル（280万トン／年）と年90万トンのプロピレン、25万トンのエチレンを回収。エタンクラッカーは９炉構成で130万トンのエチレンを製造、２期計画では3,000万立方フィートのエタンを分解して30万トンのエチレン増産を図り、合計160万トン能力に拡充した。2016年３月から稼働開始している。

「ラービグ・フェーズⅡ」プロジェクトには83億ドルを投入、ナフサリフォーマーを新設して年間300万トンのナフサを改質、芳香族原料を自給する。表記のような川下石化製品を拡充したほか、ポリアミド６樹脂も追加した。ただし原料のカプロラクタムやアクリル酸／高吸水性樹脂事業化は断念した。また住友化学が生産技術を持たない製品については、外部から（例えばフェノールはＫＢＲから）技術導入した。これら製品に必要な原料のうち、プロピレンについてはＯＣＵ（オレフィン・コンバージョン装置）を導入し、メタセシス法で自給能力を拡充した。2017年４～６月までにほぼ全設備が完成し、試運転に移行、遅れていたナフサリフォーマーとアロマプラントも2018年末までには完全に仕上げ、最終テストが終わる2019年４月から商業運転入りする。

川下加工事業展開では、隣接する工業団地「ラービグ プラステック パーク（Rabigh PlusTech Park）」内に年産１万トンのコンパウンド工場を建設。住友化学55％／東洋インキ製造45％出資合弁の「スミカ ポリマー コンパウンズ サウジアラビア」が2012年から商業生産している。

■ダウとアラムコの「サダラ・ケミカル」プロジェクト

サウジアラムコと米ダウ・ケミカルは、合弁会社の「サダラ・ケミカル・カンパニー（Sadara Chemical Company）」を2011年12月に正式設立した。2013年12月に新規株式公開し、ダウは35％出資にとどまっていたが、2017年８月にはダウデュポンの発足後１年半以内に50％へ引き上げることで合意した。2012年秋から一連の設備に対するプラント発注がスタート、ＰＥなど一部川下製品は2015年末に完成し、2016年８月から2017年８月にかけて全工程が操業開始した。

主な生産品目はＬＬＤＰＥ／ＨＤＰＥ、ＬＤＰＥ、エラストマー、グリコールエーテル、アミン類、ＰＯ、ＰＧ、ポリウレタン原料（イソシアネート、ポリエーテルポリオール）、芳香族、エタノールなど。このうちＰＯの副原料となる過酸化水素ではソルベイとの合弁で30万トンプラントを建設するなど数多くのメーカーが川下事業に参画している。全26の川下生産ユニットを備え、製品の総生産能力は260万トン以上、原料エチレン能力は150万トンと世界最大級のコンプレックス。クラッカー12基の構成は、エタン炉が７基、ナフサ炉が５基で、そのうち３基はガス・液の原料切り替えが可能。総投資額は200億ドルで、そのうち125億ドルをプロジェクトファイナンスで賄った。製品のうち65～70％をダウがアジアへ販売し、サダラは中東８カ国に販売。２～３年以内に年商100億ドルを達成し、川下製品を含め数千人の雇用を創出する。プラントのＥＰＣは、韓国の大林産業にエチレン設備やイソシアネート（ＴＤＩと精製ＭＤＩ）、その原料となるＤＮＴ（ジニトロトルエン）、ＭＮＢ（モノニトロベンゼン）設備などを2011年10月に約２兆ウォンで発注した。2015年半ばにはユーティリティやインフラ施設などが概ね完成、同年末にはクラッカーやＰＥプラントなども完成した。当初計画では、2013年頃の完成を目標にジュベールの南に位置するラスタヌーラのアラムコ既存製油所を拡張し、ここに石化コンビナートを付設する計画だったが、金融危機で製油所拡張計画を白紙化。これによりジュベールのアラムコ／トタル合弁製油所（ＳＡＴＯＲＰ）の川下に立地先を移した。ＳＡＴＯＲＰは自社でもエチレン150万トンを計画中。

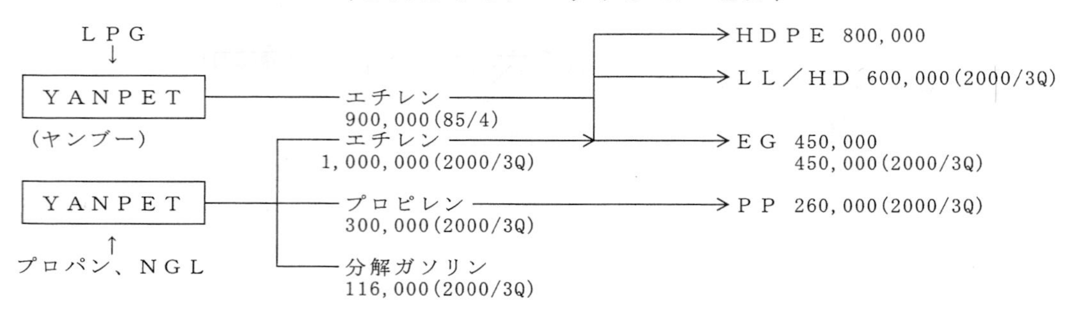

サウジアラビアの石油化学関連基地

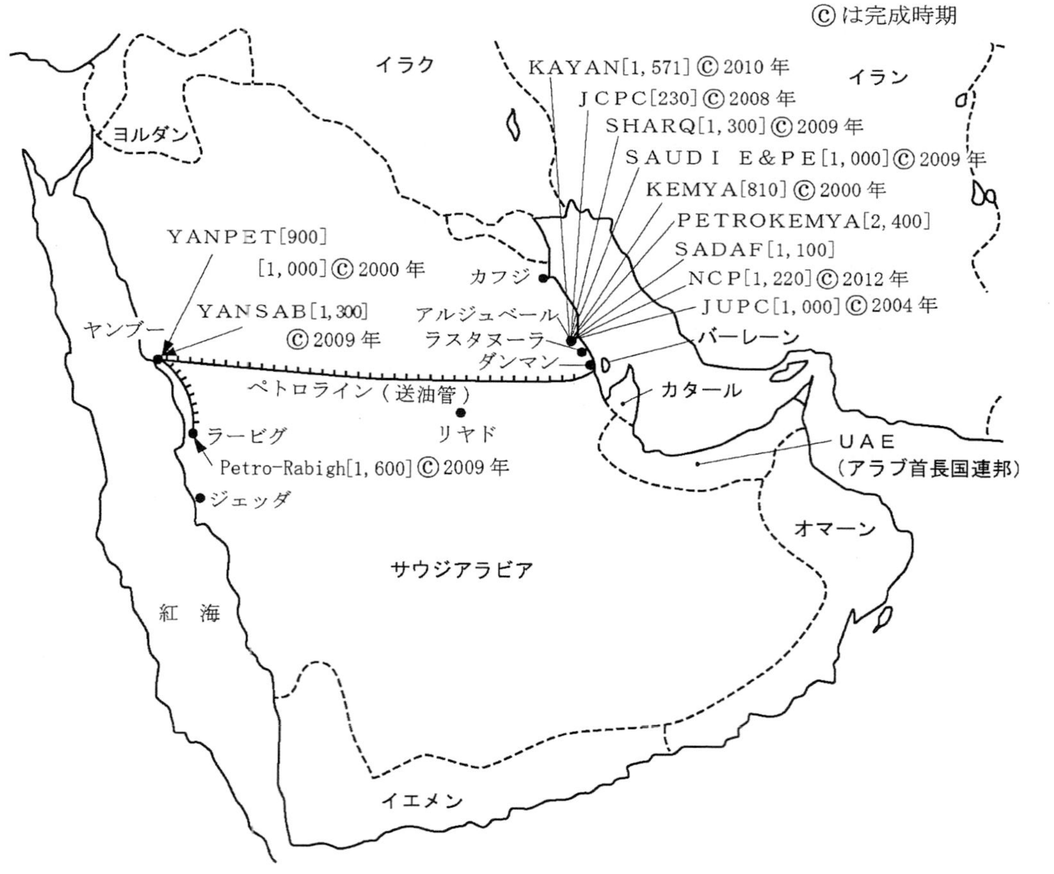

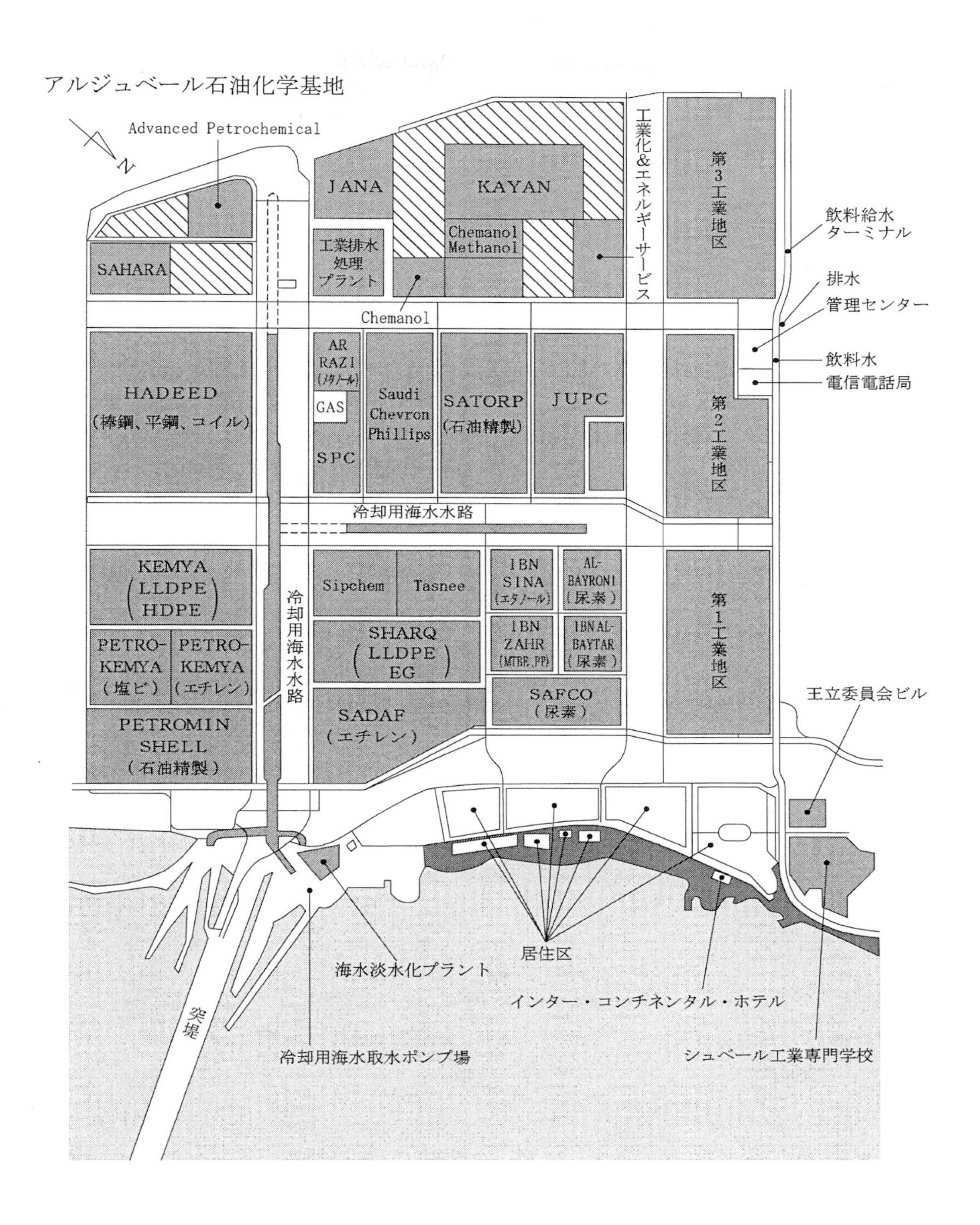
アルジュベール石油化学基地
Advanced Petrochemical
N
SAHARA
JANA
KAYAN
工業排水
処理
プラント
Chemanol
Methanol
Chemanol
工業化&エネルギーサービス
第3工業地区
飲料給水
ターミナル
排水
管理センター
飲料水
電信電話局
HADEED
(棒鋼、平鋼、コイル)
AR
RAZI
(メタノール)
GAS
SPC
Saudi
Chevron
Phillips
SATORP
(石油精製)
JUPC
第2工業地区
冷却用海水水路
KEMYA
(LLDPE
HDPE)
PETRO-
KEMYA
(塩ビ)
PETRO-
KEMYA
(エチレン)
PETROMIN
SHELL
(石油精製)
冷却用海水水路
Sipchem
Tasnee
SHARQ
(LLDPE
EG)
SADAF
(エチレン)
IBN
SINA
(エタノール)
AL-
BAYRONI
(尿素)
IBN
ZAHR
(MTBE, PP)
IBN AL-
BAYTAR
(尿素)
SAFCO
(尿素)
第1工業地区
王立委員会ビル
居住区
海水淡水化プラント
インター・コンチネンタル・ホテル
突堤
冷却用海水取水ポンプ場
シュベール工業専門学校

サウジ石油化学コンプレックス
ＳＡＤＡＦ（ＳＡＢＩＣ／シェル）～ＫＥＭＹＡ（ＳＡＢＩＣ／エクソンモービル）

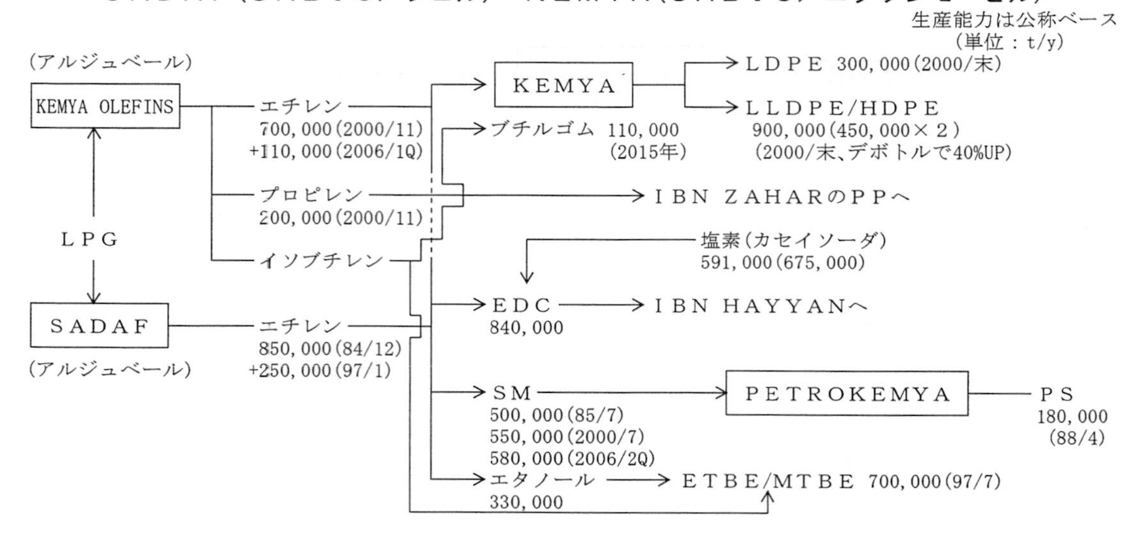

アラビアン石油化学コンプレックス
（ＳＡＢＩＣ）

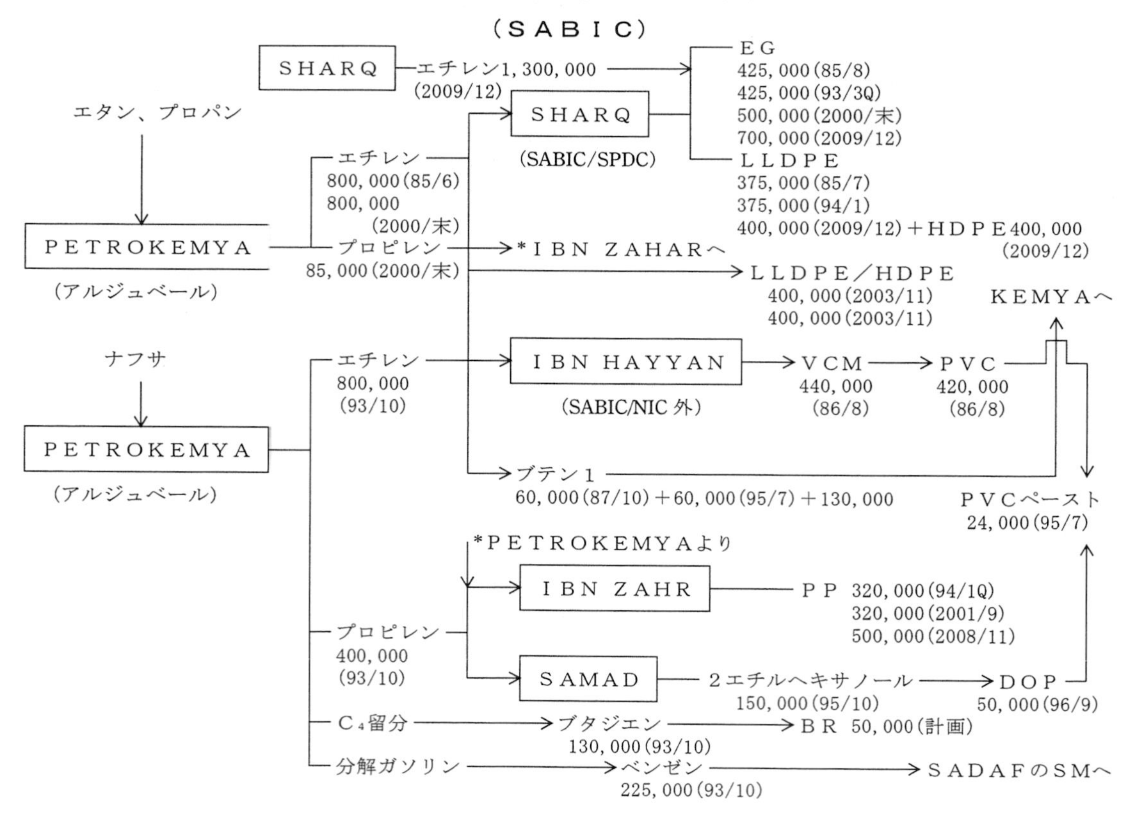

ペトロ・ラービグ（フェーズⅠ・Ⅱ）の概要
（2009年４月操業開始）

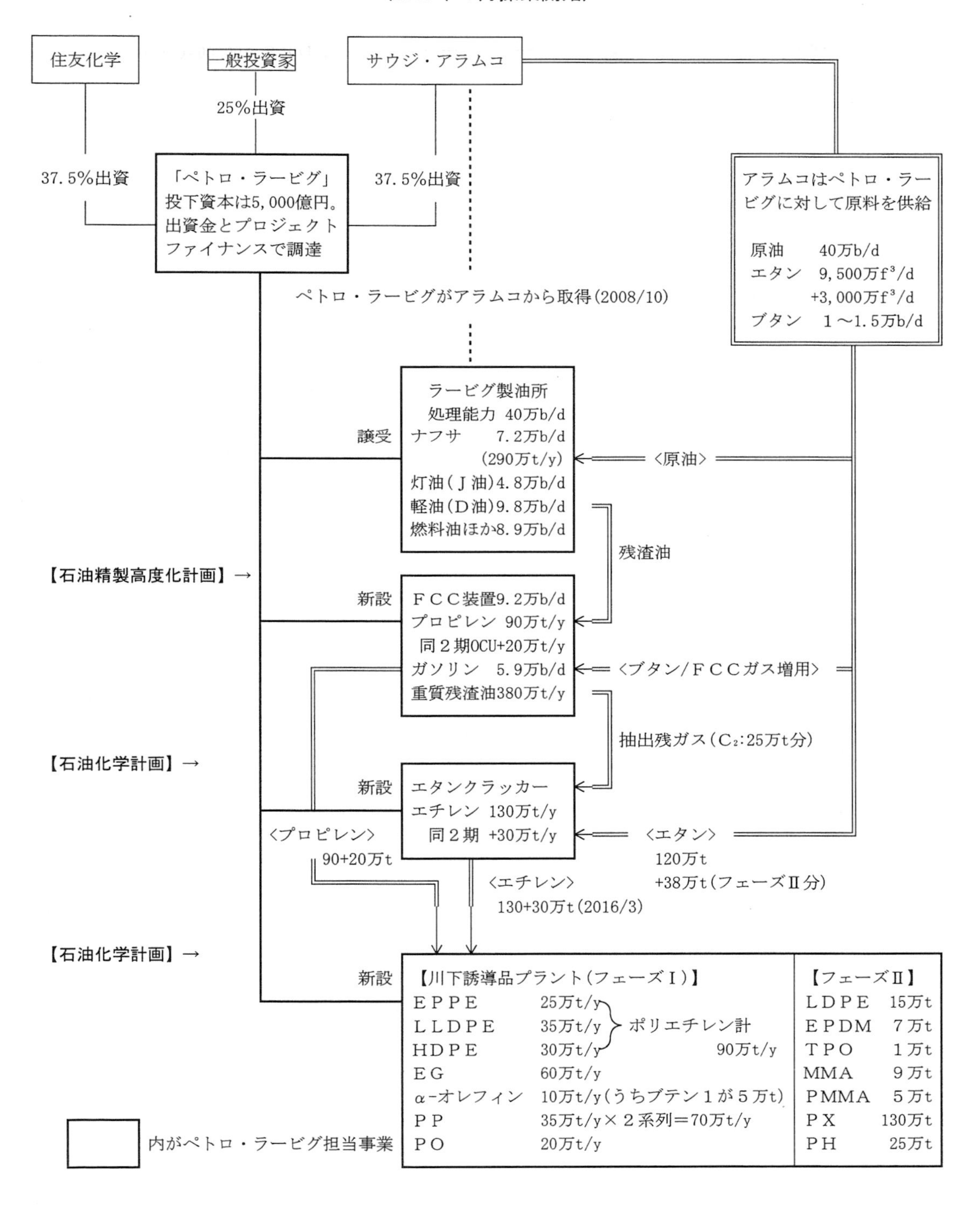

サウジアラビアの主要石化製品新増設計画

(単位：t/y)

製　品	会社名	工場立地場所	現有能力	新増設能力	完　成	備　考
エチレン	SADAF	アルジュベール	1,100,000		84／12	Ｂ＆Ｒ法、97/1に25万t増
	KEMYA OLEFINS	〃	810,000		2000／11	ルーマス法、2006/1Qに11万t増
	PETROKEMYA	〃	800,000	640,000	2018／4Q	85/6完成、エタンクラッカー
	〃	〃	800,000		93／10	ケロッグ法/三造、96/央増強
	〃	〃	800,000		2000／末	３号機～Ｓ＆W法/三造
	SHARQ	〃	1,300,000		2009／12	第４期計画(エチレン自給計画)
	JUPC	〃	1,400,000		2004／4Q	ＫＢＲ/千代田/三菱商事施工
	JCPC	〃	230,000		2008／6	Jubail Chevron Phillips、日揮施工
	SAUDI E & PE	〃	1,000,000		2009／1Q	リンデ法、SAHARA/NPIC/BASELL
	KAYAN PC.	〃	1,571,000		2010／7	KBR/フルアー、2018/1Q+9.3万t
	PETROCHEM	〃	1,220,000		2012／10	ルーマス法/日揮、シェブロン等
	SIPCHEM	〃	1,300,000		2013／末	ウォーレイ・パーソンズがＰＭ
	YANPET	ヤンブー	900,000		85／4	ルーマス法エタンクラッカー
	〃	〃	1,000,000		2000／3Q	２号機(C₃/NGL分解)～フルアー
	YANSAB	〃	1,300,000		2009／3Q	Ｓ＆W法
	ARAMCO/SABIC	〃		ＦＳ中	2025年	ＣＯＴＣ Complex、2017/11覚書
	Petro-Rabigh	ラービグ	1,600,000		2009／4	S&W/日揮、2016/3に30万t増設
	Sadara Chemical	アルジュベール	1,500,000		2016／8	アラムコ/ダウが2011/12設立
	SATORP	〃		1,500,000	2024年	アラムコ/トタルが50億$で新設
		計	18,631,000	2,140,000		
プロピレン	PETROKEMYA	アルジュベール	485,000		2000／末	ＩＦＰ技術、2000/末8.5万t増強
	KEMYA	〃	200,000		2000／11	
	YANPET	ヤンブー	300,000		2000／3Q	ケロッグ法、エチレンに連動
	YANSAB	〃	400,000		2009／3Q	エチレン計画に連動
	Alfasel(NatPet)	〃	420,000		2010／8	プロパン脱水素法設備
	Petro-Rabigh	ラービグ	1,100,000		2009／4	ＦＣＣより、2016/3に20万t増設
	SPC	アルジュベール	450,000		2004／春	プロパン脱水素法設備
	JCPC	〃	145,000		2008／6	Jubail Chevron Phillips
	APPC	〃	450,000		2008／11	プロパン脱水素、Lummus/Novolen
	SAUDI E & PE	〃	285,000		2009／1Q	SIPCHEM/NPIC合弁、プロパン分解
	SAHARA PC.	〃	450,000		2009／3Q	プロパン脱水素、バセルと合弁
	SHARQ	〃	240,000		2009／12	第４期計画～Ｓ＆W技術
	KAYAN PC.	〃	430,000		2010／7	ＫＢＲ技術、ＦＥＥＤ/フルアー
	NCP	〃	445,000		2012／10	メタセシス法～ルーマス/日揮
	ＳＡＴＯＲＰ*	〃	200,000		2014／1Q	新設製油所２次設備から併産
	Sadara Chemical	アルジュベール	400,000		2016／8	アラムコ/ダウが2011/12設立
		計	6,400,000		*Saudi Aramco Total Refining & Petchem.	
ブタジエン	PETROKEMYA	アルジュベール	123,000	74,000	2018／下	ＢＡＳＦ法、96/央１万t増強
ベンゼン	PETROMIN	アルジュベール	260,000			うち17万tが脱アル設備より
ベンゼン	PETROKEMYA	〃	225,000			ケロッグ技術
パラキシレン	IBN－RUSHD	ヤンブー	375,000	700,000	未　定	№1はＢＰ/ＵＯＰのサイクラー
ベンゼン併産	〃	〃	105,000	140,000	〃	法、ベクテル/千代田/三菱商事、
Ｏ－キシレン	〃	〃	45,000	50,000	〃	ＰＥＴ系製品までの一貫生産設
メタキシレン	〃	〃	35,000	40,000	〃	備が99/央完成、№２はCTCI施工
Ｂ　Ｔ　Ｘ	YANSAB	ヤンブー	250,000		2009／3Q	ＴＸを脱アルキル化でＢに転換
パラキシレン	Petro-Rabigh	ラービグ		1,300,000	2018／末	ＰＸは全量外販
ベンゼン	〃	〃		400,000	〃	一部をフェノール原料に自消
パラキシレン	Jizan Oil Ref.	Jizan		700,000	2019年	40万b/dの製油所新設計画傘下
ベンゼン	〃	〃		290,000	〃	〃
ベンゼン	Saudi Chevron	アルジュベール	550,000		99／央	シェブロン技術、シクロヘキサ
	Phillips Co.	〃	400,000		2008／6	ンまで一貫生産、96/9発足、
シクロヘキサン	〃	〃	280,000		99／央	SIIGと折半、2003/3に6万t増強
ベンゼン	SADAF	アルジュベール	350,000		2002年	サイクラー法、川下でキュメン
パラキシレン	〃	〃	500,000		〃	50万tも検討中
Ｏ－キシレン	〃	〃	45,000		〃	
ベンゼン	SATORP *	アルジュベール	140,000		2014／2	新製油所２次設備からの誘導品
パラキシレン	〃	〃	650,000		〃	計画(プロピレン20万tも併産)
ベンゼン	アラムコ	ラスタヌーラ		515,000	不　明	クリーン燃料化計画の一環で、
トルエン	〃	〃		70,000	〃	異性化５万b/dやＣＣＲ９万b/d
パラキシレン	〃	〃		1,200,000	〃	等を併設
ベンゼン		計	2,280,000	1,345,000	＊Saudi Aramco Total Refining &	
パラキシレン			1,525,000	3,900,000	Petrochemical Co.	

ＬＤＰＥ	KEMYA	アルジュベール	300,000		2000／末	エクソン高圧法/テクニモント
〃	Petro-Rabigh	ラービグ	250,000		2009／5	気相法新型ＥＰＰＥ設備
〃	〃	〃	150,000		2017／9	内ＬＤＰＥ８万t/ＥＶＡ７万t
〃	SAUDI E & PE	アルジュベール	400,000		2009／3Q	SAHARA/NPIC/BASELL
〃	KAYAN PC.	〃	270,000		2011／10	バセル技術
〃	Sadara Chemical	〃	350,000		2017／5	アラムコ/ダウ合弁事業
その他ＰＥ	KAYAN PC.	〃	300,000		2011／10	ＬＬＤＰＥ中心～ＰＥ計97万t
ＥＶＡ／ＬＬ	IPC	〃	200,000		2014／8	ＥＭの高圧法(Sipchem/Hanwha)
ＬＬＤＰＥ	SHARQ	〃	375,000			ＵＣＣ技術、2000/末15万t増強
〃	〃	〃	375,000			２号機、三菱重工/ＩＨＩ、同上
〃	〃	〃	400,000		2009／12	第４期計画に連動
〃	Nexylene/SK	〃		300,000	2018／4Q	韓・ＳＫと合弁のｍＬ－Ｌ計画
〃	Petro-Rabigh	ラービグ	350,000		2009／5	エタンクラッカーの川下計画
〃	YANSAB	ヤンブー	400,000		2009／3Q	SABIC 技術、AK/SINOPEC
ＬＬ／ＨＤ	KEMYA	アルジュベール	900,000			エクソン・ケミカル技術、２系列
〃	PETROKEMYA	〃	400,000		2003／11	ＵＣＣ技術/ＴＥＣで新規参入
〃	〃	〃	400,000		2004／3	同２号機もＴＥＣ施工
〃	SPC	〃	1,100,000		2012／10	55万t×２系列/大林エンジ
〃	Sadara Chemical	〃	750,000		2015／末	アラムコ/ダウ、2016/8本格稼働
ＨＤＰＥ	YANPET	ヤンブー	1,400,000			２号機54万tは2000/3Q完成
〃	YANSAB	〃	500,000		2009／3Q	エチレン計画に連動
〃	JUPC	アルジュベール	400,000		2004／末	フルーア
〃	SAUDI E & PE	〃	400,000		2009／3Q	SAHARA/NPIC/BASELL
〃	SHARQ	〃	400,000		2009／12	第４期計画に連動
〃	KAYAN PC.	〃	400,000	400,000	検討中	2011/1完成、全ＰＥ合計97万t
〃	Petro-Rabigh	ラービグ	300,000		2009／5	エタンクラッカーの川下計画
		ポリエチレン計	11,470,000	700,000		
ＰＰ	IBN ZAHR	アルジュベール	320,000			ＵＣＣ法、97/末に12万t増設
	〃	〃	320,000		2001／9	２号機
	〃	〃	500,000		2008／11	№３、ユニポールPP/三星エンジ
	SPC	アルジュベール	450,000		2004／春	ＮＰＩＣ75%/バセル25%
	〃	〃	400,000		2012／10	大林エンジニアリング受注
	APPC	〃	455,000		2008／11	ルーマス/エクイスター技術
	SAHARA PC.	〃	450,000		2009／3Q	バセルと合弁
	KAYAN PC.	〃	350,000		2010／8	バセル技術
	YANPET	ヤンブー	260,000		2000／3Q	ＵＣＣ法、エチレン２号機系列
	YANSAB	〃	400,000		2009／3Q	ダウ技術、AK/SINOPEC
	NatPet	〃	400,000		2010／8	Alfasel の PDH プロピレン使用
	IBN RUSHD	〃	525,000		2014年	バセル技術 Spheripol 法
	Petro-Rabigh	ラービグ	700,000		2009／5	ＦＣＣプロピレンの川下計画
		計	5,530,000			
ＥＧ	SHARQ	アルジュベール	425,000			１・２号機～シェル法/千代化
	〃	〃	425,000			｝全１～４号機合計205万t能力
	〃	〃	500,000		2000／末	３号機～シェル法/千代化
	〃	〃	700,000		2009／12	４号機～ＳＤ/サムスン
	YANPET	ヤンブー	900,000			2000/3Qと05/1Qに増強、SD法/TEC
	YANSAB	〃	770,000	80,000	2018／末	2009/3Q完、SABIC №8、SD/TEC
	JUPC	アルジュベール	575,000		2004／11	フルアー/ＴＥＣ
	〃	〃	625,000		2006／4	２号機(№７)～ＳＤ/ＴＥＣ
	〃	〃		700,000	2020／4Q	３号機/DEG9.7万t、サムスンENG
	KAYAN PC.	〃	566,000		2010／8	ＥＯ53万tを2017年に59.1万tへ
	Petro-Rabigh	ラービグ	600,000		2009／5	シェルのＯＭＥＧＡ技術を導入
		計	6,086,000	780,000		
酸素	GAS	アルジュベール	876,000			ＥＧなど向け、93/10倍増設
窒素	〃	〃	490,000			93/10に２号機27.1万tを増設
Ｎパラフィン	ガルフ・ファラ	〃	120,000		2007年	工費3.38億$、加ＳＮＣラバリン
ＬＡＢ	ビ・ペトロケム	〃	170,000			ＦＷ施工～2012年10万t増設

L　A　B	アル・ワタニア (Al Watania)	ヤンブー	100,000		2014年	韓ＳＴＸ重工業がポリシリコン6,000tと共に11億＄で施工
L　A　O	JUPC	アルジュベール	150,000		2007／8	直鎖状αオレフィン、フルアー/
ヘキセン－1	〃	〃	(40,000)		〃	リンデ、α-Sabline技術導入
オクテン－1	〃	〃	(20,000)		〃	(ＬＡＯの内数)
ヘキセン－1	NCP	アルジュベール	100,000		2012／10	ChevronPhillips Chem. 法/日揮
αオレフィン	Petro-Rabigh	ラービグ	100,000		2009／5	エタンクラッカーの川下計画
E　D　C	SADAF	アルジュベール	840,000			96／9に28万t増設
〃	ACVC	〃	300,000		2012／12	ArabianChlorVinyl ソーダ25万t
V　C　M	PETROKEMYA	〃	450,000	500,000	不　明	ＢＦグッドリッチ、2006年4万t増
P　V　C	〃	〃	420,000			2003/4Qに8万t+2006年4万t増
塩ビペースト	〃	〃	24,000		95／7	ＰＶＣエマルジョンレジン
P　V　C	Sipchem/Hanwha	〃		125,000	不　明	
n-ブタノール	サウジ・ブタノール	〃	350,000		2015／6	イソブタ1.1万t併産～３社合弁
2-エチルヘキサノール	AL-BAYRONI (旧 SAMAD)	〃	150,000		95／10	デビー／ＵＣＣの低圧法採用 英ＪＢ施工、塩ビ可塑剤原料
D　O　P	〃	〃	50,000		96／9	三菱ガス化学法/三菱化工機
塩ビ安定剤	サンエース・ガルフ	〃	31,000		2001年	品川化工G、2017/4Qに7,000t増
酸化防止剤	Gulf Stabilizer	〃	21,000			ケムチュラのＧＳ Industries
S　M	SADAF	〃	500,000			バジャー法、99/12に５万t増強
〃	〃	〃	550,000		2000／7	２号機
〃	〃	〃	580,000		2006／2Q	３号機
〃	JCPC	〃	777,000		2008／6	エチレン23万tの川下、日揮受注
P　S	PETROKEMYA	〃	180,000			ＨＩ9万t/ＧＰ6万t/ＥＰＳ3万t
〃	NCP	〃	200,000		2012／10	10万t×２系列/大林エンジ
ＡＢＳ樹脂	PETROKEMYA	〃	140,000		2014／4Q	SABICプラ技術/EPC-テクニカス
ブテン１	〃	〃	250,000			ＩＦＰ/ＴＰＬ、エチレン２量化
〃	YANSAB	ヤンブー	135,000		2009／3Q	ＳＡＢＩＣ/ＩＦＰ～Ｓ&Ｗ
〃	Petro-Rabigh	ラービグ	50,000		2009／1Q	αオレフィン10万tの内数
P　B　R	KEMYA	アルジュベール	190,000		2016／10	合成ゴム全40万t設備で併産
EPR/TPO	〃	〃	100,000		2017／7	エクソンモービル技術
ハロブチルゴム	〃	〃	110,000		〃	〃
S　B　R	〃	〃		40,000	2018／下	ＰＢＲ併産法
カーボン黒	〃	〃	50,000		2016／10	コンチネンタル技術
1,4－BDO	GACIC	〃	75,000		2005／11	工費1.5億＄、デビー技術/AK
無水マレイン酸	〃	〃	60,000		〃	ハンツマン技術(ブタン法)
ＰＢＴ樹脂	SIPCHEM	〃	63,000		2015／4	投資額6.17億SR
酢　酸	SIPCHEM	〃	460,000		2010／6	イーストマン法～ルルギ/エア
酢酸ビニル	／HELM	〃	330,000		2010／7	デュポン技術/フルアー～8億＄
酢酸エステル	SIPCHEM	〃	100,000		2013／5	Rhodia、酢酸エチ/酢ブタ併産法
エタノール	SADAF	〃	330,000			エチレン法
カセイソーダ	〃	〃	675,000			96／9に23万t増設(塩素59万t)
カセイソーダ	NAMA Chem.	〃	100,000			SODA、2006/央４万t増設
〃	Hassad PC.	〃	50,000		2007／末	Hassad Petrochemicals
塩　素	NAMA Chem.	〃	90,000			SODA、2006／央3.6万t増設
〃	Hassad PC.	〃	45,000		2007／末	Hassad Petrochemicals
塩　酸	〃	〃	58,000		〃	Hassad Petrochemicals
塩化カルシウム	〃	〃	75,000		〃	Hassad PC.　2011年３万t増強
エピクロル	〃	〃	30,000		〃	Hassad　PC.昭和電工技術(アリ
ヒドリン	〃	〃	60,000	60,000	不　明	ルアルコール法)2011年６万t増
エポキシ樹脂	NAMA Chem.	〃	30,000		99／初	初期系列は三井造船
〃	〃	〃	30,000	120,000	不　明	JANA を NAMA が子会社化
顆粒状ソーダ	〃	〃	50,000		96／11	ベルトラムス技術/三井造船
P　T　A	IBN RUSHD	ヤンブー	380,000	370,000	不　明	テクニモント～99/央、№２CTCI
酢　酸	(AIFC)	〃	34,000		2004年	独自エタン酸化法/テクニップ
エステルPOY	〃	〃	32,000		96／1	チンマーの連続重合法/ベクテル
同短繊維	〃	〃	48,000		〃	カーペット用ステープル
カーペット糸	〃	〃	20,000		〃	ポリエステル系製品計19.6万t
ボトル用樹脂	〃	〃	330,000		〃	2007／3Qに23万t増設
ＰＥＴ樹脂	〃	〃		420,000	不　明	2号機、ウーデ・インベンタ/Sino
ボトル用樹脂	Universal Polyester	〃	80,000		98／初	Al-Zamil グループ、Al-Zamil Plastics のＰＥＴボトル向け

ＰＰ不織布	Saudi German Nonwoven Products	ダンマン	6,000			Al-Rajhi House Enterprises 50%/Al-Zamil Group35%/独Corovin15%出資、3,000万＄
Ｐ　　Ｏ	Petro-Rabigh	ラービグ	200,000		2009／10	ＦＣＣプロピレンの川下事業
ポリエーテル	Tasnee/SAIC	〃	120,000		2013／4Q	Petro-Rabigh のＰＯ10万t受給
Ｍ　Ｍ　Ａ	SAMAC(三菱ケミ/SABIC 折半)	アルジュベール	250,000		2017／4	原料がエチレンのα法/CTCI、
ＰＭＭＡ		〃	40,000		〃	成形材料併設、稼働は2018/2
Ａ　　Ｎ	旭化成/SABIC他	〃		(200,000)	棚上げ	サウジ・ジャパニーズ・アクリロ
青酸ソーダ	〃	〃		(40,000)	〃	ニトリル計画～INEOS も検討
Ｐ　Ａ　Ｎ	SABIC/MonteF.	〃		50,000	不　明	モンテファイバー技術を導入
炭素繊維	〃	〃		3,000	〃	ＰＡＮプリカーサーの焼成品
アクリレート	Saudi Acrylic M.	〃	250,000		2013／7	R&H25%出資、フルアーにPMC等
高吸水性樹脂	Saudi Acrylic P.	〃	80,000		2013／10	エボニック/ＳＡＡＣの合弁
1,4－ＢＤＯ	Osos Petchems.	ヤンブー		50,000	不　明	ＳＡＢＩＣ35%出資企業、ＦＷ
Ｔ　Ｈ　Ｆ	〃	〃		3,500	〃	にＦＥＥＤとPMCを発注
無水マリック酸	〃	〃		85,000	〃	
ＰＢＴ樹脂	〃	〃		60,000	〃	
ポリアセタール	IBN SINA	アルジュベール	50,000		2017／9	ティコナ技術、4億$、2017/12操業
ポリアミド66	シェブロン	〃		50,000	不　明	コンパウンド2万t、同製品12万t
メタノール	AR-RAZI	アルジュベール	2,450,000			91/10に２号増設
	〃	〃	850,000		99／10	４号機、三菱ガス化/重工技術
	〃	〃	1,700,000		2008／央	5号機、重工、4.5億$、計500万tに
	IBN SINA	〃	950,000			
	IMC	〃	1,100,000		2004／12	千代化、川下で酢酸・酢ビ計画
	SFCCL	〃	252,000		2009年	トプソ技術/Ｌ＆Ｔ～06/8受注
		計	7,302,000			
ＭＴＢＥ	IBN ZAHR	アルジュベール	400,000			スナムプロゲッティ技術
	〃	〃	800,000		93／4Q	２号機が94/初操業開始
〃	IBN SINA	〃	850,000		93／末	ＵＯＰ技術/Liquid Air
MTBE/ETBE	SADAF	〃	700,000		96／7	ケロッグが基本設計
		計	2,750,000			
アンモニア	SAFCO	ダンマン	189,000			
	〃	アルジュベール	500,000		93／1Q	新規立地で尿素併産/千代田
	〃	〃	500,000	100,000	2019／2Q	99/末完、テクニモント1,500t/d
	〃	〃	1,100,000		2006／1Q	４号機～ウーデ施工
	Al-Bayroni	〃	434,000		2002年	スイスのAmmonia Casaleが施工
	NCFC	〃	3,583,000		2002年	(IBN AL-BAYTAR)/ＴＥＣ
	SABIC/Ma'aden	Ras Al-Zawr	1,200,000		2010／12	ウーデ/サムスンエンジ、ＤＡＰまでの一貫生産プラント
	WAS	Ras Al-Khair	1,000,000		2016／3Q	Wa'ad al Shammal 、川下に
		計	8,506,000	100,000		
尿　　素	SAFCO	ダンマン	120,000			
	〃	アルジュベール	600,000		93／1Q	粒状タイプ、千代田が施工
	〃	〃	600,000		99／末	テクニモント、1,800t/d相当
	〃	〃	1,100,000		2006／1Q	４号機～ウーデ、計3.3億＄
	〃	〃	1,100,000		2015／4	スナム/サイペン、3,250t/d相当
	Al-Bayroni	〃	650,000			
	NCFC	〃	500,000			(IBN AL-BAYTAR)
		計	4,670,000			
硫　　酸	SAFCO	ダンマン	100,000			71年操開
メラミン	〃	〃	20,000			85年操開
硫　　酸	NCFC	アルジュベール		1,500,000	不　明	5,000t/d (IBN AL-BAYTAR)
リ ン 酸	〃	〃		510,000	〃	1,700t/d相当
ＮＰＫ肥料	〃	〃	500,000			粒状タイプ

(注)生産能力は公称能力ベース　　NAMA:The Arabian Industrial Development Co.　　IMC:International Methanol Co.

サウジアラビアの石化原料事情

サウジアラビアは世界最大規模の産油国でナフサやＬＰＧなどの巨大サプライヤーでもある。ヤンブー、リヤド、ジェッダの３製油所で近代化計画が進められ、主力ラスタヌーラ製油所の一大近代化プロジェクトも1990年代半ばから実施された。精製能力拡張計画も進められている。

石化原料のエタンは、1,800万トン能力を超えたエチレン設備用の原料としては不足するため、今後完成してくる設備は、ＬＰＧやＮＧＬも投入せざるを得なくなる。サウジアラビア全体の競争力という意味でもエタンソースの確保は課題。そこでアラムコがエタン分留設備の増強をラスタヌーラ北側のジュアイマで推進、2008年後半から石化向けに200～300万トン規模の新規エタンを供給開始した。同社はすでに、石化原料に利用できるコンデンセートを日量６万バレル製造できる分留プラントを2003年９月に設置済み。ジュアイマでは第４系列の分離プラントを建設し、日量27万バレルのエタン留分（ＮＧＬを併産）と10万バレルのプロパン留分（同）を増産中。また南側のハウイヤではジュアイマに供給するＮＧＬを生産するためのプラントを建設、現地やハラドで精製した天然ガス（混合ガス）を受け入れ、日量31万バレルのＮＧＬを回収している。

ラービグ輸出用製油所は住友化学との合弁会社に移管され、2009年４月からエチレン130万トンの大型石化部門や大型ＨＯＦＣＣを抱えた石油ー石化基地として操業開始、2019年春には２期計画も完了する。アルジュベールではアラムコと仏トタルが40万バレルの合弁製油所を2014年初頭に完成、その川下ではダウとの合弁石化コンプレックスが2016年中に完成した。ＳＡＴＯＲＰ自身も150万トンのエチレンセンター新設を2024年に計画している。ヤンブーではコノコが2010年４月に撤退した後、2011年３月に中国石油化工との合弁事業化で合意、2014年９月に完成した。同じ40万バレル級の製油所がもう一つ紅海側（ジャザン）でも建設され、2017年末で工事が90％完了、2019年から稼働する。2025年にはヤンブーでアラムコ／ＳＡＢＩＣの合弁による40万バレルの製油所と総量900万トンの大型石化基地が新設される予定で、2019年中に基本設計を終える。

サウジアラビアの石油精製能力　（単位：バレル／日）

製油所名	立地場所	現有処理能力	新増設計画	完成	備考
Saudi Arabian Oil	Ras Tanura	325,000	525,000	不明	10億$の近代化対策を実施/日揮等
〃	〃	225,000		2003／9	ルーマス技術コンデンセート設備
Petromin Shell (SASREF)	Al-Jubail	305,000		85年	千代田が施工（27.2万b/dで操開）
SATORP ＊	Al-Jubail	440,000		2014／初	テクニップ等EPC～HDS反応器：IHI
Riyadh Oil Refinery	Riyadh	134,000			81年に10万b増設～千代田が施工
Arabian Oil	Khafji	30,000			66年に日揮が施工、元日系資本
Rabigh Refining and	Rabigh	400,000		80年	2009年にＦＣＣ16万b設置を予定
Petrohemical		72,000		2002／末	コンデンセートスプリッター設備
SAMREF*	Yanbu	400,000		84年	千代田が施工（26万bでスタート）
Saudi ARAMCO Yanbu Refinery	Yanbu	335,000		82年	千代田施工、2010年10万b増設
YASREF**	Yanbu	400,000		2014／9	ＳＫ/大林/ＴＲ等施工、100億$
ARAMCO/SABIC 合弁	Yanbu		400,000	2025年	川下で900万tの石化合弁も計画
Jeddah Oil Refinery	Jeddah	(100,000)		1937年	1974年４万b増設～2016年停止
Jazan Oil Refinery	Jazan(紅海側)		400,000	2019年	アクセンス/ＫＢＲ、ＣＣＲ等併設
*Petromin ExxonMobil	計	3,066,000	1,325,000	**YASREF はアラムコ62.5%/中国石化37.5%	

＊ SATORP(Saudi Aramco Total Refining & Petrochemical Co.):ARAMCO62.5%/TOTAL37.5%出資合弁
**YASREF(Yanbu Aramco Sinopec Refining Co.)～ Red Sea Refining Co.から 2011/8 社名変更。ARAMCO62.5%出資

バーレーン

概要

経済指標	統計値	備考
面　積	770k㎡	シンガポール並み
人　口	145万人	2017年推計（うちバーレーン人は48％）
ＧＤＰ	353億ドル	2017年（2016年推計は319億ドル）
１人当りＧＤＰ	24,326ドル	2017年（2016年推計は24,183ドル）
通　貨	0.376ＢＤ／＄	対ドル固定（ＢＤ＝バーレーン・ディナール）

バーレーンの石化関連工業

ペルシャ湾に浮かぶ島国でカタールの沖合に位置するバーレーンは、隣国のサウジアラビアと密接な関係がある。シトラに立地するメタノール／アンモニア工場（ＧＰＩＣ担当）やアルミ精錬のＡＬＢＡ、アルミ加工品のＧＡＲＭＣＯ（アルミ合金10万トン／アルミコイル12万トン／アルミワイヤー2.1万トン能力を保有）などのメーカー３社には、サウジのＳＡＢＩＣが出資する関係。2008年当時の経済成長率は6.3％だったが、2009年3.2％、2010年4.1％、2011年は1.8％と伸長鈍化、2012年は3.9％でＧＤＰ額は271億ドル、１人当たり２万3,477ドルという推計データもある。その後は2013年4.4％、2014年4.5％、2016年2.9％、2017年3.75％と安定成長が続いている。

1979年に設立されたＧＰＩＣ（ガルフ・ペトロケミカル・インダストリーズ）は、バーレーン政府／ＳＡＢＩＣ／クウェート石油化学工業の３者均等出資合弁企業で、総額４億ドルをかけてメタノール／アンモニアの各40万トンプラントを建設し、85年７月以来操業を続けている。ＧＰＩＣはその後、アンモニアを原料とする日産1,700トン規模の尿素プラント（スナムプロジェッティ法）を三菱重工業に発注し、98年に完成・稼働させ業容を拡大した。同社が公表した2001年当時の業績によると、生産実績はメタノールが41万2,122トン、アンモニアが45万2,600トン、尿素が61万2,742トンに達しており、純利益は950万ＢＤ（2,530万ドル相当）に上った。同社の公称能力はメタノール・アンモニアが日産各1,200トン（89年に各々200トンずつ手直し増強）、顆粒尿素が1,700トンであるため、いずれも高い稼働率で推移した。2013年の生産実績によると、メタノール44万6,277トン、アンモニア46万610トン、尿素68万7,760トンと何れも公称能力を上回った。

98年頃にはバーレーン／カタール／サウジアラビア合弁のＮＡＳＩＣ（ナショナル・ケミカル・インダストリーズ）がＢＡＰＣＯ（バーレーン・ペトロリアム）のシトラ製油所近郊に硫黄化合物工場を建設すると公表、また93年にはインドのＵＢインダストリーズによるバーレーンでのＭＴＢＥとリン酸工場の建設計画、早くから計画されたＢＡＮＡＧＡＳ（バーレーン・ナショナル・ガス）によるＭＴＢＥ／ＰＰ併産プロジェクトなどが公表されたこともあるが、いずれも棚上げ状態のまま現在に至るまで動きがみられない。

バーレーン政府とＳＡＢＩＣ等との合弁企業一覧

会社名	設立	生産品目	出資会社名	出資比率
ＧＰＩＣ：Gulf Petrochemical Industries Co.	1979年	メタノール	バーレーン政府	33.33%
		アンモニア	ＳＡＢＩＣ	33.33%
		尿素	クウェート石油化学工業	33.33%
ＡＬＢＡ：Aluminium Bahrain	1969年	アルミナ	バーレーン政府	74.9%
		(50万t)	ＳＡＢＩＣ系投資基金	20.0%
			ドイツ系投資企業	5.1%
ＧＡＲＭＣＯ：Gulf Aluminium Rolling Mills Co.	1981年	アルミシート	バーレーン政府	20%
		アルミ缶材料	ＳＡＢＩＣ系投資基金	31.28%
			ＧＣＣ(湾岸協力会議)諸国	48.72%

(立地場所はいずれもバーレーン)

バーレーンの主要石化製品新増設計画

(単位：t/y)

製品	会社名	工場立地場所	現有能力	新増設能力	完成	備考
メタノール	GPIC	Bahrain·Sitra	438,000			85／7操開(1,200t/d)
アンモニア	〃	〃	438,000			〃 (1,200t/d)
尿素	〃	〃	620,000		98年	スナム法／三菱重工、２億＄
トリポリリン酸ソーダ	〃	〃		50,000	n. a.	ＦＳは終了(工期20カ月)
硫化ソーダ	NACIC	〃		9,000	n. a.	93年に計画立案、バーレーン
亜硫酸ソーダ	〃	〃		6,000	〃	/カタール/サウジの合弁計画
リン酸	UB Ind.	〃		n. a.	〃	インドのＵＢインダストリー
ＭＴＢＥ	〃	〃		〃	〃	ズが検討
〃	BANAGAS	〃		(180,000)	(棚上げ)	ＭＴＢＥ/ＰＰ併産プラント、
ＰＰ	〃	〃		(130,000)	〃	原料は Bahrain Petroleum

(注) GPIC＝Gulf Petrochemical Industries Co.　NACIC＝National Chemical Industries Corp.
BANAGAS＝Bahrain National Gas Co.

バーレーンの石油精製能力

(単位：バレル／日)

製油所名	立地場所	現有処理能力	新増設計画	完成	備考
Bahrain Petroleum	Sitra	267,000			７億＄で近代化計画を実施。その中
〃	〃	[60,000]	[水素化分解]	2007／12	で低硫黄軽油を得る水素化分解６万
					b/d設備など4.3億＄を日揮が施工
〃	〃		100,000	2020年	FEED/仏Technip～2018/1Q発注へ
	計	267,000	100,000		

カタール

概要

経済指標	統計値	備考
面積	11,586k㎡	クウェートの６割強、台湾の３分の１
人口	274万人	2017年推計（うちカタール人は30万人超）
ＧＤＰ	1,669億ドル	2017年（2016年実績は1,567億ドル）
１人当りＧＤＰ	61,025ドル	2017年（2016年実績は59,514ドル）
輸出	674億ドル	2017年（2016年実績は573億ドル）
輸入	295億ドル	2017年（2016年実績は321億ドル）
通貨	3.61ＱＲ／$	2017年平均（カタール・リヤル）

カタールの石化関連工業

カタール国営石油公社（ＱＰ＝Qatar Petroleum Corp.）は、外資をテコにした石油化学事業と設備拡張プロジェクトを積極的に展開してきた。エチレン製造会社は仏トタル・ペトロケミカルズとの合弁会社ＱＡＰＣＯ（カタール石油化学）、米シェブロン・フィリップス・ケミカルとの合弁会社 Q-Chem（カタールケミカル）の２社が南部メサイード、ＱＰ／シェブロン／トタルによる「ラスラファン・オレフィンズ」がラスラファンに拠点を構える。

国営会社のＱＰは2003年、一部の関係会社株を新たに設立した民間資本導入会社「インダストリーズ・カタール」（略称ＩＱ）へ移管した。ＱＰはＩＱへの出資比率を70％とし、ＩＱ株を地元ドーハの証券市場に上場させた。移管対象となったのは、ＱＡＰＣＯ、ＱＡＦＣＯ（カタール肥料）、ＱＡＦＡＣ（カタール燃料添加剤）の３社。その後ＱＰはＩＱへの出資比率を51％まで下げ、外資株主の出資比率は上限の49％に達している。

■ＱＰ／トタル

1974年、ＱＰ84％／仏資本（旧ＣｄＦシミー）16％出資合弁によりＱＡＰＣＯ（カタール石油化学）が発足した。96年に外資の出資比率が増え、ＱＰ80％／エニケム10％／旧アトフィナ（トタルグループ）10％となったが、2002年９月にエニケムが資本撤収し、現在の出資比率はインダストリアル・カタール（ＱＰが70％出資）80％／トタル・ペトロケミカルズ20％。

ＱＡＰＣＯは、石油随伴ガスを原料とするエタンクラッカーをメサイードに設置し、80年からエチレン（28万トン）とＬＤＰＥ（14万トン）を生産し始めた。その後96年までにエチレンを52.5万トン、ＬＤＰＥを36万トンに増強。同年実施の第２期拡張ではＬＤＰＥ２号機の製法にＥＣＰエニケム･ポリメリのチューブラー高圧法を採用（１号機はオートクレーブ法）し､伊スナムプロジェティが施工、両設備はその後計40万トンまで増強された。2007年８月にはＳ＆Ｗと日揮の施工によりエチレン能力を20万トン増の72.5万トンに拡大、11月から増産開始した。2012年５月には、バセル技術の「Lupotech T」プロセスを採用したＬＬＤＰＥ30万トン系列をウーデが導入した。

2002年6月には川下で新たにＬＬＤＰＥの合弁会社「Qatofin」（Qapco63%／トタル・ペトロケミカルズ36%→その後49%に／ＱＰ１%出資）を設立することで合意。Qatofin はメサイードにユニベーション技術による45万トンのＬＬＤＰＥ設備を建設、2010年第１四半期に立ち上げた。

■ＱＰ／シェブロン・フィリップス

ＱＰは1998年２月、旧フィリップス石油（現シェブロンフィリップス・ケミカル）と合弁会社「Q-Chem」（Qatar Chemical、ＱＰ51%／シェブロンフィリップス49%出資）を設立。2002年末に50万トンのエチレン設備を完成させ、川下ではフィリップス法を採用した46万トンのＨＤＰＥ／ＬＬＤＰＥスイング設備（生産はＨＤＰＥ主体で、ＬＬＤＰＥは高級グレードとして差別化できるＣ$_6$タイプのみ）と4.7万トンのヘキセン１プラントを立ち上げた。

「Q-Chem Ⅱ」ではラスラファンで69.4万トンのエチレン、35万トンのＨＤＰＥ、34.5万トンのαオレフィン設備を建設し、2010年第１四半期に稼動入りさせた。プラントの施工業務はテクニモントと大宇建設の共同事業体が請け負った。

■ＱＰ／シェブロン／トタル～「ラスラファン・オレフィンズ」

シェブロン・フィリップスとトタル・ペトロケミカルズは、それぞれがＱＰとともに進めるメサイードでのＰＥ計画に関連して、原料のエチレン投資でも協調した。シェブロン系ＰＥ計画「Q-Chem Ⅱ」が53.3%、トタル系ＬＬＤＰＥ計画「Qatofin」が45.7%、ＱＰが１%を出資し、ラスラファンで130万トンの大型エチレンプラントを建設、2010年第１四半期から操業開始した。その後、ＱＰが出資比率を33.33%まで増やしたため、残りの２社は同率のまま出資比を下げた。事業会社は「ラスラファン・オレフィンズ」で、Q-Chem Ⅱ と Qatofin はパイプラインを通じてラスラファンからエチレンを受給し、ＰＥ原料として消費する。プラントの施工はテクニップ。

ラスラファン・エチレンなどの資本フロー（%は株式保有比率、生産能力は初期能力）

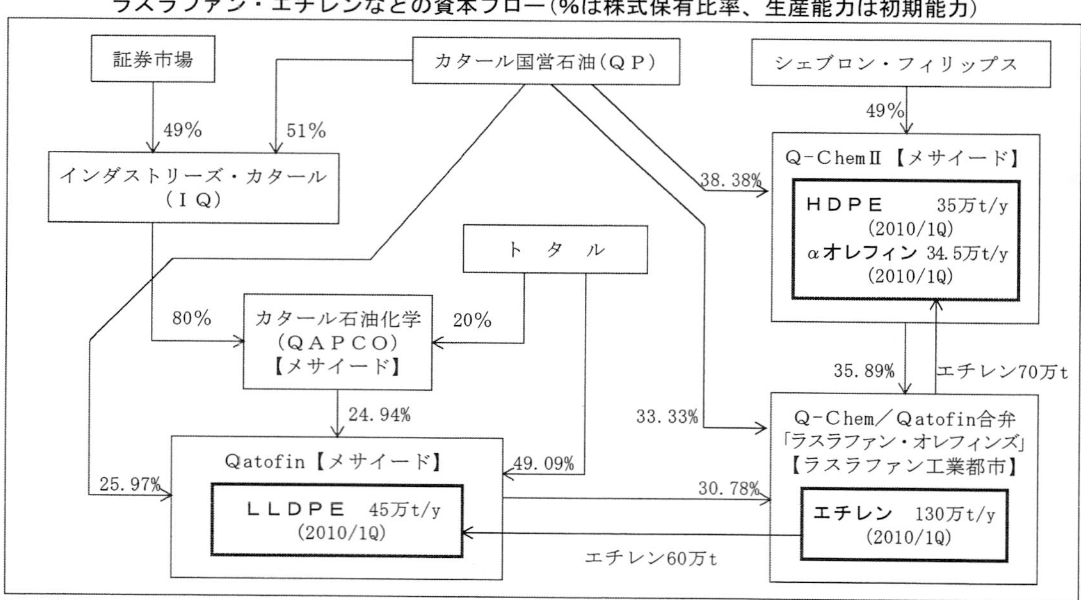

既存能力はQ−Chemがエチレン50万t/y～ＬＬＤＰＥ46万t/y、ＱＡＰＣＯがエチレン72.5万t/y～ＬＤＰＥ40万t/y

■ラスラファンエチレン投資～エクソン／シェルともに棚上げ

2010年１月、エクソンモービル・ケミカルとＱＰはラスラファンにエチレン160万トンのエタン分解炉とＰＥ65万トン、ＥＧ70万トンなどエチレン系誘導品コンプレックスを当初予定で2015年中に30億ドル超で建設する計画書に調印した。趣意書（ＳＯＩ）は2004年６月、ＦＳは2006年10月に調印済みだが、棚上げ状態。ＱＰとエクソンモービルは1935年以来、ラスラファン沖のノース・フィールドでガス田開発を共同で進め、ＬＮＧを国内や周辺地域に供給する関係にある。

シェル・ケミカルズも2005年２月、ラスラファンに同様のエタン分解炉を核とするコンプレックスを建設することでＱＰと合意し、2017年の稼働目標で2010年12月に調印したが、2015年初めになって環境変化を理由に撤回した。能力はエチレンで150万トン規模。2011年12月にはＱＰ80％／シェル20％出資の合弁会社「アル・カラアナ石油化学（Al-Karaana Petrochemicals）」を設立、事業化調査からＦＥＥＤ（基本設計）段階にステップアップし、2013年初頭にＦＥＥＤのコントラクターを入札で選定、その結果を踏まえて最終投資決定（ＦＩＤ）を行う予定だった。すでにシェルのＯＭＥＧＡ（Only MEG Advantaged）プロセスを採用した150万トン（75万トン系列が２基）の大型ＭＥＧ設備と、同じくシェルのＳＨＯＰ（Shell Higher Olefin Process）プロセスを用いた30万トンのリニアアルファオレフィン設備、旧三菱化学のオキソ法を採用した25万トンのオキソアルコール（ブタノール、2-エチルヘキシルアルコール）製造設備などの建設を内定していた。

シェルとＱＰはガソリン代替の新燃料として期待されるＧＴＬ（ガス・ツー・リキッド）の「パールＧＴＬ」14万バレルプラントを2011年６月から７万バレルで生産開始、同年末には第２系列も稼働させ倍の14万バレルへ増産したほか、誘導品として26万トンのノルマルパラフィンを事業化した。１号機13万トンは2012年３月に稼働開始、２号機13万トンは同年半ばに完成した。

■ＱＰ／ＱＡＰＣＯのラスラファン石化計画～白紙化

ＱＰとＱＡＰＣＯは、ラスラファンで2018年を目標に石化コンプレックスを建設する計画だったが、建設コストの上昇などを理由に2014年末までに撤回した。出資比率はＱＰ80％、ＱＡＰＣＯ20％。計画内容は140万トンのエチレン、85万トンのＨＤＰＥ、43万トンのＬＬＤＰＥ、76万トンのＰＰ、8.3万トンのブタジエンを生産し、その川下では日本ゼオン／三井物産／ＱＰが合弁でＳ（溶液重合法）－ＳＢＲ／ＢＲ併産の合成ゴム事業化を目指す予定だった。その後、2015年３月になってQ-ChemとＲＬＯＣが加わり、４社で再度ＦＳを進めている。

■その他のプロジェクト

メサイードではＱＡＰＣＯの余剰エチレンを利用したクロル・アルカリ～塩ビ工場が2001年７月に総額５億ドルで完成した。運営するＱＶＣ（Qatar Vinyl Co.）は97年末にＱＰ、ＱＡＰＣＯ、ノルウェーのノルスク・ヒドロ、仏トタルの出資により設立されたが、2017年末にはＱＡＰＣＯに統合。初期能力がカセイソーダ26万トン／塩素23万トンの電解設備と川下でＥＤＣ18万トン～ＶＣＭ23万トンが稼働、その後増強された。ＱＰはメサイードの既設コンデンセートリファイナリーに隣接して10万トンのＬＡＢ（リニアアルキルベンゼン、洗剤原料）設備を総額2.4億ドルで建設、2007年２月から操業開始した。原料のノルマルパラフィン（８万トン）とベンゼン（3.6万トン）からの一貫生産で、Ｎパラフィンはカタール石油精製から受給する軽油を原料に、ベンゼンはＱＡＰＣＯのエチレン設備から得られる分解ガソリンを活用してそれぞれ生産している。

カタールの主要石油化学製品新増設計画

(単位：t/y)

製品	会社名	工場	現有能力	新増設計画	完成	備考
エチレン	ＱＡＰＣＯ	メサイード	840,000		1980年	Ｓ＆Ｗ/日揮、2007/8に20万t増設
ＬＤＰＥ			200,000			１号機(オートクレーブ法)
〃	ＬＤＰＥの実力→	75万t	200,000		96年	ECPエニケム・ポリメリ法/スナム
〃			300,000		2012／5	バセル技術「Lupotech T」/ウーデ
硫黄			70,000			
ＬＬＤＰＥ	Ｑａｔｏｆｉｎ	〃	550,000		2010／1Q	ユニベーション～トタル/QAPCO/QP
カセイソーダ	ＱＶＣ→2017/末ＱＡＰＣＯに統合	メサイード	370,000		2001／7	130MWの自家発電設備も併設、総
ＥＤＣ			388,000	425,000	2018年	額4.3億$、ウーデ/テクニップ
ＶＣＭ			355,000	320,000	〃	現有ＥＤＣ能力18万t説も
ＰＶＣ				100,000	〃	
エチレン	Q-Ｃｈｅｍ	メサイード	522,000		2002／末	ＫＢＲ/テクニップ
ＨＤ／Ｌ－Ｌ	〃		460,000		〃	ＨＤ主体、ＬＬは全量C_6タイプ
ヘキセン１	〃		59,000		〃	ChevronPhillips 技術、1.2万t増強
ＨＤＰＥ	Q-ＣｈｅｍⅡ	ラスラファン	350,000		2010／1Q	テクニモント/大宇建設、ラスラフ
αオレフィン	〃		345,000		〃	ァン・オレフィンズから原料受給
ＭＴＢＥ	ＱＡＦＡＣ	メサイード	610,000		99／8	ＵＯＰ技術、操業開始は2000/4
メタノール			982,350		〃	ＩＣＩ技術、共に千代田化工施工
アンモニア	ＱＡＦＣＯ	メサイード	3,800,000			2012年に６号機(90万t)増設
尿素			5,600,000			〃　６号機(140万t)増設
Ｎ－パラフィン	ＳＥＥＦ(ＱＰ80%／United Development Co.20%)	メサイード	80,000		2007／2	ＵＯＰ技術、原料は軽油
ベンゼン			36,000		〃	ＱＡＰＣＯの分解ガソリンを使用
ＬＡＢ			100,000		〃	ＧＳ建設、総工費３億$
ＥＰＳ(発泡ポリスチレン)	ＥＰＳ カタール	メサイード	50,000		2017／末	ＩＮＥＯＳ技術、各種タイプのＥ
				50,000	2020／末	ＰＳを製造、３年後倍増設
エチレン	ラスラファン・オレフィンズ	ラスラファン	1,400,000		2010／1Q	テクニップ、Q-ChemII/Qatofinの
				300,000	未定	合弁事業、初期能力は130万t
エチレン	ＱＰ／エクソンモービル	ラスラファン		1,600,000	(棚上げ)	2006/10ＦＳに調印、工費$30億超
ＥＧ				700,000	〃	→2010/1に計画の拡大修正で合意
ポリエチレン				650,000	〃	気相法
Ｎ－パラフィン	ＱＰ／シェル	〃	260,000		2012／3	原料はＧＴＬ、2012/央2号機13万t
エチレン	Al-Karaana Petrochemicals(ＱＰ／シェル合弁計画)	ラスラファン		1,500,000	(白紙化)	当初予定2017年、設計ＦＷ、$65億
ＥＧ				1,500,000	〃	シェルＯＭＥＧＡ法75万t×２基
αオレフィン				300,000	〃	シェルＳＨＯＰ法
オキソアルコール				250,000	〃	三菱化学・オキソ法、$C_3$17万t自給
エチレン	ＱＰ 当初は「Al Sejeel石油化学コンプレックス」計画	ラスラファン		1,600,000	2025年	ＱＰが単独で再検討、当初のＱＡ
ブタジエン				83,000	〃	ＰＣＯとの合弁計画は2018年完成
S-ＳＢＲ/ＢＲ				再検討	〃	日本ゼオン/三井物産/ＱＰ合弁計画
ＬＬＤＰＥ				430,000	〃	Univation Technologies
ＨＤＰＥ				850,000	〃	
ＰＰ				760,000	〃	ユニポールプロセス
メタノール	ＱＰ/メタネックス	ラスラファン		3,000,000	不明	ＱＰとカナダのメタノール企業
ＤＭＥ	ＱＰ/三菱ガス化学			1,700,000	〃	ＱＰと三菱ガス化学/伊藤忠商事
ＧＴＬ	ＱＰ／サソール	ラスラファン		34,000b/d	不明	総額11億$
	ＱＰ／エクソンＭ			80,000b/d	〃	

(注)ＱＡＰＣＯ(Qatar Petrochemical Co.)はエタンクラッカーによりエチレンを製造。96年の17万トン増設は、仏アトフィナ(当時)と伊エニケムから各10%ずつの資本参加を得て実施。その後エニケムの株式を現トタルが買収

- ＱＡＰＣＯ(Qatar Petrochemical Co.)＝ＩＱ80%/Total Petrochemicals 20％出資
- ＱＶＣ(Qztar Vinyl Co.)＝ＱＰ55.2%/ＱＡＰＣＯ31.9%/トタル12.9%出資→2017/末ＱＡＰＣＯ100%
- ＱＡＦＡＣ(Qatar Fuel Additives Co.)＝カタール燃料添加剤会社(ＩＱ50%/ＩＯ15%/台湾中油20%/李長栄化学15%)
- ＱＡＦＣＯ(Qatar Fertilizer Co.)＝カタール肥料会社(ＩＱ75%/ノルスク・ヒドロ25%出資)
- Q-Chem(Qatar Chemical Co.)＝ＱＰ51%/シェブロンフィリップス・ケミカル49%出資
- Qatofin ＝ Total Petrochemicals49%/ＱＰ26%/QAPCO25%出資　・QIIH＝Qatar Intermediate Industries Holding Co.
- Ras Laffan Olefins ＝ Q-Chem Ⅱ35.89%/Qatofin30.78%/ＱＰ33.33%出資

世界最大級のガス田であるノース・フィールド沖合いの天然ガス(91年９月から本格操業開始)を利用したプロジェクトとして、ＱＡＦＡＣ(カタール燃料添加剤会社)のメタノール／ＭＴＢＥ事業化とＱＡＦＣＯ(カタール肥料会社)のアンモニア／尿素工場増設が実施された。このうちＱＡＦＡＣはＱＰと外資の折半出資合弁会社で、外資分は４社各12.5％出資だったが、仏トタルが抜けた後、台湾中油が20％とし、李長栄化学と加インターナショナル・オクタンが各15％ずつ出資した。ＱＡＦＣＯはＱＰ75％／ノルスク・ヒドロ25％出資合弁会社で、2004年春の４号機増設によりアンモニアを65万トン増の200万トン、尿素を120万トン増の280万トンとした。その後、各々90万トン／140万トン能力の５号機と６号機を増設し、2012年までに表記能力へ拡張した。この他、ＧＴＬ計画ではラスラファンでＱＰと南アのサソールが日量3.4万バレル(投資額11億ドル)、ＱＰとエクソンモービルが合弁で８万バレルを検討。一方、メタノール300万トン計画にはメタネックスが名乗りを上げ、川下のＤＭＥ(ジメチルエーテル)では三菱ガス化学と伊藤忠商事の170万トン計画が打ち出されたこともあるが、ともに進展はない。

カタールの石油精製能力

(単位：バレル／日)

製油所名	立地場所	現有処理能力	新増設計画	完成	備考
Qatar Petroleum Corp.	Masaieed	10,000		68年	74年4,000b増強
〃	〃	70,000		84年	97/末+1.25万b、ＦＣＣ2.3万b新設
〃	〃	27,000			CONDENSATE DISTILLATION
〃	〃	30,000		97／末	CONDENSATE SPLITTER REFINERY
アル・シャヒーン製油所	〃		(250,000)	延期	テクニップがＦＥＥＤを受注
Laffan Refinery 合弁プロジェクト*(2006/11設立、川下で石化計画も検討)	Ras Laffan	146,000		2009／9	コンデンセートからＬＰＧ、ナフサ、灯軽油生産、ＧＳ＆大宇建設
	〃	146,000		2016／末	ラファン２**～工費15億$/千代田
計		429,000			**ナフサ６万b/灯油5.3万b等併産

* Laffan Refinery ＝カタール石油(ＱＰ)51%/エクソンモービルとトタル各10%/出光興産とコスモ石油各10%/丸紅と三井物産各4.5%出資　**Laffan Refinery ２＝ＱＰ84%/トタル10%/出光興産とコスモ石油各2%/丸紅と三井物産各1%出資合弁

メサイード石油化学コンプレックス

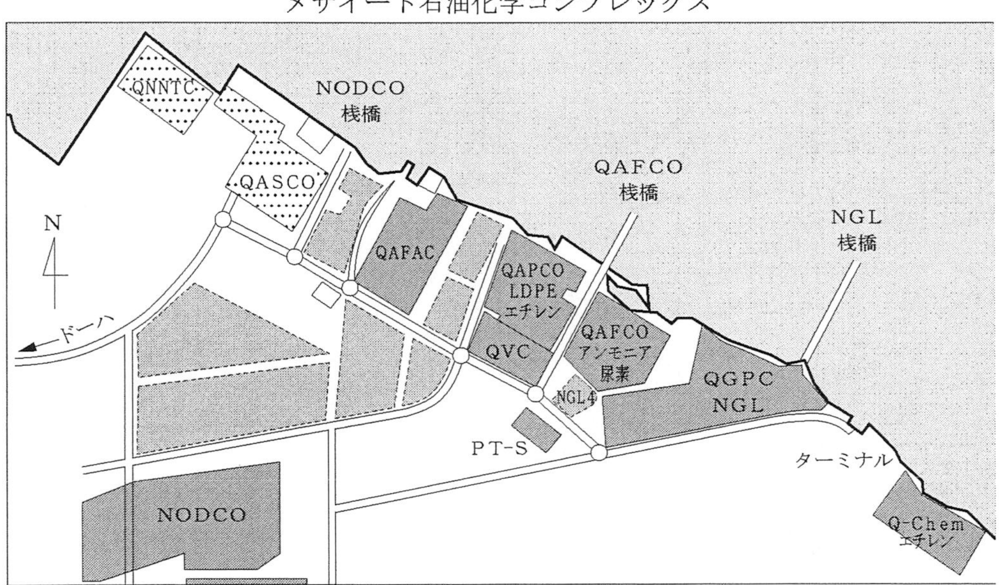

カタールの石油化学関連基地

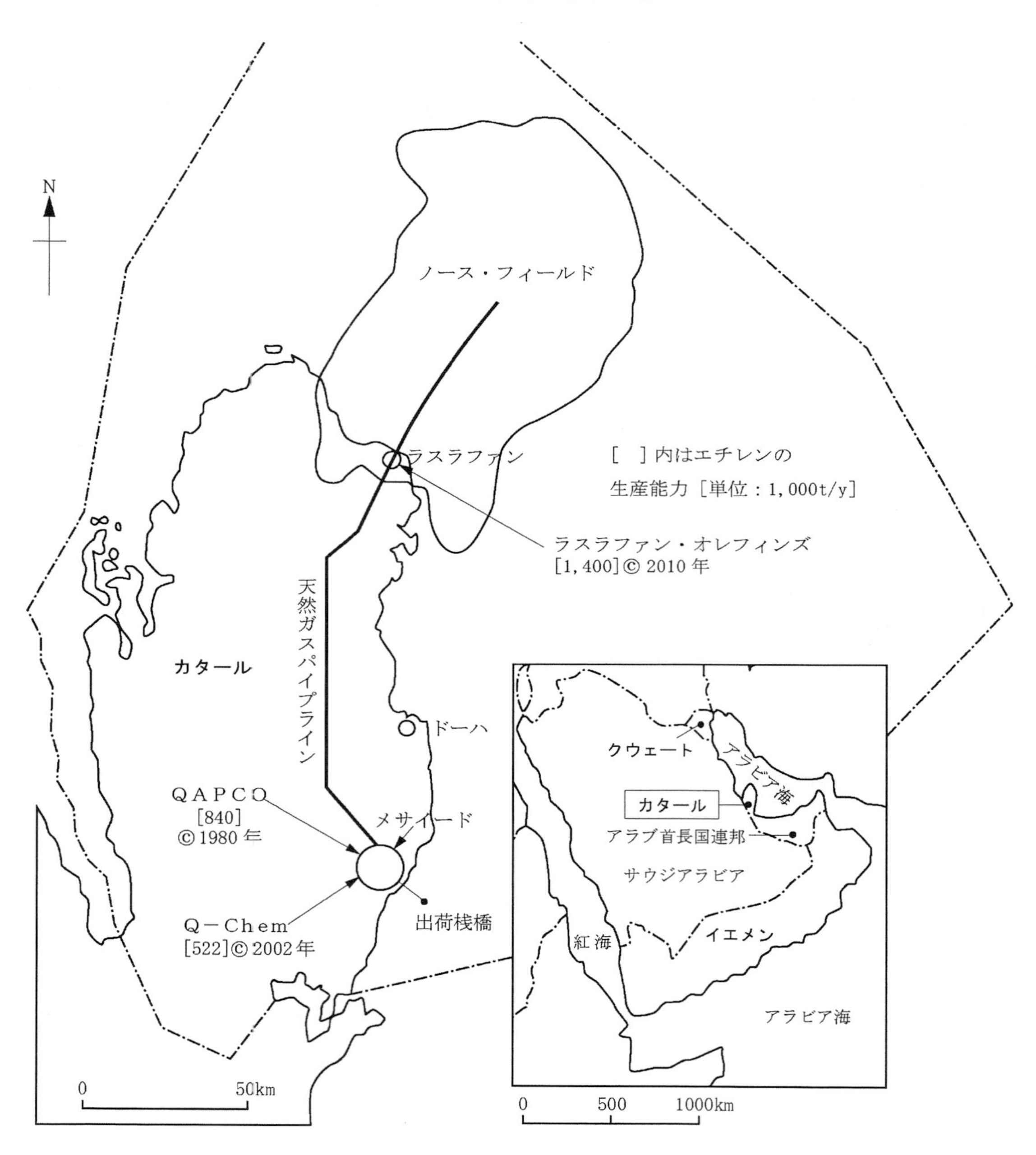

クウェート

概要

経　済　指　標	統　計　値	備　　　　　考
面　積	17,818k㎡	台湾のほぼ半分
人　口	441万人	2017年推計(うちクウェート人は３割)
ＧＤＰ	1,207億ドル	2017年(2016年実績は1,109億ドル)
１人当りＧＤＰ	27,394ドル	2017年(2016年実績は26,245ドル)
輸　出	549億ドル	2017年(2016年実績は463億ドル)
輸　入	336億ドル	2017年(2016年実績は308億ドル)
通　貨	0.299ＫＤ／＄	2017年平均(クウェート・ディナール)

クウェートの原油確認埋蔵量は1,015億バレルで、世界第７位。原油生産量は2008年までの３年間は日量270万バレルペースだったが、2014年には312万バレルと300万バレル台に復帰、現在でも300万バレルを超える。天然ガスの生産量は2005年当時で133億㎥程度。このため、油価の変動によりＧＤＰ成長率(2017年は▲3.3％)が大きく左右される経済構造となっている。クウェート石油公社が管轄する三大製油所のうち、アブドゥラ製油所は1990年８月のイラク侵攻による被災から2003年に完全復旧したが、シュアイバ製油所は激しい損傷を受けたため、アルズールに建設される61.5万バレルの新製油所が完成・稼働した後、廃棄される予定。新製油所の川下では、エチレンで140万トンのエタン・ナフサクラッカー計画(2020年頃)も検討されている。アハマディ製油所のクリーン燃料プロジェクトは、2014年から韓国の大林産業が工事を推進中。

クウェートの石化コンプレックス計画

ＰＩＣ(クウェート石油化学工業)は、かつての100％民族資本プロジェクト計画を方針転換し、米ＵＣＣ(現ダウ)を合弁相手とするＰＩＣ45％／ＵＣＣ45％／ブビヤン石油化学10％出資の合弁会社ＥＱＵＡＴＥ(イクウェート)を95年に設立。同社はシュアイバに総額23億ドルを投入し、エタンを原料とする65万トンのエチレン設備と45万トンのＬＬＤＰＥ／ＨＤＰＥ併産設備、２万トンのブテン１設備、35万トンのＥＧ設備を97年10月に完成させた。2000年の手直し増強で、エチレンは80万トン、ポリエチレンは60万トン、ＥＧは45万トンとなり、現在は55万トン能力。一方でＰＩＣは独自のＰＰ計画を復活させ、同じ97年10月にＦＣＣプロピレンを利用した10万トンのＰＰ設備を建設、同年末より操業開始している。現有能力は14万トンまで増強済み。

■石化への民間資本導入を拡大

2004年11月、ＰＩＣの親会社であるＫＮＰＣ(クウェート石油公社)の奨励により、石化投資会社 Al　Qurain(アル・クレイン)が発足した。ＰＩＣが10％の株式を保有し、残り90％は公募市場を通じて民間が保有する上場会社。アル・クレインは EQUATE に資本参加し、オレフィンや芳香族の次期投資にも出資した。この結果、EQUATE への出資比率はＰＩＣとダウが各々42.5％、ブビヤン石油化学が９％、クレイン石油化学工業６％となった。ダウは出資比率を下げる方針。

なお、EQUATE が発足した95年に一株主としてほぼ同時に発足したブビヤン石油化学もＰＩＣが10％を所有する民間投資促進会社。ブビヤン石化は EQUATE への投資のほか、サウジ企業との合弁会社を通じ、川下加工品であるポリエチレン袋の製造も手掛ける。

■オレフィンⅡプロジェクト～ＴＫＯＣ

オレフィンⅡプロジェクトの事業会社はＴＫＯＣ（ザ・クウェート・オレフィンズ・カンパニー）で、ＰＩＣとダウが42.5％ずつを出資。残りも EQUATE と同様ブビヤン石化が９％、クレインが６％出資した。今後ダウは出資比率を引き下げる方針。85万トンのエチレン設備（エタン分解炉）、22.5万トンのＨＤＰＥ／ＬＬＤＰＥ設備、60万トンのＥＧ設備建設に2005年３月着工、2008年11月から操業開始したが、ポリエチレンは翌年半ばまで遅れた。エタン分解炉には仏テクニップ、ＥＧにはダウの技術（中間原料ＥＯはメテオ法）を採用した。

ＴＫＯＣと既存の EQUATE 分を合わせたシュアイバ地区の能力は、エチレンが従来の２倍強に当たる165万トン、ＥＧは2.5倍の115万トン、ＰＥは1.4倍の82.5万トンに高まった。

■アロマティックスプロジェクト～ＫＡＲＯ

芳香族の事業会社はＫＡＲＯ（ザ・クウェート・アロマティックス・カンパニー）で、ＰＩＣとＫＮＰＣが各40％、アル・クレインが20％出資。主要生産品目のうちＰＸ82.9万トンとベンゼン39.3万トン、ヘビーアロマ８万トンはＫＡＲＯ全額出資子会社のＫＰＰＣ（クウェート・パラキシレン・プロダクション・カンパニー）が担当する。製造プロセスにはＵＯＰ技術（PAREX や TATORAY など）を採用、リフォーマー併設によって改質ガソリン（リフォーメート）から一貫生産する。ＰＩＣは2004年１月に米ベクテルをプロジェクトマネジャーに選定、2009年10月までに完成し、2010年１月から本格稼働させた。2013年には次期計画のＦＳをＦＷに発注した。

■スチレンプロジェクト～ＴＫＳＣ

スチレンプロジェクトの事業会社はＴＫＳＣ（ザ・クウェート・スチレン・カンパニー）で、アロマ事業会社のＫＡＲＯが57.5％、ダウが42.5％を出資。ＴＫＯＣが生産するエチレンとＫＰＰＣが生産するベンゼンを受給し、ダウの技術で2009年８月からＳＭを生産開始した。

■ポリエステルチェーンとグレーター・イクウェート

2004年７月、ＰＩＣはダウが欧米で手掛けていたＰＥＴ樹脂やその中間原料の一部事業を取得した。ダウとの折半出資で設立したＭＥグローバル（本社ドバイ）がＥＧ事業を、エクイポリマーズ（本社スイス・チューリッヒ）がＰＴＡとＰＥＴ事業を引き継いだ。ＭＥグローバルは、ダウがカナダ・アルバータ州に有する２つのＥＧ工場（計３系列）を譲受し、うちフォートサスカチュワンの１系列とプレンティスの１系列はダウ現地法人から取得。残るプレンティスの１系列はダウの関連会社だったアルバータ＆オリエント・グリコールが運営し、ＭＥグローバルはダウの保有株50％を取得した。ＭＥグローバルはダウの米国と欧州工場で生産されるＥＧ玉の販売業務も手掛ける。一方、エクイポリマーズが生産するＰＴＡとＰＥＴ樹脂は、伊オッターナのインカ・インターナショナルと独シュコパウのダウ・オレフィンフェルブントから事実上引き継いだ。

ダウは、クウェート合弁事業の出資比率を２段階で引き下げる方針。第１段階では、（ダウとＰＩＣが出資する）グレーター・イクウェートが（ダウが50％出資する）ＭＥグローバルの全株式を32億ドルで取得。これを2015年末に完了したことで、ダウは15億ドル（税引前）を受け取った。同取引完了後、ダウはグレーター・イクウェートへの出資を通じてＭＥグローバル株式の42.5％を保有する。第２段階では、グレーター・イクウェートに対するダウの出資比率をさらに引き下げる予定。

シュアイバのグレーター・イクウェート石化プラント群　（単位：t/y）

製品	現有能力	新増設計画	操業開始	備考
ＥＱＵＡＴＥペトロケミカル・第１期				
エチレン	800,000		1997／11	ＫＢＲ技術、2000年に15万トン増
ブテン１	20,000			ＬＬＤＰＥの原料、ＩＦＰ技術
ポリエチレン（ＨＤ/ＬＬ）	600,000			ＵＣＣ技術、2000年に15万トン増
エチレングリコール	550,000			ＵＣＣ技術、2000年に10万トン増
EQUATE Petrochemical Company (EQUATE) PIC(Petrochemical Industries Company)42.5％/Dow42.5％/BPC(Boubyan Petrochemical Company) 9％/QPIC(Qurain Petrochemical Industries Company) 6％保有				
オレフィンⅡプロジェクト				
エチレン	850,000		2008／11	テクニップ「ＳＭＫ」技術、同社施工
プロピレン	20,000			インフラはフルーア／ＦＷ施工～2005/３着工、総工費35億＄超
ブテン１	20,000			
ポリエチレン（ＨＤ/ＬＬ）	225,000		2009／６	ＵＣＣ技術ユニポール法
（うちＬＬＤＰＥ）	(150,000)			
エチレングリコール	600,000		2008／８	ＵＣＣ技術/Kharafi施工
The Kuwait Olefins Company (TKOC) PIC42.5％／ダウ42.5％／ブビヤン石油化学＆ＮＰＳ９％／クレイン石油化学工業６％保有				
アロマティックスプロジェクト				
パラキシレン	829,000	検討中（新芳香族プラント計画をＦＷが2013年にＦＳ調査済）	2009／10（本格稼働は2010／１）	ＵＯＰ技術／ＰＭはベクテル
ベンゼン	393,000			
ヘビーアロマ	80,000			以上のＰＸ/Ｂｚ/ＨＡはＫＰＰＣ担当
軽質ナフサ	803,000			} 製油所へ
ＬＰＧ	199,000			} 製油所へ
水素	40,600			} 製油所へ
ライトエンド	297,500			オレフィンⅡ計画へ
The Kuwait Aromatics Company (KARO) PIC40％／ KNPC(Kuwait National Petroleum Company)40％／ QPIC20％ The Kuwait Paraxylene Production Company (KPPC)～ＫＡＲＯの100％出資子会社				
スチレンプロジェクト				
スチレンモノマー	450,000		2009／８	ダウ技術
The Kuwait Styrene Company (TKSC)～ KARO57.5％／ Dow42.5％保有				
ＰＩＣの既存設備				
プロピレン	145,000		1997／末	ＦＣＣプロピレン
ポリプロピレン	140,000			
液体アンモニア	858,000			３系列
尿素	1,040,000			
尿素系肥料	792,000			３系列

クウェートの石油精製能力

(単位：バレル／日)

製 油 所 名	立地場所	現有処理能力	新増設計画	完 成	備 考
クウェート・ナショナル・ペトロリアム (KNPC)	Mina Al-Ahmadi	415,000			ＦＣＣ４万b/d、アルキレーション4,700b、ＭＴＢＥ1,300b等設置、Ｓ＆Ｗ/三井造船施工、Ahmadi のクリーン燃料化は大林産業施工
	Mina Abdulla	270,000			
	Shuaiba	200,000			Al-Zour 製油所完成・稼働後廃棄へ
	Mina Al-Zour		615,000	2019／2Q	40億KD(145億$)、2015/8にTR・SINOPEC・ハンファ建設が受注
ゲッティ・オイル	Mina Al-Zour	100,000			
	計	985,000	615,000		

クウェートの石油化学関連基地

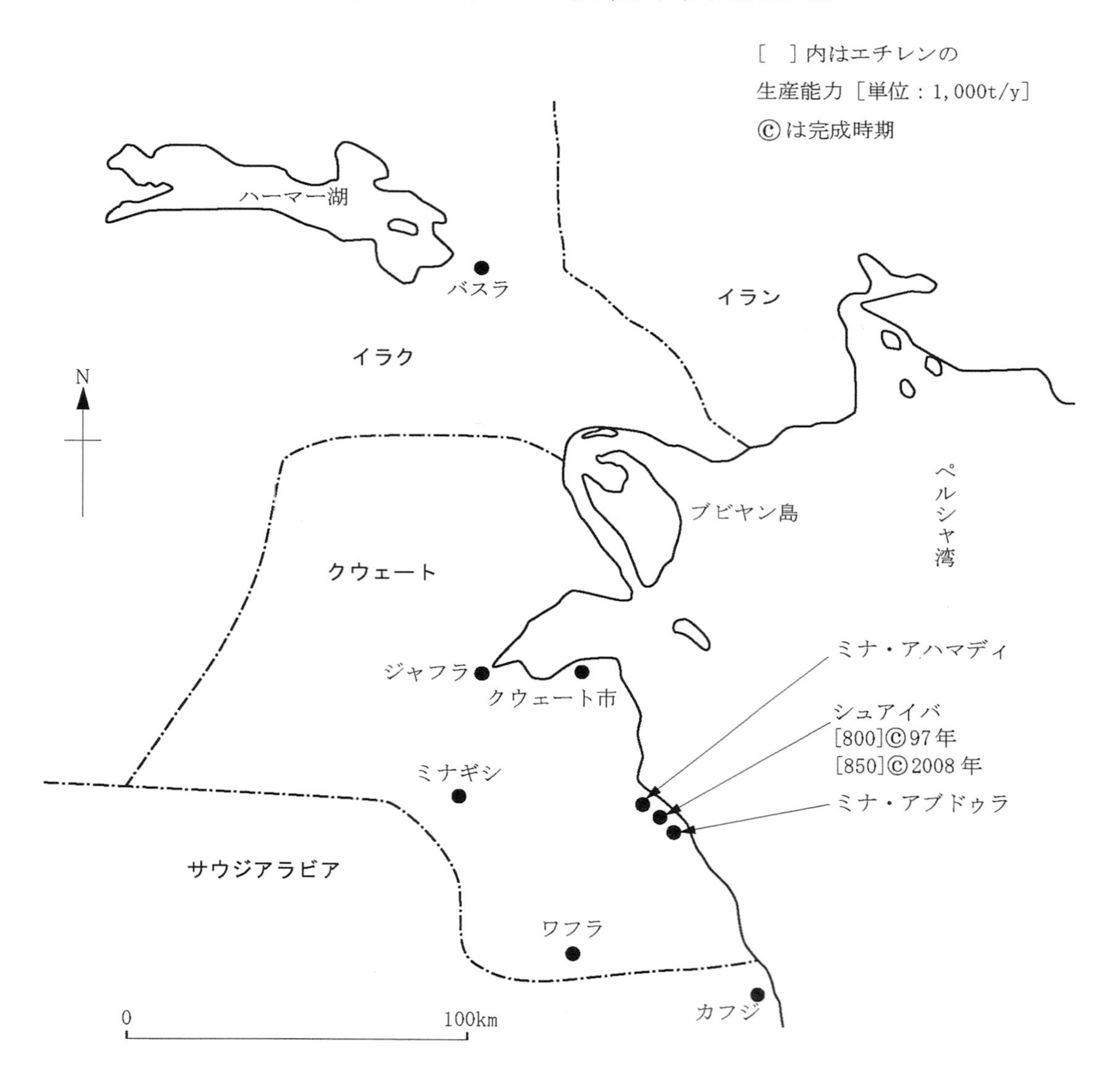

イ ラ ン

概 要

経 済 指 標	統 計 値	備 考
面 積	165万km²	日本の4.4倍
人 口	8,142万人	2017年推計、トルコ並み
GDP	4,319億ドル	2017年(2016年実績は4,044億ドル)
1人当りGDP	5,305ドル	2017年(2016年実績は5,027ドル)
経済成長率(GDP)	<2017年>4.3%	<2016年>12.5% <2015年>-1.6% <2014年>4.05%
輸 出	637億ドル	2017年度 <2016年度>467億ドル
輸 入	721億ドル	2017年度 <2016年度>657億ドル
通 貨	34,214リヤル/$	2017年平均(2016年は31,389イラン・リヤル/$)

イランの石化関連工業

イラン国営石油化学会社(NPC)は、イラン国営石油会社(NIOC)の子会社として1965年に発足。70年代半ばから第1次開発計画を指導したが、79年のイラン革命で計画が頓挫。石化分野で実質的な復興を迎えたのは90年代に入ってからで、その後国策に基づく急速な事業拡大をみた。

原料となる天然ガスの増産計画が進んでおり、石化製品の生産量を2014年度の4,300万トンから2015年度には5,000万トン台へ拡大、2016年度の5,900万トンから2017年度に6,400万トンとし、5年以内に1億トンまで増やしていく計画。2016年1月に金融制裁が解除されのに伴い、同9月には丸紅とPGPIC(ペルシアン・ガルフ・ペトロケミカル)が石化プロジェクトの実現に向け3.2億ユーロの資金調達を始めることで合意、翌10月には、6月から原油取引を再開していたシェルがNPCと石化事業投資に関する覚え書きを取り交わした。2017年7月には、サウスパースで新ガス田を開発する予定のトタルが川下でエタン分解炉や50万トンのポリマー設備2基、特殊グレードのポリエチレン設備など石化プラント合計で220万トンの新設計画を打ち上げている。

■70年代の日系資本進出と撤退

かつて日本の協力で進められ、途中で挫折したプロジェクトのうち、無水フタル酸～塩ビ用可塑剤メーカーである旧イラン・ニッポン石油化学(IRNIP)は、79年1月の革命後、同社から日本資本が撤退し、その後イラン資本100%で生産を継続している。

また73年4月に三井グループとの折半出資で設立された旧イラン・ジャパン石油化学(IJPC)も79年のイラン革命でプラント工事が中断し、最終的には90年2月、正式に合弁関係が解消された。その後イラン側は同コンプレックスをBIPC(Bandar Imam PC.＝バンダル・イマム・ペトロケミカル)と改称し、韓国の大林エンジニアリングに修復工事を発注。94年3月までに10

基の石化プラントが完成し、計300万トンの石化コンプレックスが同８月から本格稼働している。ＢＩＰＣは2002年、ＮＰＣ70％／Justice Shares Broker Co.30％出資合弁会社に改組され、傘下の石化企業としてFaravareshやBasparan、Kimiyaなどの Bandar Imam 系企業を抱えている。

■計画の進捗状況～第６／７／９／10が完成

バンダル・イマムで第６オレフィンのアミール・カビール石油化学と第７オレフィンのマルン石油化学が2005年中に完成し、アッサルエで第９オレフィンのパース石油化学と第10オレフィンのジャム石油化学は2007年中に完成した。ただし、第９と第10オレフィンコンプレックスの本格稼働入りは2007年末から2008年３月まで持ち越された。分解炉の設計はバンダル・イマムの２案件を独リンデが、アッサルエの２案件を仏テクニップが担当した。４社合計の初期能力は394万トンに及ぶ。設備的には完成していても本格稼働できない事態が多発、原料ガスが安定受給できなかったり、運転技術未熟のため安定操業できないプラントも多かった。

遅れていた第８オレフィンのアーバンド石油化学は、エチレンプラントの契約を2005年夏、地元エンジ会社のＰＩＤＥＣと交わした。またこの川下ではＥＧプラントの建設をスペインのテクニカス・レウニダスと地元ＳＡＺＥＨの共同事業体へ発注した。

ＮＰＣグループのＥＧプロジェクトを巡っては、第５オレフィン計画（カーグ島）の川下設備建設を日本の旧三井造船へ2005年２月に発注。三井造船はそれまでにも第７のマルン石化、第10のファルサ化学のＥＧ設備に対して基本設計のみを手掛けていたが、第５では建設工事そのものを地元のＰＩＤＥＣと共同受注した。いずれの製造プロセスもシェルの従来法。

三井造船は2004年に第13のイーラム石油化学からＨＤＰＥプラントの建設を受注したほか、伊藤忠商事やタイ企業の資本を交えたＨＤＰＥ合弁計画のメヘル石油化学（アッサルエのパース・エネルギー特別経済区）からも受注している。いずれも三井化学のＣＸ技術を採用した。

■パイプラインでエチレン供給～第11オレフィン計画

第11オレフィンクラスター会社のバフタル石油化学は、エチレン生産を子会社のカビアン石油化学に任せ、計画能力を200万トン（100万トン×２系列）へ倍増、2005年夏に中核設備となるエタンガス分解炉の建設を独リンデ（技術も供与）、韓国の現代建設、地元エンジニアリング会社ＳＡＺＥＨの共同事業体へ発注した。当初は2010年中の操業開始を目指していたが、１基目は2012年夏に完成、２基目は大幅に遅れ2016年12月に完成（本格操業開始は2017年半ば）した。エチレンはアッサルエで生産し、総延長1,200kmに及ぶ輸送管を通じて各地の誘導品拠点へ供給、各拠点ではエチレン系誘導品を生産する。最南部に立地するガッサラン石油化学（ガッサラン）では56万トンのＥＧプラントを建設するが、70万トン級を投入する考えもあった。

その北のロレスタン石油化学（ホラマバード）では、33万トンのＨＤＰＥ／ＬＬＤＰＥ併産設備を建設した。最北部のマハバード石油化学（マハバード）でも33万トンのＨＤＰＥ／ＬＬＤＰＥ設備を建設。いずれもＬＬＤＰＥ用に３万トンのブテン１設備を設置した。

ロレスタンからさらに北上したケルマンシャ石油化学（ケルマンシャ）では30万トンのＨＤＰＥ設備を計画。アザルバイジャンの南に位置するコルデスタン石油化学（サナンダジ）ではＬＤＰＥ設備を建設した。プラントを伊テクニモントと地元ＰＩＤＥＣの共同事業体へ発注し、生産プロセスにはバセルの「Lupotech T」技術を採用した。

第11オレフィン／誘導品プロジェクト

(単位：t/y)

事業会社	製　品	年産能力	エチレン需要	備　　　考
カビアン石油化学	エチレン プロピレン	2,000,000 178,000	－ －	エタン分解炉120万t×２基、リンデ技術 リンデ/現代建設/ＳＡＺＥＨが施工
ガッサラン石油化学	ＭＥＧ 残ＥＯ	560,000 100,000	328,000	シェル技術(従来法)、ＤＥＧ５万t／ＴＥＧ 3,500t、三井造船／ＰＩＤＥＣが施工
ロレスタン石油化学	ブテンー１ ＬＬ／ＨＤＰＥ	30,000 330,000	324,000	バセル「Spherilene」技術 アクセンス技術 テクニモント/ＮＡＲＧＡＮが施工
ケルマンシャ・ポリマー	ＨＤＰＥ	300,000	305,000	バセル「Hostalen」技術
コルデスタン石油化学	ＬＤＰＥ	300,000	315,000	バセル「Lupotech T」技術 テクニモント/ＰＩＤＥＣが施工
マハバード石油化学	ブテンー１ ＬＬ／ＨＤＰＥ	30,000 330,000	324,000	バセル「Spherilene」技術 アクセンス技術 テクニモント/ＮＡＲＧＡＮが施工
デフダシュト石油化学	ＨＤＰＥ	250,000	245,000	
チャハールマハール・バフティヤーリ石油化学	ＬＬ／ＨＤＰＥ	300,000	295,000	
アンディメシュク石油化学	ＨＤＰＥ	300,000	305,000	
ハメダン石油化学	酢酸ビニル ＥＶＡ	140,000 45,000	97,000	原料酢酸をファナバラン石油化学から調達
ミャンドアブ石油化学	カセイソーダ 塩化ビニル樹脂	190,000 300,000	144,000	塩素17万t/二塩化エチレン48.6万t/塩ビモノマー30万t(いずれも推定値)
		エチレン需要合計	2,682,000	不足分(68万トン)を第12計画から調達

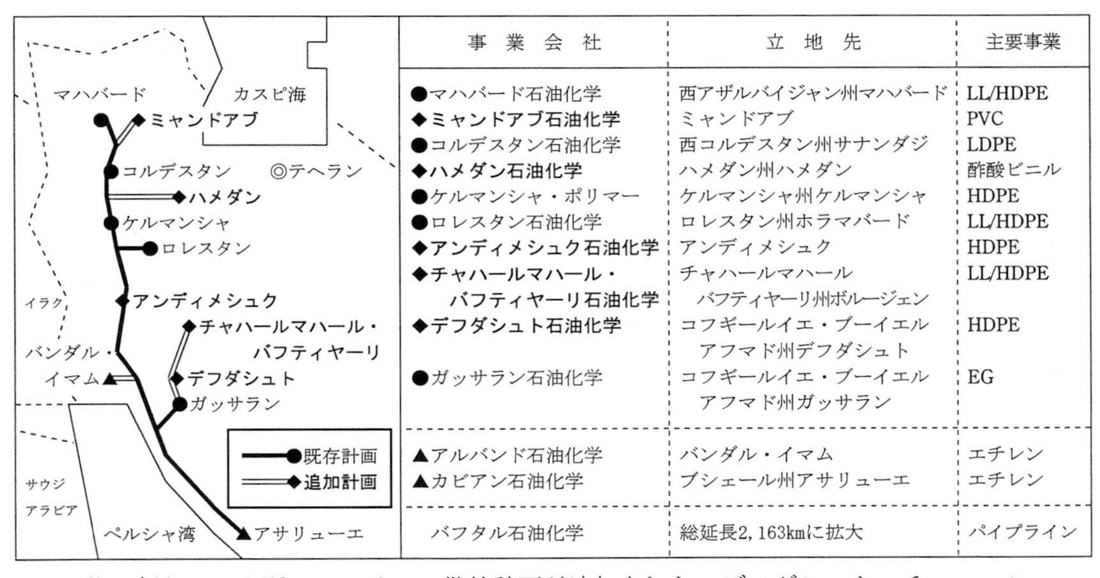

事業会社	立地先	主要事業
●マハバード石油化学	西アザルバイジャン州マハバード	LL/HDPE
◆ミャンドアブ石油化学	ミャンドアブ	PVC
●コルデスタン石油化学	西コルデスタン州サナンダジ	LDPE
◆ハメダン石油化学	ハメダン州ハメダン	酢酸ビニル
●ケルマンシャ・ポリマー	ケルマンシャ州ケルマンシャ	HDPE
●ロレスタン石油化学	ロレスタン州ホラマバード	LL/HDPE
◆アンディメシュク石油化学	アンディメシュク	HDPE
◆チャハールマハール・バフティヤーリ石油化学	チャハールマハール バフティヤーリ州ボルージェン	LL/HDPE
◆デフダシュト石油化学	コフギールイエ・ブーイエル アフマド州デフダシュト	HDPE
●ガッサラン石油化学	コフギールイエ・ブーイエル アフマド州ガッサラン	EG
▲アルバンド石油化学	バンダル・イマム	エチレン
▲カビアン石油化学	ブシェール州アサリューエ	エチレン
バフタル石油化学	総延長2,163kmに拡大	パイプライン

その後、新たに５カ所へのエチレン供給計画が追加された。デフダシュト、チャハールマハール・バフティヤーリ、アンディメシュクの３工場ではＨＤＰＥやＬＬＤＰＥを、ハメダン工場では酢酸ビニルを、ミャンドアブ工場ではＰＶＣを生産し、計109万トンのエチレンを消費する。

誘導品計画が10工場に増えた結果、エチレン消費量は当初比７割増の268万トンに膨らみ、カビアン石化の生産能力に対して68万トンのエチレン不足に転じるため、第12オレフィンなどからも調達する。なお、パイプラインからほど近いバンダル・イマムの電解～塩ビメーカー・アーバンド石油化学は、当初100万トンのエチレンセンター（通称・第８オレフィン）も建設する計画だったが、ガッサラン石油化学のエチレン～ＥＧ計画に移管された。

■芳香族誘導品へ領域拡大～ＰＣ樹脂やＰＥＴ

ＮＰＣの高機能樹脂子会社クゼスタン石油化学は、2006年初頭にＰＣ樹脂設備を立ち上げた。フェノール（年間使用量２万7,000トン）とアセトン（8,000トン）を輸入調達し、中間原料のＢＰＡから一貫生産する。生産能力はＢＰＡが３万トン、ＰＣ樹脂が2.5万トン。計画はクゼスタン石化が発足した1998年に始動し、独エンジニアリング会社のザルツギッターからＰＣ技術を導入。プラントそのものは2003年に完成したが、その後もプラントの安全解析作業を進めていた。

クゼスタン石化はＰＣ樹脂プラントの稼動入りに先立ち、ＢＰＡのもうひとつの誘導品であるエポキシ樹脂の生産を開始。能力は液状タイプと固形タイプがそれぞれ5,000トンずつ。ＢＰＡ技術を供与したポーランドのＩＣＳＯ社からエポキシ技術を導入した。副原料のエピクロルヒドリン（年間使用量5,000トン）は輸入調達している。

一方、ＮＰＣのＰＥＴチェーン子会社シャヒド・トングヤン石油化学は、2005年から繊維・ボトル用のＰＥＴ樹脂を段階的に生産し始めた。第１期、第２期と続けてプラントを立ち上げており、最終的な樹脂の年産能力は80万トン。いずれも主原料のＰＴＡからの一貫生産体制で、ＰＴＡ能力は２系列70万トン。１号機は独チンマー、２号機は旧三菱化学が技術ライセンサーだが、2006年４月から立ち上がったのは２号機だけで、１号機は十分稼働できる状態になかった。

ＰＴＡの主原料となるＰＸはグループのバンダルイマム石油化学のほか、2005年にプラントを完成させた Bouali Sina 石油化学（42.3万トン）からも調達している。ＰＴＡ副原料の酢酸は当初輸入で賄い、その後、ザルツギッターとウクライナのキムテクノロジヤからの技術導入で新設プラントを完成したファナバラン石油化学（15万トン）から調達している。ファナバラン石化は酢酸原料のメタノール（100万トン）メーカーでもある。

■オマーンオイルと共同投資

ＮＰＣはオマーン政府系のオマーンオイルと共同石化投資に乗り出す。イランではペルシャ湾岸のアサリューエで165万トンのメタノール、107万トンのアンモニア／尿素プラントを建設、オマーンではソハール工業港湾区で40万トンのＰＶＣプラントを建設するほか、ＥＤＣ事業化プロジェクトの規模を当初計画の30万トンから41万トンに拡大。生産計画を拡大することでＰＶＣの生産余力を20万トン分引き上げた。このうち塩ビ計画に関しては、両社は韓国のＬＧ商事とともにソハールでＥＤＣを事業化するための合弁会社 Liwa Petrochemical（払込資本３億ドル、オマーンオイル33.4％／ＮＰＣ33.3％／ＬＧ商事33.3％出資）を設立し、原料塩の輸入、電解、ＥＤＣを生産、ＥＤＣ原料のエチレンはＮＰＣが長期契約に基づいて供給する計画とし、当初2013年内に操業開始する予定だったが実現していない。この他、ベネズエラのペキベンとメタノールで共同投資するプロジェクトも進められている。

イランの主要石油化学製品新増設計画

(単位：t/y)

会社名	製品	工場	現有能力	新増設計画	完成	備考
Abadan Petrochemical	エチレン	アバダン	10,000			アバダン製油所のオフガスよりエ
	プロピレン		11,000			チレンとプロピレンを製造
	PVC		60,000			76年に2万t増設
	〃		50,000		2008年	チッソ技術
	カセイソーダ		30,000	77,000	2023年	水銀法からIM法へリプレース
	ドデシルベンゼン		12,000			(塩素70,572t併産)、塩酸1.2万t有
Esfahan Petrochemical	ベンゼン	イスファハン	13,000		92／8	UOP技術/Intecsaが施工
	トルエン		71,000		〃	〃 総工費3億$
	パラキシレン		44,000		〃	〃 他OX1万t
	無水フタル酸		30,000		〃	
Fiber Intermediate Products Company	DMT		60,000		93／8	ヒュルス/クルップ・コッパース
NPC	無水フタル酸	バンダル・イマム	23,800		76年	旧IRNIP、操業開始は76年
	DOP		40,000		〃	〃
Faravaresh Bandar Imam	エチレン		411,000		94／7	ルーマス法、テクニモント/ベレリ
	プロピレン		117,000		〃	韓国・大林エンジニアリング等が
Basparan BI	ブタジエン		37,000		〃	修復、94/4イラン側に引き渡し
Kimiya BI	MTBE		500,000		2000／6	Kimiya Bandar Imam
Faravaresh Bandar Imam	ベンゼン		230,000		〃	芳香族はエンゲルハルト/UOP/
	混合キシレン		140,000		〃	HRI～Krupp Koppers施工
	パラキシレン		180,000		〃	IFP/Abay/Nargan、2001/2操業開始
Basparan Bandar Imam	LDPE		100,000		94／7	東ソー技術
	HDPE		150,000		〃	三井石化技術の1号機は6万t
	PP		50,000		〃	三井東圧化学技術(PGP9.8万t)
	SBR		40,000		〃	BASF技術
Takht-e Jamshid	PS		80,000		2017／3	Takht-e Jamshid Petrochemical
Kimiya Bandar Imam	EDC		300,000		94／7	東ソー技術 (デ・ノーラの水銀法
	VCM		180,000		〃	〃 電解25万tは停止済)
Basparan BI	PVC		175,000		94／7	ヒュルス技術/ウーデ
Karoon Petrochemical	TDI		40,000		2007／4Q	ハンザ・ケミー/ケマチュール出資
	MDI		40,000		2017／3	アニリン3万t・硝酸5.6万t併設
Razi Petrochem.	アンモニア		680,000		2007／9	上記硝酸プラントに供給
	酢酸		150,000		2005／末	メタノールNo.3の川下でメタ法
Rejal Petrochem.	PP		160,000			初の民間事業、2006/末7万t増設
Shazand Petrochemical (旧アラク・ペトロケミカル)	エチレン	アラク(Arak)	306,400		94／1	KTI/TPL技術
	プロピレン		124,000		〃	IFP技術
	ブタジエン		28,000		95年	日本ゼオン技術 1ブテン7,000t ↓
	ポリブタジエン		26,000		〃	
	LLDPE		75,000		94／1	BPケミカルズ/TPL技術←
	HDPE		85,000		〃	ヘキスト/ウーデ技術
	PP		75,000		〃	ハイモント/テクニモント技術
	PVC		150,000		95年	ヒュルス技術/スナム
	EO		113,000		〃	テクニモント/ザルツギッター
	EG		119,000		〃	〃 (SD技術)
	エトキシレート		30,000		〃	
	エタノールアミン		30,000		〃	
	酢酸		30,000		〃	ヘキスト/ウーデ技術
	酢酸ビニル		30,000		〃	バイエル技術
	オキソアルコール		56,000		〃	デビー技術、うち2-EH4.5万t
Tabriz Petrochemical	エチレン	タブリーズ	136,000		97年	KTI/TPL技術
	プロピレン		56,000		〃	IFP技術
	ブタジエン		17,000		〃	BASF技術/三星ENG
	ベンゼン		55,000		〃	クルップ・コッパース技術/大林
	SBR		23,500		〃	錦湖石油化学/三星ENG
	SBラテックス		15,000		〃	錦湖/日本合成ゴム/三星ENG
	HDPE／LL		100,000		〃	BPケミカルズ/Technip/TPL
	SM		95,000	200,000	未定	仏テクニップ/TPL(EB10万t)

Tabriz Petrochemical	ＰＳ		65,000*		97年	アトケム/テクニップ/ＴＰＬ
	ＥＰＳ		15,000		〃	Sunpor 技術、テクニップ/ＴＰＬ
	ＡＢＳ樹脂		35,000		2001／末	韓国・第一毛織/三星エンジ施工
	キュメン		42,000		97年	ＵＯＰ法、仏テクニップ/ＴＰＬ
	フェノール		30,000		〃	〃
	アセトン		18,000		〃	(*内訳はＧＰ2.5万t／ＨＩ４万t)
バンダル・アバス	ＬＡＢ	アバス	50,000		2001／6	リニア・アルキルベンゼン
第５オレフィン Morvarid Petrochemical	エチレン	アッサルエ	500,000		2008／9	テクニップ/NARGAN
	ＭＥＧ		500,000		2016／3	シェル旧法、三井造船/PIDEC
	ＤＥＧ		50,000		〃	併産ジエチレングリコール
	ＴＥＧ		3,400		〃	併産トリエチレングリコール
第６オレフィン Amir Kabir Petrochemical	エチレン	バンダル・イマム	520,000		2005／3	2005/5操業、2005/8輸出開始、リンデ/ナフサ分解炉
	プロピレン		158,000		〃	
	ブテン１		20,000		〃	
	ブタジエン		51,000		〃	2005/5操業開始
	ＬＬＤＰＥ		300,000		〃	イノビーン技術、2005年操業開始
	ＨＤＰＥ		140,000		2003／下	2005年操業開始
	ＬＤＰＥ		300,000		2006年	バセル「Lupotech T」、大林など
第７オレフィン Marun Petrochemical	エチレン	バンダル・イマム	1,100,000		2007／央	リンデ/ＯＩＥＣ、エタン分解炉
	プロピレン		200,000		〃	完成は2005/央→試運転は2005/9
	ＨＤＰＥ		300,000		2007／2Q	バセル
	ＰＰ		300,000		〃	
	ＥＧ		443,000		2007／11	シェル旧法、テクニモント/PIDEC
Laleh Petrochemical	ＬＤＰＥ		300,000		2007／7	NPC４５％/Sabic Europe３０％/
	〃		300,000		08/3着工	Pooshineh Baft25%出資、2.4億$
ＰＩＤＭＣＯ	プロピレン*		500,000		2012年	*プロパン脱水素法
Mahshahr Petchem	ＭＥＫ		20,000		2013／4	Bandar Mahshahr に立地
第８オレフィン Gachsaran Olefin	エチレン	ガッサラン		1,000,000	未　定	ＡＢＢルーマス技術、ＰＩＤＥＣ テクニカスレウニダス／ＳＡＺＥＨ
Arvand Petrochemical	カセイソーダ	バンダル・イマム	660,000		2010年	塩素59万t併産 Uhde 技術ＩＭ法
	ＥＤＣ		890,000		〃	
	ＶＣＭ		343,000		〃	
	ＰＶＣ		340,000*		〃	*うち４万tがＰＶＣエマルジョン
エタン回収	エタン	アッサルエ	1,600,000		2007／4Q	リンデ、ポリメリ、スナム
	プロパン		980,000		〃	
	ブタン		570,000		〃	
第９オレフィン Arya Sasol Polymer	エチレン		1,000,000		2007／末	テクニップ/エタン系、09/夏操開
	プロピレン		90,000		〃	Pars Petrochemical/Sasol の折半
	ＨＤ／ＭＤＰＥ		300,000		〃	操業開始は2009/夏
	ＬＤＰＥ		300,000		〃	ＮＰＣ50%/ＳＰＩＩ50%合弁
	ＳＭ		600,000*		2008／6	ＥＢ64.5万tは2008/1操業開始
Entekhab Petchem	ＥＰＳ		250,000	120,000	2019年	2017/央稼働 *外販ＳＭは36.7万t
	〃			60,000	2020年	22年頃ＳＭ50万t/ペンタン５万tも
第10オレフィン Jam Petrochemical	エチレン	アッサルエ	1,320,000		2008／春	ＫＴＩ/ウーデ/テクニップ
	プロピレン		320,000			
	ブタジエン		115,000		2010／初	ＢＡＳＦ技術
	ＬＤＰＥ		300,000		2008／春	全プラントの完成は2009/末
	ＬＬ／ＨＤＰＥ		300,000		〃	テクニモント
	αオレフィン		200,000			１ブテン10万t
	ＰＰ		300,000			テクニモント
	プロピレン			450,000	2021年	ＵＯＰ技術ＰＤＨ法
	ＰＰ			300,000	〃	倍増設後60万t
	ＡＢＳ樹脂			200,000	2019年	新設
	ＰＢＲ			60,000	〃	MEG40万t/DEG4万t/TEG2,800t
Farsa Chimi Co.	ＥＧ		442,800*		2008／春	シェル法/テクニモント～*内訳↑
日タイ・イラン合弁 Mehr Petrochemical	ＨＤＰＥ（三井化学技術ＣＸ法／三造）	アッサルエ	300,000		2009／5	NPC40%/Alliance Petrochemical Investment (Singapore)60%～Siam Cement63%/伊藤忠20%/PTTGC17%

第11オレフィン Bakhtar Petrochemical	エチレン 〃 プロピレン	アッサルエ	1,000,000 1,000,000 178,000		2012／夏 2017／央 稼働開始	Kavian Petrochemical、エタン分解炉２系列、リンデ/現代建設/SAZEHが2006年着工
↓	ＭＥＧ ＤＥＧ	ガッサラン		560,000 50,000	未 定 〃	Gachsaran Petrochemical ＴＥＧ3,500tも併産
	ブテン１ ＬＬ／ＨＤＰＥ	ホラマバード	30,000 330,000		2017/3 稼働開始	Lorestan Petrochemical バセル、テクニモント/NARGAN
総延長1,200kmのパイプライン計画	ＨＤＰＥ	ケルマンシャ		300,000	未 定	Kermanshah Petrochemical バセル技術
↓	ＬＤＰＥ	サナンダジ	300,000		2017/3 稼働開始	Kurdistan Petrochemical バセル法、テクニモント/PIDEC
	ブテン１ ＬＬ／ＨＤＰＥ	マハバード	30,000 330,000		2017/3 稼働開始	Mahabad Petrochemical バセル、テクニモント/NARGAN
第12オレフィン Kian Olefin	エチレン プロピレン ＰＰ ブタジエン ＬＬＤＰＥ ＨＤＰＥ ＢＴＸ ＥＢ ＳＭ ポリオール	パース		1,000,000 450,000 450,000 277,000 350,000 350,000 712,000 382,000 325,000 240,000	2021年 〃 〃 〃 〃 〃 未 定 〃 〃 〃	現代エンジ/現代建設、31億ユーロ ＰＤＨ法～暁星との合弁化も 三井化学/大林、Mehr Petro Kimia Ｂz30万t/ＯＸ10万t/ＰＸ70万tへ 燃料ガス75.2万t/燃料油97.9万t
Parsphenol	フェノール		200,000		2015年	アセトン併産、C_3はNo.12/ＢzはNo.4
Sadaf Petrochem. Assaluyeh	ＳＢＲ			136,000	2018年	Sadaf Petrochemical Assaluyeh Versalis 技術/メイレ·テクニモント
Olefin & EG of GD	ＭＥＧ	Genaveh		500,000	2021年	Olefin & EG of Genaveh Dashtestan
第13オレフィン IlamPetrochemical	エチレン プロピレン ベンゼン ＨＤＰＥ	イーラム	 300,000	458,000 124,000 134,000	未 定 〃 〃 2013／夏	Ｓ＆Ｗ技術～当初完成予定2015/1 〃 、C_4留分3.3万t等併産 当初完成予定2015/1 三井化学ＣＸ技術、三井造船/EIED
エンプラ Khouzestan Petrochemical	ＢＰＡ ＰＣ樹脂 エポキシ樹脂	バンダル・イマム	30,000 25,000 10,000		2005年 2006／初 2005年	ＩＣＳＯ技術 ザルツギッター技術 ＩＣＳＯ技術
メタノール&酢酸 Fanavaran Petrochemical	メタノール ＣＯ 酢酸	バンダル・イマム	1,000,000 140,000 150,000		2003／９ 2005年 〃	３号機、スナム、ＭＴＰ展開へ 一酸化炭素を自給 メタノールを8.2万t使用
第３芳香族 Bou Ali Sina Petrochemical	パラキシレン オルソキシレン ベンゼン	バンダル・イマム	423,000 30,000 179,000		2005／2Q	クルップ・ウーデ～10月操業開始 ＰＸを Shahid Tondguyan PC.の PTA 向けに供給～６割稼働中
第４芳香族 Nouri Petrochemical	パラキシレン オルソキシレン ベンゼン	アッサルエ	750,000 100,000 430,000		2007／８ 〃 〃	ＴＥＣ/ＬＧ建設、コンデンセートが原料～稼働開始は2007／末 PX川下のＰＴＡ60万t計画は凍結
第１および第２ ＰＴＡ／ＰＥＴ	ＰＴＡ１号機 ＰＥＴ 〃	バンダル・イ	350,000 412,500		2005／５	チンマー技術、テクニモントなどがＦＥＥＤ
Shahid Tondgouyan Petrochemical	ＰＴＡ２号機 ＰＥＴ 〃	マムMahshahr	350,000 1,146,000		2006／４ 2006／末	三菱化学技術、三菱重工/豊田通商がＦＥＥＤ、2010年以降75万t増設
メタノール ＊ブシェール州でエチレン67万t／メタノール197万tの新設を検討	メタノールNo.1 〃 No.2 〃 No.4 〃 No.5 ＤＭＥ	アッサルエ	150,000 660,000 1,650,000 1,650,000 800,000		 2000年 2007／1Q 2009／５ 〃	Shiraz Petrochemical Kharg Petrochemical Zagros Petrochemical、ルルギ Zagros Petrochemical、ルルギ Zagros Petrochemical
カーグ島メタノール	メタノール	カーグ	1,400,000		2012年	ＩＯＯＣがＮＧＬを回収
Bandar Dayyer	メタノールNo.10	deyr	2,300,000		2018／春	Kveh Petrochemical

ＮＰＣ/トルコの PETKIM 合弁	メタノール ＨＤＰＥ	アッサルエ	1,650,000 300,000		2018／８ 2012年	Marjan Petrochemical、両社は別立地でＰＶＣ30万t検討09/10合意
Khorasan Petrochemical	アンモニア 尿素 メラミン 硫黄被覆尿素	ホラサン	330,000 500,000 20,000 90,000		97年 〃 〃 2007年	ケロッグ法(1,000t/d 相当) スタミカーボン法(1,500t/d 相当) ウーデが施工
Ghadir Petrochemical	アンモニア 尿素	アッサルエ	680,000 1,075,000		2005年	４号機、Kellogg/Stamicarbon 技術 TEC/千代化/PIDEC
	アンモニア 尿素		680,000 1,075,000		2010年	６号機、Kellogg/Stamicarbon 技術 TEC/千代化/PIDEC
Kermanshah Petrochemical	アンモニア 尿素	ケルマンシャ	396,000 660,000		2007／央	No.５、Kellogg/Stamicarbon/Norsk Hydro 技術、豊通/川重/Namvaran
Lavan Petrochemical	アンモニア 尿素	アッサルエ	660,000 858,000 (2,600t/d)		2010年	NPCl+Arak Petrochemical+Melli Bank Investment(45%)/ Sab Industries(55%)、８号機
NIPC+印 NFCL	アンモニア 尿素	アッサルエ	1,351,000 770,000		08/5覚書	Pars に４億€、印 Nagarjuna Fertilizers & Chemicals
Shiraz Petrochemical	アンモニア 尿素	シラーズ	700,000 1,100,000		2017／３	スイス Ammonia Casale/ＢＡＳＦ/ＴＥＣ、７号機、NPC100%子会社
Pardis Petrochemical	アンモニア 尿素	アッサルエ	755,000 1,000,000		2018／８	Jam Petrochemical CPX に隣接

イランの石油化学関連基地

バンダル・イマム石油化学コンプレックス

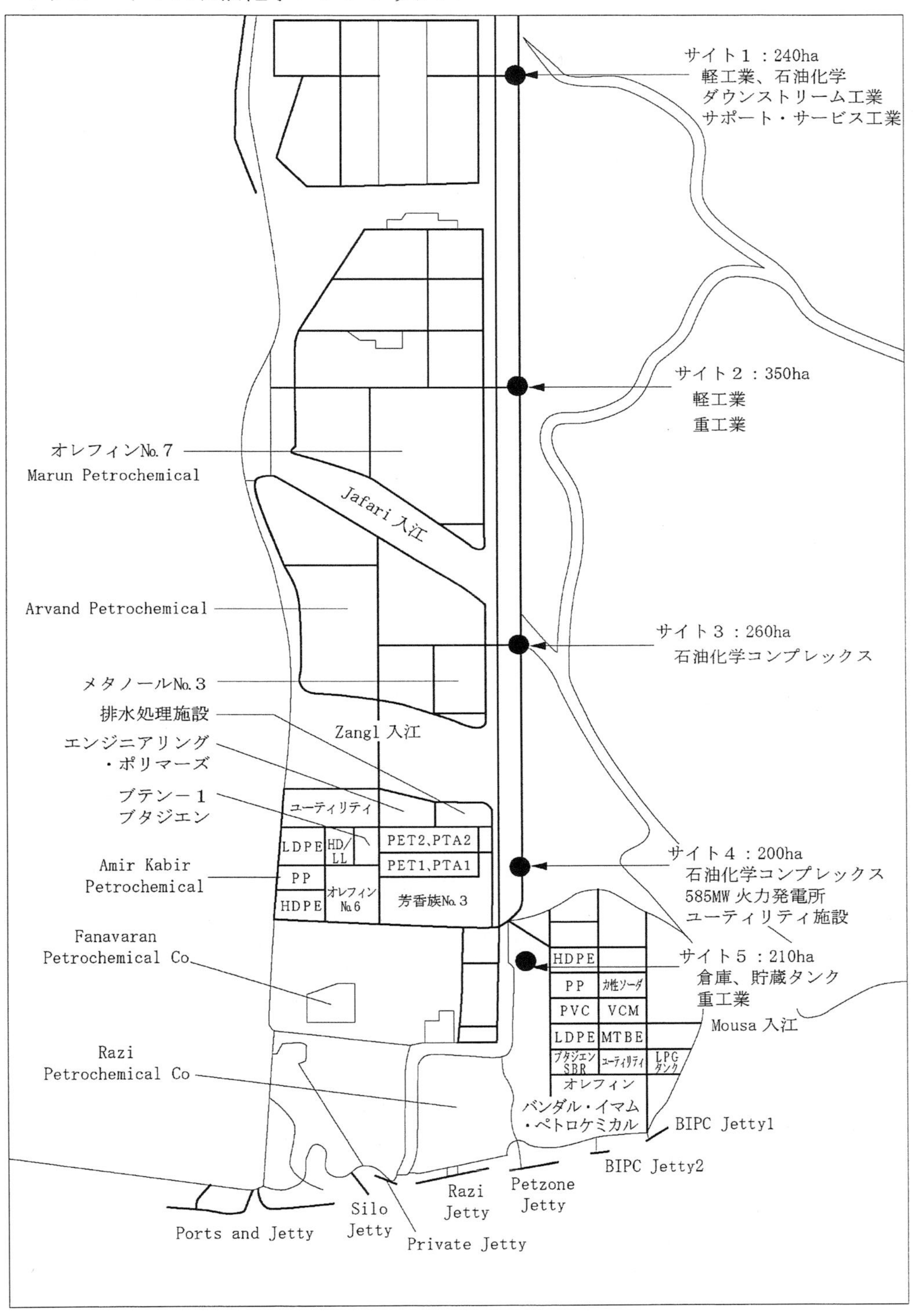

イランの石化原料事情

イランは原油や天然ガスの豊富な産資源国であり、石化原料の自給能力はあるが、ガス供給インフラに不安がある。93年９月に竣工したアラク第７製油所の初期能力は15万バレルで、バンダル・アバスの大型第８製油所は97年９月に竣工、98年３月から操業を開始した。シラーズ製油所では、2020年の完成を目指した12万バレルのコンデンセート・リファイナリー計画がある。バンダル・イマムのＢＩＰＣは、石油随伴ガスからＬＰＧとナフサを91年３月より生産し、石化用に自消し始める94年８月までに年間１億ドルの外貨を稼いだことがある。

イランの石油精製能力

(単位：バレル／日)

製油所名	立地場所	現有処理能力	新増設計画	完成	備考
ナショナル・イラニアン・オイル(NIOC) ↓ ペルシアン・オイル&ガス・ディベロップメント(ＰＯＧＤＣ)	Tehran	250,000			ＣＣＲ2.1万b設置を検討、+2.5万b
	Isfahan	314,000			2.8万b増強
	Abadan	400,000	50,000	未定	ＦＳ中、工費1.6億$、修復も必要
	〃		320,000	〃	40億$、重質油処理
	Tabriz	115,000	13,500	不明	Euro V Gasoil
	Shiraz	58,000			１万b増強、うち軽質ナフサ6,500b
	Shiraz(Pars)		120,000	2020年	コンデンセート・リファイナリー
	Kermanshah	30,000	5,000	不明	
	Lavan	30,000			
#7	Arak	255,000		93／9	日揮/ＴＰＬ/ベレリ、07年+8.5万b
	〃		150,000	未定	フェーズⅡ計画～ＦＳ中
#8	Bandar Abbas	252,000	70,000	〃	千代田／スナム／ベレリ、12.5億$
#9	Bandar Assaluyeh		n. a.	〃	№９製油所計画、工費６～７億$ スプリッターでＬＰＧ／ナフサを
	計	1,704,000	728,500		現有190万bで220万bへの増強説も
バンダル・イマム・ペトロケミカル	Bandar Imam	950,000t/y 450,000t/y	(ＬＰＧ) (ナフサ)	91／3 〃	石油随伴ガスの有効利用策として ＬＰＧとナフサを生産

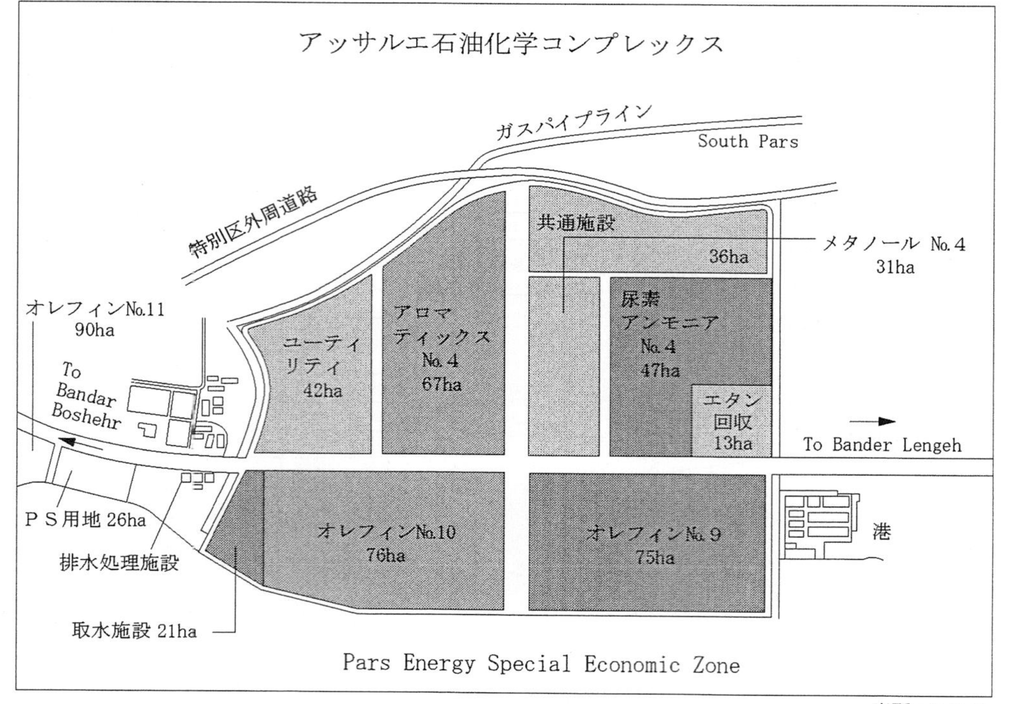

出所：ＮＰＣ

トルコ

概要

経済指標	統計値	備考
面積	78.5万km²	日本の２倍
人口	8,081万人	2017年推計（2016年は7,981万人）
ＧＤＰ	8,515億ドル	2017年（2016年実績は8,634億ドル）
１人当りＧＤＰ	10,537ドル	2017年（2016年実績は10,817ドル）
経済成長率(GDP)	＜2017年＞7.4%	＜2016年＞3.2%　＜2015年＞6.1%　＜2014年＞5.2%
輸出	1,570億ドル	2017年実績　＜2016年＞1,425億ドル
輸入	2,338億ドル	2017年実績　＜2016年＞1,986億ドル
通貨	3.652ＮＴＲ/＄	2017年平均新トルコ・リラ（2016年平均3.046NTR）

トルコの石化関連工業

トルコの石油化学事業は、国営企業であるペトキム（PETKIM PETROKIMYA HOLDING A. S.）が大半を担ってきたが、政府は2007年７月に株式の51％を民営化した。これを20億7,500万ドルで買収したのはトルコのトゥルカスとアゼルバイジャン国営石油のソカール（SOCAR）を中心としたコンソーシアムで、政府は続いてリファイナリー企業の TUPRAS についても入札方式による民営化を推進中。ソカールは2023年の完成を目標に90万トンのＰＴＡプラントを増設する計画で、60％出資子会社 STAR Rafineri のリフォーメート100万トンから原料のＰＸを手当する。

ペトキムはアリア（Aliaga）地区に立地する40万トンのエチレン設備（84年完成）を2004年10月に12万トン増設し、同時に川下では12万トンのＬＤＰＥも増設、ＰＰも6.4万トン増設した。新プラントは三井化学技術を導入し、三井造船が建設した。2014年秋にも同様にエチレンで７万トン弱の増強を図った。既存の１号機は三菱化学（当時三菱油化）が77年にライセンス供与したもので、低コストで高品質なＰＰが製造できるスラリー法を91年８月に改めて技術供与、ペトキムが93年中に３割の能力アップを図った経緯がある。ペトキムはエチレンの増強を機にＰＴＡも倍増した。さらにブタジエンゴムやカーボンブラック、高純度エチレンオキサイドとエトキシレート、アセトニトリル精製設備の建設なども検討しており、ＦＳを進めている。ポリエステル製品の大手メーカーであるＳＡＢＡＮＣＩ（ＳＡＳＡの親会社）は98年８月にＤＭＴを倍増設し、完全自給化を果たしたが、2002年６月の火災事故で操業停止、その後の復旧時に４万トン増強して28万トン能力とした。タイのインドラマは同社等からＰＥＴ樹脂事業を2015年までに買収済み。

2012年５月には Bayegan グループがサウジのアドバンスト・ペトロケミカルとの合弁でプロパン脱水素プロピレン45万トン～ＰＰ50万トンの一貫生産工場建設で合意、当初2015年第４四半期にも完成させる計画だったが、その後ＡＰＣが脱落。Bayegan はアルジェリアのソナトラックと2017年８月にＭＯＵを締結し、プロピレン能力を75万トンに拡大して計画を再開することにした。

トルコの主要石油化学製品新増設計画

(単位：t/y)

製品	会社名	工場	現有能力	新増設計画	完成	備考
エチレン	PETKIM PETROKIMYA	Aliaga	587,600			S&W/三井造船が2004/10に12万t+2014/秋6.76万t増設
プロピレン	PETKIM PETROKIMYA	Aliaga	240,000			
	Bayegan Group/ Sonatrach 合弁計画	Ceyan		750,000	2020年以降	輸入プロパンによるＰＤＨ法〜アルジェリアのソナトラックと
ＬＤＰＥ	PETKIM PETROKIMYA	Aliaga	190,000			ＩＣＩ技術、93年に1.5万t増強
	〃	Izmir	120,000		2004年	スタミカーボン/テクニップ
		計	310,000			
ＨＤＰＥ	PETKIM PETROKIMYA	Aliaga	96,000			三井化学技術、93年に1.6万t増
ＰＰ	PETKIM PETROKIMYA	Aliaga	80,000			三菱化学技術、93年1.5万t増強
	〃	Izmir	64,000		2004年	２号機三井化学技術/三井造船
	Bayegan/Sonatrach 合弁	Ceyan		500,000	2020年	ＰＤＨ法プロピレンを自給
		計	144,000	500,000		
ＶＣＭ	ALPET	Aliaga	142,000			ICI/ソルベー技術、93年3万t増
ＰＶＣ	ALPET	Aliaga	150,000			ICI/ソルベー法、93年3.6万t増
ＳＭ	PENTA dis TICARET	Aliaga	60,000		94年	
ＰＳ	PENTA dis TICARET	Aliaga	60,000		94年	旧アトケム技術
	Baser Petrokimya	Adana	40,000			ＳＡＢＩＣ70%/Baser HD30%
		計	100,000			(注)ＥＰＳ能力を含む
ＥＧ	PETKIM PETROKIMYA	Aliaga	100,000			シェル技術、84年操開
ＰＴＡ	PETKIM PETROKIMYA	〃	140,000			旧アモコ技術、2014/秋に倍増設
〃	SOCAR Turkey Enerji	〃		900,000	2023年	ＢＰ最新技術/テクニップ
ＤＭＴ	ADVANSA(Sabanci 系)	Adana	280,000			ビッテン法、98/8に倍増設+4万t増強。ＰＯＹ/ＰＥＴヤーン
ポリエステル繊維	Sasa Polyester(Sabanci 系)	〃	(f) 65,000			
	〃	〃	(s) 150,000			ポリエステル短繊維
ＰＥＴ樹脂	INDORAMA	Istanbul	252,000		2013／11	元 Polyplex Corp が$150mで建設
〃	〃	Adana	130,000			INDORAMA がSABANCIから買収
ＡＮ	PETKIM PETROKIMYA	Aliaga	90,000			ソハイオ／ＢＰケミカルズ技術
炭素繊維	DOW−AKSA	Yalova	3,500		2009年	2012/7に1,700t増設
スパンデックス	HYOSUNG(暁星)	Tekirdag	25,000		2007年	『クレオラ』、2017/上5,000t増
ベンゼン	YAMPET	Izmir	123,000			84年に日揮が施工
パラキシレン	〃	〃	136,000	40,000	不明	工費$18m〜23m
ＯＸ	〃	〃	40,000			
無水フタル酸	PETKIM PETROKIMYA	Aliaga	34,000			旧アトケム技術
エトキシレート	PETKIM PETROKIMYA	Aliaga	10,000		94／央	ペトキムとヘンケル等の合弁
カセイソーダ	PETKIM PETROKIMYA	Aliaga	114,000			伊デ・ノーラ技術→2001年増強
塩素	〃	〃	100,000			時にクロリンエンジニアズ技術
カセイソーダ	AK−KIM	Yalova	7,425			91年完成、倍増設計画も
塩素	〃	〃	6,590			
アンモニア	TUGSAS	Gemlik	330,000			91年完成
過酸化水素	ETIBANK	Bandirma	15,000			91年完成

トルコの石油化学関連基地

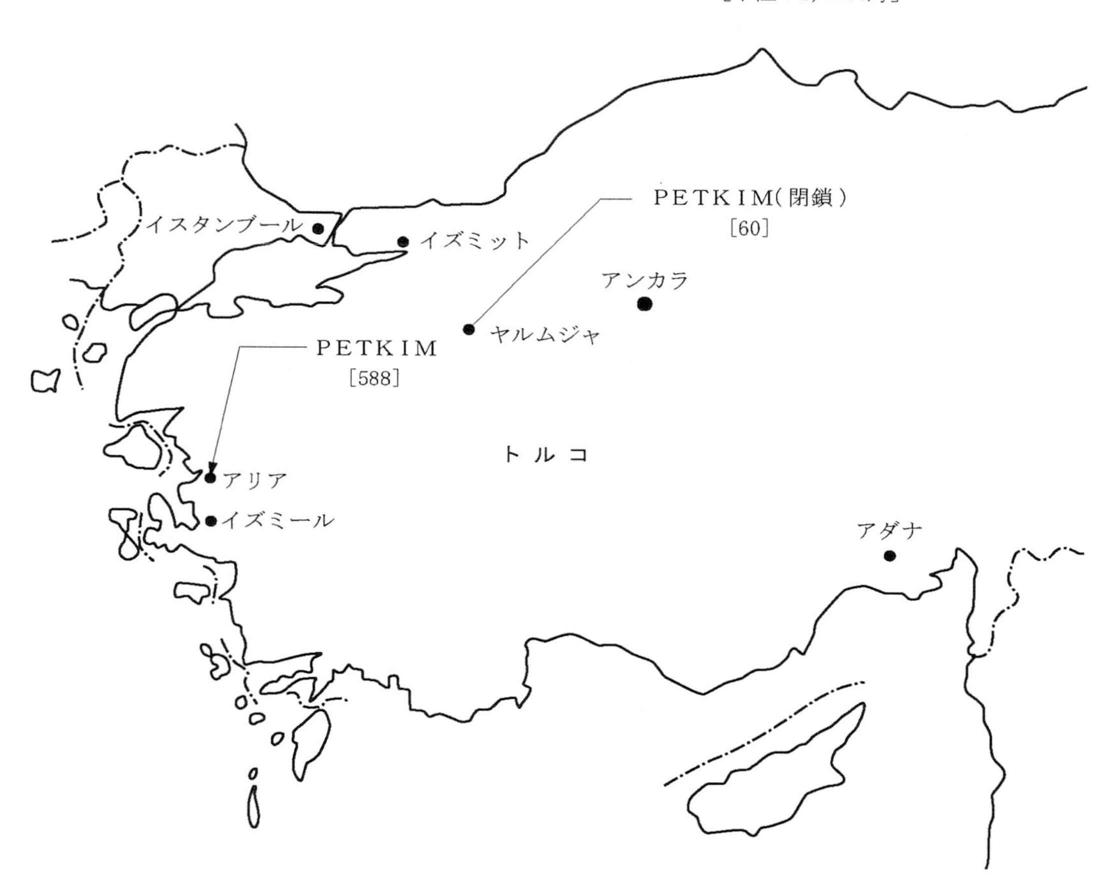

トルコの石油精製能力

(単位：バレル／日)

製油所名	立地場所	現有処理能力	新増設計画	完成	備考
Turkish Petroleum Refineries (TUPRAS)	Izmit	220,000	2次設備増強		伊スナムが90年の Aliaga に引続き Izmit にも2.3万 b/d のハイドロクラッカーを96／央建設。セントラル・アナトリアン製油所では89年に日揮がハイドロクラッカーを受注し建設、異性化装置も設置
	Aliaga, Izmir	220,000			
	Kirikkale	100,000			
	Batman, Siirt	22,000			
Anadolu Tasfiyehanesi AS	Mersin	90,000			
STAR Rafineri	Aliaga	200,000		2018／10	SOCAR(アゼルバイジャン)60%出資 伊藤忠/TR/サイペム/GS建設施工
	計	852,000			

イスラエル

概 要

経　済　指　標	統　計　値	備　　　　考
面　積	22,072km²	台湾の６割弱、カタールの倍
人　口	872万人	2017年推計
ＧＤＰ	3,506億ドル	2017年（2016年実績は3,177億ドル）
１人当りＧＤＰ	40,258ドル	2017年（2016年実績は37,192ドル）
経済成長率（GDP）	〈2017年〉 3.3%	〈2016年〉4.0%　〈2015年〉2.6%　〈2014年〉3.2%
輸　出	600億ドル	2017年（2016年実績は602億ドル）
輸　入	691億ドル	2017年（2016年実績は666億ドル）
通　貨	3.60NIS/$	2017年平均（新イスラエル・シェケル）

イスラエルの石化関連工業

カーメル・オレフィンズ（CARMEL OLEFINS INDUSTRIES）がイスラエル唯一のエチレンセンター会社で、唯一の石油企業であるオイル・リファイナリーズの傘下にある。カーメルの株式50％を保有するイスラエル・ペトロケミカル・エンタープライズは、同社とオイル・リファイナリーズ株式の20.53％を交換することで2008年７月に合意した。ハイファのエチレン年産13万トンコンプレックスは93年に20万トンへ引き上げ、ＬＤＰＥも8.8万トンから17万トンに増設した。同時にＰＰも93年末から６万トンでスタート、その後20万トン強まで拡張しており、2007年７月には25万トンの２号機を完成・稼働させ45万トン強へ拡張した。当初は98年末までにエチレンを30万トンに拡張し、新たに12万トンのＨＤＰＥ系列を導入する計画だったが、延期されたまま。ＳＭの国産化計画も湾岸戦争以来延期されたままで、ＰＳについてはスクラップ＆ビルドによる倍増設を検討したことがある。このほか、ハイファ・ケミカルズによる10万トンのアンモニア工場倍増設計画もある。アシュドド製油所では92年央に２万トンのＭＴＢＥプラントを設置、同時に原油の日量処理能力も8,000バレル／日ほど増強した。またエジプトとの民間合弁事業として大型製油所を建設、アレキサンドリア市近郊に13万バレルのリファイナリーを2003年に建設した。生産される500万トンの石油製品のうち、３分の２を両国が半分ずつ引き取り、残る３分の１は地中海市場へ販売している。

イスラエルの石油精製能力

（単位：バレル／日）

製　油　所　名	立地場所	現有処理能力	新増設計画	完　成	備　　考
オイル・リファイナリーズ	Haifa	180,000			６万b/d増設済み
	Ashdod	88,000			92年央に8,000b/d増強
エジプトとの合弁製油所	エジプト・アレキサンドリア	130,000		2003年	総事業費12億$、仏テクニップ/伊ＴＰＬが施工、$\frac{1}{3}$はイスラエル分
	計	398,000			

イスラエルの主要石油化学製品新増設計画

(単位：t/y)

製品	会社名	工場	現有能力	新増設計画	完成	備考
エチレン	CARMEL OLEFINS	Haifa	200,000	100,000	不明	自社技術、93年に7万t増設
プロピレン	〃	〃	110,000			
LDPE	〃	〃	170,000			93年に8.2万t増設
HDPE	〃	〃		120,000	不明	当初の98年中実施計画は延期
PP	〃	〃	205,000		93／末	初期能力は6万t
〃	〃	〃	250,000		2007／7	増設後計45.5万t
PS	〃	〃	20,000*	40,000	不明	*うち2,000tは発泡ポリスチレン
EDC	Frutarom	Akko	167,000			
VCM	〃	〃	120,000			
PVC	〃	〃	110,000			
ベンゼン	Gadiv Petrochemical	Haifa	98,000			90年までに倍増設済み
トルエン	Industry	〃	86,000			
キシレン	〃	〃	148,000			
SM	〃	〃		60,000	不明	工費2,500万$
PTA	〃	〃		60,000	不明	工費8,000万$以内
メタノール	Dor Chemicals	〃	60,000			
MTBE	Ashdod Oil Refinery	Ashdod	20,000		92／央	工費1,200万$
炭素繊維	Afikim Carbon	Hayarden	100			英RKカーボン技術「ACIF」
アンモニア	Haifa Chemicals	Negev	100,000		95年	工費1億$
〃	〃	〃		100,000	不明	第2期倍増設計画、工費5,000万$

イスラエルの石油化学関連基地

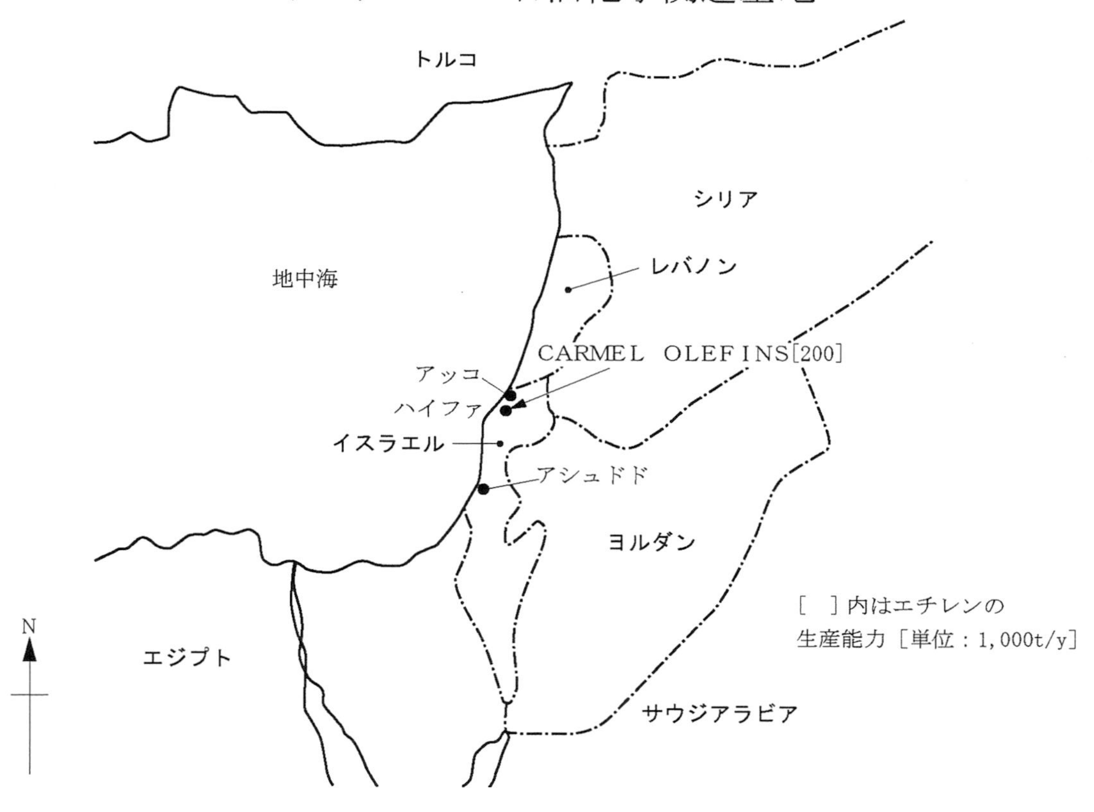

アラブ首長国連邦

概 要

経 済 指 標	統 計 値	備 考
面 積	8.36万km²	
人 口	1,014万人	2017年推計(うち自国民は２割)
ＧＤＰ	3,826億ドル	2017年(2016年実績は3,714億ドル)
１人当りＧＤＰ	37,733ドル	2017年(2016年実績は37,678ドル)
輸 出	3,135億ドル	2017年(2016年実績は1,895億ドル)
輸 入	2,737億ドル	2017年(2016年実績は2,718億ドル)
通 貨	3.67Ｄ／＄	2017年平均(ディルハム)

ＵＡＥの石化関連計画

■第１期プロジェクト(ボルージュ・ステップⅠプロジェクト)

2001年末、アラブ首長国連邦(ＵＡＥ)初のエチレン年産60万トン設備と22.5万トンのＨＤＰＥ／ＬＬＤＰＥ併産ポリエチレン(ＰＥ)２系列がルワイス工業地区に完成した。アブダビ国営石油(ＡＤＮＯＣ)が60%、欧州ポリオレフィンメーカーのボレアリスが40%を出資した合弁事業で、総投資額は12億ドル。事業主体のアブダビ・ポリマーズ・カンパニー、通称「ボルージュ」(1998年５月発足)の本社は首都アブダビ、ＰＥ販売部門会社(折半出資)の本社はシンガポールにある。原料のエタンガスはアブダビガス工業会社(Abu Dhabi Gas Industries Co.)から調達し、ＰＥ製造技術にはボレアリスのボルスター技術(The Borstar bi-modal Polyethylene technology)を採用した。2002年秋から本格稼働し、ＬＬとＨＤＰＥを東南アジア地域を中心に販売している。

ボレアリスはノルウェー国営石油会社のスタトイル(Statoil)とフィンランド国営石油会社ネステの折半出資合弁会社として95年10月デンマークに設立されたが、97年末にネステが資本撤収、同社の株式をＩＰＩＣ(ＵＡＥ国営の国際石油投資公社)とＯＭＶ(オーストリアの石油会社)が半分ずつ買収した。2005年10月にスタトイルが資本撤収した結果、ボレアリスはＩＰＩＣ65%／ＯＭＶ35%出資合弁会社に改組され、本社をオーストリアに移した。ＩＰＩＣは2009年７月、カナダのノバ・ケミカルズを23億ドルで買収、10月に同社株式24.9%のボレアリスへの譲渡を決めた。

■第２期プロジェクト(ボルージュ・ステップⅡプロジェクト)

ボルージュはエチレン60万トン、ＬＬとＨＤＰＥを合わせたポリエチレン45万トンで２年半の間営業運転した後、2005年３月にはポリエチレンを13万トン手直し増強し、29万トンの２系列計58万トンに拡大した。これに145万トンのエチレン２号機を増設したのが第２期計画で、川下にＨＤＰＥ／ＬＬＤＰＥ54万トン、プロピレンで75.2万トンのオレフィン・コンバージョンユニットを併設し、２系列で80万トンのＰＰ設備も新設、2010年半ばから８月にかけて完成した。

ポリエチレンやＰＰの製造技術は、欧州の大手ポリオレフィンメーカーでボルージュ株主のボレアリスから供与を受けた。ＰＰ原料のプロピレンは、エチレンを原料にプロピレンへ転換するＯＣＵ(オレフィン・コンバージョン・ユニット)を導入して自給。プロジェクトのＰＭＣは米フォスター・ウィーラーに、ＦＡは英・香港上海銀行(ＨＳＢＣ)を起用、2005年７月にそれぞれ契約を交わした。2006年になってエタンクラッカーは既存機と同様リンデに発注。2007年６月にはプロピレン75.2万トンとブテン１を3.9万トン併産できるＯＣＵを３億ドルでサムスン・エンジニアリングへ発注、工期35カ月で2010年８月に完成した。総工費は13億ドル規模。

■第３期プロジェクト(ボルージュ・ステップⅢプロジェクト)

第３期では、ルワイスに２基目の大型エチレン150万トン設備(ともにエタンガス分解炉)を建設し、川下にポリエチレンやＰＰなど計250万トンの大型ポリオレフィン設備を2014年半ばまでに設置した。完成後、トータル能力はエチレンが360万トン、ポリオレフィンは440万トンまで拡大した。ＰＭＣはベクテルで、独リンデが2009年６月に受注したエタンクラッカーは10億7,500万ドル。韓国のサムスン・エンジニアリングと伊テクニモント連合がポリオレフィンプラントを17億ドルで受注した。ＰＥのうち54万トンの２系列は低密度から高密度までフレキシブルに製造できる全密度ＰＥで、本格稼働入りは2015年４月にずれ込んだ。追加された電線被覆用の架橋ポリエチレン８万トン設備は2015年末に完成した。

ＵＡＥの石油化学コンプレックス　(単位：t/y)

製品	会社名	工場	生産能力	完成	備考
エチレン	ボルージュ(BOROUGE)	Ruwais	600,000	2001／末	エタン分解炉/リンデ、ADNOC60%/ボレ
〃	〃	〃	1,450,000	2010／央	第２期もリンデ施工　アリス40%出資
〃	〃	〃	1,500,000	2014／央	第３期もリンデ施工/ＰＭＣはベクテル
〃	〃	〃	1,800,000	2023年	ボルージュⅣ、マルチフィードクラッカー
ＨＤＰＥ／	〃	〃	290,000	2001／末	ボルスター技術22.5万t２系列を2005/3に
ＬＬＤＰＥ		〃	290,000	〃	各々29万tへ計13万t増強
〃	〃	〃	540,000	2010／７	ボルージュ技術/テクニモント
全密度ＰＥ	〃	〃	1,080,000	2015／４	ボルージュⅢ、54万t×２系列、工費17億$
ＬＤＰＥ	〃	〃	350,000	〃	〃　サムスン/テクニモント施工
架橋ＬＤＰＥ	〃	〃	80,000	2015／末	〃　、電線被覆用架橋タイプ(ＸＬＰＥ)
プロピレン	〃	〃	752,000	2010／８	メタセシス装置/サムスンエンジ～３億$
ブテン１	〃	〃	39,000	〃	上記ＯＣＵで併産
ＰＰ	〃	〃	800,000	〃	ボルージュ/テクニモント、40万t×２系列
ＰＰ	〃	〃	960,000	2015／４	ボルージュⅢ、48万t×２系列
ＰＰ	〃	〃	480,000	2023年	ボルージュⅣ、ボルスター法/テクニモント
プロピレン	Abu Dhab Oil Refining	Ruwais	500,000	2015／初	ＵＯＰ技術Oleflex法、ＲＦＣＣプロピレン
〃	(ADNOC)	〃	500,000	2018／秋	ＰＤＨ装置、プロピレン計100万t
カー黒	〃	〃	40,000	2018／秋	うちＵＶグレード2.7万t/半導体用1.3万t
パラキシレン	〃	〃	800,000	不明	川上で2000年に14万b/d×2のコンデンセー
ベンゼン	〃	〃	100,000	〃	ト・スプリッターを建設
ＬＡＢ	ADNOC/CEPSA	〃	150,000	2021年	スペイン・セプサとの合弁事業
アンモニア	ＦＥＲＴＩＬ－１	Ruwais	250,000		ＡＤＮＯＣ/トタル合弁肥料会社
〃	ＦＥＲＴＩＬ－２	〃	720,000	2013年	独ウーデ/サムスンエンジニアリング施工
尿素	ＦＥＲＴＩＬ－１	〃	430,000		12億$で第２期増設
〃	ＦＥＲＴＩＬ－２	〃	1,260,000	2013年	メイレテクニモント/スタミカーボン技術
ＰＥＴ樹脂	ＪＢＦ ＲＡＫ	ラスアル	216,000	不明	ＪＢＦインダストリー/ＲＡＫＩＡ合弁、
PETフィルム		ハイマ	108,000		ＵＯＰ固相重合技術、川下でフィルム事業

■「2030戦略」と**第４期プロジェクト（ボルージュⅣプロジェクト）**

ＡＤＮＯＣは、より利益を生み出せる川上（資源開発）事業、より付加価値の高い川下（石油精製・石油化学）事業、より持続可能で経済的なガス供給事業を３本柱とする成長戦略「インテグレーテッド2030ストラテジー」を推進中で、オーストリアのガス・石油会社であるＯＭＶと2017年５月にパートナー協業契約を締結した。これは2030年までに石油精製能力を現状から倍増させ、石油化学製品の生産規模を３倍に引き上げる長期戦略を含んだもの。

そのうち石化分野では、ボレアリスとの合弁会社・ボルージュを通じて第４期プロジェクトのプレ・フィード作業に着手した。ＡＤＮＯＣが新設する Takreer 製油所からも原料を手当てする計画で、アブダビ産の化石原料を使った世界最大規模のマルチフィードクラッカー（エチレンで180万トン）と、ポリオレフィン設備、その他石化製品設備を整備し、2023年の稼働開始を目指す。そのなかでボレアリスの「ボルスター技術」を採用した５基目のＰＰプラント（48万トン能力）も建設する考え。原料のプロピレンは、2018年秋に稼働させた50万トンのＰＤＨ（プロパン脱水素法）装置から受給、同時期にハイグレードカーボンブラック設備も稼働させた。これにより同コンプレックスにおける石化製品の生産能力は、少なくとも100万トン増加すると見込んでいる。ＡＤＮＯＣは提携拡大を通じ、現有450万トンの石化製品生産能力を2025年までに1,140万トンまで増加させたい考え。同社にとっては2030年を見据えた長期戦略の一環であり、アジア地域におけるさらなる販売拡大を目指す。一方のボレアリスは、ボルージュの能力を含めてポリオレフィンで800万トン体制を有する。今後も自動車やエネルギー産業、包装材、農業用資材、パイプなどの多様な用途向けで一層のポジション強化を図る狙い。

■その他の計画

ＡＤＮＯＣ66.67％／仏トタル33.33％出資のＦＥＲＴＩＬ（Ruwais Fertilizer Industries）はアンモニア日産2,000トン／尿素3,500トンの第２プラントを2013年中に稼働させる計画だったが、進捗状況は不明。韓国のサムスンエンジニアリングが12億ドルで受注し、それぞれウーデ、スタミカーボン技術を導入した。ＡＤＮＯＣは2000年初頭に日量28万バレルのコンデンセート・スプリッター（14万バレル×２基）をルワイスに設置、そこから得られるナフサを原料にＰＸ80万トンとベンゼン10万トンを生産する計画。またＡＤＮＯＣは、スペインのセプサと合弁でＬＡＢ15万トンの事業化も検討している。2018年中に基本設計を終え、ルワイスに新工場を建設する。

インドのＰＥＴメーカー・ＪＢＦインダストリーは、ラス・アル・ハイマでＰＥＴ樹脂とＰＥＴフィルムの生産を計画。政府系投資会社のＲＡＫＩＡ（Ras Al Khaimah Investment Authority）と合弁会社「ＪＢＦ　ＲＡＫ」を設立し、日産600トンの重合プラントと300トンのフィルム工場を新設。ＰＥＴ重合プラントはＵＡＥ初で、工費は３億800万ディルハム（約100億円）。

■ChemaWEyaatプロジェクト

アブダビ近郊のタウィーラでは、当初計画で2016年末完成を目標とする一大石化プロジェクトが検討されているが、進捗状況は不明。アブダビ投資評議会（ＡＤＩＣ）とアブダビ政府系投資会社ＩＰＩＣがそれぞれ40％、アブダビ国営石油（ＡＤＮＯＣ）が20％出資したアブダビ政府系企業「アブダビ　ナショナル　ケミカルズ　カンパニー（通称 ChemaWEyaat）」が2008年に発足した。エチレン145万トンのナフサ分解炉を中核とする石化コンプレックスを建設するもので、１期計画の投資額は100億ドル。完成後、同社は年間1,000万トン以上の石化製品を輸出する方針。このうち、ＰＸなど芳香族の事業化にタイのインドラマが49％出資する合弁契約に2014年初頭調印した。当初計画ではＰＸ137万トン／ベンゼン86万トンの予定だったが、その後ＰＸ150万トン／ベンゼン50万トン能力に修正されている。タウィーラのミナ・ハリファ工業地区に建設されるコンプレックス内各石化製品の生産能力は表記の通り。

ChemaWEyaatの第１期計画生産体制　(単位:1,000t/y)

設備／製品	生産能力	設備／製品	生産能力
【改質装置】	７万b/d	【石化中間原料】	
		キュメン	400
【石化基礎原料】		フェノール	180
エチレン	1,450	アセトン	110
プロピレン	770	ビスフェノールＡ	160
ブタジエン	200	ＥＯ	795
パラキシレン	1,500	ＭＥＧ	900
ベンゼン	500	ＤＥＧ	46
		ＴＥＧ	3
【合成樹脂】		エタノールアミン	100
ポリエチレン	950	ＭＴＢＥ	140
ポリプロピレン	420	メラミン	80
ポリカーボネート	130	尿素	100

ＵＡＥの石油精製能力　(単位：バレル／日)

製油所名	立地場所	現有処理能力	新増設計画	完成	備考
Abu Dhabi Oil Refining (ADNOC)	Al-Ruwais (ルワイス西)	230,000			ビスブレーカー3.6万b、水素化分解4万b増、RFCC12.72万b、ディレードC
〃	〃 (西)	280,000		2000年	コンデンセート分留14万b×２基
〃	〃 (東)		417,000	2019／初	2016/11完成後2017/1火災で復旧中
〃	Takreer		417,000	2022／末	2018/3サムスン/CB&Iが31億$で受注
〃	Umm Al−Narr	90,000			立地場所はアブダビ
Emirate National Oil	Jebel Ali	140,000	70,000	2019／4Q	立地場所はドバイ、EPCはテクニップ
Sharjah Oil	Sharjah	71,300			シャールジャ
Metro Oil	Fujairah	70,000	検討中	未定	フジャイラで大型計画を検討中
	計	881,300	904,000		

第3章

日本とアジア諸国との石油化学製品輸出入関係

本章の構成

日本→アジア諸国……日本からアジア諸国への石化製品86品目の輸出実績

アジア諸国→日本……アジア諸国から日本への石化製品84品目の輸入実績

アジア諸国の日本との石油化学製品輸出入推移
……アジア諸国別にみた日本との石化製品取引関係

アジア諸国の国別・製品別石油化学製品輸出入状況

アジア諸国の製品別・国別石油化学製品輸出入一覧

凡　例

・以下のデータは、大蔵省関税局による日本貿易統計および各国通関統計から引用した
・対象品目は以下に示す90品目であり、対象期間は2014年から2017年までの４年間である
・本書で扱うアジア22カ国・地域との取引のない製品については割愛している
・各製品毎の国別順位は、2017年実績を基準に多い国から順に並べている
・単位は全てトン表示であり、１の位は四捨五入（０は０～500kg未満を表す）、－あるいは表記なしは輸出入取引がなかったことを表す
・2014～2017年の４年間のうち、１年でも取引量が500kg以上あった場合は掲載している
・日本からの輸出金額はＦＯＢ、輸入金額はＣＩＦベースで計上されたものである
・フッ素樹脂はＰＴＦＥのみの統計であり、他のタイプを含んでいない

日本からアジア諸国への石化製品輸出

《輸出扱い製品全86品目》・・・・・・(注：※印はアジア諸国からの輸入がない製品)

＜基礎原料10品目＞

エチレン
プロピレン
ブテン(ブチレン)
ブタジエン
ベンゼン
トルエン
オルソキシレン ※
メタキシレン ※
パラキシレン
メタノール

＜合繊原料５品目＞

高純度テレフタル酸(ＰＴＡ)
ジメチルテレフタレート(DMT)
エチレングリコール(ＥＧ)
カプロラクタム(ＣＰＬ) ※
アクリロニトリル(ＡＮ)

＜化成品36品目＞

シクロヘキサン
エチルベンゼン(ＥＢ) ※
スチレンモノマー(ＳＭ)
二塩化エチレン(ＥＤＣ)
塩化ビニルモノマー(ＶＣＭ) ※
トリクロロエチレン
パークロロエチレン ※
ペンタエリスリトール
酢酸
酢酸エチル
モノクロル酢酸
酢酸ビニル
ポリビニルアルコール(ＰＶＡ)
イソプロパノール(ＩＰＡ)
ノルマルブタノール
ブタノール
オクタノール
プロピレンオキサイド(ＰＯ) ※
プロピレングリコール(ＰＧ)
エピクロルヒドリン(ＥＣＨ)
キュメン ※
フェノール
アセトン
ビスフェノールＡ
メチルイソブチルケトン(ＭＩＢＫ)
メチルエチルケトン(ＭＥＫ)
アクリル酸(ＡＡ)
アクリル酸エステル(ＡＥ)
メタクリル酸
メタクリル酸エステル(ＭＭＡ)
無水マレイン酸
アルキルベンゼン
無水フタル酸
フタル酸系可塑剤(ＤＯＰ)
トルイレンジイソシアネート(ＴＤＩ)
ジフェニルメタンジイソシアネート
(ピュアＭＤＩおよびクルードＭＤＩ)

＜合成樹脂27品目＞

低密度ポリエチレン(ＬＤＰＥ)
高密度ポリエチレン(ＨＤＰＥ)
エチレン酢ビコポリマー(ＥＶＡ)
ポリプロピレン(ＰＰ)
ＰＰコポリマー
ポリブテン
ポリスチレン(ＰＳ)
発泡ポリスチレン(ＥＰＳ)
ＡＢＳ樹脂
ＡＳ樹脂(ＳＡＮ)
塩化ビニル樹脂(ＰＶＣ)
塩化ビニリデン樹脂
メタクリル樹脂(ＰＭＭＡ)
ナイロン樹脂
ポリアセタール(ＰＯＭ)
ポリカーボネート(ＰＣ)
変性ポリフェニレンエーテル(ＰＰＥ)
ポリエチレンテレフタレート(ＰＥＴ)
フッ素樹脂(ＰＴＦＥ)
シリコーン樹脂(固形と液状)
石油樹脂
ポリウレタン(ＰＵ)
エポキシ樹脂
ユリア樹脂
メラミン樹脂
フェノール樹脂
不飽和ポリエステル(固形と液状)

＜合成ゴム８品目＞

ＳＢＲ
ＳＢＲラテックス
ブタジエンゴム(ＢＲ)
ブチルゴム(ＩＩＲ)
クロロプレンゴム(ＣＲ)
ＮＢＲ
イソプレンゴム(ＩＲ)
ＥＰゴム(ＥＰＤＭ)

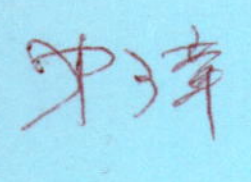

<基礎原料>

エチレン輸出

国　名	2014年	2015年	2016年	2017年	同年金額	単　価
中国	558, 109	641, 186	533, 762	590, 685	69, 890, 328	118
韓国	175, 821	171, 329	102, 534	67, 032	8, 136, 064	121
台湾	65, 133	102, 922	66, 116	40, 047	4, 786, 356	120
インドネシア		10, 515				
シンガポール		3, 511				
アジア小計	799, 064	929, 463	702, 412	697, 764	82, 812, 748	119
世界合計	799, 064	929, 463	702, 412	700, 764	83, 209, 446	119

プロピレン輸出

国　名	2014年	2015年	2016年	2017年	同年金額	単　価
中国	846, 403	815, 858	593, 556	616, 192	56, 359, 460	91
韓国	429, 502	434, 976	272, 181	186, 965	17, 264, 788	92
台湾	53, 254	65, 781	63, 893	78, 677	7, 223, 011	92
フィリピン				1, 549	153, 298	99
シンガポール		1, 456	9, 946			
インドネシア	3, 935	2, 320				
アジア小計	1, 333, 094	1, 320, 392	939, 576	883, 382	81, 000, 557	92
世界合計	1, 333, 094	1, 326, 278	939, 576	883, 382	81, 000, 557	92

ブテン（ブチレン）輸出

国　名	2014年	2015年	2016年	2017年	同年金額	単　価
インドネシア	801	2, 004	2, 020	3, 540	369, 597	104
中国	702	1, 999	4, 559	2, 663	190, 411	72
韓国				1, 353	107, 132	79
フィリピン		828	1, 005	949	94, 417	99
タイ	1, 204	8	4, 254	499	42, 655	85
マレーシア				400	42, 271	106
ベトナム				0	361	361, 000
シンガポール	3, 604					
アジア小計	6, 311	4, 838	11, 838	9, 404	846, 844	90
世界合計	6, 311	4, 838	11, 838	9, 404	846, 844	90

ブタジエン輸出

国　名	2014年	2015年	2016年	2017年	同年金額	単　価
韓国	38, 235	25, 009	28, 210	27, 015	5, 798, 176	215
中国	8, 930	7, 520	1, 999	73	17, 189	235
シンガポール	634	60	226	30	5, 092	170
台湾			3, 506			
インド	1					
アジア小計	47, 800	32, 589	33, 941	27, 119	5, 820, 457	215
世界合計	50, 815	34, 030	34, 472	27, 311	5, 887, 934	216

ベンゼン輸出

国　名	2014年	2015年	2016年	2017年	同年金額	単　価
中国	154, 170	189, 137	440, 465	401, 207	35, 592, 716	89
台湾	192, 931	167, 666	167, 843	117, 006	10, 414, 311	89

韓国	62, 292	21, 141	29, 851	18, 000	1, 602, 787	89
マレーシア	59	20	39	20	3, 056	156
アジア小計	409, 453	377, 963	638, 198	536, 233	47, 612, 870	89
世界合計	673, 556	617, 786	888, 055	751, 254	66, 585, 394	89

トルエン輸出

国　名	2014年	2015年	2016年	2017年	同年金額	単　価
韓国	390, 710	617, 168	498, 381	613, 893	40, 221, 320	66
台湾	11, 652	30, 523	30, 018	35, 330	2, 626, 672	74
中国	122, 952	74, 663	67, 470	26, 968	2, 015, 012	75
パキスタン	73	110	117	144	15, 598	108
ベトナム	41	42	41	35	6, 824	196
シンガポール			0	0	209	697
タイ	2	0		0	304	1, 689
アジア小計	525, 429	722, 507	596, 028	676, 370	44, 885, 939	66
世界合計	562, 886	751, 196	596, 028	676, 370	44, 885, 939	66

オルソキシレン輸出

国　名	2014年	2015年	2016年	2017年	同年金額	単　価
中国	43, 300	19, 958	18, 866	23, 565	1, 921, 793	82
韓国	82	11, 286	27, 586	22, 029	1, 880, 141	85
台湾	14, 160	21, 802	13, 803	12, 191	966, 098	79
アジア小計	57, 541	53, 046	60, 254	57, 785	4, 768, 032	83
世界合計	57, 556	53, 052	60, 263	57, 794	4, 772, 038	83

メタキシレン輸出

国　名	2014年	2015年	2016年	2017年	同年金額	単　価
韓国	18, 929	37, 923	43, 952	88, 200	9, 967, 191	113
中国	5, 170	6, 250	7, 067	8, 400	944, 606	112
インド	489	850	914	1, 038	172, 039	166
タイ				0	2, 859	190, 600
イスラエル			0			
アジア小計	24, 588	45, 023	51, 933	97, 639	11, 086, 695	114
世界合計	29, 901	51, 404	57, 948	104, 819	11, 966, 033	114

パラキシレン輸出

国　名	2014年	2015年	2016年	2017年	同年金額	単　価
中国	1, 877, 444	2, 231, 422	2, 404, 906	2, 597, 359	235, 260, 944	91
台湾	314, 209	442, 585	566, 665	607, 086	55, 725, 520	92
韓国	205, 141	63, 545	34, 983	25, 013	2, 347, 471	94
クウェート		1	1			
アジア小計	2, 396, 795	2, 737, 553	3, 006, 555	3, 229, 459	293, 333, 935	91
世界合計	2, 396, 795	2, 737, 553	3, 006, 555	3, 229, 459	293, 338, 834	91

メタノール輸出

国　名	2014年	2015年	2016年	2017年	同年金額	単　価
台湾	26	13	0	7, 301	264, 517	36
フィリピン	1	15	13	18	7, 853	442
中国	30	23	11, 027	15	3, 751	246
インドネシア	7	4	11	11	1, 989	180
韓国	5	369	11, 310	9	2, 795	326

タイ	6	9	1	3	1,389	434
ベトナム	1	1	1	1	2,865	2,865
シンガポール	0	0	0	0	2,270	37,833
香港	25	4	2			
イスラエル	7	6				
インド	1	1				
マレーシア	0					
アラブ首長国連邦	0					
アジア小計	109	446	22,366	7,357	287,429	39
世界合計	111	6,030	32,069	17,308	675,531	39

＜合繊原料＞

高純度テレフタル酸（ＰＴＡ）輸出

国　名	2014年	2015年	2016年	2017年	同年金額	単　価
中国	99,936	65,506	41,666	28,896	2,120,384	73
台湾				4,108	275,346	67
インドネシア	2	2	2	16	717	45
アジア小計	99,938	65,508	41,668	33,020	2,396,447	73
世界合計	99,938	65,508	41,668	33,020	2,396,447	73

ジメチルテレフタレート（ＤＭＴ）輸出

国　名	2014年	2015年	2016年	2017年	同年金額	単　価
中国	7,050	5,595	203	180	25,524	142
インドネシア	250	168	93	20	2,837	142
タイ		4	2	10	2,069	217
台湾	2,576	1,428	281			
韓国	556	374	132			
マレーシア	400	275	100			
インド	616	774	76			
アジア小計	11,447	8,618	886	210	30,430	145
世界合計	12,285	9,041	1,152	271	45,579	168

エチレングリコール（ＥＧ）輸出

国　名	2014年	2015年	2016年	2017年	同年金額	単　価
中国	183,608	267,780	234,173	299,581	26,528,192	89
韓国	63,058	69,667	28,462	18,606	1,765,735	95
オーストラリア	3	14		501	50,743	101
ベトナム	12	11	11	24	3,701	152
シンガポール	2	44	48	22	3,104	142
マレーシア	17	352	280	13	3,411	271
台湾	84	29	3,021	10	2,965	299
タイ	95	61	2	1	294	408
インドネシア	4	1	1	0	1,033	2,532
サウジアラビア				0	2,415	8,564
フィリピン				0	344	1,585
香港	4	11				
インド	2					
アジア小計	246,888	337,972	265,996	318,758	28,361,937	89
世界合計	246,967	338,011	266,031	318,786	28,379,814	89

日本→アジア諸国　　　　単位：トン、千円、円／kg

カプロラクタム（ＣＰＬ）輸出

国　　名	2014年	2015年	2016年	2017年	同年金額	単　価
中国	58, 555	39, 061	31, 333	38, 463	8, 089, 280	210
台湾	74, 391	69, 904	49, 854	19, 789	4, 261, 027	215
サウジアラビア				12, 368	2, 510, 615	203
インドネシア	2, 358	823	4, 739	7, 250	1, 371, 833	189
タイ		2, 904	2, 898	2, 848	520, 031	183
ベトナム	2, 048	7, 368	5, 584	2, 040	368, 893	181
インド				1, 216	288, 001	237
韓国	7, 680	10, 240				
マレーシア	504	504				
アジア小計	145, 536	130, 803	94, 408	83, 974	17, 409, 680	207
世界合計	146, 208	131, 138	94, 880	84, 063	17, 432, 543	207

アクリロニトリル（ＡＮ）輸出

国　　名	2014年	2015年	2016年	2017年	同年金額	単　価
韓国	7, 899	999	4, 841	7, 725	1, 277, 458	165
マレーシア			4, 002	7, 497	1, 292, 563	172
中国	27, 949	925		7, 000	1, 077, 939	154
インド	1	1	4	912	132, 414	145
タイ	1	2	1	1	269	420
台湾	16, 000	3, 000	6, 000			
アジア小計	51, 850	4, 928	14, 848	23, 135	3, 780, 643	163
世界合計	51, 850	4, 928	14, 848	23, 135	3, 780, 643	163

＜化成品＞

シクロヘキサン輸出

国　　名	2014年	2015年	2016年	2017年	同年金額	単　価
韓国	4, 502	9, 689	22, 059	31, 150	2, 743, 029	88
中国			0	8, 569	689, 962	81
台湾	2, 366	5, 928	3, 366	2, 862	267, 402	93
シンガポール	442	1, 091	1, 411	1, 460	191, 380	131
トルコ	20	15	27	30	5, 664	192
タイ	25	7	10	8	2, 218	279
フィリピン			0	0	511	7, 097
インド				0	243	8, 679
マレーシア	2					
アジア小計	7, 356	16, 730	26, 874	44, 080	3, 900, 409	88
世界合計	7, 359	16, 733	26, 879	44, 090	3, 924, 955	89

エチルベンゼン（ＥＢ）輸出

国　　名	2014年	2015年	2016年	2017年	同年金額	単　価
インドネシア			12	14, 421	1, 228, 774	85
香港	109	82	54	41	10, 449	256
シンガポール	17		17			
中国	5, 701					
フィリピン	2					
アジア小計	5, 829	82	84	14, 461	1, 239, 223	86
世界合計	5, 829	82	84	14, 466	1, 246, 071	86

スチレンモノマー(SM)輸出

国名	2014年	2015年	2016年	2017年	同年金額	単価
韓国	574, 429	566, 875	359, 477	394, 005	54, 655, 088	139
中国	486, 372	424, 203	168, 937	208, 891	28, 783, 700	138
台湾		3, 149	13, 009	11, 023	1, 782, 225	162
香港	6	5, 907	5	3, 053	411, 097	135
ベトナム	3		4	4	2, 519	571
フィリピン	8		1	3	1, 005	331
マレーシア		1	3, 001	1	691	617
タイ	1	0	0	0	296	682
インド	0		0			
パキスタン	3	1				
シンガポール	2	0				
アジア小計	1, 060, 823	1, 000, 137	544, 433	616, 982	85, 636, 621	139
世界合計	1, 060, 823	1, 000, 137	544, 434	616, 982	85, 636, 621	139

二塩化エチレン(EDC)輸出

国名	2014年	2015年	2016年	2017年	同年金額	単価
台湾	102	159	118	223	17, 192	77
中国	4	147	8			
韓国	6, 172	1, 990				
サウジアラビア		26				
アジア小計	6, 278	2, 322	126	223	17, 192	77
世界合計	6, 278	2, 322	126	223	17, 192	77

塩化ビニルモノマー(VMC)輸出

国名	2014年	2015年	2016年	2017年	同年金額	単価
中国	364, 782	458, 584	530, 322	539, 765	38, 605, 544	72
インド	47, 161	102, 992	70, 367	103, 001	8, 335, 772	81
インドネシア	74, 814	71, 308	57, 484	65, 472	5, 208, 539	80
ベトナム	73, 177	57, 967	52, 951	61, 328	4, 587, 847	75
フィリピン	78, 420	79, 757	76, 072	60, 550	4, 615, 190	76
台湾	52, 028	41, 700	45, 140	52, 645	3, 910, 051	74
韓国	12, 803	6, 003	14, 285	34, 511	2, 606, 746	76
マレーシア	12, 817	11, 506	21, 050	24, 033	1, 630, 406	68
アジア小計	716, 002	829, 817	867, 671	941, 305	69, 500, 095	74
世界合計	716, 002	829, 817	867, 671	941, 305	69, 500, 095	74

トリクロロエチレン輸出

国名	2014年	2015年	2016年	2017年	同年金額	単価
韓国	5, 099	6, 589	4, 236	4, 101	383, 338	93
ベトナム	1, 768	1, 637	1, 962	2, 328	212, 910	91
マレーシア	845	1, 310	1, 325	1, 480	137, 437	93
タイ	900	1, 178	1, 158	1, 175	125, 374	107
パキスタン	1, 039	1, 125	1, 145	968	96, 410	100
インドネシア	690	749	485	818	75, 557	92
インド	140	139	221	597	55, 732	93
シンガポール	734	532	375	410	37, 240	91
台湾	581	231	165	154	18, 811	122
香港	158	158	39	118	10, 223	86
フィリピン	79	86	57	86	7, 681	89
サウジアラビア	37			56	5, 329	96

国名	2014年	2015年	2016年	2017年	同年金額	単価
オーストラリア	59	20		39	4,075	103
ニュージーランド		20	20			
アラブ首長国連邦	260					
アジア小計	12,390	13,774	11,187	12,330	1,170,117	95
世界合計	12,449	13,814	11,207	12,378	1,175,041	95

パークロロエチレン輸出

国　　名	2014年	2015年	2016年	2017年	同年金額	単　価
インド	1,028	489	1,203	1,037	54,768	53
中国	347	755	752	693	44,292	64
パキスタン	387	280	539	673	36,233	54
ベトナム	198	475	623	611	37,153	61
シンガポール	487	298	215	380	24,699	65
マレーシア	218	356	158	376	23,148	62
韓国	301	416	346	364	38,451	106
インドネシア	178	158	226	267	17,868	67
アラブ首長国連邦	432	337	316	197	11,135	57
オーストラリア		59	198	178	13,014	73
フィリピン	143	114	214	151	13,856	92
香港	218	3	20	92	8,368	91
サウジアラビア	58	77	38	58	3,575	62
タイ	20	65	40	40	3,826	97
カタール				40	2,570	65
ニュージーランド			91	20	1,418	72
台湾	11	1	11	2	242	161
クウェート	79	139	19			
バーレーン	99	20				
トルコ	79					
アジア小計	4,283	4,044	5,010	5,176	334,616	65
世界合計	6,131	5,236	6,567	6,829	447,504	66

ペンタエリスリトール輸出

国　　名	2014年	2015年	2016年	2017年	同年金額	単　価
インド		1,580	2,700	960	157,870	164
中国	885	445	443	213	44,543	209
台湾	315	270	285	120	19,782	165
タイ	947	1,117	772	75	14,884	199
ベトナム	63	83	140	70	10,621	152
オーストラリア	38	20	20	40	8,094	202
マレーシア	0		0	5	1,914	425
韓国	6	45	3	1	2,234	1,862
インドネシア	1	145	16			
パキスタン		105				
シンガポール	3	1				
香港	1					
アジア小計	2,258	3,811	4,378	1,484	259,942	175
世界合計	2,271	3,985	4,394	1,504	275,055	183

酢酸輸出

国　　名	2014年	2015年	2016年	2017年	同年金額	単　価
韓国	32,019	27,017	25,014	12,510	572,783	46
フィリピン	501	0	2,502	2,502	113,809	45

台湾	797	723	514	752	108,482	144
シンガポール	102	109	96	103	30,840	300
タイ	4	2	4	2	867	434
ベトナム	0			1	941	1,062
マレーシア				0	605	2,051
中国			0	0	391	10,861
インド	8,254					
アジア小計	41,678	27,850	28,130	15,870	828,718	52
世界合計	41,724	27,876	28,149	15,887	833,921	52

酢酸エチル輸出

国　名	2014年	2015年	2016年	2017年	同年金額	単　価
ベトナム	2	21	48	38	7,707	201
中国	13	14	13	13	4,365	346
フィリピン			8	9	1,833	196
インドネシア	7	7	2	9	3,149	364
インド	2	3	2	3	1,675	557
タイ	0	0		1	6,652	10,559
トルコ		0		0	998	2,772
台湾			0	0	949	10,544
香港	0	0	0	0	599	17,114
韓国				0	1,728	288,000
オーストラリア	0	0				
アジア小計	24	46	72	73	29,655	406
世界合計	27	47	73	74	31,257	422

モノクロル酢酸輸出

国　名	2014年	2015年	2016年	2017年	同年金額	単　価
オーストラリア	3,126	3,674	4,054	3,476	306,989	88
インドネシア	828	976	1,194	1,663	206,439	124
タイ	1,129	970	1,053	1,020	156,912	154
中国	1,054	1,306	857	995	118,545	119
韓国	699	682	987	787	81,900	104
インド	246	250	220	240	26,842	112
マレーシア	48	100	100	240	31,128	130
台湾	274	200	227	203	68,241	336
シンガポール	94	84	83	88	205,733	2,338
ニュージーランド	6			25	5,803	232
アジア小計	7,503	8,241	8,775	8,736	1,208,532	138
世界合計	8,801	8,837	9,501	8,958	1,317,989	147

酢酸ビニル輸出

国　名	2014年	2015年	2016年	2017年	同年金額	単　価
シンガポール	5,999	20,434	46,029	37,092	2,751,204	74
韓国	7,035	5,617	9,127	14,708	1,478,779	101
台湾	201	4,006	6,047	4,971	508,391	102
中国	1			1,050	120,310	115
インドネシア	2,000		1,002	797	86,199	108
アジア小計	15,236	30,057	62,204	58,618	4,944,883	84
世界合計	15,436	30,057	63,207	66,971	5,647,657	84

ポリビニルアルコール（ＰＶＡ）輸出

国　名	2014年	2015年	2016年	2017年	同年金額	単　価
中国	20,500	19,199	20,022	19,355	5,582,075	288
韓国	8,882	8,773	8,729	8,516	2,231,418	262
インド	6,535	8,406	7,230	7,242	1,728,237	239
インドネシア	8,619	8,638	8,164	6,829	1,704,554	250
タイ	6,075	5,349	5,430	4,575	1,132,091	247
ベトナム	1,008	1,175	1,333	1,529	392,990	257
香港	596	1,171	994	1,227	87,977	72
イラン		234	899	1,173	305,366	260
トルコ	1,194	1,216	1,303	964	229,584	238
台湾	797	791	700	831	449,448	541
パキスタン	721	752	1,265	603	156,849	260
サウジアラビア	370	587	659	591	217,909	369
オーストラリア	486	497	518	513	125,345	244
シンガポール	631	693	698	501	131,914	263
マレーシア	1,466	482	465	235	86,430	368
バーレーン	254	227	345	216	42,048	195
イスラエル	225	174	127	133	33,404	252
フィリピン	146	136	151	95	36,228	380
ニュージーランド		35	36	18	4,388	251
アラブ首長国連邦	478	454	138	1	5,664	5,446
アジア小計	58,983	58,989	59,205	55,146	14,683,919	266
世界合計	96,175	98,466	94,401	90,366	24,661,589	273

イソプロパノール（ＩＰＡ）輸出

国　名	2014年	2015年	2016年	2017年	同年金額	単　価
台湾	8,140	10,516	14,546	16,809	2,107,692	125
インドネシア	13,566	12,074	12,316	16,323	1,540,086	94
タイ	9,123	14,316	13,544	14,233	1,385,879	97
マレーシア	12,230	12,436	12,619	12,710	1,198,561	94
シンガポール	7,352	7,799	7,478	11,285	1,115,136	99
インド	905	1,852	890	9,702	826,184	85
韓国	7,880	7,271	5,124	7,885	764,260	97
中国	11,019	6,395	6,437	7,004	855,210	122
ベトナム	3,703	4,723	4,615	6,846	663,319	97
フィリピン	7,473	8,882	7,918	6,010	583,848	97
オーストラリア				51	6,468	126
香港	10	38	35	40	34,424	854
パキスタン				19	2,002	108
ニュージーランド				13	1,528	119
バーレーン			0	0	706	5,603
アジア小計	81,401	86,302	85,521	108,930	11,085,303	102
世界合計	82,535	87,715	87,461	111,054	11,301,621	102

ノルマルブタノール輸出

国　名	2014年	2015年	2016年	2017年	同年金額	単　価
韓国	5,378	7,612	1,834	2,278	195,263	86
中国	2	928	961	136	14,538	107
インドネシア	18	518	33	23	8,461	362
ベトナム				1	430	521
タイ				0	260	1,548

国名	2014年	2015年	2016年	2017年	同年金額	単価
フィリピン	4	5	3			
シンガポール			2			
アジア小計	5,402	9,063	2,834	2,438	218,952	90
世界合計	5,403	9,063	2,834	2,438	218,952	90

ブタノール輸出

国　　名	2014年	2015年	2016年	2017年	同年金額	単　価
韓国	8,591	17,645	8,692	4,719	292,083	62
中国	10,461	39,837	22,720	3,867	310,051	80
インド	2,136	1,730	1,711	1,345	179,528	133
タイ	2	3	927	880	55,853	64
オーストラリア	16	19	28	19	4,295	231
シンガポール	294	577	5	7	1,809	278
パキスタン		1	2	2	765	411
マレーシア				0	218	469
台湾		20	8			
アジア小計	21,498	59,830	34,094	10,838	844,602	78
世界合計	21,614	60,194	34,323	11,126	986,631	89

オクタノール輸出

国　　名	2014年	2015年	2016年	2017年	同年金額	単　価
韓国	26,135	41,118	52,169	35,271	3,601,423	102
台湾	4,963	12,657	16,421	13,499	1,325,391	98
中国	22,933	12,842	12,888	12,826	1,348,965	105
インドネシア	6,745	4,796	3,834	4,762	471,216	99
タイ	141	169	194	232	56,683	244
インド		0	1	0	1,137	37,900
シンガポール	0	0	2			
トルコ			1			
ベトナム			1			
サウジアラビア		0	0			
アラブ首長国連邦	0					
アジア小計	60,918	71,583	85,510	66,591	6,804,815	102
世界合計	60,918	71,583	85,644	67,536	7,108,765	105

プロピレンオキサイド（ＰＯ）輸出

国　　名	2014年	2015年	2016年	2017年	同年金額	単　価
インド	0		19	19	2,700	143
中国	35,987	19,491	2,499			
台湾		3,498	1,497			
ニュージーランド			0			
韓国	102,849	58,186				
アジア小計	138,836	81,176	4,015	19	2,700	143
世界合計	138,841	81,176	4,015	19	2,700	143

プロピレングリコール（ＰＧ）輸出

国　　名	2014年	2015年	2016年	2017年	同年金額	単　価
インドネシア	560	685	208	80	14,906	187
タイ	46	56	41	65	10,782	166
台湾	88	69	38	49	13,655	276
ベトナム	34	27	26	38	10,498	273
フィリピン	15	17		31	8,621	280

マレーシア	27	93	58	26	7, 369	288
シンガポール	2	17	19	22	8, 395	375
中国	107	48	24	20	5, 402	265
インド			13	20	10, 428	531
香港		5	9	11	2, 753	249
韓国	6	5	3	3	7, 635	2, 909
ニュージーランド	160	112	16			
イラン	224					
サウジアラビア	64					
オーストラリア	0					
アジア小計	1, 332	1, 134	454	365	100, 444	275
世界合計	1, 799	1, 426	587	490	306, 663	626

エピクロルヒドリン（ＥＣＨ）輸出

国　　名	2014年	2015年	2016年	2017年	同年金額	単　価
韓国	26, 129	29, 653	37, 986	34, 051	4, 195, 355	123
中国	2, 875	12, 057	7, 832	3, 609	450, 421	125
インド	1, 472	3, 553	3, 585	2, 061	240, 933	117
マレーシア	1, 550	907	1, 073	1, 455	172, 509	119
台湾	57	19		200	30, 242	152
オーストラリア	173	77	96	77	9, 226	120
パキスタン			38	47	6, 457	137
香港	20	16	20	19	6, 161	328
タイ	6	14	17	10	2, 439	254
シンガポール	4	4	4	4	1, 743	427
ベトナム				0	566	5, 660
アジア小計	32, 284	46, 300	50, 650	41, 533	5, 116, 052	123
世界合計	32, 304	46, 320	50, 670	49, 576	6, 130, 693	124

キュメン輸出

国　　名	2014年	2015年	2016年	2017年	同年金額	単　価
台湾	65, 929	50, 975	50, 978	131, 754	13, 119, 566	100
中国	108, 113	175, 810	186, 045	126, 414	12, 429, 619	98
韓国	117, 864	101, 011	37, 241	16, 491	1, 630, 470	99
インドネシア	2, 472	2, 982	2, 901	2, 971	386, 972	130
インド				975	95, 027	97
アジア小計	294, 378	330, 778	277, 165	278, 605	27, 661, 654	99
世界合計	413, 962	533, 930	446, 699	517, 621	48, 365, 835	93

フェノール輸出

国　　名	2014年	2015年	2016年	2017年	同年金額	単　価
中国	35, 714	44, 355	37, 278	36, 452	3, 388, 514	93
タイ	28, 254	22, 307	18, 965	19, 159	1, 811, 394	95
台湾	10, 899	2, 049	1, 998	3, 899	340, 696	87
ニュージーランド	598	1, 996	1, 981	982	114, 993	117
インドネシア	0	88	49	64	8, 787	137
韓国	10, 045	7, 898	3, 996	0	342	950
オーストラリア	998					
アジア小計	86, 508	78, 692	64, 267	60, 557	5, 664, 726	94
世界合計	86, 508	78, 802	64, 267	60, 557	5, 664, 933	94

アセトン輸出

国　　名	2014年	2015年	2016年	2017年	同年金額	単　価
中国	13,539	15,791	8,040	13,973	985,101	70
韓国	6,043	6,931	5,253	5,517	392,097	71
フィリピン	1,735	936	1,410	2,541	215,324	85
インド		1,500		941	48,106	51
ベトナム	5	460	10	19	8,677	446
台湾	7	7	8	10	9,090	913
タイ	928	1,498	3,694			
マレーシア		0	26			
香港	1	1	1			
インドネシア		490				
アジア小計	22,257	27,615	18,441	23,000	1,658,395	72
世界合計	22,257	27,617	18,441	23,001	1,666,860	72

ビスフェノールＡ輸出

国　　名	2014年	2015年	2016年	2017年	同年金額	単　価
韓国	36,613	45,160	70,530	72,525	9,333,327	129
タイ	51,572	43,782	61,049	65,019	8,358,230	129
中国	17,003	21,946	20,347	10,911	1,394,483	128
インド				1,666	191,284	115
サウジアラビア		2,500		1,000	110,848	111
インドネシア	19	52	44	40	2,437	61
パキスタン	12	16	21	29	13,020	452
マレーシア	73	46	90	24	8,618	359
フィリピン	34	48	48	19	7,084	369
シンガポール	27	14	29	14	3,738	260
トルコ				4	757	201
台湾	1		553	2	655	364
アジア小計	105,354	113,563	152,711	151,253	19,424,481	128
世界合計	114,177	124,737	164,077	159,520	20,663,025	130

メチルイソブチルケトン（ＭＩＢＫ）輸出

国　　名	2014年	2015年	2016年	2017年	同年金額	単　価
中国	13,133	14,393	12,904	10,710	1,561,543	146
インド	2,172	4,257	2,670	4,828	629,359	130
タイ	3,538	3,141	3,763	4,429	645,638	146
インドネシア	3,022	3,089	2,550	2,832	416,340	147
フィリピン	1,324	2,525	2,053	2,385	360,215	151
マレーシア	1,390	1,474	530	1,304	183,896	141
韓国	1,565	1,023		622	92,074	148
ベトナム	62	311		151	22,230	148
シンガポール	2	441	1	150	23,353	156
トルコ				40	6,413	161
オーストラリア		13		13	2,162	169
台湾	141	452		1	648	926
パキスタン		19	13			
アラブ首長国連邦			2			
香港		0	2			
アジア小計	26,349	31,139	24,487	27,464	3,943,871	144
世界合計	26,492	31,219	24,542	27,592	3,966,159	144

メチルエチルケトン（ＭＥＫ）輸出

国　　　名	2014年	2015年	2016年	2017年	同年金額	単　価
韓国	67, 408	89, 727	84, 272	88, 010	8, 919, 353	101
インドネシア	9, 932	12, 902	11, 068	18, 812	1, 946, 408	103
ベトナム	5, 132	6, 456	8, 809	12, 780	1, 393, 068	109
インド	965	7, 834	7, 853	11, 401	1, 309, 684	115
タイ	6, 398	7, 878	7, 813	7, 887	927, 937	118
マレーシア	4, 186	3, 906	4, 342	5, 875	650, 347	111
フィリピン	2, 372	2, 251	2, 443	2, 345	263, 071	112
シンガポール	326	9	11	395	56, 823	144
中国	911	915	557	377	48, 318	128
台湾	2, 599	3, 500	0			
オーストラリア		1, 021				
香港	2	1				
アジア小計	100, 232	136, 398	127, 170	147, 883	15, 515, 009	105
世界合計	100, 305	136, 398	127, 170	148, 010	15, 535, 930	105

アクリル酸（ＡＡ）輸出

国　　　名	2014年	2015年	2016年	2017年	同年金額	単　価
中国	10, 204	8, 757	6, 557	10, 218	1, 025, 165	100
シンガポール	3, 989	4, 970	2, 990	5, 996	561, 906	94
韓国	14, 466	1, 998	3, 907	4, 910	527, 672	107
タイ	109	3	263	1, 169	167, 830	144
トルコ		274	183	572	60, 539	106
オーストラリア	253	195	286	481	54, 942	114
イラン				64	10, 593	166
香港	119	122	119	42	19, 415	457
台湾	1, 051	1, 301	144	41	5, 429	132
インド			892			
ベトナム		13	5			
マレーシア	1, 981					
アジア小計	32, 171	17, 633	15, 346	23, 494	2, 433, 491	104
世界合計	32, 500	19, 207	19, 684	25, 689	2, 657, 546	103

アクリル酸エステル（ＡＥ）輸出

国　　　名	2014年	2015年	2016年	2017年	同年金額	単　価
韓国	5, 291	6, 718	6, 618	7, 590	3, 005, 456	396
中国	2, 884	2, 431	2, 704	3, 436	1, 338, 054	389
台湾	1, 992	1, 595	1, 917	2, 530	912, 178	361
タイ	852	1, 108	1, 352	1, 515	464, 150	306
シンガポール	1, 594	1, 379	1, 424	1, 356	694, 779	512
インド	243	257	571	1, 338	225, 997	169
マレーシア	113	234	665	854	223, 451	262
インドネシア	396	1, 032	573	643	259, 430	403
サウジアラビア	741	468	390	464	139, 165	300
イラン			55	382	63, 723	167
香港	51	156	223	303	119, 753	395
フィリピン	154	314	169	296	48, 097	162
トルコ	1, 032	41	73	99	27, 622	280
ベトナム	125	41	48	92	18, 793	204
アラブ首長国連邦		22	21	17	26, 437	1, 555
オーストラリア	3	10	5	8	2, 450	292

イスラエル			0	0	503	5,030
ニュージーランド		1				
アジア小計	15,471	15,806	16,808	20,924	7,570,038	362
世界合計	23,254	24,005	28,060	35,025	14,449,896	413

メタクリル酸輸出

国　名	2014年	2015年	2016年	2017年	同年金額	単　価
台湾	1,477	1,628	2,259	2,228	556,185	250
マレーシア	650	682	1,320	2,159	582,187	270
中国	1,512	875	1,158	1,679	470,212	280
インド	1,231	1,424	2,058	1,322	445,081	337
インドネシア	248	266	251	233	69,615	298
アラブ首長国連邦		240	144	228	78,103	343
韓国	485	394	571	217	57,343	265
ベトナム	112	16	45	100	35,378	353
シンガポール	188	152	96	85	27,334	322
トルコ				76	29,780	393
フィリピン	51	36	28	48	14,691	306
イラン				32	10,889	340
タイ	118	5	9	26	16,349	628
サウジアラビア	32	112	32	16	6,054	378
カタール		32				
オーストラリア	64					
アジア小計	6,167	5,862	7,972	8,449	2,399,201	284
世界合計	7,834	6,795	8,560	9,571	2,779,581	290

メタクリル酸エステル（MMA）輸出

国　名	2014年	2015年	2016年	2017年	同年金額	単　価
韓国	26,898	41,517	63,979	89,872	21,767,154	242
台湾	40,008	25,203	20,900	38,867	9,135,880	235
中国	28,224	13,213	14,572	10,764	3,681,212	342
シンガポール	34,436	32,937	11,401	10,211	2,172,056	213
ベトナム	3,964	7,927	6,263	5,843	1,283,461	220
フィリピン	3,558	5,642	4,800	5,420	1,272,390	235
インドネシア	7,763	6,079	4,658	5,402	1,382,111	256
タイ	2,894	2,615	3,652	3,525	1,482,113	420
マレーシア	10,953	3,291	1,565	3,363	855,007	254
インド	2,505	4,585	4,216	3,169	879,479	278
パキスタン	119	618	1,455	797	231,022	290
トルコ	295	329	283	565	184,946	327
アラブ首長国連邦	384	486	511	370	112,992	305
オーストラリア	1,299	140	1,345	226	58,901	261
イラン			234	192	71,687	373
香港	51	214	1,631	31	16,500	525
クウェート	16	76	72	16	4,260	266
ニュージーランド	5	69	56	16	4,318	270
サウジアラビア	30	61				
イスラエル	0					
アジア小計	163,401	145,001	141,594	178,651	44,595,489	250
世界合計	181,751	161,039	159,398	198,543	53,531,719	270

無水マレイン酸輸出

国名	2014年	2015年	2016年	2017年	同年金額	単価
タイ	843	932	2,120	1,438	176,750	123
インドネシア	1,379	683	858	788	98,940	126
インド	654	1,091	1,268	735	90,010	122
中国	166	117	220	331	74,435	225
マレーシア	215	231	149	91	26,769	293
シンガポール	561	188	43	43	11,592	269
ベトナム	93	35	35	18	1,939	111
香港	5	18	28	2	3,798	2,374
台湾	23	21	1	1	308	308
韓国	0	105	0			
フィリピン	125	175				
トルコ	53					
アジア小計	4,114	3,595	4,721	3,446	484,541	141
世界合計	4,901	4,641	5,538	4,188	582,874	139

アルキルベンゼン輸出

国名	2014年	2015年	2016年	2017年	同年金額	単価
タイ	16,944	25,050	27,382	19,281	2,371,514	123
マレーシア		1,220	1,206	1,812	212,984	118
韓国	82	88	74	82	48,029	587
香港	27	39	21	21	11,985	564
台湾	26	36	1,016	17	9,979	597
シンガポール	9		8	3	1,134	334
ベトナム	0	2,528	2,534	2	3,093	1,373
中国	1	1	3	2	7,474	4,225
インドネシア	0	0	4	2	462	293
フィリピン	1	4	0	1	863	719
イラン			0			
インド		0				
アジア小計	17,091	28,968	32,248	21,223	2,667,517	126
世界合計	17,097	28,968	32,249	21,223	2,668,787	126

無水フタル酸輸出

国名	2014年	2015年	2016年	2017年	同年金額	単価
インドネシア	26,475	27,662	28,599	27,690	2,833,073	102
マレーシア	5,493	8,429	8,409	9,156	955,015	104
中国	10,891	6,251	10,397	8,126	796,135	98
フィリピン	1,608	1,820	2,025	1,950	199,905	103
タイ	535	1,905	1,160	1,804	181,464	101
ベトナム	345	1,298	2,337	668	67,724	101
シンガポール	72	295		225	21,016	93
アラブ首長国連邦	18			18	1,579	90
インド	578	1,200	350			
アジア小計	46,013	48,860	53,277	49,636	5,055,911	102
世界合計	46,028	48,878	53,504	49,846	5,075,435	102

フタル酸系可塑剤（ＤＯＰ）輸出

国名	2014年	2015年	2016年	2017年	同年金額	単価
ベトナム	2,557	1,914	2,870	2,981	412,466	138
中国	1,049	1,211	1,066	1,251	206,276	165

タイ	226	161	323	285	48, 463	170
シンガポール	160	117	160	151	26, 735	178
フィリピン	9	6	4	1	232	387
香港	6	2	1	0	324	711
マレーシア	92	86	24			
韓国	97	33				
インドネシア	28	11				
台湾		0				
インド	1					
アジア小計	4, 226	3, 541	4, 449	4, 669	694, 496	149
世界合計	4, 226	3, 541	4, 449	4, 669	694, 496	149

トリレンジイソシアネート（ＴＤＩ）輸出

国　　名	2014年	2015年	2016年	2017年	同年金額	単　価
インドネシア	24, 762	22, 428	16, 877	15, 367	6, 025, 662	392
中国	11, 060	13, 551	6, 635	5, 920	2, 351, 809	397
マレーシア	6, 398	5, 781	5, 419	5, 887	2, 410, 061	409
タイ	7, 996	4, 727	5, 067	5, 603	2, 083, 852	372
台湾	10, 586	7, 775	5, 542	4, 470	1, 834, 072	410
ベトナム	7, 759	6, 804	4, 984	4, 201	1, 693, 923	403
サウジアラビア	4, 641	7, 506	3, 753	2, 331	872, 076	374
香港	17, 380	5, 080	2, 740	2, 260	921, 050	408
フィリピン	2, 641	2, 140	2, 380	2, 220	904, 523	407
インド	14, 439	9, 951	4, 589	1, 525	542, 874	356
アラブ首長国連邦	3, 930	4, 800	790	945	344, 585	365
クウェート	593	1, 126	375	336	117, 791	351
オーストラリア	470	340	258	179	83, 320	467
カタール	336	375	119	158	62, 968	399
パキスタン	2, 120	1, 938	480	100	38, 140	381
シンガポール	160	120	120	100	47, 558	476
イスラエル	237	553	356	99	36, 227	367
バーレーン	395	296	296	99	36, 032	365
イラン				99	36, 530	370
トルコ		40		78	33, 365	431
韓国	4, 483	2, 540	556	20	7, 563	378
ニュージーランド	160	20				
アジア小計	120, 545	97, 890	61, 336	51, 993	20, 483, 981	394
世界合計	167, 767	144, 268	84, 671	61, 013	23, 945, 892	392

ジフェニルメタンジイソシアネート（ピュアＭＤＩ）輸出

国　　名	2014年	2015年	2016年	2017年	同年金額	単　価
中国	53, 036	57, 784	47, 537	43, 388	13, 101, 115	302
台湾	16, 452	15, 330	14, 293	13, 404	4, 294, 050	320
シンガポール	9, 782	8, 709	11, 741	12, 237	3, 421, 167	280
インド	1, 007	1, 938	2, 722	2, 538	765, 927	302
トルコ	1, 670	1, 529	1, 411	2, 201	662, 276	301
タイ	2, 996	2, 696	2, 490	1, 896	567, 486	299
ベトナム	1, 358	1, 516	1, 619	1, 219	390, 705	321
マレーシア	807	726	1, 075	1, 158	357, 915	309
オーストラリア	190	142	48	379	91, 976	243
インドネシア	256	300	353	348	106, 785	307
韓国	340	528	376	255	81, 090	318

単位：トン、千円、円／kg

国名	2014年	2015年	2016年	2017年	同年金額	単価
パキスタン				134	42,061	313
香港	745	114	266	85	29,461	345
フィリピン		1		2	913	522
アラブ首長国連邦		101				
アジア小計	88,639	91,413	83,932	79,245	23,912,927	302
世界合計	90,700	93,549	86,807	80,194	24,185,657	302

粗ジフェニルメタンジイソシアネート（クルードＭＤＩ）輸出

国　　名	2014年	2015年	2016年	2017年	同年金額	単　価
中国	140,095	149,848	127,671	118,887	32,579,924	274
インド	23,028	21,780	27,244	16,258	4,138,917	255
ベトナム	5,321	8,342	10,659	10,081	2,658,474	264
インドネシア	3,902	3,002	5,170	8,014	2,150,820	268
アラブ首長国連邦	9,919	9,150	9,577	4,150	1,030,118	248
イラン			1,194	3,564	908,759	255
マレーシア	3,420	2,230	2,595	3,493	877,084	251
台湾	3,871	6,043	6,322	3,064	944,588	308
フィリピン	994	208	500	2,855	922,812	323
トルコ	200	2,570	200	2,324	654,235	282
シンガポール	65	99	878	2,082	553,329	266
タイ	3,096	3,002	1,995	2,026	550,005	271
クウェート	1,859	1,500	2,385	1,268	342,495	270
オーストラリア	482	399	1,557	1,032	244,212	237
韓国	6,535	1,441	2,184	980	248,535	254
サウジアラビア	1,917	2,033	1,001	663	154,340	233
パキスタン	140	360	720	460	111,172	242
香港	854	451	590	436	128,328	295
イスラエル	62		42	59	16,466	281
ニュージーランド	5	20		30	8,540	285
カタール	99	20	59	20	6,828	350
バーレーン				20	5,116	262
アジア小計	205,863	212,498	202,543	181,764	49,235,097	271
世界合計	218,030	229,754	223,129	206,627	54,408,881	263

＜合成樹脂＞

低密度ポリエチレン（ＬＤＰＥ）輸出

国　　名	2014年	2015年	2016年	2017年	同年金額	単　価
中国	60,304	69,471	84,531	78,908	10,298,719	131
インドネシア	8,421	11,160	14,162	12,077	1,885,551	156
香港	12,344	11,838	12,966	10,817	1,400,185	129
台湾	12,888	15,698	14,097	10,682	1,879,657	176
韓国	6,246	6,284	7,665	9,306	2,028,229	218
ベトナム	6,013	6,558	8,617	7,607	995,934	131
タイ	4,910	6,968	6,482	6,053	1,247,236	206
インド	1,388	2,541	3,146	3,356	435,991	130
マレーシア	1,919	2,402	3,639	3,128	899,766	288
シンガポール	8,629	4,903	1,929	3,106	435,776	140
フィリピン	604	616	592	583	72,326	124
サウジアラビア	3,599	4,622	6,765	555	90,850	164
パキスタン	5,382	4,022	134	128	27,252	213
オーストラリア	279	328	55	99	7,944	80
イスラエル	26	31	80	30	5,267	176

カタール			1	12	2, 008	167
ニュージーランド	33	289	598	8	4, 539	549
クウェート		1	3			
トルコ		83	0			
アジア小計	132, 984	147, 812	165, 463	146, 452	21, 717, 230	148
世界合計	135, 467	153, 070	174, 323	150, 422	23, 365, 133	155

高密度ポリエチレン（ＨＤＰＥ）輸出

国　名	2014年	2015年	2016年	2017年	同年金額	単　価
中国	64, 124	66, 358	61, 737	67, 675	9, 412, 209	139
タイ	21, 093	21, 097	21, 054	20, 832	3, 064, 412	147
台湾	11, 981	10, 597	9, 522	9, 011	1, 391, 034	154
インド	5, 233	6, 282	6, 804	7, 579	1, 015, 384	134
韓国	5, 280	4, 971	5, 329	6, 451	1, 501, 539	233
インドネシア	4, 158	4, 116	6, 029	5, 022	768, 212	153
シンガポール	2, 413	3, 419	3, 162	3, 482	541, 753	156
ベトナム	3, 290	4, 650	2, 491	3, 163	821, 298	260
香港	3, 070	3, 144	2, 927	1, 315	167, 140	127
マレーシア	516	819	742	975	452, 981	465
イスラエル	621	675	583	739	110, 763	150
ニュージーランド	325	303	455	505	102, 281	203
フィリピン	467	486	550	461	70, 647	153
オーストラリア	149	105	173	172	36, 573	213
トルコ	4	3	2	6	4, 815	866
パキスタン			14			
アラブ首長国連邦			2			
サウジアラビア		6				
アジア小計	122, 724	127, 029	121, 573	127, 387	19, 461, 041	153
世界合計	131, 850	133, 739	129, 157	136, 774	21, 351, 557	156

エチレン酢ビコポリマー（ＥＶＡ）輸出

国　名	2014年	2015年	2016年	2017年	同年金額	単　価
中国	45, 691	48, 483	53, 779	44, 384	7, 282, 317	164
ベトナム	6, 601	9, 764	12, 150	11, 690	1, 934, 926	166
インドネシア	6, 063	6, 447	6, 029	7, 177	1, 271, 048	177
台湾	4, 191	4, 263	5, 117	5, 018	1, 143, 075	228
韓国	2, 754	3, 762	3, 359	2, 991	866, 384	290
インド	2, 576	3, 637	2, 663	2, 554	560, 163	219
マレーシア	6, 211	4, 488	2, 133	1, 991	469, 536	236
香港	2, 120	2, 986	3, 652	1, 909	332, 199	174
タイ	1, 815	1, 670	2, 211	1, 729	362, 519	210
フィリピン	511	482	295	243	58, 635	241
シンガポール	85	108	212	202	52, 468	259
オーストラリア		49	38	64	10, 357	162
パキスタン	1, 552	773	969	9	3, 620	389
サウジアラビア	424	440	768			
イスラエル	4	5	10			
ニュージーランド		1				
アジア小計	80, 598	87, 358	93, 383	79, 961	14, 347, 247	179
世界合計	83, 932	92, 939	102, 870	89, 366	17, 680, 619	198

ポリプロピレン（ＰＰ）輸出

国名	2014年	2015年	2016年	2017年	同年金額	単価
中国	93, 164	98, 232	75, 249	91, 104	12, 040, 332	132
ベトナム	6, 953	10, 905	9, 651	16, 673	2, 051, 343	123
タイ	12, 851	15, 038	15, 348	13, 701	2, 426, 615	177
台湾	12, 751	19, 512	11, 140	10, 822	1, 123, 446	104
香港	12, 991	13, 329	12, 897	9, 455	1, 476, 831	156
インドネシア	3, 868	6, 997	8, 652	8, 412	1, 413, 869	168
フィリピン	2, 087	2, 192	2, 347	3, 612	703, 749	195
韓国	1, 832	2, 743	1, 907	2, 668	396, 112	148
シンガポール	2, 373	2, 001	1, 831	2, 015	465, 281	231
インド	1, 728	2, 157	1, 751	1, 940	257, 481	133
マレーシア	1, 942	1, 337	1, 030	1, 423	285, 466	201
トルコ		1	51	254	46, 330	182
サウジアラビア	2	15	26	78	23, 962	307
パキスタン	1	18	9	10	2, 705	260
イラン				5	17, 563	3, 513
クウェート			5			
オーストラリア			3			
イスラエル		2				
アジア小計	152, 543	174, 478	141, 896	162, 173	22, 731, 085	140
世界合計	166, 313	193, 241	159, 868	179, 640	26, 451, 044	147

ＰＰコポリマー輸出

国名	2014年	2015年	2016年	2017年	同年金額	単価
中国	41, 106	46, 001	45, 806	41, 800	7, 696, 038	184
タイ	14, 002	14, 735	15, 269	11, 694	2, 483, 566	212
フィリピン	9, 108	7, 858	8, 382	7, 181	1, 340, 375	187
インド	4, 387	5, 556	6, 084	6, 671	1, 124, 183	169
ベトナム	3, 834	4, 766	5, 522	6, 599	1, 297, 607	197
台湾	7, 110	7, 592	6, 024	6, 125	1, 044, 499	171
インドネシア	2, 400	2, 783	3, 692	4, 088	961, 571	235
香港	3, 438	3, 307	2, 799	2, 779	589, 752	212
マレーシア	1, 072	1, 179	1, 043	1, 271	281, 282	221
シンガポール	651	494	760	758	131, 853	174
韓国	1, 785	945	623	638	199, 938	313
パキスタン	1, 031	1, 912	1, 302	606	96, 342	159
トルコ	311	183	181	189	40, 857	217
オーストラリア	170	181	168	80	11, 943	149
サウジアラビア	12	66	140	72	19, 089	264
イスラエル	64	307	24	25	12, 018	481
アラブ首長国連邦		30				
ニュージーランド	12					
アジア小計	90, 493	97, 896	97, 819	90, 576	17, 330, 913	191
世界合計	109, 002	115, 913	115, 928	107, 344	21, 619, 350	201

ポリブテン輸出

国名	2014年	2015年	2016年	2017年	同年金額	単価
中国	3, 722	2, 749	2, 189	3, 245	616, 349	190
タイ	991	1, 097	955	1, 546	233, 339	151
台湾	1, 591	1, 103	899	1, 149	254, 496	222
韓国	967	885	599	698	161, 908	232

インドネシア	320	302	254	363	133, 345	368
シンガポール	125	326	293	321	64, 917	203
トルコ	57	482	559	281	57, 181	204
ベトナム	80	61	97	117	45, 448	389
オーストラリア	90	52	68	73	12, 706	173
インド	104	23	62	56	28, 981	519
マレーシア	13	15	18	18	4, 404	239
フィリピン	4	6	4	4	3, 677	958
イラン				0	247	1, 372
イスラエル			1			
香港	12	8	1			
パキスタン	13					
アジア小計	8, 091	7, 109	6, 001	7, 871	1, 616, 998	205
世界合計	13, 998	13, 495	11, 674	14, 106	3, 389, 131	240

ポリスチレン（ＰＳ）輸出

国　　名	2014年	2015年	2016年	2017年	同年金額	単　価
中国	20, 644	14, 602	17, 811	24, 963	3, 961, 244	159
香港	8, 364	8, 966	12, 120	13, 894	1, 072, 091	77
マレーシア	471	159	707	3, 101	347, 156	112
台湾	4, 124	2, 791	3, 248	2, 475	209, 042	84
ベトナム	1, 336	1, 320	2, 372	2, 310	420, 145	182
タイ	810	911	1, 224	1, 559	462, 610	297
インドネシア	2, 408	672	737	1, 223	300, 431	246
韓国	1, 764	981	913	980	386, 058	394
フィリピン	523	521	551	598	188, 212	315
サウジアラビア				90	14, 695	164
インド	108	30	574	74	520, 168	6, 997
クウェート		15	85	50	8, 275	164
シンガポール	272	64	12	14	9, 499	666
イスラエル	1	4	4	1	2, 670	2, 670
オーストラリア	136					
アジア小計	40, 962	31, 036	40, 359	51, 332	7, 902, 296	154
世界合計	45, 369	35, 019	44, 273	54, 961	9, 655, 382	176

発泡ポリスチレン（ＥＰＳ）輸出

国　　名	2014年	2015年	2016年	2017年	同年金額	単　価
中国	4, 043	5, 384	4, 571	6, 411	675, 043	105
香港	2, 985	4, 014	3, 393	2, 918	253, 917	87
タイ	354	421	406	590	169, 216	287
マレーシア	8		25	560	32, 064	57
ベトナム	237	116	243	548	74, 695	136
フィリピン	715	559	507	520	179, 861	346
韓国	311	83	181	323	71, 002	220
台湾	671	360	111	209	39, 335	188
インドネシア	24	21	64	65	21, 201	326
トルコ				48	3, 056	64
インド	6	6	3	14	9, 365	670
シンガポール	2	4	0	4	1, 852	509
アラブ首長国連邦		24	48			
ニュージーランド	10					
アジア小計	9, 367	10, 993	9, 552	12, 209	1, 530, 607	125
世界合計	9, 521	11, 073	9, 738	12, 351	1, 578, 926	128

日本→アジア諸国

単位：トン、千円、円／kg

ＡＢＳ樹脂輸出

国　　名	2014年	2015年	2016年	2017年	同年金額	単　価
中国	34, 329	31, 643	35, 317	37, 119	8, 940, 908	241
香港	24, 822	22, 522	20, 940	20, 314	5, 003, 910	246
ベトナム	5, 393	6, 302	8, 833	10, 714	2, 606, 707	243
タイ	12, 282	9, 500	9, 246	9, 378	2, 739, 209	292
インドネシア	5, 523	6, 709	6, 889	8, 036	1, 689, 434	210
シンガポール	2, 382	2, 296	2, 255	2, 148	553, 241	258
マレーシア	2, 310	1, 451	1, 844	2, 131	578, 287	271
韓国	1, 396	1, 584	1, 396	2, 124	695, 946	328
台湾	1, 331	1, 011	763	1, 173	257, 432	220
フィリピン	849	751	830	915	367, 206	401
インド	323	175	795	259	78, 654	304
パキスタン	34	39	42	118	46, 703	395
サウジアラビア		18		18	5, 199	295
トルコ	2	2	11	13	4, 572	363
イスラエル	4	2	1	5	2, 910	582
ニュージーランド	0	0	1	0	326	1, 087
オーストラリア		14	13			
アジア小計	90, 980	84, 018	89, 177	94, 464	23, 570, 644	250
世界合計	97, 970	90, 886	95, 866	101, 791	25, 870, 975	254

ＡＳ樹脂（ＳＡＮ）輸出

国　　名	2014年	2015年	2016年	2017年	同年金額	単　価
中国	13, 379	15, 180	14, 667	16, 445	3, 407, 611	207
タイ	5, 710	5, 319	5, 498	5, 596	1, 284, 201	229
マレーシア	3, 137	2, 629	3, 039	4, 459	907, 092	203
香港	4, 460	3, 963	3, 444	3, 665	797, 772	218
インドネシア	1, 595	1, 535	2, 117	2, 700	630, 176	233
ベトナム	1, 148	875	839	1, 006	263, 792	262
インド	133	283	218	628	102, 696	163
台湾	475	520	580	609	136, 142	223
韓国	387	207	513	329	129, 802	395
フィリピン	113	133	109	88	19, 646	223
パキスタン		40	83	58	11, 126	192
シンガポール	100	33	22	5	1, 634	356
オーストラリア	6	4	6	2	1, 548	774
ニュージーランド	1					
アジア小計	30, 644	30, 719	31, 134	35, 589	7, 693, 238	216
世界合計	33, 462	33, 811	33, 639	38, 799	8, 528, 029	220

塩化ビニル樹脂（ＰＶＣ）輸出

国　　名	2014年	2015年	2016年	2017年	同年金額	単　価
インド	25, 001	201, 142	264, 373	307, 569	31, 395, 384	102
中国	146, 233	171, 531	123, 401	127, 602	12, 448, 729	98
ベトナム	44, 217	77, 633	85, 938	74, 655	7, 030, 625	94
香港	39, 404	38, 772	34, 234	23, 093	2, 394, 273	104
タイ	16, 482	23, 130	20, 060	21, 114	2, 169, 656	103
フィリピン	5, 189	6, 990	16, 876	17, 527	1, 651, 227	94
インドネシア	21, 166	22, 886	18, 454	16, 188	1, 564, 339	97
台湾	9, 345	10, 211	9, 565	11, 254	1, 051, 120	93
マレーシア	4, 841	10, 854	10, 038	9, 609	952, 103	99

シンガポール	10, 947	12, 175	10, 801	8, 002	778, 850	97
韓国	2, 044	2, 720	3, 264	4, 129	233, 777	57
ニュージーランド	5, 924	6, 833	3, 257	2, 621	265, 557	101
オーストラリア	144	209	1, 486	2, 142	205, 718	96
パキスタン	32			198	19, 698	99
トルコ		176	24	2	459	230
アラブ首長国連邦		506				
アジア小計	330, 968	585, 767	601, 769	625, 705	62, 161, 515	99
世界合計	344, 250	597, 476	611, 701	637, 878	63, 732, 601	100

塩化ビニリデン樹脂輸出

国　　　名	2014年	2015年	2016年	2017年	同年金額	単　価
ベトナム	3, 621	3, 542	3, 073	3, 613	1, 037, 447	287
中国	8, 364	9, 071	8, 377	940	559, 501	595
台湾	48	118	84	56	29, 397	525
韓国	12	32	5	4	4, 051	1, 058
インド				0	385	1, 100
インドネシア				0	840	3, 360
マレーシア	10		3			
香港			0			
シンガポール		2				
フィリピン	1					
アジア小計	12, 056	12, 765	11, 543	4, 613	1, 631, 621	354
世界合計	12, 633	13, 561	12, 220	5, 162	1, 878, 995	364

メタクリル樹脂（ＰＭＭＡ）輸出

国　　　名	2014年	2015年	2016年	2017年	同年金額	単　価
中国	33, 519	25, 544	25, 712	26, 750	7, 517, 104	281
韓国	2, 909	3, 880	5, 657	3, 784	1, 794, 034	474
台湾	3, 969	3, 787	3, 287	3, 435	923, 470	269
香港	3, 326	3, 219	4, 214	2, 841	625, 494	220
インド	1, 238	971	1, 833	2, 135	566, 649	265
タイ	1, 405	1, 240	1, 498	1, 157	433, 983	375
イスラエル	2, 208	1, 851	2, 432	1, 079	294, 005	272
マレーシア	524	569	482	816	160, 646	197
ベトナム	257	217	351	261	114, 238	437
フィリピン	161	129	208	245	133, 097	543
サウジアラビア				144	33, 865	235
オーストラリア	136	139	210	140	46, 276	332
インドネシア	359	168	138	122	81, 387	666
パキスタン			34	72	18, 413	256
シンガポール	44	53	26	60	40, 072	663
トルコ	56	19	90	59	24, 888	419
アラブ首長国連邦	0	1	2	0	208	832
イラン	0	0	2	0	1, 619	12, 454
アジア小計	50, 112	41, 787	46, 175	43, 103	12, 809, 448	297
世界合計	62, 454	50, 933	57, 835	48, 520	16, 513, 358	340

ナイロン樹脂輸出

国　　　名	2014年	2015年	2016年	2017年	同年金額	単　価
中国	30, 460	28, 425	28, 881	29, 283	13, 392, 031	457
タイ	10, 862	10, 127	10, 975	10, 437	5, 068, 081	486

香港	11, 103	10, 222	10, 962	9, 591	3, 723, 758	388
台湾	5, 009	4, 474	5, 120	5, 739	1, 801, 579	314
韓国	5, 251	5, 605	5, 049	5, 161	2, 723, 513	528
インドネシア	2, 891	3, 637	4, 266	3, 988	1, 939, 243	486
ベトナム	1, 187	1, 400	1, 572	2, 139	1, 247, 225	583
マレーシア	1, 579	1, 180	1, 633	1, 832	918, 649	501
フィリピン	1, 464	1, 434	1, 409	1, 482	772, 078	521
インド	748	1, 093	1, 171	1, 409	715, 703	508
ニュージーランド	607	405	376	465	129, 141	278
シンガポール	394	309	332	287	316, 301	1, 101
オーストラリア	340	532	292	214	168, 836	791
パキスタン	16	23	35	68	34, 750	510
トルコ	106	138	79	43	38, 012	881
サウジアラビア	0		1	0	1, 121	3, 460
クウェート		0	0			
イラン	0					
アジア小計	72, 017	69, 005	72, 153	72, 139	32, 990, 021	457
世界合計	84, 249	80, 319	82, 473	82, 672	41, 768, 218	505

ポリアセタール（ＰＯＭ）輸出

国　　名	2014年	2015年	2016年	2017年	同年金額	単　価
中国	18, 253	19, 259	19, 631	22, 659	6, 269, 992	277
香港	7, 431	5, 933	5, 912	6, 376	2, 002, 480	314
マレーシア	1, 053	1, 082	1, 562	4, 952	1, 035, 606	209
タイ	4, 226	3, 320	3, 493	4, 287	1, 741, 418	406
フィリピン	1, 684	1, 724	1, 711	1, 858	606, 290	326
台湾	2, 619	1, 679	1, 825	1, 849	631, 647	342
インドネシア	1, 254	1, 204	1, 358	1, 361	464, 307	341
ベトナム	732	680	961	904	456, 955	505
韓国	693	670	710	755	305, 648	405
シンガポール	587	485	550	607	510, 882	842
インド	326	399	411	450	226, 059	503
ニュージーランド	229	126	144	125	30, 260	242
オーストラリア	46	41	39	69	18, 653	269
イラン				35	4, 656	133
トルコ	29	110	49	33	18, 852	567
イスラエル	36	24	12	24	8, 889	370
パキスタン	44	43	17	22	15, 088	675
アジア小計	39, 242	36, 779	38, 386	46, 366	14, 347, 682	309
世界合計	50, 823	47, 364	48, 719	57, 079	17, 438, 055	306

ポリカーボネート（ＰＣ）輸出

国　　名	2014年	2015年	2016年	2017年	同年金額	単　価
中国	61, 321	61, 308	83, 703	87, 334	33, 220, 616	380
香港	26, 341	20, 974	18, 947	19, 066	7, 966, 745	418
台湾	22, 187	20, 004	18, 726	16, 075	9, 142, 365	569
インドネシア	9, 769	8, 966	7, 832	8, 795	2, 344, 025	267
韓国	4, 073	4, 840	6, 971	6, 239	5, 650, 868	906
タイ	4, 733	3, 833	4, 867	5, 102	3, 248, 575	637
ベトナム	2, 724	3, 057	5, 344	4, 829	2, 637, 606	546
イスラエル	2, 152	5, 683	6, 408	4, 531	1, 081, 596	239
マレーシア	3, 247	3, 936	4, 500	4, 506	1, 637, 828	363

サウジアラビア	247	684	760	988	257,162	260
フィリピン	1,061	929	787	843	567,388	673
インド	403	548	508	721	277,533	385
パキスタン	228	494	613	549	144,734	263
シンガポール	542	755	647	500	389,621	779
トルコ	77	285	781	250	70,424	282
オーストラリア	97	114	50	49	17,794	360
ニュージーランド		2	1	6	2,447	408
アラブ首長国連邦	150	750	38			
アジア小計	139,349	137,162	161,482	160,385	68,657,327	428
世界合計	153,773	154,766	179,384	181,518	76,084,900	419

変性ポリフェニレンエーテル（ＰＰＥ）輸出

国　　名	2014年	2015年	2016年	2017年	同年金額	単　価
中国	5,711	5,275	6,279	7,505	5,659,280	754
韓国	907	766	1,936	2,222	1,264,439	569
香港	1,784	1,166	1,396	1,262	950,620	753
タイ	1,039	1,135	1,256	1,253	823,125	657
インド	480	513	780	1,048	808,683	771
台湾	778	657	833	751	535,546	713
ベトナム	634	496	470	716	479,046	669
インドネシア	819	822	689	419	320,033	763
フィリピン	400	311	237	289	174,738	605
マレーシア	185	79	108	148	115,392	778
シンガポール	97	60	41	45	63,050	1,395
ニュージーランド	29	15	22	22	21,196	950
トルコ	126	133	22	15	7,593	521
オーストラリア	1	4	2	7	28,849	4,190
イスラエル	4	8	0	3	44,302	15,811
パキスタン	0	0	2	1	1,529	1,470
イラン		0		1	630	630
クウェート			0			
サウジアラビア		1				
アジア小計	12,995	11,439	14,075	15,708	11,298,051	719
世界合計	17,742	16,102	18,943	20,309	18,614,433	917

ポリエチレンテレフタレート（ＰＥＴ）輸出

国　　名	2014年	2015年	2016年	2017年	同年金額	単　価
中国	27,919	33,827	27,934	37,134	3,663,969	99
台湾	14,270	29,672	22,346	23,243	2,647,996	114
韓国	10,111	10,249	8,633	11,940	1,316,028	110
ベトナム	1,142	1,749	5,874	11,623	1,832,877	158
タイ	10,612	12,810	10,888	8,323	1,244,276	150
インドネシア	1,670	2,857	3,506	6,578	991,666	151
香港	4,842	3,572	4,342	4,641	736,024	159
マレーシア	3,346	2,717	3,164	4,342	808,337	186
インド	133	37	207	1,433	204,592	143
オーストラリア		297	420	315	35,491	113
フィリピン	149	104	110	142	92,209	650
シンガポール	26	14	6	25	8,205	333
アラブ首長国連邦		1	3	2	3,101	1,551
ニュージーランド	0	21				

パキスタン	15					
アジア小計	74,236	97,927	87,432	109,741	13,584,771	124
世界合計	80,735	104,847	95,712	114,999	14,565,828	127

フッ素樹脂（ＰＴＦＥ）輸出

国　名	2014年	2015年	2016年	2017年	同年金額	単　価
中国	997	799	872	868	1,351,362	1,557
ベトナム	609	514	408	473	819,381	1,732
台湾	654	488	469	450	708,029	1,575
韓国	348	373	376	413	1,168,310	2,830
タイ	234	333	334	351	629,763	1,795
シンガポール	41	45	27	52	62,182	1,191
マレーシア	45	59	75	50	93,034	1,849
香港	121	68	55	35	53,350	1,525
インドネシア	10	16	13	17	78,517	4,550
インド	26	18	6	7	25,309	3,555
オーストラリア	3	8	4	6	3,400	607
フィリピン	1	0	1	0	627	4,180
イスラエル	1	1	1			
ニュージーランド	0	0				
アジア小計	3,091	2,723	2,639	2,722	4,993,264	1,834
世界合計	5,215	4,836	4,847	4,786	8,327,860	1,740

フッ素樹脂その他輸出

国　名	2014年	2015年	2016年	2017年	同年金額	単　価
中国	2,660	2,371	2,682	3,103	7,477,332	2,410
韓国	2,204	1,886	1,943	2,351	6,000,168	2,553
ベトナム	466	459	445	676	1,866,400	2,762
台湾	500	648	454	436	1,437,638	3,295
タイ	405	396	350	412	979,141	2,375
インド	77	97	111	136	305,840	2,247
インドネシア	138	107	99	95	212,903	2,242
香港	225	191	157	84	205,094	2,442
フィリピン	46	46	63	78	281,581	3,591
マレーシア	56	73	98	77	208,180	2,708
シンガポール	53	72	24	14	74,007	5,363
オーストラリア	6	5	4	10	34,910	3,648
アラブ首長国連邦	9	9	27	5	12,811	2,847
サウジアラビア	2	3	12	4	12,665	2,945
ニュージーランド	1	3	1	1	4,550	3,792
トルコ	15	3		1	1,932	1,932
アジア小計	6,861	6,366	6,470	7,483	19,115,152	2,555
世界合計	15,091	14,825	14,822	15,676	40,293,967	2,570

シリコーン樹脂（固形）輸出

国　名	2014年	2015年	2016年	2017年	同年金額	単　価
中国	5,051	4,962	4,734	4,940	4,344,707	879
韓国	3,074	3,259	3,347	2,626	1,670,363	636
台湾	1,786	1,599	1,468	1,261	683,956	542
タイ	1,046	995	963	1,160	895,751	772
香港	1,778	1,491	921	664	511,006	770
ベトナム	492	630	457	636	556,513	876

インドネシア	552	556	490	557	335, 255	602
インド	553	511	427	466	253, 731	544
フィリピン	198	174	352	400	389, 637	975
マレーシア	268	257	277	298	161, 211	541
シンガポール	207	127	37	23	66, 239	2, 868
ニュージーランド	1	0	0	3	6, 281	1, 993
イスラエル	0	2	0	1	341	682
トルコ	103	205	129	0	4, 931	10, 604
オーストラリア	1	0	0	0	680	5, 667
サウジアラビア	0	0		0	720	12, 857
アラブ首長国連邦	45	52	25			
アジア小計	15, 157	14, 820	13, 628	13, 036	9, 881, 322	758
世界合計	15, 972	15, 775	14, 598	14, 176	14, 560, 937	1, 027

シリコーン樹脂（液状）輸出

国　　　名	2014年	2015年	2016年	2017年	同年金額	単　価
中国	14, 312	14, 120	14, 355	18, 819	14, 995, 103	797
韓国	10, 018	9, 260	8, 371	8, 562	8, 600, 773	1, 005
台湾	5, 700	6, 811	6, 177	8, 166	4, 796, 116	587
タイ	4, 743	4, 483	4, 582	5, 321	4, 643, 839	873
ベトナム	2, 767	3, 798	3, 198	3, 980	3, 211, 916	807
マレーシア	2, 879	3, 005	3, 167	2, 439	3, 858, 719	1, 582
フィリピン	2, 042	1, 579	2, 018	2, 306	2, 651, 642	1, 150
香港	2, 719	2, 772	2, 206	2, 273	3, 628, 275	1, 596
インド	903	1, 562	1, 238	1, 590	873, 420	549
インドネシア	1, 330	1, 256	1, 210	1, 330	815, 741	613
シンガポール	785	535	698	730	1, 405, 306	1, 924
トルコ	531	292	662	688	149, 390	217
オーストラリア	11	24	30	279	122, 699	440
アラブ首長国連邦	354	420	67	121	66, 250	548
パキスタン	48	9	36	34	14, 484	431
ニュージーランド	7	15	11	13	9, 008	693
サウジアラビア	117	43	42	5	5, 418	1, 188
カタール	3	4	4	4	12, 493	3, 538
イラン	0	0	0	1	5, 239	6, 327
イスラエル	2	1	1	0	5, 632	28, 020
クウェート		0	0	0	1, 121	13, 188
バーレーン	27	11				
アジア小計	49, 297	50, 001	48, 074	56, 660	49, 872, 584	880
世界合計	67, 704	67, 646	63, 963	76, 530	72, 109, 828	942

石油樹脂輸出

国　　　名	2014年	2015年	2016年	2017年	同年金額	単　価
中国	17, 075	15, 857	16, 778	15, 918	4, 538, 904	285
インドネシア	5, 884	5, 015	5, 664	5, 366	1, 235, 357	230
台湾	9, 412	7, 335	5, 295	5, 178	1, 408, 792	272
タイ	5, 016	4, 601	4, 743	4, 685	1, 140, 618	243
インド	1, 516	1, 402	1, 132	2, 458	408, 828	166
韓国	2, 156	1, 988	2, 025	2, 352	969, 703	412
オーストラリア	2, 221	1, 517	1, 342	1, 107	286, 623	259
フィリピン	1, 428	1, 053	1, 410	1, 075	319, 554	297
マレーシア	954	1, 097	1, 155	1, 052	262, 800	250

ベトナム	640	249	493	907	217,034	239
トルコ	301	443	399	497	105,502	212
イラン	34	55	218	363	50,293	139
シンガポール	135	194	139	162	39,256	243
パキスタン	85	119	153	135	17,614	130
香港	238	160	102	102	19,113	187
アラブ首長国連邦	35	51		17	1,707	100
イスラエル		1		2	1,282	855
サウジアラビア	205	264	94			
ニュージーランド	106	1	4			
アジア小計	47,439	41,403	41,146	41,375	11,022,980	266
世界合計	56,949	53,040	50,291	51,369	13,805,802	269

ポリウレタン（ＰＵ）輸出

国　　名	2014年	2015年	2016年	2017年	同年金額	単　価
中国	8,749	8,812	9,448	11,718	7,965,826	680
マレーシア	4,636	5,411	4,990	5,564	3,149,418	566
台湾	3,188	3,086	2,786	2,506	1,899,126	758
タイ	1,907	2,127	2,128	2,165	1,764,604	815
韓国	1,514	1,512	1,528	1,721	1,329,121	772
香港	1,408	1,311	1,388	1,449	1,140,135	787
インドネシア	1,413	1,633	1,221	1,405	830,136	591
ベトナム	726	605	561	843	594,806	706
フィリピン	804	665	555	471	275,121	584
シンガポール	381	337	402	454	640,721	1,411
インド	342	438	358	381	184,416	484
トルコ	30	85	132	222	182,326	821
アラブ首長国連邦	98	142	73	116	57,018	493
バーレーン		1		97	42,547	437
イラン			34	40	15,474	387
パキスタン	12	18	16	26	21,192	804
オーストラリア	49	11	11	8	13,178	1,646
クウェート	1			1	818	1,012
イスラエル	0	0	0	0	2,793	5,917
カタール	0	1	8			
サウジアラビア	5	2				
アジア小計	25,262	26,195	25,638	29,188	20,108,776	689
世界合計	29,144	30,145	30,065	34,479	24,756,283	718

エポキシ樹脂輸出

国　　名	2014年	2015年	2016年	2017年	同年金額	単　価
中国	14,122	12,517	13,386	15,024	15,207,362	1,012
台湾	7,355	5,924	5,985	5,085	8,512,348	1,674
マレーシア	3,689	3,043	3,365	3,548	4,290,895	1,209
タイ	2,663	2,650	2,758	3,383	2,753,581	814
韓国	2,242	2,293	2,702	2,570	5,369,003	2,089
インドネシア	3,752	2,456	2,311	2,433	1,611,346	662
香港	1,968	2,041	1,814	1,999	2,570,091	1,286
ベトナム	1,187	1,464	1,643	1,710	1,620,962	948
インド	769	990	1,305	1,674	873,337	522
シンガポール	1,211	905	848	1,073	2,471,275	2,303
フィリピン	703	422	688	740	1,331,942	1,800

トルコ	1	14	158	304	102, 867	338
イラン			154	216	75, 525	349
パキスタン	108	55	145	156	62, 579	400
オーストラリア	73	85	109	66	21, 164	320
ニュージーランド		35		35	7, 005	199
サウジアラビア	7	21	29	23	15, 435	677
イスラエル	0	2	1	5	3, 769	732
クウェート		1	1	1	1, 060	1, 497
アラブ首長国連邦	401	695	231	0	1, 284	7, 055
バーレーン				0	501	2, 783
カタール		0	2			
アジア小計	40, 251	35, 613	37, 633	40, 047	46, 903, 331	1, 171
世界合計	45, 309	40, 747	43, 860	46, 760	53, 237, 218	1, 139

ユリア樹脂輸出

国　名	2014年	2015年	2016年	2017年	同年金額	単　価
中国	1, 384	1, 524	913	1, 473	370, 956	252
台湾	2	18	343	71	20, 879	295
韓国	8	0	1	37	26, 412	722
香港	24	35	18	35	35, 100	1, 007
ベトナム	47	25	29	30	14, 422	481
タイ	24	51	40	24	15, 340	640
マレーシア	24	23	22	24	16, 512	696
インドネシア	62	12	15	21	17, 214	803
シンガポール	12	15	9	11	8, 269	728
アジア小計	1, 585	1, 704	1, 390	1, 726	525, 104	304
世界合計	1, 587	1, 706	1, 393	1, 730	536, 361	310

メラミン樹脂（固形）輸出

国　名	2014年	2015年	2016年	2017年	同年金額	単　価
タイ	206	192	218	181	127, 262	705
中国	100	75	76	89	81, 790	916
マレーシア	61	57	59	61	43, 921	725
インドネシア	50	58	66	48	36, 571	762
韓国	50	56	38	36	50, 851	1, 422
香港	54	40	40	35	25, 872	731
シンガポール	28	27	21	30	69, 902	2, 314
ベトナム	29	22	18	19	9, 905	522
インド		4	3	8	6, 705	806
フィリピン	6	6	7	6	11, 945	1, 881
台湾	10	11	9	6	9, 416	1, 509
オーストラリア	5	5	2	5	1, 222	242
ニュージーランド	1	1	2			
アジア小計	599	553	558	525	475, 362	906
世界合計	605	564	568	536	500, 284	933

メラミン樹脂（液状）輸出

国　名	2014年	2015年	2016年	2017年	同年金額	単　価
中国	3, 981	4, 346	3, 976	3, 662	1, 310, 184	358
インド	344	496	1, 199	1, 715	339, 765	198
タイ	760	744	707	950	311, 023	327
ベトナム	189	282	218	656	154, 824	236

韓国	886	868	883	641	249, 488	389
インドネシア	197	162	220	310	83, 673	270
台湾	603	597	331	220	68, 358	311
マレーシア	210	174	166	194	62, 866	324
パキスタン	124	155	149	149	44, 737	301
オーストラリア	481	398	403	113	20, 589	183
フィリピン	52	105	87	68	17, 328	256
イラン			7	60	12, 501	210
トルコ	75	107	76	45	16, 422	366
シンガポール	15	38	5	22	6, 983	314
アラブ首長国連邦	94	140	81	17	10, 139	596
香港	97	83	105	1	1, 891	1, 335
ニュージーランド	19					
アジア小計	8, 128	8, 695	8, 615	8, 823	2, 710, 771	307
世界合計	8, 982	9, 515	9, 435	9, 628	3, 028, 712	315

フェノール樹脂輸出

国　　名	2014年	2015年	2016年	2017年	同年金額	単　価
中国	9, 446	8, 732	10, 198	10, 537	6, 329, 676	601
韓国	4, 826	4, 717	4, 394	4, 329	3, 258, 797	753
マレーシア	3, 646	3, 315	3, 302	3, 866	1, 828, 424	473
タイ	3, 096	3, 045	3, 214	3, 483	1, 879, 970	540
シンガポール	2, 983	2, 405	2, 596	3, 283	1, 529, 179	466
台湾	1, 754	1, 652	1, 900	2, 021	1, 619, 333	801
インドネシア	1, 062	1, 091	1, 199	1, 250	768, 462	615
香港	953	914	932	1, 181	697, 648	591
インド	572	565	661	889	583, 632	656
フィリピン	590	438	461	602	267, 587	445
ベトナム	217	369	433	404	211, 608	523
トルコ	241	278	198	281	102, 538	365
オーストラリア	16	27	26	37	12, 499	340
ニュージーランド	1	2	2	2	2, 530	1, 265
パキスタン	2	1		1	539	539
アジア小計	29, 405	27, 550	29, 516	32, 167	19, 092, 422	594
世界合計	31, 986	29, 960	31, 850	34, 634	21, 277, 201	614

不飽和ポリエステル（固形）輸出

国　　名	2014年	2015年	2016年	2017年	同年金額	単　価
中国	3, 650	3, 811	4, 297	3, 288	2, 041, 480	621
フィリピン	1, 913	1, 672	2, 012	1, 655	594, 233	359
台湾	919	1, 212	1, 055	872	297, 744	342
タイ	491	538	638	653	369, 190	565
韓国	510	617	721	644	394, 891	614
香港	465	420	368	467	372, 026	796
インドネシア	167	139	155	213	129, 132	607
ベトナム	140	99	124	140	94, 669	678
マレーシア	32	38	77	73	49, 444	677
インド	24	20	19	24	24, 284	1, 003
シンガポール	10	7	6	4	5, 343	1, 258
バーレーン			9			
トルコ	3		1			
アジア小計	8, 324	8, 575	9, 482	8, 033	4, 372, 436	544
世界合計	9, 609	10, 008	10, 616	9, 034	5, 196, 236	575

不飽和ポリエステル（液状）輸出

国　名	2014年	2015年	2016年	2017年	同年金額	単　価
中国	865	1,367	1,691	1,261	838,343	665
フィリピン	1,035	820	1,073	907	330,100	364
台湾	408	352	387	360	272,713	757
韓国	245	204	238	230	212,367	922
インドネシア	145	225	86	147	80,390	547
ベトナム	70	230	188	122	53,193	436
トルコ	90	31	65	91	223,979	2,475
香港	133	124	63	87	65,271	749
マレーシア	77	104	102	79	191,257	2,436
タイ	121	141	66	55	32,195	590
オーストラリア	1			35	32,557	922
シンガポール	33	29	15	16	16,497	1,060
バーレーン			14	14	5,403	375
インド	44	94	60	10	9,050	949
パキスタン			2	5	1,666	370
ニュージーランド				0	614	1,535
アジア小計	3,269	3,721	4,050	3,418	2,365,595	692
世界合計	3,774	4,158	4,644	3,989	2,749,502	689

＜合成ゴム＞
ＳＢＲ輸出

国　名	2014年	2015年	2016年	2017年	同年金額	単　価
中国	52,027	49,175	52,598	48,966	13,767,258	281
タイ	29,916	21,658	20,706	24,485	5,381,305	220
台湾	11,596	15,507	12,998	21,677	4,396,050	203
ベトナム	13,194	13,991	14,333	18,188	4,239,466	233
インドネシア	19,413	17,716	18,252	17,266	3,586,148	208
韓国	17,430	14,248	14,828	14,623	4,405,664	301
トルコ	6,734	6,789	7,835	9,586	2,548,628	266
インド	3,823	2,585	3,887	6,039	1,455,117	241
マレーシア	4,303	5,876	5,963	5,931	1,266,240	213
フィリピン	3,426	3,456	4,099	3,719	743,062	200
オーストラリア	368	65	163	2,118	605,992	286
香港	2,363	1,767	1,518	1,607	386,609	241
イラン				806	180,432	224
ニュージーランド	340	381	258	348	102,744	295
サウジアラビア	168	154	120	204	51,696	253
パキスタン	235	116	276	177	22,258	125
シンガポール	164	68	62	32	18,167	565
イスラエル	64	17	25	25	9,503	379
アラブ首長国連邦				2	5,707	3,574
アジア小計	165,566	153,569	157,921	175,798	43,172,046	246
世界合計	226,038	213,018	218,308	233,416	61,270,872	262

ＳＢＲラテックス輸出

国　名	2014年	2015年	2016年	2017年	同年金額	単　価
中国	9,246	10,011	10,846	11,006	5,116,924	465
インドネシア	1,145	1,193	1,186	1,449	419,991	290
ベトナム	958	1,113	1,071	1,429	308,252	216
台湾	721	624	624	688	309,196	450

韓国	353	445	408	440	1, 388, 292	3, 157
マレーシア	248	371	453	438	120, 313	275
タイ	820	258	191	274	97, 780	357
インド	40	83	133	107	40, 696	379
シンガポール	34	43	44	60	22, 755	376
フィリピン	526	267	58	52	29, 185	562
香港	41	22	16	36	52, 203	1, 452
トルコ	101	18	1	10	5, 093	511
アラブ首長国連邦				0	1, 246	3, 560
アジア小計	14, 233	14, 446	15, 032	15, 990	7, 911, 926	495
世界合計	14, 494	14, 777	15, 359	16, 273	8, 187, 356	503

ブタジエンゴム（ＢＲ）輸出

国　名	2014年	2015年	2016年	2017年	同年金額	単　価
中国	22, 654	34, 067	44, 297	36, 333	9, 184, 547	253
ベトナム	9, 844	14, 412	14, 963	15, 040	3, 387, 254	225
タイ	16, 896	8, 784	10, 787	11, 745	2, 882, 809	245
韓国	9, 017	10, 086	12, 514	8, 914	2, 225, 249	250
台湾	7, 386	7, 807	6, 957	8, 786	1, 827, 526	208
インドネシア	8, 060	9, 627	6, 252	7, 826	1, 733, 717	222
マレーシア	6, 664	8, 985	9, 229	7, 766	1, 905, 393	245
香港	7, 898	7, 584	11, 222	7, 166	1, 638, 369	229
フィリピン	817	2, 051	2, 694	2, 684	670, 316	250
シンガポール	2, 518	1, 715	1, 638	1, 960	462, 174	236
インド	1, 657	2, 185	2, 637	1, 744	468, 350	269
トルコ	2, 677	561	534	885	252, 117	285
オーストラリア	287	298	186	408	94, 808	232
イスラエル	78	20	20	40	6, 794	169
ニュージーランド	4	3	4	15	4, 219	279
イラン	3			0	222	1, 345
パキスタン	218	134	50			
アジア小計	96, 678	108, 317	123, 984	111, 315	26, 743, 864	240
世界合計	122, 623	135, 498	153, 507	143, 825	38, 761, 919	270

ブチルゴム（ＩＩＲ）輸出

国　名	2014年	2015年	2016年	2017年	同年金額	単　価
中国	3, 551	2, 694	4, 110	4, 051	1, 116, 068	275
韓国	284	233	708	1, 067	249, 429	234
インドネシア	889	466	1, 142	1, 056	294, 648	279
タイ	1, 277	1, 128	1, 045	1, 003	310, 804	310
ベトナム	224	49	1, 436	557	110, 447	198
イラン	163	65	518	522	114, 780	220
マレーシア	281	281	261	465	152, 551	328
台湾	1, 158	179	197	341	81, 535	239
インド	24	24	413	213	50, 502	237
シンガポール	38	17	20	17	3, 647	218
香港	17	1	21	6	3, 198	523
トルコ	0	205	2	1	856	1, 556
アラブ首長国連邦	228					
アジア小計	8, 135	5, 343	9, 872	9, 300	2, 488, 465	268
世界合計	8, 493	5, 652	10, 290	10, 003	2, 648, 561	265

クロロプレンゴム(ＣＲ)輸出

国　名	2014年	2015年	2016年	2017年	同年金額	単　価
中国	12, 814	12, 440	12, 467	14, 029	6, 126, 674	437
インド	10, 851	11, 129	11, 134	11, 798	5, 534, 050	469
タイ	9, 444	8, 698	9, 722	9, 225	4, 145, 948	449
台湾	9, 175	8, 065	8, 177	8, 033	3, 574, 336	445
韓国	7, 125	7, 066	6, 800	6, 423	2, 942, 453	458
インドネシア	5, 520	5, 667	5, 557	5, 941	2, 809, 068	473
マレーシア	2, 267	1, 838	2, 144	1, 640	739, 318	451
トルコ	1, 677	1, 739	2, 071	1, 600	600, 711	375
ベトナム	1, 358	1, 199	1, 184	1, 081	488, 146	452
フィリピン	1, 847	1, 794	1, 582	1, 068	498, 684	467
オーストラリア	1, 834	1, 462	909	983	452, 901	461
パキスタン	1, 042	666	1, 048	786	335, 863	427
香港	2, 141	1, 531	1, 802	753	324, 882	432
イラン	275	213	500	349	185, 893	533
シンガポール	300	308	273	291	122, 411	421
アラブ首長国連邦	717	392	248	97	40, 092	413
ニュージーランド	74	88	72	75	43, 698	583
イスラエル	64	35	47	63	26, 386	420
サウジアラビア	304	75	220	10	3, 831	383
カタール		0				
アジア小計	68, 826	64, 405	65, 958	64, 245	28, 995, 345	451
世界合計	98, 203	92, 787	95, 322	93, 104	42, 378, 401	455

ＮＢＲ輸出

国　名	2014年	2015年	2016年	2017年	同年金額	単　価
中国	18, 460	16, 140	17, 172	19, 627	6, 343, 419	323
タイ	3, 977	4, 183	3, 907	4, 038	1, 382, 678	342
インド	4, 240	3, 220	3, 325	3, 484	984, 511	283
台湾	2, 957	2, 990	3, 489	3, 063	1, 195, 472	390
インドネシア	2, 003	1, 350	1, 453	1, 870	684, 423	366
マレーシア	2, 332	1, 702	1, 529	1, 677	519, 612	310
韓国	1, 337	1, 103	946	1, 105	504, 183	456
ベトナム	491	491	458	607	239, 507	394
香港	663	577	647	471	207, 772	441
シンガポール	306	175	213	231	127, 758	554
トルコ	60	124	188	227	53, 949	238
フィリピン	74	41	108	157	59, 050	376
パキスタン	171	186	178	56	12, 854	228
イラン				47	12, 743	273
オーストラリア	159	73	104	46	17, 712	386
イスラエル	82	20	40	20	5, 120	254
カタール				3	17, 666	6, 419
アラブ首長国連邦		21	20			
ニュージーランド			2			
アジア小計	37, 312	32, 396	33, 781	36, 728	12, 368, 429	337
世界合計	53, 493	49, 248	46, 670	53, 672	16, 842, 043	314

イソプレンゴム(ＩＲ)輸出

国　名	2014年	2015年	2016年	2017年	同年金額	単　価
タイ	9, 841	12, 291	12, 467	14, 943	7, 525, 246	504
中国	8, 496	9, 491	11, 002	11, 817	2, 895, 574	245

台湾	2,742	3,523	5,047	4,234	1,097,110	259
マレーシア	2,449	3,743	4,647	3,657	2,919,593	798
ベトナム	1,586	2,245	1,899	2,654	635,597	239
インド	1,502	1,800	1,762	2,286	868,290	380
インドネシア	1,278	1,583	778	1,343	375,790	280
韓国	699	746	481	593	236,915	400
香港	708	623	402	279	71,600	257
トルコ	534	645	416	195	62,865	322
ニュージーランド	81	81	81	93	35,401	380
オーストラリア	18	6	3	55	15,628	282
イスラエル	3	5	28	10	3,874	384
フィリピン	9	5	5	8	3,322	439
イラン		3	6	3	3,564	1,200
パキスタン		19				
アジア小計	29,946	36,808	39,023	42,172	16,750,369	397
世界合計	36,450	42,891	45,780	49,938	19,691,880	394

ＥＰゴム（ＥＰＤＭ）輸出

国　　名	2014年	2015年	2016年	2017年	同年金額	単　価
中国	39,592	25,327	28,565	25,751	6,199,224	241
タイ	15,516	16,884	17,118	16,398	4,362,080	266
インド	7,159	7,083	10,551	10,378	2,229,538	215
韓国	2,547	4,057	4,171	3,658	1,201,322	328
台湾	2,371	2,555	2,412	2,770	520,812	188
インドネシア	2,911	2,465	2,596	2,496	704,774	282
マレーシア	2,160	2,224	2,365	2,235	622,632	279
トルコ	1,680	1,513	2,167	1,800	384,028	213
ベトナム	955	1,187	1,195	1,259	541,370	430
香港	1,155	1,257	1,129	1,174	424,224	361
サウジアラビア		20	1,090	969	273,310	282
フィリピン	1,147	932	1,053	841	265,129	315
イラン	322	343	289	497	98,844	199
アラブ首長国連邦	647	410	494	351	66,914	191
シンガポール	73	55	55	53	13,071	249
パキスタン	68	2	3	4	9,885	2,599
オーストラリア	30	24	32	4	2,206	610
アジア小計	78,332	66,338	75,286	70,636	17,919,363	254
世界合計	92,777	78,967	89,792	85,148	22,879,109	269

日本のアジア諸国からの石化製品輸入

《輸入扱い製品全84品目》・・・・・・(注：※印は日本からの輸出、あるいは統計がない製品)

＜基礎原料８品目＞

エチレン
プロピレン
ブテン(ブチレン)
ブタジエン
ベンゼン
トルエン
パラキシレン
メタノール

＜合繊原料４品目＞

高純度テレフタル酸(ＰＴＡ)
ジメチルテレフタレート(DMT)
エチレングリコール(ＥＧ)
アクリロニトリル(AN)

＜化成品34品目＞

シクロヘキサン
スチレンモノマー(ＳＭ)
二塩化エチレン(ＥＤＣ)
トリクロロエチレン
ペンタエリスリトール
酢酸
酢酸エチル
モノクロル酢酸
酢酸ビニル
ポリビニルアルコール(ＰＶＡ)
工業用エチルアルコール ※
酢酸エチル用エチルアルコール ※
エチルアミン用・その他アルコール ※
イソプロパノール(ＩＰＡ)
ノルマルブタノール
ブタノール
オクタノール(2−エチル以外も)
プロピレングリコール(ＰＧ)
エピクロルヒドリン(ＥＣＨ)
フェノール
アセトン
ビスフェノールＡ
メチルイソブチルケトン(ＭＩＢＫ)
メチルエチルケトン(ＭＥＫ)
アクリル酸(ＡＡ)
アクリル酸エステル(ＡＥ)
メタクリル酸
メタクリル酸エステル(MMA)
無水マレイン酸
アニリン ※
アルキルベンゼン
無水フタル酸
フタル酸系可塑剤(ＤＯＰ)
ジフェニルメタンジイソシアネート
(ピュアMDＩおよびクルードMDＩ)

＜合成樹脂30品目＞

直鎖状低密度ポリエチレン(LLDPE)
その他低密度ポリエチレン(ＬＤＰＥ)
その他のエチレン重合体(その他LDPE)
高密度ポリエチレン(ＨＤＰＥ)
エチレン酢ビコポリマー(ＥＶＡ)
ポリエチレン製袋 ※
ポリプロピレン(ＰＰ)
ＰＰコポリマー
ポリブテン
ポリスチレン(ＰＳ)
発泡ポリスチレン(ＥＰＳ)
ＡＢＳ樹脂
ＡＳ樹脂(ＳＡＮ)
塩化ビニル樹脂(ＰＶＣ)
塩化ビニリデン樹脂
メタクリル樹脂(PMMA)
ナイロン樹脂
ポリアセタール(ＰＯＭ)
ポリカーボネート(難燃性ＰＣとＰＣ)
変性ポリフェニレンエーテル(ＰＰＥ)
ポリエチレンテレフタレート(ＰＥＴ)
フッ素樹脂(ＰＴＦＥ)
シリコーン樹脂(固形と液状)
石油樹脂
ポリウレタン(ＰＵ)
エポキシ樹脂
ユリア樹脂
メラミン樹脂
フェノール樹脂
不飽和ポリエステル(ＵＰ)

＜合成ゴム８品目＞

ＳＢＲ
ＳＢＲラテックス
ブタジエンゴム(ＢＲ)
ブチルゴム(ＩＩＲ)
クロロプレンゴム(ＣＲ)
ＮＢＲ
イソプレンゴム(ＩＲ)
ＥＰゴム(ＥＰDM)

単位：トン、千円、円／kg

＜基礎原料＞

エチレン輸入

国　　名	2014年	2015年	2016年	2017年	同年金額	単　価
韓国	3, 905	4, 605	100, 686	64, 403	8, 927, 778	139
台湾	7, 898	2, 296	34, 756	46, 683	6, 083, 382	130
フィリピン			3, 197	10, 509	1, 448, 161	138
シンガポール				4, 352	626, 785	144
マレーシア				2, 929	371, 145	127
中国			2, 301	2, 886	331, 106	115
アジア小計	11, 803	6, 901	140, 939	131, 762	17, 788, 357	135
世界合計	11, 803	6, 902	140, 940	131, 763	17, 790, 226	135

プロピレン輸入

国　　名	2014年	2015年	2016年	2017年	同年金額	単　価
韓国	10, 354	12, 249	108, 888	152, 327	15, 825, 090	104
中国				1, 600	173, 824	109
台湾			1, 628			
シンガポール			0			
アジア小計	10, 354	12, 249	110, 516	153, 926	15, 998, 914	104
世界合計	10, 363	12, 267	110, 527	153, 945	16, 015, 657	104

ブテン（ブチレン）輸入

国　　名	2014年	2015年	2016年	2017年	同年金額	単　価
韓国	1, 596	3, 401		2, 838	335, 378	118
シンガポール		0				
アジア小計	1, 596	3, 402		2, 838	335, 378	118
世界合計	1, 601	3, 415	1	2, 838	336, 799	119

ブタジエン輸入

国　　名	2014年	2015年	2016年	2017年	同年金額	単　価
韓国	22, 671	21, 582	41, 757	34, 707	5, 840, 560	168
シンガポール		3, 500	5, 601	11, 537	2, 876, 147	249
台湾	9, 474	10, 670	3, 937	9, 054	1, 512, 869	167
タイ		3, 500		6, 808	814, 121	120
アジア小計	32, 145	39, 253	51, 295	62, 106	11, 043, 697	178
世界合計	32, 146	39, 253	54, 353	62, 108	11, 046, 677	178

ベンゼン輸入

国　　名	2014年	2015年	2016年	2017年	同年金額	単　価
韓国	102, 560	292, 064	61, 224	150, 154	14, 667, 282	98
アジア小計	102, 560	292, 064	61, 224	150, 154	14, 667, 282	98
世界合計	102, 560	292, 064	61, 224	150, 154	14, 667, 282	98

トルエン輸入

国　　名	2014年	2015年	2016年	2017年	同年金額	単　価
韓国	4, 328	3, 996	7, 635	4, 002	273, 580	68
中国		0				
アジア小計	4, 328	3, 996	7, 635	4, 002	273, 580	68
世界合計	4, 329	3, 996	7, 635	4, 002	275, 713	69

パラキシレン輸入

国　　名	2014年	2015年	2016年	2017年	同年金額	単　価
韓国	48,596	63,881	54,288	50,378	4,872,238	97
アジア小計	48,596	63,881	54,288	50,378	4,872,238	97
世界合計	48,598	63,881	54,288	50,381	4,990,086	99

メタノール輸入

国　　名	2014年	2015年	2016年	2017年	同年金額	単　価
サウジアラビア	997,954	1,023,722	891,995	1,008,183	38,762,488	38
マレーシア	111,255	159,424	165,845	128,800	4,856,699	38
カタール	68,317	20,884	25,072	35,726	1,233,355	35
ニュージーランド	364,984	274,128	109,411	35,253	1,379,086	39
イラン				27,759	968,788	35
インドネシア	42,504	38,429	11,230	18,965	706,284	37
韓国	56,864	53,553	24,130	2,854	94,852	33
台湾			154	77	5,765	75
中国	9,647	2	2			
バーレーン	4,783					
インド	1					
アジア小計	1,656,309	1,570,142	1,227,839	1,257,617	48,007,317	38
世界合計	1,741,990	1,697,429	1,628,066	1,760,414	66,695,779	38

＜合繊原料＞
高純度テレフタル酸（ＰＴＡ）輸入

国　　名	2014年	2015年	2016年	2017年	同年金額	単　価
インドネシア	6,230	16,198	43,347	87,875	6,907,333	79
タイ	26,818	25,981	26,236	24,946	1,912,747	77
韓国	3,136	2,260	5,959	4,070	307,460	76
中国	2,781	56,779	48,846	711	66,847	94
台湾	1,302	559	280			
アジア小計	40,268	101,777	124,668	117,601	9,194,387	78
世界合計	40,268	101,777	124,668	117,601	9,194,387	78

ジメチルテレフタレート（ＤＭＴ）輸入

国　　名	2014年	2015年	2016年	2017年	同年金額	単　価
韓国	6,362	5,434	18,645	25,660	3,084,473	120
トルコ	254	376	237	322	38,869	121
アジア小計	6,616	5,810	18,882	25,982	3,123,342	120
世界合計	6,616	5,830	19,151	26,838	3,240,037	121

エチレングリコール（ＥＧ）輸入

国　　名	2014年	2015年	2016年	2017年	同年金額	単　価
サウジアラビア	4,778	2,993	4,793	2,999	209,396	70
インド	112	175	238	423	67,966	161
マレーシア	237	242	230	253	32,646	129
台湾	854	259	296	185	22,552	122
タイ	74	45	11	29	3,156	108
中国	2	5	3	17	2,886	173
韓国	1		1	2	500	261
シンガポール				0	349	1,565
イスラエル	0	0	0	0	805	6,053

インドネシア	632	79	39			
アジア小計	6, 690	3, 798	5, 612	3, 908	340, 256	87
世界合計	6, 743	3, 909	5, 737	3, 950	368, 029	93

アクリロニトリル（ＡＮ）輸入

国　　　名	2014年	2015年	2016年	2017年	同年金額	単　価
韓国	7, 232	10, 073	14, 103	6, 454	1, 075, 698	167
台湾	64					
アジア小計	7, 296	10, 073	14, 103	6, 454	1, 075, 698	167
世界合計	9, 280	18, 706	25, 287	17, 278	2, 769, 619	160

＜化成品＞

シクロヘキサン輸入

国　　　名	2014年	2015年	2016年	2017年	同年金額	単　価
タイ	17, 422	23, 515	17, 243	27, 478	2, 640, 509	96
サウジアラビア	18, 684	12, 374	15, 998	3, 977	354, 364	89
中国		0	46			
アジア小計	36, 107	35, 889	33, 287	31, 455	2, 994, 873	95
世界合計	36, 107	35, 889	33, 287	31, 455	2, 994, 873	95

スチレンモノマー（ＳＭ）輸入

国　　　名	2014年	2015年	2016年	2017年	同年金額	単　価
韓国		14	2, 087			
台湾	29	51				
アジア小計	29	66	2, 087			
世界合計	49	66	2, 087			

二塩化エチレン（ＥＤＣ）輸入

国　　　名	2014年	2015年	2016年	2017年	同年金額	単　価
韓国	94, 382	100, 529	95, 196	96, 313	2, 983, 592	31
台湾	28, 905	4, 737	3, 905	74, 053	2, 538, 640	34
インドネシア	9, 967		10, 230	8, 929	297, 373	33
カタール	5, 212	1, 564	3, 321			
アジア小計	138, 465	106, 829	112, 653	179, 295	5, 819, 605	32
世界合計	229, 233	283, 853	259, 249	333, 027	10, 954, 199	33

トリクロロエチレン輸入

国　　　名	2014年	2015年	2016年	2017年	同年金額	単　価
中国	916	4, 741	3, 118	4, 547	377, 982	83
アジア小計	916	4, 741	3, 118	4, 547	377, 982	83
世界合計	916	4, 741	3, 118	4, 547	377, 982	83

ペンタエリスリトール輸入

国　　　名	2014年	2015年	2016年	2017年	同年金額	単　価
台湾	1, 577	1, 094	1, 597	2, 543	431, 789	170
中国	480	379	580	1, 746	314, 644	180
韓国	225	335				
アジア小計	2, 282	1, 808	2, 177	4, 288	746, 433	174
世界合計	2, 305	2, 033	2, 348	9, 947	1, 677, 864	169

酢酸輸入

国名	2014年	2015年	2016年	2017年	同年金額	単価
韓国	46, 267	73, 485	66, 332	70, 663	3, 649, 774	52
台湾	9, 032	41, 419	36, 690	34, 916	1, 742, 575	50
中国	4, 972	10, 408	6, 547	25, 418	1, 335, 062	53
シンガポール		5, 445	5, 756	9, 377	369, 745	39
マレーシア				4, 421	219, 699	50
イスラエル	1	3	2	2	1, 140	583
インド	1					
アジア小計	60, 273	130, 760	115, 328	144, 797	7, 317, 995	51
世界合計	60, 274	130, 762	115, 329	144, 800	7, 323, 316	51

酢酸エチル輸入

国名	2014年	2015年	2016年	2017年	同年金額	単価
中国	127, 843	99, 392	103, 960	106, 005	9, 374, 974	88
シンガポール	13, 005	7, 761	6, 632	7, 752	686, 463	89
韓国		0	0			
インド	0					
アジア小計	140, 849	107, 153	110, 592	113, 757	10, 061, 437	88
世界合計	144, 619	108, 794	112, 969	116, 789	10, 299, 914	88

モノクロル酢酸輸入

国名	2014年	2015年	2016年	2017年	同年金額	単価
中国	414	1	0	10	2, 954	301
インド	0	2	5	1	571	571
アジア小計	414	3	5	11	3, 525	325
世界合計	484	128	94	36	17, 124	470

酢酸ビニル輸入

国名	2014年	2015年	2016年	2017年	同年金額	単価
台湾	3, 831	2, 154	2, 917	738	73, 921	100
中国	22	150				
韓国	3, 726					
シンガポール	4					
アジア小計	7, 584	2, 304	2, 917	738	73, 921	100
世界合計	7, 584	2, 324	2, 917	738	73, 921	100

ポリビニルアルコール（ＰＶＡ）輸入

国名	2014年	2015年	2016年	2017年	同年金額	単価
台湾	1, 808	946	1, 186	1, 413	324, 266	229
シンガポール	205	29	1, 417	394	141, 224	358
中国	379	10	17	17	4, 623	273
韓国		0	1			
アジア小計	2, 392	985	2, 622	1, 825	470, 113	258
世界合計	6, 545	3, 867	6, 553	7, 408	1, 842, 373	249

工業用エチルアルコール輸入

国名	2014年	2015年	2016年	2017年	同年金額	単価
パキスタン	56, 160	45, 394	40, 669	128, 930	8, 869, 314	69
ベトナム			310	815	55, 620	68
インドネシア		600	240			

国名	2014年	2015年	2016年	2017年	同年金額	単価
中国			44			
韓国	4,985					
インド	1,171					
アジア小計	62,316	45,994	41,263	129,745	8,924,934	69
世界合計	256,079	270,667	320,754	298,308	20,543,874	69

酢酸エチル用エチルアルコール輸入

国　名	2014年	2015年	2016年	2017年	同年金額	単　価
パキスタン	5,220	697	418	2,422	160,181	66
オーストラリア			1,228			
アジア小計	5,220	697	1,645	2,422	160,181	66
世界合計	40,977	43,394	40,242	44,809	2,908,477	65

エチルアミン用エチルアルコール輸入

国　名	2014年	2015年	2016年	2017年	同年金額	単　価
パキスタン	2,109	237	133	658	43,383	66
オーストラリア			489			
アジア小計	2,109	237	623	658	43,383	66
世界合計	15,709	9,607	10,784	11,621	754,924	65

その他エチルアルコール輸入

国　名	2014年	2015年	2016年	2017年	同年金額	単　価
パキスタン	6,207	2,678	1,566	18,254	1,272,210	70
中国	3,374	2,242	1,448	2,853	239,751	84
インド			24	24	2,417	101
ベトナム	2,163		25			
オーストラリア			23			
韓国			0			
アジア小計	11,744	4,920	3,087	21,131	1,514,378	72
世界合計	113,389	112,869	86,619	58,507	4,235,753	72

イソプロパノール（ＩＰＡ）輸入

国　名	2014年	2015年	2016年	2017年	同年金額	単　価
シンガポール	2,373	4,968	808	3,581	286,159	80
台湾	2,444	1,707	1,863	2,224	286,786	129
中国	1,989	3,780	4,581	1,159	111,487	96
インドネシア				1	1,144	1,788
韓国			18	0	306	1,291
オーストラリア	0					
アジア小計	6,806	10,455	7,269	6,965	685,882	98
世界合計	14,774	18,142	19,813	15,754	1,715,070	109

ノルマルブタノール輸入

国　名	2014年	2015年	2016年	2017年	同年金額	単　価
マレーシア	36	23	1,136	621	56,954	92
台湾	166	54	108	86	11,075	129
中国	269	279	19			
インド		0				
アジア小計	471	355	1,263	707	68,029	96
世界合計	471	355	1,266	708	68,311	96

ブタノール輸入

国名	2014年	2015年	2016年	2017年	同年金額	単価
中国	103	147	158	6, 917	655, 076	95
韓国		4, 189	2, 988	1, 504	102, 231	68
タイ				1, 443	99, 969	69
台湾	485	139	197	74	8, 252	111
マレーシア	3	27		12	1, 264	108
アジア小計	590	4, 502	3, 343	9, 950	866, 792	87
世界合計	590	5, 038	3, 974	10, 261	893, 033	87

オクタノール(2-エチルヘキシルアルコール)輸入

国名	2014年	2015年	2016年	2017年	同年金額	単価
台湾			19	59	7, 322	124
アジア小計			19	59	7, 322	124
世界合計	6		19	59	7, 322	124

オクタノール(2-エチルを除く)輸入

国名	2014年	2015年	2016年	2017年	同年金額	単価
インドネシア	711	530	835	1, 409	611, 228	434
マレーシア	807	1, 225	542	688	242, 857	353
タイ	915	814	399	647	275, 550	426
中国	309	257	145	109	33, 420	306
アジア小計	2, 741	2, 826	1, 922	2, 853	1, 163, 055	408
世界合計	2, 741	2, 891	2, 056	2, 985	1, 219, 622	409

プロピレングリコール(ＰＧ)輸入

国名	2014年	2015年	2016年	2017年	同年金額	単価
タイ	10, 518	15, 403	16, 450	17, 446	2, 406, 199	138
中国	2, 899	3, 415	5, 903	6, 977	987, 030	141
シンガポール	4, 363	2, 411	2, 179	4, 000	527, 572	132
韓国	671	595	894	754	111, 854	148
台湾	6	11	1	5	1, 668	369
イスラエル	1	1	1	1	7, 853	6, 282
アジア小計	18, 457	21, 835	25, 428	29, 184	4, 042, 176	139
世界合計	20, 479	23, 863	25, 625	29, 476	4, 114, 138	140

エピクロルヒドリン(ＥＣＨ)輸入

国名	2014年	2015年	2016年	2017年	同年金額	単価
韓国	2, 164	6, 133	7, 300	3, 502	472, 138	135
タイ	1, 638	1, 698	2, 291	1, 330	200, 684	151
中国	163	36				
アジア小計	3, 966	7, 867	9, 591	4, 832	672, 822	139
世界合計	11, 704	11, 670	16, 947	9, 670	1, 262, 464	131

フェノール輸入

国名	2014年	2015年	2016年	2017年	同年金額	単価
韓国	26, 079	27, 122	62, 514	47, 783	5, 150, 278	108
中国	1, 024		1, 507	3, 124	412, 061	132
台湾	7, 853	7, 749	8, 858	3, 020	315, 144	104
インド				0	1, 952	
アジア小計	34, 956	34, 871	72, 879	53, 928	5, 879, 435	109
世界合計	38, 009	34, 871	72, 879	53, 928	5, 881, 085	109

単位：トン、千円、円／kg

アセトン輸入

国　　　名	2014年	2015年	2016年	2017年	同年金額	単　価
韓国	24, 110	9, 553	16, 543	25, 890	2, 171, 502	84
台湾	2, 061	305	8, 380	7	1, 547	222
シンガポール		918	1, 814			
インド	0	0				
アジア小計	26, 171	10, 777	26, 737	25, 897	2, 173, 049	84
世界合計	31, 633	14, 302	31, 225	28, 401	2, 319, 177	82

ビスフェノールＡ輸入

国　　　名	2014年	2015年	2016年	2017年	同年金額	単　価
韓国	7, 042	5, 511	17, 014	21, 225	2, 875, 208	135
台湾	26, 688	28, 710	27, 971	18, 692	2, 542, 167	136
シンガポール	420	360	450	525	70, 833	135
中国	27		2			
アジア小計	34, 177	34, 581	45, 436	40, 442	5, 488, 208	136
世界合計	34, 177	34, 581	45, 436	40, 442	5, 488, 208	136

メチルイソブチルケトン（ＭＩＢＫ）輸入

国　　　名	2014年	2015年	2016年	2017年	同年金額	単　価
韓国	79	40	69	13	2, 659	201
アジア小計	79	40	69	13	2, 659	201
世界合計	442	311	268	49	6, 488	133

メチルエチルケトン（ＭＥＫ）輸入

国　　　名	2014年	2015年	2016年	2017年	同年金額	単　価
韓国			0	0	412	6, 540
中国	1, 950	501				
アジア小計	1, 950	501	0	0	412	6, 540
世界合計	1, 953	503	0	1	1, 791	2, 470

アクリル酸（ＡＡ）輸入

国　　　名	2014年	2015年	2016年	2017年	同年金額	単　価
韓国	20, 573	12, 077	11, 638	6, 465	800, 416	124
中国	12, 076	128	2, 155	2, 248	260, 197	116
シンガポール	1, 037					
アジア小計	33, 686	12, 205	13, 793	8, 712	1, 060, 613	122
世界合計	33, 695	12, 223	13, 813	8, 735	1, 065, 743	122

アクリル酸エステル（ＡＥ）輸入

国　　　名	2014年	2015年	2016年	2017年	同年金額	単　価
インドネシア	7, 590	7, 157	8, 251	10, 063	1, 497, 445	149
中国	8, 973	11, 750	12, 166	9, 473	2, 774, 045	293
韓国	8, 424	10, 988	12, 385	6, 923	1, 978, 389	286
マレーシア	6, 779	5, 936	9, 086	5, 332	771, 499	145
シンガポール	4, 553	2, 708	3, 013	4, 406	713, 773	162
台湾	905	764	1, 275	1, 007	411, 495	409
タイ			3			
アジア小計	37, 224	39, 304	46, 179	37, 205	8, 146, 646	219
世界合計	54, 097	52, 174	58, 740	50, 277	10, 221, 612	203

メタクリル酸輸入

国　名	2014年	2015年	2016年	2017年	同年金額	単　価
韓国	402	863	877	1, 243	322, 262	259
タイ	339	919	815	148	39, 054	264
中国	221	96	80	144	40, 363	280
アジア小計	962	1, 878	1, 772	1, 535	401, 679	262
世界合計	1, 057	1, 998	1, 893	1, 615	420, 692	261

メタクリル酸エステル（MMA）輸入

国　名	2014年	2015年	2016年	2017年	同年金額	単　価
中国	4, 842	4, 487	4, 833	4, 621	1, 600, 816	346
タイ	437	9, 951	8, 249	1, 936	467, 380	241
韓国	4, 934	228	266	296	350, 031	1, 181
台湾	162	64	211	36	16, 678	458
シンガポール				0	1, 698	188, 667
アジア小計	10, 376	14, 730	13, 559	6, 890	2, 436, 603	354
世界合計	17, 964	20, 946	21, 950	14, 215	5, 368, 056	378

無水マレイン酸輸入

国　名	2014年	2015年	2016年	2017年	同年金額	単　価
台湾	190	200	353	344	46, 643	136
韓国	84	90	69	220	27, 563	125
マレーシア				3	689	276
中国	6	2				
インドネシア	2					
アジア小計	283	292	422	566	74, 895	132
世界合計	815	292	422	567	79, 010	139

アニリン輸入

国　名	2014年	2015年	2016年	2017年	同年金額	単　価
中国	2, 266	2, 460	597	6, 989	1, 163, 551	166
韓国	22	317	364	224	36, 024	161
アジア小計	2, 289	2, 777	960	7, 213	1, 199, 575	166
世界合計	2, 289	2, 777	960	7, 229	1, 202, 918	166

アルキルベンゼン輸入

国　名	2014年	2015年	2016年	2017年	同年金額	単　価
台湾	2, 514	3, 035	2, 373	2, 666	615, 144	231
韓国	61	75	51	674	108, 160	160
中国	178	79	0	3	1, 188	459
シンガポール				0	2, 800	7, 368
アジア小計	2, 754	3, 189	2, 424	3, 343	727, 292	218
世界合計	3, 010	3, 348	2, 564	3, 578	801, 738	224

無水フタル酸輸入

国　名	2014年	2015年	2016年	2017年	同年金額	単　価
台湾	59	76	148	30	3, 612	120
中国			0			
アジア小計	59	76	148	30	3, 612	120
世界合計	59	76	148	30	3, 612	120

フタル酸系可塑剤（ＤＯＰ）輸入

国　名	2014年	2015年	2016年	2017年	同年金額	単　価
韓国	27,387	14,967	15,883	10,814	1,286,403	119
台湾	2,074	593	543	343	44,846	131
中国	1,091	720	585	253	33,437	132
インド	161	253	161	23	2,792	121
マレーシア	5,925	2,074	2,003			
タイ	16					
アジア小計	36,654	18,608	19,175	11,433	1,367,478	120
世界合計	36,654	18,608	19,176	11,433	1,367,478	120

ジフェニルメタンジイソシアネート（ピュアＭＤＩ）輸入

国　名	2014年	2015年	2016年	2017年	同年金額	単　価
韓国	3,156	2,953	3,820	4,346	1,352,393	311
中国	1,113	1,215	2,950	1,868	407,939	218
オーストラリア	1		26			
台湾	38	21				
アジア小計	4,307	4,189	6,797	6,213	1,760,332	283
世界合計	4,518	4,400	6,951	6,382	1,831,715	287

粗ジフェニルメタンジイソシアネート（クルードＭＤＩ）輸入

国　名	2014年	2015年	2016年	2017年	同年金額	単　価
中国	22,023	29,030	30,934	31,299	5,913,280	189
韓国	11,729	6,520	13,365	15,313	3,595,344	235
サウジアラビア				441	97,004	220
アラブ首長国連邦				180	34,351	191
台湾	85	51	60	78	23,771	305
マレーシア	3	6	7	9	8,581	932
オーストラリア	3			2	1,654	861
インドネシア			0			
アジア小計	33,843	35,607	44,367	47,323	9,673,985	204
世界合計	38,820	37,559	46,423	49,999	10,379,207	208

＜合成樹脂＞

直鎖状低密度ポリエチレン（ＬＬＤＰＥ）輸入

国　名	2014年	2015年	2016年	2017年	同年金額	単　価
タイ	4,387	5,145	7,148	7,649	1,171,905	153
シンガポール	861	575	657	1,007	148,312	147
サウジアラビア	154	50	343	904	113,119	125
マレーシア	2,545	494	244	415	61,262	148
韓国	1,773	456	395	208	55,291	266
中国	5	21	33	85	33,399	392
アラブ首長国連邦	114			25	3,696	149
インドネシア	30	3	3	3	667	191
台湾	61	29	8	2	889	589
カタール	75		25			
インド	27		16			
フィリピン		23	13			
ベトナム		25				
アジア小計	10,031	6,820	8,884	10,297	1,588,540	154
世界合計	12,243	8,409	10,545	12,888	1,953,398	152

その他低密度ポリエチレン（ＬＤＰＥ）輸入

国　　名	2014年	2015年	2016年	2017年	同年金額	単　価
タイ	6,989	3,206	2,740	9,211	1,352,233	147
カタール	5,250	3,079	2,980	4,220	589,895	140
マレーシア	3,594	2,232	1,826	3,266	499,462	153
中国	2,389	2,076	2,031	2,229	369,600	166
韓国	3,007	1,471	1,256	2,096	410,108	196
シンガポール	1,605	1,258	1,298	1,510	223,920	148
サウジアラビア	198	74	1	628	87,086	139
ベトナム		3		22	4,591	206
イスラエル	12	30	30	22	6,444	298
台湾	225	96	122	21	4,079	198
インドネシア			1			
アジア小計	23,269	13,526	12,285	23,224	3,547,418	153
世界合計	26,801	17,166	17,345	29,920	5,060,548	169

その他のエチレン重合体（その他ＬＤＰＥ）輸入

国　　名	2014年	2015年	2016年	2017年	同年金額	単　価
サウジアラビア	58,520	40,132	54,006	5,833	804,099	138
タイ	122,812	96,438	99,729	5,172	804,132	155
韓国	31,382	28,420	30,224	3,687	651,897	177
シンガポール	42,518	27,322	25,463	1,414	300,198	212
カタール	8,850	4,704	7,658	1,081	148,228	137
中国	1,096	924	842	884	220,163	249
アラブ首長国連邦	1,017	1,150	836	156	26,015	167
台湾	267	233	547	3	1,802	572
インドネシア		17	1	2	252	126
マレーシア	17			1	447	559
フィリピン		120	236			
インド	8		1			
オーストラリア	24					
ベトナム	20					
香港	1					
アジア小計	266,530	199,460	219,543	18,231	2,957,233	162
世界合計	313,696	241,120	264,704	27,319	6,681,361	245

高密度ポリエチレン（ＨＤＰＥ）輸入

国　　名	2014年	2015年	2016年	2017年	同年金額	単　価
タイ	125,161	97,804	120,046	148,586	20,319,994	137
シンガポール	2,440	2,573	2,238	9,511	1,361,171	143
韓国	8,658	7,039	6,525	7,534	1,117,758	148
サウジアラビア	6,327	6,219	4,763	5,997	884,489	147
マレーシア	1,892	1,269	2,374	4,826	662,831	137
台湾	1,808	3,589	3,569	2,579	358,528	139
中国	2,186	1,203	1,458	1,841	610,423	332
カタール	1,980	480		975	130,796	134
アラブ首長国連邦	86	622	632	805	128,835	160
インドネシア	158	48	14	208	33,863	163
イラン				25	3,073	124
オーストラリア	6	16	10	17	7,605	438
インド				16	1,616	101
ニュージーランド				1	320	388

国　　名	2014年	2015年	2016年	2017年	同年金額	単　価
ベトナム	9	20	28			
フィリピン			3			
アジア小計	150, 711	120, 881	141, 660	182, 921	25, 621, 302	140
世界合計	162, 127	129, 304	147, 512	197, 233	28, 301, 640	143

エチレン酢ビコポリマー（ＥＶＡ）輸入

国　　名	2014年	2015年	2016年	2017年	同年金額	単　価
韓国	1, 087	1, 000	770	801	216, 870	271
台湾	1, 020	1, 220	605	262	49, 758	190
タイ	39	70	24	24	4, 926	205
中国	19	29	1	19	8, 585	449
ベトナム				0	241	1, 255
シンガポール	3, 528	96				
マレーシア		2				
ニュージーランド	0					
アジア小計	5, 694	2, 417	1, 401	1, 106	280, 380	253
世界合計	6, 013	2, 771	1, 685	1, 487	458, 092	308

ポリプロピレン（ＰＰ）輸入

国　　名	2014年	2015年	2016年	2017年	同年金額	単　価
韓国	29, 410	23, 285	24, 458	32, 611	4, 861, 350	149
サウジアラビア	12, 107	11, 096	18, 315	23, 992	3, 122, 363	130
タイ	31, 738	13, 777	12, 932	13, 388	1, 945, 534	145
台湾	1, 280	393	399	7, 226	1, 102, 104	153
シンガポール	3, 686	557	1, 358	6, 243	833, 227	133
中国	2, 387	2, 626	3, 154	5, 227	965, 966	185
マレーシア	828	1, 511	1, 899	1, 290	169, 390	131
アラブ首長国連邦	69	204	839	877	121, 392	138
インド	1, 092	82	403	330	37, 248	113
ベトナム	1	214	34	225	15, 928	71
フィリピン	26	24	38	19	2, 660	139
インドネシア	7	7	13	8	3, 261	389
トルコ	39	1				
オーストラリア		0				
アジア小計	82, 670	53, 777	63, 843	91, 435	13, 180, 423	144
世界合計	94, 693	63, 549	74, 486	97, 977	14, 912, 403	152

ポリエチレン製の袋輸入

国　　名	2014年	2015年	2016年	2017年	同年金額	単　価
中国	266, 002	249, 004	247, 516	236, 279	61, 728, 124	261
ベトナム	59, 828	75, 894	91, 918	116, 203	23, 450, 964	202
インドネシア	76, 116	74, 447	73, 509	74, 630	16, 313, 489	219
タイ	68, 045	65, 490	68, 488	68, 100	19, 437, 060	285
マレーシア	31, 078	28, 471	30, 180	28, 809	6, 441, 770	224
フィリピン	16, 792	15, 157	15, 597	15, 176	2, 982, 494	197
台湾	10, 276	8, 717	9, 152	9, 300	2, 869, 829	309
韓国	2, 372	2, 183	2, 318	2, 057	836, 625	407
オーストラリア	391	262	450	421	454, 958	1, 081
ニュージーランド	168	161	154	163	178, 126	1, 091
シンガポール	99	68	58	158	100, 080	631
香港	68	39	96	45	22, 962	511
インド	14	26	55	24	21, 275	902

国名	2014年	2015年	2016年	2017年	同年金額	単価
トルコ			3	0	350	1, 151
イスラエル	4	1	1	0	289	144, 500
サウジアラビア		9				
パキスタン		0				
アジア小計	531, 252	519, 930	539, 496	551, 363	134, 838, 395	245
世界合計	537, 573	527, 705	547, 545	560, 469	139, 926, 853	250

ＰＰコポリマー輸入

国名	2014年	2015年	2016年	2017年	同年金額	単価
韓国	103, 175	78, 811	85, 667	89, 063	12, 826, 092	144
タイ	34, 222	25, 993	25, 363	28, 132	4, 061, 773	144
シンガポール	5, 335	4, 979	5, 765	19, 668	3, 069, 303	156
台湾	3, 054	2, 077	3, 909	13, 165	2, 072, 375	157
中国	10, 016	7, 425	7, 365	7, 410	1, 076, 937	145
アラブ首長国連邦	1, 112	1, 684	4, 136	2, 834	362, 069	128
サウジアラビア	54	9	1	25	3, 642	144
インド	5	19	31	24	7, 161	299
マレーシア	1, 079	152	9	22	9, 974	443
インドネシア	54	9	26	22	7, 424	342
イスラエル	1		1	9	1, 705	196
トルコ			1	4	2, 440	616
ベトナム	25		7	1	284	270
フィリピン	2	3				
オーストラリア	3					
アジア小計	158, 136	121, 160	132, 280	160, 380	23, 501, 179	147
世界合計	172, 762	134, 706	146, 533	175, 938	27, 822, 740	158

ポリブテン輸入

国名	2014年	2015年	2016年	2017年	同年金額	単価
韓国	985	929	852	904	174, 370	193
中国	733	739	736	791	91, 100	115
インドネシア			14	41	15, 714	379
香港				0	304	2, 027
タイ	1		0			
シンガポール	39	5				
インド	12					
アジア小計	1, 769	1, 673	1, 602	1, 736	281, 488	162
世界合計	4, 311	3, 826	4, 034	4, 468	1, 837, 392	411

ポリスチレン（ＰＳ）輸入

国名	2014年	2015年	2016年	2017年	同年金額	単価
台湾	7, 446	5, 903	1, 499	1, 676	267, 233	159
タイ	7, 230	4, 185	5, 151	1, 642	279, 027	170
マレーシア	722	740	820	715	125, 737	176
ベトナム	2, 687	2, 064	471	449	69, 292	154
シンガポール	1, 095	312	108	281	44, 295	158
中国	277	315	309	234	68, 578	293
韓国	882	1, 744	99	45	7, 171	159
インド	0	0	0	7	2, 169	303
香港		0	0			
インドネシア	2	0				
アジア小計	20, 342	15, 262	8, 457	5, 048	863, 502	171
世界合計	20, 409	15, 338	8, 537	5, 097	919, 358	180

単位：トン、千円、円／kg

発泡ポリスチレン（ＥＰＳ）輸入

国　　　名	2014年	2015年	2016年	2017年	同年金額	単　価
台湾	14, 026	15, 700	11, 348	10, 035	1, 632, 216	163
中国	958	810	935	1, 067	196, 590	184
韓国	790	55	150	263	63, 750	242
ベトナム	0	17	154	91	15, 177	166
タイ			15	44	7, 127	162
アジア小計	15, 774	16, 582	12, 602	11, 500	1, 914, 860	167
世界合計	16, 073	17, 025	13, 044	12, 101	2, 107, 604	174

ＡＢＳ樹脂輸入

国　　　名	2014年	2015年	2016年	2017年	同年金額	単　価
韓国	16, 069	15, 571	16, 279	15, 708	3, 495, 286	223
台湾	13, 939	13, 352	14, 536	13, 472	2, 883, 019	214
タイ	305	4, 132	7, 553	6, 330	1, 505, 511	238
マレーシア	9, 017	5, 809	8, 838	4, 231	882, 750	209
中国	425	502	917	397	134, 994	340
サウジアラビア			25	50	7, 642	154
インド	1	3		15	4, 225	279
ベトナム	0	16	12	9	2, 943	345
香港				2	454	227
インドネシア	1	1	2	0	227	568
フィリピン	3					
アジア小計	39, 761	39, 385	48, 163	40, 213	8, 917, 051	222
世界合計	40, 423	41, 124	48, 290	40, 344	8, 977, 024	223

ＡＳ樹脂（ＳＡＮ）輸入

国　　　名	2014年	2015年	2016年	2017年	同年金額	単　価
タイ	3, 491	3, 820	2, 269	7, 219	1, 388, 736	192
台湾	885	566	603	2, 276	471, 133	207
韓国	259	298	377	142	27, 681	195
中国	257	135	449	70	16, 499	234
サウジアラビア				26	4, 683	183
インド		5		5	1, 518	304
マレーシア	437		1, 095			
インドネシア	1		2			
アジア小計	5, 331	4, 824	4, 795	9, 738	1, 910, 250	196
世界合計	5, 346	4, 851	4, 835	9, 799	1, 923, 296	196

塩化ビニル樹脂（ＰＶＣ）輸入

国　　　名	2014年	2015年	2016年	2017年	同年金額	単　価
台湾	1, 917	1, 053	959	983	76, 260	78
韓国	1, 864	1, 145	1, 081	916	134, 135	146
タイ	1, 113	615	483	415	57, 779	139
中国	72	69	63	88	15, 204	173
マレーシア	27	76	120	7	1, 693	260
インドネシア	60	30	0	1	864	1, 077
ベトナム	17	43				
フィリピン		2				
シンガポール	21					
アジア小計	5, 090	3, 033	2, 705	2, 409	285, 935	119
世界合計	6, 528	5, 050	4, 494	4, 370	791, 032	181

塩化ビニリデン樹脂輸入

国　　名	2014年	2015年	2016年	2017年	同年金額	単　価
ベトナム	285	261	47	41	16, 851	415
中国	3					
アジア小計	288	261	47	41	16, 851	415
世界合計	289	261	47	41	16, 851	415

メタクリル樹脂（ＰＭＭＡ）輸入

国　　名	2014年	2015年	2016年	2017年	同年金額	単　価
シンガポール	5, 209	11, 673	11, 305	10, 441	2, 308, 448	221
韓国	2, 287	4, 469	4, 256	6, 475	1, 668, 731	258
台湾	774	550	647	1, 369	362, 759	265
中国	900	764	767	1, 038	452, 182	436
マレーシア			19	1	785	785
インド		0		0	343	6, 860
イスラエル			6			
タイ	36	55				
インドネシア		2				
アジア小計	9, 205	17, 513	17, 000	19, 324	4, 793, 248	248
世界合計	9, 397	17, 754	17, 307	19, 676	5, 170, 344	263

ナイロン樹脂輸入

国　　名	2014年	2015年	2016年	2017年	同年金額	単　価
台湾	16, 706	29, 967	29, 059	28, 010	6, 902, 062	246
中国	14, 083	15, 647	15, 229	21, 012	6, 480, 561	308
韓国	12, 730	13, 246	12, 198	13, 760	4, 042, 797	294
タイ	7, 604	13, 061	14, 598	13, 371	3, 604, 500	270
マレーシア	11, 846	11, 986	11, 748	11, 636	3, 023, 161	260
シンガポール	4, 318	6, 853	4, 036	5, 840	1, 806, 281	309
インド	2, 634	2, 137	3, 104	3, 581	959, 916	268
インドネシア	202	307	376	716	183, 655	257
ベトナム	0		2	38	10, 297	274
イスラエル	195	15				
フィリピン	1					
アジア小計	70, 319	93, 218	90, 351	97, 964	27, 013, 230	276
世界合計	120, 187	133, 874	134, 540	142, 191	46, 235, 137	325

ポリアセタール（ＰＯＭ）輸入

国　　名	2014年	2015年	2016年	2017年	同年金額	単　価
マレーシア	7, 002	7, 626	9, 098	12, 647	2, 063, 331	163
中国	4, 775	3, 404	3, 402	4, 540	1, 048, 550	231
タイ	2, 429	2, 193	2, 193	2, 947	590, 842	201
台湾	2, 042	2, 420	3, 364	2, 266	604, 684	267
韓国	1, 087	1, 022	916	772	151, 774	197
サウジアラビア				19	1, 758	93
シンガポール	5	13	17	11	5, 231	473
インド				1	685	979
インドネシア		1	1			
ベトナム		1				
フィリピン	2	0				
アジア小計	17, 343	16, 679	18, 991	23, 203	4, 466, 855	193
世界合計	27, 399	28, 267	31, 264	36, 253	7, 633, 186	211

ポリカーボネート（難燃性ＰＣ）輸入

国　　名	2014年	2015年	2016年	2017年	同年金額	単　価
韓国				264	76,822	291
中国	15	8		2	2,128	1,150
シンガポール	1	1				
台湾	2	1				
タイ	2	0				
アジア小計	20	10		266	78,950	297
世界合計	335	397	357	691	289,717	419

ポリカーボネート（その他ＰＣ）輸入

国　　名	2014年	2015年	2016年	2017年	同年金額	単　価
タイ	22,294	19,207	20,554	22,495	5,564,064	247
韓国	16,214	18,009	16,992	19,751	4,613,615	234
中国	17,979	17,492	15,754	17,842	4,499,428	252
台湾	6,402	8,273	9,520	12,102	3,486,577	288
シンガポール	3,386	4,895	2,536	2,479	683,417	276
サウジアラビア	2	77	457	650	162,372	250
マレーシア	134	99	230	196	131,731	671
インドネシア		1		101	17,010	168
フィリピン	6	21	42	16	7,230	452
ベトナム	4	6	1	1	1,033	738
インド	3	1		1	213	406
香港		0	1			
アジア小計	66,422	68,082	66,088	75,633	19,166,690	253
世界合計	90,293	90,483	86,995	97,722	24,687,956	253

変性ポリフェニレンエーテル（ＰＰＥ）輸入

国　　名	2014年	2015年	2016年	2017年	同年金額	単　価
シンガポール	7,517	6,068	7,973	8,618	2,637,347	306
中国	2,520	2,609	3,290	3,879	1,427,326	368
マレーシア	2,375	2,557	2,665	2,946	838,514	285
台湾	1,053	955	1,116	2,280	772,492	339
韓国	2,483	2,379	2,294	2,048	747,783	365
タイ	224	727	1,063	1,586	592,978	374
フィリピン	72	86	170	139	75,767	546
インド	3	1	2	6	22,220	3,746
ベトナム	13		1	3	1,604	462
香港				0	209	26,125
インドネシア	1		2			
アジア小計	16,261	15,381	18,576	21,504	7,116,240	331
世界合計	28,043	25,548	30,102	35,450	12,275,347	346

ポリエチレンテレフタレート（ＰＥＴ）輸入

国　　名	2014年	2015年	2016年	2017年	同年金額	単　価
中国	327,424	387,108	473,328	384,027	43,424,858	113
台湾	213,716	240,081	242,294	315,747	37,193,631	118
タイ	168,601	134,846	130,522	151,286	18,130,891	120
韓国	65,742	62,421	53,502	57,639	7,644,923	133
インドネシア	43,111	45,528	47,309	56,022	6,790,522	121
マレーシア	9,942	10,088	10,005	20,842	3,739,865	179
インド	1,575	5,435	3,157	11,692	1,353,526	116
ベトナム	4,136	4,265	2,543	6,697	794,299	119

フィリピン	2	1	24	1,229	114,128	93
パキスタン			1			
アジア小計	834,248	889,772	962,685	1,005,181	119,186,643	119
世界合計	840,490	895,562	969,565	1,011,916	120,771,179	119

フッ素樹脂（ＰＴＦＥ）輸入

国　名	2014年	2015年	2016年	2017年	同年金額	単　価
中国	890	632	1,023	1,379	1,644,072	1,193
インド	24	88	74	168	131,523	781
ベトナム	23	23	24	32	4,159	130
インドネシア		0				
アジア小計	938	743	1,120	1,579	1,779,754	1,127
世界合計	1,848	1,566	2,011	2,588	3,372,957	1,303

フッ素樹脂（その他）輸入

国　名	2014年	2015年	2016年	2017年	同年金額	単　価
中国	418	1,629	2,227	2,898	3,837,297	1,324
韓国			0	2	5,571	2,532
マレーシア				2	5,315	2,658
インド	0		4	1	2,223	2,340
タイ			1	1	1,154	1,596
ベトナム	2		0			
アジア小計	420	1,629	2,233	2,904	3,851,560	1,326
世界合計	3,960	5,136	5,671	7,043	15,743,053	2,235

シリコーン樹脂（固形）輸入

国　名	2014年	2015年	2016年	2017年	同年金額	単　価
中国	92	92	549	632	367,829	582
韓国	186	172	163	185	95,279	514
台湾	1	1	5	1	4,053	3,245
マレーシア	1	0		0	204	1,159
タイ	0			0	297	1,856
ベトナム		0		0	205	102,500
香港	0	0	0			
オーストラリア	20					
アジア小計	299	266	716	819	467,867	571
世界合計	1,356	1,751	1,915	2,018	1,656,202	821

シリコーン樹脂（液状）輸入

国　名	2014年	2015年	2016年	2017年	同年金額	単　価
中国	3,300	5,026	9,601	11,236	4,697,092	418
タイ	3,208	1,139	1,316	2,021	872,421	432
韓国	965	819	1,112	1,130	2,501,561	2,214
インド	222	189	248	293	64,281	219
台湾	235	130	78	105	120,835	1,148
シンガポール	34	59	44	65	43,536	674
マレーシア	5	2	19	45	31,945	715
オーストラリア	16	13	14	11	11,084	1,008
ベトナム	6	22	13	5	109,107	23,916
イスラエル				1	2,059	2,526
フィリピン	1	1	0	0	1,770	7,024
香港	0	0	0	0	873	5,561

インドネシア	0					
アジア小計	7,993	7,400	12,444	14,912	8,456,564	567
世界合計	28,335	25,347	26,131	28,888	19,821,603	686

石油樹脂輸入

国　名	2014年	2015年	2016年	2017年	同年金額	単　価
韓国	8,808	6,962	6,341	5,494	1,109,041	202
中国	4,218	3,737	4,227	4,341	885,046	204
台湾	5,233	3,962	3,434	3,754	677,979	181
タイ	105	22	1,594	3,291	706,228	215
インドネシア	6	57	434	3	1,020	307
マレーシア	3	3	3	3	1,358	453
サウジアラビア		2	3	2	2,231	1,116
インド	1	4	1			
オーストラリア		2				
アジア小計	18,374	14,751	16,036	16,889	3,382,903	200
世界合計	21,321	18,116	19,939	22,931	4,833,425	211

ポリウレタン（ＰＵ）輸入

国　名	2014年	2015年	2016年	2017年	同年金額	単　価
韓国	501	348	406	545	237,887	437
台湾	176	592	366	490	234,672	479
中国	100	74	107	240	135,692	567
ベトナム	12	6	7	8	3,618	453
マレーシア				3	3,088	1,138
香港				0	545	10,093
ニュージーランド	1					
フィリピン	0					
アジア小計	790	1,020	886	1,285	615,502	479
世界合計	2,150	1,974	1,974	2,651	1,878,719	709

エポキシ樹脂輸入

国　名	2014年	2015年	2016年	2017年	同年金額	単　価
台湾	2,510	2,949	2,981	3,048	952,750	313
韓国	2,728	2,329	2,849	2,753	1,112,479	404
マレーシア	2,162	1,930	2,052	2,458	2,896,410	1,178
中国	879	839	1,433	1,611	584,967	363
フィリピン	564	752	528	745	407,659	547
タイ	207	337	352	356	140,885	396
イスラエル	361	266	132	264	135,459	513
シンガポール	200	136	163	203	153,134	753
インドネシア	126	128	157	140	92,718	662
ベトナム		3	12	34	19,141	566
インド				4	1,586	395
ニュージーランド	48	32	6			
アジア小計	9,786	9,701	10,664	11,616	6,497,188	559
世界合計	10,138	10,118	11,051	12,176	6,729,616	553

ユリア樹脂輸入

国　名	2014年	2015年	2016年	2017年	同年金額	単　価
中国	545	408	512	610	71,491	117
タイ	99	56	64	72	21,166	294

シンガポール		12	33	65	20, 714	317
台湾	22	33	14	32	12, 954	405
サウジアラビア	30	30	15	30	2, 892	96
韓国	32	24	10	6	2, 180	396
マレーシア	7	9		3	451	157
インド			18			
インドネシア	28					
アラブ首長国連邦	1					
アジア小計	764	572	665	818	131, 848	161
世界合計	1, 062	907	1, 037	1, 058	251, 433	238

メラミン樹脂輸入

国　　名	2014年	2015年	2016年	2017年	同年金額	単　価
タイ	688	778	786	1, 422	429, 544	302
台湾	492	361	335	340	96, 535	284
インド		10	30	119	30, 728	258
中国	116	73	114	86	27, 948	324
韓国		27	20	21	1, 748	82
マレーシア	6	4				
インドネシア	2					
アジア小計	1, 304	1, 252	1, 285	1, 989	586, 503	295
世界合計	2, 004	1, 956	1, 968	2, 728	846, 526	310

フェノール樹脂輸入

国　　名	2014年	2015年	2016年	2017年	同年金額	単　価
中国	5, 681	6, 408	6, 754	8, 105	2, 023, 438	250
韓国	1, 780	1, 587	2, 222	2, 635	658, 538	250
台湾	2, 260	2, 221	1, 938	1, 643	578, 841	352
インドネシア	502	501	560	560	128, 066	229
タイ	577	479	446	456	119, 041	261
シンガポール	84	60	56	55	10, 821	198
マレーシア	27	19	30	24	13, 971	571
インド				1	1, 111	889
アジア小計	10, 910	11, 276	12, 006	13, 480	3, 533, 827	262
世界合計	12, 941	13, 392	13, 759	15, 897	4, 176, 849	263

不飽和ポリエステル（ＵＰ）輸入

国　　名	2014年	2015年	2016年	2017年	同年金額	単　価
台湾	11, 981	10, 408	10, 179	10, 311	2, 052, 133	199
韓国	4, 077	3, 757	3, 846	3, 974	1, 071, 136	270
シンガポール	778	197	503	548	124, 809	228
中国	293	316	384	155	45, 016	291
ベトナム	2	2	10	50	19, 758	393
タイ	26	19	18	39	17, 156	444
インド				2	34, 266	17, 133
イスラエル				1	560	474
マレーシア	0		1	1	762	983
インドネシア	1	385	147	0	220	733
アラブ首長国連邦				0	543	4, 022
オーストラリア	5	1	1			
フィリピン		16				
アジア小計	17, 162	15, 102	15, 089	15, 081	3, 366, 359	223
世界合計	18, 281	15, 929	15, 634	15, 688	3, 738, 572	238

アジア諸国→日本　　　　　　　　　　　　　　　　単位：トン、千円、円／kg

＜合成ゴム＞

ＳＢＲ輸入

国　　名	2014年	2015年	2016年	2017年	同年金額	単　価
韓国	28,875	23,182	20,208	22,835	5,218,464	229
タイ	2,092	8,983	11,839	14,167	4,305,420	304
シンガポール	3,439	8,806	9,442	9,417	2,960,496	314
台湾	14,269	17,023	14,029	7,527	1,920,768	255
中国	594	531	709	739	258,248	349
インドネシア	1		1	98	19,297	196
インド	34	42	22	28	8,356	298
イラン		19				
マレーシア	17	18				
ベトナム	4					
アジア小計	49,325	58,603	56,250	54,812	14,691,049	268
世界合計	55,358	63,539	61,096	59,594	16,136,259	271

ＳＢＲラテックス輸入

国　　名	2014年	2015年	2016年	2017年	同年金額	単　価
インドネシア	378	426	515	77	15,049	195
台湾	170	113	85	38	12,682	337
韓国	376	141	8	12	3,746	312
オーストラリア	3	2	1	3	1,447	521
タイ		1				
アジア小計	928	683	609	130	32,924	254
世界合計	1,006	767	659	200	62,365	311

ブタジエンゴム（ＢＲ）輸入

国　　名	2014年	2015年	2016年	2017年	同年金額	単　価
韓国	20,253	14,097	18,692	13,091	3,362,816	257
台湾	9,140	7,925	4,897	5,696	1,458,679	256
シンガポール	3,316	6,305	3,306	4,166	1,222,052	293
中国	190	5	38	1	249	198
タイ	243		1			
アジア小計	33,142	28,332	26,934	22,955	6,043,796	263
世界合計	34,312	29,879	29,070	24,620	6,484,163	263

ブチルゴムまたはイソブテン-イソプレンゴム（ＩＩＲ）輸入

国　　名	2014年	2015年	2016年	2017年	同年金額	単　価
シンガポール	351	374	897	607	147,815	243
タイ	210	257	124	115	16,337	142
中国	200	470	7	26	7,111	269
アジア小計	761	1,101	1,028	749	171,263	229
世界合計	4,630	5,001	3,578	3,153	897,198	285

クロロプレンゴム（ＣＲ）輸入

国　　名	2014年	2015年	2016年	2017年	同年金額	単　価
中国	2			0	2,525	11,530
ベトナム			1			
タイ	2	1				
台湾		0				

韓国	1					
アジア小計	5	1	1	0	2,525	11,530
世界合計	991	861	915	1,042	401,006	385

ＮＢＲ輸入

国　名	2014年	2015年	2016年	2017年	同年金額	単　価
台湾	1,807	1,573	1,615	1,559	433,623	278
韓国	887	876	924	801	208,172	260
中国	110	82	96	103	56,623	552
マレーシア	53	44	42	34	10,842	322
インド	18	18	35	18	13,726	778
タイ	42	1				
インドネシア		1				
アジア小計	2,917	2,595	2,712	2,514	722,986	288
世界合計	7,713	6,863	6,626	7,451	2,620,800	352

イソプレンゴム（ＩＲ）輸入

国　名	2014年	2015年	2016年	2017年	同年金額	単　価
タイ	2	1		1	546	733
中国	546	0		0	710	3,550
台湾	1	1				
アジア小計	549	3		1	1,256	1,329
世界合計	21,506	20,683	17,070	12,830	6,068,078	473

ＥＰゴム（ＥＰＤＭ）輸入

国　名	2014年	2015年	2016年	2017年	同年金額	単　価
韓国	6,949	6,727	6,509	7,873	1,783,211	227
中国	44	734	2,423	2,536	586,021	231
タイ	53	56	153	68	25,392	374
サウジアラビア				27	4,583	170
台湾	1	2	11	8	3,301	400
インドネシア	0	0		4	1,375	362
トルコ			1	2	1,541	894
マレーシア			54	0	316	1,290
香港	0					
アジア小計	7,048	7,519	9,151	10,517	2,405,740	229
世界合計	14,387	15,429	16,894	18,243	4,138,919	227

単位：トン

アジア諸国の日本との石油化学製品輸出入推移

《対象アジア22カ国・地域》

（1）韓　国
（2）台　湾
（3）中　国
（4）香　港
（5）シンガポール
（6）タ　イ
（7）マレーシア
（8）インドネシア
（9）フィリピン
（10）ベトナム
（11）オーストラリア
（12）ニュージーランド
（13）インド
（14）パキスタン
（15）サウジアラビア
（16）バーレーン
（17）カタール
（18）クウェート
（19）イラン
（20）トルコ
（21）イスラエル
（22）アラブ首長国連邦

（1）韓国

日本からの輸入

分　類	製　品　名	2014年	2015年	2016年	2017年
基礎原料	エチレン	175,821	171,329	102,534	67,032
	プロピレン	429,502	434,976	272,181	186,965
	ブテン(ブチレン)	—	—	—	1,353
	ブタジエン	38,235	25,009	28,210	27,015
	ベンゼン	62,292	21,141	29,851	18,000
	トルエン	390,710	617,168	498,381	613,893
	オルソキシレン	82	11,286	27,586	22,029
	メタキシレン	18,929	37,923	43,952	88,200
	パラキシレン	205,141	63,545	34,983	25,013
	メタノール	5	369	11,310	9
合繊原料	ジメチルテレフタレート(ＤＭＴ)	556	374	132	—
	エチレングリコール(ＥＧ)	63,058	69,667	28,462	18,606
	カプロラクタム(ＣＰＬ)	7,680	10,240	—	—
	アクリロニトリル(ＡＮ)	7,899	999	4,841	7,725
化成品	シクロヘキサン	4,502	9,689	22,059	31,150
	スチレンモノマー(ＳＭ)	574,429	566,875	359,477	394,005
	二塩化エチレン(ＥＤＣ)	6,172	1,990	—	—
	塩化ビニルモノマー(ＶＭＣ)	12,803	6,003	14,285	34,511
	トリクロロエチレン	5,099	6,589	4,236	4,101
	パークロロエチレン	301	416	346	364
	ペンタエリスリトール	6	45	3	1
	酢酸	32,019	27,017	25,014	12,510
	酢酸エチル	—	—	—	0

単位：トン

（１）韓国

	モノクロル酢酸	699	682	987	787
	酢酸ビニル	7, 035	5, 617	9, 127	14, 708
	ポリビニルアルコール（ＰＶＡ）	8, 882	8, 773	8, 729	8, 516
	イソプロパノール（ＩＰＡ）	7, 880	7, 271	5, 124	7, 885
	ノルマルブタノール	5, 378	7, 612	1, 834	2, 278
	ブタノール	8, 591	17, 645	8, 692	4, 719
	オクタノール	26, 135	41, 118	52, 169	35, 271
	プロピレンオキサイド（ＰＯ）	102, 849	58, 186	—	—
	プロピレングリコール（ＰＧ）	6	5	3	3
	エピクロルヒドリン（ＥＣＨ）	26, 129	29, 653	37, 986	34, 051
	キュメン	117, 864	101, 011	37, 241	16, 491
	フェノール	10, 045	7, 898	3, 996	0
	アセトン	6, 043	6, 931	5, 253	5, 517
	ビスフェノールＡ	36, 613	45, 160	70, 530	72, 525
	メチルイソブチルケトン（ＭＩＢＫ）	1, 565	1, 023	—	622
	メチルエチルケトン（ＭＥＫ）	67, 408	89, 727	84, 272	88, 010
	アクリル酸（ＡＡ）	14, 466	1, 998	3, 907	4, 910
	アクリル酸エステル（ＡＥ）	5, 291	6, 718	6, 618	7, 590
	メタクリル酸	485	394	571	217
	メタクリル酸エステル（ＭＭＡ）	26, 898	41, 517	63, 979	89, 872
	無水マレイン酸	0	105	0	—
	アルキルベンゼン	82	88	74	82
	フタル酸系可塑剤（ＤＯＰ）	97	33	—	—
	トリレンジイソシアネート（ＴＤＩ）	4, 483	2, 540	556	20
	ピュアＭＤＩ	340	528	376	255
	クルードＭＤＩ	6, 535	1, 441	2, 184	980
合成樹脂	低密度ポリエチレン（ＬＤＰＥ）	6, 246	6, 284	7, 665	9, 306
	高密度ポリエチレン（ＨＤＰＥ）	5, 280	4, 971	5, 329	6, 451
	エチレン酢ビコポリマー（ＥＶＡ）	2, 754	3, 762	3, 359	2, 991
	ポリプロピレン（ＰＰ）	1, 832	2, 743	1, 907	2, 668
	ＰＰコポリマー	1, 785	945	623	638
	ポリブテン	967	885	599	698
	ポリスチレン（ＰＳ）	1, 764	981	913	980
	発泡ポリスチレン（ＥＰＳ）	311	83	181	323
	ＡＢＳ樹脂	1, 396	1, 584	1, 396	2, 124
	ＡＳ樹脂（ＳＡＮ）	387	207	513	329
	塩化ビニル樹脂（ＰＶＣ）	2, 044	2, 720	3, 264	4, 129
	塩化ビニリデン樹脂	12	32	5	4
	メタクリル樹脂（ＰＭＭＡ）	2, 909	3, 880	5, 657	3, 784
	ナイロン樹脂	5, 251	5, 605	5, 049	5, 161
	ポリアセタール（ＰＯＭ）	693	670	710	755

単位：トン

（１）韓国

分　類	製　品　名	2014年	2015年	2016年	2017年
	ポリカーボネート（ＰＣ）	4, 073	4, 840	6, 971	6, 239
	変性ポリフェニレンエーテル（ＰＰＥ）	907	766	1, 936	2, 222
	ポリエチレンテレフタレート（ＰＥＴ）	10, 111	10, 249	8, 633	11, 940
	フッ素樹脂（ＰＴＦＥ）	348	373	376	413
	フッ素樹脂その他	2, 204	1, 886	1, 943	2, 351
	シリコーン樹脂（固形）	3, 074	3, 259	3, 347	2, 626
	シリコーン樹脂（液状）	10, 018	9, 260	8, 371	8, 562
	石油樹脂	2, 156	1, 988	2, 025	2, 352
	ポリウレタン（ＰＵ）	1, 514	1, 512	1, 528	1, 721
	エポキシ樹脂	2, 242	2, 293	2, 702	2, 570
	ユリア樹脂	8	0	1	37
	メラミン樹脂（固形）	50	56	38	36
	メラミン樹脂（液状）	886	868	883	641
	フェノール樹脂	4, 826	4, 717	4, 394	4, 329
	不飽和ポリエステル（固形）	510	617	721	644
	不飽和ポリエステル（液状）	245	204	238	230
合成ゴム	ＳＢＲ	17, 430	14, 248	14, 828	14, 623
	ＳＢＲラテックス	353	445	408	440
	ブタジエンゴム（ＢＲ）	9, 017	10, 086	12, 514	8, 914
	ブチルゴム（ＩＩＲ）	284	233	708	1, 067
	クロロプレンゴム（ＣＲ）	7, 125	7, 066	6, 800	6, 423
	ＮＢＲ	1, 337	1, 103	946	1, 105
	イソプレンゴム（ＩＲ）	699	746	481	593
	ＥＰゴム（ＥＰＤＭ）	2, 547	4, 057	4, 171	3, 658

日本への輸出

分　類	製　品　名	2014年	2015年	2016年	2017年
基礎原料	エチレン	3, 905	4, 605	100, 686	64, 403
	プロピレン	10, 354	12, 249	108, 888	152, 327
	ブテン（ブチレン）	1, 596	3, 401	—	2, 838
	ブタジエン	22, 671	21, 582	41, 757	34, 707
	ベンゼン	102, 560	292, 064	61, 224	150, 154
	トルエン	4, 328	3, 996	7, 635	4, 002
	パラキシレン	48, 596	63, 881	54, 288	50, 378
	メタノール	56, 864	53, 553	24, 130	2, 854
合繊原料	高純度テレフタル酸（ＰＴＡ）	3, 136	2, 260	5, 959	4, 070
	ジメチルテレフタレート（DMT）	6, 362	5, 434	18, 645	25, 660
	エチレングリコール（ＥＧ）	1	—	1	2
	アクリロニトリル（ＡＮ）	7, 232	10, 073	14, 103	6, 454
化成品	スチレンモノマー（ＳＭ）	—	14	2, 087	—
	二塩化エチレン（ＥＤＣ）	94, 382	100, 529	95, 196	96, 313

単位：トン

（１）韓国

	ペンタエリスリトール	225	335	—	—
	酢酸	46,267	73,485	66,332	70,663
	酢酸エチル	—	0	0	—
	酢酸ビニル	3,726	—	—	—
	ポリビニルアルコール(ＰＶＡ)	—	0	1	—
	工業用エチルアルコール(kl)	4,985	—	—	—
	その他エチルアルコール(kl)	—	—	0	—
	イソプロパノール(ＩＰＡ)	—	—	18	0
	ブタノール	—	4,189	2,988	1,504
	プロピレングリコール(ＰＧ)	671	595	894	754
	エピクロルヒドリン(ＥＣＨ)	2,164	6,133	7,300	3,502
	フェノール	26,079	27,122	62,514	47,783
	アセトン	24,110	9,553	16,543	25,890
	ビスフェノールＡ	7,042	5,511	17,014	21,225
	メチルイソブチルケトン(ＭＩＢＫ)	79	40	69	13
	メチルエチルケトン(ＭＥＫ)	—	—	0	0
	アクリル酸(ＡＡ)	20,573	12,077	11,638	6,465
	アクリル酸エステル(ＡＥ)	8,424	10,988	12,385	6,923
	メタクリル酸	402	863	877	1,243
	メタクリル酸エステル(ＭＭＡ)	4,934	228	266	296
	無水マレイン酸	84	90	69	220
	アニリン	22	317	364	224
	アルキルベンゼン	61	75	51	674
	フタル酸系可塑剤(ＤＯＰ)	27,387	14,967	15,883	10,814
	ピュアＭＤＩ	3,156	2,953	3,820	4,346
	クルードＭＤＩ	11,729	6,520	13,365	15,313
合成樹脂	ＬＬＤＰＥ	1,773	456	395	208
	ＬＬＤＰＥを除くＬＤＰＥ	3,007	1,471	1,256	2,096
	その他ＬＤＰＥ	31,382	28,420	30,224	3,687
	高密度ポリエチレン(ＨＤＰＥ)	8,658	7,039	6,525	7,534
	エチレン酢ビコポリマー(ＥＶＡ)	1,087	1,000	770	801
	ポリプロピレン(ＰＰ)	29,410	23,285	24,458	32,611
	ポリエチレン製の袋	2,372	2,183	2,318	2,057
	ＰＰコポリマー	103,175	78,811	85,667	89,063
	ポリブテン	985	929	852	904
	ポリスチレン(ＰＳ)	882	1,744	99	45
	発泡ポリスチレン(ＥＰＳ)	790	55	150	263
	ＡＢＳ樹脂	16,069	15,571	16,279	15,708
	ＡＳ樹脂(ＳＡＮ)	259	298	377	142
	塩化ビニル樹脂(ＰＶＣ)	1,864	1,145	1,081	916
	メタクリル樹脂(ＰＭＭＡ)	2,287	4,469	4,256	6,475

単位：トン

（1）韓国

	ナイロン樹脂	12, 730	13, 246	12, 198	13, 760
	ポリアセタール（ＰＯＭ）	1, 087	1, 022	916	772
	難燃性ポリカーボネート	—	—	—	264
	その他ポリカーボネート	16, 214	18, 009	16, 992	19, 751
	ＰＰＥ	2, 483	2, 379	2, 294	2, 048
	ＰＥＴ	65, 742	62, 421	53, 502	57, 639
	フッ素樹脂（その他）	—	—	0	2
	シリコーン樹脂（固形）	186	172	163	185
	シリコーン樹脂（液状）	965	819	1, 112	1, 130
	石油樹脂（固形）	8, 808	6, 962	6, 341	5, 494
	ポリウレタン（ＰＵ）	501	348	406	545
	エポキシ樹脂	2, 728	2, 329	2, 849	2, 753
	ユリア樹脂	32	24	10	6
	メラミン樹脂	—	27	20	21
	フェノール樹脂	1, 780	1, 587	2, 222	2, 635
	不飽和ポリエステル（ＵＰ）	4, 077	3, 757	3, 846	3, 974
合成ゴム	ＳＢＲ	28, 875	23, 182	20, 208	22, 835
	ＳＢＲラテックス	376	141	8	12
	ブタジエンゴム（ＢＲ）	20, 253	14, 097	18, 692	13, 091
	クロロプレンゴム（ＣＲ）	1	—	—	—
	ＮＢＲ	887	876	924	801
	ＥＰゴム（ＥＰＤＭ）	6, 949	6, 727	6, 509	7, 873

（2）台湾

日本からの輸入

分　類	製　品　名	2014年	2015年	2016年	2017年
基礎原料	エチレン	65, 133	102, 922	66, 116	40, 047
	プロピレン	53, 254	65, 781	63, 893	78, 677
	ブタジエン	—	—	3, 506	—
	ベンゼン	192, 931	167, 666	167, 843	117, 006
	トルエン	11, 652	30, 523	30, 018	35, 330
	オルソキシレン	14, 160	21, 802	13, 803	12, 191
	パラキシレン	314, 209	442, 585	566, 665	607, 086
	メタノール	26	13	0	7, 301
合繊原料	高純度テレフタル酸（ＰＴＡ）	—	—	—	4, 108
	ジメチルテレフタレート（ＤＭＴ）	2, 576	1, 428	281	—
	エチレングリコール（ＥＧ）	84	29	3, 021	10
	カプロラクタム（ＣＰＬ）	74, 391	69, 904	49, 854	19, 789
	アクリロニトリル（ＡＮ）	16, 000	3, 000	6, 000	—
化成品	シクロヘキサン	2, 366	5, 928	3, 366	2, 862
	スチレンモノマー（ＳＭ）	—	3, 149	13, 009	11, 023

単位：トン

（２）台湾

	二塩化エチレン(ＥＤＣ)	102	159	118	223
	塩化ビニルモノマー(ＶＭＣ)	52,028	41,700	45,140	52,645
	トリクロロエチレン	581	231	165	154
	パークロロエチレン	11	1	11	2
	ペンタエリスリトール	315	270	285	120
	酢酸	797	723	514	752
	酢酸エチル	—	—	0	0
	モノクロル酢酸	274	200	227	203
	酢酸ビニル	201	4,006	6,047	4,971
	ポリビニルアルコール(ＰＶＡ)	797	791	700	831
	イソプロパノール(ＩＰＡ)	8,140	10,516	14,546	16,809
	ブタノール	—	20	8	—
	オクタノール	4,963	12,657	16,421	13,499
	プロピレンオキサイド(ＰＯ)	—	3,498	1,497	—
	プロピレングリコール(ＰＧ)	88	69	38	49
	エピクロルヒドリン(ＥＣＨ)	57	19	—	200
	キュメン	65,929	50,975	50,978	131,754
	フェノール	10,899	2,049	1,998	3,899
	アセトン	7	7	8	10
	ビスフェノールＡ	1	—	553	2
	メチルイソブチルケトン(ＭＩＢＫ)	141	452	—	1
	メチルエチルケトン(ＭＥＫ)	2,599	3,500	0	—
	アクリル酸(ＡＡ)	1,051	1,301	144	41
	アクリル酸エステル(ＡＥ)	1,992	1,595	1,917	2,530
	メタクリル酸	1,477	1,628	2,259	2,228
	メタクリル酸エステル(ＭＭＡ)	40,008	25,203	20,900	38,867
	無水マレイン酸	23	21	1	1
	アルキルベンゼン	26	36	1,016	17
	フタル酸系可塑剤(ＤＯＰ)	—	0	—	—
	トリレンジイソシアネート(ＴＤＩ)	10,586	7,775	5,542	4,470
	ピュアＭＤＩ	16,452	15,330	14,293	13,404
	クルードＭＤＩ	3,871	6,043	6,322	3,064
合成樹脂	低密度ポリエチレン(ＬＤＰＥ)	12,888	15,698	14,097	10,682
	高密度ポリエチレン(ＨＤＰＥ)	11,981	10,597	9,522	9,011
	エチレン酢ビコポリマー(ＥＶＡ)	4,191	4,263	5,117	5,018
	ポリプロピレン(ＰＰ)	12,751	19,512	11,140	10,822
	ＰＰコポリマー	7,110	7,592	6,024	6,125
	ポリブテン	1,591	1,103	899	1,149
	ポリスチレン(ＰＳ)	4,124	2,791	3,248	2,475
	発泡ポリスチレン(ＥＰＳ)	671	360	111	209
	ＡＢＳ樹脂	1,331	1,011	763	1,173

単位：トン

（2）台湾

	ＡＳ樹脂（ＳＡＮ）	475	520	580	609
	塩化ビニル樹脂（ＰＶＣ）	9, 345	10, 211	9, 565	11, 254
	塩化ビニリデン樹脂	48	118	84	56
	メタクリル樹脂（ＰＭＭＡ）	3, 969	3, 787	3, 287	3, 435
	ナイロン樹脂	5, 009	4, 474	5, 120	5, 739
	ポリアセタール（ＰＯＭ）	2, 619	1, 679	1, 825	1, 849
	ポリカーボネート（ＰＣ）	22, 187	20, 004	18, 726	16, 075
	変性ポリフェニレンエーテル（ＰＰＥ）	778	657	833	751
	ポリエチレンテレフタレート（ＰＥＴ）	14, 270	29, 672	22, 346	23, 243
	フッ素樹脂（ＰＴＦＥ）	654	488	469	450
	フッ素樹脂その他	500	648	454	436
	シリコーン樹脂（固形）	1, 786	1, 599	1, 468	1, 261
	シリコーン樹脂（液状）	5, 700	6, 811	6, 177	8, 166
	石油樹脂	9, 412	7, 335	5, 295	5, 178
	ポリウレタン（ＰＵ）	3, 188	3, 086	2, 786	2, 506
	エポキシ樹脂	7, 355	5, 924	5, 985	5, 085
	ユリア樹脂	2	18	343	71
	メラミン樹脂（固形）	10	11	9	6
	メラミン樹脂（液状）	603	597	331	220
	フェノール樹脂	1, 754	1, 652	1, 900	2, 021
	不飽和ポリエステル（固形）	919	1, 212	1, 055	872
	不飽和ポリエステル（液状）	408	352	387	360
合成ゴム	ＳＢＲ	11, 596	15, 507	12, 998	21, 677
	ＳＢＲラテックス	721	624	624	688
	ブタジエンゴム（ＢＲ）	7, 386	7, 807	6, 957	8, 786
	ブチルゴム（ＩＩＲ）	1, 158	179	197	341
	クロロプレンゴム（ＣＲ）	9, 175	8, 065	8, 177	8, 033
	ＮＢＲ	2, 957	2, 990	3, 489	3, 063
	イソプレンゴム（ＩＲ）	2, 742	3, 523	5, 047	4, 234
	ＥＰゴム（ＥＰＤＭ）	2, 371	2, 555	2, 412	2, 770

日本への輸出

分　類	製　品　名	2014年	2015年	2016年	2017年
基礎原料	エチレン	7, 898	2, 296	34, 756	46, 683
	プロピレン	—	—	1, 628	—
	ブタジエン	9, 474	10, 670	3, 937	9, 054
	メタノール	—	—	154	77
合繊原料	高純度テレフタル酸（ＰＴＡ）	1, 302	559	280	—
	エチレングリコール（ＥＧ）	854	259	296	185
	アクリロニトリル（ＡＮ）	64	—	—	—
化成品	スチレンモノマー（ＳＭ）	29	51	—	—

単位：トン

（２）台湾

	二塩化エチレン(ＥＤＣ)	28,905	4,737	3,905	74,053
	ペンタエリスリトール	1,577	1,094	1,597	2,543
	酢酸	9,032	41,419	36,690	34,916
	酢酸ビニル	3,831	2,154	2,917	738
	ポリビニルアルコール(ＰＶＡ)	1,808	946	1,186	1,413
	イソプロパノール(ＩＰＡ)	2,444	1,707	1,863	2,224
	ノルマルブタノール	166	54	108	86
	ブタノール	485	139	197	74
	オクタノール	—	—	19	59
	プロピレングリコール(ＰＧ)	6	11	1	5
	フェノール	7,853	7,749	8,858	3,020
	アセトン	2,061	305	8,380	7
	ビスフェノールＡ	26,688	28,710	27,971	18,692
	アクリル酸エステル(ＡＥ)	905	764	1,275	1,007
	メタクリル酸エステル(ＭＭＡ)	162	64	211	36
	無水マレイン酸	190	200	353	344
	アルキルベンゼン	2,514	3,035	2,373	2,666
	無水フタル酸	59	76	148	30
	フタル酸系可塑剤(ＤＯＰ)	2,074	593	543	343
	ピュアＭＤＩ	38	21	—	—
	クルードＭＤＩ	85	51	60	78
合成樹脂	ＬＬＤＰＥ	61	29	8	2
	ＬＬＤＰＥを除くＬＤＰＥ	225	96	122	21
	その他ＬＤＰＥ	267	233	547	3
	高密度ポリエチレン(ＨＤＰＥ)	1,808	3,589	3,569	2,579
	エチレン酢ビコポリマー(ＥＶＡ)	1,020	1,220	605	262
	ポリプロピレン(ＰＰ)	1,280	393	399	7,226
	ポリエチレン製の袋	10,276	8,717	9,152	9,300
	ＰＰコポリマー	3,054	2,077	3,909	13,165
	ポリスチレン(ＰＳ)	7,446	5,903	1,499	1,676
	発泡ポリスチレン(ＥＰＳ)	14,026	15,700	11,348	10,035
	ＡＢＳ樹脂	13,939	13,352	14,536	13,472
	ＡＳ樹脂(ＳＡＮ)	885	566	603	2,276
	塩化ビニル樹脂(ＰＶＣ)	1,917	1,053	959	983
	メタクリル樹脂(ＰＭＭＡ)	774	550	647	1,369
	ナイロン樹脂	16,706	29,967	29,059	28,010
	ポリアセタール(ＰＯＭ)	2,042	2,420	3,364	2,266
	難燃性ポリカーボネート	2	1	—	—
	その他ポリカーボネート	6,402	8,273	9,520	12,102
	ＰＰＥ	1,053	955	1,116	2,280

（２）台湾

分類	製品名	2014年	2015年	2016年	2017年
	ＰＥＴ	213,716	240,081	242,294	315,747
	シリコーン樹脂(固形)	1	1	5	1
	シリコーン樹脂(液状)	235	130	78	105
	石油樹脂(固形)	5,233	3,962	3,434	3,754
	ポリウレタン(ＰＵ)	176	592	366	490
	エポキシ樹脂	2,510	2,949	2,981	3,048
	ユリア樹脂	22	33	14	32
	メラミン樹脂	492	361	335	340
	フェノール樹脂	2,260	2,221	1,938	1,643
	不飽和ポリエステル(ＵＰ)	11,981	10,408	10,179	10,311
合成ゴム	ＳＢＲ	14,269	17,023	14,029	7,527
	ＳＢＲラテックス	170	113	85	38
	ブタジエンゴム(ＢＲ)	9,140	7,925	4,897	5,696
	クロロプレンゴム(ＣＲ)	—	0	—	—
	ＮＢＲ	1,807	1,573	1,615	1,559
	イソプレンゴム(ＩＲ)	1	1	—	—
	ＥＰゴム(ＥＰＤＭ)	1	2	11	8

（３）中国
日本からの輸入

分　類	製　品　名	2014年	2015年	2016年	2017年
基礎原料	エチレン	558,109	641,186	533,762	590,685
	プロピレン	846,403	815,858	593,556	616,192
	ブテン(ブチレン)	702	1,999	4,559	2,663
	ブタジエン	8,930	7,520	1,999	73
	ベンゼン	154,170	189,137	440,465	401,207
	トルエン	122,952	74,663	67,470	26,968
	オルソキシレン	43,300	19,958	18,866	23,565
	メタキシレン	5,170	6,250	7,067	8,400
	パラキシレン	1,877,444	2,231,422	2,404,906	2,597,359
	メタノール	30	23	11,027	15
合繊原料	高純度テレフタル酸(ＰＴＡ)	99,936	65,506	41,666	28,896
	ジメチルテレフタレート(ＤＭＴ)	7,050	5,595	203	180
	エチレングリコール(ＥＧ)	183,608	267,780	234,173	299,581
	カプロラクタム(ＣＰＬ)	58,555	39,061	31,333	38,463
	アクリロニトリル(ＡＮ)	27,949	925	—	7,000
化成品	シクロヘキサン	—	—	0	8,569
	エチルベンゼン(ＥＢ)	5,701	—	—	—
	スチレンモノマー(ＳＭ)	486,372	424,203	168,937	208,891
	二塩化エチレン(ＥＤＣ)	4	147	8	—

単位：トン

（３）中国

	塩化ビニルモノマー（ＶＭＣ）	364,782	458,584	530,322	539,765
	パークロロエチレン	347	755	752	693
	ペンタエリスリトール	885	445	443	213
	酢酸	―	―	0	0
	酢酸エチル	13	14	13	13
	モノクロル酢酸	1,054	1,306	857	995
	酢酸ビニル	1	―	―	1,050
	ポリビニルアルコール（ＰＶＡ）	20,500	19,199	20,022	19,355
	イソプロパノール（ＩＰＡ）	11,019	6,395	6,437	7,004
	ノルマルブタノール	2	928	961	136
	ブタノール	10,461	39,837	22,720	3,867
	オクタノール	22,933	12,842	12,888	12,826
	プロピレンオキサイド（ＰＯ）	35,987	19,491	2,499	―
	プロピレングリコール（ＰＧ）	107	48	24	20
	エピクロルヒドリン（ＥＣＨ）	2,875	12,057	7,832	3,609
	キュメン	108,113	175,810	186,045	126,414
	フェノール	35,714	44,355	37,278	36,452
	アセトン	13,539	15,791	8,040	13,973
	ビスフェノールＡ	17,003	21,946	20,347	10,911
	メチルイソブチルケトン（ＭＩＢＫ）	13,133	14,393	12,904	10,710
	メチルエチルケトン（ＭＥＫ）	911	915	557	377
	アクリル酸（ＡＡ）	10,204	8,757	6,557	10,218
	アクリル酸エステル（ＡＥ）	2,884	2,431	2,704	3,436
	メタクリル酸	1,512	875	1,158	1,679
	メタクリル酸エステル（ＭＭＡ）	28,224	13,213	14,572	10,764
	無水マレイン酸	166	117	220	331
	アルキルベンゼン	1	1	3	2
	無水フタル酸	10,891	6,251	10,397	8,126
	フタル酸系可塑剤（ＤＯＰ）	1,049	1,211	1,066	1,251
	トリレンジイソシアネート（ＴＤＩ）	11,060	13,551	6,635	5,920
	ピュアＭＤＩ	53,036	57,784	47,537	43,388
	クルードＭＤＩ	140,095	149,848	127,671	118,887
合成樹脂	低密度ポリエチレン（ＬＤＰＥ）	60,304	69,471	84,531	78,908
	高密度ポリエチレン（ＨＤＰＥ）	64,124	66,358	61,737	67,675
	エチレン酢ビコポリマー（ＥＶＡ）	45,691	48,483	53,779	44,384
	ポリプロピレン（ＰＰ）	93,164	98,232	75,249	91,104
	ＰＰコポリマー	41,106	46,001	45,806	41,800
	ポリブテン	3,722	2,749	2,189	3,245
	ポリスチレン（ＰＳ）	20,644	14,602	17,811	24,963
	発泡ポリスチレン（ＥＰＳ）	4,043	5,384	4,571	6,411

単位：トン

（３）中国

	ＡＢＳ樹脂	34, 329	31, 643	35, 317	37, 119
	ＡＳ樹脂（ＳＡＮ）	13, 379	15, 180	14, 667	16, 445
	塩化ビニル樹脂（ＰＶＣ）	146, 233	171, 531	123, 401	127, 602
	塩化ビニリデン樹脂	8, 364	9, 071	8, 377	940
	メタクリル樹脂（ＰＭＭＡ）	33, 519	25, 544	25, 712	26, 750
	ナイロン樹脂	30, 460	28, 425	28, 881	29, 283
	ポリアセタール（ＰＯＭ）	18, 253	19, 259	19, 631	22, 659
	ポリカーボネート（ＰＣ）	61, 321	61, 308	83, 703	87, 334
	変性ポリフェニレンエーテル（ＰＰＥ）	5, 711	5, 275	6, 279	7, 505
	ポリエチレンテレフタレート（ＰＥＴ）	27, 919	33, 827	27, 934	37, 134
	フッ素樹脂（ＰＴＦＥ）	997	799	872	868
	フッ素樹脂その他	2, 660	2, 371	2, 682	3, 103
	シリコーン樹脂（固形）	5, 051	4, 962	4, 734	4, 940
	シリコーン樹脂（液状）	14, 312	14, 120	14, 355	18, 819
	石油樹脂	17, 075	15, 857	16, 778	15, 918
	ポリウレタン（ＰＵ）	8, 749	8, 812	9, 448	11, 718
	エポキシ樹脂	14, 122	12, 517	13, 386	15, 024
	ユリア樹脂	1, 384	1, 524	913	1, 473
	メラミン樹脂（固形）	100	75	76	89
	メラミン樹脂（液状）	3, 981	4, 346	3, 976	3, 662
	フェノール樹脂	9, 446	8, 732	10, 198	10, 537
	不飽和ポリエステル（固形）	3, 650	3, 811	4, 297	3, 288
	不飽和ポリエステル（液状）	865	1, 367	1, 691	1, 261
合成ゴム	ＳＢＲ	52, 027	49, 175	52, 598	48, 966
	ＳＢＲラテックス	9, 246	10, 011	10, 846	11, 006
	ブタジエンゴム（ＢＲ）	22, 654	34, 067	44, 297	36, 333
	ブチルゴム（ＩＩＲ）	3, 551	2, 694	4, 110	4, 051
	クロロプレンゴム（ＣＲ）	12, 814	12, 440	12, 467	14, 029
	ＮＢＲ	18, 460	16, 140	17, 172	19, 627
	イソプレンゴム（ＩＲ）	8, 496	9, 491	11, 002	11, 817
	ＥＰゴム（ＥＰＤＭ）	39, 592	25, 327	28, 565	25, 751

日本への輸出

分　類	製　品　名	2014年	2015年	2016年	2017年
基礎原料	エチレン	－	－	2, 301	2, 886
	プロピレン	－	－	－	1, 600
	トルエン	－	0	－	－
	メタノール	9, 647	2	2	－
合繊原料	高純度テレフタル酸（ＰＴＡ）	2, 781	56, 779	48, 846	711
	エチレングリコール（ＥＧ）	2	5	3	17
化成品	シクロヘキサン	－	0	46	－

単位：トン

（３）中国

	トリクロロエチレン	916	4,741	3,118	4,547
	ペンタエリスリトール	480	379	580	1,746
	酢酸	4,972	10,408	6,547	25,418
	酢酸エチル	127,843	99,392	103,960	106,005
	モノクロル酢酸	414	1	0	10
	酢酸ビニル	22	150	—	—
	ポリビニルアルコール(ＰＶＡ)	379	10	17	17
	工業用エチルアルコール(kl)	—	—	44	—
	その他エチルアルコール(kl)	3,374	2,242	1,448	2,853
	イソプロパノール(ＩＰＡ)	1,989	3,780	4,581	1,159
	ノルマルブタノール	269	279	19	—
	ブタノール	103	147	158	6,917
	オクタノール(2-エチルを除く)	309	257	145	109
	プロピレングリコール(ＰＧ)	2,899	3,415	5,903	6,977
	エピクロルヒドリン(ＥＣＨ)	163	36	—	—
	フェノール	1,024	—	1,507	3,124
	ビスフェノールＡ	27	—	2	—
	メチルエチルケトン(ＭＥＫ)	1,950	501	—	—
	アクリル酸(ＡＡ)	12,076	128	2,155	2,248
	アクリル酸エステル(ＡＥ)	8,973	11,750	12,166	9,473
	メタクリル酸	221	96	80	144
	メタクリル酸エステル(ＭＭＡ)	4,842	4,487	4,833	4,621
	無水マレイン酸	6	2	—	—
	アニリン	2,266	2,460	597	6,989
	アルキルベンゼン	178	79		3
	無水フタル酸	—	—	0	—
	フタル酸系可塑剤(ＤＯＰ)	1,091	720	585	253
	ピュアＭＤＩ	1,113	1,215	2,950	1,868
	クルードＭＤＩ	22,023	29,030	30,934	31,299
合成樹脂	ＬＬＤＰＥ	5	21	33	85
	ＬＬＤＰＥを除くＬＤＰＥ	2,389	2,076	2,031	2,229
	その他ＬＤＰＥ	1,096	924	842	884
	高密度ポリエチレン(ＨＤＰＥ)	2,186	1,203	1,458	1,841
	エチレン酢ビコポリマー(ＥＶＡ)	19	29	1	19
	ポリプロピレン(ＰＰ)	2,387	2,626	3,154	5,227
	ポリエチレン製の袋	266,002	249,004	247,516	236,279
	ＰＰコポリマー	10,016	7,425	7,365	7,410
	ポリブテン	733	739	736	791
	ポリスチレン(ＰＳ)	277	315	309	234
	発泡ポリスチレン(ＥＰＳ)	958	810	935	1,067
	ＡＢＳ樹脂	425	502	917	397

単位：トン

（３）中国

	ＡＳ樹脂（ＳＡＮ）	257	135	449	70
	塩化ビニル樹脂（ＰＶＣ）	72	69	63	88
	塩化ビニリデン樹脂	3	—	—	—
	メタクリル樹脂（ＰＭＭＡ）	900	764	767	1,038
	ナイロン樹脂	14,083	15,647	15,229	21,012
	ポリアセタール（ＰＯＭ）	4,775	3,404	3,402	4,540
	難燃性ポリカーボネート	15	8	—	2
	その他ポリカーボネート	17,979	17,492	15,754	17,842
	ＰＰＥ	2,520	2,609	3,290	3,879
	ＰＥＴ	327,424	387,108	473,328	384,027
	フッ素樹脂（ＰＴＦＥ）	890	632	1,023	1,379
	フッ素樹脂（その他）	418	1,629	2,227	2,898
	シリコーン樹脂（固形）	92	92	549	632
	シリコーン樹脂（液状）	3,300	5,026	9,601	11,236
	石油樹脂（固形）	4,218	3,737	4,227	4,341
	ポリウレタン（ＰＵ）	100	74	107	240
	エポキシ樹脂	879	839	1,433	1,611
	ユリア樹脂	545	408	512	610
	メラミン樹脂	116	73	114	86
	フェノール樹脂	5,681	6,408	6,754	8,105
	不飽和ポリエステル（ＵＰ）	293	316	384	155
合成ゴム	ＳＢＲ	594	531	709	739
	ブタジエンゴム（ＢＲ）	190	5	38	1
	ブチルゴム（ＩＩＲ）	200	470	7	26
	クロロプレンゴム（ＣＲ）	2	—	—	0
	ＮＢＲ	110	82	96	103
	イソプレンゴム（ＩＲ）	546	0	—	0
	ＥＰゴム（ＥＰＤＭ）	44	734	2,423	2,536

（４）香港

日本からの輸入

分　類	製　品　名	2014年	2015年	2016年	2017年
基礎原料	メタノール	25	4	2	—
合繊原料	エチレングリコール（ＥＧ）	4	11	—	—
化成品	エチルベンゼン（ＥＢ）	109	82	54	41
	スチレンモノマー（ＳＭ）	6	5,907	5	3,053
	トリクロロエチレン	158	158	39	118
	パークロロエチレン	218	3	20	92
	ペンタエリスリトール	1	—	—	—
	酢酸エチル	0	0	0	0

単位：トン

（4）香港

	ポリビニルアルコール(ＰＶＡ)	596	1,171	994	1,227
	イソプロパノール(ＩＰＡ)	10	38	35	40
	プロピレングリコール(ＰＧ)	—	5	9	11
	エピクロルヒドリン(ＥＣＨ)	20	16	20	19
	アセトン	1	1	1	—
	メチルイソブチルケトン(ＭＩＢＫ)	—	0	2	—
	メチルエチルケトン(ＭＥＫ)	2	1	—	—
	アクリル酸(ＡＡ)	119	122	119	42
	アクリル酸エステル(ＡＥ)	51	156	223	303
	メタクリル酸エステル(ＭＭＡ)	51	214	1,631	31
	無水マレイン酸	5	18	28	2
	アルキルベンゼン	27	39	21	21
	フタル酸系可塑剤(ＤＯＰ)	6	2	1	0
	トリレンジイソシアネート(ＴＤＩ)	17,380	5,080	2,740	2,260
	ピュアＭＤＩ	745	114	266	85
	クルードＭＤＩ	854	451	590	436
合成樹脂	低密度ポリエチレン(ＬＤＰＥ)	12,344	11,838	12,966	10,817
	高密度ポリエチレン(ＨＤＰＥ)	3,070	3,144	2,927	1,315
	エチレン酢ビコポリマー(ＥＶＡ)	2,120	2,986	3,652	1,909
	ポリプロピレン(ＰＰ)	12,991	13,329	12,897	9,455
	ＰＰコポリマー	3,438	3,307	2,799	2,779
	ポリブテン	12	8	1	—
	ポリスチレン(ＰＳ)	8,364	8,966	12,120	13,894
	発泡ポリスチレン(ＥＰＳ)	2,985	4,014	3,393	2,918
	ＡＢＳ樹脂	24,822	22,522	20,940	20,314
	ＡＳ樹脂(ＳＡＮ)	4,460	3,963	3,444	3,665
	塩化ビニル樹脂(ＰＶＣ)	39,404	38,772	34,234	23,093
	塩化ビニリデン樹脂	—	—	0	—
	メタクリル樹脂(ＰＭＭＡ)	3,326	3,219	4,214	2,841
	ナイロン樹脂	11,103	10,222	10,962	9,591
	ポリアセタール(ＰＯＭ)	7,431	5,933	5,912	6,376
	ポリカーボネート(ＰＣ)	26,341	20,974	18,947	19,066
	変性ポリフェニレンエーテル(ＰＰＥ)	1,784	1,166	1,396	1,262
	ポリエチレンテレフタレート(ＰＥＴ)	4,842	3,572	4,342	4,641
	フッ素樹脂(ＰＴＦＥ)	121	68	55	35
	フッ素樹脂その他	225	191	157	84
	シリコーン樹脂(固形)	1,778	1,491	921	664
	シリコーン樹脂(液状)	2,719	2,772	2,206	2,273
	石油樹脂	238	160	102	102
	ポリウレタン(ＰＵ)	1,408	1,311	1,388	1,449
	エポキシ樹脂	1,968	2,041	1,814	1,999

単位：トン

（4）香港

分類	製品名	2014年	2015年	2016年	2017年
	ユリア樹脂	24	35	18	35
	メラミン樹脂(固形)	54	40	40	35
	メラミン樹脂(液状)	97	83	105	1
	フェノール樹脂	953	914	932	1, 181
	不飽和ポリエステル(固形)	465	420	368	467
	不飽和ポリエステル(液状)	133	124	63	87
合成ゴム	ＳＢＲ	2, 363	1, 767	1, 518	1, 607
	ＳＢＲラテックス	41	22	16	36
	ブタジエンゴム(ＢＲ)	7, 898	7, 584	11, 222	7, 166
	ブチルゴム(ＩＩＲ)	17	1	21	6
	クロロプレンゴム(ＣＲ)	2, 141	1, 531	1, 802	753
	ＮＢＲ	663	577	647	471
	イソプレンゴム(ＩＲ)	708	623	402	279
	ＥＰゴム(ＥＰＤＭ)	1, 155	1, 257	1, 129	1, 174

日本への輸出

分　類	製　品　名	2014年	2015年	2016年	2017年
合成樹脂	その他ＬＤＰＥ	1	―	―	―
	ポリエチレン製の袋	68	39	96	45
	ポリブテン	―	―	―	0
	ポリスチレン(ＰＳ)	―	0	0	―
	ＡＢＳ樹脂	―	―	―	2
	その他ポリカーボネート	―	0	1	―
	ＰＰＥ	―	―	―	0
	シリコーン樹脂(固形)	0	0	0	―
	シリコーン樹脂(液状)	0	0	0	0
	ポリウレタン(ＰＵ)	―	―	―	0
合成ゴム	ＥＰゴム(ＥＰＤＭ)	0	―	―	―

（5）シンガポール

日本からの輸入

分　類	製　品　名	2014年	2015年	2016年	2017年
基礎原料	エチレン	―	3, 511	―	―
	プロピレン	―	1, 456	9, 946	―
	ブテン(ブチレン)	3, 604	―	―	―
	ブタジエン	634	60	226	30
	トルエン	―	―	0	0
	メタノール	0	0	0	0
合繊原料	エチレングリコール(ＥＧ)	2	44	48	22
化成品	シクロヘキサン	442	1, 091	1, 411	1, 460

単位：トン

（5）シンガポール

	エチルベンゼン(ＥＢ)	17	—	17	—
	スチレンモノマー(ＳＭ)	2	0	—	—
	トリクロロエチレン	734	532	375	410
	パークロロエチレン	487	298	215	380
	ペンタエリスリトール	3	1	—	—
	酢酸	102	109	96	103
	モノクロル酢酸	94	84	83	88
	酢酸ビニル	5,999	20,434	46,029	37,092
	ポリビニルアルコール(ＰＶＡ)	631	693	698	501
	イソプロパノール(ＩＰＡ)	7,352	7,799	7,478	11,285
	ノルマルブタノール	—	—	2	—
	ブタノール	294	577	5	7
	オクタノール	0	0	2	—
	プロピレングリコール(ＰＧ)	2	17	19	22
	エピクロルヒドリン(ＥＣＨ)	4	4	4	4
	ビスフェノールＡ	27	14	29	14
	メチルイソブチルケトン(ＭＩＢＫ)	2	441	1	150
	メチルエチルケトン(ＭＥＫ)	326	9	11	395
	アクリル酸(ＡＡ)	3,989	4,970	2,990	5,996
	アクリル酸エステル(ＡＥ)	1,594	1,379	1,424	1,356
	メタクリル酸	188	152	96	85
	メタクリル酸エステル(ＭＭＡ)	34,436	32,937	11,401	10,211
	無水マレイン酸	561	188	43	43
	アルキルベンゼン	9	—	8	3
	無水フタル酸	72	295	—	225
	フタル酸系可塑剤(ＤＯＰ)	160	117	160	151
	トリレンジイソシアネート(ＴＤＩ)	160	120	120	100
	ピュアＭＤＩ	9,782	8,709	11,741	12,237
	クルードＭＤＩ	65	99	878	2,082
合成樹脂	低密度ポリエチレン(ＬＤＰＥ)	8,629	4,903	1,929	3,106
	高密度ポリエチレン(ＨＤＰＥ)	2,413	3,419	3,162	3,482
	エチレン酢ビコポリマー(ＥＶＡ)	85	108	212	202
	ポリプロピレン(ＰＰ)	2,373	2,001	1,831	2,015
	ＰＰコポリマー	651	494	760	758
	ポリブテン	125	326	293	321
	ポリスチレン(ＰＳ)	272	64	12	14
	発泡ポリスチレン(ＥＰＳ)	2	4	0	4
	ＡＢＳ樹脂	2,382	2,296	2,255	2,148
	ＡＳ樹脂(ＳＡＮ)	100	33	22	5
	塩化ビニル樹脂(ＰＶＣ)	10,947	12,175	10,801	8,002

単位：トン

（５）シンガポール

	塩化ビニリデン樹脂	−	2	−	−
	メタクリル樹脂（ＰＭＭＡ）	44	53	26	60
	ナイロン樹脂	394	309	332	287
	ポリアセタール（ＰＯＭ）	587	485	550	607
	ポリカーボネート（ＰＣ）	542	755	647	500
	変性ポリフェニレンエーテル（ＰＰＥ）	97	60	41	45
	ポリエチレンテレフタレート（ＰＥＴ）	26	14	6	25
	フッ素樹脂（ＰＴＦＥ）	41	45	27	52
	フッ素樹脂その他	53	72	24	14
	シリコーン樹脂（固形）	207	127	37	23
	シリコーン樹脂（液状）	785	535	698	730
	石油樹脂	135	194	139	162
	ポリウレタン（ＰＵ）	381	337	402	454
	エポキシ樹脂	1,211	905	848	1,073
	ユリア樹脂	12	15	9	11
	メラミン樹脂（固形）	28	27	21	30
	メラミン樹脂（液状）	15	38	5	22
	フェノール樹脂	2,983	2,405	2,596	3,283
	不飽和ポリエステル（固形）	10	7	6	4
	不飽和ポリエステル（液状）	33	29	15	16
合成ゴム	ＳＢＲ	164	68	62	32
	ＳＢＲラテックス	34	43	44	60
	ブタジエンゴム（ＢＲ）	2,518	1,715	1,638	1,960
	ブチルゴム（ＩＩＲ）	38	17	20	17
	クロロプレンゴム（ＣＲ）	300	308	273	291
	ＮＢＲ	306	175	213	231
	ＥＰゴム（ＥＰＤＭ）	73	55	55	53

日本への輸出

分　類	製　品　名	2014年	2015年	2016年	2017年
基礎原料	エチレン	−	−	−	4,352
	プロピレン	−	−	0	−
	ブテン（ブチレン）	−	0	−	−
	ブタジエン	−	3,500	5,601	11,537
合繊原料	エチレングリコール（ＥＧ）	−	−	−	0
化成品	酢酸	−	5,445	5,756	9,377
	酢酸エチル	13,005	7,761	6,632	7,752
	酢酸ビニル	4	−	−	−
	ポリビニルアルコール（ＰＶＡ）	205	29	1,417	394
	イソプロパノール（ＩＰＡ）	2,373	4,968	808	3,581
	プロピレングリコール（ＰＧ）	4,363	2,411	2,179	4,000

単位：トン

（５）シンガポール

	アセトン	—	918	1,814	—
	ビスフェノールＡ	420	360	450	525
	アクリル酸（ＡＡ）	1,037	—	—	—
	アクリル酸エステル（ＡＥ）	4,553	2,708	3,013	4,406
	メタクリル酸エステル（ＭＭＡ）	—	—	—	0
	アルキルベンゼン	—	—	—	0
合成樹脂	ＬＬＤＰＥ	861	575	657	1,007
	ＬＬＤＰＥを除くＬＤＰＥ	1,605	1,258	1,298	1,510
	その他ＬＤＰＥ	42,518	27,322	25,463	1,414
	高密度ポリエチレン（ＨＤＰＥ）	2,440	2,573	2,238	9,511
	エチレン酢ビコポリマー（ＥＶＡ）	3,528	96	—	—
	ポリプロピレン（ＰＰ）	3,686	557	1,358	6,243
	ポリエチレン製の袋	99	68	58	158
	ＰＰコポリマー	5,335	4,979	5,765	19,668
	ポリブテン	39	5	—	—
	ポリスチレン（ＰＳ）	1,095	312	108	281
	塩化ビニル樹脂（ＰＶＣ）	21	—	—	—
	メタクリル樹脂（ＰＭＭＡ）	5,209	11,673	11,305	10,441
	ナイロン樹脂	4,318	6,853	4,036	5,840
	ポリアセタール（ＰＯＭ）	5	13	17	11
	難燃性ポリカーボネート	1	1	—	—
	その他ポリカーボネート	3,386	4,895	2,536	2,479
	ＰＰＥ	7,517	6,068	7,973	8,618
	シリコーン樹脂（液状）	34	59	44	65
	エポキシ樹脂	200	136	163	203
	ユリア樹脂	—	12	33	65
	フェノール樹脂	84	60	56	55
	不飽和ポリエステル（ＵＰ）	778	197	503	548
合成ゴム	ＳＢＲ	3,439	8,806	9,442	9,417
	ブタジエンゴム（ＢＲ）	3,316	6,305	3,306	4,166
	ブチルゴム（ＩＩＲ）	351	374	897	607

（６）タイ

日本からの輸入

分　類	製　品　名	2014年	2015年	2016年	2017年
基礎原料	ブテン（ブチレン）	1,204	8	4,254	499
	トルエン	2	0	—	0
	メタキシレン	—	—	—	0
	メタノール	6	9	1	3
合繊原料	ジメチルテレフタレート（ＤＭＴ）	—	4	2	10
	エチレングリコール（ＥＧ）	95	61	2	1

単位：トン

（６）タイ

	カプロラクタム(ＣＰＬ)	―	2,904	2,898	2,848
	アクリロニトリル(ＡＮ)	1	2	1	1
化成品	シクロヘキサン	25	7	10	8
	スチレンモノマー(ＳＭ)	1	0	0	0
	トリクロロエチレン	900	1,178	1,158	1,175
	パークロロエチレン	20	65	40	40
	ペンタエリスリトール	947	1,117	772	75
	酢酸	4	2	4	2
	酢酸エチル	0	0	―	1
	モノクロル酢酸	1,129	970	1,053	1,020
	ポリビニルアルコール(ＰＶＡ)	6,075	5,349	5,430	4,575
	イソプロパノール(ＩＰＡ)	9,123	14,316	13,544	14,233
	ノルマルブタノール	―	―	―	0
	ブタノール	2	3	927	880
	オクタノール	141	169	194	232
	プロピレングリコール(ＰＧ)	46	56	41	65
	エピクロルヒドリン(ＥＣＨ)	6	14	17	10
	フェノール	28,254	22,307	18,965	19,159
	アセトン	928	1,498	3,694	―
	ビスフェノールＡ	51,572	43,782	61,049	65,019
	メチルイソブチルケトン(ＭＩＢＫ)	3,538	3,141	3,763	4,429
	メチルエチルケトン(ＭＥＫ)	6,398	7,878	7,813	7,887
	アクリル酸(ＡＡ)	109	3	263	1,169
	アクリル酸エステル(ＡＥ)	852	1,108	1,352	1,515
	メタクリル酸	118	5	9	26
	メタクリル酸エステル(ＭＭＡ)	2,894	2,615	3,652	3,525
	無水マレイン酸	843	932	2,120	1,438
	アルキルベンゼン	16,944	25,050	27,382	19,281
	無水フタル酸	535	1,905	1,160	1,804
	フタル酸系可塑剤(ＤＯＰ)	226	161	323	285
	トリレンジイソシアネート(ＴＤＩ)	7,996	4,727	5,067	5,603
	ピュアＭＤＩ	2,996	2,696	2,490	1,896
	クルードＭＤＩ	3,096	3,002	1,995	2,026
合成樹脂	低密度ポリエチレン(ＬＤＰＥ)	4,910	6,968	6,482	6,053
	高密度ポリエチレン(ＨＤＰＥ)	21,093	21,097	21,054	20,832
	エチレン酢ビコポリマー(ＥＶＡ)	1,815	1,670	2,211	1,729
	ポリプロピレン(ＰＰ)	12,851	15,038	15,348	13,701
	ＰＰコポリマー	14,002	14,735	15,269	11,694
	ポリブテン	991	1,097	955	1,546
	ポリスチレン(ＰＳ)	810	911	1,224	1,559

単位：トン

（６）タイ

	発泡ポリスチレン（ＥＰＳ）	354	421	406	590
	ＡＢＳ樹脂	12, 282	9, 500	9, 246	9, 378
	ＡＳ樹脂（ＳＡＮ）	5, 710	5, 319	5, 498	5, 596
	塩化ビニル樹脂（ＰＶＣ）	16, 482	23, 130	20, 060	21, 114
	メタクリル樹脂（ＰＭＭＡ）	1, 405	1, 240	1, 498	1, 157
	ナイロン樹脂	10, 862	10, 127	10, 975	10, 437
	ポリアセタール（ＰＯＭ）	4, 226	3, 320	3, 493	4, 287
	ポリカーボネート（ＰＣ）	4, 733	3, 833	4, 867	5, 102
	変性ポリフェニレンエーテル（ＰＰＥ）	1, 039	1, 135	1, 256	1, 253
	ポリエチレンテレフタレート（ＰＥＴ）	10, 612	12, 810	10, 888	8, 323
	フッ素樹脂（ＰＴＦＥ）	234	333	334	351
	フッ素樹脂その他	405	396	350	412
	シリコーン樹脂（固形）	1, 046	995	963	1, 160
	シリコーン樹脂（液状）	4, 743	4, 483	4, 582	5, 321
	石油樹脂	5, 016	4, 601	4, 743	4, 685
	ポリウレタン（ＰＵ）	1, 907	2, 127	2, 128	2, 165
	エポキシ樹脂	2, 663	2, 650	2, 758	3, 383
	ユリア樹脂	24	51	40	24
	メラミン樹脂（固形）	206	192	218	181
	メラミン樹脂（液状）	760	744	707	950
	フェノール樹脂	3, 096	3, 045	3, 214	3, 483
	不飽和ポリエステル（固形）	491	538	638	653
	不飽和ポリエステル（液状）	121	141	66	55
合成ゴム	ＳＢＲ	29, 916	21, 658	20, 706	24, 485
	ＳＢＲラテックス	820	258	191	274
	ブタジエンゴム（ＢＲ）	16, 896	8, 784	10, 787	11, 745
	ブチルゴム（ＩＩＲ）	1, 277	1, 128	1, 045	1, 003
	クロロプレンゴム（ＣＲ）	9, 444	8, 698	9, 722	9, 225
	ＮＢＲ	3, 977	4, 183	3, 907	4, 038
	イソプレンゴム（ＩＲ）	9, 841	12, 291	12, 467	14, 943
	ＥＰゴム（ＥＰＤＭ）	15, 516	16, 884	17, 118	16, 398

日本への輸出

分　類	製　品　名	2014年	2015年	2016年	2017年
基礎原料	ブタジエン	－	3, 500	－	6, 808
合繊原料	高純度テレフタル酸（ＰＴＡ）	26, 818	25, 981	26, 236	24, 946
	エチレングリコール（ＥＧ）	74	45	11	29
化成品	シクロヘキサン	17, 422	23, 515	17, 243	27, 478
	ブタノール	－	－	－	1, 443
	オクタノール（2-エチルを除く）	915	814	399	647

単位：トン

（6）タイ

	プロピレングリコール(ＰＧ)	10,518	15,403	16,450	17,446
	エピクロルヒドリン(ＥＣＨ)	1,638	1,698	2,291	1,330
	アクリル酸エステル(ＡＥ)	—	—	3	—
	メタクリル酸	339	919	815	148
	メタクリル酸エステル(ＭＭＡ)	437	9,951	8,249	1,936
	フタル酸系可塑剤(ＤＯＰ)	16	—	—	—
合成樹脂	ＬＬＤＰＥ	4,387	5,145	7,148	7,649
	ＬＬＤＰＥを除くＬＤＰＥ	6,989	3,206	2,740	9,211
	その他ＬＤＰＥ	122,812	96,438	99,729	5,172
	高密度ポリエチレン(ＨＤＰＥ)	125,161	97,804	120,046	148,586
	エチレン酢ビコポリマー(ＥＶＡ)	39	70	24	24
	ポリプロピレン(ＰＰ)	31,738	13,777	12,932	13,388
	ポリエチレン製の袋	68,045	65,490	68,488	68,100
	ＰＰコポリマー	34,222	25,993	25,363	28,132
	ポリブテン	1	—	0	—
	ポリスチレン(ＰＳ)	7,230	4,185	5,151	1,642
	発泡ポリスチレン(ＥＰＳ)	—	—	15	44
	ＡＢＳ樹脂	305	4,132	7,553	6,330
	ＡＳ樹脂(ＳＡＮ)	3,491	3,820	2,269	7,219
	塩化ビニル樹脂(ＰＶＣ)	1,113	615	483	415
	メタクリル樹脂(ＰＭＭＡ)	36	55	—	—
	ナイロン樹脂	7,604	13,061	14,598	13,371
	ポリアセタール(ＰＯＭ)	2,429	2,193	2,193	2,947
	難燃性ポリカーボネート	2	0	—	—
	その他ポリカーボネート	22,294	19,207	20,554	22,495
	ＰＰＥ	224	727	1,063	1,586
	ＰＥＴ	168,601	134,846	130,522	151,286
	フッ素樹脂(その他)	—	—	1	1
	シリコーン樹脂(固形)	0	—	—	0
	シリコーン樹脂(液状)	3,208	1,139	1,316	2,021
	石油樹脂(固形)	105	22	1,594	3,291
	エポキシ樹脂	207	337	352	356
	ユリア樹脂	99	56	64	72
	メラミン樹脂	688	778	786	1,422
	フェノール樹脂	577	479	446	456
	不飽和ポリエステル(ＵＰ)	26	19	18	39
合成ゴム	ＳＢＲ	2,092	8,983	11,839	14,167
	ＳＢＲラテックス	—	1	—	—
	ブタジエンゴム(ＢＲ)	243	—	1	—
	ブチルゴム(ＩＩＲ)	210	257	124	115
	クロロプレンゴム(ＣＲ)	2	1	—	—

単位：トン

（6）タイ

	ＮＢＲ	42	1	－	－
	イソプレンゴム（ＩＲ）	2	1	－	1
	ＥＰゴム（ＥＰＤＭ）	53	56	153	68

（7）マレーシア

日本からの輸入

分　類	製　品　名	2014年	2015年	2016年	2017年
基礎原料	ブテン（ブチレン）	－	－	－	400
	ベンゼン	59	20	39	20
	メタノール	0	－	－	－
合繊原料	ジメチルテレフタレート（ＤＭＴ）	400	275	100	－
	エチレングリコール（ＥＧ）	17	352	280	13
	カプロラクタム（ＣＰＬ）	504	504	－	－
	アクリロニトリル（ＡＮ）	－	－	4,002	7,497
化成品	シクロヘキサン	2	－	－	－
	スチレンモノマー（ＳＭ）	－	1	3,001	1
	塩化ビニルモノマー（ＶＭＣ）	12,817	11,506	21,050	24,033
	トリクロロエチレン	845	1,310	1,325	1,480
	パークロロエチレン	218	356	158	376
	ペンタエリスリトール	0	－	0	5
	酢酸	－	－	－	0
	モノクロル酢酸	48	100	100	240
	ポリビニルアルコール（ＰＶＡ）	1,466	482	465	235
	イソプロパノール（ＩＰＡ）	12,230	12,436	12,619	12,710
	ブタノール	－	－	－	0
	プロピレングリコール（ＰＧ）	27	93	58	26
	エピクロルヒドリン（ＥＣＨ）	1,550	907	1,073	1,455
	アセトン	－	0	26	－
	ビスフェノールＡ	73	46	90	24
	メチルイソブチルケトン（ＭＩＢＫ）	1,390	1,474	530	1,304
	メチルエチルケトン（ＭＥＫ）	4,186	3,906	4,342	5,875
	アクリル酸（ＡＡ）	1,981	－	－	－
	アクリル酸エステル（ＡＥ）	113	234	665	854
	メタクリル酸	650	682	1,320	2,159
	メタクリル酸エステル（ＭＭＡ）	10,953	3,291	1,565	3,363
	無水マレイン酸	215	231	149	91
	アルキルベンゼン	－	1,220	1,206	1,812
	無水フタル酸	5,493	8,429	8,409	9,156
	フタル酸系可塑剤（ＤＯＰ）	92	86	24	－
	トリレンジイソシアネート（ＴＤＩ）	6,398	5,781	5,419	5,887

単位：トン

（７）マレーシア

	ピュアＭＤＩ	807	726	1,075	1,158
	クルードＭＤＩ	3,420	2,230	2,595	3,493
合成樹脂	低密度ポリエチレン（ＬＤＰＥ）	1,919	2,402	3,639	3,128
	高密度ポリエチレン（ＨＤＰＥ）	516	819	742	975
	エチレン酢ビコポリマー（ＥＶＡ）	6,211	4,488	2,133	1,991
	ポリプロピレン（ＰＰ）	1,942	1,337	1,030	1,423
	ＰＰコポリマー	1,072	1,179	1,043	1,271
	ポリブテン	13	15	18	18
	ポリスチレン（ＰＳ）	471	159	707	3,101
	発泡ポリスチレン（ＥＰＳ）	8	—	25	560
	ＡＢＳ樹脂	2,310	1,451	1,844	2,131
	ＡＳ樹脂（ＳＡＮ）	3,137	2,629	3,039	4,459
	塩化ビニル樹脂（ＰＶＣ）	4,841	10,854	10,038	9,609
	塩化ビニリデン樹脂	10	—	3	—
	メタクリル樹脂（ＰＭＭＡ）	524	569	482	816
	ナイロン樹脂	1,579	1,180	1,633	1,832
	ポリアセタール（ＰＯＭ）	1,053	1,082	1,562	4,952
	ポリカーボネート（ＰＣ）	3,247	3,936	4,500	4,506
	変性ポリフェニレンエーテル（ＰＰＥ）	185	79	108	148
	ポリエチレンテレフタレート（ＰＥＴ）	3,346	2,717	3,164	4,342
	フッ素樹脂（ＰＴＦＥ）	45	59	75	50
	フッ素樹脂その他	56	73	98	77
	シリコーン樹脂（固形）	268	257	277	298
	シリコーン樹脂（液状）	2,879	3,005	3,167	2,439
	石油樹脂	954	1,097	1,155	1,052
	ポリウレタン（ＰＵ）	4,636	5,411	4,990	5,564
	エポキシ樹脂	3,689	3,043	3,365	3,548
	ユリア樹脂	24	23	22	24
	メラミン樹脂（固形）	61	57	59	61
	メラミン樹脂（液状）	210	174	166	194
	フェノール樹脂	3,646	3,315	3,302	3,866
	不飽和ポリエステル（固形）	32	38	77	73
	不飽和ポリエステル（液状）	77	104	102	79
合成ゴム	ＳＢＲ	4,303	5,876	5,963	5,931
	ＳＢＲラテックス	248	371	453	438
	ブタジエンゴム（ＢＲ）	6,664	8,985	9,229	7,766
	ブチルゴム（ＩＩＲ）	281	281	261	465
	クロロプレンゴム（ＣＲ）	2,267	1,838	2,144	1,640
	ＮＢＲ	2,332	1,702	1,529	1,677
	イソプレンゴム（ＩＲ）	2,449	3,743	4,647	3,657
	ＥＰゴム（ＥＰＤＭ）	2,160	2,224	2,365	2,235

単位：トン

（7）マレーシア
日本への輸出

分　類	製　品　名	2014年	2015年	2016年	2017年
基礎原料	エチレン	—	—	—	2,929
	メタノール	111,255	159,424	165,845	128,800
合繊原料	エチレングリコール(ＥＧ)	237	242	230	253
化成品	酢酸	—	—	—	4,421
	ノルマルブタノール	36	23	1,136	621
	ブタノール	3	27	—	12
	オクタノール(2-エチルを除く)	807	1,225	542	688
	アクリル酸エステル(ＡＥ)	6,779	5,936	9,086	5,332
	無水マレイン酸	—	—	—	3
	フタル酸系可塑剤(ＤＯＰ)	5,925	2,074	2,003	—
	クルードＭＤＩ	3	6	7	9
合成樹脂	ＬＬＤＰＥ	2,545	494	244	415
	ＬＬＤＰＥを除くＬＤＰＥ	3,594	2,232	1,826	3,266
	その他ＬＤＰＥ	17	—	—	1
	高密度ポリエチレン(ＨＤＰＥ)	1,892	1,269	2,374	4,826
	エチレン酢ビコポリマー(ＥＶＡ)	—	2	—	—
	ポリプロピレン(ＰＰ)	828	1,511	1,899	1,290
	ポリエチレン製の袋	31,078	28,471	30,180	28,809
	ＰＰコポリマー	1,079	152	9	22
	ポリスチレン(ＰＳ)	722	740	820	715
	ＡＢＳ樹脂	9,017	5,809	8,838	4,231
	ＡＳ樹脂(ＳＡＮ)	437	—	1,095	—
	塩化ビニル樹脂(ＰＶＣ)	27	76	120	7
	メタクリル樹脂(ＰＭＭＡ)	—	—	19	1
	ナイロン樹脂	11,846	11,986	11,748	11,636
	ポリアセタール(ＰＯＭ)	7,002	7,626	9,098	12,647
	その他ポリカーボネート	134	99	230	196
	ＰＰＥ	2,375	2,557	2,665	2,946
	ＰＥＴ	9,942	10,088	10,005	20,842
	フッ素樹脂(その他)	—	—	—	2
	シリコーン樹脂(固形)	1	0	—	0
	シリコーン樹脂(液状)	5	2	19	45
	石油樹脂(固形)	3	3	3	3
	ポリウレタン(ＰＵ)	—	—	—	3
	エポキシ樹脂	2,162	1,930	2,052	2,458
	ユリア樹脂	7	9	—	3
	メラミン樹脂	6	4	—	—
	フェノール樹脂	27	19	30	24
	不飽和ポリエステル(ＵＰ)	0	—	1	1
合成ゴム	ＳＢＲ	17	18	—	—

単位：トン

（７）マレーシア

	ＮＢＲ	53	44	42	34
	ＥＰゴム(ＥＰDM)	—	—	54	0

（８）インドネシア

日本からの輸入

分　類	製　品　名	2014年	2015年	2016年	2017年
基礎原料	エチレン	—	10,515	—	—
	プロピレン	3,935	2,320	—	—
	ブテン(ブチレン)	801	2,004	2,020	3,540
	メタノール	7	4	11	11
合繊原料	高純度テレフタル酸(ＰＴＡ)	2	2	2	16
	ジメチルテレフタレート(DMT)	250	168	93	20
	エチレングリコール(ＥＧ)	4	1	1	0
	カプロラクタム(ＣＰＬ)	2,358	823	4,739	7,250
化成品	エチルベンゼン(ＥＢ)	—	—	12	14,421
	塩化ビニルモノマー(VMC)	74,814	71,308	57,484	65,472
	トリクロロエチレン	690	749	485	818
	パークロロエチレン	178	158	226	267
	ペンタエリスリトール	1	145	16	—
	酢酸エチル	7	7	2	9
	モノクロル酢酸	828	976	1,194	1,663
	酢酸ビニル	2,000	—	1,002	797
	ポリビニルアルコール(ＰＶＡ)	8,619	8,638	8,164	6,829
	イソプロパノール(ＩＰＡ)	13,566	12,074	12,316	16,323
	ノルマルブタノール	18	518	33	23
	オクタノール	6,745	4,796	3,834	4,762
	プロピレングリコール(ＰＧ)	560	685	208	80
	キュメン	2,472	2,982	2,901	2,971
	フェノール	0	88	49	64
	アセトン	—	490	—	—
	ビスフェノールＡ	19	52	44	40
	メチルイソブチルケトン(ＭＩＢＫ)	3,022	3,089	2,550	2,832
	メチルエチルケトン(ＭＥＫ)	9,932	12,902	11,068	18,812
	アクリル酸エステル(ＡＥ)	396	1,032	573	643
	メタクリル酸	248	266	251	233
	メタクリル酸エステル(MMA)	7,763	6,079	4,658	5,402
	無水マレイン酸	1,379	683	858	788
	アルキルベンゼン	0	0	4	2
	無水フタル酸	26,475	27,662	28,599	27,690
	フタル酸系可塑剤(ＤＯＰ)	28	11	—	—
	トリレンジイソシアネート(ＴＤＩ)	24,762	22,428	16,877	15,367

単位：トン

（８）インドネシア

	ピュアＭＤＩ	256	300	353	348
	クルードＭＤＩ	3,902	3,002	5,170	8,014
合成樹脂	低密度ポリエチレン（ＬＤＰＥ）	8,421	11,160	14,162	12,077
	高密度ポリエチレン（ＨＤＰＥ）	4,158	4,116	6,029	5,022
	エチレン酢ビコポリマー（ＥＶＡ）	6,063	6,447	6,029	7,177
	ポリプロピレン（ＰＰ）	3,868	6,997	8,652	8,412
	ＰＰコポリマー	2,400	2,783	3,692	4,088
	ポリブテン	320	302	254	363
	ポリスチレン（ＰＳ）	2,408	672	737	1,223
	発泡ポリスチレン（ＥＰＳ）	24	21	64	65
	ＡＢＳ樹脂	5,523	6,709	6,889	8,036
	ＡＳ樹脂（ＳＡＮ）	1,595	1,535	2,117	2,700
	塩化ビニル樹脂（ＰＶＣ）	21,166	22,886	18,454	16,188
	塩化ビニリデン樹脂	—	—	—	0
	メタクリル樹脂（ＰＭＭＡ）	359	168	138	122
	ナイロン樹脂	2,891	3,637	4,266	3,988
	ポリアセタール（ＰＯＭ）	1,254	1,204	1,358	1,361
	ポリカーボネート（ＰＣ）	9,769	8,966	7,832	8,795
	変性ポリフェニレンエーテル（ＰＰＥ）	819	822	689	419
	ポリエチレンテレフタレート（ＰＥＴ）	1,670	2,857	3,506	6,578
	フッ素樹脂（ＰＴＦＥ）	10	16	13	17
	フッ素樹脂その他	138	107	99	95
	シリコーン樹脂（固形）	552	556	490	557
	シリコーン樹脂（液状）	1,330	1,256	1,210	1,330
	石油樹脂	5,884	5,015	5,664	5,366
	ポリウレタン（ＰＵ）	1,413	1,633	1,221	1,405
	エポキシ樹脂	3,752	2,456	2,311	2,433
	ユリア樹脂	62	12	15	21
	メラミン樹脂（固形）	50	58	66	48
	メラミン樹脂（液状）	197	162	220	310
	フェノール樹脂	1,062	1,091	1,199	1,250
	不飽和ポリエステル（固形）	167	139	155	213
	不飽和ポリエステル（液状）	145	225	86	147
合成ゴム	ＳＢＲ	19,413	17,716	18,252	17,266
	ＳＢＲラテックス	1,145	1,193	1,186	1,449
	ブタジエンゴム（ＢＲ）	8,060	9,627	6,252	7,826
	ブチルゴム（ＩＩＲ）	889	466	1,142	1,056
	クロロプレンゴム（ＣＲ）	5,520	5,667	5,557	5,941
	ＮＢＲ	2,003	1,350	1,453	1,870
	イソプレンゴム（ＩＲ）	1,278	1,583	778	1,343
	ＥＰゴム（ＥＰＤＭ）	2,911	2,465	2,596	2,496

単位：トン

（８）インドネシア
日本への輸出

分　類	製　品　名	2014年	2015年	2016年	2017年
基礎原料	メタノール	42, 504	38, 429	11, 230	18, 965
合繊原料	高純度テレフタル酸（ＰＴＡ）	6, 230	16, 198	43, 347	87, 875
	エチレングリコール（ＥＧ）	632	79	39	—
化成品	二塩化エチレン（ＥＤＣ）	9, 967	—	10, 230	8, 929
	工業用エチルアルコール（kl）	—	600	240	—
	イソプロパノール（ＩＰＡ）	—	—	—	1
	オクタノール（2-エチルを除く）	711	530	835	1, 409
	アクリル酸エステル（ＡＥ）	7, 590	7, 157	8, 251	10, 063
	無水マレイン酸	2	—	—	—
	クルードＭＤＩ	—	—	0	—
合成樹脂	ＬＬＤＰＥ	30	3	3	3
	ＬＬＤＰＥを除くＬＤＰＥ	—	—	1	—
	その他ＬＤＰＥ	—	17	1	2
	高密度ポリエチレン（ＨＤＰＥ）	158	48	14	208
	ポリプロピレン（ＰＰ）	7	7	13	8
	ポリエチレン製の袋	76, 116	74, 447	73, 509	74, 630
	ＰＰコポリマー	54	9	26	22
	ポリブテン	—	—	14	41
	ポリスチレン（ＰＳ）	2	0	—	—
	ＡＢＳ樹脂	1	1	2	0
	ＡＳ樹脂（ＳＡＮ）	1	—	2	—
	塩化ビニル樹脂（ＰＶＣ）	60	30	0	1
	メタクリル樹脂（ＰＭＭＡ）	—	2	—	—
	ナイロン樹脂	202	307	376	716
	ポリアセタール（ＰＯＭ）	—	1	1	—
	その他ポリカーボネート	—	1	—	101
	ＰＰＥ	1	—	2	—
	ＰＥＴ	43, 111	45, 528	47, 309	56, 022
	フッ素樹脂（ＰＴＦＥ）	—	0	—	—
	シリコーン樹脂（液状）	0	—	—	—
	石油樹脂（固形）	6	57	434	3
	エポキシ樹脂	126	128	157	140
	ユリア樹脂	28	—	—	—
	メラミン樹脂	2	—	—	—
	フェノール樹脂	502	501	560	560
	不飽和ポリエステル（ＵＰ）	1	385	147	0
合成ゴム	ＳＢＲ	1	—	1	98
	ＳＢＲラテックス	378	426	515	77
	ＮＢＲ	—	1	—	—
	ＥＰゴム（ＥＰＤＭ）	0	0	—	4

単位：トン

（９）フィリピン
日本からの輸入

分　類	製　品　名	2014年	2015年	2016年	2017年
基礎原料	プロピレン	—	—	—	1,549
	ブテン(ブチレン)	—	828	1,005	949
	メタノール	1	15	13	18
合繊原料	エチレングリコール(ＥＧ)	—	—	—	0
化成品	シクロヘキサン	—	—	0	0
	エチルベンゼン(ＥＢ)	2	—	—	—
	スチレンモノマー(ＳＭ)	8	—	1	3
	塩化ビニルモノマー(ＶＭＣ)	78,420	79,757	76,072	60,550
	トリクロロエチレン	79	86	57	86
	パークロロエチレン	143	114	214	151
	酢酸	501	0	2,502	2,502
	酢酸エチル	—	—	8	9
	ポリビニルアルコール(ＰＶＡ)	146	136	151	95
	イソプロパノール(ＩＰＡ)	7,473	8,882	7,918	6,010
	ノルマルブタノール	4	5	3	—
	プロピレングリコール(ＰＧ)	15	17	—	31
	アセトン	1,735	936	1,410	2,541
	ビスフェノールＡ	34	48	48	19
	メチルイソブチルケトン(ＭＩＢＫ)	1,324	2,525	2,053	2,385
	メチルエチルケトン(ＭＥＫ)	2,372	2,251	2,443	2,345
	アクリル酸エステル(ＡＥ)	154	314	169	296
	メタクリル酸	51	36	28	48
	メタクリル酸エステル(ＭＭＡ)	3,558	5,642	4,800	5,420
	無水マレイン酸	125	175	—	—
	アルキルベンゼン	1	4	0	1
	無水フタル酸	1,608	1,820	2,025	1,950
	フタル酸系可塑剤(ＤＯＰ)	9	6	4	1
	トリレンジイソシアネート(ＴＤＩ)	2,641	2,140	2,380	2,220
	ピュアＭＤＩ	—	1	—	2
	クルードＭＤＩ	994	208	500	2,855
合成樹脂	低密度ポリエチレン(ＬＤＰＥ)	604	616	592	583
	高密度ポリエチレン(ＨＤＰＥ)	467	486	550	461
	エチレン酢ビコポリマー(ＥＶＡ)	511	482	295	243
	ポリプロピレン(ＰＰ)	2,087	2,192	2,347	3,612
	ＰＰコポリマー	9,108	7,858	8,382	7,181
	ポリブテン	4	6	4	4
	ポリスチレン(ＰＳ)	523	521	551	598
	発泡ポリスチレン(ＥＰＳ)	715	559	507	520
	ＡＢＳ樹脂	849	751	830	915

単位：トン

（９）フィリピン

分　類	製　品　名	2014年	2015年	2016年	2017年
	ＡＳ樹脂（ＳＡＮ）	113	133	109	88
	塩化ビニル樹脂（ＰＶＣ）	5,189	6,990	16,876	17,527
	塩化ビニリデン樹脂	1	—	—	—
	メタクリル樹脂（ＰＭＭＡ）	161	129	208	245
	ナイロン樹脂	1,464	1,434	1,409	1,482
	ポリアセタール（ＰＯＭ）	1,684	1,724	1,711	1,858
	ポリカーボネート（ＰＣ）	1,061	929	787	843
	変性ポリフェニレンエーテル（ＰＰＥ）	400	311	237	289
	ポリエチレンテレフタレート（ＰＥＴ）	149	104	110	142
	フッ素樹脂（ＰＴＦＥ）	1	0	1	0
	フッ素樹脂その他	46	46	63	78
	シリコーン樹脂（固形）	198	174	352	400
	シリコーン樹脂（液状）	2,042	1,579	2,018	2,306
	石油樹脂	1,428	1,053	1,410	1,075
	ポリウレタン（ＰＵ）	804	665	555	471
	エポキシ樹脂	703	422	688	740
	メラミン樹脂（固形）	6	6	7	6
	メラミン樹脂（液状）	52	105	87	68
	フェノール樹脂	590	438	461	602
	不飽和ポリエステル（固形）	1,913	1,672	2,012	1,655
	不飽和ポリエステル（液状）	1,035	820	1,073	907
合成ゴム	ＳＢＲ	3,426	3,456	4,099	3,719
	ＳＢＲラテックス	526	267	58	52
	ブタジエンゴム（ＢＲ）	817	2,051	2,694	2,684
	クロロプレンゴム（ＣＲ）	1,847	1,794	1,582	1,068
	ＮＢＲ	74	41	108	157
	イソプレンゴム（ＩＲ）	9	5	5	8
	ＥＰゴム（ＥＰＤＭ）	1,147	932	1,053	841

日本への輸出

分　類	製　品　名	2014年	2015年	2016年	2017年
基礎原料	エチレン	—	—	3,197	10,509
合成樹脂	ＬＬＤＰＥ	—	23	13	—
	その他ＬＤＰＥ	—	120	236	—
	高密度ポリエチレン（ＨＤＰＥ）	—	—	3	—
	ポリプロピレン（ＰＰ）	26	24	38	19
	ポリエチレン製の袋	16,792	15,157	15,597	15,176
	ＰＰコポリマー	2	3	—	—
	ＡＢＳ樹脂	3	—	—	—
	塩化ビニル樹脂（ＰＶＣ）	—	2	—	—
	ナイロン樹脂	1	—	—	—

単位：トン

（9）フィリピン

	ポリアセタール(ＰＯＭ)	2	0	—	—
	その他ポリカーボネート	6	21	42	16
	ＰＰＥ	72	86	170	139
	ＰＥＴ	2	1	24	1, 229
	シリコーン樹脂(液状)	1	1	0	0
	ポリウレタン(ＰＵ)	0	—	—	—
	エポキシ樹脂	564	752	528	745
	不飽和ポリエステル(ＵＰ)	—	16	—	—

（10）ベトナム

日本からの輸入

分　類	製　品　名	2014年	2015年	2016年	2017年
基礎原料	ブテン(ブチレン)	—	—	—	0
	トルエン	41	42	41	35
	メタノール	1	1	1	1
合繊原料	エチレングリコール(ＥＧ)	12	11	11	24
	カプロラクタム(ＣＰＬ)	2, 048	7, 368	5, 584	2, 040
化成品	スチレンモノマー(ＳＭ)	3	—	4	4
	塩化ビニルモノマー(ＶＭＣ)	73, 177	57, 967	52, 951	61, 328
	トリクロロエチレン	1, 768	1, 637	1, 962	2, 328
	パークロロエチレン	198	475	623	611
	ペンタエリスリトール	63	83	140	70
	酢酸	0	—	—	1
	酢酸エチル	2	21	48	38
	ポリビニルアルコール(ＰＶＡ)	1, 008	1, 175	1, 333	1, 529
	イソプロパノール(ＩＰＡ)	3, 703	4, 723	4, 615	6, 846
	ノルマルブタノール	—	—	—	1
	オクタノール	—	—	1	—
	プロピレングリコール(ＰＧ)	34	27	26	38
	エピクロルヒドリン(ＥＣＨ)	—	—	—	0
	アセトン	5	460	10	19
	メチルイソブチルケトン(ＭＩＢＫ)	62	311	—	151
	メチルエチルケトン(ＭＥＫ)	5, 132	6, 456	8, 809	12, 780
	アクリル酸(ＡＡ)	—	13	5	—
	アクリル酸エステル(ＡＥ)	125	41	48	92
	メタクリル酸	112	16	45	100
	メタクリル酸エステル(ＭＭＡ)	3, 964	7, 927	6, 263	5, 843
	無水マレイン酸	93	35	35	18
	アルキルベンゼン	0	2, 528	2, 534	2
	無水フタル酸	345	1, 298	2, 337	668
	フタル酸系可塑剤(ＤＯＰ)	2, 557	1, 914	2, 870	2, 981

単位：トン

(10) ベトナム

	トリレンジイソシアネート(ＴＤＩ)	7,759	6,804	4,984	4,201
	ピュアＭＤＩ	1,358	1,516	1,619	1,219
	クルードＭＤＩ	5,321	8,342	10,659	10,081
合成樹脂	低密度ポリエチレン(ＬＤＰＥ)	6,013	6,558	8,617	7,607
	高密度ポリエチレン(ＨＤＰＥ)	3,290	4,650	2,491	3,163
	エチレン酢ビコポリマー(ＥＶＡ)	6,601	9,764	12,150	11,690
	ポリプロピレン(ＰＰ)	6,953	10,905	9,651	16,673
	ＰＰコポリマー	3,834	4,766	5,522	6,599
	ポリブテン	80	61	97	117
	ポリスチレン(ＰＳ)	1,336	1,320	2,372	2,310
	発泡ポリスチレン(ＥＰＳ)	237	116	243	548
	ＡＢＳ樹脂	5,393	6,302	8,833	10,714
	ＡＳ樹脂(ＳＡＮ)	1,148	875	839	1,006
	塩化ビニル樹脂(ＰＶＣ)	44,217	77,633	85,938	74,655
	塩化ビニリデン樹脂	3,621	3,542	3,073	3,613
	メタクリル樹脂(ＰＭＭＡ)	257	217	351	261
	ナイロン樹脂	1,187	1,400	1,572	2,139
	ポリアセタール(ＰＯＭ)	732	680	961	904
	ポリカーボネート(ＰＣ)	2,724	3,057	5,344	4,829
	変性ポリフェニレンエーテル(ＰＰＥ)	634	496	470	716
	ポリエチレンテレフタレート(ＰＥＴ)	1,142	1,749	5,874	11,623
	フッ素樹脂(ＰＴＦＥ)	609	514	408	473
	フッ素樹脂その他	466	459	445	676
	シリコーン樹脂(固形)	492	630	457	636
	シリコーン樹脂(液状)	2,767	3,798	3,198	3,980
	石油樹脂	640	249	493	907
	ポリウレタン(ＰＵ)	726	605	561	843
	エポキシ樹脂	1,187	1,464	1,643	1,710
	ユリア樹脂	47	25	29	30
	メラミン樹脂(固形)	29	22	18	19
	メラミン樹脂(液状)	189	282	218	656
	フェノール樹脂	217	369	433	404
	不飽和ポリエステル(固形)	140	99	124	140
	不飽和ポリエステル(液状)	70	230	188	122
合成ゴム	ＳＢＲ	13,194	13,991	14,333	18,188
	ＳＢＲラテックス	958	1,113	1,071	1,429
	ブタジエンゴム(ＢＲ)	9,844	14,412	14,963	15,040
	ブチルゴム(ＩＩＲ)	224	49	1,436	557
	クロロプレンゴム(ＣＲ)	1,358	1,199	1,184	1,081
	ＮＢＲ	491	491	458	607
	イソプレンゴム(ＩＲ)	1,586	2,245	1,899	2,654
	ＥＰゴム(ＥＰＤＭ)	955	1,187	1,195	1,259

単位：トン

(10) ベトナム

日本への輸出

分　類	製　品　名	2014年	2015年	2016年	2017年
化成品	工業用エチルアルコール(kl)	—	—	310	815
	その他エチルアルコール(kl)	2,163	—	25	—
合成樹脂	ＬＬＤＰＥ	—	25	—	—
	ＬＬＤＰＥを除くＬＤＰＥ	—	3	—	22
	その他ＬＤＰＥ	20	—	—	—
	高密度ポリエチレン(ＨＤＰＥ)	9	20	28	—
	エチレン酢ビコポリマー(ＥＶＡ)	—	—	—	0
	ポリプロピレン(ＰＰ)	1	214	34	225
	ポリエチレン製の袋	59,828	75,894	91,918	116,203
	ＰＰコポリマー	25	—	7	1
	ポリスチレン(ＰＳ)	2,687	2,064	471	449
	発泡ポリスチレン(ＥＰＳ)	0	17	154	91
	ＡＢＳ樹脂	0	16	12	9
	塩化ビニル樹脂(ＰＶＣ)	17	43	—	—
	塩化ビニリデン樹脂	285	261	47	41
	ナイロン樹脂	0	—	2	38
	ポリアセタール(ＰＯＭ)	—	1	—	—
	その他ポリカーボネート	4	6	1	1
	ＰＰＥ	13	—	1	3
	ＰＥＴ	4,136	4,265	2,543	6,697
	フッ素樹脂(ＰＴＦＥ)	23	23	24	32
	フッ素樹脂(その他)	2	—	0	—
	シリコーン樹脂(固形)	—	0	—	0
	シリコーン樹脂(液状)	6	22	13	5
	ポリウレタン(ＰＵ)	12	6	7	8
	エポキシ樹脂	—	3	12	34
	不飽和ポリエステル(ＵＰ)	2	2	10	50
合成ゴム	ＳＢＲ	4	—	—	—
	クロロプレンゴム(ＣＲ)	—	—	1	—

(11) オーストラリア

日本からの輸入

分　類	製　品　名	2014年	2015年	2016年	2017年
合繊原料	エチレングリコール(ＥＧ)	3	14	—	501
化成品	トリクロロエチレン	59	20	—	39
	パークロロエチレン	—	59	198	178
	ペンタエリスリトール	38	20	20	40
	酢酸エチル	0	0	—	—
	モノクロル酢酸	3,126	3,674	4,054	3,476

単位：トン

(11) オーストラリア

	ポリビニルアルコール(ＰＶＡ)	486	497	518	513
	イソプロパノール(ＩＰＡ)	—	—	—	51
	ブタノール	16	19	28	19
	プロピレングリコール(ＰＧ)	0	—	—	—
	エピクロルヒドリン(ＥＣＨ)	173	77	96	77
	フェノール	998	—	—	—
	メチルイソブチルケトン(ＭＩＢＫ)	—	13	—	13
	メチルエチルケトン(ＭＥＫ)	—	1,021	—	—
	アクリル酸(ＡＡ)	253	195	286	481
	アクリル酸エステル(ＡＥ)	3	10	5	8
	メタクリル酸	64	—	—	—
	メタクリル酸エステル(ＭＭＡ)	1,299	140	1,345	226
	トリレンジイソシアネート(ＴＤＩ)	470	340	258	179
	ピュアＭＤＩ	190	142	48	379
	クルードＭＤＩ	482	399	1,557	1,032
合成樹脂	低密度ポリエチレン(ＬＤＰＥ)	279	328	55	99
	高密度ポリエチレン(ＨＤＰＥ)	149	105	173	172
	エチレン酢ビコポリマー(ＥＶＡ)	—	49	38	64
	ポリプロピレン(ＰＰ)	—	—	3	—
	ＰＰコポリマー	170	181	168	80
	ポリブテン	90	52	68	73
	ポリスチレン(ＰＳ)	136	—	—	—
	ＡＢＳ樹脂	—	14	13	—
	ＡＳ樹脂(ＳＡＮ)	6	4	6	2
	塩化ビニル樹脂(ＰＶＣ)	144	209	1,486	2,142
	メタクリル樹脂(ＰＭＭＡ)	136	139	210	140
	ナイロン樹脂	340	532	292	214
	ポリアセタール(ＰＯＭ)	46	41	39	69
	ポリカーボネート(ＰＣ)	97	114	50	49
	変性ポリフェニレンエーテル(ＰＰＥ)	1	4	2	7
	ポリエチレンテレフタレート(ＰＥＴ)	—	297	420	315
	フッ素樹脂(ＰＴＦＥ)	3	8	4	6
	フッ素樹脂その他	6	5	4	10
	シリコーン樹脂(固形)	1	0	0	0
	シリコーン樹脂(液状)	11	24	30	279
	石油樹脂	2,221	1,517	1,342	1,107
	ポリウレタン(ＰＵ)	49	11	11	8
	エポキシ樹脂	73	85	109	66
	メラミン樹脂(固形)	5	5	2	5
	メラミン樹脂(液状)	481	398	403	113

単位：トン

(11) オーストラリア

	フェノール樹脂	16	27	26	37
	不飽和ポリエステル(液状)	1	—	—	35
合成ゴム	ＳＢＲ	368	65	163	2,118
	ブタジエンゴム(ＢＲ)	287	298	186	408
	クロロプレンゴム(ＣＲ)	1,834	1,462	909	983
	ＮＢＲ	159	73	104	46
	イソプレンゴム(ＩＲ)	18	6	3	55
	ＥＰゴム(ＥＰＤＭ)	30	24	32	4

日本への輸出

分　類	製　品　名	2014年	2015年	2016年	2017年
化成品	酢酸エチル用エチルアルコール(kl)	—	—	1,228	—
	エチルアミン用エチルアルコール(kl)	—	—	489	—
	その他エチルアルコール(kl)	—	—	23	—
	イソプロパノール(ＩＰＡ)	0	—	—	—
	ピュアＭＤＩ	1	—	26	—
	クルードＭＤＩ	3	—	—	2
合成樹脂	その他ＬＤＰＥ	24	—	—	—
	高密度ポリエチレン(ＨＤＰＥ)	6	16	10	17
	ポリプロピレン(ＰＰ)	—	0	—	—
	ポリエチレン製の袋	391	262	450	421
	ＰＰコポリマー	3	—	—	—
	シリコーン樹脂(固形)	20	—	—	—
	シリコーン樹脂(液状)	16	13	14	11
	石油樹脂(固形)	—	2	—	—
	不飽和ポリエステル(ＵＰ)	5	1	1	—
合成ゴム	ＳＢＲラテックス	3	2	1	3

(12) ニュージーランド

日本からの輸入

分　類	製　品　名	2014年	2015年	2016年	2017年
化成品	トリクロロエチレン	—	20	20	—
	パークロロエチレン	—	—	91	20
	モノクロル酢酸	6	—	—	25
	ポリビニルアルコール(ＰＶＡ)	—	35	36	18
	イソプロパノール(ＩＰＡ)	—	—	—	13
	プロピレンオキサイド(ＰＯ)	—	—	—	—
	プロピレングリコール(ＰＧ)	160	112	16	—
	フェノール	598	1,996	1,981	982
	アクリル酸エステル(ＡＥ)	—	1	—	—

単位：トン

(12) ニュージーランド

	メタクリル酸エステル(MMA)	5	69	56	16
	トリレンジイソシアネート(ＴＤＩ)	160	20	—	—
	クルードMDＩ	5	20	—	30
合成樹脂	低密度ポリエチレン(ＬＤＰＥ)	33	289	598	8
	高密度ポリエチレン(ＨＤＰＥ)	325	303	455	505
	エチレン酢ビコポリマー(ＥＶＡ)	—	1	—	—
	ＰＰコポリマー	12	—	—	—
	発泡ポリスチレン(ＥＰＳ)	10	—	—	—
	ＡＢＳ樹脂	0	0	1	0
	ＡＳ樹脂(ＳＡＮ)	1	—	—	—
	塩化ビニル樹脂(ＰＶＣ)	5, 924	6, 833	3, 257	2, 621
	ナイロン樹脂	607	405	376	465
	ポリアセタール(ＰOM)	229	126	144	125
	ポリカーボネート(ＰＣ)	—	2	1	6
	変性ポリフェニレンエーテル(ＰＰＥ)	29	15	22	22
	ポリエチレンテレフタレート(ＰＥＴ)	0	21	—	—
	フッ素樹脂(ＰＴＦＥ)	0	0	—	—
	フッ素樹脂その他	1	3	1	1
	シリコーン樹脂(固形)	1	0	0	3
	シリコーン樹脂(液状)	7	15	11	13
	石油樹脂	106	1	4	—
	エポキシ樹脂	—	35	—	35
	メラミン樹脂(固形)	1	1	2	—
	メラミン樹脂(液状)	19	—	—	—
	フェノール樹脂	1	2	2	2
	不飽和ポリエステル(液状)	—	—	—	0
合成ゴム	ＳＢＲ	340	381	258	348
	ブタジエンゴム(ＢＲ)	4	3	4	15
	クロロプレンゴム(ＣＲ)	74	88	72	75
	ＮＢＲ	—	—	2	—
	イソプレンゴム(ＩＲ)	81	81	81	93

日本への輸出

分　類	製　品　名	2014年	2015年	2016年	2017年
基礎原料	メタノール	364, 984	274, 128	109, 411	35, 253
合成樹脂	高密度ポリエチレン(ＨＤＰＥ)	—	—	—	1
	エチレン酢ビコポリマー(ＥＶＡ)	0	—	—	—
	ポリエチレン製の袋	168	161	154	163
	ポリウレタン(ＰＵ)	1	—	—	—
	エポキシ樹脂	48	32	6	—

単位：トン

（13）インド

日本からの輸入

分　類	製　品　名	2014年	2015年	2016年	2017年
基礎原料	ブタジエン	1	－	－	－
	メタキシレン	489	850	914	1,038
	メタノール	1	1	－	－
合繊原料	ジメチルテレフタレート（ＤＭＴ）	616	774	76	－
	エチレングリコール（ＥＧ）	2	－	－	－
	カプロラクタム（ＣＰＬ）	－	－	－	1,216
	アクリロニトリル（ＡＮ）	1	1	4	912
化成品	シクロヘキサン	－	－	－	0
	スチレンモノマー（ＳＭ）	0	－	0	－
	塩化ビニルモノマー（ＶＭＣ）	47,161	102,992	70,367	103,001
	トリクロロエチレン	140	139	221	597
	パークロロエチレン	1,028	489	1,203	1,037
	ペンタエリスリトール	－	1,580	2,700	960
	酢酸	8,254	－	－	－
	酢酸エチル	2	3	2	3
	モノクロル酢酸	246	250	220	240
	ポリビニルアルコール（ＰＶＡ）	6,535	8,406	7,230	7,242
	イソプロパノール（ＩＰＡ）	905	1,852	890	9,702
	ブタノール	2,136	1,730	1,711	1,345
	オクタノール	－	0	1	0
	プロピレンオキサイド（ＰＯ）	0	－	19	19
	プロピレングリコール（ＰＧ）	－	－	13	20
	エピクロルヒドリン（ＥＣＨ）	1,472	3,553	3,585	2,061
	キュメン	－	－	－	975
	アセトン	－	1,500	－	941
	ビスフェノールＡ	－	－	－	1,666
	メチルイソブチルケトン（ＭＩＢＫ）	2,172	4,257	2,670	4,828
	メチルエチルケトン（ＭＥＫ）	965	7,834	7,853	11,401
	アクリル酸（ＡＡ）	－	－	892	－
	アクリル酸エステル（ＡＥ）	243	257	571	1,338
	メタクリル酸	1,231	1,424	2,058	1,322
	メタクリル酸エステル（ＭＭＡ）	2,505	4,585	4,216	3,169
	無水マレイン酸	654	1,091	1,268	735
	アルキルベンゼン	－	0	－	－
	無水フタル酸	578	1,200	350	－
	フタル酸系可塑剤（ＤＯＰ）	1	－	－	－
	トリレンジイソシアネート（ＴＤＩ）	14,439	9,951	4,589	1,525
	ピュアＭＤＩ	1,007	1,938	2,722	2,538
	クルードＭＤＩ	23,028	21,780	27,244	16,258
合成樹脂	低密度ポリエチレン（ＬＤＰＥ）	1,388	2,541	3,146	3,356
	高密度ポリエチレン（ＨＤＰＥ）	5,233	6,282	6,804	7,579

単位：トン

（13）インド

	エチレン酢ビコポリマー（ＥＶＡ）	2, 576	3, 637	2, 663	2, 554
	ポリプロピレン（ＰＰ）	1, 728	2, 157	1, 751	1, 940
	ＰＰコポリマー	4, 387	5, 556	6, 084	6, 671
	ポリブテン	104	23	62	56
	ポリスチレン（ＰＳ）	108	30	574	74
	発泡ポリスチレン（ＥＰＳ）	6	6	3	14
	ＡＢＳ樹脂	323	175	795	259
	ＡＳ樹脂（ＳＡＮ）	133	283	218	628
	塩化ビニル樹脂（ＰＶＣ）	25, 001	201, 142	264, 373	307, 569
	塩化ビニリデン樹脂	—	—	—	0
	メタクリル樹脂（ＰＭＭＡ）	1, 238	971	1, 833	2, 135
	ナイロン樹脂	748	1, 093	1, 171	1, 409
	ポリアセタール（ＰＯＭ）	326	399	411	450
	ポリカーボネート（ＰＣ）	403	548	508	721
	変性ポリフェニレンエーテル（ＰＰＥ）	480	513	780	1, 048
	ポリエチレンテレフタレート（ＰＥＴ）	133	37	207	1, 433
	フッ素樹脂（ＰＴＦＥ）	26	18	6	7
	フッ素樹脂その他	77	97	111	136
	シリコーン樹脂（固形）	553	511	427	466
	シリコーン樹脂（液状）	903	1, 562	1, 238	1, 590
	石油樹脂	1, 516	1, 402	1, 132	2, 458
	ポリウレタン（ＰＵ）	342	438	358	381
	エポキシ樹脂	769	990	1, 305	1, 674
	メラミン樹脂（固形）	—	4	3	8
	メラミン樹脂（液状）	344	496	1, 199	1, 715
	フェノール樹脂	572	565	661	889
	不飽和ポリエステル（固形）	24	20	19	24
	不飽和ポリエステル（液状）	44	94	60	10
合成ゴム	ＳＢＲ	3, 823	2, 585	3, 887	6, 039
	ＳＢＲラテックス	40	83	133	107
	ブタジエンゴム（ＢＲ）	1, 657	2, 185	2, 637	1, 744
	ブチルゴム（ＩＩＲ）	24	24	413	213
	クロロプレンゴム（ＣＲ）	10, 851	11, 129	11, 134	11, 798
	ＮＢＲ	4, 240	3, 220	3, 325	3, 484
	イソプレンゴム（ＩＲ）	1, 502	1, 800	1, 762	2, 286
	ＥＰゴム（ＥＰＤＭ）	7, 159	7, 083	10, 551	10, 378

日本への輸出

分　類	製　品　名	2014年	2015年	2016年	2017年
基礎原料	メタノール	1	—	—	—
合繊原料	エチレングリコール（ＥＧ）	112	175	238	423
化成品	酢酸	1	—	—	—

単位：トン

	酢酸エチル	0	—	—	—
	モノクロル酢酸	0	2	5	1
	工業用エチルアルコール(kl)	1,171	—	—	—
	その他エチルアルコール(kl)	—	—	24	24
	ノルマルブタノール	—	0	—	—
	フェノール	—	—	—	—
	アセトン	0	0	—	—
	フタル酸系可塑剤(ＤＯＰ)	161	253	161	23
合成樹脂	ＬＬＤＰＥ	27	—	16	—
	その他ＬＤＰＥ	8	—	1	—
	高密度ポリエチレン(ＨＤＰＥ)	—	—	—	16
	ポリプロピレン(ＰＰ)	1,092	82	403	330
	ポリエチレン製の袋	14	26	55	24
	ＰＰコポリマー	5	19	31	24
	ポリブテン	12	—	—	—
	ポリスチレン(ＰＳ)	0	0	0	7
	ＡＢＳ樹脂	1	3	—	15
	ＡＳ樹脂(ＳＡＮ)	—	5	—	5
	メタクリル樹脂(ＰＭＭＡ)	—	0	—	0
	ナイロン樹脂	2,634	2,137	3,104	3,581
	ポリアセタール(ＰＯＭ)	—	—	—	1
	その他ポリカーボネート	3	1	—	1
	ＰＰＥ	3	1	2	6
	ＰＥＴ	1,575	5,435	3,157	11,692
	フッ素樹脂(ＰＴＦＥ)	24	88	74	168
	フッ素樹脂(その他)	0	—	4	1
	シリコーン樹脂(液状)	222	189	248	293
	石油樹脂(固形)	1	4	1	—
	エポキシ樹脂	—	—	—	4
	ユリア樹脂	—	—	18	—
	メラミン樹脂	—	10	30	119
	フェノール樹脂	—	—	—	1
	不飽和ポリエステル(ＵＰ)	—	—	—	2
合成ゴム	ＳＢＲ	34	42	22	28
	ＮＢＲ	18	18	35	18

(14) パキスタン

日本からの輸入

分　類	製　品　名	2014年	2015年	2016年	2017年
基礎原料	トルエン	73	110	117	144
化成品	スチレンモノマー(ＳＭ)	3	1	—	—
	トリクロロエチレン	1,039	1,125	1,145	968

単位：トン

（14）パキスタン

	パークロロエチレン	387	280	539	673
	ペンタエリスリトール	—	105	—	—
	ポリビニルアルコール（ＰＶＡ）	721	752	1,265	603
	イソプロパノール（ＩＰＡ）	—	—	—	19
	ブタノール	—	1	2	2
	エピクロルヒドリン（ＥＣＨ）	—	—	38	47
	ビスフェノールＡ	12	16	21	29
	メチルイソブチルケトン（ＭＩＢＫ）	—	19	13	—
	メタクリル酸エステル（ＭＭＡ）	119	618	1,455	797
	トリレンジイソシアネート（ＴＤＩ）	2,120	1,938	480	100
	ピュアＭＤＩ	—	—	—	134
	クルードＭＤＩ	140	360	720	460
合成樹脂	低密度ポリエチレン（ＬＤＰＥ）	5,382	4,022	134	128
	高密度ポリエチレン（ＨＤＰＥ）	—	—	14	—
	エチレン酢ビコポリマー（ＥＶＡ）	1,552	773	969	9
	ポリプロピレン（ＰＰ）	1	18	9	10
	ＰＰコポリマー	1,031	1,912	1,302	606
	ポリブテン	13	—	—	—
	ＡＢＳ樹脂	34	39	42	118
	ＡＳ樹脂（ＳＡＮ）	—	40	83	58
	塩化ビニル樹脂（ＰＶＣ）	32	—	—	198
	メタクリル樹脂（ＰＭＭＡ）	—	—	34	72
	ナイロン樹脂	16	23	35	68
	ポリアセタール（ＰＯＭ）	44	43	17	22
	ポリカーボネート（ＰＣ）	228	494	613	549
	変性ポリフェニレンエーテル（ＰＰＥ）	0	0	2	1
	ポリエチレンテレフタレート（ＰＥＴ）	15	—	—	—
	シリコーン樹脂（液状）	48	9	36	34
	石油樹脂	85	119	153	135
	ポリウレタン（ＰＵ）	12	18	16	26
	エポキシ樹脂	108	55	145	156
	メラミン樹脂（液状）	124	155	149	149
	フェノール樹脂	2	1	—	1
	不飽和ポリエステル（液状）	—	—	2	5
合成ゴム	ＳＢＲ	235	116	276	177
	ブタジエンゴム（ＢＲ）	218	134	50	—
	クロロプレンゴム（ＣＲ）	1,042	666	1,048	786
	ＮＢＲ	171	186	178	56
	イソプレンゴム（ＩＲ）	—	19	—	—
	ＥＰゴム（ＥＰＤＭ）	68	2	3	4

単位：トン

(14) パキスタン

日本への輸出

分　類	製　品　名	2014年	2015年	2016年	2017年
化成品	工業用エチルアルコール(kl)	56,160	45,394	40,669	128,930
	酢酸エチル用エチルアルコール(kl)	5,220	697	418	2,422
	エチルアミン用エチルアルコール(kl)	2,109	237	133	658
	その他エチルアルコール(kl)	6,207	2,678	1,566	18,254
合成樹脂	ポリエチレン製の袋	—	0	—	—
	ＰＥＴ	—	—	1	—

(15) サウジアラビア

日本からの輸入

分　類	製　品　名	2014年	2015年	2016年	2017年
合繊原料	エチレングリコール(ＥＧ)	—	—	—	0
	カプロラクタム(ＣＰＬ)	—	—	—	12,368
化成品	二塩化エチレン(ＥＤＣ)	—	26	—	—
	トリクロロエチレン	37	—	—	56
	パークロロエチレン	58	77	38	58
	ポリビニルアルコール(ＰＶＡ)	370	587	659	591
	オクタノール	—	0	0	—
	プロピレングリコール(ＰＧ)	64	—	—	—
	ビスフェノールＡ	—	2,500	—	1,000
	アクリル酸エステル(ＡＥ)	741	468	390	464
	メタクリル酸	32	112	32	16
	メタクリル酸エステル(ＭＭＡ)	30	61	—	—
	トリレンジイソシアネート(ＴＤＩ)	4,641	7,506	3,753	2,331
	クルードＭＤＩ	1,917	2,033	1,001	663
合成樹脂	低密度ポリエチレン(ＬＤＰＥ)	3,599	4,622	6,765	555
	高密度ポリエチレン(ＨＤＰＥ)	—	6	—	—
	エチレン酢ビコポリマー(ＥＶＡ)	424	440	768	—
	ポリプロピレン(ＰＰ)	2	15	26	78
	ＰＰコポリマー	12	66	140	72
	ポリスチレン(ＰＳ)	—	—	—	90
	ＡＢＳ樹脂	—	18	—	18
	メタクリル樹脂(ＰＭＭＡ)	—	—	—	144
	ナイロン樹脂	0	—	1	0
	ポリカーボネート(ＰＣ)	247	684	760	988
	変性ポリフェニレンエーテル(ＰＰＥ)	—	1	—	—
	フッ素樹脂その他	2	3	12	4
	シリコーン樹脂(固形)	0	0	—	0
	シリコーン樹脂(液状)	117	43	42	5
	石油樹脂	205	264	94	—
	ポリウレタン(ＰＵ)	5	2	—	—

単位：トン

(15) サウジアラビア

	エポキシ樹脂	7	21	29	23
合成ゴム	ＳＢＲ	168	154	120	204
	クロロプレンゴム(ＣＲ)	304	75	220	10
	ＥＰゴム(ＥＰＤＭ)	—	20	1, 090	969

日本への輸出

分　類	製　品　名	2014年	2015年	2016年	2017年
基礎原料	メタノール	997, 954	1, 023, 722	891, 995	1, 008, 183
合繊原料	エチレングリコール(ＥＧ)	4, 778	2, 993	4, 793	2, 999
化成品	シクロヘキサン	18, 684	12, 374	15, 998	3, 977
	クルードＭＤＩ	—	—	—	441
合成樹脂	ＬＬＤＰＥ	154	50	343	904
	ＬＬＤＰＥを除くＬＤＰＥ	198	74	1	628
	その他ＬＤＰＥ	58, 520	40, 132	54, 006	5, 833
	高密度ポリエチレン(ＨＤＰＥ)	6, 327	6, 219	4, 763	5, 997
	ポリプロピレン(ＰＰ)	12, 107	11, 096	18, 315	23, 992
	ポリエチレン製の袋	—	9	—	—
	ＰＰコポリマー	54	9	1	25
	ＡＢＳ樹脂	—	—	25	50
	ＡＳ樹脂(ＳＡＮ)	—	—	—	26
	ポリアセタール(ＰＯＭ)	—	—	—	19
	その他ポリカーボネート	2	77	457	650
	石油樹脂(固形)	—	2	3	2
	ユリア樹脂	30	30	15	30
合成ゴム	ＥＰゴム(ＥＰＤＭ)	—	—	—	27

(16) バーレーン

日本からの輸入

分　類	製　品　名	2014年	2015年	2016年	2017年
化成品	パークロロエチレン	99	20	—	—
	ポリビニルアルコール(ＰＶＡ)	254	227	345	216
	イソプロパノール(ＩＰＡ)	—	—	0	0
	トリレンジイソシアネート(ＴＤＩ)	395	296	296	99
	クルードＭＤＩ	—	—	—	20
合成樹脂	シリコーン樹脂(液状)	27	11	—	—
	ポリウレタン(ＰＵ)	—	1	—	97
	エポキシ樹脂	—	—	—	0
	不飽和ポリエステル(固形)	—	—	9	—
	不飽和ポリエステル(液状)	—	—	14	14

単位：トン

(16) バーレーン

日本への輸出

分類	製品名	2014年	2015年	2016年	2017年
基礎原料	メタノール	4,783	—	—	—

(17) カタール

日本からの輸入

分類	製品名	2014年	2015年	2016年	2017年
化成品	パークロロエチレン	—	—	—	40
	メタクリル酸	—	32	—	—
	トリレンジイソシアネート(ＴＤＩ)	336	375	119	158
	クルードＭＤＩ	99	20	59	20
合成樹脂	低密度ポリエチレン(ＬＤＰＥ)	—	—	1	12
	シリコーン樹脂(液状)	3	4	4	4
	ポリウレタン(ＰＵ)	0	1	8	—
	エポキシ樹脂	—	0	2	—
合成ゴム	クロロプレンゴム(ＣＲ)	—	0	—	—
	ＮＢＲ	—	—	—	3

日本への輸出

分類	製品名	2014年	2015年	2016年	2017年
基礎原料	メタノール	68,317	20,884	25,072	35,726
化成品	二塩化エチレン(ＥＤＣ)	5,212	1,564	3,321	—
合成樹脂	ＬＬＤＰＥ	75	—	25	—
	ＬＬＤＰＥを除くＬＤＰＥ	5,250	3,079	2,980	4,220
	その他ＬＤＰＥ	8,850	4,704	7,658	1,081
	高密度ポリエチレン(ＨＤＰＥ)	1,980	480	—	975

(18) クウェート

日本からの輸入

分類	製品名	2014年	2015年	2016年	2017年
基礎原料	パラキシレン	—	1	1	—
化成品	パークロロエチレン	79	139	19	—
	メタクリル酸エステル(ＭＭＡ)	16	76	72	16
	トリレンジイソシアネート(ＴＤＩ)	593	1,126	375	336
	クルードＭＤＩ	1,859	1,500	2,385	1,268
合成樹脂	低密度ポリエチレン(ＬＤＰＥ)	—	1	3	—
	ポリプロピレン(ＰＰ)	—	—	5	—
	ポリスチレン(ＰＳ)	—	15	85	50
	ナイロン樹脂	—	0	0	—
	変性ポリフェニレンエーテル(ＰＰＥ)	—	—	0	—
	シリコーン樹脂(液状)	—	0	0	0
	ポリウレタン(ＰＵ)	1	—	—	1
	エポキシ樹脂	—	1	1	1

単位：トン

（19）イラン
日本からの輸入

分　類	製　品　名	2014年	2015年	2016年	2017年
化成品	ポリビニルアルコール（ＰＶＡ）	—	234	899	1,173
	プロピレングリコール（ＰＧ）	224	—	—	—
	アクリル酸（ＡＡ）	—	—	—	64
	アクリル酸エステル（ＡＥ）	—	—	55	382
	メタクリル酸	—	—	—	32
	メタクリル酸エステル（ＭＭＡ）	—	—	234	192
	アルキルベンゼン	—	—	0	—
	トリレンジイソシアネート（ＴＤＩ）	—	—	—	99
	クルードＭＤＩ	—	—	1,194	3,564
合成樹脂	ポリプロピレン（ＰＰ）	—	—	—	5
	ポリブテン	—	—	—	0
	メタクリル樹脂（ＰＭＭＡ）	0	0	2	0
	ナイロン樹脂	0	—	—	—
	ポリアセタール（ＰＯＭ）	—	—	—	35
	変性ポリフェニレンエーテル（ＰＰＥ）	—	0	—	1
	シリコーン樹脂（液状）	0	0	0	1
	石油樹脂	34	55	218	363
	ポリウレタン（ＰＵ）	—	—	34	40
	エポキシ樹脂	—	—	154	216
	メラミン樹脂（液状）	—	—	7	60
合成ゴム	ＳＢＲ	—	—	—	806
	ブタジエンゴム（ＢＲ）	3	—	—	0
	ブチルゴム（ＩＩＲ）	163	65	518	522
	クロロプレンゴム（ＣＲ）	275	213	500	349
	ＮＢＲ	—	—	—	47
	イソプレンゴム（ＩＲ）	—	3	6	3
	ＥＰゴム（ＥＰＤＭ）	322	343	289	497

日本への輸出

分　類	製　品　名	2014年	2015年	2016年	2017年
基礎原料	メタノール	—	—	—	27,759
合成樹脂	高密度ポリエチレン（ＨＤＰＥ）	—	—	—	25
合成ゴム	ＳＢＲ	—	19	—	—

（20）トルコ
日本からの輸入

分　類	製　品　名	2014年	2015年	2016年	2017年
化成品	シクロヘキサン	20	15	27	30
	パークロロエチレン	79	—	—	—

単位：トン

(20) トルコ

	酢酸エチル	―	0	―	0
	ポリビニルアルコール（ＰＶＡ）	1,194	1,216	1,303	964
	オクタノール	―	―	1	―
	ビスフェノールＡ	―	―	―	4
	メチルイソブチルケトン（ＭＩＢＫ）	―	―	―	40
	アクリル酸（ＡＡ）	―	274	183	572
	アクリル酸エステル（ＡＥ）	1,032	41	73	99
	メタクリル酸	―	―	―	76
	メタクリル酸エステル（ＭＭＡ）	295	329	283	565
	無水マレイン酸	53	―	―	―
	トリレンジイソシアネート（ＴＤＩ）	―	40	―	78
	ピュアＭＤＩ	1,670	1,529	1,411	2,201
	クルードＭＤＩ	200	2,570	200	2,324
合成樹脂	低密度ポリエチレン（ＬＤＰＥ）	―	83	0	―
	高密度ポリエチレン（ＨＤＰＥ）	4	3	2	6
	ポリプロピレン（ＰＰ）	―	1	51	254
	ＰＰコポリマー	311	183	181	189
	ポリブテン	57	482	559	281
	発泡ポリスチレン（ＥＰＳ）	―	―	―	48
	ＡＢＳ樹脂	2	2	11	13
	塩化ビニル樹脂（ＰＶＣ）	―	176	24	2
	メタクリル樹脂（ＰＭＭＡ）	56	19	90	59
	ナイロン樹脂	106	138	79	43
	ポリアセタール（ＰＯＭ）	29	110	49	33
	ポリカーボネート（ＰＣ）	77	285	781	250
	変性ポリフェニレンエーテル（ＰＰＥ）	126	133	22	15
	フッ素樹脂その他	15	3	―	1
	シリコーン樹脂（固形）	103	205	129	0
	シリコーン樹脂（液状）	531	292	662	688
	石油樹脂	301	443	399	497
	ポリウレタン（ＰＵ）	30	85	132	222
	エポキシ樹脂	1	14	158	304
	メラミン樹脂（液状）	75	107	76	45
	フェノール樹脂	241	278	198	281
	不飽和ポリエステル（固形）	3	―	1	―
	不飽和ポリエステル（液状）	90	31	65	91
合成ゴム	ＳＢＲ	6,734	6,789	7,835	9,586
	ＳＢＲラテックス	101	18	1	10
	ブタジエンゴム（ＢＲ）	2,677	561	534	885
	ブチルゴム（ＩＩＲ）	0	205	2	1

単位：トン

（20）トルコ

	クロロプレンゴム(ＣＲ)	1,677	1,739	2,071	1,600
	ＮＢＲ	60	124	188	227
	イソプレンゴム(ＩＲ)	534	645	416	195
	ＥＰゴム(ＥＰＤＭ)	1,680	1,513	2,167	1,800

日本への輸出

分　類	製　品　名	2014年	2015年	2016年	2017年
合繊原料	ジメチルテレフタレート(ＤＭＴ)	254	376	237	322
合成樹脂	ポリプロピレン(ＰＰ)	39	1	—	—
	ポリエチレン製の袋	—	—	3	0
	ＰＰコポリマー	—	—	1	4
合成ゴム	ＥＰゴム(ＥＰＤＭ)	—	—	1	2

（21）イスラエル

日本からの輸入

分　類	製　品　名	2014年	2015年	2016年	2017年
基礎原料	メタキシレン	—	—	0	—
	メタノール	7	6	—	—
化成品	ポリビニルアルコール(ＰＶＡ)	225	174	127	133
	アクリル酸エステル(ＡＥ)	—	—	0	0
	メタクリル酸エステル(ＭＭＡ)	0	—	—	—
	トリレンジイソシアネート(ＴＤＩ)	237	553	356	99
	クルードＭＤＩ	62	—	42	59
合成樹脂	低密度ポリエチレン(ＬＤＰＥ)	26	31	80	30
	高密度ポリエチレン(ＨＤＰＥ)	621	675	583	739
	エチレン酢ビコポリマー(ＥＶＡ)	4	5	10	—
	ポリプロピレン(ＰＰ)	—	2	—	—
	ＰＰコポリマー	64	307	24	25
	ポリブテン	—	—	1	—
	ポリスチレン(ＰＳ)	1	4	4	1
	ＡＢＳ樹脂	4	2	1	5
	メタクリル樹脂(ＰＭＭＡ)	2,208	1,851	2,432	1,079
	ポリアセタール(ＰＯＭ)	36	24	12	24
	ポリカーボネート(ＰＣ)	2,152	5,683	6,408	4,531
	変性ポリフェニレンエーテル(ＰＰＥ)	4	8	0	3
	フッ素樹脂(ＰＴＦＥ)	1	1	1	—
	シリコーン樹脂(固形)	0	2	0	1
	シリコーン樹脂(液状)	2	1	1	0
	石油樹脂	—	1	—	2
	ポリウレタン(ＰＵ)	0	0	0	0
	エポキシ樹脂	0	2	1	5
合成ゴム	ＳＢＲ	64	17	25	25

単位：トン

(21) イスラエル

	ブタジエンゴム(ＢＲ)	78	20	20	40
	クロロプレンゴム(ＣＲ)	64	35	47	63
	ＮＢＲ	82	20	40	20
	イソプレンゴム(ＩＲ)	3	5	28	10

日本への輸出

分　類	製　品　名	2014年	2015年	2016年	2017年
合繊原料	エチレングリコール(ＥＧ)	0	0	0	0
化成品	酢酸	1	3	2	2
	プロピレングリコール(ＰＧ)	1	1	1	1
合成樹脂	ＬＬＤＰＥを除くＬＤＰＥ	12	30	30	22
	ポリエチレン製の袋	4	1	1	0
	ＰＰコポリマー	1	—	1	9
	メタクリル樹脂(ＰＭＭＡ)	—	—	6	—
	ナイロン樹脂	195	15	—	—
	シリコーン樹脂(液状)	—	—	—	1
	エポキシ樹脂	361	266	132	264
	不飽和ポリエステル(ＵＰ)	—	—	—	1

(22) アラブ首長国連邦

日本からの輸入

分　類	製　品　名	2014年	2015年	2016年	2017年
基礎原料	メタノール	0	—	—	—
化成品	トリクロロエチレン	260	—	—	—
	パークロロエチレン	432	337	316	197
	ポリビニルアルコール(ＰＶＡ)	478	454	138	1
	オクタノール	0	—	—	—
	メチルイソブチルケトン(ＭＩＢＫ)	—	—	2	—
	アクリル酸エステル(ＡＥ)	—	22	21	17
	メタクリル酸	—	240	144	228
	メタクリル酸エステル(ＭＭＡ)	384	486	511	370
	無水フタル酸	18	—	—	18
	トリレンジイソシアネート(ＴＤＩ)	3,930	4,800	790	945
	ピュアＭＤＩ	—	101	—	—
	クルードＭＤＩ	9,919	9,150	9,577	4,150
合成樹脂	高密度ポリエチレン(ＨＤＰＥ)	—	—	2	—
	ＰＰコポリマー	—	30	—	—
	発泡ポリスチレン(ＥＰＳ)	—	24	48	—
	塩化ビニル樹脂(ＰＶＣ)	—	506	—	—
	メタクリル樹脂(ＰＭＭＡ)	0	1	2	0

単位：トン

(22) アラブ首長国連邦

分　類	製　品　名	2014年	2015年	2016年	2017年
	ポリカーボネート（ＰＣ）	150	750	38	—
	ポリエチレンテレフタレート（ＰＥＴ）	—	1	3	2
	フッ素樹脂その他	9	9	27	5
	シリコーン樹脂（固形）	45	52	25	—
	シリコーン樹脂（液状）	354	420	67	121
	石油樹脂	35	51	—	17
	ポリウレタン（ＰＵ）	98	142	73	116
	エポキシ樹脂	401	695	231	0
	メラミン樹脂（液状）	94	140	81	17
合成ゴム	ＳＢＲ	—	—	—	2
	ＳＢＲラテックス	—	—	—	0
	ブチルゴム（ＩＩＲ）	228	—	—	—
	クロロプレンゴム（ＣＲ）	717	392	248	97
	ＮＢＲ	—	21	20	—
	ＥＰゴム（ＥＰＤＭ）	647	410	494	351

(22) アラブ首長国連邦
日本への輸出

分　類	製　品　名	2014年	2015年	2016年	2017年
化成品	クルードＭＤＩ	—	—	—	180
合成樹脂	ＬＬＤＰＥ	114	—	—	25
	その他ＬＤＰＥ	1,017	1,150	836	156
	高密度ポリエチレン（ＨＤＰＥ）	86	622	632	805
	ポリプロピレン（ＰＰ）	69	204	839	877
	ＰＰコポリマー	1,112	1,684	4,136	2,834
	ユリア樹脂	1	—	—	—
	不飽和ポリエステル（ＵＰ）	—	—	—	0

単位：t/y

アジア諸国の国別・製品別石油化学製品輸出入状況

（１）韓国

輸出

分類	石油化学製品	2014年	2015年	2016年	2017年
基礎原料	エチレン	757,074	633,922	753,021	815,639
	プロピレン	1,296,237	1,257,518	1,690,408	1,714,961
	ブタジエン	204,136	155,469	168,753	211,474
	ベンゼン	1,881,937	2,525,107	2,044,770	2,631,920
	パラキシレン(ＰＸ)	3,972,462	5,861,991	6,434,612	7,315,353
中間原料	スチレン(ＳＭ)	1,473,655	1,246,952	1,292,329	1,261,869
	二塩化エチレン(ＥＤＣ)	223,284	208,403	199,221	184,369
	塩化ビニルモノマー(ＶＣＭ)	116,390	109,201	113,073	57,062
	メタノール	442	3,440	3,614	3,604
	エチレングリコール(ＥＧ)	545,082	586,783	480,809	454,532
	アセトン	227,033	194,849	236,153	287,407
	酢酸	155,246	165,244	178,867	162,860
	高純度テレフタル酸(ＰＴＡ)	2,672,312	2,314,445	1,776,438	1,939,592
	アクリロニトリル(ＡＮ)	276,410	243,088	240,909	270,592
	カプロラクタム(ＣＰＬ)	80	3,903	37,265	51,781
合成樹脂	低密度ポリエチレン(ＬＤＰＥ)	951,574	978,855	954,959	907,223
	高密度ポリエチレン(ＨＤＰＥ)	1,197,355	1,204,588	1,112,108	1,127,362
	ポリプロピレン(ＰＰ)	1,245,768	1,381,818	1,408,291	1,639,692
	ＰＰコポリマー	1,306,902	1,129,792	1,139,415	1,146,124
	発泡ポリスチレン(ＥＰＳ)	115,655	96,831	79,460	81,400
	ポリスチレン(ＰＳ)	140,987	129,913	144,200	110,237
	ＡＳ樹脂	129,069	133,091	132,525	132,397
	ＡＢＳ樹脂	1,195,319	1,245,700	1,351,794	1,389,972
	塩化ビニル樹脂(ＰＶＣ)	574,605	589,932	535,525	514,127
	ＰＶＣコポリマー	1,736	3,059	2,722	3,983

輸入

分類	石油化学製品	2014年	2015年	2016年	2017年
基礎原料	エチレン	231,813	201,408	146,513	109,421
	プロピレン	434,746	448,575	265,496	197,871
	ブタジエン	449,270	425,799	409,920	424,269
	ベンゼン	52,843	29,068	31,278	18,003
	パラキシレン(ＰＸ)	125,820	83,719	43,590	24,764
中間原料	スチレン(ＳＭ)	845,789	779,160	806,173	794,030
	二塩化エチレン(ＥＤＣ)	207,502	204,736	200,366	228,287
	塩化ビニルモノマー(ＶＣＭ)	15,027	6,005	17,255	40,511
	メタノール	1,521,184	1,624,695	1,570,488	1,692,018
	エチレングリコール(ＥＧ)	422,518	322,861	276,239	252,795
	アセトン	10,535	18,076	8,933	15,945
	酢酸	45,683	52,727	58,774	63,905
	高純度テレフタル酸(ＰＴＡ)	2,571	3,664	4,110	2,656
	アクリロニトリル(ＡＮ)	90,358	105,260	134,577	150,867
	カプロラクタム(ＣＰＬ)	74,427	83,717	35,904	26,417
合成樹脂	低密度ポリエチレン(ＬＤＰＥ)	107,094	108,799	111,407	149,734
	高密度ポリエチレン(ＨＤＰＥ)	45,522	48,770	54,952	74,157
	ポリプロピレン(ＰＰ)	17,762	18,190	14,296	18,168
	ＰＰコポリマー	13,067	12,378	14,343	18,668
	発泡ポリスチレン(ＥＰＳ)	5,355	9,421	12,812	42,967
	ポリスチレン(ＰＳ)	21,291	22,743	19,337	20,479
	ＡＳ樹脂	9,451	5,691	5,571	7,038
	ＡＢＳ樹脂	7,402	6,449	10,357	11,515
	塩化ビニル樹脂(ＰＶＣ)	118,667	118,974	124,099	126,457
	ＰＶＣコポリマー	5,719	5,996	2,801	2,314

単位：t/y

（２）台湾

輸出

分類	石油化学製品	2014年	2015年	2016年	2017年
基礎原料	エチレン	199, 211	322, 945	242, 469	196, 347
	プロピレン	829, 598	707, 460	738, 369	616, 472
	ブタジエン	108, 937	116, 940	134, 275	142, 938
	ベンゼン	68, 000	35, 500	-	128, 500
	パラキシレン(ＰＸ)	1, 396, 922	1, 349, 971	1, 388, 918	1, 589, 814
中間原料	スチレン(ＳＭ)	564, 465	492, 780	517, 353	244, 740
	二塩化エチレン(ＥＤＣ)	47, 380	24, 820	18, 110	160, 890
	塩化ビニルモノマー(ＶＣＭ)	345, 812	407, 357	334, 763	299, 343
	メタノール	2, 137	1, 885	1, 998	1, 715
	エチレングリコール(ＥＧ)	1, 482, 794	1, 413, 509	1, 336, 607	1, 491, 637
	アセトン	251, 282	251, 692	259, 473	240, 554
	酢酸	347, 495	306, 486	246, 980	235, 675
	高純度テレフタル酸(ＰＴＡ)	208, 727	154, 499	199, 441	238, 450
	アクリロニトリル(ＡＮ)	184, 850	192, 307	172, 233	159, 180
	カプロラクタム(ＣＰＬ)	-	-	-	1, 266
合成樹脂	低密度ポリエチレン(ＬＤＰＥ)	137, 787	162, 047	146, 135	155, 048
	高密度ポリエチレン(ＨＤＰＥ)	303, 444	331, 083	330, 769	345, 274
	ポリプロピレン(ＰＰ)	252, 670	269, 309	294, 502	389, 994
	ＰＰコポリマー	407, 394	428, 114	498, 008	535, 228
	発泡ポリスチレン(ＥＰＳ)	256, 266	265, 000	254, 289	239, 036
	ポリスチレン(ＰＳ)	467, 675	499, 782	477, 274	491, 003
	ＡＳ樹脂	97, 537	100, 338	125, 029	141, 143
	ＡＢＳ樹脂	1, 046, 884	1, 060, 627	1, 117, 632	1, 162, 705
	塩化ビニル樹脂(ＰＶＣ)	743, 895	846, 835	933, 263	1, 205, 576
	ＰＶＣコポリマー	6, 109	6, 166	6, 663	5, 985

輸入

分類	石油化学製品	2014年	2015年	2016年	2017年
基礎原料	エチレン	130, 877	211, 840	302, 174	456, 300
	プロピレン	144, 305	159, 152	182, 167	286, 076
	ブタジエン	135, 062	107, 270	116, 229	136, 768
	ベンゼン	760, 183	707, 293	786, 219	720, 698
	パラキシレン(ＰＸ)	1, 102, 954	1, 114, 787	1, 165, 192	1, 328, 482
中間原料	スチレン(ＳＭ)	384, 939	335, 965	285, 372	334, 511
	二塩化エチレン(ＥＤＣ)	216, 226	251, 436	267, 406	295, 185
	塩化ビニルモノマー(ＶＣＭ)	53, 177	50, 620	57, 104	52, 588
	メタノール	1, 340, 964	1, 284, 322	1, 271, 753	1, 366, 517
	エチレングリコール(ＥＧ)	204, 556	168, 349	183, 037	128, 319
	アセトン	158	202	205	206
	酢酸	1, 129	3, 054	1, 950	1, 175
	高純度テレフタル酸(ＰＴＡ)	-	-	-	65, 891
	アクリロニトリル(ＡＮ)	110, 179	97, 441	100, 616	92, 553
	カプロラクタム(ＣＰＬ)	442, 950	404, 649	276, 625	191, 562
合成樹脂	低密度ポリエチレン(ＬＤＰＥ)	246, 633	242, 978	225, 074	274, 515
	高密度ポリエチレン(ＨＤＰＥ)	78, 262	68, 945	66, 165	78, 374
	ポリプロピレン(ＰＰ)	135, 377	162, 698	156, 395	125, 021
	ＰＰコポリマー	39, 694	44, 122	41, 415	39, 806
	発泡ポリスチレン(ＥＰＳ)	661	455	769	569
	ポリスチレン(ＰＳ)	7, 082	3, 629	7, 334	5, 044
	ＡＳ樹脂	2, 006	2, 323	2, 256	2, 826
	ＡＢＳ樹脂	13, 167	12, 407	8, 050	10, 660
	塩化ビニル樹脂(ＰＶＣ)	13, 522	12, 922	18, 621	18, 144
	ＰＶＣコポリマー	1, 362	1, 585	1, 393	1, 956

単位：t/y

（３）中国

輸出

分類	石油化学製品	2014年	2015年	2016年	2017年
基礎原料	エチレン	198	12	8, 177	6, 320
	プロピレン	31	35	49	1, 666
	ブタジエン	84, 402	54, 054	36, 257	35, 007
	ベンゼン	74, 877	92, 755	53, 219	35, 536
	パラキシレン（ＰＸ）	103, 476	120, 078	56, 593	34, 983
中間原料	スチレン（ＳＭ）	29, 775	4, 922	60	63, 446
	二塩化エチレン（ＥＤＣ）	－	－	－	－
	塩化ビニルモノマー（ＶＣＭ）	55, 634	42, 785	5, 918	25, 526
	メタノール	749, 292	162, 912	33, 506	126, 703
	エチレングリコール（ＥＧ）	5, 738	19, 930	19, 554	18, 140
	アセトン	532	3, 084	8, 171	22, 490
	酢酸	182, 329	396, 818	241, 443	459, 177
	高純度テレフタル酸（ＰＴＡ）	463, 548	623, 684	695, 473	525, 610
	アクリロニトリル（ＡＮ）	－	－	1, 950	9, 801
	カプロラクタム（ＣＰＬ）	73	2, 050	162	4, 986
合成樹脂	低密度ポリエチレン（ＬＤＰＥ）	49, 232	59, 481	73, 474	54, 019
	高密度ポリエチレン（ＨＤＰＥ）	157, 102	153, 933	164, 288	153, 689
	ポリプロピレン（ＰＰ）	125, 759	166, 438	239, 748	295, 903
	ＰＰコポリマー	33, 584	35, 052	39, 644	45, 957
	発泡ポリスチレン（ＥＰＳ）	274, 112	289, 673	259, 915	275, 238
	ポリスチレン（ＰＳ）	49, 058	40, 153	58, 450	55, 294
	ＡＳ樹脂	8, 573	8, 930	9, 906	10, 231
	ＡＢＳ樹脂	33, 207	23, 520	28, 206	35, 335
	塩化ビニル樹脂（ＰＶＣ）	1, 110, 699	782, 269	1, 050, 112	969, 170
	ＰＶＣコポリマー	1, 626	1, 749	3, 175	5, 676

輸入

分類	石油化学製品	2014年	2015年	2016年	2017年
基礎原料	エチレン	1, 497, 176	1, 515, 668	1, 656, 514	2, 156, 852
	プロピレン	3, 047, 846	2, 771, 324	2, 902, 919	3, 098, 810
	ブタジエン	202, 705	278, 289	286, 121	392, 759
	ベンゼン	601, 383	1, 205, 526	1, 549, 233	2, 503, 128
	パラキシレン（ＰＸ）	9, 972, 695	11, 648, 869	12, 361, 422	14, 438, 244
中間原料	スチレン（ＳＭ）	3, 730, 937	3, 744, 363	3, 498, 548	3, 212, 205
	二塩化エチレン（ＥＤＣ）	685, 695	602, 417	664, 312	375, 407
	塩化ビニルモノマー（ＶＣＭ）	653, 951	751, 705	790, 291	812, 039
	メタノール	4, 332, 267	5, 538, 564	8, 802, 787	8, 144, 763
	エチレングリコール（ＥＧ）	8, 450, 314	8, 771, 552	7, 572, 764	8, 750, 120
	アセトン	476, 335	436, 626	475, 506	494, 581
	酢酸	18, 247	54, 299	88, 687	17, 998
	高純度テレフタル酸（ＰＴＡ）	1, 163, 740	751, 977	502, 278	543, 910
	アクリロニトリル（ＡＮ）	517, 862	397, 889	306, 055	270, 779
	カプロラクタム（ＣＰＬ）	223, 270	223, 561	220, 885	237, 362
合成樹脂	低密度ポリエチレン（ＬＤＰＥ）	2, 053, 873	2, 178, 025	2, 052, 286	2, 373, 952
	直鎖状ＬＤＰＥ	2, 458, 053	2, 560, 296	2, 613, 974	3, 025, 621
	高密度ポリエチレン（ＨＤＰＥ）	4, 595, 954	5, 128, 232	5, 276, 811	6, 393, 947
	ポリプロピレン（ＰＰ）	3, 632, 688	3, 397, 038	3, 017, 473	3, 177, 645
	ＰＰコポリマー	1, 395, 592	1, 486, 362	1, 552, 517	1, 567, 350
	発泡ポリスチレン（ＥＰＳ）	62, 862	48, 161	30, 375	33, 087
	ポリスチレン（ＰＳ）	785, 968	729, 531	653, 421	710, 092
	ＡＳ樹脂	200, 617	194, 210	219, 093	267, 745
	ＡＢＳ樹脂	1, 668, 255	1, 624, 835	1, 685, 549	1, 789, 013
	塩化ビニル樹脂（ＰＶＣ）	807, 870	825, 333	772, 246	905, 583
	ＰＶＣコポリマー	8, 069	7, 364	8, 568	7, 840

（注）中国のみＬＤＰＥとＬＬＤＰＥの輸入統計を分類

単位：t/y

（４）香港

輸出

分類	石油化学製品	2014年	2015年	2016年	2017年
基礎原料	エチレン	32	11	31	170
	プロピレン	6	8	0	0
	ブタジエン	－	11	－	－
	ベンゼン	－	－	1	－
	パラキシレン(ＰＸ)	－	－	－	0
中間原料	スチレン(ＳＭ)	193	167	185	328
	二塩化エチレン(ＥＤＣ)	－	－	－	－
	塩化ビニルモノマー(ＶＣＭ)	－	－	－	－
	メタノール	136	134	131	127
	エチレングリコール(ＥＧ)	223	90	204	287
	アセトン	44	205	157	7
	酢酸	61	68	50	47
	高純度テレフタル酸(ＰＴＡ)	－	－	－	2
	アクリロニトリル(ＡＮ)	106	86	2	14
	カプロラクタム(ＣＰＬ)	－	－	－	108
合成樹脂	低密度ポリエチレン(ＬＤＰＥ)	190, 364	203, 372	184, 201	171, 301
	高密度ポリエチレン(ＨＤＰＥ)	189, 123	204, 659	229, 276	182, 954
	ポリプロピレン(ＰＰ)	502, 005	482, 893	477, 079	458, 429
	ＰＰコポリマー	22, 421	23, 354	28, 826	31, 872
	発泡ポリスチレン(ＥＰＳ)	21, 426	19, 671	15, 234	16, 955
	ポリスチレン(ＰＳ)	364, 006	209, 535	211, 712	182, 767
	ＡＳ樹脂	54, 705	48, 313	40, 426	36, 426
	ＡＢＳ樹脂	558, 232	544, 247	519, 881	546, 092
	塩化ビニル樹脂(ＰＶＣ)	35, 550	35, 156	34, 714	25, 274
	ＰＶＣコポリマー	125	54	27	13

輸入

分類	石油化学製品	2014年	2015年	2016年	2017年
基礎原料	エチレン	23	21	45	214
	プロピレン	18	47	38	21
	ブタジエン	－	－	－	－
	ベンゼン	－	－	－	－
	パラキシレン(ＰＸ)	－	－	－	－
中間原料	スチレン(ＳＭ)	259, 635	235, 779	221, 769	202, 742
	二塩化エチレン(ＥＤＣ)	－	－	－	－
	塩化ビニルモノマー(ＶＣＭ)	－	73	47	47
	メタノール	2, 131	2, 282	2, 747	5, 448
	エチレングリコール(ＥＧ)	58	68	47	132
	アセトン	848	995	862	618
	酢酸	370	405	361	429
	高純度テレフタル酸(ＰＴＡ)	1	23	－	2
	アクリロニトリル(ＡＮ)	17	3	3	2
	カプロラクタム(ＣＰＬ)	－	－	－	106
合成樹脂	低密度ポリエチレン(ＬＤＰＥ)	165, 425	153, 062	158, 275	131, 475
	高密度ポリエチレン(ＨＤＰＥ)	230, 312	225, 729	227, 956	182, 810
	ポリプロピレン(ＰＰ)	505, 078	485, 290	464, 622	429, 995
	ＰＰコポリマー	44, 545	38, 120	41, 837	38, 376
	発泡ポリスチレン(ＥＰＳ)	10, 236	9, 094	6, 720	8, 671
	ポリスチレン(ＰＳ)	140, 445	129, 904	105, 936	117, 147
	ＡＳ樹脂	50, 900	45, 257	39, 594	35, 585
	ＡＢＳ樹脂	594, 014	582, 808	554, 607	570, 937
	塩化ビニル樹脂(ＰＶＣ)	28, 548	29, 994	22, 297	24, 051
	ＰＶＣコポリマー	46	33	52	57

単位：t/y

（５）シンガポール

輸出

分類	石油化学製品	2014年	2015年	2016年	2017年
基礎原料	エチレン	274,769	274,354	210,034	423,108
	プロピレン	61,220	43,561	5,357	36,485
	ブタジエン	183,623	186,737	84,661	144,217
	ベンゼン	334,349	759,883	138,060	225,792
	パラキシレン(ＰＸ)	839,826	697,343	1,113,217	1,626,865
中間原料	スチレン(ＳＭ)	548,140	764,962	595,150	677,078
	二塩化エチレン(ＥＤＣ)	–	–	–	–
	塩化ビニルモノマー(ＶＣＭ)	20	37	11	12
	メタノール	99,500	75,710	24,554	20,722
	エチレングリコール(ＥＧ)	1,226,120	1,147,023	556,966	876,848
	アセトン	161,735	158,690	155,761	166,431
	酢酸	–	–	–	–
	高純度テレフタル酸(ＰＴＡ)	0	21	0	0
	アクリロニトリル(ＡＮ)	2	1	1	4
	カプロラクタム(ＣＰＬ)	13	403	48	14
合成樹脂	低密度ポリエチレン(ＬＤＰＥ)	889,397	851,465	980,349	1,182,967
	高密度ポリエチレン(ＨＤＰＥ)	811,105	889,028	1,002,901	1,123,331
	ポリプロピレン(ＰＰ)	910,871	952,499	960,611	1,047,685
	ＰＰコポリマー	1,176,445	1,207,721	1,297,323	1,282,981
	発泡ポリスチレン(ＥＰＳ)	1,978	945	526	489
	ポリスチレン(ＰＳ)	224,514	224,799	229,791	226,461
	ＡＳ樹脂	340	257	310	373
	ＡＢＳ樹脂	7,031	5,625	6,421	29,197
	塩化ビニル樹脂(ＰＶＣ)	3,333	2,215	3,280	636
	ＰＶＣコポリマー	177	171	191	184

輸入

分類	石油化学製品	2014年	2015年	2016年	2017年
基礎原料	エチレン	46,478	44,026	186,567	58
	プロピレン	90,245	77,341	234,276	84,340
	ブタジエン	1,270	1,714	32,274	12,112
	ベンゼン	484,689	555,988	292,065	199,803
	パラキシレン(ＰＸ)	234	4,746	0	0
中間原料	スチレン(ＳＭ)	317	866	193	568
	二塩化エチレン(ＥＤＣ)	–	–	–	–
	塩化ビニルモノマー(ＶＣＭ)	1	2	1	2
	メタノール	633,929	591,982	614,875	623,075
	エチレングリコール(ＥＧ)	277,259	133,813	15,376	14,968
	アセトン	6,476	7,361	8,389	7,285
	酢酸	–	–	–	–
	高純度テレフタル酸(ＰＴＡ)	600	580	472	738
	アクリロニトリル(ＡＮ)	86	67	54	79
	カプロラクタム(ＣＰＬ)	34	439	139	77
合成樹脂	低密度ポリエチレン(ＬＤＰＥ)	675,513	514,507	652,685	827,324
	高密度ポリエチレン(ＨＤＰＥ)	490,313	428,360	513,368	655,095
	ポリプロピレン(ＰＰ)	342,803	360,265	401,385	426,365
	ＰＰコポリマー	123,339	67,773	67,000	69,056
	発泡ポリスチレン(ＥＰＳ)	3,191	3,014	2,997	2,564
	ポリスチレン(ＰＳ)	4,844	4,525	4,417	3,141
	ＡＳ樹脂	3,228	3,684	3,045	2,715
	ＡＢＳ樹脂	10,707	8,019	10,478	29,201
	塩化ビニル樹脂(ＰＶＣ)	34,964	36,104	38,274	45,787
	ＰＶＣコポリマー	407	345	333	272

単位：t/y

（６）タイ

輸出

分類	石油化学製品	2014年	2015年	2016年	2017年
基礎原料	エチレン	66,483	70,348	21,910	129,127
	プロピレン	224,602	180,639	211,893	234,228
	ブタジエン	50,567	79,689	59,386	65,277
	ベンゼン	671,775	592,473	515,691	487,477
	パラキシレン（ＰＸ）	549,229	443,398	504,656	455,823
中間原料	スチレン（ＳＭ）	20,556	52,610	14,725	32,829
	二塩化エチレン（ＥＤＣ）	0	1	1	1
	塩化ビニルモノマー（ＶＣＭ）	72,137	86,482	96,438	112,447
	メタノール	161	119	233	137
	エチレングリコール（ＥＧ）	48,319	64,691	21,665	31,561
	アセトン	38,256	38,583	112,139	156,781
	酢酸	1,007	917	773	661
	高純度テレフタル酸（ＰＴＡ）	892,508	854,142	939,902	960,857
	アクリロニトリル（ＡＮ）	62,364	56,045	53,406	44,716
	カプロラクタム（ＣＰＬ）	26,992	26,725	27,125	17,792
合成樹脂	低密度ポリエチレン（ＬＤＰＥ）	1,039,212	1,039,828	808,309	612,873
	高密度ポリエチレン（ＨＤＰＥ）	1,206,044	1,205,495	1,124,604	1,165,592
	ポリプロピレン（ＰＰ）	520,539	480,073	457,017	483,026
	ＰＰコポリマー	297,883	355,179	382,428	387,411
	発泡ポリスチレン（ＥＰＳ）	15,149	18,524	22,382	17,957
	ポリスチレン（ＰＳ）	83,088	58,819	61,594	76,378
	ＡＳ樹脂	51,655	41,630	53,414	65,428
	ＡＢＳ樹脂	94,418	93,270	113,894	110,691
	塩化ビニル樹脂（ＰＶＣ）	296,857	330,230	308,163	461,219
	ＰＶＣコポリマー	30	24	140	98

輸入

分類	石油化学製品	2014年	2015年	2016年	2017年
基礎原料	エチレン	46,378	23,229	93,394	28,223
	プロピレン	4,759	21,329	3,495	13,604
	ブタジエン	17,605	12,513	12,244	13,720
	ベンゼン	2	1	1	12,584
	パラキシレン（ＰＸ）	151,394	142,128	54,455	122,244
中間原料	スチレン（ＳＭ）	47,262	80,975	90,312	87,990
	二塩化エチレン（ＥＤＣ）	349,091	455,473	530,276	532,208
	塩化ビニルモノマー（ＶＣＭ）	1	–	–	1
	メタノール	2,557,491	663,958	705,599	2,221,625
	エチレングリコール（ＥＧ）	169,133	182,976	138,991	144,309
	アセトン	61,296	55,725	50,072	50,805
	酢酸	111,387	108,737	113,761	111,503
	高純度テレフタル酸（ＰＴＡ）	52	137	74	20
	アクリロニトリル（ＡＮ）	54,666	33,914	25,931	13,343
	カプロラクタム（ＣＰＬ）	9,349	6,976	5,966	10,084
合成樹脂	低密度ポリエチレン（ＬＤＰＥ）	185,456	198,992	225,264	227,871
	高密度ポリエチレン（ＨＤＰＥ）	124,241	134,778	144,825	154,801
	ポリプロピレン（ＰＰ）	126,019	122,302	155,960	163,430
	ＰＰコポリマー	85,975	96,605	92,782	90,731
	発泡ポリスチレン（ＥＰＳ）	16,477	17,345	21,421	26,152
	ポリスチレン（ＰＳ）	24,605	31,313	44,556	33,015
	ＡＳ樹脂	17,863	22,967	27,367	27,933
	ＡＢＳ樹脂	108,010	130,556	140,694	136,341
	塩化ビニル樹脂（ＰＶＣ）	90,385	104,076	152,295	110,106
	ＰＶＣコポリマー	2,251	2,546	2,728	2,345

単位：t/y

（７）マレーシア

輸出

分類	石油化学製品	2014年	2015年	2016年	2017年
基礎原料	エチレン	133,521	154,054	228,671	200,667
	プロピレン	-	5	5,254	3,871
	ブタジエン	12,341	20,976	44,326	20,014
	ベンゼン	199,357	211,201	219,702	197,158
	パラキシレン（ＰＸ）	354,301	370,284	329,744	430,317
中間原料	スチレン（ＳＭ）	66,472	85,982	51,402	41,913
	二塩化エチレン（ＥＤＣ）	-	-	-	-
	塩化ビニルモノマー（ＶＣＭ）	-	105	266	642
	メタノール	1,128,903	1,155,601	1,788,349	1,742,233
	エチレングリコール（ＥＧ）	146,460	146,378	216,797	118,983
	アセトン	70	200	224	219
	酢酸	425,752	325,313	410,480	352,399
	高純度テレフタル酸（ＰＴＡ）	85,110	98,407	78,171	79,685
	アクリロニトリル（ＡＮ）	701	45	20	0
	カプロラクタム（ＣＰＬ）	0	0	33	54
合成樹脂	低密度ポリエチレン（ＬＤＰＥ）	211,913	247,125	263,258	283,573
	高密度ポリエチレン（ＨＤＰＥ）	181,113	401,264	408,411	452,766
	ポリプロピレン（ＰＰ）	190,933	381,996	383,671	305,455
	ＰＰコポリマー	91,172	123,243	101,393	66,873
	発泡ポリスチレン（ＥＰＳ）	1,293	1,223	123	281
	ポリスチレン（ＰＳ）	67,078	115,002	112,824	85,360
	ＡＳ樹脂	11,079	10,457	12,448	16,060
	ＡＢＳ樹脂	181,630	189,324	206,135	219,102
	塩化ビニル樹脂（ＰＶＣ）	36,884	40,168	44,283	49,221
	ＰＶＣコポリマー	242	361	218	787

輸入

分類	石油化学製品	2014年	2015年	2016年	2017年
基礎原料	エチレン	34,607	43,484	33,059	61,798
	プロピレン	9,687	11,994	37,508	53,175
	ブタジエン	92,414	86,543	98,487	121,998
	ベンゼン	148,782	90,822	83,697	102,928
	パラキシレン（ＰＸ）	313,436	194,851	219,878	294,659
中間原料	スチレン（ＳＭ）	145,914	169,322	176,264	183,328
	二塩化エチレン（ＥＤＣ）	26	5	4	6
	塩化ビニルモノマー（ＶＣＭ）	55,630	64,680	49,280	54,281
	メタノール	493,171	461,019	578,892	413,218
	エチレングリコール（ＥＧ）	13,414	9,986	6,307	14,408
	アセトン	12,295	13,651	12,506	12,822
	酢酸	4,957	5,341	6,903	6,798
	高純度テレフタル酸（ＰＴＡ）	64,501	76,730	93,485	52,043
	アクリロニトリル（ＡＮ）	96,885	99,820	98,509	95,930
	カプロラクタム（ＣＰＬ）	88	44	70	58
合成樹脂	低密度ポリエチレン（ＬＤＰＥ）	395,046	385,716	449,082	454,616
	高密度ポリエチレン（ＨＤＰＥ）	349,253	517,125	547,216	615,058
	ポリプロピレン（ＰＰ）	391,007	479,466	474,712	451,016
	ＰＰコポリマー	66,680	64,262	63,329	73,766
	発泡ポリスチレン（ＥＰＳ）	29,854	29,914	32,349	32,895
	ポリスチレン（ＰＳ）	90,889	77,942	82,848	64,896
	ＡＳ樹脂	6,953	6,171	6,662	9,612
	ＡＢＳ樹脂	52,930	42,495	42,366	54,154
	塩化ビニル樹脂（ＰＶＣ）	207,530	204,971	243,294	228,537
	ＰＶＣコポリマー	637	975	1,177	1,315

単位：t/y

（８）インドネシア

輸出

分類	石油化学製品	2014年	2015年	2016年	2017年
基礎原料	エチレン	700	19,110	114,404	121,007
	プロピレン	32,077	−	14,602	44,629
	ブタジエン	48,992	28,677	83,810	105,062
	ベンゼン	101,136	2,894	5,709	0
	パラキシレン(ＰＸ)	195,419	−	0	−
中間原料	スチレン(ＳＭ)	85,947	63,938	94,191	194,153
	二塩化エチレン(ＥＤＣ)	347,068	215,125	263,820	288,774
	塩化ビニルモノマー(ＶＣＭ)	18,002	29,866	121,646	166,050
	メタノール	404,152	422,866	384,934	335,008
	エチレングリコール(ＥＧ)	21,104	34,034	18,431	51,912
	アセトン	−	−	−	−
	酢酸	1	4	67	5
	高純度テレフタル酸(ＰＴＡ)	128,175	165,549	62,869	129,754
	アクリロニトリル(ＡＮ)	−	−	−	−
	カプロラクタム(ＣＰＬ)	0	−	−	80
合成樹脂	低密度ポリエチレン(ＬＤＰＥ)	53,808	26,639	58,262	36,445
	高密度ポリエチレン(ＨＤＰＥ)	23,550	28,246	24,508	30,950
	ポリプロピレン(ＰＰ)	13,822	16,162	9,142	22,803
	ＰＰコポリマー	4,462	2,488	1,851	2,452
	発泡ポリスチレン(ＥＰＳ)	1,057	753	223	134
	ポリスチレン(ＰＳ)	5,977	2,360	1,045	7,071
	ＡＳ樹脂	31	2	12	12
	ＡＢＳ樹脂	3,288	3,538	2,555	4,110
	塩化ビニル樹脂(ＰＶＣ)	97,617	108,543	213,629	232,721
	ＰＶＣコポリマー	39	45	5	14

輸入

分類	石油化学製品	2014年	2015年	2016年	2017年
基礎原料	エチレン	636,892	705,633	645,346	620,712
	プロピレン	246,335	427,022	183,284	112,768
	ブタジエン	16,374	22,612	17,608	23,744
	ベンゼン	162,021	179,786	216,515	261,667
	パラキシレン(ＰＸ)	935,987	899,201	547,800	820,234
中間原料	スチレン(ＳＭ)	8,678	10,598	9,207	14,855
	二塩化エチレン(ＥＤＣ)	2	1	25,764	9,862
	塩化ビニルモノマー(ＶＣＭ)	128,588	113,360	97,196	112,777
	メタノール	557,362	219,414	436,988	350,026
	エチレングリコール(ＥＧ)	492,791	475,209	257,487	400,590
	アセトン	17,711	18,801	18,807	21,539
	酢酸	111,864	83,261	59,447	69,372
	高純度テレフタル酸(ＰＴＡ)	3,221	4,061	79,851	119,875
	アクリロニトリル(ＡＮ)	6,776	6,055	1,024	5,241
	カプロラクタム(ＣＰＬ)	32,896	33,095	32,515	30,285
合成樹脂	低密度ポリエチレン(ＬＤＰＥ)	429,945	465,389	482,362	503,958
	高密度ポリエチレン(ＨＤＰＥ)	283,271	363,219	354,362	360,638
	ポリプロピレン(ＰＰ)	636,206	596,971	703,898	723,392
	ＰＰコポリマー	298,822	300,592	344,549	351,522
	発泡ポリスチレン(ＥＰＳ)	20,953	21,578	31,709	37,718
	ポリスチレン(ＰＳ)	49,843	38,558	38,330	40,455
	ＡＳ樹脂	12,371	12,780	15,131	15,817
	ＡＢＳ樹脂	109,905	91,654	104,012	95,644
	塩化ビニル樹脂(ＰＶＣ)	78,852	76,088	80,243	63,849
	ＰＶＣコポリマー	984	999	1,545	1,582

単位：t/y

（９）フィリピン

輸出

分類	石油化学製品	2014年	2015年	2016年	2017年
基礎原料	エチレン	14,000	43,543	28,500	37,881
	プロピレン	18,549	71,878	96,567	77,863
	ブタジエン	–	–	–	–
	ベンゼン	22,050	18,900	19,276	9,450
	パラキシレン（ＰＸ）	–	–	–	–
中間原料	スチレン（ＳＭ）	–	–	–	–
	二塩化エチレン（ＥＤＣ）	–	–	–	–
	塩化ビニルモノマー（ＶＣＭ）	–	–	–	–
	メタノール	–	–	0	19
	エチレングリコール（ＥＧ）	–	–	9	1
	アセトン	–	0	0	0
	酢酸	–	–	–	–
	高純度テレフタル酸（ＰＴＡ）	–	–	–	–
	アクリロニトリル（ＡＮ）	–	–	–	–
	カプロラクタム（ＣＰＬ）	–	–	–	–
合成樹脂	低密度ポリエチレン（ＬＤＰＥ）	2,018	32,825	21,207	30,382
	高密度ポリエチレン（ＨＤＰＥ）	1,169	67,319	63,828	46,311
	ポリプロピレン（ＰＰ）	5,603	56,316	40,113	45,203
	ＰＰコポリマー	4,018	1,180	1,404	2,564
	発泡ポリスチレン（ＥＰＳ）	3	0	100	75
	ポリスチレン（ＰＳ）	708	551	155	1,771
	ＡＳ樹脂	–	–	–	–
	ＡＢＳ樹脂	219	37	171	2,419
	塩化ビニル樹脂（ＰＶＣ）	3	–	322	9
	ＰＶＣコポリマー	–	0	6	0

輸入

分類	石油化学製品	2014年	2015年	2016年	2017年
基礎原料	エチレン	28,453	5,536	291	68,720
	プロピレン	12,565	31	3,854	44,504
	ブタジエン	18	6	1	1
	ベンゼン	0	1	1	1
	パラキシレン（ＰＸ）	–	0	3	1
中間原料	スチレン（ＳＭ）	4,756	8,288	15,270	7,079
	二塩化エチレン（ＥＤＣ）	–	–	–	1
	塩化ビニルモノマー（ＶＣＭ）	60,916	47,707	79,492	105,034
	メタノール	163,169	121,295	178,774	123,091
	エチレングリコール（ＥＧ）	2,182	1,987	2,377	1,848
	アセトン	3,555	2,837	5,465	5,083
	酢酸	7,062	9,184	11,599	12,917
	高純度テレフタル酸（ＰＴＡ）	–	46	16	44
	アクリロニトリル（ＡＮ）	–	4	–	0
	カプロラクタム（ＣＰＬ）	–	–	–	0
合成樹脂	低密度ポリエチレン（ＬＤＰＥ）	134,047	87,571	142,826	97,137
	高密度ポリエチレン（ＨＤＰＥ）	128,103	67,057	82,943	65,858
	ポリプロピレン（ＰＰ）	139,360	66,505	69,586	54,676
	ＰＰコポリマー	42,843	42,690	60,953	61,223
	発泡ポリスチレン（ＥＰＳ）	18,194	15,036	26,395	14,931
	ポリスチレン（ＰＳ）	19,065	15,952	21,143	21,048
	ＡＳ樹脂	1,125	1,570	1,884	1,232
	ＡＢＳ樹脂	8,866	9,956	20,666	17,295
	塩化ビニル樹脂（ＰＶＣ）	39,759	31,682	66,755	53,574
	ＰＶＣコポリマー	769	1,080	1,573	1,547

単位：t/y

(10) ベトナム

輸出

分類	石油化学製品	2013年	2014年	2015年	2016年
基礎原料	エチレン	–	–	1	–
	プロピレン	6,972	1,450	–	2,826
	ブタジエン	–	–	–	–
	ベンゼン	213	31	18	23
	パラキシレン(ＰＸ)	–	–	23	–
中間原料	スチレン(ＳＭ)	–	1	–	0
	二塩化エチレン(ＥＤＣ)	–	–	–	–
	塩化ビニルモノマー(ＶＣＭ)	–	–	–	–
	メタノール	3,558	1,924	594	782
	エチレングリコール(ＥＧ)	–	1	–	–
	アセトン	1	21	1	7
	酢酸	2	159	26	155
	高純度テレフタル酸(ＰＴＡ)	–	20	–	601
	アクリロニトリル(ＡＮ)	–	–	3	–
	カプロラクタム(ＣＰＬ)	–	–	–	–
合成樹脂	低密度ポリエチレン(ＬＤＰＥ)	10,962	10,074	9,393	10,713
	高密度ポリエチレン(ＨＤＰＥ)	2,394	354	184	302
	ポリプロピレン(ＰＰ)	91,557	110,798	84,982	108,036
	ＰＰコポリマー	403	1,126	2,667	2,544
	発泡ポリスチレン(ＥＰＳ)	9,657	9,335	10,860	7,866
	ポリスチレン(ＰＳ)	17,676	22,239	21,579	14,066
	ＡＳ樹脂	–	–	–	96
	ＡＢＳ樹脂	118	573	3,671	1,243
	塩化ビニル樹脂(ＰＶＣ)	21,335	16,449	20,194	14,188
	ＰＶＣコポリマー	499	393	288	79

輸入

分類	石油化学製品	2013年	2014年	2015年	2016年
基礎原料	エチレン	74	26	26	41
	プロピレン	16	6	14	19
	ブタジエン	–	–	1	–
	ベンゼン	52	50	34	66
	パラキシレン(ＰＸ)	2	1	3	4
中間原料	スチレン(ＳＭ)	76,375	61,148	56,751	79,143
	二塩化エチレン(ＥＤＣ)	20	6	3	22
	塩化ビニルモノマー(ＶＣＭ)	260,616	274,893	228,129	345,558
	メタノール	138,766	141,279	102,256	216,934
	エチレングリコール(ＥＧ)	65,389	66,210	66,274	78,155
	アセトン	9,468	9,724	6,285	12,181
	酢酸	11,522	14,263	11,750	14,546
	高純度テレフタル酸(ＰＴＡ)	156,314	163,397	130,343	200,947
	アクリロニトリル(ＡＮ)	192	278	178	292
	カプロラクタム(ＣＰＬ)	–	31,562	–	38,384
合成樹脂	低密度ポリエチレン(ＬＤＰＥ)	497,081	510,875	602,613	686,054
	高密度ポリエチレン(ＨＤＰＥ)	269,281	305,455	358,263	434,700
	ポリプロピレン(ＰＰ)	768,472	700,935	767,940	934,939
	ＰＰコポリマー	20,036	154,905	199,837	222,233
	発泡ポリスチレン(ＥＰＳ)	46,678	47,616	55,194	61,432
	ポリスチレン(ＰＳ)	86,064	83,010	83,663	90,109
	ＡＳ樹脂	9,433	8,457	11,641	10,707
	ＡＢＳ樹脂	101,841	108,659	120,212	136,437
	塩化ビニル樹脂(ＰＶＣ)	124,418	173,224	203,356	277,089
	ＰＶＣコポリマー	1,137	1,126	1,466	1,849

単位：t/y

(11) インド

輸出

分類	石油化学製品	2014年	2015年	2016年	2017年
基礎原料	エチレン	1	5,119	0	95,802
	プロピレン	0	9,212	15,750	5,064
	ブタジエン	84,329	120,248	112,298	101,525
	ベンゼン	525,228	880,281	831,667	1,086,115
	パラキシレン(ＰＸ)	939,806	940,828	822,005	1,579,288
中間原料	スチレン(ＳＭ)	6,856	676	3,224	4,566
	二塩化エチレン(ＥＤＣ)	21	15,839	16	30,799
	塩化ビニルモノマー(ＶＣＭ)	0	-	-	-
	メタノール	50,907	45,908	17,213	9,137
	エチレングリコール(ＥＧ)	64,746	77,212	68,554	75,320
	アセトン	2,358	10,003	4,459	4,466
	酢酸	5,149	7,992	11,885	13,814
	高純度テレフタル酸(ＰＴＡ)	248	82,913	292,445	253,932
	アクリロニトリル(ＡＮ)	4	998	1,330	1,514
	カプロラクタム(ＣＰＬ)	-	0	1,003	50
合成樹脂	低密度ポリエチレン(ＬＤＰＥ)	31,801	36,630	55,219	208,197
	高密度ポリエチレン(ＨＤＰＥ)	37,861	78,124	106,810	193,452
	ポリプロピレン(ＰＰ)	795,869	663,431	607,855	466,855
	ＰＰコポリマー	6,127	4,857	13,942	9,484
	発泡ポリスチレン(ＥＰＳ)	5,163	3,587	3,999	3,201
	ポリスチレン(ＰＳ)	60,616	68,213	73,080	60,699
	ＡＳ樹脂	125	346	708	1,346
	ＡＢＳ樹脂	391	446	248	309
	塩化ビニル樹脂(ＰＶＣ)	1,412	187	501	1,507
	ＰＶＣコポリマー	44	71	119	6

輸入

分類	石油化学製品	2014年	2015年	2016年	2017年
基礎原料	エチレン	34,940	12,506	61,179	54,812
	プロピレン	2,118	3,240	473	8,727
	ブタジエン	3,226	1,004	2,110	2,729
	ベンゼン	47	0	0	60
	パラキシレン(ＰＸ)	677,413	744,080	1,166,477	921,328
中間原料	スチレン(ＳＭ)	617,570	679,398	740,817	738,154
	二塩化エチレン(ＥＤＣ)	491,240	544,607	539,441	636,232
	塩化ビニルモノマー(ＶＣＭ)	300,388	347,417	349,576	440,947
	メタノール	1,413,722	1,757,879	1,652,894	1,691,840
	エチレングリコール(ＥＧ)	989,776	1,010,237	1,223,893	1,203,385
	アセトン	115,576	145,141	132,734	149,725
	酢酸	681,339	781,645	818,009	844,250
	高純度テレフタル酸(ＰＴＡ)	1,016,521	890,657	402,457	418,897
	アクリロニトリル(ＡＮ)	104,017	139,764	148,480	145,195
	カプロラクタム(ＣＰＬ)	31,030	41,597	51,923	55,197
合成樹脂	低密度ポリエチレン(ＬＤＰＥ)	845,036	961,523	864,446	884,934
	高密度ポリエチレン(ＨＤＰＥ)	515,854	596,881	653,087	587,572
	ポリプロピレン(ＰＰ)	434,068	526,532	542,897	618,501
	ＰＰコポリマー	123,763	152,646	191,575	253,138
	発泡ポリスチレン(ＥＰＳ)	2,897	2,986	3,662	3,161
	ポリスチレン(ＰＳ)	18,913	21,059	22,301	26,814
	ＡＳ樹脂	7,089	8,890	8,498	8,216
	ＡＢＳ樹脂	67,897	87,336	98,028	98,522
	塩化ビニル樹脂(ＰＶＣ)	160,403	412,079	563,836	1,159,868
	ＰＶＣコポリマー	6,253	9,912	4,911	3,323

単位：t/y

(12) サウジアラビア

輸出

分類	石油化学製品	2013年	2014年	2015年	2016年
基礎原料	エチレン	311, 656	227, 748	71, 813	268, 306
	プロピレン	167, 934	304, 751	255, 120	197, 953
	ブタジエン	106, 580	88, 129	86, 148	86, 975
	ベンゼン	68, 321	–	1, 376	6, 000
	パラキシレン(ＰＸ)	7, 116	33, 504	215, 357	65, 566
中間原料	スチレン(ＳＭ)	1, 157, 262	1, 369, 284	1, 359, 850	1, 384, 965
	二塩化エチレン(ＥＤＣ)	331, 498	410, 202	433, 874	554, 558
	塩化ビニルモノマー(ＶＣＭ)	9, 199	–	4, 983	6, 298
	メタノール	4, 605, 067	4, 240, 571	4, 449, 635	4, 202, 993
	エチレングリコール(ＥＧ)	1, 844, 398	1, 798, 666	1, 747, 907	672, 075
	アセトン	60, 310	67, 838	64, 855	54, 707
	酢酸	9, 731	18, 945	14, 441	72, 295
	高純度テレフタル酸(ＰＴＡ)	521	247	533	381
	アクリロニトリル(ＡＮ)	–	–	–	–
	カプロラクタム(ＣＰＬ)	–	–	–	–
合成樹脂	低密度ポリエチレン(ＬＤＰＥ)	3, 185, 362	3, 141, 056	3, 217, 307	3, 672, 834
	高密度ポリエチレン(ＨＤＰＥ)	4, 002, 747	4, 483, 197	4, 203, 112	4, 192, 030
	ポリプロピレン(ＰＰ)	4, 078, 287	4, 504, 276	4, 498, 406	4, 390, 802
	ＰＰコポリマー	4, 985	33, 503	33, 935	213, 933
	発泡ポリスチレン(ＥＰＳ)	305	639	2, 055	6, 478
	ポリスチレン(ＰＳ)	65, 184	95, 245	85, 327	122, 167
	ＡＳ樹脂	9, 029	44, 457	18, 156	32, 874
	ＡＢＳ樹脂	–	50	–	7, 845
	塩化ビニル樹脂(ＰＶＣ)	30, 064	25, 239	29, 072	110, 982
	ＰＶＣコポリマー	2, 209	1, 066	391	201

輸入

分類	石油化学製品	2013年	2014年	2015年	2016年
基礎原料	エチレン	1	–	178	5
	プロピレン	–	–	56	184
	ブタジエン	–	–	152	500
	ベンゼン	442, 189	525, 088	536, 753	526, 608
	パラキシレン(ＰＸ)	–	39	19	43
中間原料	スチレン(ＳＭ)	4, 070	616	588	929
	二塩化エチレン(ＥＤＣ)	4, 287	–	48	83
	塩化ビニルモノマー(ＶＣＭ)	55	5, 003	69	–
	メタノール	802	851	889	1, 246
	エチレングリコール(ＥＧ)	1, 066	534	1, 014	137
	アセトン	802	1, 553	2, 081	1, 160
	酢酸	652	121	405	1, 202
	高純度テレフタル酸(ＰＴＡ)	137, 311	148, 127	67, 870	72, 106
	アクリロニトリル(ＡＮ)	14. 572	145	4, 969	5, 478
	カプロラクタム(ＣＰＬ)	33	–	–	35
合成樹脂	低密度ポリエチレン(ＬＤＰＥ)	105, 660	95, 651	109, 547	97, 704
	高密度ポリエチレン(ＨＤＰＥ)	54, 918	56, 790	59, 906	47, 451
	ポリプロピレン(ＰＰ)	34, 190	32, 669	33, 710	32, 040
	ＰＰコポリマー	14, 088	15, 862	19, 542	24, 357
	発泡ポリスチレン(ＥＰＳ)	6, 636	6, 005	24, 242	20, 156
	ポリスチレン(ＰＳ)	1, 540	1, 259	1, 735	1, 194
	ＡＳ樹脂	1, 277	2, 544	139	288
	ＡＢＳ樹脂	4, 227	2, 487	2, 906	1, 773
	塩化ビニル樹脂(ＰＶＣ)	67, 475	62, 781	106, 577	86, 257
	ＰＶＣコポリマー	1, 267	321	782	389

単位：t/y

アジア諸国の製品別・国別石油化学製品輸出入一覧

2014年輸出

分類	石油化学製品	韓国	台湾	中国	香港	シンガポール
基礎原料	エチレン	757,074	199,211	198	32	274,769
	プロピレン	1,296,237	829,598	31	6	61,220
	ブタジエン	204,136	108,937	84,402	−	183,623
	ベンゼン	1,881,937	68,000	74,877	−	334,349
	ＰＸ	3,972,462	1,396,922	103,476	−	839,826
中間原料	ＳＭ	1,473,655	564,465	29,775	193	548,140
	ＥＤＣ	223,284	47,380	−	−	−
	ＶＣＭ	116,390	345,812	55,634	−	20
	メタノール	442	2,137	749,292	136	99,500
	ＥＧ	545,082	1,482,794	5,738	223	1,226,120
	アセトン	227,033	251,282	532	44	161,735
	酢酸	155,246	347,495	182,329	61	−
	ＰＴＡ	2,672,312	208,727	463,548	−	0
	ＡＮ	276,410	184,850	−	106	2
	ＣＰＬ	80	−	73	−	13
合成樹脂	ＬＤＰＥ	951,574	137,787	49,232	190,364	889,397
	ＨＤＰＥ	1,197,355	303,444	157,102	189,123	811,105
	ＰＰ	1,245,768	252,670	125,759	502,005	910,871
	ＰＰコポリマー	1,306,902	407,394	33,584	22,421	1,176,445
	ＥＰＳ	115,655	256,266	274,112	21,426	1,978
	ＰＳ	140,987	467,675	49,058	364,006	224,514
	ＡＳ樹脂	129,069	97,537	8,573	54,705	340
	ＡＢＳ樹脂	1,195,319	1,046,884	33,207	558,232	7,031
	ＰＶＣ	574,605	743,895	1,110,699	35,550	3,333
	ＰＶＣコポリマー	1,736	6,109	1,626	125	177

2014年輸入

分類	石油化学製品	韓国	台湾	中国	香港	シンガポール
基礎原料	エチレン	231,813	130,877	1,497,176	23	46,478
	プロピレン	434,746	144,305	3,047,846	18	90,245
	ブタジエン	449,270	135,062	202,705	−	1,270
	ベンゼン	52,843	760,183	601,383	−	484,689
	ＰＸ	125,820	1,102,954	9,972,695	−	234
中間原料	ＳＭ	845,789	384,939	3,730,937	259,635	317
	ＥＤＣ	207,502	216,226	685,695	−	−
	ＶＣＭ	15,027	53,177	653,951	−	1
	メタノール	1,521,184	1,340,964	4,332,267	2,131	633,929
	ＥＧ	422,518	204,556	8,450,314	58	277,259
	アセトン	10,535	158	476,335	848	6,476
	酢酸	45,683	1,129	18,247	370	−
	ＰＴＡ	2,571	−	1,163,740	1	600
	ＡＮ	90,358	110,179	517,862	17	86
	ＣＰＬ	74,427	442,950	223,270	−	34
合成樹脂	ＬＤＰＥ	107,094	246,633	2,053,873	165,425	675,513
	ＨＤＰＥ	45,522	78,262	4,595,954	230,312	490,313
	ＰＰ	17,762	135,377	3,632,688	505,078	342,803
	ＰＰコポリマー	13,067	39,694	1,395,592	44,545	123,339
	ＥＰＳ	5,355	661	62,862	10,236	3,191
	ＰＳ	21,291	7,082	785,968	140,445	4,844
	ＡＳ樹脂	9,451	2,006	200,617	50,900	3,228
	ＡＢＳ樹脂	7,402	13,167	1,668,255	594,014	10,707
	ＰＶＣ	118,667	13,522	807,870	28,548	34,964
	ＰＶＣコポリマー	5,719	1,362	8,069	46	407

単位：t/y

タイ	マレーシア	インドネシア	フィリピン	ベトナム	インド	サウジ
66,483	133,521	700	14,000	–	1	227,748
224,602	–	32,077	18,549	1,450	0	304,751
50,567	12,341	48,992	–	–	84,329	88,129
671,775	199,357	101,136	22,050	31	525,228	–
549,229	354,301	195,419	–	–	939,806	33,504
20,556	66,472	85,947	–	1	6,856	1,369,284
0	–	347,068	–	–	21	410,202
72,137	–	18,002	–	–	0	–
161	1,128,903	404,152	–	1,924	50,907	4,240,571
48,319	146,460	21,104	–	1	64,746	1,798,666
38,256	70	–	–	21	2,358	67,838
1,007	425,752	1	–	159	5,149	18,945
892,508	85,110	128,175	–	20	248	247
62,364	701	–	–	–	4	–
26,992	0	0	–	–	–	–
1,039,212	211,913	53,808	2,018	10,074	31,801	3,141,056
1,206,044	181,113	23,550	1,169	354	37,861	4,483,197
520,539	190,933	13,822	5,603	110,798	795,869	4,504,276
297,883	91,172	4,462	4,018	1,126	6,127	33,503
15,149	1,293	1,057	3	9,335	5,163	639
83,088	67,078	5,977	708	22,239	60,616	95,245
51,655	11,079	31	–	–	125	44,457
94,418	181,630	3,288	219	573	391	50
296,857	36,884	97,617	3	16,449	1,412	25,239
30	242	39	–	393	44	1,066

タイ	マレーシア	インドネシア	フィリピン	ベトナム	インド	サウジ
46,378	34,607	636,892	28,453	26	34,940	–
4,759	9,687	246,335	12,565	6	2,118	–
17,605	92,414	16,374	18	–	3,226	–
2	148,782	162,021	0	50	47	525,088
151,394	313,436	935,987	–	1	677,413	39
47,262	145,914	8,678	4,756	61,148	617,570	616
349,091	26	2	–	6	491,240	–
1	55,630	128,588	60,916	274,893	300,388	5,003
2,557,491	493,171	557,362	163,169	141,279	1,413,722	851
169,133	13,414	492,791	2,182	66,210	989,776	534
61,296	12,295	17,711	3,555	9,724	115,576	1,553
111,387	4,957	111,864	7,062	14,263	681,339	121
52	64,501	3,221	–	163,397	1,016,521	148,127
54,666	96,885	6,776	–	278	104,017	145
9,349	88	32,896	–	31,562	31,030	–
185,456	395,046	429,945	134,047	510,875	845,036	95,651
124,241	349,253	283,271	128,103	305,455	515,854	56,790
126,019	391,007	636,206	139,360	700,935	434,068	32,669
85,975	66,680	298,822	42,843	154,905	123,763	15,862
16,477	29,854	20,953	18,194	47,616	2,897	6,005
24,605	90,889	49,843	19,065	83,010	18,913	1,259
17,863	6,953	12,371	1,125	8,457	7,089	2,544
108,010	52,930	109,905	8,866	108,659	67,897	2,487
90,385	207,530	78,852	39,759	173,224	160,403	62,781
2,251	637	984	769	1,126	6,253	321

単位：t/y

2015年輸出

分類	石油化学製品	韓国	台湾	中国	香港	シンガポール
基礎原料	エチレン	633, 922	322, 945	12	11	274, 354
	プロピレン	1, 257, 518	707, 460	35	8	43, 561
	ブタジエン	155, 469	116, 940	54, 054	11	186, 737
	ベンゼン	2, 525, 107	35, 500	92, 755	−	759, 883
	ＰＸ	5, 861, 991	1, 349, 971	120, 078	−	697, 343
中間原料	ＳＭ	1, 246, 952	492, 780	4, 922	167	764, 962
	ＥＤＣ	208, 403	24, 820	−	−	−
	ＶＣＭ	109, 201	407, 357	42, 785	−	37
	メタノール	3, 440	1, 885	162, 912	134	75, 710
	ＥＧ	586, 783	1, 413, 509	19, 930	90	1, 147, 023
	アセトン	194, 849	251, 692	3, 084	205	158, 690
	酢酸	165, 244	306, 486	396, 818	68	−
	ＰＴＡ	2, 314, 445	154, 499	623, 684	−	21
	ＡＮ	243, 088	192, 307	−	86	1
	ＣＰＬ	3, 903	−	2, 050	−	403
合成樹脂	ＬＤＰＥ	978, 855	162, 047	59, 481	203, 372	851, 465
	ＨＤＰＥ	1, 204, 588	331, 083	153, 933	204, 659	889, 028
	ＰＰ	1, 381, 818	269, 309	166, 438	482, 893	952, 499
	ＰＰコポリマー	1, 129, 792	428, 114	35, 052	23, 354	1, 207, 721
	ＥＰＳ	96, 831	265, 000	289, 673	19, 671	945
	ＰＳ	129, 913	499, 782	40, 153	209, 535	224, 799
	ＡＳ樹脂	133, 091	100, 338	8, 930	48, 313	257
	ＡＢＳ樹脂	1, 245, 700	1, 060, 627	23, 520	544, 247	5, 625
	ＰＶＣ	589, 932	846, 835	782, 269	35, 156	2, 215
	ＰＶＣコポリマー	3, 059	6, 166	1, 749	54	171

2015年輸入

分類	石油化学製品	韓国	台湾	中国	香港	シンガポール
基礎原料	エチレン	201, 408	211, 840	1, 515, 668	21	44, 026
	プロピレン	448, 575	159, 152	2, 771, 324	47	77, 341
	ブタジエン	425, 799	107, 270	278, 289	−	1, 714
	ベンゼン	29, 068	707, 293	1, 205, 526	−	555, 988
	ＰＸ	83, 719	1, 114, 787	11, 648, 869	−	4, 746
中間原料	ＳＭ	779, 160	335, 965	3, 744, 363	235, 779	866
	ＥＤＣ	204, 736	251, 436	602, 417	−	−
	ＶＣＭ	6, 005	50, 620	751, 705	73	2
	メタノール	1, 624, 695	1, 284, 322	5, 538, 564	2, 282	591, 982
	ＥＧ	322, 861	168, 349	8, 771, 552	68	133, 813
	アセトン	18, 076	202	436, 626	995	7, 361
	酢酸	52, 727	3, 054	54, 299	405	−
	ＰＴＡ	3, 664	−	751, 977	23	580
	ＡＮ	105, 260	97, 441	397, 889	3	67
	ＣＰＬ	83, 717	404, 649	223, 561	−	439
合成樹脂	ＬＤＰＥ	108, 799	242, 978	2, 178, 025	153, 062	514, 507
	ＨＤＰＥ	48, 770	68, 945	5, 128, 232	225, 729	428, 360
	ＰＰ	18, 190	162, 698	3, 397, 038	485, 290	360, 265
	ＰＰコポリマー	12, 378	44, 122	1, 486, 362	38, 120	67, 773
	ＥＰＳ	9, 421	455	48, 161	9, 094	3, 014
	ＰＳ	22, 743	3, 629	729, 531	129, 904	4, 525
	ＡＳ樹脂	5, 691	2, 323	194, 210	45, 257	3, 684
	ＡＢＳ樹脂	6, 449	12, 407	1, 624, 835	582, 808	8, 019
	ＰＶＣ	118, 974	12, 922	825, 333	29, 994	36, 104
	ＰＶＣコポリマー	5, 996	1, 585	7, 364	33	345

単位：t/y

タイ	マレーシア	インドネシア	フィリピン	ベトナム	インド	サウジ
70, 348	154, 054	19, 110	43, 543	1	5, 119	71, 813
180, 639	5	–	71, 878	–	9, 212	255, 120
79, 689	20, 976	28, 677	–	–	120, 248	86, 148
592, 473	211, 201	2, 894	18, 900	18	880, 281	1, 376
443, 398	370, 284	–	–	23	940, 828	215, 357
52, 610	85, 982	63, 938	–	–	676	1, 359, 850
1	–	215, 125	–	–	15, 839	433, 874
86, 482	105	29, 866	–	–	–	4, 983
119	1, 155, 601	422, 866	–	594	45, 908	4, 449, 635
64, 691	146, 378	34, 034	–	–	77, 212	1, 747, 907
38, 583	200	–	0	1	10, 003	64, 855
917	325, 313	4	–	26	7, 992	14, 441
854, 142	98, 407	165, 549	–	–	82, 913	533
56, 045	45	–	–	3	998	–
26, 725	0	–	–	–	0	–
1, 039, 828	247, 125	26, 639	32, 825	9, 393	36, 630	3, 217, 307
1, 205, 495	401, 264	28, 246	67, 319	184	78, 124	4, 203, 112
480, 073	381, 996	16, 162	56, 316	84, 982	663, 431	4, 498, 406
355, 179	123, 243	2, 488	1, 180	2, 667	4, 857	33, 935
18, 524	1, 223	753	0	10, 860	3, 587	2, 055
58, 819	115, 002	2, 360	551	21, 579	68, 213	85, 327
41, 630	10, 457	2	–	–	346	18, 156
93, 270	189, 324	3, 538	37	3, 671	446	–
330, 230	40, 168	108, 543	–	20, 194	187	29, 072
24	361	45	0	288	71	391

タイ	マレーシア	インドネシア	フィリピン	ベトナム	インド	サウジ
23, 229	43, 484	705, 633	5, 536	26	12, 506	178
21, 329	11, 994	427, 022	31	14	3, 240	56
12, 513	86, 543	22, 612	6	1	1, 004	152
1	90, 822	179, 786	1	34	0	536, 753
142, 128	194, 851	899, 201	0	3	744, 080	19
80, 975	169, 322	10, 598	8, 288	56, 751	679, 398	588
455, 473	5	1	–	3	544, 607	48
–	64, 680	113, 360	47, 707	228, 129	347, 417	69
663, 958	461, 019	219, 414	121, 295	102, 256	1, 757, 879	889
182, 976	9, 986	475, 209	1, 987	66, 274	1, 010, 237	1, 014
55, 725	13, 651	18, 801	2, 837	6, 285	145, 141	2, 081
108, 737	5, 341	83, 261	9, 184	11, 750	781, 645	405
137	76, 730	4, 061	46	130, 343	890, 657	67, 870
33, 914	99, 820	6, 055	4	178	139, 764	4, 969
6, 976	44	33, 095	–	–	41, 597	–
198, 992	385, 716	465, 389	87, 571	602, 613	961, 523	109, 547
134, 778	517, 125	363, 219	67, 057	358, 263	596, 881	59, 906
122, 302	479, 466	596, 971	66, 505	767, 940	526, 532	33, 710
96, 605	64, 262	300, 592	42, 690	199, 837	152, 646	19, 542
17, 345	29, 914	21, 578	15, 036	55, 194	2, 986	24, 242
31, 313	77, 942	38, 558	15, 952	83, 663	21, 059	1, 735
22, 967	6, 171	12, 780	1, 570	11, 641	8, 890	139
130, 556	42, 495	91, 654	9, 956	120, 212	87, 336	2, 906
104, 076	204, 971	76, 088	31, 682	203, 356	412, 079	106, 577
2, 546	975	999	1, 080	1, 466	9, 912	782

単位：t/y

2016年輸出

分類	石油化学製品	韓国	台湾	中国	香港	シンガポール
基礎原料	エチレン	753,021	242,469	8,177	31	210,034
	プロピレン	1,690,408	738,369	49	0	5,357
	ブタジエン	168,753	134,275	36,257	−	84,661
	ベンゼン	2,044,770	−	53,219	1	138,060
	ＰＸ	6,434,612	1,388,918	56,593	−	1,113,217
中間原料	ＳＭ	1,292,329	517,353	60	185	595,150
	ＥＤＣ	199,221	18,110	−	−	−
	ＶＣＭ	113,073	334,763	5,918	−	11
	メタノール	3,614	1,998	33,506	131	24,554
	ＥＧ	480,809	1,336,607	19,554	204	556,966
	アセトン	236,153	259,473	8,171	157	155,761
	酢酸	178,867	246,980	241,443	50	−
	ＰＴＡ	1,776,438	199,441	695,473	−	0
	ＡＮ	240,909	172,233	1,950	2	1
	ＣＰＬ	37,265	−	162	−	48
合成樹脂	ＬＤＰＥ	954,959	146,135	73,474	184,201	980,349
	ＨＤＰＥ	1,112,108	330,769	164,288	229,276	1,002,901
	ＰＰ	1,408,291	294,502	239,748	477,079	960,611
	ＰＰコポリマー	1,139,415	498,008	39,644	28,826	1,297,323
	ＥＰＳ	79,460	254,289	259,915	15,234	526
	ＰＳ	144,200	477,274	58,450	211,712	229,791
	ＡＳ樹脂	132,525	125,029	9,906	40,426	310
	ＡＢＳ樹脂	1,351,794	1,117,632	28,206	519,881	6,421
	ＰＶＣ	535,525	933,263	1,050,112	34,714	3,280
	ＰＶＣコポリマー	2,722	6,663	3,175	27	191

2016年輸入

分類	石油化学製品	韓国	台湾	中国	香港	シンガポール
基礎原料	エチレン	146,513	302,174	1,656,514	45	186,567
	プロピレン	265,496	182,167	2,902,919	38	234,276
	ブタジエン	409,920	116,229	286,121	−	32,274
	ベンゼン	31,278	786,219	1,549,233	−	292,065
	ＰＸ	43,590	1,165,192	12,361,422	−	0
中間原料	ＳＭ	806,173	285,372	3,498,548	221,769	193
	ＥＤＣ	200,366	267,406	664,312	−	−
	ＶＣＭ	17,255	57,104	790,291	47	1
	メタノール	1,570,488	1,271,753	8,802,787	2,747	614,875
	ＥＧ	276,239	183,037	7,572,764	47	15,376
	アセトン	8,933	205	475,506	862	8,389
	酢酸	58,774	1,950	88,687	361	−
	ＰＴＡ	4,110	−	502,278	−	472
	ＡＮ	134,577	100,616	306,055	3	54
	ＣＰＬ	35,904	276,625	220,885	−	139
合成樹脂	ＬＤＰＥ	111,407	225,074	2,052,286	158,275	652,685
	ＨＤＰＥ	54,952	66,165	5,276,811	227,956	513,368
	ＰＰ	14,296	156,395	3,017,473	464,622	401,385
	ＰＰコポリマー	14,343	41,415	1,552,517	41,837	67,000
	ＥＰＳ	12,812	769	30,375	6,720	2,997
	ＰＳ	19,337	7,334	653,421	105,936	4,417
	ＡＳ樹脂	5,571	2,256	219,093	39,594	3,045
	ＡＢＳ樹脂	10,357	8,050	1,685,549	554,607	10,478
	ＰＶＣ	124,099	18,621	772,246	22,297	38,274
	ＰＶＣコポリマー	2,801	1,393	8,568	52	333

単位：t/y

タイ	マレーシア	インドネシア	フィリピン	ベトナム	インド	サウジ
21,910	228,671	114,404	28,500	－	0	268,306
211,893	5,254	14,602	96,567	2,826	15,750	197,953
59,386	44,326	83,810	－	－	112,298	86,975
515,691	219,702	5,709	19,276	23	831,667	6,000
504,656	329,744	0	－	－	822,005	65,566
14,725	51,402	94,191	－	0	3,224	1,384,965
1	－	263,820	－	－	16	554,558
96,438	266	121,646	－	－	－	6,298
233	1,788,349	384,934	0	782	17,213	4,202,993
21,665	216,797	18,431	9	－	68,554	672,075
112,139	224	－	0	7	4,459	54,707
773	410,480	67	－	155	11,885	72,295
939,902	78,171	62,869	－	601	292,445	381
53,406	20	－	－	－	1,330	－
27,125	33	－	－	－	1,003	－
808,309	263,258	58,262	21,207	10,713	55,219	3,672,834
1,124,604	408,411	24,508	63,828	302	106,810	4,192,030
457,017	383,671	9,142	40,113	108,036	607,855	4,390,802
382,428	101,393	1,851	1,404	2,544	13,942	213,933
22,382	123	223	100	7,866	3,999	6,478
61,594	112,824	1,045	155	14,066	73,080	122,167
53,414	12,448	12	－	96	708	32,874
113,894	206,135	2,555	171	1,243	248	7,845
308,163	44,283	213,629	322	14,188	501	110,982
140	218	5	6	79	119	201

タイ	マレーシア	インドネシア	フィリピン	ベトナム	インド	サウジ
93,394	33,059	645,346	291	41	61,179	5
3,495	37,508	183,284	3,854	19	473	184
12,244	98,487	17,608	1	－	2,110	500
1	83,697	216,515	1	66	0	526,608
54,455	219,878	547,800	3	4	1,166,477	43
90,312	176,264	9,207	15,270	79,143	740,817	929
530,276	4	25,764	－	22	539,441	83
－	49,280	97,196	79,492	345,558	349,576	－
705,599	578,892	436,988	178,774	216,934	1,652,894	1,246
138,991	6,307	257,487	2,377	78,155	1,223,893	137
50,072	12,506	18,807	5,465	12,181	132,734	1,160
113,761	6,903	59,447	11,599	14,546	818,009	1,202
74	93,485	79,851	16	200,947	402,457	72,106
25,931	98,509	1,024	－	292	148,480	5,478
5,966	70	32,515	－	38,384	51,923	35
225,264	449,082	482,362	142,826	686,054	864,446	97,704
144,825	547,216	354,362	82,943	434,700	653,087	47,451
155,960	474,712	703,898	69,586	934,939	542,897	32,040
92,782	63,329	344,549	60,953	222,233	191,575	24,357
21,421	32,349	31,709	26,395	61,432	3,662	20,156
44,556	82,848	38,330	21,143	90,109	22,301	1,194
27,367	6,662	15,131	1,884	10,707	8,498	288
140,694	42,366	104,012	20,666	136,437	98,028	1,773
152,295	243,294	80,243	66,755	277,089	563,836	86,257
2,728	1,177	1,545	1,573	1,849	4,911	389

単位：t/y

2017年輸出

分類	石油化学製品	韓国	台湾	中国	香港	シンガポール
基礎原料	エチレン	815, 639	196, 347	6, 320	170	423, 108
	プロピレン	1, 714, 961	616, 472	1, 666	0	36, 485
	ブタジエン	211, 474	142, 938	35, 007	–	144, 217
	ベンゼン	2, 631, 920	128, 500	35, 536	–	225, 792
	ＰＸ	7, 315, 353	1, 589, 814	34, 983	0	1, 626, 865
中間原料	ＳＭ	1, 261, 869	244, 740	63, 446	328	677, 078
	ＥＤＣ	184, 369	160, 890	–	–	–
	ＶＣＭ	57, 062	299, 343	25, 526	–	12
	メタノール	3, 604	1, 715	126, 703	127	20, 722
	ＥＧ	454, 532	1, 491, 637	18, 140	287	876, 848
	アセトン	287, 407	240, 554	22, 490	7	166, 431
	酢酸	162, 860	235, 675	459, 177	47	–
	ＰＴＡ	1, 939, 592	238, 450	525, 610	2	0
	ＡＮ	270, 592	159, 180	9, 801	14	4
	ＣＰＬ	51, 781	1, 266	4, 986	108	14
合成樹脂	ＬＤＰＥ	907, 223	155, 048	54, 019	171, 301	1, 182, 967
	ＨＤＰＥ	1, 127, 362	345, 274	153, 689	182, 954	1, 123, 331
	ＰＰ	1, 639, 692	389, 994	295, 903	458, 429	1, 047, 685
	ＰＰコポリマー	1, 146, 124	535, 228	45, 957	31, 872	1, 282, 981
	ＥＰＳ	81, 400	239, 036	275, 238	16, 955	489
	ＰＳ	110, 237	491, 003	55, 294	182, 767	226, 461
	ＡＳ樹脂	132, 397	141, 143	10, 231	36, 426	373
	ＡＢＳ樹脂	1, 389, 972	1, 162, 705	35, 335	546, 092	29, 197
	ＰＶＣ	514, 127	1, 205, 576	969, 170	25, 274	636
	ＰＶＣコポリマー	3, 983	5, 985	5, 676	13	184

2017年輸入

分類	石油化学製品	韓国	台湾	中国	香港	シンガポール
基礎原料	エチレン	109, 421	456, 300	2, 156, 852	214	58
	プロピレン	197, 871	286, 076	3, 098, 810	21	84, 340
	ブタジエン	424, 269	136, 768	392, 759	–	12, 112
	ベンゼン	18, 003	720, 698	2, 503, 128	–	199, 803
	ＰＸ	24, 764	1, 328, 482	14, 438, 244	–	0
中間原料	ＳＭ	794, 030	334, 511	3, 212, 205	202, 742	568
	ＥＤＣ	228, 287	295, 185	375, 407	–	–
	ＶＣＭ	40, 511	52, 588	812, 039	47	2
	メタノール	1, 692, 018	1, 366, 517	8, 144, 763	5, 448	623, 075
	ＥＧ	252, 795	128, 319	8, 750, 120	132	14, 968
	アセトン	15, 945	206	494, 581	618	7, 285
	酢酸	63, 905	1, 175	17, 998	429	–
	ＰＴＡ	2, 656	65, 891	543, 910	2	738
	ＡＮ	150, 867	92, 553	270, 779	2	79
	ＣＰＬ	26, 417	191, 562	237, 362	106	77
合成樹脂	ＬＤＰＥ	149, 734	274, 515	2, 373, 952	131, 475	827, 324
	ＨＤＰＥ	74, 157	78, 374	6, 393, 947	182, 810	655, 095
	ＰＰ	18, 168	125, 021	3, 177, 645	429, 995	426, 365
	ＰＰコポリマー	18, 668	39, 806	1, 567, 350	38, 376	69, 056
	ＥＰＳ	42, 967	569	33, 087	8, 671	2, 564
	ＰＳ	20, 479	5, 044	710, 092	117, 147	3, 141
	ＡＳ樹脂	7, 038	2, 826	267, 745	35, 585	2, 715
	ＡＢＳ樹脂	11, 515	10, 660	1, 789, 013	570, 937	29, 201
	ＰＶＣ	126, 457	18, 144	905, 583	24, 051	45, 787
	ＰＶＣコポリマー	2, 314	1, 956	7, 840	57	272

単位：t/y

タイ	マレーシア	インドネシア	フィリピン	ベトナム	インド	サウジ
129, 127	200, 667	121, 007	37, 881	集計データなし	95, 802	集計データなし
234, 228	3, 871	44, 629	77, 863		5, 064	
65, 277	20, 014	105, 062	–		101, 525	
487, 477	197, 158	0	9, 450		1, 086, 115	
455, 823	430, 317	–	–		1, 579, 288	
32, 829	41, 913	194, 153	–		4, 566	
1	–	288, 774	–		30, 799	
112, 447	642	166, 050	–		–	
137	1, 742, 233	335, 008	19		9, 137	
31, 561	118, 983	51, 912	1		75, 320	
156, 781	219	–	0		4, 466	
661	352, 399	5	–		13, 814	
960, 857	79, 685	129, 754	–		253, 932	
44, 716	0	–	–		1, 514	
17, 792	54	80	–		50	
612, 873	283, 573	36, 445	30, 382		208, 197	
1, 165, 592	452, 766	30, 950	46, 311		193, 452	
483, 026	305, 455	22, 803	45, 203		466, 855	
387, 411	66, 873	2, 452	2, 564		9, 484	
17, 957	281	134	75		3, 201	
76, 378	85, 360	7, 071	1, 771		60, 699	
65, 428	16, 060	12	–		1, 346	
110, 691	219, 102	4, 110	2, 419		309	
461, 219	49, 221	232, 721	9		1, 507	
98	787	14	0		6	

タイ	マレーシア	インドネシア	フィリピン	ベトナム	インド	サウジ
28, 223	61, 798	620, 712	68, 720	集計データなし	54, 812	集計データなし
13, 604	53, 175	112, 768	44, 504		8, 727	
13, 720	121, 998	23, 744	1		2, 729	
12, 584	102, 928	261, 667	1		60	
122, 244	294, 659	820, 234	1		921, 328	
87, 990	183, 328	14, 855	7, 079		738, 154	
532, 208	6	9, 862	1		636, 232	
1	54, 281	112, 777	105, 034		440, 947	
2, 221, 625	413, 218	350, 026	123, 091		1, 691, 840	
144, 309	14, 408	400, 590	1, 848		1, 203, 385	
50, 805	12, 822	21, 539	5, 083		149, 725	
111, 503	6, 798	69, 372	12, 917		844, 250	
20	52, 043	119, 875	44		418, 897	
13, 343	95, 930	5, 241	0		145, 195	
10, 084	58	30, 285	0		55, 197	
227, 871	454, 616	503, 958	97, 137		884, 934	
154, 801	615, 058	360, 638	65, 858		587, 572	
163, 430	451, 016	723, 392	54, 676		618, 501	
90, 731	73, 766	351, 522	61, 223		253, 138	
26, 152	32, 895	37, 718	14, 931		3, 161	
33, 015	64, 896	40, 455	21, 048		26, 814	
27, 933	9, 612	15, 817	1, 232		8, 216	
136, 341	54, 154	95, 644	17, 295		98, 522	
110, 106	228, 537	63, 849	53, 574		1, 159, 868	
2, 345	1, 315	1, 582	1, 547		3, 323	

2019年版
アジアの石油化学工業

2018年12月 4 日印刷
2018年12月17日発行
本体価格37,000円＋税

編　者　　重化学工業通信社・化学チーム　**http://jchem.jp**

発行所　　重化学工業通信社
http://www.jkn.co.jp

本　　社　〒101-0041 東京都千代田区神田須田町２-11
（協友ビル）
販　売：TEL 03(5207)3331(代)　FAX 03(5207)3333
編　集：TEL 03(5207)3332　FAX 03(5207)3334

印刷・製本　　㈱丸井工文社

ISBN978-4-88053-186-1 C2058 ¥37000E
Printed in Japan

広 告 目 次（五十音順）